历山昆虫与蛛形动物

Insects and Arachnids of Lishan

石福明 王建军 等 著

科学出版社

北京

内 容 简 介

　　本书是依据 2012～2013 年山西历山国家级自然保护区昆虫与蛛形动物调查所采集标本的鉴定结果撰写而成，共记录昆虫与蛛形动物 206 科 904 属 1521 种，其中包括中国新记录属 3 属，中国新记录种 36 种，山西省新记录种 421 种，并描述 7 个新种。

　　此次持续两年对山西历山保护区昆虫与蛛形动物的调查，邀请了国内许多昆虫学家和蛛形动物学家参与，是山西省历史上一次规模较大、涉及类群较多的无脊椎动物考察。此次考察发现新种 25 种，其中 16 种已经发表。调查成果对摸清山西省昆虫与蛛形动物资源，保护生物多样性等方面具有重要的意义。

　　本书可供植物保护和森林保护专业工作者、从事保护区管理工作的人员以及高等院校师生参考使用。

图书在版编目（CIP）数据

历山昆虫与蛛形动物/石福明等著. —北京：科学出版社，2018.8
ISBN 978-7-03-057573-9

Ⅰ.①历⋯　Ⅱ.①石⋯　Ⅲ.①昆虫志-山西 ②蛛形纲-动物志-山西
Ⅳ.① Q968.22.5 ② Q959.226

中国版本图书馆 CIP 数据核字（2018）第 112715 号

责任编辑：吴卓晶　李　莎／责任校对：马英菊
责任印制：吕春珉／封面设计：北京睿宸弘文文化传播有限公司

科 学 出 版 社 出版
北京东黄城根北街 16 号
邮政编码：100717
http://www.sciencep.com
北京虎彩文化传播有限公司 印刷
科学出版社发行　　各地新华书店经销
*
2018 年 8 月第 一 版　　开本：787×1092　1/16
2018 年 8 月第一次印刷　　印张：36 3/4　插页：6
字数：941 000
定价：248.00 元
（如有印装质量问题，我社负责调换〈虎彩〉）
销售部电话 010-62136230　编辑部电话 010-62143239（BN12）

《历山昆虫与蛛形动物》

编委会

主任

石福明　王建军

副主任

芦荣胜　霍科科　牛　瑶　王天录　马胜利　李成华

编委（以姓氏拼音为序）

白怀智	鲍　荣	卜　云	卜文俊	陈　军	陈祥盛	陈小琳	陈学新
戴仁怀	杜喜翠	杜予州	段福军	樊敏霞	高郑社	葛斯琴	郭建军
郝淑莲	侯晓晖	侯永平	胡好远	花保祯	贾凤龙	贾振虎	江世宏
姜立云	金道超	李　强	李后魂	李泽建	李子忠	梁红斌	刘朝兵
刘国卿	刘经贤	刘启飞	马　丽	乔格侠	任国栋	时海波	苏立新
孙长海	谭　迪	王明福	王淑霞	王文凯	王兴民	王义平	魏美才
吴　鸿	武三安	夏小岗	谢广林	谢满超	杨　定	杨莲芳	杨茂发
杨星科	杨玉霞	杨再华	张　锋	张春田	张宏杰	张跃民	张志伟
郑哲民	周长发	周善义	周哲峰	周志军			

参加编写的单位

中国科学院动物研究所

中国农业大学

南开大学

中山大学

浙江大学

西南大学

北京林业大学

西北农林科技大学

南京农业大学

陕西师范大学

南京师范大学

贵州大学

扬州大学

华南农业大学

云南农业大学

浙江农林大学

福建农林大学

中南林业科技大学

沈阳大学

长江大学

山西农业大学

陕西理工大学

河北师范大学

河南师范大学

广西师范大学

安徽师范大学

沈阳师范大学

山西师范大学

太原师范学院

遵义医学院

安康学院

深圳职业技术学院

贵州省林业科学研究院

天津自然博物馆

上海科技馆

河北大学

山西省中条山国有林管理局

山西历山国家级自然保护区管理局

前　　言

　　历山位于山西省的南部，中条山脉的东段。历山国家级自然保护区地处垣曲、阳城、沁水、翼城 4 县交界的位置，地理坐标为 111°51′10″～112°31′35″E，35°16′30″～35°27′20″N。保护区总面积 36 万余亩（1 亩≈667m²），其中核心区面积 11.3 万亩，缓冲区面积 4.1 万亩，实验区面积 20.9 万亩，分别占保护区总面积的 31.16%、11.25%、57.59%。

　　历山保护区是山西省生物资源最丰富的地区。历山地区的植物资源与脊椎动物资源调查得比较清楚。据报道，历山保护区分布有野生种子植物 1246 种，隶属于 111 科 499 属，其中裸子植物 4 科 5 属 8 种，被子植物 107 科 494 属 1238 种（双子叶植物 93 科 399 属 1040 种，单子叶植物 14 科 95 属 198 种）。区系组成温带成分占绝对优势，其中温带科 28 科，占总科数的 25.23%；温带属 337 属，占总属数的 76.94%，说明该区系具有明显的温带性质；热带科 42 科，占总科数的 37.84%；热带属 90 属，占总属数的 20.53%，表明该区系在发生发展过程中具有与热带成分相联系的历史渊源。历山保护区分布有国家一级保护植物南方红豆杉；国家二级保护植物连香树、中华猕猴桃、野大豆、杜鹃兰、黄连等 28 种；山西省级保护植物铁木、匙叶栎、脱皮榆、青檀等 26 种。

　　历山保护区苔藓植物有 19 科 31 属 38 种，以土生类型为主，树生类型次之，石生类型最少，主要包括 7 种区系成分，其中最丰富的是欧-亚-北美共有成分，有 12 种，占总种数的 32.4%；东亚特有成分次之，有 9 种，占总种数的 24.4%；中国特有成分有 6 种，占总种数的 16.2%。

　　历山保护区内分布有两栖类 6 科 13 种，爬行类 7 科 25 种，鸟类 48 科 264 种，兽类 16 科 42 种，其中国家一级保护动物金钱豹、金雕、大鸨、黑鹳、原麝 5 种，国家二级保护动物勺鸡、红隼、猕猴、大鲵、红腹锦鸡等 33 种，中日保护候鸟 86 种，中澳保护候鸟 22 种，山西省重点保护动物 26 种，历山享有"山西省动植物资源宝库"的美誉。

　　有专家曾对历山保护区的昆虫与蛛形动物做过调查，如对蜻蜓、蚜虫、蚂蚁、螨类、寄生蜂、食蚜蝇、瓢虫、蝶类等类群的研究。由于受当时交通与住宿等条件的限制，调查不够系统、全面、深入。

　　此次对历山保护区的昆虫与蛛形动物的调查，野外考察历时两年（2012～2013 年）。历山国家级自然保护区管理局主要负责经费的筹集、后勤保障，邀请的专家主要负责标本采集、标本鉴定与撰写报告。本书记录的种类，主要依据鉴定标本的结果；为了保护蝶类与蜻蜓资源，观察标本信息没有列出；双翅目有瓣类的部分类群，是沈阳师范大学王明福老师数十年研究成果，由于时间跨度较长，也没有列出观察标本的信息。

　　这次对历山保护区昆虫与蛛形动物调查所采集的标本，经鉴定共涵盖原尾纲、弹尾纲、双尾纲、昆虫纲和蛛形纲共 5 纲 22 目 206 科 904 属 1521 种，其中包括中国新记录属 3 属，中国新记录种 36 种，山西省新记录种 421 种，并描述 7 个新种。昆虫纲包括蜉蝣目、蜻蜓目、襀翅目、直翅目、半翅目、双翅目、鳞翅目、毛翅目、鞘翅目、长翅目、脉翅目、膜翅目。蛛形纲主要包括蜘蛛目、疥螨目、伪蝎目、蜱目、绒螨目。

　　此次对历山保护区昆虫与蛛形动物的调查，邀请了国内 30 多个科研院所与高等学校的昆虫学家与蛛形动物学家参与，野外考察有 110 多人参加，是山西省历史上一次规模较大、涉及无脊椎动物类群较多的资源考察。此次考察发现新种 25 种，其中 16 种已经发表。此次调查的成果，对摸清山西昆虫与蛛形动物资源，保护生物多样性等方面具重要的意义。

在对山西历山国家级自然保护区考察期间，保护区领导、各职能部门的同志们给予了大力支持，为顺利地完成考察任务提供了保障，对此表示感谢；老师与研究生们顾全大局、相互帮助，圆满完成了考察任务；考察结束后，同行专家组织制作、鉴定所采的标本，按时提交了考察报告，对专家们的支持表示衷心感谢。

中南林业科技大学魏美才教授，把前些年对山西历山叶蜂类研究的成果与此次考察所采集标本的鉴定结果汇总成此次考察的报告；沈阳师范大学王明福教授，除帮助鉴定了此次考察采集的标本外，还把数十年来对山西历山蝇类研究的成果一并写入报告；华南农业大学任顺祥教授，生前对此次调查很支持，派研究生参加了考察，并把对山西垣曲皇姑幔（历山保护区内）瓢虫的研究成果写入考察报告。这些专家的研究丰富了报告的内容，对同行专家的支持表示感谢，对他们的科学态度十分敬佩。

本书撰写过程中，参加编撰的专家们都付出了辛勤的劳动。特别是前几天，持续高温，专家们按时修改了文稿，精神可贵。在此，谨向所有关心、支持、鼓励和帮助完成本书编写的前辈、同行、朋友表示衷心感谢。

由于水平有限，不足之处在所难免，殷切希望读者们批评指正。

《历山昆虫与蛛形动物》编委会

2017 年 6 月 18 日

目　　录

山西历山国家级自然保护区概况

王建军　　马胜利

（山西历山国家级自然保护区管理局，沁水，048211）

　　山西历山自然保护区，于 1983 年 12 月 26 日，经山西省人民政府批准建立，是以保护暖温带森林植被及勺鸡、猕猴、大鲵等珍稀野生动物资源为主的省级自然保护区。1988 年 5 月，经国务院批准晋升为国家级自然保护区。

　　历山保护区位于山西省南部，中条山脉东段，地处垣曲、阳城、沁水、翼城 4 县交界位置。地理坐标 111°51′10″～112°31′35″E，35°16′30″～35°27′20″N。保护区总面积 36.3 万亩（1 亩≈667m^2），其中核心区面积 11.3 万亩，缓冲区面积 4.1 万亩，实验区面积 20.9 万亩，分别占保护区总面积的 31.16%、11.25%、57.59%。

一、地质与地貌

　　保护区系石质山地，地层和岩石组成情况复杂。在舜王坪以南多系太古代和元古代的产物，主要由结晶岩和变质岩组成。主峰以北的山地，地质年代较晚，多为寒武-奥陶纪的厚层石灰岩和石炭-二叠纪的砂岩和煤层。

　　保护区位于华北大陆板块南部，鄂尔多斯地块与河淮地块接触带南端，中条山拱东北段东侧。在新生代的喜马拉雅山构造活动中，仍表现为整体抬升和局部断陷，形成了第三纪的湖盆相建造和现代的断陷盆地；现代的新构造运动仍是这种活动的延续。

　　保护区的大致地形，北高南低、西高东低，平均海拔 1484.9m，最高峰为中条山主峰舜王坪，海拔 2321.8m；最低为后河水库梁王角，海拔 648m。

二、气候与水文

　　保护区属暖温带季风型大陆性气候，是东南亚季风的边缘，其特点四季分明，春季干旱多风，夏秋季雨量集中，冬季少雪寒冷干燥。年均温 8.0～13.3℃，年均降水量 600～800mm。

　　监测显示，舜王坪周围云雾常留，多形成局部"地形雨"，每年约一半以上时间降雨，降雨量高达 900mm，冬季峰顶和阴坡积雪不化。

　　保护区境内地形复杂，山高谷深，河溪众多，有大小河流 30 多条，多为常流河。枯水季节，降雨稀少，河川径流减少，一些河流处于间歇期，但主要河流常年有水。丰水期，河流水量明显增加。

　　保护区境内的河流均属黄河水系，主要河流有允溪河和西阳河两条黄河一级支流，此外还有云蒙山南坡的水流，均汇入盘亭河，流入河南省济源市的东阳河，最后注入黄河。所有河流水质优良，利用价值高。

三、土壤与植被

　　历山土壤母质为第四纪黄土覆盖，属暖带半干旱森林草甸土-褐色土地带。由于地形、气候、海拔的不同和植物群落的差异，土壤垂直分异明显，自下而上依次为冲积土、山地褐土、山地棕色森林土、亚高山草甸土 4 个类型。

保护区地理位置独特，气候良好，适于多种植物生长与繁殖，植物品种繁多，资源丰富，有极高药用、观赏、水保等重要价值，植被覆盖率达 90.7% 以上。植被区划属暖温带落叶阔叶林地带，植被类型多样，具亚高山草甸、山地阔叶林、落叶阔叶林、针阔混交林、疏林灌丛、灌丛农垦等 6 种类型的植被。

四、动物与植物资源

保护区境内，分布有野生种子植物 111 科 1246 种。其中国家一级保护植物南方红豆杉；国家二级保护植物连香树、野大豆、紫椴、刺五加、中华猕猴桃、二叶舌唇兰、细距舌唇兰、粗距舌喙兰、白麻、关木通、凹舌兰、黄连、杜鹃兰、穿龙薯蓣、手参、草麻黄、小斑叶兰、角盘兰、裂瓣角盘兰、胡桃、羊耳蒜、二叶兜被兰、北重楼、绶草、小丛红景天、东北茶藨子、软枣猕猴桃、狗枣猕猴桃共 28 种。山西省级保护植物 26 种，主要有铁木、匙叶栎、脱皮榆、青檀、异叶榕、领春木、暖木、老鸹铃、木姜子、省沽油、山白树、四照花等。

保护区内的脊椎动物调查得相对较清楚，其中两栖类有 6 科 13 种，爬行类有 7 科 25 种，鸟类有 48 科 264 种，兽类有 16 科 42 种。国家一级保护动物金钱豹、金雕、大鸨、黑鹳、原麝共 5 种；国家二级保护动物勺鸡、红隼、猕猴、大鲵、红腹锦鸡等 33 种；中日保护候鸟 86 种；中澳保护候鸟 22 种；山西省重点保护动物 26 种。享有"山西省动植物资源宝库"的美誉，又是秦岭以北生物多样性最丰富的国家级自然保护区。

王斌和丁利（2014）对历山保护区两栖爬行动物进行调查研究，结合文献资料（费梁等，2012）、野外考察与标本采集记录，历山自然保护区共记录两栖动物 2 目 6 科 10 属 13 种；爬行动物 3 目 7 科 16 属 25 种。

钟海秀等（2003）对历山保护区苔藓植物的种类和分布进行了调查研究，所采标本经过鉴定，共有 19 科 31 属 38 种，以土生类型为主，树生类型次之，石生类型最少。共包括 7 种区系成分，其中最丰富的是欧-亚-北美共有成分，有 12 种，占总种数的 32.4%；东亚特有成分次之，有 9 种，占总种数的 24.4%；中国特有成分有 6 种，占总种数的 16.2%。

宋敏丽等（2010）对历山保护区蔷薇科植物进行了研究，共记录 4 亚科 23 属 85 种（含 7 变种）。历山蔷薇科植物区系组成中，优势属明显，尤以中等属突出，中等属占其蔷薇科植物总属数的 43.48%，所含种数占该区蔷薇科植物总种数（包括变种）的 75.29%。

陈姣等（2012）研究了历山保护区野生种子植物区系组成，结果表明，历山保护区分布有野生种子植物 1246 种，隶属于 111 科 499 属，其中裸子植物 4 科 5 属 8 种，被子植物 107 科 494 属 1238 种（双子叶植物 93 科 399 属 1040 种，单子叶植物 14 科 95 属 198 种）。温带成分占绝对优势，其中温带科 28 科，占总科数的 25.23%；温带属 337 属，占总属数的 76.94%，说明本区系具有明显的温带性质。热带科 42 科，占总科数的 37.84%；热带属 90 属，占总属数的 20.53%，表明本区系在发生发展过程中与热带成分相联系的历史渊源。种的分布区类型中，中国特有种 500 种，所占比例最大，其次是温带亚洲分布和东亚分布。

宋敏丽（2013）报道历山保护区分布有菊科野生植物 44 属 78 种（包括变种 2），其中单种属最多，寡种属植物优势最强；生活型以多年生草本为主。

刘晓铃等（2007）对历山保护区藤本植物的种类、生活型、攀援方式、生态功能以及经济价值等做了研究，结果表明，本区有藤本植物 43 科 89 属 140 种（包括变种）；其中草质藤本和多年生藤本占绝对优势，分别占藤本植物种类的 72.9%（木质藤本占 27.1%）和 68.6%（一年生占 31.4%）；主要由含少量藤本植物的科、属组成，含 5 种以下的科占 83.7%，属占 96.7%，但藤本种类的数量主要集中在少数几个大科，59.3% 的藤本属于豆科、葡萄科和葫芦科等 7 大科；攀援类方式分为缠绕类、攀援类、卷须类、吸固类、铺展类和寄生类 6 大类；许多种类的藤本植物具有水土保持、改良土壤和美化环境等生态功能并有重要的经济价值，可做工业原料、药用、食用、饲用和观赏。

历山保护区范围内，观赏花卉资源十分丰富，开花季节，百花争艳，万紫千红。刘晓铃等（2005）报道，历山保护区的野生观赏花卉植物有 660 多种，按可观赏类型分为观花类 622 种、观果类 57 种、观叶类约 10 种，以观花类最多，又可分为白色 178 种、橙黄色 171 种、红色 146 种和蓝紫色 127 种。

昆虫与其他低等动物，不同时期的学者曾做过一些零星的报道，但没有做过系统的调查研究，也没有做过深入和系统的总结。

参 考 文 献

陈姣, 廉凯敏, 张峰, 等, 2012. 山西历山保护区野生种子植物区系研究[J]. 山西大学学报(自然科学版), 35(1): 151-157.

费梁, 2012. 中国两栖动物及其分布彩色图鉴[M]. 成都: 四川科学技术出版社.

刘晓铃, 谢树莲, 2005. 山西历山自然保护区野生观赏植物研究[J]. 山西大学学报(自然科学版), 28(2): 189-191.

刘晓铃, 谢树莲, 陈丽, 2007. 山西历山自然保护区藤本植物资源研究[J]. 山西大学学报(自然科学版), 30(4): 544-549.

宋敏丽, 2013. 历山自然保护区菊科野生植物资源研究[J]. 太原师范学院学报(自然科学版), 12(2): 133-135.

宋敏丽, 王慧玲, 李砝, 2010. 历山自然保护区蔷薇科植物区系分析[J]. 中国野生植物资源, 29(3): 25-28.

钟海秀, 杨宇霞, 石瑛, 等, 2003. 历山自然保护区苔藓植物的初步研究[J]. 山西大学学报(自然科学版), 26(1): 55-58.

The Overview about Lishan National Nature Reserve of Shanxi Province

Wang Jianjun   Ma Shengli

(Lishan National Nature Reserve Administration of Shanxi, Qinshui, 048211)

Lishan National Nature Reserve is located in the eastern Zhongtiao Mountain, South of Shanxi Province (111°51′10″~112°31′35″ E, 35°16′30″~35°27′20″N). This area is rocky mountain, with complex composition of formations and rocks. Due to the warm continental monsoon climate and in the edge of Southeast Asian monsoon, four different seasons are distinct. It is arid and windy in spring, rainfall concentrated in summer and autumn, cold and dry in winter. Lishan takes a unique geographical location and its climate is very suitable for various plants to grow and reproduce. The plant species in this area is abundant, part of which are provided with higher medicinal value, ornamental value and water conservation. The percent of vegetation coverage exceeds 90.7%. The spermatophyte flora consists of 1246 species in 111 families. Among them, 1 species (south of taxol) belongs to the grade one of national protected plants and 28 species the grade two. In addition, the investigation of vertebrata in the reserve is clear. Totally 344 species belonging to 77 families, 4 classes are recorded. Besides some sporadic reports conducted by partly researchers, there is no systematic research on insects and other low-grade animals. Lishan reserve enjoys the reputation of "the treasure house of the animal and plant resources of Shanxi Province", and is also the most abundant biodiversity national nature reserve in the North of Qinling Mountains.

历山保护区昆虫与蛛形动物物种多样性与区系特点

石福明[1]　霍科科[2]

（1 河北大学生命科学学院，保定，071002; 2 陕西理工大学生物科学与工程学院，汉中，723000）

历山保护区，海拔 648.0（梁王角）～2321.8m（舜王坪），是山西省面积最大的国家级自然保护区，也是山西省植物资源最为丰富的地区。

此次对历山保护区昆虫与蛛形动物的调查，是对该地区一次较系统的和较全面的生物资源的调查。采集标本经鉴定，原始的六足动物（包括原尾纲、双尾纲和弹尾纲）共记录 8 目 17 科 30 属 38 种，其中中国新记录 5 种，山西省新记录 24 种；昆虫纲共记录 12 目 130 科 753 属 1300 种，其中中国新记录 15 种，山西省新记录 316 种。蛛形动物记录 5 目 59 科 121 属 183 种，其中中国新记录属 3 属，中国新记录种 16 种，山西省新记录种 81 种。本书共记录历山昆虫与蛛形动物 5 纲 25 目 206 科 904 属 1521 种，中国新记录种 36 种，山西省新记录种 421 种，记述新种 7 种。

一、历山保护区昆虫与蛛形动物种类

关于历山保护区的昆虫，曾有一些学者作过研究，如汤祊德（1986，1992）对蚧虫的研究；李长安等（2009）对山西蝽类的研究中也涉及垣曲、阳城和翼城的一些种类；张经元（1995）对山西蝗虫的研究；范仁俊等（1999）对中条山地区（主要是垣曲历山皇姑幔地区）蝶类的研究。

历山地区长期以来，交通不便，虽对昆虫一些类群做过零星的调查，但不系统、不全面，记载的种类与实际栖息种类差距较大。由于文献分散，对历山地区记载的昆虫种类，没有做过详细的统计。本书记载的种类，是以所采集标本的鉴定结果为依据撰写的。

原尾纲记录 2 目 6 科 9 属 14 种，其中山西省新记录 12 种；双尾纲记录 2 科 3 属 4 种，其中山西省新记录 2 种；弹尾纲记录 4 目 9 科 18 属 20 种，其中中国新记录 5 种，山西省新记录 10 种。这 3 个原始的六足动物类群，山西记录种类很少，此次发现的山西省新记录较多。

蜻蜓目记录 2 亚目 14 科 39 属 49 种，其中中国新记录 1 种，山西省新记录 12 种。蜉蝣目记录 7 科 13 属 14 种。襀翅目记录 3 科 4 属 4 种，其中 1 新种（另文发表），山西省新记录 3 种。

直翅目共记录 8 科 35 属 45 种。斑翅蝗科记录 7 属 7 种，锥头蝗科记录 1 属 2 种，斑腿蝗科记录 7 属 7 种，剑角蝗科记录 3 属 3 种，癞蝗科记录 1 属 1 种，网翅蝗科记录 5 属 11 种，蚱科记录 1 属 3 种，螽斯科记录 10 属 11 种，其中山西省新记录 9 种。

半翅目（广义）共记录 17 科 93 属 129 种。飞虱科记录 13 属 17 种，其中山西省新记录 3 种；叶蝉科记录 6 属 7 种，其中山西省新记录 3 种；菱蜡蝉科记录 3 属 6 种，均为山西省新记录；颖蜡蝉科记录 1 属 1 种，为山西省新记录。旌蚧科 1 属 1 种，粉蚧科 7 属 9 种，毡蚧科 2 属 2 种，盾蚧科 1 属 2 种，蚜科记录 27 属 37 种。仰蝽科记录 1 属 2 种，猎蝽科记录 6 属 7 种，蝽科记录 13 属 17 种，缘蝽科记录 3 属 3 种，姬缘蝽科记录 2 属 3 种，蛛缘蝽科记录 1 属 1 种，同蝽科记录 1 属 1 种，盲蝽科记录 6 属 13 种。

鞘翅目是昆虫纲最大的类群，此次考察采集的标本，鉴定出 15 科 117 属 188 种，其中水生甲虫与瓢虫种类较丰富。龙虱科记录 6 属 13 种，伪龙虱科记录 1 属 1 种，梭甲科记录 1 属 2 种，沟背甲科记录 1 属 2 种，牙甲科记录 7 属 12 种，这些水生甲虫均为山西省新记录。步甲科记录 16 属 34 种；叩甲科记录 10 属 12 种；吉丁虫科记录 2 属 6 种，其中 5 种为山西省新记录；花萤科记录 4 属 8 种；葬甲科记录 2 属 2 种，均为山西省新记录；瓢虫科记录 23 属 45 种，其中山西省新记录 11 种；叶甲科记录 10 属 12 种，天牛科记录 26 属 29 种，其中山西省新记录 11 种；锹甲科记录 4 属 6 种，其中山西省新记录 1 种；芫菁科记录 3 属 3 种。

鳞翅目蛾类鉴定出 7 科 49 属 72 种，其中织蛾科 2 属 5 种，细蛾科 2 属 2 种，尖蛾科 3 属 3 种，羽蛾科 9 属 14 种，卷蛾科 7 属 9 种，螟蛾科（斑螟亚科）5 属 10 种，草螟科记录 21 属 29 种（其中斑野螟亚科 20 属 27 种，薄翅螟亚科 1 属 2 种）。

历山保护区蝶类资源丰富，所采标本经鉴定共计 7 科 104 属 179 种，其中凤蝶科 5 属 15 种，粉蝶科 8 属 24 种，眼蝶科 18 属 24 种，蛱蝶科 32 属 64 种，喙蝶科 1 属 1 种，灰蝶科 31 属 38 种，弄蝶科 9 属 13 种。

毛翅目幼虫水生，成虫陆生，山西省原记录种类极少，此次采集的标本，经鉴定共计 11 科 19 属 34 种，其中山西省新记录 32 种。

脉翅目仅采到 2 种蚁蛉科的标本。

长翅目所采标本经鉴定，共 2 科 2 属 3 种，其中蚊蝎蛉科 1 属 1 种，蝎蛉科 1 属 2 种，均为山西省新记录。

双翅目记录 18 科 208 属 438 种。实蝇科记录 5 属 6 种，其中山西省新记录 5 种。鼓翅蝇科记录 2 属 4 种。小粪蝇科记录 12 属 19 种，其中新种 3 种（已发表），中国新记录 2 种，山西新记录 14 种。蚜蝇科记录 47 属 108 种，是这次历山地区昆虫调查采集种类最多的类群，其中中国新记录种 1 种，山西省新记录种 62 种。寄蝇科记录 42 属 66 种，隶属于 4 亚科 13 族，其中包括山西省新记录 30 种。丽蝇科记录 12 属 26 种，狂蝇科记录 1 属 1 种，麻蝇科记录 20 属 40 种，皮蝇科记录 2 属 3 种，蝇科记录 28 属 81 种（包括中国新记录 1 种），粪蝇科记录 1 属 1 种，花蝇科记录 11 属 22 种，厕蝇科记录 1 属 10 种。舞虻科记录 2 属 6 种。水虻科记录 9 属 11 种，其中 1 新种，中国新记录 1 种和山西省新记录 4 种。眼蕈蚊科记录 3 属 7 种，其中中国新记录 4 种。蠓科记录 5 属 16 种，大蚊科记录 4 属 10 种。

膜翅目记录 19 科 67 属 144 种。叶蜂类种类很丰富，包括三节叶蜂科 1 属 7 种，其中中国新记录 1 种，山西省新记录 6 种；锤角叶蜂科 1 属 2 种，1 种为新种（另文发表），山西省新记录 1 种；叶蜂科记录 19 属 69 种，包括 6 个新种（已另文发表），其余 59 种为山西省新记录。扁蜂科 1 属 2 种，其中中国新记录 1 种，山西省新记录 1 种。螯蜂科包括 2 属 3 种，梨头蜂科 1 属 1 种，胡蜂科 2 属 3 种。蚁科 12 属 24 种，其中山西省新记录 1 种。蛛蜂科 6 属 6 种，泥蜂科 2 属 2 种，方头泥蜂科 5 属 7 种。蜜蜂科 3 属 3 种，隧蜂科 1 属 3 种。茧蜂科记录 3 属 4 种，其中中国新记录 1 种。环腹瘿蜂科 3 属 3 种，其中 2 种为中国新记录。长尾小蜂科 1 属 1 种，大腿小蜂科 1 属 1 种，广肩小蜂科 1 属 1 种，金小蜂科 2 属 2 种。

蜘蛛目记录 15 科 39 属 60 种，其中山西省新记录 35 种。各科记录种类：螲蟷蛛科 1 属 1 种，线蛛科 1 属 1 种，幽灵蛛科 1 属 4 种，妩蛛科 1 属 1 种，球蛛科 3 属 6 种，皿蛛科 7 属 12 种，肖蛸科 1 属 2 种，园蛛科 3 属 7 种，狼蛛科 3 属 6 种，漏斗蛛科 2 属 2 种，卷叶蛛科 1 属 1 种，管巢蛛科 1 属 1 种，逍遥蛛科 2 属 2 种，蟹蛛科 7 属 7 种，跳蛛科 5 属 7 种。

伪蝎目共记录 3 科 3 属 4 种，其中土伪蝎科 1 属 1 种，木伪蝎科 1 属 2 种，阿伪蝎科 1 属 1 种，均为山西省新记录。

绒螨目的湿螨科记录 2 属 2 种，为水生的种类。植羽瘿螨科 2 属 2 种，瘿螨科 19 属 38 种，羽爪瘿螨科 4 属 11 种，包括 9 新种（其中 3 种已经发表），中国新记录 6 种。

蜱目硬蜱科记录 2 属 2 种，为哺乳动物体外寄生种类；疥螨目甲螨亚目记录 36 科 50 属 64 种，中国新记录属 3 属，中国新记录 10 种（新记录种另文发表），山西省新记录 40 种（图 1）。

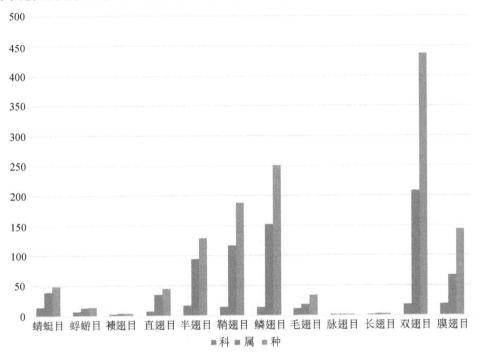

图 1 历山保护区昆虫纲记录目科属种

二、历山保护区昆虫的区系特点

历山的昆虫区系组成，与分布的植物区系组成相似，古北区种占优势，东洋区种类占一定比例，具有东洋区种向古北区扩散和古北区种向东洋区南迁的过渡性质，但不同类群有差异。

直翅目昆虫此次主要调查了蝗虫、蚱和螽斯。蝗虫与螽斯能够反映出较典型的特点。蝗虫中秦岭金色蝗 *Chrysacris qinlingensis* Zheng，1983，短角外斑腿蝗 *Xenocatantops bachycerus* (C. Willemse，1932)，日本黄脊蝗 *Patamga kapmoca* (I. Bolivar，1898)，华阴腹露蝗 *Fruhstorferila huayinensis* Bi et Xia，1980，柳枝负蝗 *Atractomorpha psittacina* (De Haan，1842)等种类属于东洋区种，有的主要分布于河南和陕西，调查发现这些种在山西历山地区有分布。其他种类或为古北区与东洋区共有种，或为古北区种，区系组成上与陕西秦岭北坡很相似，具有一定的过渡性特点。

螽斯科是一个世界性分布的科，但是其属种的分布相对较狭。除个别属为世界性分布外，多仅分布于 1 个动物地理区或相邻的动物地理区，如黑膝畸螽 *Teratura* (*Megaconema*) *geniculata* (Bey-Bienko，1962)，主要分布于东洋区，但历山地区有分布，山西其他地区与河北等地没有分布记录。历山保护区螽斯科昆虫，古北区种占的比例较高，东洋区种类占的比例较低。

此次对历山保护区的昆虫考察，采集的蚜蝇科标本，经鉴定超过 100 种，是记录种类最多的类群。对鉴定出的 100 种进行区系分析，古北界种 17 种，占记录总数的 17%，东洋界种 6 种，占记录总数的 6%，古北界和东洋界共有种 77 种，占总数的 77%。分析数据得知，历山保护区的蚜蝇科昆虫在物种组成上以两界共有种为主体，其次为古北界成分，说明本地区蚜蝇在组成上以古北界成分为主，这与所处的地理位置密切相关，本区域的古北-东洋两界共有种高达 77%，说明山西历山自然保护区的蚜蝇科昆虫具有古北种与东洋种互相渗透的特点。

此次对山西历山自然保护区的昆虫调查，所采集的寄蝇科标本，经鉴定共 66 种，隶属于 42 属，其中古北界种 11 种，东洋界种 3 种，古北界和东洋界共有种 52 种，分别占种数的 16.67%、4.55% 和 78.79%，历山分布属、种分别占中国已知属、种的 4.84%、5.32%。优势种为长翅特西寄蝇 *Trixa longipennis*。

历山位于山西南部，处于由亚热带向温带的过渡地带，气候较山西中部、北部温暖，降水量充足，森林覆盖率高。由于位于古北界和东洋界的交界地带附近，南方种类向北扩散，北方种类向南扩散，形成这个区域物种相对丰富。尽管调查时间较短，结果不能完全反映历山寄蝇科物种多样性，但也基本反映了历山寄蝇科的区系特点，兼具南北分布种类，且古北界与东洋界共有种类占比例高。

三、资源昆虫

通过此次较系统的考察所采集的标本，基本反映出历山地区资源昆虫的特点。学者们曾对山西历山地区的天敌，如蚜蝇、瓢虫、蜘蛛做过一些调查，但记录种类较少。通过此次调查，揭示了历山资源昆虫的基本特点，物种丰富。

（一）天敌昆虫

从捕食性到寄生性天敌，包括捕食性的步甲、瓢虫、蚜蝇、蜘蛛和寄生性的寄蝇种类相当丰富。

由于历山地区水资源远较山西其他地区丰富，植被覆盖率高，雨量较充沛，多数河流常年流淌。发现水生的龙虱科山西省新记录 10 余种，水生甲虫多数既是天敌昆虫又是观赏昆虫，多种体色金光闪烁。

捕食性瓢虫、蚜蝇的种类也有 10 余种山西省新记录，从另一个方面反映出天敌丰富的资源。

捕食性的重要天敌蜘蛛，在历山保护区范围内，对林业害虫具重要控制作用。过去由于交通不便等因素，调查不系统，此次历山地区记录蜘蛛 60 种，其中包括山西省新记录 35 种。

寄生性的天敌，寄蝇类最突出。此次调查发现栖息的寄蝇，不仅种类丰富，优势种突出，不同的生境，优势种类也不同。

（二）传粉昆虫

在自然界中，能够给植物传粉的昆虫包括的类群主要有膜翅目的蜜蜂类，双翅目的蝇类，鳞翅目的蝶类等。此次没有专人从事蜜蜂类昆虫调查，但从文献可以反映出历山保护区蜜蜂类传粉昆虫的特点。安建东等（2008）对山西熊蜂属的研究中，涉及历山的种类。他们记录山西熊蜂 10 亚属 28 种，其中沁水县记录 13 种，阳城县记录 6 种，沁水县记录的种类约占山西记录种类的 50%。双翅目蝇类对植物传粉的作用也相当大，蝶类也能给一些植物传粉。这两个类群在历山地区种类相当丰富。

（三）观赏昆虫

观赏昆虫包括鳞翅目的蝶类、大型蛾类，漂亮的甲虫，听鸣声的蟋蟀与螽斯等。历山地区的蝶类曾有学者做过报道，如范仁俊等（1999）对历山皇姑幔蝶类做过初步调查，报道 7 科 67 种；曹天文等（2004）报道山西省蝶类 8 科 119 属 216 种。此次对历山保护区的考察所采的蝶类标本，经鉴定共计 179 种。尽管此次调查时间短，范围较小，但记录种类表明，历山地区是山西省蝶类最丰富的地区，从低海拔到高海拔地区，均有不同种类分布。

历山地区雨量充沛、冬季相对温暖，高等植物种类丰富，为蝶类幼虫提供了充足的食物，为蝶类的生长、发育与越冬提供了适宜的条件。

蜻蜓类，尤其体型较大的蜻蜓，在历山地区较为常见。丰富和优质的淡水资源，为蜻蜓的产卵、稚虫的发育提供了良好的条件。

历山地区的甲虫，尽管没有特有种，但相对山西其他地区来讲，水生甲虫、瓢虫、步甲、锹甲可以说是山西最丰富的地区。金龟类虽然没有做研究，但不同采集时间，均能够诱到金龟标本。

鸣虫类的螽斯，山西省范围内记录种类很少，但这次调查记录的山西种类超过 10 种。通常百姓在优雅蝈螽发生季节，夏季到秋末冬初饲养。

参 考 文 献

安建东, 姚建, 黄家兴, 2008. 山西省熊蜂属区系调查(膜翅目, 蜜蜂科)[J]. 动物分类学报, 31(1): 80-88.

白海艳, 2014. 山西东南部森林鳞翅目昆虫[M]. 北京: 中国林业出版社.

曹天文, 王瑞, 董晋明, 等, 2004. 山西省蝶类多样性与地带分布[J]. 昆虫学报, 47(6): 793-802.

范仁俊, 韩鹏杰, 王强, 等, 1999. 中条山区蝶类考察初报[J]. 昆虫知识, 36(4): 207-209.

郝静钧, 汤枋德, 1992. 山西蚧害考察[J]. 山西农业大学学报(自然科学版), (1): 18-23.

李长安, 王瑞, 曹天文, 等, 2009. 山西蜻类昆虫[M]. 太原: 山西科学技术出版社.

汤枋德, 1986. 中国园林主要蚧虫, 第三卷[Z]. 太古: 山西农业大学.

张经元, 1995. 山西蝗虫[M]. 太原: 山西科学技术出版社.

Insect and Arachnid Diversity and Faunistic Character of Lishan National Nature Reserve

Shi Fuming[1]   Huo Keke[2]

(1 College of Life Sciences, Hebei University, Baoding, 071002 ; 2 School of Bioscience and Engineering, Shaanxi University of Technology, Hanzhong, 723000)

Protura, Diplura and Collembola totally are recorded 8 orders, 17 families, 30 genera and 38 species, of which 5 known species are firstly recorded to the Chinese fauna and 24 are newly recorded in Shanxi Province. There are 1300 described species and 753 genera belonging to 130 families and 12 orders in Class Insecta, of which 15 species are firstly recorded from China and 316 species as firstly recorded in Shanxi Province. Arachnid 59 families, 121 genera and 183 species, of which 16 species are firstly recorded to China and 80 species are newly recorded to Shanxi Province. In total, this research includes 5 classes, 206 families, 904 genera and 1521 species of them 36 known species are firstly recorded in China and 421 species are firstly recorded in Shanxi Province.

　　Different entomic groups of Lishan National Nature Reserve, Shanxi Province have obviously different faunistic characters. These faunistic characters can be divided into two basic types. For some groups, Palearctic-Oriental Realm have high ratio of common species, Palearctic components take the second place, Oriental ones are the minimum; for other groups, species of the Palearctic Realm are the main composition, Oriental species is lower than the former, common of Palearctic-Oriental Realm are the lowest ration.

原尾纲 Protura

卜云

（上海科技馆，上海自然博物馆自然史研究中心，上海，200127）

原尾纲动物通称原尾虫，体型微小，长梭形，体长 0.6~2.0mm，通常在 1.0mm 左右。幼虫乳白色，成虫淡黄色至红棕色；身体分为 3 部分，头部无触角和眼，具 1 对形状不一的假眼；口器内颚式，包括上唇、大颚、下颚、下颚须、下唇和下唇须。胸部分 3 节，分别着生 1 对足，胸足分别由 6 节组成，前足跗节极为长大，着生形态多样的感觉毛；部分种类中胸和后胸背板分别具 1 对气孔；腹部 12 节，腹部第 I~III 节腹面分别具 1 对腹足，分 1 或 2 节；腹部末端无尾须；雌雄外生殖器结构相似，生殖孔均位于第 XI 和第 XII 节之间，但雄性较细长，雌性较粗壮。

原尾虫主要生活于富含腐殖质的土壤中，是典型的土壤动物，主要在 0~30cm 的土层中生活，但最适宜的栖息层为 20cm 以上。分布广泛，适应性强，在森林湿润的土壤里，苔藓植物中，腐朽的木材、树洞以及白蚁和小型哺乳动物的巢穴中均可以发现原尾虫。原尾虫为增节变态，前幼虫和第 I 幼虫腹部为 9 节，第 II 幼虫为 10 节，童虫和成虫为 12 节。增加的体节出现在第 VIII 节和第 XII 节之间。

原尾纲现行的分类系统由尹文英于 1996 年提出，按照该系统，原尾纲划分为蚖目、华蚖目和古蚖目 3 个目，共包括 10 个科，其中我国分布有 9 个科。原尾虫的分布遍及全世界，在除南极大陆外的各大陆均有其活动。

截至 2017 年，世界已知原尾虫 3 目 10 科 800 余种，中国记录 3 目 9 科 213 种。

2013 年夏季，参加了对历山保护区昆虫考察，共获得 195 号原尾虫标本。经过整理鉴定，共记述历山保护区原尾虫 14 种，隶属于 2 目 6 科 9 属，其中 12 种为山西省新记录。

分目检索表

1 中、后胸背板两侧无气孔 ....蚖目 Acerentomata

- 中、后胸背板两侧各生 1 对气孔 ....古蚖目 Ensentomata

蚖目 Acerentomata

无气孔和气管系统，头部假眼突出；颚腺管的中部常有不同形状的"萼"和花饰以及膨大部分或突起；3 对胸足均为 2 节，或者第 II、III 胸足 1 节；腹部第 VIII 节前缘有 1 条腰带，生有栅纹或不同程度退化；第 VIII 腹节背板两侧具有 1 对腹腺开口，覆盖有栉梳。雌性外生殖器简单，端阴刺多呈短锥状。雄性外生殖器长大，端阳刺细长。

世界已知 6 科 62 属 450 余种，我国记录蚖目 5 科 34 属 110 种，山西历山分布有 5 科 6 属 6 种。

分科检索表

1 假眼梨形，中裂"S"形，颚腺管中部的蕈膨大为香肠状 ....
.... 夕蚖科 Hesperentomidae
- 假眼圆形，无中裂，颚腺管中部的蕈球形或心形 2
2 假眼多数具有后杆，颚腺管中部具有光滑的球形蕈 .... 始蚖科 Protentomidae
- 假眼无后杆，颚腺管中部具有心形蕈 3
3 蕈光滑无花饰 .... 欚蚖科 Berberentulidae
- 蕈部生有多瘤的花饰或其他附属物 4
4 蕈部光滑，背面生单一的盔状附属物 .... 蚖科 Acerentomidae
- 蕈部膨大，既生有多瘤的花饰，也有单一的盔状附属物 ....
....日本蚖科 Nipponentomidae

夕蚖科 Hesperentomidae

身体细长；假眼常呈梨形，中部有纵贯的"S"形中隔；颚腺管细长，中部常有膨大成香肠状或袋状的蕈部，在袋的远端生有极微小的、花椰菜状的花饰；前胸足跗节的感觉毛常呈柳叶状或者短棒状；第Ⅰ~Ⅲ腹足均为2节，各生4刚毛（夕蚖属 *Hesperentomon*），或第Ⅰ~Ⅱ节腹足为2节，第Ⅲ腹足为1节（尤蚖属 *Ionescuellum*）；第Ⅷ腹节前缘的腰带简单而无纵纹；栉梳为长方形；雌性外生殖器的端阴刺为尖锥状。

本科世界已知2亚科3属29种，我国记录2属17种，山西历山分布1属1种。

1 棘腹夕蚖 *Hesperentomon pectigastrulum* Yin, 1984

身体黄色，前足跗节颜色较深；体长1068~1493μm；头椭圆形，长113~135μm，宽83~100μm；假眼梨形，长13~15μm，宽7.5~10μm，头眼比7.7~10；颚腺中部膨大成袋状，后部长25~38μm，头颚腺比3.5~5.0；前跗长65~83μm，爪长13~20μm，跗爪比4.1~7.8，中垫长2.5~3.8μm，垫爪比0.17~0.25，基端比1.1~1.2；中跗长28~33μm，爪长13~18μm；后跗长30~38μm，爪长13~18μm；腹部第Ⅱ~Ⅵ节背板毛序为8/12；腹部第Ⅷ节栉梳后缘生有8枚尖齿。

观察标本：6♀，山西沁水张马，2013.Ⅶ.7~8，卜云、高艳采。
分布：山西（历山、大同、宁武）、河北、陕西、宁夏。

始蚖科 Protentomidae

体型较为粗笨，口器稍尖细，大颚顶端不具齿；下颚须和下唇须均较短；颚腺管近盲端具有光滑的球形蕈；前足跗节感觉器多数呈柳叶形或短棒状；第Ⅰ~Ⅱ腹足2节，第Ⅲ腹足1或者2节；后胸背板具有2对或1对前排刚毛，腹节背板前排刚毛不同程度地减少。

本科世界已知2亚科6属44种，我国记录4属11种，山西历山分布1属1种。

2 短跗新康蚖 *Neocondeellum brachytarsum* (Yin, 1977)，山西省新记录

体型粗短，淡黄色，前足跗节和腹部后端呈棕黄色；体长678~812μm；头椭圆形；假眼长8~9μm，头眼比13~16；颚腺蕈部球形，后部腺管弯曲；下颚须亚端节具有1个短宽的柳叶形感器；前跗长37~45μm，爪长11~15μm，跗爪比3.3~3.8，中垫长3~4μm，垫爪比

0.20～0.23，基端比 0.87～1.30；前跗背面感器 *t*-1 和 *t*-2 细长，*t*-3 柳叶形；外侧面感器 *a* 和 *b* 剑状，*b* 较短，*c*、*d*、*e* 和 *g* 缺失，*f* 短小，柳叶形；内侧面感器 *a'* 柳叶形，短小；腹部第 VIII 节栉梳后缘生有 4～8 枚尖齿；雌性外生殖器具尖细的腹突和端阴刺。

观察标本：4♀，3 童虫，1 第 II 幼虫，1 第 I 幼虫，山西沁水张马，2013.VII.8；2♀，山西沁水下川西峡，2013.VII.11；2♀，山西沁水下川东峡，2013.VII.14；3♀，山西翼城大河，2013.VII.17，卜云、高艳采。

分布：山西（历山）、吉林、辽宁、北京、河南、陕西、江苏、上海、浙江、安徽、湖北、湖南、重庆、四川、贵州。

檗蚖科 Berberentulidae

身体较粗壮，成虫的腹部后端常呈土黄色；口器较小，上唇一般不突出成喙，下唇须退化成 1～3 根刚毛或者 1 根感器；颚腺管细长，具简单而光滑的心形萼；假眼圆形或椭圆形，有中隔；中胸和后胸背板生前刚毛 2 对和中刚毛 1 对；第 I 对腹足 2 节，各生 4 根刚毛，第 II～III 对腹足 1 节，各生 2 或者 1 根刚毛；第 VIII 腹节前缘的腰带纵纹明显或不同程度退化或变形。

本科世界已知 3 亚科 21 属 164 种，我国记录 11 属 56 种，山西历山分布 2 属 2 种。

3 河南肯蚖 *Kenyentulus henanensis* Yin, 1983，山西省新记录

体长 848～853μm，头长 90～93μm，宽 63～75μm，假眼长 6.3～7.5μm，头眼比 12～15，头颚腺比 4.5～4.6；前跗长 55～58μm，跗爪比 4.4～4.6，基端比 0.57～0.64，中垫长 3.8μm，垫爪比 0.3，中跗长 25μm，中爪长 10μm；后跗长 28μm，后爪长 10μm；栉梳具 8 齿，端阴刺尖细。

观察标本：1♂1♀，山西沁水张马，2013.VII.7；1♀，山西翼城大河，2013.VII.16，卜云、高艳采。

分布：山西（历山）、河南、宁夏、甘肃、浙江、湖北、江西、海南、贵州、云南。

4 森川巴蚖 *Baculentulus morikawai* (Imadaté *et* Yosii, 1956)，山西省新记录

体长 920～1320μm；头长 115～128μm；假眼近圆形，直径 7～9μm，头眼比 14～18；颚腺管简单，近基部腺管较粗，盲端稍膨大；前跗长 85～100μm，爪长 22～28μm，跗爪比 3.5～4.0，中垫长 3μm；前跗背面感器 *t*-1 鼓槌状，基端比 0.5，*t*-2 细长，*t*-3 小芽形，外侧面感器 *a* 的顶端略超过 *d* 的基部，*b*、*c*、*d* 大体生在同一排，*b* 特别长大，顶端可达 *g* 的基部，*c* 与 *d* 靠近，长度相仿，*e* 通常短于 *c*，*f* 细长，位于 *e* 和 *g* 的当中，*g* 较粗，*f* 和 *g* 的顶端均超过爪的基部。内侧感器 *a'* 粗大，位于 *t*-1 的远侧，*b'* 缺失，*c'* 细长，顶端可达爪的基部；第 VIII 腹节的腰带无栅纹；栉梳呈斜方形，后缘生小齿 12 枚；雌性外生殖器的端阴刺长而尖锐。

观察标本：2♀，山西沁水张马，2013.VII.7～8，卜云、高艳采。

分布：山西（历山）、安徽、台湾、香港、云南；日本，韩国。

蚖科 Acerentomidae

体型较为壮大，口器常尖细，上唇的中部常向前延伸成喙；下唇须生有 1 根感器和 1 簇刚毛；假眼圆形或扁圆形，有中隔无后杆；颚腺管上生心形萼，萼上无花饰，仅有 1 个光滑的盔状附属物；前足跗节上的感器数目和形状均较稳定，*t*-1 为线形，棍棒形或鼓槌形；前跗

远端的爪内侧有时生有内悬片，爪垫一般较短，中跗和后跗的爪舟形并具发达的套膜和较长的中垫；腹部第 I 对腹足 2 节，各生 4 根刚毛，第 II～III 对腹足 1 节，各生 2 或 3 根刚毛；第 VIII 腹节前缘的腰带常具发达的栅纹；雌性外生殖器具有尖锥状的端阴刺。

本科世界已知 3 亚科 17 属 147 种，我国记录 9 属 14 种，山西历山分布 1 属 1 种。

5 高绳线毛蚖 *Filientomon takanawanum* (Imadaté, 1956)

体长 1450～1588μm，头长 160～165μm，宽 113～125μm，假眼长 7.5μm，宽 10μm，头眼比 16～22，颚腺后部长 18～20μm，头颚腺比 8.3～9.6；前跗长 110～115μm，跗爪比 2.8～3.1，基端比 0.58～0.67，中垫长 5μm，垫爪比 0.13，中跗长 53～57μm，中爪长 17.5μm，后跗长 63μm，后爪长 25～28μm；栉梳具 16～18 齿；中后胸腹板分别具有 1 簇中央腺孔，常为 3 个，呈三角形排列；中胸背板 $P1 : P1a : P2 = (1.7～1.9) : 1 : (2.3～2.5)$，第 II 和第 III 腹足上的亚端毛：端毛＝1.2。

观察标本：1♂，1 第 II 幼虫，山西历山舜王坪，2013.VII.15，卜云、高艳采。

分布：山西（历山、宁武）、吉林、河北、陕西、安徽、浙江；日本，韩国，朝鲜。

日本蚖科 Nipponentomidae

身体壮大，表皮骨化浓重；上唇须具有 1 梭形的膨大感器和 1 簇刚毛；假眼圆形有中隔；颚腺管细长，萼常膨大，上生多瘤的花饰和单一的盔状附属物；前跗感器齐全，爪垫内侧常生有 2 条内悬片；中胸背板生 2～3 对前排刚毛，后胸背板生 2～4 对前排刚毛，第 II～III 对腹足 1 节，各生 2 根刚毛；第 VIII 腹节前缘的腰带发达，栅纹清楚；栉梳多为长方形，后缘平直或突出成弧形；雌性外生殖器的端阴刺尖锥状或末端 3 齿状分叉。

本科世界已知 3 亚科 13 属 64 种，我国记录 8 属 16 种，山西历山分布 1 属 1 种。

6 青海聂娜蚖 *Nienna qinghaiensis* Bu et Yin, 2008，**山西省新记录**

成虫体长 1200μm；头椭圆形，长 125μm，宽 70μm，头部背面具有刚毛 *pps*，*ls* 和 *a* 短小。假眼长 7.5μm，宽 7.5μm，头眼比 16.7。颚腺管长，盲端稍膨大，萼部小，侧面和下部的葡萄状附属物小，后部长 15μm，头颚腺比 8.3。下颚须亚端节具有 2 个尖细感器，下唇须发达，基部具有 1 个叶状的感器。中后胸背板具有 3 对前排刚毛，$P1 : P1a : P2 = 4 : 1 : 6$。前跗长 75μm，爪长 18μm，具有 1 个内悬片，跗爪比 4.2，中垫长 4μm，垫爪比 0.18。背面感器 *t-1* 线形，基端比 0.7，*t-2* 细长，*t-3* 矛状。外侧面感器 *a* 较长，达到 *t-2* 基部。刚毛 $\delta4$ 特化为感器状，$\beta1$ 正常。中跗长 33～35μm，后跗长 35～38μm。腹部第 II～VI 节背板毛序为 10/14，后排缺失 *P1a*。第 II 和 III 腹足较宽，各具有 2 根等长的刚毛。第 VIII 节腰带发达，具有细密的栅纹，腰带前面具有 6～7 条垂线。栉梳长方形，后缘具有 12 枚规则的尖齿。雌性外生殖器粗壮，端阴刺短锥状。

观察标本：1 童虫，山西历山舜王坪，2013.VII.15；1 第 II 幼虫，山西翼城大河，2013.VII.16，卜云、高艳采。

分布：山西（历山）、内蒙古、陕西、宁夏、青海。

古蚖目 Ensentomata

中胸和后胸背板上有中刚毛，两侧各生 1 对气孔，气孔内生有气管瓮；口器较宽而平直，一般不突出成喙；大颚顶端较粗钝并具有小齿；颚腺细长无萼，膨大部常忽略不见；假眼较小而突出，有假眼腔；前跗节上的感器 f 和 b' 常各生 2 根；前跗的爪垫几乎与爪长相仿；中跗和后跗均具爪，但无套膜；3 对腹足均为 2 节，各生 5 根刚毛；第 VIII 腹节前缘无腰带，两侧的腹腺孔上盖小而简单，无具齿的栉梳；雌性外生殖器常有腹片和细长的刺状端阴刺。

世界已知 2 科 11 属 3600 余种，我国记录古蚖目 2 科 7 属 98 种，山西历山分布有 1 科 3 属 8 种。

古蚖科 Eosentomidae

本科特征见古蚖目特征。

本科世界已知 3 亚科 10 属 363 种，我国记录 6 属 95 种，山西历山分布 3 属 8 种。

分属检索表

1 前跗节上有 e 和 g 感器 .... 古蚖属 Eosentomon
- 前跗节上缺 e 感器，有 g 感器 2
2 腹部第 X 或 XI 节背板上有 1 对形状特殊的大刺 .... 异蚖属 Anisentomon
- 腹部第 X 或 XI 节背板上无特殊的大刺 .... 拟异蚖属 Pseudanisentomon

7 九毛古蚖 Eosentomon novemchaetum Yin, 1965，山西省新记录

体长 825～900μm；头椭圆形，长 87～95μm，宽 65～70μm；头背面刚毛 sp：p=1.4；大颚具有 3 个端齿；刚毛 sr 和 r 均为羽状；假眼圆形，长 8μm，头眼比 11.5～11.9；前跗长 55～56μm，爪长 10～11μm，跗爪比 5～5.6，中垫长 10～11μm，垫爪比 1，基端比 0.81～0.87；中跗长 26μm，爪长 6～7μm，后跗长 30～32μm，爪长 8～9μm；中胸背板 $P1$：$P1a$：$P2$=（1.2～1.3）：1：（1.4～1.7）；第 III 对胸足跗节基部的刚毛 $D2$ 大刺状。第 II 对胸足的爪垫极短，第 III 对胸足的爪垫长。腹部第 XI 节背板刚毛 1 和 2 极短。

观察标本：1♂2♀，1 第 II 幼虫，山西沁水张马，2013.VII.7～8；3♂3♀，山西沁水下川西峡，2013.VII.13，卜云、高艳采。

分布：山西（历山）、辽宁、陕西、江苏、上海、安徽、江西。

8 上海古蚖 Eosentomon shanghaiense Yin, 1979，山西省新记录

体长 590～680μm；头长 99μm；假眼长 8μm，头眼比 12；前跗长 68μm，爪长 12～13μm，跗爪比 5.2～5.6，垫爪比 0.8；前跗背面感器 t-1 棒状，基端比 0.89，外侧面感器 a 较长，e 和 g 均为匙形；内侧感器 b'-1 缺失；气孔较大，直径 6～7μm，各具 2 个粗大的气管龛；雌性外生殖器上的头片形如扭曲的螺纹，端阴刺细长。

观察标本：1♂3♀，山西沁水张马，2013.VII.7～8，卜云、高艳采。

分布：山西（历山）、上海、安徽、浙江、江西、贵州。

9 大眼古蚖 Eosentomon megaglenum Yin, 1990，山西省新记录

体长 665～930μm；头椭圆形，长 76～82μm，宽 55～76μm；头背面刚毛 sp：p=1.2；大颚具有 3 个端齿；刚毛 sr 和 r 均为羽状；假眼大，长 12～15μm，宽 10～15μm，头眼比 5.3～6.7；前跗长 53～58μm，爪长 8～11μm，跗爪比 5.5～7.7，中垫长 9～11μm，垫爪比 1，基端比 0.80～0.92；中跗长 25μm，爪长 6～8μm，后跗长 28～31μm，爪长 7～9μm；中胸背板 $P1$：$P1a$：$P2$=（1.0～1.2）：1：（1.3～1.7）；第 III 对胸足跗节基部的刚毛 $D2$ 正常；第 II 对胸

足的爪垫短，第 III 对胸足的爪垫长；腹部第 XI 节背板刚毛 1 和 2 极短。

观察标本：4♂6♀，1 童虫，山西沁水张马，2013.VII.7～8；9♂8♀，山西沁水下川西峡，2013.VII.11；3♀，山西沁水下川东峡，2013.VII.14，卜云、高艳采。

分布：山西（历山）、陕西、宁夏、甘肃、江苏、上海、湖北、湖南、四川、贵州、云南。

10　日升古蚖 *Eosentomon asahi* Imadaté, 1961，山西省新记录

体长 1185μm；头椭圆形，长 105μm，宽 88μm；大颚具有 3 个端齿；刚毛 *sr* 和 *r* 羽状；假眼圆形，长 10μm，头眼比 10.5；前跗长 80μm，爪长 13μm，跗爪比 8.4，中垫长 13μm，垫爪比 1，基端比 1；中跗长 33μm，爪长 10μm，后跗长 45μm，爪长 10μm；中胸背板 $P1$：$P1a$：$P2=1.2$：1：1.5；第 III 对胸足跗节基部的刚毛 $D2$ 刺状；第 II、III 胸足的爪垫均短，约为爪长的 1/5。

观察标本：1♀，山西沁水下川西峡，2013.VII.11；1♀，山西沁水下川东峡，2013.VII.14；1♀，山西翼城大河，2013.VII.16，卜云、高艳采。

分布：山西（历山）、黑龙江、吉林、辽宁、内蒙古、北京、青海；日本。

11　东方古蚖 *Eosentomon orientalis* Yin, 1965，山西省新记录

体长 890～1075μm；头椭圆形，长 85～93μm，宽 63～80μm；头背面刚毛 *sp*：$p=1.5$；大颚具有 3 个端齿；刚毛 *sr* 和 *r* 正常；假眼长 10μm，宽 7.5～10μm，头眼比 8.5～9.3；前跗长 58～60μm，爪长 10μm，跗爪比 5.5～6，中垫长 10μm，垫爪比 1，基端比 0.85～1；中跗长 25～28μm，爪长 7.5μm，后跗长 28～33μm，爪长 7.5～10μm；中胸背板 $P1$：$P1a$：$P2=$（1.0～1.2）：1：（1.3～1.7）；第 III 对胸足跗节基部的刚毛 $D2$ 正常；第 II 对胸足的爪垫短，第 III 对胸足的爪垫长。

观察标本：1♂，山西沁水下川富裕河，2013.VII.9；1♂，1 第 II 幼虫，山西历山舜王坪，2013.VII.15，卜云、高艳采。

分布：山西（历山）、辽宁、陕西、宁夏、甘肃、青海、江苏、上海、安徽、浙江、湖北、江西、湖南、广东、海南、广西、重庆、四川、贵州。

12　异形古蚖 *Eosentomon dissimilis* Yin, 1979，山西省新记录

体长 1375～1488μm；头椭圆形，长 125～138μm，宽 103～118μm；大颚具有 3 个端齿；刚毛 *sr* 和 *r* 羽状；假眼圆形，长 10μm，表面具有 3 条纵纹，头眼比 13～14；前跗长 98～120μm，爪长 15～18μm，跗爪比 6～8，中垫长 15～18μm，垫爪比 1，基端比 0.9～0.95；中跗长 45～50μm，爪长 13～15μm，后跗长 53～60μm，爪长 15～18μm；中胸背板 $P1$：$P1a$：$P2=1.2$：1：1.6；气孔直径为 5～7μm，气管盦长 15μm，第 III 对胸足跗节基部的刚毛 $D2$ 正常刚毛状；第 II、III 胸足的爪垫均长，为爪长的 1/2～2/3。

观察标本：1♂1♀，山西沁水张马，2013.VII.8；1♂，山西历山舜王坪，2013.VII.15，卜云、高艳采。

分布：山西（历山）、陕西、青海、上海、安徽、浙江、湖南、贵州。

13　巨刺异蚖 *Anisentomon magnispinosum* (Yin, 1965)，山西省新记录

体长 650～742μm；头长 80～90μm；假眼长 10～11μm，具 3 条线纹，头眼比 8～9；前跗长 46～48μm，爪长 6～7μm，跗爪比 6.7～7.2；前跗背面感器 *t-1* 顶端膨大如槌，基端比 0.9～1.0，*t-2* 短刚毛状，*t-3* 短棍状；外侧面感器 *a* 稍短于 *b* 和 *c*，*d* 较短而粗，*e* 缺失，*g* 较粗大，匙形，*f-1* 短棍状，*f-2* 极短小；内侧感器 *a'* 较短，中部略宽，*b'-1*、*b'-2* 和 *c'* 的长度相仿；中、后胸足的中垫均长，气孔较小，直径 2.0～3.0μm；腹部第 XI 节背板中央 1 对刚毛为粗大平直

的刺，长 11～20μm；雌性外生殖器的腹片为"Y"形，头片略向内弯曲成弧形，端阴刺细长。

观察标本：3♀，山西沁水张马，2013.VII.7～8，卜云、高艳采。

分布：山西（历山）、河南、陕西、江苏、浙江、四川。

讨论：异蚖属是中国特有属，属于稀有种类。山西历山为目前异蚖属记录的最高纬度的分布地。

14 小孔拟异蚖 *Pseudanisentomon minystigmum* (Yin, 1979)，山西省新记录

体长 825～1040μm；头椭圆形，长 90μm，宽 63～80μm；大颚具有 3 个端齿；刚毛 *sr* 和 *r* 刚毛状；假眼圆形，长 9～10μm，表面具有 3 条纵纹，头眼比 9～11；前跗长 55～68μm，爪长 6.3～8.8μm，跗爪比 7.7～8.8，中垫长 6.3～8.8μm，垫爪比 1，基端比 0.93～1；中跗长 28～30μm，爪长 6.3～8.8μm，后跗长 30～35μm，爪长 7.5～8.8μm；中胸背板 $P1 : P1a : P2 = 1.1 : 1 : 1.2$；气孔直径为 5～6μm，第 III 对胸足跗节基部的刚毛 $D2$ 正常刚毛状；第 II、III 胸足的爪垫均长，约为爪长的 1/2。

观察标本：1♂，山西翼城大河，2013.VII.16，卜云、高艳采。

分布：山西（历山）、宁夏、江苏、上海、安徽、浙江、湖北、福建、云南。

参 考 文 献

卜云, 2008. 原尾纲系统分类学及低等六足动物 *Hox* 基因的结构和功能的初步研究[D]. 北京: 中国科学院大学.

卜云, 高艳, 栾云霞, 等, 2012. 低等六足动物系统学研究进展[J]. 生命科学, 24(20): 130-138.

尹文英, 1999. 中国动物志 节肢动物门 原尾纲[M]. 北京: 科学出版社.

Bai Y, Bu Y, 2013. *Hesperentomon yangi* sp. n. from Jiangsu Province, Eastern China, with analyses of DNA barcodes (Protura, Acerentomata, Hesperentomidae)[J]. ZooKeys, 338: 29-37.

Bai Y, Bu Y, 2013. *Baculentulus xizangensis* sp. nov. from Tibet, China (Protura: Acerentomata, Berberentulidae) with a key to the group of *Baculentulus* spp. with foretarsal sensillum *b*'[J]. Florida Entomologist, 96(3): 825-831.

Bu Y. Ma Y, Luan Y X, 2016. *Paracerella* Imadate in China: the description of a new species and the analysis of genetic differences between populations (Protura, Acerentomata, Nipponentomidae)[J], ZooKeys, 604: 1-11.

Bu Y, Potapov M B, Yin W Y, 2014. Systematic and biogeographical study of Protura (Hexapoda) in Russian Far East: new data on high endemism of the group[J]. ZooKeys, 424: 19-57.

Bu Y, Qian C Y, Luan Y X, 2017. Three newly recorded species of Acerentomata (Hexapoda: Protura) from China, with analysis of DNA barcodes[J]. Entomotaxonomia, 39(1): 1-14.

Bu Y, Yin W Y, 2007. Two new species of *Hesperentomon* Price, 1960 from Qinghai Province, Northwestern China (Protura: Hesperentomidae)[J]. Acta Zootaxonomica Sinica, 32(3): 508-514.

Bu Y, Yin W Y, 2008. Occurrence of *Nosekiella* and *Nienna* (Protura, Nipponentomidae) in China[J]. Annales de la Société Entomologique de France, 44(2): 201-207.

Bu Y, Yin W Y, 2010a. The Protura from Liupan Mountain, northwest China[J]. Acta Zootaxonomica Sinica, 35(2): 278-286.

Bu Y, Yin W Y, 2010b. Two new species of the genus *Kenyentulus* Tuxen, 1981 from Shaanxi Province, Northwest China (Protura: Berberentulidae)[J]. Acta Zoomoologica Cracoviensia, 53B (1-2): 65-71.

Bu Y, Su Y, Yin W Y, 2011. First record of Protura from Helan Mountain, Northwest China (Hexapoda, Protura)[J]. Acta Zootaxonomica Sinica, 36(3): 803-807.

Szeptycki A, 2007. Checklist of the world Protura[J]. Acta Zoologica Cracoviensia, 50B (1): 1-210.

Xiong Y, Bu Y, Yin W Y, 2008. A new species of *Anisentomon* from Hainan, Southern China (Protura: Eosentomidae)[J]. Zootaxa, 1727: 39-43.

Protura

Bu Yun

(Natural History Research Center, Shanghai Natural History Museum,
Shanghai Science & Technology Museum, Shanghai, 200127)

The Protura from Lishan National Nature Reserve of Shanxi Province, North China are studied for the first time. Totally 195 specimens were collected during the investigation. The present research reports 14 species of Protura belonging to 9 genera, 6 families and 2 orders from Lishan National Nature Reserve. Among them, 12 species are firstly recorded in Shanxi Province.

弹尾纲 Collembola

高艳[1] 卜云[2]

（1 中国科学院上海昆虫博物馆，上海，200032；
2 上海科技馆，上海自然博物馆自然史研究中心，上海，200127）

弹尾纲动物通称跳虫，其体型较小，成虫体长 0.5～8.0mm，大多数种类 1～3mm；无翅，口器内颚式；身体分为头、胸、腹 3 部分；头部具有分节的触角，无复眼；胸部 3 节，每节有 1 对胸足；腹部 6 节，通常在腹面第 I、III、IV 节分别具有特化的附肢——腹管、握弹器和弹器；胸足从基部到端部依次由基节、转节、腿节和胫跗节组成，末端为单一的爪；腹部 6 节在有些类群中有愈合现象；体表着生稀疏或者密集的刚毛，有些类群体表着生扁平的鳞片；原蚖目的许多类群腹部末端生有臀刺。跳虫为表变态，终生蜕皮，每次蜕皮后其外部形态发生细微的变化。

跳虫一般生活在潮湿并富含腐殖质的土壤或地表凋落物中，大多数种类以真菌和腐殖质为食，极少数种类生活在小水体表面，一些种类适应于冰川或者极地的极端环境。跳虫的分布很广，从赤道到两极，从平原到海拔 6400m 的高原，均有跳虫生活。

目前世界已知跳虫 8000 余种，中国记录 400 余种。弹尾纲现行的分类系统由 Deharveng 于 2004 年提出，该系统中弹尾纲划分为 4 目 30 科，我国已知 4 目 20 余科。

2013 年 7 月，参加了对历山保护区昆虫资源的考察，获得了丰富的跳虫标本，经过整理鉴定，共记述山西历山跳虫 20 种，隶属于 4 目 9 科 18 属，其中包括 5 个中国新记录种，10 个山西省新记录种。

分目检索表

1 体长型，胸腹部分节明显 2
- 体球型或者半球型，胸腹部部分分节不明显 3
2 具有第 I 胸节背板 ....原蚖目 Poduromorpha
- 无第 I 胸节背板 ....长角蚖目 Entomobryomorpha
3 触角比头长，有眼或者无眼，体色多样 ....愈腹蚖目 Symphypleona
- 触角比头短，无眼，体色无或者简单 ....短角蚖目 Neelipleona

原蚖目 Poduromorpha

分科检索表

1 口器内大颚缺失，或者具有大颚但无臼齿盘 ....疣蚖科 Neanuridae
- 口器具有大颚，具有臼齿盘 2

疣蚖科 Neanuridae

体表多有鲜艳色素，少数白色。身体宽短、粗壮，胸部和腹部分节明显，尤其背板几乎都有明显的体节间区。表皮粗糙，有些具有瘤状区域。触角 4 节，比头对角线短；第 III 节感器由 2 个感棒及 1～2 根外侧感毛组成；第 IV 节顶端有可收缩的感觉乳突以及多根感毛。口器刺吸式，上颚无臼齿盘，下颚一般针状。角后器有或无，眼形式多样。爪无小爪。弹器有或无。

本科分布广泛，尤以热带、亚热带居多，世界已知 1400 余种。我国记录 30 余种，山西历山分布 2 属 2 种。

1 副伪亚蚖 *Pseudachorutes subcrassus* Tullberg, 1871，中国新记录

体长 1.8mm。体蓝灰色。小眼每侧 8+8 个，角后器 6～11 囊泡，椭圆形。头部沿腹线有 2+2 毛。触角短于头长；III、IV 节愈合；第 III 节感器正常；第 IV 节亚顶端有 1 个三瓣状感泡，背部侧面 6 根感觉毛，腹面顶端有大约 20 根变异的刚毛。口锥长；上颚 3～5 齿；下颚细长，由两分支组成，每个分支顶端有 1 光滑齿。体表颗粒粗糙，均匀；体毛较长，在腹部末端略微变粗。胸部腹面无毛。胸部第 II 节有 $a2$ 毛；每节 $p3$ 是感毛但未前移；腹部第 V 节有 $a2$ 毛，无 $p2$ 毛。腹管 4+4 毛。弹器发达；齿节有 6 刚毛；端节约有齿节的一半长度，船形，一侧有 1 大的浆状突起，顶端钩状。握弹器 3+3 齿。爪基部有 1 明显内齿和 1 对小的侧齿，无小爪，无粘毛。

观察标本：2♀，山西沁水下川，2013.VII.10，高艳、卜云采。

分布：山西（历山）；古北区广布。

2 异奇刺蚖 *Friesea sublimis* Macnamara, 1921，山西省新记录

体长 0.8mm。体色淡灰，眼区颜色深。体壁表皮颗粒均匀。小眼 8+8 个。触角第 IV 节亚顶端感泡简单、细长，背面外侧 6 根弯曲的感毛，最外侧两根粗壮、弯曲；腹面有多根小的刺状毛。弹器各节发育良好，端节带侧突，齿节背面 3 毛。握弹器 2+2 齿。爪无内齿，无小爪；每爪 4～5 根粘毛，粘毛顶端略为圆钝。腹管 4+4 毛。腹部第 IV、V 节大毛顶端轻微钝状；第 VI 节末端，3 臀刺，前面 2 根稍长，后边 1 根稍短。

观察标本：2♀，山西翼城大河，2013.VII.16，高艳、卜云采。

分布：山西（历山）、青海、福建、广东；尼泊尔，越南，北美，欧洲，非洲。

球角蚖科 Hypogastruridae

体毛光滑稀少，表皮有明显颗粒。触角 4 节，一般比头的直径短。第 IV 节顶端有 1 个可

收缩的乳突，乳突常呈三叶状，近顶端有 1 个很小的亚顶端凹陷和一些感觉毛。臀刺 2 枚，少数 3、4 枚或无，体长大多在 1.0～1.5mm。

本科世界已知近 700 种，我国记录 24 种，山西历山分布有 3 属 3 种。

3 塔吉克奇蚖 *Xenylla tadzhika* Martynova, 1968，中国新记录

体长 1.3～1.6mm，身体相对较宽。体蓝色。头部具有 5+5 小眼。上唇毛序为（4/554）。爪无内齿，胫跗节具有 1、2、2 背面刚毛，为内侧刚毛长度的 1.2 倍。腹管具有 4+4 刚毛。握弹器具有 3+3 齿。弹器粗壮，末端渐细，具有 2 根刚毛。臀刺中等长度，稍弯曲，长度约为爪长的 1/2。

观察标本：2♀，山西泌水张马，2013.VII.7，高艳、卜云采。

分布：山西（历山）；塔吉克斯坦，阿尔泰山区。

4 楚科奇泡角蚖 *Ceratophysella czukczorum* Martynova et Bondarenko, 1978，中国新记录

体长最大 1.2mm，体色蓝紫色。体表色素形成不规则状斑块，腹部颜色浅，体表颗粒细小，仅头部和腹部第 VI 节较粗。头部具有 8+8 小眼。角后器简单。弹器较短，齿节：端节=1.7：1；齿节仅背面具有刚毛。握弹器具有 4+4 齿。

观察标本：2♀，2 幼虫，山西沁水下川，2013.VII.9，高艳、卜云采。

分布：山西（历山）；俄罗斯（远东地区）。

5 异球角蚖 *Hypogastrura distincta* (Axelson, 1902)，中国新记录

体长 2.0mm。体蓝灰色。小眼每侧 8 个；角后器比眼大，有 4 泡，前端两个略大。体表颗粒细小，分布均匀，仅在腹部第 V～VI 节略变大。触角短于头长；第 IV 节顶端感泡简单，外侧有 4～5 根钝状感毛；第 III 节感器正常，第 I 节有 7 毛。胸足胫跗节粘毛式为 3、3、4；爪有 1 内齿，无侧齿；小爪发达，有基膜。腹管 4+4 毛。握弹器 3+3 齿。弹器发达；齿节 5 根刚毛，有端节的 3 倍长；端节小，有三角形侧突。腹部第 VI 节背面 2 根小的弯曲臀刺，位于乳突上，臀刺略微长于乳突。

观察标本：2♀，山西沁水张马，2013.VII.7，高艳、卜云采。

分布：山西（历山）；世界广布。

短吻蚖科 Brachystomellidae

体毛光滑稀少，表皮有明显颗粒。触角 4 节，一般比头的直径短。第 IV 节顶端有 1 个可收缩的乳突，乳突常呈三叶状，近顶端有 1 个很小的亚顶端凹陷和一些感觉毛。臀刺 2 枚，少数 3、4 枚或无，体长大多在 1.0～1.5mm。

本科世界已知 132 种，我国记录 2 种，山西历山分布有 1 属 1 种。

6 小短吻蚖 *Brachystomella parvula* (Schäffer, 1896)，中国新记录

体长 1.0mm，体型短壮。体浅蓝灰色，体色深处略红。小眼每侧 8 个；角后器比眼大，有 4～8 泡。小颚外叶缩短，无基叶。头部沿腹线有 2+2 毛。体毛短小，体表颗粒细小，胸部腹面无毛。触角短于头长；第 IV 节顶端感泡简单，有浅裂，外侧无明显钝状感毛；第 III 节感器正常，第 I 节有 7 毛。爪有 1 内齿，1 对侧齿位于基部，非常弱；小爪发达，有基膜。腹管 3+3 毛。握弹器 3+3 齿。弹器发达；齿节 5 根刚毛；端节小，腹侧缘笔直。无臀刺。

观察标本：1♀，山西沁水张马，2013.VII.7，高艳、卜云采。

分布：山西（历山）；全北区广布。

土姚科 Tullbergiidae

身体长形、背腹扁平，无色素。头和身体上有假眼。触角第 III 节感觉器完全裸露，2 个感觉棒相对弯曲，通常有 1 附属的侧棒。无眼，小爪微小。弹器退化。大多体型较小，体长 0.5～1.5mm，多数种类体长小于 1mm。

本科世界已知 200 余种，我国记录 5 种，山西历山分布有 1 属 1 种。

7 吉井氏美土姚 *Mesaphorura yosii* (Rusek, 1967)，山西省新记录

体长 0.66mm，无色素；体表颗粒均匀；触角第 IV 节具有 5 个感器，感器 b 最粗，e 加粗，d 刚毛状；角后器为相邻假眼的 1.7 倍长，由两排 36 个小泡组成；假眼球形，内部星形；假眼式为 11/011/10011；第 V 腹节背板 $p3$ 毛为纺锤状感器；第 VI 腹节背板具有新月形褶；两根臀刺位于较低的突起上，短于第 III 足的爪；肛瓣上有 $l2'$ 和 $l3'$ 毛；仅有雌性。

观察标本：2♀，山西沁水张马，2013.VII.8；2♀，山西历山舜王坪，2013.VII.15，高艳、卜云采。

分布：山西（历山）、江苏、上海、浙江、湖南、广东、云南；世界广布。

棘姚科 Onychiuridae

身体长形、背腹扁平，表皮上有粗糙颗粒，刚毛简单光滑。头和身体上有很多假眼。触角第 III 节感觉器一般由 2 个感觉棒和其两侧的感觉毛组成，在感觉棒前有体壁皱褶或突起。无眼，爪无齿，弹器退化，大多数种类无弹器。身体无色素。体长 1.0～2.5mm。

本科世界已知 600 余种，我国记录 16 种，山西历山分布有 1 属 1 种。

8 喜马拉雅原棘姚 *Orthonychiurus himalayensis* (Choudhuri, 1958)，山西省新记录

体长 1.1mm；身体白色；体表刚毛细密；头部稍长于触角；触角第 III 节感器由 2 个梨形的感泡、2 个短小感棒和外面的 4 根具细颗粒的圆锥形突起及 5 根大感毛组成。角后器长椭圆形，由 10～12 个排成 2 排的小泡构成。身体背面假眼式为 32/133/33332；上唇毛序为 4/142；爪无内齿和粘毛；小爪无基页，伸到爪的顶端；腹管短，具 5+5 毛；无弹器和臀刺。

观察标本：1♂1♀，山西沁水下川，2013.VII.10，高艳、卜云采。

分布：山西（历山）、江苏、云南；尼泊尔。

长角姚目 Entomobryomorpha

分科检索表

1 第 III、第 IV 腹节长度近于相等 .... 等节姚科 Isotomidae
- 第 IV 腹节长度至少是第 III 腹节的 2 倍 .... 长角姚科 Entomobryidae

等节姚科 Isotomidae

身体细长，胸部无第 1 背板，腹部分节明显，第 III 和第 IV 腹节背板基本等长，有的腹部末端两节或者 3 节愈合。体壁光滑，少数有明显的颗粒。触角 4 节，较短，不分亚节；第

III 节感器棒状，第 IV 节顶端有半球形或者圆锥形突起。口器咀嚼式，上颚有臼齿盘。角后器长形或者椭圆形，少数种类无角后器。眼形式多样。爪和小爪简单，有些无小爪。大部分有弹器，少数弹器退化或无。弹器基背面有毛，齿节一般比弹器基长，端节形状多变。握弹器 4+4 齿，刚毛有或无。

本科分布广泛，世界已知 1300 余种，我国记录 60 余种，山西历山分布有 6 属 7 种。

9 类符姚 Folsomina onychiurina Denis, 1931，山西省新记录

体长不超过 0.65mm，白色，腹部第 IV、V、VI 节愈合；无眼，无角后器；触角第 IV 节有 2 椭圆形感器，粗短、膨大，背面各有 3 条肋骨状拱起；下颚须分叉，外颚叶有 4 颚须毛；爪上无齿；胫跗节上刚毛分别为 21、21、27；胸部腹面无刚毛；腹管有 1+1 前刚毛，4+4 侧端刚毛，4 后刚毛；握弹器 4+4 齿，1 刚毛；有弹器，弹器基前侧 1+1 刚毛；齿节 17～22 前刚毛，6 后刚毛，其中基段 4 根，中段 2 根；端节单齿，镰刀状；大刚毛明显，胸部第 II 节～腹部第 III 节毛序为 11/333；感毛毛序 33/2223，第 II 胸节～第 III 腹节中感毛位于背板末排 p 排刚毛之前；小感毛毛序 10/001；腹部第 VI 节有 2 对细而短的感器状刚毛。

观察标本：4 幼虫，山西沁水张马，2013.VII.7；1♂1♀，山西沁水下川，2013.VII.10，高艳、卜云采。

分布：山西（历山）、浙江、湖南、广东、贵州；日本，澳大利亚，美国，欧洲。

10 二眼符姚 Folsomia diplophthalma (Axelson, 1902)

体长不超过 1.4mm，全身除眼点外无色素；1+1 眼；角后器长，长度超过触角第 I 节的宽度；小颚须分叉，外颚叶 4 颚须毛；上唇毛序 4/554；爪上有侧齿；胸部腹面无刚毛；腹管侧端 4+4 刚毛；弹器基前侧刚毛分成 2 排，多数为 4+4，但也有一定变化，范围自 2+3 到 6+6 不等；弹器基后侧 4+4 侧基毛，（6～7）+（6～7）中部毛，2+2 末梢毛，1+1 顶端毛；齿节前侧 14～17 刚毛，多数 15 根，后侧 6 刚毛，基部 3 根，中部 2 根，端部 1 根；大刚毛不长但仍能分辨，第 II 胸节～第 III 腹节毛序为 11/333；感毛毛序为 43/22 235，小感毛为 10/100，其中胸部第 II 节～腹部第 IV 节的中部感毛所处位置在最末排刚毛 p 排之前，在第 II、III 腹节上位于大刚毛 2 和 3 之间。

观察标本：1♂2♀，山西历山舜王坪，2013.VII.14，高艳、卜云采。

分布：山西（历山）、江苏、上海、浙江；全北区广布。

11 白符姚 Folsomia candida Willem, 1902，山西省新记录

体长 0.9～2.5mm，白色。无眼。角后器长椭圆形。小颚须双分叉，外颚叶有 4 根刚毛；触角 I、II、III 节分别具有 2、3、0 微感器和 3、1、6 根感器；触角第 III 节背面常具有 1～2 个额外的感器。爪简单，无内齿和侧齿。第 IV～VI 腹节完全愈合。腹管具有（9～16）+9+16 根侧刚毛和 7～12 根后刚毛。握弹器具有 4+4 齿和 1 根刚毛。弹器发达，齿节长，齿节腹面内侧毛一般大于 8+8；端节 2 齿状。感毛毛序为 43 / 2223 (s)10/100 (ms)。

观察标本：2♀，山西沁水张马，2013.VII.6；5♂5♀，山西沁水下川，高艳、卜云采。

分布：山西（历山）、山东、陕西、宁夏、青海、新疆、江苏、上海、浙江、福建；全北区广布。

12 微小等姚 Isotomiella minor (Schäffer, 1896)，山西省新记录

体长 0.8mm，白色，体表有光滑或有锯齿的长刚毛。无眼，无角后器。触角第 I 节有 1 根钝圆感器，第 III 节感器由 2 根感棒组成，感棒的反面具有 1 根短的感觉毛和 2 根刚毛，第 IV 节有明显的端部感泡和 6 根感觉毛。爪无齿，小爪柳叶状，尖细无粘毛。腹部第 V 和 VI

节完全愈合，第 V 腹节背板外侧有 1 根感觉毛。腹管长，着生 20 根刚毛。握弹器 4+4 齿和 1 根刚毛。弹器长，弹器基背面刚毛多，齿节背面 2 根刚毛，端节具 3 齿。

观察标本：2♀，山西沁水张马，2013.VII.6，高艳、卜云采。

分布：山西（历山）、湖北、湖南、广东、贵州；全北区广布。

13 显著副等蚖 *Parisotoma notabilis* (Schäffer, 1896)，山西省新记录

体长可达 1.0mm，体色白至泛灰色；（2+2）～（5+5）眼；角后器较宽，约为单眼的 3～4 倍长；触角第 I 节无感器；第 1 对足的下亚基节无刚毛；爪无齿；腹管有 3+3 前刚毛，3+3 侧刚毛以及 3～5 后刚毛；握弹器 4+4 齿，2 刚毛；弹器端节 3 齿。感毛毛序为 8(7)7 / 66677 (s)；11/111 (ms)。

观察标本：2♀，山西翼城大河，2013.VII.17，高艳、卜云采。

分布：山西（历山）、甘肃、湖北、四川；世界广布。

14 小原等蚖 *Proisotoma minuta* (Tullberg, 1871)，山西省新记录

体长不超过 1.1mm，多数灰色；8+8 眼；角后器较宽，椭圆状，约为单眼的 3～4 倍长；下颚须单根，外颚叶 4 颚须毛；下唇须 e 保卫毛不全，缺少 e4 和 e7；胫跗节有 1 根相对较长的粘毛，顶端不膨大；爪上不带齿；第 III 胸节腹面有（1～2）+（1～2）刚毛；腹管有 4+4 侧端刚毛，6 后刚毛；握弹器 4+4 齿，1 刚毛；弹器基前侧有 1+1 刚毛；齿节前侧 6 刚毛，基段 1，中段 2，端部 3，后侧 6 刚毛，基段 3，中段 2，亚端部 1；端节 3 齿。

观察标本：2♀，山西沁水下川，2013.VII.9，高艳、卜云采。

分布：山西（历山）、河北、浙江；世界广布。

15 小裔符蚖 *Folsomides parvulus* Stach, 1922，山西省新记录

体型纤长如试管状，体长不超过 0.9mm，体表无色素颗粒，唯单眼下有黑色眼点；1+1，1+2，2+2 眼，后眼如存在一般远离前眼，极少数情况下毗邻（此种在我国一般为分离的 2+2 眼）；角后器狭长，3 后刚毛；小颚须分叉；胫跗节 I、II、III 分别为 20、20、22 刚毛；握弹器 3+3 齿，无刚毛；弹器基后部毛序多变，一般 7+7；齿节前侧无刚毛，后侧 3 刚毛，极少数 2 刚毛；端节 2 齿，同齿节愈合；大刚毛明显，毛序为 33/33 333；感毛纤细，毛序为 33/22 224，腹部第 IV 节中感毛正好位于大刚毛 SA 之后；小感毛毛序为 1，0/0，0，1。

观察标本：1♀，山西沁水张马，2013.VII.6；2♀，山西沁水下川，2013.VII.9，高艳、卜云采。

分布：山西（历山）、江苏、浙江、江西、福建、广东、广西、四川、贵州；世界广布。

长角蚖科 Entomobryidae

体节各节不同。有或无鳞片，表皮光滑，体表具明显的花斑。前胸背板无刚毛，通常退化，藏在中胸背板之下。触角一般较长。无角后器。爪和小爪发达，爪内缘常有 1 基沟。腹部第 IV 节明显长，通常为第 III 腹节的几倍。弹器很长，齿节比弹器基长很多，明显呈钝齿形或环状，端节短，具 1～2 齿。大刚毛平滑，具缘毛或具锯齿状。

本科分布广泛，世界已知 1700 多种，我国记录近 120 种，山西历山分布有 3 属 3 种。

16 安松氏裸长角蚖 *Sinella yasumatsui* Uchida, 1948

体长最大 0.9mm。体色乳白色。眼区黑色。具 5+5 眼。爪无内齿，具有 1 个外侧齿。小爪矛状，外缘具有宽阔的透明膜。具 1 根粘毛。端节无基齿。

观察标本：2♀，山西沁水下川，2013.VII.12，高艳、卜云采。

分布：山西（历山、五台山）。

17 少氏刺齿虮 *Homidia sauteri* (Börner, 1909)

体长约 2.8mm，灰白色，具有紫黑色的斑点和带纹，触角紫红色。触角基部和额上有斑点。体表具有 5 条横带：整个第 II 胸节和第 III 腹节，第 IV 腹节的中部和后缘，第 V 腹节。在第 II 胸节前侧缘和前缘有 1 个斑点，第 IV 腹节前缘也有 1 个斑点，基节和弹器基有较少的色素。触角与头的比例为 3.3：1.0，第 IV 节短小，顶端有 1 根感觉毛和 1 根感棒。眼 8+8，在 1 个黑色的斑点上。爪有 1 对背齿和 2 个内齿；小爪长矛状，外缘较宽；粘毛棒槌状。弹器可达到第 III 胸节的前缘，弹器基与齿端节比 10：15，齿节有强刺 25～30 个，排成 2 排。体表光滑，在体节边缘有很小的颗粒，颈部有许多深棕色的刷状毛。

观察标本：1♂1♀，山西沁水下川东峡，2013.VII.14，高艳、卜云采。

分布：山西（历山）、河北、陕西、浙江、福建、云南；日本，越南，北美。

18 斑纹长角虮 *Entomobrya corticalis* (Nicolet, 1842)

体长 1.5～2.0mm，体表斑纹特殊，活体基底色素为乳白色，深色色素为蓝黑色。头部眼之前包括触角窝在内的色素深，眼后具有 1 块大的深色斑块，头部后角无色素。触角向末端颜色渐深，末节完全黑色。胸节边缘色深，后缘的带纹常常与侧面愈合。基节无色素，腿节和胫跗节具有合并的色斑。腹部第 I～II 节边缘色深，第 III 节完全深色，第 IV 节中部具有 1 条宽阔的弯曲横带，第 V～VI 节色深。弹器、身体和头部腹面无色素。触角末端感泡二分支，爪中部具有侧齿，小爪锯齿状。腹节 II 和 III 节分别具有 2 根大毛。

观察标本：1♂1♀，山西翼城大河，2013.VII.17，高艳、卜云采。

分布：山西（历山）；日本，欧洲，全北区广布。

愈腹虮目 Symphypleona

圆虮科 Sminthuridae

身体近球形，分节不明显，胸部小于腹部，大腹部由胸部第 II 节～腹部第 IV 节组成，第 V 和第 VI 腹节明显和前 4 腹节分开。表皮细颗粒状，长有稀少的各种刚毛，体色多样。触角比头径长，4 节，第 IV 节明显比第 III 节长，很多有亚节。口器咀嚼式，上颚有臼齿盘。雌虫有肛附器，雄虫触角不特化。第 V 腹节有 1 对虿毛。胫跗节多具有竹片状的粘毛。腹管有大囊泡。握弹器 3+3 齿。

本科世界已知 250 余种，我国记录 12 种，山西历山分布有 1 属 1 种。

19 五台山圆虮 *Sminthurus wutaii* Uchida, 1948

体长 0.9mm，体色黄色至橙色，有灰色斑纹，腹面、足和弹器色淡。眼区黑色。头顶有 1 个宽阔的梨形横纹。触角第 IV 节紫色，其他节灰色。背面前部具有 4～5 对横带纹，被中间的条带打断。弹器节的后侧部分和肛节具有不规则的杂色斑。爪无齿，小爪简单，常在前足和中足具有 1 个微小的齿，无粘毛。端节内缘通常光滑，端节刚毛缺失。雌性肛附器中等弯曲，短于爪。体表色斑是该种的鉴别特征，在背部前端形成肋条状样式。

观察标本：1♂1♀，山西沁水下川东峡，2013.VII.14，高艳、卜云采。

分布：山西（历山、五台山）。

短角蚘目 Neelipleona

短角蚘科 Neelidae

身体球形，头较大，胸部长，第 I、II 胸节界限明显，后胸与腹部界限不明显。体毛少，体壁光滑，有很细的颗粒。触角 4 节，不分亚节，比头的长径短。无眼。口器咀嚼式，上颚有臼齿盘。爪无膜，小爪简单，无内齿和顶端丝状体，基部有乳突。腹管圆锥状，末端有 2 个半球形的瓣。弹器较长，齿节圆锥状，分为两个亚节；端节较长，大多呈水槽状向末端渐窄，少数种类中间突然变窄。握弹器 3+3 齿。

本科世界已知 44 种，我国记录 2 种，山西历山分布有 1 属 1 种。

20 微小短蚘 *Neelides minutus* (Folsom, 1901)，山西省新记录

体长 0.5mm，身体乳黄色，头部有色素分布，体毛细小；触角 4 节，短于头长；触角第 III、IV 节分离明显；第 III 节顶端有 2 个椭圆形感器；第 IV 节顶端具 4 根感毛和 1 小的感觉乳突；眼区粉色，小眼 8+8；胸部感觉区不明显；爪有 2 侧齿和 1 大的内齿；握弹器 2+2 齿，无刚毛；弹器基关节明显；弹器齿节粗，上有钝刺；端节两侧片状，有锯齿。

观察标本：3♀，山西沁水下川，2013.VII.9；2♀，山西历山舜王坪，2013.VII.15，高艳、卜云采。

分布：山西（历山）、上海、浙江；世界广布。

参 考 文 献

卜云, 高艳, 栾云霞, 等, 2012. 低等六足动物系统学研究进展[J]. 生命科学, 24(20): 130-138.

高艳, 2007. 弹尾纲系统分类学与土壤动物应用生态学研究[D]. 北京: 中国科学院大学.

尹文英, 1992. 中国亚热带土壤动物[M]. 北京: 科学出版社.

赵立军, 1992. 节肢动物门(III): ii. 弹尾目 Collembola[M] //尹文英, 等. 中国亚热带土壤动物. 北京: 科学出版社, 414-457.

Bellinger P F, Christiansen K A, Janssens F, 1996-2017. Checklist of the Collembola of the world[DB/OL]. http://www.collembola.org.

Bu Y, Gao Y, 2015. *Paratullbergia* Womersley in China: the description of a new species and a key to the genus (Collembola, Tullbergiidae)[J]. ZooKeys, 534: 55-60.

Bu Y, Potapov M B, Gao Y, 2012. Littoral *Willemia* (Hypogastruridae, Collembola) of China: description of two new species with reference to a new case of convergence between Hypogastruridae and Onychiuridae[J]. Florida Entomologist, 95(3): 580-586.

Bu Y, Potapov M B, Gao Y, 2013. A new species and new records of Pachytullbergiidae and Tullbergiidae (Collembola: Onychiuroidea) from littoral of China, with notes on the variations of postantennal organ[J]. Zootaxa, 3669 (2): 139-146.

Fjellberg A, 2007. The Collembola of Fennoscandia and Denmark. Part II: Entomobryomorpha and Symphypleona[J]. Fauna Entomologica Scandinavica, 42: i-vi, 1-264.

Gao Y, Bu Y, 2014. Description of a new parthenogenetic species of *Thalassaphorura* (Collembola: Onychiuridae) from East China, with DNA barcoding analyses[J]. Entomotaxonomia, 36(1):1-7.

Gao Y, Bu Y, Palacios-Vargas J G, 2012. Two new species of *Vitronura* (Collembola: Neanuridae) from Shanghai, east China, with DNA barcodes[J]. Florida Entomologist, 95(4): 1142-1153.

Potapov M, 2001. Synopses on Palaearctic Collembola. Volume 3. Isotomidae[J]. Abhandlungen und Berichte des Naturkundemuseums Goerlitz, 73(2): 1-603.

Potapov M B, Bu Y, Gao Y, 2011. First record of the littoral family Isotogastruridae (Collembola) in Asia[J]. ZooKeys, 136: 23-29.

Potapov M B, Bu Y, Huang C W, et al., 2010. Generic switch-over during ontogenesis in *Dimorphacanthella* gen. n. (Collembola: Isotomidae) with barcoding evidence[J]. ZooKeys, 73: 13-23.

Rusek J, 1967. Beitrag zur Kenntnis der Collembola (Apterygota) Chinas[J]. Acta Entomologica Bohemoslovaca, 64: 184-194.

Collembola

Gao Yan[1], Bu Yun[2]

(1 Shanghai Entomological Museum, Chinese Academy of Sciences, Shanghai, 200032;
2 Natural History Research Center, Shanghai Natural History Museum, Shanghai Science & Technology Museum, Shanghai, 200127)

The Collembola from Lishan National Nature Reserve of Shanxi Province, North China are studied for the first time. The present research reports 20 species of Collembola belonging to 19 genera, 9 families and 4 orders from Lishan National Nature Reserve. Among them, 5 species are newly recorded to Chinese fauna, and 15 species are firstly recorded in Shanxi Province.

双尾纲 Diplura

卜云

（上海科技馆，上海自然博物馆自然史研究中心，上海，200127）

双尾纲动物通称双尾虫，身体细长而扁平，多为白色、淡黄色，杂食性的种类体长为 3～12mm，肉食性的铗虯体长达 60mm。身体分为头、胸、腹 3 部分，头部有 1 对多节的触角，既无单眼也无复眼，内口式咀嚼式口器。胸部分 3 节，各有 1 对胸足，无翅。腹部有 10 节，第 I～VII 腹节腹面各有 1 对刺突。生殖器位于第 VIII 腹节腹面后缘，尾部生有 1 对分节的尾须或几丁质化的单节尾铗，由此得名双尾虫。

双尾虫喜阴暗潮湿，避光。一般生活在土表腐殖质层的枯枝落叶中、腐木中或石块下面，但在地下 10cm 左右的土壤中也常能发现，有些种类生活在洞穴中。一生多次蜕皮，成虫期也会蜕皮，可达 40 次左右，每次蜕皮后毛序都稍有变化，属于表变态。

双尾虫的分布遍及世界各地，其中热带和亚热带地区占优势。目前世界已知双尾虫 1000 余种，分为 2 亚目 3 总科 10 科，我国记录 6 科 25 属 52 种。

2013 年夏季，参加了对山西历山自然保护区的昆虫资源考察，共获得 123 号双尾虫标本。经过整理鉴定，共记述历山自然保护区双尾虫 4 种，隶属于 2 亚目 2 科 3 属，其中 2 种为山西省新记录。

分亚目检索表

1 尾须分节，丝状或棒状 ....棒亚目 Rhabdura

- 尾须不分节，钳形，几丁质化 ....钳亚目 Dicellura

分科检索表

1 尾须丝状，长而多节，腹部无气孔 ....康蚄科 Campodeidae

- 尾须钳形，单节几丁质化，腹部第 I～VII 节有气孔..

....副铗蚄科 Parajapygidae

康蚄科 Campodeidae

触角第 III～VI 节上有感觉毛，顶部感觉器着生于触角端节窝中。上颚有内叶，下颚有梳。头缝完整似"Y"形，有或无鳞片。胸气门 3 对，腹部无气孔。腹部第 I 节腹片的刺突由肌肉组成，圆形。第 I 节腹片上的基节囊泡不发育。尾须长形，多节，无腺孔。

世界已知 50 属 450 余种，我国记录 4 亚科 11 属 22 种，山西历山分布 2 属 2 种。

1 桑山美蚄 *Metriocampa kuwayamae* Silvestri, 1931

体长 2.5～3mm。触角 19～22 节，长 1.2mm。尾须 2mm，多节。前胸背板有 2+2（ma，lp$_3$）大毛。中胸背板有 2+2（ma，la）大毛。后胸背板有 1+1（ma）大毛。腹部第 I～VII 节背片无大毛，第 VIII 节背片有 1+1（lp$_3$）大毛。腹部第 I 节腹片有 5+5 大毛。有 1 对简单的爪，无中爪。前跗无侧刚毛。胫节有 1 对光滑的距刺。

观察标本：2♂2♀，山西沁水下川富裕河，2013.VII.9；1♂2♀，山西沁水下川东峡，2013.VII.14；2♂3♀，山西历山舜王坪，2013，VII.15；2♂3♀，山西翼城大河，2013.VII.17，卜云、高艳采。

分布：山西（历山、大同、五台山）、吉林、辽宁、北京、河南、安徽、浙江、湖南。

2 莫氏康虬 Compodea mondainii Silvestri, 1931，山西省新记录

体长 2.5～2.8mm。触角 21 节，长 0.8mm。前胸背板和中胸背板有 3+3（ma，la，lp$_3$）大毛，后胸背板有 2+2（ma，lp$_3$）大毛。前跗侧刚毛简单，呈弯曲状。胫节距刺两根，光滑。腹部第 I～VII 节背片有 1+1（ma）大毛。腹部第 VII 节背片后缘有 1 对 lp 毛；第 VIII 节背片后缘有两对 lp 大毛。腹部第 I 节腹片有 5+5 大毛。尾须长 0.9mm，10～11 节。

观察标本：1♂3♀，山西沁水张马，2013.VII.7，卜云、高艳采。

分布：山西（历山）、北京、山东、河南、江苏、安徽、浙江、湖北、湖南、广西、贵州、云南。

副铗虬科 Parajapygidae

全身无鳞片。触角无感觉毛，端节有 4 个或少数板状感觉器。下颚内叶只有 4 个梳状瓣，无下唇须。有不成对的中爪。胸气门 2 对，腹部第 I～VII 节有气孔。腹部刺突刺形无端毛。腹部第 I 节没有可伸缩的囊泡，第 II～III 节有 1 对基节囊泡。腹部第 VIII～X 节几丁质化。尾铗单节成钳形，有近基腺孔。

本科世界已知 4 属 62 种，我国仅记录 1 属 6 种，山西历山分布有 1 属 2 种。

3 黄副铗虬 Parajapyx isabellae (Grassi, 1886)，山西省新记录

小型细长，体长 2.0～2.8mm，白色，只末节及尾为黄褐色。头幅比 1。触角 18 节，没有感觉毛。前胸背板有 7+7（C$_{1-2}$，M$_{1-2}$，T$_{1-2}$，L$_1$）大毛。2 个侧爪稍有差异，有不成对的中爪。腹部第 I～VII 节有刺突，囊泡只见于腹板第 II、III 节。臀尾比 1.6。尾铗单节，左右略对称，内缘有 5 个大齿，近基部 1/3 处内陷。

观察标本：1♂1♀，山西沁水张马，2013.VII.7，卜云、高艳采。

分布：山西（历山）、北京、山东、河南、陕西、宁夏、甘肃、江苏、上海、安徽、浙江、福建、湖北、湖南、广东、广西、四川、贵州、云南。

4 爱媚副铗虬 Parajapyx emeryanus Silvestri, 1928

体细长，2.1～3.9mm，白色，第 VIII、IX 腹节淡黄色，第 X 腹节和尾铗黄褐色。触角 20 节。头椭圆形，头幅比 1.22。前胸背板有 4+4（C$_1$，M$_{1-2}$，L$_1$）大毛。2 个侧爪不相等，有不成对的中爪。腹部第 I 节基节器有 1 列小毛，第 II、III 节有囊泡。臀尾比 1.6。尾铗左右略对称，内缘有 5 个大齿，第 1 齿在近基部 1/5 处，其余 4 齿排列在 2/5～4/5 处，大小依次递减。

观察标本：9♂10♀，山西沁水张马，2013.VII.7～8；2♀，山西沁水下川富裕河，2013.VII.9，卜云、高艳采。

分布：山西（历山、太原）、北京、陕西、河南、宁夏、甘肃、江苏、上海、安徽、浙江、湖北、江西、湖南、广西、四川、贵州、云南。

参 考 文 献

卜云, 高艳, 栾云霞, 等, 2012. 低等六足动物系统学研究进展[J]. 生命科学, 24(20): 130-138.

栾云霞, 卜云, 谢荣栋, 2007. 基于形态和分子数据订正黄副铗虬的一个异名(双尾纲, 副铗虬科)[J]. 动物分类学报, 32(4): 1006-1007.

谢荣栋, 2000. 中国双尾虫的区系和分布[M]//尹文英, 等. 中国土壤动物. 北京: 科学出版社: 287-293.

谢荣栋, 杨毅明, 1992. 节肢动物门(III): iii. 双尾目 Diplura[M] //尹文英, 等. 中国亚热带土壤动物. 北京: 科学出版社: 457-473.

Bu Y, Gao Y, Potapov M B, et al., 2012. Redescription of arenicolous dipluran *Parajapyx pauliani* (Diplura, Parajapygidae) and DNA barcoding analyses of *Parajapyx* from China[J]. ZooKeys, 221: 19-29.

Sendra A, 2006. Synopsis of described Diplura of the world[EB/OL][2016-9-12]. http://insects.tamu.edu/research/collection/hallan/ Arthropoda/Insects/ Diplura/ Family/Diplura1.htm.

Diplura

Bu Yun

(Natural History Research Center, Shanghai Natural History Museum, Shanghai Science & Technology Museum, Shanghai, 200127)

The Diplura from Lishan National Nature Reserve of Shanxi Province, North China are investigated and studied. Totally 123 specimens were collected during the investigation. The present paper reports 4 species of Diplura belonging to 3 genera, 2 families and 2 suborders from Lishan Nationnal Nature Reserve. Among them, 2 species are firstly recorded in Shanxi Province.

昆虫纲 Insecta

蜻蜓目 Odonata

牛瑶[1] **张宏杰**[2]

（1 河南师范大学生命科学学院，新乡，453007；
2 陕西理工大学生命科学与工程学院，汉中，723001）

经对山西历山国家级自然保护区所采蜻蜓标本的鉴定，共计 49 种，隶属于 14 科 39 属，其中包括 1 个中国新记录种矛尾金光伪蜻 *Somatochlora uchidai* Förster，1909 和山西省新记录种 12 种，即长尾黄蟌 *Ceriagrion fallax* Ris，1914，粉扇蟌 *Platycnemis phyllopoda* Djakonov，1926，雅州凸尾山蟌 *Mesopodagrion yacohwensis* Chao，1953，褐腹绿综蟌 *Megalestes chengi* Chao，1947，日本长尾蜓 *Gynacantha japonica* Bartenef，1909，马奇异春蜓 *Anisogomphus maacki* (Selys，1872)，双角戴春蜓 *Davidius bicornutus* Selys，1878，大团扇春蜓 *Sinictinogomphus clavatus* (Fabricius，1775)，奇特扩腹春蜓 *Stylurus occultus* (Selys，1878)，长腹春蜓 *Gastrogomphus abdominalis* (McLachlan，1884)，灿烂赤蜻 *Sympetrum speciosum* Oguma，1915，华斜痣蜻 *Tramea virginia* Rambur，1842。

均翅亚目 Zygoptera

色蟌科 Calopterygidae

体型较大，具蓝色、绿色金属光泽。翅宽，透明，黑色、金黄色或暗褐色，翅脉较密。足长，具长刺。前翅基部不呈明显的柄状。方室长，多具横脉。弓脉上段长。第 1 臀脉在方室之后。IR_2 脉和 R_3 脉紧密平行。

1 黑色蟌 *Atrocalopteryx atrata* Selys, 1853

雄性上、下唇黑色。前唇基黑色，后唇基绿色，有金属光泽。额及头顶暗绿色。胸黑色，具绿色光泽，合胸脊和缝黑色。翅黑褐色，无翅痣。腹背绿色，具金属光泽，腹面黑色，末 2、3 节黑色。肛附器黑色，上肛附器长为第 10 腹节的 1.5 倍，端部向内弯曲，并向内侧扩展，外方有几个尖齿，下肛附器稍短于上肛附器，端钝，内侧有小齿。

雌性上唇有 2 个黄褐色斑。胸侧第 3 条纹下部和合胸后侧片的后缘黄褐色。体形、色彩等基本上与雄性类似。

雄性：腹长 48~50mm（包括肛附器，下同），后翅 37~40mm。雌性：腹长 43~46mm，后翅 36~38mm。

分布：山西、吉林、北京、山东、河南、陕西、江苏、浙江、福建、广东、广西、四川、贵州、云南。

2 透顶单脉色螅 *Matrona basilaris* Selys, 1853

雄性上唇黑色。后唇基蓝色，具强金属光泽胸暗绿色，有光泽，除第 3 缝大部分黄色外，余为黑色。翅黑褐色，无翅痣，基半部的横脉乳白色。腹背绿色，腹面黑褐色。肛附器黑色，上肛附器长约为第 10 腹节的 2 倍。

雌性似雄性。翅基部 1/3 区域色较淡，具白色伪翅痣。腹褐色。

雄性：腹长 41～63mm，后翅 32～39mm。雌性：腹长 41～52mm，后翅 38～42mm。

分布：山西、北京、河北、河南、陕西、江苏、浙江、湖北、江西、湖南、福建、广西、四川、贵州、云南。

3 绿色螅 *Mnais andersoni tenuis* (Oguma, 1913)

下唇黑色。上颚黄色。上唇、唇基深绿色，有紫色闪光，前唇基中央有 1 个长黄斑。额暗绿色，中央凹陷并具 1 个横沟。头顶暗绿色。触角黑色。合胸背前方未熟时绿色并有金属光泽。合胸脊黑色。合胸侧面具有 2 鲜黄色板，其余部分绿色。足细长，黑色，具长刺。

腹部暗绿色，随着老熟，绿色减退，黑色加重，自第 4 节以后各节渐成黑色。第 2 节基端侧面有小黄斑。雌性还在第 3 节基端和第 9 节侧面下缘各有 1 个细小黄线和较大黄斑。雄交合器前端呈角状 2 分叉弯向两侧。雄肛附器黑色，下肛附器端部略膨大，具 1 个指向内的小尖齿。老熟雄性体着白色粉末状物。

雄性：腹长 33～47mm，后翅 29～37mm。雌性：腹长 34～40mm，后翅 31～39mm。

分布：山西、河南、台湾。

溪螅科 Euphaeidae

身体中等大小，体色以黑色为底色，或混杂有橙色，老熟个体披有白色，翅不具柄状，节前横脉众多（12～20）。中胸侧缝不完整。幼虫尾鳃囊状、腹部第 1～7 节各具 1 对腹鳃。幼虫生活在河川或山溪中，成虫也常见在这种环境中。

4 巨齿尾溪螅 *Bayadera melanopteryx* Ris, 1912

雄性下唇黑色，上唇、上颚基呈光亮的绿色。前唇基褐色，后唇基黑色，光亮。额、头顶和后头黑色。触角黑褐色。前胸黑色，背板有两个黄斑。合胸黑色，条纹黄色。翅透明，部分个体端半部深褐色，翅痣褐色。足黑色。腹黑色，第 1 节两侧有黄斑。肛附器黑色，上肛附器长约为第 10 腹节的 2 倍，基部内缘有 1 个粗壮突起。下肛附器内侧有 1 个粗大的指向上的齿，端部尖锐。

雌性头、胸与雄性相同。但腹部具黄色条纹，第 2～8 节具细背中条纹和侧纵条纹，第 3～5 节基端有 1 个小斑；第 9 节具 2 个黄斑；第 10 节和肛附器黑色。

雄性：腹长 34～38mm，后翅 27～31mm。雌性：腹长 28～36mm，后翅 26～31mm。

分布：山西、河南、陕西、江苏、安徽、浙江、江西、湖南、福建、广东、四川、贵州。

螅科 Coenagrionidae

体小型，细长。翅窄而长，顶端圆，有翅柄。翅痣形状、色彩有变化，一般为菱形。方室四边形，其前边远短于后边，外角尖锐，内无横脉；五边形翅室较多，翅端无插入脉。

5 长尾黄螅 *Ceriagrion fallax* Ris, 1914，山西省新记录

体型较大，腹部基部各节淡黄色，端部各节黑色。

雄性下唇淡黄色。上唇鲜黄色。上颚基部、前唇基、后唇基及额柠檬黄色。触角基部 3 节淡黄色，第 3 节的端部及其余部分黑褐色。头顶暗橄榄绿色。后头红褐色。前胸和合胸背面橄榄绿色，侧面黄色。前胸背板中央及后叶基部具黑线。合胸侧面肩缝与第 3 缝的上部各具 1 小黑斑点。翅透明。翅痣平行四边形，黄色而被褐色小颗粒。足淡黄色，具有黑色短刺。腹部 1～6 节淡黄色，7～10 节背面黑色。腹部腹面黄色，端部黑色。肛附器黑色，稍短于第 10 腹节。

雌性较雄性粗壮，体色较浓。

雄性：腹长 34mm，后翅 22mm。雌性：腹长 28～36mm，后翅 26～31mm。

分布：山西、河南、陕西、江西、福建、台湾、广东、四川、贵州、西藏。

扇螅科 Platycnemididae

体小型。黑色、蓝色、红色或黄色斑，偶有金属光泽。翅较狭，透明，具翅柄。Ac 脉位于两个结前横脉之间。方室近于四边形，其前边仅比后边短约 1/5，其外后角角度大，主脉直，通常不曲折，呈显著的锯齿状。雄性上肛附器通常适于下肛附器。

6 白扇螅 *Platycnemis foliacea* Selys, 1886

雄性下唇透明，白色。上唇白色，基部中央具 1 个黑色小点。前、后唇基黄绿色。颊黄色。额、头顶、后头黑色，具黄斑。前胸黑色，两侧具黄色宽带。合胸背前方黑色，肩前条纹狭，合胸脊黄色。翅透明，翅痣黄褐色，足白色，中、后足胫节扩大成扇形。腹部黑色或褐色，斑纹黄色。第 2～8 节背面黑色，侧面黄色；第 3～7 节基端有黄色环。上肛附器背面黑色，下肛附器黄色，尖端黑色。老熟雄性体被白粉。

雌性面部棕黄色，足全部红黄色，胫节不扩大。足棕黄色。肛附器黄色。

雄性：腹长 26～29mm，后翅 15～18mm。雌性：腹长 26～27mm，后翅 17～21mm。

分布：山西、北京、河南、浙江、江西、四川、贵州。

7 粉扇螅 *Platycnemis phyllopoda* Djakonov, 1926，山西省新记录

雄性下唇黄白色。上唇黄色，中央具 1 个黑点。前唇基棕黄色，后唇基前缘黑色。颊黄白色。额、头顶、后头黑色。前胸黑色，两侧黄色，前胸后叶背面向上隆鼓。合胸黄棕色，条纹黑色，合胸脊黑色。合胸脊两侧具宽大条纹，肩缝具 1 条细线纹，上端稍宽；中胸后侧片有 1 个宽的条纹。翅透明，翅痣褐色，周边黄白色。足黄白色，中、后足胫节扩大成扇形，白色。腹部背面黑色，两侧黄色。肛附器白色，上肛附器基部内侧有 1 个黑点，末端外侧有浅 "U" 形凹陷，端尖，长于第 10 腹节；下肛附器长约为上肛附器的 2 倍，尖端黑色。

胸部、腹部第 1～4 节被薄白粉。

雌性色泽与雄性近同，但前胸为黄棕色，前胸后叶前缘中央向前突出成角状，两端向外伸展并钩向后，后部近方形；中、后足胫节不扩大。

雄性：腹长 29～31mm，后翅 18～21mm。雌性：腹长 28～30mm，后翅 20～23mm。

分布：山西、河南、江苏、上海、浙江、湖南。

丝螅科 Lestidae

体小型，细长。翅透明，中叉近于弓脉，远于翅结。腹部细长。雄性具 1 对长的上肛附器。

8 三叶黄丝螅 *Sympecma paedisca* (Brauer, 1877)

雄性头部下唇黄色，被黄色毛。颜面黄色。后唇基具 1 对黑色斑。额具 1 对大的绿色斑。头顶绿色闪光，具 1 条黄色条纹。胸部前胸黄色，具绿色斑纹，前叶中央具 1 大的"八"字形绿色斑。合胸黄色，具绿色条纹，背前方具 1 对宽的绿色背条纹；合胸侧方具 3 个长形绿色斑。翅白色，透明。翅痣黄色。翅脉黄色。足黄色，刺黑色，前足外侧具褐色条纹。腹部黄色，具绿色斑纹。第 2～9 节背面具 1 对绿色长条纹；第 10 节具 1 绿色背中条纹，末端中间有黄色楔入。上肛附器黄色。

雌性似雄性。翅基部 1/3 区域色较淡，具白色伪翅痣，腹部褐色。

雄性：腹长 28mm，后翅 21mm。雌性：腹长 28mm，后翅 21mm。

分布：山西、新疆、西藏。

山螅科 **Megapodagrionidae**

体中等至大型，腹部粗壮或细长，无金属光泽、停息时翅开展，翅柄长而细，盘室外端尖锐，雄性上肛附器较长，下肛附器甚短。

9 雅州凸尾山螅 *Mesopodagrion yacohwensis* Chao, 1953，山西省新记录

头部下唇黄或褐色；上唇、上颚基部及前唇基黄绿色。后唇基黑色。颊黄绿色，额黑色。触角黑色，头顶黑色，侧单眼两侧各具 1 斜向下方的黄斑。前胸黑色，两侧缘宽，黄色。合胸黑色，具蓝绿色光泽及黄色条纹，合胸背前方近肩缝处具 1 对黄色肩前条纹，合胸侧面具黄斑。翅透明。翅痣黄褐色。足黑色，基节、转节、腿节腹面 2/3 黄绿色。腹部黑色，具蓝绿色光泽。第 1 节两侧黄色，第 2 节侧面具 1 条宽的纵带，侧缘黄色；第 3～6 节侧面具 1 横斑和 1 纵条纹；第 7～8 节侧面基部各具 1 黄斑；第 9～10 节黑色；第 10 节端缘中央突起黄色。肛附器黑色，上肛附器长于第 10 腹节，末端向内弯；内肛附器短。

雄性：腹长 35mm，后翅 30mm。雌性：腹长 32～34mm，后翅 31～32mm。

分布：山西、河南、陕西、甘肃、浙江、四川、贵州、云南、西藏。

综螅科 **Synlestidae**

体大型。静止时翅平伸在背面。翅透明，柄长，CuP 脉在离中室处强烈向前拱起，腹部细长，比翅长得多。

10 褐腹绿综螅 *Megalestes chengi* Chao, 1947，山西省新记录

雄性下唇黄色。上唇具蓝绿色光泽。颊黄色。前唇基褐色。颜面具蓝绿色光泽。前胸前叶黄色，两侧角黑色。合胸暗绿色，合胸侧面具黄斑。足褐色，基节、转节、腿节和胫节背面黄色。腹部第 1、2 节背面具绿色光泽，两侧黄色；第 3～7 节褐黑色；第 8～10 节蓝绿色。上肛附器黑色，基部内侧具 1 个大齿突，下肛附器短，端尖锐，钩向上方。老熟成虫前胸两侧、合胸侧面后胸后侧片和足部基节被粉。

雌性与雄性不同的是合胸两侧各具 1 条黄色条纹。

雄性：腹长 51～52mm，后翅 33～37mm。雌性：腹长 48～53mm，后翅 34～35mm。

分布：山西、河南、浙江、福建。

差翅亚目 Anisoptera

蜓科 Aeshnidae

体大型。体色多为蓝、绿和褐色。两复眼间在头的背面有很长的接触。翅透明，具 2 条粗的结节前横脉，常有 1 条支持脉，具 1 条径增脉和 1 个臀套。下唇中叶稍凹裂。雌性具发达的产卵器。

11 琉璃蜓 Aeshna juncea (Linnaeus, 1758)

雄性下唇焦黄色，颜面黄色。前唇基中央具 1 黑点，后唇基基缘具黑色横纹。额具黑色"工"字形黑纹。头顶黑色，具"人"字形黄纹。触角黑色。前胸前叶黄色，其余黑色。合胸红褐色，背条纹黄色，中胸和后胸后侧片具宽的黄色条纹。翅透明略带烟色，翅痣红褐色。足的基节、转节和腿节背面红褐色，其余黑色。腹部第 1～7 节红褐色，第 8～10 节黑色，具有黄色斑纹。腹部第 2 节膨大，第 3 节中部，两头粗。第 1 腹节背面端部具 1 个"山"字形黄斑。第 3～7 节背面基部具有 1 三角形小斑纹，中部为 1 对长三角形斑纹，相距较远，端部 1 对黄色斑纹大，相距较近，向后逐渐斑纹变小。第 8 节基部具 1 对黄色细斑纹和 1 对端斑。第 9～10 节仅 1 对黄色端斑。肛附器黑色。上肛附器长，刀型。

雌性类似雄性，第 10 节无黄色端斑。

雄性：腹长 57mm，后翅 47mm。雌性：腹长 56mm，后翅 46mm。

分布：山西、西藏。

12 黑纹伟蜓 Anax nigrofasciatus Oguma, 1915

雄性上、下唇黄色，上唇前缘黑色。前、后唇基黄绿色。额绿色，具 1 个黑色"T"形斑纹。头顶、触角、后头黑色。合胸背前方绿色，无斑纹；合胸侧面黄绿色，具黑色条纹，背条纹完全。足黑色，具黄斑。翅透明，前缘脉黄色，翅脉黑色，翅痣黄褐色。腹部黑色，具蓝色斑点。第 1 节和第 2 节基部绿色，第 3～7 节侧方各具 3 个蓝斑和 1 个同色纵斑，第 8～10 节各具 1 个蓝斑。上肛附器黑色，基部上下方各具 1 个突起。下肛附器褐黄色，末端中央凹入，长约为上肛附器的 1/3。

雄性：腹长 56～59mm，后翅 46～48mm。

分布：山西、北京、河北、河南、陕西、江苏、浙江、湖北、福建、台湾、广西、四川、西藏。

13 碧伟蜓 Anax parthenope julis Brauer, 1865

类似黑纹伟蜓，但后头黄色，合胸绿色，无黑纹。翅透明，略带黄色，前缘脉亮黄色，翅痣黄褐色。

雌性双翅除翅基及端部外为大面积黄褐色。后翅颜色更重，第 9 腹节腹面末端中央，具 1 对细棒突，端部圆钝并着长的毛簇。

雄性：腹长 55～57mm，后翅 50～52mm。雌性：腹长 51～56mm，后翅 50～54mm。

分布：全国广布。

14 山西黑额蜓 Planaeschna shanxiensis Zhu et Zhang, 2001

头部下唇中叶黄色，上唇黑色，在基部有 1 条宽大的黄色横纹，前唇基黑色，后唇基黄色。前胸前叶黄色，有 1 对横向的黑色背斑，中叶黑色，侧缘黄色，有 1 对三角形的黄色端背斑，后叶黑色。合胸黑色，背条纹青绿色；侧面黄色，前、后侧缝之间呈黑色宽纹，上下端各有 1 枚黄斑，在气门上方有 1 条不规则黄纹。足黑色，前足基节、转节及腿节基半部内侧黄色。翅透明，基部淡黄色，翅痣黑色。腹部黑色，第 1 节背面前后缘黄色，以 1 对纵纹连贯，侧面黄色，第 2 节背条纹呈倒置三角状，3～7 节上的中横斑向侧方延长，有时与三角形的基侧斑连接成不规则的条纹状；8、9 节上有基侧斑及端背斑，后背在第 9 节上左右并连，长达全节的 1/2，第 10 节黑色，侧面大半部及腹板黄色，在背面有 1 对短小的角突。肛附器黑色。

雌性体色与雌虫相似，腹部色斑有异，第 2 腹节的基背条纹呈倒置瓶状；

雄性：腹长 53mm，后翅 45mm。雌性：腹长 53～54mm，后翅 48～49mm。

分布：山西。

15 淡绿头蜓 *Cephalaeschna patrorum* Needham, 1930

雄性颜面大部分黄绿色。上唇基部和前唇基黑色，后唇基黄绿色，有毛。上颚基部黄色。额黄褐色。额顶突出成隆脊，中央有小圆突，具黑褐色新月形横纹。头顶黑色。后头褐色，具黄边。前胸前叶黄色或黄褐色，后叶背面黑褐色。合胸黑褐色，具 1 对黄绿色背条纹。中胸后侧片具 1 条宽的黄色条纹，后胸侧面黄色，侧缝有 3～4 个黄绿色小斑点。足黑褐色，基节、腿节内侧黄褐色。翅透明。腹部黑色，具黄色斑纹，基部 2 节膨大。第 1 节基部具细黄线，端部有侧斑。第 2 节具中斑和端斑背中纵条纹中断，端斑向侧下方延伸并扩大，与耳突侧斑相连。第 3～8 节具黄色中斑和端斑，向末端逐渐变小。第 9 节具极小的端斑。第 10 节和肛附器黑色。

雌性色彩和斑纹类似雄性。

雄性：腹长 53mm，后翅 44～45mm。

分布：山西、河南、陕西、青海、四川。

16 日本长尾蜓 *Gynacantha japonica* Bartenef, 1909，山西省新记录

雄性体褐色有绿色斑纹，腰部明显细，上肛附器长。上唇黄色，前缘和后缘黑色。上颚基部黄色端部黑色。前、后唇基淡褐色。上额具 1 个 “T” 形黑斑。头顶褐色。后头缘黄色。触角黄色。合胸黄绿色，侧缝黑色。翅透明，微颜色，翅痣黄褐色，覆盖 5 室。前后翅三角室均 5 室，臀三角室 3 室。足淡褐色。腹部背面黑褐色，第 1～2 节膨大呈球形。第 3 节基部特别细。第 2～8 节具黄绿色细中斑，有些标本第 9～10 节也有极小的黄绿色斑点。第 3～6节具 1 对三角形端斑。腹部第 1～2 节侧面蓝色。上肛附器黑褐色，约为腹部第 9～10 节长度的 1.5 倍。下肛附器短，米黄色，端部黑色。

雌性类似雄性。

雄性：腹长 50mm，后翅 40mm。

分布：山西、陕西、福建、台湾、广东、广西、云南。

17 黑多棘蜓 *Polycanthagyna melanictera* (Selys, 1883)

雄性下唇黄色。上唇蓝绿色具黄色斑。前唇基蓝绿色，具黄色和黑色斑点各 1 个，后唇基蓝绿色，前缘凹陷内具褐色小斑点。额黑色，前缘及两侧蓝绿色。头顶黑色，具褐色突起。后头黑色。前胸黑色，前叶边缘和后叶两侧缘黄色。合胸黑色，条纹黄色，背条纹上端宽圆，下端尖削并向外侧分歧；侧面中胸后侧片和后胸后侧片各具 1 条甚宽条纹。足黑色，具黄斑。翅具淡烟色，翅痣黑褐色。腹部黑色，第 1、2 节膨大，侧面具黄斑和毛簇，第 2 节具耳状突，第 3～7 节背脊两侧各具两个黄斑，第 8～9 节黑色，第 10 节后半部黄色，在背面中央具 1 个

纵扁的三角形突起。肛附器黑色，腹面有 1 个齿状突起。

雌性类似雄性，但腹部第 1 节背面基端斑条状，末端有 1 个长柄的近三角形背中斑，呈倒 "T" 形；第 2 节背面基端斑与末端斑相连成 "工" 字形，中斑小而模糊，侧面为宽大黄条，其基端向上下伸展。

雄性：腹长 62mm，后翅 50mm。雌性：腹长 60mm，后翅 51～55mm。

分布：山西、河南、浙江、台湾、香港、四川。

春蜓科 Gomphidae

体通常较大，黑色，具绿色或黄色斑纹。复眼在头顶分离很远。下唇中叶末端不分裂。翅透明，翅痣前端常具支持脉。交合器外露。雄性腹部第 2 节两侧各具 1 个耳状突。雌性无产卵器。

18 马奇异春蜓 Anisogomphus maacki (Selys, 1872)，山西省新记录

雄性下唇中叶褐色。上唇黄色，端部具宽的黑边。前唇基黑褐色，中央色淡，颊及后唇基黑色。额横纹阔，两端窄，生黑色长毛。头顶黑色，单眼上方具 1 个微弯的横脊，呈 "W" 形。后头后方有 1 个大黄斑。前胸前叶黄色，背板中央具 1 对圆形黄色小点。合胸黑色，具黄色背条纹，领条纹中间间断，背条纹下方与领条纹相连，形成 1 对倒置的 "7" 字形条纹，位于合胸脊两侧，肩前条纹完全或间断。合胸侧主要为黄色。腹部黑色，具黄色条纹。第 1 节背面中央具大三角形斑，第 1～2 节侧方大部分黄色，第 2～7 节具背中条纹，第 3～6 节侧面基方具 1 个小斑点，第 7 节具 2 个小斑点，第 8 节具 1 大斑，第 10 节与肛附器黑色。

雌性特征与雄性基本近同。

雄性：腹长 37～39mm，后翅 31～32mm。雌性：腹长 32～41mm，后翅 34～35mm。

分布：山西、辽宁、内蒙古、河北、河南、陕西、宁夏、湖北、四川、云南、贵州。

19 双角戴春蜓 Davidius bicornutus Selys, 1878，山西省新记录

雄性上唇、后唇基、前额、上额除后方外皆黄色。头顶及后头呈黑色，侧单眼内侧上方有 1 对横生锥状突，顶端钝圆。合胸领条纹中央间断。背条纹向下分歧，不与领条纹相连，具肩前上点，肩前下条纹甚短。后翅三角室有 1 条横脉。腹部黑色具黄绿色斑纹。第 1 节背中条纹后端宽。第 2 节背中条纹呈长三角形。第 1～9 节具侧斑，基部各节侧斑长度约为该节长度 1/3，向后逐渐变小，第 9 节呈小新月形。第 7 节无侧斑。第 10 节黑色。

雌性类似雄性。但头顶具 1 对甚长角状突，末端分歧。无肩前下条纹和肩前上点。第 7 节有侧斑。

雄性：腹长 40～42mm，后翅 37～38mm。雌性：腹长 42～44mm，后翅 38～40mm。

分布：山西、北京、河南、陕西。

20 联纹小叶春蜓 Gomphidia confluens Selys, 1878

雄性下唇中叶淡褐色，具黑褐色前缘，侧叶黄色，末端黑褐色。上唇黄色，周缘黑色。前、后唇基和额黄色具黑色细线。头顶黑色。后头及后头缘中央黄色，两侧黑色。前胸黑色，仅背板两侧各具大、小黄斑各 1 个。合胸领条纹中央间断。背条纹与领条纹相连，形成 "7" 字形纹。肩前条纹上端粗大，下端细短而弯曲。足大部分黄色。翅透明，前缘黄色。腹部黑色，具黄色斑点。第 1、2 节背中条纹相连成菱形，侧面大部分黄色；第 3 节背中条纹大，三角形；第 4～6 节背面基方各具 1 个大斑点；第 7 节大部和第 8 节黄色；第 9 节两侧基部及末

缘各具 1 条细纹；第 10 节背面大部黄色，具 2 个小黑点。肛附器深褐色。

雌性类似雄性。

雄性：腹长 54～56mm，后翅 44～46mm。雌性：腹长 51mm，后翅 47mm。

分布：山西、北京、河南、河北、江苏、浙江、福建、台湾、广西；越南。

21 环纹环尾春蜓 *Lamelligomphus ringens* (Needham, 1930)

雄性下唇基半部褐色，端半部淡黄色。上唇黄色，具细的黑色边缘。前唇基黄色，后唇基黑色，两侧各具 1 个黄斑。头顶黑色，具 1 对横的半圆形突起。后头黑色，着黑色长毛。前胸黑色，背板中央具 1 对黄斑。合胸领条纹与合胸脊上的黄色条纹相连。背条纹较阔，肩前上点较小。第 2 条纹与第 3 条纹合并。足大部分黑色，基节外方和转节、腿节腹方黄色。翅透明，翅基微带淡黄色。腹部大部分黑色，具黄色斑点。上肛附器基方黑色，外侧具 1 条黄色长纹。下肛附器黑色。上肛附器末端向下方钩曲，下肛附器末端超过上肛附器，包在上肛附器外方。

雌性后头缘具角 1 对，体黄色多于雄性。

雄性：腹长 45～47mm，后翅 35～37mm。雌性：腹长 44～46mm，后翅 38～40mm。

分布：山西、吉林、河北、山东、河南、陕西、浙江、福建、香港、台湾、四川、贵州；朝鲜。

22 小团扇春蜓 *Ictinogomphus rapax* (Rambur, 1798)

雄性下唇黄色，中叶前缘和侧叶末端淡褐色。上唇基方具 1 条阔黄色横纹，有时成 2 个近圆形斑。前唇基黄色，后唇基黑色，两侧各具有 1 个黄色大圆点。颊黑色。额横纹后缘中央凹入很深。头顶黑色，侧单眼上方具 1 对突起，基部相遇，末端尖锐。后头黄色，具黑边。后头后方具 1 大黄斑。前胸大部分黑色，背板两侧各具 1 个黄斑，合胸领条纹完全，背条纹上端粗于下端，肩前条纹完全，近上端处狭窄。第 2、3 条纹完全，沿气孔下缝有 1 条甚粗横纹相连。足大部黑色，基节外方黄色。前足转节、腿节腹方具黄色斑点或条纹。翅透明，微带淡褐色。腹部大部分黑色，具黄色斑点。第 8 节背板腹缘适度扩大；第 10 节及肛附器黑色。

雌性色彩基本与雄性相同。后头中央具角 1 个，腹部第 8 节背板腹缘不如雄性扩展那么大。

雄性：腹长 46～49mm，后翅 39～40mm。雌性：腹长 49～51mm，后翅 43～45mm。

分布：山西、山东、河南、陕西、江苏、浙江、湖北、江西、福建、广东、台湾、海南、广西、四川、贵州。

23 大团扇春蜓 *Sinictinogomphus clavatus* (Fabricius, 1775)，山西省新记录

雄性下唇中叶黄色，具黑褐色边；侧叶黄色，端黑色。上唇黄色，边缘黑色。前后唇基黄色，两侧边缘皆黑色。额横纹阔。头顶黑色，侧单眼上方各具 1 个大的圆形突起，以横脊相连。后头及后头后方黄色。合胸领条纹完全，背条纹阔，上端平截，下端尖锐，远离领条纹；肩前条纹完全，上端有时与背条纹相连。第 2 及第 3 条纹完全，较阔，沿气孔下缝有黑色横纹相连。足基节、转节与腿节大部分黄色，余黑色。腹部大部分黑色，具黄色斑。第 1、2 节背中条纹相连，第 1 节与第 3～6 节的基方各具 1 个三角形斑；第 1～3 节侧方大部分黄色；第 8 节腹缘扩大，其上斑点与腹侧斑相连；第 9、10 节侧方各具 1 个小斑点。肛附器黑色。

雄性：腹长 52mm，后翅 41～42mm。

分布：山西、吉林、北京、山东、河南、陕西、江苏、湖北、江西、湖南、福建、台湾、香港、广西、四川、贵州、云南；朝鲜，日本，越南。

24 奇特扩腹春蜓 *Stylurus occultus* (Selys, 1878)，山西省新记录

雄性下唇中叶、侧叶黄色。上唇黄色，前缘具黑细线。前唇基褐色，后唇基黄色。额大部分黄色。头顶黑色，后头黄色，后头缘着黑色长毛。前胸前叶黄色，黑色的背板具 3 个大黄斑；后叶黄色。合胸黑色，背条纹黄色。肩前条纹完全。腹部第 1 节背面有 1 个大的三角形纹；第 2 节背条纹阔；第 3～7 节背条纹细，渐远离端方；第 8 节背面基方位圆斑，第 9 节成细纹；第 10 节背面黑色。侧面基端具 1 个斑点，侧缘有纵条纹，第 7～9 节宽大黄色，第 10 节侧面黄色。肛附器褐色。

雄性：腹长 36～38mm，后翅 29～32mm。雌性：腹长 37～39mm，后翅 31mm。

分布：山西、黑龙江、吉林、辽宁、天津、河南、甘肃、江西。

25 长腹春蜓 *Gastrogomphus abdominalis* (McLachlan, 1884)，山西省新记录

雄性身体大部分为绿色，具黑色斑纹。头部仅头顶和上额黑色。单眼上方具横隆脊，中央凹陷。前胸背板中央具黑色横条纹。合胸背条纹宽，黑褐色，肩前条纹不达上部。侧面第 1 条纹宽，第 2 条纹仅在气门以下呈 1 条细黑线，第 3 条纹完整，甚细。翅透明，前缘脉和节前横脉黄色，翅痣黄绿色。足黄绿色，背面黑褐色，具黑色短刺。腹部粗且长，第 1 节黄色，第 2 节上方具纵条纹；第 3～8 节纵条纹末端变粗，向下扩展至侧缘，第 9、10 节侧条纹两端等宽。肛附器黑色，上肛附器腹面基部和下肛附器背面基半部黄色。

雌性黑色斑纹较雄性发达。

雄性：腹长 50mm，后翅 34～36mm。雌性：腹长 47mm，后翅 35mm。

分布：山西、吉林、河北、山东、河南、江苏、浙江、湖北、湖南、福建。

26 棘角蛇纹春蜓 *Ophiogomphus spinicornis* Selys, 1878

雄性下唇黄色，边缘有黄色毛。上唇黄色，有短黑毛，基部两侧各具 1 黑细横纹。前唇基黄色，前缘两侧各具 1 黑色细条纹；后唇基及额黄色，上有稀疏黑毛，额的两端有少数黑色小齿，后唇基与额之间具 1 黑的横细线；额的后方具 1 黑色边缘。头顶黑色，单眼上方具 1 半弧形隆脊，上有黑色长毛。后头及后头后方黄色，后头缘两侧各有 1 个黑色齿状突起，后头缘有长黑毛。前胸黑色，具黄色斑纹，前叶前缘红黄色，后缘黑色，背板中央具 1 对圆斑点，两侧具大黄斑，其余黑色，后叶中央具 1 大黄斑，其余部分黑色。合胸大部分红黄色，领条纹中间间断，合胸脊黄色，背条纹甚宽，上方与肩前条纹相连；合胸侧方第 2 条纹仅在气孔下方呈 1 细线条纹，第 3 条纹完全，甚细，气孔边缘黑色。足大部分红黄色，腿节背面端半部具黑色条纹，胫节腹面及跗节黑色，后足第 2 跗节背方具 1 黄色斑点。翅透明，翅痣红褐色，前缘脉黄色。腹部红黄色，两侧各具 1 黑色条纹，该条纹在第 9～10 节基部和端部加宽，在背面基部接近愈合，因此在两节背面形成椭圆形黄斑；第 7～10 节两侧稍膨大。上肛附器黄色，端部向下弯曲，其腹面具小黑齿，内肛附器黄色，端部尖锐，向上钩曲，钩曲的部分黑色。

雌性基本上与雄性相同，后头缘两侧具后头角 1 对，其基部黄色，端部黑色。

雄性：腹长 40mm，后翅 35mm，翅痣长 4mm，肛附器长 2.5mm。雌性：腹长 47mm，后翅 40mm。

分布：山西、内蒙古、北京、河北、甘肃。

27 华春蜓 *Sinogomphus* sp.

分布：山西。

大蜓科 Cordulegasteridae

体大型，较粗壮，黑色，条纹宽大。两复眼在头顶甚接近，或有 1 点接触。具 2 条粗的结前横脉，无支持脉。翅基室无横脉。副脉不发达。臀套中等大，界限清楚。雄性胫节无隆线。雌性产卵瓣极长。生活于山谷溪流间。

28 双斑圆臀大蜓 *Anotogaster kuchenbeiseri* Foerster, 1899

雄性下唇黄色。上唇黄色，前缘黑色宽阔，中央黑色细窄。前唇基黑色；后唇基黄色，中央具 2 个黑色小点，常与窄的黑色前缘相连。头顶、触角、后头黑色。后头后缘着黑色长毛。额黑色，前缘具 1 个黄色横线。单眼 3 个。两复眼在头顶以 1 个点相触。前胸黑色，具黄色斑纹。合胸黑色，横线背前方具 1 对黄色条纹，横线侧有 2 条黄色条纹。足黑色，基节外侧具黄斑。翅透明，翅痣。翅脉黑色。第 2～8 节前半部各有 1 个黄色环状斑纹，但在背脊被黑色细线隔断。第 9 节基端背侧具 1 个小黄斑，第 10 节和肛附器黑色。上肛附器端尖锐，基部腹面具 2 个向下尖齿，外侧那个较长。

雌性体大于雄性。色泽、斑纹与雄性近同。产卵器发达，伸出体末端甚长。

雄性：腹长 62～67mm，后翅 53～55mm。雌性：腹长 66～76mm，后翅 51～59mm。

分布：山西、北京、河北、山东、陕西、河南、浙江、福建、四川。

29 晋大蜓 *Cordulegaster jinensis* Zhu et Han, 1992

雄性下唇、上颚黄色。上唇黄绿色，前缘具黑褐色边。前唇基褐色。后唇基黄绿色，后缘具黑色长毛。前胸黑色，后叶有斜向外侧的楔形斑，合胸背条纹 1 对，上端圆、粗大，至末端渐细狭且斜向外侧，侧面在两条宽黄色条纹中间有 4 个小黄斑，气孔上方 3 个，下方 1 个。足黑色。翅透明具烟色，前缘脉有黄色，翅痣黑色。腹部黑色，具黄色斑。第 1 节侧斑 1 对；第 2 节基斑微小，背斑、端斑各 1 对，基侧斑大型，基端斑边缘模糊；第 3～8 节有背斑、基侧斑及端斑，但背斑基侧均无小点状斑；第 7、8 节背斑和基侧斑明显宽大，端斑细小；第 9 节基斑细小，横列，端斑小点状；第 10 节基斑微小，端斑长大，向基部分歧。肛附器黑色。上肛附器腹面基部和近中部各有 1 个指向后的粗刺。

雄性：腹长 55～57mm，后翅 40～43mm。

分布：山西、河南。

裂唇蜓科 Chlorogomphidae

体大型，黑色，具黄色斑纹。成虫下唇中叶末端纵裂。翅基室具横脉，臀套宽大；雄性胫节有 1 条膜质隆线；雌性产卵瓣非常退化。

30 侗乡华裂唇蜓 *Sinorogomphus tanti* (Needham, 1930)

雄性下唇黄色，末端略带橙色。上唇黑色，前唇基褐色，具黄色"工"字纹。后唇基黄色，两侧各具 1 小点状凹陷。额黑褐色，上额 1 黄色宽条纹。头顶和后头黑色。触角黑褐色。前胸黑色前叶前缘黄色，后叶两侧各具有 1 圆形黄斑。合胸黑色，条纹黄色。背条纹和肩前条纹相连。后胸后侧片上方具 1 小黄斑，下方具 1 黄色条纹。足黑色，前足基节、转节腹面黄色，腿节下方内侧黄色。翅透明，前缘脉黄色，翅痣黑色。腹部黑色。第 1 节末端具 1 细黄条纹，两侧各具 1 黄色侧斑，第 2～3 节侧斑更大，第 2 节侧斑覆盖耳突。第 3～6 节细，具端斑，向端部逐渐变小。第 7 节端部膨大，端部具宽的环纹。第 8～10 黑色。第 10 节腹面中央具 1 黄斑。上肛附器端部分叉。下肛附器长于上肛附器，端部具 2 个小尖刺。

  雄性：腹长 66～70mm，后翅 47～50mm。

  分布：山西、河南、陕西、湖南、四川、云南。

大蜻科 Macromiidae

  体大型，褐色。合胸在前翅和后翅之间有 1 圈黄带。原始节前横脉明显。基室有横脉。后翅三角室比前翅三角室距弓脉稍为更近。臀套圆形，很少长大于宽，无中肋。肘臀横脉 3 条或更多，雄性有耳突，胫节龙骨突起。足特长。

31 北京弓蜻 Macromia beijingensis Zhu et Chen, 2005

  雄性下唇黄褐色。上唇黑色，基部正中有 1 枚鲜黄色的圆斑。前唇基两侧黑褐色，中部暗绿色。后唇基鲜黄色。额部蓝色，有 1 对黄色侧斑，额中央凹陷，呈双峰状。头顶金蓝色，呈双峰状。后头及触角黑色。前胸黑色，有 1 对黄色侧斑。合胸蓝绿色，黄色的肩前条纹上端尖削达背面全长的 3/5 处，后胸前侧片有黄色带纹，后侧片的下缘黄色，翅透明，稍染烟色，尖端趋褐色，翅痣黑色。足黑色。腹部黑色有光泽，斑纹黄色。第 2 腹节的侧斑宽及全长的 1/2 处。第 3 腹节具有黄色环状斑。第 4～6 节各有 1 枚小形黄色背斑，第 4、5 节腹侧基半部各有 1 枚细小模糊的棕红色条纹，此斑纹在 6～9 节上明显扩大。第 7、8 节的黄色背斑宽大，约为全长的 1/3。第 10 节黑色，背面有 1 对棘突。肛附器黑色，上、下肛附器等长。

  雌性色泽与雄性相似，只是腹部斑纹较扩大，第 4 节的背斑与侧斑亦并接；翅基琥珀色。第 8 腹板后缘弧曲较浅。

  分布：山西、北京。

伪蜻科 Corduliidae

  体中型到大型，通常具蓝色或绿色金属光泽。两复眼相互接触一段较长的距离。原始结前横脉不明显；基室无横脉；后翅三角室与弓脉相对或差不多相对；肘臀横脉 1～2 条；臀套有中肋，四边形或六边形，或长方形。雄性多有胫节龙骨突起和明显的耳形突，足较长。

32 闪蓝丽大蜻 Epophthalmia elegans (Brauer, 1865)

  雄性下唇中叶黄色，侧叶黑色，基部具 1 个大黄斑。上唇前半部黑色，基半部黄白色。前唇基黑色，后唇基黄白色。前额、上额和头顶具有深蓝色金属光泽，前额和上额中央纵向下陷，致成双峰状。头顶、后头黑色。合胸黑色。具蓝绿色金属光泽，条纹黄色。肩前条纹宽大。足黑色，长而粗壮。翅透明，翅端淡褐色。腹部黑色，条纹黄色，基部两节膨大，第 1 节黑色；第 2～8 节背面各有 1 条偏于基半部的横纹，第 7 节上的宽大，第 8 节上的细小；第 10 节基端黑色，背面中央有 1 个突起。上肛附器背面黄褐色，端部黑色，侧缘具 1 个钝角突起，下肛附器黄褐色，周缘黑色，稍长于上肛附器。

  雌性翅中部褐黄色，腹部第 10 节背面无突起。肛附器短，锥状，无产卵器。

  雄性：腹长 52～55mm，后翅 47～50mm。雌性：腹长 55～59mm，后翅 48～49mm。

  分布：山西、吉林、北京、河北、山东、河南、湖北、江西、湖南、广西、四川、贵州、福建、广东、台湾、香港。

33 矛尾金光伪蜻 Somatochlora uchidai Förster, 1909，中国新记录

  雄性上唇黑色，上唇基黄色，额具 1 对黄色条纹，头部余部墨绿色。胸部墨绿色，合胸

侧面无黄色条纹。前后翅三角室各有 1 横脉。腹部黑色，第 2 节基侧面具黄斑，第 3 节侧面黄斑延伸到腹部侧面，背面观可见。肛附器较长，矛状。

雌性腹部第 9～10 膨大，其余类似雄性。

雄性：腹长 36～41mm，后翅 36～41mm。雌性：腹长 36～42mm，后翅 36～42mm。

分布：山西、陕西、四川。

蜻科 Libellulidae

体中或小型。雄性前足胫节无龙骨状脊，雌雄两性前后翅臀角均为圆形，腹部第 2 节无耳状突，身体很少具金属光泽。翅痣无支持脉，臀套足形，后翅三角室接近弓脉，径补脉发达。

34 红蜻 *Crocothemis servilia* (Drury, 1770)

雄性下唇褐色。上唇红色。前唇基红黄色；后唇基红色，其左、右两端发达，形成 1 个罩状，罩在上唇和前唇基的上方。额鲜红色，上额与前额中央下凹成宽纵沟。头顶为 1 个突起，前方红褐色，后方褐色，顶端具 2 个小突起。后头褐色，后头缘具细而长的褐色毛。前胸褐色。合胸背前方红色，无斑纹；合胸侧面红色，无斑纹。翅透明，翅痣无斑纹。肛附器红色，上肛附器末端黑色，尖锐，下方具黑色小齿；下肛附器稍短，向上弯曲，末端具 2 个黑齿。

雌性上、下唇及后头黄色，唇基、额及头顶黄褐色。胸褐色。翅基斑黄色。腹部黄色，肛附器短，褐色。

雄性：腹长 30～31mm，后翅 32～35mm。雌性：腹长 26～28mm，后翅 34～36mm。

分布：全国广布。

35 异色多纹蜻 *Deielia phaon* (Selys, 1883)

雄性下唇中叶黑色，侧叶黄色，内缘具半圆形黑斑。上唇黑色，基部具 2 个小黄斑。前唇基黄色，两端黑色；后唇基黄色。额大部分为黑蓝色，具金属光泽。额上部凹陷，形成 1 宽纵沟，额的两侧和窄的前缘黄色；头顶黑色，中央为 1 个大突起，顶端具 1 个黄斑；后头黑色，后方具黄斑。前胸黑色。合胸背前方灰色，具白色细毛，两侧具黄色背条纹和肩前条纹。合胸侧面黄色，具白色细毛，条纹黑色，完整。足黑色，但基节、转节有时具黄色。翅透明，翅痣黑褐色。腹部灰色，第 2 节背隆脊两侧各具 2 个黄斑，第 3～7 节各具不明显的纵黄斑，第 2～4 节侧下缘各具两个黄斑，第 8～10 节全黑色。肛附器黑色，具毛。

雌性腹部黄色具黑斑，微灰色；第 2～7 节两侧各节的纵黑斑相连成 1 条长条纹。上肛附器端部向下弯曲成沟状。

雄性：腹长 26～28mm，后翅 28～32mm。雌性：腹长 23～24mm，后翅 28～33mm。

分布：山西、吉林、北京、天津、河北、山东、河南、陕西、江苏、上海、浙江、江西、福建、台湾、广西、四川。

36 白尾灰蜻 *Orthetrum albistylum* Selys, 1848

雄性下唇中叶黑色，侧叶黄色，内缘黑色。上唇黄褐色，中央常具 1 个褐色三角形小斑，后缘两侧具褐斑。前、后唇基及额黄绿色，具黑短毛。头顶为 1 大突起，顶端黑色。后头褐色，后面黄色。前胸浓褐色，前叶后方淡黄色，背板具黄斑，后叶淡黄色。合胸背前方褐色，密布小黑齿及细毛，合胸脊与第 1 条纹之间具 1 条褐色纵条纹。合胸侧面淡蓝色，具黑色条纹，第 1、3 条纹完全，第 2 条纹上端窄削，斜伸向后上方。翅透明，翅痣黑褐色。R_2 脉强烈波状弯曲。足黑色，具黄斑。腹部第 1～6 节淡黄色，具黑斑；第 7～10 节黑色。上肛附器上面白色，下面黑褐色。老熟个体着灰色粉末。

雌性体色与雄性有差异。腹部第 8、9 节黑色，第 10 节白色，下肛附器下面白色。

雄性：腹长 36～38mm，后翅 39～40mm。雌性：腹长 36～40mm，后翅 34～41mm。

分布：全国广布。

37 线痣灰蜻 Orthetrum lineostigma (Selys, 1887)

雄性下唇中叶赤黄色，周缘黑色。上唇赤黄色。前、后唇基暗黄色。额灰黑色，两侧及前缘暗黄色。头顶黑色，中央具 1 个突起。后头深褐色，后方具黄斑。前胸、合胸灰色，无条纹。翅透明，末端具淡褐色斑，翅痣上部宽黑褐色，下班细狭黄色。足黑色。腹部大部被灰色粉末，不显斑纹，肛附器黑色，上肛附器末端尖锐，下肛附器末端钩曲。

雄性：腹长 30～31mm，后翅 34～35mm。雌性：腹长 27～29mm，后翅 32～34mm。

分布：山西、北京、河北、山东、河南、陕西、江苏、浙江、福建、云南。

38 异色灰蜻 Orthetrum melania (Selys, 1883)

雄性老熟个体面部全深黑色，头部的突起高耸，上着生 2 个锥形尖突，后头褐色。胸部黑褐色，被白色粉末，呈青灰色，前胸后叶直立，片状，中央微裂，缘具长毛，合胸背面、侧面条纹不明显，未完全老熟的个体，胸部背粉较少，胸侧条纹可见。翅透明，翅基具黑褐色斑，后翅斑远大于前翅斑。足黑色。腹部第 1～7 节青灰色；第 8～10 节黑色。肛附器色彩，幼期白色，随老熟程度自基部向末端变为黑色，少数老熟个体的上肛附器基部黑色，端部背面灰白色。胸部和腹部第 1～7 节有无被粉、被粉的厚薄，是个体老熟程度的标志。另外，肛附器黑化程度也是个体是否充分老熟的重要特征。

雌性类似雄性，但腹部黑色具有黄色斑纹，第 1～6 节两侧具较宽的纵条纹；第 7 节的上方、下方和第 8 节下方有甚狭黄色，第 8 节侧缘扩大成片状；第 9、10 节黑色；肛附器白色。

雄性：腹长 34～36mm，后翅 39～42mm。雌性：腹长 31～35mm，后翅 38～44mm。

分布：山西、北京、河北、山东、河南、浙江、湖北、江西、湖南、福建、广东、海南、广西、四川、贵州、云南。

39 黄蜻 Pantala flavescens (Fabricius, 1798)

雄性下唇中叶黑色，侧叶黄褐色。上唇赤黄色，具黑色前缘。前、后唇基及额黄赤色。头顶具黑色条纹，中央为 1 个大突起，下部黑色，顶端黄色，后头褐色。前胸黑褐色，前叶上方和背板具白色斑纹，后叶褐色。合胸背前方赤褐色，合胸侧面黄褐色，第 1、3 条纹只有上、下端部分，第 2 条纹缺。翅痣赤黄色，后翅臀域淡褐色，小膜白色。足黑色，腿节及前、中足胫节具黄线纹。腹部赤黄色。第 1 节背面具 1 个黑褐色横斑，第 4～10 节具黑褐色斑。肛附器基部赤褐色，端部黑褐色。

雌性体色较淡。

雄性：腹长 32mm，后翅 40mm。雌性：腹长 31mm，后翅 40mm。

分布：全国广布。

40 玉带蜻 Pseudothemis zonata Burmeister, 1938

雄性下唇中叶黑褐色，侧叶黑褐色，外缘具黄色纵斑。上唇黄色，前缘具金黄毛。前唇基褐色，后唇基中央褐色，两侧灰白色。额乳白色。中央凹陷成 1 条宽纵沟。面具黑短毛。头顶具黑色条纹，中央突起，蓝色，具金属闪光。后头褐色。前胸黑色。合胸褐色，合胸脊两侧具 1 对"T"字形白色纹；合胸侧面黑褐色，条纹不显著。翅透明，翅基具深褐色斑，末端具 1 个小褐斑。足黑色。腹部黑色，仅第 3～4 节两节大部分为乳白色，第 4 节后部的白色带淡黄色。肛附器黑色。

雌性体形、翅斑与雄性基本相同。但额部前面赤黄色。腹部第 3～4 节白色带黄，第 5～7 节侧下缘具淡黄色长斑。

雄性：腹长 31～32mm，后翅 38～41mm。雌性：腹长 28～29mm，后翅 37～40mm。

分布：北京、河北、山西、河南、陕西、江苏、浙江、湖北、湖南、福建、台湾、香港、四川、贵州、云南。

41 半黄赤蜻 *Sympetrum croceolum* Selys, 1883

雄性口器大部为赤黄色。额前部黄赤色，后部淡褐色，具黑毛。头顶前部有 1 个窄的黑条，中央为 1 个黄褐色突起。后头褐色。胸部淡黄绿色，无条纹。翅透明，翅痣赤褐色，长 3.5mm。R_2 脉前方的前缘域黄赤色，翅基具同色斑，前翅斑超过三角室，后翅斑向后、外方扩展达到翅节前。足黄褐色。腹部黄色或黄褐色，斑纹黑褐色。肛附器黄色。

雌性胸部斑纹与雄性基本相同。腹部斑纹明显，第 3～7 节侧面具纵斑，第 8～10 节黑色，但第 8 节两侧有 1 个黄斑，第 10 节后部背面有黄斑。

雄性：腹长 28～30mm，后翅 32～35mm。雌性：腹长 28～32mm，后翅 32～36mm。

分布：山西、山东、河南、浙江、江西、福建、台湾、四川、贵州、云南。

42 秋赤蜻 *Sympetrum depressiusculum* (Selys, 1841)

雄性下唇中叶黑色或具黄色侧缘，内缘具黑色窄边。上唇赤黄色。前、后唇基及额淡黄色。后头褐色，后缘具黄毛。前胸前叶及背板黑色，具白色斑纹。后叶黄褐色，直立 2 裂，缘毛黄褐色。合胸侧面黄绿色，具 3 条明显的黑色条纹，第 1 条纹完全，中间窄，第 2 条纹仅具下段，第 3 条纹完全，中间窄。翅透明，翅痣金黄色。前缘脉黄色。足黑色，但基节、转节及前足腿节下面黄色。腹部红褐色。第 1～2 节背面基部黑褐色。第 3～8 节端部两侧各具 1 褐色小斑。第 8～9 节背中脊两侧有褐色斑。上肛附器黄色，端部黑色。下肛附器黑色。

雌性类似雄性，但腹部斑纹发达。

雄性：腹长 26mm，后翅 31mm。雌性：腹长 25mm，后翅 30mm。

分布：山西、黑龙江、吉林、北京、山东、河南、陕西、江西、福建、台湾。

43 竖眉赤蜻 *Sympetrum eroticum* (Selys, 1883)

雄性上、下唇赤黄色。前、后唇基黄色。额前面黄色，上面及两侧暗黄色，前额有 1 对黑斑，多数个体为圆形，有时左右相连成 1 条黑带。后头黑色。前胸深褐色，具黄斑，合胸黄褐色，黄色背条纹周缘界限模糊。合胸侧面黄色，条纹黑色，第 2 条纹只有气孔处 1 段，第 3 条纹细狭。翅透明，翅基淡橘黄色，翅痣褐黄色。足黑色，在基节、转节、和前足腿节下侧黄色。腹部红色，第 4～8 节末端下侧缘具 1 个黑色斑，第 9 节下侧缘黑色。肛附器赤黄色。上肛附器约与第 9～10 节之和等长。

雌性色彩、斑纹似雄性，但眉斑较小，多为半圆形，腹色黄而斑纹较大，腹面黑色。翅基橘黄色斑较大，部分个体翅端具褐色斑。

雄性：腹长 25～28mm，后翅 29～31mm。雌性：腹长 24～29mm，后翅 30～33mm。

分布：山西、河南、江苏、湖南、浙江、江西、福建、广西、四川、贵州、云南。

44 灿烂赤蜻 *Sympetrum speciosum* Oguma, 1915，山西省新记录

后翅基部有一大的橙色斑，胸侧具斜的"U"字形黑斑，与其他种易区别。雄性前额背面

黄褐色，额基条细。合胸暗红色，侧面有 2 条黑斑，两条黑斑在下方相连，形成斜的"U"字形；合胸脊线无黑色；翅透明，翅基有一大的橙色斑，翅痣褐色。腹部红色，无斑纹。肛附器红褐色。

雌性与雄性无太大差异，但腹部黄色，腹侧有近似三角形黑斑。

雄性：腹长 24～26mm，后翅 27～36mm。雌性：腹长 25～28mm，后翅 31～37mm。

分布：山西、台湾、广西；日本，朝鲜。

45 小黄赤蜻 *Sympetrum kunckeli* (Selys, 1884)

雄性下唇黄色。上唇黄褐色，前缘具稀疏黄毛。前、后唇基及额淡黄色。头顶中央突起前具 1 条黑色宽条纹，后面及后头黄色，背板中央及两侧具黄斑，后叶黄褐色，直立，2 裂，缘毛褐色。合胸背前方黄色，纵三角形黑斑边缘清晰、宽大完整。胸侧 3 条纹不完全。翅透明，翅痣黄褐色。足黑色具黄斑。腹部第 1～3 节黄褐色，其余各节和肛附器红褐色。

雌性腹部色较黄，侧面斑纹明显。

雄性：腹长 23mm，后翅 26mm。雌性：腹长 22mm，后翅 27mm。

分布：山西、北京、河北、山东、河南、陕西、江苏、上海、浙江、湖北、江西、湖南、福建、台湾。

46 双横赤蜻 *Sympetrum rupture* Needham, 1930

雄性下唇黄色。上唇黄褐色。前唇基黄色；后唇基及额淡黄带橄榄色。面全部具稀疏黑色短毛。头顶黑色具黄色斑纹。后头黄色。前胸背板背前方具 2 褐色横斑，余全为黄色。合胸具黄色背条纹胸侧第 1 条纹之前具 1 宽黑色条纹，此条纹上、下端与第 1 条纹合并。翅透明，翅痣黄色，后翅臀横脉 2 条。足基、转节及前足腿节下面黄色，余均黑色，具黑刺。腹部黄褐色，第 1～2 节背面基部具褐色横斑，第 4～7 节末端侧下缘具 1 褐色斑，第 9 节侧下缘全黄色。上肛附器淡黄色，末端具 1 小黑刺，下面具 1 行黑色小齿。

雌性特征基部与雄性相同。

雄性：腹长 22mm，后翅 26mm。雌性：腹长 23mm，后翅 26mm。

分布：山西、福建。

47 黄腿赤蜻 *Sympetrum vulgatum imitans* (Selys, 1886)

体中小型，红黄色。足黄黑 2 色，易辨认。

雄性下唇黄褐色。上唇红色，基缘褐色。前、后唇基褐色。额前面赤黄色，两侧及上方褐色，整个面部具黄毛。头顶具 1 黑色宽条纹。后头褐色，后缘具长毛。前胸前叶及背板黑色具黄斑，后叶褐色，直立，2 裂，后缘具褐色长毛。中胸前侧片赤褐色具褐色细毛。合胸侧面赤褐色，具稀疏细毛和 3 条黑色条纹。翅透明，翅痣黄或黄褐色，前缘脉黄色。足的基节和转节黄色具黑斑，腿节和胫节上面黄色，下面黑色，具黑刺。腹部红色，具褐色斑和条纹。肛附器黄褐色。

雌性类似雄性，但面部黄色，腹部条纹显著。

雄性：腹长 32mm，后翅 31mm。雌性：腹长 32mm，后翅 33mm。

分布：山西、黑龙江、北京、天津、河南、陕西、江西。

48 大黄赤蜻 *Sympetrum uniforme* Selys, 1883

雄性上、下唇黄褐色。颜面淡黄色。头顶前方有 1 条黑色条纹，中央为 1 褐色突起。后头褐色。前胸黄褐色，后叶直立，2 裂，缘具灰色长毛。合胸背前方和合胸侧面黄褐色，均无斑纹。翅前缘域赤黄色。翅脉多黄色。翅痣长 5mm，淡黄色。足淡黄色，具黑刺。腹部黄褐色。上肛附器黄褐色，端尖锐，腹面着小黑齿。

雌性体形、色泽与雄性近同。翅痣长 5mm。下生殖板不向下突出。

雄性：腹长 34mm，后翅 36mm。雌性：腹长 35mm，后翅 36～39mm。

分布：山西、吉林、北京、河北、河南、陕西。

49 华斜痣蜻 *Tramea virginia* Rambur, 1842, 山西省新记录

雄性下唇中叶黑色，侧叶黄褐色。上唇端部中央黑色，其余部分赤褐色。前、后唇基黄褐色。前额红色，上额黑色。头顶中央具 1 黑色横纹并。后头褐色，多毛。前胸黑褐色。合胸前侧片红褐色，具淡褐色细毛。合胸侧面红褐色，具 2 条黑色条纹和 1 斑点，条纹中间中断。翅淡黄色、透明，翅基具红褐色斑。前翅斑小而色淡，后翅斑大而色浓。翅痣红褐色，为不规则梯形。组黑色，基部色淡。腹部第 1～7 节背面红褐色，第 8～10 节黑色。腹部侧面具黄色斑纹，腹面灰黑色。肛附器基部红褐色，端部黑褐色。

雌性类似雄性。体中型，赤褐色。后翅基部宽，具明显的红褐色斑。

雄性：腹长 38mm，后翅 47mm。雌性：腹长 28mm，后翅 44mm。

分布：山西、北京、江苏、浙江、福建、江西、湖南、广西、四川、云南。

参 考 文 献

隋敬之，孙洪国，1984. 中国习见蜻蜓[M]. 北京: 农业出版社.

王志国，2007. 河南省蜻蜓志蜻蜓目[M]. 郑州: 河南科学技术出版社.

赵修复，1990. 中国春蜓分类[M]. 福州: 福建科学技术出版社.

Needham J G, 1930. A manual of dragonflies of China[J]. Zoological Sinica, 11(1): 1-285.

Odonata

Niu Yao[1]　　Zhang Hongjie[2]

(1 College of Life Sciences, Henan Normal University, Xinxiang, 453007;

2 School of Bioscience and Engineering, Shaanxi University of Technology, Hanzhong, 723001)

The paper reports 49 species of Odonata in Lishan, Shanxi Province, belonging to 39 genera 14 families, and including one newly recorded species in China — *Somatochlora uchidai*, 12 newly recorded species in Shanxi Province — *Ceriagrion fallax*, *Platycnemis phyllopoda*, *Mesopodagrion yacohwensis*, *Megalestes chengi*, *Gynacantha japonica*, *Anisogomphus maacki*, *Davidius bicornutus*, *Sinictinogomphus clavatus*, *Stylurus occultus*, *Gastrogomphus abdominalis*, *Sympetrum speciosum*, *Tramea virginia*.

蜉蝣目 Ephemeroptera

王艳霞　　周长发

（南京师范大学生命科学学院，南京，210023）

蜉蝣是一类美丽、独特、重要的昆虫。蜉蝣的稚虫生活在水中，经多次蜕皮后羽化成为

亚成虫，亚成虫再蜕 1 次皮变为能交尾、产卵的成虫（少数种类的雌性亚成虫也能交尾产卵）。成虫体壁薄且具光泽，色彩鲜艳，通常为白色、淡黄色和褐色。具翅 1 对或 2 对，翅薄而透明，飞行时振动频率很低，停歇时直立于体背。腹末有长而分节的尾丝 2 或 3 根，飞行时在空中随风飘动。再由于蜉蝣成虫不饮不食，肠内只贮有空气，身体比重较小，故蜉蝣飞行姿态和动作十分优雅美丽，很早就受到人类的关注。

蜉蝣保留着一系列祖征和独征，对探讨和研究有翅昆虫的起源和演化具有十分重要的价值，为重建原始昆虫模式、探讨翅的起源、脉相的演化、附肢的演变、昆虫多种发育类型的起源和演化等提供了不可多得的证据，故也是昆虫研究者十分重视的昆虫门类。

世界目前已报道约 30 科超过 3000 种蜉蝣，我国已知种类超过 300 种。然而，山西省的蜉蝣以前所知甚少。此次根据王艳霞和王泽雨采自山西历山自然保护区的少量标本，初步鉴定出蜉蝣目昆虫 7 科 13 属 14 种，所研究标本和种类全部保存于南京师范大学生命科学学院。

分科检索表

稚　虫

1 中胸背板向后扩展至第 7 腹节的上方，形成头胸甲状；胸部翅芽和腹部的鳃全部隐藏甲壳下
....鲎蜉科 Prosopistomatidae

- 中胸背板不明显扩大；腹部的鳃明显可见 2

2 上颚具上颚牙，头部背面观中一般明显可见；腹部第 2～7 对鳃两叉状，各枚鳃的缘部又分裂成缨毛状 3

- 上颚一般不具上颚牙；腹部的鳃形态多样，但绝无上述类型 6

3 胸足强壮宽扁，呈挖掘状；腹部的鳃背位 4

- 胸足各部分正常，呈圆柱状，不特化；腹部的鳃位于体侧 .... 河花蜉科 Potamanthidae

4 后足胫节端部呈尖锐的突出状；侧面观上颚牙向上弯曲 5

- 后足胫节端部圆钝；侧面观上颚牙端部向下弯曲 .... 多脉蜉科 Polymitarcyidae

5 上颚牙不具齿突 .... 蜉蝣科 Ephemeridae

- 上颚牙具明显的齿突 .... 褶缘蜉科 Palingeniidae

6 头部前缘具 2 对角状突出，其中 1 对大而明显 .... 越南蜉科 Vietnamellidae

- 头顶和单眼顶部可能具程度不同的瘤突，但头不具上述角状突 7

7 腹部第 2 节无鳃 .... 小蜉科 Ephemerellidae

- 腹部第 2 节具发育程度不同的形式多样的鳃 8

8 腹部第 2 节的鳃明显扩大，成卵圆形或方形，完全盖住后面的各对鳃 9

- 腹部第 2 节的鳃可能略大于其他各对鳃，但最多盖住第 3 腹鳃的少部分 11

9 腹部第 2 节的鳃呈卵圆形，两者在中部不接触；2 根尾须 .... 晚蜉科 Teloganodidae

- 腹部第 2 节的鳃呈四方形，两者在中部相互遮叠或接触；3 根尾丝 10

10 中胸背板前侧角突出；第 2 对鳃在背中线处接触或愈合 .... 新蜉科 Neoephemeridae

- 中胸背板前侧角不突出；第 2 对鳃在中部相互遮叠 .... 细蜉科 Caenidae

11 前足各节的内侧具浓密的长毛 12

- 前足各节可能具细毛，但绝无上述长毛 13

12 前足基节基部无丝状鳃 .... 寡脉蜉科 Oligoneuriidae

- 前足基节基部具 1 簇丝状鳃 .... 等蜉科 Isonychiidae

13 下颚、下唇、前足和中足基部具丝状鳃；爪具 1 枚明显的指状突起...
　..古丝蜉科 Siphluriscidae
- 下颚、下唇、前足和中足基部不具鳃；爪可能具小齿，但绝无上述指状突起.................14

14 身体呈鱼状的流线型，背腹厚度一般明显大于身体宽度；鳃呈膜质片状.................15
- 身体不呈鱼状，一般较扁；鳃的形状多样...17

15 前足爪为两叉状...长爪蜉科 Metretopodidae
- 前足爪简单，不分叉...16

16 触角长度短于头的宽度；体长常在 1cm 以上.................................短丝蜉科 Siphlonuridae
- 触角长度是头宽的 3 倍以上；体长常在 1cm 以下...............................四节蜉科 Baetidae

17 身体各部分扁平；鳃的背叶膜质片状，腹叶丝簇状.........................扁蜉科 Heptageniidae
- 身体不特别扁平；腹部的鳃形状多样，但常为细长丝状或缘部具细小的缨毛.................
　...细裳蜉科 Leptophlebiidae

成　虫

1 前翅翅脉极少，R$_1$ 脉后仅具 3～4 条纵脉.................寡脉蜉科 Oligoneuriidae
- 前翅翅脉较多..2

2 前翅各纵脉两侧各有 1 根闰脉相伴；无横脉...................鲎蜉科 Prosopistomatidae
- 前翅纵脉两侧无上述的闰脉，具程度不同的横脉...3

3 前翅 MA 脉在基部分叉，横脉极弱.................................褶缘蜉科 Palingeniidae
- 前翅 MA 脉在近中部分叉，横脉发育程度不一...4

4 前翅 MP$_2$ 脉与 CuA 脉在基部向后强烈弯曲...5
- 前翅 MP$_2$ 脉与 CuA 脉基部不弯曲...8

5 外生殖器相对较退化；后翅的前缘突尖锐，前翅 A$_1$ 脉不分叉.........新蜉科 Neoephemeridae
- 外生殖器发达，各部分明显可见；后翅的前缘突如尖锐，则前翅 A$_1$ 脉分叉.................6

6 中后足明显退化；翅的横脉多而密.................................多脉蜉科 Polymitarcyidae
- 各对足发育正常；翅的横脉不如上述的多...7

7 前翅 A$_1$ 脉近端部分叉，尾铗第 1 节最长，翅面上往往具大块的色斑.................................
　...河花蜉科 Potamanthidae
- 前翅 A$_1$ 脉不分叉，由许多横脉将其与翅后缘连接；翅面上往往具斑点.................................
　...蜉蝣科 Ephemeridae

8 前翅肘区（CuA-CuP）狭窄，不具闰脉，一系列横脉将 CuA 脉连接到翅后缘.................9
- 前翅肘区相对较大，其间具长闰脉..11

9 后翅 MP 脉在近端部分叉；前足基部具鳃丝残迹...................等蜉科 Isonychiidae
- 后翅 MP 脉在基部或近中部分叉；前足基部如有鳃丝则中足基部也有.........................10

10 前足和中足的基部具鳃丝残迹，雄成虫后头具突出；后翅大于前翅的一半.................................
　...古丝蜉科 Siphluriscidae
- 足基部不具鳃丝残迹，雄成虫后头不具瘤突；后翅不及前翅的一半.................................
　...短丝蜉科 Siphlonuridae

11 前翅具缘闰脉..12
- 前翅不具缘闰脉...13

12 前翅 MA$_2$ 脉与 MP$_2$ 脉在基部与其基干游离，缘闰脉短小但明显.........四节蜉科 Baetidae

－ 前翅 MA_2 脉与 MP_2 脉在基部与其基干连接，缘闰脉单根，相对较长 ....
.... 小蜉科 Ephemerellidae

13 无后翅，翅缘具缨毛，尾铗 1 节，阳茎完全合并 .... 细蜉科 Caenidae

－ 后翅可能消失，前翅翅缘不具缨毛，尾铗至少 3 节，阳茎形状多样 14

14 前翅 CuA 脉与 CuP 脉之间具排列规则的 1～2 对闰脉 15

－ 前翅 CuA 脉与 CuP 脉之间具数目不定的闰脉，但排列不规则 16

15 前翅 CuA 脉与 CuP 脉之间具 2 对闰脉 .... 扁蜉科 Heptageniidae

－ 前翅 CuA 脉与 CuP 脉之间具 1 对闰脉 .... 长爪蜉科 Metretopodidae

16 尾铗第 1 节与第 2 节约等长 17

－ 尾铗第 1 节明显长于其他各节，端部各节非常短小 .... 细裳蜉科 Leptophlebiidae

17 前翅各主要纵脉间都具闰脉，MP_1 与 MP_2 之间至少有 3 根长闰脉 ....
.... 越南蜉科 Vietnamellidae

－ 前翅各主要纵脉间不具闰脉，MP_1 与 MP_2 之间只有 1 根长闰脉 .... 晚蜉科 Teloganodidae

短丝蜉科 Siphlonuridae

成虫鉴别特征：前翅较窄，CuA 脉由一些横脉将其与翅的后缘相连；后翅相对较大，MP 脉的分叉点接近翅的中部；2 根尾须。

稚虫鉴别特征：身体流线型，背腹厚度大于身体宽度；运动有点像小鱼；触角长度不及头宽的 2 倍；体表光滑；腹部各节的侧后角尖锐；鳃 7 对，单片或双片状，位于 1～7 腹节背侧面；3 根尾丝（中尾丝可能短于尾须），较粗，有长而密的细毛，桨状。

1 亚美蜉 *Ameletus* sp.

稚虫：体长 6.0～14.0mm。下颚端部具 1 排刷状毛；鳃单片，一般卵圆形，较小，前缘骨化，背面又具 1 条骨化线；尾丝中部往往具色斑。

成虫：前翅长 8.0～14.0mm。雌成虫的体色一般较雄成虫的深。复眼大，在头顶接触。雄成虫的前足长度约与体长相等，前足第 1 跗节长为第 2 跗节长的 1/3～1/2。各足具爪两枚，1 钝 1 尖。

观察标本：1 稚虫，山西翼城大河村，2012.VII.29，王艳霞采。

扁蜉科 Heptageniidae

成虫鉴别特征：前翅 CuA 脉与 CuP 脉之间具典型的排列成两对的闰脉；后翅明显，MA 脉与 MP 脉分叉；身体一般具黑色、褐色或红色的斑纹；具 2 根尾须。

稚虫鉴别特征：身体各部扁平，背腹厚度明显小于身体的宽度；足的关节为前后型；鳃位于第 1～7 腹节体背或体侧，每枚鳃分为背、腹两部分，背方的鳃片状，膜质，而腹方的鳃丝状，一般成簇，第 7 对鳃的丝状部分很小或缺失；2 或 3 根尾丝。

2 透明高翔蜉 *Epeorus pellucidus* (Brodsky, 1930)

雄成虫：体长 10.0～13.0mm，尾须 30.0～35.0mm。头胸黄色，腹部浅白色，只在各节背板的后缘具少许黑色斑点。两复眼黑色，在头顶背面接触。前、后翅基部黑色，其他部分透明。阳茎明显棒状，左右阳茎叶分离较开，各具 1 根明显的阳端突。尾须白色。

老熟稚虫：体长 14.0mm，尾须长 16.0～20.0mm。头壳侧面平直，前缘具黑色斑点。腿节具黑色斑块；第 1 和第 7 对鳃的膜片部分扩大，延伸到腹部腹面，但左右两鳃不相互重叠。肛下板的宽度约为长度的 1 倍。肛下板后缘生有细毛簇。

观察标本：172 稚虫，山西沁水下川，2012.VII.23～27；66 稚虫 2♀亚 2♀2♂，山西翼城大河，2012.VII.27～30，王艳霞采。

分布：山西（历山）、黑龙江、河北、河南、陕西、甘肃、四川、云南；蒙古，俄罗斯，朝鲜半岛。

3 红斑似动蜉 Cinygmina rubromaculata You, Wu, Gui et Hsu, 1981

雄成虫：体长 9.0mm，尾丝长 28.0mm。身体棕黄色，腹部背板中央两侧成红色。两复眼在头顶相互接触。两阳茎叶端部分离，基部合并；各阳茎叶又分为两叶，端部呈叉状，阳茎叶具 1 刺突。尾丝具红色环纹。

老熟稚虫：体长 11.0mm，尾丝长 15.0mm。体色基本为褐绿色与淡黄色相间的斑驳花斑状。触角光滑，长度不及头宽。鳃 7 对，第 1～6 对鳃都分为丝状部分与膜片部分。第 1 对鳃的膜片部分刀型，第 2～6 对鳃的膜片部分心型，第 5～6 对鳃的膜片部分的端部中央各具 1 短小的丝状突起；第 7 对鳃只具膜片部分，呈宽柳叶型。尾丝 3 根，节间具刺。

观察标本：53 稚虫 2♀2♂，山西沁水下川，2012.VII.23～27；18 稚虫 5♀亚 6♂亚 6♀4♂，山西翼城大河，2012.VII.27～30，王艳霞采。

分布：山西（历山）、陕西、江苏、浙江、湖北、江西、湖南、福建、重庆、四川、贵州、云南；俄罗斯（远东地区）。

4 小扁蜉 Heptagenia minor She, Gui et You, 1995

雄成虫：体长 4.0～5.5mm，尾须长 10.0mm。身体除前胸背板和中胸背板棕红色、前足腿节背面呈棕黄色外，其余部分为黄色或淡黄色。阳茎叶后缘突出，各具 1 阳端突。尾须白色，有红色环纹。

稚虫：小型，4～6mm，体色斑驳，浅黄色与白色间杂。

观察标本：1♂亚 1♀亚，山西翼城大河，2012.VII.27～30，王艳霞采。

分布：山西（历山）、河南、安徽、福建、海南。

四节蜉科 Baetidae

成虫鉴别特征：复眼明显分为上、下两部分，上半部分成锥状突起，橘红色或红色；下半部分圆形，黑色。前翅 IMA、MA$_2$、IMP、MP$_2$ 脉与翅基部游离，横脉减少，在相邻纵脉间的翅缘部具典型的 1 或 2 根缘闰脉；后翅极小或缺如。前足跗节 5 节，中、后足跗节 3 节。阳茎退化成膜质而不显。2 根尾丝。

稚虫鉴别特征：一般较小，体长 3.0～12.0mm。身体多呈流线型，运动有点像小鱼；身体背腹厚度一般大于身体宽度。触角长大于头宽的 2 倍。后翅芽有时消失。腹部各节的侧后角延长成明显的尖锐突起。鳃一般 7 对，有时 5 对或 6 对，位于 1～7 腹节背侧面；2 或 3 根尾丝，具有长而密的细毛。

本科是蜉蝣目的第一大科，种类庞杂、形态多样，但分类特征较少，且近年属征变化较大。

5 奥氏花翅蜉 Baetiella ausobskyi Braasch, 1983

雄成虫：体长 5.0～6.0mm，尾须长 15.0～16.0mm。复眼上半部橘红色，下半部黑色。胸部色浅，但具棕褐色的缝及翅基。前翅横脉及翅痣区着色明显。无后翅。后胸及腹部 1～7 背板可见刺突残迹。尾须浅白色。

老熟稚虫：体长 5.0～5.5mm，尾须 5.5～6.0mm，中尾丝几乎不可见；头胸部棕黑色，腹部色稍浅，各节腹部背板近中央处各具 1 对棕黑色圆形斑块。鳃 7 对，卵圆形，边缘具细毛。中尾丝 1～2 节，尾须内缘具长毛。

观察标本：9 稚虫，山西沁水下川，2012.VII.23～24；3 稚虫 3♀亚，山西翼城大河，2012.VII.27～30，王艳霞采。

分布：山西（历山）、河南、陕西、甘肃、安徽、湖北、江西、台湾、香港、重庆、四川、贵州、云南；俄罗斯，朝鲜半岛。

6 河南刺翅蜉 Centroptilum henanensis Zhou, Gui et Su, 1997

雄成虫：体长 7.0mm，尾丝 14.0mm。体呈洁白色，胸部及腹部末端有红色斑纹。尾铗白色，3 节，基节短，第 2 节最长，端部膨大，第 3 节圆钝，短小。阳茎叶退化成 1 膜质片状构造。尾丝 2 根，白色，长 14.0mm。

稚虫：体长 5～8mm，身体被有明显的斑纹，鱼形。

观察标本：7♀亚，山西翼城大河，2012.VII.27～30。

分布：山西（历山）、河南、安徽；俄罗斯，朝鲜半岛。

小蜉科 Ephemerellidae

成虫鉴别特征：体通常为红色或褐色，复眼上半部红色，下半部黑色；前翅翅脉较弱，MP_1、MP_2、CuA、CuP 间都具闰脉；尾铗第 1 节长不及宽的 2 倍，第 2 节长是第 1 节长的 4 倍以上，第 3 节较第 2 节短或极短。3 根尾丝。

稚虫鉴别特征：体较坚硬，背面常具各种瘤突或刺状突起；腹部第 1 节上的鳃很小，不易看见；第 2 节无鳃，其他鳃一般分背、腹两枚，背方的膜质片状，腹方的鳃常分为两叉状，每叉又分为若干小叶；第 3 或第 4 腹节上鳃有时扩大而盖住后面的鳃；鳃背位；3 根尾丝，具刺。

7 隐足弯握蜉 Drunnella cryptomeria (Imanishi, 1937)

雄成虫：体长 10.0～12.0mm。尾铗弯曲，第 1 节粗短，第 2 节最长，弯曲呈弓状，端节长，长是宽的 2～4 倍；阳茎大部愈合，亚端部略膨大；尾丝色淡。

老熟稚虫：体长 10.0～12.0mm，尾丝略短于体长。头部具 3 个伸向前的疣状额突；下颚须发达；前足腿节前缘具有 7～10 枚小刺而使前缘呈波浪状，内侧刺较大，外侧刺较小，腿节具 1 条明显突起的棱，背面具若干枚齿突。胫节端部延伸极长而成 1 尖突起。腹部背板中央有 1 对低棱。

观察标本：70 稚虫 3♀，山西沁水下川，2012.VII.23～27；32 稚虫 12♀1♂，山西翼城大河，2012.VII.27～3，王艳霞采。

分布：山西（历山）、黑龙江、吉林、辽宁、河南、陕西、甘肃、浙江、湖北、江西、湖南、福建、海南、重庆、四川、云南；俄罗斯，朝鲜半岛，日本。

8 膨铗大鳃蜉 Torleya tumiforceps (Zhou et Su, 1997)

雄成虫：体长 5.5～7.0mm，尾丝长 5.0mm。体色棕红色或略浅，各足淡黄色，腹部各节背板侧面具程度不一的棕褐色或棕黑色色斑。尾铗 3 节，其基节、第 2 节、端节的长度比为 2：9：1；阳茎长，大部愈合，仅在端部呈"V"字形分离，阳茎背面靠近端部两侧各具 1 个小而尖的突起。

老熟稚虫：体长 5.0mm，尾丝长 2.0mm。体棕黄色，腹部的第 2～3 节背板两侧和第 IX 节背板色较深。下颚须消失，下颚端部密生刺突。腹部第 3～7 背板中央各具 1 对小的刺突。鳃位于第 3～7 腹节背面，第 1 对鳃扩大，基本盖住后面几对鳃。

观察标本：2 稚虫 10♀亚 3♀，山西翼城大河，2012.VII.27～30，王艳霞采。

分布：山西（历山）、河南、江苏、浙江、安徽、湖北、江西、湖南、福建、海南、重庆、四川、云南；尼泊尔，巴基斯坦，东南亚。

9 景洪小蜉 Ephemerella jinghongensis Xu, You et Hsu, 1984

雄成虫：体长 5.0～6.0mm，体棕红色，体背中线处具 1 对纵向的白色条纹，腹部第 2～3 节背板往往各具 1 对棕黑色斑块。腿节端部红棕色。尾铗 3 节，第 2 节粗壮，第 3 节长不到宽的 2 倍；阳茎叶端部分离，背部具 1 对较小突起，从正腹面看不见；尾丝 3 根，长于体长，中尾丝比尾丝略长。

老熟稚虫：体长 5.5mm，尾丝长 4.0mm，身体背部中央从头顶到腹部第 5 节具 1 白色宽纵纹；下颚须消失，下颚端部具锐利的刺和黄色的细毛。鳃 5 对，生于第 3～7 腹节背板背面；尾丝 3 根，具较长的刺。

观察标本：1 稚虫，山西翼城大河，2012.VII.28，王艳霞采。

分布：山西（历山）、河南、安徽、江西、福建、四川、贵州、云南。

细蜉科 Caenidae

成虫鉴别特征：体较小，一般在 8.0mm 以下；复眼黑色，左、右分离，较远，看上去像位于头的侧面；前翅后缘具缨毛，横脉极少；后翅缺；尾铗 1 节，阳茎合并；3 根尾丝。

稚虫鉴别特征：体长一般在 5.0mm 以下。体扁平；缺后翅芽；第 1 腹节的鳃单枚，2 节，细长；第 2 节的鳃背叶扩大，呈四方形，将后面的鳃全部盖住，左、右两鳃重叠，背表面具隆起分支的脊；第 3～6 腹节的鳃片状，单叶，外缘呈缨毛状；鳃位于体背。具 3 根尾丝。色淡，具稀疏长毛。

10 近岸细蜉 Caenis rivulorum Eaton, 1884

雄成虫：体长 2.5mm，尾丝长 8.0～10.0mm。翅后缘具细小的缨毛；尾铗呈弯曲的细棒状，表面光滑，末端强烈骨化，形成几丁质的尖锐帽状结构。内侧略呈波浪状。两阳茎叶完全愈合，只在后缘中央略凹陷。生殖下板浅色，具不明显的色斑。具尾丝 3 根，无色丝状。

老熟稚虫：体长 4.5mm，体棕褐色。头胸部具明显的褐色条纹或斑点。前胸背板侧缘略向侧面突出，前后基本呈平行状。前足腿节背面具 1 刺毛列。第 9 腹板后缘呈平直状。

观察标本：1 稚虫，山西翼城大河，2012.VII.28，王艳霞采。

分布：山西（历山）、黑龙江、河南；俄罗斯，欧洲。

细裳蜉科 Leptophlebiidae

成虫鉴别特征：虫体一般在 10.0mm 以下；MP_2 脉与 CuA 脉之间无闰脉，CuA 脉与 CuP 脉之间具 2～8 根闰脉；前足跗节 5 节，中后足跗节 4 节，而雌成虫的各足跗节均 4 节。尾铗 2～3 节，一般 3 节，第 2～3 节远短于第 2 节；阳茎常具各种附着物；3 根尾丝。

稚虫鉴别特征：体长一般在 10.0mm 以下；身体大多扁平；下颚须与下唇须 3 节；鳃 6

或 7 对，除第 1 和第 7 可能变化外，其余各鳃端部大多分叉，具缘毛，形状多样，一般位于体侧，少数位于腹部；3 根尾丝。

11 面宽基蜉 Choroterpes facialis (Gillies, 1951)

雄成虫：体长 5.0mm，前翅 5.5mm。前翅无色透明。尾铗 3 节，基节基部较粗大但不明显膨大成球状；阳茎短小，被生殖下板盖住，只有顶端露出。尾须白色，基部具红色环纹。

老熟稚虫：前口式；舌的中叶两侧具侧突；下颚内缘顶端具 1 明显的指状突起；腿节具 2 个褐色斑块，中间的较大；腹部背板色斑。鳃 7 对：第 1 对鳃丝状，单枚。鳃内气管及气管分支明显可见。

观察标本：1 稚虫，山西沁水下川，2012.VII.25；2L 1♂1♂亚，山西翼城大河，2012.VII.27～30，王艳霞采。

分布：山西（历山）、陕西、甘肃、安徽、浙江、福建、香港、贵州；泰国。

12 弯拟细裳蜉 Paraleptophlebia curvata Ulmer, 1927

雄成虫：体长 6.5mm，尾丝 8.0mm；MP 脉的分叉点距翅基的距离较 Rs 脉距翅基的距离要近，CuA 脉与 CuP 脉之间具 3 根闰脉及 2 根横脉；尾铗 3 节，基节的基部膨大，在背面形成一个瘤状突出后，向腹面弯曲，末两节短小；阳茎基部愈合，端部的内侧部向后方突起成尖锐状，外侧具一突起；尾丝 3 根，白色。

稚虫：体黑色；头下口式；鳃分叉到基部，有明显气管；各枚鳃形状类似，分为两叉状，缘部都具细缨毛。

观察标本：4 稚虫，山西沁水下川，2012.VII.23；3 稚虫 2♂3♀亚，山西翼城大河，2012.VII.27～30，王艳霞采。

分布：山西（历山），中国北部；俄罗斯，欧洲。

蜉蝣科 Ephemeridae

成虫鉴别特征：个体较大；复眼黑色，较大；翅面常具棕褐色斑；前翅 MP_2 脉和 CuA 脉在基部极度向后弯曲，远离 MP_1 脉，A_1 脉不分叉，由许多短脉将其与翅后缘相连；3 根尾丝。

稚虫鉴别特征：体较大，淡黄色或黄色；上颚突出，足极度特化，适合于挖掘；鳃 7 对，除第 1 对较小外，其余鳃分两枚，每枚又分为两叉状，鳃缘成缨毛状，位于体背。活动时，鳃由前向后按秩序具节律性地抖动；3 根尾丝。

13 徐氏蜉 Ephemera hsui Zhang, Gui et You, 1995

雄成虫：体长 20.0mm，尾丝长 35.0mm。前翅透明，翅痣区部分横脉分叉；腹部第 1～2 节背板各具 1 对 "V" 字形的斜纹，第 3～9 节背板各具 3 对纵纹，第 10 节背板棕黄色。尾铗 4 节，末 2 节长度之和明显短于第 2 节的一半；两阳茎叶端部分离，基部愈合，侧缘骨化。

老熟稚虫：额突长略大于宽，侧缘平直或略突出，前缘凹陷较宽大；上颚牙突出头部的长度略与头长相等。头顶黄色，色单一。复眼黑色。前胸背板近中央具 1 对较细的纵纹。腹部背板的纵纹与成虫相似，但第 3～6 节背板的中央 1 对纵纹较浅，在有些个体尤其是雌性个体不明显。

观察标本：47 稚虫 4♀2♂亚，山西沁水下川，2012.VII.23～27；75♀亚 23♂亚 15♀，山西翼城大河，2012.VII.27～30，王艳霞采。

分布：山西（历山）、陕西、甘肃、湖北、湖南、重庆、四川、贵州。

14 梧州蜉 *Ephemera wuchowensis* Hsu, 1937

雄成虫：体长 13.0～15.0mm，尾丝长 26.0mm。腹部第 1 节背板后缘具 1 对褐色的纵纹，第 2 节背板近中央处具 1 对黑点，外侧具 1 对黑色斑；第 3～5 对背板各具 2 对黑色纵纹；第 6～9 对各具 3 对纵纹，第 10 节背板具 2 对纵纹。尾铗 4 节，末 2 节长度之各等于或稍短于第 2 节长度的一半；阳茎端部向侧后方延伸，后缘呈弧状隆起，阳端突明显。

老熟稚虫：体长 14.0mm，尾丝长 6.0mm；体黄色，在头顶和胸部背板上具有不规则的黑色斑块或条纹；额突边缘平直，额突的长度与宽度大体相等，前缘的凹陷浅，具毛。腹部背板上条纹与成虫相似，但色浅。

观察标本：1 稚虫 2♂，山西翼城大河，2012.VII.27～30，王艳霞采。

分布：山西（历山）、北京、河北、河南、陕西、甘肃、安徽、湖北、湖南、贵州。

参 考 文 献

徐家铸, 尤大寿, 徐荫祺, 1984. 小蜉属一新种记述(蜉蝣目: 小蜉科)[J]. 动物分类学报, 94: 413-415.

尤大寿, 归鸿, 1995. 中国经济昆虫志 第 48 册 蜉蝣目[M]. 北京: 科学出版社.

尤大寿, 吴钿, 归鸿, 等, 1981. 似动蜉属 *Cinygmina* 两新种和属的特征(蜉蝣目: 扁蜉科)[J]. 南京师范学院学报(自然科学版), 3: 26-30.

张俊, 归鸿, 尤大寿, 1995. 中国蜉蝣科(昆虫纲: 蜉蝣目)研究[J]. 南京师范大学学报(自然科学版), 18(3): 68-76.

周长发, 归鸿, 苏翠荣, 1997. 河南省蜉蝣新种记述(昆虫纲: 蜉蝣目)[J]. 昆虫分类学报, 19(4): 268-271.

周长发, 苏翠荣, 归鸿, 2015. 中国蜉蝣概述[M]. 北京: 科学出版社.

Ephemeroptera

Wang Yanxia　　Zhou Changfa

(College of Life Sciences, Nanjing Normal University, Nanjing, 210023)

Previously, the mayfly fauna of Shanxi Province was not reported as far as known. Here 14 species (in 7 families 13 genera) were identified and listed upon about 1000 specimens from Lishan National Nature Reserve. Unfortunately, most materials are larvae or subimagos and collected in very limited locations and time, so this list is very preliminary and provisional. All recognized species in present research are described briefly, their diagnostic characters are presented, and all of them are deposited in the Mayfly Collection of Nanjing Normal University, Nanjing, China.

襀翅目 Plecoptera

季小雨　　吴海燕　　钱昱含　　杜予州

（扬州大学应用昆虫研究所，扬州，225009）

襀翅目昆虫，又称石蝇、襀翅虫，英文名 stonefly。襀翅虫一般小至中型，体软、长略扁平；体色多为浅褐色、黄褐色、褐色和黑褐色，少数种类有色彩艳丽的斑纹。头部较宽阔；复眼发达，单眼 2～3 个或无；触角丝状多节；口器咀嚼式，其构造完整，下颚须 5 节，下唇须 3 节，口器退化的种类上唇小、上颚退化成软弱的片状物，无取食功能。胸部：前胸大、可动，背板发达，中、后胸等大，构造相似，有的类群在胸部的腹侧面有残余气管鳃；翅 2 对，膜质，后翅臀区发达，翅脉多，中肘脉间多横脉，静止时翅呈折扇状、平叠在胸腹背面，一些种类有短翅型，极少数种类无翅；跗节 3 节。腹部有完整的 10 节，第 11 节分为 3 块骨片，即中背面的肛上板或称肛上叶和 1 对腹面的肛侧板或称肛下叶；雄虫腹部变化较大，常着生有一些特殊构造，第 10 背板完整或分裂形成外生殖器，大多数类群的第 11 节特化为外生殖器，即肛上突和肛下突，但一些类群的肛上叶退化，肛下叶不特化；大多数襀翅虫的阳茎膜质、简单，但某些类群的阳茎明显特化为阳茎管和阳茎囊；雌虫腹部变化不大，无特殊的附器和产卵器，肛上叶退化，肛下叶不特化，但常有特化的下生殖板；一般在肛下叶的基部上着生有 1 对多节或仅 1 节的尾须，有的尾须可特化为外生殖器的组成部分。襀翅目稚虫呈蜕型、似成虫，有气管鳃；半变态。

襀翅虫属半变态，一生要经过卵、稚虫和成虫 3 个时期。大多数种类 1～2 年发生 1 代，有些小型种类 6～8 个月发生 1 代，而一些大型种类 3～4 年才发生 1 代。在温暖地区的种类，常以稚虫或卵滞育越冬和越夏。

卷襀科 Leuctridae

体小型，一般不超过 10mm，深褐或黑褐色。头宽于前胸，单眼 3 个。前胸背板横长方形或亚正方形；翅透明或半透明，无"X"形的脉序，前翅在 Cu_1 和 Cu_2 以及 M 和 Cu_1 之间的横脉多条，后翅臀区狭；在静止时，翅向腹部包卷成筒状。雄虫肛上突及肛下叶特化，与第 10 背板上的一些骨化突起构成外生殖器，有的在第 5～9 背板上还形成一些特殊构造，尾须 1 节无变化或特化为外生殖器的组成部分。雌虫第 8 腹板形成较明显的下生殖板，尾须 1 节无变化。

分属检索表（♂）

1 前胸的前腹片与基腹片完全愈合，后翅中肘横脉（m-Cu）位于肘脉（Cu）分叉之前 ....
....卷襀属 *Leuctra*
- 前胸的前腹片与基腹片部分愈合或分开，后翅中肘横脉（m-Cu）位于肘脉（Cu）分叉之后
....2
2 前胸的前腹片与基腹片部分愈合，尾须高度骨化，在其端部常形成上下两个长齿 ....
....拟卷襀属 *Paraleuctra*
- 前胸的前腹片与基腹片完全分开，尾须不高度骨化 3
3 前翅径分脉（Rs）与中脉共柄，第 9 腹板形成长条形的殖下板，第 10 背板分裂为 2 块近三角
形的骨片；尾须短粗，在其近基部背面有 1 个小钩状的突起.................长卷襀属 *Perlomyia*
- 前翅径分脉（Rs）不与中脉共柄，第 9 腹板形成短宽的殖下板，第 10 背板分裂为 3 块骨片，
尾须变化大 ....诺襀属 *Rhopalopsole*

1 中华诺襀 *Rhopalopsole sinensis* Yang *et* Yang, 1993，山西省新记录

头部黑色，宽于前胸；单眼 3 个，黄色，后单眼到复眼的距离比其二者间的距离短；触角和须浅黑色；胸部暗黄褐色，前胸背板横长方形，四角钝圆，有黑色斑纹；足黑色；翅浅灰褐色，脉黑色。

第 9 背板中部后缘略微骨化；第 9 腹板基部有 1 宽扁的舌状腹叶；第 10 背板中部形成 1

块大的骨化斑，下方两条横向骨片宽短；第 10 背板两侧后缘各形成 1 个二叉状刺突，上端刺长而尖锐，下端刺短而尖锐；肛上突向上弯曲呈短钩状突起，末端较粗，端部尖细；肛下页基部窄，后逐渐膨大；尾须略向上弯曲，端有 1 极小的刺。

观察标本：28♂，山西沁水下川，1362m，2012.VII.12～13。

分布：山西（历山）、河南、陕西、宁夏、浙江、湖北、江西、湖南、福建、广东、广西、四川、贵州、云南；越南。

叉襀科 Nemouridae

体小型，一般不超过 15mm，褐色至黑褐色。头略宽于前胸，单眼 3 个。在颈部两侧各有 1 条骨化的侧颈片，在侧颈片的内外侧有颈鳃或仅留有颈鳃的残迹；前胸背板横长方形；前后翅的 Sc_1、Sc_2（有的称为端横脉），R_{4+5} 及 r-m 脉共同组成 1 个明显的 "X" 形，前翅在 Cu_1 和 Cu_2 以及 M 和 Cu_1 之间的横脉多条；第 2 跗节短，第 1、3 跗节长而相等。雄虫肛上突发达、特化为各种形状的反曲突起，肛下叶简单或特化，与第 10 背板上的一些骨化突起共同组成外生殖器；第 9 腹板向后延伸形成殖下板，在其前缘正中处有 1 腹叶，尾须 1 节、简单或特化为外生殖器构造。雌虫第 7 腹板无变化或向后延伸形成前生殖板；第 8 腹板上的下生殖板发达或不发达；生殖孔位于第 8 腹板中部，通常有 1 对阴门瓣，尾须 1 节无变化。稚虫颈部均有颈鳃。

分亚科、属检索表（♂）

1 肛侧叶分为 3 叶；中叶或外叶上着生有刺或突起（倍叉襀亚科 Amphinemurinae）..............2
- 肛侧叶不分叶或分为 2 叶；外叶上无刺或突起（叉襀亚科 Nemourinae）.........................6
2 颈侧片两侧都有颈鳃，颈鳃高度分支......................................倍叉襀属 Amphinemura
- 颈鳃简单，分支较少，或者无颈鳃，颈侧片外侧的颈鳃有时分支.................................3
3 颈侧片内侧有 1 根单独的颈鳃，外侧颈鳃 1 根或分为 2 支.......................................4
- 颈侧片内侧无颈鳃，外侧颈鳃退化为小结状突起...5
4 颈侧片外侧只有 1 根单独的颈鳃......................................球叉襀属 Sphaeronemura
- 颈侧片外侧颈鳃分为 2 支..原叉襀属 Protonemoura
5 肛侧叶各叶特化明显，中叶端部常有突起；肛上突端部无较长的鞭突或鞭突较短.............
....印叉襀属 Indonemoura
- 肛侧叶中叶较小，端部着生毛或刺；肛上突端部伸出较长的鞭突.................................
....中叉襀属 Mesonemoura
6 颈侧片内外侧各有 1 根香肠状的颈鳃，在中线处还有 1 根香肠状的颈鳃.........................
....华叉襀属 Sinonemoura
- 颈侧片内侧无颈鳃，外侧颈鳃较短或退化为小结状突起...7
7 颈侧片外侧有 1 根较短的颈鳃；肛侧叶较大端部向腹面弯曲.....................................
....依叉襀属 Illiesonemoura
- 颈侧片内外侧无颈鳃；尾须大，特化.....................................叉襀属 Nemoura

2 松山球叉襀 Sphaeronemoura songshana Li et Yang, 2009，山西省新记录

前翅长 6.4～6.7mm，后翅长 5.5～5.7mm；头褐色，宽于前胸背板，复眼和单眼均黑色；

触角远长于前翅长，下颚须浅褐色；前胸背板亚长方形；翅半透明，褐色；腹部黄褐色至深褐色。

雄虫第 8～10 背板弱骨化；第 8 背板前缘凹陷，后缘中部明显膨大形成 1 块近梯形区域，稍微盖过第 10 背板。第 9 背板后缘中间内凹，凹面后缘中部分布着许多小刺。第 9 腹板腹叶棒状，末端膨大，肛下叶略小，近五边形，末端锥形；第 10 背板前缘凸出，后缘中部膜质，侧缘有两个小驼峰；尾须弱骨化，长大于宽，近端处变窄且向内弯曲；肛上突短，基部较宽，且从侧面可以看出顶端 1/3 处变窄；侧骨片弱骨化，膨大且弯曲下垂。鞭突长而卷曲，中间有沟槽，向顶端逐渐变细，端部丝状；腹骨片强骨化，基部呈长方形，稀疏地着生着短黑刺，端部明显变窄形成鞭突；肛侧叶分为三叶，外叶骨化，细长，顶端膨大；中叶大部分骨化，被毛，内叶简单，骨化。

观察标本：5♂，山西翼城大河，2012.VII.18，季小雨采。

分布：山西（历山）、北京。

3 倍叉𫌀*Amphinemura* sp.（新种另文发表）

观察标本：1♂，山西翼城大河，1222m，2012.VIII.24，石福明采。

分布：山西（历山）。

扁𫌀科 Peltoperlidae

体小型至中型；体形扁平，体色黄褐色至黑褐色。头部短宽、窄于前胸，其后部陷入前胸背板内；颚唇基沟不明显；口器相对发达，下颚的外颚叶端部圆，有很多乳突；单眼 2 个，少数 3 个，两后单眼较近复眼。前胸背板宽于头部，扁平，宽大于长，盾形或横长方形；足的第 1～2 跗节短、等长，第 3 跗节极长，远长于第 1、2 节之和；翅的径脉区很少有横脉，后翅无成列的肘间横脉。腹部略扁，背板无变化；尾须短，一般不超过 15 节。雄虫腹部：肛上突退化，肛下叶三角形、正常；第 9 腹板向后延长而成殖下板，在其前缘正中处有 1 小叶突，多数种类从小叶突基部有 1 对纵缝向后及两侧分歧而出、达后缘，无刷毛丛；第 10 背板多数无变化，但一些种类的第 10 背板后缘向上翘起；尾须较短，大多数种类的尾须第 1 节长而特化，并着生有一些特殊构造或长的鬃毛。雌虫腹部第 8 腹板通常向后延伸形成圆形或有凹陷的殖下板，尾须无变化。稚虫扁宽、呈蜚蠊状。

分亚科、属检索表（♂）

1　单眼 2 个；翅的前缘横脉多（扁𫌀亚科 Peltoperlinae）..2
-　单眼 3 个；翅的前缘横脉少（小扁𫌀亚科 Microperlinae）..................... 小扁𫌀属 *Microperla*
2　尾须基节长是宽的 3～6 倍，在其端部常常有距或刺...........................刺扁𫌀属 *Cryptoperla*
-　尾须基节短，其长约为宽的 1.5 倍，在其端部无距和刺................. 短扁𫌀属 *Peltoperlopsis*

4 吉氏小扁𫌀*Microperla geei* Chu, 1928，山西省新记录

褐色或者黑色，头部及前胸背板颜色更深。头部宽于前胸。单眼 3 个，前单眼极小。单眼三角区有个黑斑。后单眼到复眼的距离比两者间的距离短。触角黑色而且较长。前胸背板矩形。宽近似于长的 2 倍。雌虫的亚前缘脉的顶端有 1 明显的横脉，但是雄虫的则退化。第 9 腹节特别发达，向后延伸将第 10 腹板完全盖住。其前缘中部有个叶突。第 10 腹节比较小，位于第 9 腹节延伸出来的部分中。第 10 腹节的背板的后部边缘向上弯曲。肛上突退化，肛下

叶小。尾须较短，雄虫 7 节，雌虫 6 节。第 8 腹板有个四方形的下生殖板，边缘较圆润。

观察标本：4♂，山西翼城大河，1568m，2012.VII.18，季小雨、孟倩采。

分布：山西（历山）、浙江、四川。

参 考 文 献

胡经甫, 1962. 云南生物考察报告: 襀翅目[J]. 昆虫学报, 11(Supplement): 139-151.

胡经甫, 1973. 中国襀翅目新种[J]. 昆虫学报, 16(2): 97-118.

Baumann R W, 1975. Revision of the stonefly family Nemouridae (Plecoptera): a study of the world fauna at the generic level[J]. Smithsonian Contributions to Zoology, 211: 374.

Claassen P W, 1940. A catalogue of the Plecoptera of the World[J]. Memoirs of the Cornell University Agricultural Experiment Station, 232: 1-235.

Du Y Z, Wang Z J, 2007. New species of the genus *Amphinemura* (Plecoptera: Nemouridae) from Yunnan, China[J]. Zootaxa, 1554: 57-62.

Du Y Z, Wang Z J, Zhou P, 2007. Four new species of the genus *Amphinemura* (Plecoptera: Nemouridae) from China[J]. Aquatic Insects, 29: 297-305.

Li W H, Yang D, 2008. Two new species and two new records of stonefly family Nemouridae from Henan (Plecoptera: Nemouroidea)[M]//Shen X, Lu C. The Fauna and Taxonomy of Insects in Henan Vol.6, Beijing: China Agricultural Science and Technology Press: 11-16.

Li W H, Yang D, 2009. Species of the genus *Sphaeronemoura* (Plecoptera: Nemouridae) from continental China[J]. Zootaxa, 2004: 59-64.

Shimizu T, 1997. Two new species of the genus *Amphinemoura* form Japan and Taiwan (Plceoptera, Nemouridae)[J]. Japanese Journal of Systematic Entomology, 3(1): 77-84.

Sivec I, Harper P P, Shimizu T, 2008. Contribution to the study of the oriental genus Rhopalopsole (Plecoptera: Leuctridae)[J]. Scopolia, 64: 1-122.

Wang Z J, Du Y Z, Sivec I, et al., 2006. Records and descriptions of some Nemouridae species (Order: Plecoptera) from Leigong Mountain, Guizhou province, China[J]. Illiesia, 2: 50-56.

Yang D, Zhu F, Li W H, 2006. A new species of *Rhopalopsole* (Plecoptera: Leuctridae) from China[J]. Entomological News, 117(4): 433.

Plecoptera

Ji Xiaoyu　　Wu Haiyan　　Qian Yuhan　　Du Yuzhou

(Institute of Applied Entomology, Yangzhou University, Yangzhou, 225009)

Four species belonging to 4 genera and 3 families of Plecoptera from Lishan, Shanxi Province are reported in this paper. One species of them is new to science; 3 species are the firstly recorded in Shanxi Province. All specimens were deposited in College of Horticulture and Plant Protection & Institute of Applied Entomology, Yangzhou University, China.

直翅目 Orthoptera

斑翅蝗科 Oedipodidae

芦荣胜

（山西师范大学生命科学学院，临汾，041004）

1 轮纹异痂蝗 *Bryodemella tuberculatum dilutum* (Stoll, 1813)

体大型，体长：雄性 29～39mm，雌性 34～38mm。头顶短宽，头侧窝近圆形。复眼卵形。

前胸背板中隆线明显。前翅具弱的中闰脉。雄性前、后翅发达；下生殖板圆锥形。雌性较雄性略粗壮，复眼略小，前胸背板沟后区长为沟前区长的 1.8 倍。前翅略短，产卵瓣粗短，端部呈钩状，边缘光滑。后足股节内侧黑色，具黄色膝前环；膝部外侧褐色，内侧黑色。后足胫节污黄色，末端暗色。后翅基部玫瑰色，中部具有较狭的暗色横条纹，外缘淡色，仅前缘具暗色斑点。

观察标本：2♂1♀，山西翼城大河，2012.VII.25～26，芦荣胜采。

分布：山西（历山）、黑龙江、吉林、辽宁、内蒙古、河北、山东、陕西、青海、新疆；苏联，蒙古。

2 东亚飞蝗 Locusta migratoria manilensis (Meyen, 1951)

体大型，体长：雄性 32.4～48.1mm，雌性 38.6～52.8mm。头大。头侧窝缺。复眼长卵形。前胸背板中隆线侧面观呈弧形，或中部略凹。前胸腹板平坦。后足股节匀称，长为宽的 4 倍多。后足股节内侧下隆线与下隆线之间全长近 1/2 不为黑色。后足胫节橘红色。前、后翅均发达，后翅略短于前翅，前翅褐色，具许多暗色斑；后翅透明，基部略具淡黄色。鼓膜器发达。下生殖板短锥形。雌性产卵瓣粗短，末端略呈钩状，边缘光滑。

观察标本：2♂2♀，山西垣曲后河，2013.IX.18，芦荣胜采。

分布：山西（历山）、北京、天津、河北、山东、河南、陕西、宁夏、甘肃、江苏、安徽、浙江、湖北、江西、湖南、福建、台湾；印度，菲律宾，马来西亚，印度尼西亚。

3 云斑车蝗 Gastrimargus marmoratus (Thunberg, 1915)

体大型，体长：雄性 28～30mm，雌性 44～45mm。头大，颜面向后倾斜，颜面隆起宽平，颜面侧隆线弧形弯曲。缺头侧窝。触角丝状，复眼卵形，其纵径为横径的 1.41～1.5 倍。前胸背板中隆线呈片状隆起。后足股节粗壮，长为宽的 4.7～5 倍，上侧中隆线具齿。后足胫节缺外端刺；跗节中垫超过爪之中部。前翅超过后足股节末端，中闰脉达翅中部之后；后翅略短于前翅。鼓膜发达，孔近圆形。肛上板三角形，末端尖。尾须长柱状。产卵瓣粗短，上外缘无细齿，腹基瓣片具粗糙突起。下生殖板长大于宽，后缘中央略突出。体色绿色、枯草色、黄褐色或暗褐色，具大理石状斑纹。

观察标本：5♂3♀，山西垣曲后河，2013.IX.18，芦荣胜采。

分布：山西（历山）、山东、江苏、浙江、福建、广东、海南、广西、四川；朝鲜，日本，印度，缅甸，越南，泰国，马来西亚。

4 花胫绿纹蝗 Aiolopus tamulus (Fabricius, 1798)

体中小型，体长：雄性 18～22mm，雌性 25～29mm。头大，略高于前胸背板。颜面倾斜。头顶三角形，末端呈锐角形。头侧窝梯形，狭长，前狭后宽。复眼长卵形。触角丝状。前胸背板前狭后宽；中隆线低，侧隆线缺；后横沟位于中部之前，沟后区为沟前区长的 1.5 倍。后足股节长约为宽的 4.4 倍。后足胫节缺外端刺。爪间中垫略超过爪之中部。前、后翅均超过后足股节末端，中闰脉明显，其上具发声齿。前、后翅端部翅脉具发声齿。鼓膜器发达。雄性下生殖板短锥形，末端较钝。产卵瓣较尖，末端略呈钩状。体褐色，前胸背板背面具黄褐色纵纹，外缘具狭的褐色纵纹。前翅亚前缘脉域近基部，具 1 条鲜绿色或黄褐色纵纹。

观察标本：2♂2♀，山西沁水下川，2012.VIII.16，芦荣胜采；5♂2♀，山西翼城大河，2013.IX.14，芦荣胜采。

分布：山西（历山）、辽宁、河北、陕西、宁夏、台湾、海南、四川、贵州、云南、西藏；印度，缅甸，斯里兰卡，东南亚，大洋洲。

5 疣蝗 *Trilophidia annulata*(Thunberg, 1815）

体中小型，体长：雄性 11.7～16.9mm，雌性 15.0～26mm。头顶较宽。头侧窝三角形。头后复眼间具 2 粒状突起。颜面略向后倾斜，颜面隆起狭，具纵沟。复眼卵形，触角丝状。前胸背板前部狭，后部宽，后缘近于直角形；中隆线隆起；侧隆线在前缘和沟后区明显可见。后足胫节缺外端刺。爪间中垫不到达爪的中部。前、后翅超过后足股节中部；前翅狭长，中闰脉明显。下生殖板短锥形，末端较钝。产卵瓣粗短，上产卵瓣上外缘无齿。体灰褐色，腹面、足上具细密的绒毛。

观察标本：3♂2♀，山西翼城大河，2013.IX.15，芦荣胜采。

分布：山西（历山）、黑龙江、吉林、辽宁、内蒙古、河北、山东、陕西、宁夏、甘肃、江苏、安徽、浙江、江西、福建、广东、广西、四川、贵州、云南、西藏；朝鲜，日本，印度。

6 黄胫小车蝗 *Oedaleus infernalis* Saussure, 1884

体中型，体长：雄性 21～27mm，雌性 30～39mm。头大而短，复眼卵形。前胸背板略缩狭，无肩状圆形突出。前胸背板上 "X" 形纹在沟后区较宽，其宽度明显宽于沟前区的条纹。后足股节长约为宽的 3.8～4.2 倍，上侧中隆线平滑。后足股节下侧及后足胫节红色，后足胫节基部黄色部分常杂有红色。前翅发达，中闰脉上具发声齿，后翅略短于前翅。后翅暗色纹较狭。雌性头顶中隆线明显。后足股节长为最宽处的 4.0～4.2 倍，后足股节下侧及后足胫节通常呈黄褐色；产卵瓣粗短，末端略呈钩状。

观察标本：2♂，山西翼城大河，2012.VIII.24，樊变芳采；2♀，山西沁水下川，2012.VII.17，王静采。

分布：山西（历山）、黑龙江、吉林、内蒙古、河北、山东、陕西、宁夏、甘肃、青海、江苏；日本，蒙古，苏联，韩国。

7 蒙古束颈蝗 *Sphingonotus mongolicus* Saussure, 1888

体中型，体长：雄性 13～21.5mm，雌性 22～27.5mm。头部略高于前胸背板。前胸背板中隆线低、细，沟后区长为沟前区长的 2 倍，侧片后下角渐尖或钝圆。后足股节长为宽的 4 倍。后足股节内侧蓝黑色，端部淡色。后足胫节污黄白色，近基部具 1 淡蓝色斑纹。前翅狭长，长为宽的 6 倍，中闰脉稍弯曲。雌性下生殖板后缘无凹口，有时具短纵沟。腹基瓣片光滑。前翅具 2 个暗色横纹，后翅基部淡蓝色，中部暗色带纹宽，其不到达后翅的外缘和内缘。

观察标本：2♂，山西沁水张马，2012.VIII.16，芦荣胜采；2♀，山西沁水下川，2012.VII.16，芦荣胜采。

分布：山西（历山）、黑龙江、吉林、辽宁、内蒙古、河北、山东、陕西、甘肃；苏联，蒙古，朝鲜。

锥头蝗科 Pyrgomorphidae

芦荣胜

（山西师范大学生命科学学院，临汾，041004）

8 柳枝负蝗 *Atractomorpha psittacina* (De Haan, 1842)

体较细长，体长：雄性 20～24mm，雌性 31～36mm。头顶较长，雄性为复眼纵径的 1.1～

1.4 倍。颜面向后倾斜；触角剑状。复眼后颗粒小，通常排列整齐；前胸背板短于头长，后缘为宽圆弧形，中央钝角形向后略突；中隆线、侧隆线细；中、后横沟背面明显；前胸背板侧片后缘具膜状区。前胸腹板突片状。后足股节细长。前翅狭长，超过后足股节末端部分的长度为全翅长的 1/3，翅端尖。雄性下生殖板近于直角形。上、下产卵瓣较狭长，末端钩状。体黄绿或绿色，后翅基部淡红或近透明。

观察标本：3♂2♀，山西翼城大河，2012.VIII.24，樊变芳、芦荣胜采。

分布：山西（历山）、陕西、四川、贵州、云南；巴基斯坦，印度，泰国，缅甸，印度尼西亚，菲律宾。

9 短额负蝗 *Atractomorpha sinensis* I. Bolivar, 1905

体中小型，体长：雄性 19～23mm，雌性 28～35mm。头顶较短，其长度等于或略长于复眼纵径；颜面较倾斜；复眼长卵形，其纵径为横径的 1.6～1.8 倍；触角剑状。复眼后具 1 列排列规则的、小的颗粒状突起。前胸背板背面较平，前缘弧形，后缘钝圆，中隆线较细，侧隆线较不明显，中横沟、后横沟较明显；前胸背板侧片后缘具膜状区，后下角较直或呈锐角。前胸腹板突片状。前翅超过后足股节部分的长为翅长的 1/3；后翅略短于前翅。雄性下生殖板端部钝圆形。产卵瓣粗短。体绿色或枯草色；后翅基部红色。

观察标本：3♂3♀，山西翼城大河，2012.VIII.24～25，王静、芦荣胜采。

分布：山西（历山）、北京、天津、河北、山东、河南、陕西、宁夏、甘肃、青海；日本，越南。

斑腿蝗科 Catantopidae

芦荣胜

（山西师范大学生命科学学院，临汾，041004）

10 中华稻蝗 *Oxya chinensis* (Thunberg, 1825)

体中等，体长：雄性 15.1～33.1mm，雌性 19.6～40.5mm。头顶宽短，端部宽圆。颜面隆起较宽，纵沟明显，两侧缘近于平行。复眼卵形。触角细长。前胸背板较宽平，两侧缘几乎平行，中隆线明显；3 条横沟明显，后横沟位于近后端。前胸腹板突锥形，端部较尖。后足股节上隆线缺细齿；内、外下膝侧片端部锐刺状；后足胫节端半部的上侧内、外缘均扩大成狭片状，具外端刺和内端刺；爪间中垫通常超过爪长。前翅到达或刚超过后足胫节中部；后翅略短于前翅。雄性肛上板为宽的三角形；尾须圆锥形，阳具基背片桥部较狭缺锚状突。产卵瓣较细长，外缘具细齿；在下产卵瓣基部腹面的内缘各具 1 刺；下生殖板表面略隆起，其近后端两侧缺或具不明显的小齿；后缘较平，中央具有 1 对小齿。体色绿色或褐绿色，或背面黄褐色，侧面绿色。复眼之后、沿前胸背板侧片的上缘具明显的褐色纵纹。前翅绿褐色；后翅本色。后足股节绿色。后足胫节绿色或青绿色。胫节刺的端部黑色。

观察标本：5♂6♀，山西垣曲后河，2013.IX.17，芦荣胜采。

分布：山西（历山）、黑龙江、吉林、北京、天津、河北、山东、河南、陕西、上海、安徽、浙江、湖北、江西、湖南、福建、台湾、广东、广西、四川；朝鲜，日本，越南，泰国。

11 华阴腹露蝗 *Fruhstorferiola huayinensis* Bi et Xia, 1980

体中型，体长：雄性 18～19mm，雌性 26～29mm。头背缘高于前胸背板。头顶略向前倾斜，两侧缘隆线明显。颜面向后倾斜，颜面隆起侧缘平行。复眼卵形。触角细长。前胸背板前缘宽平，后缘圆弧形；中隆线在沟后区较明显；3 条横沟均切断中隆线；后横沟位于后部，沟后区具粗大的刻点。前胸腹板突短锥形。后足股节上隆线缺细齿；后足胫节缺外端刺。雄性肛上板短三角形；尾须侧扁，端部明显向内弯曲，超过肛上板端部；下生殖板短锥形。雌性肛上板短三角形；尾须短锥形；下生殖板长方形，后缘齿较均匀，中央齿明显突出。体色黄褐色。复眼后具 1 条较宽的黑色纵纹。前胸背板中隆线黑色。前、后翅褐色，翅脉黑色。后足股节上侧具有 3 个黑褐色横斑。

观察标本：3♂3♀，山西翼城大河，2012.VII.29，芦荣胜采。

分布：山西（历山）、河南、陕西。

12 棉蝗 Chondracris rosea rosea (De Geer, 1773)

体大型，粗壮，体表具密的长绒毛和粗大的刻点，体长：雄性 49.5～59.5mm，雌性 68.2～95.0mm。头大。头顶宽短，端部钝圆。颜面略倾斜，颜面隆起宽平。复眼长卵形。触角丝状。前胸背板前缘较直，后缘呈直角形；中隆线明显隆起，从侧面观，上缘呈弧形，在沟后区略平直；3 条横沟切断中隆线；沟前区长于沟后区。前胸腹板突长锥形，向后倾斜。后足股节匀称，长为宽的 5.5 倍。后足胫节缺外端刺。前翅较宽，翅端宽圆，不到达或刚到达后足胫节中部；后翅略短于前翅，透明。雄性肛上板三角形；尾须略向内曲，末端尖；下生殖板细长的圆锥形。雌性下生殖板短圆锥形，末端钝圆。产卵瓣粗短，上产卵瓣钩状，下产卵瓣下外缘基部具大齿。体青绿色或黄绿色；后翅基部玫瑰色。

观察标本：1♂2♀，山西垣曲后河，2013.IX.17，芦荣胜采。

分布：山西（历山）、内蒙古、河北、山东、陕西、江苏、湖北、湖南、福建、台湾、广东、广西、四川、贵州、云南。

13 日本黄脊蝗 Patanga japonica (I. Bolivar, 1898)

体型大，体长：雄性 36.0～44.5mm，雌性 43.0～55.7mm。头顶短宽。颜面隆起侧缘全长近平行。复眼长卵形。触角丝状。前胸背板前、后缘弧形，沟前区较狭，中隆线细，被 3 条横沟割断；后横沟位于近中部。前胸腹板突圆柱状，近直立，末端钝圆。后足股节匀称，股节的长度约为其宽度的 5.2～5.4 倍。后足胫节缺外端刺。爪间中垫超过爪末端。前翅到达后足胫节中部，长约为宽的 5.6～6.0 倍。后翅短于前翅。雄性肛上板长三角形；尾须基部宽，向端部渐缩狭；下生殖板长锥形。阳具冠突呈片状。产卵瓣短粗，上产卵瓣的上外缘缺细齿。下生殖板长方形，后缘中央呈角状突出。体黄褐色或暗褐色。前胸背板侧片具 2 个明显的黄色斑点。

观察标本：1♂2♀，山西垣曲后河，2013.IX.17，芦荣胜采。

分布：山西（历山）、山东、河南、陕西、甘肃、江苏、安徽、浙江、江西、福建、台湾、广东、广西、四川、贵州、云南、西藏；伊朗，印度，朝鲜，日本。

14 短角外斑腿蝗 Xenocatantops bachycerus (C. Willemse, 1932)

体中型，体长：雄性 17.5～21.0mm，雌性 22.0～28.0mm。头顶略向前突出。颜面略向后倾斜；颜面隆起具纵沟。复眼卵形。触角较短粗，刚到达或略超出前胸背板后缘。前胸背板沟前区紧缩，背面和侧片具粗刻点；中隆线细，被 3 条横沟割断，后横沟位于中部。后足股节长约为宽的 3.7 倍。后足胫节无外端刺。前翅到达或略超过后足股节端部。雄性尾须锥形，末端略宽；肛上板三角形；下生殖板锥状，阳具基背片桥状，具锚状突。雌性体较大，产卵瓣粗短，上产卵瓣上外缘无细齿。体褐色。前翅烟色；后翅基部淡黄色。后足股节外侧黄色，具 2 黑褐色斑。股节内侧红色，具黑色斑纹。

观察标本：4♂3♀，山西垣曲后河，2013.IX.17，芦荣胜采。

分布：山西（历山）、河北、陕西、甘肃、江苏、浙江、湖北、福建、台湾、广东、四川、贵州、云南、西藏；印度，尼泊尔，不丹。

15 短星翅蝗 Calliptamus abbreviates Ikonnikov, 1913

体中小型，体长：雄性 19～20mm，雌性 26～32mm。头短，头顶向前突出。颜面微后倾，颜面隆起宽平。复眼长卵形，触角丝状。前胸背板中隆线低，侧隆线明显；后横沟后位于前胸背板中部。前胸腹板突圆柱状，末端钝圆。后足股节粗短，长约为宽的 2.9～3.3 倍，上侧中隆线具细齿。后足胫节缺外端刺。前翅不到达后足股节端部。雄性尾须狭长；下生殖板短锥形，末端略尖。产卵瓣短粗，上、下产卵瓣的外缘平滑。体褐色。前翅具许多黑色小斑点，后翅本色，后足股节内侧红色，具 2 个不完整的黑色纹，后足胫节红色。

观察标本：2♂，山西沁水下川，2012.VII.29，芦荣胜采；2♀，山西翼城大河，2012.VII.25，樊变芳采。

分布：山西（历山）、黑龙江、吉林、辽宁、内蒙古、北京、河北、山东、陕西、甘肃、青海、江苏、安徽、浙江、湖北、江西、湖南、广东、四川、贵州；苏联，蒙古，朝鲜。

16 长翅素木蝗 Shiradiacris shirakii (I. Bolivar, 1914)

体中型，体长：雄性 22.5～29.0mm，雌性 32.5～41.5mm。头短，颜面隆起宽平。头顶宽短，末端钝圆，背面凹。复眼大，卵形。触角丝状。前胸背板宽平，中隆线较低，侧隆线明显，3 条横沟清楚，切断中隆线，后横沟位于中部。前胸腹板突圆柱形，略向后倾斜。后足股节粗短，长为宽的 4.2～4.4 倍，上侧中隆线具细齿。后足胫节缺外端刺。爪间中垫甚长，到达或超过爪端部。前翅远超过后足股节末端，较狭；后翅略短于前翅。雄性尾须向内弯曲，中部较狭，基部和末端较宽；下生殖板短锥形，末端略尖。产卵瓣粗短，末端钩状，上产卵瓣的上外缘光滑。体黑褐色，头顶至前胸背板后缘具黑色纵纹。前翅具黑褐色圆斑，后翅透明。后足胫节基半部黄色，具黑色横纹，端半部红色。

观察标本：2♂2♀，山西垣曲后河，2013.IX.17，芦荣胜采。

分布：山西（历山）、河北、山东、河南、陕西、甘肃、江苏、安徽、浙江、江西、福建、广东、广西、四川；日本，苏联，朝鲜，泰国，印度。

剑角蝗科 Acrididae

芦荣胜

（山西师范大学生命科学学院，临汾，041004）

17 秦岭金色蝗 Chrysacris qinlingensis Zheng, 1983

体中小型，体长：雄性 18.5～21.0mm，雌性 25.0～30.0mm。头部背面具明显的中隆线。颜面倾斜；颜面隆起狭长。触角狭剑状。复眼卵形。前胸背板前、后缘近直，中隆线明显，侧隆线在沟前区明显；后横沟中部略向前弯曲，沟前区长为沟后区长的 1.3 倍。后足股节上隆线光滑，内侧下隆线具 1 列发声齿；下膝侧片端锐角形。后足胫节缺外端刺。后足爪间中垫达爪端部。前翅超过后足股节末端，长为宽的 4.2 倍；前缘脉域宽为中脉域宽的 2 倍，肘脉域宽为中脉域宽的 1.8 倍，缺中闰脉；后翅与前翅等长。鼓膜器发达，孔半圆形。腹部末节背板纵裂，具小尾片。下生殖板长圆锥形。雌性前胸背板沟前区为沟后区长的 1.25 倍。产卵瓣狭长，下产卵瓣下缘近端部具凹口，上、下产卵瓣均具细齿。下生殖板后缘角形突出。体淡黄色，复眼褐色，眼后带暗褐色，前翅径脉黑褐色，前缘脉域基部具淡色纵条纹，后翅纵脉褐色。

观察标本：2♂2♀，山西沁水下川，2012.VII.27，芦荣胜、王静采。

分布：山西（历山）、河南、陕西。

18 日本鸣蝗 *Mongolotettix japonicus* (Bolivar, 1898)

体型较小，体长：雄性 16.5～18.0mm，雌性 26.0～27.0mm。触角较短。中胸腹板侧叶间中隔较宽，中隔的长度略大于最狭处。前翅长到达后足股节长的 4/5，后足股节内侧下隆线具发声齿。腹部末节背板具圆形尾片；下生殖板短圆锥形，端部明显细。雌性体较大。体黄褐色。雄性前翅基部白色纵纹较宽。雌性前翅径、中脉域具宽的黑色纵纹。

观察标本：5♂2♀，山西翼城大河，2012.VII.25，芦荣胜、王静采。

分布：山西（历山）、黑龙江、内蒙古、北京、河北、陕西、甘肃。

19 中华剑角蝗 *Acrida cinerea* (Thunberg, 1815)

体大型，体长：雄性 30.0～47.0mm，雌性 58.0～81.0mm。头圆锥形。颜面极倾斜，颜面隆起狭。头顶突出，端部钝圆，自复眼前缘到头顶端的长度等于或短于复眼纵径。触角剑状。复眼长卵形。前胸背板宽平，具细小颗粒，侧隆线近直，沟后区向外弯曲，后横沟位于背板中后部，侧片后缘凹入，下部具几个尖锐的结节，侧片后下角锐角形，向后突出。后足股节上膝侧片末端内侧刺长于外侧刺。爪间中垫长于爪。前翅超过后足股节末端，翅端尖。鼓膜片内缘直。下生殖板较粗，上缘直，上下缘间呈 45°。雌性复眼前缘到头顶末端的长度等于或大于复眼纵径。下生殖板后缘具 3 个后突，中突与侧突几等长。

观察标本：3♂2♀，山西翼城大河，2012.VII.25，芦荣胜、王静采。

分布：山西（历山）、北京、河北、山东、陕西、宁夏、甘肃、江苏、安徽、浙江、湖北、江西、湖南、福建、广东、广西、四川、贵州、云南。

癞蝗科 Pamphagidae

芦荣胜

（山西师范大学生命科学学院，临汾，041004）

20 笨蝗 *Haplotropis brunneriana* Saussure, 1888

体大型，粗壮，体表具粗颗粒和短隆线，体长：雄性 28～37mm，雌性 34～49mm。头短于前胸背板；头顶宽短，中部低凹，中隆线和侧缘隆线明显，后头具不规则网状纹。颜面稍向后倾斜，颜面隆起明显。触角丝状。复眼卵形。前胸背板中隆线呈片状隆起，上缘弧形，前、中横沟不明显，仅侧面可见，后横沟较明显，不切断或切断中隆线，前、后缘角状突出。前胸腹板前缘隆起，弧形。后足股节粗短，上侧中隆线平滑，外侧具不规则短隆线，膝部下膝片末端宽圆。后足胫节端具内、外端刺。前翅鳞片状，侧置。后翅甚小。鼓膜器发达。第 2 腹节背板侧面具摩擦板。肛上板长盾形，中央具纵沟。下生殖板锥形，末端较尖。雌性前翅宽圆。肛上板椭圆形。产卵瓣较短，上产卵瓣之上外缘平滑。体色黄褐色、褐色或暗褐色。前胸背板侧片常有不规则淡色斑纹。

观察标本：3♂2♀，山西翼城大河珍珠帘，2012.VII.24，王静、芦荣胜采。

分布：山西（历山）、黑龙江、吉林、辽宁、内蒙古、河北、山东、河南、陕西、甘肃、江苏、安徽；苏联。

网翅蝗科 Arcypteridae

芦荣胜

（山西师范大学生命科学学院，临汾，041004）

21 隆额网翅蝗 *Arcyptera coreana* Shiraki, 1930

体中型，体长：雄性 27～30mm，雌性 33～40mm。头顶较宽，端部钝，颜面倾斜，头侧窝四边形。复眼卵形，触角丝状。前胸背板前缘直，后缘钝角形突出；中隆线明显，两侧隆线近于平行；前横沟与中横沟切断或不切断侧隆线，后横沟切断中隆线与侧隆线。前胸腹板中央具很小的突起。后足股节匀称，内侧下隆线具 1 列发声齿。后足胫节缺外端刺，中垫超过爪中部。前翅超过后足股节末端；肘脉域宽约为中脉域宽的 4 倍；后翅与前翅等长。鼓膜器大，鼓膜孔近圆形。肛上板三角形。雄性尾须圆锥形；下生殖板短锥形，末端钝圆。产卵瓣粗短，边缘光滑。体暗褐色，前胸背板具黑色斑，后翅黑褐色或暗黑色。

观察标本：3♂5♀，山西翼城大河，2012.VII.25，王静、芦荣胜采。

分布：山西（历山）、黑龙江、吉林、辽宁、河北、山东、河南、陕西、甘肃、江苏、江西、四川。

22 宽翅曲背蝗 *Pararcyptera microptera meridionalis* (Ikonnikov, 1911)

体中型，体长：雄性 23～25mm，雌性 36～39mm。头大，头顶宽短，侧缘和前缘隆线明显，头侧窝长方形；颜面向后倾斜。复眼卵形，触角丝状。前胸背板宽平，前缘较直，后缘钝圆；中隆线隆起；侧隆线明显，在沟前区弯呈"X"形，侧隆线间的最宽处约等于最狭处的 1.5～2.0 倍；后横沟切断侧隆线和中隆线；沟前区与沟后区近于等长。后足股节粗短，长为宽度的 3.9～4.0 倍；外侧下膝侧片末端钝圆。后足胫节缺外端刺；中垫刚到达爪中部。前翅略不到达或刚到达后足股节末端，前翅肘脉域较宽，最宽处约为中脉域近端最狭处的 2 倍；前缘脉域较宽，最宽处约等于亚前缘脉域最宽处的 2.5～3.0 倍。通常缺中闰脉。后翅略短于前翅。雄性尾须圆锥形；下生殖板短锥形，末端略尖。雌性前翅较短，通常超过后足股节中部。产卵瓣粗短，上产卵瓣的外缘无细齿。体褐色或黑褐色。前胸背板侧隆线呈黄白色"X"形纹，侧片中部具淡色斑。

观察标本：4♂2♀，山西沁水下川富裕河，2012.VII.30，芦荣胜、樊变芳采。

分布：山西（历山）、黑龙江、吉林、辽宁、内蒙古、北京、河北、山东、陕西、甘肃。

23 红腹牧草蝗 *Omocestus haemorrhoidalis* (Charpentier, 1825)

体中小型，体长：雄性 12～13mm，雌性 20～21mm。头顶直角或钝角形。头侧窝长为宽的 2.5 倍。前胸背板后横沟位于中部，侧隆线在沟前区弯曲。前翅到达或超过后足股节末端，径脉域与亚前缘脉域等宽；中脉域为肘脉域宽的 2 倍。鼓膜孔宽缝状。下产卵瓣端部显著向下弯曲。体绿色或黑褐色。前胸背板侧隆线黑色。后足股节内侧、下侧黄褐色，端部褐色。后足胫节黑褐色。腹部红色。两性下颚须和下唇须同色。

观察标本：5♂，4♀山西沁水下川，2012.VII.31，芦荣胜、王静采。

分布：山西（历山）、内蒙古、甘肃、青海、新疆、西藏。

24 中华锥蝗 *Chorthippus chinensis* Tarbinsky, 1927

体中型，体长：雄性 17.5～23.0mm，雌性 21～27mm。头顶锐角形，头侧窝狭长的四边形，颜面倾斜。触角较长，复眼长卵形。前胸背板前缘直，后缘圆角形；中隆线明显，侧隆线呈角形内曲；沟前区与沟后区近于等长。雄性后足股节内侧下隆线具 197 枚发声齿；膝侧片末端钝圆。前翅宽长，超过后足股节末端，前缘脉及亚前缘脉弯曲呈"S"形，亚前缘脉域明显狭于前缘脉域最宽处的 1.3 倍，径脉域较宽，在径脉分枝处的宽度明显大于亚前缘脉域最宽处。雌性前翅较狭，刚到达后足股节末端。鼓膜孔宽缝状，长为宽的 3.5～3.7 倍。雄性肛上板三角形；尾须圆锥形；下生殖板短锥形。上产卵瓣上外缘无细齿；下生殖板后缘中央三角形突出。体暗褐色，复眼红褐色。前胸背板沿侧隆线具黑色纵纹。前翅褐色，后翅黑褐色。后足径节橙黄色。腹部末端橙黄色。

观察标本：5♂5♀，山西沁水下川，2012.VIII.19，芦荣胜、王静采。

分布：山西（历山）、陕西、甘肃、安徽、湖北、湖南、重庆、四川、贵州。

25 呼城锥蝗 *Chorthippus huchengensis* Xia et Jin, 1982

体小型，体长：雄性 15.8～16.9mm，雌性 19mm。头顶前缘近直角形。头侧窝长方形，长为宽的 4 倍。颜面隆起较狭。触角丝状。前胸背板中隆线明显，侧隆线在沟前区略呈弧形弯曲；后横沟位于背板中部。后足股节内侧具 96 枚发声齿；爪间中垫超过爪中部。前、后翅超过后足股节末端；缘前脉域具明显的闰脉。鼓膜孔长为宽的 2.5 倍。雄性肛上板三角形，尾须长为基部宽的 2.5 倍；下生殖板短锥形。产卵瓣短，端部呈钩状。体黄褐色。后翅透明。

观察标本：3♂3♀，山西沁水下川，2012.VII.24，芦荣胜采。

分布：山西（历山）、内蒙古、河北、陕西、甘肃。

26 郑氏锥蝗 *Chorthippus zhengi* Ma et Guo, 1995

体中小型，体长：雄性 15.0～15.2mm，雌性 19.5mm。头侧窝长方形，长为宽的 3 倍。颜面倾斜，颜面隆起全长具纵沟。触角超过前胸背板后缘。复眼卵形。前胸背板中隆线明显，侧隆线在沟前区呈弧形弯曲，最宽处为沟前区最狭处的 1.7 倍；沟后区约为沟前区长的 1.2 倍。后足股节膝侧片末端钝圆，后足胫节无外端刺。后足跗节爪间中垫长，超过爪之中部。前、后翅超过后足股节末端；其中脉域最宽处约为肘脉域最宽处的 2.5 倍。鼓膜孔长形，长约为宽的 2 倍。肛上板三角形。尾须圆锥形，略超过肛上板末端。下生殖板末端钝圆。雌性尾须圆锥形，短而钝，不达肛上板末端，产卵瓣粗短，末端钩状。体褐色或暗褐色。

观察标本：3♂2♀，山西翼城大河，2012.VII.22，樊变芳、王静采。

分布：山西（历山、应县）。

27 夏氏锥蝗 *Chorthippus hsiai* Cheng et Tu, 1964

体小型，体长：雄性 13～15mm，雌性 17～22mm。头大，头顶端部略呈锐角形，颜面稍倾斜，触角超过后足股节基部。复眼长卵形。前胸背板中隆线明显，侧隆线在沟后区明显，沟前区仅在前缘略可见；后横沟明显。后足股节内侧下隆线具 113 多枚发声齿。前翅到达或略超过腹端，略不到达后足股节末端；缘前脉域缺闰脉，肘脉域具闰脉；径脉域最宽处为亚前缘脉域最宽处的 1.75～3.0 倍；后翅几与前翅等长。鼓膜器裂缝状。雄性尾须短锥形，下生殖板短锥形。雌性体大而粗壮。前翅较短，不到达腹部末端，超过后足股节中部；肘脉域具闰脉，有时缘前脉域、中脉域具闰脉。产卵瓣粗短，末端钩状。体暗褐色，具细碎的黑色斑点，后足股节褐色。

观察标本：2♂3♀，山西沁水下川，2012.VIII.17，芦荣胜采。

分布：山西（历山）、陕西、宁夏、甘肃、青海。

28 北方雏蝗 Chorthippus hammarstroemi (Miram, 1907)

体小型，体长：雄性 15～18mm，雌性 17～21mm。头侧窝四边形，长为宽的 2.0～2.5 倍。触角超过前胸背板后缘。前胸背板中隆线明显，侧隆线在沟前区弧形弯曲，侧隆线间最宽处为狭处的 1.8 倍，后横沟位于中部略后处。后足股节内侧下隆线具 160～185 枚发声齿，膝侧片末端钝圆。前翅雄性到达后足股节膝部，渐趋狭；雌性到达后足股节中部，在背部相毗连。雄性前翅缘前脉域不到达翅中部，雌性缘前脉域超过翅中部。鼓膜孔卵形。雄性尾须粗短；下生殖板短锥状。产卵瓣粗短，外缘光滑。体黄褐、褐或黄绿色。前胸背板侧隆线处具不明显的暗色纵纹。后足股节橙黄色或黄褐色，膝部黑色。后足胫节橙黄或橙红色，基部黑色。

观察标本：4♂3♀，山西翼城大河，2012.VII.25，芦荣胜采。

分布：山西（历山）、黑龙江、北京、河北、山东、陕西、甘肃。

29 东方雏蝗 Chorthippus intermedius B.-Bienko, 1926

体小型，体长：雄性 15～18mm，雌性 18～19mm。头大，头顶前缘锐角形，头侧窝四边形，颜面略倾斜。触角细长。复眼长卵形。前胸背板前缘直，后缘钝角形；中、侧隆线全长明显，侧隆线在沟前区呈弧形弯曲，沟后区最宽处为沟前区最狭处的 2 倍；后横沟明显。后足股节内侧下隆线具 107～131 枚发声齿，膝侧片末端钝圆。前翅到达或略超过腹部末端，但不到达后足股节末端，翅端宽圆；中脉域较宽，其最宽处约为肘脉域宽的 3.25～5 倍，缘前脉域具闰脉。后翅略短于前翅。后足股节匀称。鼓膜孔半圆形。雄性尾须短锥形。雌性体略大，粗壮；前翅较短，刚超出第 4 腹节背板后缘；产卵瓣粗短，末端略呈钩状。体黄绿色。后足股节膝部及后足胫节基部黑色。后足股节内侧基部具黑色斜纹。后足胫节黄色。

观察标本：5♂4♀，山西翼城大河，2012.VII.25，樊变芳、芦荣胜采。

分布：山西（历山）、黑龙江、吉林、辽宁、内蒙古、陕西、甘肃、青海、四川、西藏；苏联、蒙古。

30 条纹异爪蝗 Euchorthippus vittatus Zheng, 1980

体小型，体长：雄性 17.0～17.5mm，雌性 20～21mm。头顶较狭。头侧窝四角形，长为宽的 2.6～3 倍。触角超过后足股节基部。复眼长卵形。前胸背板侧隆线在沟前区微弯曲或几直，后横沟明显，沟前区略长于沟后区。后足股节膝侧片末端钝圆。后足胫节缺外端刺。爪不等长。前翅狭长，到达第 6～8 腹节，翅长为宽的 4.5～5.0 倍，后翅不超过第 4 腹背板后缘。鼓膜器不发达，具半圆形鼓膜孔。雄性下生殖板细长，其长度为基部宽的 1.6～2.3 倍。雌性前翅到达第 6 腹节背板后缘，翅长为宽的 5 倍。产卵瓣外缘光滑，末端钩状。体黄绿色，具宽的黑色眼后带，延至腹侧。后足胫节黄绿色，膝部黑色。后足胫节黄绿色。

观察标本：3♂，山西沁水下川，2012.VII.31，樊变芳采；2♀，山西翼城大河，2012.VII.22，王静采。

分布：山西（历山）、河北、陕西、甘肃。

31 素色异爪蝗 Euchorthippus unicolor (Ikonnikov, 1913)

体小型，体长：雄性 15.5～17.0mm，雌性 20～23mm。头顶及后头具不明显的中隆线。头侧窝四边形，长为宽的 2 倍以上。颜面向后倾斜，触角细长。前胸背板侧隆线在沟前区几平行，后横沟位于中部之后。后足股节匀称，胫节缺外端刺。爪间中垫到达爪的末端。前翅到达肛上板基部；缘前脉域近基部明显扩大。雄性下生殖板较细长。体黄绿或褐绿色。前胸背板侧隆线外侧具不明显的暗色纵纹。前翅、后足股节及胫节黄绿色。上膝侧片色较暗。

观察标本：3♂2♀，山西翼城大河，2012.VII.22，樊变芳、芦荣胜采。

分布：山西（历山）、黑龙江、吉林、辽宁、内蒙古、河北、陕西、宁夏、甘肃、青海。

参 考 文 献

李鸿昌, 夏凯龄, 等, 2006. 中国动物志 昆虫纲 第43卷 直翅目 蝗总科 斑腿蝗科[M]. 北京: 科学出版社.

夏凯龄, 等, 1994. 中国动物志 昆虫纲 第4卷 直翅目 蝗总科 癞蝗科 瘤锥蝗科 锥头蝗科[M]. 北京: 科学出版社.

印象初, 夏凯龄, 等, 2003. 中国动物志 昆虫纲 第32卷 直翅目 蝗总科 槌角蝗科 剑角蝗科[M]. 北京: 科学出版社.

张经元, 1995. 山西蝗虫[M]. 太原: 山西科学技术出版社.

郑哲民, 1985. 云贵川陕宁地区的蝗虫[M]. 北京: 科学出版社.

郑哲民, 夏凯龄, 等, 1998. 中国动物志 昆虫纲 第10卷 直翅目 蝗总科 斑翅蝗科 网翅蝗科[M]. 北京: 科学出版社.

Oedipodidae, Pyrgomorphidae, Catantopidae, Acrididae, Pamphagidae, Arcypteridae

Lu Rongsheng

(College of Life Sciences, Shanxi Nornal University, Linfen, 041004)

This research includes 31 species from Lishan National Nature Reserve of Shanxi Province, China, which belong to 24 genera and 6 families.

蚱科 Tetrigidae

郑哲民[1]　芦荣胜[2]

（1 陕西师范大学动物研究所，西安，710062；
2 山西师范大学生命科学学院，临汾，041004）

体小至中型。颜面隆起在触角之间呈沟状。触角丝状。前胸背板侧片后缘通常具2凹陷，少数仅具1凹陷。侧片后角向下，末端圆形。前、后翅正常，少数缺翅。后足第1跗节明显长于第3节。

世界性分布。山西历山自然保护区采到1属3种。

1 日本蚱 *Tetrix japonica* (Bolivar, 1887)

体小型，体长8.0～9.5mm，具细颗粒，头不突起。头顶宽约为1眼宽的1.5倍，颜面近垂直，侧面观与头顶成钝角形，颜面隆起在触角之间向前突出，在复眼间近直，纵沟深。触角丝状。复眼近球形，侧单眼位于复眼前缘中部偏下处内侧。前胸背板前缘直，中隆线低，上缘近直；侧隆线在沟前区平行。后突楔状，至达腹部末端，但不超过过后足股节末端。背板侧片后缘具2凹陷，后角向下，末端钝圆。前翅卵形，后翅略短于前胸背板后突。前、中足股节下缘直，中足股节的宽度明显大于前翅能见部分的宽度。后足股节粗短，长为宽的2～3倍，上侧中隆线具细齿。下生殖板短锥形，末端具2齿。雌性体较大，头顶宽为1眼宽的2倍。产卵瓣长为宽的3倍。下生殖板长大于宽，后缘中央三角形突出。

体黄褐色、暗褐色或褐色。前胸背板上无斑纹或具 2 个方形黑斑。后足股节有时具 2 个不明显的黑色横斑。后足胫节褐色或黄褐色。

观察标本：9♂22♀，山西沁水下川，2012.VII.28/31；4♂9♀，山西历山舜王坪，2012.VII.29，石福明采；5♂11♀，山西沁水下川富裕河，2012.VII.30，石福明采；4♂31♀，山西沁水下川，2012.VII.27，芦荣胜采；1♂7♀，山西翼城大河，2012.VII.23，芦荣胜采；10♀，山西翼城大河，2012.VII.25；2♂10♀，山西翼城大河珍珠帘，2012.VII.24，石福明采。

分布：山西（历山等）黑龙江、内蒙古、吉林、辽宁、河北、山东、河南、陕西、宁夏、甘肃、新疆、江苏、安徽、浙江、湖南、福建、台湾、广西、四川、贵州、云南、西藏；日本，朝鲜，俄罗斯。

2 乳源蚱 *Tetrix ruyuanensis* Liang, 1998

体小型，体长 10～11mm，具小颗粒。头不突起，头顶稍突出于复眼前缘，其宽度为 1 眼宽的 1.5 倍，前缘弧形，中隆线明显，两侧略凹陷，侧隆线在端部稍隆起；颜面倾斜，颜面隆起侧面观与头顶成钝角形，侧单眼位于复眼前缘中部。触角丝状。前胸背板前缘近直，背面在横沟间呈小丘状隆起，肩部以后较直，后突楔状，到达后足股节膝部。中隆线略呈片状隆起，侧隆线在沟前区平行。肩角近弧形。前胸背板侧片后缘具 2 凹陷，后角向下，末端钝圆形。前翅长卵形，后翅不到达后突的末端。后足股节粗短，上下缘均具细齿。后足胫节边缘具小刺，端部略宽于基部。下生殖板长大于宽，后缘中央三角形突出，产卵瓣粗短，上瓣长为宽的 3 倍。雄性体较小，下生殖板短锥形。体暗褐色，前胸背板背面及后足股节外侧面色暗。

观察标本：4♀，山西沁水下川西峡，2012.VII.27～28，石福明采；1♀，山西沁水张马，2012.VIII.16，石福明采。

分布：山西（历山）、陕西、甘肃、广东、广西、四川、云南。

3 钻形蚱 *Tetrix subulata* (Linnaeus, 1758)

体小型，体长 8～11mm，头部不突出于前胸背板之上，突出于复眼之前，宽度为 1 眼宽的 1.66 倍，前缘钝角形，具中隆线，头顶与颜面隆起形成直角形，颜面隆起在复眼前直，在触角之间略呈弧形突出。纵沟明显，在触角之间的宽度狭于触角基节宽。触角丝状。复眼球形。侧单眼位于复眼前缘中部。前胸背板略呈屋脊形，前缘直，中隆线全长明显，肩角宽圆形，后突长锥形，超过后足股节末端；前胸背板侧片后缘具 2 凹陷，后角向下，末端钝圆。前翅长卵形；后翅超过后突的末端。前、中足股节狭长；后足股节粗短，长为宽的 3 倍，上侧中隆线具细齿。产卵瓣狭长，上瓣长为宽的 4.2 倍，边缘具小齿。体黄褐或黑褐色，有的个体背面具 2 对黑斑，后足胫节黑褐色，基部黄褐色。

观察标本：6♂13♀，山西沁水下川，2012.VII.27～30，芦荣胜采；2♂2♀，山西翼城大河，2012.VII.25，石福明采。

分布：山西（历山等）、内蒙古、河南、陕西、甘肃、湖北、安徽、福建、广西、四川、贵州；俄罗斯，欧洲，美洲。

参 考 文 献

梁铬球, 郑哲民, 1998. 中国动物志 昆虫纲 第 12 卷 直翅目 蚱总科[M]. 北京: 科学出版社.

郑哲民, 2005. 中国西部蚱总科志[M]. 北京: 科学出版社.

Tetrigidae

Zheng Zhemin[1]　　Lu Rongsheng[2]

(1 College of Life Sciences, Shaanxi Normal University, Xi'an, 710062;
2 College of Life Sciences, Shanxi Nornal University, Linfen, 041004)

This research deals with 3 species, belonging to 1 genus of 1 family, which are distributed in Lishan National Nature Reserve of Shanxi Province.

螽斯科 Tettigoniidae

石福明　　周志军　　王刚

（河北大学生命科学学院，保定，071002）

体小到大型，头为下口式，口器咀嚼式。触角丝状，长于体长。复眼卵形，单眼通常不明显。听器位于前足胫节基部和前胸侧面。后足为跳跃足，跗节 4 节。前、后翅通常发达，有的类群翅短缩，或缺翅。雄性能发声，发声器由位于左前翅基部 Cu_2 脉腹面的发声锉与右前翅基部的刮器构成。雄性尾须形态多样，下生殖板具腹突或缺。产卵器由 3 对产卵瓣构成。

螽斯食性多样，有植食性的，以植物的叶、花等为食，如露螽亚科、纺织娘亚科和拟叶螽亚科；有捕食性的，以其他昆虫和无脊椎动物为食，如蛩螽亚科、似织螽亚科和迟螽亚科；有杂食性的，既捕食其他昆虫，又取食植物的叶片等，如螽斯亚科的蝈螽属、螽斯属的种类。

螽斯科为世界性分布，热带与亚热带地区种类丰富，温带、寒带地区种类渐少。目前世界已知 6800 余种，中国记录 500 余种，山西历山采到 10 属 11 种。

1 优雅蝈螽 Gampsocleis gratiosa Brunner von Wattenwyl, 1862，山西省新记录

体大型，体长 37.0～43.0mm。头顶宽，约为触角第 1 节宽的 2 倍。复眼卵形。前胸背板前缘弧形后凹，后缘钝圆，沟后区中隆线明显，具侧隆线；侧片肩凹不明显。前胸腹板具 1 对刺。前足胫节内、外侧听器均为裂缝状。后足股节膝叶端部刺状；后足胫节具 1 对背端距和 2 对腹端距；后足第 1 跗节腹面的跗垫较短，不到达该节中部。雄性前翅不到达腹部末端；后翅退化；第 10 腹节背板较宽，后缘中部突出，中央具较宽的凹口；尾须粗壮，基部具 1 枚粗壮的内齿，其端部尖，稍向腹面弯曲；下生殖板后缘中央具三角形凹口；具腹突。雌性前翅短，仅到达第 2 腹节背板基部，侧置，后翅退化；下生殖板宽大，后缘钝圆；产卵瓣长，稍向腹面弯曲，端部斜截，末端较尖。体褐色或灰褐色，有的墨绿色。前胸背板侧片边缘色淡。前翅纵脉黑褐色。

观察标本：2♂，山西沁水张马，2013.VII.20，韩丽、邸隽霞采。

分布：山西（历山等）、内蒙古、河北、山东、河南、陕西。

2 暗褐蝈螽 Gampsocleis sedakovii (Fischer von Waldheim, 1846)，山西省新记录

体大型，较粗壮，体长 32.0～36.0mm。头较粗短。复眼较小。头顶宽，约为触角第 1 节宽的 2 倍。前胸背板较短，前缘较直，后缘钝圆；肩凹浅。前胸腹板具 1 对细长的刺。前足胫节内、外侧听器均为裂缝状。后足胫节背面具 2 对腹端距和 1 对背端距；后足第 1 跗节腹面跗垫到达该节中部。雄性前翅较长，稍超过腹部末端，渐狭，末端钝圆；后翅短于前翅；

尾须基部较宽，端部钝圆；近中部具 1 枚较宽的内齿；下生殖板长大于宽，侧缘向背面折，后缘具三角形凹口；具腹突。雌性尾须长圆锥形；产卵瓣长，中部向背面弯曲，端部尖；下生殖板宽大于长，后端中央具三角形凹口。体绿色或黄褐色，复眼黄褐色。足股节和胫节刺黑色。前翅径脉域和中脉域具褐色斑，纵脉黑色，前翅后缘褐色。

观察标本：6♂8♀，山西翼城大河，2012.VII.26～28，石福明采；1♂4♀，山西沁水张马，2013.VII.20，韩丽、邸隽霞采。

分布：山西（历山）、黑龙江、吉林、内蒙古、河北。

3 中华寰螽 *Atlanticus (Atlanticus) sinensis* Uvarov, 1924

体中型，粗壮，体长 24.0～31.0mm。颜面近于垂直；头顶稍宽，为触角第 1 节宽的 1.5 倍，中央具细纵沟。前胸背板背面较平，具 3 条横沟，前缘稍向后凹，后缘钝圆，具明显的侧隆线；侧片肩凹不明显；前胸腹板具 1 对短刺。前足胫节内、外侧听器均为裂缝状。后足胫节具 2 对腹端距，背端距 1 对；后足第 1 跗节腹面的跗垫不明显。雄性前翅短于前胸背板，翅端钝圆，翅脉黑色；后翅退化；第 10 腹节背板稍向后延长，后缘中央开裂，其两侧呈圆瓣状；尾须圆锥形，稍向内弯曲，端部较尖，中部内缘 1 枚粗短的刺；下生殖板长大于宽，中隆线细，侧隆线粗壮，后缘中央具三角形凹口；腹突圆柱形。雌性前翅卵形，后翅退化；尾须长圆锥形；产卵瓣适度向背面弯曲，端部尖；下生殖板近于方形，后缘中央具凹口。体褐色。触角基部两节黑色。前胸背板侧片背缘黑色，中胸与后胸侧板背缘黑色；后足股节外侧具 1 条黑色纵纹，股节刺黑色。

观察标本：10♂8♀，山西翼城大河，2012.VII.15～19，石福明采；1♂1♀，山西沁水下川，2012.VII.23，邸隽霞采；1♀，山西沁水下川，2012.VII.11，韩丽采；1♀，山西沁水下川，2012.VII.17，寇晓艳采；1♀，山西沁水下川，2012.VII.17，寇晓艳、韩丽采。

分布：山西（历山等）、辽宁、河北、陕西、湖北、四川。

4 邦内特柯螽 *Chizuella bonneti* (Bolívar, 1890)，山西省新记录

体中小型，黑或暗褐色。头顶为触角第 1 节宽的 2.7～3.5 倍。前胸背板是前足股节长的 1.4～3.7 倍；沟后区中隆线明显，沟前区不明显。前翅短，卵形，到达第 2～4 节腹节背板。雄性前翅短于前胸背板，后翅退化；第 10 腹节背板后缘中央具深而狭的凹口；尾须稍弯曲，基部内缘具钩状齿。雌性下生殖板后缘具深的凹口；产卵瓣适度向背面弯曲；阳茎端突端部相对较长，端部不具齿。

观察标本：1♂5♀，山西沁水下川，2012.VII.24～26，石福明采；1♂，山西翼城大河，2012.VII.18，石福明采；1♀，山西翼城大河，2012.VII.28，石福明采。

分布：山西（历山）、黑龙江、内蒙古、河北、河南、甘肃、江苏、安徽、湖北；朝鲜、韩国，俄罗斯。

5 疑钩顶螽 *Ruspolia dubia* (Redtenbacher, 1891)，山西省新记录

体中型，体长 26.5～32.0mm。头顶长宽近于相等，端部钝圆。颜面向后倾斜。复眼卵形。前胸背板密布褶状粗刻点，前缘微凹，后缘钝圆，侧隆线较明显；肩凹较浅。前胸腹板具 1 对刺；前足胫节内、外侧听器均为裂缝状。后足胫节具 1 对背端距和 2 对腹端距。前翅狭长，远超过后足股节末端，翅端狭的钝圆形；后翅稍短于前翅。雄性第 10 腹节背板后缘具钝角形凹口，其侧缘锐角形；尾须较粗，基部圆柱形，端部具 2 枚向内侧弯曲的刺；下生殖板长大于宽，后缘具浅凹口；腹突细长。雌性尾须圆锥形；产卵瓣直，背瓣长于腹瓣，端部尖；下生殖板梯形，端部弧形凹入。体绿色或淡褐色。前足和中足跗节呈淡褐色，后足胫节、跗节

浅褐色。淡褐色个体前胸背板侧片背缘具暗褐色纵纹，延伸至前翅的 R 脉域，前胸背板侧隆线黄白色。雄性尾须刺的端部黄褐色。

观察标本：1♂1♀，山西翼城大河，2012.VIII.25，石福明采。

分布：山西（历山）、河北、陕西、甘肃、安徽、浙江、湖北、江西、湖南、福建、台湾、广西、重庆、四川、贵州；日本。

6 黑膝畸螽 Teratura (Megaconema) geniculata (Bey-Bienko, 1962)，山西省新记录

体属蛩螽亚科中相对较大种类，体长 12.5～15.5mm。头顶圆锥形。前胸背板沟后区隆起，后缘钝圆。侧片肩凹浅。胸听器大。前足胫节内、外侧听器为开放型。后足胫节具 1 对背端距和 2 对腹端距。前翅超过后足股节末端，后翅稍长于前翅。雄性第 10 腹节背板后缘中央圆角形凹入，肛上板基部与第 10 腹节背板融合，末端 3 齿状；尾须基部圆柱状，近端部片状扩展，并折向前方；下生殖板宽大，近矩形，后缘平截；腹突较短。雌性尾须圆锥形；下生殖板横宽，基部较宽，端部略窄，后缘微凹；产卵瓣端部向背方弯曲，背瓣端部尖，腹瓣近端部具一些小齿。体黄褐色。头部背面淡褐色。前胸背板具宽的淡褐色纵纹，其两侧缘褐色，外缘嵌黄色纵纹。前翅背缘浅褐色。颜面边缘、尾须基部 1/3 褐色，后足膝部，以及后足的股节与胫节刺褐色。

观察标本：1♂，山西翼城大河，2012.VII.18；2♂2♀，山西翼城大河，2012.VII.27，石福明采。

分布：山西（历山）、河南、陕西、安徽、湖北、湖南、台湾、重庆、四川、贵州。

7 棒尾剑螽 Xiphidiopsis (Xiphidiopsis) clavata Uvarov, 1933，山西省新记录

体小型，体长 8.5～11.5mm。头顶圆锥形。前胸背板侧片肩凹弱。胸听器较小。前翅长，超过后足股节末端，后翅略长于前翅。前足胫节内、外侧听器均为开放型。后足胫节具 2 对腹端距和 1 对背端距。雄性第 10 腹节背板后缘具 1 对短小的后突；尾须棒状，端半部向背方弯曲，端部略膨大，末端钝圆；下生殖板基部较宽，后缘微突，腹突甚小。雌性尾须圆锥形，基部弯曲；产卵瓣远超过翅的末端，腹瓣端部具 2 齿；下生殖板横宽，后缘中央向后延伸，具小缺刻。体绿色。复眼褐色。前胸背板背面两侧缘具 1 对黄褐色纵纹，其外缘分别嵌 1 条浅黄色纵纹。雄性前翅发声区具淡褐色斑。

观察标本：3♂，山西沁水下川，2012.VII.23，石福明采；3♂8♀，山西翼城大河，2012.VII.27、30，石福明采；1♂1♀，山西翼城大河，2013.VII.27，韩丽采；1♂，山西翼城大河，2013.VII.31，寇晓艳采；1♀，山西翼城大河，2013.VII.29，邸隽霞采。

分布：山西（历山）、河南、甘肃、重庆、四川。

8 贝氏掩耳螽 Elimaea (Elimaea) berezovskii Bey-Bienko, 1951，山西省新记录

体中型，体长 17.0～22.0mm。头顶侧扁。复眼卵形。前胸背板前缘稍内凹，后缘宽的钝圆形；肩凹较明显。足股节腹面具小刺，膝叶端部具 2 枚刺。前足胫节内、外侧听器均为封闭式（裂缝状）。前翅远超过后足股节端部，翅端钝圆，后翅长于前翅。雄性发声锉具 36 枚发声齿；镜膜近圆形；肛上板长三角形；尾须长，稍超过下生殖板中部，向内弯曲，近端部稍粗，末端扁而尖；下生殖板较长，端部 1/2 纵裂呈窄叶，裂叶端部靠近。雌性肛上板短三角形；尾须圆锥形，端部钝；产卵瓣向背方弯曲；下生殖板长三角形，端缘具凹口。体绿色，前胸背板具黑色斑点，背面中央赤褐色。

观察标本：4♂3♀，山西翼城大河，2012.VII.25～30，石福明采。

分布：山西（历山）、河南、陕西、安徽、浙江、湖北、江西、湖南、贵州、四川、云南。

9 札幌桑螽 *Kuwayamaea sapporensis* Matsumura et Shiraki, 1908，山西省新记录

体中型，较粗壮，体长 15.0～18.0mm。头顶侧扁。复眼卵形。前胸背板背面光滑，缺侧隆线；侧片向后渐宽，肩凹不明显。雄性前翅较宽，Sc 脉和 R 脉在基部分离，之后紧密靠拢；R 脉分 3～4 支，近于平行；后翅稍长于前翅。前足胫节内、外侧听器均为开放型。雄性肛上板三角形；尾须锥形，稍内弯；下生殖板侧缘向上卷呈管状，腹面具纵窄的半膜质区，端部凹口呈方形，背缘具 1 对向内弯曲的齿。雌性后翅短于前翅；产卵瓣背缘和腹缘具钝的细齿。体黄绿色。雄性左前翅发声区、尾须端部和下生殖板端部齿为褐色。

观察标本：16♂3♀，山西翼城大河，2012.VII.25～31，石福明采。

分布：山西（历山）、辽宁、安徽、浙江、福建、广西；俄罗斯，日本，朝鲜，韩国。

10 镰尾露螽 *Phaneroptera* (*Phaneroptera*) *falcata* (Poda, 1761)，山西省新记录

体中小型，细瘦，体长 13.0～18.0mm。头顶侧扁。复眼卵形。前胸背板沟前区圆凸，沟后区较平坦；侧片肩凹明显。前翅狭长，翅端钝圆，后翅显著长于前翅。前足胫节内、外侧听器均为开放型。雄性肛上板横宽，后缘中部凹；尾须细长，端半部向内弯，并扭向背方，呈镰刀形，端部尖；下生殖板较长，端部稍扩展，后缘凹口三角形。雌性肛上板短舌状；尾须锥形；产卵瓣向背方弯曲，腹缘端部及背缘具细齿；下生殖板三角形，端部钝圆。体绿色，具赤褐色斑点。

观察标本：3♂4♀，山西翼城大河，2012.VII.27～30，石福明采；1♂，山西翼城大河，2013.VII.29，韩丽采；1♂，山西翼城大河，2013.VII.27，寇晓艳采；1♀，山西沁水下川，2013.VII.15，邸隽霞采；1♀，山西沁水下川，2013.VII.25，韩丽采。

分布：山西（历山）、黑龙江、吉林、内蒙古、北京、河北、河南、陕西、甘肃、新疆、江苏、上海、安徽、浙江、湖北、湖南、福建、台湾、四川、重庆、贵州；欧洲，日本，朝鲜。

11 日本条螽 *Ducetia japonica* (Thunberg, 1815)

体中小型，体长 13.0～22.0mm。头顶侧扁。复眼卵形。前胸背板肩凹不明显。前翅狭长，向端部渐窄；R 脉具 4～6 条近于平行的分支，Rs 脉不分叉；后翅长于前翅。前足胫节内、外侧听器为开放式；后足股节膝叶端具 2 枚刺。雄性肛上板三角形；尾须向内弯曲，端部扁，呈斧状，腹缘具隆脊；下生殖板长，端部深裂呈两叶，缺腹突。雌性尾须圆锥形；下生殖板三角形，端部钝圆。产卵瓣向背方弯曲，背、腹缘具钝齿。体黄绿色或褐色，雄性前翅后缘褐色，前胸背板黄褐色或淡褐色。

观察标本：3♂3♀，山西翼城大河，2012.VII.27～30，石福明采。

分布：山西（历山等）、河北、河南、陕西、江苏、上海、安徽、浙江、湖北、江西、湖南、福建、台湾、广东、海南、广西、重庆、四川、贵州、云南、西藏；日本，朝鲜，印度，柬埔寨，菲律宾，新加坡，印度尼西亚，斯里兰卡，澳大利亚。

参 考 文 献

康乐, 刘春香, 刘宪伟, 2013. 中国动物志 昆虫纲 第 57 卷 直翅目 螽斯科 露螽亚科[M]. 北京: 科学出版社.

Bey-Bienko G Y, 1955. Observations on faunistic and systematics of the superfamily Tettigonioidea (Orthoptetra) from China[J]. Zoologicheskii Zhurnal, 34: 1250-1271.

Bey-Bienko G Y, 1957. Results of Chinese-Soviet zoological-botanical expeditions to South-Western China 1955-1956[J]. Entomologicheskoe Obozr, Moscow, 36: 401-417.

Bey-Bienko G Y, 1962. New or less-known Tettigonioidea (Orthoptera) from Szechuan and Yunnan results of Chinese-Soviet zoological-botanical expeditions of South-Western China 1955-1957[J]. Trudy Zoologicheskogo. Instituta Akademii Nauk SSSR, 20: 111-138.

Bey-Bienko G Y, 1971. A revision of the bush-crickets of the genus *Xiphidiopsis* Redt. (Orthoptera: Tettigonioidea)[J]. Entomological. Review, 50: 472-483.

Brunner von Wattenwyl C, 1878. Monographie der Phaneropteriden[M].Wein: Zoologisch-Botanische Gesellschaft in Wien.

Brunner von Wattenwyl C, 1891. Additamenta zur Monographie der Phaneropteriden Vol.41[M]. Wien: Zoologisch-Botanische Gesellschaft in Wien.

Dirsh V M, 1927. Studies on the genus *Gampsocleis* Fieb. (Orthoptera, Tettigoniidae)[J]. Memoirs Classedi Science Physics Mathematics Academy Science. Ukraine, 8 [7 (1)]: 147-158.

Gorochov A V, 1993. A contribution to the knowledge of the tribe Meconematini (Orthoptera: Tettigoniidae)[J]. Zoosystematica Rossica, 2 (1): 63-92.

Liu C X, 2011. *Phaneroptera* Serville and *Anormalous* gen. nov. (Orthoptera: Tettigoniidae: Phaneropterinae) from China, with description of two new species[J]. Zootaxa, 2979: 60-68.

Ragge D R, 1955. A revision of the genera *Phaneroptera* Serville and *Nephoptera* Uvarov (Orthoptera: Tettigoniidae), with conclusions of Zoogeographical and evolutionary interest[J]. Proceedings of the Zoological Society of London, 127: 205-283.

Storozhenko S Yu, Paik J C, 2007. Orthoptera of Korea[M]. Vladivostok: Dalnauka.

Uvarov B P, 1924. Notes on the Orthoptera in the British Museum, 3. Some less known or new genera and species of the subfamilies Tettigoniinae and Decticinae[J]. Transactions of the Royal Entomological Society of London: 492-537.

Tettigoniidae

Shi Fuming　　Zhou Zhijun　　Wang Gang

(College of Life Sciences, Hebei University, Baoding, 071002)

The research records 11 species of Tettigoniidae (Orthoptera) in Lishan National Nature Reserve of Shanxi Province, which belong to 10 genera and 4 subfamilies.

半翅目 Hemiptera

飞虱科 Delphacidae

侯晓晖 [1,3]　胡春林 [2]　丁锦华 [2]　杨琳 [1]　陈祥盛 [1]

（1 贵州大学昆虫研究所，贵阳，550025；2 南京农业大学植物保护学院，南京，210095；
3 遵义医学院基础医学院，遵义，563000）

　　成虫体连翅长大多数 3～5mm，通常有长翅型与短翅型。口器刺吸式，着生在头的腹面；头、胸部具明显隆起的脊；复眼发达；单眼通常 2 个；触角 3 节，着生在头部两侧复眼下方的凹陷内，第 2 节上具瘤状感觉器。前胸背板短；中胸背板大，小盾片三角形，具翅基片（肩板）。前翅爪脉 "Y" 形，端部共柄；爪室封闭；爪缝伸达后缘；翅脉上生有小颗粒状突起。中足基节长，基部远离。后足基节短，不能活动；胫节上具侧刺，末端生有 1 个能活动的大距，端缘具刺 5～7 枚；第 1 跗节端缘凹陷，具刺 6～8 枚；第 2 跗节端缘具刺 4 枚。

飞虱多生活于阴湿的环境；均为植食性；其寄主除极少数种类外，均属于被子植物亚门的单子叶植物纲，其中最主要的是禾本科植物；其他寄主为莎草科、蓼科、天南星科、鸭跖草科和蕨类等植物。

本科世界性分布，目前世界已知 2000 余种，中国记录 400 余种，历山自然保护区采到 2 亚科 13 属 17 种。

分亚科、族、属检索表

1 后足胫距薄，后缘许多小齿具矩形的片状底部；雄虫具发达的阳茎鞘，阳茎细长，从阳茎鞘基部或中部伸出（长突飞虱亚科 Stenocraninae）...........................长突飞虱属 *Stenocranus*
- 后足胫距后缘不如上述；雄虫阳茎形状各异，若细长，则不从阳茎鞘中伸出（飞虱亚科 Delphacinae）...2

2 后足刺式 5-6-4，后足胫距横切面三角形，向内的一面稍凹陷，后缘无齿，阳茎与臀节紧密相接（凹距飞虱族 Tropidocephalini）...........................短头飞虱属 *Epeurysa*
- 后足刺式不如上述，后足胫距形状薄片状，内缘具齿，阳茎基部有悬片与臀节相连（飞虱族 Delphacini）...3

3 触角伸出唇基端部，第 1 节扁平，两侧缘平行，具纵向棱脊，长于第 2 节；额中脊在中偏基部分叉...飞虱属 *Delphax*
- 触角不伸达唇基端部，第 1 节圆柱形或圆筒形，两侧缘平行......................................4

4 后足基跗节具小刺..褐飞虱属 *Nilaparvata*
- 后足基跗节无刺..5

5 后足刺式 5-8-4；触角长，伸达后唇基端部；额以单眼水平处为最宽.......................
....大褐飞虱属 *Changeondelphax*
- 后足刺式 5-7-4；触角不伸达后唇基端部..6

6 尾节侧面观后缘具缺刻或大型突起..7
- 尾节侧面观不如上述..9

7 阳茎无齿或刺，端半部明显变窄，顶端尖细..........................灰飞虱属 *Laodelphax*
- 阳茎具齿或刺..8

8 阳茎端部具长刺状突起..瘤突飞虱属 *Unkanodella*
- 阳茎端部具齿状突起..黎氏飞虱属 *Ribautodelphax*

9 尾节具明显腹中突..叉飞虱属 *Garaga*
- 尾节不具或仅具微小腹中突..10

10 膈宽大，阳基侧突仅伸达膈的一半..11
- 膈一般，阳基侧突至少伸近膈的背缘..12

11 体黑色；雄虫臀节环状，臀突较小，无刺突；膈背缘具缺刻；阳茎粗管状，端部两侧缘具多个小齿...缪氏飞虱属 *Muirodelphax*
- 体黄褐色；雄虫臀节环状，臀突宽大，刺突小，尖端相向；膈背缘宽"V"形，腹缘上方有一突起；阳茎管状，弧弯，端半部具齿列.....................美伽飞虱属 *Megadelphax*

12 尾节侧面观背侧角不明显；膈背缘中部具宽"U"形骨化区...
....白背飞虱属 *Sogatella*
- 尾节侧面观背侧角明显；膈中域具明显突起..13

13 尾节侧面观背侧角向后伸出；膈背缘中部具一宽叶状突起，端缘稍凹；阳基侧突端部扩宽，内端角尖出，外端角圆 .... 镰飞虱属 *Falcotoya*

- 尾节侧面观背侧角向中部翻折；膈中域近背缘具一指向后背方的叉状突起；阳基侧突端部扩宽，内、外端角短但明显 .... 梅塔飞虱属 *Metadelphax*

1 芦苇长突飞虱 *Stenocranus matsumurai* Metcalf, 1943

体大型，体连翅长 5.0～6.1mm。头部包括复眼窄于前胸背板。头顶中长为基宽的 1.3 倍，端部明显窄于基部；中侧脊在头顶端缘汇合；额最宽处为单眼水平处，长为最宽处宽的 2.8 倍，端部稍宽于基部，中脊在基部 1/3 分叉。触角抵近额的端部。前胸背板侧脊伸达后缘；后足刺式 5-7-4。臀节长，拱门形，后缘基部 1/3 朝向腹面有 1 小型尖突；尾节侧面观前缘中部深凹陷，后缘基部明显凸出；阳茎细长、杆状，阳茎鞘端部具 2 个突起；阳基侧突基部相接一段距离，后逐渐变细尖，并向中部弯曲。大体污黄褐色；头顶端半中侧脊和侧脊间黑褐色，额侧脊外侧具黑褐色条纹；前翅翅脉暗褐色，各端部具暗褐色斑点。

观察标本：1♂1♀，山西翼城大河，2013.VII.23～26，宋海天采；1♀，山西沁水下川，2013.VII.27～29，宋海天采。

分布：山西（历山）、吉林、北京、河北、河南、甘肃、江苏、安徽、浙江、湖北、福建、台湾、四川、贵州；韩国，日本，俄罗斯。

2 短头飞虱 *Epeurysa nawaii* Matsumura, 1900

体中型，体连翅长 3.5～4.5mm。头部包括复眼窄于前胸背板。头顶基宽为中长的 2.2 倍，基部与端部等宽，端缘弧拱，中侧脊起自侧缘近基部，头顶端缘汇合，基隔室最大长为其中长的 1.2 倍；额长为最宽处宽的 1.2 倍，基部稍宽于端部；触角稍微伸出额的端部。前胸背板侧脊不伸达后缘；中胸背板长中脊伸至小盾片末端；后足刺式 5-6-4。臀突长大，臀刺突乳头状；尾节腹面观腹中突短柱形，顶端圆、略膨大，两侧的突起低；阳茎细长，端部 1/4 向腹面下弯，顶端钝，阳茎基突较阳茎为细，其末端形成结节，然后延伸成一根更细的端肢，阳基侧突中等长，基角向后方延伸成一指状突起，内缘近中部具 1 突起。大体为黄褐色至暗褐色；前翅透明，翅脉褐色，具翅斑。

观察标本：2♂，山西历山下川，2012.VII.18，侯晓晖采。

分布：山西（历山）、陕西、甘肃、江苏、安徽、浙江、湖北、江西、湖南、福建、台湾、广东、海南、广西、四川、贵州、云南；俄罗斯，日本，斯里兰卡。

3 大褐飞虱 *Changeondelphax velitchkovskyi* (Melichar, 1913)，山西省新记录

体中型，体连翅长 4.1～6.1mm。头部包括复眼窄于前胸背板。头顶中长稍大于基宽，端缘微拱，中侧脊在头顶端缘汇合；额以单眼水平处为最宽，长为最宽处宽的 2.3 倍，端宽大于基宽，中脊在额的基端分叉；触角长，圆筒形，几乎伸达后唇基端部。前胸背板侧脊不伸达后缘；后足刺式 5-8-4。雌虫产卵器基部第 1 载瓣片内缘突起。大体黄褐色；前翅淡褐色，透明，无翅斑。

观察标本：1♀，山西翼城大河，2013.VII.23～26，宋海天采。

分布：山西（历山）、黑龙江、吉林、辽宁、内蒙古、河北、河南、陕西、宁夏、甘肃、江苏、安徽；俄罗斯，日本，韩国。

4 阿拉飞虱 *Delphax alachanicus* Anufriev, 1970，山西省新记录

体大型，体连翅长 4.9～7.0mm。头部包括复眼与前胸背板近等宽。头顶方形，基宽为中

长的 1.6 倍；额长为最宽处宽的 1.8 倍；触角长，远伸过后唇基端部，第 1 节宽扁，具纵棱脊。前胸背板稍短于头顶；中胸背板稍长于头顶和前胸背板长度之和；后足刺式 5-8-4。臀节衣领状，臀刺突 1 对；尾节后面观腹缘中部凹陷，背侧角宽，向中部翻折，腹面观膈突较宽，顶端略膨大；阳茎管状，两侧缘及腹面各具 1 排齿列，背面中部下方有 1 瘤状突起，突起的顶端具微齿；阳基侧突宽扁，以端部为最宽，内端角宽圆，外端角角状，外缘近中部有 1 瘤状突起。大体黄褐色或褐色；额端部及额中部具黄白色横带；前胸和中胸背板黄白色，侧区各具 1 黑褐色斜边；前翅黄白色，具 1 黑褐色翅斑。

观察标本：5♂2♀，山西历山下川，2012.VII.18，侯晓晖采；2♂1♀，山西翼城大河村，2013.VII.23～26，宋海天采。

分布：山西（历山）、甘肃、新疆。

5 琴镰飞虱 Falcotoya lyraeformis (Matsumura, 1900)

体中型，体连翅长 2.3～2.8mm。头部包括复眼稍窄于前胸背板。头顶方形，基宽稍大于中长，端缘截形，中侧脊起自侧缘基部 1/3，在头顶端部相联结，"Y"形脊主干弱；额长为最宽处 2.1 倍，最宽处位于复眼下缘，端部宽于基部，中脊在基端分岔；触角圆筒形，几乎伸达额的端部。前胸背板侧脊不伸达后缘；后足刺式 5-7-4。臀节衣领状，具 1 对粗长弯曲的臀刺突；尾节侧面观背侧角向后伸出；膈背缘两侧向中部斜切，中部具 1 宽叶状突起，端缘稍凹；阳茎背缘圆拱，端部弯曲部分长于基部，具小齿；阳基侧突中等大小，岔离，向端部渐加宽，内端角尖出，外端角圆。大体赭黄色或褐色；体背各脊淡黄色；前翅黄白色透明，翅脉上具淡褐色的小颗粒状突起，无翅斑。

观察标本：6♂，山西历山下川，2012.VII.18，侯晓晖采；1♂，山西翼城大河，2012.VII.12～15，侯晓晖采；1♂，山西历山下川，2012.VII.20，侯晓晖采。

分布：山西（历山）、江苏、浙江、福建、贵州；韩国，日本，南马里亚纳群岛，西加罗林群岛。

6 荻叉飞虱 Garaga miscanthi Ding et al., 1994

体中型，体连翅长 4.5～5.5mm。头部包括复眼窄于前胸背板。头顶基宽为中长的 1.25 倍，基宽稍大于端宽，中侧脊在头顶不联结；额长为最宽处宽的 2 倍，以近中部为最宽，中脊在额上分岔；触角圆筒形，伸过额的端部。后足刺式 5-7-4。臀节短，环状，无臀刺突；尾节具 2 对腹中突，中间 1 对小，基部愈合，顶端尖圆，两侧 1 对宽长，侧面观腹中突明显地向后突出；膈较宽，背缘中部宽隆；阳茎长管状，背向弧形弯曲，端部逆生 2 根重叠的鞭节，上面的 1 根细长，下面的 1 根向端部骤然加宽，端部有 4～7 个突起；阳基侧突细长，端部分岔。大体黄褐色或褐色；体背各脊浅黄色；额和颊具一些淡色小圆斑；前翅淡黄微褐，翅脉淡黑色，端部近后缘有 1 黑褐色新月形斑。

观察标本：2♂，山西历山下川，2012.VII.18，侯晓晖采；6♂4♀，山西沁水下川，2013.VII.27～29，宋海天采；8♂8♀，山西翼城大河，2013.VII.23～26，宋海天采。

分布：山西（历山）、吉林、河北、甘肃、江苏、安徽、浙江、湖北、江西、湖南、福建；日本。

7 灰飞虱 Laodelphax striatellus (Fallén, 1826)

体中型，体连翅长 3.3～4.0mm。头部包括复眼窄于前胸背板。头顶基宽大致与中长相等，基宽等于端宽，端缘截形，中侧脊起自侧缘基部上方，在头顶端缘相联结；额以近复眼下缘为最宽，长为最宽处的 2.2 倍，中脊在基端分岔；触角圆筒形，伸过额的端部。前胸背板侧脊不伸达后缘；后足刺式 5-7-4。臀节短，具 1 对小臀刺突；尾节后面观侧缘凹缺、不完整，背侧角稍向中部伸出；膈宽，背缘中部隆起；阳茎侧扁，背缘呈弧形弯曲，基部 3/4 很宽，端部 1/4 骤然向背面收窄，后渐向顶端变尖细，性孔位于离顶端 1/4 下缘；阳基侧突短小，后面观似鸟形。大体黄褐至黑色；前胸背板黄白色；前翅淡黄褐透明，翅斑黑褐色。

观察标本：21♂♀，山西沁水下川，2012.VII.18/20，侯晓晖采；5♂，山西翼城大河，2012.VII.12～15，侯晓晖采；3♂2♀，山西沁水下川，2013.IX.11，孙长海等采；3♂6♀，山西翼城大河，2013.IX.15，孙长海等采；1♀，山西翼城大河，2013.VII.23～26，宋海天采。

分布：全国广布；欧洲，非洲，亚洲。

8 坎氏美伽飞虱 *Megadelphax kangauzi* Anufriev, 1970

体中型，体连翅长 2.8～3.6mm。头部包括复眼窄于前胸背板。头顶近方形，中长稍大于基宽，端缘截形，"Y"形脊主干弱；额最宽处位于复眼下缘，长为宽的 2.3 倍，中脊在基部分岔；触角圆筒形，伸达额唇基缝。前胸背板侧脊未伸达后缘；后足刺式 5-7-4。臀节短、环状，臀刺突小，粗齿状，尖端相向；尾节侧面观腹缘长于背缘，后面观腹缘中部弧凹；膈宽大，背缘宽"V"形；阳基侧突小，伸至膈长之半，侧面观外缘拱凸，内缘凹曲，顶端圆头状，端缘具微齿；阳茎管状、弧弯，侧面观阳茎端半部背、腹缘具齿列。大体褐色；体背各脊黄白色；前翅透明，翅脉褐色。

观察标本：2♂，山西沁水下川，2012.VII.18，侯晓晖采；1♂，山西翼城大河，2012.VII.12～15，侯晓晖采。

分布：山西（历山）、内蒙古、甘肃；俄罗斯。

9 黑边梅塔飞虱 *Metadelphax propinqua* (Fieber, 1866)

体中型，体连翅长 3.0～3.7mm。头部包括复眼窄于前胸背板。头顶近方形，基宽略大于中长，基宽约等于端宽，端缘平截，中侧脊在头顶端部相联结；额以中部为最宽，长为宽的 2.3 倍，中脊在基端分叉；触角圆筒形，稍伸出额的端部。前胸背板侧脊不伸达后缘；后足刺式 5-7-4。臀节衣领状，具 1 对细长臀刺突；尾节后面观后开口宽大于长，背侧角明显向中部翻折；阳茎管状，侧面观背缘端部性孔周围具微细齿列；阳基侧突侧面观狭长方形，内缘凹，外缘波曲，内基角宽圆突出，端缘宽，中部略凹，内、外端角短。大体灰黄褐色，无光泽；头顶端半部两侧脊间褐色，额、颊和唇基脊黄白色，两侧具清晰的黑褐色条纹；前翅透明，无翅斑。

观察标本：1♂，山西沁水下川，2013.IX.11，孙长海等采；1♀，山西翼城大河，2013.VII.23～26，宋海天采。

分布：山西（历山）、全国各地；韩国，日本，越南，菲律宾，西密克罗尼西亚，马来西亚，斯里兰卡，印度，巴基斯坦，澳大利亚，欧洲，非洲，中美洲。

10 亮黑缪氏飞虱 *Muirodelphax atratus* Vilbaste, 1968

体中型，体连翅长 3.2～3.5mm。头部包括复眼窄于前胸背板。头顶中长稍大于基宽，基宽大于端宽，中侧脊在头顶端缘汇合，端缘弧圆，"Y"形脊明显；额以中部为最宽，端部与基部的宽度相近，长为最宽处宽的 1.9 倍；触角伸抵额唇基缝。前胸背板侧脊抵近后缘；中胸背板侧脊伸达后缘，中脊不抵达小盾片末端；后足刺式 5-7-4。臀节环状，无臀刺突；尾节后开口长大于宽，腹缘中部浅凹；阳基侧突小，近"L"形，伸达膈的一半，高度分离，端半变细；隔背缘具缺刻；阳茎粗管状，弯曲，端部两侧缘具多个小齿。体黑色，具有明显光泽；翅灰色透明。

观察标本：2♂2♀，山西沁水下川，2012.VII.18，侯晓晖采。

分布：山西（历山）、吉林、甘肃；俄罗斯，韩国。

11 具条缪氏飞虱 *Muirodelphax nigrostriata* (Kusnezov, 1929)

体中型，体连翅长 3.3～3.8mm。头部包括复眼窄于前胸背板。头顶中长大于基宽，基部稍宽于端部；额以近单眼处为最宽，长为宽的 1.9 倍，端部稍宽于基部，中脊在基端分岔；触角圆筒形，未伸达额的端部。前胸背板侧脊直，近后缘；后足刺式 5-7-4。臀节环状，臀突较小，无刺突；尾节后面观开口长大于宽，侧面观腹缘长于背缘；阳基侧突小，伸达膈的一半，近中部弯曲呈"C"形，端部变细，侧面观似瓶状；膈背缘具浅凹；阳茎粗管状、"C"形，端部具齿多枚。体灰黑色至黑色；体背各脊均为黄白色或赭黄色；翅黄褐色，翅斑暗褐色。

观察标本：3♂2♀，山西沁水下川，2012.VII.18，侯晓晖采。

分布：山西（历山）、黑龙江、吉林、内蒙古、甘肃；俄罗斯。

12 褐飞虱 *Nilaparvata lugens* (Stål, 1854)

体中型，体连翅长 3.6～4.8mm。头部包括复眼窄于前胸背板。头顶四方形，中长与基宽相等，端缘截形，中侧脊起自侧缘基部 1/4 处，在头顶端部不愈合，"Y"形脊主干弱，基隔室凹陷深；额中长为中部最宽处宽的 2.2～2.4 倍，中脊在额的基部分叉；触角圆筒形。后足刺式 5-7-4，基跗节外侧具 1～4 个侧刺。臀节具 1 对长的臀刺突；尾节后面观后开口宽大于长，无突起；阳茎长管状，端部约 1/3 变细并向上翘，顶端尖，性孔位于中偏端的一侧，其下方有微齿；阳基侧突大，内缘近基部深刻凹陷，内端角向内前方伸出，呈 1 狭长的尖角形。大体黄褐色至黑褐色，具明显的油状光泽；前翅透明，端脉和翅斑暗褐或黑褐色。

观察标本：1♂1♀，山西沁水下川，2013.IX.11，孙长海等采；1♂3♀，山西翼城大河，2013.IX.15，孙长海等采；1♂5♀，山西翼城大河，2013.VII.23～26，宋海天采。

分布：山西（历山）、全国各地；俄罗斯，日本，朝鲜，东南亚，澳大利亚。

13 伪褐飞虱 *Nilaparvata muiri* China, 1925，山西省新记录种

体中型，体连翅长 3.3～4.3mm。头部包括复眼窄于前胸背板。头顶中长约等于基宽，基宽稍大于端宽，中侧脊起自侧缘中偏下方，头顶端缘相联结，"Y"形脊明显；额以中部为最宽，长为最宽处宽的 2.4 倍，中脊在额的基端分叉；触角圆筒形，稍伸出额的端部。后足刺式 5-7-4，基跗节上具有侧刺。臀节较小，拱门状，臀刺突缺如；尾节后面观腹缘具中突和侧突，侧面观背侧角截形，腹中突明显伸出，具长圆形突起；阳茎管状、波曲，端半扩宽，两侧缘具细齿列，顶端形成鸟喙状突起；悬片背柄部尖锥形；阳基侧突中部缢缩，端部分叉，中偏上方有 1 短刺状突起。大体灰黄褐色至暗褐色；头、胸部各脊色浅而明显；前翅淡灰黄褐色、透明，端脉和翅斑暗褐色。

观察标本：1♂，山西翼城大河，2013.VII.25，宋海天采。

分布：山西（历山）、吉林、河南、江苏、安徽、浙江、湖北、江西、湖南、福建、台湾、广东、海南、广西、四川、贵州、云南；日本，韩国，越南。

14 阿尔泰黎氏飞虱 *Ribautodelphax altaica* Vilbaste, 1965

体中型，体连翅长 2.2～3.8mm。头部包括复眼窄于前胸背板。头顶基宽稍大于中长，侧缘端部收窄，端缘微弧，中侧脊起自侧缘基部上方，汇合于头顶端部，"Y"形脊明显；额最宽处为中部，长为宽的 2 倍左右，中脊在基端分岔；触角圆筒形，伸达额唇基缝。前胸背板

侧脊直，不伸达后缘；后足刺式 5-7-4。臀节筒状，臀刺突彼此相向，顶端交叉；尾节侧面观腹缘长于背缘，后缘上部呈"V"形；膈背缘中部凹口窄而浅，膈突长，后腹向伸出，顶端具 2 尖刺；阳茎管状、肘状弯曲，性孔大，位于背端，周缘具细齿；阳基侧突较短，不伸出隔面，端部骤然加宽，基部转折，内端角指状，侧弯。大体赭黄色；背面观中域黄白色，脊淡黄色至黄白色；前翅淡黄色透明。

观察标本：127♂43♀，山西沁水下川，2012.VII.18，侯晓晖采；32♂20♀，山西翼城大河，2012.VII.12～15，侯晓晖采。

分布：山西（历山）、黑龙江；俄罗斯。

15 白背飞虱 *Sogatella furcifera* (Horváth, 1899)

体中型，体连翅长 3.3～4.5mm。头部包括复眼窄于前胸背板。头顶长度为基部宽度的 1.3 倍，侧面观呈钝圆形与额交接，中侧脊起自侧缘中偏下方；额长为宽的 2.4 倍，以中偏端部为最宽，中脊于基端分岔；触角稍伸出额的端部。前胸背板侧脊不伸达后缘；后足刺式 5-7-4。臀节具 1 对中等粗长的臀刺突；尾节后开口宽卵圆形，具 1 小锥形腹中突；膈背缘中部具 1 宽"U"形突起；阳茎顶端尖细并明显下弯，腹侧观，左侧齿列具齿 18 枚，右侧 12～14 枚，2 齿列基部分离；阳基侧突基部很宽，向端部骤然收缩，端部叉状，分叉等长。大体黄褐色；头顶、前胸背板和中胸背板中域黄白色；前翅淡黄褐几透明，翅斑黄褐色。

观察标本：3♂3♀，山西沁水下川，2012.VII.18，侯晓晖采；10♂10♀，山西沁水下川，2013.IX.11，孙长海等采；4♂7♀，山西翼城大河，2013.IX.15，孙长海等采；1♂，山西翼城大河，2013.VII.23～26，宋海天采。

分布：山西（历山）、全国各地；蒙古，韩国，日本，尼泊尔，巴基斯坦，沙特阿拉伯，印度，斯里兰卡，泰国，越南，菲律宾，印度尼西亚，马来西亚，斐济，密克罗尼西亚，瓦努阿图，澳大利亚。

16 稗飞虱 *Sogatella vibix* (Haupt, 1927)

体中型，体连翅长 3.0～4.1mm。头部包括复眼窄于前胸背板。头顶中长为基部宽的 1.3 倍，侧面观与额呈圆弧形相交接，中侧脊起自侧缘中偏下方，彼此延伸至头顶端部成角状会合，"Y"形脊主干弱，头顶基膈室后缘宽，为"Y"形脊主干长的 1.6 倍，为其最大长度的 1.3 倍；额长为最宽处宽的 2.4 倍，以端部 1/3 处为最宽，中脊在额的基端分叉；触角圆筒形，稍微伸出额唇基缝，第 1 节长为端宽的 1.3 倍，第 2 节长为第 1 节的 2.3 倍。后足刺式 5-7-4，胫距具齿 17～20 枚；前翅长与宽之比为 7：2。大体藁黄色或黄白色；前翅淡黄褐色，无翅斑。

观察标本：1♀，山西翼城大河，2013.IX.15，徐继华采。

分布：山西（历山）、吉林、辽宁、河北、山东、河南、陕西、甘肃、江苏、安徽、浙江、湖北、江西、湖南、福建、台湾、广东、海南、广西、四川、贵州、云南；日本，朝鲜，蒙古，俄罗斯，乌克兰，阿富汗，越南，老挝，柬埔寨，印度，巴基斯坦，泰国，伊拉克，伊朗，以色列，黎巴嫩，约旦，沙特阿拉伯，土耳其，埃及，苏丹，菲律宾，新加坡，印度尼西亚，新喀里多尼亚，汤加，布干维尔岛，所罗门群岛，澳大利亚，意大利，摩洛哥，塞浦路斯，希腊。

17 乌苏里瘤突飞虱 *Unkanodella ussuriensis* Vilbaste, 1968

体中型，体连翅长 2.5mm。头部包括复眼窄于前胸背板。头顶狭长，中长为基宽的 1.2

倍，基宽大于端宽；额以中偏端部为最宽，长为最宽处宽的 2.1 倍，端宽明显大于基宽，中脊在离基端 1/5 处分岔；触角圆筒形，伸达额的端部。前胸背板侧脊不伸达后缘；后足刺式 5-7-4。臀节小，具 1 对粗长的刺突；尾节后开口长大于宽，腹缘凹，两侧隆起，侧面观腹缘远长于背缘；膈突深入膈孔，侧面观呈瘤状突出，表面生有小刺；阳茎长管状，性孔附近具几根长短不一的刺突，侧面观背刺长于腹刺；阳基侧突小，不伸达膈的背缘，端部向内侧骤然变细，顶端钝圆。大体赭黄色或褐色；体背各脊淡黄褐色；前翅淡黄微褐，透明，翅脉褐色。

观察标本：1♂，山西沁水下川，2012.VII.18，侯晓晖采。

分布：山西（历山）、甘肃、江苏、湖北、江西、四川、贵州；俄罗斯，韩国。

参 考 文 献

丁锦华, 2006. 中国动物志 昆虫纲 第四十五卷 同翅目 飞虱科[M]. 北京: 科学出版社.

丁锦华, 胡春林, 傅强, 等, 2012. 中国稻区常见飞虱原色图鉴[M]. 杭州: 浙江科学技术出版社.

丁锦华, 王宗典, 等, 1994. 我国危害荻的飞虱一新种——荻叉飞虱 Garaga miscanthi sp. nov. (同翅目飞虱科)[M]//中国南荻和芦苇科技论文集(一). 北京: 中国农业科技出版社: 12-14.

丁锦华, 张富满, 胡春林, 等, 1994. 东北飞虱志(同翅目: 蜡蝉总科)[M]. 北京: 中国农业科技出版社.

葛钟麟, 丁锦华, 田立新, 等, 1984. 中国经济昆虫志 第 27 册 同翅目 飞虱科[M]. 北京: 科学出版社.

王金川, 丁锦华, 张陛, 等, 1996. 甘肃飞虱 (同翅目: 蜡蝉总科)[M]. 兰州: 甘肃科学技术出版社.

Anufriev G A, 1970. Two new palaearctic species of Delphax Fabricius, 1798 (Homoptera, Delphacidae)[J]. Bulletin de l'Académie Polonaise des Sciences, 18 (4): 201-205.

Esaki T, Ishihara T, 1950. Hemiptera of Shansi, North China. Hemiptera I. Homoptera[J]. Mushi, Kukuoka, 21: 39-48.

Nast J, 1972. Palaearctic Auchenorrhyncha (Homoptera): An annotated checklist[M]. Warsaw: Polish Academy of Sciences, Institute of Zoology, Polish Scientific Publishers.

Delphacidae

Hou Xiaohui[1,3]   Hu Chunlin[2]   Ding Jinhua[2]   Yang Lin[1]   Chen Xiangsheng[1]

(1 Institute of Entomology, Guizhou University, Guiyang, 550025;

2 College of Plant Protection, Nanjing Agricultural University, Nanjing, 210095;

3 Basic Medical College, Zunyi Medical University, Zunyi, 563000)

The present research includes 14 genera and 17 species of Delphacidae. The species are distributed in Lishan National Nature Reserve of Shanxi Province.

菱蜡蝉科 Cixiidae

张培[1,2]   杨琳[1]   陈祥盛[1]

(1 贵州大学昆虫研究所，贵阳，550025; 2 兴义民族师范学院，兴义，562400)

小至大型，体略狭长，体长 3～20mm。头较简单，一般略突出于复眼之前。单眼通常 3 个，中单眼多着生于额的端部，很少缺。触角柄节短；梗节圆球形或长圆形，部分种类感器大而明显；鞭节多细长，通常不分节。喙端节较长，长大于宽。前胸背板极狭，颈状，向前弯曲。中胸盾片很大，菱形，具 3～5 条脊线。前翅膜质，翅脉上常具有颗粒状瘤结；前缘区狭，无横脉；有翅痣；径脉与中脉分支少，翅端形成极简单的网状；端室与亚端室较少；爪缝明显，爪片闭合，爪脉不伸达爪片端部，并在翅端并合，爪脉上常部分具颗粒状瘤结或无瘤结；后翅亚前缘脉与径脉有长距离的愈合，通常径脉 2 分支，中脉 3 分支。足简单，后足胫节上的刺数目少或不明显；后足第 2 跗节腹面具 1 排 3 或 3 枚以上的端刺，常有膜质齿。雄性外生殖器部分外露，结构复杂；雌性外生殖器较为简单，为短的剑状产卵器。

　　本科世界性分布，目前世界已知 2503 种，中国记录 205 种，山西历山自然保护区采到 3 属 6 种，均为山西省新记录。研究标本保存在贵州大学昆虫研究所。

分属检索表

1 中胸背板具 3 条纵脊 ……………………………………………………… 库菱蜡蝉属 *Kuvera*
- 中胸背板具 5 条纵脊 ……………………………………………………………………………… 2
2 头顶很狭，侧脊叶状隆起，成 "V" 形深狭槽状，亚端脊向前聚会成尖锐角；阳茎鞭节沿背向弯曲，抱器端部形状正常 …………………………………………… 冠脊菱蜡蝉属 *Oecleopsis*
- 头顶宽，平坦或适度凹陷，非深狭槽状，亚端脊扁平弓状或向前聚合和头顶前缘脊中部接触；阳茎鞭节弯向左侧，抱器端部有长的波浪状弯曲的指形突…………………………………………
………………………………………………………………………… 瑞脊菱蜡蝉属 *Reptalus*

1 乌苏里库菱蜡蝉 *Kuvera ussuriensis* Vilbaste, 1968，山西省新记录

　　体长 4.8～6.2mm。头顶和前胸背板黄褐色；中胸背板黑褐色；腹节腹板黑褐色。头顶宽是长的 2.2 倍，基部向端部渐窄。前翅长是宽的 2.6 倍，略带浅褐色，透明；翅脉黄褐色，瘤结黑褐色，翅痣大部分黄色，腹缘小部分黑褐色，$PCu+A_1$ 叉处具 1 枚小的浅褐色；翅脉 RP 2 分叉，MA 2 分叉，MP 3 分叉，CuA 2 分叉；$Sc+RP$ 叉位于 CuA_1+CuA_2 叉略远端；端室 10 个，亚端室 6 个。后足胫节黄褐色，端刺、侧刺端部黑褐色；后足跗节齿序 8/8。

　　观察标本：37♂33♀，山西沁水下川，2012.VII.27/31，张培采；23♂30♀，山西沁水下川东峡，2012.VII.28，张培采；41♂33♀，山西沁水张马，2012.VII.22，张培采；50♂37♀，山西翼城大河，2012.VII.25，张培采。

　　分布：山西（历山），河北，陕西，贵州；俄罗斯（远东地区）。

2 韦氏库菱蜡蝉 *Kuvera vilbastei* Anufriev, 1987，山西省新记录

　　体长 4.8～6.7mm。头顶周边黄褐色，中域黑褐色；前胸背板黄色；中胸背板黑色；腹节腹板黑褐色。头顶宽是长的 1.7 倍，前缘弧凸，后缘弧凹，基部向端部渐窄。前翅长是宽的 2.8 倍，略带浅褐色，透明；翅脉黄褐色，瘤结黑褐色，翅痣浅棕褐色；翅脉 RP 3 分叉，MA 3 分叉，MP 2 分叉，CuA 2 分叉；$Sc+RP$ 叉位于 CuA_1+CuA_2 叉略远端；端室 11 个，亚端室 6 个。后足胫节黄褐色，端刺、侧刺端部黑褐色；后足跗节齿序 7/8。

　　观察标本：11♂14♀，山西翼城大河，2012.VII.12～15，侯晓晖采；7♂6♀，山西沁水下川，2012.VII.20，侯晓晖采。

　　分布：山西（历山）、河南、台湾；俄罗斯（西伯利亚和远东地区）。

3 莫里冠脊菱蜡蝉 *Oecleopsis mori* (Matsumura, 1914)，山西省新记录

　　体长 5.1～6.8mm。头和前胸黑色，脊线和边缘淡黄色；中胸背板总体黑色，脊线黑色；

腹节腹板黑色。头顶长是宽的 1.6~1.7 倍，亚端脊 "V" 字形。前翅长是宽的 3.1 倍，略淡黄色；翅脉和翅痣淡黄色。翅脉上具与翅脉同色的瘤节；翅脉 RP 3 分叉，MA 3 分叉，MP 2 分叉，CuA 2 分叉；Sc+RP 叉与 CuA_1+CuA_2 叉位于同一位置；端室 11 枚，亚端室 6 枚。足腿节深褐色，胫节和跗节淡黄色。后足跗节齿序 7/5。

观察标本：3♂2♀，山西翼城大河，2012.VII.12~15，侯晓晖采。

分布：山西（历山）、台湾、云南。

4 刺冠脊菱蜡蝉 Oecleopsis spinosus Guo, Wang et Feng, 2009，山西省新记录

体长 5.9~7.1mm。头顶黑色，脊线略色浅，后缘黄褐色；前胸背板深褐色，复眼后缘区域色深。中胸背板黑色，脊线黄褐色；腹节腹板黑褐色。头顶长是宽的 2.3 倍，狭长，基部向端部渐窄，亚端脊之后头顶区域 "V" 形深凹。前翅长是宽的 2.7 倍，黄褐色，半透明；翅脉黄褐色，瘤结深褐色，翅痣棕褐色；近翅端部具浅黑褐色不规则小长形色斑；翅脉 RP 3 分叉，MA 3 分叉，MP 2 分叉，CuA 2 分叉；Sc+RP 叉位于 CuA_1+CuA_2 叉略近端；端室 11 个，亚端室 6 个。后足胫节黄褐色，侧刺深褐色，端刺基部黄色，端部黑色；后足跗节齿序 7/5。

观察标本：4♂，山西沁水张马，2012.VII.22，宋琼章采。

分布：山西（历山）、陕西、四川。

5 四带瑞脊菱蜡蝉 Reptalus quadricinctus (Matsumura, 1914)，山西省新记录

体长 5.0~6.0mm。头顶黑色，前缘脊和侧脊黄色，中脊黑色；前胸黑褐色，脊线黄色；中胸背板黑色；腹节腹板黑褐色，腹板后缘黄色。头顶长是宽的 0.7 倍，矩形，中域凹陷；亚端脊弓状。前翅长为宽的 3 倍，底色白色，半透明；翅面有 2 条褐色横带，基部 1 条经过 Sc+R 脉分支、CuA 脉分支处和爪片端部，另 1 条经过翅痣；翅脉褐色；翅脉上具黑色的瘤节；翅脉 RP 2 分叉，MA 3 分叉，MP 2 分叉，CuA 2 分叉；Sc+RP 叉位于 CuA_1+CuA_2 叉近端；端室 11 枚，亚端室 6 枚。后足足腿节褐色，胫节、跗节浅黄色；后足跗节齿序 7/7。

观察标本：1♀，山西沁水下川，2012.VII.31，张培采。

分布：山西（历山）、吉林、天津、陕西、安徽、湖北、湖南、福建、贵州；俄罗斯，日本。

6 基刺瑞脊菱蜡蝉 Reptalus basiprocessus Guo et Wang, 2007，山西省新记录

体长 6.3~8.2mm。头顶黑色，脊线黄褐色；前胸背板中脊两侧黑色，中域两侧黑褐色，脊线及其他区域黄褐色；中胸背板黑色，后缘近翅基片处黄褐色，脊线黑色；腹节腹板总体黑褐色，后缘具黄色窄带。头顶长等于宽，两边不平行，亚端脊分叉之前约略等宽，之后渐宽。前翅长是宽的 2.9 倍，淡褐色，半透明；翅脉黄褐色；瘤结黑褐色；翅痣黑色，外周区域淡黄色；翅脉 RP 2 分叉，MA 3 分叉，MP 2 分叉，CuA 2 分叉；Sc+RP 分叉位于 CuA_1+CuA_2 分叉略远端；端室 11 个，亚端室 6 个。后足胫节深褐色，侧刺、端刺基部黄褐色，端部黑色；后足跗节齿序为 7/7。

观察标本：1♂，山西沁水张马，2012.VII.22，张培采；2♂2♀，山西翼城大河，2012.VII.26，张培采；2♀，山西翼城大河，2012.VII.12~15，侯晓晖采。

分布：山西（历山）、河北、河南、陕西、浙江、湖北、湖南、福建、四川、贵州。

参 考 文 献

郭宏伟, 王应伦, 2007. 中国瑞脊菱蜡蝉属 Reptalu 与一新种记述(半翅目：菱蜡蝉科)[J]. 昆虫分类学报, 29(4): 275-280.

周尧, 路进生, 黄桔, 等, 1985. 中国经济昆虫志, 同翅目：蜡蝉总科(Vol. 36)[M]. 北京：科学出版社.

Guo H W, Wang Y L, Feng J N, 2009. Taxonomic study of the genus Oecleopsis Emeljanov, 1971 (Pentastirini), with descriptions of three new species from China[J]. Zootaxa, 2172: 45-58.

Lehr P A, 1988. Keys to the insects of the far east of the USSR in six volumes. Volume II. Homoptera and Heteroptera[M]. Leningrad: Nauka Publishing House.

Matsumura S, 1914. Die Cixiinen Japans[J]. Annotationes Zoologicae Japonenses, 8: 393-434.

Tsaur S, Hsu T, Stalle V, 1988. Cixiidae of Taiwan, Part (I) Pentastirini[J]. Journal of Taiwan Museum, 41(1): 35-74.

Tsaur S, Hsu T, Stalle V, 1991. Cixiidae of Taiwan, Part V. Cixiini except *Cixius*[J]. Journal of Taiwan Museum, 44(1): 1-78.

Cixiidae

Zhang Pei[1,2]　　Yang Lin[1]　　Chen Xiangsheng[1]

(1 Institute of Entomology, Guizhou University, Guiyang, 550025;

2 Xingyi Normal University for Nationalities, Xingyi, 562400)

The present research deals with 3 genera 6 species of Cixiidae, collected in Lishan National Nature Reserve of Shanxi Province, all of which are the firstly recorded in Shanxi Province. The morphologic characters, distribution of the species are described briefly. The specimens studied are deposited in the Institute of Entomology, Guizhou University, China.

颖蜡蝉科 Achilidae

胡春林　　丁锦华

（南京农业大学植物保护学院，南京，210095）

印度卡颖蜡蝉 *Caristianus indicus* Distant, 1916，山西省新记录

头浅黄褐色；窄于前胸背板，突出两复眼之间，中央具有 1 纵脊，顶端处有 2 条黑色的短纵纹；额黑色。前翅暗烟褐，前缘基半有 1 波状的乳白色纵带，其端缘及外缘处共有 7 个淡色的小斑点，脉纹深，亚端室及端室间的脉纹呈橙红色，其余翅脉为暗褐，爪片后缘具浅黄褐纵带，此带上方有 6~8 个乳白色的不规则小斑纹。后翅烟褐色，翅纹暗褐。各足除前、中足基节和刺端及爪黑色外，其余乳白色。腹部腹面沥青色。

观察标本：1♀，山西翼城大河村，2013.VII.23~26，宋海天采；7♂5♀，山西翼城大河村，2013.IX.15，徐继华取于诱虫灯集虫袋中。

寄主：不详。

分布：山西（翼城）、江苏、江西、贵州；印度，斯里兰卡。

参 考 文 献

陈东华，林毓鉴, 2001. 印度卡颖蜡蝉(*Caristianus indicus* Distant)中国新记录[J]. 江西植保, 2 (4): 116.

肖瑞华，邱智涛，胡春林, 等, 2013. 江苏省蜡蝉总科两新记录科(半翅目: 蝉亚目)[J]. 金陵科技学院学报, 29(3): 64-66.

Chen X S, Li Z Z, Tsai J H, 2005. Two new species of *Caristianus* (Hemiptera: Fulgoroidea: Achilidae) from Maolan national nature reserve in Guizhou, China[J]. Florida Entomologist, 88(1): 23-27.

Distant W L, 1916. The fauna of British India, including Ceylon and Burma Rhynchota[M]. London: Taylor and Francis.

Achilidae

Hu Chunlin　Ding Jinhua

(Nanjing Agricultural University, Nanjing, 210095)

The present research includes 1 genus and 1 species of Achilidae. The species is distributed in Lishan National Nature Reserve in Shanxi Province.

叶蝉科 Cicadelidae

李虎 [1,2]　戴仁怀 [2]　李子忠 [2]

（1 陕西省资源生物重点实验室/陕西理工大学，汉中，723000;
2 贵州大学昆虫研究所/贵州山地农业病虫害重点实验室，贵阳，550025）

叶蝉科隶属于半翅目 Hemiptera，头喙亚目 Auchenorrhyncha，角蝉总科 Membracoidea，体型较小，一般 3～15mm，形态似蝉，数量较多，是角蝉总科中最大的 1 个科。该科均为植食性昆虫，生活于乔木、灌木和草本植物之上，以刺吸植物汁液为生。许多种类是农林业上的重要害虫，给农林业生产造成很大的损失，有些叶蝉还能传播植物病毒病，严重危害植物，如三斑广头叶蝉 Macropsis trimaculata (Fitch) 能传播桃黄化病毒。

叶蝉科鉴别特征：头部变化多样，或宽短前后缘平行，或月牙形，或棒状突出；颜面后唇基和额部愈合形成额唇基区，无明显界限；前、后唇基明显分开；后足胫节一般具 4 纵列刺毛；前胸背板不向后延伸盖住小盾片。

本科世界性分布，目前世界已知 11 000 余种，而热带区系和南部大陆区系仍有大量种类未知，总数估计超过 20 000 种，中国记录 1000 余种，山西历山自然保护区采到广头叶蝉亚科、圆痕叶蝉亚科、叶蝉亚科共 6 属 7 种，其中山西省 3 新记录种。

分亚科、属检索表

1 单眼位于颜面，侧额缝退化或缺失 2
- 单眼位于头冠前缘，侧额缝存在但没有延伸到单眼 ....（叶蝉亚科 Iassinae）4
2 头冠极短，倒"V"字形，前胸背板明显向前突出，并向前向两侧倾斜，常具刻痕和皱纹
....（广头叶蝉亚科 Macropsinae）暗纹叶蝉属 Pediopsoides
- 头冠短，弧圆突出，前胸背板不具上述特征 ....（圆痕叶蝉亚科 Megophthalminae）3
3 前翅翅脉网状 ....网脉叶蝉属 Dryodurgades
- 前翅翅脉正常，无多余横脉 ....锥茎叶蝉属 Onukigallia
4 前胸背板显著前倾，雄虫下生殖板短小 ....
....（缺板叶蝉族 Trocnadini）缺突叶蝉属 Trocnadella
- 前胸背板微向前倾，雄虫下生殖板狭长 ....（短头叶蝉族 Iassini）5
5 阳基侧突宽短，肛节具肛颚突，下生殖板端半部向内明显弯折 ....短头叶蝉属 Iassus
- 阳基侧突狭长，肛节无肛颚突，下生殖板端半部不弯折 ....窄头叶蝉属 Batracomorphus

广头叶蝉亚科 Macropsinae

体小至中型，体长 3～7mm，粗壮呈楔形。头冠宽短，一般中央处最短，颜面、头胸部通常分布刻点与皱痕，单眼位于颜面复眼之间，前胸背板隆起向前向两侧渐向倾斜，前胸前侧片可见，前翅端片狭小或无，端前室 2～3 个，后翅 R_{2+3} 脉缺失，亚前缘脉扩展到 R_{4+5} 脉的基部。雄虫尾节侧瓣端腹缘或后缘多有刺状突起，下生殖板长带形，着生刚毛，阳基侧突狭长，阳茎基部宽大，端向渐狭，阳茎干背向弯曲，背连索变化多样，较为复杂。

1 库氏暗纹叶蝉 Pediopsoides (Sispocnis) kurentsovi (Anufriev, 1977)，山西省新记录

体连翅长：雄性 4.6～4.8mm；雌性 5.0～5.2mm。体褐色至黑褐色。前胸背板前缘有一些或多或少有灰褐色连接的不规则黑斑，一些个体中前胸背板完全黑色。前翅半透明，具黑色杂斑。小盾片中长为前胸背板中长的 1.5 倍。前翅具 2～3 个端前室。雄虫尾节后叶尾向凸圆，尾节突基部宽阔，伸向内侧。背连索弯向尾部，背端部宽阔。阳茎基半部膨大，阳茎干短且背向弯曲，腹面观侧缘轻微突出，至端部突然变窄，背缘具少量齿突。阳茎口开口于端部。

观察标本：23♂23♀，山西翼城大河，2012.VII.23～26，宋琼章采；3♂4♀，山西沁水张马，2012.VII.22，张培采；2♂，山西沁水下川，2012.VII.28，邢东亮采。

分布：山西（历山）、黑龙江、吉林、辽宁、河北、陕西、浙江、四川；俄罗斯，朝鲜，日本。

圆痕叶蝉亚科 Megophthalminae

小至中型叶蝉，体长一般 3～9mm，体楔形。头冠宽短，宽于或近等于前胸背板，前缘弧圆，后缘近复眼处通常弯曲；颜面长短于、等于或稍大于宽；额唇基宽阔而平坦，基部宽于端部；前唇基通常凸出于颊；单眼位于颜面基部两复眼之间；前胸背板光滑少有粗糙或刻点；前翅通常具有 4 个端室，端片狭小或退化。后足腿节刺式为 2+1 或 2+0。雄虫第 2 腹内突通常发达。雄性尾节侧瓣通常具有内突或无；下生殖板通常两片分离，少有融合，常具刚毛；阳基侧突狭长，端部钩状扭曲，末端尖；阳茎管状，生殖孔位于端部或亚端部；第 10 背板（肛突）发达，变化多样。

2 片茎网脉叶蝉 Dryodurgades lamellaris Vilbaste, 1968，山西省新记录

体连翅长，雄性 4.2～4.3mm；雌性 4.5～4.6mm。体黄褐色。头冠有大、小 2 对黑斑，围绕单眼周围一圈黑色，单眼与复眼之间具一肾形黑斑，单眼之间有 1 "人"字形黑斑，额唇基区两侧缘有两排小的黑斑，唇基间缝、前唇基大部分、唇基缝、舌侧板缝和触角窝周围均黑色；前胸背板中央有 1 黑色条纹，中线两侧有 1 对大的对称椭圆黑斑。小盾片基侧角和中后域黑色，基部中央有 1 暗褐色斑块，中线两侧具 1 对对称的黑色圆点。阳茎背腔突超过阳茎干的 3/4，阳茎干侧面观强烈扁状，前缘明显突出，基部缢缩，端部和亚端部分别具 1 对分叉的突起；阳茎侧突内臂长于外臂。

观察标本：2♂2♀，山西翼城大河，2011.VIII.25～26，李虎、范志华、于晓飞采；1♀，山西翼城大河，2012.VII.22，张培采。

分布：山西（历山）、陕西、湖北、江西、湖南、福建、台湾、广西、四川、贵州；俄罗斯。

3 大贯锥茎叶蝉 Onukigallia onukii (Matsumura, 1912)，山西省新记录

体连翅长，雄性 4.3～4.5mm，雌性 4.7～5.1mm。体褐色。头冠中央有 2 个黑色圆斑；单眼之间具 1 横向黑色条纹；小盾片基侧角斑黑色，后域黄白色。前翅棕黄褐色，翅脉暗褐色。雄性尾节侧瓣基部宽阔，后缘弧圆，散生纤细刚毛；下生殖板沿背缘着生纤细长刚毛，腹缘具粗壮长刚毛。阳茎具发达的背腔突和短的阳茎腹突，阳茎干基部宽阔，背向弯曲，背缘中央具一系列齿状突起，后面观近端部呈竹片状，性孔开口于亚端部；阳基侧突狭窄，中间直角弯折；连索宽片状；肛领突起发达，有小孔和指向尾部的指状突起。

观察标本：1♂2♀，山西翼城大河，2011.VIII.26，李虎采；3♂5♀，山西沁水下川，2012.VII.27～31，宋琼章采；1♂1♀，山西翼城大河，2012.VII.24～25，张培采；1♀，山西翼城大河，2012.VII.28，邢东亮采。

分布：山西（历山）、河南、浙江；日本。

叶蝉亚科 Iassinae

体较粗壮，体背密布横皱纹，体色大多为绿色、黄绿色或褐色等，头冠宽短，中长一般不超过两复眼间宽，单眼位于颜面基缘域或头冠与颜面相交处，触角脊明显，横置或斜向延伸至额唇基上，额唇基缝消失或不明显，舌侧板不伸达颜面边缘。前胸背板较头部宽，尤以后部最宽，前翅端片宽度中等。

4 黄缘短头叶蝉 Iassus lateralis (Matsumura, 1905)

体连翅长，雄性 8.8～9.0mm，雌性 9.6～10.2mm；体淡黄绿色。头顶淡褐色、赭黄色，偶见淡红色调。颜面赭黄色。前胸背板和小盾片中域棕褐色，偶见淡红色。腹部和足赭黄色，后足胫节刺毛列基部周围赭黄色。头冠前缘明显倾斜，与颜面弧圆相交，头顶稍长于两侧近复眼处，表面密被不规则的模糊皱纹，皱纹之间具浅的刻点。前胸背板密除亚前缘域均被分离的横皱纹。小盾片表面类似头顶，中后域具 1 明显的横刻痕。前翅密被不规则的刻点，内端室和端片较窄，膜状。后足腿节刺式 2+1+1。

观察标本：1♂，山西沁水张马，2012.VII.22，宋琼章采。

分布：山西（历山）、黑龙江、吉林、辽宁；日本。

5 锈盾缺突叶蝉 Trocnadella arisana (Matsumura, 1912)

体连翅长，雄性 7.2～7.5mm，雌性 7.0～8.0mm；体淡黄绿色。冠面与颜面密布细弱横皱；前胸背板显著宽于头部，中长是头冠中长的 4.5 倍，密布横皱和刻点；小盾片宽三角形，基缘较侧缘长，基域有 1 凹陷，横刻痕角状弯曲，密布横皱；前翅端室 4 个，端前室 3 个，端片宽大。雄虫生殖节基瓣宽大，成四边形，端区粗刚毛约成 3 行排列，腹缘无突起，下生殖板基部宽大，端部变细且扭曲。阳茎管状且弯折，末端稍扩大，性孔位于亚端部成裂缝状，阳基侧突狭片状，成"S"形弯曲，中后部内侧和中前部外侧各有 1 齿状突起，端部扭曲。

观察标本：2♂1♀，山西沁水张马，2012.VII.22，宋琼章采。

分布：山西（历山）、河南、甘肃、湖北、台湾、四川、贵州、云南；日本。

6 截突窄头叶蝉 Batracomorphus allionii (Turton, 1802)

体连翅长，雄性 5.2～6.2mm，雌性 6.3～6.5mm。体淡绿色，死后绿色减退呈淡黄褐。头冠和颜面基域密生微细横皱纹。前翅端片近爪片末端常有 1 淡褐色斑点。雄虫尾节侧瓣端半

部生有 8～14 根粗刚毛；腹缘突起细长平伸，近中部稍背曲，端部向下弯曲，末端双浅齿状分裂。下生殖板外缘中部和末端丛生细长毛。连索"Y"形。阳茎细长，弧形弯向背方，端部分裂成 2 片，每片向外侧扩延成三角形薄片突出，腹面观如矢状，性孔开口于齿状片的基部腹面；阳茎背突甚长，几达阳茎端长的 3/4。阳基侧突细长，背向弯曲，末端钩状弯曲，端部1/4 腹缘具不规则细齿列。

观察标本：1♂♀，山西翼城大河，2012.VII.23～26，宋琼章采；2♂，山西翼城大河，2012.VII.23，张培采。

分布：山西（历山）、黑龙江、吉林、辽宁、内蒙古、河南、陕西、甘肃、江苏、湖南、江西、重庆、四川、贵州；欧洲，俄罗斯，西地中海，斯堪的纳维亚。

7 弯片窄头叶蝉 Batracomorphus laminocus Cai et He, 2001

体连翅长：雄性 4.8～5.0mm，雌性 5.7mm。体淡黄绿色，前胸背板中后域、前翅前缘、后足胫节末端和跗节偶见青色，日久黄色加深，绿色减退。前翅爪片末端前方有 1 褐色斑点。前胸背板表面具细密横皱纹。前翅翅脉密生刻点，刻点上具褐色微毛。雄虫尾节侧瓣略长，后缘凸圆，后半域疏生短刚毛约 8 根；尾节突端半狭片状，末端向内斜向背方弯曲。连索高脚酒杯型，主干较短。阳基侧突外向弯曲。阳茎腔复体短，阳茎干管状端向渐次收窄，端部裂为两片，背缘略向两侧翼状扩展；阳茎口位于末端后腹面，长度约为阳茎干长的 1/3；阳茎背腔发达，长达阳茎干亚端部。

观察标本：12♂，山西沁水下川，2012.VII.27～31，宋琼章采；2♂，山西沁水张马，2012.VII.22，宋琼章采。

分布：山西（历山）、浙江、湖北、贵州。

参 考 文 献

蔡平, 何俊华, 顾晓玲, 2001. 叶蝉科[M]//吴鸿, 潘承文. 天目山昆虫. 北京: 科学出版社: 185-218.

Anufriev G A, Emeljanov A F, 1988. Homoptera and Heteroptera[M]//Lehr P A. Keys to Insects of the Far East of the USSR Vol. II. Leningrad: Nauka Publishing House: 12-495.

Dai W, Zhang Y L, 2009. The genus *Pediopsoides* Matsumura (Hemiptera: Cicadellidae, Macropsini) from Mainland China, with description of two new species[J]. Zootaxa, 2134: 23-35.

Vilbaste J, 1968. Über Die Zikadenfauna des Primorje Gebietes[M]. Tallinn: Izdatel'stvo "Valgus".

Viraktamath C A, 1979. Studies on the Iassinae (Homoptera: Cicadelidae) described by Dr. S. Matsumura[J]. Oriental Insects, 13 (1-2): 93-107.

Viraktamath C A, 2011. Revision of the Oriental and Australian Agalliini (Hemiptera: Cicadellidae: Megophthalminae)[J]. Zootaxa, 2844: 1-118.

Cicadelidae

Li Hu[1,2]　　Dai Renhuai[2]　　Li Zizhong[2]

(1 Shaanxi Key Laboratory of Bio-resources, Shaanxi University of Technology, Hanzhong, 723000;
2 Key Laboratory for Plant Pests Management of Mountainous Region, Institute of Entomology,
Guizhou University, Guiyang, 550025)

The present research includes 7 species, belonging to 6 genera of subfamilies Macropsinae, Megophthalminae and Iassinae of Cicadellidae. The species are distributed in Lishan National Nature Reserve in Shanxi Province.

旌蚧科 Ortheziidae

南楠　武三安

（北京林业大学林学院，北京，100083）

雌成虫椭圆形或卵圆形，体节分节明显。触角 3～8 节，其顶端或有 1 粗短刺，或有 1 长粗毛。单眼着生在突出的短柄上。足发达，转节与腿节之间以及胫节与跗节常分节不明显。胸气门 2 对，腹气门 4～8 对。肛环有环孔和 6 根环毛。体上有许多粗刺，在体面常密集成一定的斑纹。盘腺多为四格腺。雄成虫复眼大，足和触角长。触角 9 节，长过身体。前翅通常细长，平衡棒钩状或镰刀状。腹末有向后下方弯曲的交配器。

本科昆虫是蚧虫中营自由活动的原始类型之一，属古蚧类。其雌成虫分泌蜡质结成紧密的蜡片，由蜡片组成的卵囊紧附在虫体的末端。白色的卵囊比虫体长，当雌成虫移动时举起卵囊，形成掮的旌旗，因而被称作旌蚧。多寄生在草本植物和灌木上。

本科世界已知 22 属 202 种，中国记录 5 属 11 种，山西历山自然保护区采到 1 属 1 种。

1 荨麻旌蚧 Orthezia urticae (Linnaeus, 1758)

雌成虫体卵圆形，长 3.0～5.0mm，宽 2.5mm。触角 8 节。眼柄长锥状，通常具有 1 个，稀有 2 个侧瘤。爪常有 2 齿，稀有 3 齿。体刺环绕胸气门呈明显领状。腹气门 8 对。体被蜡片呈 6 纵列，但背中线上无蜡片。卵囊长于虫体，背脊明显。

观察标本：3♀和 6 头 1 龄若虫，山西沁水下川富裕河，2012.VII.26，南楠采于野艾蒿叶背。

寄主：野艾蒿、黄花蒿、艾蒿、黄蒿、锦鸡儿等。

分布：山西（历山）、内蒙古、宁夏、云南、西藏；欧洲，澳大利亚。

粉蚧科 Pseudococcidae

南楠　武三安

（北京林业大学林学院，北京，100083）

雌成虫触角端节较其前节长且大，约呈纺锤形；背孔 0～2 对，位于前胸及第 VI 腹节背侧；腹脐 0～5 个，位于体腹面中区 1 纵列，一般 1 个，位于第 III、IV 腹节腹板间；背缘有一系列刺孔群，左右侧成对，基数为 18 对，可少至零，或更多，是基本 18 对的消失或重新分裂，每刺孔群由锥刺及腺群组成；体表常有三格腺。虫体表面常被有白色蜡粉。

本科世界已知 278 属 2231 种，中国记录 74 属 210 余种，山西历山自然保护区采到 7 属 9 种。

2 蓍草黑粉蚧 Atrococcus achilleae (Kiritshenko, 1936)

雌成虫体椭圆形，体长 1.45～2.10mm，宽 0.90～1.20mm。触角 8 节。背孔 2 对。刺孔群仅末对，具 2 根细长锥刺，15～17 个三格腺和 2～3 根附毛。足 3 对，爪无齿，后足基节无透明孔。腹脐无。三格腺分布背、腹两面；多格腺在体背中区散布，前背孔附近有 1 小群，在腹面主要在后胸足之间和第 2～4 腹节腹板后缘成带，在第 5～8 节前、后缘成带，胸部边缘常与管腺组成小群。管腺有大小 2 种：大者在体背形成横带，在腹面与多格腺组成群，并在腹板上形成横带；小者杂乱分布背面，并与大管在腹部腹面形成横列或带。覃腺在体背各节成横列，腹面边缘成纵带。背、腹两面均具有长毛。

观察标本：2♀，山西沁水下川西峡，2012.VII.23，南楠采于铁杆蒿根部；1♀，山西沁水下川富裕河，2012.VII.26，南楠采于狗哇花根部；6♀和 3 头 1 龄若虫，山西沁水下川富裕河，2012.VII.26，南楠采于茵陈蒿根部。

寄主：铁杆蒿、狗哇花、茵陈蒿、薯草、沙蒿、紫杆蒿、猪毛蒿、黄杆沙蒿、大戟、阿尔泰紫苑、地肤、蒲公英等。

分布：山西（历山）、内蒙古、宁夏；俄罗斯，蒙古，哈萨克斯坦，朝鲜，土耳其，乌克兰，摩尔多瓦，保加利亚，南斯拉夫，匈牙利，斯洛文尼亚，意大利，瑞士，美国。

3 孤独平粉蚧 Balanococcus singularis (Schmutterer, 1952)

雌成虫体长椭圆形，两侧近平行，体长 2.5mm，宽 1.1mm。触角 7 节。眼存在。背孔 2 对。刺孔群仅末对，具 2 根长锥刺及 4～6 个三格腺。腹脐 1 个，小而圆，位于第 3、4 腹节腹板间。足 3 对，发达，爪下无齿，后足基节变大，其上有许多透明孔，有少数几个甚至扩展到腹板上。三格腺分布背、腹两面。多格腺在第 4 腹节腹板成中断横列，第 5～8 腹节腹板成横带；体背仅在腹部侧缘有少量。管腺 1 种，在腹面第 4～8 腹节腹板上成横带，其他胸、腹节边缘成群，其群向前愈小；在腹末 3～4 腹节背板上成横带，其他体面散布，数量少。体毛细小。

观察标本：1♀，山西沁水下川富裕河，2012.VII.26，南楠采（寄主不明）；3♀5 头 1 龄若虫，山西翼城大河南神峪，2012.VII.30，南楠采于抱草根部。

寄主：抱草、剪谷颖、羊茅、羊草、草地早熟禾、针茅。

分布：山西（历山）、宁夏；俄罗斯，波兰，捷克，德国。

4 古北雪粉蚧 Ceroputo pilosellae Sulc, 1898

雌成虫椭圆形，长约 1.7～3.5mm，宽 1.2～2.0mm。触角 9 节，少数 8 节。眼发达。足正常，爪下有齿。腹脐横条形，位于第 3 腹节腹板上。刺孔群 18 对：每个刺孔群有 7 个以上锥刺和成群三格腺，且位于硬化片上。三格腺分布全体背和腹面体缘。五格腺零星分布在头胸部腹面。多格腺在第 5～8 腹节腹板上成短横列。管腺很多，在头和前胸腹面，在第 5～7 腹节腹板上成中部间断的横列。长短刺及小刺在头胸背成 4 群和 3 横列，在腹部背每节 1 横列，全部刺列沿背中密集。

观察标本：4♀，山西沁水下川，1995.VII.22，武三安采于抱茎苦荬菜。

寄主：抱茎苦荬菜、矢车菊、莎草、飞蓬、老鹳草、全叶马兰、车前草、蒲公英、百里香等。

分布：山西（历山）、内蒙古、宁夏、台湾；亚洲，欧洲。

5 远东盘粉蚧 Coccura convexa Borchsenius, 1949

雌成虫体近圆形，长约 4.0mm，宽 3.0mm。触角 9 节。前后背孔存在。刺孔群 18 对。尾瓣稍突，腹面具 1 条硬化棒。足 3 对，略小，爪下有齿。腹脐 3 个，椭圆形，向后渐大。三格腺少，稀疏分布体两面。五格腺少，仅分布于腹面中区。多格腺在腹部第 5～8 节腹板上成横列。柱状腺 2 种：拟瓶状腺在腹面体缘成宽带，在第 2～7 腹节腹板上成横列；管腺，在体背缘成狭带。体背具粗刺和小刺，腹面末几节有许多长毛。

观察标本：3♀，山西历山保护区，1995.VII.22，武三安采于绣线菊。

寄主：绣线菊、沙蒿、锦鸡儿。

分布：山西（历山）、内蒙古、宁夏；俄罗斯，蒙古，朝鲜。

6 日本盘粉蚧 Coccura suwakoensis (Kuwana et Toyoda, 1915)

雌成虫长 6.0mm，宽 4.7mm。触角 9 节。足发达，爪齿有。腹脐 3 个，少数 4 个，大而椭圆形。多格腺仅个别分布于第 4、5 腹节腹板上，第 6 腹节腹板上成单横列，第 7、8 腹节腹板上各成狭横带。五格腺只稀疏分布于口器附近。三格腺数少，分布于背腹面全面。拟瓶状腺在体缘形成宽带，头胸部腹面杂乱分布，腹部腹面的第 2～6 腹节腹板上各成宽横带，第 7、8 腹节上各成横列。管腺在体背杂乱分布。刺孔群 18 对，末对位于大硬化片上。细刺分布全体背，体毛长而数少。

观察标本：5♀，山西沁水下川猪尾沟，2012.VII.23，南楠采于冻绿枝上；4♀，山西沁水下川东峡，2012.VII.25，南楠、黄鑫磊采于北京丁香枝条；2♀，山西翼城大河南神峪，2012.VII.29，南楠采于北京丁香枝条。

寄主：冻绿、北京丁香、山楂、水曲柳、沙果、苹果、丁香等。

分布：山西（历山）、黑龙江、吉林、辽宁、内蒙古、北京、河北、山东、河南、甘肃、青海、云南；俄罗斯，朝鲜，日本。

7 内蒙灰粉蚧 Dysmicoccus innermongolicus Tang, 1988

雌成虫体椭圆形，体长 1.35～3.20mm，宽 0.76～2.20mm。触角 8 节 。眼存在。背孔 2 对，发达。刺孔群 10 对。腹脐无。足发达，爪下无齿，后足基节有少许透明孔。三格腺分布背、腹面。多格腺仅在腹面，在第 4～8 腹节腹板上成横带分布，第 2、3 腹节腹板上杂乱分布，以及足基和口器周围。管腺大小 2 种，均分布在背腹板上，但背面较多。体毛较长。

观察标本：7♀，山西沁水下川东峡，2012.VII.25，南楠采于野菊根部。

寄主：野菊、抱塔莲、蓟、阿尔泰紫菀、蝟菊、麻花头。

分布：山西（历山）、内蒙古。

8 历山星粉蚧 Heliococcus lishanensis (Wu, 1996)

雌成虫长椭圆形，前窄后宽，体长 2.45～3.00mm，宽 1.40～1.50mm。触角 9 节。背孔 2 对。刺孔群 3 对。足 3 对，爪齿有。腹脐无。三格腺数量少，体背除刺孔群和背孔唇外，散乱分布；腹面仅见于气门口附近。五格腺量多，分布体两面。 多格腺缺。星状腺大小 2 种。小者数多，分布体背和腹缘；大者量少，约 10 个，分布体背头、尾缘区。

观察标本：5♀，山西历山舜王坪，1995.VII.22，武三安采于禾本科植物上。

寄主：禾本科。

分布：山西（历山）。

9 苜蓿星粉蚧 Heliococcus medicagicola Wu, 1996

雌成虫体椭圆形，体长 1.60mm，宽 0.87mm。触角 9 节。背孔两对，发达。刺孔群 18 对。足 3 对，细长，爪下有齿。腹脐 1 个，横椭圆形，位于第 3、4 腹节腹板间。盘腺 3 种：三格腺分布背面和腹面边缘及第 4～7 节腹板上；五格腺存在于头胸部腹面中区和在腹部腹面第 1～4 节腹板成横列；多格腺少，存在于阴门附近。星状管 1 种大小，具 0～1 刺，尾瓣上有 1 个，在后体背边缘每侧有 1～2 个。管腺无。背面和腹面边缘具小刺，腹面中区为长短不一的毛。

观察标本：7♀，山西沁水历山保护区，1995.VII.22，武三安采于苜蓿。

寄主：苜蓿。

分布：山西（历山）。

10 远东绵粉蚧 *Phenacoccus poriferus* Borchsenius, 1949

雌成虫体长椭圆形，长 3～4mm，宽 1.55～2.20mm。触角 9 节。眼存在。背孔 2 对，后对发达。刺孔群仅末 2 对。腹脐无。足小，爪下有 1 小齿。三格腺分布背、腹面，气门口较多。五格腺无。多格腺在第 5～8 腹节背面成横带；在腹面沿体缘成宽带，于第 4～6 腹节腹板成间断列或带，第 7～8 腹节腹板成横带，在口器附近有 1 小群，数量 14～16 个。管腺 1 种，量少，个别见于体缘，在第 5～6 腹节腹板上成横列，第 7～8 腹节腹板侧成小群。体背有小刺，稀少，腹面为长毛。

观察标本：4♀，山西沁水历山保护区，1995.VII.22，武三安采于剪股颖。

寄主：剪股颖、冰草、披碱草、羊草。

分布：山西（历山）、内蒙古、宁夏；俄罗斯，蒙古，朝鲜，塔吉克斯坦。

毡蚧科 Eriococcidae

南楠　武三安

（北京林业大学林学院，北京，100083）

又称绒蚧科、刺粉蚧科。雌成虫通常椭圆形，体红色或黄褐色，外包 1 个致密的毡状卵囊，虫体躲在里面取食和产卵，仅肛门处裸露，用以排泄蜜露和初孵若虫爬出。体表皮柔软，分节显明。触角 5～8 节，端节常狭且小于其他节。足正常发达，跗节 1 节。腹部末端有 1 对长锥形尾瓣。肛环位于尾瓣之间，常发达，有成列环孔和 6～8 根刚毛。盘腺为五格腺和多格腺，绝无粉蚧型三格腺。管状腺为瓶状管腺和微管腺。体背面有许多粗锥状刺，或在背面排成横带，或沿背缘分布。雄成虫通常有翅。触角通常 10 节，节较粗短。腹部末端有 1 对蜡丝，交配器短。初龄若虫触角 5～7 节。足发达。尾瓣发达，尾瓣毛长。锥状刺在体缘和体背成纵列分布。

世界已知 91 属 657 种，中国记录 11 属 54 种，山西历山自然保护区采到 2 属 2 种。

11 栗树毡蚧 *Eriococcus castanopus* Tang *et* Hao, 1995

雌成虫体椭圆形，长约 2.25～2.50mm，宽 1.10～1.45mm。额囊柱状，位于触角内侧。触角 7 节。眼位于触角外侧。口器发达。足小，胫节略短于跗节；爪下有齿。尾瓣长锥形，硬化，内缘锯齿状；背刺 3 根，几同大，长柱形。肛环有内外列环孔和 8 根长环毛。背刺钝锥形，第 8 腹节背中有 2 根，第 7 腹节背 10 根，此前体节上排成不规则双横列。杯状管分大小 2 类：大者分布背面和腹面亚缘区；小者在腹面中区。五格孔分布腹面，暗框孔在腹面亚缘区。微管腺见于体背。

观察标本：1♀，山西沁水下川东峡，2012.VII.25，南楠采于鹅耳枥枝杈；1♀，山西翼城大河南神峪，2012.VII.29，南楠采于鹅耳枥枝杈。

寄主：鹅耳枥、板栗。

分布：山西（历山）、广西。

12 香茶菜根毡蚧 *Rhizococcus isodoni* Nan *et* Wu, 2013

雌成虫卵圆形，体长 1.23～2.98mm，宽 0.70～2.03mm。触角 6 或 7 节。肛环有 1 列环孔

（局部双列）和 10 根环毛。尾瓣圆锥状，内缘光滑无齿；每侧尾瓣背刺 3 根，腹毛 4 根。尾片月牙状。足发达，后足基节有大量透明孔；爪下有齿 。盘腺为五格腺或七格腺，主要分布于腹面体中区、气门附近和腹部各节。十字孔腺椭圆形，分布于腹面的头前、前中胸的亚中区和亚缘区。杯状管按大小 2 种，大杯状管分布于全腹和全背，腹面缘区、亚缘区较为密集，背面胸、腹部呈横带；小杯状管只分布在腹面腹部。微管腺分布于全背和腹面体缘和中后胸的亚缘区。腹毛长在体中区成纵带，腹部各节成横带。腹刺圆锥状，在体缘成 1 纵列。背刺圆锥状，按大小分为 3 种，其中大、小刺只分布在体缘，成 1 纵列，腹部 1～7 节每节有大刺 2 对、小刺 0～2 对；腹部第 8 节无肛前刺。

观察标本：5♀，山西沁水下川西峡，2012.VII.23，南楠采于蓝萼香茶菜根部；7♀，山西沁水下川富裕河，2012.VII.26，南楠采于蓝萼香茶菜根部。

寄主：蓝萼香茶菜。

分布：山西（历山）。

盾蚧科 Diaspididae

南楠　武三安

（北京林业大学林学院，北京，100083）

雌成虫体形不一，通常为圆形或长筒形。虫体分为前后两部，前部分节不明，通常由头、前胸和中胸组成，其余体节组成后部，后部除臀板外分节明显；臀板由腹末几节愈合而成。触角退化成瘤状，上有 1 根或几根毛。无眼，或仅存遗痕。足消失。肛孔在臀板背面，无肛环。阴门在臀板腹面，周围常有盘腺。盘腺有五格腺和三格腺。管腺有两大类，一类粗短，末端有 2 圈硬化环，另一类细长，末端有 1 圈硬化环。介壳盾形，由分泌物和若虫的蜕皮组成。雄成虫常有翅，头、胸部连接紧密。触角 10 节。单眼 4 或 6 个，交配器狭长。腹末无蜡丝。1 龄若虫椭圆形，扁平；触角 5～6 节，末节长，或光滑或具有螺旋状环纹；单眼和足正常发达。腹末有 2 根丝线。

本科世界已知 405 属 2479 种，中国记录 105 属 460 多种，山西历山自然保护区采到 1 属 2 种。

13 蔷薇白轮盾蚧 Aulacaspis rosae (Bouche, 1834)

雌介壳圆形，白色，扁平，蜕皮在一边，直径 2～3mm；雄介壳长形，白色，溶蜡状，有 3 脊，蜕皮在一端，长 1.0～1.5mm。雌成虫暗桂色，长 1.4mm，前体部宽 0.8mm，明显比后体部膨大。前气门腺很多，紧密成团。中臀叶粗，前一半约相平行，后半叉开，内缘有细齿；第 2、3 臀叶发达，均双分，圆形同大；第 4 臀叶全缺。背管腺排列成 4 行，从第 3～6 腹节，除第 6 腹节仅亚中群 2～3 管外，其他各节均分成亚中、亚缘 2 群，各群管数似有变异，一般从前向后数第 1 列各群约 10 管，第 2 列各群约 7 管，第 3 列各群约 5 管。各群均无分裂或前移现象，但第 1 列中群有 1、2 管例外。

观察标本：3♀，山西沁水下川猪尾沟，2012.VII.23，南楠采于山楂 Crataegus sp.枝上；9♀，山西翼城大河南神峪，2012.VII.29，南楠采于山楂枝上。

寄主：山楂、杧果、蔷薇、玫瑰、悬钩子、榆等。

分布：世界广布。

14　胡颓子白轮盾蚧 *Aulacaspis difficilis* (Cockerell, 1896)

雌成虫体较宽短，头胸部较大，略宽于后胸及腹部，侧缘突出或微拱，后胸略宽于腹部第 1～2 节。体长 1.14～1.30mm，宽 0.75～0.94mm。触角鞭毛状，短小，两触角间距离常超过其本身长度的 4～5 倍。前气门腺 20 余枚，后气门腺近 10 枚或更多。腹部第 2、3 节两侧突出处各有短小臀棘 10 余根。中臀叶相当大，陷入不深，基部连接，其余部分呈长方形，末端突出于体缘外；第 2 和第 3 臀叶均小，各分为 2 小叶，末端钝圆。缘臀棘长且大，数量也多，排列式为 1：（1～2）：3：4：（3～4）。缘管腺排列式为 1：2：2：2：（1）。背管腺较缘管腺稍短，数量很多，分布在第 2～6 腹节上。围阴腺 5 群，分布为 28～35（36～47）36～44。

寄主：胡颓子、沙棘。

观察标本：8♀，山西沁水下川富裕河，2012.Ⅶ.26，南楠采于胡颓子枝上。

分布：山西（历山）、宁夏、甘肃、浙江、台湾、云南；日本。

参 考 文 献

南楠, 武三安, 2013. 中国根毡蚧属一新种(半翅目, 蚧总科, 毡蚧科)[J]. 动物分类学报, 38(1): 93-96.

汤祊德, 1986. 中国园林主要蚧虫. 第 3 卷[Z]. 太谷: 山西农业大学.

汤祊德, 1992. 中国粉蚧科[M]. 北京: 中国农业科技出版社.

汤祊德, 郝静钧, 1995. 中国珠蚧科及其它[M]. 北京: 中国农业科技出版社.

王建义, 武三安, 唐桦, 等, 2009. 宁夏蚧虫及其天敌[M]. 北京: 科学出版社.

武三安, 贾彩娟, 汤祊德, 1996. 山西星粉蚧属二新种记述(同翅目: 蚧总科: 粉蚧科)[J]. 昆虫分类学报, 18(4): 257-260.

杨平澜, 1982. 中国蚧虫分类概要[M]. 上海: 上海科学技术出版社.

Ortheziidae, Pseudococciidae, Eriococcidae, Diaspididae

Nan Nan　　Wu San'an

（Forestry College, Beijing Forestry University, Beijing, 100083）

The present research includes 11 genera and 14 species, belonging to 4 families of superfamily Coccoidea. These species are distributed in Lishan National Nature Reserve in Shanxi Province.

蚜科 Aphididae

姜立云　　刘庆华　　唐秀娟　　乔格侠

（中国科学院动物进化与系统学院重点实验室，北京，100101）

孤雌蚜胎生，性蚜卵生；前翅有 4 斜脉；无翅蚜复眼由多个小眼面或 3 个小眼面组成；触角 4～6 节，若只 3 节，则尾片烧瓶状；头部与胸部之和不大于腹部；尾片各种形状；腹管有或缺；气门位于腹部节 Ⅰ～Ⅶ 或 Ⅱ～Ⅴ；产卵器缩小为被毛隆起的生殖突。

本科世界性分布，目前世界已知 5000 余种，中国记录 1100 余种，山西历山自然保护区采到 27 属 37 种。

分亚科检索表

1 腹管环状,位于有毛的圆锥体上,如缺腹管,则后足跗节延长为前或中足跗节的 2 倍以上; 体表与附肢多毛;尾片与尾板半月形 ……………………………………大蚜亚科 Lachninae
- 腹管不位于有毛的圆锥体上,如缺腹管,后足跗节不延长;尾片多种形状…………………2
2 腹管通常长管形,非截短形;尾片常为圆锥形,有时半月形,非瘤状;触角毛数通常较少; 爪间毛毛状;生殖突 3 个,纽扣状,有紧密并立的生殖毛 10～12 根……蚜亚科 Aphidinae
- 腹管截短形,如果长管形,则尾片瘤状,或触角上明显多毛;爪间毛棒状或叶状;生殖毛 大都其他配置 ……………………………………………………………………………………3
3 腹管无网纹;尾板末端微凹至分为二叶;尾片瘤状;体背瘤和缘瘤常发达;触角 6 节;爪 间毛大都叶状;跗节有小刺突或无 ……………………………斑蚜亚科 Callaphidinae
- 腹管有网纹;尾板末端圆形,有时微凹;尾片瘤状或半月形;体背瘤缘瘤和常缺;触角 5 或 6 节;爪间毛大都棒状;跗节无小刺 ………………………毛蚜亚科 Chaitophorinae

斑蚜亚科 Callaphidinae

头部与前胸分离。触角大都 6 节,细长,次生感觉圈圆形或卵圆形,有时长椭圆形,节 VI 原生感觉圈常有睫。爪间毛大都叶状,跗节有或无小刺。翅脉大都正常,有时前翅径分脉 Rs 不显或全缺,中脉常分为 3 支,后翅常有 2 斜脉,翅脉时常镶黑边。体背瘤和缘瘤时常发 达。腹管短截状,有时杯状或环状。无网纹。尾片瘤状,有时半月形。尾板分为 2 裂,有时 半月形。大多数种类的常见型为有翅孤雌蚜,而无翅孤雌蚜罕见,甚至不见。性蚜与孤雌蚜 相似,雄蚜大都有翅,少数无翅或为中间型,雌性蚜大都有翅,有时无翅,可产卵数个,性 蚜有喙,可取食。营同寄主全周期生活,大多为单食性或寡食性,寄主为阔叶乔木、灌木或 草本单子叶植物或蝶形花科植物,多在叶片为害。很多种类单个生活,部分种类群体生活。 大都活泼喜动,部分种类前足基节或连同股节膨大,有跳动能力。

分属检索表

(以有翅孤雌蚜为主)

1 胚胎胸部缘毛单一;头背无"V"型缝;跗节 I 总有 1 对背毛;无翅孤雌蚜消失或存在;寄 主大多为山毛榉科、榆科、桦木科植物,极少危害竹类、朴属、椴属植物…………………2
- 胚胎胸部缘毛成对;头背有"V"型缝;跗节 I 通常无背毛;无翅孤雌蚜通常存在;尾片新 月形;腹部无瘤;寄主为桦属植物 ……………………………………桦蚜属 Betulaphis
2 跗节 I 有腹毛 2 或 3 根;足胫节端部毛与该节其他毛相近;无翅孤雌蚜体背有肉质长刺; 寄主为核桃属植物 …………………………………………………………肉刺蚜属 Dasyaphis
- 跗节 I 有腹毛 5～7 根;足胫节端部毛不同于该节其他毛;无翅孤雌蚜缺或体背无上述形状 的长刺 ……………………………………………………………………………………………3
3 前足基节正常或略有扩展;头部无背中缝;体背毛至少在腹部缘域成丛分布,腹部背片中 侧域毛多于 2 对;胚胎和 1 龄若蚜背中毛没有侧向移动;有翅孤雌蚜至少在腹部背片 I～II 有指状背中瘤,有时头部背面和胸部背板有发达指状瘤;腹管罕见与腹部背片 VI 缘瘤愈合; 触角与体长约等长;寄主为栎属或栗属植物……………………侧棘斑蚜属 Tuberculatus

- 前足基节明显扩展；头部有背中缝；体背毛成丛分布，或腹部背片每节单对分布；胚胎背中毛通常侧向移动；寄主为胡桃科、榆科、桦木科、椴科、禾本科以及其他科植物 4
4 孤雌蚜均为有翅型；腹部背片缘毛多，成丛分布；触角末节鞭部约等长于或短于该节基部；各龄期身体大部分淡色或仅有发达的中侧斑；腹管未骨化，有几根毛环绕；有翅若蚜体缘毛头状；前翅前缘脉域透明 ....黑斑蚜属 *Chromaphis*
- 孤雌蚜有翅型与无翅型均存在，个别属仅存在有翅型；腹部背片缘毛单一或成对，不成丛分布；触角末节鞭部与基部长度比例不等...5
5 前足基节非常扩展，其宽度为中足基节宽度的 1.75～3.00 倍，多数在 2.00 倍以上；寄主为豆科的苜蓿和三叶草 ....彩斑蚜属 *Therioaphis*
- 前足基节扩展，其宽度为中足基节宽度的 1.00～2.00 倍；体背毛相当长，至少为触角节 III 中宽的 1.50 倍；尾板深裂为双叶状；前翅后缘有弯曲的色斑；寄主为椴属植物 ....
....椴斑蚜属 *Tiliaphis*

1 光腹桦蚜 Betulaphis pelei Hille Ris Lambers, 1952

无翅孤雌蚜：体型较小，椭圆形，体长 1.65mm，体宽 0.80mm。活体黄色、淡黄色或黄绿色。玻片标本体背毛顶端头状或扩展。触角 6 节，全长 1.20mm；触角毛钝顶，极短，长 0.07mm，为触角节 III 最宽直径的 0.03 倍，节 III 有毛 7 根。喙节 IV+V 长 0.06mm，为后足跗节 II 的 0.61 倍；无次生毛。后足股节为触角节 III 的 0.90 倍；后足胫节为体长的 0.43 倍。腹管截断状，基部有背片 VI 的缘毛 1 根。尾片瘤状，有毛 9 根。尾板深裂为两叶，有毛 20 根。生殖突 2 个。

观察标本：2 头无翅孤雌蚜，山西翼城大河，2012.VII.18，No.28573，刘庆华、唐秀娟采。

生物学：本种取食桦木属的植物，中国记载寄主植物为红桦，国外记载危害矮桦。在老叶背面取食。

分布：山西（历山）、内蒙古、西藏；冰岛，芬兰，瑞典，挪威，俄罗斯，波兰，德国，英国，匈牙利，丹麦，蒙古，美国，加拿大，新西兰。

2 四瘤桦蚜 Betulaphis quadrituberculata (Kaltenbach, 1843)

无翅孤雌蚜：体淡色，体长 1.65mm，体宽 0.80mm。中胸背板有 1 个近方形黑色斑，腹部背片 III～V 有 1 个大型黑色斑。触角 6 节，全长 1.20mm；触角毛钝顶，极短，节 III 有 7 根。喙节 IV+V 长 0.06mm，为后足跗节 II 的 0.61 倍；无次生毛。后足股节长为触角节 III 的 0.90 倍；后足胫节为体长的 0.43 倍。腹管截断状，基部有 1 根背片 VI 的缘毛。尾片短，宽锥形，有尖长毛 9 根。尾板深裂为两片，有毛 20 根。

观察标本：2 头无翅孤雌蚜，山西历山舜王坪，2012.VII.15，No.28529，刘庆华、唐秀娟采；1 头无翅孤雌蚜，山西翼城大河，2012.VII.18，No.28572，刘庆华、唐秀娟采。

生物学：本种取食桦木属的植物，中国记载寄主植物为白桦，国外记载有毛枝桦和垂枝桦。在叶片背面取食。5 月干雌生长发育，5 月底至 6 月初成熟，性蚜 9 月就可见到成虫，直到 11 月在树枝上仍可看到。

分布：山西（历山）、河北、甘肃、青海；丹麦，瑞典，挪威，芬兰，冰岛，英国，德国，波兰，俄罗斯，匈牙利，蒙古，美国，加拿大，新西兰。

3 核桃黑斑蚜 Chromaphis juglandicola (Kaltenbach, 1843)

有翅孤雌蚜：体椭圆形，体长 1.90mm，体宽 0.81mm。活体淡黄色，后足股节端部有黑色斑。触角 6 节，全长 0.66mm；触角毛极短，数量较少，节 III 有毛 3 根；节 III 有卵圆形次生感觉圈 5 个，分布全节。喙粗短，端部不达中足基节；节 IV+V 长 0.06mm，为后足跗节 II 的 0.75 倍；有次生毛 5 根。后足股节为触角节 III 的 1.20 倍；后足胫节为体长的 0.36 倍。腹管短筒状，为尾片的 0.60 倍。尾片瘤状，有毛 16 根。尾板深裂为两叶，有毛 16 根。

观察标本：1 头有翅孤雌蚜，山西沁水下川，2012.VII.13，No.28508，寄主：山核桃，刘庆华、唐秀娟采；1 头有翅孤雌蚜，山西翼城大河，2012.VII.17，No.28554，寄主：山核桃，刘庆华、唐秀娟采。

生物学：寄主植物为核桃。该种在河北、山西以卵在核桃枝条上越冬，次年 4 月上、中旬为孵化高峰，干母发育 17～19 天，从 4 月底至 9 月初均为有翅孤雌蚜，共发生 12～14 代，9 月中旬出现大量无翅雌性蚜和有翅雄性蚜。雌性蚜数量多于雄性蚜，一般为雄性蚜的 2.70～210 倍，雌、雄性蚜交配后，每头雌性蚜可产 7～21 粒卵。卵一般产在树皮粗糙，多缝隙处，如枝条基部、小枝分叉处，节间、叶片脱落的叶痕等处，以便卵安全越冬。

分布：山西（历山、太原）、辽宁、河北、甘肃、新疆；欧洲，中亚，印度，中东，非洲，北美。

4 枫杨肉刺蚜 *Dasyaphis rhusae* (Shinji, 1922)

无翅孤雌蚜：体椭圆形，体长 1.43mm，体宽 0.77mm。活体黄色或黄绿色。体背有明显长锥状棘瘤，每个棘瘤顶端有 1 根粗剑状刚毛。复眼由多个小眼面组成，无眼瘤。触角 3 节，节 IV、IV 愈合，全长 0.23mm，为体长的 0.15 倍。喙端部不达中足基节，节 IV+V 短楔状，为后足跗节 II 的 1.10 倍。跗节 I 毛序：2，2，2。腹管小孔状。尾片瘤状，中部收缩，有长短毛 14～19 根。尾板分裂为两叶，每叶有粗长毛 1 根，短毛 4～6 根。

观察标本：2 头无翅孤雌蚜，山西沁水下川，2012.VII.16，No.28542；1 头无翅孤雌蚜，No.28566；2 头无翅孤雌蚜，No.28503，寄主：山核桃，刘庆华、唐秀娟采。1 头无翅孤雌蚜，山西（沁水下川），2012.VII.18，No.28567，寄主：山核桃，刘庆华、唐秀娟采；2 头无翅孤雌蚜，山西（沁水下川），2012.VII.12，No.28504，寄主：山核桃，刘庆华、唐秀娟采。

生物学：寄主植物为核桃和胡桃楸，在叶片背面分散为害。

分布：山西（历山）、黑龙江、吉林、辽宁；日本，韩国。

5 来氏彩斑蚜 *Therioaphis riehmi* (Börner, 1949)

有翅孤雌蚜：体椭圆形，体长 2.13mm，体宽 0.95mm。活体淡黄色，体背有 4 纵行斑。玻片标本腹部背片 I～VIII 各有中侧斑 1 对，缘斑 1 对。体背毛短而钝，毛基褐色、微隆。触角 6 节，全长 2.16mm；节 III 有卵圆形次生感觉圈 9～12 个。喙端部达中足基节，节 IV+V 短钝，为后足跗节 II 的 0.64 倍，有次生毛 2 对。前足基节膨大。腹管截断状，光滑。尾片典型瘤状，有毛 16～18 根。尾板深裂为两叶，有毛 20 根。

观察标本：1 头有翅孤雌蚜，山西沁水下川，2012.VII.13，No.28513，寄主为黄花草木犀，刘庆华、唐秀娟采。

生物学：寄主植物为草木犀、三叶草、紫苜蓿及白花草木犀。在叶片背面危害。

分布：山西（历山）、黑龙江、陕西、甘肃；芬兰，瑞典，挪威，俄罗斯，波兰，德国，英国，丹麦，保加利亚，美国，加拿大。

6 小椴斑蚜 *Tiliaphis shinae* (Shinji, 1924)

有翅孤雌蚜：体椭圆形，体长 2.02mm，体宽 0.73mm。活体淡绿色或淡黄色。玻片标本头部缘域至胸部缘域有 1 条深黑色纵带。体表光滑，有淡色背缘瘤，呈扁馒状。触角 6 节，全长 2.11mm；节 III 有桔瓣状次生感觉圈 13～16 个。喙短小，端部不达中足基节；节 IV+V 短楔状，与后足跗节 II 约等长；有次生毛 3 对。翅脉基部及端部有黑昙，前翅翅痣外前方有 1 个黑昙，缺径分脉，中脉端部镶黑边，翅前缘黑色，后缘有宽波纹。腹管短筒状，光滑，为尾片的 0.71 倍。尾片瘤状，微刺突瓦纹，有毛 9 根。尾板分裂为两叶，有毛 15～18 根。

观察标本：1 头有翅孤雌蚜，山西沁水下川，2012.VII.16，No.28549，刘庆华、唐秀娟采。

生物学：寄主植物为辽椴、椴树、阔叶椴和小叶椴；国外记载寄主植物为华东椴，马克西莫维奇椴，南京椴，岛生椴和紫椴（Higuchi，1972）。在寄主植物叶片背面取食。

分布：山西（历山）、北京、河北、山东；日本，韩国。

7 台栎侧棘斑蚜 *Tuberculatus querci formosanus* (Takahashi, 1921)

有翅孤雌蚜：体椭圆形，体长 2.2mm，体宽 0.84mm。活体蜡白色或淡黄色。玻片标本头部有毛基瘤 3 对；前胸背板、腹部背片 I～VI 各有长锥形中瘤，背片 V～VIII 各有微隆起的中瘤 1 对；背片 I～VII 各有半球形缘瘤 1 对。触角 6 节，全长 2.10mm；节 III 有圆形次生感觉圈 4～7 个。喙端部不达中足基节；节 IV+V 长尖锥形，为后足跗节 II 的 1.75 倍，有次生刚毛 3 对。腹管短筒形，有明显缘突。尾片瘤状，有长短毛 13 根。尾板分裂成两叶，有毛 27 根。

观察标本：1 头有翅孤雌蚜，山西翼城大河，2012.VII.12，No.28499，刘庆华、唐秀娟采。

生物学：寄主植物为蒙古栎、橡树、麻栎及槲树等。在叶片背面散居。

分布：山西（历山）、辽宁、北京、河北、山东、陕西、台湾；日本，朝鲜。

8 横侧棘斑蚜 *Tuberculatus yokoyamai* (Takahashi, 1923)

有翅孤雌蚜：体卵圆形，体长 2.70mm，体宽 1.10mm。活体头部、胸部深黄色，腹部浅黄色。头部背面有隆起毛基瘤 2 对，不隆起毛基瘤 3 对；前胸背板有短中瘤 1 对；腹部背片 I～IV 各有中瘤 1 对，背片 V～VIII 中瘤微隆；背片 I～IV 各有缘瘤 1 对。体背毛头状。触角 6 节，全长 2.30mm；节 III 有圆形次生感觉圈 6～10 个。喙短粗，端部超过前足基节，节 IV+V 短楔状，为后足跗节 II 的 0.85 倍，有次生毛 2～3 对。前翅径分脉两端及两肘脉镶黑边。腹管筒状，端部 1/3 有小刺突横纹。尾片瘤状有长短毛 13 或 14 根。尾板分裂为两叶，有毛 27～31 根。

观察标本：2 头有翅孤雌蚜，山西翼城大河，2012.VII.15，No.28535，寄主为壳斗科植物，刘庆华、唐秀娟采；1 头有翅孤雌蚜，山西沁水下川，2012.VII.18，No.28564，寄主为壳斗科植物，刘庆华、唐秀娟采。

生物学：寄主植物为栎、蒙古栎。在叶背散居。

分布：山西（历山）、吉林、辽宁、甘肃、浙江、福建；日本，朝鲜。

毛蚜亚科 Chaitophorinae

头部无额瘤，中额凸出或直。触角 6 或 5 节，罕见 4 节，触角末节端部长于其基部，至少无翅蚜触角原生感觉圈无睫，次生感觉圈小圆形。爪间毛大都棒状。翅脉正常。体背缘瘤和背瘤常缺。腹管短截状，有时杯状或环状，大都有网纹，有小刺或光滑。尾片瘤状或半月形。尾板末端圆形，有时微凹。营同寄主全周期生活，单食性或寡食性。寄主为杨柳科、槭科或禾本科和其他单子叶植物。大都群体生活在叶上或嫩梢上。

分属检索表

1 胫节端部无小刺；尾片瘤状；爪间毛通常毛状；无翅孤雌蚜体表至少在头部、胸部、腹部侧缘有颗粒、小刺或者网纹；寄主为杨属和柳属植物..........................毛蚜属 Chaitophorus
- 胫节端部有小刺；尾片半月形；爪间毛通常扁平；无翅孤雌蚜体表只在腹部背片 VIII 有少量微刺组成的瓦纹；寄主为槭属、栾属植物..........................多态毛蚜属 Periphyllus

9 柳黑毛蚜 Chaitophorus saliniger Shinji, 1924

无翅孤雌蚜：体卵圆形，体长 1.40mm，体宽 0.78mm。活体黑色，附肢淡色。玻片标本腹部背片 I～VII 有 1 个大背斑。体背毛长，顶端分叉或尖锐。触角 6 节，全长 0.68mm。喙短粗，节 IV+V 为后足跗节 II 的 1.20 倍，有次生长毛 2 对。腹管截断形，有网纹，为尾片的 0.56 倍。尾片瘤状，有长毛 6 或 7 根。尾板半圆形，有长毛 10～13 根。生殖板有长毛约 30 根。生殖突 4 个，各有极短毛 4 根。

观察标本：2 头无翅孤雌蚜，山西翼城大河，2012.VII.13，No.28512，寄主为柳树，刘庆华、唐秀娟采。

生物学：寄主植物为垂柳、水柳、河柳、龙爪柳、馒头柳、旱柳、杞柳、蒿柳等柳属植物。本种是柳属植物常见害虫，常盖满叶片背面，蜜露落在叶面常引起黑霉病。大量发生时蚜虫常在枝干和地面爬行，甚至使柳叶大量脱落。

分布：山西（历山）、黑龙江、吉林、辽宁、北京、河北、山东、河南、陕西、宁夏、江苏、上海、浙江、湖北、江西、湖南、福建、台湾、广西、四川、贵州、云南；日本，俄罗斯。

10 栾多态毛蚜 Periphyllus koelreuteriae (Takahashi, 1919)

无翅孤雌蚜：体长卵形，体长 3.00mm，体宽 1.60mm。活体黄绿色，背面有深褐色"品"形大斑纹。玻片标本淡色，有深色斑纹。中胸背板各斑常融合为一片，腹部背片 VIII 各斑常融合为横带。体被尖锐长毛。触角 6 节，全长 1.80mm。喙端部超过中足基节，节 IV+V 为后足跗节 II 的 0.83 倍，有次生毛 2 对。腹管截断形，端部有网纹，有毛 23 根。尾片末端圆形，短有毛 13～17 根。尾板有毛 19～28 根。生殖板横带形，有毛 32 根。

观察标本：2 头无翅孤雌蚜，山西沁水下川，2012.VII.18，No.28574，刘庆华、唐秀娟采。

生物学：寄主植物为栾树、全缘叶栾树和日本七叶树。栾多态毛蚜以卵在幼枝芽苞附近、树皮伤疤缝隙处越冬，早春芽苞膨大开裂，干母孵化，危害幼芽，尤喜危害幼树、蘖枝和修剪后生出的幼枝叶，以后危害于幼叶背面，被害叶常向背面微微卷缩，严重时使幼叶重卷，节间缩短。蚜虫腹部末端常高举。常大量发生排出大量密露，诱来一种小蚁前来取食，并诱发霉病，影响栾树生长。主要在春季危害。

分布：山西（历山）、辽宁、北京、山东、河南、江苏、浙江、湖北、台湾、重庆、四川；日本，韩国。

大蚜亚科 Lachninae

体中到大型。体长 1.50～8.00mm。头背有中缝，头部与前胸分离。触角 6 节，末节鞭部短；次生感觉圈圆形至卵圆形。无翅孤雌蚜和有翅孤雌蚜复眼由多个小眼面组成，眼瘤有或无。喙长，有些种类喙长超过体长，喙末端分节明显。足跗节 I 发达，腹面毛多于 9 根，背毛有或无；跗节 II 正常或延长；爪间毛短且不明显。翅脉正常，前翅中脉 2 或 3 分叉，径分脉弯曲或平直；后翅 2 斜脉。身体淡色或有斑，腹部背片 VIII 通常有 1 个深色骨化横带。体背毛稀或密，毛端部形状各异。腹部各节无缘瘤。腹管位于多毛隆起的圆锥体上，有时缺。尾片新月形至圆形。尾板宽大，多为半圆形。雄性蚜有翅或无翅。

11 东方钝喙大蚜 *Schizolachnus orientalis* (Takahashi, 1924)

无翅孤雌蚜：体卵圆形，体长 1.85mm，体宽 0.98mm。活体褐色至黑色。体背毛细长，顶尖。头顶稍隆起，复眼眼瘤不明显。触角 6 节，光滑，粗大，全长 0.83mm，为体长的 0.45 倍；触角毛长，尖锐；节 III 毛长为该节直径的 2.00～2.50 倍；无次生感觉圈，原生感觉圈有短睫。喙节 IV+V 短钝，为后足跗节 II 的 0.52 倍；有次生长毛 1 对。腹管位于稍隆起的圆锥体上，有长毛 7～9 根。尾片末端尖圆形，有长短毛 11 根。尾板有毛 25 根。生殖板有长毛 10 根。

观察标本：1 头无翅孤雌蚜，山西沁水，2012.VII.19，No.28586，寄主为松树，刘庆华、唐秀娟采。

生物学：寄主植物为马尾松、油松、云南松、樟子松等。在松科植物的针叶部分取食，沿针叶呈一排分布，种群较小，一般不超过 5 头。

分布：山西（历山）、黑龙江、吉林、辽宁、内蒙古、北京、新疆、江苏、湖南、福建、台湾、香港、广西、四川、云南；日本，韩国，印度。

蚜亚科 Aphidinae

有时被蜡粉，但缺蜡片。触角 6 节，有时 5 节，偶见 4 节，感觉圈圆形，罕见椭圆形。复眼由多个小眼面组成。翅脉正常，前翅中脉分叉 1 或 2 次。爪间毛毛状。前胸及腹部常有缘瘤。腹管通常长管形，有时膨大，少数环状或缺。尾片圆锥形、指形、剑形、三角形、盔形、半月形，少数宽半月形等多种形状。尾板末端圆形。寄主包括乔木、灌木、草本显花植物，少数蕨类和苔藓植物。营同寄主全周期或异寄主全周期，有时不全周期。1 年有 10～30 代。大都生活在叶片上，也在嫩梢、花序、幼枝上，少数在根上。

分族检索表

1 腹部节 I、II 气门彼此远离，节 II、III 气门间距不大于节 I、II 气门间距的 2.00 倍；腹部节 I 和节 II 有较大的缘瘤，缘瘤通常位于气门的腹向................................蚜族 Aphidini
- 腹部节 I、II 气门彼此靠近，节 II、III 气门间距大于节 I、II 气门间距的 2.00 倍；腹部节 I 和 VII 有较小的缘瘤或缺，如果有，则位于气门的背向......................长管蚜族 Macrosiphini

蚜族 Aphidini

腹节 I、VII 一般均具缘瘤。腹节 I、II 的气门间距约为气门孔直径的 3.00 倍以上，绝不短于腹节 II、III 气门间距的一半。额瘤一般较小或无。触角短于身体。跗节 I 毛序：3，3，2 或 3，3，3。腹管无网纹。无翅孤雌蚜一般无次生感觉圈。

分属检索表

1 腹部背片 I 缘瘤位于节 I、II 气门连线的上半部，背片 VII 缘瘤位于气门的同一水平或背向 .... 大尾蚜属 *Hyalopterus*
- 腹部背片 I 缘瘤位于节 I、II 气门连线的中央，背片 VII 缘瘤位于气门的腹向......................2
2 有发声结构：腹部节 V、VI 腹片两侧表皮的横长纹比其余部分暗且粗，表皮有齿；后足胫节除通常的长毛外，另有一纵列短刺；额瘤明显................................声蚜属 *Toxoptera*

- 无发声结构：腹部节 V、VI 腹片两侧表皮与其余部分一样，表皮无齿；后足胫节无短刺。额瘤不显；触角节 VI 鞭部长度一般为基部的 2.00～4.50 倍；腹管长为尾片的 0.50～2.50 倍 ·· 蚜属 *Aphis*

12 豆蚜 Aphis craccivora Koch, 1854

无翅孤雌蚜：体宽卵形，体长 2.04～2.28mm，体宽 1.24～1.44mm。活体黑色有光泽。玻片标本腹部背片 I～VI 各斑融合为 1 个大黑斑；背片 VII、VIII 各有独立横带横贯全节。体表明显有六边形网纹。体背毛短尖。触角 6 节，有瓦纹，全长 1.30mm；节 III 毛长约为该节基宽的 0.20 倍。喙节 IV+V 为后足跗节 II 的 0.81 倍。腹管圆筒形，有瓦纹，为尾片的 1.60 倍。尾片长圆锥形，有毛 6 根。尾板末端圆形，有毛 9～12 根。

观察标本：1 头无翅孤雌蚜，山西翼城大河，2012.VII.13，No.28515，寄主为龙爪槐，刘庆华、唐秀娟采。

生物学：寄主植物为、锦鸡儿、大豆、野苜蓿、紫苜蓿、草木犀、刺槐、槐树、蚕豆、野豌豆属、绿豆等多种豆科植物。豆蚜又叫苜蓿蚜，是各种豆类作物上的重要害虫。常在 5、6 月大量发生致使生长点枯萎，幼叶变小，幼枝弯曲，停止生长，常造成减产损失。春夏干旱年份发生更为严重。冬季在宿根性草本植物上以卵越冬。

分布：全国广布；澳大利亚，亚洲，欧洲，非洲，南美洲，北美洲广布。

13 大豆蚜 Aphis glycines Matsumura, 1917

无翅孤雌蚜：体卵圆形，体长 1.60mm，体宽 0.86mm。活体淡黄色至淡黄绿色。玻片标本淡色，无斑纹。体背刚毛尖锐。触角 6 节，全长 1.10mm；节 III 毛长约为该节直径的 0.45 倍。喙节 IV+V 细长，为后足跗节 II 的 1.40 倍。腹管长圆筒形，有瓦纹，为体长的 0.20 倍。尾片圆锥形，近中部收缩，长约为腹管的 0.70 倍，有长毛 7～10 根。尾板末端圆形，有长毛 10～15 根。生殖板有毛 12 根。

观察标本：1 头无翅孤雌蚜，山西沁水下川，2012.VII.19，No.28582，寄主为大豆，刘庆华、唐秀娟采。

生物学：原生寄主为乌苏里鼠李和鼠李等鼠李属植物；次生寄主为大豆。大豆蚜是大豆的重要害虫，在东北和内蒙古为害尤重。大都聚集在嫩顶幼叶下面为害，严重时可造成大豆嫩叶卷缩，根系发育不良，植株发育停滞，茎叶短小，果枝和荚数明显减少，造成产量损失。

分布：山西（历山）、黑龙江、吉林、辽宁、内蒙古、北京、天津、河北、山东、河南、陕西、宁夏、浙江、湖北、台湾、广东；日本，朝鲜，俄罗斯，泰国，马来西亚，美国。

14 桃粉大尾蚜 Hyalopterus pruni (Geoffroy, 1762)

无翅孤雌蚜：体狭长卵形，体长 2.30mm，体宽 1.10mm。活体草绿色，被白粉。前胸、腹部节 I～VII 有小半圆形缘瘤，高宽约相等。体背有长尖毛。中额及额瘤稍隆。触角 6 节，微显瓦纹，全长 1.70mm；触角各节有硬尖毛，节 III 毛长为该节直径的 0.74 倍。喙节 IV+V 粗大，短圆锥形，为后足跗节 II 的 0.50 倍。腹管细圆筒形，光滑，基部稍狭小，无缘突，顶端常有切迹，长为宽的 4.00 倍以上。尾片长圆锥形，有长曲毛 5 或 6 根。尾板末端圆形，有长毛 11～13 根。生殖板淡色，有毛 13～15 根。

有翅孤雌蚜：体长卵形，体长 2.20mm，体宽 0.89mm。体表有不明显横纹。腹部背片 VI～VIII 各有 1 个不甚明显圆形或宽带斑。触角 6 节，节 III 有圆形次生感觉圈 18～26 个，分散于全节，节 IV 有 0～7 个。其他特征与无翅孤雌蚜相似。

　　观察标本：1 头无翅孤雌蚜和 1 头有翅孤雌蚜，山西沁水下川，2012.VII.19，No.28588，寄主为芦苇，刘庆华、唐秀娟采；1 头无翅孤雌蚜，山西沁水下川，2012.VII.13，No.28516，寄主为芦苇，刘庆华、唐秀娟采。

　　生物学：原生寄主为杏、梅、桃、李和榆叶梅等蔷薇科植物；次生寄主植物为禾本科的芦苇。

　　分布：全国广布；亚洲，欧洲，非洲，澳大利亚，北美洲，南美洲。

15 芒果蚜 *Toxoptera odinae* (van der Goot, 1917)

　　无翅孤雌蚜：体宽卵形，体长 2.50mm，体宽 1.50mm。活体褐色、红褐色至黑褐色或灰绿色至黑绿色，被薄粉。腹部背片 V、VI 缘域上有微锯齿。体毛尖锐，细长。触角 6 节，全长 1.40mm；节 III 毛长为该节直径的 2.50 倍。喙节 IV+V 为后足跗节 II 的 1.50 倍。后足胫节内侧有 1 列发音刺，8～15 根。腹管短圆筒形，有瓦纹，为尾片的 0.62 倍，中部有毛 1 根。尾片长圆锥形，有毛 16～20 根。尾板末端圆形，有毛 24～28 根。

　　有翅孤雌蚜：体长卵形，体长 2.10mm，体宽 0.96mm。活体头部、胸部黑色，腹部褐色至黑绿色，有黑斑。触角 6 节，节 III 有小圆形次生感觉圈 8～12 个，在外侧排成一行，分布于全长，节 IV 有 0～4 个。其他特征与无翅孤雌蚜相似。

　　观察标本：1 头无翅孤雌蚜和 1 头有翅孤雌蚜，山西翼城大河，2012.VII.12，No.28501，刘庆华、唐秀娟采；1 头无翅孤雌蚜和 1 头有翅孤雌蚜，山西翼城大河，2012.VII.13，No.28514，刘庆华、唐秀娟采。

　　生物学：寄主植物为刺五加、杜果、乌桕、盐肤木、漆、梧桐、海桐、重阳木、腰果、栗、栾树、樱花、蝴蝶树和玉叶金花等多种经济植物。

　　分布：山西（历山）、黑龙江、辽宁、北京、河北、山东、河南、江苏、浙江、江西、湖南、福建、台湾、广东、云南；日本，朝鲜，韩国，俄罗斯，印度，印度尼西亚。

长管蚜族 Macrosiphini

　　气门肾形或圆形，腹节 I、II 气门间距通常短于气门直径的 3.00 倍，短于腹节 II、III 气门间距的 0.50 倍。腹节第 II～V 通常有缘瘤，但很少在腹节 I 和 VII 上，即使有也小于腹节第 II～V 上的缘瘤。额瘤通常存在，较显著。触角短于或长于体长；触角末节鞭部大多长于基节。跗节 I 毛序 2，3，4（5 或 6）。腹管中等长度或更长，长筒形或膨大，常有网纹；在有些属中腹管退化为截断形甚至孔环形。无翅孤雌蚜触角有或无次生感觉圈。

　　该族是蚜虫类中属种数量最多的 1 个族，分布于世界各地，大部分生活在全北区温带。

分属检索表

1 腹管端部有明显网纹 2
- 腹管端部无网纹或网纹弱，或不完全 6
2 胸部气门大而圆，明显大于腹部气门；额瘤隆起、外倾；腹管基部有几排明显的网纹；无翅孤雌蚜触角节 III 有次生感觉圈；尾片长锥形 .... 翠雀蚜属 *Delphiniobium*
- 胸部气门不显著大于腹部气门 3
3 腹管基中部膨大，端部明显缩小，缩小部有网状纹；无翅孤雌蚜头部平滑，额瘤隆起，中额平或微隆；触节节 III 有次生感觉圈；尾片锥状，与腹管等长或较短 ....
.... 印度修尾蚜属 *Indomegoura*

- 腹管基中部不明显膨大，端部不明显缩小..4
4 腹管端部网纹长度至少为腹管的 1/3，腹管常比尾片短或与之同长，总有腹管前斑；中额平，额瘤显著、外倾，头部不粗糙；寄主为菊科植物......................小长管蚜属 *Macrosiphoniella*
- 腹管端部网纹长度至多为腹管的 1/3，腹管常明显长于尾片.......................................5
5 腹部背毛有毛基斑；头部平滑，额瘤发达、外倾，中额微隆；腹管长管状，总有腹管前斑；体常暗色；寄主为菊科植物..指网管蚜属 *Uroleucon*
- 腹背毛无毛基斑；腹管后斑显著；体常淡色；寄主范围很广....................谷网蚜属 *Sitobion*
6 无翅孤雌蚜触角节 III 无次生感觉圈或有无难以断定...7
- 无翅孤雌蚜触角节 III 有次生感觉圈...14
7 额瘤上各有 1 个显著长指状突起或额瘤呈指状；头背及体背不骨化粗糙；腹管匙形或长棒形，无缘突；触角 4 或 5 节；中额隆起；寄主为柳属植物上...
....盾疣蚜属 *Aspidophorodon*
- 额瘤上无长指状突起，额瘤不呈指状...8
8 额瘤不发达；中额显著隆起，高于额瘤...9
- 额瘤发达或微隆；中额即使隆起，也不高于额瘤...10
9 腹管膨大；中额瘤圆；触角 5 或 6 节，节 VI 鞭部与基部同长或稍长；尾片舌形...................
....苞蚜属 *Liosomaphis*
- 腹管不膨大；无翅孤雌蚜中额瘤发育为长方形突起；触角末节鞭部长于基部；尾片锥形...
....冠蚜属 *Myzaphis*
10 体背毛头状；额瘤球形；跗节 I 毛序为 5，5，5.....................中瘤钉毛蚜属 *Chaetosiphon*
- 体毛非头状或钉状...11
11 腹管明显膨大...12
- 腹管不膨大或稍膨大...13
12 无翅孤雌蚜腹部背片 VII、VIII 各有 1 个中部突起.......................三尾蚜属 *Tricaudatus*
- 无翅孤雌蚜腹部背片 VII、VIII 正常，无中部突起.................朱囊管蚜属 *Chusiphuncula*
13 尾片长于腹管...梯管蚜属 *Brachysiphoniella*
- 尾片短于腹管...瘤蚜属 *Myzus*
14 体背膜质，没有骨化或者部分骨化；腹管长管状；寄主植物非常广泛...................................
....无网长管蚜属 *Acyrthosiphon*
- 体背完全骨化；腹管粗短；寄主为拔葜属和凤仙花属植物................凤蚜属 *Impatientinum*

16 豌豆蚜 *Acyrthosiphon pisum* (Harris, 1776)

　　无翅孤雌蚜：体纺锤形，体长 4.90mm，体宽 1.80mm。活体草绿色。体背毛粗短，钝顶。中额平，额瘤显著外倾，额槽呈窄 "U" 形，额瘤与中额成钝角。触角 6 节，细长，有瓦纹，全长 4.80mm；节 III 基部有小圆形次生感觉圈 3～5 个。喙粗短，节 IV+V 短锥状，为后足跗节 II 的 0.70 倍；次生刚毛 3 对。腹管细长筒形，基部大，有瓦纹，为体长的 0.23 倍，为尾片的 1.60 倍。尾片长锥形，端尖，有毛 7～13 根。尾板半圆形，有短毛 19 或 20 根。生殖板有粗短毛 20～22 根。

　　观察标本：1 头无翅孤雌蚜，山西翼城大河，2012.VII.13，No.28513，寄主为黄花草木犀，刘庆华、唐秀娟采。

生物学：寄主植物主要是豆科草本植物，例如豌豆、蚕豆、野豌豆、苜蓿、斜茎黄芪、草木犀等，但亦包括少数豆科木本植物。夏季也在荠菜上取食。在北方以卵在豆科草本多年生(或越冬)植物上越冬。本种蚜虫是豌豆、蚕豆、苜蓿和苕草的重要害虫。

分布：山西（历山）、辽宁、北京、河北、陕西、宁夏、甘肃、新疆、云南，全国广布；欧洲，亚洲，澳大利亚，非洲，北美洲，南美洲。

17 柳盾疣蚜 Aspidophorodon sinisalicis Zhang, 1980

无翅孤雌蚜：体扁长椭圆形，体长 1.50mm，体宽 0.62mm。中额呈 1 个长方形瘤，中央稍内凹，有 2 对刚毛，额瘤呈指状，大于中额，与触角节 II 等长，各有 1 对刚毛。复眼缺眼瘤。触角 5 节，细短，节 I 内侧突起瘤状；全长 0.53mm。喙节 IV+V 三角形，为后足跗节 II 的 1.10 倍。腹管长棒形，端部膨大斜切，侧面开口，光滑，有微瓦纹，无缘突；长 0.23mm，为尾片的 2.00～2.70 倍。尾片舌状，中部稍凹，有长曲毛 2～4 根。尾板圆形，有长曲毛 8 根。

观察标本：1 头无翅孤雌蚜，山西翼城大河，2012.VII.15，No.28534，刘庆华、唐秀娟采。

生物学：寄主为柳、山柳、龙爪柳，主要在叶片背面取食。

分布：山西（历山）、北京、河北、甘肃。

18 禾粉蚜 Brachysiphoniella montana (van der Goot, 1917)

无翅孤雌蚜：体卵圆形，体长 1.80mm，体宽 0.90mm。活体暗褐色至黑色，略带红色，被白粉。体表光滑，体缘显曲纹，腹部背板 VII、VIII 有微细瓦纹。体背毛弯曲尖锐，中额瘤隆起，额瘤稍隆，低于中额瘤。触角 6 节；触角毛短，尖锐，节 III 毛长为该节直径的 0.37 倍。喙节 IV+V 为后跗节 II 的 0.66 倍；有次生毛 1 对。腹管截短，瓶塞形，有瓦纹，为尾片的 0.17 倍。尾片长圆锥形，基部 1/3 有收缩，有长毛 12 根。尾板半圆形，有长毛 25～32 根。生殖板有毛 25 根。

观察标本：1 头无翅孤雌蚜，山西沁水下川，2012.VII.16，No.28546；刘庆华、唐秀娟采；1 头无翅孤雌蚜，山西沁水下川，2012.VII.16，No.28543，刘庆华、唐秀娟采。

生物学：寄主植物是稻、狗牙根。国外记载危害李氏禾、芒及萎竹。

分布：山西（历山）、江西、台湾、广东、四川；日本，马来西亚，印度尼西亚，印度。

19 刚毛中钉毛蚜 Chaetosiphon hirticorne (Takahashi, 1960)

无翅孤雌蚜：体卵圆形，体长 1.58～1.83mm，体宽 0.70～0.88mm。活体黄色。体背毛粗长，钝顶。头部具刺突，中额微隆，额瘤发达，内侧几乎平行。触角 6 节，全长 2.15～2.52mm；原生感觉圈小圆形，无睫，无次生感觉圈。喙节 IV+V 楔形，为后足跗节 II 的 1.41～1.88 倍；有次生毛 8～10 根。腹管长管形，具瓦纹，缘突发达。尾片圆锥形，基部稍缢缩，有毛 5 根。尾板末端半圆形，有毛 5 根。生殖板有后缘毛 8～10 根，前缘毛 2 根。

观察标本：1 头无翅孤雌蚜，山西沁水下川，2012.VII.16，No.28544，刘庆华、唐秀娟采。

生物学：文献记录寄主植物为唇形花科风轮菜属。群居于寄主植物叶背。

分布：山西（历山）、甘肃、广西；日本。

20 珍株梅朱囊管蚜 Chusiphuncula sorbarisucta Zhang, 1998

无翅孤雌蚜：体椭圆形，活体叶绿色，腹管顶端黑色。体长 2.01mm，体宽 0.99mm。中额平，额瘤显著隆起，内缘外倾。触角 6 节，有瓦纹，全长 2.90mm；节 III 无次生感觉圈，节 III 毛长为该节直径的 0.27 倍。喙节 IV+V 为后跗节 II 的 1.00 倍；有次生毛 1 对。腹管光滑，近端部约 2/5 处膨大，有横纹及弱网纹 1 或 2 行，缘突前有环切；为尾片的 3.80 倍。尾片五边形，有毛 6～8 根。

观察标本：1 头无翅孤雌蚜，山西沁水下川，2012.VII.16，No.28547，刘庆华、唐秀娟采；1 头无翅孤雌蚜，山西沁水下川，2012.VII.17，No.28552，刘庆华、唐秀娟采。

生物学：寄主为珍珠梅。在叶背面取食。

分布：山西（历山）、甘肃。

21 暇夷翠雀蚜 *Delphiniobium yezoense* Miyazaki, 1971

无翅孤雌蚜：体卵圆形，体长 3.60mm，体宽 1.73mm。活体桃红色及淡黄色。体背毛粗，顶钝圆或尖锐。中额微隆，额瘤显著外倾，高于中额。触角 6 节，全长 3.43mm；节 III 有大小指状次生感觉圈 10～20 个。喙粗大，节 IV+V 楔状，为后足跗节 II 的 1.30 倍；有次生长毛 4～5 对。腹管长管状，中部稍有膨大，端部收缩，收缩处有 8～13 排网纹。尾片长锥形，粗糙，有刺突组成瓦纹；有长毛 6～8 根。尾板有长短毛 12～16 根。生殖板有毛 16～20 根。

有翅孤雌蚜：体长 3.34mm，体宽 1.27mm。触角 6 节，节 III 有大小指状次生感觉圈 49～61 个。其他特征同无翅孤雌蚜。

观察标本：1 头无翅孤雌蚜和 1 头有翅孤雌蚜，山西历山舜王坪，2012.VII.15，No.28530，刘庆华、唐秀娟采。

生物学：寄主植物为北乌头。日本记载取食深裂乌头等乌头属植物。在寄主植物嫩叶群居。

分布：山西（历山）、内蒙古、河北。

22 胶凤蚜 *Impatientinum balsamines* (Kaltenbach, 1862)

无翅孤雌蚜：体宽卵形，体长 2.52～2.74mm，体宽 1.13～1.28mm。活体绿色，具明显的黑色背斑，腹管黑色，尾片淡色。中额微显，额瘤发达，呈浅 "U" 形。触角 6 节，全长 2.39～2.81mm；节 III 有次生感觉圈 7～16 个，节 IV 有 2～7 个，节 V 有 4 或 5 个。喙节 IV+V 为后足跗节 II 的 0.68～0.76 倍；有次生毛 4 根。腹管长管形，端部 1/3 稍细，有 3 或 4 行瓦纹，为尾片的 1.09～1.22 倍。尾片长圆锥形，中部稍缢缩，有毛 7 或 8 根。尾板有毛 7～11 根。生殖板有后缘毛 13～15 根，前缘毛 2 根。

有翅孤雌蚜：体卵形，体长 2.41～2.56mm，体宽 0.92～1.02mm。腹部背片 I 和 II 具中、侧斑愈合而成的褐色横带，背片 III～VI 中、侧斑愈合，与各节缘斑相连，形成 1 个大背斑，背片 I～VI 各具 1 个大型褐色缘斑，腹管后斑显著。触角 6 节，节 III～V 分别有次生感觉圈 21～24 个，9～14 个，5 个。其他特征同无翅孤雌蚜。

观察标本：1 头无翅孤雌蚜和 1 头有翅孤雌蚜，山西历山舜王坪，2012.VII.14，No.28532，寄主为茄科植物，刘庆华、唐秀娟采。

生物学：寄主植物为玄参科柳穿鱼、凤仙花属，主要为水金凤。群居于寄主植物叶背。可能为东亚起源，现主要分布于亚洲和欧洲，同寄主全周期，具有翅雄蚜（Blackman and Eastop，2006）。

分布：山西（历山）、辽宁、甘肃、台湾；朝鲜，日本，欧洲。

23 印度修尾蚜 *Indomegoura indica* (van der Goot, 1916)

无翅孤雌蚜：体卵圆形，体长 3.90mm，体宽 1.60mm。活体金黄色。体背毛稍长，尖锐。中额平或稍隆，额瘤隆起，内缘外倾。触角 6 节，微显瓦纹，全长 4.00mm；触角毛短粗；节 III 基部 1/3 有小圆形次生感觉圈 4～9 个。喙节 IV+V 粗短，为后足跗节 II 的 0.62～0.75 倍；有次生毛 2 对。腹管基部、中部圆筒状，端部 1/4 收缩，有明显网纹，基部光滑稍显微瓦纹，为尾片的 1.40 倍。尾片长圆锥形，有曲毛 11～14 根。尾板有长毛 27～29 根。

观察标本：1 头无翅孤雌蚜，山西沁水下川，2012.VII.21，No.28589，寄主为黄花菜，刘庆华、唐秀娟采。

生物学：寄主植物为金针菜、萱草等萱草属植物。国外记载原生寄主为省沽油属和野鸦椿属植物。本种在萱草花序上危害。

分布：山西（历山）、北京、河南、甘肃、台湾；日本，朝鲜，印度。

24 黑苞蚜 *Liosomaphis atra* Hille Ris Lambers, 1966

无翅孤雌蚜：体卵圆形，体长 1.80mm，体宽 0.94mm。活体腹部背面有"U"形斑。玻片标本腹部背片 I～VI 中斑与缘斑愈合为"U"形大黑斑。头部光滑，体表粗糙有不规则粗网状纹。中额隆起高于额瘤，额瘤微隆起。触角长为体长的 0.48 倍，原生感觉圈有睫。喙节 IV+V 有次生毛 0 或 1 对。腹管长棒状，中部膨大，两端收缩，端部有 2 或 3 排刻纹，为尾片的 2.10 倍。尾片宽舌状，有毛 5 根。尾板末端圆形，有毛 12～14 根。

观察标本：2 头无翅孤雌蚜，山西历山舜王坪，2012.VII.15，No.28531，刘庆华、唐秀娟采。

生物学：寄主为小檗，在叶背群居。

分布：山西（历山）、新疆；巴基斯坦。

25 小檗苞蚜 *Liosomaphis berberidis* (Kaltenbach, 1843)

无翅孤雌蚜：体卵圆形。活体黄色、黄绿色或橘红色，被薄粉。中额隆起，稍高于额瘤。触角 6 节，全长为体长的 0.50 倍。喙节 IV+V 有次生毛 1 对。腹管中部膨大，端部有 3 或 4 行皱折网，为尾片的 1.57 倍。尾片锥形，近基部 1/3 及近端部 1/6 处各有 1 缢缩，有毛 11 根。尾板有毛 6 根。

观察标本：1 头无翅孤雌蚜，山西翼城大河，2012.VII.12，No.28505，刘庆华、唐秀娟采。

生物学：寄主为黄三刺等小檗属植物。在叶背面取食，无蚂蚁伴生。

分布：山西（历山）、甘肃；挪威，芬兰，英国，德国，瑞士，波兰，俄罗斯，美国，加拿大，新西兰。

26 饰苞蚜 *Liosomaphis ornata* Miyazaki, 1971

无翅孤雌蚜：体卵圆形。活体黄色，体背有大小不等的背斑。玻片标本中、后胸有横斑纹，腹部背片 I～VI 有大型中斑。中额隆起，稍高于额瘤。触角 6 节，为体长的 0.58 倍。喙节 IV+V 有次生毛 1 或 2 对。腹管中近端部 2/3 膨大，端部有 3 或 4 行褶曲纹，为尾片的 2.83 倍。尾片锥形，有毛 7 根。

观察标本：1 头无翅孤雌蚜，山西沁水下川，2012.VII.18，No.28569，刘庆华、唐秀娟采。

生物学：寄主为小檗、黄三刺。在叶背面取食。

分布：山西（历山）、甘肃、青海；日本。

27 短小长管蚜 *Macrosiphoniella brevisiphona* Zhang, 1981

无翅孤雌蚜：体纺锤形，体长 2.40mm，体宽 1.20mm。体背毛长，尖锐。额瘤显著隆起，外倾，额沟弧形或浅"U"形。触角 6 节，细长，有微瓦纹，全长 2.30mm；节 III 有圆形次生感觉圈 6～9 个。喙节 IV+V 尖锥形，为后足跗节 II 的 0.78 倍。腹管长筒形，端部 3/5 有网纹 14～18 行，基部有瓦纹，为尾片的 0.77 倍。尾片长剑形，有长短毛 15～20 根。尾板有毛 16～22 根。生殖板有长刚毛 12 根。

观察标本：1 头无翅孤雌蚜，山西沁水下川，2012.VII.17，No.28550，寄主为菊科植物，刘庆华、唐秀娟采。

生物学：寄主为茵陈蒿等蒿属植物。在幼叶背面取食。

分布：山西（历山）、辽宁、甘肃、西藏。

28 大尾小长管蚜 *Macrosiphoniella grandicauda* Takahashi *et* Moritsu, 1963

无翅孤雌蚜：体卵圆形，体长 3.74mm，体宽 1.59mm。活体蜡白色，体背有绿色纵斑。体背毛长，钝顶。中额不隆，额瘤隆起外倾，呈 "U" 形。触角 6 节，细长，有瓦纹，全长 4.92mm；节 III 毛长为该节最宽直径的 0.88 倍；节 III 有小圆形次生感觉圈 3～6 个，分布于基部 1/4。喙节 IV+V 尖楔形，为后足跗节 II 的 0.76 倍；有次生毛 3～4 对。腹管长管状，端部 3/5 有网纹，长为尾片的 1.70 倍。尾片宽锥形，有毛 8～15 根。尾板末端圆形，有毛 16～20 根。

观察标本：1 头无翅孤雌蚜，山西沁水下川，2012.VII.17，No.28561，寄主为猪毛蒿，刘庆华、唐秀娟采。

生物学：寄主为野菊和蒿，一般在叶片背面取食。

分布：山西（历山）、辽宁、新疆、福建；日本，朝鲜，韩国，俄罗斯，印度。

29 水蒿小长管蚜 *Macrosiphoniella kuwayamai* Takahashi, 1941

无翅孤雌蚜：体卵圆形，体长 2.40mm，体宽 1.30mm。活体污黄褐色，胸部黄色。体背毛长，尖锐。中额微隆，额瘤隆起外倾。触角 6 节，全长 2.30mm；节 III 小圆形次生感觉圈 3～14 个。喙节 IV+V 细长，剑形，为后足跗节 II 的 0.95 倍；有次生毛 3 对。腹管长筒形，端部 1/2 有网纹，基半部有瓦纹，为尾片的 1.30 倍。尾片长尖圆锥形，从基部 2/5 向端部变细，有长毛 12 根。尾板有长毛 21～28 根。生殖板有毛 24～36 根。

有翅孤雌蚜：体长卵形，体长 2.40mm，体宽 0.90mm。触角节 III 有大小圆形次生感觉圈 22～27 个，分布于全长。其他特征与无翅孤雌蚜相似。

观察标本：1 头无翅孤雌蚜，山西翼城大河，2012.VII.14，No.28523，寄主为蒿，刘庆华、唐秀娟采；1 头无翅孤雌蚜和 1 头有翅孤雌蚜，山西翼城大河，2012.VII.12，No.28502，寄主为蒿，刘庆华、唐秀娟采；1 头无翅孤雌蚜和 1 头有翅孤雌蚜，山西沁水下川，2012.VII.16，No.28539，寄主为蒿，刘庆华、唐秀娟采。

生物学：寄主植物为蒙古蒿、艾蒿、白蒿、黄蒿和水蒿。7～8 月发生较多，集中在嫩梢取食。

分布：山西（历山）、黑龙江、吉林、辽宁、北京、河北、陕西；日本，朝鲜，俄罗斯。

30 艾小长管蚜 *Macrosiphoniella yomogifoliae* (Shinji, 1924)

无翅孤雌蚜：体长卵形，体长 3.00～3.41mm，体宽 1.60～1.70mm。体背毛粗长，尖锐。中额不隆，额瘤明显，外倾。触角 6 节，全长 3.10mm；节 III 基部有小圆形次生感觉圈 4 或 5 个。喙节 IV+V 尖楔状，为后足跗节 II 的 1.06 倍；有次生毛 3 对。腹管长筒状，端部 1/2 有网纹，为尾片的 0.76～0.86 倍。尾片长圆锥形，近基部 1/3 稍缢缩，近端部 1/3 稍膨大，有毛 26～31 根。尾板有毛 13～17 根。生殖板有毛 12 根。

观察标本：1 头无翅孤雌蚜，山西沁水下川，2012.VII.16，No.28538，寄主为蒿，刘庆华、唐秀娟采。

生物学：寄主植物为亚洲蒿、暗绿蒿、蒙古蒿、艾、黄蒿和菊等。在叶片取食。

分布：山西（历山）、吉林、辽宁、北京、甘肃、新疆、浙江、福建、台湾、四川、贵州；日本，朝鲜，韩国，俄罗斯，越南，马来西亚，印度。

31 月季冠蚜 Myzaphis rosarum (Kaltenbach, 1843)

无翅孤雌蚜：体细长卵形，体长 2.00mm，体宽 0.85mm。活体黄绿色。体背毛短钝。中额隆起呈长方瘤状；额瘤稍隆，低于中额，额上缘有小突起。触角 6 节，全长 0.85mm。喙节 IV+V 粗短，为后足跗节 II 的 0.77 倍；有次生毛 2 对。腹管长筒形，端部 1/3 膨大，顶端稍收缩，微显瓦纹，为尾片的 1.70 倍。尾片短圆锥状，有毛 5 或 6 根。尾板有毛 8～10 根。

观察标本：1 头无翅孤雌蚜，山西翼城大河，2012.VII.13，No.28521，寄主为月季，刘庆华、唐秀娟采。

生物学：寄主植物为月季、玫瑰等蔷薇属植物。在嫩梢、叶片、花蕾及嫩茎上取食。国外记载其次生寄主为委陵菜属植物。危害幼叶。

分布：山西（历山）、辽宁、内蒙古、北京、甘肃、青海、新疆、贵州、云南；日本，新西兰，欧洲，北美洲。

32 桃蚜 Myzus persicae (Sulzer, 1776)

无翅孤雌蚜：体卵圆形，体长 2.20mm，体宽 0.94mm。活体淡黄绿色、乳白色，有时赭赤色。体背毛粗短，尖锐。中额微隆起，额瘤显著，内缘圆形，内倾。触角 6 节，全长 2.10mm。喙节 IV+V 为后足跗节 II 的 0.92～1.00 倍。腹管圆筒形，向端部渐细，有瓦纹，为尾片的 2.30 倍。尾片圆锥形，近端部 2/3 收缩，有曲毛 6 或 7 根。尾板有毛 8～10 根。生殖板有短毛 16 根。

有翅孤雌蚜：体长 2.20mm，体宽 0.94mm。活体头部、胸部黑色，腹部淡绿色。触角 6 节，节 III 有小圆形次生感觉圈 9～11 个，在外缘排成 1 行。其他特征与无翅孤雌蚜相似。

观察标本：1 头无翅孤雌蚜和 1 头有翅孤雌蚜，山西沁水下川，2012.VII.16，No.28544，寄主未知，刘庆华、唐秀娟采。

生物学：寄主植物为桃、李、杏、萝卜、白菜、辣椒、茄、苋菜、打碗花、花生、燕麦、板蓝根、岩白菜（温室）、鸡冠花、毛叶木瓜、茼蒿叶、刺菜、蜡梅、山楂树、曼陀罗、大豆、指甲花、牵牛、苦荬菜、莴笋、独行菜、番茄、天女木兰、山荆子、列当（温室）、人参、红蓼、月季、瓜叶菊（温室）、芝麻、白芥子、龙葵、马铃薯、高粱、丁香、夜来香、大果榆、鸡树条。其他地区记载的寄主植物有甘蓝、油菜、芥菜、芜青、花椰菜、烟草、枸杞、棉、蜀葵、甘薯、蚕豆、南瓜、甜菜、厚皮菜、芹菜、茴香、菠菜、三七和大黄等多种经济植物和杂草。

桃蚜是多食性蚜虫，是常见多发害虫，是桃、李、杏等的重要害虫。蚜虫排泄的蜜露滴在叶上，诱致煤病，影响桃的产量和品质。桃蚜也是烟草的重要害虫，又名烟蚜，烟株幼嫩部分受害后生长缓慢，甚至停滞，影响烟叶的产量和品质。十字花科蔬菜、油料作物芝麻、油菜及某些中草药也常遭受桃蚜的严重危害。温室中多种栽培植物也常严重受害，所以又叫温室蚜虫。桃蚜还能传播农作物多种病毒病。

分布：全国广布；欧洲，亚洲，澳大利亚，非洲，北美洲，南美洲广布。

33 荻草谷网蚜 Sitobion miscanthi (Takahashi, 1921)

无翅孤雌蚜：体长卵形，体长 3.10mm，体宽 1.40mm。活体草绿色至橙红色，头部灰绿色，腹部两侧有不甚明显的灰绿色斑。体背毛粗短，钝顶。中额稍隆，额瘤显著外倾。触角 6 节，全长 2.70mm；节 III 基部有小圆形次生觉圈 1～4 个。喙节 IV+V 圆锥形，为后足跗节 II 的 0.77 倍，有次生毛 2 对。腹管长圆筒形，端部 1/4～1/3 有 13～14 行网纹。尾片长圆锥形，近基部 1/3 处缢缩，有曲毛 6～8 根。尾板有长短毛 6～10 根。生殖板有毛 14 根，包括前部毛 1 对。

观察标本：1 头无翅孤雌蚜，山西沁水下川，2012.VII.18，No.28579，寄主为玉米，刘庆华、唐秀娟采。

生物学：寄主为白羊草、马唐、画眉草、红蓼、高粱、狼毒、荻、玉蜀黍、普通小麦、大麦、燕麦和莜麦等禾本科植物。可在叶、穗上危害，使旗叶出现黄纵斑。

分布：山西（历山）、黑龙江、吉林、辽宁、内蒙古、北京、天津、河北、陕西、宁夏、甘肃、青海、新疆、浙江、福建、台湾、广东、四川；斐济，澳大利亚，新西兰，美国，加拿大。

34 白苏长管蚜 Sitobion perillae Zhang, 1988

无翅孤雌蚜：体纺锤形，体长 2.50mm，体宽 1.10mm。活体白色或淡黄色，体缘明显有宽纵带黑斑纹。玻片标本胸部各节背板及至腹部背片 VI 沿体缘有呈"U"形黑斑。体背毛粗大，钝顶。中额平；额瘤隆起，内缘圆形，内倾呈"U"形。触角 6 节，全长 3.37mm；触角毛短、头状；节 III 有圆形次生感觉圈 5～13 个。喙节 IV+V 楔状为后足跗节 II 的 1.10 倍，有次生毛 4～5 对。腹管长管状，端部 1/10 有 6～9 行网纹。尾片长锥形，有粗曲毛 8 或 9 根。尾板有毛 12～18 根。生殖板有钉毛状毛 12 根。

观察标本：1 头无翅孤雌蚜，山西沁水下川，2012.VII.16，No.28541，寄主为紫苏，刘庆华、唐秀娟采；1 头无翅孤雌蚜，山西沁水下川，2012.VII.17，No.28563，寄主为紫苏，刘庆华、唐秀娟采。

生物学：寄主为白苏子、野苏子等紫苏属和香薷属植物，在嫩茎上的叶片背面群居。

分布：山西（历山）、辽宁、北京、河北；朝鲜，韩国。

35 蓼三尾蚜 Tricaudatus polygoni (Narzikulov, 1953)

无翅孤雌蚜：体卵圆形，体长 1.22mm，体宽 0.50mm。活体黄色。腹背片 VII 及 VIII 有一个半圆形突起，有毛 2 根。中额显著隆起，呈长方形冠状，额瘤隆起，外倾。触角节 I 内缘向内稍凸起；长为体长的 0.56 倍。喙节 IV+V 端部较钝，次生毛不显。腹管管状，近端部 2/3 膨大，为尾片的 1.67 倍。尾片长锥状，有毛 9～14 根。尾板半圆形，有毛 14～16 根。

观察标本：1 头无翅孤雌蚜，山西历山舜王坪，2012.VII.15，No.28528，刘庆华、唐秀娟采。

生物学：国内寄主未知，国外记录寄主为蓼属及绣线菊属植物。在叶背面取食。

分布：山西（历山）、甘肃、台湾；日本，朝鲜，俄罗斯，印度，印度尼西亚。

36 莴苣指管蚜 Uroleucon formosanum (Takahashi, 1921)

无翅孤雌蚜：体纺锤形，体长 3.30mm，体宽 1.40mm。活体土黄色，稍显红黄褐色至紫红色。体背毛粗，顶端钝圆形。中额不显，额瘤隆起外倾，呈"U"形。触角 6 节，细长，全长 3.40mm；节 III 有呈指状突出的小次生感觉圈 76～123 个。喙节 IV+V 与后足跗节 II 约等长。腹管长管状，基部宽，向端部渐细，端部 1/3 有 16～24 行网纹。尾片长圆锥状，有长短毛 18～25 根。尾板有长毛 16～21 根。

观察标本：1 头无翅孤雌蚜，山西翼城大河，2012.VII.14，No.28522，寄主为大蓟，刘庆华、唐秀娟采。

生物学：寄主植物为莴苣、苦菜、丝毛飞廉、败酱、菠菜、蒲公英、泥胡菜、滇苦菜、苦荬菜和苦苣菜等。群集嫩梢，花序及叶反面，遇震动，易落地。

分布：山西（历山）、吉林、辽宁、内蒙古、北京、天津、河北、山东、江苏、江西、四川、福建、台湾、广东、广西；日本，朝鲜，俄罗斯。

37 红花指管蚜 *Uroleucon gobonis* (Matsumura, 1917)

无翅孤雌蚜：体纺锤形，体长 3.60mm，体宽 1.70mm。活体黑色。体背毛粗，顶端钝，稍长。额瘤显著外倾，内缘稍隆。触角 6 节，全长 3.30mm；节 III 有小圆形突起次生感觉圈 35～48 个，分散于基部 4/5 外侧。喙节 IV+V 为后足跗节 II 的 1.20 倍；有次生毛 6 根。腹管长圆筒形，基部粗大，向端部渐细，端部 1/4 有网纹，为尾片的 1.80 倍。尾片圆锥形，基部 1/4 处稍收缩，有曲毛 13～19 根。尾板有毛 8～14 根。生殖板有毛 14～18 根。

观察标本：1 头无翅孤雌蚜，山西翼城大河，2012.VII.13，No.28509，寄主为菊科植物，刘庆华、唐秀娟采。

生物学：寄主植物为牛蒡、薇术、红花、关苍术和苍术等中草药用植物，以及水飞蓟和刺菜等蓟属植物。本种是中草药红花、牛蒡及苍术的重要害虫。严重危害红花时，蚜虫盖满叶背面、嫩茎及花轴，甚至老叶背面，遇震动常坠落地面。

分布：山西（历山）、黑龙江、吉林、辽宁、北京、天津、河北、山东、河南、陕西、宁夏、甘肃、新疆、江苏、浙江、福建、台湾；日本，朝鲜，韩国，俄罗斯，印度尼西亚，印度。

参 考 文 献

姜立云, 乔格侠, 张广学, 等, 2011. 东北农林蚜虫志(昆虫纲 半翅目 蚜虫类)[M]. 北京: 科学出版社.

乔格侠, 张广学, 钟铁森, 2005. 中国动物志 昆虫纲 第41卷 同翅目 斑蚜科[M]. 北京: 科学出版社.

陶家驹, 1990. 台湾蚜虫志[M]. 台北: 台湾博物馆杂志社.

陶家驹, 1999. 中国蚜虫总科(同翅目)名录[Z]. 台湾: 台湾省农业实验所.

张广学, 钟铁森, 1983. 中国经济昆虫志 第25册 同翅目 蚜虫类(一)[M]. 北京: 科学出版社.

张广学, 1999. 西北农林蚜虫志[Z]. 北京: 中国环境科学出版社.

Blackman R L, Eastop V F, 2000. Aphids on the World's Crops: An Identification and Information Guide[M]. Chichester: John Wiley & Sons, Ltd.

Blackman R L, Eastop V F, 2006. Aphids on the World's Herbaceous Plants and Shrubs[M]. Chichester: John Wiley & Sons, Ltd.

Blackman R L, Eastop V F, 1994. Aphids on the World's Trees: An Identification and Information Guide[M]. Wallingford: CAB International in association with the Natural History Museum.

Miyazaki M, 1971. A revision of the tribe Macrosiphini of Japan (Homoptera, Aphidinae)[J]. Insecta Matsumurana, 34(1): 1-247.

Aphididae

Jiang Liyun　Liu Qinghua　Tang Xiujuan　Qiao Gexia

(Key Laboratory of Zoological Systematics and Evolution, Institute of Zoology, Chinese Academy of Sciences, Beijing, 100101)

The present research includes 27 genera and 37 species of Aphididae. The species are distributed in Lishan National Nature Reserve of Shanxi Province.

仰蝽科*Notonectidae

李敏

（太原师范学院生物系，太原，030031）

体小型至中型，体长 3.8～18.0mm。体向后渐缩狭，较细长，呈流线型。体白色、乳白色或具蓝色斑。终生以背面向下、腹面向上的姿势生活。身体背面纵向隆起，呈船底状。腹部腹面凹入，具 1 纵中脊。

复眼大；触角 3 或 4 节；喙短；前翅膜片无翅脉。前、中足变形不大，跗节 2 节，但第 1 节短小，爪 1 对，发达；后足长，为桨状游泳足，端部爪退化，胫节及跗节具长缘毛，跗节 2 节。腹部中脊两侧下凹的区域两侧覆有长毛，形成储气空间。雄虫生殖节两侧对称或略不对称，内阳茎成细长的膜质管状构造，可有各种囊突。产卵器有不同程度的退化，较发达的种类可见片状的产卵瓣。雌虫有发达的多次盘旋的受精囊。

多生活于静水池塘、湖泊或溪流中水流缓慢的水中，为常见的水生异翅类。静息时，常以前足和中足攀附于水生植物上，捕食性强。

本科世界已知 40 属 393 种，中国记录 4 属 32 种，山西历山国家级自然保护区采到 1 属 2 种。

大仰蝽亚科 Notonectinae

中国记录属检索表

1 中足腿节近端部具 1 枚大的针突；触角 4 节；中足跗节 2 节...2
- 中足腿节近端部无针突；触角 3 节；中足跗节只有 1 节...........................细仰蝽属 Nychia
2 前胸背板前侧缘具有肩窝 ....粗仰蝽属 Enithares
- 前胸背板前侧缘无肩窝 ....大仰蝽属 Notonecta

1 碎斑大仰蝽 Notonecta montandoni Kirkaldy, 1897

体色呈深红褐色。头、前胸背板前缘橙黄色。复眼黑色。前胸背板中部具褐红色斑；后缘宽大，黑色，具光泽。小盾片黑色。前翅鞘质部分橘红色，中后部常具有许多黑色碎斑。膜片黑色。头顶前缘宽度：顶缩=5：2。背面观，头长于前胸背板1/2。前胸背板侧缘近直角，前半部略凸出；侧缘侧面观，稍向上卷曲，但低于肩角突出。盾片略长于前胸背板；膜片前后裂片等长。雄虫前足转节无钩或齿；中足转节基部几乎呈直角；中足腿节端部腹面具 1 枚齿。雄虫生殖囊腹面端部具 1 细长且呈指状突起物，后叶尖细，尾向平截。左右抱器对称，抱器端部膨大，末端尖。

观察标本：2♂，山西沁水东川，2013.VII.26，李敏、元旭东采。

分布：山西（历山）、河北、山东、江苏、安徽、浙江、湖北、江西、湖南、广西、重庆、四川、贵州、西藏；日本，印度，缅甸。

* 国家自然科学基金资助项目（批准号：31501840）；山西省高等学校科技创新项目。

2 中华大仰蝽 *Notonecta chinensis* Fallou, 1887

体色呈红黄色。头、前胸背板浅褐黄色。头侧接缘呈绿色。小盾片黑色。前翅红黄色或红褐色，具 1 条呈波浪形蓝黑带，有的个体呈分散的斑纹，从爪片接合缝延伸到前翅前缘。

头顶前缘宽度：顶缩为 13：3；头长于前胸背板 4/7；前胸背板侧缘呈波曲状，前角稍突。小盾片稍长于前胸背板。膜片前裂片等长于后裂片。雄虫前足转节中央具 1 枚尖齿；中足转节基部呈角状突起。雄虫生殖囊腹面端部呈 1 短突状，后叶粗短，尾向尖粗。左右抱器对称，呈锤状。

观察标本：2♀，山西翼城大河，2013.VII.29，李敏、亓旭东采。

分布：山西（历山、太原）、辽宁、北京、天津、河北、山东、河南、陕西、江苏、安徽、浙江、湖北、江西、湖南、福建、广东、广西、四川、贵州、云南；日本。

参 考 文 献

刘国卿, 郑乐怡, 1989. 中国大仰蝽属(*Notonecta* L.)种类记述[J]. 南开大学学报, 4: 57-62.

刘国卿, 郑乐怡, 1991. 中国仰蝽科昆虫名录(半翅目)[M]//天津自然博物馆丛刊编辑部. 天津自然博物馆论文集. 北京: 海洋出版社: 43-44.

刘国卿, 2009. 仰蝽总科[M]//刘国卿, 卜文俊. 河北动物志(半翅目: 异翅亚目). 北京: 中国农业科学技术出版社.

任树芝, 刘国卿, 李传仁, 1993. 湖北省仰蝽及划蝽科昆虫(半翅目)[J]. 南开大学学报(自然科学): 91-94.

Kirkaldy G W, 1897. Aquatic Rhynchota: Descriptions and notes. No.1[J]. Annals and Magazine of Natural History, 20(6): 52-60.

Hoffmann W E, 1933. A preliminary list of the aquatic and semi-aquatic Hemiptera of China, Chosen (Korea) and Indo-China[J]. Lingnan Science Journal, 12: 243-258.

Walker F, 1873. Catalogue of the species of Hemiptera: Heteroptera in the collection of the British Museum[J]. London: British Museum (Natural History), 8: 1-220.

Notonectidae

Li Min

(Department of Biology, Taiyuan Normal University, Taiyuan, 030031)

The present research includes 2 species of Notonectidae, *Notonecta montandoni* Kirkaldy, 1897 and *Notonecta chinensis* Fallou, 1887, which are distributed in Lishan National Nature Reserve of Shanxi Province.

猎蝽科 Reduviidae

张利娟　宋凡　王建赟

(中国农业大学农学与生物技术学院，北京，100193)

体小到大型。头分前后两叶，常具颈，口器为刺吸式，喙可见节多为 3 节，复眼大，常具单眼 1 对，触角通常 4 节。前翅膜区 M 脉和 Cu 脉形成两个大翅室。前足为捕捉足，通常前足、中足胫节端部具海绵窝，足跗节 3 节，具 1 对爪。腹部通常卵圆形，雄性腹部

第 9 节为生殖节，通常骨化，和退化的第 8 节缩在第 7 节中。雌性产卵器简单，具 3 对产卵瓣。

猎蝽多为捕食性昆虫，个别种类为血食性或粪食性。通常产卵块于石块、树皮等处，孵化后聚集在卵块附近，随后逐渐分散。猎蝽多分布于气温较高的低海拔地区，少数种类具雌雄二型现象。

世界性分布，目前世界已知 6800 余种，中国记录 420 余种，山西历山自然保护区采到 6属 7 种。

分属检索表

1 触角端节膨大，前足股节叶状扩展，胫节高度特化，小盾片顶端稍尖或窄圆形（螳瘤猎蝽亚科 Macrocephalinae）...螳瘤猎蝽属 Cnizocoris
- 触角端节正常，前足股节圆柱状，胫节正常，小盾片三角形...2
2 前胸背板中部之后具横缢...盗猎蝽属 Peirates
- 前胸背板中部之前具横缢...3
3 触角基后方各具 1 显著的突起或刺，前胸背板具侧角刺，中部具显著的突起或刺.............
....素猎蝽属 Epidaus
- 触角基后方不具刺或突起，前胸背板侧角钝圆，中部不具明显的突起或刺.....................4
4 触角第 1 节短，不长于或约等于头长...土猎蝽属 Coranus
- 触角第 1 节长，长于头长...5
5 前胸背板前叶长于后叶的 1/2，前胸背板后叶前部中纵沟不显著，也不鼓起；后缘在小盾片前方平直，后角显然伸出...瑞猎蝽属 Rhynocoris
- 前胸背板前叶不长于后叶的 1/2，前胸背板后叶中央凹陷形成宽阔纵沟；后缘通常平直，或向内弧形弯曲，后角不显著...猛猎蝽属 Sphedanolestes

1 黄纹盗猎蝽 Peirates atromaculatus (Stål, 1871)

体长 12.5～13.5mm。黑色，光亮。复眼黄褐色至黑色；前翅革片中部具纵走黄色至红褐色带纹，膜区内室的小斑及外室的大斑均为深黑色；触角第 2～4 节、各足胫节端部及跗节黑褐色。触角第 1 节超过头的前端；喙第 2 节伸过眼的后缘。前胸背板具纵、斜印纹；具短翅型，尤其是雌虫为多；雄虫前翅一般超过腹部末端，雌虫前翅一般不超过腹部末端。

观察标本：2♀，山西沁水下川东峡，2012.VII.25，宋凡采。

分布：山西（历山）、辽宁、北京、山东、河南、陕西、江苏、浙江、湖北、江西、福建、广东、海南、广西、四川、贵州、云南。

2 乌黑盗猎蝽 Peirates turpis Walker, 1873

体长 13.0～15.0mm。黑色光亮，具稀疏细毛。前翅革片大部分黑褐色，爪片中部、革片内域及膜片端部色浅，内、外翅室深黑色。触角第 1 节稍超过头的前端。喙第 1 节短，第 2节稍超过眼的后缘。前胸背板前叶约为后叶长的 2 倍，前叶具纵斜暗条纹，后叶无皱纹。雄虫前翅超过腹部末端，雌虫前翅达腹部第 6 背板端部，有的个体翅短，仅达第 6 背板的中部。雄虫抱器呈叶状。

观察标本：1♂2♀，山西沁水下川富裕河，2012.VII.26，宋凡采。

分布：山西（历山）、北京、山东、河南、陕西、江苏、浙江、湖北、江西、广东、广西、四川、贵州。

3 独环瑞猎蝽 Rhynocoris altaicus Kiritshenko, 1926

体色黑色；触角第 1 节中部，第 4 节端部的大部分黄色；喙、足胫节端部 2/3 黄色；足股节中部和基部各有 1 黄色环斑；腹部主要是红色，背面观，侧接缘端半部黑色；腹部背面中部的第 3、4 节，4、5 节，5、6 节背部连接处及第 7 节基半部 4 个不连续的黑斑，腹部两侧具黑色纵条斑；生殖节黑色；头、胸腹面黄色；腹部腹面侧缘具纵向黑色条带；第 4～6 节腹板中央具浅色黑斑。

观察标本：4♂，山西沁水下川东峡，2012.VII.25，宋凡采；2♀，山西翼城大河南神峪，2012.VII.28，宋凡采。

分布：山西（历山）、内蒙古、北京、河北、山东、河南、陕西、宁夏。

4 瘤突素猎蝽 Epidaus tuberosus Yang, 1940

体黄褐色至红褐色，不同个体间有变化。触角第 2 节端部，前胸背板侧角刺突，前胸背板中后部 2 瘤突，中后部腹板，中胸侧板前缘，腹部第 1 节腹板大部分黑褐色；腹部侧接缘第 3 节前方 1/3，第 4 节前方 1/5，第 5 节全部，第 6 节前方 2/5 暗红褐色。触角第 1 节，喙第 3 节，前胸背板后叶侧刺突前方侧缘，革片基部，前足股节大部，中后足股节近端部膨突外侧红褐色。前胸背板侧角短刺状，不钝尖；后叶中后部生 2 瘤突；触角后方突起瘤状。雌虫腹部侧接缘略呈菱形扩散。

观察标本：1♂2♀，山西沁水东川，2012.VII.15，张利娟采。

分布：山西（历山）、北京、陕西、浙江、四川。

5 环斑猛猎蝽 Sphedanolestes impressicollis (Stål, 1861)

体中至大型，较粗壮，色斑型变化较大，基本色泽为黑色；喙第 1 节端半部或大部，头部腹面，腹部腹面，侧接缘侧各节端半部或大部分黄色至黄褐色；前胸背板后叶可由全部黄色或淡黄褐色，经黄色具有 2 个小斑，小部分区域为黑色，大部分区域为黑色变化至全部为黑色。头部较细长，复眼较大明显向两侧突出。颈端突发达，短锥状；前胸背板前叶圆鼓，两侧中央各具 1 个明显的小瘤突，后叶中央纵沟较宽深，侧角钝圆，后缘略凹。

观察标本：2♀，山西翼城大河黑龙潭，2012.VII.18，张利娟采。

分布：山西（历山）、辽宁、北京、山东、河南、陕西、甘肃、江苏、安徽、湖北、浙江、江西、湖南、福建、广东、广西、重庆、四川、贵州、云南。

6 大土猎蝽 Coranus dilatatus (Matsumura, 1913)

体大型，黑色。前胸背板后叶、前翅、小盾片两侧深红褐色；触角基部黑色，第 2 节深褐色，第 3～5 节浅褐色；腹部腹面黑色，第 3～7 节腹板两侧前缘具 1 个浅色小横斑，其各节两侧中部各有 1 个光秃淡斑，侧接缘各节端部 1/4～1/3 浅黄色。前胸背板前叶两侧圆鼓，具云形刻纹，中央具宽深纵沟；后叶较长，具粗糙刻点及皱纹，侧角宽圆形，后缘成弧形向内弯曲，附近带黑色。小盾片中央纵脊，后端宽阔，呈盾圆形向上翘起。股节略呈结节状，端部细缩。

观察标本：1♂，无翅型，山西翼城大河南神峪，2012.VII.28，宋凡采；1♀，无翅型，山西翼城大河，2012.VII.28，宋凡采。

分布：山西（历山）、黑龙江、内蒙古、北京、河北、河南、陕西、宁夏。

7 中国螳瘤蝽 Cnizocoris sinensis Kormilev, 1957

体长约 9mm，体呈椭圆形。雄虫窄椭圆形，棕褐色，头及触角第 1 节背面、第 4 节端半部、前胸背板侧角、小盾片基部中央斑、侧接缘各节后角、第 4 腹节全部及腹部末端背面黑色；前胸背板前叶基部中央及后叶两条纵脊通常棕黑色。雌虫较大，腹部卵圆形，棕褐色，头背面两侧、触角第 1 节外侧及前胸背板侧角末端，侧接缘各节后角及第 4 腹节全部，常棕黑色至黑色。前胸背板六边形，前角尖，中域有 2 条显著纵脊。

观察标本：1♂1♀，山西沁水东川，2012.VII.24～25，宋凡采；1♂，山西沁水下川富裕河，2012.VII.25，宋凡采；2♂1♀，山西沁水下川东峡，2012.VII.14，张利娟采；7♂3♀，山西翼城大河，2012.VII.29～30，宋凡采；1♂2♀，山西翼城大河黑龙潭，2012.VII.17，张利娟采；1♂1♀，山西沁水下川西峡，2012.VII.26，宋凡采；2♂1♀，山西翼城大河，2012.VII.20，张利娟采；2♀，山西翼城大河南神峪，2012.VII.28，宋凡采；

分布：山西（历山）、内蒙古、北京、河北、陕西。

参 考 文 献

彩万志, 1992. 中国猎蝽科的生物学、形态学及分类学[D]. 杨凌: 西北农业大学.

萧采瑜, 等, 1981. 中国蝽类昆虫鉴定手册(第二册)[M]. 北京: 科学出版社.

赵萍, 2007. 中国真猎蝽亚科分类研究(异翅亚目: 猎蝽科)[D]. 北京: 中国农业大学.

Reduviidae

Zhang Lijuan　　Song Fan　　Wang Jianyun

(Department of Entomology, China Agricultural University, Beijing, 100193)

Six genera and 7 species of Reduviidae are reported in the Lishan National Nature Reserve of Shanxi Province.

盲蝽科 Miridae

刘琳　　刘国卿

（南开大学昆虫学研究所，天津，300071）

体中小型。无单眼（除树盲蝽亚科 Isometopinae 外）。触角 4 节。中胸盾片常部分外露。爪片接合缝明显，前缘裂（或楔片缝）发达，具楔片及缘片。各足基节圆锥形，各足跗节 2 或 3 节。雄生殖囊两侧不对称，但生殖前节两侧对称；左右阳基侧突形状不同。雌虫产卵器针状，发达。

世界已知超过 11 020 种（Gassis and Schuh, 2012），世界性分布，山西历山自然保护区记录 3 亚科 6 属 13 种。

齿爪盲蝽亚科 Deraeocorinae

1 艳盾齿爪盲蝽 *Deraeocoris (Deraeocoris) ventralis* Reuter, 1904

体长椭圆形，黑色，被浅色半直立短毛及黑色刻点。头平伸，稍下倾，黑色，光亮，被稀疏浅色短毛，后缘具横脊，横脊前方有 1 黄色窄横斑。触角被浅色半直立短毛，单一黑色，唇基黑色，喙黑色，伸达后足基节前缘。前胸背板黑色，被浅色半直立短毛及黑色刻点。领黑色，密被粉状绒毛。脏黑色，光亮，左右相连，稍突出。小盾片橙色、黄白色或黑色，被浅色半直立短毛，无刻点，光滑，自基部有扩散黑斑或无。半鞘翅黑色，被浅色半直立短毛及黑色刻点。足黑色，胫节近基部、中部各有 1 橙色环。腹部腹面黑色，密被浅色半直立绒毛。臭腺沟缘黄白色。

观察标本：6♂14♀，山西沁水下川，2013.VII.10，刘琳、李秀荣采。

分布：山西（历山）、黑龙江、内蒙古、河北、新疆；朝鲜半岛，俄罗斯（远东地区）。

2 斑楔齿爪盲蝽 Deraeocoris (Deraeocoris) ater Jakovlev, 1889

体椭圆形，橙黄色至黑褐色，光亮，无毛，具褐色深刻点。头平伸，后缘前方有 2 个橙色斑，有时该斑达头顶大部；后缘具横脊。触角被浅色半直立短毛。喙黑褐色，伸达后足基节前缘。前胸背板稍前倾，黑褐色，有时具橙色斑，密被褐色深刻点。脏褐色，光亮，稍突出。小盾片稍隆起，具同色稀疏刻点。半鞘翅黑褐色至橙黄色，具褐色深刻点；缘片及楔片几无刻点；楔片基部黄白色至橙红色，端部通常为褐色。腿节红褐色；胫节红褐色，亚基部有 1 黄褐色窄环，端部 1/2 黄褐色，末端红褐色；跗节及爪红褐色。腹部腹面黑褐色，密被浅色半直立绒毛。臭腺沟缘黄白色。

观察标本：21♂11♀，山西沁水下川，1575m，2013.VII.9/12/14，刘琳等采。

分布：山西（历山）、黑龙江、内蒙古、北京、陕西、宁夏、甘肃、青海、江苏、湖北；日本，俄罗斯（远东地区）。

3 黑食蚜齿爪盲蝽 Deraeocoris (Camptobrochis) punctulatus (Fallén, 1807)

体椭圆形，光亮，被细密刻点，黄褐色。头顶黄褐色，光亮，具纵走的黑褐色斑，斑不伸达头顶后缘横脊。触角红褐色，被浅色半直立短毛，雌虫触角第 2 节向端部稍加粗。唇基黑色，中纵线黄色，喙红褐色，伸达中胸腹板中部。前胸背板中纵线两侧及半鞘翅革质部具黑色大斑。小盾片黄褐色，光亮，具黑色刻点，中纵线两侧各有 1 黑褐色大斑。足黄褐色，腿节具不规则黑褐色斑；胫节基部、近中部、端部各有 1 黑褐色环；跗节端部及爪黑褐色。臭腺沟缘黄白色。

观察标本：20♂14♀，山西沁水下川，1575m，2013.VII.9～14，刘琳、张佳庆、李秀荣采。

分布：山西（历山）、黑龙江、内蒙古、北京、天津、河北、山东、河南、陕西、甘肃、宁夏、新疆、浙江、四川；伊朗，日本，俄罗斯（西伯利亚），土耳其，瑞典，德国，捷克，法国，意大利。

4 东方齿爪盲蝽 Deraeocoris (Camptobrochis) pulchellus (Reuter, 1906)

体椭圆形，褐色至黑褐色，光亮，无被毛，具同色刻点。头黑褐色，中纵线有黄色纵斑，头顶中央具 1 黄色斑点，后缘具横脊。触角黑褐色，被浅色半直立短毛。喙黑褐色，伸达中足基节前缘。前胸背板黑褐色，后缘、两脏间及前侧角有黄色不规则斑；密被同色刻点。脏光滑，稍突出。小盾片黑褐色，侧缘及顶角黄色，顶角的黄色斑有时沿中纵线延伸，具褐色粗大刻点。半鞘翅黑褐色，光亮，密布同色刻点；缘片及楔片几无刻点；楔片黑褐色，基部外侧角及内侧缘中部各有 1 黄白色斑点。腿节黑褐色，近端部及末端各有 1 黄褐色环；胫节黄褐色，具褐色环。腹部腹面黑褐色。臭腺沟缘黄白色。

观察标本：27♂30♀，山西沁水下川，2013.VII.9～14，刘琳、张佳庆、李秀荣采。

分布：山西（历山）、黑龙江、吉林、河北、陕西、甘肃、新疆、四川、贵州；朝鲜，日本。

叶盲蝽亚科 Phylinae

5 远东斜唇盲蝽 Plagiognathus collaris (Matsumura, 1911)

体长椭圆形。完全黑色或头和前胸背板黑色，半鞘翅灰褐色，体表光滑具光泽。被半倒伏的黑色刚毛。头相对较小，半垂直。额区光滑圆隆。小颊黑色，被黑褐色长毛。触角完全黑色或端部 2 节颜色较浅，黑褐色，被金褐色短毛。前胸背板梯形，毛被均一，胝微鼓。中胸盾片外露部分较宽。半鞘翅黑色或棕褐色，被毛均匀。足大致黄色；腿节具不规则的黑斑；胫节刺黑色。雄虫阳茎端粗大，两端突几等长，上方的 1 枚基部明显加宽。

观察标本：6♂5♀，山西沁水下川，2013.VII.10，刘琳、张佳庆、李秀荣采。

分布：山西（历山）、黑龙江、吉林、内蒙古、河北、宁夏、甘肃、新疆、湖北、四川；日本，俄罗斯。

6 黑蓬盲蝽 Chlamydatus pullus (Reuter, 1870)

体小，椭圆形，长翅型。体色单一，黑色。毛易脱落，金褐色，具光泽。头垂直，光滑，被稀疏毛。眼黑褐色，侧面观，占据整个头高。触角黑色，第 1 节短，基部缢缩；第 2 节向端渐粗，毛金色。喙黑褐色，伸达后足基节前缘。前胸背板微前倾，黑色，表面平整，后缘微向前凹。中胸盾片外露部分窄，条形。半鞘翅光滑，具光泽，毛金褐色。腿节端部为黄色宽环，其余部分褐色，后足腿节粗大。胫节棕黄色，基部无暗色斑，胫节刺黑色，刺基具黑斑。跗节黑褐色。爪黑色，端部弯曲。

观察标本：1♂，山西沁水下川，2013.VII.9，刘琳、李秀荣采。

分布：山西（历山）、黑龙江、吉林、内蒙古、北京、天津、河北、山东、河南、陕西、宁夏、新疆；伊朗，芬兰，丹麦，俄罗斯，德国，英国，西班牙，意大利，加拿大。

盲蝽亚科 Mirinae

7 西伯利亚草盲蝽 Lygus sibiricus Aglyamzyanov, 1990

体椭圆形，相对较宽，污黄色。头污黄色，额头顶区具 1 对黑纵带纹；唇基具 1 中纵黑带纹；触角第 1 节腹面有 1 黑纵带纹。喙长，伸达后足基节末端或略伸过之。前胸背板底色较深，胝外缘具 1 黑斑，胝后具条状黑带，可伸达盘域中部，其后并可延长成较淡的暗带伸达后缘，后侧角具黑斑，后缘区全长色暗。盘域刻点深而稀疏。小盾片具 4 条黑纵带；革片后部具形状不规则的黑斑，革片外侧褐色点稀疏。缘片最外缘黑色。楔片具浅刻点及淡色密短毛，基外角及端角黑，最外缘基部 1/3 黑色。膜片烟色。后足腿节端段具 2 深色环，后足胫节基部具黑斑。

观察标本：23♂31♀，山西沁水下川，1575m，2013.VII.9～14，刘琳、张佳庆、李秀荣采。

分布：山西（历山）、黑龙江、吉林、内蒙古、河北、陕西、甘肃、四川；朝鲜，蒙古，俄罗斯。

8 棱额草盲蝽 Lygus discrepans Reuter, 1906

体椭圆形，淡污黄褐色，具黑色斑纹。头多为一色；头顶宽于眼。触角第 1 节背面污黄褐色，基部及腹面黑色。喙略伸过后足基节末端。前胸背板胝后各有 1 黑斑；后侧角有 1 黑斑；后域有 1 对宽黑横带。盘域刻点深密，色略深于底色。前胸侧板具黑斑或无。小盾片黑斑"W"形。爪片布满黑色碎斑，成斑驳状；革片基部大半散布黑色碎斑，后部则散布较大的形状不规则的黑斑；革片大部（包括后部）的刻点密。缘片外缘黑色。楔片基部黑色范围大，端角黑斑较大，内缘常红，最外缘基部 2/5～1/2 黑色。腿节黑斑可连成纵带，端段具 2～3 条褐环。胫节基部具 2 黑褐色斑。

观察标本：85♂94♀，山西沁水下川，1575m，2013.VII.9～14，刘琳、张佳庆、李秀荣采。

分布：山西（历山）、河北、陕西、宁夏、甘肃、四川、云南。

9 四点苜蓿盲蝽 Adelphocoris quadripunctatus (Fabricius, 1794)

雄虫狭椭圆形，雌虫体较短宽。干标本淡灰绿或榄灰色。头淡色。触角第 2 节向端渐深，末端黑褐；第 3、4 节污紫褐，基部 1/6 左右黄白；第 1 节及第 2 节基部大部毛黑色，较密而近平伏；第 2 节端段毛淡色细小。喙伸达中足基节末端。领毛黑色。盘域具 1～2 对黑斑，或完全无斑。小盾片色淡，一色。半鞘翅毛被二型：银白色闪光丝状毛和刚毛状黑色毛，2 种毛均易脱落；刻点浅细均匀，较密。足及体下淡色。阳茎端梳状板小，齿小而密，针突细小。

观察标本：1♂1♀，山西沁水下川，1575m，2013.VII.9，刘琳、张佳庆、李秀荣采。

分布：山西（历山）、黑龙江、辽宁、内蒙古、天津、河北、陕西、宁夏、甘肃、新疆、安徽、四川；欧洲，埃及，俄罗斯（西伯利亚），蒙古。

10 苜蓿盲蝽 Adelphocoris lineolatus (Goeze, 1778)

体两侧较平行。头一色，或头顶中纵沟两侧各具 1 黑褐色小斑；毛同底色，或为淡黑褐色，短而较平伏。触角第 1 节同体色。喙伸达中足基节末端。前胸背板色淡，盘域偏后侧方各具黑色圆斑 1 个，如胝为黑色时，黑斑多大于黑色的胝；盘域毛细短，几平伏；胝前区具短小的闪光丝状平伏毛；小盾片中线两侧多各有 1 对黑褐色纵带，具浅横皱，毛同前胸背板。爪片内半常色加深成淡黑褐色，其中爪片脉处常成黑褐色宽纵带状，内缘全长黑褐色。爪片与革片上毛二型，均较密而相对较短：银色闪光丝状平伏毛显著；刚毛状毛细，淡黄褐色，与底色反差小而不显著。缘片及楔片外缘黑褐色。

观察标本：7♂6♀，山西沁水下川，1575m，2013.VII.9～10，刘琳、张佳庆、李秀荣采。

分布：山西（历山）、黑龙江、吉林、辽宁、内蒙古、北京、天津、河北、山东、河南、陕西、宁夏、甘肃、青海、新疆、浙江、湖北、江西、广西、四川、云南、西藏；古北区广布。

11 小苜蓿盲蝽 Adelphocoris pongghvariensis Josifov, 1978

体短小，体长一般在 8mm 以下。干标本身体黄色成分显著。头部背面常具深浅不一的"X"形褐色斑纹。雄虫额较狭，约与眼宽相等。头顶两侧区长毛显著。头宽与前胸背板后缘宽之比为 1∶1.6 左右。前胸背板盘域刚毛状毛有时淡黑褐色，胝前区大刚毛状毛黑色。爪片与革片刚毛状毛长，略长于触角第 2 节基段直径，半平伏。

观察标本：1♀，山西沁水下川，2013.VII.10，刘琳、李秀荣采。

分布：山西（历山）、黑龙江、吉林、河北、山东、浙江、江西；朝鲜。

12 绿后丽盲蝽 Apolygus lucorum (Meyer-Dür, 1843)

体椭圆形。淡绿色，具光泽。头垂直；唇基末端黑色。头顶光滑，相对略宽。后缘脊完整。触角同体色，第 2 节端部和第 3、4 节均为黑褐色，喙伸达后足基节。前胸背板领较细。胝光滑而低，周缘不明显；盘域后缘中段几直，刻点较密。小盾片一色，少数个体末端色深；具浅横皱。半鞘翅黄绿；缘片外缘微拱，侧面观同色；革片端部内角与楔片内角有时为黑褐色。膜片烟色，内缘处色常深。腹面、足和喙同体色。后足腿节端部有 2 个褐色环，胫节刺黑色，基部无深色小点斑，跗节第 3 节端部黑褐色。

观察标本：28♂34♀，山西沁水，1575m，2013.VII.10～14，刘琳、张佳庆、李秀荣采。

分布：山西（历山）、黑龙江、吉林、河北、陕西、宁夏、甘肃、河南、湖北、江西、湖南、福建、云南；俄罗斯，日本，埃及，阿尔及利亚，欧洲，北美。

13 斯氏后丽盲蝽 Apolygus spinolae (Meyer-Dür, 1841)

体椭圆形，单一绿色，头部垂直，唇基端部黑色。少数个体头顶中央有 1 小凹区，额部有 1 黄褐色纵中线，两侧各有 7～8 条对称的黄褐色横纹。触角黄绿色。喙伸达后足基节末端。前胸背板、小盾片及前翅绿色，仅楔片最末端黑色。膜片透明、色浅，散布少量淡褐色斑，基内角暗褐色。体腹面及足均黄绿色，后足腿节端部有 2 个褐色环；胫节刺黑色，刺基部无深色小斑。

观察标本：6♂10♀，山西沁水下川，2013.VII.10～11，刘琳、张佳庆、李秀荣采。

分布：山西（历山）、黑龙江、北京、天津、河南、陕西、甘肃、浙江、广东、四川；日本，朝鲜，埃及，阿尔及利亚，欧洲。

参 考 文 献

郑乐怡, 吕楠, 刘国卿, 等, 2004. 中国动物志 昆虫纲 半翅目 盲蝽科 盲蝽亚科[M]. 北京: 科学出版社.

Becker A, 1864. Naturhistorische Mitteilungen[J]. Bulletin de la Societe des Naturalistes de Moscou, 37(9): 477-493.

Fabricius J C, 1777. Genera insectorum eorumque characteres naturales secundumnumerum figuram situm et proportionem omnium partium oris adjecta mantissa specierumnuper detectarum[M]. Chilonii: Litteris Nuch. Friedr. Bartschii.

Fallén C F, 1807. Monographia Cimicum Sveciae[M]. Hafniae: Christian Gottlob Proft.

Gassis G, Schuh R T, 2012. Systematics, Biodiversity, Biogeography, and Host Associations of the Miridae(Insecta: Hemiptera: Heteroptera: Cimicomorpha)[J]. Annual Review of Entomology, 57: 377-404.

Miridae

Liu Lin　Liu Guoqing

(Institute of Nankai University, Tianjin, 300071)

The present research includes 3 subfamilies 6 genera and 13 species of Miridae. The species are distributed in Lishan National Nature Reserve of Shanxi Province.

蝽科 Pentatomidae

李秀荣　刘国卿

（南开大学昆虫学研究所，天津，300071）

体小至大型，体色从鲜艳至灰淡。刺吸式口器。有单眼，触角一般 5 节，有些种类 4 节。小盾片形态从三角形至舌形不等。无爪片接合缝，前翅膜质部分翅脉比较简单，分支比较少。第 2 腹节气门被后胸侧板遮盖，从外观上不显著。跗节 3 节。本科昆虫大多为植食性，但也有少数种类为捕食性，如益蝽亚科 Asopinae，该亚科昆虫口器较其他种类粗壮，这与其捕食性有关，一般捕食鳞翅目昆虫的幼虫和体比较软小的昆虫。

本科世界性分布，目前世界已知 4000 余种，中国记录 400 余种，山西历山自然保护区记录 3 亚科 13 属 17 种。

分亚科检索表

1 喙粗壮，第 1 节粗大，不紧贴于头部腹面，仅基部被小颊包围，其余部分外露于小颊外益
.... 益蝽亚科 Asopinae
　喙细长，第 1 节细，紧贴于头部腹面，为小颊所包围 2
2 小盾片极大，多为舌状，长度超过腹部的 3/4 .... 舌蝽亚科 Podopinae
　小盾片一般，多为三角形状，长度不达腹部的 3/4 .... 蝽亚科 Pentatominae

益蝽亚科 Asopinae

喙十分粗大，尤其第 1 节甚为粗大，只在基部被低矮的小颊包围，其余部分明显露，活动时，活动关节在第 1 节与头部之间，与其捕食性有关。

中国记录 17 属 49 种，山西历山自然保护区记录 1 属 1 种。

1 蓝蝽 *Zicrona caerulea* (Linnaeus, 1758)

体小型，一色蓝黑或紫蓝，密布同色小浅刻点。头长约等于宽。单眼红色。触角为黑褐色。喙比较粗壮，第 2 节最长，其余几节几乎相等，伸至中足基节之间。小颊同体色，较低矮，仅包围喙的基部。前胸背板前半向下倾斜，后半略隆起。前角为极小的刺突；前侧缘平直；侧角圆钝，几乎不伸出；后角不明显；后缘亦平直无波曲。胝区不明显。小盾片三角形。遮盖住革片顶角。爪片及革片一色，被同色浅刻点。膜片褐色，仅具几条简单的纵脉。腹面亦为蓝色，各胸节侧板外缘隆起。足基节和转节棕褐色，其他各节黑色略带蓝色金属光泽。

观察标本：1♂，山西沁水下川，2013.VII.14，李秀荣采。

分布：山西（历山）、黑龙江、吉林、辽宁、内蒙古、天津、河北、山东、河南、陕西、宁夏、甘肃、青海、新疆、江苏、安徽、浙江、湖北、江西、湖南、福建、广东、海南、广西、重庆、四川、贵州、云南；蒙古，朝鲜，日本，阿富汗，巴基斯坦，印度，越南，缅甸，马来西亚，印度尼西亚。

蝽亚科 Pentatominae

植食性；中小型或大型，体色多样；触角多 5 节，少数 4 节；喙细长，一般超过前足基节；前胸背板六边形；小盾片超过腹部中央，长舌形或三角形。

中国记录 300 余种，山西历山自然保护区记录 11 属 15 种。

分属检索索

1 体大型 2
　体中小型 4
2 前胸背板侧角呈角状伸出 3
　前胸侧板侧角不呈角状伸出 .... 碧蝽属 *Palomena*
3 前胸背板中央具 4 个黑点，呈 "一" 字形排列；小盾片基部中央具 4 个黑点，呈 "口" 字形排列 .... 弯角蝽属 *Lelia*
　前胸背板和小盾片中央无黑点 .... 真蝽属 *Pentatoma*

4 头长三角形，由基部向端部渐窄，斜下倾，侧叶明显长于中叶，并在中叶前相互接触 ......
.... 麦蝽属 *Aelia*
　头不呈三角形 5
5 前胸背板侧角呈角状伸出体外，较明显 6
　前胸背板侧角不呈角状伸出体外 7
6 前胸背板侧角伸出体外部分呈尖角状 .... 玉蝽属 *Hoplistodera*
　前胸背板侧角伸出体外部分不呈尖角状，比较圆钝 8
7 体表常多毛，毛长且显著 .... 斑须蝽属 *Dolycoris*
　体光滑，无毛 9
8 前胸背板前侧缘前端常具有 1 黄白色狭长的光滑面，呈胝状 .... 辉蝽属 *Carbula*
　前胸背板前侧缘为全部光滑；小盾片基部两侧一般具 2 个大小不一的黄白色圆斑 ....
.... 二星蝽属 *Eysarcoris*
9 体色多样，多具金属光泽，体长椭圆形，头长短于前胸背板长度 10
　体色多为棕褐色；侧叶显著长于中叶，有时在前方会合，喙伸达后足基节前缘 ....
.... 草蝽属 *Peribalus*
10 触角第 2 节长于第 3 节；第 3 腹节腹板中央无刺突，喙端部伸达中足基节处 ....
.... 菜蝽属 *Eurydema*
　触角第 2 节短于第 3 节，第 3 腹节腹板中央具刺突；喙端部伸达后足基节附近 ....
.... 曼蝽属 *Menida*

2 北二星蝽 *Eysarcoris aeneus* (Scopoli, 1763)

体卵圆形，淡黄色，密被黑粗刻点。头近方形，端部稍下倾，全黑，具铜绿色金属光泽，基部中央具浅色短纵纹；侧叶宽大，端部圆钝，稍长于中叶，侧缘中部微凹；单眼红色；触角黄褐色，5 节。喙黄褐色，端部黑，伸达后足基节。前胸背板宽短，前半部下倾，后部较隆拱，中央刻点稀疏；侧角伸出较短，部分个体侧角水平伸出较长，端部尖如针状。小盾片呈倒三角形，基角处具 1 长椭圆形黄白斑，端部圆钝，边缘常具 3 个小黑点斑，不超过前翅革片末端。胸侧板黄褐色，密被黑色粗刻点，侧缘及前胸侧板端角处较密集。足淡黄色至黄褐色，腿节近端部具 1 小黑斑。

观察标本：3♀，山西翼城大河，2013.VII.18，李秀荣采；2♂，山西沁水下川，2013.VII.16，李秀荣采。

分布：山西（历山）、黑龙江、吉林、辽宁、内蒙古、天津、河北、陕西、宁夏、甘肃、安徽、浙江、湖北、江西、四川；古北区广布。

3 二星蝽 *Eysarcoris guttiger* (Thunberg, 1783)

体短小，背腹较隆拱，黄褐色，密被黑色刻点。头侧叶等于或稍短于中叶，侧缘近基部稍内凹；单眼淡红色；头腹面黑色，喙基部浅黄褐色，端部伸达后足基节。前胸背板宽阔，前半部稍下倾，密布黑色粗刻点，胝区各具 1 黑横斑，前侧缘具光滑窄脊状边，中央稍内凹，侧角伸出较短，端部圆钝。小盾片宽大，呈倒钟形，侧缘中部微凹，基角处具 1 圆形黄白斑，一般大于复眼直径，端部有时隐约具 1 锚纹，但不明显。前翅革片端角不超过小盾片末端，或与之齐平；膜片灰白色，半透明，伸达腹部末端或稍长于腹部。足黄褐色，腿节近端部具 1 黑斑。

观察标本：2♀2♂，山西翼城大河，2013.VII.17，李秀荣采。

分布：山西（历山）、黑龙江、辽宁、内蒙古、河北、山东、河南、宁夏、甘肃、安徽、浙江、湖北、湖南、广东、海南、广西、四川、贵州、云南；尼泊尔，斯里兰卡，朝鲜，日本。

4 尖头麦蝽 *Aelia acuminata* (Linnaeus, 1758)

体尖长，淡色；单眼淡黄色；触角淡黄褐色，由第 1～5 节颜色渐深，第 1、2 节几乎等长。前胸背板前缘稍内凹，中央平直，前侧缘具光滑窄脊状边，沿其内缘具黑色纵纹，前后约等宽，中央具 1 黑色宽纵纹，其正中央具 1 黄白色光滑纵中纵线，中部近前端最宽，向两端渐窄。小盾片长三角形，侧缘近基部稍内凹，正中央的光滑中纵线基部最宽，向端部渐窄，其两侧亦具 2～3 条光滑纵线，与前胸背板上的相衔接，且由基部向端部逐渐汇合，基角处具 1 短小纵黑斑。腹部腹面淡黄褐色，具 4～6 条黑色刻点所形成的不完整的黑色纵纹。

观察标本：4♀3♂，山西沁水下川，2013.VII.9～12，李秀荣采。

分布：山西（历山）、辽宁、天津、山东、陕西、新疆。

5 紫蓝曼蝽 *Menida violacea* Motschulsky, 1861

体金绿色，具强烈的金属光泽，有时略带紫褐色。头宽大于长，端部圆钝，侧叶与中叶末端平齐，或前者略长。头顶中央有 2 条黄褐色光滑短条带。喙伸达中足基节后缘，第 1 节超过小颊外。前胸背板宽大于长，前缘中央大部分和前侧缘的狭边黄褐色，前胸背板后半除侧角外显著的黄白色，其内刻点黑褐色，其余部分为金绿色；前缘弧形内凹，眼后部分平截且不为黄褐色；前侧缘光滑平直成狭边状；侧角圆钝，几不伸出。小盾片金绿色，端部黄白色，端缘圆钝，基缘中央有时有 1 小黄斑。体腹面淡黄褐色，具稀疏粗糙的黑色刻点。腹部侧接缘外露。

观察标本：2♂3♀，山西翼城大河，2013.VII.17，李秀荣采；3♂5♀，山西沁水下川，2013.VII.15，李秀荣采。

分布：山西（历山）、吉林、辽宁、内蒙古、山东、河南、陕西、甘肃、江苏、安徽、浙江、湖北、江西、湖南、台湾、广东、广西、四川、贵州、云南；俄罗斯（东部），朝鲜，日本，印度。

6 全缘草蝽 *Peribalus* (*Asioperibalus*) *inclusus* (Dohrn, 1860)

体短椭圆形，淡棕褐色，刻点黑色，较为密集。头端部宽圆，侧缘边缘黑色，基半较平直，端半圆隆且均匀外拱；侧叶宽度约为中叶宽度的 3 倍以上，侧叶长于中叶并在中叶前方会合；触角第 1～3 节及第 4 节基部黄褐色。喙略超过后足基节前缘，第 1 节端部几不伸出小颊外。前胸背板宽大于长，中央纵脊几不可见，前侧缘边缘具整齐的黄白色光滑条带，向前伸达前角，向后伸达整个侧角外缘，该条带内侧尤其是前角内侧的刻点较为密集；前缘中央平坦内陷；前侧缘光滑平直；侧角圆钝，几不伸出体外；后缘边缘黄白色狭窄，中央略内凹。小盾片长与基宽约相等。足黄褐色。

观察标本：4♂7♀，山西沁水下川，2013.VII.9～14，李秀荣采。

分布：山西（历山）、内蒙古、河北、宁夏；蒙古，俄罗斯（东部），朝鲜。

7 菜蝽 *Eurydema dominulus* (Scopoli, 1763)

体长椭圆形，体红色或橙黄色，具黑斑；头部黑色；各胸节侧板各具 1 个完整的方形黑斑；腹下各腹节基部中央具 2 横黑斑。头腹面黄白色，侧叶端部腹面具 1 黑色小横斑；单眼红色；触角漆黑。前胸背板具 6 个不规则黑斑，近前角处 2 黑斑之间光滑无刻点，后排 4 个斜黑斑，中间 2 个较大。小盾片长三角形，具稀疏黑色刻点，基部中央具近三角形大黑斑，亚端部各具 1 个小黑斑，其浅色部分呈 "Y" 字形。前翅爪片及内革片黑色，内革片外缘中部具近三角形橙黄色或红色斑纹。膜片黑褐色，外缘灰白。足基节和转节黑色，腿节基部黄白色，端部具不规则黑斑，胫节两端黑。

观察标本：2♂3♀，山西沁水下川，2013.VII.14，李秀荣采。

分布：山西（历山）、吉林、内蒙古、山东、陕西、甘肃、江苏、安徽、浙江、湖北、江西、福建、广西、四川、贵州、云南、西藏。

8 横纹菜蝽 *Eurydema gebleri* Kolenati, 1846

体长椭圆形，具蓝绿色金属光泽及不规则黑斑。触角漆黑，第 2 节明显长于第 3 节，腹面黄白色，具稀疏浅色刻点。前胸背板黄白色，边缘橙黄色，中央具 6 个黑斑，近前角处 2 个横斑，小盾基部中央具 1 个近正三角形大黑斑，侧缘近端部各具 1 小黑斑，侧缘具黄白色的纵条纹，端部橙黄色至橙红色，从而使浅色部分呈 "Y" 字形斑纹。前翅革片黑色，具蓝绿色金属光泽，外革片基半部及侧缘黄白色至橙黄色，端部具 1 个黄白色至橙红色横斑；膜片黑褐色，外缘灰白色，稍长于腹部末端。腹部背面黑，侧接缘橙黄色，无黑斑。

观察标本：4♂2♀，山西沁水下川，2013.VII.9～14，李秀荣采。

分布：山西（历山）、黑龙江、吉林、辽宁、内蒙古、天津、河北、山东、河南、陕西、甘肃、新疆、江苏、安徽、湖北、四川、西藏；哈萨克斯坦，俄罗斯，蒙古，朝鲜，韩国。

9 斑须蝽 *Dolycoris baccarum* (Linnaeus, 1758)

体中型，体表除前翅革片和头腹面外均布有白色直立长毛，黄褐色。头长宽约相等，侧缘轻微波曲，边缘黑色，侧叶狭长，端部圆钝，略长于中叶；触角第 1 节不伸达头端部。喙伸达中足基节后缘，最多伸达后足基节前缘处，第 1 节末端不伸出小颊外。前胸背板宽大于长，后半略带枣红色，前侧缘光滑平直，边缘略扁薄，并轻微上翘；侧角圆钝，几不伸出。小盾片长明显大于宽，端部较狭长，向末端渐细，并呈显著的淡黄白色，小盾片表面黄褐色，基缘内侧刻点粗大密集。膜片淡褐色，透明，末端明显超过腹末。臭腺沟缘短小，不达挥发域宽度的 1/3。足淡黄褐色。

观察标本：8♂6♀，山西沁水下川，2013.VII.9～12，李秀荣采。

分布：山西（历山）、黑龙江、吉林、辽宁、内蒙古、河北、山东、河南、陕西、宁夏、甘肃、青海、新疆、江苏、浙江、湖北、江西、湖南、福建、广东、海南、广西、四川、贵州、云南、西藏；古北区广布。

10 碧蝽 *Palomena angulosa* (Motschulsky, 1861)

体背面绿色，具均匀的黑褐色或暗绿色刻点。头端侧叶在中叶前方会合。复眼内侧偏后各有 1 个矩形的胝状斑。复眼后缘斜平截，单眼位于复眼后缘连线之后。触角第 1 节不伸达头端部。小颊前角锐角状伸出，末端不尖锐。前胸背板宽大于长，后半较为饱满；前缘中央平坦；前角小角状略伸出，端部超过复眼外缘；前侧缘平直，略内凹或外拱，边缘较扁，但还不成薄片状，前半不光滑；侧角从圆钝略伸出至长角状显著伸出不等；后角弧形不向后伸出；后缘平直。小盾片长仅略大于宽，侧缘较平直，基角处的凹陷极浅，绿色。各足腿节端部前侧有 1 个黑色斑点。

观察标本：3♀4♂，山西翼城大河，2013.VII.17，李秀荣采；5♀6♂，山西沁水下川，2013.VII.9～12，李秀荣采。

分布：山西（历山）、黑龙江、吉林、辽宁、内蒙古、河北、河南、陕西、浙江、四川、贵州、云南、西藏；俄罗斯，朝鲜，日本。

11 北曼蝽 *Menida disjecta* (Uhler, 1860)

体长明显大于宽，体背暗褐色，有不同程度的暗金绿色光泽或无。头侧缘在复眼前方有1处内凹，侧叶端部圆钝，宽于中叶，与中叶末端平齐或略短于后者。触角黑褐色。前胸背板宽大于长，前缘圆弧形内凹，眼后部分斜平截；前角小尖角状伸出，指向体侧后方；前侧缘平直且光滑，狭边略向上卷起；侧角圆钝，不伸出；后缘中央内凹。小盾片端部狭，不呈舌状。前翅革片刻点稀疏粗糙，外革片上的刻点略密集；膜片端部透明无色，内侧具烟褐色的宽纵带，末端显著超过腹末。侧接缘轻微外露，黄黑相接或黄褐色与暗金绿色相间，腹基刺突伸过后足基节前缘。胫节两端黑色。

观察标本：2♀，山西翼城大河，2013.VII.17，李秀荣采；2♀，山西沁水下川，2013.VII.15，李秀荣采。

分布：山西（历山）、黑龙江、辽宁、内蒙古、天津、河北、山东、河南、甘肃、青海、新疆、浙江、江西、湖南、广东、广西、重庆、四川、贵州、云南、西藏；俄罗斯（东部），朝鲜，日本。

12 宽曼蝽 *Menida lata* Yang, 1934

体背面隆起。头明显下倾，触角暗黄褐色。喙伸达后足基节前缘附近，第1节几不伸出小颊外。前胸背板表面隆起，前缘和前侧缘狭边状为黄褐色，胝区黑色，后角弧形不伸出，后缘内凹。小盾片端部宽舌状，具黄白色弧形斑，与前翅革片端角相平齐，小盾片的颜色和花斑有种内差异，有的个体基部具黄白色较宽的横带，光滑或有稀疏黑刻点，有时中央不同程度的断裂为两个大型黄斑，有的个体整个小盾片颜色和刻点分布都较为均匀，仅基角处有个小黄斑。侧接缘几不外露，各节黄褐色，仅两端具小黑斑。腹基突起伸达中足基节中央。各足股节端部黄白色，亚端部内侧具1大黑斑。

观察标本：1♀，山西沁水下川，2013.VII.15，李秀荣采。

分布：山西（历山）、河南、江苏、安徽、浙江、湖北、江西、湖南、福建、广东、海南、广西、四川、贵州。

13 叉角玉蝽 *Hoplistodera incisa* Distant, 1887

体宽短，头和前胸背板前半显著下倾，小盾片宽大；体背面淡黄色，刻点褐色或无色；体腹面淡黄色。头顶中央具两条平行的光滑胝带；中叶端部圆钝，长于侧叶；触角淡黄褐色。喙伸达第4腹节前缘。前胸背板前半显著下倾，胝区褐色，其边缘的刻点色略深；前缘中央弧形并明显内凹，前角圆钝；前侧缘光滑肥厚，略内凹；侧角尖角状伸出，并略向上翘起，端部指向侧后方，角体后缘中央具1个显著的角状突起；后侧缘弧形外拱。小盾片宽舌状，其内侧各有1个黄白色胝斑。前翅革片半透明，刻点稀疏；膜片无色透明，末端明显超出腹末。足黄褐色。

观察标本：1♀，山西沁水下川，2013.VII.14，李秀荣采。

分布：山西（历山）、湖北、海南、广西、贵州、云南、西藏；印度，缅甸，越南。

14 弯角蝽 *Lelia decempunctata* (Motschulsky, 1860)

体大型，黄褐色，头侧叶宽，向端部渐狭，在中叶前方会合；触角基外侧有1黑色小横斑，触角第1节不伸达头顶；喙端部黑，伸达后足基节之间。前胸背板侧角之间有4个横列的小黑斑；前缘宽阔内凹；前侧缘强烈内凹，边缘粗锯齿状，锯齿黄白色，内侧黑色狭窄；

侧角粗壮，端部弯向前侧方，角体后缘不甚平整。小盾片基部微隆起，刻点均匀，其上共有6个小黑斑，2个在基角处，另外4个排成两列。前翅外革片外缘基部狭长的黄白色，且无刻点。侧接缘狭窄，外露，黄褐色，被均匀的黑色细刻点；腹基刺突尖长，向前伸过中足基节，有时伸达中、后足基节中央。

观察标本：2♀，山西翼城大河村，2013.VII.17，李秀荣采。

分布：山西（历山）、黑龙江、吉林、辽宁、内蒙古、天津、山东、陕西、甘肃、安徽、浙江、湖北、江西、湖南、四川、贵州、云南、西藏；俄罗斯（东部），朝鲜，日本。

15 辉蝽 *Carbula humerigera* (Uhler, 1860)

体黄褐色，头、前胸背板侧角及前侧缘黄色胝区外为黑褐色。前胸背板隐约有淡黄褐色纵中线。触角黄褐色。喙伸达第2腹节中央。前胸背板前缘中央宽阔的平坦内凹；前角在眼后斜平截，端部指向体前侧方，略超过复眼外缘；前侧缘前半光滑，胝状斜面伸达前侧缘中央弯折处；侧角宽阔圆钝，伸出，角体后缘狭窄且光滑，淡黄褐色。小盾片基缘中央及各基角凹陷内侧各有1个较小的黄斑。前翅革片外缘基部狭窄的黄白色，膜片烟灰色，略长于腹末。足黄褐色，中、后足腿节近端部处常有小黑斑聚集成的大黑斑，胫节被略小的黑斑，且向端部渐弱。

观察标本：8♂6♀，山西翼城大河，2013.VII.17，李秀荣采；6♂5♀，山西沁水下川，2013.VII.9～15，李秀荣采。

分布：山西（历山）、河北、河南、陕西、甘肃、青海、安徽、浙江、湖北、江西、湖南、福建、广东、广西、四川、贵州、云南；日本。

16 褐真蝽 *Pentatoma semiannulata* (Motschulsky, 1860)

体中到大型；黄褐色。头部略呈暗红色，侧叶端部渐狭，略长于中叶或与中叶末端平齐；触角黄褐色；小颊前角末端尖锐伸出；喙伸达第4腹节中央。前胸背板前缘内凹；前角在复眼后方平截，后角指向体侧；前侧缘扁薄上卷，前半具不均匀锯齿，黄白色无刻点；侧角伸出体外，上翘，边缘黑色，端部圆钝。小盾片端部狭细。前翅外革片及端部红色，内革片黄褐色，外革片外缘基部的刻点略大，稀疏；膜片浅烟褐色，超过腹末。足黄褐色，胫节端部色略深。腹侧接缘外露，黑黄相接；腹面淡黄褐色，光滑无刻点。

观察标本：2♀，山西翼城大河，2013.VII.17，李秀荣采。

分布：山西（历山）、黑龙江、吉林、辽宁、内蒙古、河北、河南、陕西、宁夏、甘肃、青海、江苏、浙江、湖北、江西、湖南、四川、贵州；蒙古，俄罗斯（东部），朝鲜，日本。

舌蝽亚科 Podopinae

体中小型，常为椭圆形或长椭圆形，大部分呈黑色、黑褐色或暗黄色，个别属的种类颜色比较鲜艳。中胸小盾片大多数种类呈宽舌状，遮盖了腹部背面的大部分区域。

中国记录14属25种，山西历山自然保护区记录1属1种。

17 赤条蝽 *Graphosoma rubrolineatum* (Westwood, 1837)

体中型，宽卵圆形；红色或橙色，背面具有黑色纵斑；头及前胸背板前半近直角状下倾。头小，三角形，复眼黑褐色，外突，单眼红褐色；触角整体颜色较深，黑色或黑褐色。前胸背板在两复眼之间呈宽阔内凹，前角具指向两侧的微小指突，前侧缘平直，后侧缘弧形，侧角宽阔圆钝，后缘平直，除中间两条纵斑外，两侧还各有两条黑纵斑。小盾片舌状，其上具

4 条黑色纵斑，小盾片与前胸背板前方均具横皱纹。前翅革片明显可见，膜片略伸出腹末，几被小盾片完全覆盖。足黑色，粗壮，胫、跗节上具有黄红色刺毛。

观察标本：9♂8♀，山西翼城大河，2013.VII.16~18，李秀荣采。

分布：山西（历山），黑龙江、吉林、辽宁、内蒙古、河北、山东、河南、陕西、甘肃、江苏、浙江、湖北、江西、湖南、广东、广西、四川、贵州、云南；俄罗斯，韩国，日本，蒙古。

参 考 文 献

萧采瑜, 等, 1997. 中国蝽类昆虫鉴定手册(第 1 册): 半翅目: 异翅亚目[M]. 北京: 科学出版社.

Rider D A, Zheng L Y, Kerzhner I M, 2002. Checklist and nomenclatural notes on the Chinese Pentatomidae (Heteroptera) II.Pentatominae[J]. Zoosystematica Rossica, 11(1): 135-153.

Pentatomidae

Li Xiurong　　Liu Guoqing

(Institute of Entomology, Nankai University, Tianjin, 300071)

The present research includes 3 subfamilies 13 genera and 17 species of Miridae. The species are distributed in Lishan National Nature Reserve of Shanxi Province.

同蝽科 Acanthosomatidae

王晓静　　刘国卿

（南开大学昆虫学研究所，天津，300071）

体中到大型，体色多较鲜艳；植食性；身体通常椭圆形，大小和颜色不一，多黄褐色，具粗糙的刻点；头三角形，单眼明显，触角多 5 节（少数 4 节），喙 4 节，末端黑色；前胸背板梯形，小盾片发达，三角形；虫体背面多较平坦，具粗糙刻点；跗节 2 节，中国种类均属于同蝽亚科，中胸腹板中央隆脊强烈突起成脊状。

本科世界性分布，目前世界已知 330 余种，中国记录 103 种，山西省历山自然保护区记录 1 种。

漆剌肩同蝽 Acanthosoma acutangulata Liu, 1979

体长卵圆形，具黑色刻点。头侧叶略短于中叶，侧叶密布黑色刻点，中叶无刻点。单眼暗棕色；复眼与单眼之间及复眼内侧光滑无刻点。触角第 1 节较粗，超过头前方。头腹面淡棕黄色，光滑无刻点。喙棕黄色，向后略超过中足基节后缘。前胸背板黄褐色，后缘为浅红棕色，具黑色刻点。胝区亮棕黄色，光滑无刻点。前缘宽弧形内凹，其内侧被少量的黑色细密刻点；侧角棕红色，明显伸出体外，略向上翘起且指向侧前方，基部具黑色刻点；后缘中央略内凹。小盾片草绿色，中央隐约有光滑纵带；顶端钝。革片草绿色。臭腺沟缘长，明显超过后胸侧板宽度的 1/2。足棕褐色。

观察标本：1♀，山西沁水下川，2013.VII.09，李秀荣采。

分布：山西（历山）、黑龙江、吉林、辽宁、内蒙古、河北、山东、河南、陕西、甘肃、浙江、湖北、湖南、广西。

参 考 文 献

萧采瑜, 等, 1977. 中国蝽类昆虫鉴定手册(第 1 册): 半翅目: 异翅亚目[M]. 北京: 科学出版社.

Acanthosomatidae

Wang Xiaojing　　Liu Guoqing

(Institute of Entomology, Nankai University, Tianjin, 300071)

Acanthosomatidae in Lishan National Reserve of Shanxi Province, including 1 genera and 1 species is presented in this report. This compilation contains the complete description and geographical distribution for the species in China.

缘蝽科 Coreidae

伊文博 [1,2]　　卜文俊 [2]

（1 忻州师范学院生物系，忻州，034000；2 南开大学昆虫学研究所，天津，300071）

体中到大型。绿色、黄褐色或黑褐色。头较小，触角 4 节，具单眼。小盾片小，短于前翅爪片。前翅分革片、爪片及膜片 3 部分，静止时爪片将小盾片完全包围，并形成显著的爪片接合缝。膜片脉序具多条平行或分叉的纵脉，一般不呈杂乱的网状。后胸具臭腺孔。足较长，有时后足腿节粗大，具瘤状或刺状突起，胫节成叶状或齿状扩展。跗节 3 节。腹部气门均位于腹面。腹部第 3～7 节具毛点。雄虫抱器简单，左右对称。

本科种类均为植食性，吸食植物幼嫩部分，引起寄主植物枯萎或死亡。

本科世界性分布，目前世界已知 1800 余种，中国已知 200 余种，山西历山自然保护区记录 3 属 3 种。

分属检索表

1 触角第 1 节三棱形；喙仅达中足基节；腹部中央宽度显著超过前胸背板宽度.....................2
- 触角第 1 节圆柱形；喙达到腹部基部；腹部中央宽度与前胸背板宽度几乎相同.................
.... 黑缘蝽属 *Hygia*
2 体黑褐色；触角基顶端内侧各具 1 个向前方伸出的长刺；股节内侧均具两列小刺.............
.... 缘蝽属 *Coreus*
- 体黄褐色；触角基顶端内侧无刺；股节无刺........................同缘蝽属 *Homoeocerus*

1 广腹同缘蝽 *Homoeocerus dilatatus* Horváth, 1879

体长 13.5～14.5mm，黄褐色，头背面、触角、前胸背板背面、小盾片背面、前翅背面以及足和腹部侧接缘均密布黑色小刻点。头顶中央纵沟明显。触角 4 节，第 1 节三棱形，第 2、

3 节显著扁平，第 4 节纺锤形，第 2 节最长，第 4 节最短。头略呈方形，前端在触角基着生处向下弯曲。前胸背板梯形，中纵线明显，前角向前突出，接近复眼。前翅稍短于腹部末端，革片中央具 1 黑色斑点。喙短，不达后胸腹板前缘。足简单无刺，腿节不膨大。腹部较扩展，侧接缘可见。雄性外生殖器构造简单。

观察标本：2♂4♀，山西翼城大河村，2013.Ⅶ.17，刘琳、张佳庆、李秀荣采。

分布：山西（历山）、吉林、河北、河南、浙江、江西、广东、贵州；朝鲜，日本。

2 波原缘蝽 *Coreus potanini* (Jakovlev, 1890)

体长 12.0～13.5mm，黑褐色，全身背腹面均密布刻点及小颗粒，小颗粒上着生平伏浅色短细毛。头中叶和侧叶前端在触角基着生处向下曲折，触角基顶端内侧各具有 1 个向前方伸出的长刺，二者前端平行，不接触。触角 4 节，第 1～3 节三棱形，第 4 节纺锤形，第 1 节最粗，与第 2 节约等长，第 4 节最短。前胸背板显著下倾，胝区可见，向两侧扩展，侧角近于直角。喙 4 节，伸达中足基节，前 1～3 节表面具明显颗粒，第 4 节光滑，末端黑，第 1 节最长，第 3 节最短。前翅膜质部淡褐色，透明，雌性个体前翅达腹部末端，雄性个体前翅略短于腹部末端。腿节腹面具两列小刺。腹部向两侧扩展，宽度明显超过前胸背板宽度。

观察标本：5♂6♀，山西翼城大河村，2013.Ⅶ.17，刘琳等采；2♂1♀，山西翼城大河村，2013.Ⅶ.10～11，刘琳等采。

分布：山西（历山）、河北、甘肃、四川。

3 环胫黑缘蝽 *Hygia lativentris* (Motschulsky, 1866)

体长 10.0～12.0mm，棕黑色，具粗糙刻点和黄色短毛。头顶背面鼓起，眼后部各有 1 个突起，且突起背面具有 1 个浅色斑点。触角 4 节，均为纺锤状，第 2 节最长，第 4 节最短。前胸背板不平整，除胝区外，其他区域具有形状和大小不规则的淡色斑点，胝区黑色，无浅色斑点。喙 4 节，不超过后足基节后缘。前翅膜片区翅脉显著，多纵脉，非网状。胫节具浅色环纹，腿节具许多浅色、形状大小不规则斑点。腹部不扩展，略宽于前胸背板宽度，腹部各节侧接缘后缘有浅色斑，腹部无纵沟，第 3、4 两节中部各有 2 个黑斑，并着生毛点毛，第 5～7 节黑斑位于腹部腹板两侧，更接近各节后缘、气门下后方。

观察标本：3♂，山西翼城大河村，2013.Ⅶ.17，刘琳、张佳庆、李秀荣采。

分布：山西（历山）、黑龙江、吉林、河北、陕西、河南、新疆、江苏、浙江、江西、福建、台湾、广东、四川、云南、西藏；日本。

姬缘蝽科 Rhopalidae

伊文博 [1,2]   卜文俊 [2]

（1 忻州师范学院生物系，忻州，034000；2 南开大学昆虫学研究所，天津，300071）

体长 4.0～15.0mm，小到中型。多灰暗，少数鲜红色。头三角形，前端伸出于触角基前方，中叶长于侧叶。触角 4 节，相对较短，第 1 节短粗，短于头的长度，第 4 节粗于第 2 及第 3 节，常呈纺锤形。单眼彼此远离，着生处隆起。前翅革片顶缘平直，中央透明，翅脉显著。胸部腹板中央具纵沟，侧板刻点通常显著。无后胸臭腺孔。第 5 腹节背板前缘及后缘中央或至少后缘中央向内弯曲。雌虫第 7 腹板完整，不纵列为两半。

本科种类均为植食性，取食大部分草本和木本植物。

目前世界已知 18 属 209 种，中国记录 14 属 39 种，山西历山自然保护区记录 2 属 3 种。

分属检索表

1 后胸侧板前后部分界限清楚，后部光滑无刻点，或刻点不清楚；前胸背板后角狭窄，向外扩展，体背面观可见 .... 伊缘蝽属 *Rhopalus*

- 后胸侧板前后部分界限不清楚，刻点均匀；前胸背板后角宽圆形，不向外扩展，体背面观不可见 .... 环缘蝽属 *Stictopleurus*

4 黄伊缘蝽 *Rhopalus maculatus* (Fieber, 1837)

体长 7.5～8.5mm，浅橙黄色。触角 4 节，浅红色，第 1 节短而粗，第 2 节最长，第 4 节长于第 3 节，长纺锤形。前胸背板梯形，刻点粗，中纵脊明显。侧角钝圆，略鼓，前方横沟两侧不弯曲成环。小盾片三角形，末端略上翘。前翅透明，革片的翅脉上散落数十个黑褐色斑点，膜片超过腹部末端。中胸侧板中央有 1 黑斑，后胸侧板前后部分界限清楚，后角尖锐，向外扩展，由背面可见。腹部背面浅色，背板两侧各具 1 列黑斑点，侧接缘黄色，各节外侧中央常具 1 黑褐色圆点，腹部腹面黄色，中央及两侧各具 1 列黑斑。

观察标本：1♂，山西翼城大河村，2013.VII.11，刘琳、张佳庆、李秀荣采。

分布：山西（历山）、黑龙江、吉林、辽宁、内蒙古、甘肃、河北、山东、河南、新疆、江苏、安徽、浙江、湖北、江西、广东、四川、贵州、云南；俄罗斯，日本。

5 边伊缘蝽 *Rhopalus latus* (Jakovlev, 1883)

体长 8.0～10.0mm，棕褐色，密被黄褐色直立长毛，刻点细密；触角 4 节，第 1 节短粗，中部膨大，第 2、3 节圆柱状，第 4 节长纺锤形，第 1～3 节棕黄色，第 4 节黑褐色，基部和端部浅色。喙 4 节，端部超过中足基节，第 2 节最长，第 3 节最短。前胸背板梯形，密被黑色细小刻点，后胸侧板前部刻点稀疏，后部光滑无刻点，前后部分分界明显，后角狭窄，向外扩张，体背面可见。前胸背板梯形，中部稍隆起，中纵脊明显。小盾片三角形，顶角色淡，微上翘。前翅膜片超过腹部末端。各足腿节具黑色斑点，并向端部方向逐渐密集，胫节黑色斑点分布稀疏均匀。腹部腹板密布红色或黑褐色斑，侧接缘呈现基部黄色和端部黑色相间排列。

观察标本：21♂22♀，山西沁水下川，1575m，2013.VII.9～14，刘琳等采。

分布：山西（历山）、内蒙古、北京、河北、甘肃、四川、云南、西藏；俄罗斯，朝鲜。

6 开环缘蝽 *Stictopleurus minutus* Blöte, 1934

体长 6.0～8.2mm，黄绿色，除头的腹面和腹部腹面外，全身密布细小的黑色刻点。头中叶长于侧叶，触角基外侧刺状向前突出，触角 4 节，第 1 节膨大，黑褐色，第 2、3 节圆柱形，第 4 节长纺锤形。单眼着生处突起，突起周围黑色。前胸背板梯形，中纵脊明显，前端横沟黑色，两端弯曲成不闭合环状，横沟前方无光滑横脊，侧缘略向内弯。小盾片三角形，基角略突起，黄色。前翅超过腹部末端。腹部背面黑色，背板第 5 节中央端半部、第 6 节中部 2 个斑点和后缘以及第 7 节两条纵带呈黄色，侧接缘黄色，各节后部常具黑色斑点。雌虫第 7 腹板呈龙骨状。

观察标本：11♀，山西沁水下川，2013.VII.9/11/14，刘琳、张佳庆、李秀荣采。

分布：山西（历山）、黑龙江、吉林、辽宁、内蒙古、河北、山东、河南、陕西、甘肃、新疆、江苏、浙江、湖北、江西、福建、台湾、广东、四川、云南、西藏；日本，朝鲜。

蛛缘蝽科 Alydidae

伊文博[1,2]　卜文俊[2]

（1 忻州师范学院生物系，忻州，034000；2 南开大学昆虫学研究所，天津，300071）

体中型，狭长或细长。头平伸或稍向下倾斜，多向前渐尖，小颊短，向后不超过触角着生处，触角细长，第 1 节正常，无明显缩短，单眼着生处无骨化突起。前翅膜片翅脉多。后胸臭腺沟缘明显。腹部第 5~7 节毛点位于腹板侧缘或近侧缘，第 3~4 节毛点位于近中央，排列紧密或分散排列。跗节 3 节，第 1 节甚长，长于第 2、3 两节之和。

本科种类为植食性，寄主以禾本科和豆科植物为主。

世界已知 54 属约 280 种，中国记录 15 属 37 种，山西历山自然保护区记录 1 属 1 种。

7 点蜂缘蝽 Riptortus pedestris (Fabricius, 1775)

体长 15.0~17.0mm，黄褐色至黑褐色。头三角形，眼后部细缩呈颈状。触角第 1 节长于第 2 节，前 3 节端部稍膨大，基半部色淡，第 4 节距基部 1/4 处色淡。喙向后伸达中足基节间。头部及胸部两侧的黄色光滑斑纹呈点斑状，有时完全消失。前胸背板及各胸侧板具不规则的黑色颗粒，前胸背板前缘具领，侧角尖锐。前翅膜片淡棕褐色，稍长于腹末。后足腿节膨大，有黄色不规则斑点，腹面靠近端部具刺或小齿，基部内侧无突起。后足胫节弯曲，短于腿节。

观察标本：2♂，山西翼城大河村，2013.VII.17，刘琳、张佳庆、李秀荣采。

分布：山西（历山）、北京、河南、江苏、浙江、湖北、安徽、福建、江西、四川、云南、西藏；日本。

参 考 文 献

萧采瑜，等，1977. 中国蝽类昆虫鉴定手册(半翅目异翅亚目)第 1 册[M]. 北京：科学出版社.

刘强，郑乐怡，1993. 中国环缘蝽属昆虫记述(半翅目：姬缘蝽科)[J]. 昆虫分类学报，15(3): 157-166.

王洪建，2002. 中国伊缘蝽属分类研究[J]. 昆虫知识，39(3): 219-223.

朱卫兵，2006. 基于形态和分子证据的缘蝽总科系统发育研究(半翅目：异翅亚目)[D]. 天津：南开大学.

Aukema B, Rieger C, 2006. Catalogue of the Heteroptera of the Palaearctic Region Vol.5[M]. Wageningen: Netherlands Entomological Society.

Coreidae, Rhophalidae, Alydidae

Yi Wenbo[1,2]　Bu Wenjun[2]

(1 Department of Biology, Xinzhou Teachers University, Xinzhou, 034000; 2 Institute of Entomology , Nankai University, Tianjin, 300071)

The present research deals with 6 genera and 7 species of Coreoidea collected in Lishan National Nature Reserve of Shanxi Province, China.

鞘翅目 Coleoptera

龙虱科 Dytiscidae

贾凤龙　林仁超　谢委才

（中山大学生命科学学院，广州，510275）

触角 11 节，光滑，一般丝状。唇基与额常愈合，额唇基缝多消失。前胸背板前角锐，侧缘多具脊。中胸小盾片可见或不可见。鞘翅多光滑，常具 3 或 4 刻点列。前胸腹板具长突；后胸腹板侧缘常向前侧方延伸成后胸腹板侧翼。前、中足间距远短于中、后足间距；后基节大而固定，跗节 5 节，但前、中足第 4 跗节在水龙虱亚科 Hydroporinae 中退化或被膨大的第 3 节所遮盖。雄性前中足跗节 1～3 节多膨大，腹面着生吸附盘或吸附毛。腹部腹面可见 6 节。雌性有时与雄性异型。

龙虱科幼虫和成虫都是捕食性，可生活在静水、流水、地下水（最深可达地下 30m）、岩壁渗水甚至植物叶片或茎干的蓄水等多种多样的淡水环境之下。龙虱种类多、分布广，可作为水质监测的潜在指示物种。

本科世界性分布，目前世界已知 4100 余种，中国记录 270 余种，山西历山自然保护区采到 7 属 13 种。

分属检索表

1 中胸小盾片不可见，前、中足可见 4 节，第 4 节缺如或隐藏在第 3 节膨大的叶状突之间，体较小（水龙虱亚科 Hydroporinae）...2
- 中胸小盾片可见，前、中足可见 5 节，体较大...5
2 体型宽椭圆形，后爪明显不等长，外爪不明显或几乎看不到.............异爪龙虱属 Hyphydrus
- 体型长椭圆形，后爪几等长...3
3 前胸背板后缘两侧具明显的纵短刻线，通常深至鞘翅基部；鞘缝完好延伸至鞘翅基部
....短褶龙虱属 Hydroglyphus
- 前胸背板后缘两侧无纵短刻线，鞘翅无缝纹...4
4 鞘翅缘折基部具一斜隆线，鞘翅近端部无齿状突.......................................水龙虱属 Hygrotus
- 鞘翅缘折基部不具斜隆线，鞘翅近端部具齿状突.......................................孔龙虱属 Nebrioporus
5 复眼前缘凹入；雄性前足 1～3 跗节膨大，但不形成圆盘或椭圆盘状；雌性后足跗节仅背面边缘具游泳毛...端毛龙虱亚科 Agabinae
　后足腿节顶角具明显刚毛簇，或在此位置退化为一短列刻点.......................端毛龙虱属 Agabus
- 复眼前缘完整，雄性前足 1～3 跗节强烈膨大成椭圆或圆盘状；雌性后足跗节背腹面边缘均具游泳毛...龙虱亚科 Dytiscinae
　前胸腹突端部尖；前胸背板侧缘具边；鞘翅侧缘后半部具一列齿，后跗节基部 4 节后缘具金黄色长纤毛...齿缘龙虱属 Eretes

1 博氏端毛龙虱 *Agabus brandti* Harold, 1880，山西省新记录

体长 8.5～9.0mm，宽 4.4～4.6mm。卵圆形，不光亮。头及前胸背板黑色，头顶具 2 红斑；复眼前具 1 横形浅凹，内侧具 1 列刻点形成的凹陷。前胸背板最宽处明显窄于鞘翅基部；前缘大刻点行在中间消失，两侧有些刻点形成纵刻线，后缘两侧刻点粗糙。前胸背板中部刻点疏，余部刻点密集。鞘翅黑色，缘折黑色，中后部近侧缘具 1 黄斑，小刻点密。鞘缝列不明显，第 2、3 纵刻点列大刻点较密集，第 3 刻点列在末端形成浅凹陷，刻点列之间在中后部具较密集大刻点。腹面黑色，第 3～6 腹板末缘具窄黄褐色带；第 6 腹板中央往后具密集粗糙纵皱纹。足转节和跗节红褐色，其余各节黑色。雄性前爪内爪明显加宽，在中部形成 1 向前的锐齿。雌性足正常。

观察标本：4♂3♀，山西沁水上川，35°26′22″N，112°00′36″E，1585m，2013.VII.23，贾凤龙等采；12♂9♀，山西历山舜王坪，35°25′29″N，111°58′06″E，2115m，2013.VII.24，贾凤龙、谢委才、林仁超采；2♂2♀，山西翼城大河，35°27′15″N，111°55′53″E，1204m，2013.VII.28，谢委才、林仁超采；1♂，山西沁水下川，35°26′52″N，112°01′24″E，1591m，2013.VII.23，贾凤龙等采。

分布：山西（历山）、陕西、宁夏；蒙古，俄罗斯（远东地区）。

2 日本端毛龙虱 *Agabus japonicus* Sharp, 1837，山西省新记录

体长 6.6～7.0mm，宽 3.7～4.0mm。宽卵圆形，光亮。头黑色，头顶具 2 黄斑，唇基黄色，光亮。复眼前具 1 横形浅凹，内侧具 1 列刻点形成的凹陷。网纹多边形，网眼大小较均一，微小刻点密。前胸背板黑色，侧缘具极窄的棕褐色窄边，小盾片棕褐色；侧缘略直，近基部最宽，等宽于鞘翅基部。中央具 1 短纵凹陷；网纹多边形，网线清晰，小刻点密；前缘具连续、密集的大刻点，后缘中央大刻点疏，两侧刻点密集。鞘翅黄色至棕黄色、光亮，鞘翅缘折黄色；网纹极精细，网眼小而均一；鞘缝列不明显，系列刻点由稀疏稍大刻点组成，刻点列间具稀疏大刻点，中后部刻点较密集。腹面黑色，不光亮，刻纹纵长，第 6 腹板中央往后较粗糙。足红褐色至黑色。

观察标本：8♂6♀，山西历山舜王坪，35°25′29″N，111°58′06″E，2115m，2013.VII.24，贾凤龙等采；1♂，山西沁水东川，35°26′02″N，112°00′54″E，1554m，2013.VII.23，谢委才等采。

分布：山西（历山）、河北、江苏、湖北、江西、湖南、台湾、广东、广西、四川；日本，韩国，库页岛。

3 长端毛龙虱 *Agabus longissimus* Régimbart, 1899，山西省新记录

体长 9.2～11.3mm，宽 4.5～5.1mm。头黑色，头顶具 2 红棕斑，唇基红棕色；复眼前具 1 横形浅凹，内侧具 1 列刻点形成的凹陷；网纹较深，网线交汇处常具微小刻点。前胸背板黑色，侧缘较直，基部最宽，窄于鞘翅基部；网纹不规则，中央网眼较大，两侧网眼较小；前缘大刻点行在中部中断，后缘刻点较稀疏，两侧刻点略小，极密集。小盾片黑色。鞘翅红棕色，缘折棕黄色；网纹呈不规则，网眼大小不一；小刻点密集；鞘缝列在后 1/3 处明显，鞘面列大刻点密集，第 2、3 纵刻点列大刻点略稀疏，第 3 刻点列在端部 1/5 处形成明显凹陷。腹面黑色，腹部第 3～6 腹板末缘及两侧略呈红棕色；网纹粗糙，刻点密集，第 6 腹板中央往后具纵皱纹。足除胫节和跗节外黑色。

观察标本：2♂1♀，山西沁水上川，35°26′22″N，112°00′36″E，1585m，2013.VII.23，贾凤龙等采；6♂4♀，山西历山舜王坪，35°25′29″N，111°58′06″E，2115m，2013.VII.24，谢委才等

采；2♂2♀，山西翼城大河，35°27′15″N，111°55′53″E，1204m，2013.VII.28，谢委才、林仁超采；4♂，山西沁水下川，35°26′52″N，112°01′24″E，1591m，2013.VII.23，贾凤龙等采。

分布：山西（历山）、内蒙古、青海、四川、西藏。

4 瑞氏端毛龙虱 Agabus regimbarti Zaitzev, 1906，山西省新记录

体长 8.9～10.0mm，宽 5.2～5.7mm，光亮。头黑色，头顶具 2 红斑，唇基黄色；复眼前具 1 横形浅凹，内侧具 1 列刻点形成的凹陷；网纹不规则，微小刻点密集。前胸背板黑色，前缘具极窄棕褐色带，侧缘具黄色的宽边，近基部最宽，等宽于鞘翅基部；两侧缘具明显的脊。网纹多边形，网眼不规则，小刻点密集；前缘具连续的大刻点，后缘中央大刻点稀疏，两侧刻点密集。小盾片棕褐色。鞘翅棕黄色，缘折黄色；网眼小而均一；鞘缝列不明显，鞘面列和第 2、3 刻点列稍明显，由稀疏稍大刻点组成，刻点列间具稀疏大刻点，中后部刻点较密集。腹面黑色，腹部第 2～6 腹板末缘具宽的红褐色带，刻纹纵长，第 6 腹板中央往后较粗糙。足黄色，后足腿节中央棕褐色。

观察标本：24♂18♀，山西沁水上川，35°26′22″N，112°00′36″E，1585m，2013.VII.23，贾凤龙等采；32♂35♀，山西历山舜王坪，35°25′29″N，111°58′06″E，2115m，2013.VII.24，贾凤龙等采；12♂8♀，山西翼城大河，35°27′15″N，111°55′53″E，1204m，2013.VII.28，谢委才、林仁超采；25♂18♀，山西沁水下川，35°26′52″N，112°01′24″E，1591m，2013.VII.23，贾凤龙等采。

分布：山西（历山）、内蒙古、北京、天津、山东、陕西、宁夏、新疆、湖北、湖南、江西、广东、四川、贵州；乌兹别克斯坦。

5 端毛龙虱 Agabus sp.

体长 6.6～7.3mm，体宽 3.8mm。卵圆形，适当隆起，表面较光亮。头黑色，复眼之前和头顶有 2 红褐色斑；网纹不规则多边形，清晰。前胸背板黑色；侧缘脊宽而明显；前胸背板两侧向前弧形渐窄，中部最宽；网纹不规则，网线不清晰，略皮革状。鞘翅黑色，中部之后具黄色斑点；网纹多边形，网线较清晰；网线交汇处具小刻点。沿鞘缝刻点列不明显；第 2、3 刻点列最清晰，鞘翅末端和近侧边刻点稍密集。腹面黑色，前胸腹突具微网纹；后胸腹板中部光滑，边缘多少具皱纹；后基片具长形网纹。第 1～3 腹节具精细长形刻纹；第 6 节中央具精细横形网纹和稀疏刻点。足红褐色。

观察标本：1♀，山西沁水上川，35°26′22″N，112°00′36″E，1585m，2013.VII.23，贾凤龙等采。

分布：山西（历山）。

6 灰齿缘龙虱 Eretes grisesus (Fabricius, 1781)，山西省新记录

体长 12.0～13.5mm，宽 7.0～7.5mm。前端略窄，末端宽圆；背面扁平，腹面略拱。头灰色至褐色，额区前缘具深棕色窄边；额区中央具黑色椭圆形横斑，后缘具 1 较宽黑色横斑，该斑前缘中央具 1 深缺刻；唇基前缘明显内凹；额区沿复眼刻点列较长，前端终止于 1 浅凹陷，凹陷内侧向前具另 1 大凹陷。前胸背板灰色至褐色，中部具 1 对细长横带，不达前胸背板侧缘；前、后缘具深色窄边。侧缘弧形，具窄脊；具大小两种极密集刻点。鞘翅灰色至褐色，鞘缝具深色窄边；具较密黑色小斑，中部以后黑斑密，形成不明显波形横带；翅侧缘中部、横带侧缘及近末端各具 1 较大斑；3 列大刻点明显。腹面棕黄色。足棕黄色，前、中足腿节后缘具长缘毛，后足腿、胫节光滑。

观察标本：3♂1♀，山西沁水下川，35°26′52″N，112°01′24″E，1591m，2013.VII.23，贾凤龙、谢委才、林仁超采。

分布：山西（历山）、黑龙江、内蒙古、北京、天津、河北、山东、陕西、甘肃、江苏、上海、安徽、浙江、湖北、江西、湖南、福建、广东、海南、广西、四川、贵州、云南；从印度尼西亚和关岛至日本、菲律宾、中国以及苏联远东地区至南亚和非洲都有分布。

7 水龙虱 *Hygrotus* sp.

体长 4.3~4.8mm，宽 2.3~2.5mm。头棕褐色，复眼之前黄色，头顶具"U"形黄斑。复眼前具一横形浅凹，内侧具 1 列刻点形成的凹陷。复眼之间至头顶光亮，网纹极微弱，刻点大而密集。前胸背板黄色，中央偏后具 1 棕褐色横带，中央具 1 短纵黑线。前缘具极窄的精细网纹，之后光亮，中央刻点较周边稀疏。鞘翅黄色，基部具 1 不达侧缘的窄黄褐色带，前 1/3 具 4 条棕褐色纵带，往后愈合成片；纵带内具极密集刻点形成的凹陷，大刻点深陷，小刻点略浅，均极密集，尤其在后半部。腹面黑色，前胸腹板、前胸腹突、中胸腹板黄色。网纹精细，刻点大而密集。鞘翅缘折棕黄色。足黄色，雌性前、中足跗节膨大不明显。

观察标本：1♀，山西沁水下川，35°26′52″N，112°01′24″E，1591m，2013.VII.23，贾凤龙等采。

分布：山西（历山）。

8 佳短褶龙虱 *Hydroglyphus geminus* (Fabricius, 1792)，山西省新记录

体长 2.1~2.3mm，宽 1.2mm。背面较平。头棕黄色至棕褐色，后部略深；唇基前缘圆，无脊；额区小刻点密，沿复眼小刻点排成列，网眼圆。前胸背板棕黄色；侧缘直，具窄脊，后缘中部"V"形突明显；褶皱达前胸背板中部；具密集的小刻点及长纤毛；网眼圆。鞘翅棕黄色，鞘缝深棕色，斑纹褐色，多变；鞘缝沟深，达翅基，褶皱略长于前胸背板的褶皱，刻点小而较密，纤毛较密，网纹较清晰。腹部深棕色；后胸腹板及后基节具一些小刻点及短纤毛，网纹较清晰，网眼于前后端为小圆形，中部为长形，第 1、2 节网眼圆形，其余各节长形或网眼模糊。腹部具一些刻线、小刻点及较密纤毛。足棕黄色；后足腿节较粗，胫节基部细，略弯。

观察标本：2♂1♀，山西翼城大河，35°27′15″N，111°55′53″E，1204m，2013.VII.28，谢委才、林仁超采；2♀，山西沁水下川，35°26′52″N，112°01′24″E，1591m，2013.VII.23，贾凤龙等采。

分布：山西（历山）、北京、陕西、宁夏、甘肃、新疆、江西、广东、广西、贵州、四川、云南；古北区广布种，北非至欧洲，向东至蒙古和中国。

9 无刻短褶龙虱 *Hydroglyphus flammulatus* (Sharp, 1882)，山西省新记录

体长 2.3~2.4mm，宽 1.2mm。头棕黄色，后缘稍深。唇基前缘圆，无脊；头后缘斑痕 1 对；无网纹或仅后端有模糊的网纹；刻点小而较稀疏。前胸背板棕黄色，前缘具深棕色窄边，褶皱以内具 2 个半圆形棕褐色斑；侧缘具窄脊，圆弧形外凸；后缘中部"V"形突较明显；褶皱浅而宽，不达前胸背板长的一半。纤毛较长。鞘翅棕黄色，鞘缝深棕色，具斑纹：基部具 2 圆斑，内斑大，与鞘缝相连，外斑较小，不达侧缘，2 斑常连接成横带；中部 1 大斑长度约为鞘翅总长的 1/2，斑纹形状不定，侧缘中部偏后常具 1 大缺口；翅基部无褶皱；鞘缝沟不达翅基；刻点较大而密；纤毛密。腹面褐色；后基节刻点较大而稀疏，腹部刻点稀疏、排成行。足棕褐色。后腿节粗，后胫节基部细、弯。

观察标本：1♂2♀，山西翼城大河村，35°27′15″N，111°55′53″E，1204m，2013.VII.28，谢委才、林仁超采。

分布：山西（历山）、湖南、福建、台湾、广东、广西、四川、贵州、云南；东洋区广布种，印度至印度尼西亚，向北至日本。古北区首次记录。

10 平茎异爪龙虱 *Hyphydrus detectus* Falkenström, 1936，山西省新记录

体长 3.3~4.2mm，宽 2.2~2.8mm。短圆形。头棕黄色，复眼周围及之后颜色较暗；刻点密集。前胸背板棕褐色，侧缘具棕黄色宽边；侧缘具明显窄脊；后缘具窄脊，中部明显后突；刻点有大小两种；前后缘密集，中央较密集；无网纹，光亮。鞘翅棕褐色，具深棕色斑纹；鞘缝具较宽带，于翅基、端部稍向侧延伸；近肩角具 1 小斑，有时小斑不明显；中部色斑形状扭曲。鞘翅缘折脊清晰；具大小两种刻点；近翅端均为大刻点。腹部棕黄色。前胸腹突菱形，菱形中部具纵脊，末端翘起，前足基节之间具突起。后足基节具均匀分布的大刻点。雄性前足跗节较粗短，中足第 1 跗节膨大，雌性前、中足跗节略窄。

观察标本：1♂2♀，山西沁水下川，35°26′52″N，112°01′24″E，1591m，2013.VII.23，贾凤龙等采。

分布：山西（历山）、黑龙江、辽宁、山东、江苏、浙江、江西、福建、四川、贵州。

11 艾孔龙虱 *Nebrioporus airumlus* (Kolenati, 1845)，山西省新记录

体长 5.0~5.1mm，宽 2.6~2.7mm。头棕黄色，后缘具 1 窄的黄褐色带；触角黄色，后 6 节末端黄褐色；刻点细密而均一；网纹大小较均一。前胸背板棕黄色，前缘、后缘具窄的黄褐色带，中部两侧近前缘和近后缘处各具 1 黄褐色短横带；前缘刻点较大而密集，排列成行；后缘近中间处刻点较大、较密集；中央处刻点略小而均匀；最宽处在中部稍后，后角钝圆。鞘翅棕黄色，具 6 条棕褐色纵带，较粗长，但不接鞘翅基部和端部，纵带在中部和端部常有愈合，形成棕黄色小室；刻点列清晰，刻点细密而均一；末端近顶角处具 1 齿状突。腹面棕褐色；刻点深。足黄色。雄性前爪略膨大。

观察标本：21♂23♀，山西沁水上川村，35°26′22″N，112°00′36″E，1585m，2013.VII.23，贾凤龙等采；12♂11♀，山西历山舜王坪，35°25′29″N，111°58′06″E，2115m，2013.VII.24，贾凤龙等采；12♂12♀，山西翼城大河，35°27′15″N，111°55′53″E，1204m，2013.VII.28，谢委才、林仁超采；17♂18♀，山西沁水下川，35°26′52″N，112°01′24″E，1591m，2013.VII.23，贾凤龙等采。

分布：山西（历山）、黑龙江、辽宁、内蒙古、北京、河北、山东、河南、陕西、甘肃、新疆、江苏、广东、贵州、四川、云南；东欧，土耳其，伊朗，土库曼斯坦，乌兹别克斯坦，哈萨克斯坦，塔吉克斯坦，阿富汗，巴基斯坦，印度，俄罗斯（东西伯利亚）。

12 布朗孔龙虱 *Nebrioporus brownei* (Guignot, 1949)，山西省新记录

体长 5.1~5.3mm。头棕黄色，后缘具 1 窄的黄褐色带；触角黄色，后 6 节末端黄褐色；刻点细密，均一。前胸背板棕黄色，前缘、后缘具窄的黄褐色带，中部两侧近前缘和近后缘处各具 1 黄褐色短横带；前缘刻点较大而密集，排列成行；后缘近中间处刻点较大，较密集；中央处刻点略小而均匀；最宽处在中部稍后，后角钝圆。鞘翅棕黄色，具 6 条棕褐色纵带，较粗长，但不接鞘翅基部和端部，纵带在中部和端部常有愈合，形成棕黄色小室；刻点列清晰，刻点细密，大小分布较均一；末端近顶角处具 1 齿状突。腹面褐色，后基片颜色略深；刻点深。足棕黄色。雄性前爪长，刀片状，约为第 5 跗节 2 倍宽，正面观内爪略长于外爪。

观察标本：2♂3♀，山西沁水上川，35°26′22″N，112°00′36″E，1585m，2013.VII.23，贾凤龙等采；4♂8，山西沁水下川，35°26′52″N，112°01′24″E，1591m，2013.VII.23，贾凤龙等采；2♂1♀，山西翼城大河，35°27′15″N，111°55′53″E，1204m，2013.VII.28，谢委才、林仁超采。

分布：山西（历山）、湖南、贵州、四川。

13 小雀斑龙虱 *Rhantus suturalis* Macleay, 1825，山西省新记录

体长 10.5～11.9mm。头棕黄色，头后缘直，复眼间具黑色宽边，复眼之间具近倒"八"字黑斑，内侧围绕黑边并同头后缘黑边和倒"八"字黑斑相连接；额区复眼内侧靠前具大、小两个微弱凹陷，复眼内侧刻点排列成列；刻点两种，小刻点极细密，较大刻点略稀疏。前胸背板棕黄色，中央具黑色横带，前缘和后缘具极窄褐色斑；近前缘中央和近后缘两侧较大刻点排列成行。鞘翅棕黄色；沿鞘缝具极窄黑色边，向外具窄的棕黄色纵带；鞘翅基部和边缘具窄的棕黄色边；其余部分密集黑色小斑，小斑常愈合形成扭曲短纹，鞘翅缘折棕黄色；刻点列可见。腹面黑色。第 2～6 腹板末缘具棕黄色边。足前中足棕黄色，后足棕褐色。雄前爪短粗，外爪长于内爪，基部膨大形成宽钝齿状突出。

观察标本：1♀，山西沁水上川，35°26′22″N，112°00′36″E，1585m，2013.VII.23，贾凤龙等采；2♂3♀，山西历山舜王坪，35°25′29″N，111°58′06″E，2115m，2013.VII.24，贾凤龙等采；2♀，山西沁水下川，35°26′52″N，112°01′24″E，1591m，2013.VII.23，贾凤龙等采。

分布：山西（历山）、中国各省区；古北区，东洋区，澳洲区。

参 考 文 献

曾虹, 1989. 中国馆藏龙虱科昆虫分类研究[D]. 广州: 中山大学.

Balfour-Browne J, 1944. On the Chinese and Japanese species of *Hyphydrus* (Col., Dytiscidae)[J]. The Proceedings of the Royal Entomological Society of London (B), 13: 127-130.

Biström O, 1982. A revision of the genus *Hyphydrus* Illiger (Coleoptera, Dytiscidae)[J]. Acta Zoologica Fennica, 165: 1-121.

Feng H T, 1933. Classification of Chinese Dytiscidae[J]. Peking Natural History Bulletin, 8 (2): 81-146.

Fery H, 2003.Taxonomic and distributional notes on *Hygrotus* Stephens, with emphasis on the Chinese fauna and a key to the Palearctic species[M]//Jäch M A, Ji L. Water beetles of China, Vol.3. Wien: Zoologisch- Botanische Gesellschaft in Österreich and Wiener Coleopterologenverein.

Franciscolo M E, 1979. Coleoptera, Haliplidae, Hygrobiidae, Gyrinidae, Dytiscidae[J]. Fauna d'Italia, 14: 1-804.

Gschwendtner L, 1933. Neue Dytiscidae aus China[J]. Peking Natural History Bulletin, 7: 159-164.

Nilsson A N, 1995. Noteridae and Dytiscidae: Annotated check list of the Noteridae and Dytiscidae of China (Coleoptera)[M]//Jäch M A, Ji L. Water beetles of China, Vol.1. Wien: Zoologisch-Botanische Gesellschaft in Österreich and Wiener Coleopterologenverein.

Nilsson A N, Holmen M, 1995. The aquatic Adephaga (Coleoptera) of Fennoscandia and Denmark. II. Dytiscidae[J]. Fauna Entomologica Scandinavica, 32: 1-192.

Zaitzev F A, 1972. Fauna of the USSR. Coleoptera. Families: Amphizoidae, Hygrobiidae, Haliplidae, Dytiscidae, Gyrinidae[M]. Jerusalem: Israel Program for Scientific Translations.

Zimmermann A, 1915. Beiträge zur Kenntnis der Europäischen Dytisciden fauna[J]. Entomologische Blätter [Ph.], 11: 218-225.

Dytiscidae

Jia Fenglong　　Lin Renchao　　Xie Weicai

(Life Science School, Sun Yat-sen University, Guangzhou, 510275)

A total of 13 species included in 7 genera of Dytiscidae in Lishan National Nature Reserve of Shanxi Province are reported.

伪龙虱科 Noteridae

贾凤龙　谢委才　林仁超

（中山大学生命科学学院，广州，510275）

体长 1～5mm，卵圆形。多为黄褐色或深褐色。背面隆拱，侧缘成流线型，腹面平坦。触角 11 节。无小盾片。前胸腹板与前胸腹板突形成 1 平板，后足基节两侧缘不与后胸愈合，部分遮盖转节，前、中足跗节明显 5 节，第 4 节与第 3 节几乎等长。后足跗节 2 爪等长而细，后足跗节后缘不成瓣状。

成虫及幼虫均水生，常见于静水中，幼虫有挖掘习性，多植食性，成虫捕食性。

本科世界上已知 14 属 226 种，中国记录 4 属 14 种。山西历山自然保护区记录 1 属 1 种。

日本伪龙虱 *Noterus japonicus* Sharp, 1873，山西省新记录

体长 4.4～4.6mm，光亮。红黄色，鞘翅颜色较深，前胸背板中部有时有较深的斑；腹面黄褐色或黑褐色；前足腿节和胫节黑色，中、后足黄褐色。雄性触角第 5～10 节宽大。前胸背板和鞘翅光滑，具细长的网纹；无小刻点，鞘翅具 3 列排成多少规则的大刻点。前胸腹板在前足基节前略拱起，具有 1 不太明显的细脊到达前缘，前缘中部具 1 钩状突起。前胸腹板突、后胸腹板和后足基节形成一整体，无毛。前胸腹板突端部渐窄，端部钝圆。后足基节后角向外侧突出，故两后基节形成 "V" 形。前足胫节顶端具梳齿状的边缘刺，内侧端距不等长，长距端部弯曲似钩，短距极短；外侧无距。前足第 1 跗节膨大，长于 2～4 节之和。后足腿节近端部下缘无刚毛束。

观察标本：1♂，山西沁水下川，35°26'52"N，112°01'24"E，1591m，2013.VII.23，贾凤龙、谢委才、林仁超采。

分布：山西（历山）、黑龙江、吉林、辽宁、内蒙古、北京、天津、河北、陕西、山东、江苏、湖北、江西、福建、广东、香港、海南、广西、四川、贵州、云南；日本，朝鲜，俄罗斯（远东地区）。

参 考 文 献

Toledo M, 2003. Noteridae: Synopsis of the Noteridae of China, based mainly on material collected during the China Water Beetle Survey (1993-2001)[M]//Jäch M A, Ji L. Water Beetles of China, Vol. III. Wien: Zoologisch-Botanische Gesellschaft in Österreich and Wiener Coleopterologenverein: 67-88.

Nilsson A, Vondel B J van, 2005. World Catalogue of Insects, Vol.7. Amphizoidae, Aspidytidae, Haliplidae, Noteridae and Paelobiidae (Coleoptera, Adephaga). Stenstrup: Apollo Books.

Noteridae

Jia Fenglong　Xie Weicai　Lin Renchao

(Life Science School, Sun Yat-sen University, Guangzhou, 510275)

One species of Noteridae, *Noterus japonicus* Sharp, 1873, is reported in Lishan National Nature Reserve of Shanxi Province.

梭甲科 Haliplidae

贾凤龙　　谢委才　　林仁超

（中山大学生命科学学院，广州，510275）

体长多为 3～5mm，椭圆流线型。黄色或黄褐色具黑色斑纹和斑块；头小，触角 11 节。体光滑无毛，前胸后缘与鞘翅基部等宽，向前强烈缩窄。鞘翅具强壮的初级刻点列，较弱的次级刻点通常成列，前胸腹板中部隆起成板状，与后胸隆起相接。后足长，基节膨大成片状，至少盖住腹部前 3 节，有时几乎盖住整个腹部；足上具长游泳毛。

成虫、幼虫通常均生于静水中，捕食性。

梭甲科世界已知 5 属 38 种，中国记录 2 属 29 种，山西历山自然保护区采到 1 属 2 种。

1 中华梭甲 *Haliplus abbreviatus* Wehncke, 1850，山西省新记录

体长 3.9～4.2mm，卵圆形。头部黄红色，触角和下颚须黄色，头顶有黑斑和强刻点，眼间距约为复眼横径 1.4～1.5 倍。前胸背板黄色，基部刻点大、黑色，两侧无短纵刻线。鞘翅黄色，鞘缝、翅端黑色，翅面通常有数个黑斑，多为 8～9 个，中黑斑位于第 1、3 间距，有时与鞘缝相连；初级刻点列强壮，次级刻点列较细小，但端部几乎与初级刻点列等大，所有的刻点黑色。腹面黄色至红黄色；翅缘折黄色，足黄色至黄褐色。后胸腹板平，中部具有 1 个凹陷，刻点较弱。后足胫节背面长毛列约为胫节长一半。雄性前、中足第 1～3 跗节宽。

观察标本：1♂1♀，山西沁水下川，35°26′52″N，112°01′24″E，1591 m，2013.VII.23，贾凤龙、谢委才、林仁超采。

分布：山西（历山）、内蒙古、北京、山东、陕西、新疆、江苏、上海、浙江、福建、四川、贵州、云南。

2 简梭甲 *Haliplus simplex* Clark, 1863，山西省新记录

体长 2.4～3.1 mm，椭圆形。头部黄褐色，头顶略呈黑色，刻点黑色，眼间距为复眼横径 1.7～2.0 倍。触角和下颚须黄色至黄褐色。前胸背板黄色至黄褐色，两侧短刻线明显，偶尔短如 1 个刻点，刻点大而较疏。鞘翅黄色至黄褐色，缝纹黑色，沿初级刻点列具间断的黑纹，常有些黑纹间有黑斑相连；鞘翅缘折黄色，其上刻点同色。初级刻点列之刻点大而深，次级刻点列较小而疏，全部刻点黑色。腹面黄褐色，足黄色至黄褐色，近基节略深。前胸腹板突近基节窄，中间具有纵凹，前缘无边。后胸腹板隆起中部具大凹陷。后足基节板达第 5 腹节。第 5、6 腹节具较弱且中部分断的横刻点行。后足胫节背面无长毛列。雄性前、中足第 1～3 跗节宽。

观察标本：1♂1♀，山西沁水上川，35°26′22″N，112°00′36″E，1585m，2013.VII.23，贾凤龙等采；1♀，山西沁水下川，35°26′52″N，112°01′24″E，1591m，2013.VII.23，贾凤龙等采。

分布：山西（历山）、黑龙江、吉林、辽宁、内蒙古、北京、山东、陕西、江苏、安徽、浙江、广东。

参 考 文 献

Jia F L, Vondel B J, van, 2013. Annotated catalogue of the Haliplidae of China with the description of a new species and new records from China (Coleoptera, Adephaga)[J]. ZooKeys, 133: 1-17.

Vondel B J van, 1995. Haliplidae: Review of the Haliplidae of China (Coleoptera)[M]//Jäch M A, Ji L. Water Beetles of China, Vol. 1. Wien: Zoologisch-Botanische Gesellschaft in Österreich and Wiener Coleopterologenverein: 111-154.

Vondel B J van, 1998. Haliplidae: Additional notes on the Haliplidae of China and neighouring countries (Coleoptera)[M]//Jäch M A, Ji L. Water Beetles of China, Vol. 2. Wien: Zoologisch-Botanische Gesellschaft in Österreich and Wiener Coleopterologenverein: 131-136.

Vondel B J van, 2005. Haliplidae[M]//Nilsson A, Vondel B J van. World Catalogue of Insects, Vol. 7. Amphizoidae, Aspidytidae, Haliplidae, Noteridae and Paelobiidae (Coleoptera, Adephaga). Stenstrup: Apollo Books: 20-86.

Haliplidae

Jia Fenglong　Xie Weicai　Lin Renchao

(Life Science School, Sun Yat-sen University, Guangzhou, 510275)

Two species of Haliplidae, *Haliplus abbreviatus* Wehncke, 1850 and *Haliplus simplex* Clark, 1863, are reported in Lishan National Nature Reserve of Shanxi Province which are firstly recorded in Shanxi Province.

沟背甲科 Helophoridae

贾凤龙　谢委才　林仁超

（中山大学生命科学学院，广州，510275）

长椭圆形。头部背面具 1 深显的"Y"形沟，表面有具刻点的小颗粒，有时颗粒不甚明显。触角 8～9 节。下颚须与触角几乎等长或略短，4 节，第 1 节极短，似 3 节。前胸背板具 5 条纵沟，沟间距有具刻点的颗粒。鞘翅具 10 条大刻点列，通常形成沟，有或无小盾片沟。腹面黑褐色，足较短。

成虫水生。幼虫半水生，通常生活于水边草中或沙土中。幼虫捕食性或腐蚀性，成虫腐蚀性或植食性。

本科目前世界上仅沟背甲属 *Helophorus* 1 属，约 100 种，我国记录 1 属 21 种，山西历山自然保护区记录 1 属 2 种。

1 哈沟背甲 *Helophorus hammondi* Angus, 1970，山西省新记录

体长 4.2～5.3mm。头部黑色具绿色光泽，上唇黑色。有密集的具刻点颗粒，"Y"形沟干部较细，下颚须黄褐色，末节不对称，端部黑色。触角 9 节，黄褐色，锤状部色暗。前胸背板黑褐色，前部 1/3 处最宽，沟间具有密集的具刻点颗粒，外间距颗粒粗糙。鞘翅黄褐色，缝纹具"Λ"形黑纹，第 6 间距具黑斑，刻纹内刻点大；第 2、4、6 间距略隆起，尤其在基部较明显；翅缘区从腹面不可见。腹面黑色或红褐色；足红褐色，跗节具不太长的游泳毛，末节端部黑色。

观察标本：2♂1♀，山西沁水上川，35°26′22″N，112°00′36″E，1585m，2013.VII.23，贾凤龙等采；1♂2♀，山西沁水下川，35°26′52″N，112°01′24″E，1591m，2013.VII.23，贾凤龙等采。

分布：山西（历山）、黑龙江、吉林、内蒙古、北京、陕西、青海；哈萨克斯坦，蒙古，俄罗斯（远东地区），印度（克什米尔）。

2 卷鬃沟背甲 *Helophorus crinitus* Ganglbauer, 1901，山西省新记录

体长 3.6～5.0mm。头部红褐色，具大而低平的具刻点颗粒，每刻点具坚硬刚毛；"Y"形沟窄而清晰。下颚须黄褐色，末端对称。触角 9 节。前胸背板红褐色，较平坦，最宽处在中部稍前，具有强齿和弯曲的刚毛，于基部 1/4 处向前弧形，向后略变宽，故弧形后面成凹陷；沟间距有大而不规则的具刻点及弯曲刚毛的颗粒。鞘翅红褐色，间距 2、4、6 明显呈脊状隆起，间距 2、4、6、8 具长而弯曲的刚毛，其余的间距刚毛短；小盾片沟发达，内有 6～7 的大刻点；鞘缝处具 1 明显的 "Λ" 形黑纹，间距 2、4、6 具有黑斑。鞘缘区从腹面可以看到很宽。腹面红褐色，有直立的柔毛和弯曲的长毛。足红褐色，跗节具坚硬刚毛。

观察标本：1♀，山西翼城大河，35°27′15″N，111°55′53″E，1204m，2013.VII.28，谢委才、林仁超采；1♂1♀，山西沁水下川，35°26′52″N，112°01′24″E，1591m，2013.VII.23，贾凤龙等采。

分布：山西（历山）、黑龙江、内蒙古、青海；俄罗斯（远东地区）。

参 考 文 献

Angus R B, 1970. Revisional studies on East Palearctic and some Nearctic species of *Helophorus* F. (Coleoptera: Hydrophilidae)[J]. Acta zoologica Academiae scientiarum hungaricae, 16: 249-290.

Angus R B, 1985. A new species of *Helophorus* (Coleoptera: Hydrophilidae) from Mongolia. Results of the Mongolian-German Biological Expeditions since 1962, No, 148[J]. Mitteilungen aus dem Zoologschen Museum in Berlin 61: 163-164, pl. I.

Angus R B, 1992. Insecta Coleoptera Hydrophilidae Helophoridae[M]//Schwoerbe J, Zwick P. Süßwasserfauna von Mitteleuropa, 20/10-2. Stuttgart, Jena, New Youk: Gustav Fischer Verlag.

Angus R B, 1995. Helophoridae: The Helophorus species of China, with notes on the species from neighboring areas[M]//Jäch M A, Ji L. Water Beetles of China, Vol. I. Wien: Zoologisch-Botanische Gesellschaft in Österreich and Wiener Coleopterologenverein: 185-206.

Helophoridae

Jia Fenglong   Xie Weicai   Lin Renchao

(Life Science School, Sun Yat-sen University, Guangzhou, 510275)

Two species of Helophoridae, *Helophorus hammondi* Angus and *Helophorus crinitus* Ganglbauer, are reported in Lishan National Nature Reserve of Shanxi Province which are firstly recorded in Shanxi Province.

牙甲科 Hydrophilidae

贾凤龙　　林仁超　　谢委才

（中山大学生命科学学院，广州，510275）

体长 1.5～40.0mm。头部具有 "Y" 形的冠缝，不成沟状。触角 7～9 节，末端 3 节膨大具密毛，之前 1 节成杯状，从基节至杯节光滑无毛。下颚须长于或等于或略短于触角，4 节，第 1 节短，故似 3 节。前胸腹板通常中部隆，有或无脊；中胸腹板多有隆起的脊或突起，后胸腹板中部隆，隆起部光滑，大型种类后胸腹板具隆脊，与中胸腹板隆脊相接成长刺。鞘翅

多无密毛，有或无纵刻线和刻点列。腹部可见多为 5 节，少数为 6 节。

幼虫捕食性，成虫多为腐食性。水生、腐生或陆生。

本科世界已知 176 属约 340 种，我国记录 35 属约 250 种，山西历山保护区记录 7 属 12 种。

分属检索表

1 中、后足第 1 跗节至少不短于第 2 节；下颚须略短于触角，第 2 节通常明显膨大；上唇通常软，或隐于唇基下，如果上唇外露而骨化，则触角锤状部紧密；下唇须小，第 2 节近端部具刚毛束（陆牙甲亚科 Sphaeridiinae） 2

\- 中、后足第 1 跗节明显短于第 2 节；下颚须通常长于触角，第 2 节通常不明显膨大；上唇通常明显骨化，不隐于唇基之下；下唇须较长，第 2 节近端部无刚毛束（牙甲亚科 Hydrophilinae） 4

2 头部侧缘在复眼前不突然凹陷，故触角基部从背面不可见；复眼前缘侧观明显被头侧缘切割 ....陆牙甲属 Sphaeridium

\- 头部侧缘在复眼前突然凹陷，故触角基部从背面可见；复眼前缘侧观完整 3

3 前胸腹板向中部均匀隆起，呈屋脊状，至多后端具 1 很小的缺口；触角沟不达到侧缘；身体背面无毛 ....梭腹牙甲属 Cercyon

\- 前胸腹板中部成平板状隆起，触角沟几乎达侧缘，后端具有十分显著的缺口；身体背面被密鳞毛 ....克牙甲属 Cryptopleurum

4 触角 7 节，前胸背板窄于鞘翅基部，小盾片长明显大于宽，中、后足胫节具长游泳毛 ....贝牙甲属 Berosus

\- 触角 8～9 节，前胸背板与鞘翅基部等宽，小盾片长不大于宽，中、后足胫节无长游泳毛 5

5 鞘翅具 20 列或多或少规则的刻点列；后足转节长，端部与股节游离，后足胫节多弯曲；腹部可见 6 节 ....长节牙甲属 Laccobius

\- 鞘翅至多具 10 列刻点列；后足转节端部不游离于股节，后足胫节直；腹部可见 5 节 6

6 下颚须长于头宽，中、后胸腹板隆起成腹刺；鞘翅系统刻点列两侧具细刻点列 ....刺腹牙甲属 Hydrochara

\- 下颚须约为头宽 2/3，腹面无刺；鞘翅通常具 10 条深刻线，则系统刻点两侧无刻点列 ....毛附牙甲属 Hydrobius

1 路氏贝牙甲 Berosus lewisius Sharp, 1873, 山西省新记录

体长 3.2～5.5mm。近圆筒形，前胸背板窄于翅基部。头黑色，刻点密，复眼内缘旁有由刻点形成的刻纹，头后部具 1 条横沟。触角及下颚须黄色，后者端部黑色。前胸背板黑色，刻点分布不均匀。小盾片黑色具大刻点。鞘翅黄褐色具分散的暗斑，刻纹 10 条及 1 条短的小盾纹，间距刻点分布不规则。鞘翅末端内角突，外角具 1 长刺；鞘翅缘折达中部。中胸腹板具低长脊；后胸腹板于前端具小纵脊，后部三角形隆起。第 1 腹板具纵隆脊，第 5 腹板末缘中央凹陷。雄性前足第 1、2 跗节宽，刷状，4 节。

观察标本：1♂，山西沁水上川，35°26′22″N，112°00′36″E，1585m，2013.VII.23，贾凤龙等采。

分布：山西（历山）、黑龙江、辽宁、内蒙古、北京、江苏、浙江、福建、广东、海南、香港、广西、云南；日本，朝鲜，俄罗斯（远东地区），越南。

2 黑毛跗牙甲 *Hydrobius fuscipes* (Linnaeus, 1758)，山西省新记录

体长 6.0～8.0mm。黑褐色至黑色，前胸背板和鞘翅边缘通常浅色；触角和下颚须黄色，两者端部黑色；腹板具有侧黄斑。背面有铜色、紫色或绿色光泽。头和前胸背板具密而中度大小的刻点和粗大的具刚毛的系统刻点。鞘翅刻线细而深，前端刻线通常较浅，刻线内刻点不甚粗大。鞘翅间距刻点略小于头和前胸背板，向后端逐渐细小。2、4、6、8 间距具粗大具刚毛的系统刻点列。中胸腹板具强壮而尖锐的突起；后胸腹板中部隆，隆起中部光滑而无突起。足红色。

观察标本：3♂4♀，山西沁水上川，35°26′22″N，112°00′36″E，1585m，2013.VII.23，贾凤龙等采；2♂5♀，山西历山舜王坪，35°25′29″N，111°58′06″E，2115m，2013.VII.24，贾凤龙等采；7♂4♀，山西翼城大河，35°27′15″N，111°55′53″E，1204m，2013.VII.28，谢委才、林仁超采；26♂24♀，山西沁水下川，35°26′52″N，112°01′24″E，1591m，2013.VII.23，贾凤龙等采。

分布：山西（历山）、黑龙江、内蒙古、北京、新疆；欧洲，俄罗斯（远东地区），日本，以色列，加拿大，美国。

3 双显长节牙甲 *Laccobius binotatus* Orchymont, 1934，山西省新记录

体长 3.0～3.8mm。头及上唇黑色，黄色眼前斑明显；触角及下颚须黄色，前者膨大部黑色，后者端部黑色，前胸背板中部黑色，两侧黄色；小盾片黑色。鞘翅黄色，刻点黑色；腹面黑色，足黄色。下颚须略短于触角。头和前胸背板具较稀疏的刻点，前胸背板后缘处具 1 行横刻点。鞘翅具较规则的 20 列大刻点，大刻点间无小刻点。前胸腹板脊状，具毛；中胸腹板中部隆起后具脊。前足股节基半红褐色，具密毛，端半部光滑；中、后足股节光滑；后足转节长，端部与股节游离；后足胫节弯曲，爪于腹面波状。腹部 6 节。

观察标本：8♂11♀，山西翼城大河，35°27′15″N，111°55′53″E，1204m，2013.VII.28，谢委才、林仁超采；3♂9♀，山西沁水下川，35°26′52″N，112°01′24″E，1591m，2013.VII.23，贾凤龙等采；6♂4♀，山西翼城大河兜垛村，35°25′06″N，111°55′33″E，1453m，2013.VII.29，谢委才、林仁超采。

分布：山西（历山）、黑龙江、吉林、辽宁、内蒙古、北京、河北、山东、河南、陕西、甘肃、青海、安徽、湖北、浙江、湖南、福建、广东、重庆、贵州、四川、云南、云南；俄罗斯（远东地区），朝鲜半岛。

4 黑长节牙甲 *Laccobius nitidus* Gentili, 1984，山西省新记录

体长 2.5～2.8mm。黑色，具明显的绿色光泽。头黑色，复眼前具小黄斑，触角和下颚须黄色，两者端部黑色；前胸背板两侧黄色，中央大黑斑两侧呈 3 齿状；小盾片黑色，鞘翅黑色，常有少量的小黄斑，两侧黄色，端部约 1/4～1/3 黄色，黄色区刻点黑褐色。腹面黑色；股节黑褐色，股节端部、胫节及跗节黄褐色。上唇刻点密而小，头部刻点较上唇略稀疏，略大；复眼横斜，呈肾形。前胸背板刻点较头部稀疏，前、后缘各具 1 行密小刻点；鞘翅具较规则的 20 列大刻点，刻点间无细小刻点和网纹。中胸腹板中部具 1 显著突起，之后具 1 细隆脊。足与双显长节牙甲相似，但爪不波曲。

观察标本：1♂1♀，山西翼城大河，35°27′15″N，111°55′53″E，1204m，2013.VII.28，谢委才、林仁超采。

分布：山西（历山）、陕西、安徽、浙江、江西、湖南、四川。

5 哈长节牙甲 *Laccobius hammondi* Gentili, 1984，山西省新记录

体长 2.4～2.8mm。头黑绿色，复眼前具小黄斑，触角和下颚须黄色，两者端部黑色；前胸背板两侧黄色，中部黑绿色；小盾片黑色，鞘翅黄色，肩部具黑绿色斑，沿刻点列黑绿色，两侧及端部黄色，黄色区刻点黑褐色。腹面黑色；股节黄褐色，股节端部、胫节及跗节浅黄褐色。上唇刻点密而小，头部刻点较上唇略稀疏，略大；复眼不呈肾形。前胸背板刻点较头部稀疏，前、后缘各具 1 行密小刻点；鞘翅具较规则的 10 列初级大刻点及相间的 10 列次级小刻点，刻点间无细小刻点和网纹。中胸腹板中部具 1 显著突起，之后具 1 细隆脊。足与双显长节牙甲相似，但爪不波曲。

观察标本：1♂，山西沁水下川，35°26′52″N，112°01′24″E，1591m，2013.VII.23，贾凤龙等采。

分布：山西（历山）、北京、陕西、江西、湖南、台湾、广东、广西、四川、贵州。

6 钝刺腹牙甲 *Hydrochara affinis* (Sharp, 1873)，山西省新记录

体长 12～18mm。黑色，背面闪光，或多或少具有绿色光泽；腹面有时黄褐色或红褐色；下颚须长于复眼前头宽，末节端部略黑。触角 9 节，第 6 节膨大成杯状，第 7～9 节膨大具毛。前胸腹板脊短，末端不成刺状，也不成兜状。腹刺窄，在后胸部略膨大，后端延长成短而略尖的刺，该刺不超过第 1 腹节，侧面观扁。鞘翅光滑，具 4 条大刻点列，每 1 大刻点列两侧各具 1 小刻点列，另有 1 边缘大刻点列。腹部末端具 1 无毛、无刻点的光滑区。

观察标本：3♂1♀，山西沁水上川，35°26′22″N，112°00′36″E，1585m，2013.VII.23，贾凤龙等采；2♂，山西翼城大河，35°27′15″N，111°55′53″E，1204m，2013.VII.28，谢委才、林仁超采；18♂16♀，山西沁水下川，35°26′52″N，112°01′24″E，1591m，2013.VII.23，贾凤龙等采。

分布：山西（历山）、黑龙江、辽宁、内蒙古、北京、山东、河南、甘肃、上海、安徽、浙江、湖北、江西、福建、四川、云南；日本，蒙古，俄罗斯（远东地区、东西伯利亚），朝鲜，韩国。

7 线梭牙甲 *Cercyon laminatus* Sharp, 1873，山西省新记录

体长 3.2～4.0mm，背面较平。黄褐色或褐色，头部黑色。前胸背板边缘色浅；鞘翅边缘和翅端色较浅，鞘翅基部和鞘缝也常浅色；腹面深褐色或黑色，后胸腹板中部隆起和腹节后缘黄褐色。头部和前胸背板具密而细的刻点，唇基前缘平截。复眼较该属其他种类大，明显外突。鞘翅刻线细，侧刻线和端部刻线明显深；刻间距平，于侧缘和端部略隆起，无明显细网纹；中胸腹板隆起呈脊线状，后胸腹板无股节线。足黄红色。

观察标本：1♂，山西沁水下川，35°26′52″N，112°01′24″E，1591m，2013.VII.23，贾凤龙等采。

分布：山西（历山）、吉林、河北、湖北、陕西、上海、浙江、湖南、台湾、广东、香港、广西、四川；日本，俄罗斯（远东地区），欧洲多个国家，夏威夷，澳大利亚，智利。

8 榄梭牙甲 *Cercyon olibrus* Sharp, 1874，山西省新记录

体长 2.0～2.5mm。前胸背板和鞘翅红褐色，头部前中部颜色较深，鞘翅端部颜色略淡。腹面与背面几乎同色，但常略深；足与背面同色。前胸背板刻点粗密，后缘无横刻点行；鞘翅具 9 条刻线及边缘 1 条退化的刻点纹，纹间距平，不隆起，刻点较细；前胸腹板中部具纵隆线；中胸腹板隆起平，长形，长约为宽的 4.9～5.3 倍，两侧略平行，向后逐渐尖细，与后

胸腹板单点相接；后胸腹板无股节线。第 1 腹板长，具纵隆脊。

观察标本：6 头，山西沁水上川，35°26′22″N，112°00′36″E，1585m，2013.VII.23，贾凤龙等采；1 头，山西翼城大河，35°27′15″N，111°55′53″E，1204m，2013.VII.28，谢委才、林仁超采；1 头，山西沁水下川，35°26′52″N，112°01′24″E，1591m，2013.VII.23，贾凤龙等采。

分布：山西（历山）、江西、台湾；日本，俄罗斯（远东地区），朝鲜。

9 黑头梭腹牙甲 Cercyon nigriceps (Marsham, 1802)，山西省新记录

体长 1.5～2.0mm。红色至褐色；头黑色；前胸背板红褐色，边缘浅色，有时前胸背板均匀黄褐色；鞘翅红褐色或黄褐色，有时鞘翅中部只有略深色大斑。头和前胸背板刻点极细而密，唇基前缘平直。前胸背板侧缘前部直，后部 1/3 强烈地弯圆（侧面观）。鞘翅刻线很细，第 10 条刻线较退化或不清晰；刻纹间距前段平，向后略隆起，后端的刻点几乎不清晰，具有不明显的网纹。中胸腹板平隆起非常窄，长为宽的大约 7 倍；后胸腹板具有明显的股节线直达后胸腹板前角。足黄红色。

观察标本：1♂2♀，山西沁水上川，35°26′22″N，112°00′36″E，1585m，2013.VII.23，贾凤龙等采。

分布：山西（历山）、福建，台湾、广东；老挝，尼泊尔，泰国，越南，沙特阿拉伯，广泛地分布于欧洲和非洲，澳大利亚，新西兰，阿根廷，牙买加，小安的列斯群岛。

10 平梭牙甲 Cercyon quisquilius (Linnaeus, 1761)，山西省新记录

体长 2.0～2.8mm，背面较平，两侧（至少前端 2/3）几乎平行。头和前胸背板黑色，前胸背板侧缘（至少前端）具黄色，下颚须黄红色，鞘翅黄色或浅黄褐色，无黑斑。复眼较小，不甚外突；唇基前缘平截，中胸腹板隆起呈长平板状，梭形，长宽比约为 5。鞘翅基部刻点与前胸背板相似，后端刻点较细小，刻线细，侧缘刻线内刻点也细小，间距较平，无细微的网纹，后胸腹板无股节线。

观察标本：2♂2♀，山西沁水下川，35°26′52″N，112°01′24″E，1591m，2013.VII.23，贾凤龙等采。

分布：山西（历山）、黑龙江、内蒙古、河北、青海、上海、广西；古北区和新北区广布，澳大利亚，阿根廷，墨西哥，夏威夷。

11 小克牙甲 Cryptopleurum subtile Sharp, 1884，山西省新记录

体长 1.5～2.3mm。黄红色至红褐色，头部和腹板漆色或黑色，触角和下颚须黄色，前者锤状部黑色，通常前胸背板基部和中部颜色较深，鞘翅有时部分颜色较深。头部刻点极细小，复眼前横沟完整。头和前胸的刻点间具细而明显的纵纹，细纵纹在唇基斜。前胸腹板中部呈平板状隆起，前缘平，后缘具很宽地深凹陷；触角沟深，几乎达到侧缘。中胸腹板五角形，板状，后缘平坦、前端突；后胸腹板具股节线。鞘翅纵刻线较深，具有细刻点，端部几乎消失；第 7、8 刻线明显分离；间距明显，略隆起，刻点极细。足黄红色，跗节色较浅。

观察标本：5♂11♀，山西沁水下川，35°26′52″N，112°01′24″E，1591m，2013.VII.23，贾凤龙等采。

分布：山西（历山）、黑龙江、内蒙古、北京、河北、浙江、江西、福建、广东；日本，俄罗斯远东，欧洲多个国家，北美。

12 亚路牙甲 *Sphaeridium substriatum* Faldermann, 1833，山西省新记录

体长 3.5～5.7mm。黑色，前胸背板和鞘翅侧缘红黄色；下颚须和触角黑褐色或黑色，触角基部几节通常褐色；鞘翅在近肩部通常有 1 模糊的黑红色斑，该斑通常较端部斑不明显；端部具有不被分割的黄红色斑，该斑大小和形状有变化，有时几乎消失。足黄红色，股节中部黑色，胫节端部和内外缘黑色且窄。触角 8 节；前胸背板后缘明显波曲，后角从背面观较尖锐。前胸腹板屋脊状隆起，向后变成长锐刺。前胸背板和鞘翅背面具密而小刻点；鞘翅刻点间有极细的网纹和较稀疏的不规则斜线纹；较大纵刻点纹不完整。小盾片长为宽的近 2 倍。中胸腹板具 1 宽而强烈隆起的钝纵脊。胫节具长而强的刺。雄性末跗节膨大，外爪十分强壮，在基部强烈弯曲。

观察标本：1♂1♀，山西沁水上川，35°26′22″N，112°00′36″E，1585m，2013.VII.23，贾凤龙等采；2♂1♀，山西历山舜王坪，35°25′29″N，111°58′06″E，2115m，2013.VII.24，贾凤龙等采；1♂，山西翼城大河，35°27′15″N，111°55′53″E，1204m，2013.VII.28，谢委才、林仁超采；7♂4♀，山西沁水下川，35°26′52″N，112°01′24″E，1591m，2013.VII.23，贾凤龙等采。

该种曾有记录分布于中国，但没有记录具体分布于中国何处。

分布：山西（历山）、黑龙江、内蒙古、宁夏；哈萨克斯坦，印度（克什米尔），俄罗斯（远东、西伯利亚），以色列，土耳其，亚美尼亚，奥地利，波黑，克罗地亚，"捷克斯洛伐克"，丹麦，法国，德国，希腊，匈牙利，意大利，立陶宛，波兰，前南斯拉夫，突尼斯，埃及。

参 考 文 献

Angus R B, 1992. Insecta Coleoptera Hydrophilidae Helophorinae[M]//Schwoerbel J, Zwick P. Süsswasserfauna von Mitteleuropa 20, part 10 (2). Stuttgart, Jena, New York: Gustav Fischer Verlag.

Gentili E, 1995. Hydrophilidae: 3. The genus *Laccobius* Erichson in China and neighbouring areas (Coleoptera)[M]//Jäch M A, Ji L. Water Beetles of China, Vol. 1. Wien: Zoologisch-Botanische Gesellschaft in Österreich and Wiener Coleopterologenverein.

Hansen M, 1987. The Hydrophiloidea (Coleoptera) of Fennoscandia and Denmark[M]. Fauna entomologica scandinavica 18. Leiden: Scandinavica.

Hansen M, 1991. The Hydrophiloid Beetles. Phylogeny, Classification and a Revision of the Genera (Coleoptera, Hydrophiloidea)[J]. Biologiske Skrifter, Det Kongelige Danske Videnskabernes Selskab 40: 1-368.

Hebauer F, 1995. Neues zu den Acidocerina Hansen (Helocharae d'Orchymont) der indomalaiischen Region (Coleoptera, Hydrophilidae)[J]. Acta coleopterologica, 11, 3: 3-14.

Jia F L, Gentili E, Fikáček M, 2013. The genus Laccobius in China: new species and new records (Coleoptera: Hydrophilidae)[J]. Zootaxa, 3635 (4): 402-418.

Orchymont A D, 1919. Contribution a l'étude des sous-familles des Sphaeridiinae et des Hydrophilinae (Col. Hydrophilidae)[J]. Annales de la Société entomologique de France, 88: 105-168.

Shatrovskiy A G, 1989. Hydraenidae, Hydrophilidae[M]//Ler P A. Opredelitel' nasekomykh Dal'nego Vostoka SSSR v shesti tomakh. Vol, 3. Zhestkokrylye, ili zhuki (part 1). Leningrad: Nauka.

Schödl S, 1991. Revision der Gattung Berosus Leach, 1. Teil: Die paläarktischen Arten der Untergattung *Enoplurus* (Coleoptera: Hydrophilidae)[J]. Koleopterologische Rundschau, 61: 111-135.

Smetana, A, 1985. Revision of the subfamily Helophorinae of the Nearctic region (Coleoptera: Hydrophilidae)[J]. Memoirs of the Entomological Society of Canada, 131: 1-154.

Hydrophilidae

Jia Fenglong   Lin Renchao   Xie Weicai

(Life Science School, Sun Yat-sen University, Guangzhou, 510275)

A total of 12 species including in 7 genera of scavenger beetles are reported in present research. All species are firstly recorded in Shanxi Province.

步甲科 Carabidae

梁红斌   黄鑫磊

（中国科学院动物研究所，北京，100101）

步甲科是鞘翅目中的一个大科，其主要识别特征为：身形狭长，体长 1～60mm，触角细，线状或念珠状，11 节，末端几节不膨大或略微加粗；口器前口式，上颚强壮，适宜捕食；翅两对，有些种类后翅退化；后足基节扁平，向后伸过第 1 可见腹节后缘，转节发达，各足跗节均为 5 节。

步甲陆生，几乎分布于除沙漠以外的各种环境，一般栖息于石下、苔藓下、树皮下、树叶上、枯枝落叶中、洞穴中，也有栖息在蚁巢、仓库或室内。成虫多昼伏夜出，行动敏捷，许多种类有趋光性，大部分种类营捕食生活，少数种类的幼虫寄生于蛙类、鳞翅目幼虫的体表。

世界已知步甲有 30 000 余种，中国记录 3000 余种。2012 年 7 月，在山西历山自然保护区共采集到鞘翅目步甲科标本 490 余号，鉴定出 16 属 34 种。

1 布氏细胫步甲 Metacolpodes buchanani (Hope, 1831)

体长 9.5～13.5mm。体棕黄色，光亮，鞘翅有深绿色光泽。头平，光洁无刻点和毛；上颚长，端部稍尖；眼大而鼓，眉毛 2 根；触角自第 4 节起被绒毛；口须端节具毛 2 根；颏中齿端部窄而圆；亚颏两侧具长短 2 根毛。前胸背板隆，略呈心形，前 1/3 处最宽；盘区有细皱纹，微纹不清晰；后角钝角；侧缘和后角各具 1 根毛。鞘翅在基部 1/3 处有横凹区，占据 3～7 行距；侧缘在翅端部均匀收狭，第 1～3 行距末端平截，缝角具小短刺；条沟浅，沟内有小刻点；行距平坦，第 3 行距具毛穴 3 个。前足胫节有纵沟；跗节第 4 节分 2 叶；爪简单。

观察标本：1 头，山西翼城大河，2012.VII.28，黄鑫磊采。

分布：山西（历山）、吉林、河北、山东、陕西、甘肃、江苏、安徽、湖北、浙江、江西、湖南、福建、台湾、广东、四川、贵州、云南；朝鲜，日本，东南亚。

2 短胸暗步甲 Amara brevicollis (Chaudoir, 1850)

体长 9.5～12.5mm。背面褐色，口须、足和体腹面棕黄色。头顶具细微刻点；眼大而突出，眉毛 2 根；上颚端部尖，外沟深，沟内无刚毛；颏齿顶端凹入；唇须亚端节毛多于 3 根；触角短，自第 4 节起密被绒毛。前胸背板横方，宽约为长的 1.7 倍，最宽处在中部略前；侧缘弧形膨出；后角近直角，角端锐；盘区隆，中区光洁，余被密刻点；基凹深，凹外部有隆脊；基部密被刻点。鞘翅长方形，长为宽的 1.4 倍；条沟深，沟内有刻点；行距平坦。后胸腹板侧面和后胸前侧片密被刻点。

观察标本：1 头，山西翼城大河南神峪珍珠帘，2012.VII.30，黄鑫磊采；2 头，山西翼城大河，2012.VII.29，黄鑫磊采。

分布：山西（历山）、东北、内蒙古、河北、陕西、甘肃、宁夏、青海、新疆、江苏、湖北、湖南；蒙古，朝鲜，俄罗斯，中亚。

3 巨胸暗步甲 *Amara gigantea* (Motschulsky, 1844)

体长 18.0～22.0mm。黑色，触角棕黄色。头顶稍隆；眼内侧眉毛 1 根，前眉毛缺失；颊齿中间凹；唇须亚端节毛多于 3 根；触角短，自第 4 节起密被绒毛。前胸背板宽约为长的 1.5 倍；侧缘弧形膨出，最宽处在中部略前；侧边前半部弧圆；后角直角，角端稍钝；盘区隆，近前缘处具刻点，近前角处刻点稍密；基凹深，接近后角，凹外部有隆脊；基部密被刻点。鞘翅两侧近平行，长为宽的 1.7 倍；条沟深，沟内有刻点，行距平坦，无毛和刻点。后胸腹板侧区和后胸前侧片具细刻点。

观察标本：13 头，山西沁水下川，2012.VII.24～26，黄鑫磊采；3 头，山西翼城大河，2012.VII.28，黄鑫磊采。

分布：山西（历山）、辽宁、内蒙古、河北、山东、陕西、浙江、四川；朝鲜，蒙古，日本，俄罗斯。

4 麦穗斑步甲 *Anisodactylus signatus* (Panzer, 1796)

体长 11.0～13.5mm。体棕黑色，头顶常有 1 对红斑。头隆，光洁无毛，具细刻点；眉毛 1 根；触角自第 3 节起被绒毛；无颊齿；中唇舌端部加宽；下唇须亚端节有毛 3 根以上。前胸背板宽为长的 1.5～1.6 倍；基部、侧沟和前缘处有密刻点；后角近直角，角顶端钝圆；基凹浅，凹内有刻点和皱褶。鞘翅长为宽的 1.5 倍；基边直，与侧缘相交成圆弧状；肩角钝圆，无齿突；条沟较深，沟内无刻点；行距较平，无绒毛和刻点，微纹极明显，呈等直径网格状，第 3 行距无毛穴。后足腿节后缘有毛 4～6 根，雄虫前跗节剧烈膨大，腹面粘毛聚集呈海绵状。

观察标本：2 头，山西沁水下川，2012.VII.24～26，黄鑫磊采。

分布：全国广布；朝鲜，日本，蒙古，俄罗斯，东南亚，欧洲。

5 粗皱步甲 *Carabus crassesculptus* Kraatz, 1881

体长 22.0～25.0mm。体黑色，稍带蓝紫色光泽。头狭长，眉毛 1 根；触角细长，自第 4 节端部起被绒毛，伸达鞘翅中部，第 1 节圆柱状，长度和第 3 节近等，约为第 2 节长的 2 倍。前胸背板方，宽过于长；前缘微凹；侧缘弧圆，从中部向后收狭并翘起，在后角之前略弯曲；基缘两侧向后稍突伸；基凹小，略深。鞘翅自肩后稍膨，最宽在中部稍后；每翅有 3 条纵主隆脊和凹陷，主隆脊旁边有 2～3 行相近隆起的链状突起，因此整个鞘翅布满链状突和凹陷。前足基节窝开放，前腹板突无边。足细长，雄虫前跗节 1～4 节膨大，腹面具粘毛。

观察标本：2 头，山西沁水下川，2012.VII.24～26，黄鑫磊采。

分布：山西（历山）、河北、青海、四川。

6 粒步甲 *Carabus granulatus* Linneaus, 1758

体长 19.0～22.5mm。体黑色。头狭长，眉毛 1 根；触角细长，自第 4 节端部起被绒毛，伸达鞘翅中部，第 1 节圆柱状，长度和第 3 节近等，为第 2 节长的 2 倍。前胸背板方，宽过于长；前缘微凹；侧缘弧圆，从中部向后翘起，在后角之前近直；基缘两侧向后稍突伸；基凹浅圆。鞘翅自肩后稍膨，最宽在中部稍后；每翅有 3 条隆脊，两隆脊之间有链状突起，突起周围为细小颗粒。前足基节窝开放，前腹板突无边。足细长，雄虫前足跗节第 1～4 节膨大，腹面具粘毛。

观察标本：64 头，山西沁水下川，2012.VII.24，黄鑫磊采；27 头，山西沁水下川西峡，2012.VII.25，黄鑫磊采；2 头，山西沁水下川东峡，2012.VII.26，黄鑫磊采；1 头，山西沁水下川富裕河，2012.VII.26，黄鑫磊采；1 头，山西翼城大河南神峪珍珠帘，2012.VII.30，黄鑫磊采。

分布：山西（历山）、内蒙古、河北、新疆；蒙古，日本，朝鲜，欧洲。

7 晋南步甲 Carabus jinnanicus Deuve, 2006

体长 22.0～25.0mm。体黑色，稍光亮，无金属光泽。头狭长，眉毛 1 根；触角细长，自第 4 节端部起被绒毛，伸达鞘翅中部。前胸背板方，宽过于长；前缘微凹；侧缘弧圆，从中部向后收狭并上翘，后角之前略弯曲；基缘两侧向后稍突伸；基凹浅圆。鞘翅自肩后稍膨，最宽在中部稍后；每翅有 3 条纵长隆脊，隆脊被 6～10 个凹陷所中断，间断隆脊两旁有 3 完整隆脊。前足基节窝开放，前腹板突无边。足细长，雄虫前跗节 1～4 节膨大，腹面具粘毛。

观察标本：13 头，山西沁水下川，2012.VII.24，黄鑫磊采；1 头，山西沁水下川西峡，2012.VII.25，黄鑫磊采。

分布：山西（历山）。

8 刻翅步甲 Carabus sculptipennis Chaudoir, 1877

体长 22.0～24.0mm。体黑色。头狭长，眉毛 1 根；触角细长，自第 4 节端部起被绒毛，伸过鞘翅基部，第 1 节圆柱状，长度和第 3 节近等，为第 2 节长度的 2 倍。前胸背板方，宽过于长；前缘微凹；侧缘弧圆，从中部向后隆起；基缘两侧向后呈短叶状突伸；盘区具密刻点和横皱，基凹深。鞘翅自肩后稍膨，最宽在中部稍后；每翅有 3 行链状隆脊，隆脊两侧另有突起的隆脊，这些隆脊常横向连接。前足基节窝开放，前腹板突无边。足细长，雄虫前跗节 1～4 节膨大，腹面具粘毛。

观察标本：10 头，山西沁水下川，2012.VII.24～26，黄鑫磊采；2 头，山西沁水下川西峡，2012.VII.25，黄鑫磊采；4 头，山西沁水下川富裕河，2012.VII.26，黄鑫磊采；1 头，山西沁水下川东峡，2012.VII.26，黄鑫磊采。

分布：山西（历山）、吉林、辽宁、内蒙古、河北；蒙古，俄罗斯。

9 宽边青步甲 Chlaenius circumductus Morawitz, 1862

体长 14.0～15.0mm。头、前胸背板绿色，鞘翅具红铜色金属光泽，鞘翅侧边第 7～9 行距全部和第 1～6 行距端部黄色。眼眉毛 1 根；触角第 3 节长为第 2 节的 2 倍，被稀毛，第 4～11 节被密绒毛；口须光洁，末节细长。前胸背板平，宽为长的 1.3 倍，密被毛和刻点；侧缘弧圆，中部之后稍收狭，在后角之前近直；后角近直角，角顶端稍钝；基凹深，狭长。鞘翅条沟略深；行距被细密刻点和毛；基边和侧边相交呈钝角状。足细长，跗节光洁，前足跗节第 1～3 节膨大，呈方形。体腹面均匀被毛；后胸前侧片长明显大于宽，近外侧无纵沟。前足腿节无钝齿。

观察标本：1 头，山西沁水下川，2012.VII.24，黄鑫磊采。

分布：山西（历山）、东北、河南；日本，蒙古。

10 黄斑青步甲 Chlaenius micans (Fabricius, 1792)

体长 13.5～16.5mm。背面深绿色，头、前胸背板和小盾片具红铜色金属光泽，鞘翅后部具 1 大黄斑，近圆形，后端略突伸，占据 3～8 行距。眼眉毛 1 根；触角第 3 节长约为第 2 节的 3 倍，被稀毛，4～11 节被密绒毛；口须光洁，末节细长。前胸背板宽为长的 1.2 倍，密被毛和刻点；侧缘弧圆，最宽处在中部，后角之前有刚毛 1 根；后角钝角，角顶端宽圆；基凹深，狭长。鞘翅行距平坦，被细密刻点和毛；基边和侧边相交呈圆弧状。跗节背面被毛，雄虫前足跗节第 1～3 节膨大，呈方形。体腹面均匀被毛；后胸前侧片长明显大于宽，近外侧有 1 纵沟。前足腿节无钝齿。

观察标本：2 头，山西沁水下川西峡，2012.VII.25，黄鑫磊采；1 头，山西翼城大河，2012.VII.29，黄鑫磊采。

分布：山西（历山）、辽宁、河北、山东、河南、陕西、江苏、安徽、湖北、江西、湖南、福建、广西、四川、云南；日本。

11 淡足青步甲 Chlaenius pallipes Gebler, 1823

体长 13.5～15.0mm。背面绿色，头、前胸背板和小盾片具红铜色金属光泽，鞘翅无黄色斑。眼眉毛 1 根；触角第 3 节约为第 2 节的 3 倍，被稀毛，第 4～11 节被密绒毛；口须光洁，末节细长；颏齿端部微凹。前胸背板平，宽为长的 1.3 倍，密被毛和刻点；侧缘弧圆，中部之后收狭明显；后角钝角，角顶端宽圆；基凹深，狭长。鞘翅条沟浅，细线状；行距被细密刻点和毛；基边和侧边相交呈钝角状。跗节背面被毛，雄虫前足跗节第 1～3 节膨大，呈方形。体腹面均匀被毛；后胸前侧片长明显大于宽，近外侧无纵沟。前足腿节无钝齿。

观察标本：24 头，山西沁水下川，2012.VII.24～26，黄鑫磊采；8 头，山西沁水下川富裕河，2012.VII.26，黄鑫磊采；1 头，山西沁水下川西峡，2012.VII.25，黄鑫磊采。

分布：山西（历山）、黑龙江、吉林、辽宁、内蒙古、河北、山东、河南、陕西、宁夏、甘肃、青海、江苏、湖北、江西、湖南、福建、广西、四川、贵州、云南；蒙古，朝鲜，日本。

12 异色猛步甲 Cymindis daimio Bates, 1873

体长 7.0～8.0mm。头、胸、鞘翅后半部、腿节、腹面大部分黑色，鞘翅黑色部分和头胸具紫色光泽，口须、触角、胫节和跗节黄色。头隆，密被大刻点和长毛；眼大，半球状，眉毛 2 根；触角被绒毛，第 1～3 节毛稀；下唇须端节加宽，略呈斧状。前胸背板隆，宽为长的 1.1～1.2 倍；盘区被粗大刻点和长刚毛；后角略呈直角，顶角稍圆；侧边在中部之后前强烈收缩，在后角之前略弯曲；基边中部整体向后突伸；基凹很小。鞘翅后端平截，长为宽的 1.5 倍；肩宽圆，无齿突；条沟深，沟内有粗刻点；行距稍隆，有长毛和粗刻点。足被毛，第 4 跗节端部稍凹，爪具梳齿。

观察标本：1 头，山西翼城大河，2012.VII.28，黄鑫磊采；2 头，山西翼城大河南神峪珍珠帘，2012.VII.30，黄鑫磊采。

分布：山西（历山）、河北、河南、江苏、江西、湖北、湖南、福建、台湾、贵州；朝鲜，日本。

13 蝎步甲 Dolichus halensis Schaller, 1783

体长 15.0～18.5mm。体黑色，鞘翅基中部有 1 个大的棕红色长圆斑，斑有时甚至消失，口须、触角、足棕黄色。头顶平，微纹不很明显；眼突出，具眉毛 2 根；触角自第 4 节起密被绒毛；下唇须亚端节具刚毛 2 根；颏具齿，尖或顶端凹入；亚颏每侧具刚毛 2 根。前胸背板略呈正方形，宽约为长的 1.1～1.2 倍，宽度明显大于头宽；前后角均弧圆，后角毛 1 根；侧边宽，具侧缘毛 1 根；盘区光洁，无刻点和毛，有横皱褶；基凹宽圆，凹内和周边密被刻点。鞘翅略平，行距光洁，无毛和刻点，微纹极明显，呈等直径网格状；第 3 行距具 2～3 个毛穴。前胫节有纵沟；爪具梳齿。

观察标本：38 头，山西沁水下川，2012.VII.24～26，黄鑫磊采；1 头，山西翼城大河，

2012.VII.27，黄鑫磊采；2 头，山西沁水下川西峡，2012.VII.25，黄鑫磊采。

分布：全国广布；蒙古，俄罗斯，朝鲜，日本，中亚，欧洲。

14 谷婪步甲 *Harpalus calceatus* (Duftschmid, 1812)

体长 12.5～14.0mm。黑色。头隆，眉毛 1 根；触角自第 3 节起密被绒毛；颏齿短，较尖；下唇须亚端节具毛 3 根以上。前胸背板隆，宽为长的 1.4～1.5 倍；基区和侧缘刻点密；后角近直角状，顶端微圆；侧缘在后角之前较直；基凹浅圆，被密刻点，基凹外侧近平。鞘翅隆，宽为长的 1.6 倍；基边在肩部略倾斜，肩角呈钝角，肩部具小锐齿；条沟明显，沟内无刻点；行距隆，无绒毛和刻点，第 3 行距无毛穴，第 9 行距具极稀的短纤毛。后足腿节后缘具 6～10 根刚毛；跗节背面被绒毛，第 5 跗节腹面两侧除刚毛外还各具 3～5 根粗刺。

观察标本：1 头，山西翼城大河，2012.VII.29，黄鑫磊采。

分布：山西（历山）、黑龙江、吉林、辽宁、河北、河南、陕西、甘肃、新疆、四川；蒙古、俄罗斯，日本，朝鲜，欧洲。

15 朝鲜婪步甲 *Harpalus coreanus* (Tschitscherine, 1895)

体长 12.5～15.0mm。体黑色，口须、触角红棕色，足棕色。头隆，眉毛 1 根；触角自第 3 节端半部起被毛。前胸背板隆，宽为长的 1.4 倍；表面光洁无绒毛；基区、端区及侧区具细小刻点；后角外突成齿状，大而明显；侧缘圆弧形，向后收缩，在后角之前稍弯曲；基凹浅圆，凹外微隆。鞘翅隆，长为宽的 1.5 倍；基边在近肩部明显向前弯，肩角略大于直角，具不明显的小齿突；条沟明显，沟内光洁无刻点；行距微隆，第 3 行距无毛穴，仅第 9 行距具绒毛。后足腿节后缘一般具 5～6 根刚毛；前足胫节前外缘一般具 4～5 根刺，端距简单，不呈三齿状；跗节背面被绒毛。

观察标本：8 头，山西沁水下川，2012.VII.24～26，黄鑫磊采；5 头，山西沁水下川富裕河，2012.VII.26 黄鑫磊采；3 头，山西翼城大河，2012.VII.29，黄鑫磊采。

分布：山西（历山）、黑龙江、辽宁、内蒙古、河北、陕西、江苏、福建、四川；朝鲜，俄罗斯(远东地区)。

16 直角婪步甲 *Harpalus corporosus* (Motschulsky, 1861)

体长 13.0～16.0mm。体黑色，口须、触角棕黄色，足棕色至黑色，跗节棕色。头隆，眉毛 1 根；触角自第 3 节端半部被绒毛；颏齿突出，顶端较尖；下唇须亚端节有毛 3 根以上。前胸背板宽为长的 1.6 倍，盘区光洁无毛；基凹刻点密；后角直角，顶端略圆。鞘翅隆，长约为宽的 1.4 倍；基边直，肩角呈钝角，肩部明显具锐齿；条沟明显，沟内具刻点；行距表面光洁，微纹明显，呈等直径网纹状，第 3 行距近端处具 1 毛穴。腹部第 3 腹板刚毛较多，第 4～5 腹板刚毛稀少。后足腿节后缘具 6～8 根刚毛，前足胫节前外缘具 6～7 根刺，跗节表面光洁无绒毛。

观察标本：27 头,山西翼城大河,2012.VII.29,黄鑫磊采;4 头,山西沁水下川,2012.VII.24～26，黄鑫磊采；4 头，山西翼城大河南神峪珍珠帘，2012.VII.30，黄鑫磊采；1 头，山西沁水下川西峡，2012.VII.25，黄鑫磊采。

分布：山西（历山）、黑龙江、辽宁、内蒙古、河北、陕西、宁夏、甘肃、青海、湖北、四川；日本，朝鲜，俄罗斯。

17 大卫婪步甲 *Harpalus davidi* (Tschitscherine, 1897)

体长 12.0～13.5mm。体黑色，触角、口须、跗节棕色。头隆，眉毛 1 根；触角自第 3 节端半部起密被绒毛；颏齿长，端部尖；下唇须亚端节具毛 3 根以上。前胸背板宽为长的 1.3

倍；盘区无绒毛和刻点；基区和侧沟密被刻点，前区有少量刻点；后角大于直角，角顶端宽圆；侧缘在后角之前略直；基凹很浅，被粗大刻点，基凹外侧稍隆。鞘翅隆，长约为宽的 1.5 倍；行距微隆，无绒毛和刻点，第 3 行距无毛穴；条沟明显，沟内具刻点。后足腿节后缘多具 3～4 根刚毛；前足胫节前外缘具 5～7 根刺；跗节表面被绒毛。

观察标本：1 头，山西翼城大河，2012.VII.29，黄鑫磊采。

分布：山西（历山）、黑龙江、吉林、辽宁、内蒙古、河北、陕西、甘肃、青海、江苏、福建、四川；蒙古，朝鲜，日本。

18 毛婪步甲 *Harpalus griseus* (Panzer, 1796)

体长 9.0～12.5mm。体背面黑色，口须、触角和足棕黄色。头隆，眉毛 1 根；触角自第 3 节起被绒毛；颏齿三角形；下唇须亚端节有毛 3 根以上。前胸背板宽为长的 1.4 倍，盘区光洁无毛和刻点，基部、沟和前缘处有刻点；后角略大于直角，角顶端稍钝圆；基凹浅，凹外部密被绒毛。鞘翅长为宽的 1.6 倍；条沟较深，沟内无刻点；行距较平，密被毛和刻点，第 3 行距无毛穴。后足腿节后缘有毛 4～6 根；跗节背面有绒毛。

观察标本：2 头，山西沁水下川西峡，2012.VII.25，黄鑫磊采；2 头，山西沁水下川富裕河，2012.VII.26，黄鑫磊采；3 头，山西沁水下川，2012.VII.24，黄鑫磊采；8 头，山西翼城大河，2012.VII.29，黄鑫磊采。

分布：山西（历山）、黑龙江、吉林、辽宁、内蒙古、河北、山东、河南、陕西、甘肃、新疆、江苏、浙江、湖北、江西、福建、台湾、广西、四川、贵州、云南；东亚经小亚细亚至欧洲一带，北非。

19 光婪步甲 *Harpalus laevipes* Zetterstedt, 1828

体长 11.5～13.0mm。体黑色。头隆，眉毛 1 根；触角自第 3 节端半部起被绒毛。前胸背板宽为长的 1.6 倍；盘区光洁无绒毛；基区及侧沟附近刻点密；前角突出，宽圆；后角略呈直角，角顶圆；侧缘向后较直，在后角之前微内凹；基凹较狭而深，凹外侧隆起。鞘翅长约为宽的 1.4 倍；基边近直，肩角呈钝角，肩部具锐齿；端凹不显；条沟深，沟内无刻点；行距隆，无毛和刻点，第 3 行距一般具 2 个或更多大毛穴，第 7、8 行距无毛穴。后足腿节近后缘具 3～4 根刚毛；跗节表面光洁无绒毛，雄虫中足第 1 跗节腹面端半部具粘毛。

观察标本：1 头，山西沁水下川富裕河，2012.VII.26，黄鑫磊采；1 头，山西沁水下川东峡，2012.VII.25，黄鑫磊采。

分布：山西（历山）、河北、新疆；蒙古，朝鲜，俄罗斯，欧洲。

20 黄鞘婪步甲 *Harpalus pallidipennis* Morawitz, 1862

体长 9.5～10.5mm。体黑色，鞘翅深棕色，常具棕黄色云斑，口须、触角、足棕黄色。头隆，眉毛 1 根；触角自第 3 节起密被绒毛；颏齿短，极不明显；下唇须亚端节有毛 3 根以上。前胸背板隆，宽为长的 1.5 倍；盘区光洁无刻点；后角近直角或略呈钝角，端部微圆；侧缘向前弧形收缩，向后较直，略收缩；基凹浅平，有细密刻点；基凹外侧稍隆。鞘翅长约为宽的 1.5～1.6 倍；条沟明显，沟内无刻点；行距平，无绒毛和刻点，第 3 行距具 2～5 个毛穴；端凹略深，外端角稍明显。后足腿节后缘具 4～6 根刚毛；跗节表面光洁无毛。

观察标本：1 头，山西沁水下川富裕河，2012.VII.26，黄鑫磊采；4 头，山西沁水下川，2012.VII.24～26，黄鑫磊采；1 头，山西翼城大河南神峪珍珠帘，2012.VII.30，黄鑫磊采；1 头，山西沁水下川西峡，2012.VII.25，黄鑫磊采。

分布：全国广布；蒙古，俄罗斯，朝鲜，日本，东南亚。

21 草原婪步甲 *Harpalus pastor* Motschulsky, 1844

体长 12.0～13.5mm。体黑色，口须、触角、足棕黄色。头具眉毛 1 根；触角自第 3 节端半部起密被绒毛；额齿长稍小于基宽，顶端微圆；下唇须亚端节具毛 3 根以上。前胸背板宽为长的 1.4～1.5 倍；盘区光洁无绒毛和刻点，基区、端区、侧沟密布刻点；后角直角，顶端呈小齿；侧缘在后角之前近直；基凹浅圆，基凹外侧平。鞘翅隆，长为宽的 1.5 倍；基边在近肩部略倾斜，肩角呈钝角，肩部具小锐齿；行距大部分区域无绒毛，第 9 行距及第 6～8 行距端部具细纤毛和刻点，第 3 行距无毛穴；条沟深，沟内无刻点。后足腿节后缘具 5～8 根刚毛；跗节背面被绒毛。

观察标本：3 头，山西沁水下川，2012.VII.25，黄鑫磊采。

分布：山西（历山）、内蒙古、河北、山东、湖北、湖南、福建、贵州；蒙古。

22 普氏婪步甲 *Harpalus plancyi* Tschitscherine, 1897

体长 8.0～9.5mm。黑色，鞘翅常带蓝紫色光泽，口须、触角、跗节棕色。头具眉毛 1 根；触角自第 3 节端半部起密被绒毛；额齿长，端部尖。前胸背板宽为长的 1.5 倍；盘区光洁无绒毛和刻点，基区和侧沟有刻点，前区有稀刻点；后角呈直角，顶端圆；侧缘后角之前近直；基凹浅，基凹外侧平。鞘翅长约为宽的 1.4 倍；基边在肩部明显向前弯，肩角呈钝角，肩部小锐齿；行距平，无绒毛和刻点，第 3 行距近端处具 1 毛穴；条沟明显，沟内无刻点。后足腿节后缘具 4～7 根刚毛；跗节表面光洁无绒毛。腹部第 3 节被毛，第 4～5 节腹板除刚毛外还有稀细短毛。

观察标本：1 头，山西翼城大河，2012.VII.29，黄鑫磊采。

分布：山西（历山）、辽宁、河北、陕西。

23 大毛婪步甲 *Harpalus ussuriensis* Chaudoir, 1863

体长 13.5～17.0mm。体黑色，口须、触角和足棕黄色。头具眉毛 1 根；触角自第 3 节端半部被毛；额齿略短，端部微尖；下唇须亚端节有毛 3 根以上。前胸背板宽为长的 1.5；盘区密布刻点，基部和侧缘被绒毛；后角略大于直角，端部微圆；侧缘在后角之前不弯曲；基凹浅；密布刻点。鞘翅长为宽的 1.6 倍；基边在近肩部略向前倾斜；肩角呈钝角，肩部圆，齿突极小；条沟浅，沟内无刻点；行距表面密被绒毛，第 3 行距无毛穴。后足腿节后缘具 4～5 根刚毛；前足胫节前外缘一般具 3～4 根刺；跗节背面被绒毛。

观察标本：42 头，山西沁水下川，2012.VII.24～26，黄鑫磊采；1 头，山西翼城大河，2012.VII.29，黄鑫磊采。

分布：山西（历山）、黑龙江、吉林、辽宁、内蒙古、河北、河南、陕西、新疆、湖北、四川、西藏；俄罗斯（西伯利亚），朝鲜，日本。

24 筛毛盆步甲 *Lachnolebia cribricollus* (Morawitz, 1862)

体长 7.0～8.0mm。体大部分黄色，头和鞘翅蓝黑色。头略平，密被大刻点；眼半球状，眉毛 2 根；触角被绒毛；额齿短，三角状；口须细，不呈斧状。前胸背板隆，宽为长的 1.3 倍；盘区被粗大刻点，有绒毛；后角钝角，顶角稍圆；侧边在后角前圆弧状，中部和后角处各有 1 根刚毛；基边中部整体向后突伸；基凹很小，凹内有细刻点。鞘翅后端平截，长为宽的 1.2 倍；基边在小盾片周围消失；肩宽圆，无齿突；条沟由粗刻点组成；行距平，有绒毛和粗刻点。足被毛，第 4 跗节端部深裂呈两叶状，爪具梳齿。

观察标本：2 头，山西翼城大河，2012.VII.28，黄鑫磊采；1 头，山西沁水下川，2012.VII.24，黄鑫磊采。

分布：山西（历山）、东北、陕西、浙江；朝鲜，俄罗斯，日本。

25 阿氏通缘步甲 *Pterostichus arrowianus* Jedlička, 1938

体长 10.0～11.0mm。黑色，口须和跗节棕色。头小，头顶具稀刻点，额有粗密刻点；眼半圆形，具眉毛 2 根；触角自第 4 节起密被绒毛；唇舌端缘有毛 2 根。前胸横宽约为长的 1.3 倍；侧缘从前角均匀弧圆至后角前；后角宽圆，顶端钝，后角毛 1 根；盘区略平，光洁无毛；每侧基凹两个，但基部合并成 1 个大深凹，端部分开，内侧凹长度为外侧基凹的 1.5 倍，凹内均有粗密刻点。鞘翅行距平，第 3 行距有 3 个毛穴，均匀分布于第 3 行距上，全部靠近第 3 条沟；条沟深，沟内刻点清晰，小盾片条沟长。后胸前侧片长为宽的 1.6 倍。后足末跗节腹面无毛。

观察标本：1 头，山西沁水下川西峡，2012.VII.24，黄鑫磊采。

分布：山西（历山）、四川。

26 强足通缘步甲 *Poecilus fortipes* (Chaudoir, 1850)

体长 13.0～15.0mm。黑色，表面具暗紫色或铜绿色光泽。头小，头顶被稀疏细刻点；眼半圆形，具眉毛 2 根；触角自第 4 节起密被绒毛，第 2～3 节压扁状；唇舌端缘有毛 2 根。前胸背板宽约为长的 1.3 倍；侧缘在后角稍前处略直；后角稍大于直角，顶端有时有小齿突；侧沟在中部之后加宽，在后角之前又变狭；盘区略平，光洁无毛；基凹两个且深，内侧凹内有粗刻点，长度为外侧基凹的 1.5 倍，外侧凹浅，刻点稀少。鞘翅行距略隆，第 3 行距有 3 个毛穴，均匀分布于第 3 行距上，全部靠近第 3 条沟；条沟深，沟内刻点清晰。后胸前侧片长为宽的 1.5 倍。末跗节腹面有毛 3～4 对。

观察标本：43 头，山西沁水下川，2012.VII.24～26，黄鑫磊采；4 头，山西沁水下川西峡，2012.VII.25，黄鑫磊采；12 头，山西沁水下川富裕河，2012.VII.26，黄鑫磊采；1 头，山西翼城大河，2012.VII.28，黄鑫磊采。

分布：山西（历山）、东北、内蒙古、青海、新疆；蒙古，俄罗斯。

27 直角通缘步甲 *Poecilus gebleri* (Dejean, 1828)

体长 15.0～19.0mm。黑色，无金属光泽，触角和足棕黑色。头眉毛 2 根；触角自第 4 节起密被绒毛，第 2～3 节压扁状；唇舌端缘有毛 2 根。前胸背板宽约为长的 1.3 倍；侧缘从前角均匀弧圆至中部略后，在后角前平直，侧边沟窄细，前后宽度一致；后角稍大于直角，顶端无小齿突；盘区略平，光洁无毛；基凹两个，深，内侧凹内光洁或有极少量粗刻点，长度为外侧基凹的 2 倍，外侧凹浅，无刻点。鞘翅行距平，第 3 行距有 3 个毛穴，均匀分布于第 3 行距上，全靠近第 3 条沟；条沟深，沟内刻点清晰。后胸前侧片长为宽的 1.5 倍。末跗节腹面有毛 3～4 对。

观察标本：2 头，山西沁水下川富裕河，2012.VII.26，黄鑫磊采。

分布：山西（历山）、东北、内蒙古、河北、甘肃、四川；蒙古，俄罗斯。

28 大梨须步甲 *Synuchus major* Lindroth, 1956

体长 11.0～13.5mm。体褐色，口须、触角、胫节和跗节棕黄色。头微隆；眉毛 2 根；触角自第 4 节起被绒毛；口须端节具毛 2 根，长度和亚端节近等，下唇须在雄性内强烈加宽呈斧状，在雌性中略加宽呈纺锤状；额中齿长，端部微凹，亚额两侧具长毛 1 根。前胸背板隆，略呈圆盘状，中部最宽，光洁无刻点；前缘和基缘近等宽；盘区有细皱纹，微纹横向排列，但不很清晰；后角宽圆，有刚毛 1 根。鞘翅长为宽的 1.6 倍；条沟深，沟内无刻点；行距隆，微纹不清晰，呈横向网格状，第 3 行距具毛穴 2 个。前足胫节无纵沟；跗节第 4 节微凹，不分为 2 叶；爪呈梳齿状。

观察标本：17 头，山西沁水下川，2012.VII.24～26，黄鑫磊采；1 头，山西翼城大河南神峪珍珠帘，2012.VII.30，黄鑫磊采。

分布：山西（历山）、河北、陕西、浙江。

29 背黑狭胸步甲 *Stenolophus connotatus* Bates, 1873

体长 6.5～7.5mm。体棕黄色，头顶、前胸背板中部、鞘翅 1～4 行距大部黑色。头略平；额沟伸达复眼内侧；眉毛 1 根；触角自第 3 节起被绒毛；无颏齿；下唇须亚端节有长刚毛 2 根。前胸背板宽为长的 1.3～1.4 倍；后角钝圆，顶角不显；侧边在后角前圆弧状；基凹浅平，凹内有刻点。鞘翅长为宽的 1.6 倍；条沟较深，沟内刻点细；行距较隆，无绒毛和刻点，第 3 行距具 1 毛穴；鞘翅缝尖，呈短刺状。后足腿节后缘有毛 2 根，前足胫节外端角具刺 2～3 根，跗节表面光洁无绒毛，末跗节腹面无毛，雄虫中足第 1 跗节端半部具粘毛。

观察标本：1 头，山西翼城大河，2012.VII.28，黄鑫磊采。

分布：山西（历山）、河北、河南、新疆、江苏、湖北、江西、福建、广西、四川；日本。

30 雅大通缘步甲 *Tigonognatha jaechi* Sciaky, 1995

体长 19.0～21.0mm。黑色，表面具紫色光泽。头具眉毛 2 根；触角自第 4 节起密被绒毛，第 1 节粗壮，长度和第 3 节接近；唇舌端缘有毛 4 根；下颚须端节略加宽，下唇须强烈加宽呈斧状。前胸背板宽约为长的 1.3 倍；侧缘从中部向后更收缩，在后角稍前处稍弯曲；后角近直角，顶端向外略突；侧沟深而狭，向后不加宽；盘区略平，光洁无毛和刻点；中沟浅，不达前后缘；基凹深，刻点稀少或无，有横皱。鞘翅行距隆起，微纹不明显，第 3 行距无毛穴；条沟深，沟内刻点很不清晰，小盾片沟长。后胸前侧片长稍大于宽。后足末跗节腹面有毛 4～5 对。

观察标本：4 头，山西沁水下川，2012.VII.24～26，黄鑫磊采。

分布：山西（历山）、河北。

31 芽斑虎甲 *Cicindela gemmata* Faldermann, 1835

体长 15.0～18.5mm。背面暗铜绿色，腹面有紫色和绿色光泽；鞘翅有 4 块白色斑，肩部斑圆形，基部 1/4 处斑稍横宽，中部斑带状，端部斑"长逗号"状。头顶平，有细纵脊；上唇中部有 1 短齿突。前胸背板近方形，盘区密横皱，旁边有稀疏的倒伏毛；基横沟深。鞘翅表面布满紫色刻点。后胸前侧片宽阔，长稍大于宽，被毛；前胸腹板、后胸腹板、前胸前侧片被毛；腹部腹板大部分光洁，第 3～5 节沿后缘有 1 行刻点和刚毛。

观察标本：7 头，山西沁水下川西峡，2012.VII.25，黄鑫磊采；4 头，山西沁水下川东峡，2012.VII.26，黄鑫磊采；2 头，山西沁水下川富裕河，2012.VII.26，黄鑫磊采。

分布：山西（历山）、河北、甘肃、江苏、福建、江西、四川、云南、西藏；朝鲜，俄罗斯。

32 萨哈林虎甲 *Cicindela sachalinensis* Morawitz, 1862

体长 16.0～17.0mm。背面暗铜绿色，腹面有紫色和绿色光泽；鞘翅有 4 块白色斑，肩部斑圆形，基部 1/4 处斑稍横宽，中部斑带状，端部圆形。头顶平，有细纵脊；上唇中部有 1 长齿突。前胸背板近方形，盘区密横皱，旁边有稀疏的倒伏毛；基横沟深。鞘翅表面布满细刻点。后胸前侧片宽阔，长稍大于宽，被毛；前胸腹板、后胸腹板、前胸前侧片被毛；腹部腹板大部分光洁，第 3～5 节沿后缘有 1 行刻点和刚毛。

观察标本：2头，山西沁水下川富裕河，2012.VII.26，黄鑫磊采。

分布：山西（历山）、黑龙江、甘肃、青海、四川；朝鲜，俄罗斯。

33 优雅虎甲 *Cylindera gracilis* Pallas, 1773

体长10.0～11.0mm。体黑色，头、前胸背板、腿节稍具紫色或绿色光泽；鞘翅有3块斑，中部和端部靠近侧缘处各有1长条白色斑，翅端部1/3靠近翅缝有1长条形棕色斑。头顶平，有细纵脊；上唇中部有1短齿突。前胸背板近方形，盘区密横皱，旁边有稀疏的倒伏毛；基横沟略深。鞘翅布满细刻点，肩部的刻点更明显。后胸前侧片宽阔，长稍大于宽，被稀毛；前胸腹板、后胸腹板、前胸前侧片被毛；腹部腹板大部分光洁，第3～5节沿后缘有1～2对刻点和刚毛。

观察标本：2头，山西沁水下川富裕河，2012.VII.26，黄鑫磊采；1头，山西沁水下川西峡，2012.VII.25，黄鑫磊采。

分布：山西（历山）、内蒙古、山东；朝鲜，日本，俄罗斯。

34 斜纹虎甲 *Cylindera oliguefasciata* Adams, 1817

体长10.0～11.0mm。体铜绿色，腹部蓝黑色；鞘翅有4块白斑，肩部1个圆形斑，基部1/3处有1个很小斑，中部有1个从翅缘斜向翅缝的长条形斑，翅端有1"逗号"形斑。头顶平，有细纵脊；上唇中部有1短齿突。前胸背板近方形，盘区密横皱，旁边有稀疏的倒伏毛；基横沟很深。鞘翅表面有粗刻点，外半部刻点更密，另在翅内侧有1纵行大刻点，与翅缝平行。后胸前侧片长稍大于宽，被稀毛；后胸腹板、前胸前侧片被毛；腹部腹板被稀毛，第3～5节沿后缘有1～2对刻点和刚毛。

观察标本：3头，山西沁水下川富裕河，2012.VII.26，黄鑫磊采；5头，山西沁水下川西峡，2012.VII.25，黄鑫磊采；2头，山西沁水下川，2012.VII.24，黄鑫磊采；5头，山西翼城大河，2012.VII.27，黄鑫磊采；11头，山西沁水下川东峡，2012.VII.25，黄鑫磊采；1头，山西翼城大河南神峪珍珠帘，2012.VII.30，黄鑫磊采。

分布：山西（历山）、黑龙江、内蒙古、山东、甘肃、青海、新疆；俄罗斯。

参 考 文 献

Shook G, Wu X Q, 2007. Tiger beetles of Yunnan[M]. Kunming: Yunnan Science and Technology Press.

Habu A, 1973. Fauna Japonica. Carabidae: Harpalini (Insecta: Coleoptera)[M]. Tokoy: Keigaku Publishing Co., LTD.

Jedlička A, 1962. Monographie des Tribus Pterostichini aus Ostasien (Pterostichini, Trigonotomi, Myadi) (Coleoptera-Carabidae)[J]. Entomologische Abhandlungen Berichte aus dem Staatliches Museum für Tierkunde in Dresden, 26(21): 177-346.

Sciaky R, 1995. New and little known species of the genus *Trigonognatha* Motschulsky from China (Coleoptera: Carabidae, Pterostichimae)[J]. Koleopterolosche Rundschau, 65: 1-13.

Carabidae

Liang Hongbin   Huang Xinlei

(Institute of Zoology, Chinese Academy of Sciencs, Beijing, 100101)

This section lists 34 species belonging to 16 genera of Carabidae collected in 2011 from Lishan National Nature Reserve of Shanxi Province, China. Collecting data and geographic distribution for each species are given. All specimens are deposited in National Zoological Museum of China, Institute of Zoology (Beijing).

叩甲科 Elateridae*

江世宏　　陈晓琴　　周胜利

（深圳职业技术学院植物保护研究中心，深圳，518055）

　　体小到大型。触角通常 11 节，锯齿状，少数栉齿状或丝状，着生于额缘下方，靠近复眼处。前胸后角尖锐而突出。前胸腹板向后变尖，形成腹后突，中胸腹板中央凹入，形成腹窝，二者组成"叩头"关节；相应前胸背板后部向后倾斜凹入，和中胸连接不甚紧密，便于做叩头运动。足较短；跗节 5 节，少数下方具膜状叶片；爪镰刀状，少数栉齿状，或具基齿，或二裂；爪间有着生刚毛的爪间突；后足基节横阔呈片状。可见腹板一般 5 节，很少 6 节。雄外生殖器三瓣式。

　　叩甲大多是农林业的重要地下害虫，可危害多种农作物、林木、中药材、牧草等，也有一些是捕食性益虫，可在虫道中捕食钻蛀性害虫，或在叶片上捕食害螨。本科昆虫幼虫期较长，一般经 2～3 年才能化蛹。

　　本科为世界性分布，目前世界已知 12 000 余种，中国记录 1300 余种。山西历山自然保护区共采到叩甲标本 156 头，经鉴定有 10 属 12 种。

分属检索表

1 中足基节窝外侧被中、后胸腹板包围 2
- 中足基节窝外侧不被中、后胸腹板包围，向中胸后侧片开放 3
2 爪基部外侧有刚毛；全身被有鳞片状扁毛（槽缝叩甲亚科 Agrypninae） ....
.... 槽缝叩甲属 *Agrypnus*
- 爪基部外侧无刚毛；全身被有茸毛 8
3 头壳扁平，口器前伸（齿胸叩甲亚科 Denticollinae） .... 筛胸叩甲属 *Athousius*
- 头壳凸，口器斜伸或下伸 4
4 爪简单，如爪具梳齿，则额脊中部缺乏（叩甲亚科 Elaterinae） 5
- 爪具梳齿，额脊完全（梳爪叩甲亚科 Melanotinae） .... 梳爪叩甲属 *Melanotus*
5 爪具梳齿 .... 截额叩甲属 *Silesis*
- 爪简单 6
6 额脊和额槽完全 7
- 额向前突出和上唇愈合，额脊中部缺乏；额槽仅两端存在 .... 锥尾叩甲属 *Agriotes*
7 前足基节窝被前胸侧板后缘的齿突部分关闭，鞘翅端部平截 ..... 异脊叩甲属 *Ectamenogonus*
- 前足基节窝向后宽敞，鞘翅端部完全 .... 锥胸叩甲属 *Ampedus*
8 前胸背板有基沟；前胸腹后突短，截形；小盾片标准心形（心盾叩甲亚科 Cardiophorinae）
.... 9
- 前胸背板无基沟；前胸腹后突狭长；小盾片非心形（小叩甲亚科 Negastriinae） ....
.... 福叩甲属 *Fleutiauxellus*
9 爪简单 .... 珠叩甲属 *Paracardiophorus*
- 爪二裂 .... 裂爪叩甲属 *Phorocardius*

* 国家自然科学基金资助项目（批准号：31372231）。

1 泥红槽缝叩甲 *Agrypnus argillaceus* (Solsky, 1871)

体长 12.8～17.9mm；体宽 4.4～6.0mm。体狭长，朱红色或红褐色，头、前胸背板、小盾片及腹面底色黑色；触角、足黑色；密被茶色、红褐色或朱红色鳞片状扁毛。头中部略低凹，具刻点。触角第 2 节筒形，大于第 3 节；第 3 节最小，球形；末节近端部凹缩成假节。前胸背板宽大于长，具中纵凹；两侧中部拱出，向前渐狭，近前角明显变狭，近后角波状；侧缘具细齿状边或缺刻；后角端部狭，平截，转向外方，近侧缘具细脊。小盾片两侧基半部平行，端半部突然膨扩后变尖。鞘翅宽于前胸，两侧平行，近端部 1/3 处开始向后变狭，端部拱出；表面具粗刻点，排成纵列，直至端部。

观察标本：2♂1♀，山西翼城大河，2012.VII.23～24，江世宏采（扫网）；2♂，山西翼城大河，2012.VII.25，江世宏采（灯诱）；1♂，山西沁水下川东峡，2012.VII.28，江世宏采（扫网）。

寄主：华山松、核桃。

分布：山西（历山）、吉林、辽宁、内蒙古、北京、河南、陕西、甘肃、湖北、福建、海南、广西、重庆、四川、贵州、云南、西藏；俄罗斯（西伯利亚），蒙古，朝鲜，越南，柬埔寨。

2 双瘤槽缝叩甲 *Agrypnus bipapulatus* (Candèze, 1865)

体长 12.9～16.0mm，体宽 5.4～5.9mm。体狭长，褐黑色；触角红色，但基部几节略暗；足同体色，但跗节红褐色；密被茶褐色和灰白色鳞片状扁毛，并形成一些云状斑点。额脊中部缺乏，额中央三角形低凹。触角第 2、3 节小，近等长，锥状；末节卵圆形，近端部狭缩后突出。前胸背板宽大于长，不太凸，中部有两个横瘤；两侧从中部向前呈弧形微弯变狭，侧缘光滑；前角向前突出；后角宽大，分叉，端部明显截形，靠近外缘具 1 条短脊。小盾片前缘平直，基部两侧平行，在基部 1/4 处突然扩宽后向端部呈心形弯曲变尖。鞘翅基部等宽于前胸，自肩部向后略呈直线变宽至 1/4 处，然后向后呈弧形逐渐变狭，端部完全；背面凸，具刻点条纹，其间隙平。

观察标本：1♀，山西翼城大河，2012.VII.24，江世宏采（扫网）；4♂，山西翼城大河，2012.VII.25～27，江世宏采（灯诱）。

寄主：花生、甘薯、麦类、水稻、棉花、玉米、大麻。

分布：山西（历山）、吉林、辽宁、内蒙古、河南、江苏、湖北、江西、福建、台湾、广西、重庆、四川、贵州、云南；日本。

3 暗色槽缝叩甲 *Agrypnus musculus* (Candèze, 1857)

体长 7.6～9.8mm；体宽 3.0～4.0mm。体卵圆形，黑褐色；触角红色，但第 1 节颜色略暗；足同体色，但跗节红色。鳞片状扁毛黄白色，密、短，点状，均匀，在鞘翅上排列成行。额前部略凹，额脊中部无。触角第 2、3 节小，等长，锥形；末节宽椭圆形，近末端微弱收狭突出。前胸背板宽大于长，两侧弧拱，中部最宽，前角突出，侧缘细齿状边；表面刻点密，均匀，筛孔状；后角宽短，端部明显截形，表面无脊，后缘无基沟。小盾片长宽近等，中部膨扩后弯曲呈圆形。鞘翅宽于前胸，两侧向后渐宽，中后部向后弧形变狭，端部完全；肩部侧缘细齿状边；背面均匀凸，沟纹细，其间隙平，有排成纵行的瘤点。前胸侧板无跗节槽，但后缘有容纳腿节的斜槽。

观察标本：4♂1♀，山西翼城大河，2012.VII.25～26，江世宏采（灯诱）。

寄主：甘蔗、麦类、高粱、红薯、棉花、大豆、玉米、水稻、甘薯。

分布：山西（历山）、陕西、甘肃、江苏、浙江、湖北、江西、福建、广东、海南、香港、四川；日本（琉球）。

4 武当箭胸叩甲 *Athousius wudanganus* Kishii et Jiang, 1996

体长 11.3～13.9mm；体宽 2.7～3.3mm。体狭长，黑色，触角基部和足栗红色，前胸背板后角、鞘翅基缘以及腹面边侧均呈栗红色；绒毛黄白色、密。额前部倾斜低凹，刻点粗密；额脊中部缺乏，额槽中间狭。触角向后伸达前胸后角端部，雌性略短；第2、3节小，锥状，第3节略长于第2节；第4节短于2、3节之和，以后各节逐节变细，末节狭长，两侧相当平行，近端部两侧缢缩成假节后突出。前胸狭长，长远大于宽，两侧直，从后向前逐渐变狭，近后角处微弱波入；背面适当凸，刻点粗密，中央具中纵沟；后角长，端部微弱分叉，表面无脊，后缘无基沟。小盾片近圆形，长宽略等，后端圆形拱出。鞘翅狭长，基部等宽于前胸后角间距，两侧平行，后部 1/3 处开始变狭，端部完全；表面适当凸，具深的刻点沟纹，间隙凸，有粗糙颗粒，成皱状。

观察标本：18 头：1♂，山西翼城大河，2012.VII.24，江世宏采（灯诱）；7♂10♀，山西沁水下川东峡，2012.VII.27，江世宏采（扫网）。

分布：山西（历山）、陕西、甘肃、湖北。

5 赤翅锥胸叩甲 *Ampedus* (*Ampedus*) *masculatus* Ôhira, 1966

体长 10.4mm；体宽 3.6mm。体狭，黑色，光亮，鞘翅褐红色或橘黄色；触角和足黑色，爪红褐色；被黑色细毛，夹杂稀少的灰白色和金黄色短毛。额面弓弯，刻点粗密而均匀；前缘中部向下弓拱，接触上唇。触角不太长，向后伸达前胸后角基部；第2、3节小，第2节最小，近球形，第3节长于第2节，锥形；第4～10节三角形，向端逐节变狭，锯齿状；末节长椭圆形，近端部缢缩而突出，似有假节。前胸背板锥形，基部最宽，向前逐渐变狭，中后部两侧略向外拱；背面适当凸，刻点细，稀，均匀；前胸后角向后明显变尖，上有 1 条明显的锐脊；后缘无基沟。小盾片盾状，长大于宽，表面平坦，具刻点。鞘翅基部等宽于前胸，基部最宽，基部至端部 1/3 处两侧略平行，然后逐渐变狭；表面有深的刻点沟纹，其间隙略凸，刻点细而少，略皱。

观察标本：1♀，山西翼城大河，2012.VII.23，江世宏采（扫网）。

分布：山西（历山）、陕西、湖北、台湾、西藏。

6 栗肢异脊叩甲 *Ectamenogonus plebejus* (Candèze, 1873)

体长 9.7～13.7mm；体宽 2.5～4.1mm。体雄狭雌宽，暗褐色，光亮；茸毛灰褐色，细密，斜生；触角、足栗红色；腹面褐色至栗褐色。额凸凹不平，刻点粗密；额脊完全，向前呈半圆形拱出；额槽完全，中部狭，两侧宽。触角不太长，向后不达前胸后角端部（雌）或略过前胸后角端部（雄）；第2、3节小，锥状，第3节略长于第2节，从第4节开始锯齿状，末节端部突出似假节。前胸背板宽略大于长，基部最宽，向前逐渐变狭；表面凸，刻点粗密；后角长，指向后方，有双脊，外脊弱于内脊；后缘无基沟，中央有 1 个明显突起。小盾片盾状，倾斜。鞘翅向后逐渐变狭（雄）或两侧平行至中部（雌），端部平切；表面具明显的刻点条纹，其间隙平，密被细小颗粒。跗节简单，第1跗节略等长于后两节之和；爪简单。

观察标本：8♂5♀，山西翼城大河，2012.VII.23～29，江世宏采（灯诱）。

分布：山西（历山）、台湾、四川；西伯利亚，朝鲜，日本。

7 黑头截额叩甲 *Silesis nigriceps* Candèze, 1892

体长 7.7～8.1mm；体宽 1.9～2.7mm。头黑色；前胸背板褐色，四周特别是近前缘和后缘处明显暗棕色；鞘翅黑褐色至暗棕色；小盾片棕红至暗棕色；腹面褐色至暗棕色，但前胸侧板内侧或全部及前胸腹板近前缘处棕红色；触角、足棕红色。被毛金黄色，短而卧伏。额凸，刻点粗密，前缘平截。触角较短，向后仅达前胸背板后角，不达后角端部；第2、3节近筒形，大小、形状相当。前胸背板长宽近相等，最宽处近后角处；刻点细密而均匀，其大小与头部刻点相当；侧缘从基向前弯向腹面；后角脊长，向前超过侧缘长度的3/4，其前端几乎与侧缘平行。小盾片舌形，前缘平直，基部两侧平行，自1/3处向后变狭，表面被细颗粒。鞘翅狭长，刻点沟纹深，其间隙凸，具细密颗粒。第4跗节腹面具有明显叶片；爪栉齿状。

观察标本：2♂2♀，山西翼城大河，2012.VII.26，江世宏采（灯诱）。

分布：山西（历山）、陕西、福建、广东、海南、四川；越南，不丹，孟加拉国，印度。

8 茶锥尾叩甲 *Agriotes* (*Agriotes*)*sericatus* Schwarz, 1891

体长 8.3mm；体宽 2.3mm。体狭，茶褐色，头和前胸背板颜色更暗，触角和足茶黄色。被毛茶黄色，相当密，均匀。额弓弯，两侧微弱弧凹，刻点密而均匀；额前缘平截，接触上唇，前部两侧平行；额脊中间缺乏，仅在触角基上方存在；额槽中间无，仅两侧存在。触角向后伸达前胸背板后角；第2、3节等长，近筒形；第4～10节三角形，向后逐节变狭，弱锯齿状；末节菱形，端部缢缩后突出，似有假节。前胸背板相当凸，尤其是前部，向后逐渐倾斜，无中纵沟，刻点密；两侧平行，近前端向内弧弯，侧缘弯向腹面，伸达复眼下缘；后角长，伸向后方，背面有1条锐脊；后缘基沟狭，不太长。小盾片略呈椭圆形，表面平坦，端部略突出。鞘翅基部宽于前胸，向后逐渐变狭，端部完全；背面适当凸，刻点沟纹明显，沟纹中刻点密，相互连接；沟纹间隙平，被细颗粒。

观察标本：1♂，山西翼城大河，2012.VII.25，江世宏采（灯诱）。

寄主：茶、桃、胡桃、萝卜、瓜类、大麻、草莓、棉花。

分布：山西（历山）、北京、河北、山东、河南、陕西、江苏、安徽、浙江、湖南、福建、四川；蒙古，俄罗斯，朝鲜。

9 太行梳爪叩甲 *Melanotus* (*Melanotus*) *knizeki* Platia, 2005

体长 14.8～15.9mm；体宽 3.5～3.7mm。体狭长，棕褐色，头部黑褐色，触角和足棕红色。茸毛棕灰色，细密，向后斜生。额平，近方形，刻点粗密；额脊完全，向前微弱弧拱。触角细长，向后端部3节超过前胸后角端部；第2、3节小，形状相似，第3节大于第2节，两节之和明显短于第4节；第4～10节锯齿状，后逐节变细；末节狭长，近梭形。前胸背板宽大于长，中部最宽；中域略凸，向两侧和基部逐渐倾斜；刻点粗密，有1条光滑的似纵脊的中纵线；两侧弧拱，向前明显变狭，前缘平直，两端弯向前角，后缘具明显基沟；后角伸向后方，具1条与侧缘平行的细脊，向前伸达侧缘中部。小盾片盾状，前缘平直或略内凹，近端部1/3处向后变狭。鞘翅狭长，基部与前胸后角间距等宽，两侧平行，近端部1/3处向后变狭；表面具明显的刻点条纹；条纹间隙平，具细弱刻点和颗粒。前胸腹后突在前足基节后强烈内弯。跗节简单；爪梳状。

观察标本：27♂，山西翼城大河，2012.VII.24～29，江世宏采（灯诱）。

分布：山西（历山）、河北、陕西。

10 四斑福叩甲 *Fleutiauxellus (Neomigiwa) quadrillum* (Candèze, 1873)

体长 3.3~4.6mm；体宽 1.3~1.5mm。黑色，光亮，具灰黑色绒毛，相当细，鞘翅上更密。触角黑色，基部 2 节黄色；足淡黄色；鞘翅上有 4 个黄斑，2 个位于鞘翅肩部，2 个位于鞘翅近端部中央。额向前明显突出，具有明显瘤粒；额脊完全，弧拱；额前部微弱低凹。触角向后可伸达前胸后角；第 2、3 节长锥形，第 2 节略短于第 3 节，两节之和长于第 4 节；第 4~10 节弱锯齿状，逐节变细；末节近菱形，端部突出。前胸背板宽大于长，中部最宽；两侧弧拱，背面凸，密被明显瘤粒和刻点，具有 1 条中纵脊；后角突出，短、尖、分叉，有 1 条明显的脊。小盾片狭长，舌形。鞘翅两侧平行，近端部 1/3 处开始向后变狭；表面沟纹明显，其间隙凸，密被细小颗粒。该种雌体型大于雄性。

观察标本：1♂1♀，山西翼城大河，2012.VII.24，江世宏采（扫网）。

分布：山西（历山）、黑龙江、吉林；朝鲜，日本。

11 微铜珠叩甲 *Paracardiophorus sequens* (Candeae, 1873)

体长 6.3mm；体宽 2.0mm。黑色，略带铜色光泽；触角黑色；足黄色，跗节黑色。茸毛灰白色，细密。头顶略凸，刻点细密，略似颗粒；额脊完整，前缘弧拱。触角向后伸达前胸后角基部；第 1 节粗大，筒状；第 2 节小，锥筒状，明显小于第 3 节；第 3~10 节三角形，锯齿状，各节长度近等；末节端部缢缩突出，似假节。前胸背板长大于宽，中部最宽，背面相当隆凸，刻点与头部相当；两侧弧拱，具极细的边，前端弯向腹面，不达前缘；后角相当短，随弧形的侧缘向内弯入；基沟短。小盾片心形，基缘中央凹入，形成浅纵沟。鞘翅短，基部宽，宽于前胸后角，向后逐渐收狭，其长度小于基宽的 2 倍；表面刻点沟纹深，其间隙平，具极细密的颗粒。跗节简单，爪简单。

观察标本：2♀，山西沁水张马村，2012.VII.23，江世宏采（扫网）。

分布：山西（历山）、北京、山东、陕西、浙江、湖北、福建、台湾；朝鲜，日本。

12 黄带裂爪叩甲 *Phorocardius comptus* (Candèze, 1860)

体长 7.7mm；体宽 2.5mm。黑色，光亮，小盾片和鞘翅略显栗色；每一鞘翅有 1 条从肩部到端部的黄色纵带；触角黑褐色；足黄褐色。茸毛鞘翅上灰黄色，头及前胸背板上灰白色，并以鞘翅上的为多。头顶略凸，具细密刻点；额脊完全，前缘弓拱。触角第 2 节小，锥筒状，明显短于第 3 节；第 3 节与第 4 节近等长，形状与第 2 节相近。前胸宽略大于长，背面凸，刻点细密；两侧弧拱，向前明显变狭，后半部两侧几乎直，平行；细脊状边的侧缘仅后角处存在；后角短，指向后方；基侧沟长、直、浅。小盾片标准心形。鞘翅宽于前胸，向后微弱地变狭，刻点条纹深，条纹间隙基部凸，并有愈合；条纹间隙具细密刻点，皱状。跗节简单，第 1~4 节逐节变短；爪明显二裂。

观察标本：1♀，山西翼城大河，2012.VII.24，江世宏采（灯诱）。

分布：山西（历山）、湖北；尼泊尔，印度，斯里兰卡。

参 考 文 献

江世宏, 王书永, 1999. 中国经济叩甲图志[M]. 北京: 中国农业出版社.

Candèze E C A, 1857. Monographie des Elaterides l[J]. Mémoires Société Royale Sciences Liège, 12: 1-400.

Candèze E C A, 1860. Monographie des Elaterides 3[J]. Mémoires Société Royale Sciences Liège, 15: 1-512.

Candèze E C A, 1865. Elaterides Nouveaux I[J]. Memoires couronnes Académie Royale Belgique., 17(1): 1-63.

Candèze E C A, 1873. Insectes recueillis au Japan par Mr. G. Lewis. Elaterides[J]. Mémoires Société Royale Sciences Liège, (2)5: 1-32.

Candèze E C A, 1892. Deuxieme sur les Elateridae due Chota-Nag-pore[J], Annales Société Entomologie Belgique, 36: 480-495.

Kishii T, Jiang S H, 1996. Notes on the Chinese Elateridae III (Col.)[J]. Entomological Review of Japan, 51(2): 97-102, figs.11.

Ohira H, 1966. Notes on some Elateridae-beetles from Formosa II[J]. Kontyu, 34 (3): 266-274.

Platia G, 2005. Description of new species of Melanotini from the Indo-Malayan region, with chorological notes (Coleoptera, Elateridae, Melanotinae)[J]. Boletín Sociedad Entomológica Aragonesa, 36 : 85-92.

Schwarz O, 1891. Revision der palaarktischen Arten der Elateriden-Gattung *Agriotes* Esch.[J]. *Deutsche Entomologische Zeitschrift*, 1891: 81-114.

Solsky S M, 1871. Coléoptères de la Sibérie orientale[J]. Horae Societatis Entomologicae Rossicae, 7: 334-406.

Elateridae

Jiang Shihong　　Chen Xiaoqin　　Zhou Shengli

(Plant Protection Research Centre, Shenzhen Polytechnic, Shenzhen, 518055)

This research includes 10 genera and 12 species of Elateridae, which are distributed in Lishan National Nature Reserve of Shanxi Province. In addition, there are several species, which are not determined, not included.

吉丁虫科 Buprestidae

宋海天

(福建省林业科学院，福州，350012)

体长 1～60mm，小至大型，常有美丽的金属光泽。成虫头部较小，嵌入前胸。触角 11 节，多为短锯齿状。前胸大，与体后相接紧密，不能活动。前胸腹板后端突起，嵌入中胸腹板上。腹部可见 5 节，第 1、2 节一般愈合。鞘翅发达，到端部逐渐收狭。前、中足基节球形，转节显著。后足基节横阔。跗节 5-5-5，前 4 节下边有垫。

幼虫体扁而细长，乳白色，分节明显。前胸膨大；头小，无单眼，触角 3 节；腹节 9 节，圆或扁；胸足退化。

多数幼虫期蛀干危害，少数潜叶，如潜吉丁属 *Trachys* 属。成虫取食植物叶片或访花取食花粉。

本科世界性分布，世界已知 6 亚科 47 族 500 余属 12 000 余种，我国记录 700 余种，山西历山自然保护区采到 2 属 6 种，其中 5 种为山西省新记录。

分属检索表

1 前胸背板侧缘具 2 条脊隆线，小盾片基部具 1 条横脊 .... 窄吉丁属 *Agrilus*

- 前胸背板侧缘简单，不具 2 条脊隆线，小盾片中前部无横脊 ....
.... 纹吉丁属 *Coraebus*

1 窄纹吉丁 *Coraebus quadriundulatus* Motschulsky, 1866，山西省新记录

体长 8.0～9.5mm，宽约 2.5mm。头和前胸背板铜黄色至蓝绿色，鞘翅蓝褐色，具光泽。前胸背板正中具 1 条白色的纵绒毛，侧缘至背板 1/3 处亦有灰白色长绒毛，前端向内延展与

中央的纵绒毛相接。鞘翅基部凹窝大而深，翅顶近平截，两侧各具 1 大刺，内侧大刺沿翅缝方向另具 2～3 枚小刺。鞘翅基部凹窝及翅缝边缘具稀疏的毛斑，鞘翅中部具 2 个纵向的绒毛斑，内侧的较大而密，外侧的长而稀疏，倾斜向内，内侧毛斑正前方还有 1 点状毛斑。鞘翅后半部具 2 条白色横绒毛斑，第 1 条强烈弯曲，第 2 条弯曲程度较小。腹面铜褐色，密布细鳞状刻纹并有灰白色的短绒毛。

观察标本：2♀，山西翼城大河珍珠帘，35°26′45.6″N，111°57′0″E，1732m，2013.VII.23，宋海天采。

分布：山西（历山）、陕西、甘肃、浙江、湖北、江西、湖南、福建、广东、重庆、四川、贵州、云南、西藏；日本，俄罗斯。

2 拟窄纹吉丁 *Coraebus acutus* Thomson, 1879，山西省新记录

体长 7.5～10.0mm，宽 2.0～3.0mm，全体黑褐色或蓝黑色，具光泽。前胸背板具 3 条白色纵毛斑，中间的较细，两侧的较宽，表面具不规则的波曲状刻纹。鞘翅基部凹窝大而浅，具白色绒毛斑，翅顶中央斜截，两侧具 2 枚大刺，内侧大刺的内缘具 1 枚较小的刺。鞘翅基部沿翅缝具 1 条稀疏的毛组成的纵毛斑。鞘翅中部具 2 个不大明显的纵向绒毛斑，内侧近长方形，外侧的细而稀疏，内侧毛斑正前方还有 1 点状毛斑，有时不明显。鞘翅近端部具 2 条白色横绒毛斑，第 1 条毛斑双曲状，明显弯曲，第 2 条毛斑微弯。腹面蓝黑色，第 1～4 可见腹板的两侧缘具 1 灰白色的长绒毛斑。

观察标本：1♂，山西翼城大河珍珠帘，35°26′45.6″N，111°57′0″E，1732m，2013.VII.23，宋海天采；1♂，山西翼城大河，35°27′14.4″N，111°55′55.2″E，1208m，2013.VII.26，宋海天采。

分布：山西（历山）、河南、陕西、宁夏、甘肃、上海、福建、江西、江苏、安徽、浙江、湖南、湖北、广东、海南、广西、重庆、四川、贵州、云南、甘肃；越南，日本。

3 花椒窄吉丁 *Agrilus zanthoxylumi* Li, 1989

体长 7.0～10.5mm，宽 2～3mm。头和前胸背板灰黄色至黄褐色；鞘翅黑褐色，具黄褐色斑纹。头横宽，额部具有"山"形沟。前胸背板近梯形，后部最宽，表面密布横刻纹并有黄白色绒毛；背板中央有 2 个纵向相连的圆形凹陷，前大后小。小盾片近三角形。鞘翅两侧中前部弧凹，后 2/3 处膨大，随后渐向顶端收窄，端部弧形，具排列紧密的规则小齿。鞘翅表面靠近翅缝处、基部和端部黄褐色，中部有 2 组近平行的黄褐色绒毛斑，呈"八"字形，前后两组略有相连，组内有时又略有分离。鞘翅端部收窄的 1/2 处还有 1 道弯曲而粗大的黄褐色绒毛斑。腹面黄褐色，具刻点和黄色短绒毛。

寄主：花椒。

观察标本：1♀，山西翼城大河，35°27′3.6″N，111°55′55.2″E，996m，2012.VII.24，宋海天采。

分布：山西（历山、滹沱河沿岸、太行山中段）、山东、陕西、甘肃、浙江、湖北、云南。

讨论：该种较为混乱，定名人几经变动，根据 Jendek（2013）给的学名。

4 布氏窄吉丁 *Agrilus businskorum* Jendek, 2011，山西省新记录

体长 4.0～4.5mm，宽 1.0～1.5mm。头和前胸背板铜褐色至灰褐色；鞘翅灰绿色，具灰白色毛斑。头横宽，密布纵刻纹或刻点，复眼大而突出。前胸背板略拱起，长宽近相等，中部最宽。前缘中央突起明显，超过侧缘前端；背板中央有 2 个纵向相连的圆形凹陷，前大后小。小盾片近三角形。鞘翅两侧中前部弧凹，后 1/2 处膨大，随后渐向顶端收窄，端部平截，具

排列紧密的规则小齿。鞘翅表面密生横刻纹，膨大处连线及后方收窄中部略偏下处均具灰白色毛斑，后方的毛斑较宽，连接呈近菱形。鞘翅前 1/2 处具稀疏的灰白色绒毛，排列规整。腹面黑色，具灰黄色短绒毛。

观察标本：1♂，山西翼城大河珍珠帘，35°26′45.6″N，111°57′0″E，1732m，2013.VII.23，宋海天采。

分布：山西（历山）、陕西。

5 对马窄吉丁 *Agrilus tsushimanus* Kurosawa, 1963，山西省新记录

体长 4.4～6.1mm，宽 1～2mm。头和前胸背板灰褐色，带紫色光泽；鞘翅黑色，具灰白色毛斑。头横宽，前胸背板宽大于长，两侧弧形，中部最宽，前缘中央略凸，低于侧缘前端；背板中央凹陷不明显，侧面具明显的弯曲状肩前隆脊。小盾片尖锐。鞘翅两侧中前部弧凹，后 1/2 处膨大，随后渐向顶端收窄，翅顶弓形，接合紧密。后方翅缝连接处较厚，并略向后突出。鞘翅表面密生刻点，从翅顶到鞘翅膨大处具 1 条"X"形灰白色绒毛带，鞘翅后方收窄处中部偏下靠近翅缝亦各具 1 纵向的灰白色绒毛斑。腹面黑色，具灰白色和灰黄色的短绒毛。

观察标本：1♂，山西翼城大河，2013.VII.25，宋海天采。

分布：山西（历山）、河南、陕西、贵州；日本。

6 哈尼窄吉丁 *Agrilus hani* Jendek, 2011，山西省新记录

体长 4.4～5.4mm，宽 1～2mm。头和前胸背板紫褐色；鞘翅灰绿色，具灰绿和灰白色毛斑。头横宽，明显突起。前胸背板长宽近相等，前端最宽，少数个体中部最宽，密布横刻纹。前缘中央突起，稍超过侧缘前端连线；背板中央有 2 个纵向相连的圆形凹陷，前大后小。小盾片近三角形。鞘翅两侧中前部弧凹，后 1/2 处膨大，随后渐向顶端收窄，端部具排列紧密的规则小齿。鞘翅表面密生刻点，从翅顶到鞘翅膨大处具 1 条"X"形灰绿色绒毛带，膨大处连线具灰白色毛斑，与上面的灰绿色毛带相接，后方收窄中部略偏下亦具灰白色毛斑，甚宽，相连呈"Λ"形。腹面黑色，具灰黄色短绒毛。

观察标本：1♂，山西翼城大河，35°27′14.4″N，111°55′55.2″E，1208m，2013.VII.26，宋海天采。

分布：山西（历山）、云南。

参 考 文 献

李孟楼, 陈西宁, 周嘉喜, 等, 1989. 陕甘花椒主要产区的昆虫区系及其分布特征[J]. 陕西林业科技, 3: 60-64.

李孟楼, 曹支敏, 王培新, 1989. 花椒栽培及病虫害防治[M]. 西安: 陕西科学技术出版社.

刘玉双, 2005. 中国纹吉丁属 *Coraebus* 分类研究(鞘翅目: 吉丁科)[D]. 河北大学.

彭忠亮, 2002. 鞘翅目: 吉丁虫科[M]//黄邦侃. 福建昆虫志第 6 卷. 福州: 福建科学技术出版社: 246-281.

大桃定洋, 秋山黄洋, 2000. 世界のタマムシ大図鑑[M]. 东京: むし社.

Hua L Z, 2002. List of Chinese Insects (Vol. II)[M]. Guangzhou: Zhongshan (Sun Yat-sen) University Press.

Jendek E, Grebennikov V, 2011. *Agrilus* (Coleoptera, Buprestidae) of East Asia[M]. Prague: Jan Farkač.

Jendek E, 2013. Revision of the *Agrilus occipitalis* species–group (Coleoptera, Buprestidae, Agrilini)[J]. ZooKeys, 256: 35-79.

Kubáň V, Jendek E, Volkovitsh M G, et al., 2016. Buprestoidea[M]//Löbl I, Löbl D. Catalogue of Palaearctic Coleoptera, Volume 3 Scarabaeoidea-Scirtoidea-Dascilloidea-Buprestoidea-Byrrhoidea Revised and updated edition.Leiden/Boston: Brill: 432-574.

Wu C F, 1937. Catalogus insectorum sinensium Vol. III (Catalogue of Chinese insects)[M]. Beijing: Fan Memorial Institute of Biology.

Buprestidae

Song Haitian

(Fujian Academy of Forestry Sciences, Fuzhou, 350012)

The present research includes 2 genera and 6 species of Buprestidae. The species are distributed in Lishan National Nature Reserve of Shanxi Province.

花萤科 Cantharidae

杨玉霞[1]　杨星科[2]

（1 河北大学生命科学学院，保定，071002；2 中国科学院动物研究所，北京，100101）

体柔软、较扁，小至大型，体色多样，黑色、棕黑色、棕红色、棕黄色或淡黄色等，具金属光泽的种类则为蓝色、绿色或紫色；头前口式，大部分外露；上唇膜质，完全被唇基覆盖；触角 11 节，多为丝状，有的锯齿状或栉状；跗式 5-5-5，第 4 跗节双叶状；腹部具 7 或 8 节可见腹板，第 1～8 节可见背板两侧各具 1 腺孔。

花萤科幼虫捕食性，捕食其他昆虫，成虫兼植食性，取食花粉或花蜜。

本科世界性分布，目前世界已知 6000 余种，中国记录约 600 种，山西历山自然保护区采到 4 属 8 种。研究标本保存于河北大学博物馆。

分属检索表

1 两性跗爪均双齿状 ……………………………………………………… 丝角花萤属 Rhagonycha
- 两性跗爪非双齿状 …………………………………………………………………………………… 2
2 前胸背板近圆形；雄性内侧爪具基片，外侧爪单齿状 ……………… 圆胸花萤属 Prothemus
- 前胸背板近方形；雄性跗爪不同上 ……………………………………………………………… 3
3 雌性内、外侧爪均单齿状 …………………………………………………… 丽花萤属 Themus
- 雌性前、中足内侧爪各具 1 基齿，后足内侧爪和所有外侧爪单齿状 ………………………………
………………………………………………………………………………… 异花萤属 Lycocerus

1 里氏丝角花萤 Rhagonycha licenti Pic, 1938

体小型，长 6.0～7.0mm。体黑色，前胸背板棕红色，中央具 1 大黑斑。头近方形，复眼中度隆起，下颚须末节近中部最宽；触角丝状，简单，长达鞘翅中部，各节两侧平行，第 2节最短，长约为宽的 1.5 倍，第 3 节长约为第 2 节的 2 倍，第 5 节最长，之后各节渐短，末节稍长于次末节；前胸背板长方形，宽大于长，两侧向后稍加宽；鞘翅两侧近平行，密被细小刻点；两性跗爪均双齿状；雄性腹部末节可见腹板长三角形，雌性则宽大。

观察标本：1♂，山西沁水下川，2012.VI.22～23，谢广林采。

分布：山西（历山）、内蒙古、甘肃。

2 湖北丝角花萤 Rhagonycha hubeiana Wittmer, 1997

体小型，长 5.0～6.0mm。头、口器、前胸背板、小盾片和足橙黄色，鞘翅淡黄色，触角黑色，基节橙黄色，中、后胸腹板和腹部黑色，端部 3 节腹板橙黄色。头近圆形，雄性复眼强烈隆起，雌性中度隆起，下颚须末节近中部最宽；触角丝状，简单，长达鞘翅端部 1/3 处，各节两侧平行，第 2 节最短，长约为宽的 2 倍，第 3 节长约为第 2 节的 2 倍，第 5 节最长，之后各节渐短，末节稍长于次末节；前胸背板近长方形，宽大于长，稍宽于头部，前缘弧圆，两侧向后稍加宽，后缘平直；鞘翅两侧向后稍加宽，被细疏刻点；两性跗爪双齿状；雄性腹部末节可见腹板长三角形，雌性则宽大。

观察标本：5♂45♀，山西翼城大河，2012.VII.12~20，路园园采；1♂8♀，山西翼城大河，2012.VII.23，27，王海玲等采；6♂73♀，山西沁水下川，2012.VII.28~29，王海玲等采。

分布：山西（历山）、湖北。

3 棕翅圆胸花萤 *Prothemus purpureipennis* (Gorham, 1889)

体中大型，长 12.0~15.0mm。体黑色，鞘翅棕红色。头近圆形，复眼中度隆起，下颚须末节近基部 1/3 处最宽；触角近丝状，长达鞘翅中部，第 3~10 节端部稍加宽，第 2 节最短，长宽约等，第 3 节长为第 2 节的 2 倍，第 5 节最长，之后各节渐狭渐短，末节稍长于次末节，雄性第 4~11 节内侧缘分别具 1 条光滑细纵沟，雌性则无；前胸背板近圆形，宽大于长，明显宽于头部；鞘翅两侧近平行，密被细小刻点；雄性外侧爪各具 1 圆形基片，内侧爪单齿状，雌性内、外侧爪均单齿状；雄性腹部末节可见腹板狭长，雌性则宽大。

观察标本：1♀，山西翼城大河，2012.VII.25，王海玲采。

分布：山西（历山）、陕西、福建。

4 黄足丽花萤 *Themus* (s.str.) *luteipes* Pic, 1938

体大型，长 12.0~15.0mm。头黄色，背面复眼中部之后黑色，口器黄色，上颚端部棕黑色，触角黑色，基部 2 节和第 3~5 节腹面及末节端部黄色，前胸背板黄色，盘区近中央具 2 小黑斑，小盾片黑色，鞘翅绿色，具强金属光泽，足黄色，各胫节端部背面和端部 2 跗节稍具黑色，体腹面黄色，各腹节两侧分别具 1 小黑斑。头近方形，复眼稍隆起，下颚须末节近中部最宽；触角近丝状，长达鞘翅中部，第 2、3 节约等长，长约为宽的 2 倍，第 4 节最长，之后各节渐短，末节稍长于次末节，雄性第 6~11 节外侧缘近端部分别具 1 光滑小凹；前胸背板长方形，宽大于长，两侧向后稍变狭；鞘翅密被粗大刻点，雄性两侧向后稍变狭，雌性近平行；两性跗爪均单齿状；雄性腹部末节可见腹板长三角形，雌性则宽大。

观察标本：8♂6♀，山西沁水下川，2012.VI.22~23，石福明、谢广林采；1♂，山西翼城大河，2012.VII.12，路园园采。

分布：山西（历山）、河北、陕西、甘肃。

5 黑斑丽花萤 *Themus* (s.str.) *stigmaticus* (Fairmaire, 1888)

体大型，长 13.0~17.0mm。头深蓝色，具弱金属光泽，触角黑色，基节背面深蓝色，具弱金属光泽，基部 2 节腹面黄色，前胸背板黄色，盘区近中央具 2 深蓝色黑斑，具弱金属光泽，小盾片黑色，鞘翅绿色，具强金属光泽，足深蓝色，具弱金属光泽，中、后胸腹板深蓝色，具弱金属光泽，腹部黄色，各腹节两侧分别具 1 小黑斑。头近方形，复眼稍隆起，下颚须末节近中部最宽；触角丝状，雄性稍加粗，长达鞘翅中部，第 2 节长约为宽的 3 倍，第 3 节稍短于第 2 节，第 4 节最长，之后各节渐短渐狭，末节稍长于次末节，雄性第 4~11 节外侧缘近端部分别具 1 光滑细纵沟，雌性则无；前胸背板长方形，两侧向后稍变狭；鞘翅密被粗大刻点，雄性两侧向后稍变狭，雌性近平行；两性跗爪均单齿状；雄性腹部末节可见腹板长三角形，雌性则宽大。

观察标本：4♂8♀，山西沁水下川，2012.VI.21~23，石福明、谢广林采。

分布：山西（历山）、内蒙古、北京、河北、甘肃、青海、江苏、上海。

6 里氏丽花萤 *Themus* (*Haplothemus*) *licenti* Pic, 1938

体大型，长 15.0～19.0mm。头深蓝色，咽部橙色，触角黑色，前胸背板橙色，盘区近中央具 2 黑斑，小盾片橙色，鞘翅深蓝色，稍具金属光泽，足深蓝色，基、转节和腿节基半部橙色，有时后足胫节端部腹面橙色，中、后胸腹板和腹部橙色。头近方形，复眼中度隆起，下颚须末节近基部 1/3 处最宽；触角丝状，长达鞘翅中部，第 2 节长约为宽的 2 倍，第 2 节长于第 3 节，第 4 节最长，之后各节渐短，末节稍长于次末节，雄性第 5～10 节近端部内侧缘各具 1 光滑小凹，雌性则无；前胸背板近方形，宽大于长，两侧向后稍加宽或近平行；鞘翅两侧近平行，密被较粗大刻点；两性跗爪均单齿状；雄性腹部末节可见腹板长三角形，雌性则宽大。

观察标本：2♂18♀，山西翼城大河，2012.VII.12～20，路园园采；2♂20♀，山西翼城大河，2012.VII.23～29，王海玲等采；1♂16♀，山西沁水下川，2012.VII.28，王海玲等采。

分布：山西（历山），陕西。

7 施氏丽花萤 *Themus* (*Haplothemus*) *schneideri* Švihla, 2004

体大型，长 15.0～20.0mm。体橙红色，复眼内侧具黑斑，触角黑色，基部 3 节橙红色，鞘翅黑色。头近方形，复眼强烈隆起，下颚须末节近中部最宽；触角丝状，长达鞘翅端部 1/3 处，各节两侧近平行，第 3～9 节稍加粗，第 4 节之后渐狭，第 2、3 节约等长，长约为宽的 3 倍，第 4～8 节约等长，稍长于之后各节，雄性第 4～11 节各节外侧缘近端部分别具 1 光滑小凹，雌性则无；前胸背板长方形，宽大于长，两侧向后稍加宽；鞘翅两侧近平行，密被较粗大刻点；两性跗爪均单齿状；雄性腹部末节可见腹板长三角形，雌性则宽大。

观察标本：1♂，山西沁水下川，2012.VII.17，路园园采。

分布：山西（历山），陕西、四川。

8 斑胸异花萤 *Lycocerus asperipennis* (Fairmaire, 1891)

体中型，长 12.0～13.0mm。头棕红色，背面复眼之后黑色，口器棕红色，上颚端部棕黑色，触角黑色，基部 6～8 节腹面橙黄色，前胸背板棕红色，端半部具 1 倒三角形黑斑，小盾片棕红色，鞘翅黑色，两侧缘基半部橙黄色，足黑色，基、转节和腿节基部腹面橙黄色，中胸腹板橙色，后胸腹板黑色，腹部黑色，各腹节后缘橙色。头圆形，复眼中度隆起，下颚须末节近中部最宽；触角丝状，长达鞘翅中部，第 2 节最短，长约为宽的 2 倍，第 3 节长约为第 2 节的 2 倍，第 5 节最长，之后各节渐短，末节稍长于次末节，雄性第 4～11 节外侧缘分别具 1 光滑细纵沟，雌性则无；前胸背板近方形，两侧近平行；鞘翅两侧近平行，密被细小刻点；雄性跗爪均单齿状，雌性前、中外侧爪各具 1 基齿；雄性腹部末节可见腹板长三角形，雌性则宽大。

观察标本：1♂，山西沁水下川，2012.VII.17，路园园采；1♂1♀，山西沁水下川，2012.VI.23，谢广林采。

分布：山西（历山）、湖北、四川、云南。

参 考 文 献

杨玉霞, 2010. 中国花萤亚科分类学研究(鞘翅目: 花萤科)[D]. 北京: 中国科学院动物研究所.

Švihla V, 2004. New taxa of the subfamily Cantharinae (Coleoptera, Cantharidae from southeastern Asia with notes on other species[J]. Entomologica Basiliensia, 26: 155-238.

Wittmer W, 1983. Beitragzureiner Revision der Gattung *Themus* Motsch. Coleoptera: Cantharidae[J]. Entomologische Arbeiten aus dem Museum G. Frey, 31/32: 189-239.

Wittmer W, 1997. Neue Cantharidae (Col.) aus dem indo-malaiischen und palaearktischen Faunengebiet mit Mutationen, 2. Beitrag[J]. Entomologica Basiliensia, 20: 223-366.

Cantharidae

Yang Yuxia[1]　　Yang Xingke[2]

(1 College of Life Sciences, Hebei University, Baoding, 071002;

2 Institute of Zoology, Chinese Academy of Sciences, Beijing, 100101)

The present research includes 4 genera and 8 species of Cantharidae. All species are distributed in Lishan National Nature Reserve of Shanxi Province.

葬甲科 Silphidae

贾凤龙

（中山大学生命科学学院，广州，510275）

体长 7~45mm，多椭圆形，体色多为暗色，有时鞘翅上具有鲜艳橘红色或橘黄色的斑纹，有时前胸背板红色。触角末端多有明显的棒状部，偶有不显者。前足基节横形，突出，相互靠近，前足基节窝开放。小盾片发达，鞘翅多短于腹部，末端多平截，具纵肋（偶有不明显者）。腹部可见 6（雌性）或 7 节（雄性）。

本科世界性分布，目前世界已知 180 余种，中国记录近 90 种，山西历山自然保护区采到 2 属 2 种，均为山西省新记录。

分种检索表

1 头具额唇基沟，咽片狭窄，外咽缝在后部愈合；第 5 腹板背面中央有 2 条纵条音锉（覆葬甲亚科 Nicrophorinae）；黑色，鞘翅背面有 3 条十分明显的纵肋直达后端，触角端部棒节不比前面几节明显膨大 ....滨尸葬甲 *Necrodes littoralis*
- 头无额唇基沟，咽片宽，外咽缝不愈合；第 5 腹板背面无纵条音锉（葬甲亚科 Silphinae）；黑色，鞘翅基部和端部具有橘黄色横带，近肩部及近端部各有 1 黑点；纵肋较不清晰，触角端部棒节紧密，显著较前几节宽 ....尼覆葬甲 *Nicrophorus nepalensis*

1 滨尸葬甲 Necrodes littoralis (Linnaeus, 1758)，山西省新记录

椭圆形，17~35mm。黑色，有时略棕红色，前胸背板和翅黑色，触角末 3 节橘红色，其余各节黑色；腹面黑色；足黑色，跗节腹面毛橘红色或棕黄色。头部具大小两种刻点，上唇前缘具棕黄色长毛。前胸背板近椭圆形，刻点较细，后部缘刻点略大，后缘具 1 行十分稀疏的大刻点，两侧刻点大而较密。鞘翅具明显的 3 条纵肋，末端近平截，外角圆，内角近直角，刻点较前胸背板中部大，与前胸背板后侧部刻点相似。雄性后足胫节内侧末端不扩展，腿节下方具 1 排小齿。前、中、后胸腹板被较密的深棕色毛，腹板被深棕色长毛，基节和端部 2 节毛较密。

观察标本：1♂，山西翼城大河，2012.VII.19，石福明采。

　　分布：山西（历山）、黑龙江、辽宁、内蒙古、北京、天津、河北、陕西、甘肃、青海、新疆、安徽、福建、江西、湖南、广东、广西、四川、贵州、云南、西藏。

2 尼覆葬甲 *Nicrophorus nepalensis* Hope, 1831，山西省新记录

　　体椭圆形，15～24mm。头部黑色，额区有红斑。触角第 1 棒节黑色，末端 3 棒节橘黄色。前胸背板光裸，呈圆角矩形，前后角圆，盘区被横向和纵向的沟分割成 6 块，端部 4 块小，基部 2 块大。鞘翅基部和端部具横向的橘黄色带，两带分别后缘和前缘波形，近肩部和端部分别有 1 游离的黑点，缘折橘红色；肩部于缘折脊前直立刚毛短，盘区光裸无毛；具较密的大刻点，可见两条不甚明显的纵肋，缘折脊自后端向前达小盾片端部所对应的水平面位置。后胸腹板被较密的暗褐色长毛，后胸侧片也被长毛。后足转节具 1 小齿突，后足胫节外缘端部延长成 1 突起，其上有 1 葱刺。腹部光裸，各节端缘具 1 排黑色刚毛。

　　观察标本：2♀，山西翼城大河，2013.VIII.25，石福明采；1♀，山西翼城大河，2012.VII.19，石福明采；1♀，山西沁水下川，2012.VII.12，石福明采。

　　分布：山西（历山）、内蒙古、北京、天津、河北、山东、河南、陕西、甘肃、青海、江苏、安徽、浙江、湖北、江西、湖南、福建、台湾、广东、广西、海南、四川、贵州、云南、西藏。

参 考 文 献

计云, 2012. 中华葬甲[M]. 北京: 中国林业出版社.

Růžička J, Schneider J, 1996. Faunistic records of Silphidae (Coleoptera) from China[J]. Klapalekiana, 32: 77-83.

Silphidae

Jia Fenglong

(Life Science School, Sun Yat-sen University, Guangzhou, 510275)

Two genera and 2 species of Silphidae are reported which are firstly recorded in Shanxi Province.

瓢虫科 Coccinellidae

霍立志　　陈晓胜　　任顺祥　　王兴民

（华南农业大学资源环境学院，广州，510642）

　　瓢虫科（Coccinellidae）隶属于鞘翅目（Coleoptera）多食亚目（Polyphaga）扁甲总科（Cucujoidea），其种类繁多，根据食性可分为捕食性、菌食性和植食性，广泛分布于世界各地。该科区别于鞘翅目其他各科的主要特征是：第 1 腹板上有后基线；下颚须末节斧状；跗节隐 4 节式。瓢虫的大多数种类同时具备上述的 3 个特征，仅少数种类只具有其中的 2 个特征，因此上述特征可作为鉴别瓢虫科的依据。

　　目前世界瓢虫科种类已知 6000 余种（Vandenberg，2002）。中国记录 10 亚科 88 属 725 种（庞虹等，2004）。作者分别于 2011 年 8 月和 2013 年 7 月对山西历山自然保护区的瓢虫资源进行调查研究，经整理、鉴定，共记录瓢虫科 7 亚科 23 属 45 种，其中山西省新记录 11 种。

1 刀角瓢虫 *Serangium japonicum* Chapin, 1940

　　体长 1.65～2.00mm，体宽 1.40～1.60mm。虫体短卵圆形，背部强烈拱起，背面黑色有光

泽，披稀疏的银白色细毛。头黑色，复眼银白色，触角红棕色。前胸背板、小盾片及鞘翅黑色。腹面黑色仅前足红棕色。

雄性外生殖器：弯管囊外突及内突不明显；阳基的一侧有侧突，侧突的末端及其不对称的两个方向着生细毛束；中叶弯扭。

观察标本：2♀，山西沁水下川东峡，1510m，2013.VII.14，霍立志采；1♀，山西翼城大河珍珠帘，1775m，2013.VII.16，霍立志采。

分布：山西（历山等）、上海、浙江、湖北、湖南、福建、台湾、广东、海南、广西、四川、贵州、云南；韩国、日本。

2　圆括长唇瓢虫 *Shirozuella parenthesis* Yu, 2000

体长 1.80～2.30mm，体宽 1.20～1.60mm。体长卵形，背部扁平拱起，披黄棕色毛，较长。头黄棕色，下颚须深棕色，复眼黑色；前胸背板棕色，中部有 1 个近似正方形的黑斑；小盾片深棕色；鞘翅黑色，翅尖约 1/10 棕色，每个鞘翅上有 2 个弯曲的棕色斑，位于肩胛处的斑呈"C"形，外侧与翅的肩角相连；另 1 个斑位于鞘翅的中部略后，呈"V"形，内侧接近鞘缝但不达鞘缝，外侧远离侧缘。后基线完整，呈"V"字形，后缘伸达第 1 腹板最短处的 2/3。

雄性生殖器：弯管细长，内外突均退化，不明显，末端膜质。侧面观，阳基中叶细长，由基部到尖端逐渐变细，尖端强烈向内侧弯曲。阳基侧叶细长，骨化不明显，末端常弯曲，明显长于中叶。正面观，中叶较窄，末端平截。

观察标本：1♂2♀，山西垣曲历山（皇姑幔），800～1400m，2011.VIII.3，王兴民等采。

分布：山西（历山等）、河南。

3　艳色广盾瓢虫 *Platynaspis lewisii* Crotch, 1873，山西省新记录

体长 2.90～3.50mm，体宽 2.10～2.90mm。体近圆形，背部强烈拱起。头棕黄色，前胸背板黑至黑棕色，两前角上有黄斑，前缘亦有黄色窄带，雄性的黄色部分较大，雌性的黄色部分较小，但有时黄斑缩小或消失。小盾片黑棕色。鞘翅的基缘、鞘缝及外缘均为黑色，鞘缝的 1/3 处的缝斑成弧形增宽，在每个鞘翅上还各有两个黑色斑点，成前后排列，前斑位于肩胛上而偏于肩胛突的内后方。鞘翅的浅色部分为红棕色，在前后两个黑斑之间还常出现黄色的常为长圆形的大斑，因而鞘翅上呈现出 3 种不同的色泽，有时黄斑不甚明显。鞘翅上的斑纹常有变异，有时黑斑扩大而相连，甚至鞘翅大部分为黑色。腹面红棕色，前胸腹板至后胸腹板的色泽常较深；足股节棕黑至棕红色。

雄性外生殖器：弯管成弧形弯曲，弯管囊较大，弯管端尖细，末端成细小的囊状。阳基中叶侧面观基部较厚而向端部逐渐变薄，末端尖锐，略呈"S"形弯曲，从正面看，两侧成弧形外弯，中部最宽，末端平截。两侧叶的基部甚接近，长于中叶。

观察标本：3♂1♀，山西垣曲历山（皇姑幔），800～1400m，2011.VIII.3，王兴民等采。

分布：山西（历山）、山东、陕西、甘肃、江苏、上海、浙江、湖北、江西、福建、台湾、广东、海南、广西、云南；朝鲜，日本，缅甸，印度。

4　四斑广盾瓢虫 *Platynaspis maculosa* Weise, 1910，山西省新记录

体长 2.60～3.10mm，体宽 2.00～2.40mm。体近圆形，背面强烈拱起。头部黄色（雄）或黑色（雌）。前胸背板黑色，有黄至黄棕色的侧斑，侧斑雄性较宽大而雌性较窄。小盾片黑色。鞘翅黄至棕红色，鞘缝黑色，于基部的 1/3 处鞘缝成弧状增宽，鞘翅端部的外缘亦为黑色。每个鞘翅上各有两个前后排列的黑斑；鞘翅的浅色部分如为黄色，则其外缘及与鞘翅缝斑的色泽渐近于棕红色。

雄性外生殖器：弯管囊甚大，弯管成弧形弯曲，距基部的 7/10 处有 2 个透明的半圆形的叶状突，在端部之前还有 1 近三角形的透明叶状突。阳基中叶的形态较特殊而复杂。正面观，两侧自基部直线扩大，至距基部 2/5 处以后成直线收窄，末端稍钝，在末端之前有细棒状的突起向两侧伸出；基叶有三角形的突起。侧叶稍长于中叶。

观察标本：1♂，山西垣曲历山（皇姑幔），800m，2011.VIII.3，王兴民采。

分布：山西（历山）、山东、河南、陕西、甘肃、江苏、安徽、浙江、湖北、江西、福建、台湾、广东、海南、香港、广西、四川、贵州、云南；越南。

5 红褐粒眼瓢虫 *Sumnius brunneus* Jing, 1992

体长 5.80～6.00mm，体宽 3.80～4.20mm。体长椭圆形。体背面、腹面及足均为红褐色，披金黄色细密的毛。复眼黑色，被前胸背板所遮盖。鞘翅不具斑纹，但外缘具 1 黑褐色窄隆线，沿鞘翅周缘有 1 浅色边，基部略宽，中部之后缩窄并渐消失。

雄性外生殖器：弯管弧形弯曲，弯管囊内突长，外突短，端部平截；弯管近端部急剧收窄，至末端又稍粗而钝。侧面观，阳基中叶外缘略呈弧形，近末端变窄变细，末端稍尖，内缘则较平直。侧叶显著长于中叶。

观察标本：1♂1♀，山西垣曲历山（皇姑幔），800～1400m，2011.VIII.3，王兴民、陈晓胜采。

分布：山西（历山等）、北京、天津，陕西，安徽，云南。

6 红环瓢虫 *Rodolia limbata* (Mostchulsky, 1866)

体长 4.00～6.00mm，体宽 3.00～4.30mm。体长圆形，两侧较平直，背部弧形拱起；背面及腹面密披黄白色毛。头部黑色，复眼黑色，但常具浅色周缘。前胸背板基色黑色，前缘和前角至基角部分红色。小盾片黑色；鞘翅基色黑色，其外缘和鞘缝被红色宽环所围绕。腹面中央部分黑色，但腹末、侧缘及鞘翅缘折红色；足腿节黑色，但末端红色，胫节及跗节红色。

雄性外生殖器：弯管细长。阳基中叶、侧叶均较细长，二者长度相等。中叶两侧平直，近端部渐收窄，末端尖，尖端向外向上延续成 1 突起；侧叶中部稍收窄而端部较扩大。

观察标本：2♀，山西垣曲历山（皇姑幔），800～1400m，2011.VIII.3，王兴民、陈晓胜采。

分布：山西（历山等）、黑龙江、吉林、辽宁、北京、天津、河北、山东、河南、陕西、江苏、上海、浙江、湖北、广东、广西、四川、贵州、云南；蒙古，朝鲜，日本，西伯利亚，苏联。

7 四斑弯叶毛瓢虫 *Nephus (Nephus) quadrimaculatus* (Herbst, 1783)

体长 1.10～1.50mm，体宽 0.90～1.20mm。体长卵形，中度拱起，披金黄色细毛，较长。头部黑色，只有前缘边缘为棕色，口器、下颚须黑褐色，复眼黑色。触角 11 节，第 1 节与第 2 节愈合。前胸背板黑色。小盾片黑色。鞘翅黑色，各有 2 个红黄色斑。前斑位于鞘翅近基部的 1/2 处，呈椭圆形，横斜伸于鞘翅的内外两线之间；后斑位于鞘翅近末端的 1/3 处，为不规则四边形，内宽外窄。腹面黑至黑褐色。足黑褐色。后基线不完整，围绕区内的刻点不均匀，且较稀疏。

雄性外生殖器：弯管细长，外突明显短于内突，从基部到端部粗细均匀，弯管末端着生长毛。阳基中叶不对称且稍短于侧叶长度。阳基正面观，中叶两侧有骨质的结构，在基部的 2/3 处有明显的收缩；侧面观，1/2 处有呈直角的高度隆起。

观察标本：1♂2♀，山西翼城大河黑龙潭，995m，2013.VII.17，霍立志采。

分布：山西（历山等）。

8 箭叶小瓢虫 Scymnus (Pullus) ancontophyllus Ren et Pang, 1993

体长 1.60~1.71mm，体宽 1.14~1.20mm。体长卵形，背面中度拱起，披黄白色细毛。头部、触角及口器黄棕色；前胸背板黄色；小盾片暗褐色；鞘翅黑色，末端边缘黄色。前胸背板缘折及前胸腹板黄褐色；中、后胸腹板及鞘翅缘折黑褐色。足黄色。

雄性生殖器：弯管细长，弯管囊内突长度与外突几乎相等；弯管端具 1 线状突。阳基粗壮，中叶正面观，近中部最宽，向端部逐渐收窄，末端钝圆；侧叶明显短于中叶。

观察标本：3♂3♀，山西沁水下川富裕河，1545m，2013.VII.9，霍立志采；1♂2♀，山西沁水下川东峡，1510m，2013.VII.14，霍立志采；1♂1♀，山西历山舜王坪，2250m，2013.VII.15，霍立志采；2♂1♀，山西翼城大河珍珠帘，1775m，2013.VII.16，霍立志采；1♀，山西翼城大河黑龙潭，995m，2013.VII.17，霍立志采。

分布：山西（历山等）、陕西、湖北、四川、云南。

9 河源小瓢虫 Scymnus (Pullus) heyuanus Yu, 2000，山西省新记录

体长 2.45~2.60mm，体宽 1.65~1.70mm。体卵圆形，背面中度拱起，披白色细毛。头部、触角及口器黄褐色；前胸背板黄褐色，基部中央具 1 近三角形黑斑，向前延伸至近前缘；小盾片黑色；鞘翅黑色，末端黄褐色。前胸腹板缘折黄色，前胸腹板黄褐色，腹板突黑色，中、后胸腹板及鞘翅缘折黑色。足黄褐色。

雄性生殖器：弯管粗而长，弯管囊内突长，外突短；弯管端勺状，具 1 线状附属物。阳基粗壮，中叶正面观基半部两侧近平行，向端部逐渐收窄，末端钝圆；侧叶宽大，略短于中叶。

观察标本：1♂1♀，山西垣曲历山（皇姑幔），800~1400m，2011.VIII.3，陈晓胜采。

分布：山西（历山）、河南、陕西、宁夏、甘肃、安徽、浙江、湖北、贵州、云南。

10 笔头小瓢虫 Scymnus (Pullus) penicilliformis Yu, 1999

体长 1.60mm，体宽 1.10mm。体卵圆形，背面中度拱起，披白色细毛。头部、触角及口器黄色；前胸背板深褐色，前缘棕色，两前角各具 1 个近长方形的黄棕色斑；小盾片深褐色；鞘翅深褐色，末端 1/4 棕色。前胸腹板缘折黄色，前胸腹板褐色；中、后胸腹板及鞘翅缘折深褐色。足黄色。

雄性生殖器：弯管细长，弯管囊损坏；弯管端弯曲，具骨针。阳基细长，中叶正面观呈三角形，基部最宽，末端钝圆；侧叶明显短于中叶，末端具稀疏粗长毛。

观察标本：5♂1♀，山西垣曲历山（皇姑幔），800~1400m，2011.VIII.3，陈晓胜等采。

分布：山西（历山等）、河南。

11 后斑小瓢虫 Scymnus (Pullus) posticalis Sicard, 1912

体长 2.06~3.23mm，体宽 1.59~2.35mm。体卵圆形，背面强烈拱起，披白色细毛。头部黄褐色，触角及口器深褐色；前胸背板黄棕色，基部中央具 1 三角形黑斑，有时黑斑扩大，仅前侧缘棕色；小盾片黑色；鞘翅黑色，端部 1/6 黄棕色；前胸腹板缘折黄褐色，前胸腹板暗褐色；中、后胸腹板及鞘翅缘折黑色。足棕色。

雄性生殖器：弯管粗壮，弯管囊内突长，外突短；弯管端明显膨大，具线状附属物。阳基粗壮，中叶正面观基半部两侧平行，后向端部急剧收窄，末端尖锐；侧面观中叶弯曲呈"S"形。侧叶明显长于中叶，末端具密集长毛。

观察标本：1♀，山西沁水下川富裕河，1545m，2013.VII.9，霍立志采；1♂1♀，山西翼城大河珍珠帘，1775m，2013.VII.16，霍立志采；2♂3♀，山西翼城大河黑龙潭，995m，2013.VII.17，霍立志采。

分布：山西（历山等）、河南、陕西、甘肃、安徽、浙江、湖北、江西、福建、台湾、广东、海南、广西、四川、贵州、云南、西藏；日本，缅甸，越南。

12　柳端小瓢虫 *Scymnus (Pullus) rhamphiatus* Pang et Huang, 1985，山西省新记录

体长 2.00～2.30mm，体宽 1.55～1.70mm。体卵圆形，背面中度拱起，披黄色细毛。头部、触角及口器黄棕色；前胸背板、小盾片及鞘翅黄棕色。前胸腹板缘折及前胸腹板黄色；中、后胸腹板及鞘翅缘折黄棕色。足黄色。

雄性生殖器：弯管粗壮，弯管囊内突尖细，外突粗大；弯管端部 1/4 处具膜质附属物，末端弯曲，呈钩状。阳基粗壮，中叶正面观基部最宽，向端部逐渐收窄，末端钝圆；侧叶略长于中叶，末端具密集长毛。

观察标本：2♂1♀，山西垣曲历山（皇姑幔），800～1400m，2011.VIII.3，陈晓胜等采。

分布：山西（历山）、河南、陕西、安徽、浙江、湖北、江西、湖南、福建、广西、重庆、四川、贵州。

13　束小瓢虫 *Scymnus (Pullus) sodalis* (Weise, 1923)，山西省新记录

体长 1.88～2.24mm，体宽 1.29～1.56mm。体卵圆形，背面中度拱起，披白色细毛。头部、触角及口器黄褐色；前胸背板黄褐色，基部中央具 1 黑斑，有时黑斑扩大；小盾片黑色；鞘翅黑色，末端 1/10 黄褐色；前胸腹板缘折及前胸腹板黄褐色，腹板突黑褐色；中、后胸腹板及鞘翅缘折黑色。足黄褐色。

雄性生殖器：弯管细长，弯管囊内突长，外突短；弯管端稍弯曲，具 1 线状附属物。阳基粗壮，中叶正面观基部最宽，向端部逐渐收窄，末端尖锐；侧叶略长于中叶。

观察标本：6♂4♀，山西垣曲历山（皇姑幔），800～1400m，2011.VIII.3，陈晓胜等采。

分布：山西（历山）、河南、江苏、安徽、浙江、湖北、江西、湖南、福建、台湾、广东、海南、重庆、四川、贵州、云南；日本，印度，尼泊尔，越南。

14　长毛小毛瓢虫 *Scymnus (Scymnus) crinitus* Fürsch, 1966

体长 1.80～2.04mm，体宽 1.23～1.50mm。体卵圆形，背面中度拱起，披白色长细毛。头部、触角及口器棕色；前胸背板棕色，基部中央具 1 三角形黑斑；小盾片黑色；鞘翅黑色，末端边缘棕色。前胸腹板缘折及前胸腹板棕色；中、后胸腹板及鞘翅缘折黑色；足棕色。

雄性生殖器：弯管粗壮，弯管囊内突小，外突大；弯管端具膜质附属物。阳基粗壮，中叶正面观基部最宽，向端部逐渐收窄，末端尖锐；侧叶较宽大，明显长于中叶。

观察标本：4♂3♀，山西沁水下川富裕河，1545m，2013.VII.9，霍立志采；1♀，山西沁水下川西峡口，1557m，2013.VII.12，霍立志采；9♂2♀，山西沁水下川东峡，1510m，2013.VII.14，霍立志采；5♂，山西翼城大河黑龙潭，995m，2013.VII.17，霍立志采。

分布：山西（历山）、辽宁、河北、河南、陕西、宁夏、甘肃、湖北、重庆、四川。

15　隆端小毛瓢虫 *Scymnus (Scymnus) extumidus* Chen, Wang et Ren, 2013

体长 2.19～2.43mm，体宽 1.56～1.68mm。体长卵形，背面中度拱起，披金黄色细毛。头部、触角及口器黄色；前胸背板、小盾片及鞘翅黄棕色。腹面全为黄棕色。

雄性生殖器：弯管粗壮，基半部强烈弯曲；弯管囊内突长，外突短；弯管端部显著隆起。阳基粗壮，中叶正面观基部至 2/3 处两侧近平行，末端钝圆；侧叶宽，明显长于中叶。

观察标本：1♂，山西翼城大河黑龙潭，995m，2013.VII.17，霍立志采。

分布：山西（历山等）、河南、广西、四川。

16 长隆小毛瓢虫 Scymnus (Scymnus) folchinii Canepari, 1979

体长 1.98～2.25mm，体宽 1.38～1.62mm。体卵圆形，背面强烈拱起，披白色细毛。头部、触角及口器棕色；前胸背板棕色，基部中央具 1 三角形黑斑，或黑斑扩大仅前缘及侧缘棕色；小盾片黑色；鞘翅黑色，末端仅边缘棕色。前胸腹板缘折及前胸腹板棕色；中、后胸腹板及鞘翅缘折黑色；足棕色。

雄性生殖器：弯管较粗壮，弯管囊内突长，外突短，弯管端具明显的膜质钩状附属物。阳基粗壮，中叶正面观基部最宽，向端部逐渐收窄，末端钝圆；侧叶较宽，明显长于中叶。

观察标本：1♀，山西沁水下川西峡口，1557m，2013.VII.12，霍立志采；3♂3♀，山西翼城大河黑龙潭，995m，2013.VII.17，霍立志采。

分布：山西（历山等）、辽宁、北京、河北、山西、山东、河南、安徽、浙江、湖北、重庆、四川。

17 肥管小毛瓢虫 Scymnus (Scymnus) obesus Chen, Wang et Ren, 2013

体长 2.16～2.25mm，体宽 1.44～1.47mm。体长卵形，背板中度拱起，披稀疏的金黄色细毛。全体红棕色。雄性生殖器：弯管粗壮，强烈弯曲；弯管囊内突长，外突短；弯管端半部膨大，具膜质附属物。阳基粗壮，中叶正面观基部略收窄，1/3 处最宽，后逐渐收窄，末端尖锐；侧叶细，明显短于中叶。

观察标本：1♀，山西沁水下川富裕河，1545m，2013.VII.9，霍立志采；2♀，山西沁水下川东峡，1510m，2013.VII.14，霍立志采；1♂，山西翼城大河珍珠帘，1775m，2013.VII.16，霍立志采。

分布：山西（历山等）、河南。

18 乡舍小毛瓢虫 Scymnus (Scymnus) paganus Lewis, 1896

体长 2.19～2.40mm，体宽 1.41～1.60mm。体长卵形，背面中度拱起，披白色细毛。头部、触角及口器棕色；前胸背板及鞘翅黄棕色或棕色。前胸腹板缘折黄棕色；前胸腹板深褐色，腹板突前缘黑色；中、后胸腹板及鞘翅缘折深褐色。足棕色。

雄性生殖器：弯管粗而长，弯管囊内突长，外突不明显；弯管端部 1/3 处具膜质突起，末端线状。阳基粗壮，中叶正面观宽大，近端部最宽，后急剧收缩，末端乳头状；侧叶宽，明显长于中叶。

观察标本：1♂，山西垣曲历山（皇姑幔），1400m，2011.VIII.3，陈晓胜采。

分布：山西（历山等）、福建、台湾、四川；日本。

19 拳爪小毛瓢虫 Scymnus (Scymnus) scapanulus Pang et Huang, 1986

体长 1.83～2.13mm，体宽 1.29～1.50mm。体卵圆形，背面中度拱起，披白色细毛。头部、触角及口器黄褐色；前胸背板黄褐色，基部中央具 1 三角形黑斑；小盾片及鞘翅黑色。前胸腹板缘折及前胸腹板黄褐色；中、后胸腹板及鞘翅缘折黑色。足黄褐色。

雄性生殖器：弯管粗壮，弯管囊内突长，外突短；弯管端呈拳爪状。阳基粗壮，中叶正面观基部最宽，向端部逐渐收窄，末端尖锐；侧叶较宽，明显长于中叶。

观察标本：5♂8♀，山西垣曲历山（皇姑幔），800m，2011.VIII.3，陈晓胜采。

分布：山西（历山等）、浙江、福建。

20 四斑小毛瓢虫 Scymnus (Scymnus) schmidti Fürsch, 1958

体长 2.13～2.67mm，体宽 1.41～1.86mm。体长卵形，背面中度拱起，披白色细毛。头部雄性黄褐色，雌性黑色；触角及口器黄棕色；雄性前胸背板黑色，前角具四边形黄棕色斑，前缘亦为黄棕色；雌性前胸背板全为黑色。小盾片黑色；鞘翅黑色，各具 2 个橘红色斑，前斑位于鞘翅近基部 1/3 处，呈椭圆形，横斜于鞘翅的内、外两线之间；后斑位于鞘翅近末端的 1/3 处，呈不规则四边形。有时后斑消失，前斑缩小，每个鞘翅上仅剩 1 橘红色斑点。前胸腹板缘折黄褐色；前、中、后胸腹板黑色。足除后足腿节黑色外，其余褐色。

雄性生殖器：弯管较粗壮；弯管囊内突长，外突短；弯管近端部具钩状突起。阳基粗壮，中叶正面观基半部最宽，向端部逐渐稍窄，末端钝圆；侧叶明显短于中叶。

观察标本：1♂，山西沁水下川富裕河，1545m，2013.VII.9，霍立志采；1♂1♀，山西沁水下川东峡，1510m，2013.VII.14，霍立志采。

分布：山西（历山等）、内蒙古、河北、山东、陕西、宁夏、甘肃、新疆、福建、贵州；德国，法国。

21 亚洲显盾瓢虫 Hyperaspis asiatica Lewis, 1896，山西省新记录

体长 3.00mm；体宽 2.00mm。体长卵圆形，背部中度拱起，黑色，有光泽。雄虫头部额区橙黄色，雌虫黑色。复眼银灰色或黑色。前胸背板靠近两侧缘各有 1 橙黄色斑。雄虫靠近前缘有 1 条窄的橙黄色纹将左右两斑相连，雌虫无此纹。鞘翅末端各有 1 斜椭圆形橙黄色斑。腹面黑色，但前足黄褐色。

观察标本：3♂，山西翼城大河黑龙潭，995m，2013.VII.17，霍立志采；1♀，山西沁水下川富裕河，1545m，2013.VII.9，霍立志采。

分布：山西（历山）、黑龙江、吉林、辽宁、河北、山东、江苏、浙江；日本。

22 六斑显盾瓢虫 Hyperaspis gyotokui Kamiya, 1963

体长 2.90～3.20mm，体宽 1.90～2.10mm。体长椭圆形，背部中度拱起。黑色，有光泽。雄虫头部橙黄色，雌虫黑色。前胸背板黑色，两侧各有 1 橙黄色斑，雄虫前胸背板前缘有 1 条细窄的黄纹与两侧斑相连，雌虫无此纹。鞘翅上各有 3 个橙黄色斑：前斑圆形，位于鞘翅基部中线的 1/3 处，中斑位于鞘翅侧缘中部，长椭圆形，后斑肾形，横置于鞘翅末端 1/3 处。腹面黑色，仅前胸背板缘折黄褐色，

观察标本：1♀，山西沁水下川富裕河，1540m，2013.VII.14，霍立志采。

分布：山西（历山）、河北、陕西；日本。

23 四斑显盾瓢虫 Hyperaspis leechi Miyatake, 1961

体长 3.50～4.50mm；体宽 2.30～3.50mm。体长卵圆形，背部中度拱起，黑色，有光泽。鞘翅末端平截，腹部末端收缩并露出鞘翅之外。雄虫额区黄色，头顶黑色，雌虫头部全为黑色。前胸背板黑色，两侧各有 1 近圆形橙黄至橘红色斑。小盾片及鞘翅黑色。鞘翅上各有 2 个橙黄至橘红色斑。位于鞘翅中线的 2/5 处的斑近圆形；另 1 个斑长椭圆形，位于鞘翅 4/5 靠近外缘。腹面黑色，仅足的跗节和前胸背板缘折黄褐色。

观察标本：1♂2♀，山西沁水下川富裕河，1540m，2013.VII.14，霍立志采。

分布：山西（历山等）、陕西、福建；朝鲜半岛，俄罗斯（西伯利亚东南部），蒙古。

24 六斑异瓢虫 Aiolocaria hexaspilota (Hope, 1831)

体长 8.60～11.20mm，体宽 7.30～9.00mm。体大型，宽卵形，背部中度拱起。头部黑色。前胸背板黑色，两侧端部各有 1 较大的圆形斑纹，白色或黄白色。小盾片黑色。鞘翅两侧向外延伸很宽。鞘翅红黑两色，斑纹变化多样，但鞘缝及周缘总为黑色。本种虽有斑纹的变异，但体型较大较特殊，很容易区分。此外本种的驱光性较强，可以通过灯诱获得。

观察标本：2♂，山西翼城大河珍珠帘，1775m，2013.VII.16，霍立志采。

分布：山西（历山等）、黑龙江、吉林、内蒙古、北京、河北、河南、陕西、甘肃、湖北、福建、台湾、广东、四川、贵州、云南、西藏；朝鲜，日本，印度，尼泊尔，克什米尔，缅甸，苏联。

25 灰眼斑瓢虫 *Anatis ocellata* (Linnaeus, 1758)

体长 8.00～9.00mm，体宽 6.00～7.00mm。体型较大，椭圆形，体背呈弧形拱起。头部黑色，具有 2 白色斑点。前胸背板黑色，两侧端部各有 1 个近方形白斑，沿前缘 1 条细窄的白色条形斑将两者相连。两侧近基部各具 1 圆形白斑，前胸背板中央具 1 对白色斑点。小盾片黑色。鞘翅一般黄褐色，各具 9 个白色斑点，呈 2-3-3-1 排列。其中小盾片处及肩胛处各 1 个，鞘翅外缘处 2 个与外缘相连。虫体腹面黑色。此种鞘翅斑纹变化较多，但前胸背板斑纹基本不变。

观察标本：2♂，山西历山舜王坪，2250m，2013.VII.15，霍立志采。

分布：山西（历山等）、黑龙江、吉林、辽宁、北京；蒙古，日本，中亚，东亚，苏联，欧洲。

26 三纹裸瓢虫 *Calvia championorum* Booth, 1997，山西省新记录

体长 5.70～7.00mm，体宽 4.50～5.70mm。体椭圆形，中度拱起。体背浅黄色或黄绿色。唇基及下唇须黄褐色，复眼黑色。前胸背板深黄色，前缘及侧缘具半透明状镶边，中部隐约可见"M"形斑纹。小盾片灰黑色。鞘翅中央有两条较宽的灰黑色纵带，1 条从肩胛向后延伸，另 1 条在其内侧从鞘翅基缘向后延伸至近末端处两项合拢；另外鞘翅亚外缘和沿鞘缝还有两条较窄的灰黑色纵带。在有些个体中，这些纵带颜色较深呈黑色。

观察标本：1♂，山西历山舜王坪，2250m，2013.VII.15，霍立志采；1 头，山西沁水下川西峡，2013.VII.23，石福明采；1 头，山西沁水下川富裕河，2013.VII.25，石福明采。

分布：山西（历山）、陕西、台湾、四川、云南；印度。

27 十星裸瓢虫 *Calvia decemguttata* (Linnaeus, 1767)，山西省新记录

体长 4.80～5.80mm，体宽 3.80～4.50mm。体宽卵圆形，背部拱起较高。头部黄白色，复眼黑色。前胸背板黄褐色，前缘及侧缘黄白色，两侧各有 1 个长形白色斑点，与基部相连，中部具 1 个前小后大的浅色斑，该斑有时不明显。鞘翅黄褐色，共有 10 个白色圆斑，每一鞘翅上呈 2-2-1 排列。有时鞘翅斑纹为白斑扩大相连或白色环形斑，作者采自山西中条山的标本斑纹类型即为 10 个白色环形斑。体腹面整体浅棕色，但中胸腹板后侧片白色。

观察标本：1♀，山西历山舜王坪，2250m，2013.VII.15，霍立志采。

分布：山西（历山）、北京、河北；日本，朝鲜，蒙古，俄罗斯至欧洲。

28 四斑裸瓢虫 *Calvia muiri* (Timberlake, 1943)

体长 4.00～5.60mm，体宽 3.40～4.90mm。体卵圆形，背部中度拱起。头部淡黄色，复眼黑色。前胸背板黄褐色，前缘和侧缘半透明状，近基缘具 4 个横向排列的黄白色斑点，其中两侧斑点近圆形，与基部相连，中间两个斑点长椭圆形，呈"八"字形。小盾片三角形，黄褐色。鞘翅基色黄褐色，沿外缘及鞘缝有黄白色细纹，但鞘缝边缘的颜色稍淡。每一鞘翅有 6 个黄白色斑点，呈 1-2-2-1 排列。另外，本种鞘翅的斑纹有时会扩大或者消失，但体型和前胸背板的斑纹不变，比较容易鉴定。

观察标本：1♀，山西翼城大河珍珠帘，1775m，2013.VII.16，霍立志采；2 头，山西沁水下川西峡口，1557m，2013.VII.11，霍立志采。

分布：山西（历山等）、河北、河南、陕西、浙江、江西、湖北、湖南、福建、台湾、广西、四川、贵州、云南；日本。

29 十四星裸瓢虫 *Calvia quatuordecimguttata* (Linnaeus, 1758)

体长 6.00mm，体宽 5.20mm。体卵圆形，背部中度拱起。本种有多种斑纹类型，作者观察的产自山西中条山的标本为典型的十四星型。头黄褐色，触角、下唇须深褐色，眼黑色。前胸背板黄褐色，两侧基部各有 1 个近圆形白斑。小盾片及鞘翅黄褐色，每个鞘翅上具有 7 个白色圆斑，呈 1-3-2-1 排列。由于该种斑纹变异类型较多，因此鉴定时需参照雄性外生殖器特征。

观察标本：1 头，山西翼城大河，2012.VII.19，石福明采。

分布：山西（历山等）、黑龙江、吉林、河北、陕西、甘肃、新疆、四川、西藏；日本，印度，斯里兰卡，苏联，北美。

30 七星瓢虫 *Coccinella septempunctata* Linnaeus, 1758

体长 5.20～7.00mm，体宽 4.00～5.60mm。体卵圆形，背部强烈拱起。头黑色，靠近复眼有 1 对白色圆斑。前胸背板黑色，在其前角上各有 1 个大型近四边形白色斑。小盾片黑色。鞘翅红色或橙红色，鞘翅基部靠小盾片两侧各有 1 个小三角形的白斑。鞘翅上共有 7 个黑斑，其中位于小盾片下方的斑，心形，较大，其余每个鞘翅上各 3 个黑斑，外缘前侧的斑较小，其余两个较大。

观察标本：4 头，山西沁水下川西峡口，1557m，2013.VII.11，霍立志采；6 头，山西沁水下川富裕河，1545m，2013.VII.9，霍立志采；7 头，山西翼城大河，2013.VII.27/29，石福明采；8 头，山西沁水下川东峡，2013.VII.23～26 石福明采；1 头，山西翼城大河黑龙潭，2013.VII.31，石福明采；7 头，山西沁水下川富裕河，2013.VII.25，石福明采。

分布：山西（历山等）、黑龙江、吉林、北京、河北、河南、陕西、甘肃、新疆、浙江、湖北、湖南、福建、台湾、广东、海南、广西、四川、贵州、云南、西藏；蒙古，朝鲜，日本，印度，苏联，欧洲。

31 横斑瓢虫 *Coccinella transversoguttata* Faldermann, 1835

体长 5.70～7.30mm，体宽 4.30～5.60mm。体长卵圆形，末端较尖，中度拱起。头部黑色，靠近复眼具 1 对白色圆斑。前胸背板黑色，前角各 1 近方形白斑，雄性沿前缘具 1 白色条纹将两侧白斑相连，雌性无此条纹。小盾片黑色。鞘翅黄褐色或红色，鞘翅共有 11 个黑色斑点，呈 3-4-4 排列。鞘翅基部在小盾片两侧各具 1 黄白色横斑，有时此斑不明显；小盾片下面具 1 心形斑，其余每个鞘翅 5 个斑。

观察标本：1♂，1 头，山西沁水下川东峡，1510m，2013.VII.14，霍立志采；1♂1♀，1 头，山西沁水下川西峡口，1557m，2013.VII.11，霍立志采；1♀，山西翼城大河珍珠帘，1775m，2013.VII.16，霍立志采；1 头，山西翼城大河，2013.VII.29，石福明采。

分布：山西（历山等）、黑龙江、内蒙古、河北、河南、陕西、甘肃、青海、新疆、四川、云南、西藏；亚洲中部，苏联，欧洲，北美洲。

32 中国双七瓢虫 *Coccinula sinensis* (Weise, 1889)

体长 3.00～4.20mm，体宽 2.40～3.20mm。体卵圆形，中度拱起。头部黄色，头顶黑色。前胸背板两侧及前缘黄色，基部黑色，并在中部分两支向前伸出。小盾片黑色。鞘翅黑色，各有 7 个黄斑，按 2-2-2-1 排成内外两行，基部和外缘的斑均与边缘相连。腹面黑色，鞘翅缘折、中胸后侧片、后胸前侧片的大部分及第 1 腹板两侧为黄白色。

本种与双七瓢虫 *Coccinula quatuordecimpustulata* (Linnaeus，1758)的体型和斑纹均非常相似，但本种鞘翅中部近鞘缝的 2 个斑明显地呈横向长形，而双七瓢虫近于圆形或卵形。

观察标本：1♂，山西沁水下川西峡口，1557m，2013.VII.10，霍立志采；8 头，山西沁水下川富裕河，1545m，2013.VII.9，霍立志采；6 头，山西沁水下川西峡口，1557m，2013.VII.11，霍立志采；1 头，山西沁水下川东峡，2013.VII.23，石福明采；1 头，山西沁水下川富裕河，2013.VII.25，石福明采；4 头，山西翼城大河，2013.VII.27，29，石福明采；1 头，山西翼城大河黑龙潭，2013.VII.31，石福明采。

分布：山西（历山等）、黑龙江、吉林、辽宁、内蒙古、北京、河北、山东、河南、宁夏、甘肃、新疆、江西、四川；日本，苏联，欧洲。

33 异色瓢虫 *Harmonia axyridis* (Pallas, 1773)

体长 5.40～8.00mm，体宽 3.80～5.20mm。体卵圆形，背面强烈拱起。本种虫体背面的颜色及斑纹变异非常大，但鞘翅末端有 1 对隆起的脊，极少数没有，因此本种可以根据此特征来进行鉴定。主要的斑纹类型有两种。①浅色型，前胸背板白色，具 4 个黑斑，分离或相连形成"M"形斑，鞘翅橙黄色至红褐色，具 18 个黑斑，有时还有 1 对较小的鞘缝斑，有些个体鞘翅上的黑色斑点部分消失或全部消失；②深色型，前胸背板黑色，前角有 1 大型白色圆斑，鞘翅黑色，具 2 或 4 个橙黄色圆斑。

观察标本：2♂，山西历山舜王坪，2250m，2013.VII.15，霍立志采；4 头，山西沁水下川富裕河，1545m，2013.VII.9，霍立志采；13 头，山西沁水下川西峡口，1557m，2013.VII.11，霍立志采。

分布：山西（历山等）、黑龙江、吉林、内蒙古、河北、河南、甘肃、浙江、湖北、江西、湖南、福建、台湾、广东、海南、广西、四川、贵州、云南、西藏；日本，朝鲜，蒙古，苏联，美国。

34 多异瓢虫 *Hippodamia variegate* (Goeze, 1777)

体长 3.60～5.10mm，体宽 2.30～3.10mm。体长卵形，背部扁平拱起。头顶黑色，前部黄白色。前胸背板黄白色，两侧及前缘有半透明状镶边，基部具黑色横带向前分出爪状 4 个黑带，有时该 4 黑带在前部左右分别愈合，构成两个"口"字形斑。鞘翅黄褐至红褐色，基缘小盾片左右各有 1 黄白色分界不明显的横长斑。背面共 13 个黑斑，黑斑变异甚大，常相互连接或消失。

观察标本：1♂，山西沁水下川东峡，1510m，2013.VII.14，霍立志采；1 头，山西沁水下川富裕河，1545m，2013.VII.9，霍立志采；2♂2♀，山西沁水下川西峡口，1557m，2013.VII.12，霍立志采。

分布：山西（历山）、黑龙江、吉林、辽宁、内蒙古、北京、河北、山东、河南、陕西、宁夏、甘肃、青海、新疆、福建、四川、云南、西藏；日本，印度，古北区，阿富汗，非洲。

35 十二斑巧瓢虫 *Oenopia bissexnotata* (Mulsant, 1850)

体长 4.00～5.20mm，体宽 2.90～4.30mm。体椭圆形，背部中度拱起。头顶黑色，前部黄白色。前胸背板黄白色，前缘和侧缘有细窄镶边，鞘翅基部具黑色横带，中部分 2 支向前延伸，形成"V"字形。小盾片黑色。鞘翅黑色，边缘明显向外伸展，有镶边，各具 6 个黄斑，排列为内外两纵行，沿鞘缝 3 个斑较小，且不与鞘缝相连，外行 3 个较大，均与外缘相连。

观察标本：1♂1♀，山西沁水下川东峡，1510m，2013.VII.14，霍立志采；5 头，山西翼城大河黑龙潭，995m，2013.VII.17，霍立志采。

分布：山西（历山等）、黑龙江、吉林、辽宁、河北、山东、陕西、甘肃、青海、新疆、湖北、四川、贵州、云南；苏联。

36 龟纹瓢虫 *Propylea japonica* (Thunberg, 1781)

体长 3.40~4.70mm，体宽 2.60~3.20mm。体卵圆形，背部稍拱起。头部白色或黄白色，头顶黑色。雌性额部接近唇基，具 1 大型黑斑，有时呈三角形与头顶黑斑相连。前胸背板黄白色，前缘和侧缘有镶边，中央有 1 大型黑斑与基部相连。小盾片黑色。鞘翅基色黄白色至橙黄色，有半透明镶边稍向外伸展。鞘翅有龟纹状黑色斑纹，鞘缝黑色。鞘翅上的黑斑常有变异：黑斑扩大相连或黑斑缩小仅肩胛处与靠近鞘翅末端有 2 个小黑斑，或仅肩胛处有 1 个小黑斑，有时甚至黑斑消失。

观察标本：1♂2♀，1 头，山西沁水下川富裕河，1545m，2013.VII.9，霍立志采；1♂1♀，山西沁水下川西峡口，1557m，2013.VII.10，12，霍立志采；8♂3♀，山西沁水下川东峡，1510m，2013.VII.14，霍立志采；1♀，山西历山舜王坪，2250m，2013.VII.15，霍立志采；2 头，山西沁水下川富裕河，2013.VII.25，石福明采。

分布：山西（历山等）、黑龙江、吉林、辽宁、内蒙古、北京、河北、山东、河南、陕西、甘肃、宁夏、新疆、江苏、上海、浙江、湖北、江西、湖南、福建、台湾、广东、海南、广西、四川、贵州、云南；苏联，日本，印度。

37 方斑瓢虫 *Propylea quatuordecimpunctata* (Linnaeus, 1758)

体长 3.60~4.50mm，体宽 2.80~3.50mm。体长圆形，背部中度隆起。头部雄虫基部黑色，前额黄色，雌虫前额有 1 个三角形的黑斑，有时扩大至全头黑色。前胸背板黄色，边缘有半透明镶边，中央有 1 大型黑斑与基部相连。小盾片黑色。鞘翅黄色，每个鞘翅上有 7 个黑斑：沿鞘缝的 3 个斑与黑色鞘缝相连；鞘缝中间的斑与其外侧长方形黑斑相连；肩胛处方形斑与其外侧圆形斑相连，有时两者扩大形成 1 个斑。此种与龟纹瓢虫外部形态十分相似，一般方斑瓢虫鞘翅各具 7 个黑斑，而龟纹瓢虫有 5 个黑斑或黑斑消失，但很多方斑瓢虫鞘翅外侧两斑会扩大形成 1 个斑，与龟纹瓢虫斑纹十分相似难以区分，但可从足及腹板的颜色来区别：龟纹瓢虫的腹板黑色，两侧为黄褐色，3 对足均为黄褐色，无黑色或黑褐色的部分；而方斑瓢虫的足具有黑斑，前足至少腿节外侧具黑斑，中后足黑色区域更大。

观察标本：11 头，山西沁水下川富裕河，1545m，2013.VII.9，霍立志采；1♂，山西沁水下川西峡口，1557m，2013.VII.12，霍立志采；1♂，山西沁水下川东峡，1510m，2013.VII.14，霍立志采；1 头，山西沁水下川东峡，2013.VII.23，石福明采；2 头，山西沁水下川富裕河，2013.VII.25，石福明采；1 头，山西翼城大河，2013.VII.27，石福明采。

分布：山西（历山等）、黑龙江、辽宁、内蒙古、陕西、甘肃、新疆、江苏、贵州；蒙古，朝鲜，日本，高加索，俄罗斯（西伯利亚），欧洲。

38 黑中齿瓢虫 *Sospita gebleri* (Crotch, 1874)，山西省新记录

体长 5.70~6.50mm，体宽 4.40~4.80mm。体长椭圆形，背部中度拱起。头顶黑色，额区黄褐色，唇基、触角、下颚须红褐色。前胸背板黄褐色，两侧各有 1 个黄白色大斑，基部中央隐约可见黄白色"V"字形斑。小盾片为黑褐色，鞘翅基色为黄褐色，小盾片两边各有 1 个长形黄白斑。每个鞘翅各有 4 条黄白色纵纹。腹面褐色，但中胸前侧片黄白色。本种另 1 斑纹类型是背部基色黑色，前胸背板基部中央无"V"字形斑。

观察标本：1♀，山西翼城大河，2012.VII.19，石福明采。

分布：山西（历山）、内蒙古、甘肃；日本，俄罗斯（西伯利亚）。

39 梵文菌瓢虫 *Halyzia sanscrit* Mulsant, 1853

体长 5.20~6.10mm，体宽 4.10~5.00mm。体卵圆形，背部中度拱起。头部黄白色，无斑

纹，复眼黑色，触角、下颚须、唇基黄色。复眼全部为前胸背板所遮盖。前胸背板黄褐色，靠近侧缘端部与基部各有 1 近圆形白斑，此外，基部中央亦有 1 中型白斑。前缘与侧缘呈半透明状。小盾片黄褐色。鞘翅黄褐色，边缘半透明，除鞘缝白色外，每个鞘翅具 11 个白斑，其中近鞘缝 6 个，基部 2 个常常相连形成 1 个条形斑；中央 2 个条形斑，内侧的条形斑常与鞘缝第 3 个斑相连；翅缘 3 个长形白斑。

观察标本：1 头，山西沁水下川富裕河，1545m，2013.VII.9，霍立志采；14 头，山西沁水下川西峡口，1557m，2013.VII.11，霍立志采；6 头，山西翼城大河，2012.VII.15，19，石福明采。1 头，山西沁水下川西峡，2013.VII.23，石福明采。

分布：山西（历山等）、河北、陕西、甘肃、浙江、福建、台湾、广西、四川、贵州、云南、西藏；印度，也门，不丹。

40 柯氏素菌瓢虫 *Illeis koebelei* Timberlake, 1943

体长 3.50～5.10mm，体宽 3.00～4.00mm。体卵圆形，背部稍拱起。头部黄白色，复眼黑色，前胸背板黄白色，边缘透明状，靠近基部具 2 个椭圆形黑斑。小盾片，鞘翅黄色，边缘有透明镶边。该属的几个种的外部形态都比较相似，需通过对比雄性外生殖器来进行鉴定。

观察标本：1♂1♀，山西沁水下川西峡口，1557m，2013.VII.11，霍立志采。

分布：山西（历山）、河北、陕西、江西、湖南、福建、台湾、海南、广西、四川、贵州、云南；朝鲜，日本，美国（夏威夷）。

41 白条菌瓢虫 *Macroilleis hauseri* (Mader, 1926)

体长 5.30～7.30mm，体宽 4.10～5.40mm。体卵圆形，鞘翅末端较尖，背部中度拱起。前胸背板及鞘翅边缘透明状。头部乳白色，复眼黑色。前胸背板黄色，中部及两侧共有 3 个白色斑，两侧圆斑较大，中部斑长形，由基部伸达前缘。小盾片黄色。鞘翅黄色，每个鞘翅上具有 4 条白色或黄白色纵条。

观察标本：1 头，山西沁水下川西峡口，1557m，2013.VII.11，霍立志采；

分布：山西（历山等）、河南、陕西、甘肃、湖北、湖南、福建、台湾、海南、广西、四川、贵州、云南、西藏；不丹。

42 二十二星菌瓢虫 *Psyllobora vigintiduopunctata* (Linnaeus, 1758)

体卵圆形，背部强烈拱起。头部浅黄色，头顶处具 2 个圆形小黑斑，复眼黑色，触角、下颚须黄褐色。前胸背板黄色，有 5 个黑斑，呈 2-2-1 排列，中部靠前 2 个圆斑较小，两侧基部 2 个圆斑较大，另 1 小斑位于基部中央小盾片之前。小盾片黑色。鞘翅黄色，每个鞘翅有 11 个大小不均匀的黑斑，呈 3-4-1-2-1 排列，鞘翅基部最外侧 2 个斑常与各自内侧斑相连，因此常见的是 2-3-1-2-1 排列的 9 个黑斑。腹面大部分黑色，鞘翅缘折黄色，足褐色。本种体色鲜艳，鞘翅基色黄色，具 22 或 18 个黑色斑点，较容易区分。

观察标本：3 头，山西沁水下川富裕河，1545m，2013.VII.9，霍立志采。

分布：山西（历山等）、黑龙江、北京、河北、山东、河南、陕西、新疆；古北区。

43 尖锐食植瓢虫 *Epilachna acuta* (Weise, 1900)，山西省新记录

体长 9.40～9.60mm，体宽 6.00～7.10mm。体长卵形，体型较大，背面高度拱起，鞘翅末端收窄向后延伸形成明显的尖突。背面黄褐色，披银白色绒毛。前胸背板中央靠近后缘有 1 近三角形黑斑，两侧各有 1 长椭圆形小黑斑。小盾片黄褐色。鞘翅黄褐色，各有 5 个黑斑，2-2-1 排列，1、2 斑位于鞘翅基部，相连或不相连；3、4 斑相连，位于鞘翅中部，其中 4 斑与外缘相接；5 斑较大，位于臀角前，稍近内缘。腹面大部黄褐色，仅足的腿节和后胸部分黑色。

观察标本：2♂3♀，山西翼城大河，2012.VII. 18～19，石福明采。

分布：山西（历山）、湖北。

44 瓜茄瓢虫 *Epilachna admirabilis* Crotch, 1874，山西省新记录

体长 6.60～8.40mm，体宽 5.40～6.90mm。体卵圆形，中等大小，背部强烈拱起。背面黄褐色，披银白色细毛。头部黄褐色。前胸背板靠近基部具"M"形黑斑。鞘翅上各有 6 个黑色圆斑，呈 2-3-1 排列。其中靠近鞘缝的斑两两形成鞘缝斑。该种的斑纹变化多样，有些个体前胸背板无黑斑或具 1 个黑色中斑，鞘翅上黑斑相连，形成两条波浪形斑纹。

观察标本：1♂，山西翼城大河珍珠帘，1775m，2013.VII.16，霍立志采。

分布：山西（历山）、陕西、江苏、安徽、浙江、湖北、福建、台湾、广西、四川、云南；日本，缅甸，越南北方，尼泊尔，印度（锡金等），孟加拉，泰国。

45 菱斑食植瓢虫 *Epilachna insignis* Gorham, 1892

体长 9.50～11.00mm，体宽 8.00～9.50mm。体近于心形，背部强烈拱起，最宽处位于中部之前，肩胛之后。背面砖红色，披黄色细毛，但黑斑上的细毛亦为黑色。前胸背板侧缘弧形，后缘向两侧斜伸，后角成钝角，前胸背板有 1 个黑色中斑。小盾片、鞘翅砖红色，具 7 个黑色斑点。

观察标本：1♀，山西垣曲历山（皇姑幔），800～1400m，2011.VIII.3，王兴民采。

分布：山西（历山等）、河南、陕西、安徽、浙江、江西、湖南、福建、广东、广西、四川、贵州、云南。

参 考 文 献

庞虹, 任顺祥, 曾涛, 等, 2004. 中国瓢虫物种多样性及其利用[M]. 广州: 广东科技出版社.

庞雄飞, 毛金龙, 1979. 中国经济昆虫志 第十四册 瓢虫科[M]. 北京: 科学出版社.

耿冬云, 2007. 山西省瓢虫科分类研究[D]. 北京: 首都师范大学.

冀卫荣, 刘贤谦, 师光禄, 等, 1999. 山西省瓢虫名录[J]. 山西农业科学, 27(4): 60-62.

任顺祥, 王兴民, 庞虹, 等, 2009. 中国瓢虫原色图鉴[M]. 北京: 科学出版社.

虞国跃, 2010. 中国瓢虫亚科图志[M]. 北京: 化学工业出版社.

Vandenberg N J, 2002. Coccinellidae Latreille 1807[M]//Arnett R H, Jr. Thomas M C, Skelley P E, et al. American Beetles, Vol, 2. Boca Raton: CRC Press: 371-389.

Chen X S, Wang X M, Ren S X, 2013. A review of the subgenus *Scymnus* of *Scymnus* from China (Coleoptera: Coccinellidae)[J]. Annales Zoologici, 63(3): 417-499.

Wang X M, Ge F, Ren S X, 2012. The genus *Shirozuella* Sasaji (Coleoptera, Coccinellidae, Shirozuellini) from the Chinese mainland[J]. ZooKeys, 182: 87-108.

Coccinellidae

Huo Lizhi　Chen Xiaosheng　Ren Shunxiang　Wang Xingmin

(College of Natural Resources and Environment,
South China Agricultural University, Guangzhou, 510642)

The present research includes 23 genera and 45 species of Coccinellidae. All species are collected in Lishan National Nature Reserve of Shanxi Province.

叶甲科 Chrysomelidae

阮用颖　杨星科　葛斯琴　黄正中

（中国科学院动物研究所，北京，100101）

体型大小悬殊，体长 1～17mm；体型为圆形、近方形、长形、椭圆形、筒形等，背面较隆。体色以黄色、棕色、褐色、绿色、蓝色、紫色及黑色为多见，间有他色，也有由不同颜色形成的斑纹，一些类群带有金属光泽。背面一般无毛。仅锯胸叶甲亚科、萤叶甲亚科及跳甲亚科少数的属被毛。

叶甲成虫一般白天在植株上活动取食，夜间及阴雨时隐避。不善飞翔，以足抱握植株茎秆或吸附在植株叶表的能力很强，有假死现象。一些类群有群集习性，跳甲亚科后足腿节粗壮，其内具跳器，善于跳跃，行动灵活。

幼虫生活一般有两种方式，一类在地表寄主植物上生活，食叶、花或蛀茎、蛀果；一类在土壤中，一般在土下 5～7cm 处，但是锯胸叶甲的幼虫往往在 45～70cm 的深土层中。一般老熟幼虫在叶表或土表层化蛹，亦有在茎上及树皮裂缝中化蛹。蛹为裸蛹。有些类群化蛹前做土室，一般有前蛹期。本科昆虫的成虫、幼虫全部陆生，一些类群喜湿，生活在水边或水上的寄主植物上。叶甲亚科、萤叶甲亚科及跳甲亚科均有适应高山生活的特殊类群。叶甲亚科还有一些种类适应沙漠及草原环境。锯胸叶甲亚科一般发生在山地林区。

我国叶甲科昆虫已知 200 余属，1400 余种。此次在山西历山自然保护区采到叶甲科昆虫 10 属 13 种，所有标本均为阮用颖、黄正中所采，萤叶甲亚科、叶甲亚科和跳甲亚科标本分别由中国科学院动物研究所杨星科、葛斯琴和阮用颖鉴定。

叶甲亚科 Chrysomelinae

分属检索表

1 跗节第 3 节沿中线纵裂为 2 叶，端缘中央向内凹进较深；后胸腹板前缘无边框 ....叶甲属 Chrysomela
- 跗节第 3 节完整，不沿中线纵裂为 2 叶；后胸腹板前缘伸入中足基节间的部分具边框.. 金叶甲属 Chrysolina

1 杨叶甲 Chrysomela populi Linnaeus, 1758

体长椭圆形，体长 8.0～12.5mm。头、前胸背板蓝色或蓝黑、蓝绿色，具铜绿光泽；鞘翅棕黄至棕红色，中缝顶端常有 1 小黑斑；腹面黑色至蓝黑色；腹部末 3 节两侧棕黄色。头部刻点细密，中央略凹。触角向后略过前胸背板基部，端末 5 节较粗。前胸背板宽约为长的 2 倍，侧缘微弧，前角凸出，前缘弧凹较深；盘区靠近侧缘较隆起，其内侧纵行凹陷，此处刻点较粗，中部表面刻点稀细。小盾片光洁，中部略凹。鞘翅刻点粗密，刻点间略隆凸，靠外侧边缘隆起上具刻点 1 行。爪节基部腹面圆形，无齿片状凸起。

观察标本：10♂10♀；山西翼城大河，2012.VII.23，阮用颖、黄正中采。

寄主：杨、柳。

分布：山西（历山）、黑龙江、吉林、辽宁、内蒙古、宁夏、青海、甘肃、新疆、北京、河北、陕西、山东、江苏、安徽、浙江、湖北、江西、湖南、福建、广西、四川、贵州、云南、西藏；俄罗斯（西伯利亚）、日本、朝鲜、印度、亚洲（西部、北部）、欧洲、非洲北部。

2 蒿金叶甲 *Chrysolina (Anopachys) aurichalcea* (Mannerheim, 1825)

体长 6.2～9.5mm。背面通常青铜色或蓝色，有时紫蓝色；腹面蓝色或紫色。触角第 1、2 节端部和腹面棕黄。头顶刻点较稀，额唇基部较密。触角细长，约为体长之半，第 3 节约为第 2 节长的 2 倍，略长于第 4 节，第 5 节以后各节较短，彼此等长。前胸背板横宽，表面刻点很深密，粗刻点间有极细刻点；侧缘基部近于直形，中部之前趋圆，向前渐狭，前角向前凸出，前缘向内弯进，中部直，后缘中部向后拱出；盘区两侧隆起，隆内纵行凹陷，以基部较深，前端较浅。小盾片三角形，有 2～3 粒刻点。鞘翅刻点较前胸背板的更粗、更深，排列一般不规则，有时略呈纵行趋势，粗刻点间有细刻点。

观察标本：1♂，山西翼城大河，2012.VII.23，阮用颖、黄正中采。

寄主：蒿属 *Artemisia* sp.。

分布：山西（历山）、黑龙江、吉林、辽宁、甘肃、新疆、北京、河北、山东、陕西、河南、安徽、浙江、湖北、湖南、福建、台湾、广西、四川、贵州、云南；俄罗斯（西伯利亚）、朝鲜、日本、越南、缅甸。

3 凹胸金叶甲青海亚种 *Chrysolina (Chrysocrosita) sulcicollis przewalskyi* (Jakobson, 1898)

体长 6.6～9.1mm；体宽 4.5～5.3mm。雌虫阔卵形，雄虫较狭；膜翅极小，减缩成 1 小片，处于胸侧，其翅端不超过后胸腹板。体黑色或墨绿色，有时头部、前胸背板侧缘、鞘翅深紫色或墨绿色；鞘翅缘折、腹面及足黑色或沥青色，具紫色光泽；触角沥青色，基部两节腹面棕色；臀板棕红色，端部则为棕黑色。头部刻点细而深。触角第 3 节长约为第 2 节的 1.5 倍，端末 5 节显然较阔，但不十分粗阔。前胸背板宽约为长的 2 倍，最阔处在中部前，唯此处两侧缘并不呈弧圆状，表面刻点一般颇密，相当细，与头部比则显较粗深；侧缘区突起，与盘区间的凹沟不深，其中粗刻点亦不密。小盾片三角形，具细刻点。鞘翅无肩瘤，刻点均一，刻点之间具明显横皱。雌虫各足第 1 跗节具光秃线，中、后足第 2 跗节光秃线较窄。雄性外生殖器：顶端平截，中间具尖锐的小突起，侧视端部具小齿。

观察标本：1♂，山西翼城大河，2012.VII.23，阮用颖、黄正中采。

分布：山西（历山）、内蒙古、河北。

萤叶甲亚科 Galerucinae

分属检索表

1 鞘翅肩角下具 1 条明显的脊，直达鞘翅端部不远 .... 后脊守瓜属 *Paragetocera*
- 鞘翅肩角下无脊 2
2 后足第 1 跗节长于其余各节之和 3
- 后足第 1 跗节短于或等于其余各节之和，下颚须第 3 节长且粗壮，第 4 节极小 ....
　　.. 克萤叶甲属 *Cneorane*
3 触角第 4 节长于 2、3 节之和 .... 长跗萤叶甲属 *Monolepta*
- 触角第 4 节短于 2、3 节之和 .... 长刺萤叶甲属 *Atrachya*

4 胡枝子克萤叶甲 *Cneorane violaceipennis* Allard, 1889

体长 5.7～8.4mm；体宽 3.0～4.5mm。头、前胸、中胸腹板、后胸腹侧片及足棕黄色或棕红色，触角黑褐色（基部数节黄褐色）；小盾片颜色有变异，有时淡色，有时暗色；鞘翅绿色、蓝色或紫蓝色。上唇宽稍大于长，额瘤大，隆突较高，近方形，前内角略向前伸；头顶光洁，几无刻点。触角略短于体长，第 3 节是第 2 节长的 2 倍。第 4 节明显长于第 3 节，第 5 节短于第 4 节，略长于第 3 节，以后各节大体与第 5 节等长；雄虫触角在中部之后渐膨粗，末端 2～3 节腹面扁平或凹洼。前胸背板宽为长的 1.5 倍，两侧弧圆，基缘较平直，表面稍突，无横沟，具极细的刻点。小盾片舌形，光洁无刻点。鞘翅缘折基部宽，端部窄，翅面刻点很密。雄虫腹部末节顶端中央淡色，具 1 横片向上翻转。后足胫端无刺，爪附齿式。

观察标本：1♂，山西沁水下川，2012.VII.26，阮用颖、黄正中采；1♂，山西翼城大河，2012.VII.23，阮用颖、黄正中采。

分布：山西（历山）、黑龙江、吉林、辽宁、甘肃、河北、陕西、江苏、安徽、浙江、湖北、江西、湖南、福建、台湾、广东、广西、四川；俄罗斯（西伯利亚），朝鲜。

5 双斑长跗萤叶甲 Monolepta hieroglyphica (Motschulsky, 1858)

体长 3.6～4.8mm；体宽 2.0～2.5mm。体长卵形，棕黄色。头及前胸背板色较深，有时橙红色；上唇、触角（基部 1～3 节黄色）、足的胫、跗节黑褐色，中、后胸腹板黑色；每个鞘翅基半部有 1 个近圆形的淡黄色斑，周缘黑色，后缘黑色部分常向后伸突成角状，翅后半部淡黄色。额瘤横宽；触角超过体长之半。前胸背板宽大于长，表面拱凸，刻点细密。鞘翅刻点细弱，卵圆形，表面有近等边的六角形网纹。幼虫长形，白色，少数黄色；体表具排列规则的瘤突和刚毛，腹节有较深的横褶，胸足 3 对，前胸背板和腹部末节骨化。

观察标本：1♂，山西翼城大河，2012.VII.24，阮用颖、黄正中采。

寄主：禾本科、十字花科、豆科、杨柳科等。

分布：山西（历山）、黑龙江、吉林、辽宁、内蒙古、河北、浙江、湖北、湖南、福建、台湾、四川、贵州；俄罗斯，朝鲜，日本，印度，越南，菲律宾，马来西亚，印度尼西亚，新加坡。

6 竹长跗萤叶甲 Monolepta pallidula (Baly, 1874)

体长卵形，体长 3.5～5.5mm；体宽 2.3～3.0mm。体黄褐色，有时稍淡或略深，后足第 1 跗节基部黑色。体色变化较大，有时胫节和跗节完全黑色；有时头和胸红色；有时鞘翅完全红色或黄色，或基部红色；有时中、后胸腹板红色或黄色，但在一些情况下呈黑色。额瘤和头顶微隆，具极细刻点。触角间隆突，呈脊状；触角约为体长的 2/3，雄虫稍粗，第 3 节略长于第 2 节，第 4 节约等于 2、3 节之和，以后各节大体与第 4 节等长。前胸背板宽小于长的 2 倍，前缘和侧缘平直，基缘拱凸；表面稍隆突，具较稠密的刻点，中部有 1 条浅横沟，沟两端向前斜伸，有时此沟模糊不清。小盾片三角形，光亮无刻点。鞘翅隆突，两侧在中部稍膨宽，端部圆，翅面刻点细密。腹面毛较短稀。足较细，后足第 1 跗节远长于其余 3 节之和。雄虫腹部末节三叶状，中叶近方形；雌虫腹部末节端部圆锥形。

观察标本：1♂，山西翼城大河，2012.VII.23，阮用颖、黄正中采。

寄主：安息香、竹、胡杨。

分布：山西（历山）、河南、安徽、湖北、江西、湖南、福建、台湾、广东、海南、四川、贵州、云南；日本；朝鲜。

7 豆长刺萤叶甲 Atrachya menetriesi (Faldermann, 1835)

体长 5.0～5.6mm；体宽 2.7～3.5mm。头（口器及头顶常为黑色）、前胸和腹部橙黄色，有时头的大部分黑褐色；中后胸、触角（基部 2～3 节黄褐色）和足（腿节端部和胫节基部常淡色）黑褐至黑色。鞘翅和小盾片颜色变异较大，鞘翅有时黄褐色，有时仅翅端和侧缘黑色，有时后端 2/3 黑色或全部黑色，在后两种情况下小盾片亦为黑色。前胸背板有时具 5 个褐色斑：基部 1 横排 3 个，中部两侧各 1 个。头顶具极细刻点，额瘤前内角向前伸突。触角第 1 节长，第 3 节为第 2 节的 1.5 倍。第 4～6 节近于等长，微长于第 3 节。前胸背板宽约是长的 2 倍，两侧缘较平直，向前略膨阔，表面明显隆凸。刻点变异颇大，按地区由北向南渐密，雄虫更明显。小盾片三角形，光洁无刻点。鞘翅刻点细密，雄虫在小盾片之后中缝处有凹，此凹也呈现随采集地区由北向南增大的趋势，黑龙江、青海、山西等地的标本，其凹很浅；广西和云南的标本，此凹大而深。雄虫腹部末节腹板三叶状。前足基节窝开放，后足胫节端部具较长刺，第 1 跗节长于其余 3 节之和，爪附齿式。

本种在国内分布广，危害严重，在东北食害大豆，食性杂，可取食农作物和野生植物上百种。

观察标本：1♂，山西沁水下川，2012.Ⅶ.26，阮用颖、黄正中采。

寄主：豆科、瓜类、柳、水杉等。

分布：山西（历山）、黑龙江、吉林、内蒙古、宁夏、甘肃、青海、河北、江苏、浙江、湖北、江西、湖南、福建、广东、广西、四川、贵州、云南；朝鲜，日本，俄罗斯（西伯利亚）。

8 黄腹后脊守瓜 *Paragetocera flavipes* Chen, 1942

体长 4.5～7.5mm。体黄褐色，头、前胸背板呈红褐色至黄褐色，鞘翅蓝色，具金属光泽，触角第 3～11 节、胫节及跗节呈暗褐色。头顶无刻点；触角长度超过鞘翅中部，触角第 2 节最短，第 3 节与第 1 节等长，是第 2 节长的 1.8 倍；第 4～10 节大致等长。前胸背板近梯形，宽大于长，侧缘中部之前膨阔，近前角处具稀疏刻点。鞘翅在中部之后膨阔，肩角后具 1 明显的脊，长达鞘翅中部，盘区具粗糙的深刻点。腹面光滑无刻点，密布绒毛。

观察标本：1♂，山西翼城大河，2012.Ⅶ.23，阮用颖、黄正中采。

分布：山西（历山）、甘肃、河南、陕西、浙江、湖北、湖南、四川、云南。

9 黑跗后脊守瓜 *Paragetocera tibialis* Chen, 1942

体长 6.0～7.0mm，体宽 3.0～3.3mm。头、前胸背板、小盾片、腹面、腿节黄色至棕黄色，触角深棕色，鞘翅、胫节、跗节深蓝紫色具有金属光泽；触角长达鞘翅的中部；前胸背板端部宽基部窄，中部之前盘区非常隆突，光滑无刻点，前部具有明显的刻点；鞘翅肩角具有一条脊，侧缘基部扁平，盘区具有浓密的刻点，排列不规则，小盾片附近刻点小于盘区刻点。

观察标本：1♂，山西翼城大河，2012.Ⅶ.23，阮用颖、黄正中采。

分布：山西（历山）、湖北、四川、贵州。

跳甲亚科 Alticinae

分属检索表

1 中、后足胫节端部外侧具明显凹缺，凹缘具毛，体小型……………凹胫跳甲属 *Chaetocnema*
- 中、后足胫节端部正常，无凹缺 ………………………………………………………………2
2 额瘤近圆形，彼此连接，其后缘无沟，与头顶无清楚界限…………………………………………
……………………………………………………………………………连瘤跳甲属 *Asiorestia*
- 额瘤彼此不连接 ………………………………………………………………………………… 3
3 体大型，长卵圆形，额瘤缺失，但有 2 条深的纵沟…………………直缘跳甲属 *Ophrida*
- 体小型，长卵形，额瘤明显 ……………………………………………沟胸跳甲属 *Crepidodera*

10 柳沟胸跳甲 *Crepidodera pluta* (Latreille, 1804)

体小型。背面绿色或蓝色，前胸背板常带金红色金属光泽，口器褐色，触角第 1～4 节淡棕黄至棕红，余节黑色，两色差异鲜明；足棕黄至棕红，后腿节全部或大部深蓝色，具金属光泽，腹面深蓝色，第 1～4 腹节边缘黄色。头部较前胸稍狭，头顶稍隆，眼上沟与眼间有 1 个大毛穴，头顶前部网纹较密，一般无刻点或少量的小刻点；眼卵圆形，突出；额在触角间稍隆，中央呈脊，两侧具粗大刻点，前缘微凹；额瘤长形，内端宽圆，外端较细，2 瘤间有 1 短沟。触角长达鞘翅基部 1/3，4 节以后毛被稍密，1 节较粗长，端部 5 节较基部几节亦略粗，1 节与末节较他节为长，2～6 各节较 7～10 各节稍短。上唇方形，宽大于长，表面有 1 横列刻点。前胸背板近于方形，宽长之比约 1.6:1，前缘较直，后缘中间微拱，两侧缘在中前部稍膨，前端显较基部为狭，前缘无边框；前角端部钝，边较宽，后角钝角；基部 1/4 有 1 横沟，两端各有 1 深短纵沟，横沟前稍隆；盘区在基横沟的前、后具稀疏不匀的刻点，点间夹有微细刻点。鞘翅较前胸稍宽，中度隆起，肩胛隆突，两侧近于平行；刻点排列整齐，除盾片行外共有 10 行刻点；行距平坦，有不规则的微细刻点行；缘折平坦光洁，后部具稀疏刻点。后足腿节膨粗，长不及宽的 1 倍，爪附齿式。前胸两侧常有细皱，前足基节窝关闭，腹部刻点稀疏，被毛，雄虫腹末节端缘中叶突出成唇片，并向上翘。

观察标本：5♂5♀，山西翼城大河，2012.VII.26，阮用颖、黄正中采。

寄主：柳。

分布：山西（历山）、吉林、河北、陕西、甘肃、江苏、湖北、云南、西藏；俄罗斯（西伯利亚），朝鲜，欧洲。

11 黄斑直缘跳甲 *Ophrida xanthospilota* (Baly, 1881)

体长 6.7～7.0mm；体宽 3.8～4.5mm。体大型，宽卵形。棕黄至棕红色；触角棕黄，端部 2 节黑色；鞘翅有小细黄斑点；足棕黄至棕红。头部位于前胸背板前缘的凹弧中，向前下方伸；眼长卵形，间距宽阔，眼上沟下伸；头顶较宽，稍隆，被刻点，中央常有 1 短纵沟；额唇基面微隆，刻点较密，粗细不等；在触角间有 2 条平行的沟，表面光洁。额瘤近方形，表面光平或被刻点。触角细长，几达鞘翅中部，第 1 节最粗长，为 2、3 节之和，2～5 节长度递增，余节与第 4 节近等。前胸背板宽为长约 1 倍，前缘弧凹较深，后缘拱弧，侧缘前端膨出，四周有边框；前角突伸，角端向外，后角钝角，端部有小齿，四角有毛穴；盘区中区稍隆，被细刻点，两侧凹窝排成三角形，后凹窝较深，与里凹常相连接；后横沟短，有时不显；被粗、细刻点，粗刻点多位于凹窝中，后横沟处的刻点常向两侧延伸成 1 弧形。小盾片舌形，基部略宽，表面光洁。鞘翅较前胸基部为宽，肩胛中度隆起；刻点深，排列成行，行距平坦，仅末端及外侧的行距稍隆；小盾片行整齐。后腿节短粗，长度小于宽度的一半，密被刻点及毛；雄虫前、中足基跗节膨大。前胸侧板光洁无刻点，后胸腹板刻点较细，中部光洁；腹部被刻点及毛，雄虫腹末节刻点较少，端缘中央唇片表面凹注；雌虫末腹节端缘中部微凹。

观察标本：1♂，山西翼城大河，2012.VII.24，阮用颖、黄正中采。

寄主：*Cotinus cogygria*。

分布：山西（历山）、河北、山东、湖北、四川。

12 模跗连瘤跳甲 *Asiorestia obscuritarsis* (Motschulsky, 1859)

前胸背板近方形，前端较狭；前缘较平直，侧缘稍膨，后缘中部明显弧拱，前缘无边框，前缘两端斜切，边宽厚，前角端钝圆，后角大于直角，四角各有 1 毛穴；基部 1/4 处有 1 横沟，沟端各有 1 短纵沟；盘区被细微刻点，横沟中的刻点较粗。小盾片舌形，后端宽圆。鞘翅近中部稍膨出，后端显狭，肩胛宽圆，刻点细浅，排列大致成行，或排成不规则的双行刻点，除盾片行外约有 10 行；缘折宽平，后端显收。后足腿节较前、中足明显膨大，爪附齿式；雄虫 3 对足基跗节膨阔，为宽椭圆形。前胸两侧光洁，腹板被细刻点及毛，基节窝关闭；腹部末节雌虫后端两侧收狭，雄虫端缘较平，两侧有凹缺。

观察标本：8♀6♂，山西沁水下川，2012.VII.26，阮用颖、黄正中采。

分布：山西（历山）、吉林、浙江、湖北、福建、四川、贵州；俄罗斯（西南西伯利亚），日本。

13 蓼凹胫跳甲 Chaetocnema (Tlanoma) concinna (Marsham, 1802)

体长 1.7～2.0mm；体宽 1.0～1.3mm。体卵圆形，黑色具铜绿或蓝色金属光泽；触角近于黑色，仅基部 3～4 节褐红色；足黑色，前、中足腿节端部及胫节、跗节棕黄色，后胫节端半部常呈黑色。头顶网纹较密，每侧有 2～6 个小刻点；额唇基隆起，在触角间呈脊，两侧有一些刻点。触角长过肩胛，1、2 节较粗，2、3 节长度略大于宽度的一半，后缘稍弧拱，侧缘微膨出，前端略狭；刻点散部，较浅，点间网纹厚密，基缘两侧有一向外倾斜的短纵沟；前侧片光洁无刻点。鞘翅肩后明显膨出，隆起，肩胛突出，刻点行排列整齐，行距稍隆，有 1 行微细刻点列，盾片行单一，排列规则；缘折几无刻点。

观察标本：15♀10♂，山西沁水下川，2012.VII.26，阮用颖、黄正中采；1♂，山西翼城大河，2012.VII.23，阮用颖、黄正中采。

寄主：扁蓄蓼 Polygonum aviculare。

分布：山西（历山）、黑龙江、吉林、河北、山东、甘肃、江苏、浙江、湖北、江西、湖南、福建、台湾、广西、四川、贵州、云南；蒙古，俄罗斯（西伯利亚），朝鲜，日本，哈萨克斯坦，欧洲。

参 考 文 献

虞佩玉, 王书永, 杨星科, 1996. 中国经济昆虫志 第五十四册 鞘翅目 叶甲总科(二)[M]. 北京: 科学出版社.

谭娟杰, 虞佩玉, 李鸿兴, 等, 1980. 中国经济昆虫志 第十八册 鞘翅目 叶甲总科(一)[M]. 北京: 科学出版社.

王洪建, 杨星科, 2006. 甘肃省叶甲科昆虫志[M]. 兰州: 甘肃科学技术出版社.

Chrysomelidae

Ruan Yongying　　Yang Xingke　　Ge Siqin　　Huang Zhengzhong

(Institute of Zoology, Chinese Academy of Sciences, Beijing, 100101)

This research includes 10 genera and 13 species of Chrysomelidae. The species are distributed in Lishan National Nature Reserve of Shanxi Province.

天牛科 Cerambycidae

谢广林　　王文凯

（长江大学农学院，荆州，434025）

体小至大型。触角大多丝状，着生于触角基瘤上，通常 11 节，常超过体长之半，可向后伸。复眼肾形，有时近球形，或上、下两叶完全分离。前胸背板两侧具刺突或瘤突，或隆突，或完全无突。中胸背板常具发音器。鞘翅通常完全盖住腹部，少数种类短缩或收狭，后翅发达，有时退化成鳞片状甚至消失。足胫节具 2 个端距，跗节一般隐 5 节。腹部可见 5 或 6 节。

绝大多数种类植食性，幼虫蛀食植物的根、茎、干等，成虫啃食叶片以及茎、干等的幼嫩部分；极少数种类的成虫为肉食性。

世界性分布，目前世界已知 40 000 余种，中国记录 3000 余种，山西历山自然保护区采到 26 属 29 种，包括 11 个山西省新记录种。

分属检索表

25 触角比身体短；前胸背板无侧刺突；鞘翅后部呈坡状倾斜，末端斜截，延展成薄片；爪半
  开式 ……………………………………………………………………… 木天牛属 *Xylariopsis*
- 触角显著比身体长，前胸背板具侧刺突；鞘翅后部不呈坡状；爪全开式；雌虫产卵器外露
  …………………………………………………………………… 长角天牛属 *Acanthocinus*

1 褐梗天牛 *Arhopalus rusticus* Linnaeus, 1758

　　体扁平，暗褐色，密布皱状刻点，被褐色绒毛，额、上唇、上颚基部外侧、复眼侧下方
及腹面绒毛长而更为浓密；触角下缘具浓密的缨毛。触角基瘤与复眼之间具 1 中纵沟。雄虫
触角约伸达鞘翅端部 1/4 处，柄节短，不达复眼后缘。前胸背板宽大于长，前缘宽于后缘，
侧缘弧形；中区中央具 1 光滑的细纵线，其后方明显凹陷，两侧各具 1 个浅纵凹。鞘翅两侧
近于平行，每鞘翅中区具 2 条微弱的纵脊，翅端圆。足中等长，腿节中央膨大；后足胫节略
长于腿节，第 1 跗节长于第 2、3 跗节长度之和，第 3 跗节深裂，爪全开式。

　　观察标本：1♂，山西沁水下川，2012.VII.13，路园园采；1♂，山西翼城大河，2012.VII.18，
石福明采。

　　分布：山西（历山等）、黑龙江、吉林、辽宁、内蒙古、河北、陕西、甘肃、山东、浙江、
江西、湖北、福建、海南、四川、贵州、云南；朝鲜，韩国，日本，蒙古，俄罗斯，中亚，
欧洲，非洲。

2 中华裸角天牛 *Aegosoma sinicum* White, 1853

　　体暗褐色，有时深红褐色，头、胸及触角基部数节颜色稍暗；体表被极薄的灰黄色绒毛，
上唇及后胸腹板上绒毛长而浓密，前胸背板中区两侧绒毛稍密，但不形成明显毛斑。头具细
密的颗粒状刻点，上颚具粗刻点，头顶两侧具稀疏的黑颗粒；后头长，中央具 1 条光滑的细
纵线伸至触角基瘤。雌虫触角短，伸达鞘翅中部之后；第 3、4 节刻点粗，下缘具稀疏的齿
状突。前胸背板前缘显著窄于后缘，后缘稍微呈波浪弯曲。小盾片舌状。鞘翅稍向后收狭，
中区颗粒状刻点细，具 2~3 条较清楚的细纵脊，翅端圆，内端角具微齿。足中等长，刻点细
密。产卵器细长，明显伸出体外。

　　观察标本：1♀，山西翼城大河，2012.VII.18，石福明采。

　　分布：山西（历山等）、黑龙江、吉林、辽宁、内蒙古、北京、河北，甘肃、江苏、上海、
河南、山东、浙江、安徽、湖北、江西、湖南、台湾；俄罗斯，日本，朝鲜，韩国，泰国，
马来西亚。

3 中华锯花天牛 *Apatophy sinica* Semenov, 1901，山西省新记录

　　黄褐色至栗褐色，鞘翅端部略呈淡黄褐色，体表被稀疏的灰黄色绒毛。头具细密刻点，
额中央具 1 条细纵沟伸至头顶；复眼大，内缘微凹。触角比体长，触角基瘤隆突，第 3 节略
长于第 4 节；第 6~11 节扁平，除末节外内缘具齿。前胸背板宽略大于长，稍拱凸，刻点细
密；前缘稍窄于后缘，侧缘中部具圆锥形钝瘤突；中区不平坦，前缘具横沟，近后缘两侧各
具 1 个隆突。小盾片舌状。鞘翅薄，具细刻点，翅端圆。足较长，腿节不膨大。

　　观察标本：2♂1♀，山西翼城大河，2012.VII.15/19，石福明采。

　　分布：山西（历山）、河北、山东、江西、四川。

4 拟原金花天牛 *Gaurotes virginea aemula* Mannerheim, 1852

　　体较小，黑色具金属光泽，上唇、唇基及复眼黄褐色，头顶中央有时带红色，前胸背板
红褐色，前后缘黑色，鞘翅金属蓝色，腹部腹板除末节端半部黑色外，其余红褐色。头具皱

状刻点，触角细，约伸达鞘翅端部 1/4 处。前胸背板长宽略等，具刻点；前缘显著收狭，边缘明显，侧缘中部之前具钝瘤突；中区不平坦，后部具光滑的纵形区，无中沟。小盾片三角形，显著低于鞘翅表面。鞘翅宽，侧缘在肩后稍内凹，向端部略收狭，翅端圆，缝角尖突；中区密布皱纹状粗刻点。腹节较宽，第 1、2 节腹板长度之和短于第 3～5 节腹板长度之和。

观察标本：1♂，山西沁水下川，2012.VII.12，路园园采。

分布：山西（历山等）、黑龙江、吉林、内蒙古、陕西、湖北；俄罗斯，蒙古，哈萨克斯坦。

5 娇金花天牛 *Gaurotes doris doris* Bates, 1884，山西省新记录

头、胸部黑色，略具蓝色光泽，上唇及唇基黄褐色，触角黑色，鞘翅金属蓝色，足黑色，腿节基部大部分黄褐色，雄虫胫节大部分也黄褐色，腹部腹板黄褐色，每腹节侧缘具 1 黑斑。头具浓密刻点，触角细，约伸达鞘翅端部 3/4 处。前胸背板长宽略等，具浓密粗刻点；前缘显著收缩，显窄于后缘，侧缘在中部之前具 1 小瘤突；前缘领片较宽，前横沟发达，中沟宽陷。小盾片三角形，显著低陷。鞘翅宽短，向端部略收狭，翅端横截；中区密布粗刻点。腹节较宽，第 1、2 腹节腹板长度之和与其后 3 节长度之和相等。足较细，中、后足近端部内侧各具 1 钝齿。

观察标本：1♀2♂，山西沁水下川，2012.VI.23，谢广林采。

分布：山西（历山）、陕西；日本，韩国。

6 暗伪花天牛 *Anastrangalia scotodes scotodes* (Bates, 1873)

体黑色，有时前胸背板红色，或前胸背板及鞘翅红色。头、胸部腹面被灰白色竖毛，额及腹部腹板被浓密的灰白色绒毛。头具细密的网状刻点，在复眼之后陡然收狭。触角细，端部数节浑圆，雄虫触角几与鞘翅等长，雌虫触角仅达鞘翅中后部；第 3 节长于柄节和第 4 节，第 4 节与第 5 节等长。前胸背板长大于宽，具网状刻点；侧缘几乎平直，无瘤突。小盾片小，三角形，端部圆。鞘翅有颗粒状刻点，雄虫鞘翅侧缘在中部略为凹入，端部明显收狭，翅端平截。足细长，雄虫后足腿节超过鞘翅末端，雌虫后足腿节不达鞘翅末端；后足第 1 跗节约与其后各节长度之和等长。

观察标本：2♀2♂，山西沁水下川，2012.VI.23，谢广林采。

分布：山西（历山等）、黑龙江、吉林、辽宁、陕西、浙江、四川；日本。

7 黄条脊花天牛 *Stenocorus longivittatus* Fairmaire, 1887

体黑色，下颚须、唇基、上唇及复眼暗褐色，触角端部数节赭色，每鞘翅中区具 1 条宽阔的黄色纵条纹，不伸达翅端，此条纹有时变得十分狭窄而模糊，腿节有时部分地红褐色，雄虫腹部黄褐色，雌虫腹部黑色。头具细密刻点，后头刻点略呈皱状；触角基瘤短，内侧具齿，左右接近。触角比体短，端部 6 节略扁；柄节稍弯曲，约与第 4 节等长，第 3 节最长。前胸背板长显著大于宽，具细密刻点；前缘稍窄于后缘，侧缘中部之前具 1 钝瘤突；中区隆突，中沟宽陷。小盾片大，舌状。鞘翅平坦，向后略收狭，刻点浅而不明显，每鞘翅中区具 2 条模糊的细纵脊，翅端斜截，缘角钝突。足长，腿节略呈棒状；后足腿节不达翅端，第 1 跗节长于其后各节长度之和。

观察标本：1♀2♂，山西沁水下川，2012.VI.23，谢广林采。

分布：山西（历山等）、河北、陕西、青海。

8 十二斑花天牛 *Leptura duodecimguttata* Fabricius, 1801

体黑色，被灰白色绒毛，头及前胸被灰白色竖毛。每鞘翅具 4 排淡黄色斑：鞘翅基部具

1 个卵圆形斑,向后斜向中缝;基部 1/4 处具 1 向外延伸的三角形斑,其外侧具 1 个小的点状斑,有时两者愈合或小斑消失;鞘翅中部具 1 个近三角形斑,较大,近鞘缝处宽,向外侧变狭,其外侧也具 1 个小斑,有时不明显;翅端 1/4 处具 1 个横斑,不达外缘。头具细密刻点,唇基刻点较粗,头顶具粗细两种刻点,粗刻点极稀。额横宽,前缘具 1 个三角形光滑区。触角细,比体短,第 3 节约与第 5 节等长,第 6~11 节稍加粗。前胸背板钟形,刻点细密,中央具光滑的细纵线。小盾片小,三角形。鞘翅向端部稍收狭,刻点细密,翅端稍凹截。足细长,后足胫节略弯。

观察标本:1♂,山西沁水下川,2012.VI.23,谢广林采。

分布:山西(历山等)、黑龙江、吉林、内蒙古、河南、陕西、青海、浙江、福建、四川;俄罗斯,蒙古,韩国,日本。

9 曲纹花天牛 *Leptura annularis annularis* Fabricius, 1801

体黑色,唇基、上唇及下颚须部分地红褐色,触角第 6~11 节红褐至黄褐色;每鞘翅中区约等距离排列 4 个淡黄色斑:基部具 1 个拱形斑,开口向下,基部 1/4 处、中部及端部 1/4 处各具 1 个三角形斑,向外侧收狭,端斑有时较小;肩下亦具 1 个黄斑;前足腿节及胫节腹面大部分黄褐色,中、后足腿节及胫节部分地呈黄色。头、触角、胸部及腹面被淡金黄色绒毛。头具细密刻点,唇基刻点较稀;触角比体短,第 3 节略长于第 4 节,约与第 5 节等长。前胸背板显著钟形,刻点细密,后缘外端角明显。鞘翅狭长,向端部明显收狭,侧缘在肩后明显向内弯,翅端斜截,外端角尖突。足细长,后足胫节弯曲。

观察标本:1♂,山西沁水下川,2012.VI.23,谢广林采;1♂,山西沁水下川,2012.VII.12,路园园采。

分布:山西(历山等)、黑龙江、吉林、辽宁、内蒙古、河北、山东、陕西、甘肃、湖北、江西、浙江、四川;俄罗斯,蒙古,哈萨克斯坦,韩国,日本,欧洲。

10 赤杨亚花天牛 *Aredolpona dichroa* (Blanchard, 1871)

体黑色,上唇、唇基部分地红褐色,前胸背板及鞘翅暗红色,被细绒毛。头具细密刻点,额近方形,中纵沟明显;触角显著比身体短,第 5~10 节端部外侧略呈角状突出;触角基瘤突起,第 3 节长于第 4 节,约与第 5 节等长。前胸背板长宽近于相等,稍呈钟形,密布浅刻点;中区均匀平缓地隆起,后半部中央具 1 光滑的细纵线。小盾片近三角形。鞘翅密被细浅刻点,向后端明显收狭,翅端斜截,缘角及缝角尖突。雄虫腹部末节端缘平直,两侧向前方稍突出,雌虫腹部末节端缘略凹。足中等长,后足腿节不达鞘翅端部,后足第 1 跗节约与第 2、3 节之和等长。

观察标本:1♂,山西翼城大河,2012.VII.18,路园园采;1♂,山西沁水下川,2012.VII.12,路园园采;1♀,山西翼城大河,2012.VII.28,周志军采。

分布:山西(历山等)、黑龙江、吉林、河北、山东、河南、陕西、安徽、湖北、湖南、福建、江西、浙江、贵州、四川。

11 浙宽尾花天牛 *Strangalomorpha chekianga* (Gressitt, 1939),山西省新记录

头黑色,口器几乎全黄褐色,触角基部 3 节黑色,第 4~8 节黑褐色,其余各节黄褐色;前胸、中胸腹板及后胸腹板黑色;鞘翅黄褐色具如下黑斑:肩角具宽阔的纵带,向后伸至鞘翅基部 1/4 处,后半部斜伸向鞘翅外缘;中区中央具 1 细纵条纹,前端不达翅基,后端伸至基部 1/3 处;翅中央外侧具 1 横斑,外端沿鞘缘向前伸至基部 1/3 处,不与前方细纵条纹连接;端半部中央具 1 宽阔的近方形纵斑,几不与鞘翅外缘相连;翅端全黑色;鞘缝及翅缘黑色;

足大部分黄褐色至红褐色，腹部腹板红褐色。体被银灰色绒毛，腹面较密。头具粗刻点，额长略大于宽，中沟明显；前胸背板钟形，后缘外端角明显，表面刻点微弱、稀疏。小盾片长三角形。鞘翅狭长，向端部收狭，刻点稀疏，均匀；翅端斜截，外端角尖突。足细长，后足腿节不超过翅端。

观察标本：1♀，山西沁水下川，2012.VII.12，路园园采。

分布：山西（历山）、陕西、浙江。

12 鲜红毛角花天牛 Corennys conspicua (Gahan, 1906)，山西省新记录

体黑色，颊红棕色，头部背面及前胸背板被红色丝光绒毛，鞘翅密被玫红色丝光绒毛，在隆脊上最深，其余部分被黑色绒毛。头部唇基具粗刻点，头顶与后头具皱状刻点，后颊密生灰黄色细竖毛。触角约伸达鞘翅中部，第1～6节粗短，第3～6节端部膨大，呈锥状；第1～8节密生粗黑毛，其余各节近圆柱形，无丛毛。前胸背板长大于宽，前缘强烈缢缩，后缘浅波形；中区隆起，中央具1纵沟，表面密布细颗粒。小盾片小，三角形。鞘翅狭长，两侧近于平行，至端部1/4处稍向外扩，翅端相合成圆形；中区具4条纵脊。足较短，前、中足腿节棍棒状，后足第1跗节长度约与第2、3节长度之和相等。

观察标本：1♀，山西沁水下川，2012.VI.23，谢广林采。

分布：山西（历山）、河北、陕西、海南、四川、云南、西藏；缅甸。

13 黄茸缘天牛 Margites fulvidus (Pascoe, 1858)

体淡红棕色，头部、前胸黑褐色，被黄褐色绒毛。前胸背板每侧缘具3个黄褐色绒毛斑，中区绒毛较密，形成模糊的毛斑。头具刻点，额短，中纵沟明显。触角比体长，末端数节端部外侧呈角状突出，第3节约与第4节等长，显著短于第6节。前胸背板长大于宽，前横沟明显，中区具不规则的脊纹。小盾片舌状。鞘翅狭长，向端部略收狭，翅端圆。足中等长，后足腿节不达翅端。

观察标本：1♀，山西翼城大河，2012.VII.19，石福明采。

分布：山西（历山等）、河南、陕西、湖北、江西、湖南、福建、广东、贵州、四川、云南、台湾；日本，朝鲜，韩国。

14 凸瘤天牛 Gibbocerambyx unitarius Holzschuh, 2003，山西省新记录

体红棕色至暗红棕色，被淡黄色绒毛，前胸背板绒毛斑不明显，鞘翅绒毛在隆脊上较浓密，低洼处显现出2条暗褐色纵纹。头具细刻点，复眼小眼面粗，复眼上叶间具1短纵脊；触角比体长，柄节粗壮，第5～10节端部外侧呈角状突出。前胸背板长宽近于相等，前横沟明显，中央具纵脊，约在中部被1横脊所中断，侧缘脊纹不规则。小盾片近半圆形，低于鞘翅表面。鞘翅狭长，两侧近于平行，翅端平截，缘角短钝，缝角尖突。足细长，后足腿节不达翅端。

观察标本：1♀1♂，山西翼城大河，2012.VII.19，石福明采。

分布：山西（历山）、陕西。

15 尖纹棒虎天牛 Rhabdoclytus acutivittis acutivittis (Kraatz, 1879)，山西省新记录

体瘦长，黑色；触角黄褐至黑褐色，柄节黑色；鞘翅中部之后稍呈黑褐色，前足胫节、跗节黄褐色，中、后足胫节及跗节略呈黑褐色。身体密被灰黄色绒毛，在背面形成如下斑纹：前胸背板中央具1黑纵条纹，两侧各有1黑斜纹；鞘翅肩部及侧缘全黑色，基部中央具1黑纵条纹向后斜伸向侧缘，远离鞘缝；鞘缝基部1/3处向后具1条端部尖细的纵纹，斜伸向端部1/3处中央，反折向前伸向鞘翅侧缘，翅端1/4处前方具1条"V"字形黑条纹。头短，下

颊长，约与复眼下叶长径等长。前胸背板长大于宽，中区中央具 1 条微弱的纵脊。小盾片宽舌状，鞘翅狭长，两侧近于平行，翅端平截，外端角稍突出。足细长，腿节明显棒状，后足第 1 跗节长度约为第 2、3 节长度之和的 2.5 倍。

观察标本：1♀，山西沁水下川，2012.VI.23，谢广林采。

分布：山西（历山）、黑龙江、吉林、辽宁；俄罗斯，朝鲜，韩国。

16 长翅纤天牛 *Cleomenes longipennis longipennis* Gressitt, 1951，山西省新记录

体狭长，身体除足外密被粗刻点。头黑色，口器红棕色，触角及足全褐黄色，后足跗节嫩黄色。前胸及腹面黑色，被浓密的银色丝光绒毛，在前胸背板中央形成宽阔的纵条纹，鞘翅黄褐色，每鞘翅中区具 1 黑纵条纹，伸达翅端 1/8 处，其端部内侧具 1 个伸达翅端的银白色纵毛斑，鞘缝黑色。触角细，略短于鞘翅，第 3～5 节约等长，端部数节略加宽。前胸背板长显著大于宽，前后缘明显收缩，侧缘稍呈弧状，中区不平坦，隐约具 4 个钝隆突。小盾片舌状，被银白色毛。翅狭长，两侧近于平行，翅端明显收狭，显著斜截，缘角尖突，缝角短齿状。足细长，腿节端部显著膨大，后足腿节不超过鞘翅端部。

观察标本：1♀，山西沁水下川，2012.VI.23，谢广林采。

分布：山西（历山）、陕西、湖北、四川、台湾、云南。

17 多带天牛 *Polyzonus fasciatus* (Fabricius, 1781)

体细长，腹面被极薄的灰白色绒毛。体背面具粗糙的略成皱状的刻点。头、触角柄节及前胸金属蓝色；鞘翅金属蓝色，在中部之前及中部之后各具 1 宽阔的淡黄色横带，有时退化成近三角形或卵圆形斑；足及触角其余部分黑色稍带蓝紫色光泽，腹面金属蓝色。额长，中纵沟明显；复眼大，小眼面细。触角略长于身体，柄节粗壮，具粗刻点，第 3 节约与第 4、5 节长度之和等长。前胸背板宽略大于长，每侧缘具 1 钝瘤突。小盾片大，三角形。鞘翅狭长，两侧近于平行，翅端圆。雄虫第 5、6 腹节端缘内凹，雌虫腹部末节端缘平截。足中等长，腿节棒状，后足腿节不达翅端。

观察标本：2♂，山西沁水下川，2012.VII.13，路园园采；5♀3♂，山西翼城大河，2012.VII.18，石福明采。

分布：山西（历山等）、吉林、内蒙古、河北、山东、河南、陕西、宁夏、甘肃、青海、湖北、安徽、江苏、浙江、江西、湖南、福建、广东、香港、广西、贵州；俄罗斯，蒙古，朝鲜。

18 十三斑绿虎天牛 *Chlorophorus tredecimmaculatus* (Chevrolat, 1863)

体黑色，被榄绿色绒毛，在体背面有如下黑斑：前胸背板中区具 2 个前端愈合的黑斑，每侧缘前方各具 1 个小黑斑；鞘翅肩角黑色，第 1 条带纹弧形，位于鞘翅基部，前方及外侧开放；第 2 带纹横形，位于鞘翅中部，断裂为 2 个斑点，有时外侧斑点不明显；第 3 带纹位于端部 1/4 处，为 1 个小横斑，几不伸达鞘缝。头小，窄于前胸背板。触角约伸达鞘翅中部之后，柄节约与第 3 节等长。前胸背板长略大于宽，侧缘弧形。小盾片宽舌状。鞘翅向后略收狭，翅端平截，外端角明显齿状。腹部末节露出翅端。后足较长，腿节超过鞘翅末端，第 1 跗节长于第 2、3 节长度之和。

观察标本：2♀1♂，山西沁水下川，2012.VI.23，谢广林采；1♀，山西翼城大河，2012.VII.18，石福明采。

分布：山西（历山等）、华北、福建、广东。

19 宽纹绿虎天牛 *Chlorophorus latofasciatus* (Motschulsky, 1861)

体黑色，大部分被黑色绒毛，后颊，头及前胸、中胸腹面被灰白色长毛，鞘翅具如下灰白色绒毛斑：肩后具 1 个纵斑，小盾片后具 1 条斜伸向外的弧带，中部之后具 1 横带，翅端具灰白色绒毛斑。头小，窄于前胸，额中沟不明显。雌虫触角短，不超过鞘翅中部，第 3 节略长于第 4 节。前胸背板长显著大于宽，刻点略呈皱状，侧缘弧形，中区隆突。小盾片宽舌状。鞘翅狭长，两侧近于平行，中区稍拱突，翅端平截，外端角齿状突出。足中等长，雌虫后足腿节超过鞘翅末端，第 1 跗节长于第 2、3 跗节长度之和。

观察标本：1♀，山西沁水下川，2012.VI.23，石福明采。

分布：山西（历山等）、黑龙江、吉林、辽宁、内蒙古、河北、山东、河南、陕西、甘肃、浙江、福建；俄罗斯，蒙古，朝鲜，韩国。

20 家茸天牛 *Trichoferus campestris* (Faldermann, 1835)

体红褐色至黑褐色，被灰黄色绒毛，触角基部 6 节下缘具灰黄色缨毛，鞘翅被稀疏的灰黄色竖毛。头具细刻点，额短，中纵沟明显，后头隆突。复眼深凹，小眼面粗。触角短，第 6~11 节稍扁平，约伸达鞘翅中部之后；触角基瘤平突，相距较远，柄节约与第 3 节等长。前胸背板前缘宽于后缘，后部明显收缩，侧缘弧形，中区缓隆。鞘翅两侧近于平行，翅端圆。腿节棒状，后足第 1 跗节短于其后 2 节长度之和。

观察标本：3♀1♂，山西翼城大河，2012.VII.18，石福明采。

分布：山西（历山等）、黑龙江、吉林、辽宁、内蒙古、河北、山东、河南、陕西、甘肃、青海、新疆、江苏、安徽、浙江、湖北、江西、湖南、四川、贵州、云南、西藏；俄罗斯，蒙古，朝鲜，韩国，日本，印度，中亚，欧洲。

21 蓝丽天牛 *Rosalia coelestis* Semenov, 1911，山西省新记录

全黑色，大部分密被淡蓝色绒毛。头部背面密被绒毛，腹面光裸具刻点。触角基部 2 节及第 3~11 节端半部黑色，其余部分被淡蓝色绒毛，第 3~7 节端部具黑色簇毛。前胸背板宽大于长，侧缘弧形，中区前半部具 1 个近圆形的大黑绒毛斑，两侧各有 1 个小黑斑，小黑斑上具 1 向上的小突。鞘翅较薄，宽，两侧近于平行，翅端圆；每鞘翅各具 3 条黑色横带：基部 1/4 处横带不伸达鞘缝，中部横带最宽，在鞘缝处连接，端部 1/4 处横带稍窄，亦完整。足中等长，腿节中部之后及中、后足胫节中部具淡蓝色绒毛环；后足第 1 跗节长度约与第 2、3 节长度之和相等。

观察标本：1♀，山西沁水下川，2012.VII.13，路园园采；2♀，山西翼城大河，2012.VII.18，石福明采；1♀1♂，山西翼城大河，2012.VII.28，周志军采。

分布：山西（历山）、黑龙江、吉林、河北、山东、河南、广西；俄罗斯，朝鲜，韩国，日本。

22 基斑红缘亚天牛 *Anoplistes halodendri pirus* Arakawa, 1932

体黑色，被灰白色绒毛。每鞘翅基部中央具 1 红色斑，内缘向外斜伸；翅缘具 1 红色纵条，不达翅端。头被粗糙刻点，后头具粗糙的网状刻点，额短，长方形，中纵沟明显。触角基瘤宽阔地分离，内侧具齿状突。前胸背板横阔，具粗糙的网状刻点，侧缘具钝瘤突，中区稍拱突，基部两侧各具 1 小突起。小盾片三角形。鞘翅狭长，具皱状刻点，两侧近于平行，在翅端略向外扩展，翅端圆。足中等长，腿节略呈棒状，后足腿节不达翅端，后足第 1 跗节长于第 2、3 节长度之和。

观察标本：1♀1♂，山西沁水下川，2012.VII.23，谢广林采。

分布：山西（历山等）、黑龙江、吉林、辽宁、内蒙古、河北、山东、河南、陕西、青海、甘肃、宁夏、新疆、江苏、浙江、湖南、江西、湖北、台湾、贵州；朝鲜，韩国。

23 麻斑墨天牛 Monochamus sparasutus Fairmaire, 1889

体黑色，表面粗糙，被灰白色及淡黄色绒毛。头具极细的颗粒。触角基瘤隆突，接近，后头平直。触角显长于体，第 4～11 节基部被灰白色绒毛；柄节粗壮，具皱状刻点，第 3 节明显长于第 4 节。前胸背板宽大于长，侧刺突尖短；中区前后横沟明显，前缘略具皱状刻点及细颗粒，中部具浓密的细颗粒，中央具淡黄色短纵斑，两侧在靠近侧刺突处各具 1 个淡黄色短纵斑。小盾片半圆形，具淡黄色毛。鞘翅表面散布淡黄色及灰白色绒毛斑点，有时在中部或多或少聚合成不完整的横带；中区具极细的颗粒，在基部稍大，翅端圆。腹面具不规则的绒毛斑点，中胸前侧片及后胸腹板具极细的颗粒。足短，爪全开式。

观察标本：1♂，山西翼城大河，2012.VII.18，石福明采。

分布：山西（历山等）、河南、陕西、安徽、浙江、湖北、江西、湖南、福建、台湾、四川、云南；蒙古。

24 培甘弱脊天牛 Menesia sulphurata (Gebler, 1825)

体黑色，具浓密刻点，被灰色、淡黄色及黑色绒毛以及褐色竖毛。触角基部 2 节黑色，其余各节黄褐色。触角之下紧靠复眼内缘具淡黄色绒毛纵条纹，头顶复眼背侧方各具 1 个不规则的淡黄色绒毛斑。触角下沿具稀疏的暗褐色长缨毛。头部刻点较前胸背板稀。前胸背板长稍大于宽，刻点细密，中央具 1 极细的黄色纵条纹，侧缘各具 1 条黄色宽纵纹。小盾片近方形，被黄色绒毛。鞘翅刻点粗，每鞘翅中区具 4 个黄色绒毛斑，等距离排列成 1 纵列，侧缘近于平行，翅端斜截。中胸腹板侧片、后胸腹板两侧及后侧片、每腹节腹板后缘被淡黄色绒毛。足较短，后足腿节不达翅端。

观察标本：1♀，山西沁水下川，2012.VII.14，路园园采；1♀，山西沁水下川，2012.VI.23，谢广林采；1♀，山西沁水下川，2012.VII.12，石福明采；1♀，山西翼城大河，2012.VII.18，石福明采。

分布：山西（历山等）、吉林、河北、山东、河南、陕西、湖北、四川；俄罗斯，蒙古，韩国，日本。

25 灰黑双脊天牛 Paraglenea cinereonigra Pesarini et Sabbadini, 1996，山西省新记录

体黑色，被灰绿色及黑色绒毛。头部、前胸背板及鞘翅基部 1/4 具黑色竖毛。头被灰绿色绒毛，仅头顶及后头黑色。触角柄节及第 3 节端部具灰绿色绒毛。前胸背板被灰绿色绒毛，中央两侧各具 1 个大黑斑，两斑相距较近，内缘几乎平行，外缘弧形。鞘翅被灰绿色及黑色绒毛形成如下斑纹：肩部具 1 个大黑斑，中部之前具 1 个大的黑横斑，二者内缘均不达鞘缝；中部之后具 1 个伸达鞘缝的大黑斑，前缘斜向前扩展，在鞘翅外缘与前 1 个横斑相连，中央具 1 个灰绿色小点。足及腹面密被灰绿色绒毛，腹部基部两节侧缘具黑斑。头部刻点较细，触角柄节略短于第 3 节，约与第 4、5 节等长。前胸背板宽略大于长，刻点较粗，中央后端稍突起，鞘翅向端部稍收狭，翅端圆。足中等长，后足腿节不超过鞘翅末端。

观察标本：1♀，山西沁水下川，2012.VII.14，路园园采。

分布：山西（历山）、河南、陕西。

26 小灰长角天牛 Acanthocinus griseus (Fabricius, 1792)，山西省新记录

体黑色，被黑色、黄褐色及灰白色绒毛形成斑纹。头黑色，被灰白色毛，混杂黄褐色毛，头顶绒毛黄褐色，颊稍呈红褐色。触角节基半部红褐色被灰白色绒毛，端半部黑褐色被黑色

绒毛，第 3～5 节下缘具浓密的缨毛。前胸背板前半部具 4 个淡黄色绒毛斑，约等距离排成 1 行，后半部具模糊的绒毛横带。每鞘翅在基部 1/4 处中央具 1 个灰色毛斑，中部之前具 1 明显的灰色横带，翅端 1/4 大部分被灰色绒毛，其中央具 2 个明显的黑斑，翅面灰色斑纹之间点缀黑色小斑点。胫节中央及第 1、2 跗节基部具灰白色绒毛形成的环带。额近方形。前胸背板长显著大于宽，具深刻点，侧缘中部之后鼓突，具 1 尖锐的小刺突，斜指向后方，中区两侧不规则隆起。小盾片宽舌状，后缘略平。鞘翅具深刻点，向后缘显著收狭，翅端稍斜截。腹面及腿节散布小黑斑。足中等长，腿节强烈棒状，后足第 1 跗节约为第 2、3 跗节长度之和的 2 倍。

观察标本：3♂，山西沁水下川，2012.VII.13，路园园采；1♂，山西沁水张马，2012.VII.12，石福明采。

分布：山西（历山等）、黑龙江、吉林、内蒙古、河北、山东、河南、陕西、甘肃、新疆、浙江、江西、福建、广东、广西、贵州；俄罗斯，韩国，日本，欧洲。

27 拟态木天牛 *Xylariopsis mimica* Bates, 1884

体黑色，被白色、灰白色、烟褐色绒毛。头短，触角基瘤之间凹陷。复眼小，小眼面粗，下叶长宽近于相等，约与颊等长。触角比体短，密被灰褐色绒毛，下缘具稀疏的黑褐色长缨毛。前胸背板密被白色绒毛，在基半部中央两侧各具 1 小黑点，后缘中央两侧各具 1 稍大的黑斑；前缘宽于后缘，侧缘中部及前半部中央各具 1 个小瘤突；中区向前拱突，中部两侧各具 2 个小瘤突。小盾片近半圆形，被白色绒毛，中央具光裸的黑纵条纹。鞘翅密烟褐色绒毛，中后部具 1 宽阔的灰白色横带，前缘向前斜伸向鞘翅外缘，其余部分间杂灰白色绒毛。鞘翅狭长，两侧近于平行，在端部收狭，翅端稍微凹截。腹面密被白色绒毛及稀疏的灰白色竖毛。足短，腿节及胫节基部被灰白色绒毛及竖毛，跗节端部被灰白色绒毛，其余部分被烟褐色绒毛，后足腿节仅伸达第 3 腹节。

观察标本：1♀，山西沁水下川，2012.VII.18，石福明采。

分布：山西（历山等）、陕西、江苏、上海、湖北；俄罗斯，朝鲜，日本。

28 麻竖毛天牛 *Thyestilla gebleri* (Faldermann, 1835)

体黑色，被灰白色、黑色绒毛及竖毛，具刻点。额、颊、后颊及复眼周围密被灰白色绒毛，复眼之后具灰白色短纵条纹，头顶黑色，触角节基部具灰白色绒毛围成的白环，下缘具稀疏的黑色缨毛。前胸背板中央及两侧各具 1 灰白色绒毛纵条纹。小盾片被灰白色绒毛。鞘翅中缝及侧缘灰白色，自肩向后伸出 1 条灰白色纵条纹，不达翅端。足及腹面密被灰白色绒毛。额及体背面被黑色长竖毛，足及体腹面被灰白色短竖毛。额近方形，中沟明显。前胸背板长宽近于相等，中区稍隆起。鞘翅宽短，两侧近于平行，翅端圆。足较短，腿节不呈棒状，后足第 1 跗节稍长于第 2 跗节。

观察标本：2♂，山西沁水下川，2012.VI.23，谢广林采；1♀，山西翼城大河，2012.VII.18，斯凯采。

分布：山西（历山等）、黑龙江、吉林、辽宁、内蒙古、河北、陕西、河南、青海、湖北、湖南、江西、安徽、江苏、浙江、福建、台湾、广东、广西、贵州、四川；俄罗斯，韩国，日本。

29 缘翅脊筒天牛 *Nupserha marginella marginella* (Bates, 1873)，山西省新记录

体淡黄褐色，被灰白色细短绒毛。头黑色，具明显粗刻点，复眼下叶大，显著长于颊。额中央具 1 不明显的中纵沟。触角细，长于体长，基部数节下缘具短缨毛；基部 2 节黑色，

其余节黄褐色，端缘黑褐色；触角基瘤平突，中间平坦；第 3 节约与第 4 节等长。前胸背板淡黄褐色，刻点不明显；长宽近于相等，侧缘无瘤突，中区稍微隆起。小盾片淡黄褐色，略呈梯形。鞘翅淡黄褐色，侧缘在肩后黑褐色至黑色，翅端黑褐色；中区刻点排列规则，向端部渐不明显，肩后具 1 条明显的纵脊，翅端略斜截。腹面及足全褐黄色，仅后足胫节端部及第 1 跗节暗褐色。雄虫腹部末节腹板具 1 凹洼。

观察标本：1♀，山西沁水下川，2012.VII.14，路园园采。

分布：山西（历山）、吉林、山东、河南、陕西、青海、江苏、浙江、湖北、江西、湖南、福建、台湾、广东、广西、贵州；俄罗斯，韩国，日本。

参 考 文 献

华立中, 奈良一, 塞缪尔森, 等, 2009. 中国天牛(1406 种)彩色图鉴[M]. 广州: 中山大学出版社.

蒋书楠, 蒲富基, 华立中, 1985. 中国经济昆虫志 第三十五册 鞘翅目 天牛科(三)[M]. 北京: 科学出版社.

蒋书楠, 陈力, 2001. 中国动物志 昆虫纲 第二十一卷 天牛科 花天牛亚科[M]. 北京: 科学出版社.

蒲富基, 1980. 中国经济昆虫志 第十九册 鞘翅目 天牛科(二)[M]. 北京: 科学出版社.

Danilevsky M L, 2011. A new species of the genus *Aegosoma* Audinet-Serville, 1832 (Coleoptera, Ceranbycidae) from the Russian Far East with notes on allied species[J]. Far Eastern Entomologist, 238: 1-10.

Gressitt J L, 1939. A collection of longicorn beetles from T'ien-mu Shan, East China (Coleoptera: Cerambycidae)[J]. Notes D'Entomologie Chinoise, 6: 81-133.

Gressitt J L, 1951. Longicorn beetles of China[J]. Longicornia, 2: 1-667.

Gressitt J L, Rondon J A, Breuning S, 1970. Cerambycid-Beetles of Laos (Longicornes du Laos)[J]. Pacific Insects Monograph: 1-653.

Holzschuh C, 2003. Beschreibung von 72 neuen Bockkäfernaus Asien, vorwiegendaus China, Indien, Laosund Thailand (Coleoptera, Cerambycidae)[J]. Entomologica Basilliensia, 25: 147-241.

Löbl I, Smetana A, 2010. Catalogue of PalaearcticColeoptera, V. 6: Chrysomeloidea[M]. Stenstrup: Apollo Books.

Pesarini C, Sabbadini A, 1996. Notes on new or poorly known species of Asian Cerambycidae (Insecta, Coleoptera)[J]. Atti del Museo Civico di Storia Naturale di Morbegno, 7: 95-129.

Cerambycidae

Xie Guanglin　Wang Wenkai

(College of Agriculture, Yangtze University, Jingzhou, 434025)

The present research records 29 species belonging to 26 genera of 6 subfamily in Cerambycidae, which were collected from Lishan National Nature Reserve of Shanxi Province in 2012 and 2013. Among of them, 11 species are firstly recorded in Shanxi Province.

锹甲科 Lucanidae

朱笑愚

体小至大型，多数为大型；体呈长椭圆形或卵圆形，多扁平状。头前口式，性二型现象显著，雄虫头部大，接近或大于前胸的大小，上颚异常发达，多呈鹿角状，同种雄性个体也因发育程度不同，上颚特征差异显著，唇基形式多样。复眼不发达，有时刺状凸起延伸至复眼的后缘，而分眼为上、下两部分。触角肘状，10 节，鳃片部 3～6 节，多数为 3～4 节，呈梳状。前胸背板宽大于长。小盾片发达。鞘翅盖住腹端，纵肋纹常不明显或不见。腹部可见 5 节腹板。中足基节分开，跗节 5 节。体多棕褐、黑褐至黑色，或有棕红、黄褐色等色斑，有些种类有金属光泽，通常体表不被毛。

锹甲成虫多数取食树干流出的汁液，也有些种类成虫不取食。幼虫生活在土壤和朽木中，以腐殖质和朽木为食。成虫多数夜晚活动，具趋光性。

本科世界已知 1200 余种，中国记录 300 余种，山西历山共采到 4 属 6 种，包括 1 个山西省新记录种。由于体型大，形状奇特，为大众喜爱和收藏，并作为一类昆虫宠物来饲养。

1 中国大锹 *Dorcus hopei* (Saunders, 1854)

雄虫体长 32～80mm，宽 15～27mm。体扁宽，长椭圆形，前胸背板中点最宽，周缘有边框，前缘波状；上颚极发达，二叉分枝，全体黑色，背面不被毛，光泽中等。雌虫体长 31～39mm，宽 13～18mm。长椭圆形，褐色至黑色，头大但明显狭于前胸，头额中有对丘突。鞘翅可见纵肋 4 条。

寄主：成虫主要在柳树和壳斗科麻栎等植物、流汁液的树洞中活动；幼虫取食白色朽木。

分布：山西（历山）、辽宁、北京、河北、山东、河南、江苏、上海、安徽、浙江、湖北、江西、湖南、福建、广东、广西、重庆、四川、贵州；日本，韩国。

2 北方锈锹 *Dorcus tenuihirsutus* Kim et Kim, 2010，山西省新记录

雌雄个体大小近似，体宽扁，雄性上颚略发达，体长 10～15mm，鞘翅有多条沟状条纹。体表均被黄褐色密毛。

寄主：成虫取食榆树、麻栎等树被天牛蛀食后流出的汁液；幼虫取食阔叶树朽木。

分布：山西（历山等）、辽宁、北京、甘肃；韩国。

3 红腿刀锹 *Dorcus rubrofemoratus* (van Vollenhoven, 1865)

雄虫：体长型 25～45mm，略宽扁，上颚细长发达，有多个小齿。雌雄虫均鞘翅光泽，胸部腹板红色，腿节红色可区别于本地其他种类。雌虫体长 25～30mm。

寄主：成虫取食榆树流出汁液，多成对在树枝上活动；幼虫取食白色阔叶树朽木。

分布：山西（历山等）、辽宁、北京、河北、山东、河南、陕西、宁夏、甘肃、江苏、安徽、浙江；日本，韩国。

4 大卫鬼锹 *Prismognathus davidischeni* Bomans et Ratti, 1973

雄虫体柱状，略宽扁，体长 22～32mm，大颚内侧具 1 横向小齿凸，使大颚犹如分岔。雌雄虫头、胸、腹部及翅鞘密布细小刻点，且具有金属光泽。雌虫体长 20～25mm。

寄主：幼虫取食白色朽木。

分布：山西（历山等）、辽宁、内蒙古、北京、天津、河北、山东、河南、陕西；韩国。

5 斑股深山 *Lucanus dybowski dybowski* Parry, 1873

雄虫大型个体，头部宽于胸部，头部后缘有耳状凸起，体长 65～80mm，上颚极发达呈弧形，具有多个小齿，末端齿凸最发达。雌虫体长 35～45mm。雌雄体表均被密毛，衰老个体密毛常脱落。

寄主：成虫取食核桃、麻栎树干被天牛蛀食后流出汁液，幼虫在土壤中，取食树根部深褐色朽木和腐殖质。

分布：山西（历山等）、吉林、辽宁、北京、河北、河南、陕西。

6 两点锯锹 *Prosopocoilus astacoides* (Hope, 1840)

雌、雄虫体黄褐色至褐红色，头、前胸背板、小盾片和鞘翅边缘多为黑色或暗褐色；上颚端部、前胸背板中央色泽深，在前胸背板两侧近后角处有 1 灰黑色圆斑。雄性体长 35～65mm，上颚发达，略呈弧形，具有多个内齿；雌性 25～32mm。

寄主：成虫在榆树枝干上取食汁液；幼虫取食朽木。

分布：山西（历山等）、辽宁、内蒙古、北京、天津、河北、山东、河南、陕西、宁夏、甘肃、江苏、安徽、浙江、湖北、江西、湖南、福建、台湾、重庆、四川、贵州、云南、西藏；韩国。

参 考 文 献

黄灏, 陈常卿, 2010. Stag Beetles of China I 中华锹甲[壹][M]. 台湾: 福而摩沙生态有限公司.
黄灏, 陈常卿, 2013. Stag Beetles of China II 中华锹甲[贰][M]. 台湾: 福而摩沙生态有限公司.

Lucanidae

Zhu Xiaoyu

The research includes 4 genera and 6 species from Lishan National Nature Reserve in Shanxi Province, one of which is recorded for the first time.

芫菁科 Meloidae

王海玲　任国栋

（河北大学生命科学学院，保定，071002）

体小至中型，常呈黑色、红色或绿色。头前口式，后头缢缩与胸部相连。触角多 11 节，丝状、棒状或念珠状，部分类群第二性征明显。前胸背板较鞘翅基部窄。鞘翅柔软，完整或短缩，末端不连接，缘折小。跗节式 5-5-4；爪二裂，部分种类背叶具齿。腹部可见腹板 6 节，缝完整。

幼虫捕食蝗卵，或寄生于蜂巢中取食蜂卵、幼虫、蛹、蜂蜜或花粉。成虫多为植食性，主要取食植物的花和叶，特别是豆科、菊科、茄科、伞形花科和苋科植物，许多种类是作物和牧草的重要害虫。成虫体内含斑蝥素，为重要的传统药用昆虫，有明显的抗癌活性和杀虫活性，但牲畜取食夹杂在牧草中的个体后会发生斑蝥素中毒现象。

本科世界已知 4 亚科 127 属近 3000 种，中国记录约 200 种，山西历山自然保护区采到 3 属 3 种，隶属芫菁亚科 Meloinae 和栉芫菁亚科 Nemognathinae。

1 西北斑芫菁 *Mylabris* (*Micrabris*) *sibirica* Fischer von Waldheim, 1823

体长 7.5～15.5mm，体黑色，鞘翅具黄斑；光亮，密布粗大刻点和黑长毛。头近方形，额微凹，中央通常具 2 红色小圆斑，有时暗不可见。触角向后伸达鞘翅肩部，第 3 节长约为第 4 节的 2 倍，略短于第 11 节，第 4～6 节形状近似，第 7～11 节渐宽，第 11 节基部 2/3 近平行，基部略窄于第 10 节。前胸背板长和宽近于相等，基部 1/4 处最宽，向端部和基部渐收缩，端部窄于基部，沿中线有 1 圆凹，基部中间 1 椭圆形凹。中胸腹板突顶尖，"盾片"宽大。

鞘翅斑纹多变：基部具 1 近圆形黄斑，中部具 2 条黄色横纹，末端有时具 1 黄色圆斑；有时基部黄斑与第 1 条横纹相连，有时第 2 横纹与末端黄斑相连。

观察标本：1♂，山西翼城大河村，35°27′09.91″N、111°55′48.71″E，1222m，2012.VII.24，王海玲采。

分布：山西、内蒙古、河北、陕西、宁夏、甘肃、青海、新疆；哈萨克斯坦，吉尔吉斯斯坦，土耳其，俄罗斯，乌克兰。

2 西北豆芫菁 *Epicauta* (*Epicauta*) *sibirica* (Pallas, 1773)

体长 11.0～20.0mm，体黑色，头红色，额部至中央两侧黑色，唇基前缘和上唇端部中央红色；体被黑毛，仅鞘翅侧缘和端缘偶被灰白毛。头横向，具稠密粗刻点，具"触角瘤"。触角长达体中部，雄性触角第 3 节倒锥状，背面端部稍凹陷，第 4～9 节扁并向一侧展宽，第 10 节扁长柱形，第 11 节不具尖；雌性触角近丝状，略扁。前胸背板约与头等宽，近端处最宽，盘区具 1 明显的中纵沟。足细长，雄性前足第 I 跗节侧扁，斧状，胫节具 2 细直尖端距；后足胫节 2 端距形状近似，内端距长于外端距。

观察标本：3♂7♀，山西翼城大河村南神峪，35°26′14.80″N，111°56′47.51″E，1568m，2012.VII.25，王海玲、张慧采。

分布：山西、黑龙江、内蒙古、北京、河北、河南、陕西、宁夏、甘肃、青海、新疆、四川；蒙古，日本，哈萨克斯坦，俄罗斯（西伯利亚、乌拉尔山）。

3 狭翅芫菁 *Stenoria* (*Stenoria*) sp.

体长，黑色，鞘翅黄色，每翅中后部具 1 大黑斑；第 6 腹板端部及第 7、8 腹板黄色。体密布刻点和黑毛。头近三角形，上唇半圆形，上颚发达。触角细长，向后伸达鞘翅中部。前胸背板近方形，基部 1/4 处最宽，向基部渐收缩。小盾片舌状。鞘翅表面褶皱，从中部开裂，裂开间距渐宽。跗爪背叶具 2 排齿，内侧齿多于外侧齿，腹叶窄，不及背叶宽度之半。

观察标本：1♀，山西沁水张马，35°25′39.94″N，112°00′38.74″E，1523m，2012.VIII.21，袁峰采。

分布：山西（历山）。

参 考 文 献

潘昭, 2010. 中国斑芫菁族 Mylabrini 分类研究(鞘翅目：拟步甲总科：芫菁科)[D]. 保定：河北大学.

王新谱, 潘昭, 任国栋, 2010. 中国芫菁科属级分类概况(鞘翅目)[J]. 昆虫分类学报, 32(增刊): 43-52.

杨玉霞, 2007. 中国豆芫菁属 Epicauta 分类研究(鞘翅目：拟步甲总科：芫菁科)[D]. 保定：河北大学.

Meloidae

Wang Hailing　　Ren Guodong

(College of Life Sciences, Hebei University, Baoding, 071002)

The present paper reports 3 species of blister beetles (belonging to 3 genera, 2 subfamilies) from Lishan National Nature Reserve of Shanxi Province. The materials are kept in the Museum of Hebei University.

鳞翅目 Lepidoptera

织蛾科 Oecophoridae

杜召辉　王淑霞

（南开大学生命科学学院，天津，300071）

小型至中型蛾类。触角常短于前翅，柄节一般有栉。下唇须 2～3 节，向上弯曲。前翅三角形、长卵圆形或矛形；R_4 和 R_5 脉共柄，R_5 脉达前缘、顶角或外缘；M_2 脉通常接近 M_3 脉；1A+2A 脉在基部形成大的基叉。后翅 Sc+R_1 脉长达前缘 3/4 或 4/5 处；Rs 和 M_1 脉在近基部 1/3～1/2 近平行。幼虫多缀叶、卷叶或蛀入植物组织中危害。

世界性分布，尤以澳洲区最为丰富，已知 3600 余种。中国记录 50 余属 300 余种，本科在山西历山自然保护区分布有 2 属 5 种。

分属检索表

1 头部鳞片紧贴、光滑，前翅矛形 ....锦织蛾属 *Promalactis*
- 头部鳞片蓬松，前翅宽矛形 ....隐织蛾属 *Cryptolechia*

1 红锦织蛾 *Promalactis rubra* Wang, Zheng *et* Li, 1997

翅展 12.0mm。头褐色，有蓝色金属光泽。下唇须赭黄色，第 3 节短于第 2 节，杂黑色鳞片。触角黑色，柄节白色；鞭节背面基部白色，端部白色和黑色相间。胸部和翅基片暗褐色。前翅赭红色散生暗褐色鳞片；斑纹白色：1 条横带从前缘 1/3 处达后缘，1 短横带自前缘 3/4 处达中室上角，臀角前有 1 短横带达中室 3/5 处；缘毛深灰色。后翅褐色；缘毛深灰色。腿节灰白色，胫节和跗节褐色具白斑。

观察标本：1♂，山西翼城大河，1340m，2012.VII.13，高强、陈娜采。

分布：山西（历山）、河北、河南、陕西、甘肃。

2 四斑锦织蛾 *Promalactis quadrimacularis* Wang *et* Zheng, 1998

翅展 10.0～12.0mm。头褐色，头顶及颜面白色。下唇须第 1、2 节外侧淡黄色，内侧白色，略带黄色；第 3 节褐色，基部和端部白色。触角柄节白色，鞭节白色和黑色相间。胸部及翅基片黑褐色。前翅黄色，基部 1/3 赭褐色；1 条白色带纹从翅褶基部斜至后缘，另 1 条白色横纹从中室基部斜至后缘；前缘近 2/3 处有 1 灰褐色斑；后缘中部外侧有 1 赭褐色斑，其内侧有 1 白色细短带从中室斜至后缘；翅端散生褐色鳞片，形成 1 模糊斑纹；缘毛黄色。后翅和缘毛灰色。前足和中足胫节、跗节深褐色，背面有白斑；后足淡黄色，跗节背面淡褐色，具白斑。

观察标本：1♀，山西翼城大河林场，1340m，2012.VII.14，高强、陈娜采。

分布：山西（历山）、辽宁、北京、天津、河北、山东、河南、陕西、浙江、湖北；俄罗斯（远东地区）。

3 朴锦织蛾 *Promalactis parki* Lvovsky, 1986

翅展 12.0～13.0mm。头赭黄色，头顶灰白色。下唇须长，第 1、2 节赭黄色，第 3 节短于第 2 节，赭褐色，末端白色。触角柄节白色，鞭节背面白色和黑色相间。胸部、翅基片和前翅橙黄色。前翅具 3 条白线，边缘被黑色鳞片：第 1 条从翅褶基部斜伸至后缘，第 2 条从前缘 1/4 处下方斜至后缘；第 3 条从前缘 3/4 处斜至臀角前，略弯；臀角处散生黑色鳞片；翅端赭褐色；缘毛赭黄色。后翅和缘毛灰褐色。前足黑褐色，胫节和跗节背面具白斑；中足腿节灰褐色，胫节和跗节褐色，胫节端部具 1 簇白色长鳞毛；后足淡黄色，跗节褐色。

观察标本：2♂6♀，山西翼城大河，1340m，2012.VII.11～15，高强、陈娜采；1♂，山西沁水下川东峡，1620m，2012.VII.18，高强、陈娜采；1♀，山西沁水张马，2012.VII.20，高强、陈娜采。

分布：山西（历山）、黑龙江、辽宁、北京、天津、河北、河南、甘肃、浙江、江西、湖南、广西、云南；韩国，日本，俄罗斯（远东地区）。

4 双线锦织蛾 *Promalactis bitaenia* Park *et* Park, 1998

翅展 10.5～11.0mm。头顶褐黄色，颜面金黄色。下唇须第 2 节外侧褐黄色，第 3 节褐色，长约为第 2 节的 1/2。触角长为前翅的 4/5，柄节褐色；鞭节白色和黑色相间。胸部和翅基片赭褐色。前翅底色黄褐色，有 2 条深褐色横带：第 1 条横带几乎直，略倾斜，从前缘 1/3 处延伸至后缘 2/5 处；第 2 条横带略内弯，从前缘 2/3 处达近臀角；缘毛灰色。后翅和缘毛灰色。足淡黄色，前足和中足胫节灰褐色杂淡黄色鳞片；后足跗节灰褐色，具淡黄色斑。

观察标本：1♂，山西沁水下川东峡，1445m，2012.VII.20，郝淑莲、张志伟采。

分布：山西（历山）、北京、河北、山东、河南；韩国。

5 伪黄昏隐织蛾 *Cryptolechia falsivespertina* Wang, 2003

翅展 13.5～15.0mm。头黄白色。下唇须黄白色，第 2 节基部散布褐色鳞片，第 3 节长度约是第 2 节的一半。触角褐色。胸、翅基片和前翅深褐色至灰褐色。前翅前缘 2/5 和 4/5 处分别有 1 个奶油色斑点，后者较大、较模糊，略呈三角形；中室 2/3 和翅褶处分别具有 1 个黑点，其外侧有 1 个模糊的白色斑点，中室末端具有 1 个较大的黑斑；顶角尖；缘毛褐色，混杂黄白色。后翅和缘毛灰色。足灰白色，前、中足胫节和跗节具褐斑，后足胫节和跗节混杂褐色鳞片。

观察标本：1♂，山西沁水下川西峡，1500m，2012.VII.16，高强、陈娜采；2♂，山西沁水下川东峡，1620m，2012.VII.18，高强、陈娜采；4♀，山西沁水下川西峡口，2012.VIII.17，郝淑莲、张志伟采；12♀7♂，山西沁水下川东峡，2012.VIII.20，郝淑莲、张志伟采；1♀，山西翼城大河，1196m，2012.VIII.24，郝淑莲、张志伟采；1♀，山西沁水上川，2012.VIII.24，郝淑莲、张志伟采。

分布：山西（历山）、河北、河南、陕西、湖北、四川。

参 考 文 献

Lvovsky A L, 1986. New species of broad-winged moths of the genus *Promalactis* Meyrick (Lepidoptera: Oecophoridae) of the USSR Far East[M]//Ler P A. Systematics and ecology of Lepidoptera from the Far East of the USSR: 37-41.

Wang S X, 2006. Oecophoridae of China (Insecta: Lepidoptera)[M]. Beijing: Science Press.

Oecophoridae

Du Zhaohui　Wang Shuxia

(College of Life Sciences, Nankai University, Tianjin, 300071)

The present research includes 2 genera and 5 species of Oecophoridae. The species are distributed in Lishan National Nature Reserves of Shanxi Province.

细蛾科 Gracillariidae

李后魂

(南开大学生命科学学院，天津，300071)

体小型，前翅长 2~10mm。无单眼。触角与前翅等长或长于前翅，少数短于前翅；柄节有栉或鳞片簇，或二者均无。下唇须 3 节，上举，前伸或下垂，第 2 节腹面偶尔有毛簇。前翅窄；R 脉 3~5 条；M 脉 1~3 条，基部退化至消失；CuP 脉有时缺失；通常有 1A+2A 脉，有时退化，偶有基叉。后翅窄于前翅，翅脉 4~7 条。

细蛾科幼虫主要潜叶生活，有些幼虫蛀茎、嫩芽或种子，造成不同程度的危害，涉及 115 个科的植物。细蛾亚科较原始类群的老龄幼虫一般会从潜道内爬出卷叶并取食。叶潜蛾亚科及潜细蛾亚科大部分种于潜道内作茧化蛹，细蛾亚科大部分种在潜道外作茧化蛹。

本科世界性分布，目前世界已知 98 属 1800 余种，中国记录 100 余种，山西历山自然保护区采到 1 属 2 种。

1 槭丽细蛾 Caloptilia (Caloptilia) aceris Kumata, 1966

前翅长 5.0~6.5mm。头部有金属光泽，金黄色，头顶鳞片蓬松，杂生深褐色。下唇须金黄色，第 3 节近末端黑褐色。触角柄节金黄色，腹缘及栉褐色；鞭节铜黄色，有黑褐色环纹。胸部金黄色；翅基片深褐色。前翅褐色，有蓝紫色光泽；前缘基部 1/4 处~3/4 处有 1 枚金黄色三角形斑，其前缘无斑点，顶角钝，至或近翅后缘；后缘基部 1/4 与翅褶之间有 1 枚金黄色斑；缘毛深褐色。后翅及缘毛深褐色。前足和中足褐色；跗节白色，有 4 个褐色小斑点。后足腿节内侧浅赭黄色，外侧基半部金黄色，端半部褐色；胫节背面灰色，腹面赭黄色；跗节赭黄色，有 4 个褐色小斑点。

观察标本：1♀，山西翼城大河，1340m，2012.VII.14，高强、陈娜采。

寄主：槭树科：色木槭、鸡爪槭。

分布：山西（历山）、黑龙江、天津、河北、河南、陕西、甘肃；韩国，日本，俄罗斯（远东地区）。

2 栗丽细蛾 Caloptilia (Caloptilia) sapporella (Matsumura, 1931)

前翅长 4.5~6.0mm。头部金黄色。下唇须乳白色，第 3 节端部黑褐色。触角柄节和栉褐色；鞭节浅黄色，有褐色环纹。胸部金黄色；翅基片赭黄色。前翅有蓝紫色光泽，赭黄色，散生褐色鳞片，基部 1/4 翅褶上方褐色鳞片密集；前缘基部 1/4 处至近末端有 1 枚金黄色近三角形斑；其前缘有黑色小点，顶角钝圆，至翅褶处；基部 1/4 翅褶下方金黄色；缘毛浅赭黄色。后翅及缘毛灰褐色。前足和中足褐色；跗节白色，有 4 枚褐色小斑点。后足腿节浅黄色，外侧端半部褐色；胫节和跗节赭黄色，胫节外侧端部灰色。腹部背面灰色，腹面黄色。

观察标本：1♀，山西沁水下川东峡，1620m，2012.VII.18，高强、陈娜采。

寄主：壳斗科：粗齿蒙古栎、槲树、枹栎、麻栎、蒙古栎、栓皮栎、日本栗。

分布：山西（历山）、黑龙江、辽宁、天津、河北、河南、宁夏、甘肃、安徽、浙江、江西、湖南、重庆、贵州、云南；韩国，日本，俄罗斯。

参 考 文 献

Kumata T, 1966. Descriptions of twenty new species of the genus *Caloptilia* Hübner from Japan including Ryukyu Islands (Lepidoptera: Gracillariidae)[J]. Insecta Matsumurana, 29(1): 1-21, 20 pls.

Kumata T, 1982. A taxonomic revision of the *Gracillaria* group occurring in Japan (Lepidoptera: Gracillariidae)[J]. Insecta Matsumurana, 26: 1-186.

Liu Y, Yuan D, 1990. A study of the Chinese *Caloptilia* Hübner, 1825 (Lepidoptera: Gracillariidae: Gracillariinae)[J]. Sinozoologia, 7: 181-207.

Gracillariidae

Li Houhun

(College of Science, Naikai University, Tianjin, 300071)

The present research includes 1 genus and 2 species of Gracillariidae. The species are distributed in Lishan National Nature Reserve of Shanxi Province.

尖蛾科 Cosmopterigidae

张志伟

（山西农业大学林学院，太谷，030801）

　　小型蛾类。头部鳞片紧贴，额常强烈突出，颜面光滑。下唇须强烈弯曲，上举常超过头顶。前翅卵披针形或狭披针形至线状，中室常为闭室。R_4 和 R_5 脉共柄，R_5 脉达前缘顶角前，有时 R_4、R_5 和 M_1 脉共柄，1A 和 2A 脉在基部形成基叉。后翅窄于前翅，缘毛长。世界性分布。

　　尖蛾主要危害蔷薇科、唇形科、菊科、壳斗科以及禾本科的植物，幼虫常潜叶危害或在草本植物和小灌木上制造虫瘿危害，很少的一部分种类危害种子和果实。一些热带分布的种类幼虫腐食性，取食死亡腐烂的节肢动物残体或腐烂的植物凋落物；澳大利亚的个别种类营捕食或寄生生活，捕食介壳虫或取食蜘蛛卵；夏威夷群岛一些种类的幼虫可以捕食蜗牛。

　　本科世界已知 3 亚科 110 余属 1600 余种，中国大陆记录 60 多种，山西历山自然保护区采到 3 属 2 种 1 亚种。

分属检索表

1　雄性外生殖器阳茎游离，不与阳茎端环融合（栎尖蛾亚科 Antequerinae）..........................2
-　雄性外生殖器阳茎与阳茎端环紧密融合（尖蛾亚科 Cosmopteriginae）....................................
　　..尖蛾属 *Cosmopterix*
2　前翅具瘤状斑或有金属光泽且基部具 1 橙黄色横带..................................星尖蛾属 *Pancalia*
-　前翅无瘤状斑，若有金属光泽则具数枚银白色短带..............................迈尖蛾属 *Macrobathra*

1 四点迈尖蛾 Macrobathra nomaea Meyrick, 1914

　　翅展 10.5～13.5mm。头浅黄色。触角黑色，鞭节具白色环纹。胸部及翅基片黑褐色。前翅黑褐色；1 条乳白色横带由前缘 1/5 伸达后缘；1/2 处及 5/6 处各具 1 枚略呈倒三角形的乳白色斑点；臀角处具 1 三角形乳白色斑点。足跗节黑色，基部、中部和端部各具 1 浅黄色环纹。雄性背兜近梯形。左抱器瓣棍棒状；右抱器瓣长为左抱器瓣的 2/3，左侧 2/3 处具强烈骨化的齿状突起。阳茎端环端部右侧强烈骨化。阳茎端部 2/3 分成一长一短的 2 支，短支向末端渐尖；长支端部螺旋状膨大。雌性囊导管基半部骨化，导精管由囊导管中部伸出，储精囊圆形。交配囊圆形，囊突为 1 对齿状突起。

观察标本：1♂，山西沁水张马，35°35′N，117°57′E，1110m，2012.VIII.16，郝淑莲、张志伟采。

分布：山西（历山）、北京、天津、河北、河南、陕西、安徽、浙江、湖北、贵州；斯里兰卡。

2 黑龙江星尖蛾 *Pancalia isshikii amurella* Gaedike, 1967

翅展 10.5～12.0mm。头黑褐色。复眼黑色。触角黑褐色。前翅黄棕色，前缘黑色；近前缘具 3 枚、近后缘具 4 枚银白色瘤状斑，周围环有黑色鳞片；缘毛深灰色。后翅及缘毛深灰色。后足中距和端距处具灰色环。腹部背面褐色，腹面灰褐色。雄性第 8 腹节侧叶近梯形。抱器瓣基部窄，中部宽，末端盾圆。左小瓣指状，宽约为抱器瓣的 1/4；右小瓣三角形。阳茎管状，近 1/2 处呈近直角形弯曲，末端圆尖。雌性囊导管基部 1/3 宽阔，骨化强烈；导精管由囊导管近中部伸出。交配囊卵圆形；囊突为向内突出的圆钝突起，密被小刺，位于交配囊近中部。

观察标本：52♂9♀，山西翼城大河，35°25′N，111°54′E，1025m，2012.VIII.24，郝淑莲、张志伟采。

分布：山西（历山）、天津、河北、河南、陕西、福建；韩国，俄罗斯。

3 毛尖蛾 *Cosmopterix setariella* Sinev, 1985

翅展 8.0～9.5mm。头铅灰色，中央及两侧具白色纵纹。复眼黑色。触角黑褐色，端部间有白色。下唇须灰褐色，具灰白色纵带。胸部黑色，中央具 1 条白色纵纹；翅基片黑色，内缘白色。前翅及缘毛黑色；翅面具银白色、黄色有金属光泽的线和斑点。足黑褐色，具白色环纹。雄性第 8 腹节侧叶半圆形。爪形突左臂退化为 1 狭窄骨化带；右臂骨化强烈，末端略向腹面卷曲。小瓣端部近梯形膨大。抱器瓣向端部变阔。阳茎基部 3/4 球状膨大。雌性第 7 腹板后缘圆弧形外拱。交配孔圆形，周围具骨化沿。囊导管近交配囊处具 1 对骨化脊。交配囊卵圆形，近中部具 1 对三角形骨化齿状囊突。

观察标本：1♀，山西沁水张马，35°35′N，117°57′E，1110m，2012.VIII.16，郝淑莲、张志伟采。

分布：山西（历山）、陕西、湖北、江西、贵州；俄罗斯。

参 考 文 献

李后魂, 王新谱, 2004. 中国迈尖蛾属研究(鳞翅目, 尖蛾科)[J]. 动物分类学报, 29 (1): 147-152.

李后魂, 等, 2012. 秦岭小蛾类[M]. 北京: 科学出版社.

Kuroko H, Liu Y Q, 2005. A study of Chinese *Cosmopterix* Hübner (Lepidoptera, Cosmopterigidae), with descriptions of new species[J]. Transactions of the Lepidopterological Society of Japan, 56(2): 131-144.

Zhang Z W, Li H H, 2009 (2010). Genus *Pancalia* Stephens (Lepidoptera, Cosmopterigidae) of China, with description of a new species[J]. Entomologica Fennica, 20: 268-274.

Cosmopterigidae

Zhang Zhiwei

(College of Forestry, Shanxi Agricultural University, Taigu, 030801)

The present research includes 2 species and 1 subspecies in 3 genera of the family Cosmopterigidae based on the specimens collected from Lishan National Nature Reserve of Shanxi Province.

羽蛾科 Pterophoridae

郝淑莲

（天津自然博物馆，天津，300072）

头通常宽阔，鳞片紧贴，颈部具数量不等的直立鳞毛；前额常形成锥状突起或在触角基部形成很小的鳞毛突；复眼半球形，无单眼和毛隆；喙很长，光裸。下唇须变异很大：细长或粗短，上卷、前伸或略下垂，第 2 节光滑，或具粗鳞毛，端部有时具长毛簇；长短不一，从短于复眼直径到为复眼直径的 3～4 倍。胸部通常简单，圆柱形，常拱起。前翅通常 2 裂，后翅 3 裂，翅面斑纹和翅型的变异很大；大约有 10% 的类群前后翅均不开裂。静止时前、后翅卷褶，与身体垂直。足细长易折断。外生殖器变异很大，雄性常不对称。

羽蛾科幼虫通常钻蛀寄主植物的根茎或直接取食叶片，偶见虫瘿。寄主植物以草本植物和灌木为主，其中菊科植物最多。

羽蛾科广布世界各大动物区系，目前世界已知 5 亚科 90 属 1400 余种，我国记录 5 亚科 42 属 161 种，山西历山保护区记录 3 亚科 9 属 14 种。

分亚科检索表

1 翅完整，不分裂 ....金羽蛾亚科 Agdistinae
- 翅分裂 2
2 后翅第 3 叶具 2 条脉 ....羽蛾亚科 Pterophorinae
- 后翅第 3 叶具 1 条脉 ....片羽蛾亚科 Platyptiliinae

金羽蛾亚科 Agdistinae

1 灰棕金羽蛾 *Agdistis adactyla* (Hübner，1819)

翅展 21.0～26.0mm。头被粗鳞，灰色至灰棕色，偶尔夹杂白色或灰白色；头顶散布黑褐色鳞片，额区具小锥形鳞毛簇。触角灰色，长约为前翅的 1/2。下唇须上举或斜向上举，达头顶或略低于头顶，第 1 节和第 2 节被粗鳞毛，第 3 节较短，末端钝。颈部具直立鳞毛。胸部灰色或灰棕色。翅基片发达，灰色至灰棕色。前翅完整，灰色至灰棕色；前缘具 4 个褐色小斑；裸区颜色较浅，基角处具 1 个褐色斑点，后缘具 3 个褐色斑点；缘毛灰白色，很短。后翅灰色至灰棕色。足细长，银灰色，后足胫节上的 2 对距较短，等长。腹部灰棕色，夹杂白色，细长。

观察标本：2♂，山西沁水张马，2012.VII.11，高强、陈娜采；1♀，山西翼城大河，1340m，2012.VII.13，高强、陈娜采。

分布：山西（历山、芦芽山等）、辽宁、北京、天津、河北、陕西、宁夏、甘肃、新疆；亚洲，欧洲。

片羽蛾亚科 Platyptiliinae

2 棘刺钝羽蛾 Amblyptilia acanthodactyla (Hübner, [1813]1796)

翅展 19.0～20.0mm。头部具很小的宽楔形前额突；头顶灰褐色，两触角间灰白色。触角约为前翅长的 1/2 或略短。下唇须略上举；第 2 节具向端部略扩展的灰褐色鳞毛刷。前翅在 4/5 处开裂，翅面基部向端部灰白色至灰褐色，亚缘浅灰白色；前缘浅灰褐色，具 1 列不明显的灰白色斑点；裂口处具 1 浅灰褐色前缘三角室；第 1 叶基部 2/5 部分灰白色，正中央具 1 小浅灰褐色斑点；第 2 叶向端部浅灰褐色逐渐增多，缘毛浅灰褐色。后翅简单，分别在 1/2 和 1/5 处开裂；灰白色；缘毛灰色，第 3 裂叶后缘基部稀疏散布粗鳞片，中部具 1 褐色三角形簇状大鳞齿。足外侧颜色较内侧深。

观察标本：2♀，山西中条山，1964.VIII.18～19，周尧、刘绍友采；1♀，山西晋城历山，1520m，2006.VIII.16，张续、白海艳采。

分布：山西（历山）；欧洲。

3 佳择盖羽蛾 Capperia jozana (Matsumura, 1931)

翅展 14.0～16.0mm。前额灰白色，两触角间灰白色。触角约为前翅长的 1/2；鞭节背面褐色和灰白色相间。下唇须斜上举；第 2 节外侧灰褐色和灰白色螺旋状交替排列。前翅底色灰褐色；翅面 4/7 处正中央具 1 灰白色斑点；裂口处和第 1 叶后缘连成 1 灰白色斑，第 1、2 叶 1/3 处和 2/3 处各具 1 灰白色的、从前缘向内侧延伸至后缘的带斑；第 1 叶缘毛在顶角、后缘 1/3 和 2/3 处白色；翅面后缘裂口前后具几个黑褐色粗鳞。后翅第 3 叶前、后缘具许多黑褐色鳞齿。足腿节和胫节外侧深褐色和灰白色交替排列。腹部雄性较细长，雌性粗壮，黄褐色，具白色纵形斑纹。

观察标本：3♀，山西晋城历山，1520m，2006.VIII.16～19，张续、白海艳采；10♂7♀，山西沁水张马村，1110m，2012.VIII.16，张志伟、郝淑莲采；1♂1♀，山西沁水下川东峡口，1445m，2012.VIII.20，郝淑莲、张志伟采；1♀，山西沁水下川，1580m，扫网，2012.VIII.20，张志伟、郝淑莲采；2♂，山西翼城大河，1196m，2012.VIII.24，郝淑莲、张志伟采。

分布：山西（历山）、黑龙江、内蒙古、河北、陕西、甘肃、新疆；日本。

4 胡枝子小羽蛾 Fuscoptilia emarginata (Snellen, 1884)

翅展 17.0～25.0mm。头部土黄色至黄褐色。触角约前翅长的 1/3 或更长。下唇须土黄色至褐色，第 1、2 节上举，第 3 节前伸。后头区和头胸之间具直立短鳞毛。前翅土黄色至黄褐色，散布深褐色鳞片；翅面基部、裂口间 1/2 处和 3/5 处各具 1 黑褐色斑；裂口前具 1 个褐色斑；缘毛白色，第 2 叶具黑褐色鳞齿。后翅颜色较前翅色浅；分别在 3/5 处和 1/5 处开裂。足外侧土黄色至褐色，内侧白色至土黄色。腹部与胸部相连处黄白色，其余各节背腹面白色至黄色，侧面黄色至黄褐色。

观察标本：1♂，山西中条山，1964.VIII.18～19，周尧、刘绍友采。

分布：山西（中条山、吉县管头山）、黑龙江、吉林、辽宁、内蒙古、北京、天津、河北、山东、河南、陕西、甘肃、江苏、安徽、江西、福建、四川、贵州；蒙古，朝鲜，日本，俄罗斯（远东地区）。

5 佳诺小羽蛾 *Fuscoptilia jarosi* Arenberger, 1991

翅展 20.0～25.0mm。头部黄白色，夹杂褐色。触角约为前翅长的 2/3。下唇须灰白色，侧面具 1 条褐色纵纹；斜向上伸，约为复眼直径 1.5 倍或更长；第 1 节鳞毛多，第 2、3 节较光滑。后头区和头胸之间具直立短鳞毛。前胸和翅基片黄白色，翅基片，基部褐色，端部鳞片大而长，灰白色或黄白色。前翅黄白色，稀疏散布褐色鳞片，外缘色较深，裂口处具 1 个褐色斑点。后翅黄灰色，较前翅色深。前中足黄白色，具 3 条褐色纵斑；后足黄白色。腹部黄白色，背线为不连续褐色斑。

观察标本：1♀，山西沁水下川西峡，1500m，2012.VII.16，高强、陈娜采。

分布：山西（历山）、河南；朝鲜。

6 波缘小羽蛾 *Fuscoptilia sinuata* (Qin *et* Zheng, 1997)

翅展 19.0～25.0mm。头部灰白色至褐色；前额突黄褐色，小；头顶鳞毛前伸，黄褐色。触角约为前翅长的 2/5；背侧褐色，具 1 条不连续的白色带。下唇须白色，长约为复眼直径的 1.5 倍，侧面具 1 条褐色纵斑；第 1 节鳞毛略多，第 2 节和第 3 节尖细，较长。后头区和头胸之间具 1 圈散生灰白色鳞毛。前翅灰褐色，密布白色和褐色，端部褐色；裂口偏上具 1 个小褐斑；缘毛与翅面颜色接近，外缘色较深，第 2 叶后缘满布褐色鳞齿。后翅色较前翅深，黄褐色。前中足灰白色，具 3 条褐色纵斑；后足灰白色，距外侧褐色，内侧灰白色。腹部背腹面黄白色，侧面黄褐色。

观察标本：1♀，山西翼城大河南河谷撂荒地，1025m，扫网，2012.VIII.24，郝淑莲、张志伟采。

分布：山西（历山）、陕西。

7 细锥羽蛾 *Gillmeria stenoptiloides* (Filipjev, 1927)

翅展 22.0～29.0mm。前额突从中等大小到非常长。触角约为前翅长的 1/3；鞭节背面白色和黄褐色至黑褐色交替排列。下唇须细长，约为复眼直径的 3 倍，斜上举。前翅在 3/4～4/5 处开裂，第 1 叶外缘略内凹，第 2 叶外缘弧形；翅面灰黄色到深黄褐色，端部颜色略深，中室处具 1 个较翅面颜色略深的小斑点，裂口处具 1 个散布白色的三角形小斑；前缘基部 3/4 黄褐色至深褐色和白色相间排列。后翅分别在 3/7 和 1/5 处开裂，第 3 叶后缘中部偏外具 1 小簇黑褐色鳞齿。前足和中足腿具 1 纵列粗鳞，胫节端部具 1 个灰褐色膨大鳞毛刷；后足胫节端部具 1 个膨大的褐色至黑褐色鳞毛刷。

观察标本：2♀，山西晋城历山，1520m，2006.VIII.17～19，张续、白海艳采。

分布：山西（历山、芦芽山）、吉林、内蒙古、北京、河北、河南、宁夏、甘肃、四川；蒙古，日本，俄罗斯，北美。

8 葡萄日羽蛾 *Nippoptilia vitis* (Sasaki, 1913)

翅展 14.0～17.0mm。头部灰褐色至深灰褐色，两触角间灰白色至乳白色。触角鞭节两侧和腹面各具 1 条白色间断带。下唇须细长，斜上举。复眼周围、后头区和头胸之间具顶端分叉的直立散生鳞毛。前翅在 3/5 处开裂；第 1 叶外缘略内凹；第 2 叶外缘近直角内凹；翅面灰褐色至深褐色，前缘近均匀地分布 1 列不规则灰白色小斑，亚缘线灰黄色至黄白色。后翅分别于 5/8 处和基部开裂，3 裂叶均为线形。缘毛灰色，第 3 叶后缘亚端部具 1 簇近三角形的深褐色鳞齿，前后缘不均匀散布深褐色粗鳞。中足和后足胫节 1/3 处、2/3 处、末端以及各跗节末端均具 1 圈轮生刺。

观察标本：1♂，山西中条山，1964.VIII.18～19，周尧、刘绍友采。

分布：山西（中条山）、北京、河北、河南、安徽、浙江、湖北、江西、湖南、福建、台湾、广西、贵州；朝鲜，日本，泰国，印度，尼泊尔。

9 褐秀羽蛾 *Stenoptilodes taprobanes* (Felder et Rogenhofer, 1875)

翅展 13.0～14.0mm。头部灰褐色至黑褐色，后缘灰白色。触角长达前翅 1/2 或稍短；鞭节黑白相间。下唇须褐色，略向上举；第 1、2 节散布白色鳞片；第 3 节光滑。前翅灰褐色，散生黑色和灰白色鳞片，亚前缘线灰白色，第 1 叶中部近后缘具不规则纵斑；亚缘线白色，内侧中下部具 1 三角形褐色斑；中室基部、中部和末端各具 1 个灰白色圆点，有的不明显；缘毛灰色，第 1 叶端部具黑色鳞齿，第 2 叶夹杂黑色鳞齿。后翅褐色，散生黑色鳞片，第 2 叶近端部具 1 灰白色斑，第 3 叶端部具黑色鳞齿，缘毛灰褐色。足褐色至或灰褐色，跗节基部颜色稍加深。

观察标本：2♀，山西沁水张马苗圃，2012.VII.11，高强、陈娜采；1♂，山西沁水下川，1580m，扫网，2012.VIII.20，张志伟、郝淑莲采。

分布：山西（历山等）、内蒙古、天津、山东、河南、陕西、安徽、浙江、湖北、江西、湖南、福建、台湾、广东、海南、四川、贵州、云南；日本，缅甸，泰国，印度，欧洲，非洲及印澳地区。

羽蛾亚科 Pterophorinae

10 甘薯异羽蛾 *Emmelina monodactyla* (Linnaeus, 1758)

翅展 18.0～28.0mm。头灰白色至褐色。触角间淡黄色或白色，沿触角下方与复眼的上方相连，形成"U"形结构。后头区与颈部具许多直立、散生的鳞毛簇，颜色同头部。触角可达前翅长的 2/3。下唇须细长、上举。前翅灰白色至褐色，前缘基半部和后缘基部、中部均具 1 列小斑点，裂口前具 1 个小横斑，两叶顶角偏下均具 2 个小斑，这些斑点的颜色比翅面略深；两叶末端均锐；缘毛颜色比翅面略浅。后翅 3 叶均尖细，狭披针形；缘毛颜色较浅。足细长，灰白色至灰褐色。腹部细长，灰白色至灰褐色，背线颜色浅，各节基部均具 1 个小褐色斑，有的不太明显。

观察标本：1♀，山西沁水张马苗圃，2012.VII.11，高强、陈娜采。

分布：山西（历山）、黑龙江、北京、天津、河北、山东、陕西、宁夏、甘肃、青海、新疆、浙江、湖北、江西、福建、四川；日本，印度，中亚，欧洲，非洲北部，北美。

11 白滑羽蛾 *Hellinsia albidactyla* (Yano, 1963)

翅展 13.5～22.0mm。头部灰褐色至浅褐色，两触角间白色。下唇须紧贴颜面上举；第 1 节几乎全部隐藏在复眼之下的黄白色至浅灰色鳞片中。后头区与头胸之间具少许黄白色至浅黄褐色直立散生细鳞毛。前翅在 3/5 处开裂，底色灰白色，极稀疏地散布灰褐色；翅面未开裂部分的基部、中部正中央各具 1 个非常小的灰褐色至褐色斑点；裂口之前具 2 个几乎连接在一起的略微向内倾斜的浅灰褐色至褐色小斑点；第 1 叶前缘基部具 1 个灰褐色至褐色椭圆形斑点。后翅简单，翅面颜色略微比前翅深。前足和中足腿节和胫节浅褐色和灰白色纵向交替排列。该种颜色变异较大。

观察标本：1♀，山西沁水下川西峡口，1515m，2012.VIII.17，张志伟、郝淑莲采。

分布：山西（历山、霍县）、黑龙江、吉林、河北、河南、陕西、宁夏、甘肃、新疆、安徽、四川、贵州；朝鲜，日本，俄罗斯。

12 端滑羽蛾 Hellinsia distincta (Herrich-Schäffer, 1855)

翅展 14.0～18.0mm。头部灰褐色，两触角间灰白色。下唇须约为复眼直径 1.5 倍，紧贴颜面上举；第 1 节全部隐藏在复眼之下的灰白色粗鳞片中；第 2 节无鳞毛刷；第 3 节末端尖细。复眼周围、头胸之间稀疏散布纤细的长短非常不一的直立鳞毛。前翅在近 2/3 处开裂，底色灰白色，散布灰褐色鳞片；裂口之前具 1 个褐色小斑点；第 1 叶前缘基部具 1 个浅褐色长椭圆形斑。后翅简单，分别在近中部和近基部开裂；裂叶和缘毛均为浅灰褐色。前足腿节褐色和灰白色纵向交替，胫节褐色和灰白色螺旋状排列。中足腿节和胫节褐色和灰白色纵向交替排列。

观察标本：1♀，山西沁水下川西峡口，1515m，2012.VIII.17，张志伟、郝淑莲采；1♂，山西翼城大河，1196m，2012.VIII.24，郝淑莲、张志伟采。

分布：山西（历山）、黑龙江、吉林、河南、陕西、青海、江苏、上海、安徽、四川、贵州；日本，印度，中东，欧洲。

13 乳滑羽蛾 Hellinsia lacteola (Yano, 1963)

翅展 19.0～25.0mm。头部浅黄白色，两触角间白色。触角略微长于前翅的 1/2。下唇须紧贴颜面上举，灰白色，第 2、3 节外侧散布灰褐色鳞片；基节短小，第 2、3 节近等长，末节端部尖细。头胸之间密布黄白色的直立散生细鳞毛。前翅在近 2/3 处开裂，底色灰白色，前缘 2/5～6/7 黄白色，裂口之前具 1 非常不明显的黄褐色小斑点。前缘缘毛灰白色，其他的部分黄白色。后翅简单，分别在近 1/3 处和近基部开裂；翅面略较前翅颜色灰，缘毛较后翅翅面略浅。前足和中足腿节和胫节背面浅黄褐色，腹面浅灰白色，跗节白色。后足白色，稀疏被浅黄褐色鳞片。

观察标本：1♂1♀，山西历山舜王坪（网捕），2358m，2012.VII.18，高强、陈娜采；2♀，山西翼城大河，1340m，2012.VII.12～13，高强、陈娜采。

分布：山西（历山）、天津、河北、河南、江苏；朝鲜，日本。

14 艾蒿滑羽蛾 Hellinsia lienigiana (Zeller, 1852)

翅展 15.0～17.0mm。头浅灰褐色至浅黄褐色，头顶和触角间灰白色至黄白色。触角鞭节背面黑色和黄白色相间。颈部和复眼周围具直立散生短鳞毛。前翅在 4/7 处开裂；灰白色至黄白色，散布褐色鳞片，基半部尤其明显；翅面未开裂部分的 2/5 处的正中央具 1 个非常小的褐色斑点，有的不明显；裂口前具 1 个较大的褐色斑点；第 1 叶前缘基部 1/4 处具 1 个近长方形褐色斑点。后翅简单，分别在 2/7 处和近顶角处开裂；灰褐色。前足胫节白色，侧面具 2 条端部略加宽的深褐色条纹；中足胫节白色，内侧具深褐色条纹。腹部浅灰白色至黄白色，每节后缘具清楚或不清楚的黑褐色点。

观察标本：1♀，山西沁水张马苗圃，2012.VII.11，高强、陈娜采。

分布：山西（历山、芦芽山）、北京、河北、山东、河南、陕西、上海、安徽、浙江、湖北、江西、湖南、福建、台湾、四川、贵州；朝鲜，日本，越南，欧洲，非洲及印澳地区。

参 考 文 献

郝淑莲, 李后魂, 武春生, 2004. 小羽蛾属研究(鳞翅目, 羽蛾科)[J]. 昆虫分类学报, 27(1): 43-49.

郝淑莲, 李后魂, 武春生, 2005. 中国锥羽蛾属研究及三新种记述(鳞翅目, 羽蛾科)[J]. 动物分类学报, 30(1): 135-143.

Arenberger E, 1995. Pterophoridae[M]//Amsel H G, Gregor F, Reisser H. Microlepidoptera Palaearctica 9. Karlsruhe: G Braun: 1-153.

Gielis C, 1996. Pterophoridae[M]//Huemer P, Karsholt O, Lyneborg L. Microlepidoptera of Europe 1. Stenstrup: Apollo Books.

Li H H, Hao S L, Wang S X, 2003. Catalogue of the Pterophoridae of China (Lepidoptera: Pterophoroidea)[J]. Shilap-revista de Lepidopterologia, 31(122): 169-192.

Pterophoridae

Hao Shulian

(Tianjin Natural History Museum, Tianjin, 300072)

The present research includes 9 genera and 14 species of Pterophoridae. The species are distributed in Lishan National Nature Reserve of Shanxi Province.

卷蛾科 Tortricidae

孙颖慧 李后魂

(南开大学生命科学学院, 天津, 300071)

成虫小到中型。头顶具粗糙的鳞片; 单眼存在或退化消失; 毛隆发达; 喙发达; 下唇须3节, 平伸或上举。前翅宽阔; 有些雄性具前缘褶; 中室具索脉和 M 脉主干, M 脉主干一般不分支。雄性外生殖器爪形突变化大或缺失; 尾突大而具毛或缺失, 颚形突两臂端部愈合或退化或消失; 肛管有或无。雌性外生殖器产卵瓣宽阔; 交配囊常有 1 枚或 2 枚囊突。幼虫趾钩二序或三序, 环式。肛门上方常有臀栉。

幼虫除卷叶危害以外, 还蛀茎, 蛀梢, 危害花、果实、种子或根。它是农作物、果树和森林的重要害虫之一。

本科世界性分布。目前世界已知上万余种, 中国记录上千种。山西历山自然保护区采到2亚科7属9种。

分亚科检索表

1 触角各亚节有 2 排鳞片 (1 排鳞片且感觉毛很长较为少见); 阳茎基环与阳茎不愈合; 阴片一般与前表皮突腹臂相连; 前翅前缘一般无钩状纹, 后翅很少出现肘栉..卷蛾亚科 Tortricinae

- 触角各亚节有 1 排鳞片且具短的感觉纤毛; 阳端基环与阳茎愈合; 阴片一般不与前表皮突腹臂相连; 前翅前缘常有钩状纹, 后翅常有肘栉...........................小卷蛾亚科 Olethreutinae

卷蛾亚科 Tortricinae

分属检索表

1 双带窄纹卷蛾 Cochylimorpha hedemanniana (Snellen, 1883)

翅展 10.0～18.0mm。头顶及额黄色。触角黄褐色，略杂黑褐色。下唇须长约为复眼直径的 2 倍，外侧黄褐色，内侧浅黄白色；第 2 节膨大，第 3 节短小，几乎隐藏在第 2 节的鳞毛中。胸部浅黄色；翅基片黄褐色，端部浅黄色。前翅前缘近平直，外缘倾斜。前翅底色浅黄白色；前缘基部 1/5 黄褐色，杂黑褐色，形成 1 条带；前缘近顶角处具 1 枚黄褐色小斑点；基部 1/5 后缘上方具 1 条黄褐色短带；中带自前缘近中部延伸至后缘基部 2/5 处，黄褐色略杂黑褐色；亚端带自前缘端部 1/4 处延伸至臀角，中部略膨大，后端窄，黄褐色；近亚端带内缘中部具 1 枚黑色小斑点；后缘端部 2/5 处具 1 枚浅黄褐色斑；顶角及外缘具黄褐色小斑点；缘毛黑褐色杂黄褐色；后翅及缘毛灰色。前、中足黑褐色略杂黄色，后足黄色略杂黑褐色。腹部黄褐色。

研究标本：2♂1♀，山西沁水张马苗圃，2012.VII.11，高强、陈娜采；2♂，山西翼城大河，1340m，2012.VII.13～14，高强、陈娜采。

分布：山西（历山）、黑龙江、辽宁、北京、天津、河北、山东、河南、陕西、宁夏、江苏、安徽、湖北、云南；韩国，日本，俄罗斯。

2 短带窄纹卷蛾 Cochylimorpha lungtangensis (Razowski, 1964)

翅展 10.5～16.5mm。头顶及额浅黄白色。触角黄褐色，略杂黑褐色。下唇须长约为复眼直径的 2.5 倍，外侧黄褐色，杂黑褐色，内侧浅黄白色；第 2 节膨大，第 3 节短小，几乎隐藏在第 2 节的鳞毛中。胸部浅黄白色；翅基片浅黄色，基部杂黄褐色。前翅前缘近平直，外缘倾斜。前翅底色黄色；前缘中带内侧具 1 条黄褐色窄带，略杂黑褐色；有 1 条短带自后缘基部斜向上延伸至翅室基部 1/3 处，浅黄褐色；中带自前缘中部内斜至后缘基部 2/5 处，黄褐色杂黑褐色，前端 1/3 处几乎断裂；亚端带自前缘端部 1/4 处延伸至臀角，前端 1/4 较窄，黄褐色杂黑褐色，后端 3/4 较宽，界限不明显，黄褐色；近亚端带内缘中部具 1 枚黑色小斑点；后缘中部具 1 枚浅黄褐色斑；亚端带外缘与翅外缘之间略杂浅黄褐色鳞片；外缘及缘毛黑褐色；后缘略杂黑色鳞片。后翅及缘毛灰色。前、中足黑褐色略杂黄色，后足黄白色略杂黑褐色。腹部黄褐色。

研究标本：1♂3♀，山西沁水张马苗圃，2012.VII.11，高强、陈娜采。

分布：山西（历山）、辽宁、天津、河北、河南、陕西、宁夏、甘肃、青海、江苏、四川、贵州。

3 环针单纹卷蛾 *Eupoecilia ambiguella* (Hübner, 1796)

翅展 7.5～15.0mm。头顶及额浅黄色。触角黄褐色，杂黑褐色。下唇须细长，约为复眼直径的 2.0 倍，外侧黄色，内侧黄白色。胸部及翅基片黄色。前翅前缘近平直，近顶角处略弯，外缘略倾斜。前翅底色黄色；基斑位于翅基部 1/4，浅黄褐色；中带自前缘基部 1/4 至端部 2/5 内斜至后缘基部 2/5～1/2，黑褐色，略杂赭褐色，自前向后渐窄；1 条浅黄褐色窄带自中带外缘前端 1/3 处向下延伸至后缘，与中带靠近；臀角上方具 1 枚较大的形状不规则的浅黄褐色斑，约占翅宽的 2/3；顶角处具 1 枚黄褐色斑；后缘杂黑褐色鳞片；缘毛同底色。后翅及缘毛灰色。前足黑褐色略杂黄褐色；中、后足浅黄白色，略杂黑褐色。腹部黑褐色。

观察标本：4♂，山西翼城大河，1340m，2012.VII.14～15，高强、陈娜采；1♂，山西沁水下川西峡，1500m，2012.VII.16，高强、陈娜采；2♂，山西沁水下川东峡，1620m，2012.VII.17，高强、陈娜采。

分布：山西（历山）、黑龙江、辽宁、北京、天津、河北、河南、陕西、宁夏、甘肃、新疆、安徽、浙江、湖北、江西、湖南、福建、台湾、广东、海南、广西、重庆、四川、贵州、云南；蒙古，韩国，日本，印度，俄罗斯（远东地区），欧洲。

4 方瓣单纹卷蛾 *Eupoecilia inouei* Kawabe, 1972

翅展 13.0～18.0mm。头顶及额浅黄白色。触角黄褐色，杂黑褐色。下唇须细，略长于复眼直径，外侧黄白色，内侧浅黄白色。胸部及翅基片黄白色。前翅前缘平直，顶角处略弯，外缘略倾斜。前翅底色浅黄白色；基斑位于翅基部 1/4，浅黄色，前缘处黑褐色；中带自前缘基部 1/4 至端部 2/5 内斜至后缘基部 1/3～1/2，黑褐色，自前向后略渐窄；近中带后端 1/3 外缘具 1 枚浅黄褐色小斑；臀角上方具 1 枚较大的形状不规则的浅黄褐色斑，约占翅宽的 3/5；端带窄，自前缘顶角处沿外缘延伸至臀角，黑褐色，前半部近矩形，后半部很窄；有 1 枚浅黄褐色小斑靠近端带前端 1/3 处内缘；缘毛黑褐色。后翅及缘毛灰白色。前、中足黄褐色略杂黑褐色；后足浅黄白色，略杂黑褐色。腹部黑褐色。

研究标本：2♂1♀，山西沁水下川西峡，1500m，2012.VII.16～18，高强、陈娜采。

分布：山西（历山）、吉林、河北、河南、陕西、宁夏、江西、湖南、贵州；韩国，日本，俄罗斯。

5 胡麻短纹卷蛾 *Falseuncaria kaszabi* Razowski, 1966

翅展 12.0～15.0mm。头顶及额灰褐色。下唇须外侧黄褐色，内侧白色。触角黑褐色。胸部及翅基片黄褐色。前翅底色黄色；基部灰黄色；前缘基半部深褐色；中带黑褐色，近后缘 1/3 消失；顶角和臀角黄褐色，夹杂黑色；缘毛黄褐色。后翅及缘毛灰色。足褐色，跗节均有黑色环状纹。腹部褐色。

观察标本：1♂，山西沁水张马苗圃，2012.VII.11，高强、陈娜采；1♂1♀，山西翼城大河，1340m，2012.VII.12～14，高强、陈娜采。

分布：山西（历山）、内蒙古、陕西、宁夏、甘肃、青海；蒙古。

6 棉花双斜卷蛾 *Clepsis pallidana* (Fabricius, 1776)

翅展 15.5～21.5mm。额黄白色；头顶被粗糙黄褐色鳞片。下唇须长约为复眼直径的 1.5

倍；第 2 节外侧黄褐色，内侧黄白色，端部扩展；第 3 节短小，浅黄色。触角背面灰褐色，腹面黄白色。胸部黄白色，夹杂锈褐色鳞片；翅基片浅黄色，边缘具黄褐色鳞片。前翅前缘基部 1/3 隆起，其后较平直；顶角略突出；外缘斜直。雄性前缘褶短，中部宽，两侧窄，伸达中带前缘。前翅底色黄色，斑纹红褐色；翅后缘近基部有 1 小斑，第 1 条从前缘近基部伸达后缘近中部，第 2 条从前缘近中部伸达臀角，亚端纹小呈倒三角形或与第 2 条斜纹相连；缘毛灰白色。后翅及缘毛灰白色。足黄白色，各足跗节外侧和中足外端距黑褐色。腹部背面黄白色，腹面灰白色。

观察标本：1♀，山西沁水下川东峡，1620m，2012.VII.18，高强、陈娜采。

分布：山西（历山）、黑龙江、吉林、内蒙古、北京、天津、河北、山东、陕西、宁夏、甘肃、青海、新疆、四川；韩国，日本，中欧。

7 秦丛卷蛾 Gnorismoneura orientis (Filipev, 1962)

翅展 13.0～18.5mm。额被短的灰褐色鳞片；头顶被粗糙的灰褐色鳞片。下唇须长不及复眼直径的 1.5 倍，外侧灰褐色，内侧黄褐色；第 2 节端部略扩展；第 3 节短而细。触角细，灰褐色。胸部黄褐色；翅基片基部黄褐色，端部黄白色。前翅宽短，顶角较钝，外缘斜直，臀角宽阔。前翅底色土黄色，斑纹黄褐色夹杂黑褐色鳞片：基斑小；中带从前缘中部之前斜伸至后缘，中部之后分叉；亚端纹大，端部呈块状，后半部呈线状，伸达臀角；缘毛黄白色。后翅暗灰色，缘毛灰色，无特化香鳞。足黄白色，前足、中足跗节外侧被暗褐色鳞片。腹部背面暗褐色，腹面黄白色。

观察标本：3♂♀，山西翼城大河林场，1340m，2012.VII.12～14，高强、陈娜采。

分布：山西（历山）、黑龙江、天津、河北、山东、河南、陕西、宁夏、甘肃；韩国，日本，俄罗斯（远东地区）。

8 细圆卷蛾 Neocalyptis liratana (Christoph, 1881)

翅展 14.5～20.5mm。额鳞片短，黄白色；头顶被粗糙的黄白色鳞片。下唇须细，约与复眼直径等长；第 2 节外侧被黑褐色鳞片。触角黄褐色。胸部黄褐色；翅基片黄褐色杂暗灰色。前翅前缘 1/3 隆起，其后平直；顶角较尖；外缘斜直；臀角宽阔。雄性前缘褶伸达前缘中部之前，基部黑色。前翅底色土黄色，斑纹黑色：基斑消失；中带前缘 1/3 清晰，其后模糊；亚端纹较大；翅端部散布灰褐色短纹；缘毛黄白色。足黄白色，前足和中足跗节外侧被黑褐色鳞片。后翅灰暗，顶角色更暗，缘毛同底色。

观察标本：1♂，山西沁水下川东峡，1620m，2012.VII.18，高强、陈娜采；3♂，山西沁水下川西峡，1500m，2012.VII.16，高强、陈娜采；2♂，山西翼城大河林场，1340m，2012.VII.13～15，高强、陈娜采。

分布：山西（历山）、黑龙江、天津、河北、河南、陕西、甘肃、青海、安徽、浙江、江西、湖南、福建、台湾、四川、云南；韩国，日本，俄罗斯（远东地区）。

9 白钩小卷蛾 Epiblema foenella (Linnaeus, 1758)

翅展 12.0～26.0mm。头顶灰色，额白色。触角灰色。下唇须灰褐色，末节平伸。胸部及翅基片灰褐色。前翅褐色；前缘具 4 对白色钩状纹，其余钩状纹不明显；翅面的白色斑纹有 4 种主要类型：①由后缘 1/3 处伸出 1 条白色宽带，到中室前缘以 90° 折向后缘，而后又折向顶角，触及臀斑；②由后缘 1/3 处伸出 1 条宽的白带，到中室前缘以 90° 折向臀斑，但不触及臀斑；③由后缘基部 1/4 伸出 1 条白色细带，达中室前缘；④由后缘 1/4 处伸出 1 条白色宽带，伸向前缘，端部变窄，但不达前缘。后翅及缘毛灰色或褐色。

观察标本：2♂2♀，山西翼城大河，1340m，2012.VII.12～13，高强、陈娜采；3♂1♀，山西沁水张马苗圃，2012.VII.11，高强、陈娜采；1♀，山西沁水下川，1600m，2012.VII.19，高强、陈娜采。

分布：山西（历山）、黑龙江、山东、陕西、宁夏、甘肃、青海、新疆、江苏、安徽、浙江、湖北、江西、湖南、福建、台湾、广西、四川、贵州、云南；蒙古，韩国，日本，泰国，印度，中亚，俄罗斯，哈萨克斯坦。

参 考 文 献

李后魂, 等, 2012. 秦岭小蛾类: 昆虫纲: 鳞翅目[M]. 北京: 科学出版社.

李后魂, 王淑霞, 等, 2009. 河北动物志, 鳞翅目, 小蛾类[M]. 北京: 中国农业科学技术出版社.

刘友樵, 李广武, 2002. 中国动物志, 昆虫纲(第二十七卷), 鳞翅目, 卷蛾科[M]. 北京: 科学出版社.

Razowski J, 1970. Cochylidae[M]//Amsel H, Gregor F, Reisser H, 1970. Microlepidoptera Palaearctica.Karlsruhe: G. Braun.

Tortricidae

Sun Yinghui　　Li Houhun

(College of Life Sciences, Nankai University, Tianjin, 300071)

The present research includes 2 subfamilies 7 genera and 9 species of Tortricidae. The species are distributed in Lishan National Nature Reserve of Shanxi Province.

螟蛾科 Pyralidae

斑螟亚科 Phycitinae

刘红霞　　李后魂

（南开大学生命科学学院，天津，300071）

斑螟亚科 Phycitinae 隶属于鳞翅目 Lepidoptera、螟蛾总科 Pyraloidea、螟蛾科 Pyralidae。该亚科通常为小到中型蛾类，前翅狭长，体色多暗淡，呈棕色或灰褐色，仅少数种类翅面鲜亮，有金属光泽，休息时翅折叠贴在身体上呈屋脊状。头顶圆拱或平拱，被光滑或粗糙鳞毛，有的具针状、三棱锥状或角状突起。触角多线状、细长，具纤毛；雄性触角构造、形状变化多样，有的柄节膨大呈齿状、耳状或角状突起，有的鞭节基部具缺刻。喙发达或退化，基部被鳞，很少缺失。毛隆发达。下唇须 3 节，弯曲上举或前倾。下颚须冠毛状、柱状或刷状。前翅翅脉 11 条或更少，R_3 与 R_4 脉共柄或合并，M_2 与 M_3 脉合并、共柄或游离。后翅翅脉 10 条或更少，M_2 与 M_3 脉合并、共柄或游离，具 1A、2A 和 3A 脉。雌、雄翅缰均 1 根。

斑螟亚科幼虫危害植物的根、茎、叶、花、果实和种子等，绝大多数是农、林、牧、贮粮、干果、中药材、油料及粮食加工品等的害虫。

斑螟亚科已知近 5000 种，世界性分布。我国记录 110 属 300 余种。山西历山地区分布有 5 属 10 种。

1 圆斑栉角斑螟 Ceroprepes ophthalmicella (Christoph, 1881)

翅展 22.0～27.0mm。头顶被黄色粗糙鳞毛。触角柄节、鞭节基部黄褐色，端部褐色。下唇须第 1 节白色，第 2、3 节淡黄色；雄性第 2 节约为第 3 节的 1.3 倍，雌性第 2、3 节约等长。领片红褐色，翅基片及中、后胸黄褐色。前翅底色红褐色，基部杂黑色，近内横线处有 1 大 1 小 2 个黑色鳞毛脊，脊周围黄褐色；内横线灰白色，锯齿状，向内有 2 个小尖角，外侧被黑色细边，黑边外侧近后缘处有 1 灰白色圆斑；外横线波浪形，在 M_1 和 CuA_2 脉处各有 1 个内向的尖角，之间向外弯曲呈弧形；中室端斑相互分离或相接；外缘线灰色，缘毛灰褐色。后翅半透明，灰白色，缘毛淡灰色。

观察标本：1♂1♀，山西沁水下川西峡，1500m，2012.VII.16，高强、陈娜采； 4♂1♀，山西沁水下川东峡，1620m，2012.VII.18，高强、陈娜采；4♀5♂，山西翼城大河，1340m，2012.VII.13～14，高强、陈娜采。

分布：山西（历山）、天津、山东、河南、陕西、甘肃、浙江、湖北、福建、四川、贵州、云南；日本，印度。

2 异色栉角斑螟 Ceroprepes patriciella Zeller, 1867

翅展 25.0～28.0mm。头顶被灰色粗糙鳞毛。触角灰褐色。下唇须第 1 节灰色，第 2、3 节深褐色，第 3 节长约为第 2 节长的 2/3。领片、翅基片淡黄褐色，中胸黑褐色。前翅较宽，底色灰黑色，基部前缘 2/3 黄白色，后部 1/3 红褐色；近内横线处有红褐色和黑褐色隆起鳞片形成的鳞毛脊；内横线灰白色，锯齿状，内侧被金黄色细边，外侧被黑色细边；外横向灰白色，在 M_1 和 A 脉处各有 1 内向的大尖角，在 M_2、M_3、CuA_1 处各有 1 外向的小尖角；中室端斑黑色，相接呈月牙形；外缘线金黄色，内侧缘点黑色；缘毛深灰色。后翅半透明，灰白色，外缘镶淡褐色边，缘毛灰白色。腹部背中部颜色较深，黑褐色，两侧颜色淡黄褐色，各节端部镶白边，腹面黄白色。

观察标本：2♂，山西翼城大河，1340m，2012.VII.14，高强、陈娜采。

分布：山西（历山）、河南、宁夏、甘肃、四川、贵州；日本，克什米尔，印度（锡金等），斯里兰卡，印度尼西亚。

3 银翅亮斑螟 Selagia argyrella Denis et Schiffermüller, 1775

翅展 25.5～31.0mm。头顶黄白色。触角背面黄白色，腹面褐色，柄节长为宽的 2 倍，鞭节基部缺刻内齿状突起被鳞片簇覆盖，上排鳞片长，上层白色，下层褐色，下排鳞片短，黄白色，两性鞭节均被短纤毛。下唇须淡黄白色，第 1 节弯曲上举，第 2 节前倾，第 3 节前伸；第 2 节分别为第 1、3 节长的 2.5 和 3.0 倍。领片、翅基片及中胸淡黄色，被金属光泽。前翅长约为宽的 3.0 倍，顶角钝；翅面无线条及斑纹，有金属光泽，淡黄色中杂少量褐色；缘毛黄白色。后翅不透明，淡黄色，缘毛黄白色。前后翅反面均茶褐色。腹部黄色至黄褐色。

观察标本：2♂，山西沁水下川东峡，1620m，2012.VII.18，高强、陈娜采。

分布：山西（历山）、内蒙古、天津、河北、山东、河南、陕西、宁夏、青海、新疆、四川、西藏；中欧，亚洲。

4 中国腹刺斑螟 Sacculocornutia sinicolella (Caradja, 1926)

翅展 18.0～19.5mm。头顶被白色粗糙鳞毛。触角黄褐色，雄性鞭节基部缺刻内鳞片簇白色。下唇须黄褐色，明显过头顶；雄性第 2 节弯曲粗壮，内具凹槽，长约为第 3 节的 8.0 倍；雌性第 2 节为第 3 节长的 2.0 倍。前胸雄性白色，雌性黑褐色。前翅底色黑褐色杂少量灰白色鳞片，长约为宽的 3.0 倍；内横线白色，分成 2 段，前缘半部更靠近翅基部，其外侧和后缘半部内侧各镶 1 黑色宽边；外横线白色，波浪形，由前缘至 M_1 向内弯，由 A 脉至后缘外弯，中间由 M_1 至 A 脉形成 1 凹形向外缘的半圆形弧；中室端斑相距很近，似乎连成 1 黑色短横线；外缘线灰色，内侧的缘点清晰、黑色；缘毛烟灰色。后翅半透明，与缘毛皆浅灰色。

观察标本：1♂，山西沁水下川西峡，1500m，2012.VII.16，高强、陈娜采。

分布：山西（历山）、天津、河北、河南、陕西、甘肃、上海、浙江、安徽、贵州；日本。

5 黄须腹刺斑螟 Sacculocornutia flavipalpella Yamanaka, 1990

翅展 14.0～16.5mm。头顶被黄白色或黄色鳞毛。触角雄性柄节和缺刻内鳞片簇白色，其余鞭节深褐色，雌性深褐色。下唇须黄色，明显过头顶，雄性较雌性略粗壮，第 2 节内无凹槽，长约为第 3 节的 2.0 倍；第 3 节末端尖细。领片、翅基片及中胸褐色。前翅底色黑褐色或灰褐色，长约为宽的 2.3 倍；内横线灰白色，锯齿状，位于翅基部 2/5 处；外横线灰白色，波浪形，由前缘到 M_1 内弯，由 A 到后缘外弯，中间由 M_1 到 A 脉形成 1 凹向外缘的半圆形弧；中室端斑黑色，分离；外缘线灰色，内侧的缘点黑褐色；缘毛灰褐色。后翅半透明，与缘毛皆浅灰褐色。腹部背面黑褐色，各节端部镶白边。

观察标本：2♂1♀，山西翼城大河林场，1340m，2012.VII.14，高强、陈娜采。

分布：山西（历山）、天津、河南、贵州；日本。

6 双色云斑螟 Nephopterix bicolorella Leech, 1889

翅展 21.0～28.0mm。头顶隆起，雄性被白色鳞毛，在两触角间形成 1 圆形毛窝，雌性头顶被白色和红褐色相间的鳞毛。触角柄节白色，长约为宽的 2.5 倍，雄性鞭节基部弯曲成弧形缺刻，内密被白色鳞片，其余部分黄褐色；雌性鞭节黄褐色。领片中部白色，两侧和翅基片粉红色，胸部淡黄色。前翅基半部淡栗色，有 2 条红褐色纵脊纹，端半部黑褐色；内横线白色，细锯齿状，外侧被红棕色鳞毛脊；外横线黄白色，较细，波浪形，在 M_1 和 A 脉处各有 1 内向尖角，近前、后缘和中间向外弯曲；外缘线黑褐色，内侧缘点黑色，缘毛黑褐色。后翅半透明，灰褐色，基部较端部色浅，缘毛黄褐色。腹部黄褐色，各节背端部镶黄白色边。

观察标本：3♂1♀，山西翼城大河，1340m，2012.VII.13～14，高强、陈娜采；1♂1♀，山西沁水下川东峡，1620m，2012.VII.18，高强、陈娜采。

分布：山西（历山）、河北、河南、甘肃、浙江、湖北、湖南、福建、重庆、四川、贵州、云南、西藏；日本。

7 果梢斑螟 Dioryctria pryeri Ragonot, 1893

翅展 23.0～24.5mm。头顶被黑褐色与黄白色相间的鳞毛。触角黑褐色。下唇须上举，灰黑色，第 2 节极长，达头顶。雄性下颚须藏于下唇须的凹槽内，雌性下颚须圆柱形，淡黄色。胸、领片及翅基片黑褐色。前翅底色多红褐色，基域、亚基域及外缘域近外横线处锈红色；内、外横线及中室端斑明显；外缘线浅灰色，内侧的缘点黑色，缘毛暗灰色。后翅灰褐色，外缘黑褐色。

观察标本：7♂1♀，山西沁水张马，2012.VII.10，高强、陈娜采；1♀，山西沁水下川，1600m，2012.VII.19，高强、陈娜；2♂1♀，山西翼城大河，1340m，2012.VII.12，高强、陈娜采。

分布：山西（历山）、黑龙江、吉林、辽宁、北京、天津、河北、陕西、河南、江苏、甘肃、安徽、浙江、湖北、江西、湖南、台湾、广东、四川；朝鲜，日本。

8 栗色梢斑螟 Dioryctria castanea Bradley, 1969

翅展 23.0～27.0mm。头顶圆拱，被红褐色鳞毛。触角灰褐色，下唇须上举，灰黑色，末端达头顶，第 1、3 节等长，约为第 2 节长的 1/3。下颚须雄性冠毛状，雌性柱状。胸足黑褐色，各节末端灰白色。胸、领片及翅基片暗红色。前翅底色栗色或红褐色，杂灰色，基域和中域后缘黄褐色；亚基线灰白色，不明显，仅在后缘处可见；内横线较窄，灰白色，小锯齿状；外横线灰白色，窄细，有 2 个内向的钝角和 1 个向外的钝角；中室端斑灰白色，新月形；外缘线褐色，缘毛灰褐色。后翅淡褐色，缘毛淡灰褐色。

观察标本：1♂，山西沁水下川东峡，1620m，2012.VII.18，高强、陈娜采；2♂，山西翼城大河，1340m，2012.VII.12，高强、陈娜采；6♂5♀，山西沁水张马，2012.VII10，高强、陈娜采。

分布：山西（历山）、黑龙江、吉林、辽宁、北京、天津、河北、陕西、河南、江苏、甘肃、安徽、浙江、湖北、江西、湖南、台湾、广东、四川；朝鲜，日本。

9 冷杉梢斑螟 *Dioryctria abietella* (Denis et Schiffermüller, 1775)

翅展 20.2～23.0mm。头顶被褐色与白色相间鳞毛，两触角间及后头灰白色。前翅灰褐色，基线白色，不太明显；亚基线白色，较宽，在近前缘处几乎消失，外侧近后缘处杂黑色，前缘处无；内横线白色，较细，锯齿状明显，中室后缘和 A 脉上分别有 1 内向的尖角，中室前缘和臀折上分别有 1 外向的尖角；内横线外侧镶黑色细边，内侧近后缘处杂淡黄褐色，前缘处无；外横线白色，锯齿状明显，由前缘伸达 M_1 脉，又向外伸达 M_3 脉，之后又向内斜伸，达 3 个小锯齿时至后缘，外横线的内侧镶黑边；中室端斑明显，白色；缘毛褐色。后翅半透明，缘线灰褐色，缘毛灰白色。

观察标本：1♀，山西沁水张马，2012.VII.10，高强、陈娜采。

分布：山西（历山）、黑龙江、吉林、辽宁、北京、天津、河北、陕西、河南、江苏、甘肃、安徽、浙江、湖北、江西、湖南、台湾、广东、四川；朝鲜，日本。

10 牙梢斑螟 *Dioryctria yiai* Mutuura et Munroe, 1972

翅展 20.0～22.0mm。头顶被黑褐色与黄白色相间鳞毛。胸、领片及翅基片黑褐色。前翅底色黑褐色；基域和亚基域淡黄褐色；亚基线浅灰色，不明显，近前缘处几乎消失；内横线明显，浅灰色，中室后缘和 CuA_1 脉处分别有 1 向外的尖角，中室后缘和 A 脉处分别有 1 内向的尖角；外缘线浅灰色，从前缘至 M_1 斜向内伸，又由 M_1 向外斜伸达 M_3，向外伸至 CuA_1，形成 1 极小的弧度后几乎垂直伸向后缘；内横线外侧与外横线内侧各镶 1 黑色边；中室端斑明显，浅灰色；外缘域在近外横线处红褐色，近外缘线处浅灰色。后翅淡褐色，外缘深褐色，缘毛深褐色。

观察标本：1♂1♀，山西沁水张马，2012.VII.10，高强、陈娜采。

分布：山西（历山）、黑龙江、吉林、辽宁、北京、天津、河北、陕西、河南、江苏、甘肃、安徽、浙江、湖北、江西、湖南、台湾、广东、四川；朝鲜，日本。

参 考 文 献

李后魂, 等, 2012. 秦岭小蛾类 昆虫纲: 鳞翅目[M]. 北京: 科学出版社.

李后魂, 任应党, 等, 2009. 河南昆虫志 鳞翅目: 螟蛾总科[M]. 北京: 科学出版社.

王平远, 1980. 中国经济昆虫志(鳞翅目: 螟蛾科)[M]. 北京: 科学出版社.

Caradja A, 1925. Ueber Chinas Pyraliden, Tortriciden, Tineiden nebst kurzen Betrachtungen, zu denen das Studium dieser Fauna Veranlassung gibt. (Eine biogeographische skizze)[J]. Memoriile Sectiunii Stiintifice Academia romana, 3: 257-387.

Pyralidae

Liu Hongxia   Li Houhun

(College of Life Sciences, Nankai University, Tianjin, 300071)

The present research includes 5 genera and 10 species of Phycitinae. The species are distributed in Lishan National Nature Reserve of Shanxi Province.

草螟科 Crambidae

斑野螟亚科 Spilomelinae

和桂青   杜喜翠

（西南大学植物保护学院，重庆，400715）

喙发达。下唇须发达，通常弯曲上举，少数平伸。触角丝状；缺毛隆。前翅 R_3 和 R_4 脉共柄，R_2 与 R_{3+4} 脉靠近或共柄，R_5 脉游离，2A 与 1A 脉通常形成一封闭的环。后翅 $Sc+R_1$ 和 Rs 脉共柄。前、后翅 M_2 和 M_3 脉从中室下角发出。听器间突双叶状。雄性外生殖器爪形突通常发达，形状多变；颚形突通常无；无抱器内突。雌性外生殖器前表皮突通常长于后表皮突，囊突有或无，若有则形状多变，但不为菱形。

该亚科幼虫绝大多数为植食性，许多种类是农、林业上的重要害虫，危害习性多种多样，可蛀食茎干、卷叶或缀叶、蛀果危害等。

斑野螟亚科是草螟科中最大的亚科，世界已知 262 属 3760 余种，中国记录约 100 属 460 余种。山西历山国家级自然保护区分布有 20 属 27 种。

分属检索表

1 下唇须前伸或略下垂 2
- 下唇须上举 4
2 下颚须末节稍膨大 ....伸喙野螟属 Mecyna
- 下颚须末节鳞片扩展 3
3 翅缰钩鳞瓣状；爪形突阔，端部不膨大 ....锥野螟属 Cotachena
- 翅缰钩非鳞瓣状；爪形突细长，端部显著膨大 ....豆荚野螟属 Maruca
4 前翅 R_1 和 R_2 脉共柄 ....纵卷叶野螟属 Cnaphalocrocis
- 前翅 R_1 和 R_2 脉不共柄 5
5 后翅 M_2 与 M_3 脉基半部共柄；CuA_1 脉与 M_{2+3} 脉基部短距离共柄 ....
....须歧野螟属 Trichophysetis
- 后翅 M_2、M_3 和 CuA_1 脉不共柄 6
6 雄性前翅中室有 1 具宽扁鳞片的凹陷，其反面覆盖由中室前缘发出的浓密栉毛................
....栉野螟属 Tylostega
- 雄性前翅中室无具宽扁鳞片的凹陷，其反面无由中室前缘发出的浓密栉毛..............7

7　前翅 R_2 与 R_{3+4} 脉共柄 .... 暗野螟属 *Bradina*

-　前翅 R_2 与 R_{3+4} 脉靠近 8

8　下颚须末节鳞片扩展 9

-　下颚须丝状 12

9　雄性爪形突阔 10

-　雄性爪形突细长或细小 11

10　雄性抱器瓣近菱形，具抱握器，抱器腹基部不超出囊形突末端；雌性无囊突 ....
　　.. 展须野螟属 *Eurrhyparodes*

-　雄性抱器瓣宽大，无抱握器，抱器腹基部超出囊形突末端；雌性具囊突 ....
　　.. 青野螟属 *Spoladea*

11　雄性爪形突细长，末端膨大；雌性囊突有或无，有则非锥刺状 ....
　　.. 绢丝野螟属 *Glyphodes*

-　雄性爪形突细小或细长，末端不膨大或膨大不明显；雌性囊突 2 枚，锥刺状 ....
　　.. 绢须野螟属 *Palpita*

12　爪形突基部宽，中部细，端部略膨大，有的端部分叉 ....
　　.. 蚀叶野螟属 *Lamprosema*

-　爪形突不如上述 13

13　爪形突双乳突状，或端部双乳突状，或末端凹入呈双乳突状或分 2 支 14

-　爪形突不如上述 15

14　下唇须尖细；爪形突端部双乳突状；交配囊长椭圆形 .... 卷野螟属 *Pycnarmon*

-　下唇须适中；爪形突末端凹入呈双乳突状或分 2 支；交配囊圆形或卵圆形 ....
　　..卷叶野螟属 *Syllepte*

15　前翅各脉间有黑色纵长直条纹 ....黑纹野螟属 *Tyspanodes*

-　前翅各脉间无黑色纵长直条纹 16

16　雄性肛管略骨化，两侧具刚毛 .... 须野螟属 *Nosophora*

-　雄性肛管两侧不具刚毛 17

17　爪形突细长，端部膨大 .... 缀叶野螟属 *Botyodes*

-　爪形突阔，或近锥形 18

18　爪形突近锥形，多较狭；下唇须第 3 节隐蔽 .... 切叶野螟属 *Herpetogramma*

-　爪形突阔；下唇须第 3 节裸露 19

19　前翅 R_5 脉直，远离 R_{3+4} 脉；雄性外生殖器颚形突退化 .... 条纹野螟属 *Tabidia*

-　前翅 R_5 脉基部弯向 R_{3+4} 脉；雄性外生殖器通常有颚形突 .... 扇野螟属 *Patania*

1 黄翅缀叶野螟 *Botyodes diniasalis* (Walker, 1859)

　　翅展 28.0～30.0mm。额棕黄色，两侧有白色纵条纹。下唇须腹面白色，背面棕黄色。雄性触角基部具凹陷和耳状突。胸部和翅黄色，翅面斑纹棕黄色至棕褐色。前翅中室圆斑小；中室端斑肾形，斑纹内有 1 白色新月形纹；前中线断续向外弯曲；后中线、亚外缘线波状弯曲；亚外缘线至外缘间除顶角区域外棕黄色至棕褐色。后翅翅面密被浅黄色细长鳞毛；中室端斑新月形；后中线、亚外缘线波状弯曲。腹部黄色至棕黄色，雄性腹末有棕褐色毛簇。

观察标本：14♂20♀，山西沁水下川，2012.VII.26，和桂青采；39♂64♀，山西翼城大河，2012.VII.27～28/31，和桂青采。

分布：山西（历山）、辽宁、内蒙古、北京、河北、山东、河南、陕西、宁夏、甘肃、江苏、安徽、浙江、湖北、湖南、福建、台湾、广东、海南、广西、重庆、四川、贵州、云南；朝鲜，日本，缅甸，印度。

2 狭瓣暗野螟 *Bradina angustalis* Yamanaka, 1984

翅展 19.0～24.0mm。额白色，前端淡褐色，近头顶具 1 褐色斑。触角淡黄色，背面具黑褐色环。下唇须腹面白色，端部及背面褐色或黑褐色。领片、翅基片、胸部和腹部淡褐色或黄褐色。前、后翅淡褐色或淡黄褐色。前翅前缘域色稍深，外缘线褐色或暗褐色；前中线、后中线、中室圆斑、中室端斑黑色或黑褐色；中室端斑新月形；前中线向外弯曲；后中线位于翅基部约 2/3 处，与外缘近平行。后翅后中线、中室端斑黑色或黑褐色；中室端斑新月形；后中线略外弯。雄性腹部细长。

观察标本：1♀，山西沁水下川，2012.VII.26，和桂青采。

分布：山西（历山）、河南、甘肃、江苏、湖北、贵州；日本。

3 稻纵卷叶野螟 *Cnaphalocrocis medinalis* (Guenée, 1854)

翅展 16.0～20.0mm。头顶黄白色，具两条褐色纵纹。触角棕黄色。下唇须褐色，腹面白色。胸、腹部黄色；腹部各节后缘白色，具暗褐色横纹，末节黑褐色，两侧具纵白斑。前翅浅黄色，前翅沿前缘及外缘有较宽的暗褐色带；雄性前缘近中部有黑褐色毛簇，中室近基部及其上方有竖立毛簇；中室端斑暗褐色，弯月形；前中线褐色，略向外弯曲；后中线微波状，向内倾斜。后翅黄色；外缘有暗褐色带；中室端斑暗褐色；后中线褐色，略向外倾斜。

观察标本：1♀，山西翼城大河，2012.VII.31，和桂青采。

分布：山西（历山）、黑龙江、吉林、辽宁、内蒙古、北京、天津、河北、山东、河南、陕西、青海、江苏、上海、浙江、湖北、江西、湖南、福建、台湾、广东、广西、重庆、四川、贵州、云南、西藏；朝鲜，日本，越南，缅甸，泰国，马来西亚，印度尼西亚，菲律宾，印度，澳大利亚，巴布亚新几内亚，马达加斯加。

4 艾尔锥野螟 *Cotachena alysoni* Whalley, 1961

翅展 18.0～21.0mm。额黄白色，前端两侧黑色。触角黄色，雄性腹面纤毛约与触角直径等长。下唇须端部及背面黑褐色，腹面白色。领片、翅基片、胸部背面黄白色至橙黄色。前翅底色橙黄色或淡黄色，散布褐色鳞片；中室内具 1 方形大白斑；翅基部 2/3 处在 R_4 与 M_2 脉之间具 1 弯月形大斑，该斑上方前缘处黄色；翅中部 CuA_2 脉下具 1 圆形或椭圆形白斑；各斑周缘暗褐色；前中线暗褐色，略向外倾斜弯曲；后中线波状，暗褐色，在 M_2 与 CuA_2 脉之间向外弯；沿外缘有一系列暗褐色小斑。后翅黄色或黄白色，外缘橙黄色；中室端斑淡褐色或淡黄褐色；后中线淡褐色或黄褐色，在 M_2 与 CuA_2 脉之间向外弯。腹部黄色或橙黄色。

观察标本：1♂，山西沁水下川，2012.VII.26，和桂青采；2♂，山西翼城大河，2012.VII.27，和桂青采。

分布：山西（历山）、河南；日本，泰国，马来半岛，印度。

5 叶展须野螟 *Eurrhyparodes bracteolalis* (Zeller, 1852)

翅展 16.0～20.0mm。触角为黄褐相间环纹状，雄性触角腹面具短纤毛。下唇须弯曲上举，基部腹面白色，端部褐色，第 3 节裸露。下颚须褐色，末节鳞片扩展。胸部铅褐色，后胸后缘黄色。前翅狭长，铅褐色，翅面上有很多黄色斑纹；中室内有 2 黄色小斑，中室端斑黄色；

中室端至翅内缘有 1 黄色不规则大斑；前翅前缘基部约 3/4 处有 1 椭圆形毛瘤。后翅黄色或黄白色，前缘和外缘褐色杂有黄色小斑；中室内有 1 不规则褐色斑；内缘近基部 2/3 处、M_2 和 CuA_2 脉之间各有 1 褐色斑。腹部铅褐色，杂有黄色或黄褐色鳞片。

观察标本：2♂，山西翼城大河，2012.VII.28，和桂青采。

分布：山西（历山）、河南、陕西、江苏、上海、安徽、浙江、湖北、湖南、福建、台湾、广东、广西、重庆、四川、贵州、云南；日本，缅甸，泰国，印度尼西亚，印度，斯里兰卡，澳大利亚。

6 四斑绢丝野螟 Glyphodes quadrimaculalis (Bremer et Grey, 1853)

翅展 31.5～38.0mm。头顶黑褐色，两侧近复眼处有两白色细条。触角棕黄色至棕色，背面被银灰色鳞片。下唇须弯曲上举，腹面白色，其余黑褐色。胸部黑褐色；翅基片白色。前翅黑色，有 4 白斑，最外侧白斑下侧沿翅外缘有 5 个小白斑排成 1 列。后翅白色，半透明，外缘具 1 黑色宽带。腹部黑褐色，各节后缘色浅；雄性尾毛黑色。

观察标本：4♂4♀，山西沁水下川，2012.VII.25～26，和桂青采；6♂1♀，山西翼城大河，2012.VII.27～31，和桂青采。

分布：山西（历山）、黑龙江、吉林、辽宁、天津、河北、山东、河南、陕西、宁夏、甘肃、青海、浙江、湖北、江西、湖南、福建、台湾、广东、四川、贵州、云南、西藏；朝鲜，日本，俄罗斯（西伯利亚、远东地区），印度尼西亚，印度（锡金等）。

7 暗切叶野螟 Herpetogramma fuscescens (Warren, 1892)

翅展 15.0～28.0mm。体褐色或暗褐色。触角腹面淡黄色，背面褐色；雄性腹面纤毛约为触角直径的 1/2。下唇须腹面白色，端部及背面黑褐色或暗褐色。领片、翅基片、胸部及腹部褐色或暗褐色。足黄白色，前足腿节端部、胫节端半部黑褐色。前、后翅褐色或暗褐色，其上斑和线黑褐色。前翅前中线略向外倾斜弯曲；中室圆斑、中室端斑黑褐色，中室端斑条状；后中线波状弯曲。后翅中室端斑条状，多不清晰；后中线在 M_2 与 CuA_2 脉间略向外弯。

观察标本：1♂，山西沁水下川，2012.VII.26，和桂青采。

分布：山西（历山）、天津、河北、河南、陕西、安徽、湖北、台湾、四川、西藏；日本，印度。

8 水稻切叶野螟 Herpetogramma licarsisalis (Walker, 1859)

翅展 20.0～24.0mm。雄性触角腹面纤毛长约为触角直径的 1/2。下唇须略向上弯，基部腹面白色，端部褐色。雄性前翅前缘下侧基部向外有黑色厚鳞毛；前足胫节端半部、跗节基部具长毛。前、后翅褐色，前翅中室圆斑暗褐色，中室端斑黑褐色；前中线暗褐色弯曲，后中线暗褐色，在 CuA_1 与 CuA_2 脉之间向内弯曲，末端达中室端斑下方内缘处。后翅中室内有 1 暗褐色斑，后中线呈锯齿状弯曲。

观察标本：3♀，山西翼城大河，2012.VII.27～28，和桂青采。

分布：山西（历山）、江苏、上海、安徽、浙江、江西、湖南、福建、台湾、广东、广西、重庆、四川、贵州、云南、西藏；朝鲜，日本，越南，马来西亚，印度尼西亚，印度（锡金），斯里兰卡，澳大利亚。

9 葡萄切叶野螟 Herpetogramma luctuosalis (Guenée, 1854)

翅展 23.0～31.0mm。额褐色，两侧有白条。触角棕褐色，背面灰黑色；雄虫触角基节端部内侧有 1 细锥状突，鞭节第 1 小节内侧具 1 个凹窝，腹面纤毛不明显。下唇须白色，端部及背面黑褐色。胸、腹部褐色；各腹节后缘白色。前足腿节和胫节末端褐色。前翅黑褐色；

前中线淡黄色向外倾斜；中室圆斑淡黄色；中室端脉内侧有 1 淡黄白色方形斑；后中线淡黄色弯曲，其前、后缘各有 1 淡黄色斑，前缘的斑较后缘的稍大。后翅黑褐色，前缘区域基半部黄白色；中室有 1 小黄点；后中线阔，黄色，弯曲。

观察标本：2♂，山西翼城大河，2012.VII.27/31，和桂青采。

分布：山西（历山）、黑龙江、吉林、河北、河南、陕西、甘肃、江苏、浙江、湖北、湖南、福建、台湾、广东、海南、重庆、四川、贵州、云南；朝鲜，日本，俄罗斯（远东地区、西伯利亚），越南，印度尼西亚，印度，尼泊尔，不丹，斯里兰卡，欧洲南部，非洲东部。

10 狭翅切叶野螟 *Herpetogramma pseudomagna* Yamanaka, 1976

翅展 24.0～30.0mm。额淡褐色或淡黄褐色。触角黄色，背面被褐鳞；雄性腹面纤毛长约为触角直径的 1/2。下唇须白色，顶端及背面褐色。胸、腹部淡褐色或淡黄褐色。前、后翅褐色。前翅中室圆斑和中室端斑黑褐色，两斑之间淡黄色；前中线暗褐色，波状外弯；后中线暗褐色，波状，在 M_2 与 CuA_2 脉之间向外弯；前中线内侧及后中线外侧具黄色带纹。后翅中室端部黑褐色；后中线暗褐色，弯曲同前翅。

观察标本：1♂，山西翼城大河，2012.VII.27，和桂青采。

分布：山西（历山）、河南、陕西、甘肃、浙江、湖北、福建、四川；日本，印度。

11 黑点蚀叶野螟 *Lamprosema commixta* (Butler, 1879)

翅展 15.0～20.0mm。额、头顶白色。触角黄色或黄褐色；雄性腹面纤毛约与触角直径等长，近中部几节具栉毛。下唇须基部白色，端部褐色；第 3 节裸露。胸部淡黄色杂褐色斑。前翅淡黄色；基域具 3 褐色至暗褐色大斑，基部前缘具 1 黑色斑：中室圆斑暗褐色，环状；中室端斑暗褐色，近方形；翅前缘中室端斑上方有 1 褐色环斑；中室下侧有 1 暗褐色大斑；前中线黑色，波状；后中线黑色，由前缘向内倾斜至 M_1 脉，在 M_1 与 CuA_2 脉之间向外突出，后内弯达内缘；外缘为黄褐色阔带，沿外缘线有 1 排黑色三角形小斑。后翅黄白色，基部有 1 褐色大斑；中室端有 2 平行的棒状细斑；外缘为褐色阔带，沿外缘线有 1 排黑色小斑。腹部淡黄色，末端多有 1 褐色斑。

观察标本：1♀，山西翼城大河，2012.VII.27，和桂青采。

分布：山西（历山）、北京、天津、河南、陕西、甘肃、安徽、浙江、湖北、湖南、福建、台湾、广东、海南、重庆、四川、贵州、云南、西藏；日本，越南，马来西亚，印度尼西亚，印度，斯里兰卡。

12 黑斑蚀叶野螟 *Lamprosema sibirialis* (Millière, 1879)

翅展 17.0～22.0mm。额淡黄色。下唇须腹缘淡黄，背缘深褐色；第 3 节细长。胸部淡褐色，有深褐色斑纹。腹部深褐色。前翅黑褐色，翅基部有黄色斜条纹；前中线黄色，半圆形弯曲；中室圆斑黄色点状，其两侧有淡黄色方形斑；中室端斑黄色条状；后中线淡黄色弯曲；后中线内侧前缘及后缘各有 1 淡黄色大斑，后缘黄色斑外侧有 1 黄色细线。后翅黑褐色，翅基淡黄色；中室端有 1 黑斑，黑斑外侧有 1 大黄色斑；后中线细弱弯曲。

观察标本：2♂2♀，山西沁水下川，2012.VII.24/26，和桂青采；3♂2♀，山西翼城大河，2012.VII.27～31，和桂青采。

分布：山西（历山）、黑龙江、北京、天津、河北、河南、陕西、甘肃、安徽、浙江、湖北、江西、福建、广东、四川、贵州；朝鲜，日本。

13 豆荚野螟 *Maruca vitrata* (Fabricius, 1787)

翅展 23.0～28.5mm。额棕褐色，两侧、正中和前缘各有 1 白条纹。下唇须褐色，基部及腹面白色；稍向上举，第 3 节向前平伸。胸、腹部棕褐色。前翅棕褐色或黑褐色，沿前缘棕黄色；中室内有 1 具黑色边缘的不规则透明斑；中室后缘中部下方有 1 小透明斑；中室外在 R 脉与 CuA_2 脉之间有 1 不规则透明长斑。后翅白色，半透明；外缘域有 1 棕褐色或黑褐色阔带，其内侧为向内突起的山峰状；中室内近前缘和中室上角处各有 1 黑斑；后中线纤细，波纹状；翅下方在后中线与外缘之间有不连续的淡褐色线。

观察标本：3♂2♀，山西沁水下川，2012.VII.24/26，和桂青采；2♂8♀，山西翼城大河，2012.VII.27，和桂青采。

分布：山西（历山）、内蒙古、北京、天津、河北、山东、河南、陕西、甘肃、江苏、上海、安徽、浙江、湖北、江西、湖南、福建、台湾、广东、海南、广西、重庆、四川、贵州、云南、西藏；朝鲜，日本，印度，斯里兰卡，澳大利亚，欧洲，尼日利亚，坦桑尼亚，非洲北部，美国（夏威夷）。

14 杨芦伸喙野螟 *Mecyna tricolor* (Butler, 1879)

翅展 22.0～24.0mm。头黑褐色，头顶锈黄色。触角腹面黄色至棕黄色，背面灰褐色。下唇须基部及腹面白色，其余褐色或黑褐色；末节前伸。胸、腹部灰褐色，腹部各节后缘白色。前、后翅黑褐色；前翅中室内有 1 淡黄色方形小斑；中室下方有 1 淡黄色方形斑；中室端黑色，其外侧有 1 淡黄色肾形斑；前、后中线淡黄色弯曲不明显。后翅中部有 1 淡黄色宽横带，在 M_2 与 CuA_2 脉之间向外凸出；后中线淡黄色仅前缘明显。

观察标本：1♂，山西沁水下川，2012.VII.23，和桂青采。

分布：山西（历山）、黑龙江、北京、河北、山东、河南、陕西、甘肃、浙江、湖北、湖南、福建、台湾、广东、四川、贵州、云南；朝鲜，日本。

15 茶须野螟 *Nosophora semitritalis* (Lederer, 1863)

翅展 25.0～32.0mm。额黄白色，头顶白色。雄性触角腹面纤毛约与触角直径等长。下唇须黄褐色，基部腹面白色；雄性第 2 节腹面具灰黑色须状长毛。胸、腹部黄褐色。前翅基半部黄褐色，其余茶褐色或黄褐色；中室圆斑淡褐色或褐色；中室端斑黄色或淡褐色，周缘茶褐色；中室上、下角各有 1 半透明白斑，有的两斑相连；前、后中线褐色，波状弯曲。后翅茶褐色，基部及前缘黄白色；中室外有 1 半透明方形大白斑。

观察标本：1♂，山西翼城大河，2012.VII.28，和桂青采。

分布：山西（历山）、河南、甘肃、安徽、浙江、湖北、江西、湖南、福建、台湾、广东、海南、重庆、四川、贵州、云南；日本，缅甸，印度尼西亚，菲律宾，印度（锡金）。

16 白蜡绢须野螟 *Palpita nigropunctalis* (Bremer, 1864)

翅展 28.0～36.0mm。体白色。额白色散布黄色鳞片，两侧黑褐色。触角背面白色，腹面橙黄色。下唇须基部 2/3 白色，端部及背面黄褐色。胸部和腹部白色。足白色，前足基节端部外侧褐色，胫节、腿节外侧赭黄色杂褐色。前、后翅白色。前翅前缘域赭黄色；中室基斑、中室圆斑为黑色点状斑；中室上、下角处各具 1 黑色点状斑；CuA_2 脉近基部与 A 脉之间有 1 黑褐色环斑。后翅中室端有黑色斜斑纹；中室下角处有 1 黑色点状斑。前、后翅亚外缘线暗褐色，与翅外缘平行；各脉端具黑色小点。

观察标本：122♂46♀，山西沁水下川，2012.VII.23～24/26，和桂青采；243♂9♀，山西翼城大河，2012.VII.27～31，和桂青采。

分布：山西（历山）、黑龙江、吉林、辽宁、河北、河南、陕西、甘肃、青海、江苏、浙江、湖北、福建、台湾、重庆、四川、贵州、云南、西藏；朝鲜，日本，越南，印度尼西亚，菲律宾，印度，斯里兰卡。

17 三条扇野螟 *Patania chlorophanta* (Butler, 1878)

翅展 24.5～28.0mm。额淡黄色。触角黄色；雄性腹面纤毛长约为触角直径的 1/3。下唇须基部及腹面白色，端部及背面橘黄色。下颚须淡黄色。胸、腹部黄色。腹部各节后缘白色，第 7 腹节背面有 1 条黑色横带。前翅黄色；中室圆斑和中室端脉斑褐色；前中线黑褐色，略向外弯；后中线褐色，在 M_2 至 CuA_2 脉之间向外凸出。后翅中室端脉斑浅褐色；后中线与前翅相似。

观察标本：4♂2♀，山西翼城大河，2012.VII.27～28，和桂青采。

分布：山西（历山）、内蒙古、天津、河北、山东、河南、陕西、宁夏、甘肃、江苏、安徽、浙江、湖北、江西、湖南、福建、台湾、广东、广西、重庆、四川；朝鲜，日本。

18 亮斑扇野螟 *Patania expictalis* (Christoph, 1881)

翅展 25.0～30.0mm。额褐色；头顶黄色。触角黄色，背面褐色。下唇须白色，端部及腹面褐色；第 3 节短钝。胸、腹褐色或黄褐色。前、后翅褐色。前翅前缘及外缘黄色或黄褐色；沿外缘有 1 排褐色近三角形小斑；中室圆斑黄色；中室端外侧有 1 黄色大斑。后翅中室端外侧有 1 黄色大斑。

观察标本：1♂1♀，山西沁水下川，2012.VII.24，和桂青采。

分布：山西（历山）、天津、河南；韩国，日本。

19 四斑扇野螟 *Patania quadrimaculalis* (Kollar *et* Redtenbacher, 1844)

翅展 27.0～34.0mm。体、翅褐色。触角基部暗褐色，其余褐色；下唇须略上举，基半部白色，端部褐色；胸、腹部褐色，腹部各节后缘白色；足灰白色。前翅中室圆斑白色，中室外侧斑白色肾形。后翅中室圆斑白色，不清晰，中室端斑近圆形。

观察标本：1♂，山西沁水下川，2012.VII.26，和桂青采。

分布：山西（历山）、黑龙江、辽宁、河北、山东、河南、甘肃、浙江、湖北、江西、湖南、福建、台湾、广东、重庆、四川、贵州、云南、西藏；朝鲜，日本，俄罗斯（远东地区），印度尼西亚，印度（锡金）。

20 显纹卷野螟 *Pycnarmon radiata* (Warren, 1896)

翅展 18.0～21.0mm。额白色。下唇须白色，背面黑褐色；第 3 节短小，裸露。触角黄色或浅黄色。胸、腹部乳白色。中、后胸背面分别具 2 黑斑。前、后翅乳白色，近外缘区域浅黄色。前翅顶角处白色；基部有两黑斑；前缘近基部 1/3 处、内缘近基部分别有 1 黑斑；中室圆斑黑褐色；中室端斑圆形，黑褐色；前中线褐色，仅中室下方明显；中室下角下方有 1 伸向外缘的黑褐色斜纹，该斜纹与前中线之间有 1 向外倾斜伸向内缘的粗斜纹；前缘近端部 1/3 处伸出 1 黑褐色斜纹弯至外缘中部；外缘线断续，黑褐色。后翅中室圆斑黑褐色；中室端斑椭圆形，黑褐色；后中线波状弯曲，近内缘处加粗；外缘线黑褐色。

观察标本：1♀，山西翼城大河，2012.VII.27，和桂青采。

分布：山西（历山）、河南、陕西、甘肃、安徽、湖北、福建、广东、香港、广西；印度，中欧。

21 甜菜青野螟 *Spoladea recurvalis* (Fabricius, 1775)

翅展 17.0～23.0mm。额白色，有棕褐色条纹。触角基节膨大，雄性基节膨大成耳状突起。下唇须白色。第 1 节端部背面、第 2 节端部和第 3 节黑褐色。胸、腹部褐色，腹部背面各节后缘白色。前、后翅褐色。前翅前中线淡褐色，不明显；中室端有 1 白斑；后中线白色宽阔，由前缘 3/4 处伸至中部后向内弯曲，至中室下角与中室端斑相连接。后翅中部有 1 白色横带。

观察标本：1♂，山西沁水下川，2012.VII.26，和桂青采。

分布：山西（历山）、黑龙江、吉林、辽宁、内蒙古、北京、天津、河北、山东、河南、陕西、甘肃、青海、安徽、浙江、湖北、江西、湖南、福建、台湾、广东、广西、重庆、四川、贵州、云南、西藏；朝鲜，日本，越南，缅甸，泰国，印度尼西亚，菲律宾，印度，尼泊尔，不丹，斯里兰卡，澳大利亚，非洲（东部和南部），北美洲，南美洲。

22 齿纹卷叶野螟 *Syllepte invalidalis* South, 1901

翅展 25.0～28.0mm。体、翅浅褐色至褐色。下唇须弯曲上举，基半部白色，端半部黄褐色。触角褐色有稀疏纤毛。胸、腹部浅褐色至褐色。前翅中室圆斑褐色，中室端脉斑褐色肾形，中央白色或淡褐色；前中线褐色；后中线褐色，前缘至 CuA_1 脉部分呈锯齿状，CuA_1 脉后向内弯曲达中室端脉斑下方；外缘具褐色宽带。后翅中室内有 1 圆斑；后中线褐色，CuA_1 脉后向内弯曲达中室圆斑下方。

观察标本：6♂2♀，山西沁水下川，2012.VII.24/26，和桂青采；18♂1♀，山西翼城大河，2012.VII.27～31，和桂青采。

分布：山西（历山）、天津、河北、河南、陕西、甘肃、安徽、浙江、湖北、江西、福建、广东、重庆、四川；韩国，日本。

23 细条纹野螟 *Tabidia strigiferalis* Hampson, 1900

翅展 18.0～24.0mm。体淡黄色。触角淡黄色或赭黄色。下唇须黄白色，第 1 节端部背面具褐色鳞片。足白色；前足腿节具黑色带纹，胫节端部黑色，跗节各节末端具黑色环纹。前翅淡黄色；基部具 1 黑色斑；前中线黑色或暗褐色，仅中室和内缘处清楚，其内侧中室下有 1 黑斑；中室圆斑和中室端斑黑色；中室外侧有一系列黑色短纵纹呈弧形弯曲；后中线有一系列黑色或暗褐色斑组成，由前缘至 CuA_1 脉向外弧形弯曲，后向内达中室端下方，向下以 1 斑达内缘近臀角处。后翅黄白色，半透明；后中线由一系列不清晰黄褐色斑纹组成。腹部淡黄色，除第 1 节外各节基部中央各具 1 黑色或暗褐色斑。

观察标本：2♂，山西沁水下川，2012.VII.24/26，和桂青采；4♂，山西翼城大河，2012.VII.27～29，和桂青采。

分布：山西（历山）、黑龙江、辽宁、天津、河北、河南、陕西、甘肃、安徽、浙江、湖北、福建、广东、海南、四川、贵州；韩国，俄罗斯（伯力）。

24 红缘须歧野螟 *Trichophysetis rufoterminalis* (Christoph, 1881)

翅展 9.0～14.0mm。下唇须白色，第 2 节侧面及背面褐色。下颚须褐白相间，末节白色。头、胸部白色；腹部浅褐色，各节后缘白色。前翅白色，中域浅黄色或褐色；前中线不明显；后中线黄褐色，在中部向外突出成角；后中线至翅外缘黄褐色，沿外缘有 4 个黑褐色斑点。后翅白色，中域淡褐色；中室端斑暗褐色；后中线暗褐色，波状。

观察标本：10♂1♀，山西翼城大河，2012.VII.28～29，和桂青采。

分布：山西（历山）、河北、河南、陕西、安徽、浙江、湖北、湖南、福建、台湾、广东、贵州、云南；日本，俄罗斯（远东地区），印度。

25 淡黄栉野螟 *Tylostega tylostegalis* (Hampson, 1900)

翅展 19.0～24.0mm。雄性触角腹面纤毛约与触角直径等长。下唇须白色或黄白色，第 2 节背面及端部褐色，末节黄白色或淡黄色。胸部黄白色，各节均具 1 褐色斑。前翅淡黄色，散布褐色或黑褐色鳞片；基部具黑色或暗褐色斑；中室端斑黑褐色；前、后中线黑褐色；后中线波状弯曲；沿外缘有一系列黑色小斑。后翅黄白色，基部具 1 暗褐色大斑；中室端斑暗褐色，近圆形；端半部有 2 褐色大斑，近内缘有 1 短横带；沿外缘有一系列黑色小斑。腹部第 1 节白色，其余淡黄色，第 2～5 节散布褐色或黑褐色鳞片。

观察标本：2♂，山西翼城大河，2012.VII.31，和桂青采。

分布：山西（历山）、河北、河南、陕西、甘肃、江苏、上海、浙江、湖北、江西、湖南、福建、台湾、广东、重庆、四川、贵州；韩国，日本，俄罗斯。

26 梳角梫野螟 *Tylostega pectinata* Du et Li, 2008

翅展 18.0～21.0mm。额淡黄色或黄白色。雄性触角腹面纤毛约与触角直径等长。下唇须白色或黄白色，第 2 节背面及端部褐色，末节黄白色或淡黄色。胸部黄白色或淡黄色，各节均具 1 褐色斑。前翅淡黄色，散布褐色鳞片；基部具黑色或暗褐色斑；中室端斑黑褐色；前、后中线黑褐色；前中线略向外弯；后中线波状弯曲；沿外缘有一系列黑褐色小斑。后翅黄白色，基部具 1 暗褐色斑；中室端斑暗褐色，肾形；沿外缘域至内缘近中部有 1 由褐色带纹组成的褐色阔区域；沿外缘散布一些暗褐色小斑。腹部第 1 节白色具两褐色斑，其余淡黄色，第 2～5 节散布褐色或黑褐色鳞片。

观察标本：1♂，山西沁水下川，2012.VII.24，和桂青采。

分布：山西（历山）、河南、甘肃、安徽、湖北、福建、广西、贵州、云南。

27 橙黑纹野螟 *Tyspanodes striata* (Butler, 1879)

翅展 26.0～31.0mm。体、翅橙黄色。触角橙黄色。下唇须淡黄色有黑色斑。前翅基部有 1 黑点，中室内有 2 黑斑；各翅脉间有黑色纵条纹，沿翅内缘的 1 条中断为 2 条；臀区近基部有 1 黑斑；缘毛基部黄色，端部银灰色。后翅橙黄，色泽略浅于前翅，外缘有黑色阔带。腹部橙黄色，或基部橙黄，端部几节灰黑色。

观察标本：1♂1♀，山西沁水下川，2012.VII.24，和桂青采；1♀，山西翼城大河，2012.VII.27，和桂青采。

分布：山西（历山）、山东、河南、陕西、甘肃、江苏、浙江、湖北、江西、湖南、福建、台湾、广东、广西、重庆、四川、贵州、云南；朝鲜，日本。

参 考 文 献

杜喜翠, 2009. 草螟科: 斑野螟亚科[m]//李后魂, 任应党, 等. 河南昆虫志鳞翅目: 螟蛾总科. 北京: 科学出版社: 237-305.

杜喜翠, 李后魂, 2012. 螟蛾总科: 草螟科: 斑野螟亚科[m]//李后魂, 等. 秦岭小蛾类昆虫纲: 鳞翅目. 北京: 科学出版社: 562-642.

杜艳丽, 李后魂, 2001. 螟蛾科: 野螟亚科[m]//吴鸿, 潘承文. 天目山昆虫. 北京: 科学出版社: 563-571.

王平远, 1980. 中国经济昆虫志. 第二十册. 鳞翅目: 螟蛾科[m]. 北京: 科学出版社.

Bae Y S, Byun B K, Paek M K, 2008. Pyralid moths of Korea (Lepidoptera: Pyraloidea)[M]. Korea National Arboretum Soul: Samsung A D-com.

Caradja A, 1925. Ueber Chinas Pyraliden, Tortriciden, Tineiden nebst kurzen Betrachtungen, zu denen das Studium dieser Fauna Veranlassung gibt. (Eine biogeographische skizze)[J]. *Memoriile Sectiunii Stiintifice. Academia romana.*, 3: 257-383.

Du X C, Li H H, 2008. A review of *Tylostega* Meyrick from Mainland China (Lepidoptera, Crambidae, Spilomelinae), with descriptions of four new species[J]. Zootaxa, 1681: 51-61.

Yamanaka H, 1984. Revisional study of some species of Bradina Lederer from Japan, China and Taiwan (Lepidoptera: Pyralidae, Pyraustinae)[J]. Tinea, 11(19): 161-176.

Yamanaka H, 2001. Two new species of the genus *Cotachena* Moore (Lepidoptera, Crambidae, Pyraustinae) from Japan and Taiwan[J]. Tinea, 16 (5): 297-300.

Zhang D D, Li H H, 2005. A taxonomic study on *Palpita* Hübner from China (Lepidoptera: Crambidae: Pyraustinae)[J]. Acta Zootaxonomica Sinica, 30(1): 144-149.

Crambidae

He Guiqing　　Du Xicui

(College of Plant Protection, Southwest University, Chongqing, 400715)

The species diversity of the subfamily Spilomelinae in Lishan Nature Reserve of Shanxi Province was investigated. A total of 27 species in 20 genera of Spilomelinae are reported in this paper. The specimens are deposited in College of Plant Protection, Southwest University, China.

薄翅螟亚科 Phycitinae

陈娜　　李后魂

（南开大学生命科学学院，天津，300071）

额圆，有时稍突出。下唇须斜向上举，第 1 节最长，第 3 节短且部分隐于第 2 节的鳞片之中。下颚须显著。具单眼。喙发达。前翅近三角形，前缘直，外缘钝斜，常具清晰的前、后中线；中室略长于翅长的一半，R_1 脉自中室前缘基部近 2/3 处伸出，R_2 脉自由，自中室近前角伸出，R_3 与 R_4 脉共柄长度约为中室前角至翅顶角距离的 2/3，R_5 脉自由，M_2 与 M_3 脉自中室后角伸出，CuA_2 脉自中室后缘基部 2/3 处伸出。后翅宽，外缘颜色常加深；中室不及翅长的一半，Rs 与 M_1 脉共短柄，后与 $Sc+R_1$ 脉并接，M_2、M_3 与 CuA_1 脉均自中室后角伸出，M_2 与 M_3 脉在基部接近，CuA_2 脉自中室后缘基部 2/3 处伸出。

幼虫主要危害十字花科植物。幼虫在土中结茧越冬，春季化蛹，1 年发生 1 或 2 代。

除澳洲区外在世界各大区均有分布，世界已知 96 种，中国记录 7 种，山西历山自然保护区采集到 1 属 2 种。

1 菜薄翅螟 *Evergestis tonkinalis* Leraut, 2012

翅展 25.0～30.0mm。前翅浅黄色，近顶角处黄褐色：前中线黄褐色，自前缘基部 1/3 处呈 "Z" 形弯曲至中室后缘端部 1/4 处，后内斜直至后缘基部 1/4 处；中室端斑近平行四边形，浅灰黑色；后中线黄褐色，自前缘端部 1/5 处呈波浪状弯曲至 M_1 脉中部，后内斜几乎直至后缘中部；亚外缘线浅黄褐色，不显著，自顶角内斜至后缘端部 1/5 处；R_4 至 CuA_2 脉在中室端部与亚外缘线之间黄褐色；外缘线黑色；缘毛基部 1/3 浅黄褐色，端部 1/3 黑色，中部白色，顶角处黑色。后翅浅黄白色；后中线灰黑色，自 M_1 脉端部 1/5 处与外缘平行至 3A 脉端部 1/4 处；CuA_2 脉端部 1/5 被灰黑色鳞片；外缘线浅黄色，在 CuA_1 与 1A 脉之间黑色；缘毛浅黄色。

观察标本：1♀，山西沁水下川西峡，1548m，2012.VII.16，高强、陈娜采。

分布：山西（历山）、北京、天津、甘肃、湖北、四川、贵州、云南。

2 斑薄翅螟 Evergestis junctalis (Warren, 1892)

翅展 16.0～20.0mm。翅基片和胸部背面黑褐色，腹面浅黄白色；领片背面深灰褐色，两侧浅黄色。腹部黑褐色，每节后缘黄色。前翅黑褐色：前缘端部 2/5 处下方、中室端部外侧具 1 黄色近椭圆形斑，达 M_2 脉基部 1/4 处；中室中部有 1 黄色长斑自中室前缘端部 1/4 处渐宽至 CuA_2 脉，后稍渐窄达后缘中部，内侧几乎直，前端平截，后端直；缘毛灰黑色。后翅黑褐色；自前缘中部有 1 黄色近椭圆形大斑渐窄至 1A 脉端部 2/5 处；缘毛基部 1/3 灰黑色，端部 2/3 黄色，近臀角处浅黄褐色。足银白色，前足和中足外侧深灰褐色。

观察标本：1♀，山西翼城大河，2012.VII.14，高强、陈娜采；7♂5♀，山西沁水下川西峡，2012.VII.16，高强、陈娜采；1♀，山西沁水下川东峡，2012.VII.18，高强、陈娜采。

分布：山西（历山）、黑龙江、北京、天津、河北、河南、陕西、宁夏、甘肃、湖北、四川、云南。

参 考 文 献

宋士美, 贺眉寿, 1997. 鳞翅目: 螟蛾科[M]//杨星科, 长江三峡库区昆虫(下), 重庆: 重庆出版社: 1096-1220.

王平远, 1980. 中国经济昆虫志(鳞翅目: 螟蛾科)[M]. 北京: 科学出版社.

Goater B, 2005. Evergestinae[M]//Huemer P, Karsholt O. Microlepidoptera of Europe 4. Stenstrup: Apollo Books.

Leraut P J A, 2012. Zygaenids, Pyralids 1 and Brachodids. Moths of Europe[M]. Milan: Libreria della Natura.

Warren W, 1892. Descriptions of new genera and species of Pyralidae contained in the British Museum collection[J]. Annals and Magazine of Natural History, including Zoology, Botany and Geology, London, 9(6): 172-179, 294-302, 389-397, 429-442.

Phycitinae

Chen Na   Li Houhun

(College of Life Sciences, Nankai University, Tianjin, 300071)

The present research includes 2 species of the genus *Evergestis* in Phycitinae. The species are distributed in Lishan National Nature Reserve of Shanxi Province.

凤蝶科 Papilionidae

牛瑶

（河南师范大学生命科学学院，新乡，453007）

体为大型，翅三角形，后翅外缘通常有 1 或长或短的尾状后突。底色黄色、绿色或黑色，具有黑色、蓝色、绿色、红色、白色斑纹。前翅径脉 5 条，臀脉 2 条，臀横脉 1 条；后翅臀脉 1 条，钩状肩脉 1 条。

1 中华麝凤蝶 Byasa confusa (Rothschild, 1895)

翅展 76～87mm，体黑色，两侧与尾端具红色长毛。雄性翅黑色，有蓝色丝绢光泽；雌性灰褐色。前翅中室有 4 条黑褐色纵纹，翅室内也有黑褐色纵纹；后翅沿前后缘有新月形红色斑，雄性通常具 3～5 个斑，雌性通常为 6 个斑，且较雄性显著。前翅反面同正面，后翅具7 个红斑，顶端 1 个红斑很小，点状。尾状突起较长。

分布：山西、陕西、甘肃、安徽、四川、广西、西藏。

2　长尾麝凤蝶 *Byasa impediens* (Rothschild, 1895)

翅展 73mm。该种与麝凤蝶相似,外形主要区别:后翅新月形红色斑较细长,尾状突起显著狭长。

分布:山西、河南、江西。

3　灰绒麝凤蝶 *Byasa mencius* (C. et R. Felder, 1862)

翅展 85mm。该种与麝凤蝶极相似,主要区别:雌雄性皆不黑色;雄性前翅外缘微外突成弧形,麝凤蝶雄性前翅外缘平直,中段微内凹,前翅呈三角形;雌性前翅更浑圆;雄性后翅内缘折叠部分比麝凤蝶狭,灰白色,非暗褐色;后翅反面第 7 室缺红色斑,具 6 个红色斑。尾状突起较狭。

分布:山西、河南、浙江。

4　突缘麝凤蝶 *Byasa plutonius* (Oberthür, 1876)

翅展 85～100mm。翅黑色,翅脉两侧黑褪色或灰褐色;后翅外缘凹刻很深,尾状突起较短,末端明显膨大;外缘的月牙状红斑有时不十分明显;上角处的斑纹似显非显。翅反面色淡,斑纹明显。

分布:山西、陕西、云南、四川、西藏。

5　多姿麝凤蝶 *Byasa polyeuctes* (Doubleday, 1842)

翅展约 100mm。体及翅均为黑色,腹部腹面与末端具红毛。后翅外缘具红色斑,第 6 室有 1 个三角形白色斑,外至后缘有 4 个红色斑,尾状突起端、臀角各有 1 个圆形红色斑,翅反面同正面。

分布:山西、河南、陕西、四川、云南、西藏。

6　红珠凤蝶 *Pachliopta aristolochiae* (Fabricius, 1775)

翅展 76～94mm。头、胸部两侧和腹部红色,翅黑色,后翅色深于前翅,外缘具 1 列 6 个醒目的圆形红色斑,中室外缘具 4 个白色斑。

分布:山西、河南、陕西、浙江、江西、广西、四川、云南。

7　玉带凤蝶 *Papilio polytes* Linnaeus, 1758

翅展 77～95mm。雌雄异型,翅的斑纹变化大,翅黑色。雄性前翅各室外缘具白色斑,状如缺刻,白色斑自后角至前角依次变小;后翅中部白色斑斜列成带状。反面外缘具淡红色新月斑。雌性有两型,第一型似雄性,极稀少;第二型较常见,前翅外缘无白色斑,后翅正反面均具红色弦月斑;中部有 4 个长型斑,斑纹的颜色多数为 2 白 2 红,甚至有全为白色者,部分个体在中室端具有 1 个小斑。

分布:山西、河南、甘肃、青海、河北、江苏、陕西、山东、湖北、湖南、江西、浙江、福建、台湾、广东、海南、广西、四川、云南。

8　蓝凤蝶 *Papilio protenor* Cramer, 1775

翅展 98～113mm。翅黑色,前翅中室有 5 条黑色纵纹。雄性后翅前缘有 1 条淡黄白色横带,翅反面外缘具 2 个新月形红色斑,臀角有环状红色斑;雌性后翅前缘无淡黄白色横带,臀角红色斑较雄性大而明显。雌雄性均无尾突,故又名无尾黑凤蝶。

分布:山西、河南、陕西、山东、长江以南诸省区。

9　美姝凤蝶 *Papilio macilentus* Janson, 1877

翅展 76～107mm。翅黑色,雌性体色明显较淡。雄性后翅前缘有 1 条白色横带,翅的尾状突起甚长,翅正反面各翅室具新月形红色斑,雌性斑纹大而突出。

分布：山西、河南、陕西，长江以南省区。

10 碧凤蝶 Papilio bianor Cramer, 1777

翅展 108～135mm。翅黑色，布满黄绿色鳞片，后翅基半部鳞片蓝色，沿外缘各室有蓝红色新月斑。反面基半部散布白色鳞片，新月斑以橘红色为主，附有蓝色。雌雄相似，雄性前翅中室后方各室有黑色天鹅绒状性标，具尾突。

分布：全国广布。

11 绿带翠凤蝶 Papilio maackii Ménétriés, 1859

翅展 90～110mm。翅黑色，散布金绿色鳞片。前翅亚缘有 1 条黄绿色横带纹，雄性前翅天鹅绒性标前 2 条细狭，分离，后 2 条宽大，相连；后翅外缘有 6 个近新月形斑。

分布：山西、河南、黑龙江、吉林、北京、河北、湖北、四川、云南。

12 柑橘凤蝶 Papilio xuthus Linnaeus, 1767

又称凤蝶，翅展 70～100mm。翅绿黄色，翅脉两侧黑色。前后翅的外缘具黑色宽带，带中分别具 8 个与 6 个淡黄色新月斑；前翅中室基部具几条淡黄色纵线；后翅臀角有圆形橙色斑，其中有 1 个黑色小点。春夏型大小差异很大。夏型雄性后翅前缘有 1 个明显的黑色斑。

分布：山西及全国各地，为东亚特有种。

13 金凤蝶 Papilio machaon Linnaeus, 1758

又称黄凤蝶。翅展 73～85mm。其外形与柑橘凤蝶相似，主要区别：翅金黄色，前翅基部 1/3 为黑色，散生黄色鳞片，中室无黄色纵线；后翅臀角橙色圆斑大，中无黑点。

分布：山西，古北区代表种，广泛分布于欧亚、北美洲及北非地区。

14 丝带凤蝶 Sericinus montelus Gray, 1852

雌雄异型。翅展 52～64mm。翅薄如绢，尾状突细长，触角短。翅黄白色，具黑褐色斑纹；雄性翅的斑纹稀疏，分重斑型与轻斑型，重斑型斑纹发达，后翅中室具黑色斑；轻斑型斑纹色淡，且中室内无黑色斑。雌性翅上密布黑褐色斑，后翅臀角附近的红色区及蓝色斑点较雄性显著。

分布：山西、黑龙江、吉林、辽宁、内蒙古、北京、河北、山东、河南、宁夏、甘肃、江苏、安徽、湖北。

15 小红珠绢蝶 Parnassius nomion Fischer de Waldheim, 1823

翅展 69～77mm。体黑色，颈部毛黄色。翅白色，半透明，前翅中室中部及横脉处各有 1 个黑色斑，外缘与亚缘具淡黑色带，中部有 3 个围有黑色圈的红色斑，近前缘处的 2 个斑较小，近后缘处的 1 个斑较大，有的个体红色消失，成为 3 个黑色斑；后翅内缘黑色，中部具 2 个与前翅相同的红色大斑，中间有 1 个白色小点。

分布：山西、黑龙江、吉林、北京、河北、河南、陕西、宁夏、甘肃、青海、新疆。

粉蝶科 Pieridae

牛瑶

（河南师范大学生命科学学院，新乡，453007）

体中等大小。体、翅白色，或黄色。斑纹多为黑色。前翅径脉 3～5 条，多为 4 条，臀脉 1 条；后翅臀脉 2 条，钩状脉 1 条。中室闭式。

16 斑缘豆粉蝶 *Colias erate* (Esper, 1805)

又名黄粉蝶。翅展 45～55mm。翅黄色，前翅外缘宽阔的黑色区具有黄色纹，中室端具 1 个黑色点；后翅外缘的黑色纹多相连成列，中室端的圆点在正面为橙黄色，反面为银白色，外缘具褐色圈。雌雄二型：雌性一型为淡黄绿色，与雄性易于区别；另一型为黄色，从颜色上的斑纹难以与雄性区别。

分布：山西、黑龙江、辽宁、北京、河北、河南、陕西、新疆、江苏、湖北、西藏。

17 橙黄豆粉蝶 *Colias fieldii* Ménétriés, 1855

翅展 43～58mm。雌雄异型。该种与斑缘豆粉蝶相似，主要区别：翅橙黄色，前、后翅外缘有黑色宽带，带中雌性有橙黄色斑，雄性无斑，但边缘较雌性整齐；前、后翅中室端的黑色点和橙黄色点均较斑缘豆粉蝶大。

分布：山西、山东、河南、陕西、甘肃、青海、湖北、广西、云南。

18 豆粉蝶 *Colias hyale* (Linnaeus, 1758)

翅展 40～53mm。雄性翅面底色黄色，雌性翅面底色灰白色。前翅外端部有宽黑带，带中雄性有黄色斑列，雌性有白色斑列，黑带在翅的近后缘变窄未将此处浅色斑包围在黑带中。中室端斑黑色，圆形；缘毛粉黄色。后翅正面大部分有较浓密的黑色雾点；外缘带窄，黑色，不达臀角；中室端斑橙黄色。反面颜色较正面暗，亚缘斑列不明显，中室端斑在前翅黑色，后翅银白色。

分布：山西、甘肃、青海、新疆。

19 尖角黄粉蝶 *Eurema laeta* (Boisduval, 1836)

翅展 40mm 左右。体背黑色，腹面黄色，翅面黄色。前翅顶角尖，前缘黑色细，顶角黑色宽阔，外缘黑带仅到达第 2 脉，并在第 2 脉和第 3 脉处向内侧突出。后翅外缘具黑色脉端点。翅反面颜色较正面明亮，后翅中央具 1 条暗色直线或消失。该种翅的颜色与斑纹随季节有变化。

分布：山西、河南、浙江、福建、香港。

20 宽边黄粉蝶 *Eurema hecabe* (Linnaeus, 1758)

翅展夏型 39～48mm，秋（冬）型 32～40mm。翅黄色至黄白色，外缘具黑色带，前翅带宽，界限清晰，后翅带窄，且界限模糊。缘毛黄色。反面具褐色小斑，前翅中室内有 2 个斑；后翅边缘因第 3 室外缘略突出，呈不规则的圆弧形。颜色与斑纹随雌雄和发育季节不同有很大变化：雄性色深，雌性色淡，夏型（7～8 月份）色深，春秋（冬）型色淡；夏型斑纹宽大，春秋（冬）型斑纹小或完全消失。

分布：山西、华北和华中广布种。

21 尖钩粉蝶 *Gonepteryx mahaguru* Gistel, 1857

翅展 53～66mm。体黄褐色或黑色，胸部背板被黄白色长毛。雄性前翅浓黄色，后翅色稍淡于前翅；雌性前、后翅均淡黄绿色。前翅顶角突出呈钩状，端尖锐，外缘明显向内倾斜；后翅第 2 脉端角状突出；前、后翅中室端部各具有 1 个橙色斑点，后翅斑明显大于前翅的斑；前、后翅反面颜色均较正面淡。

分布：山西、河南、陕西、湖北、浙江、云南、西藏、华北与东北地区。

22 钩粉蝶 *Gonepteryx rhamni* (Linnaeus, 1758)

翅展 56～64mm。该种与尖钩粉蝶非常相似，主要区别：前翅外缘前段不如尖钩粉蝶倾斜；后翅第 7 脉明显粗大；中室端橙黄色点显著大于尖钩粉蝶；雌性翅淡白黄色，尖钩粉蝶为淡绿色；雄性前翅反面中后部黄色，尖钩粉蝶仅翅基稍有黄色。

分布：山西、吉林、北京、河北、河南、陕西、宁夏、甘肃。

23 圆翅钩粉蝶 *Gonepteryx amintha* Blanchard, 1871

翅展 68～73mm。雄性前翅浓黄色，橙色斑较大；前翅顶角钩状突出较钝，外缘前段内凹；后翅第 2 脉端角状突出不明显。

分布：山西、河南、浙江、四川。

24 绢粉蝶 *Aporia crataegi* (Linnaeus, 1758)

又称苹粉蝶、山楂粉蝶。翅展 61～77mm。体黑色，着灰白色长毛，触角黑色。前、后翅均为白色，外缘及脉纹黑色，无斑纹。前、后翅反面白色。

分布：山西、北京、河北、河南、陕西、甘肃。

25 酪色绢粉蝶 *Aporia potanini* Alphéraky, 1892

翅展 63～73mm。体黑色，翅白色，脉纹黑色，前翅近脉端扩展并接连，顶角黑色，边较宽。正、反面无斑。该种与绢粉蝶 *Aporia crataegi*(Linnaeus, 1758)非常相似，但后翅反面翅基有 1 个鲜黄色斑可以区别。

分布：山西、河南、陕西、甘肃。

26 普通绢粉蝶 *Aporia genestieri* (Oberthür, 1902)

体型比酪色绢粉蝶 *Aporia potanini* Alphéraky，1892 大，翅形很大，翅正面翅脉两侧的黑边向端部加宽，在外缘形成密集的缘带。

分布：山西、河南、陕西、台湾、四川、云南。

27 丫纹绢粉蝶 *Aporia delavayi* (Oberthür, 1890)

翅展 55～65mm。翅正面底纯白色，黑色斑纹十分淡，仅前翅顶角斑和中室端斑明显；前翅的 M_3、Cu_1、Cu_2 脉端部具黑边。后翅反面淡乳白色，翅脉具窄的暗色边；中室内有 1 条"Y"形纹；各翅室的箭状纹末端达翅缘。

分布：山西、陕西、甘肃、湖北、四川、云南、西藏。

28 大翅绢粉蝶 *Aporia largeteaui* (Oberthür, 1881)

翅展 85mm。体背黑色，着生白色毛，腹面白色。翅脉及两侧黑色。前翅脉特别粗大，且愈近外缘愈阔，前翅亚缘有暗色横带，但两侧边缘模糊，在中部和后部常中断，中室内具 2 条细黑色线纹，下方 1 条成"Y"形；后翅脉纹黑色不如前翅发达，翅端具小的三角形斑，中域横带仅前段稍显著；前翅反面周缘均具细黑色线边，脉纹较正面小，中域横带较正面明显，后翅肩区具 1 个浓黄色斑。

分布：山西、陕西、四川。

29 欧洲粉蝶 *Pieris brassicae* (Linnaeus, 1758)

翅展雄性 50～60mm，雌性 56～62mm。触角背面褐色，腹面灰白色，末端土红色。雄性翅乳白色，基部有黄色和黑色鳞片。前翅前缘黑色，顶端部的黑斑沿外缘延伸略过 Cu_1 脉，亚端在 M_3 室和 Cu_2 室各有 1 枚模糊的黑斑，后者通常消失，前者有时难见踪迹。缘毛白色。后翅前缘端部有 1 枚三角形黑斑。反面前翅顶角淡黄褐色，M_3 室和 Cu_2 室的黑斑很明显；后翅黄色，密布黄褐色的细小鳞片。雌性翅淡黄白色，基部的黑色细鳞片浓密；前翅 M_3 室和 Cu_2 室的黑斑大而显著，后缘有 1 枚黑色纵条纹。反面同雄性。夏型个体通常较大，后翅反面黄色较淡，黑色细鳞片较稀少。

分布：山西、吉林、甘肃、新疆、四川、云南、西藏。

30 菜粉蝶 *Pieris rapae* (Linnaeus, 1758)

翅展 40～52mm。体黑色，头、胸有白色绒毛。翅和脉纹白色，斑纹黑色。前翅顶角斑近三角形，中域 2 个斑大小相近，下斑通常退化不明显；后翅前缘有 1 个黑色斑，部分个体退化或缺如，翅基部和前翅前缘具黑色鳞片而色暗，雌性明显且深于雄性。前后翅外缘均缺斑点，前翅反面基部、顶角和后翅淡黄色。前翅中域 2 个斑较明显。

分布：广布于北温带、美洲北部至印度北部。

31 东方菜粉蝶 *Pieris canidia* (Linnaeus, 1768)

又称多点粉蝶。翅展 43～52mm。体背黑色，被白色绒毛，腹面白色，翅面粉白色。前翅前缘具细黑色线，翅基部漫布黑色鳞片，顶角宽黑褐色与外缘中部黑褐色菱形斑相连，中域具 2 个黑斑，下方近后缘处具 1 个模糊斑；后翅前缘具 1 个黑色大斑，外缘脉端具三角形黑色斑，这是与本属其他种的重要区别特征。前翅反面仅中域具 2 个斑，但显著较正面的斑大且色浓，近基部靠近前缘具黑色鳞片；后翅无斑纹，中后部布有稀的黑色鳞片，肩角细狭，黄色。

分布：在我国除黑龙江、内蒙古和新疆北部外的地区皆有分布。

32 暗脉菜粉蝶 *Pieris napi* (Linnaeus, 1758)

翅面 46～57mm。体背黑色，被白色毛，腹面白色，翅粉白色，脉纹淡黑褐色，显露。前翅顶角黑褐色斑近三角形，显著小于东方菜粉蝶 *Pieris canidia*，外缘无黑点，中域两斑通常只有 1 个上斑，下斑通常退化，有的个体这两斑皆退化；后翅仅有 1 个前缘斑，外缘无斑，少数个体外缘脉端有黑色小点。反面翅脉特别显著。前翅中域两斑明显大于正面，下斑远大于上斑，中室内近翅基着黑色鳞粉；后翅稀布黄色鳞片，肩角有 1 个黄色大斑，无黑色斑。本种体形较大，脉纹显著，反面有黄色斑可与菜粉蝶 *Pieris rapae* 区别，脉纹比黑脉粉蝶 *Pieris meleta* 淡、隐。

分布：中国广布。

33 黑纹粉蝶 *Pieris melete* Ménétriés, 1857

翅展 46～56mm。体背黑白色绒毛，翅粉白色，斑纹黑色，脉纹着黑色鳞粉成粗黑褐色条纹。前翅顶角、1b 室和第 3 室各有 1 个斑，后缘区黑色成条状，外端与 1b 室斑相接；后翅第 7 室有 1 个斑，外缘斑发达，常形成宽暗色带，反面雌性前翅顶角和后翅淡黄色，雄性色极淡，脉纹较正面细狭，前翅 1b 室与第 3 室斑较正面小且边缘模糊；后翅肩角深黄色。

分布：山西、黑龙江、辽宁、北京、河北、河南、陕西、浙江、湖北、湖南、福建、广西、贵州。

34 云粉蝶 *Pontia daplidice* (Linnaeus, 1758)

翅展 38～51mm。体背黑色，密被白色长毛。翅粉白色。前翅中室横脉处有 1 个黑色宽斑，内有白色细线将其分割，顶角和后翅外缘有数个黑斑组成花纹状，雄性后翅外缘无斑纹。前翅反面斑纹墨绿色，前翅反面图案同正面，中域近后缘的 1 个斑周缘模糊，但较正面明显；后翅的斑纹相连如云状，故又称云斑粉蝶。

分布：中国广布。

35 黄尖襟粉蝶 *Anthocharis scolymus* Butler, 1866

翅展 38～46mm。体黑色，胸部被黄绿色毛。翅白色，前翅顶角尖，成鸟喙状，故又称黄钩粉蝶。前翅 3 个黑色点排成鼎形，其中雄性有 1 个橙黄色斑，雌性为白色。前翅中室端部具 1 个黑色点。

分布：山西、黑龙江、辽宁、河北、河南、陕西、青海、浙江、湖北、福建。

36 藏襟粉蝶 Anthocharis thibetana Oberthür, 1886

雄性前翅的橙黄色斑较窄，在外缘稍超过 2A 脉，顶角黑色带稍窄，后翅正面中室前、后缘脉，M 脉及附近区域黄色，且仅前缘有翅脉端斑。

分布：山西、青海、四川、西藏。

37 突角小粉蝶 Leptidea amurensis Ménétriés, 1859

翅展 40～47mm。前翅外缘近直线倾斜，顶角显著突出，黑色斑大而明显。

分布：山西、黑龙江、辽宁、北京、河北、河南、山东、陕西、宁夏、甘肃、新疆。

38 锯纹小粉蝶 Leptidea serrata Lee, 1955

翅展 50mm 左右。前胸及中胸侧板上半膜质区密被橙黄色鳞片；前翅顶角尖，突出，中室端脉上段具 1 个灰黑色斑点（正反面相同），后翅反面中域及亚缘区各具 1 条锯齿状的灰黑色线，从正面可以透视。

分布：山西、黑龙江、河南、陕西。

39 莫氏小粉蝶 Leptidea morsei Fenton, 1882

翅展 39～54mm。前翅顶角较圆，有 1 条黑色斑纹，雄性斑纹明显，后翅斑纹不明显。夏型后翅反面具 2 条暗色纹。

分布：山西、黑龙江、吉林、北京、河南、陕西、甘肃、新疆。

眼蝶科 Satyridae

牛瑶

（河南师范大学生命科学学院，新乡，453007）

小型或中型种类。翅面颜色通常较暗，两翅通常具有眼状斑，或圆纹。前足退化，跗节不发达，不适于行走。前翅径脉 5 条，臀脉 1 条，有 1～3 条脉的基部膨大；后翅臀脉 2 条。翅的中室皆为闭式。

40 暮眼蝶 Melanitis leda (Linnaeus, 1758)

又称稻暗褐眼蝶。翅展 60～70mm。翅暗褐色，前翅外缘第 5 脉和后翅第 4 脉外突成角状；前翅近顶角具 1 条黑色纹，内有 2 个白色点，内侧和上方围有橙红色纹，后翅具 3～4 个白色小点，其中 1 个较大，围有橙红色环。反面的颜色与斑纹随季节变化极大。夏型浅黄色，满布灰褐色细横纹，后翅具眼状纹 5～6 个，非常明显；秋型色深，反面枯叶色，眼状纹退化，甚至消失，前、后翅具暗褐色横带。

分布：山西、山东、河南、陕西、浙江、湖北、江西、湖南、福建、台湾、广东、广西、四川。

41 苔娜黛眼蝶 Lethe diana (Butler, 1866)

翅展 46～56mm。翅黑褐色。雌性色淡，前翅端部色较淡，无斑纹；后翅近臀角有 1 个不明显的眼状纹，反面色稍淡。前翅中室内有 2 条褐色斜线，近端部具 3 个眼状纹，后 1 个明显较小，且与前 2 个稍分离。雄性后缘具 1 列黑色长毛；后翅具 6 个黑色眼状纹，中心白色，中部有 2 条褐色线；前、后翅外缘均具褐色与紫蓝色波状线，眼状纹都围有黄色或紫蓝色环。

　　分布：山西、河北、河南、陕西、浙江、江西、福建。

42 连纹黛眼蝶 *Lethe syrcis* (Hewitson, 1863)

　　翅展 52～62mm。翅褐黄色。前翅近外缘具淡色宽带；后翅有 4 个圆形黑色点，围有暗黄色环，外缘波状，第 3 室明显突出成角状。反面淡黄褐色，前翅外缘、中区和近基部有 3 条黄褐色条纹；后翅有 6 个黑色眼状纹，第 2、第 5 个最大，围有淡黄色环，内有白色心，中区有不规则的"U"字形黄褐色条纹。

　　分布：山西、黑龙江、河南、陕西、江西、福建、广西、四川。

43 宁眼蝶 *Ninguta schrenkii* (Ménétriés, 1859)

　　翅展 73mm 左右。翅黑褐色，具白色缘毛。前翅近顶角具 1 个黑色小斑；后翅亚缘具 6 个黑色斑。反面暗褐色，前翅具 1 个眼状纹，后翅有 6 个眼状纹，第 1 个最大，第 3～4 个最小，前、后翅均具有黑褐色曲线纹。前翅顶角圆钝，后翅圆，故又称圆翅大眼蝶。

　　分布：山西、河南。

44 藏眼蝶 *Tatinga tibetana* (Oberthür, 1876)

　　翅展 50～58mm。翅暗褐色，前翅端半部有数个淡黄褐色纹；后翅外缘黑色斑纹模糊。反面黄白色，斑纹黑褐色；后翅具 6 个眼状纹，第 1 个分离，其余成列，中心有 1 个极小的白色点。

　　分布：山西、河南、陕西、四川、西藏。

45 网眼蝶 *Rhaphicera dumicola* (Oberthür, 1876)

　　翅展 50mm 左右。翅黄褐色，脉纹及两侧褐色，斑纹褐色，外部具 2 个细线纹。前翅沿外缘各室具橙色斑，近顶角具 3 个褐色圆点，中室内具 2 条横带，中室端具 1 条斜带；中室后部具 2 条不规则斜带；后翅近臀角第 3 室的橙黄色斑宽大醒目，亚缘具 6 个褐色圆点，中室内 3 条，中室端 1 条斜带，中室后部带纹不规则。反面黄白色，斑纹较正面清晰，前、后翅褐色圆斑有淡色心。

　　分布：山西、河南、陕西、湖北、江西、浙江、四川。

46 黄环链眼蝶 *Lopinga achine* (Scopoli, 1763)

　　翅展 47～50mm。翅黑褐色，缘毛白色。前翅中室具 1 条曲折淡色纹，亚缘具 5 个黑色眼状纹，围有黄白色环和铅色心；后翅中部具 1 条曲横带，亚缘 6 个眼状纹，第 3 个很小；反面缘线黄色和斑纹较正面显著；前翅中室具 1 个黄色斑，曲线纹和眼状纹环均为黄色；后翅横带及翅基斑纹白色。

　　分布：山西、河南、黑龙江、吉林、辽宁、北京、河北、陕西。

47 斗毛眼蝶 *Lasiommata deidamia* (Eversmann, 1851)

　　翅展 48～54mm。翅黑褐色，缘毛白色。前翅近端部具白色斜带，近顶角具 1 个黑色眼状纹，围有黄色环，内有白点；后翅具 2 个同样的眼状纹；反面色淡，前翅斑纹同正面，后翅亚缘具 6 个眼状斑。有的个体，尤其雌性，体明显较大，翅展可达 60mm。前翅顶角眼状纹下方无斜列短带；后翅反面 4～5 室眼状纹退化。

　　分布：山西、黑龙江、吉林、辽宁、北京、河北、山东、河南、陕西、宁夏、甘肃、青海、湖北、福建、四川。

48 多眼蝶 *Kirinia epaminondas* (Staudinger, 1887)

　　翅展 53～63mm。翅略褐色，具淡黄色带；前翅亚缘具 1 条斜带，顶角的短带中具 1 个黑色点；后翅亚缘带中具 4 个大的黑色圆点；反面淡黄褐色，具不规则暗褐色线纹；后翅具 6 个黑色眼状纹，周围黄色与暗褐色双重环，内有白色点，末 1 个有白色点 2 个，正面可隐约透视。

分布：山西、东北、华北、华中、华东。

49 稻眉眼蝶 *Mycalesis gotama* Moore, 1857

翅展 41～52mm。翅暗褐色，前翅第 3 室、第 6 室分别具 1 个黑色眼状纹，前小后大，围有黄色环，中具白点；后翅具 1 个隐形斑，雄性前缘具 1 簇黄白色长毛状性标。反面灰黄色，外缘具 2 条褐色细线，内缘 1 条波状，中部具 1 条较宽的淡色横带，前翅小眼斑上、下各相连 1 个更小眼斑，后翅具 6～7 个眼状纹。

分布：山西、河南、陕西、江苏、安徽、浙江、湖北、江西、福建、台湾、广东、广西、四川、贵州、云南、西藏。

50 拟稻眉眼蝶 *Mycalesis francisca* (Stoll, 1780)

体大小、斑纹与稻眉眼蝶 *Mycalesis gotama* Moore，1857 相似，该种雄性前翅后缘具 1 个黑色性标，后翅前缘的性标为白色长毛束状，反面中部的淡色横带淡紫色。眼状纹夏型较春型发达。

分布：山西、河南、陕西、浙江、江西、广东、海南、广西。

51 曼丽白眼蝶 *Melanargia meridionalis* C. et R. Felder, 1862

翅展 55～64mm。翅面黑色，白色的底色显露很少。雄性强于雌性，正面强于反面。部分雄性翅面全部黑化，仅在前翅顶角 6～8 室内各可见 1 条极细小的白色线。雌性前翅中室内白色区虽较明显，但边缘模糊。

分布：山西、河南、陕西、甘肃、浙江。

52 蒙链荫眼蝶 *Neope muirheadii* (C. et R. Felder, 1862)

翅展 63～70mm。翅黑褐色，后翅中室及下部具灰褐色长毛；前、后翅各具 4 个黑色圆点，雄性极小，雌性大而明显，反面色淡，前翅具 4 个眼状纹，2～3 室的最大，第 4 室最小，后翅具大小 1 列 8 个黑色眼状纹，围有黄色环且中心为白色。又称八星眼蝶。

分布：山西、河南、陕西、湖北。

53 蛇眼蝶 *Minois dryas* (Scopoli, 1763)

又称四眼黑眼蝶。翅黑褐色，翅展雄性 56～61mm，雌性 66～71mm。前翅具 2 个黑色眼状纹，中心青白色；后翅近臀角具 1 个小眼状纹。反面色淡，前翅眼状纹围有暗黄色环；后翅密布细纹，中部有 1 条灰白色波状带。

分布：山西、黑龙江、吉林、辽宁、北京、河北、山东、河南、陕西、甘肃、宁夏、青海、新疆、浙江、江西、福建、四川。

54 绢眼蝶 *Davidina armandi* Oberthür, 1879

翅展 47～50mm。翅黄白色，脉纹黑色，外缘各室具黑色短线，前、后翅中室内具 "Y" 形黑色纹。该种是中国特有蝶类，翅色似粉蝶，无眼状纹。

分布：山西、河南。

55 矍眼蝶 *Ypthima balda* (Fabricius, 1775)

翅展 35mm 左右。翅反面灰白色，中部和基部具 2 条深色纹；后翅眼状纹大，5～6 室 2 个相连，2～3 室 2 个相连，后翅 2 个大于前翅 2 个，且与 1 室的 1 个小眼状纹近于直线排列。

分布：山西、黑龙江、河南、甘肃、青海、浙江、湖北、江西、湖南、福建、广东、广西、四川、西藏。

56 中华矍眼蝶 *Ypthima chinensis* Leech, 1892

翅展 40mm 左右，前翅眼状纹较小，后翅近臀角只有 1 个眼状纹；后翅反面具 3 个眼状纹，前 1 个很大，近臀角 2 个。

分布：山西、山东、河南、陕西、浙江、湖北、福建、广东。

57 乱云矍眼蝶 *Ypthima megalomma* Butler, 1874

翅黑褐色，前翅端部具 1 个大的黑色眼状纹，围有暗黄色环，内具 2 个蓝色小点，后翅 1b 室具 1 个眼状纹，较小，内有 1 个蓝色小点。反面色稍淡，前翅眼状纹同正面，但很清楚；后翅无眼状纹，中部具 1 条不规则的灰白色横带。

分布：山西、河北、河南、陕西、浙江、四川。

58 幽矍眼蝶 *Ypthima conjuncta* Leech, 1891

翅展 50mm 左右。前翅近顶角眼状纹具 1 个带蓝色的铅色点，雄性后翅后部具 3 个眼状纹，臀角 1 个极小，雌性在近前缘处另有 2 个眼状纹，前、后翅外缘具宽的暗色带，反面前、后翅中部具褐色横带。

分布：山西、河南、陕西、浙江、湖北、江西、湖南、福建、广东、海南、广西、四川、贵州、云南。

59 古眼蝶 *Palaeonympha opalina* Butler, 1871

翅展 42～48mm。翅暗褐色，前翅端部具明显的淡黄色，近顶角具 1 个围黄色环的黑色眼状纹，中心具 2 个蓝色小点；后翅后部具 1 个相同的眼状纹，近前缘具 1 条黑色斑纹。反面黄灰色，前、后翅中央具 2 条大致平行的褐色线纹；眼状纹特别清楚，前翅 1 个，后翅 3 个。

分布：山西、河南。

60 白瞳舜眼蝶 *Loxerebia saxicola* (Oberthür, 1876)

翅展 41～51mm。翅黑褐色，前翅近顶角具 1 个黑色椭圆形眼状纹，围有褐黄色环，内具 2 个白点；部分个体后翅臀角处具有 1 个黑色小斑纹，内有白点。前翅反面中区暗红色，眼状纹同正面；后翅反面灰色，具云状纹，正面仅具 1 个黑色斑纹，亚缘具白色小点，数目变化较大。

分布：山西、河南。

61 牧女珍眼蝶 *Coenonympha amaryllis* (Stoll, 1782)

翅展 30～35mm。翅土黄色，外缘具黑色细线，反面外缘具银白色细线；眼状纹黑色围有黄褐色环及白色瞳点，前翅 4 个，后翅 6 个，从正面可以透视。

分布：山西、黑龙江、北京、河北、山东、河南、陕西、宁夏、甘肃、青海。

62 爱珍眼蝶 *Coenonympha oedippus* (Fabricius, 1787)

翅展 37～43mm。翅正面暗褐色，雄性无斑纹，雌性色稍淡，后翅可隐约透视反面斑纹。反面黄褐色。前翅亚缘黑色眼状纹雌性具 3～4 个，雄性仅 1～2 个或缺；后翅一般有 5 个眼状纹，如为 5 个时第 2 个极小，第 1 个孤立、很大，其他排成列，内侧有 1 条淡色横线，沿外缘具金属铅色细线。

分布：山西、北京、山东、河南、陕西、甘肃、华北。

63 阿芬眼蝶 *Aphantopus hyperantus* (Linnaeus, 1758)

翅展 40～52mm。翅黑褐色，前、后翅分别具 2 个白心褐黄色环眼状纹，缘毛褐黄色。反面色淡，无布状纹，前翅 3 个眼状纹，后翅 5 个，近外缘 3 个眼状纹内侧有 1 条深灰色宽带。

分布：山西、河南。

蛱蝶科 Nymphalidae

牛瑶

（河南师范大学生命科学学院，新乡，453007）

中型或大型种类。下唇须粗壮，触角长，端部明显成棒状；雌雄前足极度退化，跗节缺爪。前翅径脉 5 条，臀脉 1 条，中室多闭式；后翅臀脉 2 条，具肩脉，中室多开式。翅形多变，斑纹丰富。

64 二尾蛱蝶 *Polyura narcaea* (Hewitson, 1854)

翅展 65～74mm。翅黄绿色。前翅前缘、外缘和亚缘带黑色，亚缘具 1 列黄绿色斑，中室端脉和中室下脉黑色，并与亚缘黑带相连；后翅外缘与亚缘斑纹似前翅，后中域具 1 条黑色斜带，第 4、第 2 脉末端均伸长为尾突，蓝色。翅反面青白色，图案同正面，条纹红褐色，内侧和外侧镶有银色边，后翅近外缘具 1 列黑色小点。

分布：山西、北京、河北、山东、河南、陕西、甘肃、湖北、江苏、浙江、江西、福建、广东、广西、四川、贵州、云南。

65 紫闪蛱蝶 *Apatura iris* (Linnaeus, 1758)

翅展 65～73mm。翅黑褐色，雄性具紫色闪光。前翅顶角、中室外和下方分别具 2、5 和 3 个白色斑，中室内具 4 个黑色点。后翅中央具 1 条白色横带，在中室端部突出，近臀角具 1 个黑色眼状纹，蓝心红环。反面前翅红褐色，第 2 室具 1 个眼状纹；后翅灰绿色，白色带两侧红褐色。

分布：山西、黑龙江、吉林、辽宁、北京、河北、河南、陕西、宁夏、甘肃、青海、湖北、四川。

66 柳紫闪蛱蝶 *Apatura ilia* (Schiffermüller, 1775)

翅展 53～72mm。雄性翅正面具紫色闪光。沿外缘具褐色细带，前翅中室内具 4 个小黑斑，成双排列，顶角斑 3 个，在 5～7 室，第 5 室斑极小，中室端外 4～6 室 3 个斑斜列，中室下 3 个斑曲列，第 2 室具 1 个黑色圆斑，其上方第 3 室具 1 个白色斑，其下方 1b 室具 1 个黑色斑，但边缘模糊。后翅中室横带内缘中央微凸起，亚缘具 5～6 个黑色斑，第 2 室斑具黄色环。翅反面色淡。前翅斑纹同正面。后翅亚缘无黑色斑，第 2 室具 1 个小眼斑。

该种具棕色型和黑化型，棕色型翅黄褐色，斑纹白色黄；黑化型翅黑褐色，斑纹白色。

分布：山西、东北、河南、华北、西南广大地区。

67 曲带闪蛱蝶 *Apatura laverna* Leech, 1893

翅展 68～72mm。雄性翅橙红色，斑纹黑色；雌性翅黑褐色，斑纹淡黄色。前翅后缘和 1b 室 2 个斑纹瘦小且外移；后翅雄性亚外缘具 1 条狭的黑褐色带，内侧的黑色圆点列上部几个退化，雌性亚外缘各室具甚小的新月形淡黄色斑，中央横带淡黄色，宽大，两侧缘曲折，基部和中域大面积为黑褐色。

分布：山西、河南、陕西、四川、云南。

68 迷蛱蝶 *Mimathyma chevana* (Moore, 1866)

翅展 60mm 左右。体黑色，腹背具 6 个半圆形白色环，第 1 个宽大，翅黑褐色，有紫蓝色闪光。前翅沿外缘具 1 列白色小斑，近顶角、中室外及下方、后缘中部分别有 2 个白色斑；中室内具 1 条白色长条纵带，端尖削，中部外缘具凹刻；后翅亚缘和中部分别具 1 条白色横带。反面银灰色，故又称银蛱蝶。前翅外缘、端部具褐色带，中室下方中央以外为黑褐色区，中室内具 4 个黑色点，外侧 2 个小而不明显；后翅外缘和近顶角斜至臀角为褐色带，此带在第 2 室外侧具 1 个黑色圆点，其余斑纹同正面。

分布：山西、河南、陕西、湖北、江西、浙江、福建、四川、云南。

69 夜迷蛱蝶 *Mimathyma nycteis* (Ménétriés, 1858)

翅展 65mm 左右。翅黑褐色，前翅中室内有 1 条较细狭的纵条纹，中部缺刻不明显，稍微尖削。前翅反面中室银白色，具 4 个醒目的黑点，外缘斑 1 列；后翅反面第 7 室基部具 1 个白色大斑，亚缘内侧 1b 室至 5 室具 5 个白点。

分布：山西、黑龙江、辽宁、河南。

70 白斑迷蛱蝶 *Mimathyma schrenckii* (Ménétriés, 1859)

翅展 76～80mm。翅黑褐色，前翅顶角具 2 个白色小斑，中室外具 1 条白色斜带，近后角具橙色斑；后翅前角具 2 个白色小斑，中室外具卵形白色大斑；斑外具闪光蓝灰色鳞片，雌性近臀角具橙色斑。反面颜色、图案与正面相同。前翅外缘具褐色带，顶角银白色，中室蓝灰色；后翅全为银灰色，外缘具褐色带，1/3 处具 1 条橙色横带，两侧具黑色细边。

分布：山西、黑龙江、吉林、河北、河南、陕西、甘肃、浙江、湖北、福建、四川、云南。

71 猫蛱蝶 *Timelaea maculata* (Bremer et Grey, 1852)

翅展 44～45mm。翅土黄色，斑纹黑色，除前翅后缘及翅基部分别具条长或短的条纹外，满布圆形、长方形或三角形等形态的斑纹，其分布是前翅沿外缘具 2 列大小不等的圆斑；中室具 6 个，其中 2 个小且不规则；中室端部具 3 个尖形斑，中室外具 3 个斑，中室下具 3 个斑；后翅基部具 10 多个斑纹，端部具 3 个圆斑。反面前翅端部和后翅大部分黄白色，斑纹与正面相同。

分布：山西、河北、河南、陕西、甘肃、青海、浙江、湖北、江西、福建、西藏。

72 明窗蛱蝶 *Dilipa fenestra* (Leech, 1891)

翅展 60mm 左右。翅金黄色，有金属光泽。外缘具 1 条黑褐色宽带，前翅顶角具 1 个三角形黑色斑，内具 2 个银白色透明圆点，上大下小，中室内、端部及下方分别具 1 个黑色斑，第 2 室具 1 个黑色眼状纹，中心黄褐色，后翅亚缘具 4 个黑色斑。反面前翅黄色，斑纹同正面，后翅基半部黄白色，端半部色暗，有波状细线，中央具 1 条褐色斜纹。

分布：山西、辽宁、北京、河南、陕西、浙江、湖北。

73 累积蛱蝶 *Lelecella limenitoides* (Oberthür, 1890)

翅展 55mm 左右。翅黑色，斑纹白色。前翅顶角突出，外缘具 5～6 个白色斑列；第 2 个明显外移，中室端 1 个，中室端外 3 个，中室后脉下具 2 个，后翅外缘波状，自前缘约中央斜至臀角具 1 条白色宽带，中室中部具 1 个三角形黑色斑，近外缘具淡蓝色细线纹。翅反面深褐色，前翅中室基部具 1 个白色斑，其他同正面；后翅白色横带内侧具 1 条深褐色斜带，近外缘具小点眼状纹，三角形黑色斑较正面大而明显。

分布：山西、河南、陕西。

74 黄帅蛱蝶 *Sephisa princeps* (Fixsen, 1887)

翅展 66~73mm。翅橙黄色，脉纹黑色，外缘具 2 条黑色线，亚缘具波状黑色带。前翅中室内具 2 个黑色小斑，并常相连，端部与其外侧具 2 个黑色大斑，下方具 1 个圆形黑色斑，后缘基部黑色；后翅近前缘中央和基部具 2 个黑色斑，中区具 2~3 个淡褐色或黑色小点。前翅反面淡黄色，顶角具数个白色斑；后翅白色，有网状纹，亚缘中后部斑橙黄色。

分布：山西、黑龙江、河南、陕西、甘肃、浙江、湖北、福建。

75 黑脉蛱蝶 *Hestina assimilis* (Linnaeus, 1758)

翅展 66~98mm。翅暗绿色，沿脉纹为粗大黑色条纹，前翅具多条黑色横纹，使翅面满布大小不一、长短不等的暗绿色斑纹；后翅外缘 1b 室至第 4 室有 5 个红色斑纹，故又称红星蛱蝶。

分布：山西、东北、华北、华中及西南地区。

76 拟斑脉蛱蝶 *Hestina persimilis* (Westwood, 1850)

翅展 60~69mm。翅黑色，具暗绿色斑纹；前翅外缘具 1 列小点，近顶角和中室端外各具 3 个成列斑纹，中室内中央具 1 条横纹，基部具 1 条纹，中室后脉和下角至后缘共具 6 个斑纹，其中 1b 室具 1 条从翅基向外伸展的长纹，此纹端尖削。后翅外缘具 2 列小点，中室具 1 条长条纹，肩角上方，外缘近基部分别具 1 条斑纹，中室端上方具 3 个大长斑，下方具 2 个小斑，近内缘的 2 室为暗绿色。翅反面色淡，斑纹同正面。

分布：山西、河南、陕西。

77 大紫蛱蝶 *Sasakia charonda* (Hewitson, 1863)

翅展 93~120mm。雄性翅正面翅基至中部为紫色，具白色斑，其余部分暗褐色，有黄色斑；雌性翅面前、后翅皆暗褐色，斑纹分布与雄性相近，斑纹的颜色：亚缘和中域的斑为黄色，中部至基部的斑白色。雌、雄性后翅臀角均具 2 个相连的红色斑。翅反面，雄性前翅顶角、前缘及外缘黄绿色，中后部除斑纹外大面积黑褐色，中室外侧斑纹黄绿色，中室内及后部斑纹白色。

分布：山西、黑龙江、吉林、辽宁、北京、河北、浙江、湖北、江西、湖南、四川、贵州。

78 绿豹蛱蝶 *Argynnis paphia* (Linnaeus, 1758)

翅展 64~78mm。雌雄异型。雄性橙黄色，雌性暗灰色至灰橙色。前翅顶角具 1 个三角形灰白色斑，黑色斑发达。与近似种相比，雄性前翅在 1b 脉和第 2~4 脉上共具 4 条粗大的黑色性标带，通常第 1 条较短、窄；后翅反面淡绿色，有 3 条白色斜带。

分布：山西、黑龙江、吉林、辽宁、北京、河北、陕西、宁夏、甘肃、浙江、湖北、江西、福建、广东、广西、云南。

79 斐豹蛱蝶 *Argyreus hyperbius* (Linnaeus, 1763)

翅展 68~79mm。雌雄异型。翅橙黄色，后翅外缘黑色，中部具 1 条白色斜带，第 2 室近基部具 1 个黑色小斑。反面斑纹和颜色与正面具很大差异：前翅顶角暗绿色，具白色小斑；后翅斑纹暗绿色，亚外缘内侧具 5 个银白色小点，围有绿色环，中区斑列的内侧或外侧具黑色线，此斑列内侧的 1 列斑多近方形，基部具 3 个围有黑色边的圆斑，中室其中 1 个内具白色小点，另外几个不规则。

分布：中国广布种。

80 老豹蛱蝶 *Argyronome laodice* (Pallas, 1771)

翅展 60～70mm。前翅外 2 列黑色斑与第 3 列黑色斑之间具一定间隔，雄性在 1b 脉和第 2 脉上有 2 条性标；雌性顶角具 1 个三角形白色小斑；后翅反面基部黄绿色，近基部具 2 条略呈平行的褐色细线，中部具 1 条白色波状带，其外具 1 条褐色带。

分布：山西、河南、江苏、浙江。

81 云豹蛱蝶 *Nephargynnis anadyomene* C. et R. Felder, 1862

翅展 65～75mm。翅橙黄色，两翅基部外满布黑色圆斑，外缘脉端的斑呈菱形。雄性前翅具 1 条黑色性标，在第 2 脉上。雌性前翅顶角具 1 个三角形白色小斑。翅反面色淡，前翅中室内具 3 个黑色纹，中室外具 2 大 1 小黑色斑，端半部淡绿色，具灰白色云状纹，中部 4 个暗色斑中有白色小点。

分布：山西、黑龙江、吉林、辽宁、山东、河南、陕西、宁夏、甘肃、浙江、湖北、湖南、江西、福建。

82 小豹蛱蝶 *Brenthis daphne* (Bergsträsser, 1780)

翅展 55mm 左右。翅橙黄色，前、后翅外部各具 3 列黑斑，外缘列菱形，内侧 2 列圆形。前翅中室后具 1 行斜列黑斑。后翅基部黑纹连成不规则网状。反面前翅色淡，顶角黄绿色；后翅基半部黄绿色，有褐色线分布，端半部淡紫红色，中间具深褐色带和 5 个大小不等的圆斑。

分布：山西、黑龙江、吉林、辽宁、北京、天津、河北、内蒙古、陕西、宁夏、甘肃、浙江、福建、云南。

83 青豹蛱蝶 *Damora sagana* (Doubleday, 1847)

翅展 65～80mm。雌雄异型，雄性前翅橙黄色，在 1b 脉、第 2 脉和第 3 脉上具黑色性标 3 条，在前缘至中室外侧具 1 个近三角形的橙色无斑区；后翅中央“<”形黑纹外侧，也具 1 条较宽的橙色无斑区。雌性翅黑青色，具白色斑：中室有 1 个很大的长方形斑，后翅沿外缘具 1 条三角形斑列，中部具 1 条宽带。

雄性前翅反面淡黄色，后翅外缘 2 列暗褐色斑均为圆形，中央 2 条细线纹在中室下脉处合为 1 条。雌性前翅反面顶角绿褐色，斑纹与正面同；后翅绿褐色，外缘具云状纹，中部具 2 条白色带，内侧 1 条在中室下脉处与外侧的 1 条相连。

分布：山西、河南。

84 曲纹银豹蛱蝶 *Childrena zenobia* (Leech, 1890)

翅展 80～85mm。雌雄异型。前翅雄性橙黄色，雌性青橙色，翅外缘内侧具 2 列大小较一致的圆形黑色斑，雄性前翅具 3 条性标，在 1b 脉、第 2 脉和第 3 脉上。反面前翅淡橙黄色，顶角暗绿色，两侧围有白色纹；后翅暗绿色，全部被多条不规则白色细纹分割。

分布：山西、河南、四川、云南、西藏。

85 银斑豹蛱蝶 *Speyeria aglaja* (Linnaeus, 1758)

翅展 63～74mm。外缘线发达，常合并成 1 条黑色宽带；雄性前翅具 3 条黑色性标，很细。前翅反面顶角暗绿色，外侧具 4 个近圆形的银色小斑，雌性在内侧具 3 个很小的银色斑。后翅暗绿色，银色斑特别醒目，共 3 列：沿外缘 1 列 7 个，半圆形弧形排列；中列 7 个，曲折排列，中间 1 个很小；内列 3 个。另外基部有 2 个小圆斑，中室基部 1 个。中列斑和内列斑内侧具黑色线纹，两列之间无银色斑。

分布：山西、黑龙江、吉林、辽宁、河北、山东、河南、陕西、宁夏、甘肃、青海。

86 蟾福蛱蝶 *Fabriciana nerippe* (C. *et* R. Felder, 1862)

翅展 70～80mm。翅橙黄色，雌性色暗。雄性前翅具 1 条性标，在第 2 脉上；雌性前翅端角黑色，中具 2 个橙黄色圆斑，内外侧有数个小斑，前、后翅黑色圆斑很大。反面，雄性前翅淡橙黄色，顶角淡绿色，后翅黄绿色，外缘具 1 列 7 个新月形银白色纹，其他斑纹与灿福蛱蝶 *Fabriciana adippe*(Schiffermüller, 1775)相似，但近基部具 2 个银白色斑，其内侧镶有黑色边；雌性前翅顶角深绿色，白斑显著大于正面，外缘具 2 列银白色斑，内侧为深绿色带，中部横带和基部白色斑大且明显，多数镶有黑色边。

分布：山西、黑龙江、吉林、辽宁、北京、河北、河南、陕西、宁夏、甘肃、湖北。

87 灿福蛱蝶 *Fabriciana adippe* (Schiffermüller, 1775)

翅展 68～78mm。翅橙黄色，雌性色淡，雄性前翅顶角稍尖出，具 2 条性标，在第 2～3 脉上；后翅前缘具黄褐色长毛列，雌性黑色斑纹发达。反面，雌性前翅色淡，顶角绿色，内有 2 个银白色斑，内侧靠近前缘还具 1 个斑；后翅淡绿色，具金属光泽，外缘具 1 列 7 个半圆形银色斑，内侧具白色心红褐色斑 1 列，中部具银白色横带，基部具 10 多个大小不等、排列不规则的银白色斑；雄性前翅顶角和后翅外缘无白色斑，基部白色斑少至 5～6 个。

分布：山西、黑龙江、北京、河北、河南、山东、陕西、江苏、湖北、四川、云南、西藏。

88 珍蛱蝶 *Clossiana gong* (Oberthür, 1884)

翅展 45～49mm。翅淡红黄色，基部黑褐色，翅面满布黑色斑纹：中室内具 1 斑，其外侧前缘 3 个斑相连，斜列，中区 4 个斑，近基部 1 个斑；外缘具平行的 3 列斑，外列斑新月形，最小，中列斑圆形，第 3 列椭圆形；后缘和第 2 室基部分别具 1 长条形黑色斑。后翅外缘 3 列黑色斑同前翅，基半部具 10 余个形状各异，排列极不整齐黑色斑。前翅反面色淡，中室与中区斑纹同正面，顶角红褐色，外缘各室具"V"形纹，黄白色，细狭；后翅紫红褐色，亚缘具 6 个褐色斑，中有银色小斑，其外缘具"V"形纹列，翅基有 1 斑，前缘 3～4 个斑均为银白色，其内侧具 1 条紫色横带，中室内具有黑色小斑，围有黄色细环。

分布：山西、河南、陕西、四川。

89 红线蛱蝶 *Limenitis populi* (Linnaeus, 1758)

翅展 68mm 左右。翅黑色，外缘具 2 条青灰色线，中间夹 1 条黑色线，其内侧各室具半圆形黑色斑，1b 室为 2 个斑，镶有红色的新月形斑，前翅斑纹小且明显。翅反面橙红色，外缘青灰色较正面宽大，前翅内侧的 1 条仅有下半段；前翅中室内具 1 个白色斑，基部具 1 个三角形青灰色斑，后翅中央横带青灰色，与外缘青灰色带间具 2 列黑色斑（1b 室为 4 个），基部具数个同色斑，与横带一样镶有黑色边。

分布：山西、河南、陕西、甘肃、新疆、四川、西藏。

90 巧克力线蛱蝶 *Limenitis ciocolatina* Poujade, 1885

翅展 60mm 左右。翅黑色，雄性斑纹不明显，雌性斑纹明显。前翅外缘具 2 条暗蓝色线，近顶角具 1 个白色斑；后翅外缘暗蓝色线 3 条，臀角斑红色，内具 2 个黑色圆点，反面红褐色，前翅中室内具 3 条白色横纹，围有黑色边，中央横带外侧镶有黑色斑，亚缘带黑色；后翅中央横带、亚缘带斑纹同前翅，臀角具 2 个黑色点。

分布：山西、河南、陕西、新疆、西藏。

91　折线蛱蝶 *Limenitis sydyi* Lederer, 1853

翅展 56~73mm。翅黑褐色，雌性色淡，前翅中室内基部具 1 条白色细纵纹，端部具白色"一"字形横纹，雄性不明显；雄性布有淡蓝色鳞片。前翅反面中室内具 2 个白色斑；后翅基部除有 5 个黑色点外，另有几条细线；亚缘黄褐色带内有 2 列黑色点。

分布：山西、黑龙江、吉林、辽宁、北京、河北、河南、陕西、甘肃、新疆、浙江、湖北、江西、四川、云南。

92　横眉线蛱蝶 *Limenitis moltrechti* Kardakov, 1928

翅展 60mm 左右。翅暗褐色带棕色，斑纹白色，外缘线和亚缘线明显，前翅中室近端部具 1 个横斑，顶角斑 3 个，中横带自前缘中央斜至后角折向后缘中央，中段断离；后翅中横带端斑内移，亚缘横带窄。翅反面偏褐色，斑纹同正面，后翅亚缘带无黑色斑，仅臀角具 2 个斑。

分布：山西、黑龙江、河南、陕西、湖北。

93　重眉线蛱蝶 *Limenitis amphyssa* Ménétriés, 1859

翅展 60~68mm。翅黑褐色，斑纹白色，瘦小，亚缘白色线退化不明显，前翅中室内具 2 条白色"一"字形纹，端部 1 条大，基部 1 条小而模糊。反面前翅中室"一"字形纹宽大，显著，亚缘从顶角至后角具 1 条白色线纹，但上半段模糊；后翅亚缘各室具隐暗的白色斑，内具 1 个黑色点，臀角白色斑中有 2 个黑色点，中横带外侧深褐色，翅基部无斑，仅有几条细小淡褐色纹。

分布：山西、黑龙江、辽宁、河南、陕西、湖北、四川。

94　扬眉线蛱蝶 *Limenitis helmanni* Lederer, 1853

翅展 50~60mm。翅黑褐色，沿外缘具 1 条白色线。前翅中室内具 1 条白色棒状条纹和三角形斑，中室外具 5 个斜列白色斑，其下方具 2 个内移的白色斑；后翅中央具 1 条白色横带。反面红褐色，前翅中室下侧具黑褐色区，沿外缘具 2 列白色纹；后翅基部青白色，具 6 个黑色小点，亚缘具暗褐色带，外侧白色，沿外缘具 1 列白色纹，臀角具 2 个黑色小点，其余斑纹同正面。

分布：山西、黑龙江、河南、陕西、甘肃、新疆、浙江、湖北、江西、四川。

95　戟眉线蛱蝶 *Limenitis homeyeri* Tancré, 1881

翅展 50~55mm。该种与扬眉线蛱蝶 *Limenitis helmanni* Lederer, 1853 非常相似，主要区别：白色斑明显较小，雌、雄前后翅亚缘线明显；后翅中带中室斑近方形；后翅反面翅基灰色区小，其内下方黑色斑非点状，缺棒状，并与后方的线纹连成"U"形；后翅中带较直，两侧缘排列较整齐。

分布：山西、黑龙江、河南、四川、云南。

96　断眉线蛱蝶 *Limenitis doerriesi* Staudinger, 1892

翅展 53~59mm。翅黑褐色，斑纹白色。该种与折线蛱蝶 *Limenitis sydyi* Lederer，1853 非常相似，主要区别：前翅中室白色条斑断为 2 段，后段棒状，上端成三角形；第 3 室白色斑极小，与顶角 2 个白色斑下面另 2 个同样大小的白色斑直线斜列向内，雌性较雄性明显，反面较正面明显；翅反面后翅亚缘带与外缘线间隔较宽，各室灰白色斑中有 1 个淡褐色斑，基部黑色点不与中横带内边接连。

分布：山西、河南、云南。

97　残锷线蛱蝶 *Limenitis sulpitia* (Cramer, 1779)

翅展 45~69mm。翅黑褐色，白色斑发达，前翅中室内棒状纹端部钝圆，在近端部外侧具 1 个凹刻，少数断离；后翅亚缘横带宽大，各斑内外侧凹入，中央横带甚近基部。反面前翅外缘中后段具 8 个斑并列 2 排；后翅两横带之间具 2 列淡褐色点，外侧 1 列较小，镶在外列横带各斑内侧，翅基具 5～6 个黑色小点。

分布：山西、河南、浙江、湖北、江西、福建、广东、海南、广西。

98 虬眉带蛱蝶 *Athyma opalina* (Kollar, 1844)

翅展 55mm 左右。体背黑色，腹背第 1 节环生白色长毛。翅栗褐色，前翅中室具 1 个细棒状斑、2 个小斑和 1 个三角形白色斑成条列状，端部和后缘各具 2 个白色斑，第 2 室白色斑圆形，大于翅面各室白色斑，其外上方具 2 个极小的白色点；后翅具 2 列白色横带。翅反面淡栗褐色，外缘前翅有 2 列、后翅有 1 列白色纹；后翅基部具 1 条白色短带，其他斑纹同正面。

分布：山西、河南、陕西、浙江、江西、广东、四川、云南、西藏。

99 拟缕蛱蝶 *Litinga mimica* (Poujade, 1885)

翅展 70～78mm。翅白绿色，脉纹和两侧黑色，形成宽大黑色条纹。前、后翅外缘均黑褐色，另有底色的点列，前翅 1 列，后翅 2 列。翅反面色稍淡，与正面不同的是外缘点列前后翅各多 1 列，且最外列成双排列。

分布：山西、河南、陕西、四川。

100 锦瑟蛱蝶 *Seokia pratti* (Leech, 1890)

翅展 60～65mm。翅黑褐色，带青色。前翅外缘具黑色细带、青带、黑色宽带或红色带，内侧的黑色带和红色带（雌性细小，雄性发达）在下段弯曲，斑纹白色（雄性瘦小，雌性发达），中室内具 1 个斑，近顶角 2 个斑，中央横带离断 3 段，中室内和室端具 2 个红色斑点，后翅外缘斑纹同前翅，中横带直（雌性稍弯曲）。翅反面色淡，绿色明显，脉纹显著，斑纹较正面清晰；前翅中室具 3 个白色斑，1b 室基部具 3 个白色小点；后翅中室基部具 3 个黑色圆点，直列，其外侧依次为白色和红色横斑。

分布：山西、河南、陕西、浙江、湖北、四川。

101 小环蛱蝶 *Neptis sappho* (Pallas, 1771)

翅展 50mm 左右。体较小，条纹窄；后翅沿外缘无白色细线纹；反面褐色，前翅基部沿外缘至中室三角形斑处具 1 条明显的淡白色细线；后翅横带两侧无黑褐色边缘。

分布：山西、北京、河北、河南、陕西、浙江、福建。

102 周氏环蛱蝶 *Neptis choui* Yuan *et* Wang, 1994

翅展 50～57mm。翅黑褐色，斑纹白色，前翅中室条近端部被暗色线切断不明显，亚缘带中断；后翅中带 7～8 室斑向外侧延伸，断离，雌性比雄性明显，外侧带被黑褐色翅脉隔离。翅反面褐棕色，前翅斑纹近同正面，后翅外缘带两侧具白色细狭横线。抱器端钩细狭，稍弯向后，端部尖锐。

分布：山西、河南、陕西。

103 断环蛱蝶 *Neptis sankara* (Kollar, 1844)

翅展 65mm 左右。翅黑褐色。前翅中室白色条在端部 1/3 处中断，中室外排成弧形的白色斑，中间 2 个缺如或极小；后翅具 2 条白色横带。翅反面棕褐色，缘线明显。

分布：山西、河南、陕西、四川。

104 啡环蛱蝶 *Neptis philyra* Ménétriés, 1859

翅展 60～74mm。翅黑色，前翅中室具 1 条白色纹，无锯齿状凹刻，近顶角具 5 个白色斑，第 1、2 和 5 斑极小，中室端下方具 4 个白色斑，外缘具 1 列间断的白色小点；后翅具 2 条白色宽带。翅反面黄褐色，前翅外缘具 2 列白色斑，中室下域黑褐色，中室条斑上具 1 个白色点（这是区别于近似种的重要特征）；后翅基部具白色纹，外缘具 1 列白色线纹。

分布：山西、河南、陕西。

105 羚环蛱蝶 *Neptis antilope* Leech, 1890

翅展 47～58mm。翅栗褐色。体较小，前翅顶角第 3 斑纹不外移，中室端下方的 2 个斑中上小下大；后翅亚缘带明显。翅反面土黄色，斑纹黄白色，前翅中室外和下域暗褐色；后翅中部白带外侧具 1 条暗褐色宽带。

分布：山西、北京、河南、陕西、浙江、湖北、四川。

106 折环蛱蝶 *Neptis beroe* Leech, 1890

翅展 70～80mm。翅栗褐色，前翅后缘强烈波状成"S"形，外缘具 1 条不明显的白色细带纹，顶角只有 3 个白色斑，前 1 个极小，第 2 个内侧尚有 1 条模糊的白色小斑纹，中室具 1 条白色纹，第 2、3 室分别有 1 个白色斑，后缘具 2 个小斑，后翅具 2 条横带，中横带的中前部斑纹甚宽于后半部。反面黄褐色，第 2 室基部黑褐色，翅基部黄色，后翅两带间具褐色带。

分布：山西、河南、浙江、四川、云南。

107 黄环蛱蝶 *Neptis themis* Leech, 1890

翅展 55mm 左右。翅正面黑褐色，斑纹黄色。前翅中室条与室侧条愈合成矛状纹，下外侧带 2 个斑中第 2 室斑小，第 3 室斑大，1a 室、1b 室 2 个斑由翅脉隔分。上外侧带由 5、6、8 室 3 个黄色斑组成，第 5 室斑圆形，第 8 室斑细小。亚前缘斑灰褐色。后翅中带第 7 室斑细狭。翅反面黄褐色，前翅第 5 室斑、亚前缘斑和后翅亚基条、外侧带和中带第 6 和 7 室斑灰白色。外侧带细、模糊，其内侧具 2 条棕色横带。

分布：山西、黑龙江、吉林、辽宁、北京、河北、河南、陕西、甘肃、湖北、四川。

108 伊洛环蛱蝶 *Neptis ilos* Fruhstorfer, 1909

翅展 57mm。翅正面黑色，斑纹黄色。该种与黄环蛱蝶 *Neptis themis* Leech，1890 极相似。主要区别：前翅上外侧带 5 室斑明显较小，下外侧带 1a 室、1b 室斑退化，甚小，亚前缘斑不显；后翅中带 7 室斑细狭。反面前翅 1a 室、1b 室斑几乎不明显。抱器末端突起弯钩状，柄状部较宽。

分布：山西、辽宁、河南。

109 提环蛱蝶 *Neptis thisbe* Ménétriés, 1859

翅展 55～60mm。翅正面黑褐色，斑纹黄色。前翅中室条与室侧条愈合成 1 条矛状纹，下外侧带 2～3 室斑仅同淡色翅脉相隔，中室条与第 3 室斑相距较远。上外侧带第 5、6、8 室斑中第 6 室斑大于第 5 室斑 2 倍，亚前缘斑细小。1a 室、1b 室斑小，愈合。后翅中带第 6 室斑稍外延，第 7 室斑退化，外侧带灰棕色。反面前翅第 5 室斑灰白色，小于正面，亚前缘斑灰白色，斜列，较正面宽大。后翅亚缘条、外侧带及中带第 7 室斑灰白色，第 7 室斑近方形，第 6 室斑长出约 1/3，中带与外侧带中间具宽的棕褐色带。

分布：山西、河南、陕西、四川、云南。

110 海环蛱蝶 *Neptis thetis* Leech, 1890

翅展 55mm 左右。翅正面黑褐色，斑纹黄色。前翅中室条与室侧条愈合成一矛状纹，下外侧带 2 个斑中第 2 室斑小，第 3 室斑大，1a 室、1b 室 2 个斑由翅脉隔分。上外侧带由 5、6、8 室 3 个黄色斑组成，第 5 室斑圆形，第 8 室斑细小。亚前缘斑灰褐色，后翅中带第 7 室斑细狭。翅反面黄褐色，前翅第 5 室斑、亚前缘斑和后翅亚基条、外侧带和中带第 6、7 室斑灰白色。外侧带细、模糊，其内侧具 2 条棕色横带。

分布：山西、黑龙江、吉林、辽宁、北京、河北、河南、陕西、湖北、四川。

111 朝鲜环蛱蝶 *Neptis philyroides* Staudinger, 1887

翅展 62～70mm。翅黑色，与啡环蛱蝶 *Neptis philyra* Ménétriés, 1859 很相似，但前翅前缘具 2 个白色斑；白色带纹略呈淡黄色；反面色淡，呈浅黄褐色。

分布：山西、河南、陕西、四川。

112 单环蛱蝶 *Neptis rivularis* (Scopoli, 1763)

翅展 50mm 左右。翅黑色，前翅顶角处具 3 个白色斑；中室内白色长条分成 5 段，室端下方具 2 个白色大斑，后缘具 2 个白色小斑。后翅中央具 1 条白色宽带，带内斑长方形，间隔分明。翅反面栗褐色，沿外缘具 2 条白色纹（前翅中间断离），其他斑纹同正面。

分布：山西、河南、陕西、四川。

113 链环蛱蝶 *Neptis pryeri* Butler, 1871

翅展 50～58mm。前翅中室内白色条分成 5 段，室端下方具 4 个白色斑，近顶角具 5 个白色斑，第 1（常缺）、2、5 白色斑很小，外缘与亚缘具 2 列白色小斑，外列 1 段模糊；后翅具 2 条白色斜带，反面红褐色，斑纹大，显著，后翅基部数个黑色点显著大于近似种，中部白色带外缘具 1 条黑色点线。

分布：山西、吉林、北京、河南、江苏、福建。

114 重环蛱蝶 *Neptis alwina* Bremer *et* Grey, 1852

翅展 66～77mm。翅黑色。雄性前翅外缘倾斜，顶角稍尖，具 1 个白色点；雌性顶角圆钝，前翅中室白色条前缘锯齿状，端尖削，近顶角具 3 个白色斑；沿外缘具 1 列白色小点；后翅具 2 条白色横带，外缘 1 条边缘模糊。反面栗褐色，后翅外缘具 1 列白色小斑；其他斑纹同正面。

分布：山西、辽宁、北京、河南、陕西、四川等。

115 秦菲蛱蝶 *Phaedyma chinga* Eliot, 1969

翅展 63mm 左右。翅暗褐色，斑纹白色，带褐黄色。前翅近顶角具 1 个楔形长斑，其上具 1 条小线纹，下具 1 个三角形斑；中室内具 1 条状斑，端尖削，端下具 1 长 1 小 2 斑，后角内侧具 2 小斑；后翅亚外缘具 1 边缘模糊的狭斑，中部具 1 条横带；两翅外缘分别具 1 条淡色线纹。翅反面淡褐色，斑纹苍白色，前翅斑纹同正面，后翅亚外缘白色斑带两侧具黑褐色 "∧" 形纹。

分布：山西、河南、湖北。

116 黑条伞蛱蝶 *Aldania raddei* (Bremer, 1861)

翅展 75mm 左右。翅白色，覆有黑色鳞片，使翅呈灰色至暗灰色；脉纹及两侧黑色，成明显的黑色条，沿外缘各室具近弧形白色细纹，外缘着白色缘毛；中室具 "Y" 形黑色纹，前翅长大，后翅短小。翅反面同正面。

分布：山西、黑龙江、河南、陕西。

117 大红蛱蝶 *Vanessa indica* (Herbst, 1794)

又称印度赤蛱蝶。翅展 53～62mm。前翅黑色，近顶角具白色小斑，中央具宽红色横带；后翅暗褐色，外缘红色，内有 4 个黑色小点，后翅反面具云状斑，外缘内侧具数个不明显的眼状斑。

分布：中国广布。

118　小红蛱蝶 *Vanessa cardui* (Linnaeus, 1758)

翅展 47～59mm。与大红蛱蝶 *Vanessa indica* (Herbst，1794)相似，除体较小外，翅面斑纹的主要区别：前翅黑褐色，前翅中央与后翅外缘红黄色。

分布：中国广布。

119　朱蛱蝶 *Nymphalis xanthomelas* (Esper, 1781)

翅展 60～65mm。翅外缘锯齿状，红褐色。前翅外缘具 2 个暗褐色带，杂有黑褐色与青蓝色，内侧具 1 条黑色宽带，近顶角具 1 个黑色斑和淡色斜纹；中室内具 2 个斑，中室端 1 个斑，第 2 室 2 个斑，3～4 室分别具 1 个黑色斑。后翅外缘同前翅，近前缘具 1 个黑色大斑，翅基部被红黄褐色长毛。翅反面基半部黑褐色，端半部黄褐色，密布细波纹，外缘黑褐色，中室具 1 个淡色小点，内缘至基部被黑褐色长毛。

分布：山西、黑龙江、吉林、辽宁、内蒙古、北京、河北、河南、陕西、宁夏、甘肃、内蒙古、青海、江西。

120　琉璃蛱蝶 *Kaniska canace* (Linnaeus, 1763)

翅展 53～66mm。翅黑褐色，前翅顶角、臀角和后翅外缘中部显著突出。前翅前缘具青白色小点，中室外缘到后缘具蓝色宽带，后翅具同样的蓝色宽带，且外侧具 1 列黑色小点。反面黑褐色，基半部色浓，密生波纹状细线。

分布：中国广布。

121　白钩蛱蝶 *Polygonia c-album* (Linnaeus, 1758)

翅展 50mm 左右。前、后翅的外缘凹凸分明，尤以后翅 4 脉末端突出。翅红褐色，外缘具暗色带，翅面散布同色斑点。翅反面黄褐色或青灰色，密生细波线花纹，后翅中室端具"L"形银色斑纹。

本种季节型分明。秋型前、后翅外缘带宽，黑褐色，凹凸明显。"L"形纹更醒目，正反面色浓重。

分布：中国北中部、西部（包括西藏）等广大地区。

122　黄钩蛱蝶 *Polygonia c-aureum* (Linnaeus, 1758)

翅展 50～60mm。该种与白钩蛱蝶 *Polygonia c-album* (Linnaeus，1758)非常相似，季节型分明，主要区别：翅黄褐色；翅基部具黑色斑；前翅中室内具 3 个黑色斑；前、后翅外缘突出部分尖锐（秋型更显著），前翅第 2 脉和后翅第 4 脉末端尤甚，白钩蛱蝶外缘突出部分圆钝，故又名多角蛱蝶。

分布：中国广布。

123　曲纹蜘蛱蝶 *Araschnia doris* Leech, 1892

该种为世界已知季节变异较显著的种类之一，春型与夏型尤如不同种。春型翅展 39～46mm，5 月出现。翅橙黄色，黑色斑不发达，后翅白色中带稍直，反面具紫色光泽，基半部具不规则细白线与翅脉交错成蜘蛛网线。夏型翅展 43～49mm，7～8 月出现，黑色斑发达，前、后翅均具白色中带，翅反面的斑纹复杂，与正面完全不同。

分布：山西、河南、陕西、浙江、湖北、福建、四川。

124　斑网蛱蝶 *Melitaea didymoides* Eversmann, 1847

翅展 42～56mm。翅橙黄色。前翅狭长，脉纹不明显，外缘具 2 列点状黑斑，雄性内侧 1 列消失；反面颜色前翅同正面，后翅土黄色，具 2 条褐黄色带，具黑褐色新月形纹和黑色点。

分布：山西、黑龙江、吉林、辽宁、北京、河北、山东、河南、陕西、宁夏、甘肃、青海、新疆。

125 帝网蛱蝶 *Melitaea diamina* (Lang, 1789)

翅展 40mm 左右。翅淡黄褐色。外缘具黑色宽带，亚缘带、中外带与中带均略平行，波状弯曲，与黑色翅脉把翅面分成排列整齐的小方块，前翅中室下域的稍长；中室 3 个黑斑与其下方 2 个黑色斑相连。后翅近基部具长短不等的 3 条黑色带。反面前翅色淡，后翅青白色，具 2 条不规则的褐色横带；前、后翅外缘具 2 条等距的褐色细线。

分布：山西、黑龙江、河北、河南、陕西、宁夏、甘肃、云南。

126 大网蛱蝶 *Melitaea scotosia* Butler, 1878

翅展 55mm 左右。翅黄褐色，外缘黑褐色，亚缘具波状细带。前翅中室内具"8"字形纹，中部各室黑斑排成曲折带；后翅中部具 2 条黑褐色带，基部具不规则线纹。反面前翅色淡，斑纹同正面；后翅土黄色，具 2 条橙黄色带和满布新月形纹。

分布：山西、黑龙江、辽宁、河北、河南、陕西、甘肃。

127 大卫绢蛱蝶 *Calinaga davidis* Oberthür, 1879

又称桑蛱蝶、黄领蝶。翅展 65～80mm。体黑色，颈部毛黄色。翅白色，脉纹黑色，前翅中室中部和横脉具淡黑色斑；前、后翅外缘和亚缘具淡黑色宽带，带内具白色小区，前翅 1 列，后翅 2～3 列。

分布：山西、河南、浙江、四川。

喙蝶科 Libytheidae

牛瑶

（河南师范大学生命科学学院，新乡，453007）

体中小型。下唇须特长，粗壮挺直，末端钝圆，伸在头的前方，非常明显。前翅顶角突出呈钩状，径脉 5 条，臀脉 1 条；后翅臀脉 2 条，肩脉发达。雄性前足退化。

128 朴喙蝶 *Libythea lepita* Moore, 1858

翅展 41～49mm。翅黑褐色。下唇须很长，伸在头的前方。前翅顶角突出成钩状，后翅外缘锯齿状。前翅近顶角具 3 个白色小斑，中室内具 1 条钩状橙红色条纹，中室外具 1 个同色圆斑。后翅中部具 1 条橙红色带。雄性前足有毛，雌性缺毛。

分布：山西、辽宁、北京、河北、河南、陕西、甘肃、浙江、湖北、福建、四川、广西、台湾。

灰蝶科 Lycaenidae

牛瑶

（河南师范大学生命科学学院，新乡，453007）

一般体为小型。眼缘通常围有白色鳞毛环。触角锤状，每节具白色环。前翅具径脉 3～4 条；后翅臀脉 2 条，有或缺尾状突起，1 条为常见。雄性呈红色、橙色、蓝色、绿色、青色、紫色、古铜色等。雌性通常色暗。翅反面斑纹，远较正面丰富多彩。雌性前足正常，雄性前足正常或跗节及爪退化。

129 尖翅银灰蝶 *Curetis acuta* Moore, 1877

翅展 45mm 左右。前翅顶角尖，外缘平直；后翅臀角尖出。翅基褐色，雄性前翅中央和基部以及后翅中部外侧为橙红色区；雌性为青白色。翅反面雌雄皆为银白色，后翅沿外缘各室具极细小的黑色点列。

分布：山西、河南、陕西、湖北、广西、四川、云南、西藏。

130 线灰蝶 *Thecla betulae* (Linnaeus, 1758)

翅展 42mm 左右。翅表面橙黄色，前翅顶角及外缘黑色，中室端具 1 个黑色纹。后翅基部灰褐色，外缘具 1 条黄褐色宽带，亚外缘白色；后翅中线和外横线白色，亚外缘线灰白色，波状，臀角橙黄色，具 2 个黑色斑。

分布：山西、黑龙江、河南。

131 精灰蝶 *Artopoetes pryeri* (Murray, 1873)

前翅 M_1 脉与 R_5 脉在基部有一段共柄；中室为前翅长的一半；触角短于前翅的一半；后翅缺尾状突起；臀叶不显著。翅的反面底色为灰白色，雌雄斑纹差异不明显。

分布：山西、北京、河南、陕西。

132 璞精灰蝶 *Artopoetes praetextatus* (Fujioka, 1992)

该种与精灰蝶 *Artopoetes pryeri* (Murray, 1873)非常相似，但翅反面底色为黄褐色。

分布：山西、北京、四川。

133 赭灰蝶 *Ussuriana michaelis* (Oberthür, 1880)

翅展 40mm 左右。翅暗黑色，前翅前缘和外缘具黑褐色带，中部具橙红色斑，后角具 1 个黑色小斑；后翅雄性暗黑色，雌性外缘橙红色，中部和基半部灰橙色，顶角具 1 条黑色斑纹，臀角具黑色圆点，尾状突长。翅反面金黄色，亚缘具银白色线，前翅线细；后翅呈半圆形，外缘具橙红色带，臀角橙红色，具 2 个黑色圆点。

分布：山西、河南。

134 范赭灰蝶 *Ussuriana fani* Koiwaya, 1993

额唇基区具伏鳞；下唇须腹面被鳞片；复眼裸，无毛；雄性前足分节；前翅 M_1 脉从中室上端分支，与 R_5 脉在基部有一段共柄；触角稍短于前翅的一半，后翅有 1 细长的尾状突起，臀叶极小，不发达，后翅正面 CuA_1、CuA_2 脉末端臀角处靠外缘有 1 条短的宽条状橙红色带。

分布：山西、陕西。

135 陕灰蝶 *Shaanxiana takashimai* Koiwaya, 1993

翅展 35mm 左右。翅黑褐色，仅后翅臀角具 1 个黑色斑，着极少橙红色鳞片，缘毛黑褐色，尾状突起 1 对，黑色，末端白色。翅反面淡黄色，沿外缘各室具新月形黑斑，后翅近臀角数室近圆形，其外侧具银白色鳞片，其内侧各室弧形橙红色斑相连成波状带，橙红色带内侧依次为新月形黑色斑、银白色斑。

分布：山西、河南、陕西。

136 天使工灰蝶 *Gonerilia seraphim* (Oberthür, 1886)

该种外形与银线工灰蝶 *Gonerilia thespis* (Leech, 1890)较相似，主要区别是前翅反面外侧带缺。

分布：山西、陕西、四川。

137 银线工灰蝶 Gonerilia thespis (Leech, 1890)

翅展 24～30mm。翅橙黄色，前翅顶角黑褐色，后翅近臀角具 1 个黑色圆点，尾状突起长，扭曲，黑色。反面翅色同正面，前翅外缘中部以后和后翅外缘具橙红色斑，其内侧具 2 条平行的银白色横线，镶有黑色边，后翅第 2 条横线有 "V" 形弯曲，近臀角具 1 个黑色点。

分布：山西、河南、陕西、四川。

138 川陕珂灰蝶 Cordelia koizumii Koiwaya, 1996

额唇基区及下唇须腹面覆盖有长鳞片；复眼裸露，无毛；雄性前足跗节愈合，不分节。前翅 M_1 脉从中室外上端发出，与 R_5 脉在基部不共柄；后翅具 1 个细长的尾状突起；臀叶极小。翅正反面底色相同，黄色，雌雄翅面斑纹差别不大。后翅反面外侧带距外缘远。

分布：山西、陕西。

139 北协拟工灰蝶 Pseudogonerilia kitawakii (Koiwaya, 1993)

翅展约 33mm。该种与银线工灰蝶 Gonerilia thespis (Leech, 1890)很相似，但前、后翅反面分别具 1 条白色细线，后翅后端稍呈波状，内侧镶黑色边；后翅沿外缘具橙红色斑，并有白色波状细线，前角具 1 个较小的黑色圆点。

分布：山西、河南、陕西。

140 黄灰蝶 Japonica lutea (Hewitson, 1865)

翅展 35mm 左右。翅橙黄色，前翅顶角黑色；后翅臀角和 1b 室等室均具 1 个黑色圆点，尾状突起黑色，末端白色。反面色暗，前翅外缘具宽的黄红色带，内侧具黑色斑及白色细线；后翅外缘宽带内具黑色斑，内侧具白色和黑色新月斑，中央具 1 条深色斜带，两侧镶白色细线。

分布：山西、河南、陕西、浙江、四川。

141 癞灰蝶 Araragi enthea (Janson, 1877)

翅展 35mm 左右。翅黑褐色，前翅中室端及下方具 2 个淡色斑，缘毛褐色，尾状突起细长，端部白色。反面灰白色，散布褐色斑，前翅斑纹较大；后翅斑纹较小，且后半部的色淡，臀角具 2 个橙色斑，内有黑色点。

分布：山西、河南、四川。

142 青灰蝶 Antigius attilia (Bremer, 1861)

翅展 30mm 左右。翅暗灰黑色，缘毛白色，前翅无斑纹。后翅外缘具 4 个白色（带蓝色）斑，内有淡黑色点；尾状突起长，端部白色。反面灰白色，斑纹褐色，前翅中室具 1 个短斑，中室外具 1 条横带，沿外缘具 1 列斑点；后翅中央具横带，沿外缘具褐色、白色新月形纹各 1 列，臀角具 2 个橙红色斑，内有 1 个黑色点。

分布：山西、河南、浙江、四川、云南。

143 华灰蝶 Wagimo signata (Butler, 1882)

翅展 28～30mm。该种与 Wagimo sulgeri 非常相似，主要区别：体型较小；前翅反面外中横线末端止于 1b 脉，外横线在第 2 脉处与中横线相连；前翅反面 1b 室 2 条短线斜置，外侧短线与中横线连接，末端止于 1b 脉，内侧短线内移、斜行。

分布：我国广布特有种。

144 金灰蝶 Chrysozephyrus smaragdina Bremer, 1861

翅展 40mm 左右。雄性翅金绿色，光彩悦目。翅外缘黑色带前翅细狭，后翅宽大。雌性前翅具 1 个橙色大斑。反面雄性暗灰色，前、后翅白色横线与其内侧的褐色纹均显著宽大；

雌、雄性前、后翅中室斑短纹宽大，两侧镶白色线纹。

分布：山西、黑龙江、吉林、河南、陕西、湖北。

145 艳灰蝶 Favonius orientalis (Murray, 1875)

翅展 38mm。雄性翅正面金绿色，前翅外缘、前缘具黑色细边，后翅前缘和后缘具深色宽带，臀角区具 1 短黑色带，尾突短，翅反面灰褐色，前翅中室端具 1 条褐色纹，亚缘具波状线，中段至后角具褐色纹，亚顶端具 1 条近直行的横线，横线外白内褐，两色相并，末端止于第 3 脉；后翅中室端具褐色短线，白色 "W" 形纹内侧镶褐色边，亚缘 2 条波状线，臀角具 2 个橙红色斑，内有黑色点，前 1 个在中心，后 1 个在外缘。

分布：山西、黑龙江、辽宁、北京、河南、陕西、宁夏、青海、江西。

146 亲艳灰蝶 Favonius cognatus (Staudinger, 1892)

翅展 35～38mm。雄性翅暗绿色，有金属闪光。前翅无斑纹，后翅外缘具黑色带，翅反面灰白色；前翅亚缘具 1 条弧形白色横线，内缘着暗褐色边，末端止于第 2 脉，其外缘的黑色条纹基部粗大，向上渐细弱；后翅中域横带直，末端 "W" 形纹不完整。尾状突起黑色，臀角圆出成叶片状，橙色，内具 1 个边缘模糊的黑色斑，第 3 室具 1 近圆形橙色斑，内具黑色圆点。两翅中室端均具暗色横纹。

分布：山西、黑龙江、辽宁、北京、河北、河南、陕西、宁夏、青海。

147 超艳灰蝶 Favonius ultramarinus (Fixsen, 1887)

翅展 32～42mm。雄性翅蓝绿色，前翅外缘具黑色细线纹，后翅外缘黑色带宽。雌性翅褐黑色，前翅中室端外和 3 室具淡灰色黄色楔状纹。反面暗灰色，前翅亚外缘具黑褐色条纹，后角部分粗大，向上渐细小，白色横线斜置，内侧有褐色边；后翅中域横线粗大，中段微内凹，后翅臀角具橙色斑，上有黑色斑，第 3 室橙色斑近方形，内有黑色圆点。

分布：山西、河南、四川。

148 丫灰蝶 Amblopala avidiena (Hewitson, 1877)

翅展 35mm 左右。前翅顶角尖，后翅前缘尖端的棱角分明，臀角部突出如尾状。翅黑褐色，前翅中央具美丽的紫色光泽，前翅中室前端具长形橙色斑。反面灰褐色，前翅近外缘具白色细线，后翅中央具灰白色 "Y" 形宽带，亚缘具 1 条不明显的同色宽带。

分布：山西、河南。

149 霓纱燕灰蝶 Rapala nissa (Kollar, 1844)

翅展 28～35mm。翅黑色，前翅底部和后缘的大半具美丽的蓝色闪光。少数个体前翅中室外具橙红色斑，雄性后翅第 7 室具泥色性标，尾状突起长，末端白色。前、后翅中部具深褐色横线，后翅的呈 "W" 形，外侧镶有白色边；臀角叶片状突出、黑色，第 2 室披蓝色鳞片，第 3 室橙红色斑中有 1 圆形黑色点。

分布：山西、黑龙江、河北、河南、陕西、浙江、湖北、江西、广西、云南。

150 彩燕灰蝶 Rapala selira (Moore, 1874)

翅展 29～38mm。翅黑褐色，具紫色闪光。前翅外缘雄性较直，雌性浑圆；雄性后翅第 7 室具泥色性标；雌性与雄性以翅面斑纹有无可分为有斑型和无斑型。有斑型前翅中室外方和后翅 1b 室、第 2 室外缘具橙红色斑，雌性斑通常大型；臀角部叶片状突出，中央橙红色，尾状突起长，末端白色，翅反面颜色，一类青白色，一类黄褐色；前、后翅具深于底色的褐色带，中室端为短带，后翅中央斜带呈 "W" 形，臀角区橙红色，内有 3 个黑色点，中间 1 个较模糊。

分布：山西、黑龙江、辽宁、河南、陕西、甘肃、浙江、云南、西藏。

151 苹果洒灰蝶 *Satyrium pruni* (Linnaeus, 1758)

翅展 35mm。翅栗褐色，雄性前翅正面中室上角具泥色性标；雌性后翅 2～3 室具橙红色斑，尾状突起细，黑色，端部白色，翅反面黄褐色，中横线银白色；前翅外缘各室具黑色圆点，由前向后依次渐大，内侧有白色新月形纹；后翅外缘具橙红色带，内侧具黑色圆点，镶有白色新月形纹，尾状突起前具 1 个黑点，臀角黑色。

分布：山西、黑龙江、河南、陕西、四川。

152 优秀洒灰蝶 *Satyrium eximia* (Fixsen, 1887)

翅展 30～37mm。翅黑褐色，具暗紫色闪光。后翅臀角微圆出，尾突 1 对，第 3 脉端微突出。反面色淡，前翅白色横线末端稍弯曲；后翅白色横线呈微波状，后端呈 "W" 形，外缘 2 条波状线中间具黑色纹，臀角区橙红色，内具黑色圆点，臀角黑色。

分布：山西、北京、河南、陕西、四川。

153 红灰蝶 *Lycaena phlaeas* (Linnaeus, 1761)

翅展 30mm 左右。前翅朱红色，外缘具黑褐色宽带，中室中央和室端分别具 1 个黑褐色斑，亚缘斑纹呈波状排列；后翅黑褐色，外缘具 4～5 个小黑色点，内侧为朱红色宽带，中室具 1 条暗色横纹。翅反面色淡，具黑色斑点。

分布：山西、河南、陕西。

154 橙昙灰蝶（橙灰蝶）*Thersamonia dispar* (Haworth, 1802)

翅展 32～37mm。雄性翅面橙黄色，前翅外缘具细狭的黑色带；后翅外缘细黑色带与内侧的黑色点连接。翅反面，前翅淡黄色，外缘和后缘灰色，亚缘具 2 列黑色斑，外列斑 6 个，内列斑 5～7 个，上端 3 个斜向外，中室基部、中部和端部分别具 1 个黑色点。后翅灰褐色，基部蓝灰色，亚缘具 3 列黑色斑，外列和中列斑排列整齐，分别具 6～7 个黑色点。两斑列间橙红色，内列斑顶端 2 个内移。翅基半部具 6 个黑色点，分 2 列，自前缘至后缘对应排列，中室横纹较前翅细。

分布：山西、黑龙江、吉林、北京、河北、陕西、河南。

155 华山呃灰蝶 *Athamanthia svenhedini* Nordström, 1935

该种的主要鉴别特征：后翅正面有红色亚缘纹，雄性前翅正面有显著的外侧点，前翅反面缺红色的亚缘红。

分布：山西、河南、陕西、甘肃。

156 黑灰蝶 *Niphanda fusca* (Bremer et Grey, 1853)

翅展 32～45mm。翅暗褐色，雄性翅具蓝色闪光，无斑纹及尾状突起。翅反面暗灰色，前翅基部具 1 个大斑，中室端部具 1 个斑，外方具 4 个斑，后方具 3 个斑，均呈暗褐色，围有白色边；后翅具数个同色斑纹，前、后翅外缘斑列模糊。

分布：山西、黑龙江、吉林、辽宁、北京、河北、山东、河南、陕西、甘肃、青海、湖北、浙江、湖南、江西、福建、四川。

157 中华锯灰蝶 *Orthomiella sinensis* (Elwes, 1887)

体为小型种类，翅展 22mm。该种与锯灰蝶 *O. pontis* (Elwes)相似，主要区别：雄性翅正面黑褐色，前翅具宽的外缘黑色带，后翅前缘具非黑褐色淡色区；反面前翅中室端、中室内分别具 1 个暗色斑，中室下方与这 2 个斑对应另各具 1 个斑，具明显的亚缘带，后翅前缘 2 个斑明显，外缘具黑色点列，中后部色暗，斑纹黑褐色，呈几乎相连的斑块。

分布：山西、河南、陕西、浙江。

158 亮灰蝶 *Lampides boeticus* (Linnaeus, 1767)

翅展 32mm。雌雄异型，雄性紫褐色，前翅外缘褐色；后翅前缘与顶角暗灰色，臀角处具 2 个黑色斑。雌性前、后翅基部青蓝色，其余部分暗灰色；后翅臀角处 2 个黑色斑清晰，外缘各室隐约可见淡褐色斑。翅反面灰白色，有许多白色细线与褐色带组成波纹状纹，中室内具 2 条波纹，后翅亚外缘具 1 条白色宽带；臀角处具 2 个浓黑色斑，黑斑内具绿黄色鳞片，内侧橙黄色。

分布：山西、河南、陕西、浙江、福建、云南。

159 酢浆灰蝶 *Pseudozizeeria maha* (Kollar, 1844)

又称小灰蝶。翅展 20～25mm。雌雄异型。雄性翅雪青色，前翅外缘和后翅前缘具黑褐色宽带，后翅外缘有 1 列黑色小点。翅反面淡灰褐色，外缘具 3 列黑斑，中室端具 1 个横斑，前翅中室内具 1 个小斑；后翅基部具 1 列共 4 个黑色斑。雌性翅黑褐色，基部分布有紫色鳞片，反面与雄性相同。

分布：山西、河南、浙江、江西、福建、台湾、广东、海南、广西、四川。

160 点玄灰蝶 *Tongeia filicaudis* (Pryer, 1877)

翅展 22～23mm。该种与玄灰蝶 *T. fischeri* 非常相似，前翅反面中室具 2 个斜列的黑色斑，其上方 1 个极小，其下方另有 1 个黑色斑。

分布：山西、陕西、浙江、福建、四川。

161 蓝灰蝶 *Everes argiades* (Pallas, 1771)

翅展 18～28mm。雌雄异型，雄性翅蓝紫色，外缘黑色，缘毛白色，后翅外缘具不明显小点列。雌性黑褐色，春型基部着生青蓝色鳞片，后翅近臀角具 2～4 个橙黄色小斑及黑色点。尾状突起黑色，末端白色。反面灰白色，中室端具暗色纹，近外缘具 3 个点列，外、中 2 个点列中间夹有 3～4 个橙黄色斑，内列黑色点排列很不整齐。此外，中室内和前缘分别具 1 个黑色点。

分布：山西、黑龙江、北京、河北、山东、河南、陕西、浙江、湖北、四川、云南。

162 琉璃灰蝶 *Celastrina argiola* (Linnaeus, 1758)

翅展 27～33mm。翅蓝灰色，缘毛白色，间有窄的黑色。雄性翅外缘黑褐色纹狭，雌性前缘和外缘连成宽黑褐色带。翅反面灰白色，沿外缘具 3 列淡褐色点；外列圆形，后翅明显大于前翅，中列为新月形，内列前翅具 5 个，最前 1 个圆形，明显内移，其余 4 个长形；在后翅中域和基部排列成不规则状，外缘各室具圆形黑色斑，其内侧为新月形斑列；前、后翅中室端横纹不明显。

分布：山西、黑龙江、辽宁、北京、河北、河南、陕西、甘肃、青海、浙江、湖北、湖南、江西、福建、四川、云南。

163 胡麻霾灰蝶 *Maculinea teleia* (Bergsträsser, 1779)

翅展 40mm 左右。翅黑褐色，无斑纹，缘毛灰褐色。反面茶褐色，前翅沿外缘具 2 列褐色圆斑，外列斑色淡，内列斑大且色暗，中室中央具 1 个小点，室端具 1 条横纹；后翅具 3 列斑：外列斑色甚淡，中列斑色较暗，内列斑色浓；翅基 2 斑，中室端横纹和内列斑的白色圈特别醒目。

分布：山西、黑龙江、吉林、北京、河北、河南。

164 靛灰蝶 *Caerulea coeligena* (Oberthür, 1876)

翅展 40mm 左右。前翅外缘前段内缩，顶角尖。雄性翅青蓝色，前翅顶角和两翅外缘具很细的黑色纹。雌性前翅前缘、外缘和后翅前缘具黑色宽带，其余为暗青蓝色。前、后翅中室开式，前翅中室端具暗色细横纹，雌性明显。缘毛灰白色。翅反面暗灰色，围有白色环的黑色圆斑变化极大，前翅亚缘 1～5 室具 2～6 个斑，第 1 室 2 个小斑分离，第 4、5 室斑很小，第 2 第 3 斑很大，绝大部分个体只有这 2 个大斑，沿外缘具 1 条极不明显的暗色细线，后翅中央各室黑色点排成曲状点列，第 7 室基部另具 1 个小圆斑，大部分个体仅具 4 室或 2～5 室及 1 个或 3～4 个黑色斑，其他黑色斑退化成白色小点，沿外缘具 1 条极不明显的圆斑列。前、后翅中室端分别具 1 条黑色细线纹，外围白色，后翅黑色线纹多不明显。

分布：山西、河南。

165 珞灰蝶 *Scolitantides orion* (Pallas, 1771)

翅展 30mm 左右。翅黑褐色，具紫蓝色光泽，亚外缘具 1 列黑色圆斑，内侧具紫蓝色新月形纹，在后翅较明显。翅反面灰白色，黑白相间的外缘毛似 1 列黑色小斑；前翅亚外缘 2 列黑色斑中，外列斑圆形，分离，内列斑稍长，相连，后中横列斑近方形，末端 2 个内移，中室端和中室内分别具 1 个黑色斑，内斑下方另有 1 斑；后翅亚外缘两斑列中间具橙色横带，后中横斑列不整齐，中间 3 个外移，中室具端斑和内斑，基域分布 3 个黑色斑，在中室内斑上方和下分别具 1 斑，近翅基沿后缘处具 1 斑。

分布：山西、黑龙江、辽宁、河北、河南、陕西、甘肃、新疆、湖北、福建、云南、西藏。

166 红珠灰蝶 *Lycaeides argyrognomon* (Bergsträsser, 1779)

翅展 25～30mm。雌雄异型，雄性翅紫色；雌性翅暗褐色，两翅亚外缘橙红色带的内外侧，着黑色斑，前翅带狭，后翅带宽。反面前翅 3 列黑色斑近平行，内斑列中的下 3 个斑（少数为 4 个斑）为横置或竖置，后翅外列圆斑中置银色瞳点。

分布：山西、黑龙江、吉林、辽宁、河北、山东、河南、陕西、甘肃、青海、新疆。

弄蝶科 Hesperiidae

牛瑶

（河南师范大学生命科学学院，新乡，453007）

体小或中型，较粗壮，多为黑褐色或褐色。头大，触角棍棒状，基部远离，末端细尖弯曲成钩状。前翅径脉 5 条，直接从中室分出，臀脉 2 条；后翅臀脉 2～3 条。雌雄性前足均发达，胫节有距，前足 1 枚，后足 2 对。

167 深山珠弄蝶 *Erynnis montanus* (Bremer, 1861)

翅展 40mm 左右。翅黑褐色，雄性具紫色光泽。雄性前翅沿外缘向内具 3 条暗灰色波状带，中央带最宽；后翅沿外缘 1 列黄斑，中室外缘具 1 列 4 个黄色斑，中室内和端部分别具 1 个斑，近前缘 2 个斑；雌性前翅波状带色淡，近黄白色，后翅斑纹较雄性明显。翅反面斑纹同正面，雄性前翅亚缘具黄色斑点分布。

分布：山西、黑龙江、吉林、辽宁、山东、河南、陕西、青海、浙江。

168 珠弄蝶 *Erynnis tages* (Linnaeus, 1758)

翅展 30mm。翅黑褐色，斑纹黑色，不明显。沿外缘具 1 列排成弧形的白色小点，后翅外缘内侧还具 1 列白色小点。翅反面淡棕色，白色点明显。

分布：山西、北京、河北、山东、河南、宁夏、甘肃。

169 花弄蝶 *Pyrgus maculatus* (Bremer et Grey, 1853)

翅展 22～32mm。翅黑褐色，斑纹白色：前翅具 16～17 个斑，后翅中央具 2～4 个斑，雄性沿外缘具 5～6 个斑排成横列。缘毛白色，较长，翅脉端黑色。前翅反面灰褐色，顶角淡红褐色；后翅反面灰褐色，中央具 2 条相连的白色带纹，内侧具红褐色斑。

分布：山西、河南、浙江、江西、福建。

170 双带弄蝶 *Lobocla bifasciata* (Bremer et Grey, 1853)

翅展 40～48mm。翅黑褐色。前翅顶角具 3 个白色小斑，中部至后角具 1 条斜带，共 5 个白色斑，多数个体在中室外近外缘处具 2 个模糊小斑。前翅反面同正面；后翅具不明显的紫灰色云斑。

分布：山西、黑龙江、辽宁、河北、河南、陕西、甘肃、浙江、湖北、福建、广东、四川。

171 白弄蝶 *Abraximorpha davidii* (Mabille, 1876)

翅展 40～68mm。该种为弄蝶科中较特殊的种类。翅白色，散布灰褐色斑纹，极易辨识。翅反面斑纹同正面。

分布：山西、河南、湖北、湖南、江西、浙江、广东、海南、四川。

172 飒弄蝶 *Satarupa gopala* Moore, 1866

翅展 54～70mm。翅黑褐色，前翅自顶角在中室外折向后缘中部，有 1 条由 10 余个白色斑组成的斜带，中室中部具 1 个白色斑；后翅中部具 1 条极宽的白色横带，外侧具 1 列黑褐色斑点，仅近前端的 1 个在白色带内。后翅反面基半部全为粉白色。

分布：山西、黑龙江、吉林、辽宁、河南、陕西、甘肃、浙江、江西、湖南、福建、海南、广西、四川。

173 蛱型飒弄蝶 *Satarupa nymphalis* (Speyer, 1879)

前翅白色透明斑点排成完整的外横带，不中断；中室内 1 个白色大斑，接近外横带；亚顶端斑及 Cu2 室、2A 室斑均大，与中央斑连成完整的横带。后翅白色区窄，其外缘的黑斑愈合，后翅反面 Rs 室有 2 个圆斑。

分布：山西、黑龙江、吉林、四川。

174 链弄蝶 *Heteropterus morpheus* (Pallas, 1771)

翅展 35mm 左右。翅浓黑色，缘毛很长，黑褐色。腹部细长，背面黑褐色，具绿色闪光，腹面白色，两侧分别具 2 条褐色条纹，腹部末端围生灰褐色长毛。前翅近顶角具 3 个白色斑，中室内具 1 个极小的白色点，中室外和中室下角分别具 1 个细小的白色斑纹；后翅无斑纹。翅反面缘毛分 2 色，边缘黑褐色，内侧白色，有黑细线相间。前翅黑褐色，外缘具 1 条黑色线，沿外缘具黄橙色带，其内侧各室呈 'U' 字形，前缘着白色鳞片，近顶角三角斑相连成 1 个黄色大斑，中室内有 1 个白斑。后翅银白色带黄色，翅周围有黑褐色细线，具 10 多个长卵形黑色环；沿外缘具 7 个斑，相连，近臀角处 2 个较小，前缘 1 个，中室后 2 个斑相连，近基部 2 个斑。中室端部具 1 个大型的黑色斑，内有 1 条白色横纹。基部另有 2 个黑色点。

分布：山西、黑龙江、吉林、辽宁、内蒙古、河北、河南、陕西。

175 直纹稻弄蝶 *Parnara guttata* (Bremer *et* Grey, 1852)

又称稻苞虫。翅展 28～40mm。翅黑褐色，刚羽化的成虫具金属光泽。前翅近三角形，狭长，一般具半透明白色斑纹 7～8 个，排列成半环状；翅顶角 3 个斑，其中第 1 个（第 8 室）变化很大，多数个体外移，变小或消失；中域斑 3 个，下边 1 个最大；中室斑 2 个，狭长，雌性上斑长、大，下斑多退化成小点或消失，雄性 2 斑基本一致。后翅中央具 4 个透明斑，位于 2～5 室依次较小，雌性斑纹挺直排成一直线，故名直纹稻弄蝶；雄性 1、3 斑略向前移，有些雌性也是如此。翅反面色淡，斑纹同正面，但常见有的雄性后翅第 6 室在第 4 个白色斑旁另缀有 1 个小褐色斑。

分布：中国广布。

176 曲纹稻弄蝶 *Parnara ganga* Evans, 1937

翅展 28～32mm。翅黑褐色，前翅一般具 5～7 个白色半透明斑，极个别的具 8 个斑；其中翅顶角 3 个斑，绝大多数为 2 个斑，个别 1 个；中域 3 个斑，最下面具 1 个（第 3 室斑）最大的斑，最上面 1 个斑（部分个体）成极小的点状或缺如；中室 2 个斑，但一般都缺如。后翅中央 4 个白色斑排列不整齐，形状大小不一，部分个体仅具 1～2 个小点或缺如。

分布：山西、山东、河南、陕西、浙江、江西、香港、海南、四川、贵州、云南。

177 隐纹谷弄蝶 *Pelopidas mathias* (Fabricius, 1798)

翅展 30～40mm。翅黑褐色，具黄绿色光泽。中足胫节具密针刺，雄性前翅中室外具银灰色性标。雄性前翅具 8 个半透明白色斑，少数个体在第 11 室具 1 个小斑，其中上面 2 个顶角斑内移；雄性在 1b 室另具 1 个斑。后翅无斑纹，反面具 5～7 个白色斑，其中中室基部 1 个。

分布：山西、北京、河南、陕西、甘肃、浙江、湖北、湖南、江西、福建、台湾、广西、四川、贵州、云南。

178 小赭弄蝶 *Ochlodes venata* (Bremer *et* Grey, 1853)

翅展 29～37mm。体较小，颜色较深，斑纹黄褐色，不透明；前翅中室外 2 斑纹发达、整齐；雄性黑色性标长卵形，后翅中室基部正、反面均无斑纹（少数雄性模糊），前、后翅反面显露黑色细脉纹。该种雄性翅面颜色变异很大。

分布：山西、黑龙江、河北、山东、河南、陕西、甘肃、江西、福建、四川、西藏。

179 黄赭弄蝶 *Ochlodes crataeis* (Leech, 1893)

翅展 35～40mm。雄性褐色，雌性黑褐色；雄性前翅斑纹透明（1b 室斑除外），淡黄色，后翅具 3 个黄色斑，少数个体中室基部和中室外仅有模糊的黄色斑痕迹；雄性黑色性标中央具 1 条长的银灰色细线，并在第 2 脉处断离成 2 段；雌性前翅斑纹银白色、醒目，第 2 室斑最大，近方形，1b 室斑小三角形，后翅具 3 个黄色斑，明显小于雄性；雌、雄性中室 2 斑相连（极少数分离）成"I"字形。

分布：山西、河南、陕西、浙江、四川。

参 考 文 献

周尧, 1994. 中国蝶类志[M]. 郑州: 河南科学技术出版社.

周尧, 1998. 中国蝴蝶分类与鉴定[M]. 郑州: 河南科学技术出版社.

武春生, 2001. 中国动物志昆虫纲 第 25 卷 鳞翅目 凤蝶科[M]. 北京: 科学出版社.

武春生, 2001. 中国动物志昆虫纲 第 52 卷 鳞翅目 粉蝶科[M]. 北京: 科学出版社.

王治国, 陈棣华, 王正用, 1990. 河南蝶类志[M]. 郑州: 河南科学技术出版社.

王治国, 牛瑶, 陈棣华, 1998. 河南昆虫志鳞翅目: 蝶类[M]. 郑州: 河南科学技术出版社.

王敏, 范骁凌, 2002. 中国灰蝶志[M]. 郑州: 河南科学技术出版社.

Papilionidae, Pieridae, Satyridae, Nymphalidae, Libytheidae, Lycaenidae, Hesperiidae

Niu Yao

(College of Life Sciences, Henan Normal University, Xinxiang, 453007)

The paper reported 179 species of butterflies (Lepidoptera) from Lishan of Shanxi Province, which belong to 104 genera and 7 families.

毛翅目 Trichoptera

孙长海　徐继华　王子微　杨莲芳

（南京农业大学植物保护学院，南京，210095）

成虫俗称石蛾，体与翅面多毛，故名毛翅目。小至中型，体长 2～40mm，形似鳞翅目蛾类，柔弱。一般褐色、黄褐色、灰色、烟黑色，亦有体较鲜艳的种类。头小，能自由活动。复眼大而左右远离，单眼 3 个或无。触角丝状，多节，基部 2 节较粗大。咀嚼式口器，但较退化。翅 2 对，有时雌虫无翅，翅脉接近假想昆虫脉序。足细长，跗节 5 节，爪 1 对。腹部 10 节。雌虫第 8 腹节具下生殖板，一般无特殊的产卵器。雄虫第 9 腹节外生殖器裸露。

幼虫蛃型或亚蠋型，体长 2～50mm，生活于各类清洁的淡水水体中，如清泉、溪流、泥塘、沼泽以及较大的湖泊、河流等。常筑巢于石块缝隙中，故又名"石蚕"。咀嚼式口器，有吐丝器。头顶具"Y"形蜕裂线。胸足 3 对，发达。腹部仅具 1 对臀足，各足具爪 1 个，腹部侧面有气管鳃。裸蛹，上颚发达，腹部腹面常有气管鳃，末端常有 1 对臀突。

广泛分布于世界各生物地理区，是水生昆虫中最大的类群，在淡水生态系统的能量流动中起重要的作用，许多种类对水质污染极敏感，近 30 年来已被用作为水质生物监测的重要指示生物。

世界已知 13 000 余种，我国已知 1200 余种，山西历山保护区采到 34 种，其中除阿尔那纹石蛾 *Hydropsyche ornatula* MacLachlan 以及中华缺距纹石蛾 *Potamyia chinensis* (Ulmer) 在山西有分布记录外，其余 32 种均为山西省新记录种。此外，麦氏丽褐纹石蛾 *Eubasilissa maclachlani* (White) 据记载在山西有分布，但因未采集到标本，该种未包括在下文中。

环须亚目 Annulipalpia

纹石蛾科 Hydropsychidae

成虫缺单眼，下颚须末节长，环状纹明显。中胸小盾片缺毛瘤，胫距式 0～2，2～4，2～4。

前翅有 5 个叉脉，后翅第 1 叉脉有或无。幼虫各胸节均骨化，腹部腹面具成簇的丝状鳃。

世界已知 37 属 1500 余种，我国记录 15 属约 190 种，山西历山自然保护区采到 4 属 10 种，均属于纹石蛾亚科。

分属检索表

1 前翅 m-cu 横脉与 cu 横脉相距较远，两者距离大于或等于 cu 横脉长度的 2 倍 2
- 前翅 m-cu 横脉与 cu 横脉相距较近，两者距离小于 cu 横脉长的 2 倍 3
2 后翅 M 与 Cu 脉主干接近 ....纹石蛾属 *Hydropsyche*
- 后翅 M 与 Cu 脉主干远离 ....离脉纹石蛾属 *Hydromanicus*
3 后翅具 m-cu 横脉，胫距式 2，4，4 ....短脉纹石蛾属 *Cheumatopsyche*
- 后翅缺 m-cu 横脉，胫距式 0～2，4，4 ....缺距纹石蛾属 *Potamyia*

1 中华短脉纹石蛾 *Cheumatopsyche chinensis* (Martynov, 1930)，山西省新记录

前翅长 7.5～8.0mm。体黄褐色。头部深褐色，复眼黑色；触角、下颚须及下唇须黄色。胸部背面深褐色，侧面观各侧片具深褐色斑，胸部腹面黄色；足黄色，但中后足基节具深褐色斑。翅黄色。腹面背面深褐色，腹面黄白色。

雄外生殖器：第 9 节侧面观前缘略向前呈弧形隆起，后缘中部具 1 较大的弧形凹入，侧后突钝齿状。第 10 节侧面观长条形，基部宽，向端部渐窄，侧毛瘤大，长卵形，着生于第 10 节背板中央偏后方；背面观呈梯形，端部向两侧稍膨大；中叶缺，侧叶侧面观三角形，前背向弯曲，背面观上卷至第 10 节背方。下附肢基节基部窄，向端部渐增粗，顶端平截，侧面观上缘略呈 "S" 形弯曲；端节侧面观基半部宽，端半部窄，腹面观三角形，端圆。阳基鞘侧面观基部粗，向端部渐窄，顶端斜切；内茎鞘突侧面观卵圆形，内茎鞘腹叶小，末端尖；阳茎孔片近三角形。

观察标本：100♂，山西沁水下川女英峡五彩石旁，35°25′30″N，112°36′0″E，1532m，2013.IX.11，孙长海等采；7♂，山西翼城大河三沟河，35°27′4″N，111°55′55″E，996m，2013.IX.15，孙长海等采。

分布：山西（历山）、福建、重庆；老挝。

2 挂敦短脉纹石蛾 *Cheumatopsyche guadunica* Li, 1988，山西省新记录

前翅长 8mm。体黄褐色，头部背面深褐色，其余部分黄色。触角柄节黄褐色，其余各节淡褐色。胸部背面黄色，侧腹面黄白色。前后翅黄褐色，密被短毛。足黄褐色。腹部背面黄色，腹面黄白色。

雄外生殖器：第 9 节侧面观前缘向前方呈弧形凸出，后缘中部较平直，侧后突呈直角，背板略短于腹板。第 10 节侧面观基部近矩形，端部钳形，侧叶短条状，端部不如背缘高，侧毛瘤着生于侧叶基部；背面观近矩形，中叶不明显，侧叶卵圆形。下附肢侧面观基节长，端半部加粗，顶端截形，侧面观基部与端部稍粗，中部细窄，略向外侧呈弧形弯曲；端部侧面观基半部近矩形，端半部指状，向上弯曲，腹面观连指手套状。阳基鞘基部粗大，向端部呈弧形弯曲，并渐细，但顶端稍膨大；内茎鞘突四边形，内茎鞘突腹叶略呈齿状。

观察标本：1♂，山西翼城大河吉家河，35°27′14″N，111°55′55″E，1091m，2013.IX.14，孙长海等采；12♂，山西翼城大河三沟河，35°27′4″N，111°55′55″E，996m，2013.IX.54，孙长海等采。

分布：山西（历山）、陕西、福建、四川。

3 具沟离脉纹石蛾 Hydromanicus canaliculatus Li, Tian et Dudgeon, 1990，山西省新记录

前翅长 12.5～13.5mm。头部深黄褐色；触角黄褐色；下颚须、下唇须黄白色。胸部背面深黄褐色，侧腹面黄白色。翅淡褐色，具黄褐色毛丛。前翅黄褐色，翅脉处深色，形成深色网络，翅面不规则地散布多数白色小点。亚前缘脉与第 1 径脉尖端愈合，并向第 2 径脉靠近，但不接触。腹部黄白色。

雄外生殖器：第 9 节侧后突顶角位于侧面下方，第 10 节背板端部 3/4 狭窄，仅及基部宽的 1/4，后缘中裂达背板长的 1/4；基部侧缘各有 1 细长上附肢，长达背板后缘，上附肢基部附有 1 粗短多毛之突起，在此内方近背中线处，有 1 对锥形多毛突起，此突起后方，由许多刚毛排列成两条弧线，延伸至侧缘。下附肢基肢粗，端部极度斜削；端节扁，内侧凹成槽，端部为 2/3 处外侧突然收缩。阳具基部极粗，端部腹面呈刀状，内茎鞘突似瓢状，内茎鞘腹叶 1 对似勺状；阳茎孔片向侧面延伸形成 1 侧向尖突。

观察标本：1♂，山西翼城大河，35°9′14″N，111°56′6″E，1208m，2013.VII.25，宋海天采。

分布：山西（历山）、陕西、湖北、江西、福建、四川。

4 柯隆纹石蛾 Hydropsyche columnata Martynov, 1931，山西省新记录

前翅长 9mm。体深褐色，触角黄褐色，鞭节各节具黑色环纹。胸、腹部黄褐色，但足及翅色较浅。

雄外生殖器：第 9 节侧后突舌状，第 10 节侧面观短，向上隆起处着生粗壮刚毛，尾突较细长，指状。下附肢第 1 节细长，侧面观上下缘几近平行，腹面观于基部上方略缢缩；第 2 节侧面观基部宽，向端部渐窄，腹面观长指状。阳具侧面观基部强烈向上弯曲成锐角，阳茎孔片四边形，内茎鞘突膜质，较长，端部具刺突；腹面观阳具端部叉状，每叉端部膜质，其内嵌有刺突。

观察标本：2♂，山西翼城大河村吉家河，35°27′14″N，111°55′55″E，1091m，2013.IX.14，孙长海等采。

分布：山西（历山）、北京、河南、陕西、四川、江西、贵州。

5 格氏纹石蛾 Hydropsyche grahami Banks, 1940，山西省新记录

前翅长 6～11mm。体黄色至黄褐色。头部背面黄褐色，其余部分黄色。毛瘤黄色；触角、下颚须及下唇须黄色。复眼黑色。胸部背面黄褐色，但中胸小盾片及其余部分黄色。翅及足黄色。腹部黑褐色。

雄外生殖器：第 9 节侧后突三角形。第 10 节背板侧缘略呈弧形，少数个体较直。背中突隆起较高；尾突扁，端部钝，向内下方弯曲。下附肢基节长，侧面观棒状，端部附近稍膨大，腹面观直；端节长约为基节的 1/2，侧面观短棒状，基部粗，向端部渐细，端部钝，腹面观略向内侧弯曲。阳具基部粗壮，阳茎孔片刺状，内茎鞘突分叉。

观察标本：3♂，山西沁水下川村女英峡五彩石旁，35°25′30″N，112°36′0″E，1532m，2013.IX.11，孙长海等采；34♂，山西翼城大河吉家河，35°27′14″N，111°55′55″E，1091m，2013.IX.14，孙长海等采；1♂，山西翼城大河三沟河，35°27′4″N，111°55′55″E，996m，2013.IX.14，孙长海等采；1♂，山西翼城大河，35°9′14″N，111°56′6″E，1208m，2013.VII.25，宋海天采。

分布：山西（历山）、安徽、浙江、江西、湖南、福建、广东、四川、云南。

6 阿尔那纹石蛾 Hydropsyche ornatula MacLachlan, 1878

前翅长 8mm。胸部背面黑褐色，腹面及足褐色。腹部褐色，无侧腺。前翅黄褐色。

雄外生殖器：第 9 节侧后突短，三角形。第 10 背板短，仅及第 9 背板长度的一半。其基部凹入，因此第 10 节背板与第 9 节背缘之前凹陷呈"V"形。第 10 节背板后缘中央凹入成槽，凹槽的两侧无纵向隆起，无尾突。侧面具 1 大毛瘤；背板侧缘中部圆缺，圆缺后呈角状突出。下附肢基节逐渐向端都增粗；端节长约为基节的一半，中部细，基部和端部粗，端部内弯。阳具侧面观略弯曲，基部粗，中部细，端部稍膨大。

观察标本：1♂，山西翼城大河三沟河，35°27′4″N，111°55′55″E，996m，2013.IX.14，孙长海等采。

分布：山西（历山）、河北、陕西；西伯利亚，欧洲，非洲北部。

7 截茎纹石蛾 *Hydropsyche penicillata* (Martynov, 1931)，山西省新记录

前翅长 10mm。头顶黑褐色。触角鞭节黄色，间以深色环。胸、腹部黑褐色。前翅散布多数浅色点。足黄褐色。

雄外生殖器：第 9 节侧后突不尖，三角形。尾突窄条状，向腹面倾斜。下附肢基节长为端节的 2 倍，端节略向外扁，端部钝切。阳具基弯曲成弓形。阳具端部柱形，端面钝切，可翻出 1 膜质突，膜质内着生 2 束刚毛，侧面着生 1 对膜质小突，有时右面小突分叉，小突冠以小骨刺。内茎鞘突短，膜质，后伸，不超过阳茎孔片，顶冠 1 小刺。阳茎孔片后方具 1 极小膜质突。

观察标本：31♂，山西翼城大河吉家河，35°27′14″N，111°55′55″E，1091m，2013.IX.14，孙长海等采；3 ♂，山西翼城大河三沟河，35°27′4″N，111°55′55″E，996m，2013.IX.14，孙长海等采。

分布：山西（历山）、陕西、福建、四川、云南。

8 裂茎纹石蛾 *Hydropsyche simulata* Mosely, 1942，山西省新记录

前翅长 8mm。体褐色。头部褐色，下颚须及下唇须色稍淡，胸部褐色，翅褐色，足褐色，腹部深褐色。

雄外生殖器：第 9 节侧后突较长；前缘中下部向前方呈弧形拱凸。第 10 节尾突侧面观基部缢缩，端部略放宽。下附肢侧面观第 1 节长，基半部窄，端半部稍放宽，第 2 节中央略收窄；腹面观第 1 节基部稍膨大，端半部两侧缘近平行，第 2 节基部窄，端部宽大。阳具基部强烈向上拱起呈框形，后端分裂呈二叉状，叉突顶端膜质，具小刺；内茎鞘突细小，端部具 1 小刺。

观察标本：3♂，山西翼城大河吉家河，35°27′14″N，111°55′55″E，1091m，2013.IX.14，孙长海等采。

分布：山西（历山）、安徽、浙江、江西、福建、广东、广西；朝鲜，越南。

9 三孔纹石蛾 *Hydropsyche trifora* Li *et* Tian, 1990，山西省新记录

前翅长 10.0mm。体黑褐色。头顶深褐色，触角柄节、梗节褐色，鞭节淡褐色，但节间深褐色。胸部深褐色，腹部深褐色。

雄外生殖器：第 9 节侧后突近三角形。第 10 背板侧面观近三角形，尾突窄长，呈弧形向下弯曲。下附肢侧面观第 1 节由基部向端部稍放宽，棒形，第 2 节指形，微内弯，端圆。阳具侧面观基部弯曲成钝角，内茎鞘突膜质，具大型端刺，与膜质部分近等长，阳具端部膜质，包埋数根刺突。

观察标本：4♂，山西翼城大河吉家河，35°27′14″N，111°55′55″E，1091m，2013.IX.14，

孙长海等采。6♂，山西翼城大河三沟河，35°27′4″N，111°55′55″E，996m，2013.IX.54，孙长海等采。

分布：山西（历山）、河南、安徽、江西。

10 中华缺距纹石蛾 Potamyia chinensis (Ulmer, 1915)

前翅长 6.5mm。头部黄色。中胸背板淡褐色，中胸腹板、后胸腹板及足黄色，前翅黄色，腹部黄色。

雄外生殖器：第 9 节侧后突不明显，侧后缘平直。第 10 背板侧面观基部较宽，向端部渐窄，后端上举，形成 1 钝形突，尾突着生于下缘近端部，齿状；背面观端缘呈圆弧形，尾突小，三角形。下附肢基节基部细，中部略加粗，端部变细；端节弯刀状。阳具基部粗大，中部细，端部略加粗。

观察标本：1♂，山西翼城大河三沟河，35°27′4″N，111°55′55″E，996m，2013.IX.14，孙长海等采。

分布：山西（历山）、黑龙江、北京、河北、河南、陕西、安徽、浙江、湖北、江西、湖南、福建、广东、海南、广西、四川、云南；日本，俄罗斯（远东地区）。

等翅石蛾科 Philopotamidae

成虫具单眼，下颚须第 5 节具明显环纹。中胸盾片无毛瘤，胫距式 0~2，4，4。翅脉完全，后翅较前翅宽。一般生活于流水中，幼虫居住于丝质长袋状网中，取食聚集于网上的有机颗粒。

分布于各动物地理区。世界已知 950 余种，我国记录 5 属 73 种，山西历山自然保护区采到 3 属 3 种。

分亚科检索表

1 胫距式 2，4，4；前翅盘室长而尖，第 4 叉存在......................等翅石蛾亚科 Philopotaminae
- 胫距式 1，4，4；前翅盘室短而宽，前顶点加粗；缺第 4 叉.......缺叉石蛾亚科 Chimarrinae

等翅石蛾亚科 Philopotaminae

分属检索表

1 前、后翅 M 脉分 2 支.. 合脉等翅石蛾属 Gunungiella
- 前、后翅 M 脉分 3 或 4 支..2
2 后翅 2A 脉在横脉 A2 之后退化.....................................蠕形等翅石蛾属 Wormalida
- 后翅 2A 脉伸出到横脉 A2 之后..3
3 雄性下附肢端节基部具 1 腹向的次生节；雌性第 8 腹节近似圆筒，形成规则环状............
....等翅石蛾属 Philopotamus
- 雄性下附肢端节基部无次生节，雌性第 8 腹节其他形状..4
4 第 10 节两侧具 1 对长指状硬化突起，下附肢端节内侧通常具 1 列栉毛...............................
.... 栉等翅石蛾属 Kisaura
- 第 10 节两侧不具长而骨化的指状突，下附肢端节内侧通常缺栉毛....................................
....短室等翅石蛾属 Dolophilodes

缺叉石蛾亚科 Chimarrinae

分属检索表

1 后翅 Sc 与 R_1 愈合...艾迪等翅石蛾属 *Edidiehlia*
- 后翅 Sc 与 R_1 正常，不愈合...缺叉等翅石蛾属 *Chimarra*

11 钩肢缺叉等翅石蛾 *Chimarra hamularis* Sun, 1997，山西省新记录

体长 7mm，前翅长 6mm；体深黑色。触角黑色；下颚须、下唇须灰黑色。胸部背板深黑色；翅灰黑色；足深灰色，胫距式 1，4，4。腹部背面黑色，侧面灰黑色，腹面灰黑色。

雄外生殖器：第 9 节环形，侧面观较窄，腹面稍加宽，背面膜质。第 10 节膜质，并向基部切入，两侧叶强烈骨化，侧面观侧叶基部甚粗，亚端部稍缢缩并弯曲成钩状。上附肢细长，端部略膨大，着生在第 10 节内侧骨化部位的腹面。下附肢 1 节，端部相向弯曲成镰刀形。阳具发达，管状，内鞘发达，具两条骨化带，近端部处有两列刺丛。

观察标本：3♂，山西沁水下川，35°25′30″N，112°36′0″E，1532m，2013.IX.11，孙长海等采；1♂，山西翼城大河吉家河，35°27′14″N，111°55′55″E，1091m，2013.IX.14，孙长海等采；1♂，山西翼城大河三沟河，35°27′4″N，111°55′55″E，996m，2013.IX.15，孙长海等采。

分布：山西（历山）、河南。

12 双突短室等翅石蛾 *Dolophilodes didactylus* Sun et Yang, 2001，山西省新记录

体长 8mm，前翅 8mm；体褐色。触角各节基部深褐色，端部为浅褐色；下颚须浅褐色，下唇须浅褐色。胸部褐色，翅浅褐色。足浅褐色，胫距式 2，4，4。雄虫后翅缺第 I 叉，雌虫后翅具第 I 叉。腹部背面灰褐色，侧面浅黄色，腹面浅褐色。

雄外生殖器：第 9 节侧面观前缘略向前隆突呈弧形，背面向上隆起呈三角形，后缘上半部向后方略扩大，下附肢着生处凹入；背面观前缘强烈向后凹入呈弧形。第 10 节膜质，背面观三角形，端部双叶状。上附肢背面观棒状，侧面观卵圆形。下附肢基节侧面观呈矩形，后缘平截，腹面观基部愈合，向端部稍变窄；端节略短于基节，侧面观矩形，腹面观内缘中部稍缢缩，顶端密被刷状毛。阳具基半部卵形，端部管状，基半部与端半部相接处生有相距很近的 2 根鞭状骨刺。

雌外生殖器：第 8 节背板侧面观为四边形，背面观前缘向前凹入呈宽 "V" 形；腹板侧面观近圆形，表皮内突粗短，并向上呈弧形弯曲，腹面观基部宽，向后方稍变窄，端缘平截。第 9 节退化。第 10 节侧面观近楔形，表皮内突细长针状，直达第 8 节腹板前端 1/3 处，略弯曲；背面观圆形，顶端凹入。下生殖板侧面观近四边形；腹面观倒置杯状。第 11 节侧面观长卵圆形，被密毛；腹面观及背面观长条形，双叶状。尾须生于第 11 节末端，三角形。

观察标本：1♂1♀，山西沁水下川东峡，35°25′30″N，112°36′0″E，1532m，2013.IX.11，孙长海等采；1♂，山西沁水下川猪尾沟，35°27′4″N，112°40′59″E，1496m，2013.IX.11，孙长海等采；3♂1♀，山西翼城大河，35°27′4″N，111°55′55″E，1208m，2013.IX.13，孙长海等采；1♂，山西翼城大河吉家河，35°27′4″N，111°55′55″E，1091m，2013.IX.14，孙长海等采。

分布：山西（历山）、云南。

13 栉梳等翅石蛾 *Kisaura pectinata* Ross, 1956，山西省新记录

体长约 5mm；前翅长 4.5mm；体茶褐色。触角各节基部深褐色，端部黄褐色；下唇须、下颚须浅黄褐色，密生褐色细毛，但端部稍少。胸部背面褐色，腹面及侧面颜色稍浅，翅褐色，稍具毛。足浅褐色，胫距式 2，4，4。腹部背板褐色，其余部分浅褐色。

　　雄外生殖器：第 9 节侧面观近五边形，前缘中部略向前凸出，后缘于下附肢着生下方略凹入；腹面观前缘呈底圆钝的 "V" 形凹入，后缘波状；背面膜质。第 10 节膜质，背面观花瓶状，端部分裂为双叶状，侧面观为三角形。刺突细长，略长于第 10 节，略向上呈弧形弯曲，由基部向端部逐渐变细，尖端强烈骨化。上附肢棒状，侧面观下缘平直，上缘向上弯曲呈弧形；背面观细长棒状。阳具膜质，呈管状。下附肢侧面观生于第 9 节后缘凹陷处；各下附肢基节侧面观上缘较平直，下缘略向下弯曲呈弧形，端部圆；以 1 针突关节与第 9 节相连接；端节细长，略长于基节，侧面观上下缘近平行，端部圆，背面观略向外弯为弧形，内侧的栉齿列长度与端节近等长。

　　观察标本：2♂，山西翼城大河，35°27′14″N，111°55′55″E，1208m，2013.VII.25，宋海天采；1♂，山西沁水下川，35°25′48″N，112°37′48″E，1518m，2013.VII.28，宋海天采；21♂，山西沁水东川，35°25′30″N，112°36′0″E，1532m，2013.IX.11，孙长海等采；4♂，山西翼城大河，35°27′14″N，111°55′55″E，1208m，2013.IX.13，孙长海等采；28♂，山西翼城大河吉家河，35°27′14″N，111°55′55″E，1091m，2013.IX.14，孙长海等采；16♂，山西翼城大河三沟河，35°27′4″N，111°55′55″E，996m，2013.IX.15，孙长海等采。

　　分布：山西（历山）、广东。

多距石蛾科 Polycentropodidae

　　成虫缺单眼；下颚须第 5 节环状纹不明显。中胸盾片具 1 对圆形毛瘤，胫距式 2～3，4，4；雌虫中足胫节常宽扁；前翅分径室和中室闭锁。幼虫在静水或流水中均能生活，筑多种类型的固定居室，捕食性或取食有机颗粒。部分种类具有较强的耐污能力。

　　广布于各动物地理区。世界已知约 700 种，我国记录 6 属 80 余种，山西历山自然保护区采到 1 属 2 种。

分属检索表

1 前翅具第 1、2、3、4、5 叉	3
- 前翅缺第 1 叉	2
2 前翅具第 3 叉，中室封闭	闭径多距石蛾属 *Nyctiophylax*
- 前翅缺第 3 叉，中室开放	帕哈多距石蛾属 *Pahamunaya*
3 后翅分径室开放	4
- 后翅分径室封闭	5
4 后翅具第 1、2、5 叉	多距石蛾属 *Polycentropus*
- 后翅仅具第 2、5 叉	缺叉多距石蛾属 *Polyplectropus*
5 后翅具第 1 叉	缘脉多距石蛾属 *Plectrocnemia*
- 后翅缺第 1 叉	纽多距石蛾属 *Neucentropus*

14 锄形缘脉多距石蛾 *Plectrocnemia hoenei* Schmid, 1965，山西省新记录

　　前翅长 5.2～7.4mm。触角黄色，头黄褐色，前胸淡褐色，中、后胸黄褐色，翅淡褐色。

　　雄外生殖器：第 9 背板与第 10 背板愈合，膜质，末端钝圆。中附肢长针状，端部向内侧弯曲。第 9 腹板侧面观近方形。上附肢侧面观长叶状，腹中突细长针状，长达上附肢末端并向内侧弯曲；上附肢内壁向阳茎下方扩展，其基部左右愈合，形成 1 个短的阳茎下桥，不达

阳茎末端，其腹方中部具 1 对短的中突。下附肢侧面观端部中央具 1 凹缺，背端角短于腹端角，腹面观内壁片具 1 向背方弯曲的指突起。阳茎基部较宽，侧缘直，具 1 对阳基侧突。

观察标本：5♂，山西翼城大河三沟河，35°27′4″N，111°55′55″E，996m，2013.IX.15，孙长海等采。

分布：山西（历山）、陕西、安徽、浙江、江西、广东、广西。

15 吴氏缘脉多距石蛾 Plectrocnemia wui (Ulmer, 1932)，山西省新记录

前翅长 6.5～7.5mm。触角土黄色，头褐色，前胸淡褐色，中、后胸及翅褐色。

雄外生殖器：第 9、10 背板愈合。中附肢细长，中部具 1 背齿，末端弯向背方。第 9 腹板侧面观后缘于中部突然广弧形突出，前缘近梯形。上附肢侧面观叶状，腹中突极长，针状，等长于第 9 腹板与下附肢之和，基部折向腹方，之后弯向后背方；上附肢内壁向阳茎下方扩展，左右愈合成阳茎下桥，长及阳茎端部，末端又重新分裂成 2 个尖锐小突起。下附肢侧面观宽而阔，末端平截，腹面观外壁片内侧具较宽中突，内壁片明显，其上具 1 细长指状突，该突起高于外壁片中突。阳茎基部较宽，两侧缘几平行，具 1 对阳基侧突。

观察标本：3♂，山西翼城大河吉家河，35°27′14″N，111°55′55″E，1091m，2013.IX.14，孙长海等采；2♂，山西翼城大河，35°27′14″N，111°55′55″E，1208m，2013.IX.13，孙长海等采。

分布：山西（历山）、黑龙江、北京、河北、安徽、浙江；俄罗斯，朝鲜半岛，日本。

角石蛾科 Stenopsychidae

体大型。成虫有单眼，下颚须第 5 节有不清晰环纹，触角长于前翅，中胸盾片无毛瘤，胫距式 3，4，4 或 0，4，4，雌虫 2，4，4；前后翅分径式闭锁，前翅 5 个叉脉齐全，后翅缺第 4 叉脉。幼虫狭长形，上唇卵圆形，骨化，前胸背板骨化，其后缘粗厚；生活于湍流中。

世界已知 3 属 100 余种，我国 1 属 50 余种，山西历山自然保护区采到 1 属 3 种。

16 狭窄角石蛾 Stenopsyche angustata Martynov, 1930，山西省新记录

头长 1.5～2.0mm，前翅长 20.5～21.0mm。体色褐色；下颚须灰黑色，下唇须灰黑色。胸部背板黄褐色，翅具褐色斑纹。足上黄色环纹与褐色环纹相间分布，胫距式 3，4，4。腹节黄色。

雄外生殖器：第 9 节侧突起细长，端部钝圆，长度约为上附肢的 1/3；上附肢细长；第 10 节中央背板似矩形，仅为上附肢长度的 1/3，端部中央深凹呈双叶状，每侧顶部具 1 浅凹，背板基部具 1 对指状突起；亚端背叶长于第 10 背板，末端向外弯曲，呈弯钩状，端部尖锐；下附肢弧状弯曲。

观察标本：1♂，山西沁水东川，35°25′30″N，112°36′0″E，1532m，2013.IX.11，孙长海等采；4♂，山西翼城大河，35°27′14″N，111°55′55″E，1208m，2013.IX.13，孙长海等采；5♂，山西翼城大河，35°9′14″N，111°56′6″E，1208m，2013.VII.25，宋海天采；9♂，山西翼城大河三沟河，35°27′4″N，111°55′55″E，996m，2013.IX.14，孙长海等采；7♂，山西翼城大河吉家河，35°27′14″N，111°55′55″E，1091m，2013.IX.14，孙长海等采。

分布：山西（历山）、浙江、江西、湖南、福建、广东、广西、四川、贵州。

17 莲心角石蛾 Stenopsyche lotus Weaver, 1987，山西省新记录

头长 3mm。前翅长 20～21mm。体色褐色；下颚须灰黑色，下唇须灰黑色。胸部背板黄褐色，翅具褐色斑纹。足上黄色环纹与褐色环纹相间分布，胫距式 3，4，4。腹节黄色。

雄外生殖器：第 9 节侧突起细长，端部尖锐，长度约为上附肢的 1/3；上附肢细长弯曲；第 10 节中央背板似矩形，仅为上附肢长度的 1/4，端部平滑，背板基具 1 对指状突起，长于中央背板；亚端背叶长于第 10 背板，近中部向外弯曲，呈反"S"形，端部钝圆；下附肢似矩形，弧状弯曲。

观察标本：1♂，山西沁水东川，35°25′30″N，112°36′0″E，1532m，2013.IX.11，孙长海等采。

分布：山西（历山）、浙江。

18 天目山角石蛾 Stenopsyche tienmushanensis Hwang, 1957，山西省新记录

头长 1.5～2.0mm。前翅长 19mm；体色褐色；下颚须灰黑色，下唇须灰黑色。胸部背板黄褐色，翅具褐色斑纹。足上黄色环纹与褐色环纹相间分布，胫距式 3，4，4。腹节黄色。

雄外生殖器：第 9 节侧突起细长，端部钝圆，长度约为上附肢的 1/3；上附肢细长；第 10 节中央背板细长，为上附肢长度的 1/2，端部中央具 1 缺刻，端半部透明膜质，基半部骨化，两侧具棒状骨化突起，稍长于中央背板，端部双叉状，上叉长而扭曲，顶部翘向背面，下叉短而直呈刺状；亚端背叶稍长于第 10 背板，末端向外弯曲，呈弯钩状，端部尖锐；下附肢似矩形，弧状弯曲。

观察标本：1♂，山西翼城大河三沟河，35°27′4″N，111°55′55″E，996m，2013.IX.14，孙长海等采；10♂，35°27′14″N，111°55′55″E，1208m，2013.IX.13，孙长海等采；7♂，山西翼城大河吉家河，35°27′14″N，111°55′55″E，1091m，2013.IX.14，孙长海等采。

分布：山西（历山）、陕西、安徽、浙江、江西、湖南、海南、广西、贵州。

完须亚目 Integripalpia

幻石蛾科 Apataniidae

体小型。头较窄，两侧向外方膨大。复眼小。下颚须略发达。胫距式 1，2，2 或 1，2，4。翅中等大，两性翅相似。翅脉完全，五叉俱全。前翅 Sc 终止于 C 与 R_1 之间的横脉，横脉列不规则的线状，分径室短而略上曲；第 1 叉及第 3 叉窄或尖。后翅分径室开放，第 1 叉短。雄外生殖器常具 4～5 对肢状突起：肛前附肢小，卵形，有时与上附肢愈合或消失；上附肢发达，其原始形状为二分裂，但在一些高等种类中不分裂，或呈各种独特形状；中附肢常缩小，有时愈合成单一粗大的附肢；下分支常缺，仅少数种例外（如 Apatania bicruris）；下附肢发达，分 2 节，基部与第 9 腹节相关连，基节的原始形状为圆柱形，端节形状多变。

本科世界已知 10 属约 180 种，分布于东洋区、古北区、新北区和新热带区。我国记录 4 属 29 种，山西历山自然保护区采到 1 属 1 种。

分属检索表

1 前翅缺 R_1-C 横脉，分径室远超出 R_4 与 R_5 的交点；雄虫外生殖器下附肢端节呈单个或二分叉的长刺状 ....长刺沼石蛾属 Moropsyche

- 前翅具 R_1-C 横脉，分径室略超出 R_4 与 R_5 的交点 2

2 后翅分径室闭锁 ....闭室沼石蛾属 Apataniana

- 后翅分径室开放 3

3 第 5 腹节腹板两侧向背方延伸成 1 对突起（腹板突）.....................腹突沼石蛾属 *Apatidelia*
- 第 5 腹节腹板正常 ....幻沼石蛾属 *Apatania*

19 粗肢幻石蛾 *Apatania robusta* Leng *et* Yang, 1998，山西省新记录

前翅长 7.0～7.4mm，体黑褐色。

雄外生殖器：第 9 腹节短，侧面观中部较窄，背方及腹方较宽。肛前附肢极短小，背面观卵圆形。上附肢细长，端部膨大呈棒状。中附肢细长，侧面观基部向背方竖起，然后呈 90° 弯向腹方。下附肢粗大，侧面观基节长为宽的 2.5 倍左右，端节粗指状，约与基节等长。阳茎基杯状，阳茎腹面观中部缢缩，端部分裂成 2 短叶。阳基侧突铗状，背面观基部 1/3 愈合，端部 1/3 内侧缘锯齿状。

观察标本：1♂，山西翼城大河，35°27′14″N，111°55′55″E，1208m，2013.IX.13，孙长海等采。

分布：山西（历山）、四川。

瘤石蛾科 Goeridae

体中型，粗壮。黄褐或深褐色，成虫常缺单眼；下颚须雄虫 2～3 节，常具密生毛丛，形似直立的叶状结构，雌虫 5 节，简单；触角柄节长于头；中胸盾片具 1 对毛瘤，小盾片具 1 个毛瘤；胫距式 1～2，4，4。幼虫筑管状可携带巢，坚硬石砾质，直或微弯，巢两侧常各具 1～3 块较大的石粒；生活于清洁流水中，取食藻类及细小有机质颗粒。

本科世界已知 12 属约 160 种，分布于除澳洲区和新热带区以外的其他各动物地理区。我国记录 1 属 25 种。山西历山自然保护区采到 1 属 2 种。

20 广岐瘤石蛾 *Goera diversa* Yang, 1997，山西省新记录

前翅长：雄虫 9～10mm，雌虫 10～12mm。体粗壮，黄褐色。雄虫触角柄节长约为宽的 3 倍，雌虫柄节长为宽的 2 倍。翅面均匀着生黄褐色短毛，前缘区混生有深褐色粗毛。腹部第 VI 节腹板具近 10 根刺突，细长，深褐色，少数末端分裂。

雄虫外生殖器：第 9 腹节侧面观狭窄并极度倾斜；腹面观腹板端突基半部宽板状，宽约等于其长，端半部为 2 个分歧的侧枝，基部相距甚远，末端深褐色，稍变宽。第 10 背板缺背枝，腹侧枝为 1 对骨化长刺，深褐色，端部略膨大呈矛头状。肛前附肢细长棍棒状；下附肢 2 节，基节长而倾斜，外露部分其长至少为高度的 1.4 倍，端节基半部粗大块状；侧面观其全部位于基节浅弧形凹陷内，端半部细指状。

观察标本：4♂，山西翼城大河吉家河，35°27′14″N，111°55′55″E，1091m，2013.IX.14，孙长海等采；2♂，山西翼城大河，35°27′14″N，111°56′6″E，1208m，2013.VII.25，宋海天采；10♂，山西沁水东川，35°25′30″N，112°36′0″E，1532m，2013.IX.11，孙长海等采；1♂，山西翼城大河三沟河，35°27′4″N，111°55′55″E，996m，2013.IX.15，孙长海等采。

分布：山西（历山）、河南、陕西。

21 马氏瘤石蛾 *Goera martynowi* Ulmer, 1932，山西省新记录

前翅长 8.0～9.0mm。体与翅深黄褐色，雄虫触角柄节至少为头高的 1.5 倍。第 6 腹节腹面具 1 排骨化的栉状刺突，中央长，两侧短。

雄性外生殖器：第 9 腹节侧面观极倾斜，腹板中央向后延伸呈短柄状，末端平截。肛前附肢细长棍棒状。第 10 节背板仅由 1 对长形骨化刺组成，端尖，但亚端部略胀大并稍扭曲。

下附肢由 2 节组成，基节粗大，极度倾斜；端节端半部分为 2 细枝突，腹面观内肢边缘光滑，弯成弧形。阳茎细长，槽形，阳茎端膜内似有大量小刺状突起。

观察标本：14♂，山西沁水东川，35°25′30″N，112°36′0″E，1532m，2013.IX.11，孙长海等采；1♂，山西翼城大河吉家河，35°27′14″N，111°55′55″E，1091m，2013.IX.14，孙长海等采；3♂，山西翼城大河三沟河，35°27′4″N，111°55′55″E，996m，2013.IX.15，孙长海等采。

分布：山西（历山）、甘肃、江苏、安徽、浙江、湖北、江西、湖南、四川、贵州。

鳞石蛾科 Lepidostomatidae

成虫小至中型。缺单眼；触角柄节（有时连同梗节）长于头之中长；雄虫下颚须 1～3 节，形态高度特化，雌虫为正常 5 节；中胸盾片和小盾片各具 1 对毛瘤；胫距式 1～2，4，3～4。幼虫触角紧位于眼前缘，前胸背板具发达的角状突；幼虫筑可携带巢，多由植物碎片及矿物质颗粒组成，短方柱形或圆筒形；喜生活于清洁的低温缓流中，多取食活的植物组织或枯枝碎片。

本科世界已知 7 属（东亚地区仅常见 3 属），420 余种，分布于除大洋洲以外的其他动物地理区。我国记录 2 属，60 余种，山西历山自然保护区采到 1 属 2 种。

分属检索表

1 前翅缺 1 叉，分径室开放；第 7 腹节具腹板突 .... 腹突鳞石蛾属 Zephyropsyche
- 前翅具 1 叉，分径室常封闭；第 7 腹节无腹板突 2
2 前翅 1 叉具柄，后翅明斑常位于 1 个封闭的翅室内 .... 斑胸鳞石蛾属 Paraphlegopteryx
- 前翅 1 叉无柄，后翅明斑不位于封闭的翅室内 .... 鳞石蛾属 Lepidostoma

22 长毛鳞石蛾 Lepidostoma longipilosum (Schmid, 1965)，山西省新记录

前翅长：雄虫 7.8～9.2mm。体黑褐色。雄虫触角柄节长 1.25mm，基部具 1 个内向的呈 90°的叉状短突。下颚须 2 节，基节香蕉形，端节透明膜质，可伸缩，长约为基节的 2 倍。前翅臀褶伸至明斑之稍外方，约与 Sc 脉等长。

雄虫外生殖器：第 9 腹节侧面观腹缘长为背缘的 1.5 倍，后缘凹入。第 10 节背板背面观 1 对背中突和 1 对下侧突均为短指状，位于背中突的侧背方的上侧突，半透明，略扁，侧观亦为短指状。下附肢 2 节，分节不甚明显；基节基部 2/3 粗筒形，端部 1/3 收窄呈狭长的枝突，末端扩大，平截；端节细刺状，位于枝突的内侧。阳茎粗短。常具 1 根，阳茎侧突，位于阳茎正背方，骨化程度极弱。

观察标本：15♂3♀，山西翼城大河，35°27′14″N，111°55′55″E，1208m，2013.IX.16，孙长海、徐继华；6♂75♀，山西翼城大河三沟河，35°27′4″N，111°55′55″E，996m，2013.IX.15，孙长海等采；28♂36♀，山西翼城大河吉家河，35°27′14″N，111°55′55″E，1091m，2013.IX.14，孙长海等采；68♂，山西沁水东川，35°25′30″N，112°36′0″E，1532m，2013.IX.11，孙长海等采。

分布：山西（历山）、河南、陕西、青海、安徽、湖北。

23 四川鳞石蛾 Lepidostoma sichuanense Yang et Weaver, 2002，山西省新记录

雄虫：前翅长 10.2mm。体褐色。雄虫头、胸部，触角柄节及前翅均覆盖污白色毛，触角柄节长 2.1mm，圆柱形，侧面观端部 1/3 处有 1 角状突起，其下部分弯成浅弧形。柄节基部

具 1 个粗壮背突，长约为宽之 2 倍。下颚须 2 节，基节末端向背方延伸出 1 长端叶，与向上翘起的端节形成双枝状。前翅臀褶宽，折向后缘，密生暗褐色细长鳞片。前足胫节内侧具 1 凹刻，内着短毛。

雄虫外生殖器：第 9 腹节侧面观腹缘略长于背缘。近背区 1/3 处约为腹缘等长，第 10 节背中突长约为基宽的 2 倍，端部半圆形，上侧突短，长约为背中突之 1/2，背面观末端不膨大；下附肢端节亚三角形，与基节分界处明显凹陷。阳茎侧突 1 对，端尖，长约为阳茎之 3/5。

观察标本：2♂3♀，山西历山舜王坪，35°26′46″N，111°57′0″E，1780m，2013.VII.30，宋海天采。

分布：山西（历山）、四川。

长角石蛾科 Leptoceridae

体形细弱，雄虫个体大于雌虫，是毛翅目中较美丽的类群之一。成虫缺单眼，触角长，常为前翅长的 2~3 倍；下颚须细长，5 节，末节柔软易曲，但不分成细环节。中胸盾片长，其上着生的两列纵行毛带，几乎与盾片等长。距式：0~2，2，2~4。翅脉有相当程度的愈合，通常 R_5 与 M_1、M_2 愈合为 1 支，或称 R_5+M_A；M_3 与 M_4 愈合为 1 支，称 M_{3+4} 或 M_P；故第 3、4 叉常缺。前翅缺中室。翅通常狭长，浅黄色、黄褐色、淡褐色或灰褐色，有些种类翅面具银色斑纹；多数类群后翅较宽。幼虫触角长，常至少为其宽的 6 倍以上。筑可携式巢，常由细石粒或植物碎片组成。巢的形状与结构因不同属、种而异。植食性幼虫取食维管束植物组织、海绵或腐植质颗粒，也有些种类以捕食其他小动物为生。取食方式以撕食型、集食型和捕食型为主。

长角石蛾科幼虫喜低海拔（通常 500m 以下）。在冷水或暖水、急流或缓流、池塘、沼泽、湖泊中等均有发生。

本科世界已知 50 属约 1600 种，是本目中最大的科之一，分布于各动物地理区系，我国目前记录 13 属 160 种，山西历山自然保护区采到 2 属 3 种，隶属于长角石蛾亚科。

分属检索表

7　头部蜕裂线中干明显，下颚须第 4 节骨化均匀，端部不可曲，雄虫第 10 腹节背板完全纵裂

　　为两片 ....埃长角石蛾属 *Athripsodes*

-　头部蜕裂线中干不明显，下颚须第 4 节端部骨化程度弱。呈扭曲状，雄虫第 10 腹节背板不

　　完全纵裂成两片 ....突长角石蛾属 *Ceraclea*

8　前翅 M_{3+4} 明显发自 m-Cu 或 Cu_{1a}，M 主干与分支 M_{1+2} 似乎形成 1 根不分支的直脉 9

-　前翅 M_{3+4} 明显发自 M 主干 10

9　触角柄节粗壮，具长毛；梗节及第 1～6 鞭节上着生极为密集的长毛，以致将其全部覆盖 .

　　..毛栖长角石蛾属 *Oecetodella*

-　触角柄节、梗节及第 1～6 鞭节形状正常，无上述覆毛.........................栖长角石蛾属 *Oecetis*

10　前翅前缘脉 C 在翅痣处有 1 缺刻，下颚须覆浓密粗毛，体多呈黑色或蓝黑色 ....

　　..须长角石蛾属 *Mystacides*

-　　前翅前缘脉 C 无缺刻；体多苍白、淡黄色或黄褐色；翅面常有银色或褐色条斑 11

11　触角柄节基部粗壮，渐向端部收窄，不长于头；其表面无成丛毛束 ....

　　..姬长角石蛾属 *Setodes*

-　　触角柄节长圆柱形，长于头，其上覆盖有刷状长毛..............毛姬长角石蛾属 *Trichosetodes*

24 秀长须长角石蛾 *Mystacides elongatus* Yamamoto *et* Ross, 1966，山西省新记录

　　前翅长：雄虫 6.5mm，雌虫 6.6mm。额区黄褐色，头顶、胸侧区深褐色，胸部背板黑褐色；触角苍白色，鞭部每小节具极细的褐色环；颚须深褐色具浓密黑色细毛；胸足浅褐色。翅黑褐色具光泽。

　　雄外生殖器：第 9 腹节侧面观腹区明显长于背区，后侧缘自腹端向背方呈约 40°回切，背板狭窄；腹板端缘中央强烈延伸成腹板突，末端伸达下附肢外方，与第 10 背板短刺突顶端约平齐；腹面观腹板突基部宽短，端部 2/3 为 1 对彼此分歧的长叶形分支，其宽约等于基宽的 1/2，末端尖。肛前附肢细长棍棒形。第 10 节背板由 1 对长度差异较小的不对称粗壮刺组成，并在近端部处相互交错。下附肢侧面观主体直立，背半部略呈方形，附肢后侧方似形成 3 个后侧突：背侧突直角形，不明显突出，为附肢的侧上角，中侧突约发自附肢之中部，与腹侧突同为短三角形，两者均指向尾方；背部内侧的背中叶狭条状，宽不及附肢亚背区的 1/2。阳茎基部 3/4 粗管形，端部 1/4 浅槽形，腹面近端部两侧具 1 对小三角形叶突；阳基侧突缺如。

　　观察标本：1♂，山西翼城大河，35°9′14″N，111°56′6″E，1208m，2013.VII.25，宋海天采。

　　分布：山西（历山）、江苏、浙江、江西、福建、广东、广西、四川、贵州、云南。

25 高枝须长角石蛾 *Mystacides superatus* Yang *et* Morse, 2000，山西省新记录

　　前翅长：雄虫 8.3mm，雌虫 7.0mm。头、胸部暗褐色；触角浅黄褐色，鞭部各小节具极细的褐色环；颚须深褐色具浓密黑色细毛；翅暗褐色，光泽弱。

　　雄外生殖器：第 9 腹节侧面观高仅为腹区长的 1.5 倍，腹区明显长于背区，后侧缘自腹端向背方呈约 45°倾斜，背板狭窄；腹板端缘中央强烈延伸成粗壮的腹板突，末端略伸达下附肢外方，与第 10 背板短刺突顶端约平齐；腹面观腹板突基部缢束，端部 2/3 为 1 对彼此分歧的宽叶突，其宽几乎等于基宽，末端平截。肛前附肢细长棍棒形。第 10 节背板由长、短 2 根不对称的狭长刺突组成，并于长刺突中部处相互交错。下附肢侧面观主体直立，背半部近亚圆，附肢侧方仅形成 2 个后侧突：背侧突极狭长，末端尖，几乎伸达第 9 腹节腹

板突之顶端，腹侧突宽三角形，末端尖，伸达背侧突之中部，两者均指向尾方；背部内侧的背中叶窄条状，宽不及附肢亚背区的 1/2，伸至附肢上方。阳茎基部 3/4 粗管形，端部 1/4 浅槽形，腹面近端部两侧具 1～2 对基部狭窄的三角形叶突；沿腹中线具 2～3 个小齿突；阳基侧突缺如。

观察标本：1♂，山西翼城大河，35°27'14"N，111°55'55"E，1208m，2013.IX.13，孙长海等采。

分布：山西（历山）、河南、四川。

26 方枝姬长角石蛾 Setodes quadratus Yang et Morse, 1989，山西省新记录

前翅长：雄虫 6.5～6.7mm，雌虫 6.0～6.5mm。体黄褐色。前翅覆浓密金黄褐色毛，翅面具 2 个约为 1/2 翅长的银白色长条斑及 9～10 个银白色短条斑，条斑周围均饰以黑色毛；前翅端部不尖锐。

雄外生殖器：第 9 腹节背板窄带状，中央具 1 个显著毛瘤；侧面观侧区近中部最长，近腹区 1/4 处后侧缘具三角形内凹，腹面观腹板中央具 1 对显著的三角形叶突（=后侧缘腹端的三角形叶突），两叶突间包围 1 凹陷区。肛前附细长棒槌形，长约为宽的 5 倍。第 10 腹节背板背面观呈 "U" 形骨片，但侧臂较短，包围阳茎基部，顶端各具 1 浅凹刻。下附肢侧面观其主体为近方形骨片，后侧缘腹端具尖三角形突起，背端具一指状短突，端部分为交错的 2 叉。阳茎基呈骨化环，两侧各具 1 片骨化的叶状结构，长约为宽的 2.5 倍；阳茎端侧面观弯镰刀状，中部背缘具 1 小形叶状突起，端半部突然狭窄，末端尖锐。阳基侧突 1 对，基部粗壮，渐成细针状，其中部远伸达阳茎上方然后下弯，末端达阳茎顶端。

观察标本：2♂，山西翼城大河三沟河，35°27'4"N，111°55'55"E，996m，2013.IX.15，孙长海等采。

分布：山西（历山）、河南、江苏、贵州。

沼石蛾科 Limnephilidae

成虫具单眼。下颚须雄虫 3 节，雌虫 5 节。中胸背板的毛分散在 2 个长形毛域或 1 对毛瘤上；中胸小盾片中央具 1 长卵圆形毛瘤，或具 1 对小毛瘤。胫距式 0～1、1～3、1～4。翅具闭锁的分径室，缺中室；前翅臀脉合并部分等于或长于第 1 臀室数分室之总长，后翅通常较前翅宽。

幼虫触角位于头壳前缘与眼的中央；前胸背板通常不侧向加厚，具前腹角。中胸背板完整，后胸背板由 2～3 小骨片组成。腹部气管鳃分枝或不枝，或缺。幼虫取食细小食物屑粒，有些种类刮食石块上藻类及其他有机物颗粒。

本科多数种类发生在全北区的寒冷地带，少数分布在东洋区北部，极少数分布于大洋洲与非洲区。世界已知 900 余种，我国记录 107 种，山西历山自然保护区采到 1 属 3 种，属于伪突沼石蛾亚科。

分属检索表

1 雄虫第 8 腹节背板弱小，阳基侧突骨化成 "Y" 形............................原沼石蛾属 Phylostenax

- 雄虫第 8 腹节背板宽大，阳基侧突不如上述 2

2 阳基侧突极粗大，由具环皱纹的膜质基部与骨化的端部组成 ....
.... 伪突沼石蛾属 *Pseudostenophylax*

- 下附肢与第 9 节融合；阳基侧突细小，骨化，周缘光滑无刺突 ... 光突沼石蛾属 *Astratodina*

27 羊角伪突沼石蛾 *Pseudostenophylax fumosus* Martynov, 1909，山西省新记录

体黑褐色，前翅长 14～17mm。

雄外生殖器：第 8 节背板背毛区背面观端部、基部宽约与长相等，中部强烈缢缩。上附肢侧面观长约为基部宽的 3 倍。中附肢末端宽大。下附肢腹面观外侧缘长约为内侧缘的 2 倍，基部宽的 2/3，端缘近外侧具 1 小突起。阳茎基短柱状。基茎约与端茎等长；端茎背面观呈矩形，长约为宽的 2 倍。阳基侧突背面观骨化部分内弯成羊角状，外缘具大量结节状突起，端具粗毛。

观察标本：4♂，山西沁水下川，35°24′48″N，112°37′48″E，1518m，2013.VII.28，宋海天采；2♂，山西翼城大河，35°26′46″N，111°57′0″E，1780m，2013.VII.30，宋海天采；1♂，山西翼城大河吉家河，35°27′14″N，111°55′55″E，1091m，2013.IX.14，孙长海等采。

分布：山西（历山）。

28 河北伪突沼石蛾 *Pseudostenophylax hebeiensis* Leng *et* Yang, 2003，山西省新记录

体黑褐色，前翅长 18.0mm。

雄虫外生殖器：第 8 腹节背板刺毛区呈亚矩形，基缘略向两侧延伸，端缘稍向前拱起。第 9 腹节侧面观近背方 1/3 处最宽，约为腹区宽的 2.5 倍。上附肢侧面观短而宽，长约为宽的 1.3 倍，上表面稍骨化。中附肢末端高度骨化，形成 3 个突起：外突长，略呈细指状；中突短，钝圆；内突三角形。下附肢腹面观宽矩形，长约为基宽的 1/2，端缘平直。阳茎之基茎长约为端茎的 1/2；端茎背面观长矩形，长约为宽的 3 倍。阳基侧突骨化部分粗壮弯条状，长约为最宽处的 4 倍，末端具粗毛。

观察标本：3♂，山西沁水下川，35°24′48″N，112°37′48″E，1518m，2013.VII.28，宋海天采；3♂，山西翼城大河吉家河，35°27′14″N，111°55′55″E，1091m，2013.IX.14，孙长海等采。

分布：山西（历山），河北。

29 单角伪突沼石蛾 *Pseudostenophylax unicornis* Mey *et* Yang, 2001，山西省新记录

前翅长：雄性 12.0～12.5mm；雌性 13.0～14.0mm。雄虫体黄褐色；头部深褐色，触角基部深褐色，向端部逐渐变淡，呈淡褐色；下颚须、下唇须淡褐色。胸部背面黄褐色，侧腹面黄色；各足黄褐色，刺黑色；前翅黄褐色，散布稀疏白色斑点，在某些个体中白色斑点较为密集，后翅黄褐色。腹部黄褐色。雌虫个体稍粗，体色与雄虫相似，前翅白色斑点较雄虫细小，密集。

雄外生殖器：第 8 腹节背板背毛区背面观呈三角形。第 9 节侧面观前缘呈弧形向前方拱起，近背面 1/3 处最宽，后缘波状；背面观前缘向后方浅凹；腹面观前缘向后方呈"V"形凹入。上附肢侧面观基部宽，向端部稍变窄，端圆，长约为最宽处的 2 倍，背面观相向弯曲成弧形。中附肢侧面观基半部水平，近方形，端半部强烈骨化，垂直，近三角形，后面观两中附肢紧密靠近，呈楔形。下附肢侧面观短棒状，稍上弯；腹面观近三角形，端圆，外缘正直，内缘斜。阳茎基短柱状，骨化。基茎明显长于端茎，背面观端茎端部略凹入。阳基侧突基部膜质，端部强烈骨化，背面观弯曲呈牛角状。

观察标本：3♂♂3♀，山西翼城大河珍珠帘，35°26'46"N，111°55'55"E，1732m，2013.IX.16，孙长海等采（网捕）。

分布：山西（历山）、陕西、安徽、四川、云南、西藏。

拟石蛾科 Phryganopsychidae

成虫具单眼 3 枚，中单眼后具 3 个分离的三角形毛瘤；触角简单，表面无显著的凹陷；上唇宽，但长不及宽的 2 倍；雄虫下颚须 4 节，雌虫下颚须 5 节。分径室前缘极度弯曲，R_2 和 R_3 的分离处与 R_4 和 R_5 的分离处近，两者几在一直线上；前翅 m-cu 横脉粗长，与翅前后缘近平行，且远离 Cu_{1a} 和 Cu_{1b} 的分离处；前翅臀脉愈合部分至少为第 1 臀室数基室长之和的 2 倍。胫节距式 2，4，4。下附肢 2 节，端肢节着生于基肢节的内侧方，基肢节螯肢状或手套状。第 10 节背板基部具 1 对细长附肢，初折向腹方，后弯指向后方，近端部略膨大，向端渐尖。阳茎简单，阳茎基鞘管状，具 1 阳茎肋；内阳茎基鞘膜质。

本科世界已知 1 属 4 种，我国记录 1 属 1 种，山西历山自然保护区采到 1 属 1 种。

30 宽羽拟石蛾 Phryganopsyche latipennis (Banks, 1906)

前翅长 12～15mm。翅褐色，翅面大部分具白色或黄色斑纹。

雄外生殖器：第 IX 腹节侧面观背板向后延伸与第 X 节背板融合在一起，侧区中央最宽，约为腹缘宽的 1.5 倍。下附肢 2 节，端肢节细长棒头状，着生于基肢节的内侧方，基肢节宽，螯肢状，腹端突剑状，端尖，侧端突宽扁，端圆。第 X 节背板侧面观约与下附肢基肢节等长，近基部约 1/2 处突然向前方内凹，形成 1 亚三角形突起，后向端部收窄，端圆；背面观端部具 1 长 "U" 形缺刻，深达背板 1/3；基部具 1 对细长附肢，初折向腹方，后弯指向后方，近端部略膨大，向端渐尖。肛前附肢短指状。阳茎简单，阳茎基鞘管状，具 1 阳茎肋，内阳茎基鞘膜质。

观察标本：1♂1♀，山西沁水东川，35°25'30"N，112°36'0"E，1532m，2013.IX.11，孙长海等采；1♂，山西翼城大河，35°27'14"N，111°55'55"E，1208m，2013.IX.13，孙长海等采。

分布：山西（历山）、陕西、安徽、浙江、江西、福建；日本，印度，缅甸。

尖须亚目 Spicipalpia

螯石蛾科 Hydrobiosidae

具单眼；触角约与翅同长，基节粗，短于头长；下颚须 5 节，第 1、2 节为相似的柱形，末节和其他节相似，长约与前几节相等；胫距式 2，4，4；翅狭长。

幼虫触角长不及宽的 3 倍；中胸盾板大部或全部膜质，后胸背侧毛瘤只有 1 根毛；前足腿节形成 1 个腹叶，与胫跗节构成螯钳状；第 9 腹节背面有背片；臀足大部分与第 9 节分离，臀爪无跗钩。不筑巢，捕食性，喜生活在清洁流水中。

本科世界已知 40 属 150 种，主要分布在澳洲区及新热带区，少数种类发生在东洋区及古北区东部。我国目前已知仅 1 属 3 种。山西历山自然保护区采到 1 属 1 种。

31 黄氏竖毛螯石蛾 Apsilochorema hwangi (Fischer, 1970)，山西省新记录

雄虫前翅长 5.5mm，浅黑色，翅灰褐色。

雄外生殖器：第 9 节背面骨化，侧面观四边形。载肛突背面观基部宽，约在近基部 1/3 处向端部渐趋平行，由基部至全长 1/2 处具 1 个三角形骨化区；端部具 1 对卵圆形突起，具毛。肛上附肢背面观卵圆形，侧面观多少梭形，具毛。丝状突与载肛突约等长，背面观矛形，端部 1/2 突然膨大；下附肢第 1 节椭圆形，长大于高，内侧凹陷；第 2 节小，钩状，着生于第 1 节内侧中间的凹陷内，基部宽，端部变细，最端部 2 刺状。阳基鞘粗大，由基部向端部渐粗，最端部具 1 个角状突起。

观察标本：2♂4♀，山西沁水东川，35°25′30″N，112°36′0E，1532m，2013.IX.11，孙长海等采；3♂，山西翼城大河吉家河，35°27′14″N，111°55′55″E，1091m，2013.IX.14，孙长海等采。

分布：山西（历山）、浙江、湖北、福建、广西。

原石蛾科 Rhyacophilidae

成虫头部具复眼 1 对；单眼 3 枚。头顶具大小不等的数对毛瘤；在单眼区还另具 3 个毛瘤，呈倒三角形，中间的较大。触角丝状，柄节较粗大。口器咀嚼式；下颚须发达，5 节，第 2 节圆球形，几乎与第 1 节等长。前胸多少呈领状，具 1 对较大的毛瘤；中胸背板宽大，具有 1 对呈倒"八"字形的长毛瘤；小盾片三角形，具 1 个圆形毛瘤。前翅大多棕黄色，许多种类的前翅翅面具有不规则深色斑纹，有时相互愈合成很大的一块，后翅棕黄色。前、后翅脉序接近假想脉序，在原石蛾属中，R_5 脉终止于翅顶角或翅顶角之前，而在喜马石蛾属中 R_5 脉终止于翅顶角之后。足黄白至黄棕色，胫距式 3，4，4。

幼虫营自由生活，多数为捕食性，生活在急流的冷水中，以东洋区种类为多。

本科目前世界已知约 750 种，我国记录 195 种，山西历山自然保护区采到 2 属 3 种，其中原石蛾属 2 种，喜马原石蛾属 1 种。

分属检索表

1 后胸小盾片具毛瘤；前翅翅脉向后方弯曲，R_5 终止于翅顶角之后 ....
.... 喜马原石蛾属 *Himalopsyche*
- 后胸小盾片缺毛瘤；前翅翅脉正常，R_5 终止于翅顶角或顶角之前 ...... 原石蛾属 *Rhyacophila*

32 喜马原石蛾 *Himalopsyche* sp.

观察标本：1♀，山西翼城大河三沟河，35°27′4″N，111°55′55″E，海拔 996m，2013.IX.15，孙长海、徐继华、王子微采。

33 棒槌侧突原石蛾 *Rhyacophila claviforma* Sun et Yang, 1998，山西省新记录

雄虫体长 9mm，前翅长 10mm。体黑褐色。下颚须、下唇须黄褐色；触角柄节黑褐色，梗节黄褐色，鞭节黄白色，每节中央具黄褐色环纹。前翅黄褐色，具少许黄白色斑纹。足黄色，前、中足腿节基部具不规则黄褐色条纹，各足距黑褐色。腹部背面黑褐色，腹面黄褐色。

雄外生殖器：第 9 节侧面观几乎呈三角形，腹面强烈缩短；端背叶扩大成屋脊状，背面观三角形，端部尖。第 10 节向后下方倾斜，端部膨大，腹缘向上弧形凹入，侧面观爪形。臀片大而外露，背面观 2 叶状，基部愈合。端带侧面观长条形。背带强烈骨化，"S"形弯曲。阳茎基短；内鞘发达。阳茎侧面观圆筒形，背面观基部 2/3 宽阔，端部 1/3 细管状。阳基侧突

侧面观端部膨大如棒槌状，具粗齿。榫不发达，与背带基部相愈合。下附肢第 1 节基部粗，端部略窄；第 2 节上缘向内侧卷曲。腱直接与背带基部相关节。

观察标本：2♂，山西沁水东川，35°25′30″N，112°36′0″E，1532m，2013.IX.11，孙长海等采；1♂，山西翼城大河吉家河，35°27′14″N，111°55′55″E，1091m，2013.IX.14，孙长海等采；1♂，山西翼城大河，35°27′14″N，111°55′55″E，1208m，2013.IX.13，孙长海等采；2♂，山西翼城大河三沟河，35°27′4″N，111°55′55″E，996m，2013.IX.15，孙长海等采。

分布：山西（历山）、甘肃、安徽、四川。

34 四裂臀原石蛾 *Rhyacophila quadrifida* Sun *et* Yang, 1995，山西省新记录

雄虫体长 8mm，前翅长 10mm。体黄褐色。头部黑褐色，下颚须、下唇须黄褐色；触角柄节黄褐色，梗节色稍淡，鞭节各节黄白色，中部具深色环纹。前胸黄褐色，中后胸背板黑褐色，足黄色。前、后翅黄褐色。腹部背面黑褐色，腹面黄褐色。第 7 腹节具腹刺。

雄外生殖器：第 9 节背面缺端背叶，侧面观在下附肢着生的区域凹入。第 10 节侧面观弯曲成 90°，其水平的部分背面观端部三齿状，中齿较小，侧齿大。臀片小，侧面观纽扣状，腹面观分裂成 4 片，中间 2 片已相互接触。端带结构复杂，一部分已和背带相愈合为侧臀，侧臀中间的部分弯月形，为中舌。背带强烈骨化，在与阳茎基接合处形成 1 圆锥形结构，并与阳茎基的榫愈合。阳茎基三角形。阳茎基部具 1 膜质背突，端部 1/3 向后下方弯曲。阳茎腹叶端部分裂成 2 叶。阳基侧突大，基部膜质，中部圆筒形，套缩在膜质的基部中，端部侧面观膨大成三角形，具长刚毛。下附肢第 1 节基部粗，端部细；第 2 节基部细，向端部膨大，端部后缘中央凹入；腱粗壮，略弯。

观察标本：5♂，山西沁水东川，35°25′30″N，112°36′E，1532m，2013.IX.11，孙长海等采；1♂，山西翼城大河，35°27′14″N，111°55′55″E，1208m，2013.IX.13，孙长海等采。

分布：山西（历山）、陕西、四川。

参 考 文 献

黄其林, 1957. 中国毛翅目的新种[J]. 昆虫学报, 7(4): 373-404.

冷科明, 杨莲芳, 2003. 中国伪突沼石蛾属四新种记述(毛翅目, 沼石蛾科)[J]. 动物分类学报, 28(3): 510-515.

孙长海, 1997. 毛翅目昆虫六新种记述(昆虫纲: 长翅总目)[J]. 昆虫分类学报, 19(4): 289-296.

孙长海, 桂富荣, 杨莲芳, 2001. 云南等翅石蛾科五新种记述(毛翅目)[J]. 昆虫分类学报, 23(3): 193-200.

田立新, 杨莲芳, 李佑文, 1996. 中国经济昆虫志 第四十九册 毛翅目(一): 小石蛾科角石蛾科纹石蛾科长角石蛾科[M]. 北京: 科学出版社.

Holzenthal R W, Blahnik R J, Prather A L, et al., 2007. Order Trichoptera Kirby, 1813 (Insecta), Caddisflies[J]. Zootaxa, 1668: 639-698.

Leng K, Yang L, 1998. Eight new species of Apataniinae (Trichoptera: Limnephilidae) from China[J]. Braueria, 25: 23-26.

Malicky H, 2010. Atlas of Southeast Asian Trichoptera[D]. Chiang Mai: Chiang Mai University.

Mey W, Yang L, 2001. New and little known caddisflies from the Taibaishan in China (Trichoptera Integripalpia)[J]. Entomologische. Zeitschrift Stuttgart, 111(3): 83-89.

Oláh J, Johanson K A, Barnard P C, 2008. Revision of the Oriental and Afrotropical species of *Cheumatopsyche* Wallengren (Hydropsychidae, Trichoptera)[J]. Zootaxa, 1738: 1-171.

Ross H H, 1956. Evolution and Classification of the Mountain Caddisflies[M]. Urbana: University of Illinois Press.

Sun C, Yang L, 1995. Studies on the genus *Rhyacophila* (Trichoptera) in China (1)[J]. Braueria, 22: 27-32.

Wiggins G B, 1959. A new family of Trichoptera from Asia[J]. Canadian Entomologist, 91(12): 745-757.

Yang L, Armitage B J, 1996. The genus *Goera* (Trichoptera: Goeridae) in China[J]. Proceedings of the Entomological Society of Washington, 98(3): 551-569.

Yang L, Morse J C, 2000. Leptoceridae (Trichoptera) of the People's Republic of China[J]. Memoirs of the American Entomological Institute, 64: 1-309.

Yang L, Weaver III J S, 2002. The Chinese Lepidostomatidae (Trichoptera)[J]. Tijdschrift voor Entomologie, 145: 267-352.

Zhong H, Yang L, Morse J C, 2012. The genus *Plectrocnemia* Stephens in China (Trichoptera, Polycentropodidae)[J]. Zootaxa, 3498: 1-24.

Trichoptera

Sun Changhai　　Xu Jihua　　Wang Ziwei　　Yang Lianfang

(Nanjing Agricultural University, Nanjing, 210095)

A total of 670 caddisfly adults were collected in Lishan National Nature Reserve of Shanxi Province, and were sorted to 34 species, belonging to 12 families, 19 genera; of which 32 species were found to be new to the fauna of Shanxi Province, and 2 other species, i.e., *Hydropsyche ornatula* MacLachlan and *Potamyia chinensis* (Ulmer) were reported previously from the Province. These species are described briefly, keys to genera of some families are presented.

脉翅目 Neuroptera

蚁蛉科 Myrmeleontidae

鲍荣

（河北师范大学生命科学学院，石家庄，050024）

蚁蛉的成虫中至大型，翅痣下方具 1 明显的狭长翅室。休息时翅呈屋脊状覆盖身体；触角短呈棒状或匙状。

成虫白天多隐蔽于植物丛中，有趋光性，成虫、幼虫均为捕食性。

本科各动物地理区均有分布，世界已知 350 余属 2000 余种，我国记录 150 余种，山西历山自然保护区采到 2 属 2 种。

分属检索表

1 前翅前缘域单排小室 .... 东蚁蛉属 *Euroleon*

- 前翅前缘域 2～3 排小室 .... 溪蚁蛉属 *Epacanthaclisis*

1 朝鲜东蚁蛉 *Euroleon coreaus* Okamoto, 1926

体中型。头：浅褐色，隆起。头顶生有多块黑斑，复眼黄色，具小黑斑；额黄色；唇基黄色有 2 块山峰状黑斑；下唇须细长，末端膨大；触角间距大。胸部黑褐色。前胸背板宽大于长，背板中央有 1 条黄色中纵带，靠近前缘处在中纵带两侧各有 1 黄色黄斑，两侧缘黄色。中后胸黑色，背板边缘有黄色窄边。足细长，浅黄褐色。有稀疏的黑色刚毛。前足腿节基部有 1 根感觉毛。距伸达第 1 跗节末端，第 5 跗节长约等于第 1～4 跗节之和。中、后足特征同前足。翅：无色透明。前翅：前翅前缘域单排小室，纵脉上黄、褐色段相间排列。R 和 Rs 之间的横脉上有 5 个褐斑，M 和 CuA 之间有一系列小褐斑，具中脉亚端斑和肘脉和斑；Rs 分叉点在 CuA 分叉点的外侧。后班克氏线明显。翅痣小乳白色，靠近翅基一端有褐色斑。翅痣下小室长而窄。后翅基径中横脉 5 条，雄性有轭坠。腹部褐色有较密的白色短毛，背板各节后缘呈黄色。

观察标本：2♂1♀，山西沁水马张，2012.VII.11，石福明采；1♂，山西翼城大河，2012.VII.18，石福明采。

分布：山西（沁水、翼城、交城）、辽宁、内蒙古、北京、河北、山东、河南、陕西、宁夏、甘肃、新疆、湖北、湖南、四川、贵州。

2 陆溪蚁岭 Epacanthaclisis continentalis Esben-Petersen, 1935

体呈深褐色，复眼青灰色有许多小黑斑；额黄褐色，靠近触角有黑色斑带；头顶隆起，中部有 1 对横向黄斑，后侧有 1 对黄色小纵斑；下颚须、下唇须黄色；触角黑褐色，柄节、梗节黄褐色有白短毛；前胸背板长约等于宽，黄褐色，前缘明显宽于后缘；黑色中带较宽，中带中部有 1 条窄的黄白色带；中带两侧是 1 对黑色纵带。中、后胸呈黑褐色。足黄褐色有褐色的线及浓密的黑、白色刚毛。前足基节粗壮向内弯曲，有浓密的白色长毛；腿节端部黑色，基部有 1～3 根长的感觉毛；胫节有 2 块长的黑色环带；距端部稍弯伸达第 3 跗节。中、后足似前足，但后足腿节基部有 1 根短感觉毛，距伸达第 2 跗节。前翅前缘域大部分为 2 排小室，所有纵脉黑白段相间分布，多数横脉黑褐色；Rs 分叉点远在 CuA 分叉点内侧；前缘域宽约是 R 和 Rs 间距的 2 倍；前后班克氏线均发达；前分横脉 4～6 条，3～8 个不规则小室；阿那斯域及瑞个玛域有明显的黑色条斑；翅痣污白色，基部黄褐色，翅痣下小室狭长；后翅比前翅窄、色淡；前缘域稍窄于 R 和 Rs 间距；前分横脉 2 条，2～3 个不规则小室，阿那斯域及瑞个玛域无斑。腹部黑褐色有浓密黑色长毛。

观察标本：3♂，山西翼城大河，2012.VII.19，石福明采。

分布：山西（翼城、霍州）、北京、河南、陕西、海南、四川、云南、西藏。

参 考 文 献

Bao R, Wang X L, 2006. A review of the species of *Euroleon* from China (Neuroptera: Myrmeleontidae)[J]. Zootaxa, 1375: 51-57.

Ao W G, Wan X, Wang X L, 2010. Review of the genus *Epacanthaclisis* Okamoto, 1910 in China (Neuroptera: Myrmeleontidae)[J]. Zootaxa, 2545: 47-57.

Ao W G, Zhang X B, Ábrahám L, et al., 2009. A new species of the antlion genus *Euroleon* Esben-Petersen from China (Neuroptera: Myrmeleontidae)[J]. Zootaxa, 2303: 53-56.

Myrmeleontidae

Bao Rong

(College of Life Sciences, Hebei Normal University, Shijiazhuang, 050024)

The present research includes 2 genera and 2 species of Myrmeleontidae. The species are distributed in Lishan National Nature Reserve of Shanxi Province.

长翅目 Mecoptera

高超　陈静　花保祯

（西北农林科技大学昆虫博物馆，陕西杨凌，712100）

体中型，唇基向下延长成喙状，口器咀嚼式位于喙的末端。复眼大，单眼 3 个或无。触角丝状。通常具 2 对翅，窄长、膜质。前、后翅大小、形状和翅脉相似，脉序原始。

幼虫蝎式，头部两侧具 1 对复眼，3 对胸足具单爪、明显分节，腹足 8 对，着生于 1～8 腹节腹面靠近腹中线的部位。

长翅目昆虫多生活在潮湿荫蔽的森林、峡谷地区。幼虫腐食性，栖息于林下腐殖质中。成虫捕食性（蚊蝎蛉）或腐食性（蝎蛉），少数植食性（拟蝎蛉科和雪蝎蛉科 Boreidae），常静栖在树叶上或草丛中，一般飞翔能力不强。

全世界有 9 个现生科，中国已知分布有 3 个科：蚊蝎蛉科 Bittacidae、蝎蛉科 Panorpidae 和拟蝎蛉科 Panorpodidae。2012 年 7 月山西历山昆虫考察采集到的长翅目昆虫 3 种，其中蚊蝎蛉科 1 种，蝎蛉科 2 种，均为山西省新记录。

分科检索表

1 成虫足为捕捉式，各足跗节仅有 1 爪 .... 蚊蝎蛉科 Bittacidae
- 成虫足不为捕捉式，各足跗节均有 2 爪 2
2 喙较短或极短，颊有明显的侧齿；爪简单，内侧不呈锯齿状；前、后翅 CuP 与 1A 短距离愈合，基部几乎不弯曲；雄虫腹部第 7、8 节无明显延长 .... 拟蝎蛉科 Panorpodidae
- 喙较长，颊无明显侧齿；爪内侧锯齿状；前、后翅 CuP 不与 1A 愈合，M_4 基部明显弯曲；雄虫腹部 7、8 节明显延长 .... 蝎蛉科 Panorpidae

蚊蝎蛉科 Bittacidae

体细长，中至大型，外形似大蚊。口器咀嚼式，唇基延长成喙状，向端部逐渐变窄；上颚延长，剑状，相互交叉。复眼大，单眼 3 枚。触角细长。足 3 对，均为捕捉足，跗节末端具 1 爪。胸部发达，翅两对，膜质，窄长，前后翅大小、形状及脉序相似。腹部长，圆柱形。雄性第 9 节背板特化为上生殖瓣；生殖肢基节极度膨大，生殖肢端节低度退化；阳茎丝细长，盘卷成发条状。雌性无特化的产卵器构造，仅 1 生殖孔开口于第 9 腹节末端。常以 1 对前足悬挂于树叶边缘或细枝上。

1 扁蚊蝎蛉 Bittacus plannus Cheng, 1949，山西省新记录

体中型，浅褐色，翅展约 40mm。喙暗褐色，颅顶、额黄褐色。触角黄褐色，长 7.9mm，鞭节丝状。复眼黑色，单眼三角区棕黑色。翅膜质，前翅长 20.0mm，宽 5.0mm；翅略带黄色，翅面无任何斑纹；Scv 过 FRs；Pcv 1～2 条，但至少有 1 个翅上为 2 条，Av 不存在；1A 末端止于 FM 处；Cuv 稍在 FM 之后；后翅长 17.0mm，宽 4.6mm。雄性上生殖瓣短于生殖肢基节，基部愈合，端部分歧，后缘略凹，背面观为 "V" 字形，侧面观近似四边形，末端内面密生数列黑刺；生殖肢端节较长，基部阔，端部细长且尖，被稀疏的浅黄色短毛，近中部内侧有 1 光滑无毛的突起；载肛突上瓣指状，从上生殖瓣基部中间伸出，被细毛，末端毛较长，成簇；

下瓣较短，基部阔，向末端渐细，两侧各有很窄 1 条骨片，着生细毛；阳茎基部阔，亚基部阳茎叶突阔，末端圆，但常卷曲；阳茎丝长，缠绕成环；尾须约为生殖肢基节长度之半，末端尖。雌性下生殖板侧面观近三角形，近末端具稀疏的粗刚毛；第 10 节背板黄褐色、窄，两侧仅盖住尾须基部，未向腹面延伸；尾须稍长于肛板。

观察标本：1♂3♀，山西沁水下川东峡，1425m，2012.VII.12～20，张国威采。

分布：山西（历山）、河南、陕西。

蝎蛉科 Panorpidae

成虫体中型，下口式，由上颚、下颚及延长的唇基构成了细长的口器。复眼 1 对，单眼 3 枚。触角细长，丝状。足细长，跗节末端具 2 爪，其内缘具齿。翅膜质，透明或有暗色斑纹。雄虫 6～9 节特化，第 6 节完全骨化；7 节以后黄褐色，第 7、8 节较细，无侧膜；第 9 节膨大并上举，状如蝎尾。成虫多以节肢动物尸体为食。飞行能力弱，休息时停留在叶片表面。

分属检索表

1 雄虫腹部远长于翅；腹部 VI～IX 节极度延长；分布于印度尼西亚（爪哇） ....
....长腹蝎蛉属 *Leptopanorpa*
- 雄虫腹部与翅等长或略短于翅；腹部 VI～IX 节不延长或稍延长 2
2 前翅 1A 脉与翅后缘交点在 Rs 起源点之前；1A 和 2A 之间通常只有 1 条横脉；分布于东洋区 ....新蝎蛉属 *Neopanorpa*
- 前翅 1A 脉与翅后缘的交点与 Rs 起源点在同一经度，或超过 Rs 起源点；1A 和 2A 之间通常有 2 条横脉 3
3 成虫休息时翅呈屋脊状折叠在腹部上方；雄虫下瓣伸达生殖刺突中齿处；雌虫生殖板的中轴末端二分叉；分布于东洋区 ....叉蝎蛉属 *Furcatopanorpa*
- 成虫休息时翅平铺于腹部上方呈 "V" 形；下瓣不超出生殖基节；雌虫生殖板的中轴末端不分叉 4
4 雄虫第 VI 腹节端部有 1~2 个指状臀角 5
- 雄虫第 VI 腹节端部不具指状臀角，或后缘向背面扩展呈扁平或锥状凸起..........................6
5 雄虫第 VI 腹节端部具有 2 个小的指状臀角；雄性外生殖器的阳基侧突分三叉；分布于东洋区 ....双角蝎蛉属 *Dicerapanorpa*
- 雄虫第 VI 腹节端部具单一的指状臀角；阳基侧突通常不分叉，极少数二分叉；分布于东洋区北部和古北区东部 ....单角蝎蛉属 *Cerapanorpa*
6 第 VII 腹节基部 1/3 细，其余部分加粗为圆筒形；生殖刺突长于生殖基节，基部凸起发达、杯状；翅膜质部分为黄色；R_2 脉通常分三叉；分布于东洋区 ....华蝎蛉属 *Sinopanorpa*
- 第 VII 腹节基部不缢缩或稍缢缩，端部大致呈圆锥形；生殖刺突短，基部凸起的形态多样；翅膜质部分透明，有时为黄色；R_2 脉通常分二枝；分布于全北区和东洋区........蝎蛉属 *Panorpa*

2 王屋山单角蝎蛉 *Cerapanorpa wangwushana* (Huang, Hua et Shen, 2004)，山西省新记录
体黑色，头顶黑色，喙正面红褐色或黑褐色，两侧黄色。前胸背板前缘两侧各 4～6 根刚毛。足淡黄色，跗节末端黑褐色。雄虫前翅长 15.2mm，宽 3.6mm，无色透明，仅有棕褐色的端带和痣带，痣带无端枝；后翅形状和翅斑与前翅相似。腹部第 3 节背板后缘的中央有一半圆形突起；第 4 节背板前缘有 1 钩刺，第 6 节背板后缘中央有 1 黄褐色臀角，7、8 节基部缢缩。雄性外生殖器长椭球形，上板（第 9 节背板）末端有深 "V" 形缺刻；下瓣未伸达生殖基节 2/3 处，内侧多长毛，排列不整齐；生殖端节短于基节，端节基部有 1 较大的凹陷区，内缘三角形的中齿不明显；阳基侧突简单，达伸生殖刺突基部 1/3 处，其基部呈柄状，末端尖细，内侧缘有 1 列梳状刺毛；阳茎腹瓣极短，背瓣发达。雌虫翅与雄虫相似，腹部无臀角，向端部逐渐变细，末端具 1 对黑色尾须。

观察标本：25♂35♀，山西历山，2009.VII.10，岳超、马继文采；16♂24♀，山西沁水下川西峡，1548m，2012.VII.12～14，张国威采；18♂16♀，山西沁水下川东峡，1425m，2012.VII.14～15，张国威采；12♂17♀，山西沁水下川猪尾沟，1628m，2012.VII.16，张国威采；16♂20♀，山西翼城大河，1568～1823m，2012.VII.17～20，张国威采。

分布：山西（历山）、河南。

3 六刺蝎蛉 *Panorpa sexspinosa* Cheng, 1949，山西省新记录

体黄褐色，喙黄色，头顶有 3 个黑斑，中间 1 个黑斑包围 3 个单眼。前胸背板黑褐色，前缘两侧各有 4 根黑刚毛；中、后胸背板黑色，中央具 1 条浅黄色纵带。雄虫前翅长约 12mm，宽约 3mm，具完整的端带、痣带和亚中带，斑纹褐色；端带阔，后角处从 R_5 脉斜向 M_1 脉，下方有 1 透明斑；痣带基枝阔，端枝细，宽度仅为基枝的一半；亚中带从 SC_1 脉伸至翅缘；无基斑和缘斑；后翅斑纹与前翅相似。雌虫翅面斑纹与雄虫相似。雄虫腹部 1～5 节背板黑色，腹板黑色与红棕色相间；第 3 节背中突稍向后方突出；第 4 节背板前缘具 1 钩刺；第 6 节黑色，后缘较隆起，无明显臀角；7、8 节延长，基部缢缩。雄性外生殖器膨大呈球形，上板（第 9 节背板）窄，两侧不平行，末端凹陷呈正方形；下瓣末端钝圆；生殖基节长，端部内缘有 4～6 根刚毛，通常 5 根；生殖刺突仅为基节长度的 1/3，基部凹陷明显，内缘中齿小；阳基侧突细长，弯曲，内缘有短毛；阳茎腹瓣较短，背瓣伸到抱器基节端部，末端呈三角形；雌性下生殖板长，末端凹陷很小；生殖板大，后方凹陷近圆形，基部有 1 对基侧片；中轴直，基部二分叉，其长度的 1/3 伸出生殖板。

观察标本：3♂1♀，山西沁水下川东峡(1425m)，2012.VII.12～20，张国威采。

分布：山西（历山）、河南、陕西、甘肃、湖北。

参 考 文 献

花保祯, 周尧, 1997. 河南省伏牛山蝎蛉记述(长翅目: 蝎蛉科)[J].昆虫分类学报, 19 (4): 273-278.

花保祯, 周尧, 1998. 河南省伏牛山的蚊蝎蛉记述(长翅目: 蚊蝎蛉科)[M]//申效诚, 时振亚主编.伏牛山区昆虫(一). 北京: 中国农业科技出版社: 64-67.

黄蓬英, 花保祯, 申效诚, 2004. 蝎蛉属 *Panorpa* 一新种记述(长翅目: 蝎蛉科)[J]. 昆虫分类学报, 26(1): 29-31.

周尧, 冉瑞碧, 王素梅, 1981. 长翅目昆虫的分类研究(I、II)[J]. 昆虫分类学报, 3(1): 1-22.

Cheng F Y, 1949. New species of Mecoptera from northwest China[J]. Psyche, 56 (4): 139-173.

Cheng F Y, 1957. Revision of the Chinese Mecoptera[J]. Bulletin of the Museum of Comparative Zoology, 116 (1): 1-118.

Gao C, Ma N, Hua B Z, 2016. Cerapanorpa, a new genus of Panoripidae (Insecta: Mecoptera) with description of threenew species[J]. Zootaxa, 4158(1): 93-104.

Mecoptera

Gao Chao　　Chen Jing　　Hua Baozhen

(Entomological Museum, Northwest A & F University, Yangling, 712100)

Three species of Mecoptera were found in Lishan National Nature Reserve of Shanxi Province:

Bittacus plannus Cheng, 1949 in Bittacidae, *Panorpa wangwushana* Huang, Hua et Shen, 2004 and *Panorpa sexspinosa* Cheng, 1949 in Panorpidae. Among them, *Bittacus plannus* Cheng and *Panorpa sexspinosa* Cheng are reported in Shanxi Province for the first time.

双翅目 Diptera

实蝇科 Tephritidae

陈小琳

（中国科学院动物研究所动物进化与系统学院重点实验室，北京，100101）

实蝇科成虫体长 2～25mm。多数种类翅透明，具黄色、褐色或黑色条纹，横带或斑点，或为几种斑纹的组合；少数种类的翅底深色而带有浅色或透明斑纹。实蝇科区别于其他无瓣蝇类的主要形态特征如下：①头部无髭，具侧额鬃。②翅具花斑；亚前缘脉（Sc）端部细弱，末端直立向上，其向上部分模糊不清，并与第一径脉（R_1）组成翅痣；前缘脉（R）在肩横脉（h）和亚前缘脉处各有 1 道切痕；第二、三合径脉（R_{2+3}）的背面密被细刺状小鬃；后肘室（cup）的后端角一般明显延长成一狭长之尖角。③雄性阳茎由细长的、螺旋状卷曲的阳茎基和较为粗大的阳茎端组成；雌性腹部第 7～9 节形成圆锥形、圆筒形，或扁形产卵管。

实蝇科具有重要的经济意义，其幼虫为植食性。

世界已知 500 余属 4200 余种，主要分布于世界的热带、亚热带和温带地区，中国记录 500 余种，山西历山自然保护区采到 5 属 6 种，其中 5 种为山西省新记录。

分属检索表

1 肩板鬃存在；中侧片的后部有 1 明显、完整的竖缝；上对上侧额鬃和眼后鬃细，末端尖锐，多为褐色至黑色；翅基中部常有 1 个黄褐色至深褐色斑纹，端部有一完整或不完整的"C"形褐色带 ⋯⋯⋯⋯⋯⋯⋯⋯⋯⋯⋯⋯⋯⋯⋯⋯⋯⋯⋯⋯⋯斜脉实蝇属 *Anomoia*

- 肩板鬃缺如；中侧片上的竖缝缺如或退化不明显；一般上对上侧额鬃及部分眼后鬃宽扁，呈鳞片状，多为白色、乳白色，或淡黄色；翅斑型不如上述 ⋯⋯⋯⋯⋯⋯⋯⋯⋯⋯⋯2

2 小盾片除具黑色缘鬃外，还具白色或淡黄色直立小盾鬃 ⋯⋯⋯⋯拟头鬃实蝇属 *Paranoeeta*

- 小盾片不具白色或淡黄色直立小盾鬃 ⋯⋯⋯⋯⋯⋯⋯⋯⋯⋯⋯⋯⋯⋯⋯⋯⋯⋯⋯⋯⋯3

3 头部后面的 1 对上侧额鬃汇合；翅斑型条带状；中胸盾片具 1 个土竖琴状深色斑；颊具 1 强大黑缘鬃 ⋯⋯⋯⋯⋯⋯⋯⋯⋯⋯⋯⋯⋯⋯⋯⋯⋯⋯⋯⋯鬃实蝇属 *Chaetostomella*

- 头部后面的 1 对上侧额鬃后曲；翅斑型网状或斑块状；中胸盾片及颊鬃特征不如上述 ⋯⋯4

4 小盾鬃仅 2 根；翅绝大部分透明，具 1 亚端部深色斑；喙短，唇瓣肉质 ⋯⋯⋯⋯⋯⋯⋯⋯⋯⋯⋯⋯⋯⋯⋯⋯⋯⋯⋯⋯⋯⋯⋯⋯⋯⋯⋯⋯⋯⋯⋯星斑实蝇属 *Trupanea*

- 小盾鬃 4 根；翅斑型网状；喙呈膝状；唇瓣较细长 ⋯⋯⋯⋯⋯斑翅实蝇属 *Campiglossa*

1 蔷薇斜脉实蝇 *Anomoia purmunda* (Harris, 1780)，山西省新记录

体、翅长 4.0～4.5mm。中胸盾片绝大部分黑色，密覆白粉被；亚小盾片、中胸后背片及腹部均黑色、光亮。头部具下侧额鬃 3 对，上侧额鬃 2 对；单眼鬃弱短，等于或短于后对上

侧额鬃；背中鬃常靠近后翅上鬃而远离前翅上鬃。翅 dm-cu 横脉强烈倾斜，以至于中室的后端角明显成锐角；M 脉的第 3 脉段非常短，等于或稍长于 r-m 横脉；基中部常有 1 个黄褐色至深褐色斑纹，端部有一不完整的"C"形褐色带，其前、后两臂在 r_{4+5} 室内或多或少中断；亚前缘室约为前缘室长的 1/2；后肘室的后端角长度中等长度；R_{4+5} 脉常被细刺至 r-m 横脉。雌性产卵管基节约与第 6 背板等长，狭而短；针突细长，侧扁，腹端常具小锯齿。受精囊 3 个。

　　观察标本：13♂，山西翼城大河，2012.VII.23～29，袁光孝采(IZCAS)。

　　分布：山西（历山）、陕西、甘肃、四川；韩国，日本，俄罗斯，欧洲。

2 窗斑拟头鬃实蝇 Paranoeeta japonica Shiraki, 1933，山西省新记录

　　体、翅长 5.0～6.0mm。头部的部分额鬃和眼后鬃宽扁，呈鳞片状，淡黄色。触角第 3 节端部窄且或多或少呈针尖状，背缘稍微或中度凹陷；下侧额鬃 2 对。胸部小盾片扁平，具 2 根强大黑鬃和 4 根较白的直立鬃；背中鬃稍位于前翅上鬃水平之前。翅底色为褐色，翅缘具许多切迹，翅面具小透明斑点；具大、小各 2 根前缘刺。雌性产卵管基节几乎全为黑色且光亮，侧边偶尔黄色，形扁平，其常与腹部第 5～6 背板长度之和相等；针突渐呈针尖状，边缘光滑不具亚端部缺刻。

　　观察标本：1♂，山西沁水下川，2012.VII.30，袁光孝采 (IZCAS)。

　　分布：山西（历山）、内蒙古、甘肃；日本，俄罗斯。

3 连带鬃实蝇 Chaetostomella vibrissata (Coquillett, 1898)，山西省新记录

　　体、翅长 6.0～7.5mm。头部后面的 1 对上侧额鬃明显汇合；颊具 1 排强大黑缘鬃。中胸盾片黄色，具有土竖琴状褐色大斑；小盾片黄色，三角形，盘状区扁平，端部具 1 黑斑点及 2 个基侧黑斑点；其端部的小盾鬃强大，约与基部的 1 对等大；仅具 1 对背中鬃，其位于中缝及前翅上鬃的中间。翅斑型条带状，4 条棕色带在前缘联合在一起，其中带和亚端部带强烈倾斜；r-m 横脉位于翅中室中部，基肘室叶约与 bm-cu 横带等长。雌性产卵管基节红棕色，稍短于或等于腹部第 3～6 背板长度之和；针突长，端部渐呈尖锐的针尖状，具 3 对短刚毛。

　　观察标本：1♀，山西沁水下川，2012.VII.30，袁光孝采 (IZCAS)。

　　分布：山西（历山）、黑龙江、陕西、江西；朝鲜，日本，俄罗斯。

4 莴苣星斑实蝇 Trupanea amoena (Frauenfeld, 1856)，山西省新记录

　　体、翅长 3.2～4.0mm。头部侧面观近长方形，外顶鬃、后面的 1 对上侧额鬃、后顶鬃和眼后鬃均扁平，淡黄色。喙短，唇瓣肉质；下侧额鬃 3 对，上侧额鬃 2 对；单眼鬃中度发达。胸部小盾片仅具 2 根基部小盾鬃；背中鬃稍位于中缝之后。翅绝大部分透明，具 1 亚端部深色斑，CuA_2 脉几乎垂直，基肘室叶十分短尖；1 条较细的棕色斜带从亚前缘室出发贯穿翅中室。雄性端阳体具有 1 个显著的钩状突起。雌性产卵管基节黑色而光亮，稍长于腹部第 5～6 背板长度之和；针突渐呈针尖状，两侧各具 2 根短的端前刚毛；具 2 个伸长的受精囊。

　　观察标本：1♂，山西历山舜王坪，2012.VII.29，袁光孝采(IZCAS)。

　　分布：山西（历山）、内蒙古、新疆、河北、甘肃、江苏、四川、云南、台湾；广布于古北区，东洋区和非洲区。

5 万寿菊斑翅实蝇 Campiglossa absinthii (Fabricius, 1805)

　　体、翅长 2.5～3.5mm。头部的部分额鬃和眼后鬃宽扁，呈鳞片状，淡黄色。头部黄色；胸部黑色，密被灰粉被及扁平的黄白或白柔毛，足股节全黄至黄褐色，后面的背侧片鬃白色；腹部黑色，密被灰粉被，腹部背板具深褐色斑点。喙呈膝状，唇瓣较细长；上、下侧额鬃均 2 对。中胸盾片背中鬃靠近中缝而非前翅上鬃。翅斑型网状，亚前缘室常具 1～2 个透明斑点，

R_{4+5} 脉常裸，后肘室的后端角相当短尖。雄性肛尾叶发育良好，外侧尾叶宽。雌性产卵管基节黑色且光亮，约与腹部第 5~6 背板长度之和相等；针突端部渐尖，不具端前刚毛；有 2 个长椭圆形受精囊。

观察标本：5♂，山西历山舜王坪，2012.VII.29，袁光孝采(IZCAS)。

分布：山西（历山）、黑龙江、内蒙古、台湾；日本，俄罗斯，欧洲，以色列，伊朗，北非等。

6 黑龙江斑翅实蝇 Campiglossa defasciata (Hering, 1936)，山西省新记录

体、翅长 3.5~4.0mm。头部的部分额鬃和眼后鬃宽扁，呈鳞片状，淡黄色。头部黄色；胸部黑色，密被灰粉被及扁平的黄白或白柔毛，足股节全黄至黄褐色，后面的背侧片鬃白色；腹部黑色，密被灰粉被，腹部背板具深褐色斑点。喙呈膝状，唇瓣较细长；上、下侧额鬃均2 对。胸部背中鬃靠近中缝而非前翅上鬃。翅斑型网状，亚前缘室常具 1~2 个透明斑点，R_{4+5}脉常裸，后肘室的后端角相当短尖；r_{4+5} 室端部缺 1 个透明斑点。雄性肛尾叶发育良好，外侧尾叶宽。雌性产卵管基节稍长于腹部第 5~6 背板长度之和，针突端部渐尖，不具端前刚毛；有 2 个长椭圆形受精。

观察标本：5♂6♀，山西历山舜王坪，2012.VII.29，袁光孝采(IZCAS)。

分布：山西（历山）、黑龙江。

参 考 文 献

陈小琳, 汪兴鉴, 2009. 双翅目: 实蝇科[M]//杨定. 河北动物志. 双翅目.北京: 中国农业科学技术出版社: 480-495.

谢蕴珍, 陈世骧, 1954. 中国实蝇记述 I[J]. 昆虫学报, 4(3): 299-314.

McAlpine F J, 1981. Morphology and terminology. Adults 2[M]//McAlpine J F, Peterson B V, Shewell G E, et al. Manual of the Nearctic Diptera. Volume 1.Agriculture Canada Monograph, 27: 9-63.

Wang X J, 1996. The fruit flies (Diptera: Tephritidae) of the East Asian Region[J]. Acta Zootaxon. Sinica, 21(Supplement): 1-338.

White I M, Headrick D H, Norrbom A L, et al., 1999. Glossary[M]//Aluja M, Norrbom A L. Fruit flies (Tephritidae): phylogeny and evolution of behavior. Boca Raton: CRC Press.

Tephritidae

Chen Xiaolin

(Key Laboratory of Zoological Systematics and Evolution，
Institute of Zoology，Chinese Academy of Sciences，Beijing，100101)

The present research includes 5 genera and 6 species of Tephritidae. The species are distributed in Lishan National Nature Reserve in Shanxi Province.

鼓翅蝇科 Sepsidae

李轩昆 杨定

（中国农业大学农学与生物技术学院，北京，100193）

体小型，体型似蚂蚁，身体黑色、褐色或黄色，腹部有柄，身上的毛和鬃较少。头部圆

形或长卵圆形，双性均离眼。额顶眼窝盘和额色条明显；单眼瘤和额三角不发达。胸部肩胛明显，足细长且有少量刚毛。雄性前足股节常具有特化的体刺、鬃、齿或瘤。翅透明，R 脉基部腹侧被小刚毛，除前缘脉外其余脉均裸。无缺刻。A_1+CuA_2 脉短，不及翅缘。上腋瓣边缘具长毛；下腋瓣缺失。腹部具光泽或部分光泽，第 1～2 节狭窄并收缩。背片具少数环鬃；至少第 4 和第 5 背片边缘具鬃。雄性 1～3 腹片及雌性 1～5 腹片狭窄。雄性第 4 腹片或第 5 腹片，常高度进化并膨大，具丛生或刷状鬃。雄性第 9 背板具 1 对背侧突，完全或不完全与第 9 背板愈合，有时不对称；尾须较小，常发育不完全。

本科多为腐食性或粪食性。多数富有活力，常常行动迅速，并不停地鼓动双翅，故名"鼓翅蝇"。

世界性分布，目前世界已知 500 余种，中国记录 60 余种，山西历山自然保护区采到 2 属 4 种。

分属检索表

1 前足股节腹侧具 1 排栉状微鬃，雄虫前足股节具 1 排长毛...丝状鼓翅蝇属 *Nemopoda*
- 前足股节无栉状微鬃，雄虫前足股节具特化的瘤、刺和鬃..........................鼓翅蝇属 *Sepsis*

1 翅斑丝状鼓翅蝇 *Nemopoda mamaevi* Ozerov, 1997

雄虫体长 3.4～4.8mm。

头部 1 根单眼内鬃，1 根单眼后鬃，1 根内顶鬃，1 根外顶鬃，1 根弱眶鬃。

胸部 1 根肩鬃，2 根背侧鬃，1 根翅后鬃，1 根翅上鬃，1 根背中鬃，1 根小盾端鬃，1 根上前侧片鬃。足大部分黄褐色，除前足胫节黄色，后足胫节黑色，第 3～5 跗节黑色。前足股节无特化的瘤或刺，仅具 5 根长毛，端部内侧具 7 根微鬃；后足胫节宽扁。翅透明，端部具 1 大的灰黑色翅斑。平衡棒除基部褐色外，白色。

腹部第 4 腹板具 2 个刺状突，1 个柄状突，1 个大毛刷，1 个小毛刷。第 9 背板背侧突向下伸。

雌虫未知。

观察标本：1♂，山西翼城大河，2012.VII.24，张振华采。

分布：山西（历山）、北京；俄罗斯。

2 露尾丝状鼓翅蝇 *Nemopoda nitidula* (Fallén, 1820)

雄虫体长 3.7～5.0mm。

头部 1 根单眼内鬃，1 根单眼后鬃，1 根内顶鬃，1 根弱外顶鬃，1 根弱眶鬃。

胸部 1 根肩鬃，2 根背侧片鬃，1 根翅后鬃，1 根翅上鬃，1 根背中鬃，1 根小盾端鬃，1 根上前侧片鬃。足大部分黄褐色，除中后足股节中部黑褐色，胫节黑褐色，各足跗节 3～5 节黑色。前足股节无特化的瘤或刺，仅具 8 根长毛，端部内侧具 1 列微鬃。翅透明，无翅斑。

腹部第 4 腹板具 2 个刺状突，1 个柄状突，1 个大毛刷，1 个小毛刷。第 9 背板背侧突向下伸。

雌虫未知。

观察标本：1♂，山西翼城大河，2012.VII.24，张振华采。

分布：山西（历山）、吉林、北京、河北、甘肃；亚洲，欧洲，北美洲，非洲。

3 单斑鼓翅蝇 Sepsis monostigma Thomson, 1869

雄虫体长 2.5～5.2mm。

头部 1 根单眼内鬃，1 根单眼后鬃，1 根内顶鬃，1 根外顶鬃。

胸部 1 根肩鬃，2 根背侧片鬃，1 根翅后鬃，1 根翅上鬃，1 根背中鬃，1 根小盾端鬃，1 根上前侧片鬃。足大部分黄褐色，除前足股节及胫节黄色，后足胫节黑褐色，各足跗节 4～5 节黑色。前足股节腹侧具特化的结构，端半部具 1 个瘤状突，瘤状突上具 2 根微毛；具 5 根强刺，1 根弱刺。翅透明，R_{2+3} 脉端部具 1 个圆形黑色翅斑。

腹部第 9 背板黑褐色，背侧突三角形，内侧具刺。

雌虫与雄虫相似，但前足不具特化结构，腹部无背侧突。

观察标本：17♂5♀，山西沁水下川，2012.VII.29～30，张振华采；71♂45♀，山西翼城大河，2012.VII.25～28，张振华采；10♂9♀，山西翼城大河，2012.VII.23，王晨采；1♂1♀，山西沁水张马，2012.VII.21，张振华采。

分布：山西（历山）、浙江、江苏、台湾、广东、广西、四川、贵州；印度，菲律宾，斯里兰卡，日本，韩国，俄罗斯。

4 胸廓鼓翅蝇 Sepsis thoracica Robineau-Desvoidy, 1830

雄虫体长 2～4mm。

头部 1 根单眼内鬃，1 根单眼后鬃，1 根内顶鬃，1 根外顶鬃。

胸部 1 根肩鬃，2 根背侧片鬃，1 根翅后鬃，1 根翅上鬃，1 根背中鬃，1 根小盾端鬃，1 根上前侧片鬃。足大部分黑褐色，除基节及转节深褐色，前足胫节深褐色，后足股节基部及端部黑褐色。前足股节腹侧具特化的结构，端半部具瘤状突，具 2 根强刺，6 根弱刺。翅透明，R_{2+3} 脉端部具 1 个圆形黑色翅斑。

腹部第 1～3 背片具黄色斑；第 9 背板黑褐色。背侧突弯钩状，内侧具刺。

雌虫与雄虫相似，但前足不具特化结构，腹部无背侧突。

观察标本：2♂2♀，山西沁水下川，2012.VII.29，张振华采。

分布：山西（历山）、吉林、内蒙古、北京、四川、台湾；亚洲，欧洲，大洋洲，非洲。

参 考 文 献

Fallén C F, 1820. Ortalides Sveciae[M]. Lundae [=Lund].

Hennig W, 1949. 39. Sepsidae[M]//Lindner E. Die Fliegen der palaearktischen Region, 5(1): 1-91.

Meier R, Pont A C, 2000. 10. Family Sepsidae[C]//Papp L, Darvas B. Contributions to a Manual of Palaearctic Diptera (with special reference to flies of economic importance). Appendix. Budapest: Science Herald: 367-386.

Ozerov A L, 2005. World catalogue of the family Sepsidae (Insecta: Diptera)[J]. Zoologicheskie Issledovania, 8: 1-74.

Ozerov A L, 1997. A new species of the genus Nemopoda Robineau-Desvoidy, 1930 (Diptera, Sepsidae) from the Far East of Russia[J]. Dipterological Research, 8: 159-162.

Robineau-Desvoidy J B, 1830. Essai sur les Myodaires[J]. Mémoires presents par divers Savans à l'Institut de France, 2: 1-813.

Thomson C G, 1869. 6. Diptera. Species nova descripsit. [M]//Virgin C A. Kongliga svenska fregatten Eugenies resa omkring Jorden: 443-614.

Sepsidae

Li Xuankun　　Yang Ding

(College of Agriculture and Biotechnology, China Agricultural University, Beijing, 100193)

The present research includes 2 genera and 4 species of Sepsidae. The species are distributed in Lishan National Nature Reserve of Shanxi Province.

小粪蝇科 Sphaeroceridae

苏立新

(沈阳大学生命科学与工程学院，沈阳，110044)

体小至中型，粗壮，通常呈棕色至黑色，有时头、胸和足呈黄色或红色。复眼常裸，有时具微毛；单眼后鬃存在或缺如。肩胛长鬃 1～2；腹侧片鬃 2～3；小盾片心常裸，有时具刚毛，具缘鬃或缘齿。后足基跗节短而粗壮。雄性后腹部不对称；生殖背板大，呈马鞍状，侧腹时有裂口或突起；生殖腹板小，腹视常呈 "Y" 形，有时呈 "V" 或 "U" 形；第 5 腹板简单至复杂；肛尾叶常具粗刺、长鬃或突起；侧尾叶常复杂；基阳体短，明显骨化，有时具前阳基背片和后阳基背片；后阳基侧突常对称。雌性后腹粗短至细长；受精囊 2～3；肛上板小，罕裸；肛下板退化。

小粪蝇幼虫食性分化明显，有腐食、尸食、粪食和植食等多种食性。一些种类可传播线虫、病原菌，为传染病的传播媒介，一些种类为蝇蛆病原，可致人畜蝇蛆症；一些种类为重要的法医昆虫，利用其可进行刑事案件侦破；一些种类是食用菌栽培业上的重要害虫，常造成减产。小粪蝇还是自然界物质再循环过程的分解者和加速者。

本科世界性分布，目前世界已知 1600 多种，中国记录 180 余种，山西历山自然保护区采到 13 属 19 种，其中中国新记录 2 种，山西省新记录 14 种。

分属检索表

1 小盾片端缘鬃间具 1 对小刚毛；小盾片心被刚毛；Cs_1 被短而密的刚毛；臀脉角状弯曲.....
.... 角脉小粪蝇属 Coproica
- 小盾片端缘鬃间无小刚毛；小盾片心通常裸；Cs_1 被长而疏的刚毛；臀脉退化或波形弯曲
....2
2 中胫具明显的亚端腹鬃，或中胫无长腹鬃；但中足基跗节常具明显腹鬃.........................3
- 中胫无亚端腹鬃，但常具端腹鬃；若中胫具明显端腹鬃，中足基跗节具长腹鬃.................5
3 小盾片缘鬃 4 对；中足转节具长鬃；肛尾叶无粗刺；雌性尾须鬃不侧扁.........................4
- 小盾片缘鬃 2 对；中足转节无长鬃；肛尾叶具粗刺；雌性尾须鬃短而侧扁.....................
.... 欧小粪蝇属 Opacifrons
4 前背中鬃后倾；颜瘤不突；雄性生殖背板在肛门下分离，且与假肛尾叶不融合.................
.... 雅小粪蝇属 Leptocera
- 前背中鬃内倾；颜瘤明显突出；雄性生殖背板在肛门下相连，且与假肛尾叶融合.................

.... 刺足小粪蝇属 *Rachispoda*

5 体壁骨化明显,被刻点;第 5 背板裂为双骨片;后阳基侧突不对称 ....

....新北小粪蝇属 *Nearcticorpus*

- 体壁骨化弱,无刻点;第 5 背板完整;后阳基侧突常对称 6

6 R_{2+3} 脉端角状弯曲,有时具短 R_3 脉头;翅具色斑;足具色带;胸通常也具色带或暗斑......

....星小粪蝇属 *Poecilosomella*

- R_{2+3} 脉端不角状弯曲;翅、足和胸几乎均色 7

7 背中鬃 3～6,盾沟前背中鬃小;复眼正常 .... 刺胫小粪蝇属 *Phthitia*

- 背中鬃 1～2,均为盾沟后背中鬃;复眼小 8

8 后胫具 1 长亚端腹刺;具后阳基背片;雌性肛上板短小,与尾须常融合;中胸背板有时带

乳色..乳小粪蝇属 *Opalimosina*

- 后胫最多具 1 小端刺;无后阳基背片;雌性肛上板与尾须不融合;体色发亮...........9

9 C 过 R_{4+5} 10

- C 不过 R_{4+5} 12

10 R_{4+5} 明显弯向 C;侧尾叶方形至矩形;雌性后腹部短而宽

....方小粪蝇属 *Pullimosina*

- R_{4+5} 略弯向 C;侧尾叶短而宽;雌性后腹部长而狭 11

11 R_{4+5} 明显弯曲;中中室后角圆钝;翅瓣大而圆;生殖背板具 1 长背侧鬃;侧尾叶内缘具梳

状刺列..陆小粪蝇属 *Terrilimosina*

- R_{4+5} 弯曲不明显;中中室后角通常不圆钝;翅瓣小而狭;生殖背板无长背侧鬃;侧尾叶内

缘无列..微小粪蝇属 *Minilimosina*

12 R_{4+5} 直;第 5 腹板中后缘具梳状刺列;翅瓣大而圆;雄性生殖腹板无腹突;侧尾叶具粗腹刺

....刺尾小粪蝇属 *Spelobia*

- R_{4+5} 波形弯曲;第 5 腹板简单;翅瓣小而狭;雄性生殖腹板具叉状腹突;侧尾叶无粗腹刺

....腹突小粪蝇属 *Paralimosina*

1 冠角脉小粪蝇 Coproica lugubris (Haliday, 1835),山西省新记录

体长 1.3mm,翅长 1.2mm。头、颊、颜、触角和足棕色,额、胸黑棕色,平衡棒淡棕色。单眼后鬃小;间额鬃 4,短,等长。背中鬃 1;中鬃列 10。前腹侧片鬃短小,后腹侧片鬃长大。中胫基半部具 1 前背鬃;端半部具 1 前背鬃,1 对前背、后背鬃;中下位具 1 前腹鬃;亚端位具 1 腹鬃。翅棕色,脉暗棕色。$Cs_2 : Cs_3 = 0.8$;中中室比为 2.0;R_{2+3} 波曲形,端略弯向 C;R_{4+5} 略弯向 C;翅瓣小而狭。雄性第 5 腹板中后缘具 1 刺状瓣。生殖背板具 1 长背侧鬃;侧尾叶前瓣色淡,纵向呈矩形;后瓣色暗,具 1 粗的端刺。

观察标本:1♂,山西沁水下川,2012.VII.17,苏立新采。

分布:山西(历山)、北京、台湾、香港。

2 红额角脉小粪蝇 Coproica rufifrons Hayashi, 1991,山西省新记录

体长 1.4～1.7mm,翅长 1.1～1.3mm。额棕黑色,额前缘、颊、颜红棕色,胸红棕色至棕黑色,平衡棒柄淡黄色,头棕色。单眼后鬃大;间额鬃 4～5,几乎等长;复眼高约是颊高的 2.3 倍;芒毛长约等于芒基横径。背中鬃 1;中鬃列 8;后腹侧片鬃强,前腹侧片鬃刚毛状,其长约是后腹侧片鬃长的一半。中胫 3 对前背、后背鬃。翅淡棕色,脉棕色。$Cs_2 : Cs_3 = 0.9$;

R_{2+3} 略弯向 C；R_{4+5} 直；翅瓣狭，端圆钝。雄性第 5 腹板后缘膜质。生殖背板具长背侧鬃；肛尾叶具 1 中等长鬃；侧尾叶后半部端呈拇指状，腹缘有 1 突起和相对长鬃；后阳基侧突长，中部宽，端狭，"S" 弯曲。

观察标本：1♂，山西翼城大河，2012.VII.13，苏立新采。1♂，山西沁水下川，2012.VII.17，苏立新采。1♂，山西历山舜王坪，2012.VII.18，苏立新采。

分布：山西（历山）、辽宁、河北、台湾、香港、云南。

3 角突雅小粪蝇 Leptocera anguliprominens Su, 2011，山西省新记录

体长 2.5mm，翅长 2.0mm。体色黑色。单眼后鬃小；间额鬃 4，中间额鬃明显长。背中鬃 2+3；中中鬃（2+1）变大，中鬃列 8。中胫后端鬃 2，均长，下后端鬃长约是上后端鬃长的 1.4～1.7 倍，在端半部长背鬃前鬃短。翅淡棕色，脉棕色。C 过 R_{4+5}；Cs_2：Cs_3 = 1.7；R_{2+3} 波形弯曲；R_{4+5} 明显弯向 C；中中室比 2.7；臀脉波形弯曲；翅瓣大而狭。雄性侧尾叶前部具 1 背突。雌性肛上板长背鬃 2，其后与尾须完全融合；肛下板除前半部内缘和后半部相对色暗外，余色淡端 2/3 部完全被毛；受精囊囊体被瘤突，骨化囊管长。

观察标本：4♂，山西翼城大河，2012.VII.12，苏立新采。3♂3♀，山西沁水下川，2012.VII.18，苏立新采。

分布：山西（历山）、陕西、宁夏、甘肃、云南。

4 鳞刺雅小粪蝇 Leptocera dyscola Roháček et Papp, 1983，山西省新记录

体长 2.5mm，翅长 2.0mm。体色黑色，平衡棒白色。单眼后鬃小；间额鬃 4，最下间额鬃刚毛状，其后间额鬃明显长。背中鬃 2+3；中中鬃（2+1）变大，中鬃列 9；小盾缘鬃 2 对强，2 对弱。中胫端后鬃 2，等长，在长背鬃前鬃短；后胫背鬃列 2，均匀，往端部去渐长。雄性侧尾叶前部前瓣相对短，后瓣腹缘鬃密，后部前内突端具 2 鳞状刺。

观察标本：1♂，山西沁水下川，2012.VII.19，苏立新采。

分布：山西（历山）、吉林、云南。

5 黑雅小粪蝇 Leptocera nigra Olivier, 1813，山西省新记录

体长 2.1mm，翅长 1.9mm。体色棕色至棕黑色，平衡棒棕色。单眼后鬃小；间额鬃 4，下缘第 2 根长。背中鬃 1+3；仅小盾沟前中鬃变大，中鬃列 8。中胫端后鬃 2，长的约是短的 4 倍，在长背鬃前鬃小。翅淡棕色，脉棕色。C 不过 R_{4+5}；Cs_2：Cs_3 = 1.3；R_{2+3} 直；R_{4+5} 明显弯向 C。雄性第 5 腹板中后瓣 2，其上被微刚毛。生殖背板具后腹长鬃 1；侧尾叶复杂；阳茎背骨片呈 "S" 形。雌性肛上板中部色淡，具背鬃 2 对，与尾须融合；肛下板前缘内凹，完全被刚毛；受精囊梨形，囊体基半部具瘤突或微刺，骨化囊管长。

观察标本：3♂4♀，山西沁水下川，2012.VII.19，苏立新采。

分布：山西（历山）、吉林、辽宁、内蒙古、甘肃、云南。

6 刺突雅小粪蝇 Leptocera salatigae (de Meijere, 1914)，山西省新记录

体长 1.7～1.9mm，翅长 1.5～1.7mm。体色暗棕色至棕黑色；平衡棒淡棕色。单眼后鬃小；间额鬃 4～5，下缘第 2 根长。背中鬃 2+3；仅小盾沟前中鬃变大，中鬃列 8～9。中胫后端鬃 2，其中 1 短小，1 长大，在长背鬃前鬃小。翅白色，脉除前缘脉棕色外，余均白色。C 不过 R_{4+5}；Cs_2：Cs_3 = 1.3；R_{2+3} 直；R_{4+5} 明显弯向前缘脉；中中室比 2.5；臀脉波形弯曲；翅瓣大而狭，端圆钝。雄性第 5 腹板中后突 2，被密毛。生殖背板具 1 后腹长鬃；侧尾叶内瓣膜质。

观察标本：6♂2♀，山西沁水下川，2012.VII.16～19，苏立新采。

分布：山西（历山）、台湾、海南。

7 菌微小粪蝇 *Minilimosina (Minilimosina) fungicola* (Haliday, 1836)，山西省新记录

体长 1.3mm，翅长 1.3mm。体色黑色；平衡棒柄淡黄白色，头棕黑色。单眼后鬃小；间额鬃 4～5，小，等长。背中鬃 1；中鬃列 8。翅棕色；翅脉除第 1、2 前缘脉黑色外，其余棕色。C 明显过 R_{4+5}；$Cs_2 : Cs_3 = 0.9$；R_{2+3} 直；R_{4+5} 波形弯曲；中中室前外角直角；中中室比 2.0。雄性第 5 腹板中后瓣被密刺。肛尾叶具 1 长鬃；侧尾叶外瓣背具小刺，内瓣端后背具 1 短而粗的钝刺；基阳体过阳茎腹缘。雌性体长 1.8mm，翅长 1.5mm。中股无后腹鬃列；中胫无腹鬃列。第 8 背板三色；第 8 腹板长矩形，弱骨化；肛下板近方形，完全被刚毛；受精囊椭圆形，囊体表面网状，囊管短小。

观察标本：1♂1♀，山西历山舜王坪，2012.VII.15，苏立新采。

分布：山西（历山）、吉林、宁夏。

8 鞭索小粪蝇 *Minilimosina (Svarciella) vitripennis* (Zetterstedt, 1847)，山西省新记录

体长 1.7mm，翅长 1.4mm。体色亮黑色；平衡棒棕黑色。单眼后鬃缺如；间额鬃 2，等长。背中鬃 2，前背中鬃长约是后背中鬃长的 0.6 倍；中鬃列 4；腹侧片鬃均弱，但后腹侧片鬃略粗而长。中胫腹端鬃长。翅淡棕色；翅脉除第 2 前缘脉黑色外，其余均棕色。C 过 R_{4+5}；$Cs_2 : Cs_3 = 0.8$；R_{2+3} 直，不明显弯向 C；R_{4+5} 略直；中中室比 2.0。雄性第 5 腹板中后突 "Y" 形，其端具鬃列。肛尾叶具 1 长鬃；侧尾叶腹端内缘具 2 短刺，基内缘具 1 长而粗的钝刺；阳茎具 1 长的鞭形骨片。

观察标本：1♂，山西沁水下川，2012.VII.19，苏立新采。

分布：山西（历山）、河北。

9 古新北小粪蝇 *Nearcticorpus palaearctictum* Su, 2012

体长 2.0mm，翅长 1.3mm。体色亮褐色；足除转节、股节端、胫节基暗红色外，其余亮黑色；平衡棒柄淡黄色；头亮黑色。单眼后鬃小；间额鬃 3，下间额鬃 2 根长。背中鬃 2；中鬃列 8；前腹侧片鬃弱，后腹侧片鬃强；小盾缘鬃 2 对；前胸腹板后部宽三角形。中股基半部具后腹鬃列；中胫基半部中等长背鬃 1，端半部短前背鬃 1、长背鬃 1 和短后背鬃 1，腹端鬃短小。翅暗棕色，脉棕色。C 不过 R_{4+5}；$Cs_2 : Cs_3 = 0.9$；中中室比 2.0。第 4 腹板具后中突，其上具 2 粗刺和短刚毛。雄性第 5 腹板中部明显短，侧部具中等长鬃。外生殖器相似于加新北小粪蝇 *N. canadense* Roháček *et* Marshall，1982。

观察标本：1♂，山西沁水下川，2012.VII.19，苏立新采。

分布：山西（历山）、宁夏。

10 螺欧小粪蝇 *Opacifrons pseudimpudica* (Demming, 1969)，山西省新记录

体长 2.1mm，翅长 2.0mm。体色暗棕色至棕黑色；平衡棒棕色。单眼后鬃缺如；间额鬃 4，几乎等长。背中鬃 2，前背中鬃长约是后背中鬃长的 0.7 倍；中鬃列 6；腹侧片鬃 2；小盾缘鬃 2 对。翅淡棕色，脉棕色。C 过 R_{4+5}；$Cs_2 : Cs_3 = 0.9$；中中室比 1.0；R_{2+3} 双波曲形弯曲，端明显弯向 C；臀脉波形弯曲；翅瓣大而狭。第 5 腹板中后缘具毛瓣。生殖背板具背侧长鬃；生殖腹板 "U" 形；肛尾叶具 1 三角突；侧尾叶侧瓣短、宽、端钝，后缘具 2～3 刺状鬃，呈簇着生，内瓣长而细，端具 1 短而粗的刺。

观察标本：3♂，山西沁水下川，2012.VII.19，苏立新采。

分布：山西（历山）、江西、广西、云南。

11 隆乳小粪蝇 *Opalimosina (Opalimosina) prominentia* Su, 2013

体长 1.3mm，翅长 1.0mm。体色棕黑色；平衡棒棕色。单眼后鬃小；间额鬃 3，等长。

背中鬃 2，前背中鬃不明显；中鬃列 6；前腹侧片鬃弱，后腹侧片鬃强；小盾缘鬃 2 对。后胫具 1 弯曲的亚端腹刺，其长约是后胫的 0.2 倍。翅淡棕色，脉棕色。C 过 R_{4+5}；$Cs_2 : Cs_3 = 1.2$；R_{2+3} 波形弯曲，不明显弯向 C；R_{4+5} 略弯向 C；中中室比 2.8；臀脉退化，但直；翅瓣小而狭。第 4 腹板后缘楔形。雄性第 5 腹板中后部具色暗区域，呈月牙形，其前具 4 长鬃，其后每侧具 1 色暗的小突起，突上被 1 梳状刺列。后阳基背片短而粗，但直；后阳基侧突前缘具 2 个大的隆起。

观察标本：2♂，山西沁水下川，2012.VII.19，苏立新采。

分布：山西（历山）。

12 异乳小粪蝇 Opalimosina (Opalimosina) differentialis Su, 2013

体长 1.5mm，翅长 1.1mm。体色棕黑色；平衡棒柄淡棕色；头棕色。单眼后鬃小；间额鬃 3，等长。背中鬃 2，前背中鬃不明显；中鬃列 8；前腹侧片鬃弱，后腹侧片鬃强；小盾缘鬃 2 对。后胫亚端腹刺长约是后胫的 0.3 倍。翅淡棕色，脉棕色。C 过 R_{4+5}；$Cs_2 : Cs_3 = 1.2$；中中室比 2.0；R_{2+3} 波形弯曲；端部明显弯向 C；R_{4+5} 明显弯向 C；臀脉退化，但直；翅瓣小而狭。雄性第 5 腹板在中部具 1 色淡、狭长的区域，其后具 1 刺状鬃列（6 根鬃）；后中缘内凹狭，每侧具 1 梳状刺列和 1 毛突。阳基背片短而粗，但直；后阳基侧突细长。

观察标本：1♂，山西沁水下川，2012.VII.19，苏立新采。

分布：山西（历山），四川。

13 吉雅腹突小粪蝇 Paralimosina minor Roháček et Papp, 1988，中国新记录

体长 1.7mm，翅长 1.4mm。体色亮黑色；平衡棒黄白色；额具 "M" 形黑斑。间额鬃 3，最下缘间额鬃小。中鬃列 8；中胫前背鬃 3、后背鬃 2、背鬃 1；端半部具刺状腹鬃列；亚端腹鬃小。翅棕色，脉暗棕色。$Cs_2 : Cs_3 = 0.8$；中中室比 1.7。雄性第 5 腹板椭圆形，被疏刚毛。肛尾叶具 1 对长鬃和 2 对扁平的鳞状腹鬃；侧尾叶前部色淡，端被毛，具刚毛列，后部色暗，被长鬃。雌性体长 2.1mm，翅长 1.6mm。中胫无腹鬃列，腹端鬃长，长背鬃 2。第 8 背板中部色淡，侧部色暗；肛上板中部被毛，具 2 长鬃；第 8 腹板三色，被毛，具 2 长鬃；肛下板短，被毛，其中几个刚毛略长；镜状骨片卵形；受精囊短而宽。

观察标本：1♂1♀，山西沁水下川，2012.VII.12，苏立新采。5♂3♀，山西沁水下川，2012.VII.17～19，苏立新采。

分布：山西（历山）。

14 宽基中突小粪蝇 Phthitia basilata Su, 2011，山西省新记录

体长 1.9～2.2mm，翅长 2.0mm。体色棕黑色；平衡棒棕黑色。单眼后鬃缺如；间额鬃 4～5，最下间额鬃刚毛状。中鬃列 8；前腹侧片鬃 1～2、小，后腹侧片鬃大。翅淡棕色，脉棕色。$Cs_2 : Cs_3 = 1.1$；中中室比 2.6。雄性第 5 腹板中后部半月形骨化，上被密小刚毛。侧尾叶前部前外瓣基宽、短三角形，中部具 4 刚毛，前部内瓣粗，后部内瓣具 1 粗的端部钩状的腹鬃。雌性第 8 背板具 2 个短而暗的侧骨片，每个具 1 宽的后腹突；第 8 腹板为 2 个小侧骨片，每个在侧缘具 2 个粗鬃。肛上板中部色淡；肛下板前侧部色暗，裸，后中部狭、色淡，被刚毛；受精囊球形，表面光滑，囊管短。

观察标本：2♂，山西沁水下川，2012.VII.17，苏立新采。2♂1♀，山西历山舜王坪，2012.VII.18，苏立新采。

分布：山西（历山）、辽宁、宁夏、甘肃、云南。

15 双刺星小粪蝇 *Poecilosomella biseta* Dong, Yang *et* Hayashi, 2006，山西省新记录

体长 2.7mm，翅长 2.2mm。体色暗棕色至棕黑色；平衡棒棕色；足、翅具棕黑色斑。单眼后鬃小；间额鬃 4，几乎等长。背中鬃 2，前背中鬃长约是后背中鬃长的 0.7 倍；中鬃列 10。中胫腹端鬃短且直。翅淡棕色，脉黄棕色。C 过 R_{4+5}；Cs_2：Cs_3=0.9；中中室比 1.0；R_{2+3} 双波曲形弯曲，端呈角状弯向 C；臀脉波形弯曲；翅瓣大，略狭。雄性第 5 腹板中后缘具毛瓣。生殖背板具背侧长鬃；生殖腹板"Y"形；肛尾叶具 1 三角突；侧尾叶侧瓣短而宽，端钝，后缘刺状鬃 2～3，呈簇着生，内瓣长而细，端具 1 短而粗的刺。

观察标本：1♂，山西沁水下川，2012.VII.19，苏立新采。

分布：山西（历山）、浙江、江西、广东、贵州。

16 叉方小粪蝇 *Pullimosina* (*Pullimosina*) *vulgesta* Roháček, 2001，山西省新记录

体长 1.7mm，翅长 1.4mm。体色棕黑色至黑色，发亮；平衡棒棕色。单眼后鬃 1；间额鬃 3，中间额鬃长。背中鬃 2，前背中鬃长约是后背中鬃的 0.5；中鬃列 6；前腹侧片鬃弱，后腹侧片鬃强；小盾缘鬃 2 对。翅淡棕色，脉棕色。C 过 R_{4+5}；Cs_2：Cs_3=0.9；中中室比 1.7；臀脉短而直；翅瓣小而狭。雄性第 5 腹板中后膜质，具 1～2 小刺。生殖背板具背侧长鬃；肛尾叶具 1 长鬃；侧尾叶侧缘被长鬃，腹后缘具 1 小的突起；阳茎端部具大的、端背呈齿状的骨片，其间具 1 端呈二叉状的突起。

观察标本：1♂，山西翼城大河，2012.VII.13，苏立新采。

分布：山西（历山）、吉林、宁夏、江西、四川、云南。

17 腐刺足小粪蝇 *Rachispoda modesta* (Duda, 1924)，山西省新记录

体长 2.1mm，翅长 1.8mm。体色棕黑色至黑色；平衡棒淡棕色。单眼后鬃缺如；间额鬃 4，中间 2 根长。背中鬃 2+3，前背中鬃内倾；中部中鬃（2+3）变大，中鬃列 8；前腹侧片鬃弱，后腹侧片鬃强；小盾缘鬃 4 对。中胫端半部后背鬃和端后鬃短；后足转节无鬃簇。翅淡棕色，脉棕色。C 过 R_{4+5}；Cs_2：Cs_3=1.4；R_{2+3} 波形弯曲，不明显弯向 C；R_{4+5} 略直；中中室比 2.7。雄性第 5 腹板中后膜质，但小。假肛尾叶端尖，与生长背板融合；侧尾叶前外瓣大，腹前突指状，后外瓣狭长，内瓣膜质，被微刺；后阳基侧突弯曲，狭长，端半部被微毛。

观察标本：1♂，山西沁水下川，2012.VII.19，苏立新采。

分布：山西（历山）、辽宁、内蒙古、云南。

18 毛腹刺尾小粪蝇 *Spelobia* (*Spelobia*) *hirsuta* Marshall, 1985，山西省新记录

体长 2.3～2.5mm，翅长 2.0～2.2mm。体色黑色；平衡棒柄淡棕色。间额鬃 4，中间额鬃 2 根明显长。背中鬃 2，前背中鬃短小；中鬃列 8。前胫端半部侧扁，内凹，内缘具微毛；中胫端半部长，后背鬃位于长前背鬃和长背鬃之间，接近长背鬃；中、后足跗节扁平。翅和脉棕色。C 达 R_{4+5}；Cs_2：Cs_3=1.8；中中室比 2.7。雄性第 5 腹板中后缘具梳状刺列（大约 3 列），其前为近似"T"形暗斑，其后缘色淡，其前具 1 对短粗刺。生殖背板背侧长鬃 1，腹侧长鬃 1；侧尾叶侧缘具微毛，腹缘具长刚毛，中腹缘具长而粗刺；后阳基侧突狭长，且明显弯曲。

观察标本：1♂，山西沁水下川，2012.VII.17，苏立新采。3♂，山西沁水下川，2012.VII.19，苏立新采。

分布：山西（历山）、云南。

19 毛突陆小粪蝇 *Terrilimosina smetanai* Marshall, 1987，山西省新记录

体长 1.9～2.1mm，翅长 1.8～2.0mm。体色棕黑色至黑色；平衡棒黄白色。单眼后鬃缺如；

间额鬃4，最下缘间额鬃刚毛状。背中鬃2，盾沟后背中鬃短小；中鬃列8。中胫基半部长前背鬃1，端半部短前背鬃1、长背鬃1、短后背鬃1，中位下具前腹鬃，腹端鬃长，端前鬃小。翅淡棕色，脉棕色。C过R_{4+5}；Cs_2：Cs_3=1.1；中中室后角圆钝，中中室比3.2。雄性第5腹板中后缘具1小毛瓣。生殖背板背侧长鬃1；肛尾叶具1长鬃；侧尾叶后部矩形，前部内缘具短的梳状刺列；基阳体短，不过阳茎腹缘；后阳基侧突端宽。

观察标本：1♂2♀，山西翼城大河，2012.VII.15，苏立新采。10♂7♀，山西沁水下川，2012.VII.18，苏立新采。

分布：山西（历山）、宁夏、甘肃、青海。

参 考 文 献

苏立新, 2011. 小粪蝇[M]. 沈阳: 辽宁大学出版社.

Dong H, Yang D, Hayashi T, 2006. Review of the species of *Poecilosomella* Duda (Diptera: Sphaeroceridae) from continental China[J]. Annales Zoologici (Warszawa) , 56: 643-655.

Marshall S A, Langstaff R, 1998. Revision of the New World species of *Opacifrons* Duda (Diptera, Sphaeroceridae, Limosininae)[J]. Contributions in Science, Natural History Museum of Los Angeles County, 474: 1-27.

Marshall S A, Smith I P, 1992. A revision of the New World and Pacific *Phthitia* Enderlein (Diptera; Sphaeroceridae; Limosininae), including *Kimosina* Roháček, new synonym and *Aubertinia* Richards, new synonym[J]. Memoirs of the Entomological Society of Canada, 161: 1-83.

Papp L, 1973. Sphaeroceridae (Diptera) from Mongolia[J]. Acta Zoologica Academiae Scientiarum Hungaricae, 19: 369-425.

Roháček J, 1982. Revision of the subgenus *Leptocera* (s. str.) of Europe (Diptera, Sphaeroceridae)[J]. Entomologische Abhandlungen, Staatliches Museum für Tierkunde in Dresden, 46(1): 1-44.

Roháček J, 1983a. A monograph and re-classification of the previous genus *Limosina* Macquart (Diptera, Sphaeroceridae) of Europe Part II[J]. Beiträge zur Entomologie, Berlin, 33: 3-195.

Roháček J, 1983b. A monograph and re-classification of the previous genus *Limosina* Macquart (Diptera, Sphaeroceridae) of Europe Part III[J]. Beiträge zur Entomologie, Berlin, 33: 203-255.

Roháček J, 1985. A monograph and re-classification of the previous genus *Limosina* Macquart (Diptera, Sphaeroceridae) of Europe Part IV[J]. Beiträge zur Entomologie, Berlin, 35: 101-179.

Roháček J, 1990. A review of the West Palaearctic species of *Rachispoda* Lioy (Diptera, Sphaeroceridae: Leptocera)[M]//Országh I. Second International Congress of Dipterology August 27 - September 1, 1990, Abstract Volume. Bratislava: Veda.

Roháček J, 1991. A monograph of *Leptocera* (*Rachispoda* Lioy) of the West Palaearctic area (Diptera, Sphaeroceridae)[J]. Časopis Slezského zemského Muzea, Opava (A) , 40: 97-288.

Roháček J, Marshall S A, 1982. A monograph of the genera *Puncticorpus* Duda, 1918 and *Nearcticorpus* gen.n. (Diptera, Sphaeroceridae)[J]. Zoologische Jahrbücher, Abteilung für Systematik, Ökologie und Geographie der Tiere, 109: 357-398.

Roháček J, Marshall S A, Norrbom A L, et al., 2001. World catalog of Sphaeroceridae (Diptera)[M]. Opava: Slezské zemské muzeum.

Su L X, Liu G C, 2009a. A review of the genus *Terrilimosina* Roháček (Diptera, Sphaeroceridae, Limosininae) from China[J]. The Pan-Pacific Entomologist, 85(2): 51-57.

Su L X, Liu G C, 2009b. One new species and one new record species of *Phthitia* Enderlein (Diptera, Sphaeroceridae) from China[J]. Acta Zootaxonomica Sinica, 34(3): 475-480.

Su L X, Liu G C, Xu J, 2009. A new species and a new record species of the genus *Terrilimosina* (Diptera, Sphaeroceridae) from China[J]. Acta Zootaxonomica Sinica, 34(4): 807-811.

Su L X, Liu G C, Xu J, et al., 2012. A new species of the genus *Nearacticorpus* Roháček and Marshall, 1982 from China (Diptera, Sphaeroceridae)[J]. The Pan-Pacific Entomologist, 88(3): 342-346.

Su L X, Liu G C, Xu J, et al., 2013. The genus *Minilimosina* (*Svarciella*) (Diptera, Sphaeroceridae) from China with description of a new species[J]. Oriental Insects, 47(1): 15-22.

Su L X, Liu G C, Xu J, 2013a. Genus *Pullimosina* (Diptera: Sphaeroceridae) in China with description of a new species[J]. Entomologica Fennica, 21: 1-8.

Su L X, Liu G C, Xu J, 2013b. *Opalimosina* (Diptera: Sphaeroceridae) in China with descriptions of two new species[J]. Entomologica Fennica, 24: 94-99.

Sphaeroceridae

Su Lixin

(College of Life Science and Engineering, Shenyang University, Shenyang, 110044)

The present research includes 13 genera and 19 species of Sphaeroceridae. The species are distributed in Lishan National Nature Reserve of Shanxi Province.

蚜蝇科 Syrphidae

霍科科

（陕西理工大学生物科学与工程学院，汉中，723000）

小型到大型，体宽或纤细。通常黑色，头部、胸部特别是腹部通常具有黄、橙、褐、灰白等色斑或由这些颜色组成的图案，有些种类具蓝、绿、铜等金属光泽。头部半球形，一般与胸部等宽。触角位于头中部之上，3 节，第 3 节圆形、卵形或多少呈长卵形，有时近方形，或长或分叉；触角芒基位或端位，裸或具短毛，或呈羽状。前、后胸退化，中胸发达，具毛，部分种类在肩胛、中胸背板边缘、侧板、小盾片后缘具鬃状毛或鬃。前翅 R_{4+5} 与 M_{1+2} 脉间具伪脉。足简单，跗节 5 节。腹部一般 5～6 节。雄性露尾节突出，隐于腹端下方，不对称。

蚜蝇科昆虫种类多，分布广。成虫大多数有访花习性，是自然界仅次于蜜蜂的重要授粉昆虫；蚜蝇亚科的幼虫为捕食性，是蚜虫的重要天敌；蚜蝇幼虫含丰富的蛋白质，可作为很好的饲料和诱饵；蚜蝇独特的飞行特性是仿生学研究的重要对象之一；蚜蝇科昆虫部分种类幼虫为植食性，危害植物，并能造成一定的经济损失。

本科世界已知 3 亚科 16 族 230 余属 6000 余种，中国记录 3 亚科 15 族 110 余属 900 余种。山西省原记录 2 亚科 13 族 44 属 87 种（杨友兰，2001；黄春梅和成新跃，2012），本次调查山西历山自然保护区记录蚜蝇科昆虫 3 亚科 11 族 47 属 108 种（包括未定种 8 种），其中管蚜蝇亚科 6 族 16 属 38 种，巢穴蚜蝇亚科 1 族 1 属 1 种，蚜蝇亚科 4 族 30 属 69 种。调查发现毛斑胸蚜蝇 *Spilomyia manicata*（Rondani，1865）为中国新记录种；山西省新记录种 62 种；发现双齿斑胸蚜蝇 *Spilomyia bidentica* Huo，2013 雄性和六盘山长角蚜蝇 *Chrysotoxum liupanshanensis* Zhang, Huo et Ren，2010 雌性标本，文中给予补充描述。

分属检索表

1 肩胛裸，头后面强烈凹入，紧贴胸部以致部分或全部遮盖肩胛。雄性腹部背面观可见第 5 背板，雄性接眼 2

- 肩胛具半直立或平伏的毛，头部后面不强烈凹入，肩胛暴露，雄性腹部背面观第 5 背板不

- 中胸背板通常两侧暗，至多具不明显的暗黄色粉被侧条纹 20

17 腹部第 2～5 背板明显具边 18

- 腹部不具边或至多第 5 背板具弱边 19

18 中胸斑纹边界明显，亮黄色，无粉被；小盾片无盾下缘缨 ...... 黄斑蚜蝇属 *Xanthogramma*

- 中胸侧条纹及侧板斑纹边界不明显，暗或淡黄色，覆粉被；小盾片具缘缨，即使有时很短且分散；复眼裸 .... 垂边蚜蝇属 *Epistrophe*（部分）

19 小盾片缘缨完整而分散；中胸侧板淡色斑不明显，密被白色粉被；雄性外生殖器小，第 9 背板不达腹部 1/3 .... 美蓝蚜蝇属 *Melangyna*（部分）

- 小盾片至少中部 1/4 缺缘缨，若无缘缨则胸侧板淡色斑明显，亮或淡黄色。腹部不具边；雄性外生殖器大，第 9 背板与腹部等宽，雌性第 5 背板黄斑达侧缘 ....
  .... 细腹蚜蝇属 *Sphaerophoria*（部分）

20 复眼明显被毛 21

- 复眼裸 26

21 翅膜微毛整个很稀很分散；雄性复眼上部小眼面明显大；额鼓胀 .... 鼓额蚜蝇属 *Scaeva*

- 翅膜大部分密覆均匀的微毛；雄性复眼上部与下部小眼面无明显界限 22

22 腹部第 2 背板具近方形的灰色或黄色大斑，该斑明显大于第 3、4 节的斑 ....
  .... 壮蚜蝇属 *Ischyrosyrphus*

- 腹部第 2 背板具 1 对卵形或横形的黄斑或灰斑，明显小于第 3 和第 4 节的淡色斑，或第 2 背板整个黑色 23

23 腹部两侧平行，无边 .... 美蓝蚜蝇属 *Melangyna*（部分）

- 腹部卵形，具弱边，但至少第 4 节边明显 24

24 中胸下前侧片上、下毛斑后部明显分开；腹部斑黄色或灰色，密覆粉被；颜密覆灰色粉被；复眼被均匀且密的毛 .... 贝蚜蝇属 *Betasyrphus*

- 中胸下前侧片上、下毛斑后部窄或宽的联合；腹部斑亮黄色，粉被少；若颜部覆粉被，复眼仅上半部具毛 25

25 复眼被毛均匀 .... 毛蚜蝇属 *Dasysyrphus*

- 复眼上半部覆短密毛，下半部近乎裸 .... 垂边蚜蝇属 *Epistrophe*（部分）

26 腹部两侧平行，无边 27

- 腹部宽，卵形，第 3～5 背板具弱边；颜黄色，至多具不明显的暗色或微细的褐色中条 28

27 颜具界线明显的黑色中条，翅后缘缺均匀排列的骨化黑色小点 ....
  .... 美蓝蚜蝇属 *Melangyna*（部分）

- 颜缺黑色中条，翅后缘具均匀排列的骨化黑色小点 .... 平背蚜蝇属 *Lamellidorsum*

28 脉 R_{4+5} 直或几乎直 .... 垂边蚜蝇属 *Epistrophe*（部分）

- 脉 R_{4+5} 凹入 r_5 室 .... 优蚜蝇属 *Eupeodes*（部分）

29 后胸下前侧片在后气门下方或下端前方具细毛簇 30

- 后胸下前侧片在后气门下方或下端前方裸 31

30 后胸下前侧片毛簇位于后气门下端前方，颜下部强烈向前突出，口孔长大于宽的 3 倍；中胸背板前部常具有 1 列明显的长而密的颈毛 .... 狭口蚜蝇属 *Asarkina*

- 后胸下前侧片毛簇位于气门下方；下腋瓣上表面具少许细而分散的直立毛 ....
  .... 边蚜蝇属 *Didea*

31 中胸背板肩胛亮黄色或自肩胛至横沟具界限明显的黄或白黄色侧条或亚侧条 32
- 中胸背板至多具界限不明显的暗黄色粉被侧条 33
32 小盾片下缘缨密而完整，雄性外生殖器小，不明显，第 9 背板至多为腹部宽度的 1/3 ......
....异蚜蝇属 *Allograpta*
- 小盾片下缘缨无或至少中部 1/3 无；雄性外生殖器很大，球形，第 9 背板与腹部等宽 ......
....细腹蚜蝇属 *Sphaerophoria*（部分）
33 复眼明显被毛 34
- 复眼裸或近乎裸 35
34 复眼毛很密，后足基节后中端角具毛簇，R_{4+5} 脉直或略凹入 r_5 室；颜黄色，腹部第 4 背板通常黄色或淡红色，具窄的黑色横带或斜带 ....直脉蚜蝇属 *Dideoides*
- 复眼毛明显但稀疏，后足基节后中端角无毛簇 ....优蚜蝇属 *Eupeodes*（部分）
35 腹部第 2～5 背板明显具边，中胸下前侧片上、下毛斑前部几乎相接 ....
....优蚜蝇属 *Eupeodes*（部分）
- 腹部无边或仅第 4 背板具边，中胸下前侧片上、下毛斑前部宽地分离 ....
....垂边蚜蝇属 *Epistrophe*（部分）
36 颜平直，无中突，且被向下的长而粗的毛 37
- 颜不如上述 39
37 腹部仅第 2、3 节充分发育，第 4 节很小或不可见，极少数雌性可见短的第 4 背板 ....
....寡节蚜蝇属 *Triglyphus*
- 腹部第 2～4 节充分发育且长度近相等 38
38 上外缘横脉在近中部弯曲，上半部不陡，r_5 室端角为直角 ....斜额蚜蝇属 *Pipizella*
- 上外缘横脉在下部 1/3 弯曲，上半部陡斜，r_5 室端角为锐角 ....缩颜蚜蝇属 *Pipiza*
39 端横脉明显回转；触角前伸，第 1、3 触角节延长，雄性离眼 ....巢穴蚜蝇属 *Microdon*
- 端横脉不回转，或回转不明显，如明显回转，则触角短，下垂 40
40 上外缘横脉明显回转 41
- 上外缘横脉不明显回转 43
41 触角芒羽毛状 ....蜂蚜蝇属 *Volucella*
- 触角芒裸 42
42 翅上缘横脉在 r_5 室上部明显呈角状反射，R_{4+5} 直或略凹入 r_5 室；后足腿节粗大，但无齿突
....平颜蚜蝇属 *Eumerus*
- 翅上缘横脉端部呈圆弧形弯曲回转，不呈角状，R_{4+5} 脉深凹入 r_5 室，颜在触角下略凹，下部直；后足腿节粗大，雄性近端部外侧具大的三角形齿突 ....齿腿蚜蝇属 *Merodon*
43 触角前伸，第 3 节顶端具端芒 44
- 触角正常，触角芒着生于第 3 触角节背面 45
44 腹部基部宽，稍收缩，前侧角亮黄色；翅 R_{4+5} 脉环凹顶端常具悬脉 .. 突角蚜蝇属 *Ceriana*
- 腹部基部明显收缩成柄状，前侧角色暗；翅 R_{4+5} 脉上无悬脉 .... 柄角蚜蝇属 *Monoceromyia*
45 各足腿节基部具短的刺毛斑，R_{4+5} 脉甚弯曲，凹入 r_5 室 46
- 至多前、中足腿节基部具短刺毛斑，但后足腿节无，R_{4+5} 脉不弯曲凹入 r_5 室 49
46 翅 r_1 室封闭，具柄 47
- 翅 r_1 室开放，雄性复眼狭离眼；中胸背板具明显的黄色纵条纹 ....条胸蚜蝇属 *Helophilus*

47 额在触角基部之上具皱褶区 ·· 宽盾蚜蝇属 *Phytomia*
- 额在触角基部之上无皱褶区 ··48
48 复眼具暗色小圆斑 ··· 斑目蚜蝇属 *Lathyrophthalmus*
- 复眼不具暗色小圆斑 ·· 管蚜蝇属 *Eristalis*
49 r-m 脉位于中室中部之前 ··50
- r-m 脉位于中室中部或之后 ··52
50 颜中下部向前突出呈鼻状 ··· 鼻颜蚜蝇属 *Rhingia*
- 颜中下部不延长呈鼻状 ···51
51 中胸侧板和小盾片边缘具明显粗的长鬃毛 ·················· 鬃胸蚜蝇属 *Ferdinandea*
- 中胸侧板和小盾片边缘无明显鬃毛，颜明显具中突 ·········· 黑蚜蝇属 *Cheilosia*
52 上外缘横脉与 R_{4+5} 相交不成直角 ···53
- 上外缘横脉端部弯曲，与 R_{4+5} 相交呈直角；颜在触角基部下方凹入，无中脊和颜中突，口上缘突出 ··54
53 颜具隆脊；后足腿节粗大，端部腹面两侧具短、硬的刺 ········ 粗股蚜蝇属 *Syritta*
- 颜无隆脊；后足腿节不膨大或稍膨大，近端部下侧具指突 ·········· 斑胸蚜蝇属 *Spilomyia*
54 后胸腹板被长毛 ··· 铜木蚜蝇属 *Chalcosyrphus*
- 后胸腹板被微毛，体细长，雄性后足转节下侧常具 1 刺突，后足腿节端腹面具侧刺脊或成排的刺 ··· 木蚜蝇属 *Xylota*

1 斑额突角蚜蝇 *Ceriana grahami* (Shannon, 1925)，山西省新记录

体长 13mm（含额突）。头黑色，具淡色毛。头顶具 1 对黄斑。额具 2 对黄斑。颜正中两侧具黄色宽侧纵条，自眼前缘中部直达口缘；颜两侧下部及颊暗色；额突背面大部棕红至棕褐色。触角黑色，第 1 节略短于额突，第 2、3 节约等长；端芒黄棕色。中胸背板黑色，肩胛黄色，翅后胛棕褐色；小盾片中部具黄色宽横带，不达小盾片侧缘。足棕褐色或黑色，腿节基部及端末黄色；胫节基半部棕黄色，端半部及跗节棕或棕褐色。翅大部棕褐色，后端半部透明。腹部第 1 节前角及侧缘黄色；第 2～4 节背板后缘黄色或棕红色，以第 4 节黄带最狭。

观察标本：1♂，山西翼城大河，2013.VII.29，霍科科采。

分布：山西（历山）、北京、河北、江苏、浙江、四川。

2 侧斑柄角蚜蝇 *Monoceromyia pleuralis* (Coquillett, 1898)，山西省新记录

体长 16～20mm。头顶黑或黑褐色。额两侧具黄斑，额突棕褐色。颜黄色，具黑褐色中条，两侧及下部黑褐色，有时口缘黑色，颜黄色部分与额黄斑相连。触角黑色，端芒白色。中胸背板黑色，肩胛黄色，雄性横沟两端具小黄斑。小盾片黑色，后缘为极狭黄色。足黑褐色，腿节末端、胫节及跗节基部两节棕褐色；胫节近中部具不明显暗环。翅淡黄色，前半部深褐色，具紫色光泽。腹部第 2 节与第 3 节等长或略短；雄性第 2 节基部黄色，后部黑褐色，雌性基部两侧角红黄色；第 2～4 节后缘红黄色，以第 3 节带最宽，第 4 节带最狭；腹部第 4 节背板无凹痕。

观察标本：2♀，山西翼城大河，2013.VII.29/31，霍科科采。

分布：山西（历山）、山东、四川；苏联，日本。

3 短腹管蚜蝇 *Eristalis arbustorum* (Linnaeus, 1758)

体长 9～10mm。复眼毛棕色。额与颜密覆黄至棕黄色粉被，额毛深黄色，颜两侧下部及口缘黑色。触角芒具羽状长毛。中胸背板被棕黄色长毛；小盾片红棕色至黄棕色，毛同色。足黑色，前、中足胫节基部 2/3、后足胫节基半部、各足腿节端部、中足基跗节棕黄至棕红色。翅基部及前缘略带黄色。腹部棕黄色，第 2 背板正中具"I"形黑斑，该斑前宽后狭，不达背板后缘；第 3 背板黑斑基部狭，向后加宽，达背板侧缘，后缘黄色狭；第 4 背板后缘黄色；雌性腹部第 2 背板正中具黑斑，斑后部扩展至背板侧缘，第 3～5 背板黑色，第 2～5 背板后缘黄白至黄色。

观察标本：1♀，山西沁水下川，2012.VII.23/25，王真采；1♀，山西沁水下川，2013.VII.23，霍科科采；2♂，山西沁水下川东峡，2013.VII.26，霍科科采；1♂1♀，山西翼城大河，2013.VII.29/31，霍科科采。

分布：山西（历山等）、黑龙江、吉林、辽宁、内蒙古、河北、山东、河南、陕西、宁夏、甘肃、青海、新疆、浙江、湖北、福建、四川、云南、西藏；苏联，印度，伊朗，叙利亚，阿富汗，欧洲，北美，北非。

4 灰带管蚜蝇 Eristalis cerealis Fabricius, 1805

体长 11～13mm。复眼密被棕色长密毛。头顶被暗棕色毛，混以黄毛。额黑色，具棕黑或黑毛。颜覆黄色粉被和黄白毛；颊覆灰白色粉被。触角芒基部羽毛状。中胸背板前部正中具灰白粉被纵条，沿横沟处具淡粉被横带，前缘及后缘各具较狭及较宽横带，肩胛灰色；小盾片黄色，密被黄白或棕黄色长毛，中间混以黑毛。足黑色，腿节末端、胫节基半部及前足跗节基部黄至棕黄色。腹部棕黄至红黄色；第 1 背板覆青灰色粉被；第 2、3 背板中部各具"I"字形黑斑；第 2～4 背板后缘黄色；第 5 背板黑色；雌性第 3 背板大部黑色；背板被毛与底色一致。

观察标本：9♂18♀，山西沁水下川，2012.VII.23～26，王真、强红采；25♂46♀，山西翼城大河，2012.VII.28～31，王真采；♂12♀，山西历山舜王坪，2012.VII.29，强红采；2♂5♀，山西翼城大河，2012.VII.31，强红采；1♂3♀，山西沁水下川，2013.VII.23，霍科科采；1♂1♀，山西历山舜王坪，2013.VII.24，霍科科采；2♂1♀，山西沁水下川富裕河，2013.VII.25，霍科科采；1♂3♀，山西沁水下川东峡，2013.VII.26，霍科科采；8♂6♀，山西翼城大河，2013.VII.27/29，霍科科采；1♀，山西翼城大河珍珠帘，2013.VII.28，霍科科采。

分布：山西（历山等）、黑龙江、辽宁、内蒙古、河北、山东、河南、陕西、甘肃、青海、新疆、江苏、安徽、浙江、湖北、江西、湖南、福建、台湾、广东、四川、云南、西藏；苏联，朝鲜，日本，东洋区。

5 长尾管蚜蝇 Eristalis tenax (Linnaeus, 1758)

体长 12～15mm。复眼具 2 条棕色长毛排列而成的纵条。颜正中具亮黑色纵条；额与颜覆黄白色粉被；颜、颊及后头被淡黄毛。触角芒裸。中胸背板被棕色短毛；小盾片黄色或黄棕色，毛同色。足膝部及前足胫节基部 1/3、中足胫节基半部黄色，有时后足腿节基部至基半部棕黄色。翅痣棕色。腹部第 1 背板黑色；第 2 背板具"I"字形黑斑，黑斑前部与背板前缘相连，后部不达背板后缘；第 3 背板黑斑与前略同，但黑斑前部不达背板前缘，后部向后延伸，背板具后缘细黄带；第 4、5 背板绝大部分黑色；雌性第 3 背板几乎全部黑色，仅前缘两侧及后缘棕黄色。背板被毛棕黄色。

观察标本：34♂58♀，山西沁水下川，2012.VII. 23～25，强红、王真采；12♂22♀，山西历山舜王坪，2012.VII.27～30，强红、王真采；5♂1♀，山西翼城大河，2012.VII.28，31，王真采；3♂，山西沁水下川，2013.VII.23，霍科科采；3♂1♀，山西历山舜王坪，2013.VII.24，

霍科科采；1♀，山西沁水下川富裕河，2013.VII.25，霍科科采；4♂4♀，山西翼城大河，2013.VII.28～31，霍科科采。

分布：全国广布；世界广布。

6 狭带条胸蚜蝇 *Helophilus virgatus* Coquilletti, 1898

体长 10～15mm。头顶覆棕色粉被和黄毛。额密覆棕黄色粉被，前部毛黄色，后部黑毛；新月片上方具黑褐色裸斑。颜正中具棕褐色中条纹，两侧覆黄粉被及黄毛。触角棕黄色至暗棕色。中胸背板具黄色或红黄色纵条 2 对，中间 1 对狭，侧纵条宽，于背板前部与狭纵条相连；小盾片毛黄色。前、中足腿节端部、前足胫节基部 2/3、中足胫节及跗节基部 2 节黄色，后足腿节粗大，末端黄色至红棕色；腹面具黑短鬃。腹部第 2 背板具三角形黄侧斑，内端以灰色粉被斑相连；第 3 背板仅前侧角黄色；第 3～5 背板中部稍前各具 1 灰白色粉横带，有时正中断裂；第 2～4 背板后缘黄至棕黄色。

观察标本：5♂5♀，山西沁水下川，2012.VII.24～25，王真、强红采；7♂2♀，山西翼城大河，2012.VII.28～31，王真、强红采；1♂，山西沁水下川东峡，2013.VII.26，霍科科采；4♂1♀，山西翼城大河珍珠帘，2013.VII.28，霍科科采；3♂7♀，山西翼城大河，2013.VII.29～31，霍科科采。

分布：山西（历山等）、黑龙江、吉林、辽宁、北京、河北、陕西、江苏、上海、浙江、湖北、江西、湖南、福建、广西、四川、云南、西藏；苏联，日本。

7 亮黑斑目蚜蝇 *Lathyrophthalmus tarsalis* (Macquart, 1854)

体长 9～13mm。复眼密布紫或黑色小斑，有时上部暗斑相互连接，眼毛仅上部明显。头顶被黑毛。额被黑毛，前部为黑色大裸斑。颜覆黄灰色粉被和较长黄毛，正中具亮黑色中条。雌性额中部具绒黑色横带。触角第 3 节腹侧黄褐色；芒基部具短毛。中胸背板黑色，两侧覆灰色粉被；雌性背板具 5 条灰白色粉被纵条；小盾片亮黑色，具黄毛和黑毛。足腿节末端、胫节基部 1/3、跗节基部 1～2 节黄色；后足腿节腹面具黄色长毛，端部具小黑鬃。腹部第 2～4 背板具红黄色侧斑；尾节亮黑色；雌性腹部第 2～4 背板各具灰粉被横带，第 2 节横带中间宽断裂，第 3、4 横带中间狭断裂。

观察标本：2♂2♀，山西翼城大河，2013.VII.30～31，霍科科采。

分布：山西（历山等）、河北、甘肃、江苏、上海、浙江、江西、湖南、福建、台湾、广东、广西、四川、云南、西藏；朝鲜，日本，印度，尼泊尔。

8 羽芒宽盾蚜蝇 *Phytomia zonata* (Fabricius, 1787)

体长 12～15mm。头顶黑色，具暗色短毛。额覆棕色粉被，前部毛黄色，后部毛黑色，雌性额中部毛棕色。颜覆黄色粉被及黄白毛，中突裸。触角第 3 节红棕色；芒基半部羽毛状。中胸背板密被黄色长毛，前缘粉被灰黄色，两侧自肩胛至翅后胛覆棕黄至暗红棕色粉被；小盾片被黑色短毛，后缘被黄色长毛。雄性后足腿节粗大；雌性中足胫节基部 1/3 棕黄色，前足胫节基部棕色，中、后足跗节暗棕红色。翅基部暗棕色，中部具黑斑。腹部第 1 背板两侧黄色；第 2 背板大部黄棕色，端部 1/4～1/3 棕黑色；第 3、4 背板近前缘具 1 对黄棕色狭横斑。

观察标本：1♀，山西沁水下川富裕河，2013.VII.25，霍科科采；1♂1♀，山西沁水下川东峡，2013.VII.26，霍科科采。

分布：山西（历山等）、黑龙江、吉林、辽宁、内蒙古、河北、山东、河南、陕西、甘肃、江苏、浙江、福建、江西、湖北、湖南、台湾、广东、海南、广西、四川、云南；东南亚，苏联，朝鲜，日本。

9 闪光平颜蚜蝇 *Eumerus lucidus* Loew, 1848

体长 6～8mm。复眼裸。头部覆银白色至黄色毛。颜两侧平行，粉被薄；雌性额狭，后单眼之后眼缘处和额中部两侧各具三角形灰白色被粉斑。触角黄棕色，第 3 节大。中胸背板青绿色，具金属光泽；正中 2 条灰白色粉被纵条较狭，不达背板后缘；背板被灰黄或灰白色半卧短毛。小盾片黑色，具青色光泽，灰白色毛较长。足膝部，前、中足胫节及跗节棕黄色，后足胫节基部黄色，基跗节背面棕褐色，第 2～3 跗节背面暗色；后足腿节略粗大，端部具齿列。腹部第 2～4 背板各具"八"字形淡粉被斑；第 2 对斑略带棕黄色，第 3 对斑银灰色；腹部背面毛短，黑色，两侧及末端毛白色。

观察标本：1♂，山西沁水下川，2012.VII.23，王真采。

分布：山西（历山等）、吉林、内蒙古、北京、河北、山东、浙江、湖北、江西、香港、四川、云南；苏联，欧洲。

10 平颜蚜蝇 *Eumerus* sp.

观察标本：1♂1♀，山西翼城大河，2012.VII.31，王真采；1♂，山西翼城大河珍珠帘，2013.VII.28，霍科科采。

11 齿腿蚜蝇 *Merodon* sp.

观察标本：1♀，山西沁水下川，2012.VII.23，王真采。

本种近似 *Merodon scutellaris* Shiraki, 1968，但雌性额前端具小瘤突，翅膜具暗色云斑。

12 双齿斑胸蚜蝇 *Spilomyia bidentica* Huo, 2013，山西省新记录

体长 15mm。雌性复眼具暗色纵条纹和近圆形斑。头部黄色，头顶、额突背面黑色，额中央具前宽后狭的黑色纵条纹。颜黑色中条纹不达触角基部。触角基部 2 节长，第 3 节圆，短于第 2 节长度；触角芒裸。中胸背板前部中央具 2 条灰白色纵条纹，横沟内端具灰白色粉斑，肩胛、肩胛内侧及背侧片具黄斑，两侧横沟之后具"S"型黄条纹，背板小盾片之前具倒"V"黄斑。小盾片黑色，端部具黄带。中胸侧板具黄斑。后足腿节粗大，端部前腹侧具 2 齿。翅前缘中部具褐色云斑。腋瓣及其缘缨白色。腹部第 2～4 背板中部及后缘具黄带。

该种于 2013 年发表时无雄性描述，现补充如下。

体长 13mm。复眼裸，短距离相接；复眼具暗色条纹和近圆形斑。头顶黑色，覆灰白色粉，前单眼之前黄色；单眼三角被黑色短毛。额黄色，基部沿复眼覆灰白色粉，额突背面黑色。颜黄色，覆白毛，具黑色中条纹，上达颜 2/3 处。颊部黄色。触角基部 2 节长，黑亮，被黑毛；第 3 节圆，短于第 2 节，黄褐色；触角芒黄色、裸。中胸背板长大于宽，黑色，前部中央具 1 条灰色纵条纹，伸达横沟之后，肩胛、肩胛内侧及背侧片具黄斑；沿横沟具灰色粉斑，肩胛内侧黄斑与中央纵条纹之间具灰白色粉被短条纹；背板两侧横沟之后具"S"形黄色条纹，伸达翅后胛，翅后胛黄色；背板后部小盾片之前具倒"V"形黄斑，顶端狭的分离。小盾片宽，黑色，具边，端部具黄带。背板及小盾片被毛同底色，毛短而平伏。中胸侧板黑色，被黄白色短毛，上前侧片前后端、下前侧片前端及后端背侧、上后侧片后半部、下后侧片上缘及下侧背片具黄斑。足橘黄色。前足腿节端部暗褐色，胫节端部 2/3 及跗节黑褐色；被黄色短毛，基节、转节端部具黑色短毛，腿节大部分被黑色小刚毛，后腹侧几乎裸。中足近似前足，但腿节几乎橘黄色，仅端部后腹侧暗色，胫节端部浅褐色，第 1 跗节端部、第 2、3 跗节及第 4 跗节基部背面黑褐色，腿节后背部具黄白色较长的毛。后足腿节粗大，端部前腹侧具 2 齿，近端部的齿小；腿节黑褐色，仅基部及背面橘黄色，胫节端部及跗节暗褐色到黑褐色；腿节主要被黑色小刚毛，胫节主要被浅色毛，混生黑色短毛。翅前缘中部具褐色云

斑。翅具微毛，br 室后部、bm 室及 cup 室基部及前缘具裸区，臀角中部及翅瓣前缘具裸区。腋瓣及其缘缨白色。腹部长椭圆形，拱起，明显具边，黑色。第 1 背板两侧黄色，第 2~4 背板中部及后缘具黄带，3、4 背板中部黄带中央狭的中断或不中断但后缘具三角形小凹口，背板侧缘黄色（第 2 背板基部除外），毛短而稀疏。腹部腹面黑色，第 1~4 腹板后缘具黄白色边。

观察标本：1♂5♀，山西翼城大河，2013.VII.29，霍科科采。

分布：山西（历山）、辽宁。

13 凹斑斑胸蚜蝇 Spilomyia curvimaculata Cheng, 2012，山西省新记录

体长 15mm。复眼具暗色条纹和近圆形或带状暗斑。额中央具前宽后狭的黑色纵条纹。颜具黑色细中条纹。触角第 3 节圆，芒裸。中胸背板前部中央具 2 条灰色纵条纹，肩胛、肩胛内侧及背侧片具黄斑；横沟内端具白色粉斑，灰色纵条纹与肩胛内侧黄斑之间具白色粉被条纹；两侧横沟之后具呈"S"型黄色条纹；背板后部小盾片之前具倒"V"钟状黄斑。小盾片端部具宽黄带。中胸侧板黑色具黄斑。后足腿节端部前腹侧具 1 大齿。翅前缘中部具褐色云斑。腹部第 2~4 背板中部具分离较宽的黄斑，后缘具黄带，第 2 背板中部黄斑前缘中央呈"U"形凹口，第 5 背板暗黄色。

观察标本：1♀，山西翼城大河，2013.VII.29，霍科科采。

分布：山西（历山）、安徽、浙江、江西。

14 毛斑胸蚜蝇 Spilomyia manicata (Rondani, 1865)，中国新记录

体长 11~16mm。雌性复眼裸，眼前缘具暗色条纹，后部 1/3 处具由不规则暗色斑点形成的纵条纹，其与复眼前缘暗色条纹之间具近圆形暗斑。单眼三角黑色，覆白色粉被，被黄棕色长毛。额黄色，覆白色薄粉，被直立黄毛，前端中央 2/3 具黑色线状条纹，不达额突及单眼三角；额突黄褐色、裸，新月片黑褐色。后头部密覆白色粉被及棕黄色毛。颜黄色，被黄毛，近口缘处覆白色粉被；颜直，近口上缘处角状凹入，口缘突出；颜中条纹不明显，至多口缘中央及其之上略呈褐色，侧条纹黑色。颊黄褐色，被黄毛和白粉。触角黄褐色，前伸，基部 2 节长，被黑毛；第 3 节圆，短于第 2 节；触角芒黄褐色、裸。中胸背板长大于宽，黑色，前部中央具 2 条灰色纵条纹，伸达横沟之后，肩胛、肩胛内侧及背侧片具黄斑，肩胛内侧黄斑与中央灰色纵条纹之间具灰白色粉斑，沿横沟具黄白色粉斑，两侧横沟之后具"S"型黄色条纹，伸达翅后胛，翅后胛黄褐色；背板后部中央小盾片之前具顶端分离的倒"V"形红褐色细斑，有时该斑不明显；背板被毛黑褐色，黄色部分被毛黄褐色，翅基之间的毛黑色，毛长而直立。小盾片宽，黑色，具边，端部具红褐色狭带；被黄褐色长毛，长约为小盾片长的 5/8。中胸侧板黑色，被黄色长毛，上前侧片前低平部及后端、下前侧片前端（前足基节上方）及后端背侧、上后侧片后半部及下后侧片上缘具黄斑，下侧背片黄斑不明显。足红褐色，各足腿节腹面黑褐色。前足腿节端部，胫节基部黄褐色，跗分节 1~3 节黑褐色；前足被毛黄褐色，基节、转节端部具黑色短毛，腿节大部分被黑色小刚毛。中足近似前足，但跗节黄褐色。后足胫节基部黄褐色，腿节粗大，端部前腹侧具齿突；腿节及胫节中部腹侧被黑色小刚毛。翅前缘（m 脉之前）具褐色云斑。翅具微毛，臀室及翅瓣前缘具裸区。腋瓣灰色，边缘黑褐色，缘缨黄褐色。腹部长椭圆形，拱起，明显具边；黑色，第 2 背板后半部、第 3、4 背板大部分（前缘除外）黑褐色至红褐色，第 5 背板黄褐色；第 2~4 背板中部及后缘具黄带，不达背板侧缘，第 3~4 背板中部黄带中央狭的中断或不中断但后缘具三角形小凹口。背板被毛同底色，第 1、2 背板基部两侧毛长，灰白色，第 5 背板被黑毛。腹部腹面黑褐色，第 1~4 腹板后缘具黄褐色边。腹板被毛灰白色。

观察标本：1♀，山西沁水下川东峡，2013.VII.26，霍科科采；1♀，山西翼城大河，2013.VII.30，霍科科采。

分布：山西（历山）；苏联、欧洲南部。

15 黄环粗股蚜蝇 Syritta pipiens (Linnaeus, 1758)

体长 7～8mm。雄性头顶三角长，毛淡色，前半部覆黄粉被，后半部黑色；雌性头顶亮黑色。额覆黄白粉被，前端裸，亮黑色。颜具中脊，覆白粉被。触角橘黄色，芒黑色。中胸背板两侧肩胛至横沟、翅后胛上方及中胸侧板密覆黄色或灰白色粉被，前部具 1 对白粉被短中条。后足腿节极粗大，腹面具 2 行微齿，端部腹面约 1/3 脊状，其上具齿 6～7 个，近末端3～4 个小刺；后足腿节基部桔黄斑狭，中部具橘黄色斑或环。腹部第 1 背板具灰黄色侧斑；第 2 背板具 1 对黄色大侧斑；第 3 背板黄斑小，两斑分离；第 4 背板基部两侧具 1 对小型灰粉斑；第 2、3 背板基部两侧各具灰粉被斑。

观察标本：12♂♀，山西沁水下川，2012.VII.25～26，王真、强红采；8♂3♀，山西翼城大河，2012.VII.28/31，王真、强红采；2♂，山西历山舜王坪，2012.VII.27/29，王真、强红采；1♂，山西沁水下川，2013.VII.23，霍科科采；3♂，山西沁水下川富裕河，2013.VII.25，霍科科采；1♂，山西沁水下川东峡，2013.VII.26，霍科科采；5♂4♀，山西翼城大河，2013.VII.29～30，霍科科采。

分布：山西（历山等）、黑龙江、北京、河北、甘肃、新疆、湖北、湖南、福建、四川、云南；全北区，尼泊尔。

16 长铜木蚜蝇 Chalcosyrphus acoetes (Séguy, 1948)，山西省新记录

体长 10～14mm。头顶单眼三角着生较前，头顶和额黑色，被不明显的黑褐色短毛，额突中等大。颜中部凹入，口缘略突出；颜黑色，密覆白粉被，沿眼缘毛灰白色。触角黑色，芒长。中胸背板黑色，密被细刻点和白短毛，正中具 1 对不明显的暗色中条，盾下缘缨中等长、密。后足腿节基半部亮橘红色，各足膝部黄褐色；后足腿节粗大，中部宽，基半部下侧具两排黑色强侧刺，胫节端部腹面具 1 齿突。翅基半部透明，端半部明显黄褐色，翅痣深褐色。腹部长为头、胸部之和的 1.5 倍；第 4 节最长，黑色，密具细刻点和白短毛，基部两侧毛长。

观察标本：1♀，山西沁水下川东峡，2013.VII.26，霍科科采；1♀，山西翼城大河，2013.VII.29，霍科科采。

分布：山西（历山）、河北、江苏、浙江。

17 黑龙江铜木蚜蝇 Chalcosyrphus amurensis (Stackelberg, 1925)，山西省新记录

体长 14～15mm。头部亮黑色，头顶具较长黑毛。额中部两侧具较大的淡色粉被斑，毛黑色，较稀，前端裸。颜两侧具淡色粉被宽条。触角棕褐色，第 3 节大，宽略大于长。中胸背板黑色，略带紫铜色光泽，肩胛内侧具银白色粉被斑；背板被金色短卧毛。小盾片及侧板全黑色，被淡色毛。前、中足除基节和转节黑色外，其余各节均为棕红色；后足腿节中部粗大，端部腹面具不规则的数行短刺，胫节具腹中脊。翅痣黑褐色。平衡棒棕红色，端部棕褐色。腹部黑色，第 2～4 背板前部隐约可见极不明显的青灰色斑，被淡色毛。

观察标本：2♀，山西历山舜王坪，2012.VII.27，王真采。

分布：山西（历山）、黑龙江、吉林、内蒙古、北京、河北、湖南、四川；苏联。

18 无斑木蚜蝇 Xylota amaculata Yang et Cheng, 1996，山西省新记录

体长 13mm。雄性头黑色，单眼三角隆起，着生较前。颜及颊两侧覆粉被。中胸背板、小盾片和侧板黑色，被白毛，小盾片具长缘毛。足黑色，胫节基部 1/3 黄色，前、中足跗节

基部 3 节黄色，后足褐色；后足转节具瘤状刺突，腿节稍粗大，端腹面具侧刺脊，胫节基部腹面无刺，稍弯曲。翅透明。腹部黑色，具光泽，毛浅色，腹部不收缩。

观察标本：1♂，山西沁水下川，2012.VII.23，王真采；1♀，山西历山舜王坪，2012.VII.27，王真采；1♂1♀，山西翼城大河，2012.VII.28，王真采；1♀，山西沁水下川，2013.VII.23，霍科科采；1♂，山西翼城大河，2013.VII.27，霍科科采。

分布：山西（历山）、吉林。

19 木蚜蝇 *Xylota* sp.

观察标本：2♂，山西翼城大河，2013.VII.27/30，霍科科采。

20 无锡黑蚜蝇 *Cheilosia difficilis* (Hervé-Bazin, 1929)，山西省新记录

体长 6.2～8.7mm。复眼密被黄长毛，雌性被淡色短毛。颜除中突和口缘外被淡粉，下半部被较长黑毛；眼缘最宽处宽于第 3 触角节 1/2。复眼连角稍大于 90°。雌性额狭，两侧几乎平行。雄性触角窝分开。触角第 3 节黄色，芒几乎裸。中胸背板和小盾片黑色，被细灰粉和直立长黄毛；小盾片后缘具弱黑鬃；雌性翅后胛具 1 细黑鬃；小盾片后缘粗鬃长。腿节顶端黄色；胫节黄色，端部黑色；前、中足跗节除顶端节外黄色，后足跗节 1～4 节顶端淡色；雌性中、后足腿节基部 1/5 黄色。翅 M_1 和 R_{4+5} 脉间的内角为锐角。腹部褐色被同色粉和长而稀的白毛；雌性腹部被直立短白毛。

观察标本：1♀，山西翼城大河，2012.VII.28，王真采。

分布：山西（历山）、陕西、四川。

21 日本黑蚜蝇 *Cheilosia josankeiana* (Shiraki, 1930)，山西省新记录

体长：7.0～10.5mm。复眼裸。雄性颜狭，黑色；雌性颜宽，黄色或下半部具褐条纹。中突大；雌性中突侧扁。眼缘甚狭。额被灰粉；雌性额狭，具 2 条侧沟和 2 个灰粉斑，前面毛白色，后面黑色。复眼接角锐角。触角窝相连。触角芒很长，基部 1/3 具明显黑毛。中胸背板闪亮，刻点较粗，被直立短黑毛，两侧具黑鬃，翅后胛鬃较长；雌性中胸背板侧面具狭的灰粉条纹和半卧短黑黄毛。小盾片后缘被长粗黑鬃；盾下缘黄色。胫节基部和顶端黄色；跗节多数黑色；后足腿节腹面具 1 排鬃状短黑毛。翅 M_1 和 R_{4+5} 脉间的内角为锐角。腹部黑色，中部被褐粉；1、2 节两侧被直立长白毛。

观察标本：4♀，山西翼城大河，2013.VII.27/30，霍科科采。

分布：山西（历山）、吉林、陕西、甘肃、四川；俄罗斯，日本。

22 尖突黑蚜蝇 *Cheilosia longula* (Zetlersledt, 1938)，山西省新记录

体长 5.6～9.0mm。复眼裸。眼角小于 90°；雌性额狭，近复眼具银灰色狭条纹，侧沟近复眼，中沟看不见。颜亮黑色，中突顶端锥形；眼最宽处狭于第 3 触角节的 1/2 宽。触角窝连合。触角芒被长毛。中胸背板亮黑色，毛稀少黑色，两侧具长黑鬃；雌性中胸背板具半平伏短黄毛。小盾片后缘具长黑鬃，有时后缘为褐色或黄色；雌性小盾片前半部褐色，后半部黄色，后缘具长粗黑鬃。足腿节极端部黄色；胫节基部 1/3 和顶端黄色；雌性胫节端部具宽褐环。翅 M_1 和 R_{4+5} 脉间的内角为锐角。腹部黑色，具直立白毛，所有背板的中部和 3、4 背板后面毛黑色，后者中部被半直立毛。

观察标本：1♀，山西沁水下川，2012.VII.23，王真采；2♂1♀，山西翼城大河，2012.VII.28/31，王真采。

分布：山西（历山）、甘肃、湖北、江西、四川、云南、西藏；古北区。

23 马氏黑蚜蝇 Cheilosia matsumurana (Shirakir, 1930)，山西省新记录

体长 7.0～11.0mm。复眼裸。雌性额具 2 条沟，沿眼缘被直立淡黄毛，前 1/3 具狭灰粉条纹，被白毛。颜中突宽大。触角窝分开。触角芒被短毛；雌性触角第 3 节宽，橙色；芒几乎裸。中胸背板具细刻点，两侧被 4 或 5 枚黑毛和黑长鬃，翅后胛有 2 或 3 黑鬃。小盾片后缘被黄毛和粗黑鬃。足黄色；中足腿节基部 1/3 和后足跗节背面暗色；雌性腿节全黄色。后足腿节下面具 1 排细黑鬃。翅 m_1 和 r_{4+5} 脉间的内角为锐角。腹部具蓝色光泽，第 2、3 背板被褐粉和亮斑点。腹部被直立长毛，两侧毛黄色，第 2 背板前半部毛短，平伏。雌性腹部无褐粉，第 2 背板中部被平伏黑毛。

观察标本：1♀，山西沁水下川，2012.VII.24，强红采；1♂2♀，山西翼城大河珍珠帘，2013.VII.28，霍科科采。

分布：山西（历山）、四川；俄罗斯（远东地区）、日本。

24 细小黑蚜蝇 Cheilosia mutini Barkalov, 1984，山西省新记录

体长 5.8～6.2mm。复眼覆密淡色短毛。雌性额前 1/3 具横沟，侧纵沟明显。颜亮黑色，上部近眼缘具淡色毛；中突狭；眼缘最宽处狭于触角第 2 节的宽度。额隆起，被黑毛，眼角约等于或略大于 90°。触角窝分开。触角第 3 节橙色，顶端黑或稍暗；芒裸。雌性触角全橙色。中胸背板具蓝色光泽和 3 个褐粉纵条，覆少量较长的直立黑毛。小盾片后缘具鬃状长黑毛。足黑色，腿节顶端，前、中足胫节基半部和顶端以及中足跗节 1～2 节黄褐色。雌性中足跗节 1～4 节黄色。翅 M_1 和 R_{4+5} 脉间的内角为锐角。腹部覆直立黄褐毛，中部半直立黑毛。雌性腹部被短白毛。

观察标本：7♂44♀，山西翼城大河，2013.VII.30，霍科科采。

分布：山西（历山）、黑龙江、吉林、辽宁；俄罗斯。

25 黄盾黑蚜蝇 Cheilosia quarta Barkalov et Cheng, 2004，山西省新记录

体长 7.6～9.5mm。复眼裸。额亮黑褐色，被褐毛；两复眼连角小于 90°；雌性额具明显侧沟，被半平伏黄毛。雌性颜上部褐色至黑色，中突下面黄色。中突宽而突出。眼缘狭。触角窝融合。触角芒被毛；肩胛黄色或褐色；雌性鲜黄色。中胸背板密被直立黄毛，两侧具黑鬃。小盾片黑色，顶端褐色，后缘具黄、黑鬃。雌性中胸背板被半平伏黄毛；小盾片前半部黑色，后半部黄色，后缘黑鬃长而粗。足除跗节顶端黑色外，其余黄色，腿节具黑环，雌性跗节全黄色。翅 M_1 和 R_{4+5} 脉间的内角为锐角。腹部褐到黑色，第 1～3 背板中部被褐粉和两侧被直立长黄毛，中部被短平伏毛。

观察标本：1♀，山西历山舜王坪，2012.VII.27，强红采。

分布：山西（历山）、江西。

26 异盾黑蚜蝇 Cheilosia scutellata (Fallén, 1817)，山西省新记录

体长 7.0～10.0mm。复眼裸。额被黑毛，两复眼连角小于 90°；雌性额具灰粉狭条纹和侧沟，中沟看不见。颜狭黑色；雌性下半部黄色。中突宽；眼缘狭。触角窝融合。触角芒基部 1/3 具短毛。中胸背板两侧和小盾片后缘具粗长黑鬃；盾下缘缨黄色；雌性小盾片后半部黄色。雌性中胸背板被半直立短黄毛。腿节黑色，基部和顶端黄色；胫节中部具暗色环；前、中足 1～3 跗节黄色，后足跗节 1～2 节顶端黄色。翅 M_1 和 R_{4+5} 脉间的内角为锐角。腹部黑色，被直立黄、黑毛，该毛在第 1、2 背板两侧黄色，其他为黑色；雌性腹部毛白色，两侧毛直立，其他为半卧短毛。

观察标本：1♀，山西沁水下川，2012.VII.26，王真采；2♂2♀，山西翼城大河，2012.VII.28，

王真采；1♀，山西沁水下川，2013.VII.23，霍科科采；3♂3♀，山西历山舜王坪，2013.VII.24，霍科科采；1♂，山西沁水下川富裕河，2013.VII.25，霍科科采；14♂8♀，山西沁水下川东峡，2013.VII.26，霍科科采；5♂5♀，山西翼城大河珍珠帘，2013.VII.28，霍科科采；1♂15♀，山西翼城大河，2013.VII.29～31，霍科科采。

分布：山西（历山）、黑龙江、内蒙古、北京；古北区。

27 条纹黑蚜蝇 Cheilosia shanhaica Barkalov et Cheng, 2004，山西省新记录

体长 9.0～10.8mm。复眼被长褐毛。额宽，被直立黑毛；雌性额仅侧沟可见，前面 1/3 具横沟，被直立短黄毛。颜狭，除中突顶端和口缘外被细粉和密黑毛。中突中等，眼缘最宽处约为触角第 3 节的 1/2 宽。触角窝分开。触角褐黄色，雌性全黄色；芒被短毛。中胸背板具灰褐色粉被条纹，密被直立黄毛，两侧混有黑毛和长黑鬃；雌性前面 1/2 被细灰粉和直立短黄毛。小盾片后缘具长黑鬃；盾下缘缨黄色。腿节黑色，顶端黄色；胫节基部 1/2 黄色；跗节黄色，顶端节黑色。翅 M_1 和 R_{4+5} 脉间角几乎为 90°。腹部中部密被褐粉和黄毛，两侧毛直立、长、中部平伏、短。

观察标本：4♂，山西翼城大河，2012.VII.28/31，王真采；1♂4♀，山西翼城大河，2013.VII.29/31，霍科科采。

分布：山西（历山）、北京、陕西、四川。

28 维多利亚黑蚜蝇 Cheilosia victoria (Hervé-Bazin, 1930)，山西省新记录

体长 8.5～9.5mm。复眼裸，上面 1/4 仅具少量短白毛。额被细灰粉和黑毛，其中部近沟闪亮无粉；两复眼连角为 90°；雌性额近复眼具小灰粉斑。雄性颜狭，除中突和口缘外黑色具蓝色光泽；中突宽；眼缘最宽处狭于第 3 触角节的 1/2。触角窝分开。触角黄色，芒被毛。中胸背板前半部具灰粉条纹，两侧被长、粗黑鬃。小盾片后缘被长黄毛和粗黑鬃。足黄色，中、后足基节，跗节顶端节和后足腿节顶端 1/5 黑色。翅 M_1 和 R_{4+5} 脉间角 90°。腹部黑色，雌性具蓝色光泽；毛长、直立，两侧和每节前 1/2 毛金黄色，其余黑色；雌性腹部两侧被直立淡黄毛，中部毛黑色、平卧。

观察标本：1♂，山西翼城大河，2012.VII.31，王真采；2♂，山西沁水下川东峡，2013.VII.26，霍科科采；1♂，山西翼城大河珍珠帘，2013.VII.28，霍科科采。

分布：山西（历山）、河北、陕西、甘肃、江苏、江西、四川。

29 铜鬃胸蚜蝇 Ferdinandea cuprea (Scopoli, 1763)

体长 8～12mm。复眼被灰长毛。额黄色，毛黑色。颜深黄或红黄色，两侧覆薄粉被及若干黑毛。雌性额中部具黄粉被横带。触角红棕色，芒黑色、裸。中胸背板具灰色粉被纵条 2 对；中部被较短黄毛及黑毛，两侧毛黄色，沿背板两侧、翅后胛及背板后缘被长而大的黑鬃。小盾片后缘长黑鬃 4～5 对。中胸上前侧片被 3～4 枚长黑鬃。足棕红或棕黄色；中足腿节端部及后足胫节中部具若干黑鬃，以后足胫节鬃长。翅 r-m 脉具明显暗晕，中部具暗色横带。腹部金绿色或铜绿色，第 2 背板前缘及第 2～4 背板后缘钝黑色，黑色后缘正中常向前呈三角形突出。

观察标本：8♂9♀，山西沁水下川，2012.VII.23～25，王真、强红采；6♂，山西历山舜王坪，2012.VII.29，王真、强红采；2♂，山西翼城大河，2012.VII.30，王真采；2♀，山西沁水下川富裕河，2013.VII.25，霍科科采；1♂1♀，山西沁水下川东峡，2013.VII.26，霍科科采；3♂4♀，山西翼城大河珍珠帘，2013.VII.28，霍科科采；5♂5♀，山西翼城大河，2013.VII.30～31，霍科科采。

分布：山西（历山等）、吉林、浙江、福建、江西、湖北、湖南、四川、贵州、云南、陕西；苏联，日本，欧洲。

30 红角鬃胸蚜蝇 *Ferdinandea ruficornis* (Fabricius, 1775)，山西省新记录

体长 9.5mm。额黑色，颜黄色，触角 1、2 节暗褐色，第 3 节上侧暗色，下侧棕色。胸部背板具侧鬃和许多细黄毛并混稀疏黑毛。各足基转节暗色，各足腿节基部 4/5 暗色，顶端棕色，前足胫节顶端 1/2、中足胫节顶端 1/3、所有跗节顶端暗褐色。腹部亮蓝黑色。

观察标本：1♀，山西沁水下川，2012.VII.23，王真采；1♀，山西翼城大河，2013.VII.29，霍科科采。

分布：山西（历山）、黑龙江、吉林、浙江。

31 四斑鼻颜蚜蝇 *Rhingia binotata* Brunetti, 1908，山西省新记录

体长 12mm。雄性两眼连接线长于头顶三角；头顶三角黑色。额小，黑色，口缘向前呈鼻状突出。颜上部黑色，下部黄色。触角小，红褐色。中胸背板黑色，两侧密被黄色粉被和黄毛；小盾片黄色，被黄毛；盾下缘缨长而密；中胸侧板密被黄色粉被和同色长毛。足除基节、腿节基部黑色外，其余黄色；腿节毛黄色，跗节上有黑刺。翅痣黄褐色。平衡棒黄色。腹部黑色，被黄毛；第 1 背板黄色两侧具褐色斑；第 2 背板具 1 对大的黄色横斑，斑两侧达背板侧缘，中部不相连，前缘达背板基部；第 3 背板基部具 1 对较狭的黄斑；腹部基部和两侧毛长。

观察标本：1♂，山西翼城大河珍珠帘，2013.VII.28，霍科科采。

分布：山西（历山）、吉林、甘肃、浙江、湖北、福建、台湾、广东、广西、四川、贵州、云南、西藏；印度，尼泊尔。

32 台湾鼻颜蚜蝇 *Rhingia formosana* Shiraki, 1930，山西省新记录

体长 6～9mm。头顶和额黑色，头顶三角被黑色直立毛。额覆褐黄色粉被。喙黄褐色或红黄色，眼缘密覆黄色粉被。触角红黄色，芒黄褐色。中胸背板黑色，被黑色短毛，覆灰褐色粉被，具亮黑色纵条。侧板黑色，覆灰色粉被，被黄白色毛，混有少许黑色毛。小盾片黑色，末端黄褐色，边缘具粗大黑鬃。足黄褐色至红黄色，雌性基节、转节、腿节基部及胫节中部或多或少黑色，跗节背面黑色或黑褐色。翅透明，翅痣黄色。腹部第 1 节黄褐色，第 2～4 节具红黄或红褐色长方形横斑，背板基部两侧被白毛。

观察标本：1♀，山西历山舜王坪，2013.VII.24，霍科科采。

分布：山西（历山）、黑龙江、内蒙古、北京、陕西、甘肃、新疆、湖北、福建、台湾、四川、云南、西藏。

33 六斑鼻颜蚜蝇 *Rhingia sexmaculata* Brunetti, 1913，山西省新记录

体长 8～10mm。复眼上部密被黄褐色短毛，雌性复眼裸。额黑亮，沿复眼覆黄色绵毛，前端中央具纵沟。喙短于复眼的水平直径；颜及喙棕褐色。触角红褐色，芒明显被毛。中胸背板中部及两侧形成 2 对黄粉纵条纹；背板被黄毛，侧缘混生黑褐色毛，在横沟外端及翅后胛处具黑色鬃状长毛。小盾片黑色，后端黄褐色，周缘具间隔均匀的黑色鬃状长毛。足黄色，各足基节、转节及腿节基部黑褐色，前、中足胫节中部具不明显的暗色环，后足胫节中部具黑色环带，中足跗节端部 2 节黑褐色，后足跗节黑色。腹部第 2～4 背板具 1 对大型的黄色横斑，中部不相连。

观察标本：1♂，山西翼城大河珍珠帘，2013.VII.28，霍科科采。

分布：山西（历山）、陕西、甘肃；印度。

34 双带蜂蚜蝇 *Volucella bivitta* Huo, Ren *et* Zheng, 2007，山西省新记录

体长 15～17mm。头部黄色。复眼上半被黄短毛，雌性复眼几乎裸。额被黄毛；雌性头顶及额鼓胀。颜下端突出成长锥状，中突大而圆。触角第 3 节端部狭，基部宽；芒具深色羽毛。中胸背板两侧缘具黄色宽带，中央具 1 对红黄色细条纹，后缘具三角状红黄斑。背板侧缘及后缘具粗大的黑长鬃。小盾片边缘具粗大的黑长鬃。中胸上前侧片及上后侧片背缘具粗大黑色长鬃。足红褐色，各足基节、转节黑色，腿节基部带有黑色。翅基半部及前缘黄色，近翅端处具褐色云斑。腹部长锥形，第 1 背板黑色，第 2、3 背板黑色，前部具宽黄带；第 4 背板及其以后各节橘红色。

观察标本：1♀，山西沁水下川，2012.VII.25，强红采；1♂，山西翼城大河，2012.VII.30，王真采；10♂7♀，山西沁水下川，2013.VII.23，霍科科采；3♂，山西历山舜王坪，2013.VII.24，霍科科采；1♂2♀，山西沁水下川富裕河，2013.VII.25，霍科科采；4♂2♀，山西沁水下川东峡，2013.VII.26，霍科科采；13♂3♀，山西翼城大河珍珠帘，2013.VII.28，霍科科采；5♂7♀，山西翼城大河，2013.VII.29～31，霍科科采。

分布：山西（历山）、河北、陕西、甘肃、四川。

35 短腹蜂蚜蝇 *Volucella jeddona* Bigot, 1875

体长 15～18mm。复眼密覆棕色长毛，额褐色至黑色，雌性额两侧棕红色。颜棕褐色至黑褐色，被黄毛，中突大。触角上缘较直，下缘略呈弧形；芒棕色。雄性中胸背板黑色，肩胛、背板两侧宽纵条、横沟及其内端的纵条棕黄色，后缘具半圆形同色宽斑；背板毛棕黄色，两侧具黑鬃；雌性中胸背板全棕黄色。小盾片黄色，密被黄长毛，后缘无鬃；侧板被黑、黄毛及黑鬃。足黑色。腹部第 2、3 背板棕红色，第 2 背板正中具倒三角形黑棕斑；第 3 背板正中及两侧具黑棕色长形斑；第 4 背板及尾节亮黑色。

观察标本：5♂8♀，山西沁水下川，2012.VII.23～26，王真、强红采；3♀，山西翼城大河，2012.VII.28/30，王真采；1♂，山西历山舜王坪，2012.VII.29，强红采；15♂13♀，山西沁水下川，2013.VII.23，霍科科采；4♂1♀，山西历山舜王坪，2013.VII.24，霍科科采；22♂15♀，山西沁水下川，2013.VII.25～26，霍科科采；3♂4♀，山西翼城大河，2013.VII.28～31，霍科科采。

分布：山西（历山等）、黑龙江、吉林、内蒙古、北京、河北、安徽、云南；苏联，蒙古，日本。

36 老君山蜂蚜蝇 *Volucella laojunshanana* Qian *et* Qin, 2010，山西省新记录

体长 20mm。复眼被黄色短毛，下半部较稀。头顶三角狭长，单眼三角极小。额亮黄色，被黄毛。颜中突大，下部突出成锥状；颜亮黄色，被黄毛；口侧缘亮黄色，与眼缘下部之间有 1 斜向棕黑色宽条纹。触角芒黄色，羽毛棕色。中胸背板黑亮，肩胛亮黄色，两侧具亮黄色宽带，中央具 2 条黄色粉被条纹；背板后缘及侧缘具黑色粗大长鬃。上前侧片和小盾片后缘具粗大黑色长鬃，上后侧片具褐色长鬃。足黄色。翅前缘端半部具褐色云斑。腹部背板黄色，第 2 背板具棕色至黑色横带；第 3 背板横带细，呈倒"T"形；第 4 背板棕黄色。

观察标本：1♂，山西翼城大河，2013.VII.30，霍科科采。

分布：山西（历山）、河南。

37 黑蜂蚜蝇 *Volucella nigricans* Coquillett, 1898，山西省新记录

体长 18～20mm。雄性复眼密被黑褐色毛。额黄色。颜中突颇突出，向下延伸成近锥体，黄色，密布黄毛。触角褐色；芒羽状，黑褐色。中胸背板、侧板及小盾片亮黑色，仅肩胛黄

褐色，被黑长毛，边缘具若干黑长鬃。足全黑色。翅中部和近端部靠前缘有明显的大暗斑。腹部全亮黑色，仅第 II 背板前缘有较宽的黄横带，带后缘中部凹入，雌性较雄性黄带明显；腹部密被黑长毛。

观察标本：1♀，山西沁水下川，2012.VII.23，王真采；1♀，山西沁水下川东峡，2013. VII.23，霍科科采。

分布：山西（历山）、陕西、安徽、浙江、湖南、湖北、江西、福建、台湾、广西、四川；朝鲜，日本。

38 黄盾蜂蚜蝇 *Volucella pellucens tabanoides* Motschulsky, 1859

体长 15～20mm。雄性复眼被棕色密毛。颜中突大，颜毛黄色，中突上部毛较粗，短鬃状，颜两侧下部与颊交界处雄性褐红色，雌性棕黄色。触角橘黄色，芒长羽状。中胸背板黑色，肩胛棕黄，两侧至翅后胛略带褐棕色；雌性中胸背板两侧棕黄纵条明显，后缘正中具半圆形棕黄色大斑，斑前缘正中向前尖突。背板及小盾片边缘具黑色长鬃。中胸上前侧片上缘具黑鬃。足黑色，膝部略呈棕红色。翅基部至中部棕黄色，正中自前缘向后缘具 1 大型暗斑。腹部黑色，第 2 背板全部黄白至黄红色，正中棕色或黑色中线细狭，有时不明显。

观察标本：1♂6♀，山西沁水下川，2012.VII.23～25，王真、强红采；1♂1♀，山西翼城大河，2012.VII.28/30，王真采；4♀，山西历山舜王坪，2012.VII.28/30，强红、王真采；24♂23♀，山西沁水下川，2013.VII.23，霍科科采；8♂5♀，山西历山舜王坪，2013.VII.24，霍科科采；12♂30♀，山西沁水下川富裕河，2013.VII.25，霍科科采；2♂7♀，山西沁水下川东峡，2013.VII.26，霍科科采；6♂15♀，山西翼城大河珍珠帘，2013.VII.28，霍科科采；1♂15♀，山西翼城大河，2013.VII.30～31，霍科科采。

分布：山西（历山等）、黑龙江、吉林、辽宁、内蒙古、北京、河北、陕西、甘肃、青海、新疆、湖北、四川、云南；苏联，蒙古，朝鲜，日本。

39 小巢穴蚜蝇 *Microdon caeruleus* Brunetti, 1908，山西省新记录

体长 5～8mm。雄性额中部略变狭，雌性两侧平行。颜与额等宽，雄性颜宽为头宽的 1/3，雌性为 1/4；头顶、额和颜亮蓝黑色，头顶和额毛暗棕色，颜毛灰白色。触角第 3 节略长于第 1 节，第 2 节很短；芒短于第 3 触角节。中胸背板紫黑色，侧板及小盾片同色，小盾片后缘具 2 个短而钝但明显的齿突。足黄褐色，基节、转节、腿节基部及胫节端部黑褐色。翅略染烟色。足色泽变异大，有的几乎全为黄褐色，有的大部分黑褐色，仅腿节端部及胫节基部黄褐色。腹部宽扁，深紫黑色，各节后缘具白色毛带。

观察标本：1♀，山西沁水下川，2013.VII.23，霍科科采。

分布：山西（历山）、山东、甘肃、浙江、湖北、福建、台湾、广东、四川、云南；日本，印度。

40 紫额异巴蚜蝇 *Allobaccha apicalis* (Loew, 1858)，山西省新记录

体长 9～12mm。雌性额中部具淡色粉被侧斑，额突裸。颜两侧具黄色至棕黄色粉被条纹，正中具黑色中条纹。触角橘黄色。中胸背板及小盾片被金色或棕黄色竖毛，肩胛后部具毛；雌性肩胛及中胸上前侧片纵条淡黄色。足黄色至红黄色，后足腿节具暗色近端带，后足胫节基部及端部、后足跗节背面暗色。翅前缘具 1 条暗色带，末端具棕褐色斑。腹部第 2 背板基部两侧具红小斑，中部之后具红黄色横带；第 3 背板中部两侧具黄斑，雌性斑后缘凹入深；第 4 背板基部两侧具桔黄斑，雌性近基部两侧具 1 黄色纵条及 1 长形斜斑；第 5 背板具与前节相同的黄斑，或仅基角具三角形红黄斑。

观察标本：3♀，山西翼城大河，2012.VII.31，王真采；1♀，山西沁水下川富裕河，2013.VII.25，霍科科采。

分布：山西（历山）、陕西、甘肃、江苏、浙江、安徽、湖北、江西、湖南、福建、台湾、广东、香港、广西、四川、云南；苏联，日本，东洋区。

41 黑缘异巴蚜蝇 *Allobaccha nigricosta* (Brunetti, 1908)，山西省新记录

体长 8.0～11.3mm。复眼裸。头顶长三角形，单眼三角位于头顶三角前半部。额黑亮，基部覆棕褐色粉，被浅褐色毛。颜两侧覆白粉，近复眼前缘具黄白色粉斑；颜狭，中突小而圆。触角红褐色，基部 2 节黑色。中胸背板黑色，翅后胛黑棕色，背板被棕黄色竖立毛，前缘具 1 横列黄毛。中胸下前侧片后端上、下毛斑全长宽的分开，后胸腹板裸。足浅褐黄色，后足腿节和胫节近端部有黑环。翅痣黑色，下方有黑色云斑，翅顶前缘有 1 黑色斑。腹部第 2 节呈细柄状，第 3 节基部狭，然后显著增宽；腹部黑色，第 3 背板中部两侧具 1 对小横斑，第 4 背板前缘具 1 对新月状斑。

观察标本：1♂，山西沁水下川，2012.VII.23，强红采；1♂，山西翼城大河，2012.VII.31，王真采；7♂，山西沁水下川，2013.VII.23，霍科科采；1♂，山西沁水下川富裕河，2013.VII.25，霍科科采；2♂，山西翼城大河，2013.VII.27/28，霍科科采；1♂，山西翼城大河珍珠帘，2013.VII.28，霍科科采。

分布：山西（历山）、陕西、四川；印度，巴基斯坦。

42 纤细巴蚜蝇 *Baccha maculata* Walker, 1852

体长 8～14mm。额亮黑色，两侧覆灰色或灰黄色粉被，雄性额突亮黑色，雌性蓝黑色。颜密覆灰黄色粉被。触角橘红色。中胸背板亮黑色，雄性具铜赤色光泽，雌性具蓝色光泽；小盾片雄性亮黑色，雌性蓝黑色。足黄色至橘红色，后足腿节近端部具暗色宽环，后足胫节中部具暗色宽带，或端部 2/3 黑褐色。翅痣暗棕色，翅中部具暗晕，翅端具棕色至棕褐色斑。腹部亮棕色或亮褐色，有时红棕色，第 1 背板全黄至红黄色，第 2 背板极后缘、第 3、4 背板基部黄至橘红色，第 4 背板横带宽，雌性第 5 背板基部有时具 1 对淡色小斑，雌性腹部淡色部分扩大，甚至第 4、5 背板全部红棕色。

观察标本：5♂，山西沁水下川，2012.VII.23～24，强红采；3♂，山西沁水下川，2013.VII.23，霍科科采；3♂，山西翼城大河，2013.VII.27，霍科科采。

分布：山西（历山等）、吉林、北京、河北、新疆、浙江、安徽、湖北、江西、湖南、福建、台湾、广西、四川、云南、西藏；苏联，朝鲜，日本，东南亚。

43 方斑墨蚜蝇 *Melanostoma mellinum* (Linnaeus, 1758)

体长 7～8mm。雄性头顶和额亮黑色，被黑色毛，雌性具蓝黑色光泽，有粉被小侧斑。颜黑色，覆白色粉被和细毛，中突光亮。触角暗褐色至黑色，第 3 节基部和下侧黄色；芒裸。中胸背板和小盾片金属黑色，具光泽，被黄色短毛。足黄色，基节、转节黑色，雄性有时后足腿节基半部及后足胫节具黑环，跗节色暗。雄性腹部长 4 倍于宽，黑色，第 2～4 背板各具 1 对橘红色斑，第 2 背板斑近半圆形，有时很小，第 3、4 背板斑长方形，内侧大于外侧；雌性第 2 节后缘最宽，第 2 背板中部黄斑卵圆形，斜置，第 3、4 背板黄斑近三角形，内侧直，第 5 背板基部具 1 对短宽的黄色侧斑。

观察标本：2♀，山西沁水下川，2012.VII.23/26，王真采；1♂，山西翼城大河，2012.VII.31，强红采。

分布：山西（历山等）、黑龙江、吉林、辽宁、内蒙古、北京、河北、甘肃、青海、新疆、

上海、浙江、湖北、江西、湖南、福建、海南、广西、四川、贵州、云南、西藏；苏联，蒙古，日本，伊朗，阿富汗，欧洲，北非，新北区。

44 东方墨蚜蝇 Melanostoma orientale (Wiedemann, 1824)

体长 7～8mm。雄性头顶三角和额黑色，具黑色或褐色毛；颜覆灰色粉被，中突小。雌性额中部具 1 对三角形灰色粉斑。触角暗褐色，芒被微毛。中胸背板和小盾片覆黄色至褐灰色短毛。足橘黄色，雄性前、中足腿节基半部、后足腿节黑色，后足胫节中部具宽黑带；雌性全黄色。翅痣黄色。腹部雄性长 4 倍于宽，第 2～4 背板具橘红色斑，第 2 背板斑小，内侧圆，第 3、4 背板斑近方形至长方形，内侧直。雌性第 2 节后缘最宽，第 2 背板桔黄斑延长，斜置，或不明显或消失，第 3、4 背板黄斑三角形，该斑近背板前缘，内侧直，外侧略弯曲，第 5 背板前角具 1 对窄的黄色侧斑。

观察标本：1♂5♀，山西沁水下川，2012.VII.24/26，王真、强红采；2♂，山西翼城大河，2012.VII.28/31，王真采；1♂，山西沁水下川东峡，2013.VII.26，霍科科采。

分布：山西（历山）、吉林、内蒙古、青海、新疆、上海、浙江、湖北、湖南、福建、广西、四川、贵州、云南、西藏；苏联，日本，东洋区。

45 黑腹宽跗蚜蝇 Platycheirus albimanus (Fabricius, 1781)

体长 7～8mm。雄性头顶、额和颜亮黑色，被黑色毛，颜中突裸；雌性额上部亮蓝黑色，颜毛白色。触角第 3 节下侧橘红色，芒黑色。胸部被淡褐或黄色短毛。雄性足大部分黑色，前足腿节极基部、胫节中部、跗节末节亮褐色，中足胫节基部及端部、跗节基部、后足膝部狭黄色。前足腿节下侧基部具 1 根劈裂的长白毛，其后具弯曲的长黑毛；中足腿节前侧具 1 排硬而短的黑毛，端部具 1 根回曲的长黑毛。腹部第 2 背板斑几乎占整个侧缘，两斑分开较远，第 3 背板斑近三角形；第 4 背板斑与第 3 背板斑相似；雌性腹部具 3 对亮淡蓝色近方形斑。

观察标本：1♀，山西沁水下川，2012.VII.26，王真采；2♂1♀，山西翼城大河，2012.VII.28，王真采；2♀，山西历山舜王坪，2012.VII.29，强红采。

分布：山西（历山等）、黑龙江、吉林、辽宁、河北、陕西、甘肃、青海、湖北、四川、云南、西藏；苏联，蒙古，菲律宾，欧洲，新北区。

46 卷毛宽跗蚜蝇 Platycheirus ambiguus (Fallén, 1817)，山西省新记录

体长 6.5～7.5mm。触角第 3 节黑色，基部下侧色淡。雄性前足腿节基半部腹面具 2～4 根黄鬃，后侧具 1 列鬃状黑长毛，端半部具 1 列黑鬃，末端 1 根为特殊的卷曲鬃毛；胫节后侧具 1 列黄色长毛，中部稍后具 3～4 根鬃状长毛；中足腿节基部腹面具若干鬃状黄长毛，基部前腹面具黄色鬃毛列，后侧长鬃毛暗色，胫节后侧具 1 列黑长毛。雄性腹斑 3 对，近三角形，灰色或灰黄色，以侧缘最宽；第 2 背板斑小；第 3、4 背板灰黄色斑较大。雌性腹部斑青灰色，第 2 背板前缘具 1 对大形斑，第 3、4 节背板斑常相连成横带。

观察标本：1♂，山西历山舜王坪，2013.VII.24，霍科科采。

分布：山西（历山）、黑龙江、北京、河北、西藏（日喀则）、甘肃；苏联，蒙古，日本，印度，尼泊尔，欧洲，北美。

47 卵圆宽跗蚜蝇 Platycheirus parmatus Rondani, 1857

体长 10mm。触角黑色，第 3 节下侧红黄色。中胸背板黑色，略覆淡色粉被和黑、淡色长毛，雌性毛短；小盾片亮黑色，毛黑色、长，盾下毛白色、长；侧板覆白色粉被和白长毛。足黑色，腿节基部和端部，前、中足胫节基部和末端及跗节基部 3 节黄色；雄性前足跗节基

部 2 节很宽阔，形成卵圆形，端部 3 节很小，后足基跗节膨大；雌性前、中足大部分黄色。翅透明，翅痣黄褐色。腹部黑色，第 1 背板光亮，第 2～5 背板各具 1 对方形红黄色侧斑，第 2 背板斑位于背板中部，其后几对斑近背板前缘。

观察标本：1♀，山西沁水下川，2012.VII.23，王真采；1♀，山西翼城大河，2012.VII.28，王真采；2♀，山西历山舜王坪，2012.VII.29，王真、强红采。

分布：山西（历山等）、甘肃、新疆、四川、西藏；苏联，蒙古，日本，欧洲。

48 斜斑宽跗蚜蝇 Platycherius scutatus (Meigen, 1822)

体长 6.5～8.5mm。触角黑色，芒被微毛。前足转节前侧角有 1 排白毛；腿节后腹侧基部有 1 簇白色细长毛，后有 2 簇黑色长毛，黑色毛簇之前有 1 列鬃状黑长毛，间有黑色软长毛；胫节端部突然加宽，外侧近中部有 1 簇黑色长毛，内侧缘有黑色短刺毛；第 1 跗节宽于胫节，略长于其余各节之和，约为第 2 跗节长的 6 倍。中足基节前面有细长的白色指状突起。翅痣暗黑褐色。腹部长约为宽的 5 倍，第 2 背板后端 2/3 处两侧各有 1 个黄色小斑，分离较宽；第 3 背板前缘两侧各有 1 个黄色小侧斑，第 4 背板基部两侧各有 1 斜置的小黄斑。雌性腹部第 2～4 背板具黄色侧斑。

观察标本：3♂1♀，山西翼城大河，2012.VII.28，王真采；2♂，山西历山舜王坪，2012.VII.29，强红采；1♂5♀，山西历山舜王坪，2013.VII.24，霍科科采。

分布：山西（历山等）、陕西、甘肃；芬兰，爱尔兰，大不列颠，丹麦，荷兰，比利时，法国，意大利，南斯拉夫，罗马尼亚，苏联。

49 圆斑宽扁蚜蝇 Xanthandrus comtus (Harris, 1780)

体长 8～11mm。额前部亮黑色或蓝黑色，后部密被淡黄色粉被及黑毛。颜除中突外密覆灰白色粉被及淡色短毛；雌性额中部具淡色粉被宽横带，两侧粉被延伸至颜部。触角棕黄至棕红色，第 3 节长明显大于宽。中胸背板、侧板及小盾片黑色，具暗绿色光泽，毛淡棕色。腹部第 2 背板具 1 对圆形棕红色大斑，两斑相距较远，有时圆斑缩小；第 3 背板棕红色斑前部相接，后部分开，整个背板仅侧缘及后缘黑色；第 4 背板斑与前节相似，但较小，略超过背板之半。雌性腹部较雄性宽大，斑较雄性小，第 2 背板有时完全无斑，背板覆青灰色粉被。

观察标本：1♂♀，山西历山舜王坪，2012.VII.29，王真采；1♂♀，山西翼城大河，2013.VII.27，30，霍科科采；2♂1♀，山西翼城大河珍珠帘，2013.VII.28，霍科科采。

分布：山西（历山等）、吉林、内蒙古、北京、江苏、浙江、福建、台湾、广东、四川；苏联，蒙古，朝鲜，日本，欧洲。

50 短角宽扁蚜蝇 Xanthandrus talamaui (Meijere, 1924)，山西省新记录

体长 10mm。新月片红黄色。颜覆灰色粉被和同色毛，中突裸，小而圆；雌性额中部覆灰黄色粉被横带。触角红褐色，第 3 节背侧褐色。中胸背板黑色，被淡褐色毛；小盾片同背板，盾下缘缨灰色。足黑色，腿节末端、前、中足胫节、后足胫节基部红褐色。翅痣黄褐色。腹部黑色，第 3、4 节前缘具宽的红黄色横带，后缘中部呈三角形凹入，第 2～4 节后部绒黑色；雌性红黄斑小，中部中断宽，几乎呈两黄斑，第 3 节黄斑基部相连，第 4 节明显分开。

观察标本：2♀，山西历山舜王坪，2012.VII.29，王真、强红采；1♀，山西翼城大河，2012.VII.31，王真采；2♂，山西历山舜王坪，2013.VII.24，霍科科采。

分布：山西（历山）、吉林、内蒙古、陕西、江苏、浙江、江西、福建、四川、云南、西藏；马来西亚。

51 白额小蚜蝇 *Paragus albifrons* (Fallén, 1817)，山西省新记录

体长 7mm。复眼被短毛，中部有 2 列垂直毛带。头顶宽约为头宽的 1/6，被黑短毛。额宽约为头宽的 1/4，被白色短毛，额前部 2/3 沿眼缘有狭长三角形白粉斑。触角黑色，第 3 节腹面基部红色。颜淡黄色，被黄毛，自触角基部向下至口缘有等宽的黑色中条纹；口侧缘黑色。中胸背板有粗刻点，被白短毛，其前半部中央有 1 对纵行白粉纹。小盾片黑，后缘黄色。足棕黄色，腿、胫关节处有颇宽的淡黄色，前、中足腿节基部 1/4～1/3、后足腿节基部 4/5 黑色；后足胫节中部以远有黑环；前、后足跗节 1～3 节背面色深。腹部黑色，背板具粗刻点，第 5 背板被白短毛，余为黑毛。

观察标本：1♀，山西翼城大河，2012.VII.28，王真采。

分布：山西（历山）、甘肃。

52 双色小蚜蝇 *Paragus bicolor* (Fabricius, 1794)

体长 5.5～6.7mm。雄性头顶三角黑色，前端黄色，被黄毛。额与颜黄色。雌性头顶和额黑色，头顶毛黑色，额两侧具三角形淡色粉被斑和黄毛，颜正中具黑色纵条。触角黑色，第 3 节基部下缘棕黄色。中胸背板被短而密的深黄色毛，前部正中具 1 对相互靠近的纵条纹。小盾片黑色，端缘黄白至黄色。足黄白色至黄色，腿节基部黑色，后足胫节中部具暗斑或暗环，后足基跗节背面色暗。腹部色泽变异很大，通常第 2 背板大部分、第 3 背板及第 4 背板前半部均红色，第 1、2 背板基部及两侧缘黑色，有时第 2 背板具 1 对黑色侧斑；腹部背板刻点粗密，各节后缘光滑。

观察标本：1♂♀，山西翼城大河，2012.VII.28，王真采；1♂，山西历山舜王坪，2012.VII.30，强红采；3♂，山西翼城大河，2013.VII.29，霍科科采。

分布：山西（历山等）、黑龙江、吉林、辽宁、内蒙古、北京、河北、山东、青海、新疆、江苏、西藏；苏联，蒙古，伊朗，阿富汗，欧洲，北非，新北区。

53 暗红小蚜蝇 *Paragus haemorrhous* Meigen, 1822，山西省新记录

体长 4.0～5.5mm。雄性额黄色，雌性黑色。颜中部具黑色中带。复眼淡色，短毛分布均匀。触角第 3 节基部腹面棕红色，其余部分深褐色或黑色。胸部黑色。前足腿节基部 2/5 黑色、中部 2/5 黄褐色、端部 1/5 淡黄色，胫节基部淡黄色、端部及跗节黄褐色；中足腿节基部 2/3 黑色、端部 1/3 黄褐色至淡黄色，胫节基部 2/5 淡黄色、端部 3/5 及跗节黄褐色；后足腿节基部 4/5 黑色、端部 1/5 及胫、跗节均为黄褐色。腹部黑色，部分个体第 5 背板暗红色。

观察标本：1♂，山西翼城大河，2012.VII.28，王真采；2♂，山西翼城大河，2013.VII.29，霍科科采。

分布：山西（历山）、甘肃、青海（可可西里）；欧洲，北美，非洲。

54 双斑缩颜蚜蝇 *Pipiza bimaculata* Meigen, 1822，山西省新记录

体长 7～8mm。额中部具 1 对三角形粉斑。颜下部不加宽，密被白长毛。触角黑色，第 3 节黑褐色，长稍大于宽，下角稍向前突出，角圆；芒短于触角，黑褐色，基半部加粗。胸部密被白长毛和刻点。后足腿节膨大，基跗节加厚。翅略呈黄色，翅痣黄褐色。平衡棒黄色。腹部黑色，第 2 背板具 1 对近三角形黄色横斑，斑外侧小，内侧大，两斑明显分开，边界明显；腹部被白长毛。

观察标本：1♀，山西历山舜王坪，2012.VII.27，强红采。

分布：山西（历山）、新疆、四川；蒙古，苏联，欧洲。

讨论：标本各足跗节黑色，与原描述不同（足黑色，膝部、胫节末端、跗节基部 2 节黄色），因只有雌性标本 1 头，暂定为该种。

55 夜光缩颜蚜蝇 *Pipiza noctiluca* (Linnaeus, 1758)，山西省新记录

体长 6～8mm。复眼密被褐色毛。头顶被黄白色竖长毛。额黑色被同色长毛，混杂白毛。颜下部不加宽，被白长毛，混有黑色毛。雌性额和头顶亮黑色，额中部两侧具 1 对三角形大粉斑，被白毛；颜和额等宽，被白毛。触角第 3 节长大于宽。中胸背板和小盾片密被白长毛和刻点。足黑色，前、中足腿节端末及其胫节基部黄色至红色，后足腿节端末梢带红色；跗节基部两节或多或少黄色棕红色，后足跗节黑色；后足腿节加粗，基跗节厚；足毛大部分白色，仅腿节端部及后足胫节外侧毛黑色。翅痣褐色，翅中部具褐色云斑。腹部第 2 节具红黄斑 1 对。

观察标本：1♀，山西翼城大河珍珠帘，2013.VII.28，霍科科采。

分布：山西（历山）、吉林、内蒙古、北京、河北、陕西、甘肃、青海、江苏、湖北、湖南；苏联，欧洲。

56 长角斜额蚜蝇 *Pipizella antennata* Violovitsh, 1981

体长 6～7mm。复眼密被黄白色短毛。额和颜亮黑色，具蓝色光泽，被白长毛；雌性额中部具 1 对侧粉斑。颜下部不明显加宽，两侧沿眼缘有白色微毛。触角第 3 节雄性长约为宽的 3.5 倍，雌性 4 倍。中胸背板近方形，密被粗刻点和黄白毛；侧板毛长；小盾片宽，具薄边。足黑色，各足膝部、前足胫节基部 1/3 和端部、基跗节、中足胫节基半部和端部、跗节基部 2 节、后足胫节极端部均黄色，其余跗节黑褐色。翅痣褐色，其下具不明显的褐色带。腹部稍宽于胸部，密被刻点和黄白毛，部分混杂黑短毛，两侧基部毛长。

观察标本：2♂，山西沁水下川，2012.VII.26，王真采；1♂，山西翼城大河，2013.VII.29，霍科科采。

分布：山西（历山等）、吉林、内蒙古、北京、河北、山东、江苏；苏联。

57 金绿斜额蚜蝇 *Pipizella virens* (Fabricius, 1805)

体长 6mm。雄性复眼毛淡黄褐色，两眼连线大于单眼三角之高；头顶、额和颜蓝黑色，具光泽；额三角大；后头上部具明显的淡黄色长毛。触角中等长，雄性第 3 节长为宽的 2 倍，雌性 2.5 倍；芒褐色，与触角等长。中胸背板和小盾片具密刻点和淡褐黄色长毛。足黑色，膝部红黄色，中足基跗节红黄色；足毛淡；后足基跗节中等加厚。翅清晰，翅痣暗。平衡棒和下腋瓣黄白色。腹部具密刻点和褐黄色短毛，各节后缘毛大部分黑色。

观察标本：3♀，山西沁水下川，2012.VII.23/25，王真采；1♂，山西沁水下川，2013.VII.23，霍科科采；1♀，山西翼城大河，2013.VII.29，霍科科采。

分布：山西（历山等）、内蒙古、河北、甘肃、江苏、四川、云南；蒙古，苏联，欧洲，伊朗。

58 长翅寡节蚜蝇 *Triglyphus primus* Loew, 1840，山西省新记录

体长 4～6mm。复眼密被黄色毛；雄性额鼓胀，额和头顶被直立的黑长毛；雌性额宽为头宽的 1/3。颜直，被白长毛，其两侧沿眼缘密被白色微毛。中胸背板长稍大于宽，被淡色毛和细刻点。小盾片半圆形，宽为长的 2 倍，具边，毛同背板。盾下缘缨短而稀。足黑色，细长，雄性前、中足腿节极端部、胫节基部及基跗节黄色；雌性中、后足基跗节略膨大，中足基部 2 节黄色；足毛白色。翅透明，翅痣黄色，翅膜被微毛。腹部窄于胸部。

观察标本：1♀，山西沁水下川，2012.VII.25，王真采；1♀，山西历山舜王坪，2012.VII.27，

王真采；1♂2♀，山西翼城大河，2012.VII.28，王真采；1♂，山西沁水下川东峡，2013.VII.26，霍科科采；2♂7♀，山西翼城大河珍珠帘，2013.VII.28，霍科科采；4♂1♀，山西翼城大河，2013.VII.29～30，霍科科采。

分布：山西（历山）、北京、河北、山东、甘肃、浙江、四川、西藏；欧洲，苏联，朝鲜，日本。

59 黄胫异蚜蝇 Allograpta aurotibia Huo, Ren et Zheng, 2007，山西省新记录

体长9mm。额及颜黄色，额前端具三角形小黑斑；雌性额中部具黑条纹，伸达额前端三角形小黑斑。中胸背板两侧具黄色纵条纹。小盾片被黑长毛，盾下缨黑色。后胸腹板被浅黄色毛。足黄色，后足腿节端部、后足胫节端部1/3及跗节背面黑色。腹部第2背板具宽黄带；第3、4背板两侧前角有小黄斑，前中部有弓形宽横带，第4背板两侧前角处有黑色斑，后端有倒"T"形黑斑。雌性腹部第2、3、4背板前侧角黄色，中部有近等宽的弓形横带，第4背板后缘黄色，第5节背板黄色，近两侧前角处具小黑斑，中部具倒"T"形黑斑。

观察标本：1♀，山西沁水下川，2012.VII.26，王真采；1♀，山西翼城大河，2012.VII.28，王真采；1♂，山西翼城大河，2012.VII.31，强红采；1♂5♀，山西沁水下川，2013.VII.23，霍科科采；1♀，山西沁水下川富裕河，2013.VII.25，霍科科采；2♀，山西沁水下川东峡，2013.VII.26，霍科科采；3♂6♀，山西翼城大河，2013.VII.27～30，霍科科采。

分布：山西（历山）、陕西、四川。

60 爪哇异蚜蝇 Allograpta javana (Wiedemann, 1824)，山西省新记录

体长7～8mm。雌性额具宽窄不一的黑色中条。颜具黑色中条纹。中胸背板亮黑色，具宽的黄色侧缘。侧板亮黑色，2个黄斑分别位于中胸上前侧片和中胸下前侧片上。小盾片被褐色毛。足黄色，后足腿节端部1/3、后足胫节基部1/3和端部1/3黑色。腹部第2背板具1对大的硫黄色侧斑；第3、4节具较狭的黄带；第5节黑色，具界限不明显的淡色弓形带，或大部分橘黄色，基部为界限不明显的黑斑。

观察标本：2♂2♀，山西沁水下川，2012.VII.23～25，王真、强红采；1♂1♀，山西翼城大河，2012.VII.28/31，强红采；2♂，山西沁水下川东峡，2013.VII.26，霍科科采；6♂1♀，山西翼城大河，2013.VII.27/29，霍科科采；1♂，山西翼城大河珍珠帘，2013.VII.28，霍科科采。

分布：山西（历山）、辽宁、北京、广西、四川、云南；俄罗斯（远东地区），蒙古，朝鲜，日本，泰国，印度，斯里兰卡，加里曼丹，马来亚，菲律宾，澳洲区。

61 黑胫异蚜蝇 Allograpta nigritibia Huo, Ren et Zheng, 2007，山西省新记录

体长9mm。额及颜黄色，额部前端具三角形小黑斑；雌性额有倒三角形黑斑。中胸背板亮黑色，两侧具黄色纵条纹。小盾片被黑色长毛，盾下缨黑色。胸部侧板黄色具黑斑。中胸下前侧片后部上、下毛斑宽地分离，后胸腹板被浅黄色毛。足黄色，后足腿节端部、后足胫节及跗节背面黑色。腹部第2背板具1对黄色侧斑，第3、4背板两侧前角有小黄斑，近前中部有弓形宽横带，第4背板两侧前角有黑斑，后端有倒"T"形黑斑。

观察标本：5♂，山西沁水下川，2012.VII.25，强红、王真采；10♂，山西沁水下川东峡，2013.VII.26，霍科科采；1♂1♀，山西翼城大河，2013.VII.27，29，霍科科采；1♀，山西翼城大河珍珠帘，2013.VII.28，霍科科采。

分布：山西（历山）、陕西、四川。

62 黄腹狭口蚜蝇 *Asarkina porcina* (Coquillett, 1898)

体长 15～18mm。复眼近乎裸。头和额黑色，额密覆黄色至黄褐色粉被和黑毛。颜橘黄色，两侧密被黄粉被和毛，中突大，超过额突。头部除额被黄褐色粉被和黑毛及颜中突裸出外，均被黄毛及同色粉被。中胸背板黑色，两侧缘橘黄色，被橘黄色毛；两侧肩胛至翅后胛具轮廓明显的棕黄纵条。小盾片被黄、黑色混杂毛。足橘黄色，前、中足跗节端部背面色略暗，后足跗节褐色。翅透明无斑。腹部第 2～5 背板后缘及第 3～5 背板前缘具狭黑色带，两侧横带变狭，达或不达侧缘，第 2 背板具正中有时具短黑纵条，腹部被毛大部分为黑色。

观察标本：2♀，山西沁水下川，2012.VII.23/26，强红采；1♂，山西沁水下川，2013.VII.23，霍科科采；8♂1♀，山西翼城大河，2013.VII.29/31，霍科科采。

分布：山西（历山等）、黑龙江、辽宁、内蒙古、北京、河北、陕西、甘肃、江苏、浙江、湖北、湖南、福建（龙栖山）、广西、四川、贵州、云南、西藏；苏联，日本，印度，斯里兰卡。

63 狭带贝蚜蝇 *Betasyrphus serarius* (Wiedemann, 1830)

体长 10～11mm。雌性额中部覆淡灰色粉被。颜棕黄色，中突及口缘暗色；额与颜均具黑褐色毛。触角棕黑色，第 3 节长约为宽的 2 倍。中胸背板正中具不明显的 3 条淡色粉被纵条。小盾片具黑毛。足大部分棕黄色，各足腿节基部 1/3 黑色，有时后足腿节基半部黑色，或除末端外几乎全黑色，前足胫节中部具不明显黑斑，后足胫节中部黑斑较宽。腹部第 2～4 节背板近前缘具灰白至黄白色狭横带，有时第 2 背板横带正中明显分开；第 5 背板横带具青灰色光泽；各节侧缘毛前部淡色，后部黑色。雌性第 1 横带正常或中断，一般各横带较雄性宽。

观察标本：3♂6♀，山西沁水下川，2012.VII.23～26，王真、强红采；3♂，山西历山舜王坪，2012.VII.27/29，王真、强红采；3♂1♀，山西翼城大河，2012.VII.28，王真采；3♀，山西沁水下川，2013.VII.23，霍科科采；2♂2♀，山西历山舜王坪，2013.VII.24，霍科科采；6♂3♀，山西沁水下川富裕河，2013.VII.25，霍科科采；3♂5♀，山西沁水下川东峡，2013.VII.26，霍科科采；4♀，山西翼城大河珍珠帘，2013.VII.28，霍科科采；4♂12♀，山西翼城大河，2013.VII.30～31，霍科科采。

分布：山西（历山等）、黑龙江、吉林、辽宁、内蒙古、北京、河北、陕西、甘肃、江苏、上海、浙江、湖北、江西、湖南、福建、台湾、广东、香港、海南、广西、四川、贵州、云南、西藏；俄罗斯（远东地区），朝鲜、日本，东南亚，新几内亚，澳大利亚。

讨论：本种原描述中颜及小盾片被黑毛，下腋瓣表面无毛，但中国的标本下腋瓣表面具直立细毛，雌性颜至少两侧及口缘毛白色，小盾片至少基部两侧角具黄毛。

64 黄颊长角蚜蝇 *Chrysotoxum cautum* (Harris, 1776)，山西省新记录

体长 13mm。雌性额中部具 1 对大的三角形粉斑。颜黄色，具黑色中纵条和侧条。触角黑色，第 3 节等于基部 2 节之和。中胸背板亮黑色，毛棕黄色，中央具 1 对灰色纵条至背中部，背板侧缘亮黄色纵条在横沟之后中断。小盾片黄色，被黑色长毛。侧板黑色，具 1 黄色纵斑，该斑位于中胸上前侧片后部及中胸下前侧片上部。足黄色，腿节略呈红色，跗节背面橘红色。翅痣黄色。腹部宽卵形，侧缘脊很发达，背板黑色，后侧角不突出；第 2～5 背板各具 1 对狭的黄色斜斑，斜斑近背板前缘，内端窄，外端宽，与背板黄色窄后缘相连。

观察标本：1♂1♀，山西沁水下川，2012.VII.26，强红采；1♂1♀，山西历山舜王坪，

2012.VII.27，强红；8♂6♀，山西翼城大河，2012.VII.31，强红、王真采；4♂17♀，山西翼城大河，2013.VII.29，31，霍科科采。

分布：山西（历山）、北京、河北、甘肃、湖南、福建、广东、广西、云南、西藏；苏联，欧洲。

65 侧宽长角蚜蝇 *Chrysotoxum fasciolatum* (De Geer, 1776)，山西省新记录

体长 16mm。复眼覆淡褐色短毛。雌性额中部具 1 对大的三角形黄斑。颜黄色，具黑色中条和侧条纹，该条纹从触角基部下侧至口缘。触角第 3 节长于基部两节之和。中胸背板具 1 对灰色粉被纵条，两侧具黄色纵条，在横沟后明显中断。侧板黑色，中胸上前侧片具 1 黄斑。小盾片被黑色长毛。足黄色，基节、转节、腿节基部黑色至黑褐色。腹部宽卵形，侧缘后侧角突出，第 2 背板中部具黄色弓形横带，中部窄并中断，背板后缘黄横带窄；第 3 背板黄色后缘横带中部宽；第 4 背板黄带宽，中间黑色部分呈倒"Y"字形；第 5 背板黄色，基部两侧黑色，中部具倒"Y"字形黑斑。

观察标本：2♀，山西历山舜王坪，2012.VII.27/29，强红、王真采。

分布：山西（历山）、内蒙古、河北、四川；苏联，日本，欧洲，北美。

66 黄股长角蚜蝇 *Chrysotoxum festivum* (Linnaeus, 1758)，山西省新记录

体长 12～14mm。雄性复眼具短毛，雌性裸。头顶三角黑色，被黑毛。额棕色或亮黑色，雌额中部具 1 对黄色粉被斑。颜黄色，正中及下部两侧具黑褐色宽纵条。触角各节长度近相等。中胸背板黑色，中部具 1 对灰色粉被纵条至横沟后，两侧黄色纵条于横沟处宽中断。小盾片黄色，中部具黑斑，雄性被长而密的棕色毛，并混有黑毛，雌性毛短黑色。侧板黑色具黄斑。足除基节与转节褐棕色至黑色外，全红黄色。翅端具暗斑，R_{4+5} 脉极弯曲。腹部第 2～5 背板各具 1 对黄色弧形狭斑，不达背板侧缘，第 3、4 背板具黄色极狭后缘，第 5 背板黄色后缘中部宽，向前延伸，几乎近半圆形。

观察标本：1♀，山西沁水下川，2012.VII.26，强红采；1♀，山西翼城大河，2012.VII.28，王真采；1♀，山西沁水下川富裕河，2013.VII.25，霍科科采。

分布：山西（历山）、辽宁、内蒙古、北京、河北、新疆、湖南；苏联，蒙古，日本，印度，古北区。

67 六盘山长角蚜蝇 *Chrysotoxum liupanshanensis* Zhang, Huo et Ren, 2010，山西省新记录

体长 15mm。复眼上部被黑褐色毛，下部被浅褐色毛。额突明显上翘，黑色，被黑毛，基部沿复眼覆黄粉。颜中央具棕褐色纵条，两侧复眼下方具棕褐条纹。触角 3 节长度之比为 1.5：1：2.2。中胸背板中央具 1 对灰白色粉被条纹，两侧在横沟之前具黄白色粉斑，翅后胛黄色。小盾片黑褐色，被毛黑色。侧板黑色具黄白色粉斑。足黄色至红褐色，被黄毛，各足基节、转节黑色，被黑毛。翅前缘黄色，端部和中部形成明显的褐色云斑。腹部具边，第 2～4 背板后侧角突出。第 2 背板中央具 1 对黄色狭横带；第 3 背板后缘具狭黄带，中部黄色横带狭于第 2 背板横带；第 4 背板近似第 3 背板，但中部黄带更狭，后缘黄带中央向前角状略突出。第 5 背板黑色，后缘具三角状红黄斑。

六盘山长角蚜蝇原描述仅有雄性，此处补充雌性。

雌性：头部宽于胸。复眼被浅色毛。头顶和额黑色，被黑毛。额中部两侧各有 1 个粉斑。额突上翘，较长。单眼三角略隆起，等边三角形。颜垂直，黄色，正中具红棕色纵条纹，被黄毛，纵条纹两侧具黑毛，中突明显，近口缘。颊部黄色，被黄毛。触角黑色，3 节比例为 1.5：1：2，基部 2 节被短黑毛，第 3 节顶端近平截；芒黑色，长于第 3 节。胸部背板暗黑色，

中央具 1 对灰白色粉被纵条纹，伸达背板后 2/3 处，两侧在肩胛之后、横沟之前被白色粉斑，翅后胛具黄白色斑，背板被浅色毛，两侧在横沟之后被黑毛。小盾片黑褐色，基部色深，被灰白色粉；被黑色长毛，基部有 1 列浅色毛，盾下缨缺。胸部侧板黑色，中胸上前侧片后端、下前侧片后端上部被黄粉，形似黄斑，侧板被浅毛，上前侧片后背角及上后侧片被暗色毛，下前侧片上、下毛斑后端相连，基侧片及后胸腹板裸。中、后足基节、转节黑色、腿节基部暗红褐色。各足胫节及前足跗节浅黄色，中、后足跗节黄褐色，足上长毛黑色，其余毛同底色。翅透明，略带黄褐色，前缘黄色，端部和中部形成明显的褐色云斑，翅脉黄褐色。翅膜具微刺，以下区域裸：r 室（伪脉附近除外）、bm 室、cup 室前缘，臀叶基部具条形裸区。腋瓣近黄白色，平衡棒黄褐色。腹部长卵形，黑色，背板侧缘全黑色，具边，第 2～4 背板后侧角突出。第 1 背板被黑毛。第 2 背板中央具 1 对黄色狭横带，几与背板前缘平行，内端狭，外端较宽，两端向后伸达背板后部，但不达背板侧缘；背板被毛黄色，后缘具黑色平伏短毛。第 3 背板后缘具狭黄带，中部黄色横带两侧不达背板侧缘；背板被黄毛，横带之后被黑色半直立短毛，后缘黄带被毛黄色。第 4 背板近似第 3 背板，后缘黄带中央向前突出。第 5 背板黑色，后缘具三角状红黄斑，被黑毛。腹部腹面黑色，第 1 腹板后缘黄白色，第 2～4 腹板后缘黄白色；腹板被黑毛。

观察标本：1♀，山西历山舜王坪，2012.VII.29，王真采；3♀，山西翼城大河珍珠帘，2013.VII.28，霍科科采。

分布：山西（历山）、宁夏。

68 拟黄股长角蚜蝇 *Chrysotoxum similifestivum* Huo et Ren, 2007，山西省新记录

体长 9～10mm。复眼被稀疏白短毛。额中部具三角形黄色侧粉斑。颜柠檬黄色，具黑色中条纹和侧条纹。触角 3 节长度之比为 1：1：2。中胸背板两侧具黄色条纹，在横沟之后中断，前部中央具灰白色纵条纹。小盾片中域具黑斑，被黄色短毛。侧板黑色具黄斑。足黄色，前、中足基节、转节黑色，后足基节黑色，转节红褐色。前、中足腿节基半部略带红褐色，后足腿节红褐色，极端部黄色。跗节红褐色。翅 R$_{4+5}$ 脉显著弯曲。腹部背板后侧角不突出，第 2～5 背板具宽度一致的黄色弓形狭带，中部分离，第 2～5 背板侧缘后部红褐色，第 3～5 背板后缘具红褐色狭带。

观察标本：1♀，山西沁水下川，2012.VII.26，强红采；1♀，山西翼城大河，2012.VII.28，王真采；1♀，山西沁水下川富裕河，2013.VII.25，霍科科采。

分布：山西（历山）、河北。

69 瘤突长角蚜蝇 *Chrysotoxum tuberculatum* Shannon, 1926，山西省新记录

体长 12～16mm。雌性额两侧具黄色粉被斑。颜柠檬黄色，正中具黑色纵条，两侧具黑条。触角第 3 节长于基部两节之和。中胸背板黑色，正中具 1 对淡色粉被纵条。小盾片正中具暗黄色半透明斑和金黄色长密毛，并混有黑色或褐色毛。胸部侧板黑色具黄斑。后足转节具黑色短粗突起，突起上具短粗黑鬃。翅透明。腹部第 2～4 背板各具 1 黄色狭横带，该横带两端略扩大，中部狭中断；第 5 背板黄带宽中断，第 3～5 背板后缘黄色。

观察标本：2♀，山西沁水下川，2012.VII.25/26，王真、强红采；2♀，山西翼城大河，2012.VII.30，王真采。

分布：山西（历山）、内蒙古、北京、河北、陕西、四川；苏联。

70 土斑长角蚜蝇 *Chrysotoxum vernale* Loew, 1841 山西省新记录

体长 11～14mm。雄性复眼被淡色短毛。额亮黑色，沿眼缘覆黄色粉被。颜黄色，具亮

黑色中纵条和侧条。触角第 3 节明显短于基部两节之和。中胸背板正中具 1 对灰色粉被中条，两侧具宽的黄色纵条。侧板黑色，具 3 对黄斑。小盾片黄色，具黑色大中斑，被黑色长毛。足红黄色，基节、转节及腿节基部黑色。翅前缘黄色至黄褐色。腹部第 2～5 背板具较窄且中部中断的黄色弓形横带，第 2～4 背板后缘黄色极窄，第 5 背板后缘横带略宽。

观察标本：1♂，山西沁水下川，2012.VII.24，强红采；2♀，山西翼城大河，2012.VII.28，王真采。

分布：山西（历山）、黑龙江、吉林、辽宁、河北、浙江；苏联，伊朗，欧洲。

71 狭角毛蚜蝇 Dasysyrphus angustatantennus Huo，Zhang et Zheng, 2005，山西省新记录

体长 9mm。复眼密被暗褐色毛。额黑色，被浅色长毛，前端被黑褐色毛。颜灰黄色，密被灰黄色粉及浅色毛，黑褐色中条宽，复眼下方具黑褐色条纹。触角第 3 节长为高的 2.4 倍。中胸背板黑色，两侧在横沟之后暗黄色，前部中央具 2 条黑灰色条纹。小盾片暗黄色，被棕黄色长毛。足黑色，股节端部棕黄色，前、中足胫节棕黄色，后足胫节基半部浅棕色，前、中足跗节暗褐色。翅痣黑褐色。腹部无边，第 2 背板基部近 2/3 浅黄色，背板后缘具浅黄色狭带，第 3 背板具浅黄色带，后缘具狭黄带，第 4 背板前半部具黄带，后缘具较狭的黄边。

观察标本：1♂，山西沁水下川东峡，2013.VII.26，霍科科采。

分布：山西（历山）、陕西。

72 双线毛蚜蝇 Dasysyrphus bilineatus (Matsumura, 1917)，山西省新记录

体长 13～15mm。颜橘黄色，两侧密覆黄色粉被和椭圆形黄褐色大中斑，中突大、裸，具 1 对黑褐色亚中条，两侧具短的黑褐色侧条。雌性颜黑色；额中部覆黄白色宽粉被横带；颜黄色具黑褐色宽侧条。触角黑色。中胸背板具灰白色粉被宽纵条纹。小盾片黄色，毛黑色。足基节、转节、前中足腿节基部 1/3、后足腿节基部 2/3 黑色，其余黄色；后足胫节中部具黑斑，跗节端部 4 节色暗，后足跗节黑褐色。腹部第 2～4 节近前缘各具 1 对大的黄色横斑；第 2 节黄斑近长方形；第 3、4 节黄斑后缘中央深凹；第 4、5 节后缘黄色狭，第 5 节基角具 1 对黄斑。

观察标本：2♂，山西沁水下川，2013.VII.23，霍科科采；1♂3♀，山西沁水下川富裕河，2013.VII.25，霍科科采；1♀，山西翼城大河，2013.VII.30，霍科科采。

分布：山西（历山）、吉林、辽宁、北京、台湾；苏联，朝鲜，日本。

73 布氏毛蚜蝇 Dasysyrphus brunettii (Hervé-Bazin, 1924)，山西省新记录

体长 7.5～11.0mm。复眼密被棕褐色毛。颜黑褐色中条几达触角基部，口缘黑褐色，两侧黑褐色，被黑毛。触角芒基半部高倍镜下可见微毛。中胸背板具 4 条灰纵带。小盾片基部被棕黄色毛，余为黑毛。足棕黄色，各足基节，转节，前、中足腿节基部 1/2，后足腿节基部 5/6 黑色，后足胫节中部具黄环，跗 2～5 节背面黑褐色，后足跗节背面近黑色。腹部第 2 背板中部两侧具三角形黄斑；第 3 背板中部之前具新月形黄斑，内端前伸并相连；第 4 背板中部之前具黄带；第 4、5 背板后缘狭棕黄色。雌性腹部第 2～4 背板黄斑较窄，第 5 背板两侧前角黄色，第 4～5 背板后缘具狭黄带。

观察标本：8♂2♀，山西沁水下川，2012.VII.23～26，王真、强红采；1♂4♀，山西翼城大河，2012.VII.28/31，王真、强红采；26♂17♀，山西历山舜王坪，2012.VII.30，强红、王真采；3♂，山西沁水下川，2013.VII.23，霍科科采；23♂11♀，山西历山舜王坪，2013.VII.24，霍科科采；1♂，山西沁水下川富裕河，2013.VII.25，霍科科采；3♂4♀，山西翼城大河珍珠帘，2013.VII.28，霍科科采。

分布：山西（历山）、陕西、甘肃、四川；印度，尼泊尔。

74 三带毛蚜蝇 *Dasysyrphus tricinctus* (Fallén, 1817)，山西省新记录

体长 10～12mm。额黑色，毛黑色。颜棕黄色，正中具黑色纵条，两侧具黑色短侧条，口缘及颊黑色。雌性额两侧具灰黄色斑。中胸背板毛棕黄色。小盾片棕黄色，毛大部分黑色。足基节、转节及前、中足腿节基部 1/3～1/2、后足腿节 2/3～4/5 均为黑色，前足跗节第 2～4 节；中足跗节第 3～5 节均黑褐色。腹部第 2 背板中部具 1 对细狭的小黄斑，有时消失；第 3 背板黄横带很宽，正中断裂或仅后缘呈三角形切口；第 4 背板前缘黄带极狭，两侧宽，正中分离或不分离；第 4、5 背板后缘黄色，第 5 背板两侧前角具小黄斑。

观察标本：1♂，山西沁水下川富裕河，2013.VII.25，霍科科采。

分布：山西（历山）、黑龙江、内蒙古、河北；苏联，蒙古，日本，欧洲。

75 浅环边蚜蝇 *Didea alneti* (Fallén, 1817)，山西省新记录

体长 12～14mm。雄性头部黄色。头顶三角具黑毛。额被黄毛。口缘黑色延伸至颜中突。雌性额正中具"Y"形黑斑，前部斑之两叉不达触角基部。中胸背板亮黑色，被灰黄色竖毛，或中部有或黑毛形成的横带。小盾片被黑毛。足大部分暗棕色至黑色，前、中足腿节端半部黄色，胫节基半部红黄色；后足腿节端部及胫节基部红黄色。翅 r_{4+5} 脉在 R_5 室中部呈环状凹入较浅。腹部绒黑色，第 2 背板具 1 对斜置较长黄斑；第 3 背板具 1 条较直横带，后缘正中深凹；第 4 背板具 1 对三角形或锥形斑；第 5 背板无斑。

观察标本：2♂2♀，山西历山舜王坪，2012.VII.27，29，王真采；1♂，山西翼城大河珍珠帘，2013.VII.28，霍科科采；1♂，山西翼城大河，2013.VII.30，霍科科采；

分布：山西（历山）、辽宁、陕西、甘肃、浙江、江西、四川；苏联，蒙古，朝鲜，日本，欧洲，北美。

76 巨斑边蚜蝇 *Didea fasciata* Macquart, 1834

体长 12～13mm。雄性额被黑色长毛；颜亮黄色，无黑色中条。雌性额正中"Y"字形黑斑基部前部两叉较粗短，达或不达触角基部。中胸背板前部正中具 1 对不明显的灰色纵条。小盾片毛黄色，或边缘具若干黑毛。足黑色，前、中足腿节端部 2/3 及胫节橘黄色，后足腿节末端橘黄色。腹部第 2 背板具 1 对卵形大斜斑；第 3、4 背板各具 1 条黄色宽横带，带后缘正中凹入极深，但不分割；第 2、3 背板后缘具光泽，第 4 背板后缘为 1 个三角形金属亮斑，第 5 背板全黑色具光泽。雌性黄斑和横带较雄性宽，第 5 背板两侧具三角形黄色或橘黄色斑。

观察标本：2♂4♀，山西沁水下川，2012.VII.24/26，王真、强红采；2♂，山西历山舜王坪，2012.VII.27，王真采；3♂1♀，山西翼城大河，2012.VII.28，王真采；1♂1♀，山西历山舜王坪，2013.VII.24，霍科科采；3♂2♀，山西沁水下川东峡，2013.VII.26，霍科科采；5♂7♀，山西翼城大河，2013.VII.27，30，霍科科采；2♂，山西翼城大河珍珠帘，2013.VII.28，霍科科采。

分布：山西（历山等）、江苏、浙江、江西、福建、台湾、四川、云南；苏联，日本，欧洲，印度。

77 中条山边蚜蝇 *Didea zhongtiaoshanensis* Huo et Wang, 2014

雄性复眼被稀疏白色短毛。额柠檬黄色，被黑毛。雌性额突背面中央具箭头状黄短斑。颜黄白色，中央具半透明的黄色条纹，被黄白色毛。胸部背板黑色，两侧具不明显的灰白色粉被宽条纹，中央具 1 对灰白色条纹。小盾片被黄色长柔毛，端混生少数黑毛。足黑色，前足腿节端部近 2/3、胫节、中足腿节端部近 2/3 及胫节棕黄色；后足腿节端部黄褐色。平衡棒黄白色。腹部绒黑色，第 2 背板具 1 对斜置的黄绿色斑；第 3 背板基部黄绿色横带后缘中央

三角状深凹；第 4 背板黄绿色横带后缘三角状凹口宽；第 5 背板黄褐色，具黑色横带。雌性腹部第 5、6 背板中央黑斑呈新月状。

　　观察标本：1♂，山西沁水下川富裕河，2013.VII.25，霍科科采；2♀，山西沁水下川东峡，2013.VII.26，霍科科采；1♂，山西翼城大河珍珠帘，2013.VII.28，霍科科采；2♀，山西翼城大河，2013.VII.29～30，霍科科采。

　　分布：山西（历山）。

78 宽带直脉蚜蝇 Dideoides coquilletti (Van der Goot, 1964)，山西省新记录

　　体长 17mm。雄性头顶黑色，被黑毛。额和颜红黄色，额密被黑毛，颜被黄毛。触角红黄色。中胸背板具金属光泽和 3 条黑褐色纵条，两侧缘红黑色；背板毛黄褐色，翅上方及翅后胛具长黑毛。小盾片红黑色，毛黑色。各足基节、转节、前、中足腿节基部、后足腿节基部 3/4 黑色，其余黄色。腹部第 2 背板中部具 1 对狭三角形黄斑；第 3 背板中部具红黄色宽弓形横带；第 4 背板具相似但不明显的横带；第 3、4 背板后缘及第 5 背板整个红褐色；腹背毛基部 3 节黑色，端部 2 节黄色。

　　观察标本：1♂，山西沁水下川，2012.VII.23，王真采；1♀，山西沁水下川东峡，2013.VII.26，霍科科采。

　　分布：山西（历山）、浙江、江西、福建、台湾、四川；日本。

79 平腹垂边蚜蝇 Epistrophe lamellate Huo, Ren et Zheng, 2007

　　体长 16mm。复眼上半部被稀疏白色短毛。额部基部及两侧密被黄粉，被黑毛。雌性额黄色，被黑毛，覆金黄色粉，中央暗褐色细条纹伸达额中部。颜橙黄色，中域裸而亮，两侧被橙黄色粉和毛。中胸背板黑色，两侧暗黄色，被黄粉，被橙黄色毛。小盾片黄色，被黑毛。足橘黄色，跗节略带棕红色。腹部长卵形，背腹极扁，棕黄色。第 2 背板后缘具黑带。第 3 背板前缘具狭长黑带，后缘黑带两端向前略延伸，第 4 背板后部具黑褐色带。

　　观察标本：1♀，山西沁水下川富裕河，2013.VII.25，霍科科采。

　　分布：山西（历山等）、陕西、甘肃、四川。

80 直带垂边蚜蝇 Epistrophe rectistrigata Huo et Ren, 2006，山西省新记录

　　体长 12～14mm。复眼裸。额棕黄色，覆棕黄色粉及黑色长毛；雌性额黑色，两侧具长条形黄白色粉斑。颜棕黄色，被黄白色粉及毛。中胸背板中央具 1 对灰白色纵条纹；侧缘棕黄色；被毛黄或棕红色。小盾片棕黄色，被毛棕黄色，后部有黑毛。各足转节、前、中足腿节基部及后足腿节基部近 1/2 黑色，前、中足第 2～4 跗节背面暗褐色，后足跗节背面黑色。腹部第 2 背板基部具三角形棕黄色侧斑；第 3 背板基部 1/2 棕黄色；第 4 背板棕黄色，后半部具黑色横带；第 5 背板棕黄色。雌性腹部背板横斑和带较雄性狭，第 5 背板黄褐色，中部具黑色横带。

　　观察标本：16♂2♀，山西沁水下川，2012.VII.24～25，强红、王真采；6♂4♀，山西历山舜王坪，2012.VII.25，强红采；1♂，山西沁水下川富裕河，2013.VII.25，霍科科采。

　　分布：山西（历山）、黑龙江、河北。

81 黑带蚜蝇 Episyrphus balteatus (De Geer, 1842)

　　体长 8～10mm。头部棕黄色，覆灰黄色粉被。额具黑毛，在触角上方两侧各具 1 小黑斑。颜毛黄色。雌性额正中具不明显暗色纵线。中胸背板黑绿色，粉被灰色，具 4 条亮黑色纵条。小盾片被长黑毛，周缘毛黄色。足棕黄色，基、转节黑色，后足跗节除基节外均为棕褐色。腹部斑纹变异很大，大部分棕黄色；第 1 背板黑绿色；第 2～4 背板后缘除宽的黑色横带外，

各节近基部有黑色狭窄横带，黑带达或不达背板侧缘；第 5 背板大部分棕黄色，中部小黑斑不明显。

观察标本：37♂92♀，山西沁水下川，2012.VII.23～26，强红、王真采；9♂9♀，山西翼城大河，2012.VII.28～31，王真采；24♂20♀，山西历山舜王坪，2012.VII.27～30，强红、王真采；5♂3♀，山西翼城大河，2012.VII.31，强红采；1♂3♀，山西沁水下川，2013.VII.23，霍科科采；1♂1♀，山西历山舜王坪，2013.VII.24，霍科科采；1♂，山西沁水下川富裕河，2013.VII.25，霍科科采；1♂，山西沁水下川东峡，2013.VII.26，霍科科采；4♂1♀，山西翼城大河，2013.VII.27，29，霍科科采；2♀，山西翼城大河珍珠帘，2013.VII.28，霍科科采。

分布：山西（历山等）、黑龙江、吉林、辽宁、内蒙古、北京、天津、河北、山东、河南、陕西、宁夏、青海、新疆、江苏、上海、安徽、浙江、湖北、江西、湖南、福建、广东、海南、香港、澳门、广西、重庆、四川、贵州、云南、西藏；东洋区，苏联，蒙古，日本，欧洲，阿富汗，北非，澳洲区。

82 黄盾密毛蚜蝇 *Eriozona syrphoides* (Fallén, 1817)，山西省新记录

体长 15mm。复眼毛黄褐色。头顶和额黑色，覆黄色粉被和直立黑色毛。额前方裸，光亮，毛淡色。颜黄褐色，被同色毛，中突小。触角黑色；芒棕色，端部黑色，基半部粗。中胸背板黑色，前、后部被棕黄色毛，中部被黑毛，背侧片、翅后胛及中胸上后侧片上部被棕黄色长密毛；侧板黑色，毛棕黄色。小盾片黄色，密被棕黄色长毛。足基节、转节、腿节黑色，腿节端部及胫节、跗节红黄色或红褐色。翅中部具黑褐色斑。腹部基部 3 节黑色，第 1、2 背板密被棕黄色长毛，第 3 背板密被黑短毛，第 4、5 背板红黄或锈红色，被同色毛。

观察标本：1♀，山西沁水下川，2012.VII.23，强红采；1♂，山西历山舜王坪，2012.VII.27，强红采；1♂1♀，山西历山舜王坪，2013.VII.24，霍科科采；1♀，山西沁水下川富裕河，2013.VII.25，霍科科采。

分布：山西（历山）、内蒙古、新疆；苏联，欧洲。

83 宽带优蚜蝇 *Eupeodes* (*Eupeodes*) *confrater* (Wiedemann, 1830)，山西省新记录

体长 8～15mm。头顶亮黑色，被黑毛，头顶三角前部毛黑色，后部毛黄色。额、颜及颊棕黄色，覆同色粉被，额中部具黑毛，颜被淡黄色毛。中胸背板黑色，两侧自肩胛至翅后胛具不明显的黄棕色纵条；背板被黄毛。小盾片黄色，具黑毛，周缘混杂黄毛。足棕黄色，仅基节、转节、跗节中部 3 节棕褐色至褐色；后足腿节中部常具暗棕色斑，有时几乎全黑色；后足胫节端半部或多或少棕色。腹部第 2～4 背板各具棕黄色宽横带；第 2 背板横带正中细狭，后缘呈弧形；第 3、4 背板横带较直，较近背板前缘；第 4 背板黄色后缘较宽；第 5 背板黄色，正中具黑斑。

观察标本：1♂，山西沁水下川，2012.VII.24，强红采；1♂，山西沁水下川富裕河，2013.VII.25，霍科科采；2♂，山西沁水下川东峡，2013.VII.26，霍科科采；1♂3♀，山西翼城大河，2013.VII.27，30，霍科科采；3♂24♀，山西翼城珍大河珠帘，2013.VII.28，霍科科采。

分布：山西（历山）、陕西、甘肃、江苏、江西、湖南、广西、四川、贵州、云南、西藏；日本，东洋区，新几内亚。

84 大灰优蚜蝇 *Eupeodes* (*Eupeodes*) *corollae* (Fabricius, 1794)

体长 9～10mm。头顶三角黑色，具黑短毛。额和颜棕黄色，额毛黑色，颜具黄毛和黑色中条。触角棕黄至黑褐色，第 3 节基部下侧色略淡。中胸背板暗绿色，毛黄色。小盾片棕色，

被同色毛，有时混杂黑毛。足棕黄色，后足腿节基半部及胫节基部4/5黑色。腹部黑色，第2～4背板各具1对大形黄斑；第2背板黄斑外侧前角达背板侧缘；雄性第3、4背板黄斑中间常相连，雌性黄斑完全分开；第4、5背板后缘黄色；雄性第5背板大部分黄色，雌性第5背板大部分黑色。

观察标本：9♂7♀，山西沁水下川，2012.VII.23～26，王真、强红采；；3♂，山西历山舜王坪，2012.VII.27，强红、王真采；1♂，山西历山舜王坪，2013.VII.24，霍科科采；1♀，山西沁水下川富裕河，2013.VII.25，霍科科采。

分布：山西（历山等）、黑龙江、吉林、辽宁、内蒙古、北京、天津、河北、山东、河南、陕西、宁夏、甘肃、青海、新疆、江苏、浙江、湖北、江西、湖南、福建、台湾、广西、四川、贵州、云南、西藏；苏联，蒙古，日本，亚洲，欧洲，北非。

85 宽条优蚜蝇 *Eupeodes* (*Eupeodes*) *latifasciatus* (Macquart, 1829)，**山西省新记录**

体长8～10mm。复眼裸。头顶三角黑色，前部短，毛黑色，后部覆黄色粉被及黄毛。额中部毛黑色，两侧及后部黄色，额前方裸。颜具黄毛，中突裸，色较深。触角大部分棕红色；芒短，基部2/3粗。中胸背板亮黑色，两侧不明显棕黄色，翅后胛棕褐色；背板毛长，黄色，两侧毛棕黄至棕红色。小盾片黄色，毛同色。足棕黄色，基节和转节黑色，前足跗节中部3节色略暗。腹部第2背板具1对近三角形大黄斑；第3、4背板各具黄色宽横带，第1条黄横带两端不达背板侧缘，第2条黄横带仅前角达背板侧缘；第3背板后缘棕黄色；第4背板棕黄色，具黑色小中斑。

观察标本：4♀，山西沁水下川，2012.VII.23～24，王真、强红采；1♀，山西沁水下川，2013.VII.23，霍科科采；1♀，山西翼城大河珍珠帘，2013.VII.28，霍科科采。

分布：山西（历山）、内蒙古、河北、新疆、四川、云南；苏联，蒙古，印度，阿富汗，叙利亚，欧洲，北美。

86 凹带优蚜蝇 *Eupeodes* (*Eupeodes*) *nitens* (Zetterstedt, 1843)

体长 10～11mm。雄性头顶亮黑色，雌性具紫色光泽，毛黑色。额黄色，毛黑色，雌性额正中具倒"Y"形狭黑斑，触角基部上方具1对棕色斑，被黑毛。颜黄色，口缘及中突黑色。中胸背板蓝黑色，被黄毛。小盾片黄色，大部分毛黑色，仅边缘毛黄色。足大部分黄色，前、中足腿节基部约1/3及后足腿节基部3/5黑色，前、中足跗节中部3节及后足跗节端部4节褐色。腹部第2背板中部具1对近三角形黄斑，其外缘前角达背板侧缘；第3、4背板具波形黄色横带，其前缘中央有时浅凹，后缘中央深凹，外端前角常达背板侧缘，第4、5背板后缘黄色狭。

观察标本：2♂3♀，山西沁水下川，2012.VII.23～25，王真、强红采；1♂1♀，山西历山舜王坪，2012.VII.29，王真采；1♂，山西沁水下川东峡，2013.VII.26，霍科科采。

分布：山西（历山等）、吉林、内蒙古、北京、河北、陕西、甘肃、宁夏、新疆、江苏、浙江、江西、福建、广西、四川、云南、西藏；苏联，蒙古，朝鲜，日本，欧洲，阿富汗。

87 云优蚜蝇 *Eupeodes* (*Eupeodes*) *nuba* Wiedemman, 1830，**山西省新记录**

体长8～10mm。头顶和额基部2/3亮黑色，具紫色光泽，额端部1/3黄色，额中部两侧具黄粉斑，粉斑间距宽；头顶和额被黑毛。颜黄色，被黄粉和黄毛，口缘及中突略带褐色。触角棕褐至棕黑色。中胸背板蓝黑色，被黄毛，两侧具边界不明显的暗黄色边。小盾片黄色，大部分毛黑色，仅边缘毛黄色。前足腿节后侧长毛全部黄色；足大部分黄色，腿节基部黑色，前、中足跗节中部3节及后足跗节端部4节褐色。腹部，第2背板中部具1对近三角形黄斑，其外缘前角达背板侧缘；第 3～4 背板具波形黄色横带，其后缘中央深凹，第 4 背板后缘黄色狭；第 5 背板黄色，中央具黑色弓形斑。

观察标本：5♀，山西沁水下川，2012.VII.23/25，王真、强红采； 9♀，山西历山舜王坪，2012.VII.27～30，强红采；5♀，山西翼城大河，2012.VII.28/31，王真采。

分布：山西（历山）、新疆；苏丹，埃及，摩洛哥，以色列，南斯拉夫。

88 优蚜蝇 *Eupeodes* (Eupeodes) sp.

观察标本：6♀，山西沁水下川，2012.VII.23～26，王真采；6♀，山西历山舜王坪，2012.VII.27，29，强红、王真采；1♀，山西翼城大河，2012.VII.28，王真采。

89 横带壮蚜蝇 *Ischyrosyrphus transifasciatus* Huo, Ren *et* Zheng, 2007，山西省新记录

体长 11～12mm。复眼密被暗褐色毛。额柠檬黄色，基部被金黄色粉，基部被毛棕黄色，端部被毛黑色；雌性额部仅前端中央黑色，具黑褐色纵条，两侧密被黄色粉斑。颜橘黄色，两侧被金黄色粉，中域裸，被棕黄色毛。触角芒明显被毛。中胸背板铜黑色，两侧被金黄色粉被，被棕黄色毛。小盾片被棕黄色毛。足橘黄色，被棕黄色毛，各足基节、转节，前、中足腿节基部近 1/3、后足腿节基部近 5/6 黑色，雌性后足胫节中央缺黑环。腹部第 2 背板前部具 1 对近方形桔黄斑，分离；第 3 背板前部具黄横带，后缘中央角状凹入，第 4 背板似第 3 背板，第 4、5 背板后缘暗黄色。

观察标本：13♀，山西历山舜王坪，2012.VII.27～30，强红采；1♀，山西翼城大河，2012.VII.28，王真采；1♂1♀，山西历山舜王坪，2013.VII.24，霍科科采。

分布：山西（历山）、河北、陕西。

90 黄毛平背蚜蝇 *Lamellidorsum piliflavum* Huo *et* Zheng, 2005

体长 9.5mm。头部半球形，复眼裸。额暗黄色，被黑毛，中部黄毛，额角约 50°。颜覆黄粉及黄毛，中突明显突出，小而圆、裸。触角芒棕基部高倍镜下见微毛。中胸背板黑色，两侧暗黄色，被棕黄色毛。小盾片黄色，被黄毛。足棕黄色，前、中足基节、转节暗褐色；后足基节、转节黑褐色，腿节基部 5/6 黑褐色，胫节及跗节背面暗褐色。翅膜无裸区，翅后缘具 1 列间隔均匀的骨化黑色小点。腹部无边，第 2 背板两侧具三角状长黄斑，两斑宽地分离；第 3、4 背板基部具宽黄带，第 4 背板后缘具黄边。第 5 背板黄色。

观察标本：1♂，山西沁水下川富裕河，2013.VII.25，霍科科采。

分布：山西（历山等）、陕西、甘肃。

91 黑色白腰蚜蝇 *Leucozona lucorum* (Linnaeus, 1758)，山西省新记录

体长 10mm。复眼密被棕褐色毛。额亮黑色，具黑毛，眼缘两侧黄色粉被斑较宽，雌性额密覆黄粉被和棕黄色毛。颜黄色，被同色毛。中胸背板青黑色，正中具 3 条不明显纵条，被棕红色竖毛。小盾片棕黄色，密被极长黄毛。足黑色，各足膝部及胫节基半部黄色。腹部第 1 背板黑灰色；第 2 背板黄白至黄棕色，正中具黑纵条纹；第 3 背板或全部黑色，或前缘具极狭至较宽的黄斑，或黄斑极不明显；其余背板亮黑色。

观察标本：2♂♀，山西历山舜王坪，2012.VII.27～30，强红、王真采；2♂6♀，山西历山舜王坪，2013.VII.24，霍科科采。

分布：山西（历山）、黑龙江、吉林、辽宁、甘肃、四川、云南、西藏；苏联，蒙古，日本，欧洲，北美。

92 伞形美蓝蚜蝇 *Melangyna umbellatarum* (Fabricius, 1794)

体长 8mm。复眼覆稀疏白色短毛。额黑色，被黄色粉被和黑色长毛，前端黑亮，裸；雌

性额中部两侧具大型黄白色粉斑。颜黄色，黑色条纹伸达触角基部之间。触角芒裸。中胸背板黑色，横沟之前具灰白色粉被侧条纹，被棕黄色毛。小盾片黄色被黑毛，基部毛黄色。足黑色，前、中足腿节端部、胫节基部和极端部、第 1 跗分节基部棕黄色，后足膝部黑褐色。腹部黑色，第 2 背板近中部两侧具椭圆形黄斑；第 3、4 背板基部两侧具黄斑；第 4、5 背板后缘具黄边。雌性腹部第 2 背板黄斑超过背板侧缘，第 5 背板基部两侧具小黄斑。

观察标本：1♂，山西历山舜王坪，2012.VII.27，王真采；2♂，山西翼城大河，2012.VII.28，王真采；2♂，山西历山舜王坪，2012.VII.30，强红采；1♂，山西历山舜王坪，2013.VII.24，霍科科采；1♂，山西翼城大河珍珠帘，2013.VII.28，霍科科采。

分布：山西（历山等）、河北、四川、云南。

93 黄带狭腹蚜蝇 *Meliscaeva cinctella* (Zetterstedt, 1843)

体长 9mm。额黄至棕黄色，在触角基部上方具黑棕色半圆形斑，两侧密覆棕黄色粉被和黑长毛；雌性额有时从头顶至半圆形斑之间具黑色宽纵条。中胸背板覆黄色粉被和毛。小盾片黄色，毛黑色。足红棕色，后足腿节中部、后足胫节大部分及后足跗节棕褐色；雌性足色泽较淡，仅后足腿节近端部具宽的黑环。腹部第 2 背板两侧具三角形或长方形或卵形大黄斑；第 3、4 背板近前缘具棕黄色宽横带，第 4 背板后缘黄色；第 5 背板正中具黑斑，呈三角形，两侧棕黄色。

观察标本：1♀，山西沁水下川，2012.VII.23，强红采；17♀，山西历山舜王坪，2012.VII.27～30，强红、王真采；3♀，山西翼城大河，2012.VII.31，强红采；2♀，山西历山舜王坪，2013.VII.24，霍科科采；3♀，山西翼城大河珍珠帘，2013.VII.28，霍科科采。

分布：山西（历山等）、陕西、甘肃、湖北、广西、台湾、四川、云南、西藏；苏联，蒙古，日本，印度，斯里兰卡，尼泊尔，欧洲，北美。

94 宽带狭腹蚜蝇 *Meliscaeva latifasciata* Huo, Ren et Zheng, 2007，山西省新记录

体长 10～12mm。复眼裸。额前端中央及新月片具黑斑；基部毛棕黄色，端半部黑色；雌性额黑色，毛棕黄色，前端两侧黄色。颜橘黄色，被黄粉及黄毛。触角橘黄色，第 3 节背侧及端部上角黑色。中胸背板黑色，两侧在横沟之前暗黄色，具黄色粉被，翅后胛黑褐色，背板被棕黄毛。小盾片基部被黄毛，端部被黑毛。后足腿节端部具暗色斑，后足胫节和跗节黑色。腹部第 2 背板后缘具狭黑带，第 3 背板前缘具狭黑带，后缘黑带宽，第 4 背板前缘具狭黑边，后部具近弓形黑带，第 5 背板后部具倒 "V" 形小黑斑；雌性第 5 背板后部黑带较雄性宽，伸达背板侧缘。

观察标本：1♀，山西翼城大河，2012.VII.30，王真采。

分布：山西（历山）、陕西。

95 直带拟蚜蝇 *Parasyrphus lineolus* (Zetterstedt, 1843)，山西省新记录

体长 6～7mm。复眼裸。额黑色，基部及两侧密被橘黄色粉；雌性额中部具橘黄色横粉宽带。颜暗黄色，黑色中条上端伸达触角基部与中突之中部，口缘暗黑色，颜侧面黑色。触角暗黑色，芒裸。中胸背板黑色，被毛暗黄色。小盾片暗黄色，被黑毛。足暗黑色，前、中足腿节端部及其胫节基部 1/3 暗黄色。雌性前、中足腿节端部及胫节暗黄色，跗节暗褐色，前、中足胫节端部略暗。腹部第 2 背板中部两侧具 1 对三角形黄斑，第 3、4 背板基部具宽黄带，第 4 背板后缘具黄边，第 5 背板侧缘及后缘具黄边。雌性腹部第 3、4 背板黄带直，第 5 背板两侧前角及后缘黄色。

观察标本：1♀，山西翼城大河，2012.VII.28，王真采；1♀，山西历山舜王坪，2013.VII.24，霍科科采。

分布：山西（历山）、陕西、四川；欧洲、苏联、蒙古、新热带区。

讨论：据 Hippa（1968）描述，本种复眼具明显而分散的短毛，前、中足胫节端部具黑环，后足腿节端部黄色。

96 月斑鼓额蚜蝇 Scaeva selenitica (Meigen, 1822)

体长 12～13mm。额略鼓胀，黄色，密覆黄粉被及黑长毛。颜黄色，具黑中条，被黑毛。触角第 3 节长卵形，黑色，仅腹面棕色；芒裸，棕色。中胸背板黑色，前半部具黄毛，后半部毛棕黑色。小盾片黄色，被黑毛。足棕黄色，基节、转节、前、中足腿节基部 1/3～1/2、后足腿节除末端外均为黑色；后足胫节端半部具黑环；跗节背面黑色，末节黄色。腹部第 2 背板端半部、第 3、4 背板基半部各具 1 对月形黄斑，各斑外端较内端更近背板前缘；第 4 背板后缘黄色；第 5 背板黑色，侧缘及后缘黄色。

观察标本：2♂2♀，山西历山舜王坪，2012.VII.27～30，强红、王真采；2♂，山西翼城大河，2012.VII.28，王真采；2♂，山西沁水下川，2013.VII.23，霍科科采；9♂6♀，山西历山舜王坪，2013.VII.24，霍科科采；5♂8♀，山西翼城大河，2013.VII.28～31，霍科科采。

分布：山西（历山等）、黑龙江、吉林、北京、河北、甘肃、上海、江苏、浙江、江西、湖南、广西、四川、云南；苏联，蒙古，印度，越南，阿富汗，欧洲。

97 印度细腹蚜蝇 Sphaerophoria indiana Bigot, 1884

体长 6～7mm。额黄色，雌性额正中纵条黑色，不达触角基部。颜白黄至淡橘黄色，中突黄色。触角黄色，第 3 节圆形，顶端淡棕色。中胸背板具 1 对灰色粉被中条，背板两侧黄色纵条自肩胛直达小盾片基部。中胸侧板具明显黄斑。小盾片黄色，毛黄色。足黄色，跗节黄色至暗褐色。腹部色泽变异大，通常第 1 和第 2 背板基部黑带明显，第 2 背板中部具黄色横带，雄性其余各节主要黄色或橘黄色，雌性第 2～4 背板前后缘黑色，中部各具 2 条宽的黄色横带，第 5、6 背板黑色各具黄斑。

观察标本：3♂3♀，山西翼城大河，2012.VII.28，王真、强红采；1♂，山西沁水下川，2013.VII.23，霍科科采；1♂，山西沁水下川富裕河，2013.VII.25，霍科科采；2♂，山西沁水下川东峡，2013.VII.26，霍科科采；1♂1♀，山西翼城大河，2013.VII.29，霍科科采。

分布：山西（历山等）、黑龙江、河北、甘肃、江苏、浙江、湖北、湖南、福建、广东、广西、四川、贵州、云南、西藏；苏联，蒙古，朝鲜，日本，印度，阿富汗。

98 远东细腹蚜蝇 Sphaerophoria macrogaster (Thomson, 1869)，山西省新记录

体长 6～7mm。头黄色，头顶三角黑褐至黑色，稍具光泽，被黑毛；额与颜淡黄色，覆白色粉被，中突明显，光亮；雌性额宽，后半部亮黑色，正中黑色纵条宽约为额宽的 1/3 且达触角基部，额毛后半部黑色，前半部黄色。触角淡黄色，芒棕褐色。中胸黄色侧条达小盾片基部。小盾片黄色，被黄白色毛，后缘常具黑色长毛。足黄色，跗节深黄色，端部褐色。腹部大部深黄色；第 1 背板全黑色；第 2 背板前、后缘黑色，正中为极宽的黄色横带；其余各背板淡色，具略明显的深色带。

观察标本：2♂1♀，山西翼城大河，2012.VII.31，王真、强红采；1♂，山西沁水下川，2013.VII.23，霍科科采；1♂，山西沁水下川富裕河，2013.VII.25，霍科科采。

分布：山西（历山）、黑龙江、吉林、辽宁、内蒙古、江苏、江西、湖南、四川、贵州；苏联，蒙古，朝鲜，日本，印度，尼泊尔，印度，斯里兰卡，新几内亚，澳大利亚。

99 连带细腹蚜蝇 *Sphaerophoria taeniata* (Meigen, 1822)，山西省新记录

体长 8～10mm。额黄色，毛同色，较稀短。颜近乎裸，中突小；雌性额后部亮黑色，毛黑色，前部淡黄色，具亮黑色中条，达触角基部。触角黄色，第 3 节橘黄至橘红色，端部棕褐色。中胸背板覆灰黄色粉被和 1 对粉被纵条，背板被毛黄色。小盾片黄色，毛同色，后缘混杂黑毛。足色泽变异大，通常黄色，有时基节、转节、腿节基部棕褐至黑褐色，跗节棕黄至棕褐色。腹部第 1 背板全黑色；第 2 背板前、后缘黑色，其余各节背板仅前、后缘具棕褐至黑色狭带。腹背色泽及斑纹变异大，横带完整或正中断裂，达或不达背板侧缘。

观察标本：5♂5♀，山西沁水下川，2012.VII.23～26，王真、强红采；♂1♀，山西历山舜王坪，2012.VII.27，王真采；1♂，山西沁水下川，2013.VII.23，霍科科采；1♂，山西历山舜王坪，2013.VII.24，霍科科采；2♂，山西沁水下川富裕河，2013.VII.25，霍科科采；2♂2♀，山西翼城大河，2013.VII.29，霍科科采。

分布：山西（历山）、内蒙古、河北、甘肃、湖南；苏联，蒙古，日本，欧洲。

100 绿色细腹蚜蝇 *Sphaerophoria viridaenea* Brunetti, 1915，山西省新记录

体长 7～8mm。雌性额正中具"T"形黑纵条，达触角基部上方。颜具黑色宽纵条，该纵条约占颜 1/3 宽。触角橘红色，第 3 节覆白色粉被，背侧棕色或略暗，有时棕色。中胸背板两侧黄色纵条仅达横沟。小盾片毛黑色。足黄色，仅后足跗节棕色或色略暗。腹部第 2～4 背板前、后缘黑色横带明显或不明显；第 1 背板除前角外全黑色；第 2 背板前、后缘黑色横带较宽；有时第 3 背板前缘具 1 狭的暗色带，其余各节暗色带不明显；第 5 背板红棕色，后缘中部具浅切口；雌性腹部色泽较雄性暗，大部分黑色，第 2～4 背板中部各具较宽的黄色横带，第 5 背板前角黄色。

观察标本：1♀，山西沁水下川，2012.VII.23，强红采；1♂，山西历山舜王坪，2012.VII.29，王真采；1♀，山西翼城大河，2012.VII.31，王真采；1♂，山西沁水下川东峡，2013.VII.26，霍科科采。

分布：山西（历山）、黑龙江、内蒙古、北京、河北、甘肃、新疆、上海、福建、台湾、广东、海南、四川、云南、西藏；苏联，蒙古，朝鲜，印度，阿富汗。

101 细腹蚜蝇 *Sphaerophoria* sp.

观察标本：2♂，山西翼城大河，2012.VII.28，王真采；1♂，山西沁水下川东峡，2013.VII.26，霍科科采。

102 黄颜蚜蝇 *Syrphus ribesii* (Linnaeus, 1758)

体长 9～13mm。复眼裸。额棕红至棕黑色，被黑毛，触角基部上方具黑斑。颜黄色，覆黄白色粉被及淡色毛，正中裸。触角红棕色。中胸背板灰绿色或暗绿色，两侧略带红黄色；背板毛棕色。小盾片被黑色长毛。基节、转节、腿节基部、前、中足跗节（除基跗节外）及后足跗节背面黑棕色。腹部第 2 背板中部具 1 对卵形黄色大侧斑，外缘前角达背板侧缘；第 3～4 背板近前缘各具黄色横带，其后缘中央凹入，两端达背板侧缘；第 4 背板后缘黄色；第 5 背板中间黑色，前侧角及后缘黄色。

观察标本：1♀，山西沁水下川，2012.VII.24，强红采；2♀，山西历山舜王坪，2012.VII.30，强红采；1♀，山西沁水下川富裕河，2013.VII.25，霍科科采；1♀，山西翼城大河珍珠帘，2013.VII.28，霍科科采。

分布：山西（历山等）、吉林、辽宁、河北、陕西、甘肃、宁夏、新疆、四川、云南、西藏；苏联，蒙古，日本，阿富汗，欧洲，北美。

103 野蚜蝇 *Syrphus torvus* Osten-Sacken, 1875

体长 11～12mm。复眼上部具明显的灰白色短毛。额棕黑色，覆黄色粉被和黑长毛，前端中央裸。颜黄色，两侧覆黄色粉被和黑长毛。中胸背板暗黑色，密被黄色长毛，侧缘毛橘红色。小盾片黄色，密被黑长毛。足大部分黄色，基节、转节、前、中足腿节基部 1/4 及后足腿节基部 2/3、后足跗节背面黑色。腹部第 2 背板中部具 1 对黄斑，第 3、4 背板近前缘各具波形黄色横带，两端达背板侧缘，后缘中央稍凹入；第 4、5 背板后缘黄色；雌性斑纹较雄性狭。

观察标本：12♂16♀，山西历山舜王坪，2012.VII.27～30，强红、王真采；1♂，山西翼城大河，2012.VII.31，强红采；16♂4♀，山西历山舜王坪，2013.VII.24，霍科科采；2♂1♀，山西沁水下川富裕河，2013.VII.25，霍科科采。

分布：山西（历山等）、黑龙江、吉林、辽宁、河北、陕西、甘肃、新疆、上海、浙江、湖南、福建、台湾、四川、贵州、云南、西藏；苏联，蒙古，日本，印度，尼泊尔，泰国，欧洲，北美。

104 黑足蚜蝇 *Syrphus vitripennis* Meigen, 1822

体长 8～11mm。复眼裸。额红黄色，正中具黑斑，前部中央裸，橘黄色，额毛主要黑色。颜黄至棕黄色，被黄短毛，上部两侧被黑毛。中胸背板黑色，覆黄色粉被和黄毛。小盾片毛大部黑色，前侧角被黄毛。足大部分黑色，仅前、中足腿节端部 2/3、后足腿节端部 1/5、各足胫节、前、中足跗节黄色；雌性后足胫节中部有时具黑斑。翅 bm 室有裸区。腹部第 2 背板中部具 1 对卵形大黄斑，第 3、4 背板近前缘各具宽黄横带，横带前缘较平直，后缘中央凹入，两端达背板侧缘；第 4 背板后缘黄色；第 5 背板黑色，前侧角及后缘黄色。

观察标本：1♂2♀，山西沁水下川，2012.VII.23，26，王真、强红采；1♂3♀，山西历山舜王坪，2012.VII.27，29，强红、王真采。

分布：山西（历山等）、吉林、河北、陕西、甘肃、新疆、浙江、湖南、福建、台湾、广西、四川、贵州、云南、西藏；苏联，蒙古，日本，伊朗，阿富汗，欧洲，北美。

105 蚜蝇 *Syrphus* sp.

观察标本：3♂28♀，山西沁水下川，2012.VII.23～26，王真、强红采 8♂10♀，山西历山舜王坪，2012.VII.27～30，强红、王真采；1♂5♀，山西翼城大河，2012.VII.28/31，王真采；1♀，山西沁水下川，2013.VII.23，霍科科采；2♂5♀，山西历山舜王坪，2013.VII.24，霍科科采；♂♀，山西翼城大河珍珠帘，2013.VII.28，霍科科采；4♂12♀，山西翼城大河，2013.VII.29～30，霍科科采。

本种近似黑蚜蝇 *Syrphus vitripennis* Meigen, 1822，但前者后足胫节仅基部 1/3 黄色，翅膜裸区广泛。

106 褐线黄斑蚜蝇 *Xanthogramma coreanum* Shiraki, 1930，山西省新记录

体长 11～13mm。复眼裸。额触角基部上方具 1 棕色大斑和黑褐色中线并密覆黑长毛；颜橘黄色，中突裸；雌性额具黑色中纵条，从头顶至触角基部上方。触角深橘黄色。中胸背板前半部具 1 对灰棕色中条，两侧具橘黄色宽纵条，背板毛棕黄色。小盾片黑褐色，端部 1/3～1/2 黄色，被棕黄色长毛。足橘黄色，基节和转节深黑色。腹部第 2 背板具 1 对宽卵形黄斑；第 3、4 背板前缘各具黄横带，第 4 背板横带狭，有时正中最狭处横带几乎被分割为二；此外，第 3、4 背板中部各具狭的红棕色横带；第 5 背板大部棕黄色，仅中部具中等宽度的弧形黑斑，后缘具三角形大黑斑。

观察标本：3♂10♀，山西沁水下川，2012.VII.23～25，强红、王真采；1♂1♀，山西历山舜王坪，2012.VII.27，强红采；3♂4♀，山西翼城大河，2012.VII.30，王真采；2♀，山西沁水下川，2013.VII.23，霍科科采；1♀，山西沁水下川东峡，2013.VII.26，霍科科采；1♀，山西翼城大河，2013.VII.30，霍科科采。

分布：山西（历山）、北京、河北、陕西、甘肃、湖北、湖南、四川、云南；苏联，朝鲜。

107 黄斑蚜蝇 *Xanthogramma* sp.1

观察标本：1♂，2012.VII.25，山西沁水下川，王真采。

108 黄斑蚜蝇 *Xanthogramma* sp.2

观察标本：2♀，2012.VII.23，25，山西沁水下川，强红采。

致谢：感谢国家自然科学基金委员会和国家科学技术提供项目资助（项目编号：31071966；2012FY111100）。感谢山西历山国家级自然保护区管理局的大力支持，同时感谢标本采集者的辛苦付出。特别感谢河北大学石福明教授的精心组织和安排，使得调查工作得以顺利完成。

参 考 文 献

成新跃, 黄春梅, 等, 1998. 食蚜蝇科[M]//薛万琦, 赵建铭. 中国蝇类(上册).沈阳: 辽宁科学技术出版社: 118-223.

成新跃, 黄春梅, 段峰, 李亚哲, 1998. 中国缩颜蚜蝇族种类及地理分布(双翅目: 食蚜蝇科)[J].动物分类学报, 23(4): 414-427.

储西平, 何继龙, 1993. 中国带食蚜蝇属 *Epistrophe* 三新种记述[J].上海农学院学报, 11(2): 149-155.

何继龙, 李清西, 1992. 中国细腹食蚜蝇属的研究(双翅目: 食蚜蝇科)[J]. 上海农学院学报, 10(1): 13-22.

霍科科, 任国栋, 郑哲民, 2007. 秦巴山区蚜蝇科昆虫区系(昆虫纲, 双翅目)[M]. 北京: 中国农业科学技术出版社.

霍科科, 郑哲民, 2004. 陕西省长角蚜蝇属三新种记述(双翅目, 食蚜蝇科, 长角蚜蝇族)[J]. 动物分类学报, 29(1): 166-171.

李清西, 何继龙, 1994. 长角蚜蝇属一新种记述(双翅目: 食蚜蝇科)[J].昆虫分类学报, 16(2): 150-152.

李清西, 何继龙, 1992. 中国长角食蚜蝇属新种和新记录(双翅目: 食蚜蝇科)[J]. 上海农学院学报, 10(1): 68-76.

Brunetti E, 1923. Diptera. Pipunculidae, Syrphidae, Conopidae, Oestridae[M]//Shipley A E. Fauna of British India including Ceylon and Burma[Vol. III]. London: Taylor and Francis.

Huang C M, Cheng X Y, 2012. Fauna Sinica, Insecta Vol. 50, Diptera, Syrphidae[M]. Beijing: Science Press.

Knutson L V, Thompson F C, Vockeroth J R, 1975. Family Syrphidae[M]//Delfinodo, Hardy. A catalog of the Diptera of the oriental region. Vol, 2. Honolulu: The University Press of Hawaii: 324-328.

Peck L V, 1988. Syrphidae[M]//Soós Á, Papp L. Catalogue of Palaearctic Diptera, Volume 6. Amsterdam and Budapest: Elsevier Science Publishers and Akadémiai Kiadó: 11-230.

Shiraki T, 1930. Die Syrphidea des Japanischen Kaiserreichs, mit Berucksichtigung benachbarter Gebiete[M]. Taihoku: Memoirs of the Faculty of Science and Agriculture Taihoku imperial University.

Thompson C F, 1999. A key to the genera of the flower flies (Diptera: Syrphidae) of the neotropical region including descriptions of new genera and species and a glossary of taxonomic terms[J]. Contributions to Entomology, international, 3(3): 322-378.

Vockeroth J V, 1969. A revision of the genera of the Syrphini (Diptera. Syrphidae)[J]. Memoirs of the Entomological Society of Canada, 5-176.

Syrphidae

Huo Keke

(School of Bioscience and Engineering, Shaanxi University of Technology, Hanzhong, 723000)

The present research includes 108 species (including 8 unidentified species), 11 tribes, 3 subfamilies of Syrphidae in Lishan National Nature Reserve of Shanxi Province during the investigation in the year 2012 and 2013, among these species, 38 species, 6 genera, 16 tribes belong to subfamily Eristalinae, 1 species to Microdontinae, and 69 species, 30 genera, 4 tribes to Syrphinae. The investigation found that 64 species are newly recorded in Shanxi Province and *Spilomyia manicata* (Rondani, 1865) is firstly recorded from China. The male of *Spilomyia bidentica* Huo, 2013 and female of *Chrysotoxum liupanshanensis* Zhang, Huo et Ren, 2010 are firstly found and the detailed descriptions are provided.

寄蝇科 Tachinidae

侯鹏 [1,2]　张春田 [1]　王强 [1,3]　范宏烨 [1,4]　李新 [1]

（1 沈阳师范大学生命科学学院，沈阳，110034；2 中国农业大学植物保护学院，北京，100083；3 上海出入境检验检疫局，上海，200135；4 沈阳市和平区教育局，沈阳，110003）

寄蝇科成虫体长 2～20mm，触角 3 节，具额囊缝，下侧片鬃 1 列，后小盾片发达，下腋瓣发达，区别于双翅目中其他类群。

成虫主要舐吸植物的花蜜及蚜虫、介壳虫或植物茎、叶所分泌的含糖物质。寄蝇幼虫专门寄生在昆虫或其他节肢动物体内，以鳞翅目、鞘翅目、半翅目和直翅目昆虫为主，少数寄生于蜘蛛。由于幼虫羽化时杀死寄主，所以寄蝇是农、林业重要的害虫天敌。

世界已知寄蝇约 8500 种（O'Hara，2016），中国目前记录已达 1250 种（O'Hara *et al.*，2009；Zhang *et al.*，2010）。山西历山地区采到的 745 头寄蝇科标本，共记录 4 亚科 13 族 42 属 66 种，其中包括山西省新记录 30 种。

山西历山地区寄蝇科记录的 42 属 66 种中，有 11 个古北界种，3 个东洋界种，52 个古北和东洋界共有种，分别占山西省历山寄蝇种类总数的 16.67%，4.54%和 78.79%。我国现记录寄蝇科种类共 40 族 280 属 1253 种，历山分布的族、属、种分别占全国的 32.5%、15.0%、26.09%。统计分析显示，优势种为长翅特西寄蝇 *Trixa longipennis*，共采集 167 头标本，占标本总数的 22.36%；茹蜗寄蝇 *Voria ruralis* 87 头，占 11.65%；白带柔寄蝇 *Thelaira leucozona* 70 头，占 9.37%；暗黑柔寄蝇 *Thelaira nigripes* 49 头，占 6.56%；米兰迪内寄蝇 *Dinera miranda* 38 头，占 5.09%；小寄蝇 *Tachina iota* 33 头，占 4.42%；齿肛裸基寄蝇 *Senometopia dentata* 29 头，占 3.88%；钩肛短须寄蝇 *Linnaemya picta* 25 头，占 3.35%。优势属为特西寄蝇属 *Trixa* 167 头，占总数的 22.36%；柔寄蝇属 *Thelaira* 122 头，占 16.33%；狭颊寄蝇属 *Carcelia* 55 头，占 7.36%；迪内寄蝇属 *Dinera* 53 头，占 7.10%；寄蝇属 *Tachina* 46 头，占 6.16%；短须寄蝇属 *Linnaemya* 31 头，占 4.15%；菲寄蝇属 *Phebellia* 24 头，3.21%。

以上仅是对约 1 个月调查采集结果的分析，初步反映了历山寄蝇科昆虫区系分布格局。历山位于山西南部，处于由亚热带向温带的过渡地带，气候较山西北部温暖，降水量充足，森林覆盖率高。由于地理上位于古北界和东洋界的交界地带附近，南北方向上不存在大范围影响的地理隔离，物种较丰富（由于调查时间较短，没有真正反映出历山寄蝇科物种多样性），兼具南北分布种类。且山西处于高原与平原的交界，海拔与气温变化幅度大，使寄蝇在历山呈现多海拔范围性、多气温变化性分布，地区兼容性强的特征。

分亚科检索表

1 前胸腹板具毛或鬃，头部具向后弯曲的内侧额鬃，后足胫节末端无后腹鬃 2
- 前胸腹板裸，头部无向后弯曲的内侧额鬃，一般仅具 1 根向外侧弯曲的前顶鬃，后足胫节末端具 1 根发育程度不等的后腹鬃 4
2 体具绿色或蓝绿色金属光泽 ....寄蝇亚科 Tachininae（埃内寄蝇族 Ernestini）
- 体不具金属光泽 3
3 端横脉异常倾斜，赘脉特长，R_{4+5} 脉大部分具小鬃，雌雄性额均很宽并具 1 行粗大的前倾外侧额鬃，小盾片背面具 1 对或更多直立的鬃，翅侧片鬃细小或缺失 ....
....长足寄蝇亚科 Dexiinae（蜗寄蝇族 Voriini）
- 翅脉不如前述，雄性额总是窄于雌性，仅雌性额具外侧额鬃，小盾片背面中部无直立的鬃，翅侧片鬃粗大 ....追寄蝇亚科 Exoristinae
4 复眼被毛 ....寄蝇亚科 Tachininae
- 复眼裸或近于裸，若有毛，则毛很稀疏且短小 5
5 沟前鬃和全部翅内鬃同时缺失，腹部背面无鬃，仅具短小的毛....................................
....突颜寄蝇亚科 Phasiinae（突颜寄蝇族 Phasiini）
- 沟前鬃存在，至少有 1 根翅内鬃，腹部具明显的鬃 6
6 同时具备以下特征：头部为离眼型，侧颜裸，复眼的小眼面小而一致，触角长，与颊等高或略长于后者，触角芒裸，翅上鬃 1，翅内鬃 1，翅侧片鬃缺失或很小，小盾片具 2 对缘鬃 ....突颜寄蝇亚科 Phasiinae
- 不同时具备上述特征 7
7 同时具备以下特征：颊高大于或等于后梗节或整个触角长度，触角基部位于或低于复眼中部水平，额纵列下降侧颜仅达新月片水平，侧颜裸，触角芒羽状，翅侧片鬃存在，小盾片具 3 对缘鬃，下腋瓣宽，具突出的内侧后角，紧贴小盾片，前足基节前内侧面裸，腹部第 2 背板基部中央凹陷达后缘，其他背板无心鬃 ....
....长足寄蝇亚科 Dexiinae（长足寄蝇族 Dexiini）
- 不同时具备上述特征 8
8 同时具备以下特征：侧颜裸，无外侧额鬃，一般具向外弯曲的前顶鬃，触角芒裸，沟前翅内鬃缺失，沟后翅内鬃 1 或 2，翅侧片鬃细小或缺失，前足胫节无前背鬃列，前足基节内侧前表面裸，雄性前足跗节不加宽，腹部第 2 背板中央凹陷达后缘，各背板无心鬃，雌性后腹部具向后弯曲的端钩，有时具平的尾叶 ....突颜寄蝇亚科 Phasiinae
- 不同时具备上述特征 ....寄蝇亚科 Tachininae

长足寄蝇亚科 Dexiinae

分族和属检索表

1 触角明显长于颊高，雄性有时具前倾的眶鬃，侧颜具毛（蜗寄蝇族 Voriini）......................2
- 触角短于或至多等于颊高，雄性无前倾的眶鬃，侧颜多为裸（长足寄蝇族 Dexiini）........5
2 触角芒短毛状或羽状 ....柔寄蝇属 *Thelaira*
- 触角芒裸或基裸 3

3 侧颜裸 .... 筒寄蝇属 *Halydaia*

- 侧颜具前倾的鬃 4

4 腹侧片鬃 2，r_{4+5} 室闭合，具长柄 .... 裸盾寄蝇属 *Periscepsia*

- 腹侧片鬃 3 .... 蜗寄蝇属 *Voria*

5 触角芒裸或短毛状或羽状，触角短，前额膨大，且短于自身宽度的 2 倍，下颚须膨大，前足胫节端部具 1 根强壮的前腹鬃和后腹鬃，第 3、4 背板具一些心鬃 .... 特西寄蝇属 *Trixa*

- 触角芒羽状；后梗节是梗节长的 2～4.5 倍，前额长通常是宽的 3～8 倍，下颚须通常细长，部分种类退化；前足胫节端部具 1 根短的前腹鬃和 1 根后腹鬃，第 3、4 背板具 1～2 对心鬃或者缺失 6

6 颜脊高而窄，前胸前侧片通常裸，少数有毛，翅前缘脉第 2 节腹面具小毛；腹部第 1+2 合背板中央凹陷达到后缘，各背板多数具 1～2 对中心鬃 .... 长足寄蝇属 *Dexia*

- 颜脊低，或高而宽，前胸前侧片具毛，翅前缘脉第 2 节腹面裸；腹部第 1+2 合背板中央凹陷达或不达到后缘，各背板无或有中心鬃 .... 迪内寄蝇属 *Dinera*

长足寄蝇族 Dexiini

1 中华长足寄蝇 *Dexia chinensis* Zhang et Chen, 2010, 山西省新记录

体长 12.5～14.5mm；额宽为头宽的 1/8～9/8，侧颜裸，宽为后梗节宽的 3 倍，颊高为眼高的 0.4 倍，内顶鬃约为眼高的 0.2～0.3 倍，并且明显短于单眼鬃，外顶鬃毛状，单眼鬃和上方的额鬃相当；触角红黄色，梗节和触角芒淡棕色，后梗节长度是梗节的 2.5 倍，下颚须红黄色，前额长是宽的 3～4 倍。胸部底色黑，具棕灰色粉被，背部具 2 个黑色纵条，小盾片基部 1/2～2/3 棕黑色，端部具有黄灰色的粉被，前胸侧板裸，肩鬃 3～4 根，基部 3 根排成三角形，背中鬃 3+3，翅内鬃 2，腹侧片鬃 3；翅翅肩鳞和前缘基鳞棕黑色，中脉心角到 dM-Cu 的距离约为到翅后缘距离的 3 倍，下腋瓣外缘具短毛；中足胫节具后背鬃 2，前足爪略长于第 5 分跗节；第 1+2 合背板无中缘鬃，第 3 背板具 1 对中心鬃和 1 对中缘鬃，第 4 背板具 2 对中心鬃，具 0（1）侧心鬃及 1 行缘。

观察标本：山西沁水下川—猪尾沟，1200～1600m：3♂2♀，2012.VII.12～16，王强采；2♂，2012.VII.24，范宏烨采；2♀，山西翼城大河，1200～1600m，12012.VII.7～20，王强采。

分布：山西（历山）、北京、河北、陕西、宁夏、贵州、西藏。

2 淡色长足寄蝇 *Dexia flavida* (Townsend, 1925), 山西省新记录

体长 7.0～12.2mm；雄性头覆盖灰白色粉被，触角、下颚须红黄色；额宽约为头宽的 0.11～0.15 倍，侧颜宽约为后梗节宽度的 2 倍，颊高约为眼高的 0.3～0.4 倍，口缘不突出，后梗节长为梗节长的 3.0～4.5 倍，触角芒毛宽约为后梗节宽的 4 倍，前额长为宽的 5 倍；胸部背板具 4 黑色长纵条，小盾片基部黑色，端部 2/3 黄色，背中鬃 2+3，翅上鬃 2～3，腹侧片鬃常 3，少数 2，翅肩鳞棕黑色，前缘基鳞棕色到暗棕色，前缘刺长度短于 r-m 横脉的 1/2，中脉心角到 dM-Cu 脉的距离近似是到翅缘距离的 4 倍，下腋瓣外缘具短毛；足黄色，中足胫节具 2 根后背鬃；腹部长卵形，红黄色，背板几乎无粉被，第 1+2 合背板具 1 对侧缘鬃，无中缘鬃；第 3 背板无心鬃，具 1 行 6～8 根缘鬃。

观察标本：1♂，山西沁水下川西峡，1500～1600m，2012.VII.24，范宏烨采。

分布：山西（历山）、陕西、安徽、浙江、江西、福建、台湾、海南、广西、四川、贵州、云南；印度尼西亚，马来西亚，缅甸。

3 暗迪内寄蝇 Dinera fuscata fuscata Zhang et Shima, 2006

体长 5.5～9.5mm；额宽是头宽的 1/11～1/9，内顶鬃细且短，大约是眼高的 2/5，外顶鬃毛状，侧颜裸，触角黑色，梗节具 1 根长鬃，该长鬃略短于后梗节；胸部具变色粉被，背部具有 3 个黑色纵条，小盾片具灰白色粉被，背中鬃 3+（3～4），翅内鬃 0+2，翅上鬃 3 根；翅肩鳞黑色，前缘基鳞红黄色，前缘刺缺失，中脉心角到 dM-Cu 的距离近似是到翅缘距离的 2.5 倍；前足胫节具 2 根后背鬃，中足胫节具 1～2 根前背鬃（通常 1 根），3～4 根后背鬃和 1 根腹鬃，后足胫节具 4～8 根不规则的前背鬃，2～3 根后背鬃和 2 根腹鬃；腹部第 1+2 合背板仅达到基部的 1/2 处，具 2 根强壮直立的中缘鬃和 1 根长且强壮的侧缘鬃，第 3、4 背板的侧缘部分具毛。

观察标本：6♂，山西沁水下川，1200～1600m，2012.VII.12～16，王强采。

分布：山西（历山）、吉林、辽宁、河北、陕西、宁夏、浙江、四川、云南；日本。

4 米兰迪内寄蝇 Dinera miranda (Mesnil, 1963)，山西省新记录

体长 8.8～10.0mm；触角，触角芒和下颚须黄色，额宽大约是头宽 1/10，内顶鬃大约是眼高的 2/5，梗节具 2 根长鬃与后梗节等长，下颚须略长于触角；胸部黑色，具密的灰白色粉被，背中鬃 3+4，翅内鬃 0+2，翅上鬃 3，小盾片暗棕色除前方部分为浅灰棕色粉被；翅半透明，淡棕色，翅肩鳞黑色，前缘基鳞棕色，腋瓣白色，前缘刺缺失，中脉心角至 dM-Cu 脉到的距离近似是到翅缘的距离的 1.5 倍；前足胫节 1 根非常细的腹鬃，中足胫节具 1 根前背鬃 2 根后背鬃和 1 跟腹鬃；第 1+2 合背板中央凹陷达后缘，具 2 根细的中缘鬃，第 3、4 背板无心鬃。

观察标本：山西沁水下川—猪尾沟—西峡沟—富裕河，1200～1600m：23♂♀，2012.VII.12～16，王强采；4♂2♀，2012.VII.24～25；1♀，2012.VII.26，均范宏烨采。

分布：山西（历山）、黑龙江、辽宁；俄罗斯（远东地区南部），朝鲜。

5 鬃颜迪内寄蝇 Dinera setifacies Zhang et Shima, 2006，山西省新记录

体长 7.3～10.3mm；额宽是头宽的 1/11～1/8，间额下方加宽，大约是侧额中部宽的 2 倍，侧颜约是后梗节中部宽的 3 倍，侧颜上半部具密小毛；颜堤侧面观高且呈拱形，前部比较突出，内顶鬃细，长大约是眼高的 2/5，略短于单眼鬃；触角黑色，下颚须暗棕色到黑色；背部盾沟前具 5 个黑色纵条，小盾片基部暗棕色，端部具灰色粉被，肩胛具 3～5 根鬃，背中鬃 3+3，翅内鬃 0+2，翅上鬃 4，翅半透明，淡棕色，翅肩鳞和前缘基鳞暗棕色到黑色，腋瓣淡黄白色，中脉心角到 dM-Cu 脉的距离近似到翅缘距离的 1.3 倍；前足胫节 2 根后背鬃，中足胫节具 2 根前背鬃，2～3 根后背鬃，1 根腹鬃，后足胫节 3～4 根前背鬃，2～3 根后背鬃和 2～3 跟腹鬃；第 1+2 合背板中央凹陷达中缘鬃基部，未到后缘，第 5 背板具 1～2 行强壮的心鬃和 1 行缘鬃，第 5 腹板近似正方形。

观察标本：1♀，山西沁水下川，1200～1600m，2012.VII.12～16，王强采。

分布：山西（历山）、宁夏、青海、台湾、四川、云南、西藏；尼泊尔，巴基斯坦。

6 高野迪内寄蝇 Dinera takanoi (Mesnil, 1957)，山西省新记录

体长 11.0～13.5mm；雄性额宽大约是头宽的 1/7，侧颜宽是后梗节宽的 2.5～3 倍，颊高大约是眼高的 1/2；下颚须红棕色，长约等于后梗节；下腋瓣白色；背中鬃 3+4；中足胫节通常具 2 根前背鬃，靠上的 1 根有时细或者缺失，有 1 根强壮的腹鬃，后足胫节端部无后腹鬃；腹部通常宽大，两边微红色，前缘刺缺失，第 1+2 合背板具 2 强大中缘鬃，基部中央凹陷伸达中缘鬃基部，第 3 背板有时具 2 根相当短的中心鬃，第 5 腹板的侧叶端略尖。雌性头顶宽略短于头宽的 1/3，间额宽，近似等于侧额中间的宽度，侧颜大约是后梗节宽的 3～4 倍，内

顶鬃大约是眼高的 2/5，外顶鬃大约是内顶鬃的 1/2，单眼鬃略近似等于内顶鬃；胸部背板具 3 根宽大纵条；中足胫节 2～3 根强壮的前背鬃，爪和爪垫短于第 5 分跗节；腹部底色黑，均匀具灰白色粉被。

观察标本：山西沁水：2♂，下川，1200～1600m，2012.VII.12～16，王强采；5♂1♀，下川猪尾沟、普通沟，1500～1600m，2012.VII.24～25，范宏烨采。

分布：山西（历山）、黑龙江、辽宁；俄罗斯（远东地区南部），日本。

7 长翅特西寄蝇 *Trixa longipennis* (Villeneuve, 1936)，山西省新记录

体长 8.3～13.2mm；复眼裸，额宽是头宽 1/8～1/7，间额最窄处与侧额同宽，后部和侧颜裸，侧颜宽是后梗节宽的 2.5～3 倍，颊高是眼高的 1/2，内顶鬃长是眼高的 0.6～0.7 倍，与额鬃一样长，外顶鬃毛状，触角芒总宽与后梗节等宽，下颚须端部膨大，前颏长是宽的 1.5～2 倍；触角、下颚须和前颏红黄，触角芒棕色。胸部背面黑色，具灰黄色粉被，具 4 条黑色长条。背中鬃 3+3，翅内鬃 0+2，翅上鬃 3；前胸侧板裸，小盾片上有 3 对缘鬃和 1 对弱的心鬃；翅棕色，翅肩鳞和前缘基鳞红黄到棕，前缘刺长是 r-m 横脉的 1/2，中脉心角到 dM-Cu 脉与到翅缘的距离相等；前足胫节上有 2 根后背鬃，中足胫节上有 1 根前背鬃，2 根后背鬃，无腹鬃；后足胫节上有 2～3 根前腹鬃，2 根前背鬃和 2 根后背鬃；腹部第 4 背板后部和第 5 背板的前 4/5 暗棕，第 1 腹板边缘有黑毛，第 5 腹板近圆形。

观察标本：山西翼城大河：97♂4♀，1200～1600m，2012.VII.17～20，王强采；山西沁水下川—西峡沟—猪尾沟，1200～1600m：54♂1♀，2012.VII.12～16，王强采；2♂，23.VII.2012；8♂1♀，2012.VII.24～25，范宏烨采。

分布：山西（历山）、河南、陕西、台湾、四川。

蜗寄蝇族 Voriini

8 金黄筒寄蝇 *Halydaia aurea* Egger, 1856，山西省新记录

额宽约为头宽的 0.35 倍，间额极窄，复眼几乎占据了全部的头高，后头扁平略凹陷，后头无小黑鬃，多具淡色毛；后梗节长是其宽的 2.6～2.8 倍，为梗节长的 2.0～2.1 倍，触角芒裸，基部 2/7 加粗，梗节短于自身的横径；肩鬃 3 根，呈直线排列，中鬃 3+1，背中鬃 3+3，翅内鬃 0+2（3），小盾侧鬃缺失，前胸前侧片、下后侧片均裸，腹侧片鬃 2，翅侧片鬃缺失；翅肩鳞黑色，前缘基鳞淡黄色，前缘刺不发达，R_1 脉全脉具小鬃，R_{4+5} 脉背面小鬃分布不超过径中横脉，r_{4+5} 室开放；前足爪短于第 5 分跗节，前足胫节端位前背鬃短于端位背鬃，中足胫节前背鬃 1，后足胫节端位前腹鬃长于端位后腹鬃；腹部圆筒形，红黄色，仅 3、4、5 背板前缘覆银白色粉被；第 1+2 合背板中央凹陷不达后缘，具中缘鬃 2 根，第 3、4 背板各具中心鬃 1 对。

观察标本：3♂2♀，山西沁水下川，1200～1600m，2012.VII.12～16，王强采。

分布：山西（历山）、吉林、辽宁、内蒙古、河北、甘肃、浙江、广东、广西、重庆、四川、云南；俄罗斯（西部、西西伯利亚、远东地区南部），蒙古，日本，外高加索，欧洲。

9 汉氏裸盾寄蝇 *Periscepsia* (s. str.) *handlirschi* (Brauer et Bergenstamm, 1891)，山西省新记录

额宽约为头宽的 2/5，颊高为复眼高的 1/4～1/3，外侧额鬃 4 对，内侧额鬃 1 对；内顶鬃强壮后倾，长为复眼高的 4/5～5/6，外顶鬃长为内顶鬃的 2/5～3/7，侧颜具 7～9 根向下倾斜的长鬃，被 1 列规则排列的毛，分布达最下方 1 根鬃的下方，后头扁平，被淡色毛，后头上

半部具 1 排小黑鬃，触角黑，后梗节前缘向内凹陷呈半月形，长是宽的 4.3～4.5 倍，为梗节长度的 9 倍，触角芒裸，基部 5/9～2/3 加粗。肩鬃 4 根，后方 3 根呈三角形排列，背中鬃 3+3，前胸基腹片、前胸前侧片、下后侧片裸；腹侧片鬃 2，翅 R_{4+5} 脉背面小鬃分布达到径中横脉，腹面没有或具 1 根小鬃；中脉心角近于直角，无赘脉，r_{4+5} 室闭合；前足爪短于第 5 分跗节，前足胫节端位前背鬃与端位背鬃近等长；腹部 1+2 合背板中央凹陷达后缘，第 3、4 背板具中心鬃。

观察标本：1♀，山西沁水下川，1200～1600m，2012.VII.12～16，王强采。

分布：山西（历山）、辽宁、北京、新疆、湖南、四川、云南、西藏；中东，欧洲。

10 白带柔寄蝇 *Thelaira leucozona* (Panzer, 1806)

额宽为头宽 1/5，颊为头高 1/8，间额前宽后窄，侧颜窄于后梗节宽，额鬃每侧 9～11 根，有 3 根下降至梗节，内侧额鬃 2 根，向后倾，内顶鬃直立，外顶鬃退化或消失，单眼鬃前倾；触角黑色，后梗节基缘红棕色，下颚须黄色；胸部黑色，覆灰白色或黄色粉被，盾沟前具 4 黑色纵条，小盾片黑色，肩鬃 5～6 根，背中鬃 3+3，翅上鬃 3 根，腹侧片鬃 2；翅半透明，基部黄色，平衡棒褐色，腋瓣白色，翅肩鳞和前缘基鳞黑色，r_{4+5} 室开放，中脉心角呈钝角，心角至翅缘距离约等于心角至 dM-Cu 横脉距离；足黑色，前足胫节具 1 列短而齐的前背鬃，后鬃 2，中足胫节具 1 列不规则前背鬃，后背鬃 2～3，后足胫节具 1 列不规则前背鬃，后背鬃 3，腹鬃 3；腹部第 2～4 背板侧面具棕色不规则斑污，覆灰白或黄褐色粉被。

观察标本：山西沁水下川—猪尾沟，1200～1600m：3♂29♀，2012.VII.12～16，王强采；5♀♀，2012.VII.24～25，范宏烨采。山西翼城大河—南神峪：1200～1600m，16♂16♀，2012.VII.17～20，王强采；1♀，2012.VII.30，范宏烨采。

分布：山西（历山等）、黑龙江、辽宁、内蒙古、宁夏、新疆、福建、广东、西藏；俄罗斯（西伯利亚），日本，欧洲。

11 巨形柔寄蝇 *Thelaira macropus* (Wiedemann, 1830)

侧颜、颊具银白色粉被，触角黑色，下颚须黄色；额宽为复眼宽的 3/5，间额前宽后窄，为侧额宽 2 倍，侧颜大于或等于触角后梗节；额鬃每侧 7～9 根，内侧额鬃 2 根，外侧额鬃缺失；胸部黑，具浓厚银白色粉被，小盾片黑色覆灰白粉被，肩胛黑色覆浓厚银白色粉被，前胸背板具 4 窄黑纵条，盾沟后 3 longitude黑纵条，肩鬃 5 根，中鬃 3+3，背中鬃 3+3，翅内鬃 0+3，翅上鬃 3，腹侧片鬃 2；翅黄色透明，翅肩鳞和前缘基鳞均黑色；R_1 脉全部被黑色小鬃，中脉心角到 dM-Cu 脉距离大于到翅缘距离，dM-Cu 横脉急剧弯曲；前足胫节具后鬃 2，中足胫节前背鬃 2，后背鬃 2，腹鬃 1，后足胫节前背鬃 1 行，后背鬃 2，腹鬃 2；腹部各背板基部 1/4 具银白色粉带，第 4 背板端部 2/5 和第 5 背板黑色，第 3、4 背板各具心鬃 1 对，第 5 背板具心鬃 1 对。

观察标本：3♂，山西翼城大河南神峪，1500～1600m，2012.VII.30，范宏烨采。

分布：山西（历山等）、黑龙江、吉林、辽宁、内蒙古、北京、天津、河北、山东、河南、陕西、宁夏、甘肃、青海、江苏、上海、安徽、浙江、江西、湖南、福建、台湾、广东、广西、重庆、四川、贵州、云南、西藏；俄罗斯，日本，外高加索，欧洲。

12 暗黑柔寄蝇 *Thelaira nigripes* (Fabricius, 1794)

头黑色覆银白色粉被；下颚须黄色，雌性多为褐色；后头覆白色粉被；额宽为头宽 1/5～1/6，间额前宽后窄，侧颜最窄处约等于后梗节宽；颊高为眼高 1/8；内侧额鬃 1～2 根，外侧额鬃缺失，内顶鬃后倾，约为眼高 2/5～1/2，外顶鬃毛状，单眼鬃强壮前倾，后头毛黄白色。

胸部黑，覆银白色粉被，小盾片暗黑色，盾沟前 4 窄黑纵条，肩鬃 4 根，3 根呈三角形，背中鬃 3+3，翅内鬃 0+3，翅上鬃 3，腹侧片鬃 2；翅肩鳞和前缘基鳞黑色，R_{4+5} 脉基部脉段 1/2 具小鬃，且腹面具小鬃，心角到翅缘距离约等于心角到 dM-Cu 的距离；前足胫节后鬃 2 根，中足胫节前背鬃 2 根，上方 1 根较弱，后背鬃 2 根，腹鬃 1 根，后足胫节前背鬃 1 列，后背鬃 2 根，腹鬃 2 根。腹部第 2、3 背板和第 4 背板基部侧面黄棕色，覆白色粉被，第 3 背板中心鬃 1 对，中缘鬃 1 对，第 4 背板具中心鬃 1 对。

观察标本：山西沁水下川—猪尾沟—西峡，1200～1600m：21♂，2012.VII.12～16，王强采；2♂，2012.VII.24；26♂，山西翼城大河，1200～1600m，2012.VII.17～20，王强采。

分布：山西（历山等）、黑龙江、吉林、辽宁、内蒙古、北京、天津、河北、山东、河南、陕西、宁夏、甘肃、青海、江苏、上海、安徽、浙江、江西、湖南、福建、台湾、广东、广西、重庆、四川、贵州、云南、西藏；俄罗斯，日本，外高加索，欧洲。

13 茹蜗寄蝇 *Voria ruralis* (Fallén, 1810)

额宽约为头宽的 7/20～2/5，颊高为复眼高的 2/9，外侧额鬃 3 对，长度约与额鬃相当，侧颜具 1 根向下倾斜的长鬃，颊下缘具 3 根强壮的鬃，触角后梗节长是宽的 2.2～2.3 倍，为梗节长度的 1.2～1.3 倍；下颚须端部 1/3 黄色，其余黑色；下后侧片被毛，R_{4+5} 脉背面小鬃分布不超过或只有 1～2 根小鬃超过径中横脉，腹面具 3～4 根小鬃，中脉心角大于直角，具 1 短赘脉，r_{4+5} 室开放，dM-Cu 横脉强烈倾斜；前足爪长于第 5 分跗节，约与第 4、5 分跗节之和等长，前足胫节端位前背鬃长于端位背鬃，后足胫节端位前腹鬃短于端位后腹鬃；腹部第 3、4 背板无中心鬃。

观察标本：山西沁水下川—西峡口—猪尾沟—普通沟—西峡沟—富裕河，1200～1600m，34♂12♀，2012.VII.12～16.，王强采；1♀，2012.VII.23；10♂1♀，2012.VII.24～25；1♂2♀，2012.VII.26，均范宏烨采。山西翼城大河—南神峪，1200～1600m，5♂14♀，2012.VII.17～20，王强采；1♂2♀，2012.VII.28，范宏烨；1♂3♀，2012.VII.30，范宏烨采。

分布：山西（历山等）、黑龙江、内蒙古、北京、河北、陕西、宁夏、新疆、台湾、广西、四川、云南、西藏；日本，印度，尼泊尔，巴勒斯坦，澳大利亚，非洲，北美洲，墨西哥。

追寄蝇亚科 Exoristinae

分族和属检索表

1 翅前鬃小于第 1 根沟后翅内鬃，显著小于第 1 根沟后背中鬃 2

- 翅前鬃显著大于第 1 根沟后翅内鬃，长于第 1 根沟后背中鬃 4

2 中脉心角为弧角，后方无赘脉或褶痕，各翅上鬃之间无填充的小鬃，雄性肛尾叶沿背中线纵裂为左右两瓣（卷蛾寄蝇族 Blondeliini）.. 6

- 中脉心角为夹角，后方具赘脉或褶痕，如偶有心角圆滑，则下腋瓣外侧弯向下方，小盾亚端鬃平行排列或略作分类排列 3

3 下腋瓣正常，外侧不向下方弯曲，中脉心角至少具 1 暗色赘脉或褶痕痕迹向翅后缘延伸（追寄蝇族 Exoristini）..16

- 下腋瓣外侧几句向下方弯曲，中脉心角不具赘脉或褶痕，复眼被毛，毛长而密，后背鬃（拱瓣寄蝇族 Ethillini）..4

4 单眼鬃向后方伸展，雌雄性额均十分宽，复眼裸，背中鬃 3+4，小盾片端部具 1 对翘起的

- 复眼被毛 20
18 肩鬃 4 根，3 根基鬃排列成 1 条直线 .... 前寄蝇属 *Prosopea*
- 肩鬃 3 根 19
19 额宽于复眼，侧颜裸，触角全部红黄色，触角芒 3/4 加粗，腹部黑色光亮，各背板基部均具灰白色粉带，背面黑色纵条不明显 .... 宽寄蝇属 *Eurysthaea*
- 额宽，侧颜很宽，大部分具黑色鬃或毛，触角第 1 基节、梗节红黄色，后梗节黑色，触角芒全部加粗，腹部红黄色，覆黄白色粉被，背面具明显的黑色纵条 ...... 膝芒寄蝇属 *Gonia*
20 复眼被淡色稀疏长毛 .... 栉寄蝇属 *Pales*
- 复眼被黄白色毛 21
21 小盾片完全黑色 .... 幽寄蝇属 *Eumea*
- 小盾片至少端部红色或黄色 .... 卷须寄蝇属 *Clemelis*
22 下颚须褐色 23
- 下颚须黄色 24
23 腹部第 1+2 合背板中央凹陷达后缘，第 3、4 背板无心鬃 .... 短尾寄蝇属 *Aplomya*
- 腹部第 1+2 合背板中央凹陷达后缘，第 3、4 背板均具心鬃 .... 怯寄蝇属 *Phryxe*
24 颊高约为触角基部着生处侧颜的宽或更宽，颜堤鬃通常达颜堤上方的 1/3 ....
.... 尼里寄蝇属 *Nilea*
- 颊高窄于至少为侧颜在触角基部的宽度，颜堤鬃少于颜堤基部的 1/3 25
25 腹侧片鬃 3～4 根 .... 菲寄蝇属 *Phebellia*
- 腹侧片鬃 2 26
26 肩鬃 3 根，排列成弧形，中足胫节具 1 腹鬃，后足基节后面具毛，后足基节具梳状前背鬃
.... 狭颊寄蝇属 *Carcelia*
- 肩鬃 4 根，3 根基鬃排列成 1 条直线，中足胫节无腹鬃，后足基节后面裸 ....
.... 裸基寄蝇属 *Senometopia*

卷蛾寄蝇族 Blondeliini

14 柔毛颜寄蝇 *Admontia blanda* (Fallén, 1820)

体长 7mm；体中小型，黑色；头部覆盖灰白色粉被，仅在侧额部分较稀薄；头无外顶鬃，触角黑色，后梗节为梗节常的 5 倍（雌）或 6 倍（雄），触角芒基部 1/3 加粗，梗节长度为其宽 2～3 倍，下颚须黑色。胸部背中央及两侧有 3 个浓厚的灰白色粉条，背中鬃 2+3，翅内鬃 1+3，腹侧片鬃 3，小盾端鬃缺失；前缘刺发达与径中横脉等长，M 脉末段的长度为 dM-Cu 脉的 3/5，中脉心角至 dM-Cu 脉的距离为心角至翅后缘距离的 3 倍；中足胫节具 1 根前背鬃，前足爪和爪垫短，后足胫节具 2 根大的背端鬃，雌性前足胫节加宽加厚；腹部第 3～5 背板基部各具 1 浓厚的灰白色粉带，第 3、4 背板各具 2～4 根中心鬃，第 5 背板后半部具 2 行心鬃。

观察标本：1♀，山西沁水下川，1200～1600m，2012.VII.12～16，王强采。

分布：山西（历山等）、黑龙江、吉林、内蒙古、青海、新疆、广东、四川、云南、西藏；俄罗斯，外高加索，欧洲。

15 黑足突额寄蝇 Biomeigenia gynandromima Mesnil, 1961

股节黑色或棕褐色，仅末端腹面具红黄色斑，r_{4+5}室开放，下腋瓣灰白色，具淡黄褐色边缘。

观察标本：1♀，山西沁水下川，1200～1600m，2012.VII.12～16，王强采。

分布：山西（历山等）、黑龙江、吉林、辽宁、河北、宁夏、广东；俄罗斯（远东南部），日本。

16 黑须卷蛾寄蝇 Blondelia nigripes (Fallén, 1810)

体长 6～10mm，体中型，额宽为复眼宽的 1/2（雄），2/3（雌），间额较侧额略窄，侧颜裸，其宽度与触角后梗节等宽；颜堤基部的 1/3 具鬃；触角黑色，后梗节长为梗节的 2 倍；触角芒基部 1/3 加粗；后头在眼后鬃下方具 1 行黑毛；下颚须黑色，前颏长为其直径的 1.6 倍。胸部覆灰白色粉被，具 4 个黑纵条，中间 2 个在盾沟后方愈合；小盾片黑色，具 1 对心鬃，4 对缘鬃，小盾端鬃细小毛状；翅肩鳞和前缘基鳞黑色，前缘刺明显，R_{4+5}脉基部 1/5 具 3～4 根小鬃；R_5室闭合或微开放，M 脉末端长于 r-m 横脉；足全黑色，前足胫节具后鬃 2 根，爪与第 5 分跗节等长，中足胫节具 2～3 根前背鬃，后足胫节具 1 行长短不一的前背鬃。腹部黑，背面具 1 个黑纵条，第 3～5 背板基半部覆灰白色粉被，端半部黑色，第 3、4 背板两侧具不明显红黄色斑。

观察标本：2♀，山西沁水下川—猪尾沟—富裕河，1200～1600m，2012.VII.12～16，王强采；1♀，2012.VII.24～25；1♀，2012.VII.26，范宏烨采。

分布：山西、黑龙江、吉林、辽宁、内蒙古、北京、河北、陕西、宁夏、甘肃、青海、新疆、浙江、四川、云南、西藏；俄罗斯（西部、西伯利亚、远东地区南部），蒙古，中亚，朝鲜，韩国，日本，外高加索，欧洲，中东。

17 康刺腹寄蝇 Compsilura concinnata (Meigen, 1824)

体中型，额宽为复眼宽的 5/7，间额前端略宽于后端，中部与侧额等宽，侧颜宽度和后梗节相等；颜堤鬃粗大，单眼鬃退化，无外侧额鬃，颊被黑毛；后头上方在眼后鬃后方具 1 行黑毛，其余部分被淡黄色毛；触角全黑色，后梗节基部红棕色，其长度为梗节长的 4 倍；触角芒基部 1/3 加粗，下颚须淡黄色，前颏长为其宽的 2 倍；胸部黑，覆灰白色粉被，背面具 4 个黑纵条，中鬃 3+3，翅内鬃 1+3；翅淡黄褐色透明，翅肩鳞和前缘基鳞黑色，前缘刺不明显，R_{4+5}脉基部 1/5 具 3～4 根小鬃，r_{4+5}室开放；足除跗节黑色外其余各部棕褐色，前足胫节具后背鬃 2，爪与第 5 分跗节等长，后足胫节具 1 行长短不整齐的前背鬃；腹部腹面基部被黄毛，第 3～5 背板各具 1～2 对中心鬃。雌性腹部第 3/4 背板侧缘在腹面形成龙骨状突起，腹部末端特化为钩状产卵管。

观察标本：1♂，山西沁水下川猪尾沟，1500～1600m，2012.VII.24，范宏烨采。

分布：山西、黑龙江、吉林、辽宁、内蒙古、北京、天津、河北、山东、江苏、上海、安徽、浙江、江西、湖南、福建、台湾、广东、海南、广西、重庆、四川、贵州、云南、西藏；俄罗斯（西部、西伯利亚），日本，中亚，印度，印度尼西亚，马来西亚，尼泊尔，菲律宾，泰国，中东，外高加索，欧洲，北美洲，澳大利亚，巴布亚新几内亚，非洲。

18 北海道赘诺寄蝇 Drinomyia hokkaidensis (Baranov, 1935)

体长 6～8mm；体黑色，覆黄色和灰黄色粉被，触角黑色，梗节端部与后梗节基部内侧黄色，下颚须黄色。复眼裸，额宽为复眼宽的 0.7 倍，额长大于颜高，间额前后两端较宽，其余两侧缘平行，侧颜宽度与后梗节大致相等或略宽；颊高为复眼高的 1/6；颜堤鬃分布于颜堤基部的 1/5；后头拱起，在眼后鬃后方无黑毛；后梗节长为梗节长的 2.5～3.0 倍。中胸盾片具 4 个黑纵条，中间两条狭窄，小盾片黄色，端鬃毛状或缺失，侧鬃每侧 1 根；翅肩鳞和前缘基鳞黑色，中脉心角至翅后缘距离为心角至 r-m 横脉距离的 2/5；中足胫节具前背鬃 2，后背鬃 2，腹鬃 1。腹部第 1+2 合背板中央凹陷达后缘，具 2 根中缘鬃，第 3 背板中央具三角形黑斑，具中缘鬃 1 对，第 3、4 背板各具中缘鬃 1 对，第 5 背板具排列不规则的心鬃和缘鬃 2～4 行，末端黄色。

观察标本：1♂，山西翼城大河，1200～1600m，2012.VII.17～20，王强采；1♂，山西沁水下川，1200～1600m，2012.VII.12～16，王强采。

分布：山西、辽宁、北京、天津、河北、内蒙古、陕西、贵州、西藏；俄罗斯（东西伯利亚、远东南部），朝鲜，韩国，日本。

19 伪利索寄蝇 *Lixophaga fallax* Mesnil, 1963

复眼裸；额宽，侧颜裸，颜堤鬃细小，仅在鬃基部上方具数根；雄触角后梗节为梗节长的 3.0～3.5 倍，其宽度小于侧颜中部的宽度，下颚须短、黄色；肩鬃 3～4 根，3 基鬃排成三角形，背中鬃 3+3，第 2 根翅上鬃大于翅前鬃，前胸侧板裸，小盾侧鬃小于基鬃，端鬃短小呈毛状；翅肩鳞、前缘基鳞黑色，前缘刺短而明显；前足胫节后鬃 1，中足胫节前背鬃 1，后背鬃 2，腹鬃 1；腹部长卵圆形，第 1+2 合背板中央凹陷不达后缘，雄性第 3、4 背板各具 1 对中心鬃，粉被的颜色变化很大。

观察标本：1♀，山西沁水张马，1548m，2012.VII.22，范宏烨采。

分布：山西、吉林、辽宁、北京、河南、湖南、广东、广西、四川；日本。

20 宽颊利索寄蝇 *Lixophaga latigena* Shima, 1979，山西省新记录

体长 6.5mm；侧额、侧颜、颊覆灰黄色粉被，后头覆灰白色粉被；触角黑色，触角基节、梗节端部和后梗节基部呈红黄色。额宽为复眼宽的 0.3 倍，间额略宽于侧额，颜堤略向前方突出，颊高为眼高的 0.4 倍，外顶鬃发达，单眼鬃略小于内侧额鬃，后顶鬃 1，内侧额鬃 2，额鬃下降侧颜达触角芒基部水平；后梗节长为宽的 4.5 倍，为梗节长的 5 倍，梗节长宽相等；触角芒基部 1/4 处加粗。胸部黑色，背面覆灰黄色粉被，具 4 个黑纵条；背中鬃 2+3；翅透明，r-m 脉至中脉心角距离为中脉心角到翅后缘距离的 1.5 倍；前足胫节具 4～5 根前背鬃，后足胫节具前背鬃 1 行，中部 1 根粗大，后背鬃 2～3，腹鬃 2，端背鬃 2，前足爪和爪垫短于第 5 分跗节。腹部黑色，侧面具红黄色斑，第 1+2 合背板中缘鬃、侧缘鬃各 1 对，第 3、4 背板背面具狭窄的黑纵条，第 3 背板具侧心鬃 2～3 根，侧缘鬃 2，中心鬃 4，中缘鬃 2；第 4 背板具侧心鬃 3～4，中心鬃 2～3。

观察标本：1♀，山西翼城大河，1200～1600m，2012.VII.17～20，王强采。

分布：山西、辽宁、安徽、广西、云南、西藏；日本。

21 白瓣麦寄蝇 *Medina collaris* (Fallén, 1820)

体长 6～8mm，额宽为复眼宽的 2/5～1/2，间额前宽后窄，侧额和侧颜裸，侧颜上宽下窄，外顶鬃发达，明显大于眼后鬃，额鬃每侧 1 行；后梗节为梗节长度的 3 倍，其宽度略宽于侧颜中部的宽度，触角芒基部 2/5 加粗。前胸侧片裸，中胸盾片在盾沟前具 5 个黑纵条，盾沟后纵条愈合，有时外侧略带黄褐色，腹侧片鬃 2，小盾片黑色，端鬃缺失，侧鬃每侧 1 根；R_{4+5} 脉基部无小鬃，下腋瓣白色；前足爪长于其第 5 分跗节，中足胫节前背鬃 2，后背鬃 1；腹部覆稀薄灰白色粉被，第 3～5 背板基部 1/3～1/2 覆灰白色粉被，第 3、4 背板各具 2 对中心鬃。

观察标本：1♂，山西沁水下川，1200～1600m，2012.Ⅶ.12～16，王强采。

分布：山西、辽宁、北京、河北、陕西、宁夏、江苏、浙江、湖南、广东、海南、香港、广西、重庆、四川、贵州、云南、西藏；俄罗斯（西部、西伯利亚、远东南部），蒙古，日本，外高加索，欧洲。

22 褐瓣麦寄蝇 *Medina fuscisquama* Mesnil, 1953

体长 6.5～8.0mm，间额前宽后窄，在单眼三角前为侧额宽的 2.0～2.5 倍，侧颜上宽下窄，后梗节为梗节长的 3 倍，其宽度略宽于侧颜中部的宽度，触角芒基部 2/5 加粗，颜堤鬃分布于颜堤基部 1/2 以下，外顶鬃发达，明显大于眼后鬃，额鬃每侧 1 行。前胸侧片裸，中胸盾片在盾沟前具 5 个黑纵条，中间 3 条的距离为其自身宽度的 1/2 或等宽，或呈齿形，盾沟后纵条愈合，背中鬃 3+3，腹侧片鬃 2，小盾片黑色，端鬃缺失，侧鬃每侧 1 根；R$_{4+5}$ 脉基部无小鬃，下腋瓣暗黄褐色；前足爪长于其第 5 分跗节，中足胫节前背鬃 2，后背鬃 1；腹部长筒形，第 3～5 背板基部 1/3～1/2 覆灰白色兼灰黄色粉被，向两侧逐渐加宽，第 3、4 背板各具 2 对中心鬃。

观察标本：山西沁水下川—富裕河，1200～1600m：2♂，2012.Ⅶ.12～16，王强采；1♂，2012.Ⅶ.26，范宏烨采；3♂，山西翼城大河，1200～1600m，2012.Ⅶ.17～20，王强采。

分布：山西（历山等）、辽宁、内蒙古、北京、河北、宁夏、湖北、湖南、广东、广西、四川、贵州、云南、西藏；尼泊尔，缅甸。

23 三齿美根寄蝇 *Meigenia tridentata* Mesnil, 1961

体长 6～7mm；额宽为复眼宽的 3/7，间额前端显著宽于后端，在单眼三角前方与侧额等宽，侧额被黑毛，侧颜与触角后梗节等宽，颜堤鬃 3～4 根；触角黑色，后梗节长为梗节的 2.7 倍，触角芒基部 1/3 加粗，外顶鬃毛状，颊被竖立黑毛；额长为其直径的 2 倍；胸部黑色，覆灰白色粉被，背面具 5 个黑纵条，中间 3 个在盾沟后方愈合，背中鬃 3+4，小盾片全部黑色，具 1 对心鬃，4 对缘鬃；翅淡褐色透明，翅肩鳞和前缘基鳞黑色，R$_{4+5}$ 基部具 3～5 根小鬃，r$_{4+5}$ 室开放；足黑色，后足胫节具 1 行长短不一的前背鬃；腹部黑色，两侧具不明显的红黄色斑，各背板仅基半部覆浓厚的灰白色粉被，端半部黑色，沿背中线具 1 个黑纵条，第 3、4 背板沿背中线两侧的黑斑较大，三角形，内侧互相愈合，各具 2 对中心鬃。

观察标本：山西沁水下川—猪尾沟，1200～1600m，1♂，2012.Ⅶ.12～16，王强采；1♂，2012.Ⅶ.25，范宏烨采；1♀，山西翼城大河南神峪，1500～1600m，2012.Ⅶ.30，范宏烨采。

分布：山西、黑龙江、吉林、辽宁、北京、河北、陕西、宁夏、浙江、湖北、湖南、广西、四川、贵州、云南、西藏；俄罗斯（远东南部）。

24 日本纤寄蝇 *Prodegeeria japonica* (Mesnil, 1957)，山西省新记录

额宽为复眼宽的 0.7 倍，间额中部的宽度宽于侧额，侧颜裸，额鬃 3～4 根，内侧额鬃每侧 2 根，在眼后鬃后方具黑色小鬃；后梗节长为梗节的 2.8 倍；触角芒基部 1/4 加粗。肩胛 3 根基鬃排成弧形，背中鬃 3+3，翅内鬃 1+3，腹侧片鬃 3，翅侧片鬃 1 根，前胸基腹片被毛，前胸侧片和下后侧片被毛，小盾片半圆形，具 3 对缘鬃，1 对心鬃，小盾端鬃缺失；R$_{4+5}$ 脉具 5 根小鬃，中脉心角为钝角，在翅缘开放，心角至翅后缘距离明显小于心角至 dM-Cu 脉距离；前足爪发达，长于其第 5 分跗节，前足胫节 2 根后鬃，中足胫节具前背鬃 1，腹鬃 1，后足胫节具背端鬃 2，后足基节后方裸；第 1+2 合背板具 1 对中缘鬃，第 3 背板具中心鬃 1 对，中缘鬃 2 根，无心鬃，第 4 背板具中心鬃 1 对，无侧心鬃，第 5 背板具缘鬃 1 排及不规则的心鬃。

观察标本：2♂，山西沁水下川，1200～1600m，2012.VII.12～16，王强采。

分布：山西、吉林、辽宁、北京、陕西、浙江、湖南、广东、四川、云南；俄罗斯（远东地区南部），韩国，日本。

25 长角毛寄蝇 Vibrissina turrita (Meigen, 1824)

体长 6.0～8.5mm；额宽为复眼宽的 5/9（雄），3/4（雌），间额前端略宽于后端，间额和侧额等宽，侧额被黑毛，侧颜裸，其宽度窄于触角后梗节的宽度，颜堤鬃粗大，后头上方在眼后鬃后方有 1 行黑毛；下颚须黄色，前额长为其直径的 1.5 倍。胸部黑色，覆灰白色粉被，背面具 4 个黑纵条，中间 2 个在盾沟后方愈合，背中鬃 3+3，翅内鬃 1+3，小盾片全黑色，具 4 对缘鬃，其中小盾端鬃向后上方交叉伸展；翅肩鳞和前缘基鳞黑色，前缘刺明显，前缘脉第 2 段腹面被毛，r_{4+5} 室开放；下腋瓣白色，具淡黄色边缘；足除跗节黑色外，其余为棕褐色，前足胫节具 2 根后鬃，爪与第 5 分跗节等长，中足胫节具 1 根前背鬃，后足胫节具 1 行长短不整齐的前背鬃；腹部黑色，腹面基部被黄毛，背面具 1 个黑纵条，第 3～5 背板基半部两侧覆浓厚的银白色粉被，后半部亮黑色，第 5 背板具 2 行心鬃。雌性末端具钩状产卵管。

观察标本：1♂5♀，山西沁水下川—西峡口—西峡沟—富裕河，1200～1600m；2012.VII.12～16，王强采；1♂2♀，2012.VII.23，范宏烨采；1♀，2012.VII.24，范宏烨采；1♂，2012.VII.26，范宏烨采；2♀，山西翼城大河，1200～1400m，2012.VII.28，范宏烨采。

分布：山西、黑龙江、吉林、辽宁、内蒙古、北京、天津、河北、山东、河南、陕西、江苏、上海、安徽、浙江、江西、湖南、福建、台湾、广西、重庆、四川、贵州、云南、西藏；俄罗斯（西部、远东南部），朝鲜，韩国，日本，外高加索，欧洲。

埃里寄蝇族 Eryciini

26 毛短尾寄蝇 Aplomya confinis (Fallén, 1820)

体长 7mm；额宽约为复眼宽 1/2，间额窄于侧额，侧额灰白色粉被，被黑毛，颊宽与着生触角水平处的侧颜等宽，颜堤鬃仅达颜堤下方 1/3 以下；单眼鬃向前方弯曲，位于单眼两侧；触角黑色，后梗节为梗节长 4.5 倍，其宽度与侧颜相等；触角芒基部 1/2 加粗，下颚须褐色，前额长是其直径的 2.5 倍，外顶鬃发达与眼后鬃明显相区别；胸部黑色，覆灰白色粉被，背面具 5 个黑纵条，中间 3 条较窄，背中鬃 3+4，翅内鬃 1+3，小盾片端部红黄色；翅肩鳞和前缘基鳞均黑色，r_{4+5} 室在翅缘开放，中脉心角弧形，心角至翅后缘的距离约等于心角至 dM-Cu脉的距离；足黑色，中足胫节具 1 根前背鬃，后足胫节具 1 行排列紧密整齐的梳状前背鬃，其中间 1 根粗大；腹部黑色，第 3、4 背板两侧具红黄色花斑，第 3 背板具宽阔黑纵条，具中缘鬃 1 对，第 4 背板黑色光亮，长度为第 5 背板的 2 倍，具较稠密竖立黑毛，第 5 背板特短，具缘鬃和心鬃各 1 行。

观察标本：1♀，山西沁水张马，1548m，2012.VII.22，范宏烨采；1♂，山西翼城大河，1200～1600m，2012.VII.17～20，王强采。

分布：山西、黑龙江、吉林、辽宁、内蒙古、北京、天津、河北、陕西、宁夏、青海、新疆、广东、海南、四川、云南、西藏；俄罗斯(西部、西伯利亚、远东地区南部)，蒙古，日本，中亚，也门，中东，北非，外高加索，欧洲。

27 黑尾狭颊寄蝇 Carcelia caudata Baranov, 1931，山西省新记录

体长 9～10mm；黑色，全身覆灰白色粉被，间额两侧缘前宽后窄，中部的宽度窄于侧额，额约等于其复眼宽的 1/2，侧颜中部窄于后梗节宽，颜堤鬃少于颜堤基部 1/3；外顶鬃退化，

额鬃 3 根；后梗节为梗节长度的 2.5 倍，下颚须黄色；胸部背中鬃 3+4，翅内鬃 1+3，翅中脉心角圆钝，心角至翅后缘的距离小于心角至 dM-Cu 脉的距离，r_{4+5} 基部具 2 根小鬃，下腋瓣向上拱起；前足爪发达，其长度约为其第 4、5 分跗节长度之和，前足胫节具 2 根后鬃；第 3、4 背板无中心鬃，第 3 背板具 2~4 根中缘鬃，第 5 背板具密集的鬃状毛，形成鬃刷状，覆棕黑色粉被。

观察标本：3♂，山西翼城大河南神峪，1500~1600m，2012.VII.30，范宏烨采。

分布：山西（历山）、北京、山东、陕西、江苏、上海、安徽、浙江、江西、湖南、福建、台湾、广东、海南、广西、贵州、云南；日本，印度，斯里兰卡，印度尼西亚，马来西亚。

28 棒角狭颊寄蝇 *Carcelia clava* Chao et Liang, 1986

体长 6~7mm，覆灰黄或金色粉被，额宽略大于复眼宽的 1/2，间额窄于侧额，侧颜宽显著窄于后梗节宽，颜堤基部 1/3 以内具鬃；单眼鬃与内侧额鬃同样大小；触角芒基部 1/3 长度加粗，后梗节长为梗节 3~3.5 倍，下颚须黄色；胸部背中鬃 3+4，翅内鬃 1+3，小盾端鬃发达与小盾侧鬃同样大小，翅心角至翅后缘距离大于或等于心角至 dM-Cu 脉的距离；前足爪长于其第 5 分跗节，前足胫节具 2 根后鬃，后足胫节具 1 发达的前背鬃和 1 根后背鬃，背端鬃 2；腹部第 3、4 背板常具不规则的中心鬃，第 3 背板具 4 中缘鬃，第 5 背板不规则的中心鬃。雌性具 2 发达外侧额鬃，外顶鬃发达与眼后鬃明显区别，前足爪退化，显著短于其第 5 分跗节，第 5 分跗节宽且长于其第 4 分跗节。

标本观察：1♂1♀，山西沁水下川，1200~1600m，2012.VII.12~16，王强采；4♂，山西翼城大河，1200~1300m，2012.VII.28，范宏烨采。

分布：山西、辽宁、北京、浙江、四川。

29 宽叶狭颊寄蝇 *Carcelia latistylata* (Baranov, 1934)，山西省新记录

后梗节长于梗节，触角芒裸，梗节不延长，其基部加粗不超过全长的 1/2；中鬃 3+3，翅上鬃 3；翅肩鳞黑色，前缘脉第 2 段腹面裸，R_5 室在翅缘开放，心角无赘脉，近似于直角，端横脉基部强烈弯曲，前缘脉第 2 段长于第 4 段；后足胫节具梳状前背鬃；腹部黑色，具灰白色粉被。

观察标本：2♂2♀，山西沁水下川—猪尾沟，1200~1600m，2012.VII.12~16，王强采；2♂1♀，2012.VII.25，范宏烨采；1♂1♀，山西翼城大河，1200~1600m，2012.VII.17~20，王强采；1♂1♀，大河南神峪，1500~1600m，2012.VII.30，范宏烨采。

分布：山西、辽宁、浙江、湖南、台湾、广西、四川、贵州、云南；菲律宾，斯里兰卡。

30 芦寇狭颊寄蝇 *Carcelia lucorum* (Meigen, 1824)，山西省新记录

体长 9~10mm；额宽略大于复眼宽度的 1/2，间额约与侧额等宽，侧颜宽小于后梗节宽，颜堤鬃 2 行，分布于颜堤基部 1/3 以下；内侧额鬃 2 根，前面 1 根发达，额鬃 5~6 根，触角芒约基部 1/4 加粗，后梗节为梗节的 2.5 倍，下颚须黄色。胸部背中鬃 3+4，肩鬃 3 根排成弧形，小盾端鬃与小盾侧鬃大小相等，翅中脉心角为钝角，心角至翅后缘距离大于心角至 dM-Cu 脉距离；前足爪发达，长于第 5 分跗节，前足胫节 1~2 根后鬃，中足胫节具 3 根前背鬃，后足胫节前背鬃较稀疏，中间 2 根特发达；腹部第 1+2 合背板具 2~4 根中缘鬃，第 3 背板具 4~6 根中缘鬃及不规则心鬃，第 4 背板具 1 排以上中心鬃，第 5 背板具不规则的中心鬃。

观察标本：10♂，山西沁水下川—张马—猪尾沟—富裕河，1200~1600m，2012.VII.12~16，王强采；1♂，2012.VII.22，范宏烨采；1♀，2012.VII.25，范宏烨采；1♂，2012.VII.26，范宏烨采；1♂，山西翼城大河，1200~1600m，2012.VII.17~20，王强采。

分布：山西（历山）、黑龙江、吉林、辽宁、内蒙古、北京、宁夏、福建、广西、四川、云南；俄罗斯（西部、西西伯利亚、远东地区），蒙古，日本，中亚，中东，外高加索，欧洲。

31 灰腹狭颊寄蝇 *Carcelia rasa* (Macquart, 1849)

体长 8～9mm；体覆灰白色粉被，额宽度为复眼宽的 1/2，间额窄于侧额，侧颜中部宽约为后梗节宽 1/2，颜堤鬃分布于基部 1/3 以下；额鬃 4 根，后梗节为梗节长的 2 倍，下颚须黄色；胸部背中鬃 3+4，翅内鬃 1+3，肩鬃 3 根排成弧形；翅透明，中脉心角钝圆，心角至翅后缘的距离等于心角至 dM-Cu 脉的距离；前足爪发达，长于其第 5 分跗节，前足胫节具 2 根前鬃，中足胫节具 1 根前背鬃，无腹鬃；腹部第 3、4 背板无中心鬃，第 3 背板具 2 短中缘鬃，其长度不及第 4 背板长度 1/2，第 5 背板具密集粗长的鬃状毛。

观察标本：14♂，山西沁水下川—普通沟—西峡沟，1200～1600m，2012.VII.12～16，王强采；2♂，2012.VII.24，范宏烨采；2♂，山西翼城大河，1200～1600m，2012.VII.17～20，王强采。

分布：山西（历山等）、黑龙江、吉林、辽宁、北京、河北、陕西、江苏、上海、安徽、浙江、江西、湖南、福建、广东、海南、广西、四川、贵州、云南；俄罗斯（西伯利亚、远东南部），日本，外高加索，欧洲，中东。

32 鬃胫狭颊寄蝇 *Carcelia tibialis* (Robineau-Desvoidy, 1863)

体长 7～8mm，额宽为复眼宽 1/2，间额约与侧额等宽，侧颜中部宽度窄于后梗节，颜堤鬃分布于基部 1/3 以下；额鬃 4 根；触角芒基部 1/5 加粗，后梗节为梗节长 2.5 倍；胸部背中鬃 3+4，翅内鬃 1+3，肩鬃 3 根排成弧形，小盾片具 1 对心鬃；翅中脉心角至翅后缘距离约等于或大于心角至 dM-Cu 脉的距离；雄性前爪长于第 5 分跗节，雌性前足爪退化；前足胫节具 2 根后鬃，中足胫节具 1 根前背鬃，2 根后背鬃和 1 根腹鬃，后足胫节具 1 根前背鬃，1 根后背鬃和 2 根腹鬃，胫节端部常具 3 根背端鬃；腹部第 3、4 背板具不规则中心鬃，第 3 背板具 1 对中缘鬃，第 5 背板具不规则中心鬃。

观察标本：2♂，山西沁水下川，1200～1600m，2012.VII.12～16，王强采。

分布：山西、吉林、辽宁、北京、山东、宁夏、上海、浙江、湖南、福建、广东、广西、贵州、四川、云南；俄罗斯（西部、东西伯利亚、远东南部），日本，外高加索，欧洲。

33 屋久狭颊寄蝇 *Carcelia yakushimana* (Shima, 1968)，山西省新记录

侧颜、侧额和后头具银白色粉被，梗节前段淡红色，下颚须黄色。头宽约为复眼的 1/2，侧颜长略短于额长，侧颜宽约为后梗节宽 2/3，颊约为眼高 1/16；内顶鬃强壮，外顶鬃每侧各 1 根，2 根内侧额鬃交叉排列，前方 1 根强壮，单眼鬃强壮，9 对额鬃，有 3 根下降至侧颜与梗节前端水平；颜堤下方 1/5，具 4～5 根鬃；后梗节约为梗节长度的 4.5 倍，触角芒基部 1/4 加粗。胸部背板具 5 个黑纵条，背中鬃 3+4，翅内鬃 1+3；翅前缘基鳞黄色，中脉心角至翅后缘的长度约为心角至 dM-Cu 的 3/5；足棕黑色，胫节黄色，前胫具 2 根后鬃，中胫具 1 根前背鬃，2 根后背鬃，后胫具 1 列前背鬃，中间 1 根强于其他鬃，2～3 根后背鬃，前足爪及爪垫长于第 5 分跗节。腹部黑色，各背板具粉被，后缘具 1 窄的黑带，第 1+2 背板具 2 根中缘鬃，第 3 背板具 4 根中缘鬃，第 4 背板 2 个弱的不规则心鬃，第 5 背板具 1 行缘鬃和 1 行不规则心鬃。

观察标本：1♂，山西翼城大河，1200～1600m，2012.VII.17～20，王强采。

分布：山西、湖南、广东、贵州、云南；日本。

34 园尼里寄蝇 *Nilea hortulana* (Meigen, 1824)

颜堤鬃仅达颜堤基部的 1/5～2/5，下颚须黄色；小盾仅端部红黄色，腹侧片鬃 3；腹部第 4、5 背板腹面完全黑色。

观察标本：4♂，山西翼城大河，1200～1600m，2012.VII.17～20，王强采；1♂，山西沁水下川猪尾沟，1500～1600m，2012.VII.25，范宏烨采。

分布：山西、辽宁、内蒙古、北京、河北、陕西、宁夏、浙江、海南；俄罗斯（西部、西伯利亚），日本，外高加索，欧洲。

35 黄额菲寄蝇 *Phebellia aurifrons* Chao et Chen, 2007，山西省新记录

体长 8.0～10.8mm；额宽约为头宽的 1/3，间额略宽于侧额，内侧额鬃 3 根，中间 1 根最强大，稍短于单眼鬃；额鬃 8 根；侧额被细黑毛，侧颜裸；后梗节长为梗节长 2.8～3.0 倍，其长约为宽的 3.7 倍，其宽稍大于侧颜宽。胸部背面覆淡金黄色粉被，盾沟前具 4 个黑纵条，盾沟后具 5 个黑纵条，中央 1 个黑纵条较宽；小盾片端部淡黄色；肩鬃 5 根，背中鬃 3+4，腹侧片鬃 3，翅侧片鬃 1；翅脉心角至翅后缘的距离约为至 dM-Cu 脉的距离的 3/5；前足爪及爪垫显著长于第 5 分跗节，前足胫节具 2 根后鬃，中足胫节具 3 根前背鬃，1 根腹鬃，后足胫节具 1 行长短不等前背鬃，其中 3 根较粗大，有 5～6 根长短不等的后背鬃，3 根腹鬃。腹部背中央具黑纵条，第 1+2 合背板和第 3 背板具中缘鬃各 1 对，第 3、4 背板后缘具亮黑横带，各具 1 对中心鬃，第 5 背板心鬃和缘鬃有 3～4 列。

雌性：额宽约为复眼宽的 0.9 倍，约为头宽的 0.7 倍，具 2 根前倾的外侧额鬃，额鬃前方的 3 根下降至侧颜，最前面的 1 根达梗节末端之水平；胸部背面盾沟前、后均具 4 个黑纵条；前足爪及爪垫显著短于第 5 分跗节；腹部第 5 背板长于第 4 背板。其余特征与雄性同。

观察标本：2♂♀，山西沁水下川—猪尾沟，1200～1600m，2012.VII.12～16，王强采；1♀，2012.VII.24～25，范宏烨采；山西翼城大河—南神峪，1200～1600m，2♂2♀，2012.VII.17～20，王强采；1♀，1500～1600m，2012.VII.30，范宏烨采。

分布：山西、吉林、辽宁、北京。

36 银菲寄蝇 *Phebellia glauca* (Meigen, 1824)，山西省新记录

头、胸、腹背面覆灰色粉被；额至多为头宽的 0.2 倍，侧颜等于或窄于后梗节宽；颜堤之多在基部 1/4～1/5 具细毛，后头在眼后鬃下方具黑刚毛列；后梗节为梗节长 2 倍或更少，下颚须黄色；中胸前盾片具 4 黑纵条，外侧黑条止于盾缝前，背中鬃 3+4；M 脉从心横脉到弯曲处距离约等于从弯曲处到翅缘距离；雄性前足爪长于第 5 分跗节，后足基节后背面裸，后足胫节前背鬃不规则；腹部第 3、4 背板均具不规则心鬃。

观察标本：1♂4♀，山西沁水下川，1200～1600m，2012.VII.12～16，王强采；1♀，山西翼城大河，1200～1600m，2012.VII.17～20，王强采。

分布：山西、黑龙江、吉林、辽宁、宁夏；俄罗斯，蒙古，日本，外高加索，欧洲。

37 拟银菲寄蝇 *Phebellia glaucoides* Herting, 1961，山西省新记录

头、胸、腹背面覆灰色粉被，额至多为头宽的 0.2 倍，侧额毛较密，粗大；后梗节为梗节长的 2 倍或更少，下颚须黄色；中胸前盾片外侧黑条延伸达盾缝，后足基节后背面裸，后足胫节前背鬃不规则。

观察标本：3♂，山西翼城大河，1200～1600m，2012.VII.17～20，王强采。

分布：山西（历山）、吉林、辽宁、内蒙古、河北、浙江、云南；俄罗斯，日本，欧洲。

38 赫氏怯寄蝇 *Phryxe heraclei* (Meigen, 1824)，山西省新记录

体长 7～9mm；额宽为复眼宽的 1.2～1.3 倍，间额红棕色，宽于侧额，侧额覆灰白色粉被，颊高为复眼高 1/3；额鬃下降至侧颜达颜堤中部以下水平，内侧额鬃每侧 2 根，外顶鬃发达；触角黑色，后梗节约为梗节 4～5 倍，触角芒基部 3/4 加粗；下颚须黑褐色；前额长为其直径的 1.7 倍，唇瓣肥大；胸部黑，覆灰白色粉被，背面具 5 个黑纵条，中鬃 3+3，背中鬃 3+4，翅内鬃 1+3，腹侧片鬃 3，小盾侧鬃每侧 1 根；翅肩鳞和前缘基鳞黑色，前缘脉第 2 段腹面具小鬃，中脉心角至 dM-Cu 脉距离大于心角至翅后缘的距离；足黑色，中胫具背中鬃 3 根，后胫具 1 列梳状前背鬃，其中 1 根粗大；腹部背面具黑纵条，第 1+2 合背板具中缘鬃 1 对，第 5 背板圆锥形，具缘鬃和心鬃各 1 行。

观察标本：1♂，山西沁水下川，1200～1600m，2012.VII.12～16，王强采。

分布：山西（历山）、北京、宁夏、四川、贵州、云南、西藏；俄罗斯，蒙古，日本，外高加索，欧洲。

39 普通怯寄蝇 *Phryxe vulgaris* (Fallén, 1810)

体长 7～9mm；额宽为复眼宽的 1.2～1.3 倍，间额红棕色，宽于侧额；额鬃向头部背中线交叉排列，前方 3～4 根下降到侧颜，内侧额鬃每侧 2 根，外顶鬃发达，后头拱起，在眼后鬃下方具 1 行黑色小鬃；触角黑色，后梗节为梗节的 4～5 倍；触角芒基部 3/4 加粗，下颚须黑褐色，额长为其直径的 1.7 倍。胸部背面具 5 个黑纵条，中鬃 3+3，背中鬃 3+4，翅内鬃 1+3，腹侧片鬃 3；小盾侧鬃每侧 1 根；翅肩鳞和前缘基鳞黑色，中脉心角至 dM-Cu 脉距离大于心角至翅后缘的距离；足黑色，中胫具前背鬃 3 根，后胫具 1 行梳状前背鬃，其中 1 根粗大；腹部背面具黑纵条，粉被浓厚，仅背板后缘显现狭窄亮黑色，第 1+2 合背板具中缘鬃 1 对，第 3 背板具中缘鬃和中心鬃各 1 对，第 4 背板具中心鬃 1 对，第 5 背板圆锥形，具缘鬃和心鬃各 1 行。

观察标本：3♂1♀，山西沁水下川—猪尾沟，1200～1600m，2012.VII.12～16，王强采；2♂，2012.VII.24～25，范宏烨采；3♂1♀，山西翼城大河，1200～1600m，2012.VII.17～20，王强采。

分布：山西、黑龙江、吉林、辽宁、内蒙古、北京、天津、河北、河南、陕西、宁夏、青海、新疆、上海、湖北、广东、重庆、云南、西藏；俄罗斯，蒙古，日本，中亚，中东，外高加索，欧洲，加拿大，美国。

40 齿肛裸基寄蝇 *Senometopia dentata* (Chao et Liang, 2002)，山西省新记录

单眼鬃存在，盾后背中鬃 4，足黑色，胫节黄色，前后两端或基部腹面 1/3 有黑斑，小盾片黄色，基缘黑色；腹部底色黑，粉被金黄或灰黄色。

观察标本：15♂1♀，山西沁水下川，1200～1600m，2012.VII.12～16，王强采；1♀，山西沁水张马，1548m，2012.VII.22，范宏烨采；10♂，山西翼城大河，1200～1600m，2012.VII.17～20，王强采；2♂，山西翼城大河南神峪，1500～1600m，2012.VII.30，范宏烨采。

分布：山西、黑龙江、辽宁、内蒙古、北京、河北、宁夏、甘肃、浙江、湖南、广东、海南、四川。

追寄蝇族 Exoristini

41 选择盆地寄蝇 *Bessa parallela* (Meigen, 1824)

体长 5～6mm；头顶及侧额覆灰黄色粉被，颜、侧额及颊覆灰白色粉被；侧颜为触角后

梗节宽的 1/2，颜高为额长的 1.2 倍；头部具 1 对外侧额鬃，外顶鬃明显；触角黑色，后梗节长为梗节的 5 倍，下颚须黑色，颊短粗，具肥大唇瓣；胸部黑色，背面覆盖灰黄色粉被，具 5 个黑纵条，侧面覆灰白色粉被，中鬃 3+3，背中鬃 3+4，翅内鬃 1+3，腹侧片鬃 3，小盾片黑色，覆灰黄色粉被；翅灰色透明，翅肩鳞和前缘基鳞黑色，R_{4+5} 脉基部具 6～8 根小鬃，占基部脉段 3/5 以上，中脉心角直角或钝角，心角至 dM-Cu 的距离为心角至翅后缘距离的 1.3～1.5 倍；足黑色，前足爪及爪垫短，约与其第 5 分跗节等长，前胫具 1 后鬃，中胫具 2 前背鬃，后胫前背鬃长短不整齐；腹部黑色，沿背中线具 1 黑纵条，第 3、4 背板基部 1/3～1/2 覆黄灰色粉被，无中心鬃。

观察标本：1♀，山西沁水下川猪尾沟，1500～1600m，2012.VII.24，范宏烨采；1♀，山西翼城大河，1300～1400m，2012.VII.28，范宏烨采。

分布：山西、黑龙江、吉林、辽宁、内蒙古、北京、河北、陕西、宁夏、浙江、湖北、湖南、福建、广西、四川、云南、西藏；俄罗斯，蒙古，日本，外高加索，欧洲。

42 短角追寄蝇 Exorista antennalis Chao, 1964

触角后梗节约为梗节长的 2 倍，其前缘向前突出，侧颜宽于后梗节，口缘不显著向前突出或略向前倾斜，额鬃下降至侧颜不及中部水平面，外顶鬃缺失或不发达，具 2 根单眼后鬃，每侧各具 1 根后顶鬃；前胸侧板中央凹陷裸，后气门与平衡棒顶端的大小相同或者后者略大，中鬃 3+3，背中鬃 3+4，翅内鬃 1+3，翅上鬃 3 根，翅肩鳞和前缘基鳞黑色；足发达，雄性前爪及爪垫延长；腹部第 3 背板具 2 根中缘鬃，雄性肛尾叶圆形，端部具 1 齿。

观察标本：1♀，山西沁水下川富裕河，1500～1600m，2012.VII.26，范宏烨采。

分布：山西、浙江、四川。

43 金额追寄蝇 Exorista aureifrons (Baranov, 1936)

侧颜为触角后梗节宽的 2.5 倍，后梗节约为梗节长度 3 倍，其前缘不向前突出；侧额具金黄色粉被，毛稀疏；额鬃下降至侧颜不及中部水平面，外顶鬃缺失或不发达，2 单眼后鬃，每侧各具 1 根后顶鬃；口缘不显著向前突出或略向前倾斜；胸部中鬃 3+3，背中鬃 3+4，翅内鬃 1+3；翅前缘刺不发达，中脉心角至翅后缘距离小于心角至 dM-Cu 距离，翅肩鳞和前缘基鳞黑色；中足胫节具 3 根前背鬃；腹部腹面沿中线被浓密的鬃状毛。

观察标本：1♂，山西沁水下川—张马，1200～1600m；1♂，2012.VII.12～16，王强采；1♂，22.VII.2012，范宏烨采。

分布：山西、辽宁、山东、江苏、上海、安徽、浙江、湖北、江西、福建、台湾、海南、重庆、四川、贵州、云南、西藏；俄罗斯（远东南部），日本，越南，马来西亚，印度尼西亚，美拉尼西亚。

44 透翅追寄蝇 Exorista hyalipennis (Baranov, 1932)

体长 7～14mm；额宽为复眼宽的 5/6，颜长略短于额长，间额较侧额略宽，侧颜约为后梗节宽 2 倍，口缘不向前突出；头部具 2 根外侧额鬃；侧额及侧颜覆黄灰色粉被，颜及颊覆灰白色粉被；触角黑色，后梗节长约为梗节长的 3.0～3.5 倍，触角芒基部 2/3 加粗，梗节长约为其直径 1.5 倍，下颚须端半部略加粗，被浓毛，暗黄，基部黑褐色；颊短粗；胸部黑色，覆灰黄色粉被，背面具 5 个狭窄黑纵条，中间 1 条在盾沟前消失；中鬃 3+3，背中鬃 3+4，翅内鬃 1+3，腹侧片鬃 3；小盾黑，两侧缘略黄，小盾端鬃交叉排列，向后上方伸展；翅中脉心角直角，圆滑，与翅后缘距离略大于肘脉末段的长度；足黑色，前足爪及爪垫长度等于第 4

和第 5 分跗节长度总和，中足胫节具 3 前背鬃；腹部覆灰白色粉被，第 1+2、3 背板两侧具暗黄色斑，各具 2 中缘鬃，第 5 背板各具 1 行心鬃和缘鬃。

观察标本：2♀，山西翼城大河，1200～1600m，2012.VII.17～20，王强采。

分布：山西、黑龙江、吉林、辽宁、内蒙古、北京、天津、河北、山东、陕西、江苏、上海、安徽、浙江、湖北、江西、湖南、福建、台湾、广东、海南、广西、重庆、四川、贵州、云南、西藏；俄罗斯，日本，越南，泰国。

45 迷追寄蝇 Exorista mimula (Meigen, 1824)

体长 10mm；体黑色，覆黄色粉被；额与复眼等宽，间额为侧额宽的 2/5，两侧缘粉被浓厚而宽，侧额、侧颜、下颚须、上、下腋瓣金黄色；侧额被稀疏的小毛，额鬃每侧 7 根；后梗节是梗节长的 2 倍，颜堤鬃分布基部的 1/3；中胸盾片具 5 黑纵条，其宽度窄于间距宽度；小盾片暗黄色，基缘黑，小盾端鬃交叉排列，向后上方伸展，两亚端鬃之间距离与同侧基鬃的距离大致相等，侧鬃 1 根；R_{4+5} 脉基部具 3～4 根小鬃，占基部脉段的 2/5～1/2，中脉心角至翅后缘距离为心角到 dM-Cu 距离的 1.5 倍；前足爪和爪垫长为第 4、5 分跗节长度之和，中胫具前背鬃 3，后背鬃 1，腹鬃 1；腹部黑色，第 3、4 背板基部覆黄白色粉被，占背板长度 1/3～3/5；第 5 腹板两侧叶中部各具 1 深陷的缺刻。

观察标本：1♂，山西沁水下川，1200～1600m，2012.VII.12～16，王强采。

分布：山西、黑龙江、吉林、辽宁、内蒙古、北京、河北、河南、陕西、宁夏、甘肃、青海、新疆、福建、四川、云南、西藏；俄罗斯，蒙古，朝鲜，日本，中亚，中东，外高加索，欧洲，摩洛哥。

膝芒寄蝇族 Goniini

46 黑袍卷须寄蝇 Clemelis pullata (Meigen, 1824)，山西省新记录

体长 7mm；雌雄两性额与复眼等宽，间额红棕色，与侧额等宽；侧额黑色，覆灰白色粉被，颜高大于额长，颜堤窄而隆起，侧面观明显地凸出，颜堤鬃粗大；单眼鬃粗大，向前方弯曲，外顶鬃退化；触角黑色，后梗节为梗节长 5 倍；触角芒基半部加粗，下颚须暗黄色，前额长为其直径 1.5 倍。胸部黑色，覆浓厚的黄白色粉被，背面具 4 黑纵条，背中鬃 3+4，翅内鬃 1+3，第 3 翅上鬃大于翅前鬃；小盾片黑褐色，端鬃发达，侧鬃每侧 1 根，心鬃 1 对；翅透明，翅肩鳞和前缘基鳞黑色，r_{4+5} 室远离翅顶开放，R_{4+5} 脉基部具 2～3 根小鬃，中脉心角至 dM-Cu 脉的距离明显大于心角至翅后缘的距离；足黑色，前足爪发达，中足胫节具 1 根前背鬃，后足转节背面具 1 根粗大的鬃，后胫具 1 行稀疏梳状前背鬃。腹部黑色，覆浓厚的灰黄色粉被，第 1+2 合背板具中缘鬃 1 对，第 3 背板具中缘鬃和中心鬃各 1 对，第 4 背板具中心鬃 1 对，第 5 背板具缘鬃和心鬃各 1 行。

观察标本：1♀，山西沁水下川，1200～1600m，2012.VII.12～16，王强采；2♂1♀，山西沁水下川猪尾沟，1500～1600m，2012.VII.24，范宏烨采；2♂，山西翼城大河，1300～1400m，2012.VII.28，范宏烨采。

分布：山西、黑龙江、吉林、辽宁、内蒙古、北京、宁夏、新疆、浙江、西藏；俄罗斯，蒙古，中亚，中东，外高加索，欧洲。

47 窄角幽寄蝇 Eumea linearicornis (Zetterstedt, 1844)

雄性颜侧面观上缘拱起，雌性直；雄性颜高大于额长，雌性颜高等于额长；最下方的额

鬃下面仅具小毛 2~4 根，侧额在前 1/3 具强的小毛，后 1/3 具弱的毛；后梗节雄性长为梗节的 4.3~5.5 倍，基部向外突出，雌性为 2.9~3.7 倍。

观察标本：1♂，山西沁水下川猪尾沟，1500~1600m，2012.VII.24，范宏烨采；1♂，山西沁水下川富裕河，1500~1600m ，2012.VII.26，范宏烨采。

分布：山西、辽宁、内蒙古、北京、河北、宁夏、云南；俄罗斯，日本，外高加索，欧洲。

48 小盾宽寄蝇 *Eurysthaea scutellaris* (Robineau-Desvoidy, 1849)，山西省新记录

体小型，触角全部红黄色，触角芒 3/4 加粗，后足胫节末端具 3 根背端鬃，R_5 室开放，腹部背板基部均具灰白色粉带，背面黑色纵条不明显。

观察标本：1♀，山西翼城大河，1200~1600m，2012.VII.17~20，王强采。

分布：山西、黑龙江、上海；俄罗斯，蒙古，日本，外高加索，欧洲。

49 中华膝芒寄蝇 *Gonia chinensis* Wiedemann, 1824

体长 13mm；额为复眼宽的 1.5 倍，间额杏黄色，其宽为侧额的 3/5，额鬃 3 行，侧额覆浓厚的黄白色粉被，侧颜覆浓厚的黄白色粉被，具 4 行黑色小毛，靠近颜堤处具 1 行鬃状毛；单眼鬃发达，向后方弯曲，头部每侧具内侧额鬃和外侧额鬃各 2 根，外顶鬃发达，后头略拱起，在眼后鬃后方无黑色小鬃；触角第基节、梗节节红黄色，后梗节黑色，长为梗节的 3.5~4 倍，触角芒全长加粗，梗节延长，颜堤宽而隆起，口上片显著突出；下颚须淡黄色。胸部黑色，覆黄灰色粉被，背面具 5 个暗色窄纵条，肩胛淡黄色，肩鬃 3 根，中鬃 3+3，背中鬃 3+4，翅内鬃 1+3，腹侧片鬃 4；小盾片黄色，小盾侧鬃每侧 1 根；翅肩鳞和前缘基鳞淡黄色，前缘刺不发达，r_{4+5} 脉基部具 4~5 根小鬃；足全部红黄色，前胫具 1 行整齐的梳状前背鬃，后鬃 2 根，中胫具前背鬃 3 根，后鬃 2，腹鬃 2，后胫具 2 根背端鬃，1 行梳状前背鬃，后背鬃 3，前腹鬃 3。腹部红黄色，覆浓厚的黄白色粉被，背面具黑线条，第 1+2 合背板中缘鬃缺失，第 3 背板具短小中缘鬃 1 对。

观察标本：1♂2♀，山西沁水下川，1200~1600m，2012.VII.12~16，王强采。

分布：山西、辽宁、内蒙古、北京、天津、河北、山东、河南、陕西、甘肃、江苏、上海、安徽、浙江、湖北、江西、湖南、福建、台湾、广东、海南、香港、广西、重庆、四川、贵州、云南、西藏；朝鲜，韩国，日本，中亚，印度，尼泊尔，巴基斯坦，越南，马来西亚，菲律宾。

50 蓝黑栉寄蝇 *Pales pavida* (Meigen, 1824)

体长 9mm；额宽为复眼宽的 2/3，侧额与间额等宽，侧颜红棕色；单眼鬃粗大，向前方弯曲，外顶鬃发达；触角黑色，后梗节宽于侧颜的宽度，为梗节长的 4.5 倍；触角芒基部 1/2 长度加粗，口上片明显突出；下颚须黑色，颏短粗，唇瓣肥大。胸部黑色，背面具 4 个黑窄纵条，中间 2 条较清晰，中鬃 3+4，背中鬃 3+4，翅内鬃 1+3；小盾侧鬃每侧 1 根，小盾心鬃 1 对；翅肩鳞和前缘基鳞黄色，前缘刺短小，R_{4+5} 脉基部具 2 根小鬃，r_{4+5} 室远离翅顶开放，中脉心角直角，心角至翅后缘的距离小于心角至 dM-Cu 脉的距离；足黑色，胫节黄色，中足胫节具 2 根前背鬃。腹部黑，覆闪变性灰白粉被，第 1+2、第 3 背板各具中缘鬃 1 对，后者中心鬃 1~2 对，第 4 背板具中心鬃 1~2 对。

观察标本：2♂，山西沁水张马—下川普通沟—西峡沟，1500~1600m，2012.VII.22；1♂，2012.VII.24，均范宏烨采。

分布：山西、黑龙江、辽宁、内蒙古、北京、河北、河南、陕西、宁夏、甘肃、青海、浙江、湖北、湖南、福建、广东、海南、广西、重庆、四川、贵州、云南、西藏；俄罗斯、蒙古，日本，中亚，外高加索，欧洲，中东。

51 灰黑前寄蝇 Prosopea nigricans (Egger, 1861)，山西省新记录

体长 6～10mm，M 脉在 r-m 横脉与 dM-Cu 横脉间距离为 dM-Cu 横脉与中脉心角间距离的 2～3 倍；中足胫节 3 根前背鬃，腹部第 3 背板无中心鬃。

观察标本：1♀，山西沁水下川，1200～1600m，2012.VII.12～16，王强采。

分布：山西、黑龙江、辽宁、北京、新疆；俄罗斯，蒙古，中亚，中东，外高加索，欧洲。

温寄蝇族 Winthemiini

52 四点温寄蝇 Winthemia quadripustulata (Fabricius, 1794)

额宽大于复眼的 1/2，触角较短，后梗节为梗节长度的 2 倍，后梗节末端至口缘的距离显著大于梗节的长度，触角芒梗节短；胸部中侧片鬃后方具黑色的长缨毛，肩鬃 5 根，其排列方式为外侧 3 根，内侧 2 根；中足胫节具 2～3 根前背鬃，腹部第 1+2、3 背板各具 1 对中缘鬃，第 3、4 背板无中心鬃，第 5 背板较短。

观察标本：2♂，山西沁水下川，1200～1600m，2012.VII.12～16，王强采；1♂，2012.VII.24，5♂，2012.VII.24，4♂，2012.VII.26，范宏烨采；3♂，山西翼城大河，1200～1600m，2012.VII.17～20，王强采。

分布：山西、黑龙江、吉林、辽宁、内蒙古、北京、天津、河北、山东、宁夏、新疆、江苏、重庆、贵州、四川、云南、西藏；俄罗斯，蒙古，中亚，外高加索，欧洲。

突颜寄蝇亚科 Phasiinae

筒腹寄蝇族 Cylindromyiini

53 条纹何迈寄蝇 Hemyda vittata (Meigen, 1824)，山西省新记录

复眼肾形，额宽约为复眼宽的 0.75 倍，髭与颜等长；腹侧片鬃 2；腹部第 2、3 背板具黑色细纵条，各背板缘鬃长为该背板长的 1/3～3/5。

观察标本：1♂，山西翼城大河，1200～1600m，2012.VII.17～20，王强采。

分布：山西、辽宁；俄罗斯，日本，外高加索，欧洲。

寄蝇亚科 Tachininae

分族和属检索表

1 后足基节后面被细毛，翅后胛上 2 根粗大的鬃之间具 1 根填充的较小的鬃 ....
.... 寄蝇族 Tachinini
- 后足基节后面裸 2
2 下腋瓣背面大部或至少在靠近外缘部分具毛，复眼被毛 .... 毛瓣寄蝇族 Nemoraeini
- 下腋瓣背面或靠近外缘的背面不具毛 3
3 小盾亚端鬃发达，交叉或包合，小盾侧鬃较小，后头伸展部不发达，R$_{4+5}$ 脉基部的小鬃几乎达径中横脉或更远，前缘脉背面和腹面均具毛，胸部盾沟不甚明显，鬃较短，前胸腹板

被毛，翅侧片鬃较小，但明显，腹部第 2 背板中央凹陷不达后缘，雌雄性额均较宽，均具外侧额鬃，后足胫节具 3 根背端鬃 .... 长唇寄蝇族 Siphonini

\- 小盾亚鬃分离排列或至少平行排列，口上片显著向前突出，侧面观明显可见，后头伸展部发达，髭的着生位置显著位于口上片前缘的上方水平，肩鬃 4 或 5，小盾片具 4 对以上的缘鬃，复眼被毛，沟后背中鬃 3 或 4 4

4 沟后背中鬃 3 或 4，中脉心角一般无赘脉 .... 5 埃内寄蝇族 Ernestiini

\- 沟后背中鬃 3，沟前翅内鬃缺失 .... 7 莱寄蝇族 Leskiini

5 下颚须退化，短于后梗节 .... 短须寄蝇属 Linnaemya

\- 下颚须正常 6

6 小盾端鬃交叉平伸 .... 透翅寄蝇属 Hyalurgus

\- 小盾端鬃无交叉的缘鬃 .... 法寄蝇属 Fausta

7 腹部第 1+2 合背板基部中央凹陷达后缘 .... 埃蜉寄蝇属 Aphria

\- 腹部第 1+2 合背板基部中央凹陷不伸达后缘 8

8 后头在眼后鬃下方无黑鬃或大多为淡色鬃毛 .... 阿特寄蝇属 Atylostoma

\- 后头在眼后鬃后方无黑毛 .... 莱寄蝇属 Leskia

埃内寄蝇族 Ernestiini

54 横带透翅寄蝇 Hyalurgus cinctus Villeneuve, 1937

雄性额宽为复眼宽的 1/8～1/6，额鬃下降至侧颜，不及梗节末端水平面，不规则地排成数行，无外顶鬃；后梗节长度不超过梗节的 1.5 倍，触角芒不长于触角后梗节，基部 1/2 加粗，下颚须黑色；胸部被短粗毛，下腋瓣和翅基黑褐色或黄褐色，前缘基鳞黑色，小盾片端部 2/3 黄色，基部 1/3 黑色，背中鬃 3+3，翅内鬃 0+3，肩鬃 4～5，腹侧片鬃 2～3；中脉心角直角，具短赘脉，心角至翅后缘的距离明显小于心角至 dM-Cu 脉的距离，r_{4+5} 室开放；前足爪为第 5 分跗节长度的 1.5 倍；腹部覆粉被，两侧具黄斑，第 1+2 背板无中缘鬃，第 5 背板具 1～2 行排列不规则的中心鬃和 1 行缘鬃。

观察标本：8♂2♀，山西翼城大河，1200～1600m，2012.VII.17～20，王强采。

分布：山西、吉林、宁夏、甘肃、青海、四川、云南。

55 裂肛短须寄蝇 Linnaemya fissiglobula Pandellé, 1895

头部覆灰白色粉被，额宽小于复眼宽，头部两侧各具 2～3 根外侧额鬃；后头上方在眼后鬃后方被数目不等的小黑毛；梗节内侧后半部长形疣状感觉突起，后梗节前缘末端显著向后下方倾斜，下颚须黑色，其长度为宽度的 3～12 倍；胸部覆灰白色粉被，肩黑色，中胸背片全被黑毛，小盾端鬃每侧 1 根；前缘脉第 2 脉段腹面裸，R_{4+5} 脉上小鬃仅占基部脉段 1/4，中脉心角至翅后缘距离显著大于心角至 dM-Cu 横脉距离，赘脉长；腿节黑色，前足基节前面，各足转节，后足内侧基部被黑毛，前足爪及爪垫显著长于第 5 分跗节；雌性两侧几乎平行，由上向下缓慢变窄；腹部第 1 腹板被黑毛，雄性侧尾叶不覆盖整个肛尾叶后方，7+8 合背板长度大于第 9 背板长度，被鬃。

观察标本：2♂2♀，山西沁水下川—富裕河，1200～1600m，2012.VII.12～16，王强采；1♂，2012.VII.26，范宏烨采；1♀，山西翼城大河南神峪，1500～1600m，2012.VII.30，范宏烨采。

分布：山西、黑龙江、辽宁、内蒙古、河南；俄罗斯，蒙古，日本，哈萨克斯坦，欧洲。

56 钩肛短须寄蝇 *Linnaemya picta* (Meigen, 1824)

间额后端窄于前端或前后等宽，雄性外顶鬃不明显亦无外侧额鬃，后头上方 1/2，在眼后鬃后方无粗壮的黑鬃，有时具细小的毛，口缘显著向前突出，由髭基至口缘的距离大于上唇基基部的宽度；梗节内侧后半部长形疣状感觉突起；前额长为宽的 4~5 倍。胸部被黑毛，小盾侧鬃每侧 2 根；径脉主干裸；足黑色，前足爪至少与第 5 分跗节等长；腹部黑，被黑毛，第 1 腹板被黑毛，第 3、4 背板或仅第 4 背板具心鬃，第 5 背板上无钉状鬃。雄性侧尾叶不覆盖整个肛尾叶后方，第 7、8 合背板的长度大于第 9 背板的长度，被鬃毛。

观察标本：1♂14♀，山西沁水下川—富裕河，1200~1600m，2012.VII.12~16，王强采；2♀，2012.VII.23，1♀，2012.VII.26，均范宏烨采；7♀，山西翼城大河，1200~1600m，2012.VII.17~20，王强采。

分布：山西、黑龙江、吉林、辽宁、内蒙古、北京、河北、山东、陕西、宁夏、甘肃、青海、新疆、江苏、上海、安徽、浙江、湖北、江西、湖南、福建、台湾、广东、广西、重庆、四川、贵州、云南、西藏；俄罗斯，朝鲜，韩国，日本，印度，尼泊尔，泰国，外高加索，欧洲。

57 缺缘阳寄蝇 *Panzeria inusta* (Mesnil, 1957)，山西省新记录

雄额宽为复眼宽的 0.25~0.33 倍，额鬃下降至侧颜达梗节末端以上水平，前额长至多为其直径的 5 倍；下颚须、小盾片和前足胫节均黄色，腹侧片 2 或 3。

观察标本：1♀，山西沁水下川，1200~1600m，2012.VII.12~16，王强采。

分布：山西、辽宁、内蒙古、宁夏；俄罗斯（东西伯利亚、远东地区南部），日本。

莱寄蝇族 Leskiini

58 亮埃蜉寄蝇 *Aphria xyphias* Pandellé, 1896

额宽略大于复眼宽；中鬃 2+1，背中鬃 3+3，翅内鬃 0+3，腹侧片鬃 3，小盾基鬃和亚端鬃粗大，端鬃小，交叉排列，半翘起，侧鬃毛状，小盾心鬃很小；翅前缘脉第 4 脉段显著小于第 6 脉段；前足爪及爪垫与第 5 分跗节等长；腹部基半部黄色，端半部黑色，第 3~5 背板基部 1/5~2/5 具白色粉带，粉带后缘不清晰。

观察标本：1♀，山西翼城大河，1200~1600m，2012.VII.17~20，王强采。

分布：山西、内蒙古、宁夏；俄罗斯，蒙古，外高加索，欧洲。

59 十和田阿特寄蝇 *Atylostoma towadensis* (Matsumura, 1916)，山西省新记录

体长 9~12mm，雄额宽为复眼宽的 1/2 以上，侧颜侧面观为后梗节宽的 1/3~1/2，小盾亚端鬃之间距约与小盾基鬃与亚端鬃间距相等，小盾具 1 短小侧鬃；前足爪肠胃第 5 分跗节长的 1.5 倍；腹部背板侧面和下部黄色。

观察标本：1♀，山西沁水下川—猪尾沟，1200~1600m，2012.VII.12~16，王强采；1♀，2012.VII.25，范宏烨采；2♂，山西翼城大河，1200~1600m，2012.VII.17~20，王强采。

分布：山西、辽宁、北京、河北、宁夏、浙江、福建、云南；俄罗斯，日本，泰国，印度尼西亚。

60 金黄莱寄蝇 *Leskia aurea* (Fallén, 1820)，山西省新记录

雄性额特别窄，无外侧额鬃和前顶鬃，后头上方在眼后鬃后方无黑毛；前额长约为复眼高的 2/3，口孔腹面观长为宽的 1.5 倍，下颚须正常；后足胫节具 2~3 根小型后背鬃；第 5 背板和其他背板一样具毛和鬃，特别是具心鬃。

　　观察标本：1♂1♀，山西沁水下川，1200～1600m，2012.VII.12～16，王强采。

　　分布：山西、内蒙古、河北；俄罗斯，日本，外高加索，欧洲。

毛瓣寄蝇族 Nemoraeini

61 条胸毛瓣寄蝇 *Nemoraea fasciata* (Chao et Shi, 1985)，山西省新记录

　　侧颜宽显著大于后梗节宽，其中后头伸展区占 2/3，后头上方在眼后鬃后方具黑毛；触角至少基部两节黄色，后梗节基部 1/3～2/5 红黄色，端部黑褐色，有时整个触角红黄色，下颚须宽、背面被刺状毛；背中鬃 3+3，翅内鬃 0+3，小盾片全部红黄色，小盾侧鬃 2～3 根，两小盾亚端鬃之间距离小于亚端鬃至基鬃之间距离；翅基、翅瓣和腋瓣金黄色或灰黄色，下腋瓣仅在外缘被毛，前缘脉第 2 段腹面被毛；腿节黑色，胫节全部红黄色；腹部红黄色，沿背中线具 1 黑纵条。

　　观察标本：1♀，山西沁水下川猪尾沟，1500～1600m，2012.VII.25，范宏烨采。

　　分布：山西、江苏、安徽、浙江、江西、福建、广东、四川、云南、西藏。

62 多孔毛瓣寄蝇 *Nemoraea fenestrata* (Mesnil, 1971)，山西省新记录

　　额较窄，与侧颜、触角后梗节等宽，后头上方在眼后鬃后方具黑毛；背中鬃 3+3，翅内鬃 0+3，肩鬃 4 根，其中 3 根基鬃排列成 1 条直线，小盾端鬃缺失或细小，呈毛状；下腋瓣仅背面外缘被毛；胫节黄色，有时雄性为黑色；腹部红黄色，第 5 背板具黑纵条，第 3、4 背板各具 1 三角形黑斑和 2 对中心鬃。

　　观察标本：1♂，山西沁水下川猪尾沟，1500～1600m，2012.VII.25，范宏烨采。

　　分布：山西、四川、云南、西藏；印度，尼泊尔，缅甸。

63 萨毛瓣寄蝇 *Nemoraea sapporensis* Kocha, 1969

　　体长 13～19mm；头部黑色，覆金黄色粉被，雄额宽约为复眼宽的 1/2，间额黑褐色，被黑毛，与侧额等宽；额鬃 12～17 根，单眼鬃细长，无外顶鬃，侧颜约为后梗节宽 1.7 倍，触角红黄色，后梗节约为梗节长 2.5 倍，其端部 3/5 略带黑色，触角芒基部 1/3 略加粗，颜及口缘黄色，后头毛淡黄色，下颚须黄色；胸部黑色，覆灰黄色粉被，小盾片黄色；背中鬃 3+4，翅内鬃 1+3；翅基部杏黄色，翅脉黄褐色；翅肩鳞黑色，前缘基鳞黄色，R_{4+5} 脉基部 1/4 具 5～7 根小鬃；下腋瓣背面全部被毛；腹部光亮，各背板基部具稀薄的灰白色粉被，第 3 背板具 2 根中缘鬃，第 4 背板具侧心鬃。

　　观察标本：1♂，山西翼城大河，1200～1600m，2012.VII.17～20，王强采。

　　分布：山西、黑龙江、辽宁、北京、河北、河南、陕西、宁夏、浙江、湖北、湖南、福建、广东、四川、云南、西藏；俄罗斯（远东南部），日本。

长唇寄蝇族 Siphonini

64 袍长唇寄蝇 *Siphona pauciseta* Rondani, 1865，山西省新记录

　　体长 3～4mm，雄性颜高为额长的 1.3～1.5 倍，雌性为 1.1～1.2 倍；雄后梗节长为梗节的 4 倍，梗节红棕色，雄梗节与触角芒第 2 节等长，雌梗节短些，触角芒第 3 节仅在 1/5～2/5 变粗；下颚须端部均具小毛；翅肩鳞棕色或红色，前缘基鳞黄色；前胸基腹片具 1 根毛或两侧具小毛，盾后背中鬃 4，两小盾亚端鬃之间的距离小于同侧亚端鬃与基鬃之间的距离的间距，翅前缘鬃小于 r-m 脉；腹部第 1+2 合背板无中缘鬃。

观察标本：1♀，山西沁水下川猪尾沟，1500～1600m，2012.VII.25，范宏烨采。

分布：山西、浙江、广东、西藏；俄罗斯，蒙古，日本，欧洲。

65 小寄蝇 *Tachina iota* Chao et Arnaud, 1993，山西省新记录

雄性侧额上的黑毛较稀疏且短，下降至侧颜不超过最前方的 1 根额鬃，侧颜具单一黄色或黄白色毛；雄性触角后梗节显著宽于侧颜；翅前缘脉第 1 脉段腹面具毛；腋瓣和平衡棒均白色或黄色；腹部第 2 腹板具 2 根粗大的鬃，第 3～5 背板基部各具清晰的粉背带，第 1+2 背板至少具 4 根中缘鬃，第 3、4 背板无侧心鬃，第 5 背板具 1 行心鬃。

观察标本：1♂，山西沁水下川，1200～1600m，12～16.VII.2012，王强采；26♂3♀，山西翼城大河，1200～1600m，17～20.VII.2012，王强采；3♂，山西沁水下川猪尾沟，1500～1600m，25.VII.2012，范宏烨采。

分布：山西、辽宁、内蒙古、北京、河南、宁夏、甘肃、青海、湖北、四川；朝鲜，韩国，日本。

66 怒寄蝇 *Tachina nupta* (Rondani, 1859)

体长 9～15mm；额与复眼等宽，侧额具 1～2 根外侧额鬃，间额中部与侧额等宽；后梗节长宽大致相等，其长度为梗节长的 4/6～5/6，其宽度约为侧颜宽的 1.1～1.6 倍；触角芒裸，基部 5/7 加粗，第 1 节长为宽的 2 倍，梗节长为宽的 4 倍，前颊明显长于触角；胸部被黑毛，翅内鬃 1+3，腹侧片鬃 3，小盾端鬃交叉排列；下腋瓣白色或黄白色；前、中足跗节暗褐色，前足爪及爪垫略长或等于第 5 分跗节长；腹部背面具黑色中央纵条在各背板后端变窄，有时无黑条，各背板基部具粉被，第 1+2 背板具 2～3 根中缘鬃，第 3 背板具 2～6 根中缘鬃且间距大于该背板长度 1/3，第 5 背板具不规则 2～3 行心鬃和 1 行缘鬃。

观察标本：2♀，山西沁水下川，1200～1600m，2012.VII.12～16，王强采；4♂，2012.VII.25，1♂1♀，2012.VII.26，均范宏烨；4♂1♀，山西翼城大河南神峪，1500～1600m，2012.VII.30，范宏烨采。

分布：山西、黑龙江、吉林、辽宁、内蒙古、北京、天津、河北、陕西、宁夏、甘肃、青海、新疆、浙江、湖北、广东、广西、四川、云南、西藏；俄罗斯，蒙古，朝鲜，韩国，日本，中亚，欧洲，外高加索。

参 考 文 献

赵建铭, 等, 1998. 寄蝇科[M] // 薛万琦, 赵建铭.中国蝇类(下册). 沈阳: 辽宁科学技术出版社.

赵建铭, 梁恩义, 史永善, 等, 2001. 中国动物志, 昆虫纲, 第 23 卷, 双翅目: 寄蝇科(一)[M] .北京: 科学出版社.

赵建铭, 梁恩义, 2002. 中国寄蝇科狭颊寄蝇属研究[J]. 动物分类学报, 27(4): 807-848.

Andersen S, 1996. The Siphonini (Diptera: Tachinidae) of Europe[J]. Fauna Entomologica Scandinavica, 33: 1-146.

Crosskey R W, 1976. A taxonomic conspectus of the Tachinidae (Diptera) of the Oriental Region[J]. Bulletin of the British Museum: Natural History, 26: 1-357.

Herting B, 1984. Catalogue of Palaearctic Tachinidae (Diptera)[J]. Stuttgarter Beiträge zur Naturkunde, Serie A (Biologie), 369: 1-228.

Herting B, Dely-Draskovits, 1993. Á. Family Tachinidae[M]//Soós Á, Papp L. Catalogue of Palaearctic Diptera. Volume 13. Anthomyiidae–Tachinidae. Budapest: Hungarian Natural History Museum: 1-624.

Mesnil L P, 1944-1975. 64g. Larvaevorinae (Tachininae). Die Fliegen der Palaearktischen Region[M]. Stuttgart: Schweizerbart' sche Verlagsbuchhandlung.

O'Hara J E, Shima H, Zhang C T, 2009. Annotated Catalogue of the Tachinidae (Insecta: Diptera) of China[J]. Zootaxa, 2190: 1-236.

O'Hara J E, 2016. World genera of the Tachinidae Diptera and their regional occurrence. Version 9.0[EB/OL]. [2016-05-09]. http://www.nadsdiptera.org/Tach/WorldTachs/Genera/ Gentach_ver9.pdf.

Shima H, 1982. A study of the genus *Phebellia* Robineau-Desvoidy from Japan (Diptera: Tachinidae). II. Redescriptions and species-grouping[J]. Bulletin of the Kitakyushu Museum of Natural History, 4: 57-75.

Shima H, 1988. Some remarkable new species of Tachinidae (Diptera) from Japan and the Indo-Australian Region[J]. Bulletin of the Kitakyushu Museum of Natural History, 8: 1-37.

Shima H, 1996. A systematic study of the tribe Winthemiini from Japan (Diptera, Tachinidae)[J]. Beitrge zur Entomologie, 46: 169-235.

Sun X K, Marshall S A, 2003. Systematics of Phasia Latreille(Diptera: Tachinidae)[J]. Zootaxa, 276: 1-320.

Tschorsnig H P, Richter V A, 1998. Tachinidae[M]//Papp L, Darvas B. Contributions to a Manual of Palaearctic Diptera (with special reference to flies of economic importance). Volume 3. Higher Brachycera. Budapest: Science Herald.

Tschorsnig H P, Herting B, 1994. Die Raupenfliegen (Diptera: Tachinidae) Mitteleuropas: Bestimmungstabellen und Angaben zur Verbreitung und kologie der einzelnen Arten[J]. Stuttgarter Beiträge zur Naturkunde Serie A (Biologie), 506: 1-170.

Zhang C T, Shima H, 2006. A systematic study of the genus *Dinera* R.-D. from the Palaearctic and Oriental regions (Diptera: Tachinidae)[J]. Zootaxa, 1243: 1-60.

Zhang C T, Shima H, Chen X L, 2010. A review of the genus *Dexia* Meigen in the Palearctic and Oriental Regions (Diptera: Tachinidae)[J]. Zootaxa, 2705: 1-81.

Tachinidae

Hou Peng[1,2]　Zhang Chuntian[1]　Wang Qiang[1,3]　Fan Hongye[1,4]　Li Xin[1]

(1 College of Life Sciences, Shenyang Normal University, Shenyang, 110034; 2 College of Plant Protection, China Agricultural University, Beijing, 100083; 3 Shanghai Entry-Exit Inspection and Quarantine Bureau, Shanghai, 200135; 4 Education Bureau of Heping District, Shenyang, 110003)

In this study, 745 tachinid specimens (Diptera, Tachinidae) collected in the Lishan National Nature Reserve of Shanxi Province, China in July 2012 were examined, 66 species of 42 genera, 13 tribes of 4 subfamilies (Dexiinae: 13 species, 7 genera, 2 tribes; Exoristinae: 39 species, 25 genera, 5 tribes; Phasiinae: 1 species, 1 genus, 1 tribe; Tachininae: 13 species, 9 genera, 5 tribes) were identified, which including 30 newly recorded species in Shanxi Province, and keys to subfamilies, tribes, genera and species of Tachinidae in Lishan Mountain and main diagnostic characters with 13 photos of genera and species are given. The specimens are deposited in the Insect Collection of Shenyang Normal University (SNUC).

丽蝇科 Calliphoridae

马光　王明福　李鑫

（沈阳师范大学生命科学学院，沈阳，110034）

体为中大型蝇类，体色多呈青、绿、紫、铜等金属色泽，或呈黑色具粉被斑的灰色，很少有明确的斑或条，部分种类全部或部分呈黄褐色；胸部通常无暗色纵条，或有也不甚明显；雄性眼一般相互靠近，雌性眼远离；口器发达，舐吸式；触角芒一般长羽状，少数长栉状；胸部侧面观，外方的 1 个肩后鬃的位置比沟前鬃为低，二者的连线略与背侧片的背缘平行；

前胸基腹片及前胸侧板中央凹陷具毛（少数例外），下侧片在后气门的前下方有呈曲尺形或弧形排列的成行的鬃，翅侧片具鬃或毛；翅 m_{1+2} 脉向前呈角形弯曲，少数呈缓弧形弯曲或则极少闭合甚至具柄，几乎全不具赘脉，仅个别种在心角处具真正的赘脉。

本科分布于世界各地。成虫多喜室外访花，传播花粉，许多种类为住区传病和蛆症病原蝇类。其幼虫食性广泛，大多为尸食性或粪食性，亦有捕食性或寄生性的，可在医药和养殖业中利用。世界已知约 1100 种，中国记录 5 亚科 49 属 255 种（范滋德，1997）。

分亚科检索表

1 干径脉裸，翅下大结节裸；后背中鬃有 3～4 个鬃位；后气门的前厣无明显的后倾长毛簇，至多有少许不显的毛；后小盾片全不凸出或则仅见极轻微膨隆........ 丽蝇亚科 Calliphorinae
- 干径脉上面后侧有毛，后背中鬃 4～5 个鬃位..2
2 翅下大结节有毛；下腋瓣上面有毛 ....金蝇亚科 Chrysomyinae
- 翅下大结节无毛；下腋瓣上面通常裸 3
3 后头背区有毛，体无黄色柔毛；口上片不呈鼻状突出.............伏蝇亚科 Phormiinae
- 后头背区无毛，亦无粉被；体被黄色柔毛，口上片往往呈鼻状突出.......鼻蝇亚科 Rhiniinae

丽蝇亚科 Calliphorinae

分族和属检索表

1 前胸侧板中央凹陷有毛..2
- 前胸侧板中央凹陷无毛；触角芒羽状，至少下侧也有短毛；通常体躯（至少胸部）覆有金色曲绵毛，或则缺如；眼间距通常雄性很狭而雌性宽，或两性均较宽（粉蝇族 Polleniini）
....粉蝇属 Pollenia
2 腋瓣上肋前、后刚毛簇均存在，下腋瓣无毛（绿蝇族 Luciliini）............绿蝇属 Lucilia
- 腋瓣上肋无后刚毛簇，有前刚毛簇，通常下阳体有腹突，多数属下腋瓣上面有毛（丽蝇族 Calliphorini）...3
3 下腋瓣上面具直立的纤毛..4
- 下腋瓣上面无毛 ....裸变丽蝇属 Gymnadichosia
4 下腋瓣上面的纤毛分布面广；后中鬃 3 对；前胫有 1 后腹鬃，背中鬃 3+3.......................5
- 下腋瓣上面的纤毛分布较疏或较少，有时仅在基部有 2、3 根，有时小毛很微小 6
5 前翅内鬃缺如 ....阿丽蝇属 Aldrichina
- 前翅内鬃 1..丽蝇属 Calliphora
6 前翅内鬃存在，后翅内鬃 2（少数为 3）；外方肩后鬃存在...
....陪丽蝇属 Bellardia
- 前翅内鬃缺如，如存在则颜脊发达或无外方肩后鬃；雄性额很狭；外方肩后鬃缺如 ....
....拟粉蝇属 Polleniopsis

丽蝇族 Calliphorini

1 巨尾阿丽蝇 Aldrichina grahami (Aldrich, 1930)

雄体长 8.0～11.0mm。胸部底色黑，有粉被，中胸盾片前中央有 3 条特征性的黑色纵条，前气门深橙黄色或暗棕色，中鬃 3+3（在大多数个体中缝前第 1 对鬃较弱，背中鬃 3+3，翅内鬃 0+2，肩后鬃 3，小盾侧缘鬃一般为 4 对，腹侧片鬃 2：1。翅透明，带极淡的暗色，下腋瓣淡黄褐色，有淡黄白色边，上面大部疏生棕色长纤毛，上腋瓣和下腋瓣同色，但具褐色缨缘。足黑色或棕黑色。腹部一般呈暗绿青色，有灰白色粉被。雄性生殖腹节外露，平时向前反折在腹下，形成黑色球形巨大的膨腹段，第 2～4 各腹板短而阔，像百叶窗那样叠着。雄性尾器：第 5 腹板大而阔，向腹面隆起，侧叶内方有 1 对向后外方的突起，第 9 背板巨大，背部长，第 9 腹板有背翼，有时还有腹翼。

分布：山西（历山、大同、阳高、天镇、左云、右玉、平鲁、朔州、山阴、怀仁、浑源、灵丘、广灵、应县、太原、阳曲、清徐、岢岚、五寨、宁武、河曲、保德、偏关、五台、繁峙、忻州、方山、交城、汾阳、离石、兴县、岚县、柳林、中阳、交口、孝义、文水、左权、榆社、盂县、霍州、吉县、隰县、长治、长子、晋城、襄垣、永济、芮城、运城）、黑龙江、吉林、辽宁、内蒙古、北京、天津、河北、山东、河南、陕西、宁夏、甘肃、青海、江苏、上海、安徽、浙江、湖北、江西、湖南、福建、台湾、广东、海南、广西、四川、贵州、云南。

2 辽宁陪丽蝇 *Bellardia bayeriliaoningensis* Hsue, 1979

雄眼裸，头前面黑色，额宽为 3 个前单眼宽，下眶鬃 13，下侧颜棕色，侧颜宽为触角第 3 节宽的 1.75 倍，触角第 3 节长为第 2 节的 1.5～2.0 倍，触角芒黑色，长羽状；眼高为颊高的 2 倍强，下颚须黄色，端部仅轻微膨大，前额长约高的 3 倍强。胸背黑色，具灰白色粉被和明显的沟前四纵条，中鬃 2+3，背中鬃 3+3，翅内鬃 0+2，肩鬃 3，肩后鬃 1：1，沟前鬃存在，小盾心鬃 1 对，小盾缘鬃 4；前胸侧板中央凹陷具灰白色粉被和毛，前胸基腹片有金黄色小毛，前后气门均暗棕色，腹侧片鬃 2：1，腋瓣上肋具前簇毛。腋瓣淡黄色，平衡棒黄色，前缘基鳞黄色，前缘脉第 3 段与第 5 段等长，m_{1+2} 脉末端在心角后仅轻度弯曲。足黑色，前足胫节仅 1 个亚中位后鬃，中足胫节各鬃 0、1、3、0，后足胫节各鬃 0、4、3、0。腹部黑色，具灰白色粉被和明显而窄的暗色正中条。前阳基侧突较瘦狭，侧阳体端部近于直角形。

分布：山西（历山、太原、介休、霍州、永济）、辽宁、北京、河北、青海。

3 凤城陪丽蝇 *Bellardia fengchenensis* Chen, 1979

雄性体长 8.0mm。额宽大于单眼三角，侧额向下明显变宽，侧颜宽约占眼宽的 1/3，第 3 触角节黄而背面具淡灰色粉被，髭角、下颚须橙色，腋瓣黄，边也黄，下腋瓣上面仅基部具 3～4 个淡色小毛，前缘脉第 3 段长约为第 5 段的 7/8。雄性尾器侧面观，肛尾叶向下渐瘦，端部钝尖，下阳体中条上段弯，侧阳体钩曲部最宽处约等于垂直部的最宽处，侧阳体后面观分叉部较宽，离开较近；肛尾叶游离部约占后缘长的 1/2。

分布：山西（历山）、辽宁。

4 新月陪丽蝇 *Bellardia menechma* (Seguy, 1934)

雄额略狭于单眼三角宽，侧额及侧颜具银灰粉被，下侧颜及髭角棕红色，上侧颜具 5 行黑色小毛，触角棕红色，第 3 节约为第 2 节的 2.5 倍长。胸黑灰具薄粉被，沟前中鬃与背中鬃之间各具 1 细的暗色纵条，前中鬃间距显比前中鬃与前背中鬃间距为狭，中鬃（1～3）+3，背中鬃 3+3，翅内鬃 1+2，肩后鬃 2：1，前胸基腹片、前胸侧板中央凹陷均具毛，前气门棕或黄色，腹侧片鬃 2：1。腋瓣黄色，腋瓣上肋前瓣旁簇及听膜簇存在，下腋瓣裸，平衡棒黄。足黑，前胫各鬃为 0、8、0、1；中段中位有 1 前腹鬃，中胫各鬃为 1、1、1、2；后胫各鬃为 2、3、2、0。腹部铁灰色具银白粉被，正中有 1 暗色纵条，第 3、4 背板具暗色后缘带。

分布：山西（历山、天镇、阳高、左云、灵丘、浑源、大同、五台、岢岚、太原、文水、方山、孝义、长治、霍州、左权、平定、离石、隰县、吉县、候马、襄垣、阳曲、永济、芮城）、辽宁、北京、河北、山东、河南、陕西、甘肃、江苏、上海、浙江、湖北、湖南、四川、贵州、云南。

5 拟新月陪丽蝇 *Bellardia menechmoides* Chen, 1979

雄体长 4.5～7.0mm。雄性额略狭于后单眼外缘间距，侧额在最狭处约等于前单眼横径，间额棕至黑，侧额及侧颜上部有多数细毛，头前面粉被略带银色，下侧颜带棕色；颊底色黑，颊高约为眼高的 1/5，颊毛及下后头毛均黑；触角第 2 节棕色，第 3 节褐色，长为第 2 节的 2 倍强，芒长羽状；下颚须黄。胸灰黑，粉被淡灰，前盾有黑色亚中纵条，前中鬃 2，背中鬃 2+3，翅内鬃 1+2，肩后鬃 1：1，肩鬃 3，腹侧片鬃(1～2)：1，前气门暗棕。翅：带淡棕色；前缘基鳞红棕，翅前缘脉第 3 段略短于第 5 段，前缘刺长约等于 r-m 横脉长的 2/3，m-m 横脉呈"S"形，m_{1+2} 脉末端角后段长约为角前段的 1.3 倍，$2R_5$ 室开口相当狭，相当靠近翅尖；腋瓣棕至暗棕色，平衡棒至少端部暗色，头较暗。足黑。腹灰褐有金属光泽，粉被灰色略呈棋盘状斑。各腹板均被黑毛。

分布：山西（历山、应县、浑源、天镇、右玉、宁武、河曲、岢岚、方山、繁峙、榆社、左权）、辽宁、河北、山东、陕西、甘肃、江苏、上海、浙江、湖北、四川、贵州、云南。

6 红头丽蝇 *Calliphora* (s. str.) *vicina* Robineau-Desvoidy, 1830

中大型种。体长雄性：10.2mm，雌性：10.7mm。眼裸，额宽率：雄性 0.08，雌性 0.39；雄额最狭处的间额略等于 1 侧额。颊呈橙色或红棕色，覆有金色粉被，与髭角和颜堤几同色。与颊后半的灰黑色部分则常有较截然的分界，有很少数个体颊色较暗，颊毛黑色。触角第 3 节为第 2 节的 4.5～5.0 倍，芒长羽状。胸：底色黑，粉被强，前盾在前中鬃列与前背中鬃列间有很窄的黑纵条。中鬃 3+3（其中第 1 个前中鬃在少数个体中微弱或缺如）；背中鬃 3+3；翅内鬃 1+3，翅前鬃 1，翅上鬃 3，肩鬃 4，肩后鬃 3，小盾缘鬃 4 对；腹侧片鬃 2：1。翅：透明，前缘基鳞黄至褐色，前缘脉第 3 段长于第 5 段；上腋瓣淡褐、下腋瓣褐色，上面有多数黑色立纤毛，平衡棒棕色。足黑。腹：第 2～4 腹板在雄性中基本轮廓近于方形，而在雌性中常略呈圆形。

分布：山西（历山、大同、阳高、天镇、左云、忻州、五台、保德、太原、阳泉、盂县、左权、榆社、太谷、阳曲、文水、离石、方山、柳林、中阳、交口、清徐、霍州、吉县、隰县、洪洞、安泽、运城、襄垣、永济）、黑龙江、吉林、辽宁、内蒙古、北京、天津、河北、山东、河南、陕西、宁夏、甘肃、青海、新疆、江苏、湖北、江西、湖南、四川、贵州、云南、西藏。

7 反吐丽蝇 *Calliphora* (s. str.) *vomitoria* (Linnaeus, 1758)

雄体大形，体长 9.0～13.0mm，平均 11.3mm。头部：复眼裸，额宽率为 0.042，侧额极狭，约为额宽的 1/2，间额在最狭处仅留 1 缝。触角第 3 节长约为第 2 节的 3.6～4.0 倍，颊深灰黑色，有粉被，生黑色毛，未见有生棕色毛的。后头下部有发达的淡黄色毛。胸部：底色黑，具粉被，前盾片有暗纵条，中央两条较宽，小盾片背面观宽阔，在后端有时微带棕色。前气门灰棕色或黄褐，不呈橙色；中鬃 2+3，少数 3+3 或其他，背中鬃 3+3，翅内鬃 1+2，肩后鬃 3，小盾缘鬃大多为 4 对，腹侧片鬃 2：1。翅：透明，翅基和翅前缘有很淡的暗色。足黑色。腹部：呈绿青、深青或深蓝等色，稍微倾向于青蓝色，具很淡的白色粉被。第 5 腹节背板无缝合痕。雄性第 3、4 腹板的基本轮廓为圆形。

分布：山西（历山、应县、灵丘、浑源、大同、宁武、五寨、岢岚、五台、太原、文水、中阳、晋城）、除海南外，全国都有分布。

8 黄足裸变丽蝇 *Gymnadichosia pusilla* Villeneave, 1927

雄头前面黑色，额在最窄处仅为单眼三角的 1/2 宽，下眶鬃 9～10 对，下侧颜棕色，侧颜上部有细毛，侧颜与触角第 3 节等宽，触角第 3 节基部与第 2 节橘红色，余为棕黑色，第 3 节均为第 2 节长的 2 倍，触角芒黑色，长羽状，眼高为颊高的 4 倍弱，下后头的毛淡黄色，下颚须橘红色，前额黑色。胸黑色，腋瓣淡黄色，平衡棒橘红色。足除各跗节黑色外，其余均为淡黄色；前胫各鬃 0、9、0、1，中胫腹鬃、前背鬃、后背鬃各 1，后鬃 2，后胫各鬃 1、6、4、0。腹第 1、2 背板两侧棕黄色有黑色正中条，第 3 背板大部棕黄色，具黑色宽正中条和狭后缘带，第 4 背板大部黑，沿前缘两侧有棕黄缘带，第 5 背板全黑。

分布：山西（历山、浑源、方山、宁武、五寨、岢岚、运城、太原）、辽宁、陕西、江苏、湖北、湖南、福建、台湾、四川、云南、西藏。

9 蒙古拟粉蝇 *Polleniopsis mongolica* Seguy, 1928

雄体长 7.5～8.0mm。眼具短疏微毛，额宽率 0.088，间额红棕，宽为 1 侧额的 1/5，最狭处在单眼三角紧前方，外顶鬃明显，侧后颈鬃 1，下眶鬃 10，前额突出，侧颜宽为触角第 3 节宽的 2 倍弱，侧额、侧颜底色黑，二者全长都有黑色小毛，侧颜毛黑、为不整齐的 3～5 行，几达于触角末端水平，头前面粉被灰黄；下侧颜红棕；颊底色黑，粉被灰黄，颊毛黑，下后头有黄毛；颜红棕，颜脊发达，纵贯颜全长，最宽处超过触角第 3 节宽，约为后者的 1.16 倍，最宽处在触角第 3 节基部间，下端则微狭于触角第 3 节宽，而在两触角基部间，颜脊为触角第 3 节宽的 1/3 宽。后气门前肋有黑毛，无后气门前裂，腹侧片鬃 1：1；前气门黄褐，后气门黑褐。翅稍带黄色，翅基黄，翅肩鳞黄、有黑毛，腹黑，有密的淡黄灰粉被，有时第 4 背板后侧缘及第 5 背板带黄色。

分布：山西（历山、浑源、灵丘、广灵、五台、岢岚、繁峙、太原、阳泉、榆社、左权、永济、芮城、夏县、侯马、闻喜）、吉林、辽宁、内蒙古、北京、河北、山东、河南、陕西、宁夏、青海、江苏、上海、湖北、四川。

绿蝇族 Luciliini

10 崂山壶绿蝇 *Lucilia (Caesariceps) ampullacea laoshanensis* Quo, 1952

雄额宽约等于前单眼宽，间额褐至黑，最狭段消失或如线。胸金属绿色，盾片中心带黄铜或红铜光泽，前盾前方及肩胛有淡灰粉被，中鬃 2+2，前中鬃第 2 对间距为第 1 对间距的 1.5 倍，第 1 对间有小毛 3～4 行，第 2 对间有 5～6 行；后中鬃第 1 对位于第 2 对后背中鬃 1 线的前方；背中鬃 3+3，翅内鬃 1+2，小盾下面无毛区稍宽于端鬃间距；腹侧片鬃 2：1；足黑，有时胫节带棕色，前胫前背鬃 6，后腹鬃 1；中股基半有前腹鬃列及后腹鬃列；中胫腹鬃 1，前背鬃 1，后背鬃 1，后鬃 2；后股前腹鬃列全，基半有后腹鬃列；后胫前腹鬃 1，前背鬃列约 20 个，其中有 4 个略大，后背鬃 2，后腹鬃 0。腹短卵形，金属绿色，第 1、2 合背板亮青绿黑色，第 3 背板前缘正中有 1 可变色楔形暗斑，其中部及第 4 背板前部带黄铜光泽；第 5 背板带亮青色，第 2 腹板呈略宽的舌形，第 5 腹板侧叶多毛，内缘毛亦细长。

分布：山西（历山、灵丘、应县、太原、文水、盂县）、黑龙江、吉林、辽宁、内蒙古、河北、山东、宁夏、甘肃。

11 瓣腹绿蝇 Lucilia (Sinolucilia) appendicifera Fan, 1965

雄额宽为头宽的 0.2 倍弱；间额黑，前端带黑褐，宽为 1 侧额的 1.2～1.7 倍；仅内顶鬃发达，下颚须黄，中喙亮黑，前额长为高的 3 倍强，唇瓣大。胸金属绿色，胸背有铜色或橄榄绿色光泽，后盾后半向后及小盾呈鲜明的绿色稍带青色光泽；侧板前半金属绿色稍带暗色，后半呈发亮的紫棕等色。中鬃 2+（1～2），前中鬃列间有 3～4 行小毛；背中鬃 3+3，有时列中有个别赘鬃；翅内鬃 1+2，肩鬃 4，肩后鬃 2：1，翅前鬃稍短于后背侧片鬃；小盾基鬃、端鬃、前基鬃、心鬃各 1，腹长卵形，后部较厚；亮绿色，第 1、2 合背板全呈紫黑，第 3～5 背板各有 1 略宽的紫黑色后缘带及正中条。尾节带暗棕色，外露；第 2 腹板方形，第 5 腹板巨大，侧叶内缘有光滑如贝壳状内抱的暗棕色板状突起。

分布：山西（历山、太原、运城）、辽宁、山东、江苏、上海、浙江、湖南、福建、贵州。

12 叉叶绿蝇 Lucilia (s. str.) caesar (Linnaeus, 1758)

雄体长 7.0～10.0mm。额稍狭，间额在最狭处不完全消失，侧额及侧颜上部底色暗上覆银灰色粉被，侧颜下部红棕且裸，粉被同上；下颚须瘦长黄棕色。胸部呈金属绿蓝色，有铜色光泽；中鬃 2+2，背中鬃 3+3，如在第 2 对后背中鬃之间引 1 横线，则末前方的 1 对厚中鬃的着生位置位于这 1 横线的前方；翅内鬃 1+2，肩鬃及肩后鬃各 3，上腋瓣黄白色，缘缨毛黄，下腋瓣淡棕色，缨毛亦黄；平衡棒黄棕色。足黑。腹部色如同胸部，前腹部各背板无明显的暗色后缘带，第 3 背板中缘鬃缺如，仅有弱的缘鬃，第 4、5 背板缘鬃均发达，第 9 背板很大，呈亮绿色，第 1 腹板毛细而色淡，其余腹板毛均黑；侧尾叶狭而渐细削，末端分叉。

分布：山西（历山、浑源、灵丘、广灵、宁武、五寨、岢岚、五台、偏关、太原、文水、盂县、榆社、左权、柳林、兴县、交口、汾阳、安泽、永济）、黑龙江、吉林、辽宁、内蒙古、天津、河北、山东、陕西、宁夏、甘肃、青海、新疆、四川、贵州、云南。

13 亮绿蝇 Lucilia (s. str.) illustris (Meigen, 1826)

雄体长 5.0～9.0mm。下颚须棕黄色。胸部呈金属绿色带蓝色有铜色光泽，盾片上灰色粉被略明显，中鬃 2+2，背中鬃 3+3，如在第 2 对后背中鬃之间引 1 横线，则末前方的 1 对后中鬃的着生位置位于这 1 横线的前方；翅内鬃通常 0+2，有时 1+3，；肩鬃 3～4，肩后鬃 3，翅上鬃 3，小盾端鬃 1 对，心鬃 1～2 对，侧鬃 3 对；腹侧片鬃 2：1，前胸基腹片及前胸侧板中央凹陷具毛，腋瓣上肋前后刚毛簇存在，前、后气门暗棕色。翅透明，翅肩鳞及前缘基鳞黑，亚前缘骨片红棕，有短小毛，上腋瓣黄白色，下腋瓣淡棕色但缘缨毛黄，平衡棒大部红棕色。足黑。腹部颜色如同胸部，第 3 背板无强大的中缘鬃，第 4、5 背板缘鬃发达，第 5 背板上鬃明显较多，各腹板毛均黑，第 9 背板较小，呈黑色，侧尾叶末端细，向前方弯曲不分叉。

分布：山西（历山、大同、灵丘、右玉、天镇、浑源、山阴、偏关、宁武、五寨、岢岚、太原、文水、交城、离石、太谷、长治、左权、霍州、永济、夏县、稷山、闻喜）、黑龙江、吉林、辽宁、内蒙古、天津、河北、山东、河南、陕西、宁夏、甘肃、青海、新疆、江苏、上海、浙江、湖北、江西、湖南、四川、贵州。

14 紫绿蝇 Lucilia (Caesariceps) porphyrica (Walker, 1856)

雄体长 5.0～10.0mm。额很狭，约与前单眼等宽，下颚须瘦长呈黄色。胸部呈金属绿色或带蓝、紫等色，前盾片灰粉被明显，中鬃 2+（2～3），背中鬃 3+3，如在第 2 对后背中鬃之间引 1 横线；则前方的 1 对后中鬃的着生位置位于这 1 横线的前方；翅内鬃 1+2，肩鬃 3，肩后鬃 3，小盾端鬃及心鬃各 1 对，侧鬃 3 对，腹侧片鬃 2：1；前胸侧板中央凹陷具淡色纤毛，前胸基腹片具毛，翅后坡具毛，前、后气门暗棕色。翅透明，脉棕色，沿前缘及基部色深，翅肩鳞及前缘基鳞暗棕，亚前缘骨片棕黄色，上生黑色小刚毛，明晰可见；腋瓣淡棕色以至棕色，至少上腋瓣外缘呈淡棕色，平衡棒棕至红棕，端部色淡。足黑，胫节暗棕。腹部呈金属绿色，带蓝、紫色，第2～5背板缘鬃发达，第2～5腹板毛黑。尾器：侧尾叶前后缘几乎平行，末端宽而圆钝，具长柔毛，雄性阳体侧面观下阳体腹突狭，约与端阳体等宽并具尖的端部。

分布：山西（历山、太原、文水、永济）、山东、河南、陕西、宁夏、甘肃、江苏、上海、浙江、湖北、江西、湖南、福建、台湾、广东、海南、广西、四川、贵州、云南、西藏。

15 丝光绿蝇 *Lucilia* (*Phaenicina*) *sericata* (Meigen, 1826)

体长 5.0～10.0mm；额在最狭处：雄性、雌性侧额宽约为间额宽的 1/2，颊较宽；触角带黑色，其第 3 节长约为第 2 节的 3 倍，侧后顶鬃一般有 2 对以上；胸部小毛较细长而密，雄性胸部呈金属绿或蓝色带有彩虹色，前盾片灰色粉被明显，中鬃 2+3，背中鬃 3+3，翅内鬃 1+3，沟前鬃 1，肩鬃 3～4，肩后鬃 3，肩胛上肩鬃后区小毛在 6 个以上；侧面观雄性腹部不拱起；第 2～4 腹板上的毛的长度与后足股节和胫节上的毛等长；肛尾叶后面观端部显然向末端尖削，侧面观末端不呈头状，略直，后侧毛较长，超过末端横径的 2 倍；侧尾叶后面观扩开，端部略向内抱合，但不与肛尾叶靠近；前阳基侧突有 3（或 4）根刚毛，常着生在端部的 1/3 的距离内；第 5 腹板基部的长度大于侧叶长的 1/2。

分布：山西（历山、大同、阳高、天镇、浑源、灵丘、广灵、左云、右玉、平鲁、朔州、山阴、怀仁、应县、五寨、宁武、岢岚、河曲、保德、偏关、忻州、五台、繁峙、太原、清徐、阳曲、左权、平定、孝义、离石、岚县、方山、柳林、中阳、石楼、临汾、洪洞、吉县、隰县、襄垣、永济、芮城、曲沃、稷山）、中国其他地区。

16 山西绿蝇 *Lucilia* (*Phaenicina*) *shansiensis* Fan, 1965

雄体长 9.0～10.0mm。胸：金属绿色，侧板略带青绿；中鬃 2+3，背中鬃 3+3，翅内鬃 1+2，肩鬃 4，肩后鬃 2：1，翅前鬃为后背侧片鬃的 1.2 倍弱，翅上鬃 2，另间有短鬃，小盾鬃 5：1，前侧片鬃 2～3，前气门鬃 2，腹侧片鬃 2：1，翅侧片前半无毛，前胸基腹片和前胸侧板中央凹陷具黑毛，前气门黑，后气门暗棕，后气门前裂存在，下侧片鬃 8～9 个。平衡棒黄。足黑，前胫：前背鬃约 7～9 个和后腹鬃 1；中胫各鬃为 1（腹鬃）、2、1、[2～3（后鬃）]，后胫各鬃为 2、4、2、0。腹（据副模）部第 3 背板有 1 对中等长的中缘鬃，第 2 腹板后半有 3 对侧鬃，第 3 腹板后半有鬃，第 4 腹板有黑密长毛，第 5 腹板有黑色长缨毛，第 9 背板"腹叶"有淡色缘毛颇密。

分布：山西（历山、大同、天镇、浑源、平鲁、朔州、山阴、右玉、应县、宁武、五寨、岢岚、保德、偏关、原平、繁峙、文水、孝义、交城、离石、方山、柳林、襄垣、安泽）、黑龙江、吉林、辽宁、宁夏、甘肃。

17 中华绿蝇 *Lucilia* (*Luciliella*) *sinensis* Aubertin, 1933

雄眼在最狭段极结合，额仅如 1 线，间额黑，消失段约占额全长的 2/3，平衡棒黄色。胸：亮金属深绿色带青色或紫色光泽；后中鬃 2，后背中鬃 3，2 个后中鬃和后方的 2 个后背中鬃的位置都显然偏在后盾片后方 2/5 范围内，而后背中鬃的第 2 个鬃至第 1 个鬃之间的距离约为第 2 个鬃至第 3 个鬃之间距离的 2 倍；翅内鬃 1+2，腹侧片鬃 2：1，下侧片在呈曲尺形排列的鬃列的前下方还有密的黑色细长毛群；小盾缘鬃 4～5，心鬃 1；前胸侧板中央凹陷纤毛较显，翅透明，翅基稍暗，前缘基鳞黑，亚前缘骨片黄，有黑色小刚毛；下腋瓣棕色，上腋瓣边缘全褐，或略呈淡色；平衡棒黄；足黑，中胫前背鬃 1，后胫后背鬃 1（或 0）；腹色似胸部，第 1、2 合背板较暗，以后各背板有明显的暗色后缘带。

分布：山西（历山、安泽、永济）、陕西、宁夏、甘肃、浙江、湖北、江西、台湾、四川、贵州、云南。

18 沈阳绿蝇 *Lucilia (Luciliella) shenyangensis* Fan, 1965

雄头扁平，额宽为前单眼宽的 1.0~1.5 倍；胸背金属绿色，带黄铜或红铜光泽。中鬃 2+2，前中鬃列间距稍狭于它与前背中鬃列间距，前中鬃列间有 3~4 列小毛；翅基及前缘稍暗；前缘基鳞黑，亚前缘骨片褐色、末端暗，有不太长密的黑或褐小刚毛；r_{4+5} 脉上面至多第 1 段基半有毛，下面则第 1 段可全段有毛；上腋瓣白，缘缨亦白或污白，外侧缘缨白色，下腋瓣故纸色，边缘及缘缨白色，内侧缘带暗色；平衡棒黄色。足黑。腹与胸同色，第 1、2 合背板暗青，第 3 背板前半稍露楔形正中斑，第 3、4 背板两侧略见狭的暗青色后缘带及缘鬃，第 3 背板缘鬃较弱。各腹板黑具黑毛，第 1 腹板有细小毛，第 2~4 腹板有灰色薄粉被，除小毛外两侧有鬃状毛，第 2 腹板略呈舌形，第 3、4 腹板略带倒梯形，第 5 腹板侧叶末端略带方形。后腹部黑色带绿色及铜色光泽。

分布：山西（历山、五台、太原、平定、左权、交口、吉县、永济）、黑龙江、吉林、辽宁、内蒙古、北京、河北、山东、河南、陕西、宁夏、甘肃、四川、贵州、云南、西藏。

粉蝇族 Polleniini

19 栉跗粉蝇 *Pollenia pectinata* Grunin, 1966

体中大型。雄性：眼几乎裸，胸黑，略现古铜光泽，仅前盾前缘有薄灰白粉被，此处可见狭的黑亚中条，胸背底毛大部黑色细长，黄色绵毛主要在两侧及边缘。腹侧片鬃 1:1，前侧片鬃、前气门鬃各 1；中胸气门淡灰黄、后胸气门橙黄。翅灰色透明，前缘微带棕色，翅基棕色，前缘基鳞黑，腋瓣污白；平衡棒黄。足黑，中、后足跗节均短于胫节，而且第 2~5 分跗节长短差不多，第 2 分跗节至多为第 4 分跗节的 1.5 倍，并略为宽扁些；后足跗节第 1~4 分跗节有由粗刺构成的较强大的前腹栉列和略短的后腹栉列。腹：短卵形，底色黑，因有棕色薄粉被而显可变色的古铜光泽。

分布：山西（历山、阳高、天镇、应县、浑源、五寨、宁武、岢岚、繁峙、太原、方山、文水、交城、兴县、交口、离石、榆社）、黑龙江、辽宁、内蒙古、河北。

金蝇亚科 Chrysomyinae

20 大头金蝇 *Chrysomya megacephala* (Fabricius, 1794)

体中型。雄性：体长 10mm 左右，两复眼十分密接，复眼上半 2/3 有大型的小眼面，与下方 1/3 范围内的小型的眼面区有明显的区别；在额的长度内约有 25 排小眼面。雌性额宽率常为 0.35~0.37，在额部的眼前缘稍微向内凹入，在额中段的间额宽常不狭于 1 侧额的宽的 2 倍；侧额底色暗，上覆有金黄色粉被及黄毛；触角枯黄，第 3 节长超过第 2 节长的 3 倍以上，芒毛黑，长羽状毛达于末端；颜、侧颜及颊杏黄以至橙色，均生黄毛，下后头毛亦黄，口上片与上述同色稍微突出，下颚须橘黄，喙红棕至黑色。胸部呈金属绿色有铜色反光及蓝色光泽，前盾片覆有薄而明显的灰白色粉被。足棕或棕黑色，腹部绿蓝色，铜色光泽明显，除第 5 背板外各背板后缘具紫黑色后缘带，第 1 腹板上大都具黄毛，其余腹板及背板侧缘黄黑毛混杂，但第 2 腹板上小毛多呈黑色，露尾节不明显。

分布：山西（历山、大同、阳高、天镇、左云、右玉、平鲁、浑源、灵丘、广灵、山阴、怀仁、应县、宁武、五寨、岢岚、河曲、保德、偏关、忻州、朔州、五台、繁峙、太原、清徐、阳泉、太谷、平定、榆社、左权、长治、交城、文水、孝义、离石、兴县、柳林、中阳、方山、临汾、吉县、曲沃、永济、芮城)、除新疆、青海、西藏外，全国各地分布。

21 广额金蝇 Chrysomyia phaonis (Seguy, 1928)

体中型。雄性：体长约 10.0mm，额很宽，约为 1 复眼宽的 2/3～4/5，颇似一般雌性，但无外倾上眶鬃；复眼小眼面均一，下眶鬃 12～14 对，间额红棕色，中段颇宽，上具多行黑毛，侧额色暗，上覆有薄的银黄色粉被，侧颜、下侧颜、颜及口上片黄棕或棕黄，侧颜上部及侧颜具许多黑毛，颜堤毛亦黑；侧颜下部裸，前面观颇宽，几乎接近触角第 3 节宽的 2 倍；颊前部毛黑，颊后部及下后头毛黄，触角棕黄，第 2 节及第 3 节基部黄棕，第 3 节端部及背面色暗，第 3 节近第 2 节长的 3.5 倍，芒棕色，长羽状毛达于末端，下颚须黄，喙棕短粗。胸部呈金属绿色，盾片上有薄灰色粉被，腹部呈金属绿色带铜色光泽，背板上后缘带缺如，缘鬃发达，第 1 腹板毛黄，其余腹板具黑毛。

分布：山西（历山、大同、浑源、灵丘、右玉、山阴、离石、兴县、榆社、长治、霍州、乡宁、安泽、闻喜、永济）、辽宁、内蒙古、北京、天津、河北、山东、河南、陕西、宁夏、甘肃、青海、湖北、江西、四川、贵州、云南、西藏。

22 肥躯金蝇 Chrysomyia pinguis (Walker, 1858)

雄性：体长 8.0mm 左右。额狭，前单眼旁的侧额宽度显然狭于前单眼的横径；复眼上半小眼面并不显然地大形，额的长度内约有 35 排小眼面；复眼在前部中央不隆起。两复眼几乎相接，侧颜及颊的大部黑，仅触角、口上片、下侧颜及颊前少部分到口上片呈棕黄或红棕色，侧颜毛及颜堤毛黑色，颊毛至少前半是黑色的，侧颜宽略窄于触角第 3 节宽，触角第 3 节端部及背方偏暗，其长为第 2 节长的 4 倍以上，颊高超过眼高的 1/2，颊后部及下后头毛黄，下颚须棕黄，喙短黑。胸部金属绿色有蓝色光泽，上覆有灰色粉被。翅透明，脉棕色，翅肩鳞及前缘基鳞黑，上、下腋瓣暗棕色，当翅收合时上腋瓣外放褐色稍淡色，上面有褐色至黑色纤毛，平衡棒棕至棕黄色。足黑，胫节红棕色。腹部呈短卵形，各背板具暗紫黑色缘带，第 5 背板腹面毛黑。

分布：山西（历山、永济）、辽宁、内蒙古、北京、河北、山东、河南、陕西、宁夏、甘肃、江苏、上海、安徽、浙江、湖北、江西、湖南、福建、台湾、广东、海南、广西、四川、贵州、云南、西藏。

伏蝇亚科 Phormiinae

分属检索表

1 前背中鬃 4（有时为 5）；前气门呈淡橙色；在翅收合时，上腋瓣的上面外方具白色纤毛；腹侧片鬃 1∶1（有时为 2∶1），翅内鬃 1+2 .... 伏蝇属 Phormia

- 前背中鬃 3；前气门暗橙色以至黑色；在翅收合时，上腋瓣在上面无纤毛；腹侧片鬃 2∶1，如前气门略淡，则翅内鬃 1+3 .... 原丽蝇属 Protocalliphora

23 伏蝇 Phormia regina (Meigen, 1826)

雄性额狭；雌性额宽约为头宽的 1/3，两侧缘平行。雄性：眼裸，头前面黑色，整个颜面扁平，间额最窄处几乎成 1 线，下眶鬃 11～12 对，其中下部 6 对较长大。胸背蓝绿色，具金属光泽，无色条，小盾片端部棕色，中鬃 3+4，背中鬃 4+5，翅内鬃 1+2，肩后鬃 2，腹侧片鬃1:1，小盾心鬃和端鬃各1对，前胸侧板中央凹陷和前胸基腹片具毛，前胸基腹片褐色，前气门黄色。腋瓣淡黄色，平衡棒黄色。翅茶褐色，前缘基鳞及亚前缘骨片均黄色，后者具少数短小的小刚毛，前缘脉第3段约为第5段长的2倍，m_{1+2}脉末段在心角后略呈弧形。足黑色，前胫各鬃0、2、（6~8）、0；中胫前背鬃和腹鬃各1，后腹鬃2；后胫各鬃2、（3~5）、2、0。腹部蓝绿色，具金属光泽，无色带色条。雌性腹部扁。

分布：山西（历山、大同、阳高、天镇、浑源、右玉、山阴、应县、宁武、五寨、岢岚、忻州、太原、方山、交城、汾阳、阳泉、临汾、安泽、吉县、运城、侯马）、黑龙江、吉林、辽宁、内蒙古、北京、天津、河北、山东、河南、陕西、宁夏、甘肃、青海、新疆、江苏、上海。

24 青原丽蝇 Protocalliphora azurea (Fallen, 1816)

体中大型。雄性：体长9.0~12.0mm。额宽约等于或大于单眼三角，侧额不及前单眼宽，间额暗棕色，侧额具银白色粉被，下眶鬃14，在其外方具小毛，侧颜具3~4行黑色小毛，触角暗仅第3节基部红色，芒长羽状，触角第3节约为第2节长的1.5倍，侧颜宽约为触角第3节宽的2倍，下侧颜带棕红色，颊亮黑，眼高约为颊高的4倍，下颚须黄，前额长约为高的3倍。胸背具3条较宽的黑色纵条，金属青色具淡色粉被；中鬃3+4，背中鬃2+3，翅内鬃1+3，肩后鬃4，腹侧片鬃2:1，前气门暗棕色。翅肩鳞黑，前缘基鳞棕黄，干径脉后方具1排毛；下腋瓣裸，不具小叶呈污白色。足：前胫各鬃为0、1、0、1；中胫前背鬃3，后背鬃2，后鬃3，腹鬃1；后胫各鬃为3、8、4、0；腹部绿带金属光泽，第3、4背板正中有1暗色细的纵条。

分布：山西（历山、大同、浑源、灵丘、右玉、怀仁、平鲁、应县、天镇、五寨、宁武、岢岚、五台、繁峙、河曲、偏关、太原、阳曲、盂县、阳泉、左权、平定、离石、方山、文水、交城、临汾、安泽、霍州、隰县、运城、芮城、襄垣、永济、夏县）、黑龙江、吉林、辽宁、内蒙古、北京、河北、山东、河南、陕西、宁夏、甘肃、青海、新疆、江苏、浙江、四川、贵州、云南。

鼻蝇亚科 Rhiniinae

鼻蝇族 Rhinini

分属检索表

1 后足胫节无1行明显的前背鬃，但有2~3个长度等长或大于胫节横径的前背鬃，有2个后中侧片鬃，位于前上方 ···依蝇属 Idiella
- 后足胫节有1行差不多等长的前背鬃，长于正常的鬃毛（有时其中2~3个较长）············
··口鼻蝇属 Stomorhina

25 三色依蝇 Idiella tripartiti (Bigot, 1874)

雄体长7.0~8.0mm。额宽约与触角第3节等宽或稍宽，间额黑，侧额及侧颜上部底色暗，上具金黄色粉被，侧颜下半部呈红棕色且裸，颊前半部呈黑色带有金属色，其上毛亦黑，颊后半部及下后头具黄色粉被，其上毛密亦黄；颊高约为眼高的1/2，颜面暗棕色，口上片亦黑，触角黑，具灰色粉被，第3节长为第2节的2.5倍，触角芒长羽状，下颚须黑，扁而宽。胸部暗绿色带金属光泽，略覆薄的灰色粉被，各侧片均具黄毛，下侧片则仅有黄色粉被，前胸基腹片具黄毛，前气门黄白色，后气门暗棕色。翅：透明稍微暗，翅端部具暗晕，径脉结节背、腹面具毛，肩翅鳞黑，前缘基鳞黄色，亚前缘骨片裸且呈黄色，上、下腋瓣黄，平衡棒亦黄。足：前足基节色淡，中、后足基节暗棕，股节黑稍带绿色反光，各胫节黄，跗节除端部外亦黄。腹部，前半部黄，后半部暗，在第 4 背板的暗色形成 1 个"山"字形斑。

分布：山西（历山、大同、阳高、天镇、浑源、灵丘、广灵、左云、右玉、平鲁、朔州、山阴、宁武、五寨、岢岚、保德、偏关、平定、太原、盂县、长治、霍州、吉县、襄垣）、辽宁、内蒙古、河北、山东、陕西、宁夏、青海、江苏、安徽、浙江、湖北、江西、湖南、福建、四川、云南、西藏。

26 不显口鼻蝇 *Stomorhina obsolete* (Wiedemann, 1830)

雄体长 5.0～7.0mm。额宽显狭于前单眼宽，下眶鬃 6～8，侧额、侧颜上部黑，但有金黄色粉被，侧颜下部、颊及颜面黑，颊后半部及下后头覆有黄色粉被，上具细长黄毛，颊高为眼高的 1/4，触角被颜脊分开，第 3 节长约为第 2 节长的 2 倍，两者均黑，前者有灰色粉被，触角芒栉状，下颚须扁宽，呈黑色。胸部呈暗绿色，除有金黄色粉被外，尚有生毛点，前盾片有灰色粉被，前胸基腹片具黄片，前胸侧板中央凹陷裸，中侧片、腹侧片及翅侧片具黄毛，中侧片前部有光滑斑，上、下腋瓣及平衡棒黄。足：前足基节黄，其余基节黑。腹部黑色具黄斑，第 1、2 合背板有 1 对黄斑且延伸到侧腹面，第 3 背板黄，具正中暗条及后缘带，第 4 背板同上，两者侧缘均具生毛点，第 5 背板全黑，腹板前方黑，后方暗，第 1 腹板及第 2 腹板前半部具黄毛，第 2 腹板后半部至第 5 腹板毛黑。

分布：山西（历山、浑源、广灵、大同、应县、山阴、宁武、五寨、岢岚、太原、长治、左权、榆社、盂县、方山、交城、文水、孝义、霍州、吉县、襄垣）、黑龙江、吉林、辽宁、内蒙古、北京、天津、河北、山东、河南、陕西、宁夏、甘肃、江苏、上海、安徽、浙江、湖北、江西、湖南、福建、台湾、广东、广西、四川、贵州。

狂蝇科 Oestridae

马光　王明福　李鑫

（沈阳师范大学生命科学学院，沈阳，110034）

体中到大型，体长 10～17mm。体通常具短而疏的淡色毛，少数种具密毛；部分属常在头、胸、腹部具疏密不同的暗色疣状突起。口器退化；触角第 3 节通常外露；颜常在中部变狭。翅 $2R_5$ 室具柄，或在 m_{1+2} 脉弯曲部具突起（m_2 脉）。足较短，后足长度明显短于体长。腹部常具明显的灰白色或金黄色闪光斑。

狂蝇亚科 Oestrinae

27 羊狂蝇 *Oestrus ovis* (Linnaeus, 1758)

体长 10～12mm。雄性额在顶部的宽度约为头宽的 2/7；侧额较宽，上面有各个分离的暗色生毛疣，疣着生于凹窝中，单眼较大，亮黑色，球状；侧颜淡黄色，具少量淡黄色毛；触角第 1、2 节淡棕色，第 3 节黑色，球状，芒裸，淡褐色；颜淡黄色，半透明，在中部变狭，下侧颜、颊均为淡黄色，颊具短而疏的淡黄色毛。中胸盾片具许多黑色小疣，小盾片上面特别是后缘的疣明显变大，中侧片，腹侧片，翅侧片和下侧片具较密的淡黄色毛。翅脉淡棕色，

r-m 横脉正对着亚前缘脉末端，2R$_5$ 室具柄，m$_{1+2}$ 脉无突起。足棕色，各足股节在基部稍膨大，略发暗，足具淡棕色毛，爪端半部黑色。腹具银灰色变色闪光斑。雌性额宽约为头宽的 4/7，侧额上面凹窝大而疏少。

分布：山西（历山、大同、天镇、应县、宁武、五寨、岢岚、方山、运城）、辽宁、内蒙古、河北、陕西、宁夏、甘肃、青海、新疆、广东。

参 考 文 献

敖虎，王明福，2007. 辽宁省丽蝇科昆虫物种多样性初探.昆虫学研究动态[M]. 北京: 中国农业科学技术出版社.

范滋德，1965. 中国常见蝇类检索表[M]. 2 版. 北京: 科学出版社.

范滋德，1997. 中国动物志. 昆虫纲. 双翅目: 丽蝇科. 第 6 卷[M]. 北京: 科学出版社.

费旭东，2011. 中国丽蝇科分类学研究及在法医昆虫学中应用的探讨[D]. 沈阳: 沈阳师范大学.

李子忠，杨茂发，金道超，2007. 雷公山景观昆虫[M]. 贵阳: 贵州科技出版社.

王明福，薛万琦，1996. 胃蝇科 Gasterophilidae, 狂蝇科 Oestridae, 皮蝇科 Hypodermatidae[M]//薛万琦，赵建铭. 中国蝇类(下册). 沈阳: 辽宁科学技术出版社: 2207-2255.

王明福，薛万琦，武玉晓，2004. 山西省丽蝇科区系研究 (双翅目: 环裂亚目)[J]. 中国媒介生物学及控制杂志, 15(4): 276-280.

王明福，2010. 双翅目: 粪蝇科、花蝇科、蝇科、丽蝇科、麻蝇科[M]//王新谱，杨贵军. 宁夏贺兰山昆虫. 银川: 宁夏人民出版社.

薛万琦，赵建铭，1998. 中国蝇类(下册)[M]. 沈阳: 辽宁科学技术出版社.

Baumgartner D L, Greenberg B, 1984. The genus *Chrysomya* (Diptera: Calliphoridae) in the new world[J]. Journal of Medical Entomology, 21(1): 105-113.

Beltran Y T P, Segura N A, Bello F J, 2012. Synanthropy of Calliphoridae and Sarcophagidae (Diptera) in Bogota, Colombia[J]. Neotropical Entomology, 41(3): 237-242.

Kanō R, Shinonaga S, 1968. Calliphoridae (Insecta: Diptera)[M].Tokyo: Biogeographical Society of Japan.

Whitworth T, 2006. Keys to the genera and species of blow flies (Diptera: Calliphoridae) of America north of Mexico[J]. Proceedings of the Entomological Society of Washington, 108(3): 689-725.

Calliphoridae, Oestridae

Ma Guang   Wang Mingfu   Li Xin

(College of Life Sciences, Shenyang Normal University, Shenyang, 110034)

The present research includes 2 family 4 subfamily 4 group 13 genera and 27 species of Diptera in Shanxi Lishan National Nature Reserve. There are 4 subfamily 4 group 12 genera and 26 species of Calliphoridae, 1 genera and 1 species of Oestridae. We made the search form of Calliphoridae and Oestridae in Lishan. The main distinguishing characteristics of the species are described.

麻蝇科 Sarcophagidae

季延娇   王明福

(沈阳师范大学生命科学学院，沈阳，110034)

多为中小型灰色蝇类，腹部常具银色或带金色的粉被条斑；复眼裸；触角芒基半部羽状，如裸或具氄毛则后小盾片不突出，雄性额宽狭于雌性额宽。下侧片鬃列发达，下侧片在后气门的前下方具弧形排列的鬃；翅侧片具鬃毛，外侧肩后鬃的位置较沟前鬃为高或在同一水平上，下腋瓣宽阔，其内缘向内凹入，与小盾片镶贴；后气门前、后罽部发达，呈扇形，将气门掩盖。m_{1+2} 脉在末段常呈角形弯曲，通常有赘脉，$2R_5$ 室开放，少数具柄。腹部各腹板侧缘被背板遮盖，腹部至少基部 2 节腹板外露；雄性腹部呈长卵形或近圆筒形，第 7、8 合腹节上的缝不明显；侧阳体的突起通常存在。雌性第 7、8 背板狭，部分退化，第 7 对气门在大多数情况下移位到第 6 背板上；第 10 背板不同程度地退化；如具有刺状的产卵器，则为第 7、8 腹板所形成。

多数卵胎生，雌性常产出 1 龄幼虫，3 龄幼虫（除 Goniophytonini 族外）。幼虫食性广泛，大多为尸食性或粪食性，自由生活或寄生于昆虫体内，少数寄生于脊椎动物，为居住区传病和蛆症病原蝇类。本科世界已知 2515 种，中国记录 327 种，山西历山保护区分布 3 亚科 6 族 20 属 40 种。

分亚科检索表

1　雄性后腹部第 6 背板很发达，有鬃缘或裸；端阳体总是具有的，有时（摩蜂麻蝇属 *Amobia*）变短。雌性尾器第 7、8 背板很发达，有时正中狭狭地分开，有宽的节间膜，形成短的望远镜筒状的产卵器；第 10 背板通常具有..................................蜂麻蝇亚科 Miltogrammatinae

-　雄性后腹部第 6 背板完全缺如或呈包围着气门的与第 7、8 合腹节愈合的骨片；如果是游离的、带状的，那么第 7、8 合腹节有心鬃。雌性后腹部第 7、8 背板通常正中分开，膜质化的，部分地或完全退化，不形成望远镜筒状的产卵器...2

2　后足基节后表面裸。雄性尾器第 7、8 合腹节有 1 行心鬃；有端阳体或下阳体。雌性产卵器第 7、8 两背板总是发达的 ....野蝇亚科 Paramacronychiinae

-　后足基节后表面有小刚毛。雄性尾器第 7、8 合腹节无心鬃，下阳体分化为阳茎的里部，侧尾叶变短。雌性产卵器第 7～10 背板强烈地退化或则全缺.............麻蝇亚科 Sarcophaginae

蜂麻蝇亚科 Miltogrammatinae

分族、亚族和属检索表

1　腹部延长，末端尖（至少雄性是如此），口下缘短小；侧颜具鬃或被毛，额显著向前突出呈角锥状（突额蜂麻蝇族 Metopiini 突额蜂麻蝇亚族 Metopiina）.....................................3

-　腹部卵圆形或长卵形，口下缘长，如略缩短，则额呈圆形，且侧颜裸.............................2

2　触角着生位置在复眼中部水平或中部水平以下，额略向前突出，呈角形有时呈圆形，下倾上框鬃 1～5 对，一般 2 对（蜂麻蝇族 Miltogrammatini）...4

-　口下缘中等长度，额不向前突出、窄，具多数下倾上框鬃；触角着生于复眼中部水平之下，基阳体无阳基后突（摩蜂麻蝇族 Amobiini）...摩蜂麻蝇属 *Amobia*

3　颜堤具发达的颜堤鬃列，向上去超过颜堤中央；触角仅基半部加粗，被短毛，侧颜宽，裸或被鬃毛，雄性翅有时褐色或黑褐色花斑；体色黑，局部有时具淡色...
....楔蜂麻蝇属 *Sphenometopa*

-　颜堤裸，如具鬃则触角芒裸且全部加粗；侧颜较窄，翅无色斑；侧颜在复眼下缘以下部位显著变窄，具 1 行发达的侧颜鬃...突额蜂麻蝇属 *Metopia*

4 雄性爪长；体鬃较长，腹部筒形（赛蜂麻蝇亚族 Senotainiina）....... 赛蜂麻蝇属 *Senotainia*

- 雄性爪短；体鬃短，腹部长卵形（蜂麻蝇亚族 Miltogrammatina）...................................5

5 髭很小，不大于其他口缘鬃 .... 蜂麻蝇属 *Miltogramma*

- 髭显然大于其他口缘鬃，远远位于口前缘水平之上..6

6 间额两侧缘平行，为额宽的 2/5，外倾上框鬃 2 对，前背中鬃 2........ 小翅蜂麻蝇属 *Pterella*

- 间额前窄后宽，前背中鬃缺如；外倾上眶鬃较粗大，颜宽小于额宽，小盾片两侧各具 1 黑色亮斑 ....盾斑蜂麻蝇属 *Protomiltogramma*

摩蜂麻蝇族 Amobiini

1 斑摩蜂麻蝇 *Amobia signata* (Meigen, 1824)

体长 7mm。翅前缘基鳞黄色或暗黄色，腹部第 3、4 背板后缘的黑斑小，远远小于粉被形成的间隔。雄性前阳基侧突端部钝，呈钩状弯曲，末端具 1 短尖；阳茎粗大，末端具棘。

分布：山西（历山、浑源、灵丘、天镇、平鲁、河曲、偏关、岢岚、太原、平定、文水、永济）、黑龙江、北京、新疆、四川、西藏。

突额蜂麻蝇族 Metopiini

2 牯岭楔蜂麻蝇 *Eumetopiella* (*Asiaraba*) *koulingiana* (Seguy, 1941)

体长 5～7mm。中胫前背鬃 2 根以上；前外倾上眶鬃 2～3 根；前中鬃存在。两性翅均不具花斑。雄性前足第 1 分跗节正常，长于第 2 分跗节，各分跗节前后缘均具长鬃；腹部第 3 背板背面具明晰程度不同的黑斑；侧颜毛稀疏；第 1 分跗节前后鬃均细长，前鬃略短于后鬃；侧颜从上到下全氏被毛；腹部第 3 背板具 3 个梨形或长形的黑斑，有时不十分明晰；第五背板无明显亮黑的后缘。

分布：山西（历山、大同、浑源、天镇、山阴、平鲁、右玉、太原、岢岚、方山、交城、兴县、文水、柳林、左权、盂县、榆社、乡宁、永济）、黑龙江、辽宁、北京、山东、河南、甘肃、江西（模式产地）、四川、云南、西藏。

3 白头突额蜂麻蝇 *Metopia argyrocephala* (Meigen, 1824)

体长 4.0～7.0mm。侧额前半部闪烁发亮的银白色部分和后半部暗色不发亮的部分之间有明显的分界，下颚须全黑色；前足第 1～4 分跗节无长缨毛；前缘基鳞淡黄色，m_{1+2} 脉末段的角前段显著小于由心角至翅后缘之间的距离，r_{4+5} 脉基段背面的小鬃不越过 r-m 横脉；雄性前足跗节全黑色，第 1 分跗节的长度不超过其余分跗节长之和；腹部第 4 背板后缘不具完整的 1 行缘鬃，仅具 1 对中缘鬃和数根侧缘鬃，中缘鬃和侧缘鬃之间不连续。

分布：山西（历山、灵丘、右玉、浑源、宁武、五寨、岢岚、太原、偏关、文水、交口、盂县、长治、运城）、黑龙江、内蒙古、北京、河北、河南、宁夏、青海、新疆、江苏、上海、浙江、福建、台湾、四川、贵州、云南、西藏。

4 平原突额蜂麻蝇 *Metopia campestris* (Fallen, 1820)

体长 5～7mm。腹部第四背板具完整的 1 行缘鬃；雄性间额前端的宽度大于触角第 3 节的宽度，中部约为侧额宽的 2 倍。雌、雄中足胫节中部具 1 根腹鬃；前足第 1～4 分跗节外侧各具 1～2 根长缨毛；间额绒黑色，无粉被，仅单眼三角区具褐色粉被，腹部粉被较稀薄，第 3、4 背板具山字形黑斑，第 5 背板后方 2/5 亮黑色，雄性肛尾叶较细长。

分布：山西（历山、五寨、宁武、岢岚、五台、太原、文水）、黑龙江、内蒙古、北京、河北、宁夏、新疆、云南。

蜂麻蝇族 Miltogrammatini

5 狭额长鞘蜂麻蝇 Miltogramma (Cylindrothecum) angustifrons (Townsend, 1932)

体中型，体长 6.0～7.5mm。前缘基鳞淡黄色，下腋瓣纯白色粉被；m_{1+2} 脉心角至 m-m 横脉的距离小于由心角至翅后缘之间的距离；触角几乎全部为红黄色，仅第 3 节端半部出现暗色。雄性侧尾叶后臂较小，后阳基侧突亦短小。

分布：山西（历山、左权、盂县、运城）、北京、台湾（模式产地）。

6 西班牙长鞘蜂麻蝇 Miltogramma (Cylindrothecum) ibericum (Villeneuve, 1912)

体大型，5～11mm。前缘基鳞黑褐或黑色，有时为红褐色，下腋瓣至少在边缘附近覆稀薄的黄褐色粉被；m_{1+2} 脉心角至 m-m 横脉的距离大于或至少等于由心角至翅后缘之间的距离；触角第 3 节除端半部黑色外，其余部分红黄色，雄性侧尾叶后臂较宽大，后阳基侧突细长略弯曲。

分布：山西（历山、灵丘、浑源、太原）、辽宁、河北、山东、陕西、宁夏、江苏、浙江、福建、广东、广西、四川、云南、西藏。

7 横带盾斑蜂麻蝇 Protomiltogramma fasciata (Meigen, 1824)

色泽鲜明，间额前窄后宽，外倾上眶鬃较粗大，颜宽小于额宽，下眶鬃大，交叉于额前部，额侧面观呈弧形，触角和下颚须黄，中鬃 0+1，前背中鬃缺如，$2R_5$ 室开放，小盾片两侧各具 1 黑色亮斑，腹有带和斑，第 5 腹板侧叶后角强烈延长，第 5 背板后腹缘有疏长鬃列。

分布：山西（历山、灵丘）、中国其他地区。

8 栉小翅蜂麻蝇 Pterella melanura (Meigen, 1824)

体鬃短，间额两侧缘平行，为额宽的 2/5，外倾上框鬃 2 对，侧颜裸，髭显然大于其他口缘鬃，远远位于口前缘水平之上，前背中鬃 2，腹部长卵形。

分布：山西（历山、偏关）。

9 白额赛蜂麻蝇 Senotainia albifrons (Rondani, 1859)

体长 6～7mm。雄性髭显著位于复眼下缘之上。触角较短，第 3 节为第 2 节长的 1.5～1.7 倍，由第 3 节末端至口缘之间的距离显著大于触角第 2 节的长度，触角芒仅基部 1/3 加粗；间额前窄后宽，覆浓厚的白色粉被，侧额及侧颜均覆白色粉被，侧颜毛短而细；触角第 3 节长为第 2 节的 1.7 倍。腹部第 2、3 背板各具 3 个黑斑，第 4 背板中央的黑斑消失，仅具侧斑，第 5 背板无黑斑；雄性肛尾叶末端 1/3 尖，阳茎较粗。

分布：山西（历山、右玉、天镇、宁武、五寨、岢岚、河曲、保德、偏关、太原、平定、襄垣、永济）、内蒙古、新疆。

10 泥蜂赛蜂麻蝇 Senotainia imberbis (Zetterstedt, 1838)

体长 5.0～6.5mm。雄性髭低于复眼下缘水平，触角较长，黑色，第 3 节为第 2 节长的 2～3 倍，第 3 节触角末端至口缘之间的距离小于触角第 2 节的长度，触角芒基部 1/2 加粗，头部覆灰色粉被，腹部覆浓厚的灰褐色粉破，无黑斑。

分布：山西（历山、河曲、保德、偏关、岢岚、五寨、宁武、五台、右玉、天镇、太原、平定、襄垣、永济）、四川。

野蝇亚科 Paramacronychiinae

野麻蝇族 Paramacronychiini

11 日本麻野蝇 *Sarcophila japonica* (Rohdendorf, 1962)

体表覆浓厚而均匀的亮灰色粉被；触角芒羽状，侧颜被短毛，额显然宽于 1 复眼宽，为头宽的 2/5，前倾上眶鬃 2，下颚须黑，后背中鬃 3，均长大，前胸侧板中央凹陷裸，腹侧片鬃 3：1，中胫腹鬃 1，爪及爪垫短于第 5 分跗节，腹部各背板有暗色斑点，第 3、4 背板后面观具 3 个明晰黑斑。

分布：山西（历山、右玉、天镇、灵丘、太原、洪洞、偏关、襄垣）。

麻蝇亚科 Sarcophaginae

分族检索表

1 基阳体与阳茎几乎完全愈合，侧阳体有 1 对大形腹突，可能相当于基部侧插器的翕突。下眶鬃列前段走向在雄性中仅稍稍向外，在雌性中则几乎完全直，不向外。单眼鬃强大 .... 拉麻蝇族 Ravinini

- 基阳体总是与阳茎有明显分界，无翕突。下眶鬃列前段走向明显朝外背离，如这点不是这样，则单眼鬃缺如或呈毛状；后中鬃仅 1 对或映如。阳体不如上述，无端插器或腹插器。肛尾叶大多不向背方弯曲。雌性无特别的适应产卵的构造；头高大于头长，如果不是这样，则触角芒具长毛而且无中内突；侧阳体端部和基部之间无大型的膜质部分；有时膜状突也缺如，膜基腹骨很发达。下阳体缺如；侧插器细长。雌性腹第 7 背板不发达或裸。腹不呈金属光泽。世界性分布 .... 麻蝇族 Sarcophagini

拉麻蝇族 Ravinini

12 红尾拉麻蝇 *Ravinia striata* (Fabricius, 1794)

体长 6～9mm。额鬃列并行，其前段在雄性中只稍向外，而在雌性中则差不多完全不向外；雄性小盾断鬃退化，中足胫节无腹鬃；雄性尾器肛尾叶直，向末端去渐尖，前阳基侧突缓缓地弯曲，后阳基侧突略直而末端具急激弯曲的钩，前缘近端部略呈锯齿状；阳体粗壮，基阳体长，后上端突出；侧阳体基部腹突尖细，翕突 1 对，骨化而大形，侧面观呈三角形，具短柄；侧阳体端部与基部无明确界限。雌性尾器第 6 背板完整，缘鬃列疏而强大，第 7 背板略骨化，第 8 背板发达，为 1 对大型的叶片状亮红骨片；第 9 背板有 2 对内倾的鬃，肛尾叶多毛，第 2～5 腹板一般都有 1 对长大的缘鬃，第 6、7 腹板缘鬃常在 2 对以上，第 7 腹板很大，中央部内陷，第 9 背板横阔，子宫骨片略呈三角形。体粉被黄灰色，腹部具棋盘状斑。

分布：山西（历山、大同、阳高、天镇、左云、右玉、平鲁、浑源、灵丘、广灵、朔州、山阴、怀仁、应县、宁武、五寨、岢岚、河曲、保德、偏关、忻州、五台、繁峙、太原、阳曲、清徐、文水、交城、孝义、离石、岚县、柳林、中阳、石楼、方山、左权、平定、榆社、盂县、长治、长子、洪洞、霍州、隰县、乡宁、吉县、安泽、永济、运城、芮城、曲沃、侯马、稷山）、黑龙江、吉林、辽宁、内蒙古、北京、天津、河北、山东、河南、陕西、宁夏、甘肃、青海、新疆、江苏、湖北、湖南、四川、贵州、云南、西藏。

麻蝇族 Sarcophagini

分属检索表

1 后背中鬃 3 个，相当均匀(3 个鬃位，各鬃之间的距离差不多相等，鬃的大小也都差不多)2
- 后背中鬃 4 个以上 5
2 颊高超过眼高的 2/5 3
- 颊高不超过眼高的 1/3 4
3 前额较细长，其长度为其本身高度的 3～6 倍，雄性第五腹板少刺 .... 库麻蝇属 *Kozlovea*
- 前额不特别细长；雄性第 5 腹板侧叶内缘具多而密的长刺，在长刺的后腹面有成群的短刺
  形成的刺斑 .... 黑麻蝇属 *Helicophagella*
4 雄性阳茎膜状突极不发达，而膜状部有时特别隆起，较少的种膜状突呈短突状，如为后者，
  则第 9 背板呈红色 .... 欧麻蝇属 *Heteronychia*
- 雄性阳体具膜状突，通常很发达 .... 亚麻蝇属 *Parasarcophaga*（部分）
5 后背中鬃 4 个（4 个鬃位，都很发达）.. 6
- 后背中鬃 5～6 个（5～6 个鬃位），愈向前方则鬃愈矮小，相互间距离也愈近 11
6 前胸侧板中央凹陷具纤毛 7
- 前胸侧板中央凹陷无纤毛 8
7 前缘脉第 3 段显然比第 5 段长，前缘刺不发达；无前中鬃 .... 克麻蝇属 *Kramerea*
- 前缘脉第 3 段约与第 5 段等长或稍短，前缘刺长；前中鬃发达 ....
  .... 刺麻蝇属 *Sinonipponia*（部分）
8 前缘脉第 3 段约与第 5 段等长，或则前者较短；4 个后背中鬃的前方的两个显然比后方的
  两个为短 9
- 前缘脉第 3 段显然比第 5 段为长（约为 1.5～2 倍长）；4 个后背中鬃的长度大体相仿，距离
  匀称 .... 亚麻蝇属 *Parasarcophaga*（部分）
9 腹部第 3 背板中缘鬃发达；4 个后背中鬃间距离略匀称；前中鬃有长大的两行(3 对以上)10
- 腹部第 3 背板无中缘鬃，如有 1 对不很发达的倒伏的中缘鬃，则前中鬃至多仅有近盾沟处
  的 1 对；4 个后背中鬃的前两个显然比后两个为短小，且相距很近 .... 细麻蝇属 *Pierretia*
10 翅前缘刺发达 .... 刺麻蝇属 *Sinonipponia*（部分）
- 翅前缘刺不发达，其长度几乎仅等于前缘脉的横径 .... 何麻蝇属 *Hoa*
11 前胸侧板中央凹陷有纤毛虽有时极少，甚至仅 1～2 根... 12
- 前胸侧板中央凹陷无纤毛 13
12 雄性后足胫节无长缨毛；阳茎膜状突膜质，1 对，表面被有小棘.... 别麻蝇属 *Boettcherisca*
- 雄性后足胫节有长缨毛；阳茎膜状突骨化，2 对，表面无小棘 ....
  ....亚麻蝇属 *Parasarcophaga*（部分）
13 无中鬃 .... 粪麻蝇属 *Bercaea*
- 有中鬃，至少小盾前 1 对中鬃存在 14
14 上腋瓣短，几乎仅及下腋瓣长度的 1/3；雄性第 4 腹板具直指后方的约与腹板等长的缘
  鬃列 .... 曲麻蝇属 *Phallocheira*

- 上腋瓣不特别短，约为下腋瓣长度的 1/2 或 2/5；雄性第 4 腹板缘鬃列不发达或则缘鬃列略斜向侧后方，并不直指后方，长度也较腹板为短..........亚麻蝇属 *Parasarcophaga*（部分）

13 红尾粪麻蝇 *Bercaea cruentata* (Meigen, 1826)

雄性间额和侧颜都约为 1 侧额的 2 倍宽；颊后方毛淡色，颊高约为眼高的 1/2。第 7、8 合腹节缘鬃发达，第 9 背板亮红色，背面正中有 1 微凹；雌性中股器直达节基部，腹末端红色；第 6 背板背面观呈分离的两个对角，第 8 背板为 1 对远离的近似圆形的棕色骨片。

分布：山西（历山、大同、浑源、灵丘、右玉、山阴、平鲁、河曲、保德、偏关、五台、繁峙、忻州、岢岚、太原、清徐、离石、方山、交城、柳林、石楼、中阳、左权、平定、阳泉、盂县、吉县、隰县、霍州、安泽、闻喜、永济）、黑龙江、内蒙古、北京、河北、山东、河南、陕西、宁夏、甘肃、青海、新疆、湖南、四川、云南、西藏。

14 棕尾别麻蝇 *Boettcherisca peregrine* (Robineau-Desvoidy, 1830)

雄体长 6.0～9.0mm。额很狭，约为头宽的 0.16～0.18 倍，鞭节长约为梗节的 2.5 倍，侧颜狭，侧面观为眼高的 1/3；颊约为眼高的 1/3，后方 1/3～1/2 具白色毛。胸：后背中鬃 5，但仅后方的 2 个长大；中鬃仅小盾前的 1 对；翅 r_1 脉裸；足：股节具很发达的栉，后股腹面具末端卷曲的缨毛，毛长略过节粗之半。腹部第 7+8 合腹节短，长不及自身高，后缘无鬃。肛尾叶端部外侧具不很密的刺状短鬃，末端爪短小；前阳基侧突瘦长，末端扁薄；膜状突前缘圆弧形；侧阳体基部腹突略呈半月形，末端有两尖端指向上前方；侧阳体端部侧突叶状，末端有 1 个刻缺。

分布：山西（历山、大同、浑源、灵丘、右玉、天镇、应县、山阴、右玉、忻州、保德、河曲、偏关、太原、平定、榆社、交城、文水、离石、方山、中阳、石楼、孝义、兴县、长治、长子、洪洞、霍州、吉县、襄垣、阳泉、繁峙、永济、芮城、曲沃、侯马、运城）、中国其他地区（除新疆、青海外）。

15 黑尾黑麻蝇 *Helicophagella melanura* (Meigen, 1826)

体长 6.0～12.0mm。腹部背面具一般的黑白相间的可变色的棋盘状斑；第 2 对前中鬃的长度不达盾沟，雄性侧颜宽约为眼长的 1/3。第 7、8 合腹节具缘鬃；第 5 腹板侧叶基部内缘腹面上的刺斑较大，近似椭圆形；前阳基侧突瘦长，略较后阳基侧突为短；膜状突前缘波曲很甚，末端形成 1 小爪尖。雌性第 6 背板两侧骨片的上半缘鬃疏，缘鬃长度较第 5 背板的正中缘鬃为短。

分布：山西（历山、大同、阳高、天镇、左云、右玉、平鲁、浑源、灵丘、广灵、朔州、山阴、怀仁、应县、宁武、五寨、岢岚、河曲、保德、偏关、五台山、太原、清徐、繁峙、平定、左权、阳泉、盂县、榆社、长治、长子、交城、文水、方山、离石、岚县、柳林、中阳、石楼、兴县、交口、霍州、隰县、孝义、洪洞、侯马、永济、芮城、运城、稷山、安泽）、全国各省区。

16 郭氏欧麻蝇 *Heteronychia quoi* Fan, 1964

r_1 脉具小刚毛；雄性第 3 背板具中缘鬃，侧阳体端部侧突发达，端部常扩展；雄性间额约为 1 侧额宽的 2 倍. 小盾端鬃长大，心须发达，2R₅ 室开放；侧面观前阳基侧突末端尖而钩曲；侧阳体基部腹突侧叶发达，呈圆形，侧阳体端部侧突呈卵圆形的匙状；雌性第 6 背板完整。

分布：山西（历山、应县、右玉、洪洞、永济、繁峙）、黑龙江、北京、上海、广西。

17 济南欧麻蝇 Heteronychia tsinanensis Fan, 1964

r_1 脉裸；雄性第 3 背板中缘鬃缺如；雄性后胫不具缨毛；雄性间额约为 1 侧额宽的 2.5 倍；第 9 背板黑；肛尾叶后缘近端部弯曲明显（约呈 130°），很接近末端，后缘大部几乎是直的，末端尖，呈爪状；侧阳体基部腹突显较侧阳体端部为长，末端尖细；侧阳体端部侧突短小。

分布：山西（历山、平鲁、太原、盂县、洪洞、长治、永济）、山东（模式产地）。

18 卷阳何麻蝇 Hoa flexuosa (Ho, 1934)

眼后鬃 3 行，颊高为眼高的 1/4。雄性中足股节无栉；后足胫节无缨毛，后足转节腹面有不很密的长鬃。前腹鬃 1；前阳基侧突呈半管状（槽形）。

分布：山西（历山、太原、运城）、辽宁、北京（模式产地）、河北、山东、河南、陕西、宁夏、江苏、上海。

19 复斗库麻蝇 Kozlovea tshernovi Rohdendorf, 1937

前颊细长，其长为高的 6 倍，第 5 腹板侧叶内缘的刺稀疏，侧阳体端部侧突较短。

分布：山西（历山、五台、太原、盂县、宁武、五寨、岢岚、霍州）、中国其他地区。

20 舞毒蛾克麻蝇 Kramerea schuetzei (Kramer, 1909)

额宽为 1/2 眼宽，颊高为 2/5 眼高，颜堤毛列占颜堤高的 4/5。雌性中股器存在于中段，第 6 背板完整。

分布：山西（历山、右玉、山阴、天镇、大同、岢岚、方山、太原、榆社、文水、交城、交口、兴县）、黑龙江、吉林、辽宁、内蒙古、北京、河南、陕西、甘肃。

21 白头亚麻蝇 Parasarcophaga (s. str.) albiceps (Meigen, 1826)

雄体长 7.0～10.0mm。眼后鬃 2 行，颊部具白色毛，约分布于后头的 2/3，中胫无长毛，小盾前具 1 对中鬃。中股后腹面具长缨毛，长度超过中股最大横径。雄尾器肛尾叶侧面观后缘呈钝角形，形成斜截状的端部；前阳基侧突长而末端圆钝；膜状突大型，花朵状，上、下枝都很发达；侧阳体端部分支长，向前超过侧阳体基部腹突。雌性第 2 腹板具 2 对鬃；第 6 背板骨化部很宽地中断，背方正中无缘鬃。

分布：山西（历山、左云、灵丘、大同、浑源、山阴、右玉、天镇、宁武、五寨、岢岚、保德、偏关、河曲、五台、太原、清徐、孝义、左权、平定、方山、长治、交城、离石、柳林）、中国其他大部分地区。

22 华北亚麻蝇 Parasarcophaga (Liosarcophaga) angarosinica (Rohdendof, 1937)

雄性后足转节腹面在近基部一般只有短鬃斑；阳茎膜状突宽阔，略呈圆形而大，末端圆钝。

分布：山西（历山、阳高、天镇、应县、右玉、岢岚、河曲、偏关、太原）、黑龙江、吉林、辽宁、河北、山东、河南、陕西、宁夏、青海、江苏。

23 肥须亚麻蝇 Parasarcophaga (Jantia) crassipalpis (Macquart, 1839)

雄性肛尾叶宽，后缘端部呈斜截状，末端尖爪略向前曲。雌雄两性颊部除接近眼下缘处有少数黑毛外，几乎全为白毛；下颚须黑色或灰黑色，在雌性中特别粗壮，末端肥大如短棒状。

分布：山西（历山、大同、灵丘、山阴、应县、浑源、怀仁、右玉、平鲁、天镇、太原、清徐、忻州、河曲、保德、岢岚、偏关、方山、离石、长治、文水、孝义、左权、平定、洪洞、曲沃、临汾、霍州、夏县、侯马、稷山、芮城、永济）、黑龙江、吉林、辽宁、内蒙古、河北、山东、河南、陕西、宁夏、甘肃、青海、新疆、江苏、湖北、四川、西藏。

24 酱亚麻蝇 *Parasarcophaga (Liosarcophaga) dux* (Thomson, 1868)

雄性肛尾叶除近端部的前缘稍波曲外，渐向端部尖削，同时微向前弯，末端尖；前阳基侧突宽短，略直，末端爪状；阳茎膜状突端部断截状，骨化而边缘不整齐；侧阳体基部腹突略呈长方形，前腹方有 1 小角，侧阳体端部中央短小，侧突分叉。雌性尾器第 6 背板中断型，两骨片相隔很近。

分布：山西（历山、阳高、灵丘、浑源、大同、右玉、山阴、天镇、应县、五台、忻州、河曲、偏关、繁峙、太原、阳泉、文水、方山、柳林、交城、离石、孝义、兴县、长治、吉县、永济、运城、稷山、芮城）、黑龙江、吉林、辽宁、内蒙古、北京、河北、山东、河南、宁夏、甘肃、新疆、江苏、安徽、浙江、湖北、福建、台湾、广东、海南、广西、四川、云南。

25 贪食亚麻蝇 *Parasarcophaga (Liosarcophaga) harpax* (Pandelle, 1896)

雄性前阳基侧突长，而在端部 1/3 处呈钝角折曲，末端钩曲；侧阳体端部侧突长而略直，上小分支斜指上方。雌性第 6 背板中断型。

分布：山西（历山、大同、浑源、山阴、右玉、宁武、五寨、岢岚、太原、保德、方山、文水、离石、兴县、孝义、柳林、交城、榆社、吉县、霍州）、黑龙江、吉林、辽宁、北京、山东、宁夏、甘肃、新疆。

26 蝗尸亚麻蝇 *Parasarcophaga (Liosarcophaga) jacobsoni* (Rohdendorf, 1937)

雄性阳茎膜状突端部略骨化，末端尖或略圆钝；侧阳体基部腹突宽，下缘有 1 小齿突，末端偏在下方；侧阳体端部中央突具 1 小爪，侧突末端有短的两分叉；第 5 腹板侧叶端部除一般的细毛外，还有 2～3 个长刚毛。雌性尾器第 6 背板完整型，边缘红棕色。

分布：山西（历山、灵丘、天镇、太原、文水、永济、运城）、黑龙江、吉林、辽宁、内蒙古、北京、河北、山东、陕西、宁夏、甘肃、青海、新疆、四川、西藏。

27 波突亚麻蝇 *Parasarcophaga (Liosarcohphaga) jaroschevskyi* (Rohdendorf, 1937)

雄性前阳基侧突前缘甚为波曲；后阳基侧突宽；阳茎膜状突三角形，不再分为两叶；侧阳体基部腹突极宽，侧阳体端部侧突弧形，略向下弯曲，下方小分支长约为上方小分支的 1/3。

分布：山西（历山、阳高、五台、岢岚、繁峙、柳林、洪洞、安泽、永济）、吉林、辽宁、北京、河北、山东、河南、陕西、宁夏、四川、西藏。

28 巨耳亚麻蝇 *Parasarcophaga (s. str.) macroauriculata* (Ho, 1932)

雄性尾器前阳基侧突与后阳基侧突几乎等长；花朵状的阳茎膜状突不大；侧阳体基部后侧有 1 对明显的耳状突，侧阳体端部分支的长度超过了侧阳体基部腹突。雌性第 6 背板暗黑色，中断型，两骨片分离，略远。

分布：山西（历山）、黑龙江、吉林、辽宁、北京（模式产地）、河北、河南、陕西、宁夏、甘肃、浙江、江西、福建、四川、贵州、云南、西藏。

29 黄须亚麻蝇 *Parasarcophaga (s. str.) misera* (Walker, 1849)

雄体长 8.5～13.0mm。眼后鬃 1 行；触角暗褐色至黑色，鞭节长约为梗节长的 2 倍；下颚须主要呈黄色；颊毛几乎全白。后背中鬃 5～6 个，鬃愈往前愈小，鬃间距也愈短，仅最后的 2 个发达；小盾前有 1 对中鬃；中股器占端部 1/2 的长度；雄后足胫节仅在后面有长缨毛。第 7+8 合腹节无缘鬃；第 9 背板黑色；第 5 腹板侧叶间相距宽，其内缘毛很短小；雄尾器：肛尾叶侧面观后缘有 1 钝角形的向后突起，花朵状的膜状突上部长大；侧阳体端部分支短，向前不超过基部腹突。雌性第 2 腹板通常有 2 对强大的缘鬃；第 6 背板中断；第 8 背板和肛尾叶之间有 1 对大型鬃；第 7 腹板通常有 6 个鬃；第 8 腹板中部骨化。

分布：山西（历山、太原、清徐、应县、平定、阳泉、长治、洪洞、稷山、临猗、运城、曲沃、永济）、吉林、辽宁、河北、山东、河南、陕西、甘肃、江苏、安徽、浙江、湖北、江西、福建、台湾、广东、广西、四川、贵州、云南。

30 多突亚麻蝇 *Parasarcophaga (Pardelleisca) polystylata* (Ho, 1934)

雄性阳茎膜状突基部宽度小于前阳基侧突中段的宽度，分支的末端特别纤细，1 分支短，出自中部外侧，另 1 较长的位于端部，末端向上弯曲，在正中尚有 1 不成对的小的刺状突；侧阳体端部侧突显比中央突为长，且愈向端部去愈尖细；中央突除有尖而狭长的正中小突外，还有三角形的小侧突；侧插器亦细长而略尖。雌性尾器第 6 背板为完整型。

分布：山西（历山、天镇）、黑龙江、吉林、辽宁、北京（模式产地）、河北、山东、河南、陕西、江苏、浙江、广西、四川。

31 急钩亚麻蝇 *Parasarcophaga (Liosarcophaga) portschinskyi* (Rohdendorf, 1937)

雄性阳茎膜状突上方的膜片宽而不很长，前缘有细突，但常向侧方平展，因而很不明显；下方骨化部分狭长而末端尖；侧阳体端部侧突呈很轻微的"S"形弯曲，下方小分支长约为上方小分支的 1/3；中央突很短，不及侧突长的 1/3；基部腹突长，显然超过端部侧突的长度。雌性第六背板中断型，左右两骨片间仅隔 1 窄缝。

分布：山西（历山、大同、浑源、灵丘、右玉、应县、山阴、阳高、五台、忻州、岢岚、河曲、保德、偏关、繁峙、太原、左权、阳泉、孝义、榆社、宁武、文水、柳林、清徐、长治、安泽、吉县、永济、芮城、襄垣）、黑龙江、吉林、辽宁、内蒙古、北京、河北、山东、河南、宁夏、甘肃、新疆、青海、四川、云南、西藏。

32 褐须亚麻蝇 *Parasarcophaga (s. str.) sericea* (Walker, 1852)

雄性肛尾叶后缘波曲，但无钝角形突起，花朵状的膜状突的上部短；侧阳体端部分支长，向前超过基部腹突。雌性第 2 腹板通常有 1 对强大的缘鬃，其余的较短小，第 6 背板为中断型。

分布：山西（历山、大同、阳高、天镇、灵丘、浑源、太原、平定、河曲、偏关、文水、阳泉、长治、永济、稷山、闻喜、吉县、襄垣、芮城）、吉林、辽宁、内蒙古、河北、山东、河南、陕西、宁夏、甘肃、江苏、浙江、湖北、江西、福建、台湾、广东、广西、四川、云南。

33 野亚麻蝇 *Parasarcophaga (Pandelleisca) similis* (Meade, 1876)

雄性肛尾叶端部略向前弯曲，同时均匀地变细，形成 1 尖的末端；前阳基侧突缓缓地弯曲，末端不呈钩状；阳茎膜状突 2 对，狭尖而单纯；侧阳体端部侧突很细而末端下屈，粗细均匀。雌性第 6 背板为分离型，两骨片间距约为第 7 背板长的 2 倍，第 8 背板中部有 1 纵的果核状突。

分布：山西（历山、浑源、灵丘、天镇、应县、右玉、山阴、太原、方山、岚县）、黑龙江、吉林、辽宁、内蒙古、北京、河北、山东、河南、陕西、宁夏、甘肃、江苏、上海、浙江、湖北、江西、福建、广东、广西、四川、贵州、云南。

34 槽叶亚麻蝇 *Parasarcophaga (Variosellea) uliginosa* (Kramer, 1908)

雄性阳茎膜状突 1 对，骨化不全，分为两部分，上方扩展为片，骨化弱，下方骨化为钩；侧阳体端部侧突发达，中央突为 1 膜质条状物。

分布：山西（历山、右玉、五台、方山）、黑龙江、吉林、辽宁、宁夏。

35 小曲麻蝇 *Phallocheira minor* (Rohdendorf, 1937)

雄性体长 7.5mm。外顶鬃明显，额宽约为 1 眼宽；侧颜鬃细，下段鬃长约与侧颜宽相等；

颊毛全黑，颊后头沟后的毛黄色，眼后鬃 3 行；腋瓣白。中股和后股基部腹面具缨毛，后胫无缨毛。腹部第 3 背板无中缘鬃。

分布：山西（历山、方山、交口）、黑龙江、吉林、辽宁、河南、湖北。

36 微刺细麻蝇 Pierretia (Bellieriomima) diminute (Thomas, 1949)

雄性后胫不具缨毛，前缘刺发达；雄性颊毛至少近颊后头沟处具少数白毛；雄性外顶鬃不发达；雄性颊毛前半部黑色，后半部具白毛；触角第 3 节长通常为第 2 节的 3 倍，至少大于 2 倍。雄性尾器肛尾叶基部宽，端部渐瘦而向前弯，末端具 1 小爪；阳茎短；侧阳体端部中央突的两侧有 1 对刺。

分布：山西（历山、太原、洪洞、永济）、河北、陕西、重庆（模式产地）、四川。

37 瘦叶细麻蝇 Pierretia (Thomasomyia) graciliforceps (Thomas, 1949)

雄性后胫具缨毛，前缘刺不发达；雄性侧颜宽，至少等于触角第 3 节宽；雄性第 5 腹板常形；雄性足后股腹面仅具短毛。雄性尾器肛尾叶瘦长而渐向末端变尖，并向前方缓缓弯曲，末端无爪；侧尾叶小；前阳基侧突特别短；膜状突小而骨化强，侧插器直，隐于呈球体而不太骨化的侧阳体端部。

分布：山西（历山、太原、永济）、河南、江苏、浙江、湖北、湖南、重庆（模式产地）、四川。

38 台南细麻蝇 Pierretia (Bellieriomima) josephi (Boettcher, 1912)

前缘刺不发达；雄性间额约为一侧额宽的 2.5 倍，侧额鬃 1 行。雄性尾器肛尾叶后缘弯曲，而前缘几乎是直的，末端具爪；膜状突相当长，伸向前方又下屈，前缘有 1 骨质小齿；侧阳体端部主要为 1 对表面被有小棘的前屈的瓣片，在基部有 1 对指向前方的不很大的钝突。

分布：山西（历山、运城）、吉林、辽宁、河北、河南、江苏、上海、浙江、江西、湖南、福建、台湾（模式产地）、海南、四川、贵州、云南。

39 肯特细麻蝇 Pierretia (Thyrosocnema) Kentejana (Rohdendorf, 1937)

前缘刺发达；雄性侧颜下段的鬃强大，长约为侧颜宽的 1.5 倍，第 3 背板中缘鬃常缺如；外顶鬃发达。雄性尾器膜状突在基部分叶为 2 对，均前仲；下方的 1 对骨化强，在基部背方具钝头毛，末端向下钩曲；上方的 1 对骨化较弱，布满钝头毛；侧阳体基部腹突尖削，与膜状突等长，中插器很氏呈带状垂于侧阳体端部的前下方，上面布满淡色纤毛；侧阳体端部中央部发达，具 1 须状侧支，中央突钩形，侧插器细长。

分布：山西（历山、大同、右玉、应县、宁武、五寨、岢岚、浑源、五台、文水、盂县、霍州、离石）、黑龙江、吉林、辽宁、内蒙古、宁夏、青海、新疆、四川、云南、西藏。

40 立刺麻蝇 Sinonipponia hervebazini (Seguy, 1934)

体长 6.5～8.5mm。颊高约为触角第 3 节宽的 2 倍，或约为眼高的 1/3；雄肛尾叶前缘到末端急剧折曲成尖爪，侧面观爪位于中央或偏后；侧阳体端部侧突发达，较宽，末端不尖细，略呈匙形，侧阳体基部腹突侧面观宽而末端两分叉；阳体膜状突骨化弱。雌性第 6 背板中断，中股无中股器。

分布：山西（历山、永济）、辽宁、河南、陕西、甘肃、江苏、上海（模式产地）、浙江、湖北、江西、四川、贵州、云南。

皮蝇科 Hypodermatidae

季延娇　王明福

(沈阳师范大学生命科学学院，沈阳，110034)

体长 10～22mm。口器退化；触角短小，通常陷入触角窝内，两触角窝之间有 1 宽或狭的触角间楔相隔，触角第 3 节很短，常嵌入第 2 节内，触角芒通常裸，在基部常膨大。翅 m_{1+2} 脉弯曲，末端终止于翅前缘，无赘脉；$2R_5$ 室通常狭的开放，少数闭合；下腋瓣大，通常为圆形或长椭圆形。盾片常具黑色裸条或裸斑。足长而壮，后足长度不短于体长。

本科世界已知 38 种，山西（历山）分布 1 亚科 2 族 2 属 3 种。

分属检索表

1 颜长为宽的 1～2 倍，呈矛头状，裸；产卵器短，静止时不伸出腹外。体长 17～22mm(小头皮蝇族 Portschinskiini) .... 小头皮蝇属 *Portschinskia*

- 颜呈近方形的盾状，上面常具淡色毛，雌产卵器长，呈套筒状(皮蝇族 Hypodermatini)；触角第 3 节裸露出大部分；颜面常具淡色毛；爪垫发达；下颚须缺如；触角第 2 节发亮。体毛多为长密，盾片纵条宽大且发亮，小盾后缘有正中纵沟，并为纤毛群所遮盖。$2R_5$ 室常开放。胫节在中部增粗 .... 皮蝇属 *Hypoderma*

裸皮蝇亚科 Oestromyiinae

小头皮蝇族 Portschinskiini

41 壮小头皮蝇 *Portschinskia magnifica* (Pleske, 1926)

雄性体长 18mm，雌性体长 22mm。雄性头宽 5.0mm，雌性头宽 5.5mm，雄性额宽为头宽的 1/8，雌性额宽约为头宽的 1/3；侧额亮黑色，具黑褐色毛；间额具黑色粉被，雄性间额为额宽的 1/3～1/2，雌性为 1/3；颜堤和侧颜褐色。中胸背板具黑褐色毛，有时在肩胛内缘附近、小盾片端部具淡黄毛，中胸侧板具黑褐色毛，雄性在中侧片后缘杂有淡黄色毛；后小盾片略呈梭状。r-m 横脉位置稍远于亚前缘脉末端；$2R_5$ 室狭的开放或闭合，通常在中部的宽度为室长的 1/4；上腋瓣毛褐色，下腋瓣具少数短的暗褐色毛。股节暗褐色，发亮(雄性几乎黑)；胫节暗褐色发亮，上面黑毛和红黄色毛相杂；爪黑色。雄性腹部第 2 背板具黄色密长毛，第 3～5 背板上具密而长的红黄色毛。

分布：山西（历山）、河北。

皮蝇亚科 Hypodermatinae

皮蝇族 Hypodermatini

42 牛皮蝇 *Hypoderma bovis* (Linnaeus, 1758)

成虫体长 13～15mm，体具密长毛，头稍狭于胸宽；触角第 2 节暗褐色发亮，第 3 节几乎全黑，外露部分明显短于第 2 节；触角芒棕色，往端部去渐细；颜棕色，长宽约相等，具淡黄色密毛；颜堤棕色，具淡黄色毛；侧颜红棕色，具直立的淡黄色毛；颊和后头毛淡黄色，长而密。中胸盾片黑色，缝前具长而密的淡黄色毛，缝后毛大部分黑褐色；盾片上的斑、条裸而亮黑，稍隆起；小盾片黑，具淡黄毛，小盾后缘亮黑，正中具 1 浅沟；后小盾片发达，纺锤状，长约为宽的 6～8 倍；中侧片，腹侧片，翅侧片和下侧片具淡黄色密长毛簇；下腋瓣大而圆，白色。腹部第 1、2 合背板具密而长的淡黄色毛，第 3 背板具稍短的黑毛，第 4、5 背板具鲜艳的红黄色毛。后足约与体等长。

分布：山西（历山、大同、交城、运城）、内蒙古、宁夏、新疆、青海、西藏。

43 纹皮蝇 *Hypoderma lineatum* (De Villers, 1789)

成虫体长 11～13mm，体具密长毛，头部稍狭于胸部。触角第 2 节暗褐色发亮，第 3 节外露部分约与第 2 节等长；芒裸，近端部去渐细；颜近方形，淡棕色，具淡黄色毛，颜堤淡棕色，具淡黄色毛，下侧颜裸，棕褐色；颊和后头具密而长的淡黄色毛。盾片黑，具金黄色粉被，毛淡黄色，前盾片毛较稀疏；小盾片黑，具淡黄色毛；在小盾后缘中部具 1 纵沟；后小盾片纺锤形，通常在正中具 1 纵沟；下腋瓣大而圆，白色，不透明，边缘棕色。腹部第 1、2 合背板具长而密的淡黄色毛，第 3 背板毛较短，黑色；第 4、5 背板具棕黄色毛。后足约与体长相等，各足股节黑或暗褐色，在亚基部增粗，胫节棕色，中、后胫在中部膨大。雌性额宽为头宽的 0.47～0.52 倍；间额约为额宽的 0.1 倍。

分布：山西（历山、宁武、五寨、岢岚芦芽山、运城）、辽宁、内蒙古、河北、宁夏、西藏。

致谢：蒙河北大学石福明教授、周志军博士和山西历山国家级自然保护区管理局领导和有关工作人员，山西省吕梁市疾病预防控制中心的武玉晓主任医师等热忱帮助，特表谢忱。本研究得到国家自然科学基金（31071957，31272347，30770252）资助。

参 考 文 献

范滋德, 1965. 中国常见蝇类检索表[M]. 2 版. 北京: 科学出版社.

李子忠, 杨茂发, 金道超, 2007. 雷公山景观昆虫[M]. 贵阳: 贵州科技出版社.

王迪, 2013. 中国麻蝇科分类和地理分布研究(双翅目: 麻蝇科)[D]. 沈阳: 沈阳师范大学.

王明福, 薛万琦, 1996. 胃蝇科 Gasterophilidae, 狂蝇科 Oestridae, 皮蝇科 Hypodermatidae[M]//薛万琦, 赵建铭. 中国蝇类(下册)[M]. 沈阳: 辽宁科学技术出版社: 2207-2255.

王明福, 薛万琦, 2000. 中国皮蝇科研究(双翅目: 环裂亚目)[M]//张雅林. 昆虫分类区系研究[M]. 北京: 中国农业出版社出版: 174-179.

王明福, 王荣荣, 薛万琦, 2006. 山西省麻蝇科区系研究 (双翅目: 环裂亚目)[J]. 中国媒介生物学及控制杂志, 17(1): 26-30.

王明福, 2010. 双翅目: 粪蝇科、花蝇科、蝇科、丽蝇科、麻蝇科[M]//王新谱, 杨贵军. 宁夏贺兰山昆虫. 银川: 宁夏人民出版社.

薛万琦, 赵建铭, 1998. 中国蝇类(下册)[M]. 沈阳: 辽宁科学技术出版社.

Beltran Y T P, Segura N A, Bello F J, 2012. Synanthropy of Calliphoridae and Sarcophagidae (Diptera) in Bogota, Colombia[J]. Neotropical Entomology, 41(3): 237-242.

Carvalho F D, Esposito M C, 2012. Revision of *Argoravinia* Townsend (Diptera: Sarcophagidae) of Brazil with the description of two new species[J]. Zootaxa, 3256: 1-26.

Mulieri P R, Mariluis J C, Patitucci L D, 2010. Review of the Sarcophaginae (Diptera: Sarcophagidae) of Buenos Aires Province (Argentina), with a key and description of a new species[J]. Zootaxa, 2575: 1-37.

Meiklejohn Kelly A, Dowton, Mark, WallmanJames F, 2012. Notes on the Distribution of 31 Species of Sarcophagidae (Diptera) in Australia Including New Records in Australia for Eight Species[J]. Transactions of the Royal Society of South Australia, 136(1): 56-64.

Pape T, 1996. Catalogue of the Sarcophagidae of the world (Insecta: – Diptera)[M]. Memoirs of Entomology International.

Whitmore D, 2011. New taxonomic and nomenclatural data on Sarcophaga (Heteronychia) (Diptera: Sarcophagidae), with description of six new species[J]. Zootaxa, 2778: 1-57.

Sarcophagidae, Hypodermatidae

Ji Yanjiao　　Wang Mingfu

(College of Life Sciences, Shenyang Normal University, Shenyang, 110034)

The present research includes 2 family 4 subfamily 8 group 22 genera and 44 species of Diptera in Shanxi Lishan National Nature Reserve. There are 3 subfamily 6 group 20 genera and 40 species of Sarcophagidae, 1 subfamily 2 group 2 genera and 3 species of Hypodermatidae. We made the search form of Sarcophagidae and Hypodermatidae in Lishan. The main distinguishing characteristics of the species are described.

蝇科 Musicidae

李明月　　王明福

（沈阳师范大学生命科学学院，沈阳，110034）

卵呈长卵形，背侧有孵化褶，该褶有时形成 1 对凸缘、翼或向前延伸成两个呼吸角。幼虫为蛆状，水生型，高度特化，表皮一般具骨化棘、雕刻和疣突，前气门指状突最多可达 14 个，体后有后气门，气门板上有气门裂、环扣钮，无气门杆；口器多变，但口沟腹面无齿，适于粪食、腐食、植食和肉食。蛹为围蛹，在第 2 腹节上有 1 个呼吸角。

成蝇体长为 2～10mm，胸部的后小盾片不突出，下侧片无鬃，少数种具极细的短毛；cu_1+an_1 脉不达翅缘，an_2 脉的延长线同 cu_1+an_1 脉延长线的相交点在翅缘的外方；后胫亚中位，无真正的背鬃，有的有刚毛状鬃也偏于后背方，后足第 1 跗节无基腹鬃；雌性后腹部各节均无气门，只有毛脉蝇亚科的毛脉蝇属 *Achanthiptera* 保留有第 6 气门。

目前全世界蝇科记录 5000 余种，分布于各主要动物地理区，生态环境广泛，几乎在有生命的区域均有蝇科种类分布，我国记录 1400 余种。在我国可可西里无人区，在海拔 5000m 以上，棘蝇属 *Phaonia* 和胡蝇属 *Drymeia* 等种类和数量占昆虫总数中的绝大部分，在近北极地区，蝇科种类亦占重要比例。

蝇科许多种类和个体数量较大的优势种，多出现在人类居住区，在家畜家禽和特殊生产行业及其附近地区，有的可叮咬人畜，吸食血液和汗液，有的舐食粪便、污物、水果、蔬菜和各种食品，因此它们是多种细菌、线虫、原虫、立克次体、病毒等多种病原体的重要传播媒介，有些种群可直接引起人类和动物的各种蝇蛆病。

山西历山地区共记录蝇科 28 属 81 种，其中包括 1 个中国新记录种。

分亚科及族检索表

1 下颚须缺如 ………………………………………………花蝇科 Anthomyiidae 蝗蝇属 *Acridomyia*
　下颚须存在 ……………………………………………………………………………………… 2
2 下侧片仅在后气门紧下方有一簇鬃，但不成行；无间额鬃 ………………………………………
……………………………………………………… 夜蝇亚科 Eginiinae 夜蝇族 Eginiini
　下侧片在后气门紧下方裸或仅有小毛 ………………………………………………………… 3

3 口器具刺吸功能 ………………………………………………… 螫蝇亚科 Stomoxyinae
　口器具舐吸功能，唇瓣发达 …………………………………………………………… 4

4 下颚须匙形 ……………………………… 秽蝇亚科 Coenosiinae 溜蝇族 Lispini
　下颚须不呈匙形 …………………………………………………………………………… 5

5 腹侧片鬃 3 个、呈等腰三角形排列；雄性额宽常似雌性 ……………………………… 6
　腹侧片鬃不是 3 个，若为 3 个则不呈等腰三角形排列，如近似等腰三角形则雄性额显较雌
　性额为狭 …………………………………………………………………………………… 7

6 亚前缘脉第 2 段呈棘蝇型（即所谓弓把形，在中段稍向前而明显波曲）………………
　………………………………………………………………… 芒蝇亚科 Atherigoninae
　亚前缘脉不呈棘蝇型 …………………… 秽蝇亚科 Coenosiinae 秽蝇族 Coenosiini

7 亚前缘脉第 2 段仅亚基部明显弯曲后即呈弧形达于前缘脉，呈齿股蝇形 ………………
　…………………………………………… 点蝇亚科 Azeliinae 齿股蝇族 Hydrotaeini
　亚前缘脉第 2 段呈棘蝇型（即弓把形），如这点不明确则腹具成对暗斑或暗斑连成的暗带 .
　……………………………………………………………………………………………… 8

8 翅侧片具毛 …………………………………………………………………………………… 9
　翅侧片裸 ………………………………………………………………………………… 12

9 翅侧片仅上半沿着翅基处有毛 …… 棘蝇亚科 Phaoniinae 重毫蝇族 Dichaetomyiini
　翅侧片下半也有毛 ……………………………………………………………………… 10

10 翅 m_{1+2} 脉端段直，且与 r_{4+5} 脉背离，下腋瓣棘蝇型 ………………………………
　…………………………………… 家蝇亚科 Muscinae 墨蝇族 Mesembrinini（*Polietes*）
　翅 m_{1+2} 脉端段呈弧形或角形前屈，与 r_{4+5} 脉抱合或轻微抱合，下腋瓣家蝇型 ………… 11

11 翅 $1R_5$ 室开口狭于 r-m 横脉的 2 倍；小盾片缘鬃常为 4 对 ………………………………
　………………………………………… 家蝇亚科 Muscinae 家蝇族 Muscini
　翅 $1R_5$ 室开口狭于 r-m 横脉的 2 倍；如近于 2 倍，则小盾片缘鬃常为 5～8 对 ………………
　……………………………………… 家蝇亚科 Muscinae 墨蝇族 Mesembrinini

12 中股无近端位前鬃 ……………………………………………………………………… 13
　中股有 1 近端位前鬃 …………………………………………………………………… 16

13 下腋瓣家蝇型 ……………………… 邻家蝇亚科 Reinwardtiinae 邻家蝇族 Reinwardtiini
　下腋瓣棘蝇型 …………………………………………………………………………… 14

14 翅 m_{1+2} 脉呈弧形向前弯曲 …… 邻家蝇亚科 Reinwardtiinae 邻家蝇族 Reinwardtiini
　翅 m_{1+2} 脉直 ………………………………………………………………………… 15

15 腹第 1 腹板较宽并突立于腹下，沿边缘有突立的刚毛状毛 …………………………………
　………………………………………… 棘蝇亚科 Phaoniinae 裸池蝇族 Brontaeini
　腹第 1 腹板不很宽、亦不突立于腹下，亦无明显的毛 …………………………………………
　………………………………………… 秽蝇亚科 Coenosiinae 池蝇族 Limnophorini

16 后胫在亚中位与近端位间有 1 明显后背鬃 ………………………………………………
　…………………… 邻家蝇亚科 Reinwardtiinae 邻家蝇族 Reinwardtiini（*Muscina*）
　后胫无上述后背鬃（至多在基部与亚中位间有 1 个或少数较小后背鬃）………………………
　………………………………………………………………………… 圆蝇亚科 Mydaeinae

芒蝇亚科 Atherigoninae

1 稻芒蝇 *Atherigona oryzae* Malloch, 1925

雄体长 3.0～3.5mm。间额棕黑；头顶、单眼三角及后头底色暗，覆有灰色粉被；头前面及下部底色黄，覆淡黄白粉被；内倾下眶鬃 4；髭黑，触角暗色，第 2 节最基部及第 1、2 节部分黄色；下颚须全黄，基部有时稍带灰黄。胸：盾片、小盾底色暗，肩胛及小盾末端黄；前胸基腹片棕色，侧板底色大部暗；胸覆有较密的淡灰黄色粉被，盾片常有不明显的 3 条暗纵条。翅：透明，有时亚缘室末端有轻微暗晕；腋瓣淡黄，平衡棒黄。足：大部黄色；前股有时端部至多约 1/4 有灰色斑；前胫端半左右黑色，无鬃；前足跗节无特殊纤毛，大部暗色，端部的 1 至数个分跗节淡色；中，后足黄，后足跗节有时基部暗。腹：底色黄，覆淡色粉被；第 3 背板有 1 对约占节前方 3/4 长度的长形暗斑；第四背板有 1 对约占节长 1/3 的卵形暗点斑；第 5 背板有时有 1 对更小暗点斑。

分布：山西（历山、右玉、山阴、交城、永济、长治）、山东、河南、江苏、上海、安徽、浙江、湖北、湖南、福建、台湾、广东、海南、广西、四川、云南。

点蝇亚科 Azeliinae

2 刺足齿股蝇 *Hydrotaea* (s. str.) *armipes* (Fallén, 1825)

雄体长 5.0～6.0mm。眼裸；额最狭处略等于或稍大于前单眼宽；胸深黑，稍发亮，从后面看，有薄层棕色粉被，底毛密；前中鬃不明显，后中鬃 4；背中鬃 2+4，均强大；翅前鬃缺如；腹侧片鬃 1：1；背侧片具小刚毛。翅带浅棕色，前缘基鳞黑棕色；平衡棒黑色；腋瓣浅黄色。足黑；前股亚端腹面具内、外 2 齿：外齿直，齿上方有 5 鬃；内齿稍向内方弯曲；在内齿约紧基方达股节基部有 1 列钝头的刺状鬃；前胫端部 2/3 稍粗，具栉状较长的后腹鬃（9 个）列；在中股的腹面近基部至近中部有 2 列，共 5～6 个长大钝头的刺状鬃；中胫具 2 后鬃和 1 列完整的鬃状毛状的前鬃；后股端部有 2～3 个较长大的前腹鬃，在亚中位腹面有 1 长大孤立的钝头刺；后胫端部 2/3 具 1 列（8 个）非常长大的前腹鬃，在腹面近中部有 1 束密长毛。腹部具灰色浓粉被及黑正中条，无闪光斑，不发亮。

分布：山西（历山、大同、阳高、天镇、左云、右玉、平鲁、浑源、灵丘、广灵、山阴、怀仁、朔州、宁武、五寨、岢岚、五台山、河曲、保德、偏关、繁峙、霍州、永济）、内蒙古、吉林、甘肃、新疆、湖北。

3 斑瞳齿股蝇 *Hydrotaea* (*Ophyra*) *chalcogaster* (Wiedemann, 1824)

雄体长 5.0～6.5mm。体亮黑，稍带青色光泽。头底色暗黑，头前面粉被灰白；眼很大、裸，后缘直；胸：亮黑带棕黄薄粉被；足黑，唯前足各分跗节端部有很明显的黄白色部分；前胫无后鬃；中股腹面无鬃，仅有 1 列后鬃；中胫有中位、亚中位后鬃各 1；后股端部有 1 行前腹鬃，前至前背鬃列全，基部大半有后背毛列，腹方有很少几个（4～5 个，或仅 1 个）不逾节粗的立刺状鬃；后胫直，有 3～4（极少 5）个前腹鬃、1 个前背鬃、2 个后背鬃，稍逾端半长度内有前腹、后腹及腹面长毛列。腹：亮黑泛青具光泽，因覆有薄棕色粉被而带铜色，有不显正中条，第 1、2 背板正中愈合缝明显长于背缘，约从侧缘近中起向端部收狭、末端稍圆而不尖。

分布：山西（历山、大同、阳高、天镇、左云、右玉、平鲁、浑源、灵丘、广灵、五台、岢岚、宁武、五寨、繁峙、平定、阳泉、太原、霍州、洪洞、吉县、临汾、永济、运城、芮城）、吉林、辽宁、内蒙古、北京、天津、河北、山东、河南、陕西、宁夏、甘肃、江苏、上海、安徽、浙江、湖北、江西、湖南、福建、台湾、广东、海南、广西、重庆、四川、贵州、云南。

4 常齿股蝇 Hydrotaea (s. str.) dentipes (Fabricius, 1805)

雄体长 7.0～8.0mm。眼裸；额最狭处略大于后单眼外缘间距；间额黑，最狭处约为银灰色 1 侧额宽的 2 倍；足黑；前足股节近端部腹面具内外两齿；内齿低而平，末端钝圆，光滑无鬃毛；外齿末端尖，并弯向内方，且有 1 列（7～8 个）刚毛；在内齿的紧后方有 1 列（7～8 个）刚毛；与外齿上的刚毛大小相似；中足股节基半部腹面和前后面其具密长鬃状毛；中胫有 1～2 中位后腹鬃；后股前腹面和后腹面具毛状的鬃列，仅端半部的前腹鬃长大；后胫前腹鬃 2～4 个；有 1 列小毛状的前背鬃；端部 1/3 有 1 长大的后背鬃。腹部长圆筒形，具灰白和灰黄浓粉被；各背板具正中细黑条，有闪光侧斑；第 1 腹板裸。

分布：山西（历山、大同、阳高、天镇、左云、右玉、平鲁、浑源、灵丘、广灵、朔州、山阴、怀仁、应县、宁武、五寨、岢岚、河曲、保德、偏关、忻州、五台、繁峙、太原、阳曲、古交、榆次、交城、文水、汾阳、孝义、离石、方山、交口、石楼、柳林、临县、兴县、岚县、左权、和顺、平定、阳泉、盂县、长治、沁源、运城）、黑龙江、吉林、辽宁、内蒙古、北京、河北、山东、河南、陕西、宁夏、甘肃、新疆、江苏、上海、四川、云南、西藏。

5 隐齿股蝇 Hydrotaea (s. str.) floccosa Macquart, 1835

雄体长 4.5～6.0mm。眼显具密毛；额最狭处稍于后单眼外缘间距，约为前单眼宽的 2 倍。胸部黑，粉被暗灰，2 对黑色纵条隐约可见；中鬃 2+（4～5）；背中鬃 2+4；翅前鬃缺如；腹侧片鬃 1：1，前胸基腹片、背侧片和下侧片(包括后气门前肋)均裸。足黑；前股前端 1/3 腹面除有内、外 2 齿外，在外齿的后内面尚有 1 隆起；前胫无中位后鬃；中股有 1 列长毛状的后鬃，基半部有 1 列前背鬃；中胫有 2～3 后鬃，端半部的前腹面和后腹面各有 1 列鬃状毛；后股基部 1/5 腹面有 2 密接的钩状刺，钩刺与股基间距等于或稍大于钩刺长；端部 1/3 具 1 长大的前腹鬃，端 1/4 腹面有 1 簇毛和 1 长大的后背鬃。腹部长卵形，具灰白粉被和黑正中条；第 1 腹板裸。第 3、4 节背板具棕色缘带。

分布：山西（历山、大同、浑源、灵丘、右玉、山阴、天镇、五台、岢岚、霍州、交城、永济）、吉林、辽宁、内蒙古、北京、天津、河北、河南、陕西、宁夏、甘肃、青海、新疆、浙江、台湾。

6 银眉齿股蝇 Hydrotaea (Ophyra) ignava (Harris, 1780)

雄体长 5.0～7.0mm。体色亮黑；头：底色黑，眼极大、裸，后缘中段稍微凹入；额宽约为前单眼宽，最狭段间额如线，足黑，跗节无异色；前胫无鬃；中胫中位及亚中位各有 1 后鬃；后股亚中位亦有 2～3 个钝立刺状后腹鬃；后胫约在亚中位 2/5 处明显弯向腹方，在端部约 2/3 长度内具较长大的前腹鬃列及前腹和后腹面具多数密长毛，其中最长毛位于基部 1/3 的后腹面上；在中位具较长的前背和后背鬃各 1，此外除基部外尚有 1 行短的前背鬃。腹：亮黑稍带青色光泽，缘鬃弱；腹板暗棕，除第 1 腹板外具鬃和毛。

分布：山西（历山、大同、浑源、灵丘、岢岚、太原、清徐）、黑龙江、吉林、辽宁、内蒙古、北京、天津、河北、山东、河南、陕西、宁夏、甘肃、青海、新疆、江苏、上海、安徽、浙江、江西、湖南、福建、台湾、广西、重庆、四川、贵州、云南、西藏。

秽蝇亚科 Coenosiinae

分属检索表

1 翅侧片具细毛 .... 溜蝇属 Lispe
　翅侧片裸 2
2 腹侧片鬃的着生点不形成等腰三角形；雄额显比雌额窄 3
　下方的腹侧片鬃距前、后腹侧片鬃间距略相等；雄额多数较宽 5
3 前腹侧片鬃缺如，常为 0∶2 或 0∶1，如有前腹侧片鬃则复眼常具毛，眼后缘内陷，触角
　芒长羽状 .... 纹蝇属 Graphomya（部分）
　前腹侧片鬃存在，其他综合特征不如上述 4
4 m_{1+2} 脉末端明显向前弯曲；第 1 腹板具较多的刚毛或毛 .... 纹蝇属 Graphomya（部分）
　m_{1+2} 脉直，如末端稍微有波曲倾向则第 1 腹板无明显的毛，前胸基腹片和径脉结节具毛，
　腹部背面常具成对的斑 .... 池蝇属 Limnophora
5 上眶鬃 2，前方 1 个比后方 1 个更粗大 6
　上眶鬃 0～1，如有两小的则前方 1 个比后方 1 个短小 .... 秽蝇属 Coenosia（大部分）
6 小盾分别具基鬃和端鬃 .... 溜芒蝇属 Caricea
　小盾仅具 1 对端鬃 .... 缘秽蝇属 Orchisia

7 溜头秽蝇 Caricea sp.

分布：山西（历山）。

8 黑缘秽蝇 Orchisia costata(Meigen, 1826)

额三角和侧额粉被蓝灰色，间额前部红黄色；触角黄色，第 3 节长，呈褐色；下颚须黄色。背中鬃 1+3，中鬃弱。前缘脉终止于 m_{1+2} 脉开口处。足除中、后足基节外全黄；中胫无前腹鬃，后背鬃 1，后股前腹鬃列往端半部去变短，基半部具后腹鬃；后胫前腹鬃 1，前背鬃 2，后背鬃 1。腹基部和两侧带黄色，第 4、5 背板分别具 1 对小圆斑。

分布：山西（历山、左权）、黑龙江、辽宁、上海、福建、台湾、海南。

9 毛叶秽蝇 Coenosia hirsutiloba Ma, 1981

体长 4.5～5.0mm。雄性：眼裸；额长大于额宽，后者略等于复眼宽；额鬃 5 对，最上方 1 对向后上方弯曲（即所谓的侧额鬃）。胸青灰色，具 5 棕色宽纵条；前中鬃列毛状，相互近接，后中鬃亦为毛状，排列不规则；背中鬃 1+3，均强大；小盾片具 1 棕色正中条；小盾基鬃和端鬃均强大；腹侧片鬃 3，呈等腰三角形排列。足除转节和膝部黄色外均黑；中足胫节有 1 长大的中位前背鬃和 1 较短的后背鬃，无前腹鬃；后足股节具前腹和后腹鬃列，以基半部后腹面较长大；后足胫节近中位有 1 强大的前背鬃，有 2 短而较弱的后背鬃和 1（2）细长的前腹鬃。腹长圆锥形；第 5 背板显著侧扁；第 1+2 背板至第 5 背板各具棕色正中条和在各背板后缘处有侧斑 1 对；第 5 腹板巨大，侧叶很宽地突出于腹面；第 9 背板具浓粉被，无光泽；肛尾叶亮棕黑色，侧尾叶黄色。

分布：山西（历山、太原、介休、永济）、辽宁。

10 斑股秽蝇 Coenosia punctifemorata Cui et Wang, 1996

雄体长 4.0～5.5mm。额宽约为头宽的 0.32～0.38 倍，额两侧平行；间额暗棕色至黑色，无粉被，宽约为侧额宽的 2.5 倍；额三角粉被暗棕灰色，前端近额中部；单眼鬃较发达，稍

长于上眶鬃；侧额、侧颜、颜及颊均覆灰白色粉被；后倾上眶鬃 1 对；内倾下眶鬃 3 对。胸：底色均暗，具较密淡灰色粉被；盾片沿背中鬃具 1 对较明显的褐色斑条；中鬃弱，2 列；背中鬃 1+3；翅内鬃 0+1；腹侧片鬃 3，呈等边三角形排列，另具约 10 小刚毛。足基节、股节和胫节黄色，中、后股节末端具褐斑，各足跗节均黑棕色，但爪垫黄色；后胫具 1 亚中位前腹鬃，1 发达的中位前背鬃和 1 较小的亚中位前背鬃，近端背鬃 1，1 发达的中位后背鬃，几乎与中位前背鬃等长，端部 1/3 另具 2～3 根不明显后背鬃；各足跗节正常，爪垫较大，披针形。腹部长筒形，除第 5 背板后缘 1 狭条黄色，第 5 腹板大部黄棕色。

分布：山西（沁水下川）。

11 毛足秽蝇 Coenosia strigipes Stein, 1916

体长 2.5～3.5mm。雌雄额等宽，上眶鬃 1 对，下眶鬃内倾。触角仅第 3 节端部黄色，中胸盾片前背鬃 1 对，后胫中位有 1 个前腹鬃及 1 个前背鬃。两者互相密接并列。中、后足股节腹面无鬃而具细长的软毛。腹部有棕色正中纵条，第 3～5 背板上各有 1 对圆形斑。

分布：山西（历山、太原、方山、和顺、平定、襄垣、永济）、黑龙江、辽宁、中国南部。

12 绯胫纹蝇 Graphomya rufitibia Stein, 1918

棕色或灰色种。体长 6.5～8.0mm。雄性复眼不合生；雌性前顶鬃 1 对。盾沟前在雄性中具 3 黑色纵条，雌性具 4 纵条。雌、雄胫节棕色，其余各节黑色；雄性额鬃列周围仅有少数毛，中胸背板的白色纵条和黑色侧条在盾沟上的宽度，两者差不多等宽，雌性通常触角间楔的宽度约比触角第 2 节宽的 1/2 为狭。腹部雄性第 1、2 合背板大部分茶褐色，第 3 背板除正中斑外，两侧中部尚具有明晰的或不明晰的斑，足和下颚须棕色至暗棕色。

分布：山西（历山、灵丘、山阴、太原、孝义、左权、长治、运城）、吉林、辽宁、北京、天津、河北、山东、河南、陕西、上海、浙江、湖北、江西、湖南、福建、台湾、广东、海南、广西、云南。

13 银池蝇 Limnophora argentata Emden, 1965

雄体长 3.0～4.0mm；体、足均暗黑。眼裸，额约为头宽的 3/8，间额、侧额、侧颜具浓银白粉被，间额约为 1 侧额宽的 4.0 倍，内倾下眶鬃 3～4，后倾下眶鬃 2；侧颜为触角第 3 节宽的 0.4 倍，内外顶鬃发达；触角第 3 节长为宽的 1.5 倍；口前缘不突出，颊高约为眼高的 1/4；下颚须细长；前额棕黑发亮，喙齿粗大。胸部斑条不显，盾片前中小毛 2～3 列，中鬃 0+1，背中鬃 2+3，翅前鬃毛状；小盾片侧、腹面裸，腹侧片鬃 1：2。前缘脉全长下面具毛，径脉结节背腹面具毛；腋瓣白色至污白色。足暗中略黄，前胫无鬃；中胫后鬃 1；后胫前腹、前背鬃各 1。腹部第 1、2 背板几乎全呈黑色，第 3、4 背板各具 1 对三角形黑斑，第 5 背板具 1 长三角形中斑（个别痕迹状）。

分布：山西（历山）、陕西、四川、贵州。

14 隐斑池蝇 Limnophora fallax Stein, 1919

雄体长 5～6mm。额约为触角宽的 1.5 倍（约为头宽的 1/8）；后背中鬃 3，上眶鬃细小；体常中型。盾沟前具较明显的 3 条黑褐色斑，盾沟前斑条略宽；前胫端位后腹鬃常不明显，中胫后鬃常 1；腹部第 4 背板的黑斑长度接近或等于该背板长；肛尾叶游离部不明显变狭，侧尾叶内侧突起无刚毛。

分布：山西（历山）、江苏、上海、安徽、浙江、湖北、湖南、台湾、广东、广西、四川、贵州、云南。

15 喜马池蝇 *Limnophora himalayensis* Brunetti, 1907

雄体长 3.9～4.8mm。额宽约等于头宽的 1/10，侧额宽于间额；触角芒羽状，芒毛长约等于触角第 3 节宽；侧额粉被灰白色至棕色，上眶鬃 1～2 对，细小前倾，侧颜宽约为触角宽的 2/3。前盾片具 2 相邻的黑褐色大斑，后盾片前半部具棕黑色横带；前中鬃 4 列，短小，背中鬃 2+4。中股基部 2/5 具 2～4 根后腹鬃，中胫后鬃 2 根。m_{1+2} 脉明显向前弯曲，中胸黑色横带与小盾之间常无正中灰褐色条。后面观肛尾叶游离部宽大，侧面观侧尾叶端部成乳突状膨大。

分布：山西（历山）、陕西、甘肃、湖南、四川、贵州、云南。

16 黑池蝇 *Limnophora nigra* Xue, 1984

雄体长 4.0～4.5mm。复眼裸，额宽为头宽 1/15，间额黑色，约为侧额的 1.2～1.5 倍宽，侧额和本侧颜具银白色粉被，在前单眼前外侧具 1～3（常为 2）根前倾的上眶鬃，下眶鬃 4～5 对，中胸盾片正中条达于小盾沟，小盾片几乎全黑，有时仅端部略具淡色粉被；前中鬃刚毛状，为不规则的 4 行，背中鬃 2+3，翅内鬃 1+2，翅前鬃缺如或呈体毛状。足全黑，中足胫节中位后鬃 1，端位腹鬃强大，其前腹鬃略大于后腹鬃，背鬃；后足股节具发达而完整的前背鬃列，端部具 3～5 根长的前腹鬃，基部 1/3～2/5 具 1 列弯曲的后鬃毛，近端位后背鬃 1，后足胫节鬃序为池蝇族型。腹部具较浓的灰色粉被，第 5 背板的暗斑多数不能明显区分为左右两块。正中淡色粉被条常在斑的中部消失，斑块上常有零星粉被存在。

分布：山西（历山、榆社）、吉林、辽宁、北京、河北。

17 银眶池蝇 *Limnophora orbitalis* Stein, 1907

体长 5.0～6.0mm。额较宽，约为上方两单眼外缘间距的 2 倍，间额至少等于前单眼横径；侧额具白色或银灰色粉被。盾沟后无宽的明显黑色横带；盾片常具棕色正中狭条。前中鬃常为 4 列刚毛状。m_{1+2} 脉较直，腋瓣白色或淡黄色。腹部第 3、4 背板成对的黑色斑不向两侧方扩展，第 5 背板具正中棕色狭条。

分布：山西（历山、灵丘、五寨、岢岚、五台、河曲、保德、偏关、繁峙、太原、宁武、方山、霍州、隰县、洪洞、右玉、兴县、柳林、岚县、永济）、吉林、辽宁、河北、陕西、青海、云南。

18 侧突池蝇 *Limnophora parastylata* Xue, 1984

体长 4.0～5.0mm。本种外形同黑池蝇 *Limnophora nigra* Xue, 1984 相似，但额宽约为头宽的 1/14 强，间额至少为侧额的 2 倍宽，侧颜至少等于触角第 3 节宽的 2/3；胸部灰色粉被稀疏，中胸盾片的黑色斑条略发亮，正中条不达小盾沟，小盾端半部具淡色粉被，腋瓣棕色，腹部第 5 背板上的 1 对暗斑之间的界限清楚；第 5 腹板较扁平，侧叶较狭，肛尾叶端部狭而尖，其基部两侧具较大的丘状隆起，侧尾叶末端明显呈匙状扩展，即可明确区分。

分布：山西（历山）、辽宁、北京。

19 粉额池蝇 *Limnophora pollinifrons* Stein, 1916

体长 4.0mm。后背中鬃 3。雄性额至少为头宽的 1/4，仅具 1 个上眶鬃，侧额约等于触角宽，间额、侧额和侧颜均具银色粉被。小盾背面中部粉被灰色。平衡棒全为黄色。中胫后鬃 2，前足腹节暗黑色。

分布：山西（历山、灵丘、天镇、河曲、保德、偏关、太原、文水、左权、平定、洪洞、隰县、吉县）、黑龙江、辽宁、陕西。

20 狭额池蝇 Limnophora interfrons Hsue, 1982

体长 5.0～5.5mm。雄性复眼裸，额为头宽的 1/10，约为触角宽的 1.5 倍，间额几乎全长如线，侧额和侧颜具白色粉被，前单眼前侧方具 2 个很小的前倾的上眶鬃。胸部具浓密的淡灰色粉被，具 1 细长褐色正中条，沟后无横带，前中鬃 2 行，5～6 对；背中鬃 2+4，沟后第 2 根不比第 1 根小；翅前鬃缺；背侧片、前胸侧板中央凹陷、下侧片和后气门前肋均裸，腹侧片鬃 1:1；小盾无斑。足暗黑色，前足胫节无中位后鬃；中足股节基半部具 1 前鬃列，基部 1/3 具 3～4 根刺状后腹鬃；中足胫节后鬃 2；后足股节前背鬃列完整，端部具 3 根（有时 2 根）前腹鬃，基部 1/3 具 1 后鬃毛列；后足胫节前背鬃和前腹鬃均为 1。腹部粉被浓，背面黑褐色斑，第 1、2 合背板上的 1 对黑斑大小略有变化，第 5 背板正中狭条为淡褐色；第 1 腹板裸。

分布：山西（历山、沁水）、辽宁。

21 北方池蝇 Limnophora septentrionalis Xue, 1984

体长 3.8～4.6mm。雄性复眼裸，额宽为头宽的 1/8，间额约为侧额 1～2.5 倍宽，侧额、侧颜和颊具灰色粉被，下眶鬃 4～5 对，在前单眼两旁常具 2 根不等长的前倾的小上眶鬃；侧颜裸，侧颜等于或稍大于触角第 3 节宽。胸暗黑色，具灰黄色粉被，盾片具 3 条明显的暗褐色条，沟前 2 个侧斑位于前背中鬃和翅内鬃之间，正中条略狭，不达小盾沟，其宽度约等于两侧淡色粉被条宽，后者紧在盾沟后不明显，小盾基部两侧的 1 对黑斑常连成横带；中鬃仅小盾前 1 对明显，前中鬃体毛状，常为 4 列，背中鬃 2+3，翅内鬃 1+2，翅前鬃缺如或呈体毛状，背侧片无小刚毛，前基鬃弱；上前中侧片鬃存在，前胸基腹片边缘具刚毛，翅侧片、前胸侧板中央凹陷、下侧片和后气门前肋均裸，腹侧片鬃 1:2（下方 1 根很短）；下腋瓣突出，边缘呈棕黄色，中部淡黄色。

分布：山西（历山、灵丘、浑源、广林、右玉、平鲁、朔州、大同、五台、文水、宁武、五寨、岢岚、方山、盂县、榆社、左权、太原、安泽、永济）、黑龙江、吉林、辽宁、河北、陕西。

22 鬃脉池蝇 Limnophora setinerva Schnabl, 1911

雄体长 4.5～5.0mm。额宽为头宽的 1/8～1/7，间额黑色，约为侧额宽的 3 倍，侧颜银色，约为触角第 3 节宽的 1/2；触角芒短毳毛状；中鬃 2 列，背中鬃 2+4。r_{4+5} 脉上的小刚毛从径脉结节及其附近向外延伸达第 1 脉段的 3/5 处。后股具完整而长的前腹和后腹鬃列。后视肛尾叶具双突起，呈钳状分开，侧视侧尾叶呈舌状。

分布：山西（历山、阳高、浑源、灵丘、五台山、宁武、岢岚、五寨、太原、方山、盂县、榆社、离石、兴县、洪洞、文水、临县、和顺、昔阳、灵石、永济）、吉林、辽宁、河北（张家口）、河南、陕西、湖北（神大岩屋）、湖南、广东、广西、四川、贵州、云南。

23 显斑池蝇 Limnophora tigrina (Amstein, 1860)

体长 5.0mm。雄性眼离开，触角芒呈略短的羽状。盾沟后在两翅基部之间具 1 宽的深黑色横带，在横带与小盾沟之间具 1 狭的缺少粉被的暗灰色条；小盾大部黑色，端部灰色。m_{1+2} 脉末端微弯。中股至少在基部 1/2 长度内有 1 行前鬃列，中胫后鬃 2。雄性肛尾叶游离部较狭。

分布：山西（历山、灵丘、天镇、大同）、黑龙江、辽宁、内蒙古、新疆。

24 三角池蝇 Limnophora triangular (Fallén, 1825)

体长 3.0～4.0mm。中胸盾片的斑条不很清楚，小盾基半部无明显褐黑色带；触角第 3 节长约为宽的 2 倍，雄性肛尾叶端半部不明显变狭。

分布：山西（历山、灵丘、朔州、右玉、五寨、宁武、岢岚、方山、太原、榆社、左权、五台山、霍州、洪洞、永济）、辽宁、北京、河北、陕西。

25 双条溜蝇 *Lispe bivitata* Stein, 1909

体长 5.0～5.5mm。侧颜在近触角基部处有 1 棕色斑；下颚须黑，柄带黄色。胸黑，光泽，背面具不长大的鬃毛，仅在末节的后缘具鬃，第 1、2 合背板变暗，但从后面观具黄灰色的粉被，第 3～5 各背板具有 1 梯形暗色中斑，并具有 1 细的浅黄灰色的正中条将中斑不完全地分为两部分，而其侧部几乎为灰白色调。平衡棒黄色。

分布：山西（历山、大同、方山、榆社、洪洞、运城）、浙江、湖南、台湾、海南。

26 青灰溜蝇 *Lispe caesia* Meigen, 1826

体长 5.0mm。下颚须淡黄色，末端具白色粉被；后胫具完整的毛状前腹鬃列。雌性后胫仅具 1 前背鬃，1 前腹鬃。

分布：山西（历山、天镇、保德、太原、永济、运城）、辽宁。

27 吸溜蝇 *Lispe consanguinea* Loew, 1858

体长 6.5～7.0mm。侧颜在眼缘前下面无强鬃。前足第 1 分跗节外侧有 1 长指状突，突的末端钝平，并具黑色微棘，中、后足胫节全部或大部分黄棕色；后足第 1 分跗节直而细长，匀称而不肥大，腹面中央不凹，无黑色的刷状毛。

分布：山西（历山、平鲁、灵丘、山阴、大同、宁武、五寨、岢岚、保德、偏关、太原、离石、岚县、柳林、中阳、平定、盂县、榆社、长治、交口、洪洞、霍州、侯马、运城）、黑龙江、吉林、辽宁、内蒙古、北京、河北、山东、陕西。

28 中华溜蝇 *Lispe sinica* Hennig, 1960

体长 4.0～5.0mm。复眼裸，中部前缘小眼面明显扩大，为上方小眼面的 3.0 倍强；额中部较宽，向上方和下方渐狭，中部为头宽的 0.44～0.48，下颚须淡黄色，侧扁，近端部膨大且呈匙型，其端部外面裸，内面具多数刚毛。胸部底色黑，侧板粉被棕色，肩甲和背侧片粉被棕灰色，盾片具少许棕色粉被，具较宽的暗褐色 3 纵条，其正中条达于小盾端；中鬃缺如，前中鬃毛列 3～4 列，下前侧片鬃呈等腰三角形排列。足除股节端部、膝部胫节及跗节腹面黄色外其余全黑，腹部背面观呈长筒状，金属黑色，具棕色薄粉被，第 1、2 合背板和第 3 背板两侧具互相融合的宽白色粉被条，第 4 和第 5 背板前缘各具 1 对白色粉被侧斑；第 1 腹板裸。

分布：山西（历山、灵丘、右玉、大同、浑源、离石、运城）、黑龙江、辽宁、内蒙古、北京。

29 单毛溜蝇 *Lispe monochata* Mu et Ma, 1992

体长 5.0～5.5mm。中足胫节有 5～6 个不等长的前背鬃，并在其端部腹面有 1 个单独的长鬃状毛；前足胫节无中位鬃；平衡棒黄色；中足跗节不变短。

分布：山西（历山、太原、天镇、永济、平定、保德、偏关、黎城）、辽宁。

30 缺髭溜蝇 *Lispe loewi* (Ringdahl, 1922)

前足胫节具后鬃；中足胫节有 1～2 根前腹鬃，中足第 1 分跗节基部有 1 个单独的长鬃状毛（少数为 2 根密接在一起），中足第 4 分跗节末端内侧无棒状鬃，中足胫节腹面端半部具长毛，其间具 2 个短刺；髭缺如，或极细弱；后足胫节有 1～2 根前腹鬃，后足第 1 分跗节正常。

分布：山西（历山、天镇、太原、永济、运城）、辽宁。

31 长条溜蝇 *Lispe longicollis* Meigen, 1826

体长 6.0～8.5mm。m_{1+2} 脉末端弯向 r_{4+5} 脉；中足胫节有 1 个前腹鬃；后足第 2 分跗节直，无长毛；腹部第 3～5 背板各有粉白色三角形的侧斑，这些斑都伸展到腹部的腹面，并有正中淡色纵条，第 1、2 合背板及 3、4 背板两侧各有狭的白色缘；第 9 背板黑色，有正中白色粉被斑。

分布：山西（历山、天镇、平鲁、河曲、保德、偏关、兴县、交城、太原、长治、平定、洪洞、永济）、黑龙江、吉林、辽宁、北京、天津、河北、山东、新疆、安徽、广东。

32 东方溜蝇 *Lispe orientalis* Wiedmann, 1824

体长 6.0～8.0mm。触角第 3 节的长度超过第 2 节长的 2 倍；前足胫节中部无后腹鬃，后足胫节腹面无鬃；盾片灰色，具 5 条轮廓不很清楚的棕色纵条，正中条不延至小盾片；腹部灰白色粉被浓，第 3～5 背板具"八"字形暗褐色斑，第 5 背板上的斑相互接近或接合；第 5 背板背侧心鬃缺如；雄性露尾节全部被灰色粉被。翅较透明；股节黑色，具灰色粉被，胫节黑色，跗节棕色至黑棕色，但其腹面常呈棕黄色。雌性下颚须有时较暗，但其内面略带黄色。侧颜通常具 3 行微毛；雄性侧颜等于或大于触角第 3 节的宽度；中、后两足股节后腹面具有由鬃状毛组成的长列。

分布：山西（历山、灵丘、浑源、山阴、天镇、宁武、五寨、岢岚、偏关、繁峙、太原、平定、盂县、榆社、文水、洪洞、吉县、安泽、长治、稷山、侯马、永济）、吉林、辽宁、北京、河北、山东、江苏、上海、安徽、浙江、湖北、福建、台湾、广东、海南、广西、四川、云南。

33 天目溜蝇 *Lispe quaerens* (Villeneuve, 1936)

体长 4.5～6.0mm。下颚须棕黑色；后足股节无完整的前、后腹鬃列；腹部具灰白色浓粉被，第 3～5 背板有成对的暗棕色角形斑；第 9 背板具灰色浓粉被。

分布：山西（历山、灵丘、宁武、五寨、岢岚、盂县、榆社、左权、洪洞、永济）、吉林、辽宁、浙江。

34 螯溜蝇 *Lispe tentaculata* (Degeer, 1776)

体长 6.5～7.0mm。除膝部微橙黄色外各足胫节均呈黑色；后足股节前腹面在端部 2/3 长度内有 4（雄）或 1（雌）个长鬃；雄后足第 1 跗节腹面微凹，基半部略肥大，且腹面有密的黑色刷状毛；雌性在盾片沟后部分的中央，具黄褐色的天鹅绒斑；雄性肛尾叶棕红色，粉被黄色，前侧中腰凹入，末端有两尖端；第 5 腹板呈倒"山"字形，后缘凹入深，正中突出部分细狭。

分布：山西（历山、浑源、灵丘、广灵、大同、阳高、天镇、左云、右玉、平鲁、朔州、山阴、怀仁、五台、繁峙、岢岚、宁武、五寨、河曲、保德、偏关、太原、阳曲、榆社、平定、盂县、左权、长治、文水、孝义、离石、岚县、柳林、中阳、交口、方山、交城、洪洞、霍州、隰县、吉县、永济、运城）、黑龙江、吉林、辽宁、北京、河北、山东、新疆。

夜蝇亚科 Eginiinae

35 客夜蝇 *Xenotachina* sp.
分布：山西（沁水）。

家蝇亚科 Muscinae

分属检索表

1 m_{1+2} 脉端段几乎直，与 r_{4+5} 脉平行或背离；下腋瓣无小叶.........................直脉蝇属 *Polietes*

　　m_{1+2}脉端段呈弧形或角形弯曲，有时仅轻微向前弯曲，下腋瓣具小叶 2

2　小盾片沿边缘有 5～8 对鬃 .... 墨蝇属 *Mesembrina*

　　小盾片沿边缘仅有 2～4 对鬃（侧鬃常为 1 对，前基鬃也常不发达）.. 3

3　中胫无强大的后腹鬃，如具有，则前额近半球形异常膨大 4

　　中胫有 1 发达的亚中位后腹鬃 5

4　m_{1+2}脉在端段缓缓地呈弧形弯曲 .... 莫蝇属 *Morellia*

　　m_{1+2}脉端段呈角形弯曲，如呈弧形则腹部第 1 腹板无纤毛.. 家蝇属 *Musca*

5　腋瓣上肋有小刚毛 .... 翠蝇属 *Neomyia*

　　腋瓣上肋裸 6

6　r_1脉背面基本有若干小刚毛 .... 毛蝇属 *Dasyphora*

　　r_1脉背面无毛 7

7　胸带钝色 .... 优毛蝇属 *Eudasyphora*

　　胸亮色 .... 碧蝇属 *Pyrellia*

36　白纹毛蝇 *Dasyphora albofasciata* (Macquart, 1839)

　　体长 6.5～9.0mm。雄性眼密生淡色长毛，额宽等于或稍大于前单眼宽，下眶鬃在 10 对以上。胸部呈青铜绿紫色，粉被浓厚，盾片前部的暗色纵条宽等于或稍狭于它们之间淡色粉被被纵条的宽度，中鬃 2+1，前方的 1 对面前中鬃细小，但明显；背中鬃 3+4，小盾侧鬃通常 1 对，心鬃 1 对，前胸基腹片宽而裸，前气门黄。翅透明，脉和前缘基鳞棕黄，干径脉背、腹面各有 1～4 个小刚毛，r_1脉与 r_{4+5}脉上各有数个短刚毛，上、下腋瓣黄或白色。足棕黑，中胫前背鬃和亚中位腹鬃在同一水平上。腹部呈青铜绿紫色，具浓厚的粉被，腹部第 3 背板的缘鬃几乎等于第 4 背板的长度。

　　分布：山西（历山、浑源、方山）、内蒙古、北京、西藏。

37　四鬃毛蝇 *Dasyphora quadrisetosa* Zimin, 1951

　　体长 7.0～9.0mm。雄性眼密生淡色长毛，额宽为前单眼宽或稍宽，下眶鬃 20 个以上，仅最下方的 4～5 对鬃强大。胸部带青色光泽，中胸前盾片上的暗色纵条为中央淡色纵条的 1/3～1/2 倍宽，中鬃（2～3）+1，前中鬃至少有 2 对都很发达，若为 3 对，则最前方的 1 对细小，背中鬃 3+4，肩鬃 3，肩后鬃 3，小盾侧鬃 2 对，心鬃缺如，前气门黄，前胸基腹片裸，呈槽状凹入，不很宽。足黑，中胫前背鬃和亚中位腹鬃在同一水平上；后胫在近端位有 1 强大的后背鬃。腹部卵形，呈青绿铜色，粉被稍强，背板正中有 1 暗色纵条，其宽度比中胸前盾片上的暗色纵条窄或等宽。

　　分布：山西（历山、右玉、应县、平鲁、浑源、五台、岢岚、偏关、繁峙、太原、文水、交城、离石、兴县、交口、霍州、乡宁、榆社、方山、宁武、五寨、左权、盂县、运城）、辽宁、陕西、宁夏、甘肃、湖北、四川、云南、西藏。

38　紫蓝优毛蝇 *Eudasyphora kempoi* (Emden, 1965)

　　雄体长 6.9～8.0mm。眼裸或仅具微毛，眼前方小眼面稍增大；额宽等于或稍大于前单眼宽，无外顶鬃，下眶鬃 17 个左右，侧额下部，侧颜及颜面具厚的银白色粉被，侧颜宽是额宽的 1～2 倍，触角黑，第 3 节具厚的银白色粉被，其长为第 2 节长的 2.5～3.0 倍，颊高约为眼高的 1/6，下颚须黑。胸部呈亮绿色至紫色，前盾片上有较弱的灰白色粉被，可见 2 对暗纵条，中鬃 0+1，背中鬃 3+4；脉棕色，前缘基鳞暗棕色，r_1脉及 r_{2+3}脉基部上下面常有个别小毛；

r_{4+5} 脉下面毛列越过 r-m 横脉；上、下腋瓣棕褐色，平衡棒棕黑色。足黑，中胫前背鬃的位置比位于亚中位的后腹鬃稍低。腹部卵形，亮绿至紫色，粉被弱，第 5 背板具较密立长毛。

分布：山西（历山）、青海、四川、云南、西藏。

39 壮墨蝇 Mesembrina magnifica Aldrich, 1925

雄性体长 15.0～18.0mm。眼裸，额宽为单眼宽的 3 倍强，额间黑色，最狭处如线状，下眼鬃 10 多对，并杂有一些小毛，颜及前颊面密被金黄色绒毛，下侧颜红棕色，颊亮黑色，侧颜宽与触角第 3 节等宽，触角棕黑，第 3 节灰褐色，其长度为第 2 节长的 3 倍强；触角芒长羽状。胸部黑色，粉被弱，中翅透明，翅基黄色，翅后半部的翅脉具晕，前缘刺不发达，翅肩鳞黑色，前缘基鳞棕黄色，m_{1+2} 脉呈弧形弯曲，终止于翅尖的前方，前缘脉第 6 段为第 5 段的 1/2，上、下腋瓣黄色或深橙色，平衡棒暗黄色。足黑，前股后背、后腹鬃列长而密集；前胫具前背鬃列，后面具长鬃毛；中股基部 2/3 前腹、后腹面有长的鬃毛；中胫无前背鬃；后股前背、前腹鬃列完整；后胫各具 1 列紧密排列的前背鬃和前腹鬃，且有 1 个较大的后背鬃。腹部呈卵圆形，背方自第 4 背板开始往后具金黄色毛被。

分布：山西（历山）、内蒙古、新疆、四川、云南。

40 瘤胫莫蝇 Morellia podagrica (Loew, 1857)

体长 6.0～10.0mm。雄性额宽稍宽于触角第 3 节，眼裸，上部小眼面略大于下部小眼面；侧颜与侧额等宽，头部具灰粉被，侧颜银灰色粉被明显，触角黑，第 3 节不超过第 2 节的 2 倍长，芒近基部呈黄色。胸部亮黑，具薄的灰粉被，背板中央的灰白纵条明显可见但不延伸至小盾沟，肩胛上的粉被较明显，平衡棒黄色。前股端段 1/3 处有 6～7 个长的后腹鬃；前胫无前背鬃，有 4～5 个后鬃；中股下缘无发达的鬃；中胫端部大半具疏前背鬃列外，亚基部小隆上具 1 丛明显的由短小的前背鬃组成的鬃簇，具 2～3 个后鬃；后股有明显的前腹鬃列；后胫有 1 明显的中位前背鬃，中段有 1 列约 5 个中等长度的前腹鬃，2 个后背鬃。腹部黑色也具灰粉被斑，背板上有明显纵条。

分布：山西（历山、浑源、霍州、方山、左权）、黑龙江、吉林、新疆。

41 肖秋家蝇 Musca(Eumusca) amita Hennig, 1964

体长 4.5～6.7mm。雄性复眼无毛；额宽约为前单眼宽的 2 倍，间额黑、约为 1 侧额宽的 4 倍，下眶鬃 25 个左右，侧额亮黑，其下部向下去的头前面覆银白色粉被，侧颜无毛。胸部黑灰，具银白粉被，中胸背板具 2 对暗色纵条，通常与正中的淡色粉被条等宽，中间的 1 对暗纵条末端终止于第 3 对后背中鬃的水平线上或稍前方；黑色翅侧条连续到翅后坡小盾基部的侧缘；腋瓣黄色，下腋瓣上面无毛；平衡棒黄色。足黑，前股后腹鬃列 15～17 个鬃；前胫仅具端鬃；中胫后鬃 4；后胫前腹鬃 2，前背鬃 7，后背鬃 1。腹部第 1、2 合背板上面全黑，第 3 背板暗正中条很宽，其中段宽约等于该背板长的一半，并在前缘向两侧扩展而呈 "T" 形，第 4 背板正中条细如线状，第 3、4 背正中条两侧大部呈黄色，有银白粉被闪斑但轮廓不明确，第 5 背板均匀被覆着灰黄色粉被。

分布：山西（历山、浑源、灵丘、广灵、大同、阳高、天镇、左云、右玉、平鲁、朔州、山阴、怀仁、应县、河曲、偏关、保德、繁峙、太原、阳曲、阳泉、平定、长治、安泽、霍州、乡宁、吉县、昔阳、文水、永济）、黑龙江、吉林、辽宁、内蒙古、北京、河北、山东、陕西、宁夏、甘肃、青海、新疆、四川。

42 北栖家蝇 Musca (Viviparomusca) bezzii Patton et Cragg, 1913

体长 9.0～9.5mm。雄性眼具疏短微毛，额很窄，约与前单眼等宽，侧颜无毛，其宽度较宽，为触角第 3 节宽的 1.5 倍；头顶黑色。胸：中胸背板具 2 对明显黑纵条，均达小盾沟；小盾片正中有 1 较宽的暗纵条，中鬃 0+1，背中鬃 2+（4～5），前方的 2～3 对较短些，翅前鬃 1，翅足黑，前股后腹鬃列 20 多个；前胫无鬃；中胫仅具后腹鬃列 5 个；后胫前腹鬃 3，前背鬃 1 列，后背鬃 1。腹部底色黄棕色，第 1、2 合背板前方大部呈黑色，仅后侧缘及下侧缘呈黄色；第 3 背板黑色正中条中段宽约为其本身长之半，并在前缘后两侧扩展面呈“T”形，在近中条两侧有似三角形的粉被形成的亮斑；第 4 背板的黑色正中条约为第 3 背板暗正中条宽的 2/3，第 4 背板后缘有窄的缘带，在一定向光下，其中部被暗正中条两侧的粉被亮斑所隔断；第 5 背板的暗色正中条亦很明晰，并有 2 条暗色亚中纵条，其中间为暗条等宽额粉被所覆盖。

分布：山西（历山、昔阳、和顺、左权、石楼、大宁、屯留）、黑龙江、吉林、辽宁、内蒙古、北京、山东、河南、甘肃、江苏、上海、安徽、湖北、湖南、台湾、广东、海南、重庆、四川、贵州、云南、西藏。

43 黑边家蝇 *Musca* (*Eumusa*) *mervei* Villeneuva, 1922

体长：5.0～7.5mm。雄性复眼具微毛；额宽约等于前单眼宽、间额黑，在最狭段呈 1 线，下眶鬃约 25 个。胸：中胸背板呈灰色、淡黄灰等色。具 2 对黑纵条，中间 1 对黑色纵条差不多等宽，末端终止于后盾片的中部，翅侧条暗色，连续到翅后坡、小盾基部的侧缘；小盾片的末端及沿小盾沟后缘也呈暗色，中鬃 0+1，背中鬃 2+4，翅内鬃 0+1，翅前鬃 1，腋瓣上肋前刚毛簇存在，后刚毛簇缺如，前胸基腹片具毛，翅透明，翅膜全被微毛，前缘基鳞黄色，脉棕黄，干径脉的上方后侧具 1 个毛，仅径脉结节有毛，r_{4+5} 脉越过 r-m 横脉绝无小毛，前缘脉第五段约为第 3 段长的 1.2 倍，m_{1+2} 脉角形弯曲和缓，足黑。腹部第 1、2 合背板上面黑色，在两侧上面有明显的圆形的银灰色粉被闪斑；第 3 背板暗黑正中条的宽度约为近中的方形银黄粉被斑宽的 1/2，亚侧条棕黄色，其外侧也具淡色粉被；第 4 背板正中条稍细，近中斑呈长方形，亚侧条中段的宽度与正中条近似，外侧的粉被斑比近中斑大；第 5 背板正中条细，亚侧条较宽，有时斑纹模糊不清；各腹板及邻接腹板的背板边缘都呈黑色。

分布：山西（历山、灵丘、山阴、右玉、太原、清徐、文水、昔阳、左权、平定、宁武、五寨、岢岚、安泽、闻喜、永济）、吉林、辽宁、河北、山东、河南、陕西、江苏、安徽、浙江、湖北、江西、湖南、福建、云南、西藏。

44 毛堤家蝇 *Musca* (*Lassosterna*) *pilifacia* Emden, 1965

体长 6.0～8.0mm。雄性复眼具密长毛，毛的长度约等于侧颜宽；侧颜无毛，颜堤全长覆多数黑毛。胸背几乎全黑。前缘基鳞黑色，腋瓣棕色，上腋瓣具棕色缘。腹部第 1、2 合背板黑色，第 3、4 背板各有 1 宽的黑色正中条，前缘有狭黑带，后缘有宽黑带，其余的部分由于粉被而呈银白色，两侧略带黄色，第 5 背板有 3 黑纵条，各腹板都宽，全黑，背板侧缘也黑。

分布：山西（历山、太原、霍州、文水）、辽宁、陕西、甘肃、湖北、福建、台湾、广东、香港、重庆、四川、贵州、云南、西藏。

45 市蝇 *Musca* (*Lassosterna*) *sorbens* Wiedemann, 1830

体长 4.0～7.0mm。雄性额宽大于或小于触角第 3 节的宽度。胸部粉被灰白，中胸盾片沟后部分 2 对纵条合并为 1 对宽黑色纵条，并达于小盾沟，暗色的翅上条延续到翅后坡、小盾基部的侧缘；通常自小盾沟向后有 1 暗色中条达于小盾的末端。腹部第 1、2 合背板黑色，第 3 背板具黑色正中条，其中段宽约为这 1 节长的 1/2，其旁为近中淡黄色粉被斑；斑外侧隔着狭的可变色的黄色亚侧纵条，有淡黄色的背面观略带三角形的侧粉被斑；第 4 背板除黑色，正中条较狭、后缘常有暗色缘带外，余均极似第 3 背板；第 5 背板上的色斑不太稳定，通常有如下两种情况：第 5 背板中央有宽的黄灰色的粉被斑，其外缘以狭的可变色的暗色亚侧纵条与背面观呈三角形的粉被侧斑相隔；有些个体第 5 背板具明确的暗中条，及比中条略宽的两侧条，粉被灰白或稍带黄色。各腹板大多呈黄色。

分布：山西（历山、灵丘、偏关、太原、平定、阳泉、临汾、洪洞、吉县、长治、临猗、侯马、曲沃、永济、芮城）、吉林、辽宁、内蒙古、北京、天津、河北、山东、河南、陕西、甘肃、新疆、江苏、上海、安徽、浙江、湖北、江西、湖南、福建、台湾、广东、海南、香港、澳门、广西、重庆、四川、贵州、云南。

46 家蝇 *Musca* (s. str.) *domestica* Linnaeus, 1758

体长 4.0～8.0mm。雄性额宽为 1 眼宽的 1/4～2/5，两侧额中部仅为间额的 1/8～1/6。胸部粉被灰白略带点黄色调，中胸盾片的侧缘，小盾端部暗斑通常呈条形向前延伸到小盾沟；中鬃 0+1，背中鬃 3+4，翅内鬃 0+1，翅前鬃 1，翅上鬃 1，肩后鬃 1：0，沟前鬃 1，小盾的前基鬃、基鬃、端鬃各 1，心鬃 2 对，腋瓣上肋前后刚毛簇缺如，翅后坡裸，前胸基腹片和前胸侧板中央凹陷具毛；前气门白，后气门缘毛黄，在光源下闪为银黄色，其后缘嵌生 1 个黑色鬃，下侧片在后气门前下方疏生几个短毛，腹侧片鬃 1：2。足暗棕色，前股后腹鬃列计 12～18 个；前胫仅具端鬃；后胫前腹鬃 2，后背鬃 1～2。腹部第 1、2 合背板除前缘及中条暗色外均为黄色，第 3 背板上的暗中条，其中部宽约等于这 1 节长的 1/2，其余为黄色，在该中条外侧及该背板侧缘带点轮廓不明确的银黄色粉被斑，第 4 背板具暗色正中条，其旁为银黄粉被斑；第 5 背板的色调、斑、条近似于第 4 背板，有时正中条不明确。

分布：全国各地（广布种）。

47 逐畜家蝇 *Musca* (*Plaxemya*) *conducens* Walker, 1859

体长 3.5～5.5mm。雄性复眼无毛；额宽比前单眼为宽。胸部灰，具淡色粉被，中胸盾片上的 2 对黑纵条，其中央 1 对显较外方的为短，仅止于盾片沟后部分的中央；中鬃 0+1，背中鬃 2+5，翅内鬃 0+1，翅前鬃 1，翅上鬃 2，肩后鬃 1，沟前鬃 1，腹侧片鬃 1：2。翅透明，前缘基鳞棕黄，脉也棕黄色，前缘脉第 5 段约为第 3 段长的 1.5 倍，干径脉上后方有 1 个毛，翅膜面全被微毛，仅径脉结节有上毛，m_{1+2} 脉末端呈心角弯曲；腋瓣棕黄，下腋瓣上面无毛，平衡棒黄。足黑。腹部第 1、2 背板背面全黑，第 3、4 背板除具黑色正中条外大部底色呈橙黄色为银白粉被所覆，第 5 背板在对向光源的情况下，有 1 线状的黑色正中条，而两旁的暗条较宽但轮廓不清楚；条斑的闪变可使该节背板呈暗色；第 2 腹板黑，第 5 腹板的一部分或全部黑。

分布：山西（历山、灵丘、大同、太原、永济）、辽宁、北京、河北、山东、河南、陕西、宁夏、甘肃、江苏、上海、安徽、浙江、湖北、江西、湖南、福建、台湾、广东、海南、香港、广西、重庆、四川、贵州、云南、西藏。

48 骚家蝇 *Musca* (*Plaxemya*) *tempestiva* Fallén, 1817

体长 3.5～5.5mm。雄性复眼无毛。胸背除肩甲和背侧片具淡色粉被以及有时沿小盾沟处有狭小的粉被斑外，几乎全部呈带有金属光泽的暗色；中鬃 0+1，背中鬃 2+4，翅内鬃 0+1，翅前鬃 1，翅上鬃 1，肩后鬃 1：0，沟前鬃 1，小盾的前基鬃小，基鬃、端鬃发达，心鬃 1 对；腋瓣上肋前、后刚毛簇均缺如，前胸基腹片具毛，前胸侧板中央凹陷裸，前、后气门均棕色，后者后缘嵌生 1 黑鬃，下侧片裸，腹侧片鬃 1：2。翅透明，翅膜全被微毛，前缘基鳞黄，脉黄，干径脉上后方具 1 黑毛，仅径脉结节有小毛。足黑，前股后腹鬃列通常 13 个鬃；前胫仅具端鬃；腹部第1、2合背板黑，第3背板亚中条较宽、呈倒梯形，有暗色缘带，第4背板具较细的暗色正中条，第5背板同第3、4背板一样均匀地被覆银白色和带黄色粉被，但无正中条及缘带；第1腹板无毛，各腹板均为黑色。

分布：山西（历山、浑源、灵丘、广灵、右玉、天镇、应县、山阴、朔州、河曲、保德、偏关、五台、繁峙、岢岚、太原、阳曲、清徐、交城、文水、方山、柳林、中阳、石楼、榆社、昔阳、平定、阳泉、隰县、安泽、乡宁、永济、芮城）、黑龙江、吉林、辽宁、内蒙古、北京、天津、河北、山东、河南、陕西、宁夏、甘肃、青海、新疆、江苏、上海、湖北、四川。

49 黄腹家蝇 Musca (Plaxemya) ventrosa Wiedemann, 1830

体长4.0～7.0mm。雄性复眼无毛；额狭，间额在额的最狭段呈1线，额宽等于或宽于前单眼的横径，下眶鬃19。胸背黑灰覆较少的银白粉被，具2对暗纵条，中间1对短，末端终止于后盾片的中部；小盾片端部黑沿小盾沟后缘也呈黑色，翅侧条暗色连续到翅后坡及小盾片基部的侧缘。翅透明，翅膜面全覆微毛，前缘基鳞黄，亚前缘骨片黄，脉棕黄，前缘脉第3段略短于第5段，干径脉上后方具1个毛，翅除前缘脉外其余各脉均无毛（或在径脉结节下面偶有个别小毛），m_{1+2}脉末段呈心角弯曲；腋瓣黄，下腋瓣上无毛，平衡棒黄。腹部大部分黄色。

分布：山西（历山、文水、运城）、北京、天津、山东、陕西、江苏、上海、浙江、湖北、湖南、福建、台湾、广东、海南、广西、重庆、贵州、云南。

50 突额家蝇 Musca (Viviparomusca) convexifrons Thomson, 1869

体长5.5～8.0mm。雄性眼具微毛，额很狭，间额黑，额宽约为触角第3节宽的1/2；中胸背板黑纵条2对，中间1对不达小盾沟，显然较外侧的1对为短；小盾端部具暗色斑。平衡棒黄。足黑，前股后腹鬃列20个左右；前胫无后腹鬃；中胫后腹鬃4～5；后胫前腹鬃2，前背鬃1行，后背鬃1。腹部底色棕黄，粉被淡黄色；第1、2合背板在最基部呈棕黑色，棕黑色正中纵条狭，在后缘处略扩展；第3背板黑色正中纵条中段的宽约为其本身长度的3/8～1/2，并在前缘向两侧扩展而呈"T"形，在近中两侧有亚三角形的粉被斑；第4背板黑色正中条约为第3背板正中条的一半宽，略呈球棒性，在这纵条的近旁有1对略呈梯形的淡黄色粉被斑，每个斑的宽度约为正中条宽的2倍；第5背板常有1很细的黑色或棕色的正中条，有时不很明显，在它的两旁有1对淡黄色粉被斑，每个斑的宽约为正中条宽的2倍，第5背板后缘略暗；此外，第3～5背板的两侧各有1对大型的淡黄色粉被斑，斑形常为纺锤形或卵圆形，伸展到腹部的腹面。第1腹板黑色，其余各腹板则主要为黄色。

分布：山西（历山、灵丘、岢岚、偏关、太原、平定、文水、乡宁、吉县、永济）、山东、河南、陕西、江苏、上海、浙江、湖北、江西、湖南、福建、台湾、广东、海南、香港(模式产地)、广西、重庆、四川、贵州、云南、西藏。

51 紫翠蝇 Neomyia gavisa (Walker, 1859)

体长9.0mm。头亮黑，前面小眼面略增大，在整个额长度内有28排小眼面。胸亮深青绿色、亮青黑色，或亮紫黑色，具铜色光泽以至亮深紫色；前盾前方有薄的褐色粉被，翅后胛带棕色；中鬃0+1，背中鬃0+1，翅内鬃0+1，无内后背中鬃，肩后鬃0，肩鬃2，翅前鬃约为后背侧片鬃长的3/4，腹侧片鬃0：1，前胸基腹片有毛，前、后气门分别为棕黑及暗棕色。翅淡灰透明，翅基暗色，脉褐至黑，翅膜在2C室基部及$1R_5$室基部R_3脉与M脉之间均有黑斑；r_{4+5}脉腹面小刚毛列越过r-m脉；腋瓣及缨缘暗棕色；平衡棒浓黄色。足黑；中股基部3/5

有细鬃列；中胫后鬃 4，亚中位后腹鬃 1；后股前腹鬃列全，有 1 近中位后腹鬃；后胫有 4～6 前腹鬃、1 列栉状的前背毛列，端部 1/4 处有 1 后背鬃及 1～2 个亚端背鬃。腹无粉被；第 1 腹板有毛，第 2 腹板舌形。

分布：山西（历山、五寨、岢岚、宁武、太原、文水）、山东、河南、陕西、宁夏、甘肃、江苏、上海、安徽、浙江、湖北、江西、湖南、福建、台湾、广东、香港、广西、重庆、四川、贵州、云南、西藏。

52 大洋翠蝇 *Neomyia laevifrons* (Loew, 1858)

雄体长 7.0～8.0mm。间额棕色至黑色，略带绢丝光泽，微宽于 1 侧额，正中有 1 沟，头顶、侧额、侧颜的最上端及颊亮深青绿色。胸呈鲜明的亮深青绿色，有时带黄绿闪光，小盾片则带紫色闪光，中鬃 0+1，背中鬃 1～2（毛状）+2～3，翅内鬃 0+1，肩鬃 3，肩后鬃 1：0，翅上鬃 2，翅后鬃 3，小盾片有基鬃、侧鬃和端鬃各 1 对，有前中侧片鬃，腹侧片鬃 1：2；前后气门深褐至黑色，前者隆起。翅微灰透明，翅基黄褐，前缘基鳞黑，脉黄色至黄褐色；r 脉背面后倾毛可多至 3 个，r_{4+5} 脉腹面小刚毛列越过 r-m 脉，末端脉直，到最末端才稍向前弯；m_{1+2} 脉末端角形弯曲；m-m 横脉明显倾斜，"S" 形弯曲；腋瓣淡黄棕色，上腋瓣长约为下腋瓣长之半；平衡棒棕色。足黑色，有青紫光泽。腹亮深绿色，第 1、2 合背板倾向青色，第 5 背板略带黄绿，背面看到的部分全无粉被。

分布：山西（历山、平鲁、灵丘、大同、左云、应县、阳高、浑源、五寨、岢岚、宁武、五台山、文水、交口、离石、方山、太谷、榆社、左权、沁源、霍州）、黑龙江、吉林、辽宁、内蒙古、河北、山东、宁夏、甘肃。

53 蓝翠蝇 *Neomyia timorensis* (Robineau-Desvoidy, 1830)

雄体长 5.5～9.0mm。眼有疏短微毛，前面上半小眼面特别增大，额极狭，仅为前单眼宽的 1/4。胸深青绿色，前盾除沟前鬃附近的肩后区明显有亮紫色闪光外，都呈略钝的青铜色，有 1 对铜褐色亚中条，两条之间色较绿，后盾片铜褐色的亚中条延伸至后盾中央，还有 1 对侧背中条，在这 2 条之间色较钝；小盾有紫色闪光。腋瓣及缨缘棕色，上、下腋瓣联合处及缨缘白色，后者有时带黄色；平衡棒黄色。足黑。腹短卵形，与胸同色，背面观无斑，除色较深暗的第 1、2 合背板淡色粉被稍显及各背板前缘有极弱粉被外，均呈深青绿色；胸部呈铜色的个体因腹无粉被而呈更鲜艳的古铜色，胸倾向于紫色的个体则腹亦同色。

分布：山西（历山、天镇、阳高、大同、灵丘、浑源、广灵、右玉、平鲁、五寨、宁武、岢岚、太原、文水、孝义、交城、离石、阳泉、长治、平定、左权、安泽、乡宁、永济、芮城、夏县）、辽宁、内蒙古、北京、天津、河北、山东、河南、陕西、宁夏、甘肃、江苏、上海、安徽、浙江、湖北、江西、湖南、福建、台湾、广东、海南、香港、广西、重庆、四川、贵州、云南、西藏。

54 峨眉直脉蝇 *Polietes fuscisqumosus* Emden, 1965

雄额宽约为前单眼宽的 2 倍，眼毛长密；前胸基腹片裸，胸背有 1 对宽黑纵条，正中白色纵条不达与小盾沟；上、下腋瓣均暗棕色。

雌体长 8.5mm。额宽略小于头宽的 1/3，眼具淡色密纤毛，下颚须黑，略扁宽；喙短粗。胸部黑色，盾片正中白色纵条不达小盾沟，在盾沟后约略可见 2 对黑条，小盾缘鬃 4 对，心鬃 2 对。翅透明，翅脉棕黄，径脉结节上、下面均具小刚毛，r_{4+5} 脉与 m_{1+2} 仅稍背离。足黑，前股后背、后腹鬃列长大；前胫有 2～3 个前背鬃，1 个后背鬃及 1 个后腹鬃；中股腹鬃列不齐，仅基部 2～3 个略长；中胫后鬃 5，后腹鬃 1；后股前背、后腹鬃列完整，基半部具稀疏的后腹鬃；后胫有前背鬃 2，前腹鬃 3 和后背鬃 2。腹部黑色，有宽的暗色正中纵条，各背板上的暗色后缘带亦宽，前两可见节的背板前缘银白灰色粉被明显，后两可见节银灰色粉被，被暗中条及后缘分隔为成对的粉斑，在各背板侧缘粉被明显。

分布：山西（历山、宁武、五寨、岢岚、方山）、湖北、四川。

55 马粪碧蝇 *Pyrellia vivida* Robineau-Desvoidy, 1830

雄体长 4.5～7.0mm。眼几乎裸，额宽为前单眼宽的 1 倍半，外顶鬃不发达，下颚须及喙均黑色；后头亮黑色带青绿光泽。胸深亮金属青绿色，前盾片中部略带红铜光泽；翅膜全覆微毛，前缘基鳞褐色，脉黄褐至棕色，前缘脉下面第 1、2 段有毛，m_{1+2} 脉弧形，$2R_5$ 室宽为开口处宽的 7～10 倍；上腋瓣污白，下腋瓣淡褐，缨缘同色；平衡棒黄色。足黑色，股节带青绿光泽，胫节略带棕色；中胫各鬃为 0，0，3，1；后股前腹鬃列完整，后腹鬃列占基部 3/5，鬃均长大；后胫各鬃为 3，1，1，0。腹亮深绿色，带黄铜光泽，略呈半球形，第 1 腹板有毛。

分布：山西（历山、浑源、灵丘、广灵、大同、五台山、太原、交城）、黑龙江、吉林、辽宁、内蒙古、河北、甘肃、青海、新疆。

圆蝇亚科 Mydaeinae

分属检索表

1 后胫在中部至近端部之间有 1 长大的后背鬃（距），如稍细小，其长度也超过后胫最大直径；或者后胫具多个明显等长等强的后背鬃 .... 妙蝇属 *Myospila*（部分）

后胫在中部至近端部之间无 1 根长大后背鬃，少数种在近基部具 1 小的后背鬃，如在中部具小的后背鬃，其长度绝不超过后胫最大直径 2

2 后气门前肋裸 3

后气门前肋具毛 .... 妙蝇属 *Myospila*（部分）

3 在两列前中鬃之间有两列短刚毛，无翅前鬃，后背中鬃 4 .... 毛膝蝇属 *Hebecnema*

前中鬃为均匀地毛状，不规则的 6 列以上 4

4 m_{1+2} 脉直端半部均匀向后背离 .... 圆蝇属 *Mydaea*

m_{1+2} 脉末端或多或少向前弯曲 .... 妙蝇属 *Myospila*

56 暗毛膝蝇 *Hebecnema fumosa* (Meigen, 1826)

体长 4.0～5.0mm。复眼具明显密纤毛（雌性则眼毛疏少）；头部粉被棕色；侧颜狭，且强烈的向内弯入，侧面几乎看不到。翅及腋瓣带棕色，平衡棒黄色。中、后胫带黄色。雄性腹底色黑，粉被棕灰，有 1 不显的暗色正中条。

分布：山西（历山、五台山、左权）、台湾、广东、贵州。

57 拟美丽圆蝇 *Mydaea affinis* Meade, 1891

下眶鬃常在额下方 3/5。后背中鬃 4；小盾片暗黑；翅前鬃等于后背侧片鬃。各股节和胫节几乎全黄。雌前足第 5 跗节呈圆盘状。雄肛尾叶游离部宽。

分布：山西（历山、五寨、岢岚、宁武、方山）、黑龙江、吉林、辽宁。

58 瘦叶圆蝇 *Mydaea gracilior* Xue, 1992

复眼裸，上半部小眼面扩大，下眶鬃分布在额下半部，颊高约为眼高 1/9。小盾前中鬃 2 对。各基节和转节棕色，中胫后鬃 2～3，后股后腹鬃至少等于最长的前腹鬃长的 2/3。腹部无闪烁光斑。

该种同小盾圆蝇 *Mydaea corni* (Scopoli，1763)的主要区别是：前者复眼上半部小眼面明显扩大；下眶鬃仅达额中部；后股后腹鬃列发达，各转节和基节棕色。

分布：山西（历山、方山、兴县、霍州、阳城、五寨、岢岚、宁武）、吉林、宁夏。

59 宽叶圆蝇 *Mydaea latielecta* Xue, 1992

下眶鬃不达于前单眼附近，雄额等于后单眼外缘间距。腋瓣白。股节暗黑色，中股后腹面仅在基部具 4～5 个断头状鬃，后股后腹面具鬃毛等，即可与 *Mydaea electa* (Zett.，1860)相区别。

分布：山西（历山、五寨、岢岚、宁武）、辽宁。

60 长小盾圆蝇 *Mydaea longiscutelata* Emden, 1965，中国新记录

雄体长 5.7mm，翅长 5.4mm。头在前方具灰白浓粉被，后头具暗灰色粉被，侧颜上部具银白色，复眼几乎裸，额顶部稍微超过头宽的 1/4，适当的均匀的变宽，边缘直达于新月片，为头宽 1/3，额三角覆薄的灰色粉被，略带光泽；间额在前方显著变窄，有时从中间往上变窄，为侧额中部宽的 4 倍，侧额前方一半或更多具 3～4 根前倾鬃；侧颜少于 1/3，约等于触角第 3 节宽，触角芒不长于触角。胸具薄的灰白粉被，翅内鬃较强壮；翅前鬃短而且明显，下侧片具一些很小的毛。r_{4+5} 脉稍向回弯曲，接近尖端直。中足股节在基部 1/3 处具约 6 个相当明显的小的前腹鬃，在基半处具 4～5 适当强度的后腹鬃。中足胫节具 2 强的和 1 个小的后鬃；后足股节无后腹鬃，前腹面在基部 3/5 处具约 5 个小鬃，在端部 3～4 根强壮的鬃；后足胫节具 2 前背鬃和 1 个前腹鬃。腹完全均匀，具浓厚的灰色粉被。

分布：山西（历山）；印度。

61 鬃股圆蝇 *Mydaea setifemur setifemur* Ringdahl, 1924

雄额稍宽，下眶鬃 4～5 对，仅在额前部。翅前鬃为后背侧片鬃长的 1.5 倍，小盾前中鬃 1 对。后股端半部前腹鬃长大，基半部短小，后腹鬃列在中部长大，约等于最长前腹鬃长的 2/3。

分布：山西（历山、五寨、方山）、吉林、辽宁、内蒙古、陕西。

62 饰盾圆蝇 *Mydaea tinctoscutaris* Xue, 1992

复眼上部小眼面扩大，在额中部附近的小眼面横径约等于额宽。后背中鬃 4；小盾片全黄；肩部和前气门棕色。足大部分黄色，雌前胫具中位后鬃（雄有时 1 侧有）；后股无明显后腹鬃。

分布：山西（历山、左权）、辽宁。

63 美丽圆蝇 *Mydaea urbana* (Meigen, 1826)

下眶鬃接近前单眼附近；小盾片暗黑；后背中鬃 4；翅前鬃等于后背侧片鬃。前股大部分和跗节常黑色，有时中股基半部也黑；雌前足第 5 跗节常形。

分布：山西（历山、右玉、应县、浑源、五寨、岢岚、宁武、方山、兴县、离石、盂县）、辽宁、河北。

64 欧妙蝇 *Myospila meditabunda* (Fabricius, 1781)

本种 m_{1+2} 脉末端向前弯曲，腹部具点斑。雄额和侧颜的宽度变异较大，复眼纤毛也有疏密变化，但绝不较长。

分布：山西（历山、浑源、灵丘、广灵、平鲁、大同、天镇、右玉、五寨、岢岚、宁武、五台山、交城、文水、盂县、榆社、左权）、长江以北各省（自治区）、青海、江苏、浙江、湖北、云南、西藏。

棘蝇亚科 Phaoniinae

分属检索表

1 翅侧片具细毛 ....重豪蝇属 *Dichaetomyia*
  翅侧片裸 2
2 后胫在中部至近端部之间有 1 长大的后背鬃（距），如稍细小，其长度也超过后胫最大直径；
  或者后胫具多个明显等长等强的后背鬃..棘蝇属 *Phaonia*
  后胫在中部至近端部之间无 1 根长大后背鬃，少数种在近基部具 1 小的后背鬃，如在中部
  具小的后背鬃，其长度绝不超过后胫最大直径..3
3 后胫端位前背鬃长于该节横径，如较短或缺如，则中股近端位前鬃存在触角芒长羽状.......
  ....阳蝇属 *Helina*
  后胫端位除背鬃外无或有 1 短小的前背鬃，如接近后胫直径长则中股端位无前鬃触角芒纤
  毛状，芒毛短于触角宽，腹部常具斑 ....裸池蝇属 *Brontaea*

65 毛颊裸池蝇 Brontaea lasiopa (Emden, 1965)

复眼具密长毛（雌性毛短，）颊隆面很宽地达到髭角和颜堤，其前方具许多而直的毛，口
上片不突出，雄口上片几乎仅如触角宽。背中鬃 2+4；前中鬃 4～6 列，最大的列间距宽于前
中鬃同前背中鬃列间距。m_{1+2} 脉轻度向前弯曲。中胫后鬃 2。腹部第 5 背板具 1 对点斑。

分布：山西（历山、宁武）、广东、四川、云南。

66 黑灰裸池蝇 Brontaea nigrogrisea Karl, 1939

雄侧颜粉被全呈银白色。背中鬃 2+4；前中鬃列间距小于它与前背中鬃列间距。m_{1+2} 脉
稍向前弯曲。足全黑；中胫后鬃 1。腹部底色全暗，腹部第 4 背板据 1 对小斑，斑间距超过
斑宽，第 5 背板无明显斑条。

分布：山西（历山、天镇、浑源、右玉、五台山、太原、交城、霍州、平定）、黑龙江、
辽宁。

67 铜腹重毫蝇 Dichaetomyia bibax (Wiedemann, 1830)

体暗黑，具橄榄色光泽，在我国南方地区标本黄色色素增加，有时股节也变黄，后气门
除后气门靥外尚具黑鬃毛，前胫无中位后鬃，极少为 1，下颚须和胸部侧板总是暗褐色；后
背中鬃 3。小盾腹侧缘具淡色细纤毛（有时仅有几根）。m_{1+2} 横脉末端稍向前弯曲。分布在中
国北方的该种成虫色暗，额狭，向南方其盾片和足常带棕色，额稍变宽；在极少数标本中，
其前胫中位具 1 后鬃。

分布：山西（历山、灵丘、右玉、浑源、和顺、昔阳、方山）、吉林、辽宁、内蒙古、河
北、河南、浙江、湖北、台湾、广东、广西、四川、贵州、云南、西藏。

68 毁阳蝇 Helina deleta (Stein, 1914)

雄体长 8.0mm，黑色种。眼具密长毛，芒长羽状；下颚须黑；前颊亮黑，喙短粗。胸部
底色暗，覆青灰粉被；中间 1 对亚中条达小盾沟；中鬃 0+1，背中鬃 2+4，翅内鬃 0+2，翅前
鬃略长于后背侧片鬃；腹侧片鬃 2∶2（另一侧为 1∶2）。翅基部烟褐色，前缘基鳞黄，m_{1+2}
脉端段直；腋瓣棕色；平衡棒淡红棕色。足全黑。腹部暗黑，卵形；覆浓青灰粉被；第 1、2
合背板具黑斑 1 对，两者在基部连接，第 3 背板具黑斑 1 对，第 4 背板在后半部具 1 对痕迹
状侧斑，第 3～5 背板各具后缘鬃 1 列，后者为钝头，第 4、5 背板各具心鬃 1 列，无纵条；

第 1 腹板裸；后腹部小。

分布：山西（历山、广灵、浑源、五寨、交城、方山、文水、灵石、运城）、黑龙江、吉林、辽宁、内蒙古、宁夏、甘肃、青海、四川、云南、西藏。

69 斑股阳蝇 Helina punctifemoralis Wang et Feng, 1986

雄头黑色，腹侧片鬃 1：2。翅透明，翅基略带黄色。除前缘脉外，其他各脉均裸。前缘刺短，不及径中横脉长。腋瓣及平衡棒黄色。足黄色，仅各足跗节黑。各足股节端部背面有黑斑。前足胫节具 1 中位后鬃。中足股节具完整的后腹鬃列，基半部的鬃较端半部的强。中足胫节具 3 个后鬃。后足股节端半部具前腹鬃列；后面仅基部 1/3 具稀毛群（其长约为股节的横径）；后腹面端部 1/3 具鬃毛。后足胫节具 1～2 前背鬃和 3 个弱的前腹鬃，在后面有 1 强的中位鬃，其上和下还另有 2 个短鬃。腹部亮黑色，具青灰色粉被。较狭，略呈锥形。第 3、4 背板各有 1 对小的黑斑。第 5 腹板两侧叶端部具强的刺状鬃。

分布：山西（历山、方山、浑源、五寨）、四川。

70 棕斑棘蝇 Phaonia fuscata (Fallén, 1825)

雄体长 8.5～9.0mm。眼疏生微毛；额较宽，约等于两后单眼间距的 2 倍。胸黑具灰白粉被，盾片具 4 黑条；小盾具正中黑条；中鬃 0+1，背中鬃 2+3；翅前鬃与前背侧片鬃等长，为后背侧片鬃长的 2 倍；背侧片具小毛；下侧片和后气门前肋裸；前、后气门暗棕色。翅透明，前缘基鳞暗棕黑色；r-m 和 m-m 横脉具明显暗晕；前缘翅较明显；m_{1+2} 脉直，与 r_{4+5} 脉在末端明显背离；腋瓣白，边浅黄；平衡棒黄棕色。各足股黑，仅端部橙色，个胫橙黄色，各跗节黑色；前胫有 1 中位后鬃；中股基部 1/3 腹面有 1～3 断头粗鬃；中足胫节有 2（3）中位后鬃，无后腹鬃和前背鬃；后足股节端半部具前腹鬃列，后腹面无粗鬃；后足胫节具 3～4 前腹鬃，1 中位前背鬃，在端 1/3 有 1 长大后背鬃。腹部常卵形，具灰粉被，除第 5 背板具正中细条外，其他背板具棕色长三角形正中斑，两侧无闪光斑；第 1 腹板裸。

分布：山西（历山、灵丘、天镇、右玉、山阴、应县、太谷）、黑龙江、吉林、辽宁、台湾。

71 琉球棘蝇 Phaonia ryukyuensis Shinonaga et Kano, 1971

雄体长 6.0～7.0mm。眼疏生短纤毛；额较宽，约为 1 眼宽的 1/2。胸黑，具灰粉被和 4 黑条，小盾黑，具灰粉被和正中暗条；中鬃 0+1，背中鬃 2+3，翅前鬃等于或稍长于前背侧片鬃，腹侧片鬃 1：2；背侧片具毛或裸。翅透明；r-m 和 m-m 横脉具暗晕，前缘刺明显；腋瓣浅白色；平衡棒黄色。足股节全暗或仅前股背面黑色，胫节全黄，跗节黑色；前足胫节有 1 中位后鬃；中足股节具后腹鬃列，以近基部几根粗大中胫具 2 中位后鬃；后足股节具完整的前腹鬃列，后腹面的鬃列以中段几根最长大，后足胫节有 3～4 前腹鬃、1 前背鬃以及端部 1/4 有 1 后背鬃。腹长卵形，第 2～4 背板有暗黑色三角形正中斑，第 5 背板具细暗棕色正中条；第 1 腹板裸。本种隶属于棕斑棘蝇种团。

分布：山西（历山）、辽宁。

72 山棘蝇 Phaonia montana Shinonaga et Kano, 1971

雄体长为 6.0～8.0mm。眼疏生浅色短纤毛；额宽约为头宽的 1/8，为后单眼外缘间距的 2 倍；触角和下颚须黑色；侧额、侧颜和颊具银灰粉被；侧颜狭于触角第 3 节宽；颊高约为眼高的 1/4～1/3，口上片在额前缘 1 线上。中鬃 2+2，背中鬃 2+4，翅前鬃稍长于后背侧片鬃；前胸基腹片、背侧片、下侧片（包括后气门前肋）均裸。腋瓣白色；平衡棒黄色；r-m 和 m-m

横脉具暗晕，后者中段微弯；前缘基鳞黑色；m_{1+2} 脉和 r_{4+5} 脉直，两脉在末端背离。足仅胫节和膝部及各股末端棕黄色外，全黑；前胫无或有 1 中位后鬃；中足股节具后腹鬃列，中足胫节具 2 中位后鬃；后足股节具完整长大的前腹鬃和后腹鬃列，后足胫节具 2 前腹鬃，1～2 前背鬃和 1 后背鬃。腹具正中暗条和闪光侧斑。

分布：山西（历山）、辽宁。

73 清河棘蝇 *Phaonia qingheensis* Xue, 1984

体长 7.0～8.0mm。雄性复眼纤毛长而疏，额宽为头宽的 1/10～1/9。胸暗黑色具灰色粉被，盾片具 4 黑条；中鬃 0+1，背中鬃 2+3，翅内鬃 0+2，翅前鬃比前背侧片鬃长，背侧片具小刚毛；小盾端不变色；前胸基腹片和后气门前肋均裸；腋瓣淡棕色；平衡棒棕色；翅肩鳞暗褐色，前缘基鳞棕色，前缘刺明显；径脉结节背腹面均裸，r-m 和 m-m 横脉略具暗晕；各足股节和胫节棕色，基节褐色，附节黑褐色；前足胫节后腹鬃 1～2；中足股节近中位具 2 根断头状的后腹鬃，紧端部具几根后腹鬃，端部前腹鬃列略明显，基半部具 1 列不明显的前鬃，中足胫节后鬃 3（少数为 2）；后足股节前背鬃列完整，前腹鬃列基半部很细小，在中部常有 1～2 根刚毛状后腹鬃，后足胫节前腹鬃 3，前背鬃 2，后背鬃 1。腹部呈卵形，暗黑色，具灰色粉被，背面正中共暗黑色狭条，两侧具变色斑，第 2～5 背板侧鬃发达，第 4、5 背板缘鬃发达。

分布：山西（历山、方山、宁武）、辽宁。

74 沁水棘蝇 *Phaonia qinshuiensis* Wang, Xue *et* Wu, 1997

雄体长 6.0mm。复眼具稀疏长纤毛，额宽略等于或大于前单眼横径。胸暗黑，具薄的白灰色粉被，盾片具 4 黑条，小盾片不变异色；中鬃 1+2，背中鬃间小毛呈 8 不规则列，背中鬃 2+3，翅前鬃约为后背侧片鬃长的 2 倍，腹侧片鬃 1：2；前气门暗棕色，后气门暗褐色，腋瓣淡黄色。平衡棒黄色。各足股节和胫节黄色，跗节黑；前足胫节中位后鬃 1（1 侧无）；中足股节在基部 3/5 范围内具 1 列较明显的前背鬃列，前腹鬃列仅基半部明显，具 1 列完整的后腹鬃列，其中间的 3 根最长大，中足胫节具 3 根后鬃；后足股节分别具 1 列发达的前背鬃列和前腹鬃列，后腹鬃列完整，基半部长大，端半部短毛状，排列整齐，后足胫节前腹鬃 4，前背鬃 2，后背鬃 1，后面具 2 个半直立的短刚毛列。腹部卵形，黑色，具灰色薄粉被，各背板具黑色正中条，无变色斑；第 1 腹板裸。

分布：山西（沁水）。

邻家蝇亚科 Reinwardtiinae

75 狭额腐蝇 *Muscina angustifrons* (Loew, 1858)

体长 5.0～8.5mm。雄性：额等于或稍狭于后单眼外缘间距，约为头宽的 0.05 倍，间额黑，在额上段常消失如 1 缝。胸背底色黑，粉被银色至灰黄，有 2 对清晰的黑纵条，小盾末端带橙色；中鬃 3+2，背中鬃 3（或 2）+4，翅内鬃 0+2，肩鬃 3，肩后鬃 1：1，翅前鬃弱，翅上鬃 2，翅后鬃 3；小盾基、端鬃长大，前基鬃、侧鬃较弱，心鬃通常 2 对，位于近端部；腹侧片鬃 1：2；前后气门褐色至近于黑色。下腋瓣棘蝇型，无小叶而后缘圆形；平衡棒黄至淡棕黄色。各足股节黑、至多最膝端棕黄、至多后胫基部暗棕，各跗节通常部分棕黄；前股后腹鬃列发达；前胫仅具短的前背鬃，无中位后鬃；中足股节中部具 3 前鬃、近端具 2 后鬃、基半具前腹鬃列和后腹鬃列；中足胫节具 3 后鬃；后足股节前腹鬃列完整而后腹鬃列限于基半；后足胫节前腹鬃、前背鬃各 2～3 个，后背面仅有短鬃列有时个别鬃略长，后腹面无鬃。

腹：短卵形，包括腹板在内底色褐至黑色，覆灰白至灰黄色粉被而显现棋盘状闪光斑及隐约的黑色正中条；第1腹板具毛。

分布：山西（历山、灵丘、太原、清徐、阳曲、方山、孝义、榆社、左权、洪洞、长治、永济）、黑龙江、吉林、辽宁、河北、山东、河南、陕西、甘肃、新疆、安徽、广西、四川。

76 日本腐蝇 *Muscina japonica* Shinonaga, 1974

体长 8.0～10.0mm。雄性：额宽为头宽的 0.06～0.07 倍，在最狭段，间额如线或几与侧额等宽。胸：盾片黑色、具薄灰色粉被而略带亮铁青色，小盾同色两端部带棕色；中鬃3+（1～2）、后者以小盾前较发达，背中鬃3+4，翅内鬃0+2，肩鬃3，肩后鬃1：1，翅前鬃弱，翅上鬃2，翅后鬃3；小盾基鬃、端鬃发达，前基鬃、心鬃弱，侧鬃2对；腹侧片鬃1：2；前后气门均黑。腋瓣及缘缨褐，下腋瓣内缘具小叶、缘缨黑；平衡棒褐。足全黑；前足股节、后足股节鬃列长大；前足胫节无中位后鬃，有若干不长的前背鬃；后足胫节各鬃2～4，1，1，0，尚有较短前背和后背鬃列。腹短卵形，包括各腹板底色均黑，背板覆薄灰粉被，无棋盘状闪光斑，而除第5背板外、前方各背板具细狭黑色正中条。

分布：山西（历山、浑源、朔州、平鲁、山阴、五寨、岢岚、宁武、方山、榆社、左权、永济）、吉林、辽宁、河北。

77 厩腐蝇 *Muscina stabulans* (Fallén, 1817)

体长 6.0～9.5mm。雄性额宽为触角第3节宽的1.5～2.0倍，间额黑，等于或略宽于1侧额宽，下眶鬃10～11对；头底色黑，颜及下侧颜及附近至口上片棕至深棕色，侧额1部分和侧颜粉被灰至银白色，后者略狭于触角第3节宽；颊黑、覆灰色粉被；触角暗色，第3节末端与基部带红色，后者具灰色粉被，第3节约为第2节长的2倍强、又约为其本身宽的2.5倍，芒暗色，长羽状；下颚须黄，中喙暗色。胸：盾片暗色，覆淡灰色粉被，2对黑纵条明显，中鬃3+1，背中鬃2（或3）+4，翅内鬃0+2，并在小盾沟前有1小的内翅内鬃，肩鬃3～4，肩后鬃3；小盾与盾片同色而端部约1/3带红棕色，m_{1+2}脉终末终末于翅尖的近后方，末端呈圆弧形弯曲，$2R_5$室开口处宽约为该室宽的1/2强，足：胫节黄色，股节端部亦呈黄色，至少后足股节端1/3的腹面呈黄色股节其余部分及跗节暗色。腹：短卵形，底色黑，密覆棋盘状带金色粉被斑和不明显的暗色条，第5背板中鬃、缘鬃较明显。

分布：山西（历山、大同、阳高、天镇、左云、右玉、平鲁、朔州、山阴、怀仁、浑源、灵丘、广灵、应县、河曲、保德、偏关、宁武、岢岚、五寨、五台、繁峙、代县、忻州、原平、太原、清徐、阳曲、阳泉、盂县、平定、长治、长子、屯留、襄垣、方山、柳林、中阳、交口、石楼、离石、岚县、交城、文水、汾阳、孝义、兴县、临汾、霍州、洪洞、吉县、乡宁、隰县、安泽、永济、运城、芮城、夏县、侯马、临猗、闻喜、稷山、左权、沁源、榆社、榆次、太谷、昔阳）、黑龙江、吉林、辽宁、内蒙古、北京、天津、河北、山东、陕西、甘肃、青海、新疆、江苏、上海、浙江、湖北、四川、云南、西藏。

螫蝇亚科 Stomoxyinae

分属检索表

1 下颚须显较中喙为短，大体上呈圆杆状、不侧偏，内侧不呈凹沟状...........螫蝇属 *Stomoxys*

　下颚须静止时几乎与中喙等长，通常下颚须端部略膨大而侧扁、内侧呈凹沟状、常发亮.......2

2 触角芒上、下侧都有纤毛 ....血喙蝇属 *Haematobosca*

　触角芒仅上侧有纤毛 .... 角蝇属 *Haematobia*

78 东方角蝇 *Haematobia exigua* de Meijere, 1903

雄体长 3.0～4.5mm。眼裸，较大，其后缘在下半部稍微弯入，额宽为头宽的 1/8 强，间额棕色，为 1 侧额的 2/3 宽，下眶鬃 8～9；下颚须大多黄色，长大，侧扁，中喙棕黄色，发亮，基半部粗，末端具小的口盘。胸背粉被灰黄色，具暗纵条；肩鬃 2，肩后鬃 1，翅前鬃缺如；腹侧片鬃 1：1，前胸基腹片具细长黄毛、前胸侧板中央凹陷及下侧片均裸。翅淡棕黄色，cu_1+an_1 脉向端部渐变细，它与翅缘的距离约为它本身长的 1/2。足大部至全黄，后足分跗节呈扁平状，第 1、2 分跗节末端向后背方呈角状扩大，第 3 节则不显，第 2、3 两分跗节中段的后列毛显然长于节宽。腹部略黄呈三角形的狭长卵形，略扁，粉被灰黄，具较窄的暗色正中纵条。不呈倒三角形，且纵贯第 1～5 背板，有时在第 5 背板的纵条不显。胸部侧板毛、足及腹两侧的鬃常呈黄色。

分布：山西（历山、灵丘、天镇、大同、平鲁、宁武、岢岚、五寨、五台、太原、阳曲、平定、柳林、临汾、乡宁、侯马、临猗、永济、新绛、芮城）、黑龙江、吉林、辽宁、内蒙古、北京、天津、河北、山东、河南、陕西、宁夏、甘肃、青海、江苏、上海、安徽、浙江、湖北、江西、湖南、福建、台湾、广东、海南、广西、重庆、四川、贵州、云南。

79 骚血喙蝇 *Haematobosca perturbans* (Bezzi, 1907)

体长 3.5～4.5mm。雄性：额宽约为头宽 0.1 倍，间额黑，不及 1 侧额宽，或两侧额几乎相接，上眶鬃缺如，下眶鬃列 8～10 个鬃，纵贯额长，侧颜约为触角宽的 1/4，颊稍宽于侧额；触角带灰黑、短，第 3 节长为第 2 节的 1.6 倍，颚须棕至黑色。胸底色暗色带绿的灰色，盾片有 1 对黑色线状的亚中条和 1 对黑色宽侧条，后者在盾沟处中断，前者过了盾沟、不达小盾沟的中途即中止，腹侧片鬃 1：1，下侧片在上缘有小毛；前胸基腹片两侧有毛，前胸侧板中央凹陷有毛。足黑褐，有灰色粉被，股节末端和胫节基部带黄褐色。腹底色灰；第 3、4 两背板有偏于后半的极不明显的成对的棕色横侧斑，有时第 4 背板无侧斑，并有偏于背板前半的暗色狭正中条。

分布：山西（历山、大同、阳高、天镇、左云、山阴、灵丘、宁武、五寨、岢岚、五台、文水、左权、霍州、乡宁、襄垣、永济）、黑龙江、吉林、辽宁、内蒙古、北京、天津、河北、河南、陕西。

80 刺扰血喙蝇 *Haematobosca stimulans* (Meigen, 1824)

体长 5.0～7.0mm。雄性：眼裸，后缘稍凹。眼间距狭，约为头宽的 1/10，间额黑，等于或宽于 1 侧颜，中喙亮黑，前颏长约为高的 6.3 倍。胸底色黑，粉被黄灰至黄褐，盾片有 2 对黑纵条，其中前盾两侧的肩后斑略呈三角形，后盾 2 对纵条向后都不达小盾沟，此外后盾片后半尚有 1 黑正中条。足黑褐，膝略带黄棕，胫节基部带黄色；中胫有 1 中位后鬃；后股有 2（或 1）近端前腹鬃和 1 行前背鬃，腹面基部有 1～2 个细长鬃状毛；后胫有 1 个中位前背鬃和 1 个近端背鬃。腹卵形，长宽相仿，底色黑褐，有灰黄粉被，背板关节处亮黑，无明显的鬃，仅有少数黑色端鬃状毛，各背板有狭的暗褐色楔形正中斑，向后不达于后缘，两侧各有 1 对暗色横的椭圆形侧斑，斑在第 3 背板上最明显，也最大，向后去渐弱；第 2～4 腹板狭，第 5 腹板后侧突细长。

分布：山西（历山）、新疆。

81 厩螫蝇 *Stomoxys calcitrans* Linnaeus, 1758

雄体长 5.0～7.0mm。额宽为其头宽的 1/4，间额宽约为 1 侧额款的 3 倍以上，间额正中有淡棕色粉被纵条，从单眼三角往下延伸，呈倒长三角形，下眶鬃 9～12；下颚须黄色，细长形；中喙棕黑色发亮，极细长，仅基半部稍粗。胸背具灰黄带橄榄色粉被，盾片具 2 对暗色纵条，中鬃 0+1，前背中鬃 1，后背中鬃 0：1，前胸基腹片具毛，前胸侧板中央凹陷具毛，前、后气门均小，前气门棕黄，后气门棕黑。翅透明，m_{1+2} 脉末端轻微地弧形弯曲，腋瓣淡黄色，平衡棒黄。足黑，前股后背、后腹鬃列长大；中股的前腹、后腹鬃列，仅基半部长大；后股仅前背鬃列长，前腹鬃明显；后足胫节有 1 列短的前背鬃，3 个短的前腹鬃。腹黑，具灰黄色粉被及带纹。第 3、4 背板正中上缘和两侧下缘各具 1 个不相连的暗斑。

分布：山西（历山、大同、阳高、天镇、左云、右玉、平鲁、浑源、灵丘、广灵、山阴、应县、宁武、五寨、岢岚、河曲、保德、偏关、五台、繁峙、太原、文水、孝义、阳曲、方山、离石、柳林、中阳、昔阳、平定、长治、长子、吉县、临汾、洪洞、新绛、侯马、闻喜、曲沃、永济、芮城）、全国绝大部分省区均有分布。

致谢　蒙河北大学石福明教授、山西历山国家级自然保护区管理局领导和有关工作人员，山西省疾病预防控制中心程璟侠主任医师，山西省吕梁市疾病预防控制中心武玉晓副主任医师等热忱帮助，特表谢忱。本研究得到国家自然科学基金（31272347，31071957，30770252）资助。

参 考 文 献

崔永胜, 王明福, 1996. 中国秽蝇属二新种(双翅目: 蝇科)[J]. 动物学研究, 17(2): 113-116.

范滋德, 等, 2008. 中国动物志 昆虫纲 双翅目 蝇科(一)[M]. 北京: 科学出版社.

马忠余, 1981. 辽宁蝇科五新种记述(双翅目: 蝇科)[J]. 动物分类学报, 6(3): 300-307.

王明福, 薛万琦, 武玉晓, 1997. 山西省棘蝇属一新种记述(双翅目: 蝇科)[J]. 昆虫学报, 40(4): 410-412.

薛万琦, 赵建铭, 1996. 中国蝇类(上册)[M]. 沈阳: 辽宁科学技术出版社.

薛万琦, 1984. 池蝇属三新种一新亚种及二中国新纪录种(双翅目: 蝇科)[J]. 动物分类学报, 9(4): 378-386.

薛万琦, 1984. 棘蝇属新种和新纪录(双翅目: 蝇科)[J]. 昆虫学报, 27(3): 334-341.

薛万琦, 1982. 辽宁省池蝇属二新种(双翅目: 蝇科)[J]. 动物分类学报, 7(4): 416-418.

叶宗茂, 马忠余, 1992. 齿股蝇属一新种和一新纪录(双翅目: 蝇科)[J]. 动物分类学报, 17(2): 227-230.

Musicidae

Li Mingyue　　Wang Mingfu

(College of Life Sciences, Shenyang Normal University, Shenyang, 110034)

The present research includes 28 genera and 81 species of Musicidae. There are 1 newly recorded species in China. The species are distributed in Lishan National Nature Reserve in Shanxi Province, and preserved in College of Life Sciences, Shenyang Normal University.

粪蝇科 Scathophagidae

王明福　　白凤君　　赵玉婉

（沈阳师范大学生命科学学院，沈阳，110034）

粪蝇主要分布于北半球。体长 3.0～12.0mm，体常较细长，体色灰黄色至黑色。两性额均较宽，无交叉额鬃或间额鬃，触角第 2 节有明显且完整的纵裂缝；下侧片鬃缺，下腋瓣退化，常仅留线状痕迹，小盾片下方裸；无前缘脉刺，后足胫节背面圆钝，无隆脊，有排列不规则的毛。

粪蝇科幼虫大部分为植食性，例如理粪蝇属 *Cordilura*、鬃粪蝇属 *Norellia* 和齐粪蝇属 *Parallelomma* 等；穗蝇属 *Nanna* 某些种类还是某些作物的害虫，给农牧业生产造成很大损失；另一些种类的幼虫，如小黄粪蝇 *Scathophaga stercoraria* L.为腐食性，捕食许多小蝇或其他昆虫；部分成虫也为腐食性。

粪蝇科全世界记录约 400 种左右，中国记载 30 余种，山西历山地区共记述 1 属 1 种。

黄粪蝇 *Scathophaga stercoraria* (Linnaeus, 1758)

下颚须线形，短于喙，端部无长鬃；前侧片鬃缺或退化呈细小毛状；背中鬃 3～5 对，前足股节无前腹鬃列，前足股节无粗短的腹鬃列；第 1 径脉（r_1）端部裸。翅侧片至少部分地有一些直立细毛。触角芒基半有一些长毛，其中最长毛约为触角第 3 节宽；触角呈黑色；中、后胫有黑色细毛，几乎不长于胫节横径，后胫前背面及后背面分别有 8～12 个黑色长鬃。体长 6～11mm。

分布：山西［左云、右玉、平鲁、大同、阳高、天镇、浑源、灵丘、广灵、朔城区、山阴、怀仁、应县、宁武、五寨、岢岚、河曲、保德、偏关、五台、太原、交城、文水、汾阳、孝义、离石、临县、柳林、方山、交口、石楼、中阳、榆次、左权、昔阳、和顺、盂县、阳泉、长治、沁源、隰县、沁水（历山）、阳城、永济、运城、垣曲］，广布于各省区；欧洲，亚洲，非洲，北美洲，墨西哥。

致谢 蒙河北大学石福明教授、山西省历山国家级自然保护区管理局领导和有关工作人员，山西省疾病预防控制中心程璟侠主任医师，山西省吕梁市疾病预防控制中心的武玉晓副主任医师等热忱帮助，特表谢忱。本研究得到国家自然科学基金（31272347，31071957，30770252）资助。

参 考 文 献

薛万琦, 赵建铭, 1996. 花蝇科. 中国蝇类 (上册)[M]. 沈阳: 辽宁科学技术出版社.

王明福, 徐洋, 刘林, 2007. 粪蝇科分类研究历史及我国研究概况与展望(双翅目: 环裂亚目)[C]//李典谟, 等. 昆虫学研究动态. 北京: 中国农业科学技术出版社: 77-82.

王明福, 程璟侠, 武玉晓, 等, 1997. 山西省历云自然保护区有瓣蝇类研究(双翅目)[J]. 山西预防医学杂志, 6(1): 7-10.

王明福, 武玉晓, 程璟侠, 等, 1996. 山西省蟒河自然保护区有瓣蝇类研究[J]. 山西预防医学杂志, 5(3): 155-157.

Scathophagidae

Wang Mingfu   Bai Fengjun   Zhao Yuwan

(College of Life Sciences, Shenyang Normal University, Shenyang, 110034)

The present research includes 1 genera and 1 species of Scathophagidae. The species are preserved in College of Life Sciences in Shenyang Normal University.

花蝇科 Anthomyiidae

王明福　白凤君　赵玉婉

（沈阳师范大学生命科学学院，沈阳，110034）

花蝇科是双翅目中一个较大的类群，种类十分繁杂。中小型蝇类，体灰黑色，少有浅色者。雄额狭，雌额宽，罕见两性额都狭或都宽，间额鬃常存在。上眶鬃有或无，如有则往往与下眶鬃排成 1 列。背中鬃常呈 2+3。前胸基腹片和下侧片通常裸。前胸侧板中央凹具毛仅见于个别属。背侧片有时具毛。小盾端面除个别类群外均具立纤毛。cu_1+an_1 合脉除个别属外均达翅缘。腹部第 I、II 两节的背板愈合为第 1、2 背板，接合缝消失。雄性第 VI 背板常匿于第 V 背板下，通常无鬃。肛尾叶一般不分成左右两叶，常短于侧尾叶。第 V 腹板侧叶除极个别类群退化外，明显发达。雌第 VI 背板通常在两侧具第 6、7 两对气门。

本科全世界记录 2000 余种，中国记载 600 余种。本次在历山共记述 11 属 22 种。

分属检索表

12　无前鬃侧片鬃，后足胫节具后腹鬃和前腹鬃各 1 .... 地种蝇属（部分）*Delia*
　　有前鬃侧片鬃，后足胫节具前腹鬃 2～4 .... 泉种蝇属 *Pegohylemyia*
13　雄性具上眶鬃 1，额不向前突出 .... 粪种蝇属 *Adia*
　　雄性无上眶鬃 .... 地种蝇属（部分）*Delia*
14　后足胫节后背鬃大多超过 2 个 15
　　后足胫节后背鬃不多于 2 个 16
15　触角芒毳毛状或裸，雄性第 5 腹板侧叶内缘部分亮黑 ...... 伪原泉蝇属 *Pseudonupedia*
　　触角芒长羽状 .... 地种蝇属（部分）*Delia*
16　两性均无间额鬃 .... 泉蝇属 *Pegomya*
　　两性具间额鬃或雄性无 17
17　腋瓣下肋有鬃 .... 粪泉蝇属 *Emmesomyia*
　　腋瓣下肋无鬃，雄额宽超过 1 眼宽 .... 叉泉蝇属 *Eutrichota*

1 横带花蝇 Anthomyia illocata Walker, 1857

　　雄性体长 4.0～6.0mm。头部，两侧额密接，间额消失；前倾的上眶鬃缺如，间额鬃极短细，下眶鬃 2～3 对；整个头部密覆灰白色粉被，仅下侧颜具暗色斑。雌性额宽约等于 1 眼宽或者狭，间额前半部黑色，上眶鬃 3，间额鬃发达。中胸盾片紧靠盾沟的沟后部分有 1 暗色横带，其宽度约为沟后部分长度的 1/3；中鬃 2 行，排列规则。小盾片基部暗色。腹部密覆淡色粉被，第 3～5 背板具倒"山"字形斑，正中及前缘均暗色，前缘两侧的暗色斑略呈三角形。

　　分布：山西（历山、大同、浑源、灵丘、右玉、天镇、山阴、太原、交城、清徐、文水、柳林、五台山、岢岚、阳曲、离石、交口、平定、长治、沁水、左权、垣曲、永济）、吉林、辽宁、内蒙古、河北、北京、四川、山东、江苏、上海、河南、湖北、湖南、浙江、福建、台湾、广西、广东；朝鲜，日本，菲律宾，泰国，尼泊尔，印度，斯里兰卡，印度尼西亚，加里曼丹，澳洲区。

2 七星花蝇 Anthomyia imbrida Rondani, 1866

　　雄性体长 5.5～6.0mm。额宽等于或稍大于前单眼宽，间额消失或不消失，上眶鬃几乎看不见，间额鬃亦极微小，下眶鬃 3；触角第 3 节约为第 2 节的 1.5～2 倍，芒具毳毛或几乎裸，下颚须黑。胸部覆淡色粉被，中胸盾片有 5 个大形黑斑，沟前两侧各一，近方形，沟后两侧及正中各有 1 长形斑。此外，盾片上的狭长侧斑连到翅基处。小盾片两侧具黑斑。翅基有时稍黄。足黑，前胫仅具 1 后腹鬃；中胫各鬃为 0，1，1，2；后胫各鬃为 1，7（～11），2，7（～8）。腹部，第 3～5 背板具倒"山"字形黑斑，以正中斑较宽，有时背板前缘具黑横带。

　　分布：山西（历山、大同、浑源、太原、方山、临县、交城、文水、和顺、左权、吉县、沁水、垣曲）；河北、北京、甘肃、四川、云南；小亚细亚，马来半岛，欧洲，非洲北部。

3 雨兆花蝇 Anthomyia pluvialis (Linnaeus, 1758)

　　雄性体长 4.5～7.0mm。雄额宽约为前单眼宽，间额在最狭外消失，上眶鬃 1，小毛状，下眶鬃 3～4；间额鬃很短小。侧颜宽仅及触角第 3 节宽的 3/4。触角黑色，第 2 节端部稍带红色，第 3 节长为宽的 3 倍，芒具短毳毛，小毛短于或等于芒基宽。胸部，密复灰白粉被，沟前有 1 对黑斑，沟后有 3 黑斑，小盾两侧有 1 对黑斑，翅前鬃约与后背侧片鬃等长，腹侧片鬃 2：（2～3）。翅透明，前缘脉腹面具毛，前缘刺很短，上、下腋瓣等大，白色，足黑色，前胫后腹鬃 1～2；中胫各鬃为 0，1，2，（2～3）；后胫各鬃为 1，（5～6）。前腹各背板各具 3

个倒三角形点斑，在节前缘近于相连。第 5 腹板侧叶后内缘的毛群不相连，片状不十分大，但明显。

生物学：幼虫滋生于马粪和人粪中，在蕈类及鸟巢中也有发生。成虫可用人粪和肉诱致。

分布：山西（历山、大同、浑源、灵丘、右玉、广灵、山阴、平鲁、天镇、宁武、岢岚、五寨、交城、文水、方山、柳林、太原、五台山、吉县、左权、盂县、昔阳、垣曲）、新疆、青海；亚洲，苏联，欧洲，非洲北部，墨西哥，新北区，加勒比海沿岸。

4 骚花蝇 Anthomyia procellaris Rondani, 1866

雄性体长 5.5mm。额宽约为前单眼之半，间额消失，上眶鬃 1，很微小，下眶鬃 3～4，间额鬃很弱小；触角芒具橐毛，第 3 触角节约为第 2 节的 1.5 倍；下颚须黑。胸背盾片沟前有 1 对黑色大点斑，沟后有 3 个大黑斑，盾沟后正中斑仅稍宽于后中鬃列间距，小盾片两侧黑斑在前缘愈合，因此除末端具灰白粉被外，大部黑色，小盾边缘毛 9。翅透明，前缘脉下面有毛，前缘基鳞黑，腋瓣淡黄，平衡棒黄。足黑色，前胫具 1 后腹鬃；中胫具 2～3 前背鬃，2～3 后背鬃，2～3 后腹鬃；后股有亚基后腹鬃；后胫各鬃为 1，5～9，2～4，3～9。前腹各背板各具 3 个在节前缘相连的三角形倒三角形黑叶片状，后阳基侧突端部不扩展，同基部等宽，阳体具茎基后突。

分布：山西（历山、大同、太原、襄垣、垣曲、运城）、黑龙江、辽宁、甘肃、四川、云南；朝鲜，日本，意大利，英国，北美洲。

5 扭叶纤目花蝇 Lasiomma pectinicrus Hennig, 1968

雄性体长 4.0～5.0mm。眼裸，如有毛亦极短疏，仅在高倍镜下见之。两侧额相接，间额消失，侧颜狭，约为触角第 3 节宽之半或稍宽，具金黄色闪光，颊与触角第 3 节等宽或稍宽。触角芒具橐毛或近乎裸。中胸盾片覆灰色粉被，黑色 3 纵条明显。前中鬃 3 对，以第 3 对较大，后中鬃仅小盾前 1 对较大，余为两行小毛，翅前鬃较后背侧片鬃短小，腹侧片鬃 1：2。翅基及基部脉黄褐色，前缘刺很小或不明显。腋瓣白色，平衡棒棕红色。足：前胫后腹鬃 2；中胫各鬃为 0，1，1，（2～3）；后胫各鬃为（1～3），10（长短不等），（3～4），后腹鬃 2 行偏后面的 1 行鬃强大，偏腹面的 1 行鬃较短小直立，鬃列不超过基部 3/4 长度内。

分布：山西（历山、大同、浑源、宁武、五寨、方山、太原、五台山）；黑龙江、辽宁、北京、江苏、上海、安徽、湖南、福建、四川、西藏；北美洲。

6 粪种蝇 Adia cinerella (Fallen, 1825)

体长 3.5～5.5mm。雄性额宽约为触角第 3 节之半，黑色。雄性间额消失或存在，间额鬃缺如，侧颜显较触角第 3 节狭，约为其宽之半，额、侧颜及下侧颜均为黑色，覆银灰色粉被，上倾口缘鬃 1 行；触角芒具橐毛。胸底色黑，覆淡灰色粉被，胸背无斑纹；中鬃 2 行，排列规则，前中鬃列间距与前背中鬃列间距相等，翅前鬃较后背侧片鬃短，背侧片无小毛。腹侧片鬃 2：2。足，前胫各鬃为 0，1，0，（1～2）；中胫各鬃为 1，1，1，2；后股仅端部具长大前腹鬃 3～4，后腹鬃缺如，后胫各鬃为 1，（2～3，个别标本多至 4～5），2，0。腹部雄性略呈圆锥形（雌性略呈卵形），密覆灰黄色粉被，各背板具狭的三角形黑色正中条，但不达各背板后缘。

生物学：幼虫孳生于人粪、猪粪及牛粪中，成蝇喜食地表人粪、猪粪、牛粪、鸡鸭粪、狗粪和其他腐败植物质，但少见于腐败动物质上。

分布：山西（历山、大同、阳高、天镇、浑源、灵丘、广灵、左云、右玉、平鲁、朔城区、山阴、怀仁、应县、宁武、五寨、岢岚、保德、偏关、五台山、太原、阳泉、交城、文水、汾阳、离石、孝义、方山、临县、兴县、交口、石楼、柳林、中阳、左权、平定、榆社、阳泉、盂县、长治、隰县、吉县、霍县、永济、垣曲、运城）、全国各地（广西不详）；亚洲，苏联，欧洲，非洲北部，北美洲。

7　山隰蝇 *Hydrophoria montana* Suwa, 1970

雄性体长 7.5mm。额宽为前单眼宽之半，间额消失，下眶鬃 5～6，侧颜宽。颊高略狭于侧颜宽，上倾口缘鬃 1 行；触角第 3 节约为第 2 节的 1.67 倍长，芒长羽状，约为触角第 3 节宽的 2 倍弱；中喙亮黑，前颏长为高的 2 倍。胸部盾片有很宽的正中粉被条，前中鬃 3 对强大，列间有小毛 2 行，列间距约等于它与前背中鬃列间距宽。肩后鬃 1：0，翅前鬃为后背侧片鬃的 2/3 长。翅带褐色，腋瓣淡棕黄色。足，前胫各鬃为 0，1，0，1；中股前腹面无鬃，后腹面仅基部一半有鬃，中胫各鬃为 0，1，1，4（内有 3 个是后鬃）；后股前腹鬃列全，后腹面有基位、中位、端位鬃各 1；后胫各鬃为 2，5，2，0。腹部各背板有 1 暗色正中条和暗色前缘带。第 2、3、4 腹板在端部各有 1 对鬃。

分布：山西（历山）、黑龙江、辽宁、台湾、四川；朝鲜，日本。

8　乡隰蝇 *Hydrophoria ruralis* (Meigin, 1826)

雄性体长 5.0～6.5mm。额宽仅约前单眼的 2/5 倍。间额在额最狭段消失，下眶鬃 5～6，侧颜宽为触角第 3 节宽的 2/3 倍，颊高微大于侧颜宽的 2 倍，上倾口缘鬃 1 行；触角第 3 节为第 2 节的 2 倍，芒呈很长的羽状；中喙亮黑，前颏长为高的 3 倍。胸，盾片沟前正中、背中粉条均宽，亚中条暗色；前中鬃列间有小毛 2 行，列间距与前中鬃、前背中鬃间距等宽。肩后鬃 1：0，翅前鬃稍长于后背侧片鬃之半，背侧片与后气门前肋均无小毛。翅带灰棕色，前缘基鳞黄，腋瓣淡黄。足，胫节大部棕黄。前胫有前背近端毛及 1 后腹鬃；中股基部 2/5 长度内有后腹鬃列；中胫各鬃为 0，1，2，2；后股前腹鬃列疏而完整，后腹面仅中部有 2 鬃；后胫各鬃为 2，（5～6），2，（3～6）。

分布：山西（历山、浑源、垣曲、永济）、黑龙江、吉林、辽宁、内蒙古、山西、上海、江苏、安徽、浙江、福建、四川、贵州、云南；日本，俄罗斯（乌苏里南部），欧洲，北美洲，南美洲。

9　林植种蝇 *Botanophila silva* (Suwa, 1974)

雄性体长 7.0～8.0mm。额约为前单眼的 1.5 倍，间额绒黑，约为侧额的 3 倍，内，外顶鬃均发达，无上眶鬃，下眶鬃 7～8 对，无间额鬃，头前面粉被淡黄银灰色，侧颜宽与触角第 3 节等宽或稍宽。触角黑，第 3 节约为第 2 节长的 1.5 倍，芒具短毳毛，小毛达于芒端。下颚须黑，喙具薄粉被，前颏几乎是亮黑的，长为它本身高的 3 倍强。腹呈稍扁的圆柱形，淡黄灰色，在每背板具完整的暗色前缘带及正中条，第 5 腹板侧叶显比基部长，中段具 4 对强大的亚缘刺状鬃，基部及端部为中等大的鬃。

分布：山西（历山、岢岚、宁武、五寨、交城、方山、交口、兴县、离石）、黑龙江、吉林、四川；日本。

10　葱地种蝇 *Delia antique* (Meigen, 1826)

体长 4.5～6.5mm。雄性额宽狭于或等于触角第 3 节之宽，间额红棕色，约与侧额等宽，间额鬃短细，侧颜略宽于触角第 3 节横径。触角芒具毳毛，胸覆灰黄色粉被；前中鬃列很靠近，鬃短小，背侧片无毛，翅前鬃长不超过第 1 后前中鬃之半，足黑，雄性中足第 1 分跗节背面具若干短鬃，鬃的长度略等于该节横径；前胫后鬃 1；中股基部后腹面具长鬃 4～5；中胫前背、后背鬃各 1，后腹鬃 2；后足股节仅端半部具前腹鬃，近端后腹鬃 2～3；后胫前背鬃列整齐，约为 5～9 个，后背鬃 3，前腹鬃 3～4，后腹面中部占节长 3/5 长度内有 7～10 个短鬃。腹部密覆灰黄粉被，各背板正中具暗色纵条，但不达各背板后缘，背板前缘无暗色带。

寄主植物：洋葱、大蒜、葱、韭菜。为葱、蒜类的重要害虫。

分布：山西（历山、大同、阳高、天镇、浑源、灵丘、广灵、左云、朔州、宁武、五寨、岢岚、太原、阳曲、河曲、保德、偏关、交城、离石、交口、隰县、襄垣、永济、芮城）、黑龙江、吉林、辽宁、内蒙古、河北、山西、北京、青海、山东、上海；朝鲜，日本，苏联，欧洲，北非，北美，巴西。

11 黑基地种蝇 *Delia nigribasis* (Sten, 1907)

雄体长 4.0～4.5mm。额约等于前单眼宽，间额如线或相接。肩后鬃 1，无翅前鬃，背侧片无小毛，小盾片背面仅有小数毛，腹侧片鬃 1∶2，翅暗色，翅基黑，脉黑，无前缘刺，前缘脉下面无毛，前缘基鳞灰褐，腋瓣白，平衡棒黄。足黑，前胫仅 1 后腹鬃，中股后腹面基半有 3 鬃；中胫各鬃为 1，1，1，2；后股前腹面基半有鬃列；后胫各鬃为（2～3），2，2，0。腹扁平，粉被淡灰，各背板有宽的不达后缘的正中黑斑，近于长方形或宽三角形，沿前缘稍向两侧扩展，第 5 腹板长大，侧叶显然长于基部，侧叶具密毛，愈向前去毛愈长，最长的毛超过侧叶长度，后腹部有粉被，后腹部有粉被，无毛。侧尾叶瘦长轻度波曲，末端向内抱合，阳体细长。

分布：山西［中条山、沁水（历山）］、青海。

12 帚腹地种蝇 *Delia penicillella* Fan, 1894

雄体长 5.0mm。雄性额等于或微宽于前单眼，间额黑，略宽于 1 侧额宽，下眶鬃 4～5，间额鬃较近于下眶鬃，头前面粉被银白，侧颜略等于触角第 3 节宽；触角黑，第 3 节长约为第 2 节长的 1.75 倍，芒具长毳毛，最长的分支毛几达芒基增粗段横径的 2 倍；颊高略长于触角第 2 节，后头背区有毛，上倾口缘鬃 1 行，口前缘后于额前缘，下颚须黑，口缘具粉被，不长。腋瓣及平衡棒黄，m-m 横脉略直。足黑，前足胫节各鬃为 0，1，0，2；中足股节后腹面基半有强大鬃列，前腹面有 1 亚基鬃；中胫各鬃为 0，1，1，2；后股前腹面具几乎完整的鬃列；后胫各鬃为 2，4，3，0。腹粉被淡灰黄色，各背板有黑色正中条，向前缘稍微增宽，腹第 3 腹板长大于宽，仅沿后缘有密长毛，后缘中部的毛长度超过第 4 腹板后缘，第 3 背板侧后缘有超过腹末的长毛，数目为每侧约为 4 个。

分布：山西［宁武（芦芽山）、沁源（灵空山）、历山］、黑龙江；欧洲。

13 灰地种蝇 *Delia plaura* (Meigen, 1826)

体长 4.0～6.0mm。雄性两眼相接近，而雌性额远离。雄性腹瘦狭，具 1 条在每节后缘间断的各背板前缘还有狭的暗带。雄性额狭于前单眼的宽度，间额等于或狭于 1 侧额宽，有 1 对小毛状的间额交叉鬃。触角黑色，芒具短毳毛。胸褐灰色，有很不明显的正中条，中鬃 2 行，不大整齐，列间距略小于与前背中鬃间距、盾沟前第 2 对和小盾沟前最后 1 对较长大。翅前鬃短，等于或微长于后背侧片鬃长之半。小盾片下面有纤毛。足黑色。雄性后股端部一半长度内具前腹鬃列，端部 1/3 长度内具后腹鬃列（5～6）；后胫前腹鬃 2～4 个，后腹面整个长度内密生 1 行（在基部一半常为复行）差不多等长的尖端稍向下方弯曲的突立细鬃；雌性中胫前背鬃 1，后背、后腹鬃各 2；后胫前腹鬃（少数为 3）前背鬃 5，后背鬃 3。

生物学：幼虫植食性，取食初萌之棉籽、玉米、陆稻、豆类、瓜秧、葱、韭菜及其他蔬菜。

分布：山西（历山、阳城、大同、右玉、阳高、天镇、浑源、灵丘、广灵、左云、右玉、平鲁、朔州、山阴、怀仁、应县、宁武、岢岚、五寨、河曲、保德、偏关、太原、阳曲、交城、文水、汾阳、孝义、离石、临县、兴县、岚县、柳林、中阳、交口、石楼、阳泉、平定、盂县、五台山、榆次、榆社、左权、和顺、昔阳、隰县、永济、垣曲、运城、长治、沁源)、全国各地（湖南、湖北、广东、广西、山东、海南等不详）；世界各地。

泉蝇亚科 Pegomyinae

14 真毛叉泉蝇 Eutrichota (s. str.) inornana (Loew, 1873)

体长 5.0~7.5mm。雄性两眼远离，似雌性，额宽大于 1 眼宽，约为 4：3，间额宽为侧额宽的 2.5，间额前部红棕，后部黑褐，间额鬃缺如，下眶鬃 2，长大，内倾，上眶鬃前倾 1，长大，后倾 2，万以后方 1 个较短细，侧颜较触角第 3 节略狭，颊宽约为触角第 3 节宽的 1.5 倍。侧额、侧颜与颊均复银白色粉被。触角黑色，第 2 节端部棕黄，芒自基部到末端均呈长羽状。下颚须黑色。胸部粉被灰白色，暗纵条不明显，较长大鬃的窝周均具黑色斑，中鬃 2 行，有时尚具小毛，前中鬃列间距显然小于它与前背中鬃间距，翅前鬃长大，至少与后背侧片鬃等大，足污棕黄色，前足股节棕褐色，各足跗节黑色。前胫各鬃为 0，1，0，1；中胫各鬃为 1，1，1，2；后股前腹、后腹鬃列均长大，后者约 4，后胫各鬃为 1，2，2，0。腹圆筒形，覆灰白粉被，背面具不明显的较宽的黑色正中条，长大的鬃之窝周具黑色斑。

分布：山西［中条山、太原、沁水（历山）、方山（庞泉沟）］、黑龙江、辽宁；亚洲，欧洲。

15 缢头伪原泉蝇 Pseudonupedia intersecta (Meigen, 1829)

雄体长 4.0~4.5mm。眼无毛，额微狭于前单眼宽，间额棕至褐色，在额最狭段间额消失，有 1 段微小的上眶鬃，无间额鬃，下眶鬃 3~4 对，头前面粉被银白，底色部分黄色；前额宽约为触角第 3 节宽的 2/3，侧颜则为后者的 1/2，颊高稍宽于触角第 3 节宽，上倾口缘鬃 2 行，口前缘后于额前缘。触角黑，长几达口前缘一线水平，第 3 节长约为宽的 1.67 倍，又为第 2 节长的 2 倍弱，芒有极短毳毛，芒基 1/3 增粗。下颚须黑，中喙亮黑，前颏长约为高的 1 倍。足黑色，前胫各鬃为 0，1，0，1；中胫前腹面基部 1/3 鬃稍长，后腹基部 2/3 有鬃列；中胫各鬃为 0，1，1，2；后股前腹鬃列完整，后腹面基部 2/3 有鬃列；后胫各鬃为 1，3，2，0。腹扁平，两侧略平行，粉被很淡的青灰色，后部略带棕色，各背板有黑色倒三角形正中斑，"第 2 背板"相当长，第 1、2 合背板几达腹部的 1/2 长，以后各背板越向后去越短，第 5 腹板侧叶末端有小叶状与赘叶，第 7、8 合腹节亮黑，第 9 背板有粉被。

分布：山西［中条山、太原、沁水（历山）］、吉林、甘肃；欧洲，非洲北部，北美洲。

16 白斑拟花蝇 Calythea nigricans (Robineau-Desvoidy, 1830)

雄体长 3.0mm。雄性眼裸，上半小眼面明显较大，额很狭，最狭段眼合生，额线侧面观这段凹陷，从此向前很快变宽，形成近于等边三角形，侧面观额线凸出。无上眶鬃，间额鬃位于额后方 1/3 处，鬃大小与下眶鬃相仿，在它的前方，也就是下眶鬃的紧上方处开始向前去沿侧额两旁尚有 1 行 3~4 对鬃，大小几与下眶鬃等大。下眶鬃约 10 对；头前面粉被银白，侧颜宽约为触角第 3 节宽的 1/2 强，颊高为侧颜宽的 1.5 倍强，颊隆面略前伸，上倾口缘鬃 3 行，口前缘后于额前缘，后头背区有毛。触角黑，第 3 节长为宽的 1.5 倍胸背黑色，足黑，前胫仅 1 后腹鬃；中股基半有后腹鬃列；中胫各鬃为 0，1，1，1；后股前腹鬃列完整，后腹面基半有鬃列；膈胫各鬃为 1，3，1，0。腹扁平，短卵形，各背板具倒"山"字形黑斑，斑较宽大，因此灰白色粉被部分所余不多。后腹部有淡色粉被。

分布：山西［沁水（历山）、霍州、垣曲、大同、天镇、岢岚、宁武（芦芽山）、五寨、交城、文水、方山、临县、柳林、离石、昔阳、五台山］、辽宁、北京、甘肃、上海、四川；亚洲西南部，欧洲（模式产地：法国），非洲北部，北美洲，南美洲。

17 草原拟花蝇 Calythea pratiocola (Meigen et Panzer, 1809)

体长 3.0mm。雄性两侧额相接，额在最狭处间额消失，间额前方很狭，棕褐色到黑色，无间额鬃。侧额与侧颜密覆银白色粉被，后者约与触角第 3 节等宽。侧面观颊宽约为触角第 3 节宽的 1.5。触角芒具毳毛或近乎裸。胸密覆青灰色粉被，雄性正中有 1 菱形黑斑。小盾片边缘灰色，背面黑色。中胸后背片正中有 1 黑色纵条，中鬃 2 行，中间有短毛，肩后鬃 2，翅前鬃短细，前胸基腹片裸。翅前缘脉腹面裸，前缘刺缺如，m-m 横脉稍倾斜，R_{4+5} 脉与 M_{1+2} 脉微靠拢。腋瓣白色。雄性前胫近端部有 1 长大背鬃，长超过第 1 分跗节的长度，稍前，尚有短小背鬃 1。雄性中胫前背鬃 1，后鬃 2，很短。雌雄后胫前背、前腹鬃各 2，后背鬃 1。腹部黑色部分略少于淡色粉被部分，第 1、2 合背板基部黑色，正中有 1 尖端向后的三角形黑斑，第 3～5 背板各有 1 倒"山"字形黑斑，斑纹以中部各节的较大。

分布：山西（垣曲、大同、左云、右玉、浑源、灵丘、天镇、五台山、岢岚、太原、交城、离石、昔阳、左权、平定、阳曲、孝义、河曲、保德、偏关、隰县、吉县）、黑龙江、辽宁、内蒙古、北京、河北、甘肃、新疆、云南、西藏；叙利亚，欧洲（模式产地），北美洲。

18 鬃额拟花蝇 Calythea setifrons Ackland, 1968

雄体长 4.0～5.0mm。额稍狭于前单眼，间额最狭处在单眼三角的紧前方，向前方去扩展成 1 个等边三角形，下眶鬃约 20 对鬃，触角黑，侧颜粉被灰黑略狭于触角第 3 节宽。触角第 3 节稍短于第 2 节长的 2 倍，芒具毳毛。口前缘稍前突，但后于额前缘，后头背区在两旁有毛，前倾口缘鬃约 8 个，上倾鬃 2 个。颊高略宽于触角第 3 节宽，颊隆面几乎达到眼前缘一线，下颚须黑，喙具灰黑色粉被。胸背黑色，具黑色正中条和细的黑色背中条，后气门前肋裸。翅淡灰透明，前缘脉基鳞黑，前缘脉基鳞黑，前缘脉下面无毛，M_{1+2} 脉末段略向 R_{4+5} 脉抱合，腋瓣白色，上腋瓣的缘缨毛灰黑，下腋瓣缘缨的毛白色；平衡棒黄色。足黑，前胫后腹鬃 1；中胫各鬃为 0，1，2，0；后胫各鬃为 2，2，1，0。腹黑，多毛。

分布：山西（历山）、河南、四川、贵州、云南、西藏；缅甸，尼泊尔，印度大吉岭（模式产地）。

19 长板粪泉蝇 Emmesomyia hasegawai Suwa, 1979

雄体长 4.0～4.5mm。额宽或多或少等于前单眼的宽度，下眶鬃 3～5 个，侧颜宽或多或少等于触角第 3 节宽之半。触角长而黑，芒具毳毛；口前缘显然后于额前缘，翅前鬃约为后背侧片鬃的 2/3 长，腹侧片鬃 1：2，腋瓣下肋有 1 鬃。各足膝部及胫节黄，余均黑色。前胫亚中位后腹鬃 1；中股基部 1/3 有 4 直鬃；中胫前腹、前背、后背、后腹各鬃顺次为 0，0，1，2；后股前腹鬃列完整，后腹亚基位鬃 1；中位鬃 2；后胫各鬃顺次为 1，3，2，0。腹带卵形，基半略扁平，粉被淡黄灰色，各背板有长三角形黑色正中条或两侧缘平行的狭黑色正中条。后腹部前方有粉被，向后去亮黑，第 5 腹板基部显然长于侧叶，基部的毛愈向前方的愈长，最长毛显然超过第 5 腹板长，也显然超过侧叶上的毛，显然长于第 4 腹板上的毛，腹面观侧叶后段内缘平行，侧尾叶外枝的内缘无切口。

分布：山西［阳城（蟒河）、沁水（历山）］、辽宁（本溪南甸）、江苏（南京灵谷寺）、浙江；日本。

20 亚绒粪泉蝇 *Emmesomyia socia suwai* Ge et Fan, 1988

雄体长 5.5mm。额微狭于前单眼宽，在额最狭段间额消失，无间额鬃，有微毛状上眶鬃1 对，下眶鬃 4～5 对。头前面粉被银白，侧额狭，侧面观大部看不到。颊高约等于触角第 3节宽。触角黑，第 3 节带些灰色，芒具长霾毛。口前缘后于额前缘。胸背底色黑，粉被微带灰黑黄，有不很明显的暗色正中条，中鬃 2 行，列间有 2～3 行小毛，前中鬃列间距约等于或微宽于它与前背中鬃列间距，外方的肩后鬃存在，翅前鬃短于后背侧片鬃，腋瓣下肋有 1 鬃，腹侧片鬃 1：2。翅带黄棕色，前缘脉下面有毛；腋瓣白至淡黄色。各足股节暗色而末端黄，胫节黄，跗节暗色但基部较黄。腹椭圆、扁平，粉被灰，具狭的暗色正中条。

分布：山西 [沁水（历山）、右玉、古交、方山、盂县、沁源（灵空山）]；日本（北海道、九州），印度，指名亚种分布于欧洲（据 Michelsen，1983）。

21 曲茎泉蝇 *Pegomya geniculata* (Bouche, 1834)

雄体长 6.0mm。额宽稍狭于前单眼宽。间额在最狭段消失，下眶鬃 3，侧颜粉被银灰色，宽仅为触角第 3 节宽的 1/5 强，下侧颜带棕色；颊高为侧颜宽的 3 倍，上倾口缘鬃短小，1 行。触角第 2 节及第 3 节最基部黄，第 3 节灰褐。下颚须黄，中喙前颏长约为高的 3 倍。前中鬃3 对，列间有 2、3 对小毛，列间距约为它与前背中鬃间距的 1.3 倍。肩后鬃 1：1，翅前鬃为后背片鬃的 2/3 长。翅色淡棕，脉棕色，翅基棕黄至黄色，前缘基鳞黄，腋瓣淡黄，下腋瓣稍比上腋瓣突出，平衡棒黄。足中、后足股节端部背面暗色，跗节基部黄色而端部暗色。腹扁平，两侧缘几乎平行，基半部底色黄棕，端半褐色至暗黑，背面有 1 不显的狭的正中条，中部各腹板长形；后腹部带棕色，粉被弱。

分布：山西 [沁水（历山）、浑源、宁武（芦芽山）、五寨、岢岚、方山（庞泉沟）、沁源（灵空山）]、黑龙江、河北；日本，欧洲，北美洲。

22 四条泉蝇 *Pegomya quadrivittata* Karl, 1935

雄体长 5.5～6.0mm。眼几乎裸，额宽约为前单眼的 1.5 倍；胸背粉被灰至淡灰色，前盾片前方则灰白，且具黑色的亚中条及肩后纵斑；中鬃 2 行，仅小盾前 1 对强大，余均毛状，前中鬃 4 对，列间距约为它与前背中鬃列间距的 1/2。肩后鬃 1：1，翅前鬃约为后背侧片鬃的 7/10 倍；背侧片无小毛，前中侧片鬃 1，腹侧片鬃 1：2。翅带淡黄色，翅基淡黄。前缘基鳞及平衡棒黄，腋瓣淡黄，前缘刺很短。足大部黄色，但基节暗色，转节棕或褐色、前股后背面稍带棕色及各足跗节黑色。前胫各鬃为 0，1，0，1；中股仅 1 中位后腹鬃；中胫各鬃为0，1，1，2；后股除最基部外，前腹面有疏鬃列，后腹面有基鬃、亚基鬃各 1；后胫各鬃为 2，2，2，1。腹扁，背面观略带锥形。

分布：山西 [沁水（历山）]、辽宁、河南、福建、台湾、广东、四川、贵州、云南；朝鲜，日本，缅甸，马来西亚，印度，斯里兰卡。

致谢 蒙河北大学石福明教授、山西省历山国家级自然保护区管理局领导和有关工作人员，山西省疾病预防控制中心程璟侠主任医师，山西省吕梁市疾病预防控制中心的武玉晓副主任医师等热忱帮助，特表谢忱。本研究得到国家自然科学基金（31272347，31071957，30770252）资助。

参 考 文 献

张云霞，薛明，宋增明，2003. 葱蝇 *Delia antique* (*Meigen*)的研究进展[J]. 山东农业大学学报(自然科学版)，34(3): 455-458.

薛万琦，赵建铭，1996. 花蝇科. 中国蝇类(上册)[M]. 沈阳: 辽宁科学技术出版社.

范滋德, 等, 1988. 中国经济昆虫志 双翅目花蝇科[M]. 北京: 科学出版社.

王明福, 程璟侠, 武玉晓, 等, 1997. 山西省历山自然保护区有瓣蝇类研究(双翅目)[J]. 山西预防医学杂志, 6(1): 7-10。

王明福, 武玉晓, 程璟侠, 等, 1996. 山西省蟒河自然保护区有瓣蝇类研究[J]. 山西预防医学杂志, 5(3): 155-157.

Anthomyiidae

Wang Mingfu　　Bai Fengjun　　Zhao Yuwan

(College of Life Sciences, Shenyang Normal University, Shenyang, 110034)

The present research includes 11 genera and 22 species of Anthomyiidae. The species are preserved in College of Life Sciences in Shenyang Normal University.

厕蝇科 Fanniidae

王明福　　白凤君　　赵玉婉

（沈阳师范大学生命科学学院，沈阳，110034）

厕蝇科蝇类保留了有瓣蝇类许多原始特征，也是蝇总科中的原始姊妹群。

成蝇的鉴别特征：翅的 cu_1+an_1 脉很短，an_2 脉常向前弯曲到 cu_1+an_1 脉的末端之外，或两者末端延长线在翅缘内相交；后胫通常在中位或亚中位具 1 根长大的背鬃；雄中足常具刺、鬃簇、瘤、短的栉状刚毛列，细毛群等，至少胫节腹面具细毛等；腹部背腹扁平，背面观卵形或长卵形（仅枵蝇亚属 subgen. *Coelomyia* Haliday，1840，呈纺锤状），背板常黑色正中条、倒 "T" 字形斑或斑点；雌性侧额宽阔，内缘稍向内突，前方的上眶鬃通常向外倾，无间额交叉鬃。卵为长卵形，具 1 对侧背突缘或翼，表面光滑，在两翼（突缘）之间有纵棱纹。幼虫外形极其特化，背腹扁平，带褐色，每 1 体节上具有一些突起，这些突起呈羽状分枝，软毛状或是单纯的，表皮厚而粗糙，具明显雕刻或纹饰；前气门指状突 3～12 个，较短，后气门位于背侧，着生在短的气门柄上，口器无附口骨。

生物学：厕蝇科成蝇通常为林地种类，很少栖息于开阔地或沼泽地。雄喜于特征性在空中旋飞和集群，在居室和公共场所常出现，夏厕蝇 *Fannia canicularis* 等一些种类与人类及其废弃物关系密切。幼虫为 3 龄，具腐食性，在腐败的动植物尸体中孳生，很多种类习性特殊，取食真菌，幼虫在鸟、哺乳动物和昆虫的巢穴中。部分种可引起胃肠蝇蛆病（据 Pont，1986）。

过去的分类学著作将厕蝇科作为蝇科中的一个亚科中的一个亚科或族。根据本科幼虫形态的特殊性、成蝇保留着许多原始特征及成蝇和幼虫生态特点，将其作为科级分类地位来研究是必要的。

目前，世界厕蝇科记录有 4 属约 370 种。古北区和北美洲种类较多，非洲热带区、东洋区和澳洲区种类少。我国已知 3 属，150 种。1961 年加拿大学者 Chillcott 进行了深入研究，德国学者享尼希（Hennig，1965）对该类群做了详尽讨论，1970 年 Lyneborg 氏对幼虫进行了修订，日本西田和美 K. Nishida 对亚洲东部的厕蝇进行了许多描述。

历山共记述厕蝇科 1 属 10 种。其中 2 种模式产地为历山。

1 夏厕蝇 *Fannia canicularis* (Linnaeus, 1758)

雄体长 5.0～7.0mm。复眼裸，上前方的小眼面稍扩大，眼后鬃 1 列，短而规则，下眶鬃

9～11 对，上眶鬃 1 对，向外上方倾斜；侧颜裸，在中部约为触角宽的 2/3；触角黑色，第 3 节长约为宽的 2.5 倍，触角芒裸或具极短纤毛，最长的芒毛不及芒基横径。翅前鬃 1～2，小毛状，不易与周围的胸毛明确区分，小盾片背面胸毛较少，仅分布于其背面两侧，其侧缘及下面无毛。背侧片无小刚毛，前胸基腹片，前胸侧板中央凹陷，翅侧片，下侧片和后气门前肋均裸，腹侧片鬃 1:1，腹侧片下缘无刺；气门棕色，后气门洞开；腋瓣白色，边缘淡黄色，下腋瓣突出于上腋瓣，平衡棒黄色。足除膝部带棕色外，余均黑。腹长扁，在第 2、3 背板的两侧以及第 4 背板的基半部两侧黄色，余均黑。

分布：世界广布。

2 胸刺厕蝇 *Fannia fuscula* (Fallen, 1825)

雄体长 5.5～6.5mm。复眼裸，眼后鬃 1 列，短而整齐。前中鬃 3 列，其中外侧的 1 对较发达；后中鬃仅小盾前的 1 对粗壮，背中鬃 2+3，翅内鬃 0+2，翅前鬃 2，较短，最长的 1 根约为后背侧鬃长的 1/2 以下；小盾片在基部正中裸，其侧缘及下面无毛；背侧片无小刚毛，前胸基腹片，前胸侧板中央凹陷，翅侧片，下侧片和后气门前肋均裸，腹侧片鬃 1:1，腹侧片下缘具刺；前气门淡黄色，后气门棕黄色，洞开；腋瓣淡黄色，下腋瓣突出于上腋瓣。平衡棒黄色。各足膝部和各足胫节的基部略带黄色外，余均黑。前足基节腹面前缘无短刺；前足股节后腹鬃列完整，较长大，具 1 个完整的后背鬃列；前胫无特殊的鬃毛，有时在端半部具 1 个短小的前背鬃；前足第 1 分跗节基部腹面具少数长刚毛。腹长扁形，底色黑，具浓的灰黄色粉被，各背板具狭的边缘平行的暗正中条，第 1 腹板具毛。

分布：山西（历山、盂县、左权）、辽宁、河北、台湾、西藏；日本，蒙古，欧洲，非洲北部，东洋区，古北区，新北区。

3 毛踝厕蝇 *Fannia manicata* (Meigen, 1826)

雄体长 8.0mm。复眼裸；眼后鬃 1 列。胸底色黑，肩胛、横缝两侧、背侧片以及沿背中鬃走行部位和小盾前具灰色粉被，余均呈暗黑色；前中鬃 2 列，3 对均粗大，后中鬃仅小盾前有 1 对最发达，背中鬃 2+3，翅前鬃 2，前方最长的 1 根约为后背侧片鬃长的 2/3；下前侧片下缘具 1 根粗而直的刺，下前侧片下缘仅在边缘部分有毛；气门棕褐色；腋瓣黄色，下腋瓣突出于上腋瓣。除前足胫节带棕色外，余均呈黑色；前足基节端部腹面无特殊结构，前足胫节前背鬃 1，在其端半部腹面具 3 根半直立的鬃毛、在其后腹面具刚毛簇；中足基节下方具 1 根粗壮的直钩状刺，在基节中部具 1 根细长、末端钩曲的鬃，在其上方具 2 根鬃，中足股节前腹鬃列完整，在其端部 1/5 为梳状小鬃，后腹鬃列在端半部变为 2 列短而密的鬃列，中足胫节在端半部腹面明显增粗，且在腹面具柔毛，具前背鬃 1，后背鬃 1，均分布于端半部；后足基节后面具 1 根长刚毛。腹具蓝灰色粉被，第 2～4 背板正中分别具暗褐色三角斑；第 1 腹板具毛。

分布：山西（历山、大同、宁武）、河北、台湾、西藏；日本，欧洲，非洲北部，东洋区，古北区，新北区。

4 多突厕蝇 *Fannia polystylata* Wang et Xue, 1997

雄体长 5.5mm。复眼裸；眼后鬃 1 列，在其头顶部的眼后鬃细长而前倾；在其后方尚具 1 列后眶鬃，侧额、侧颜和颊具银灰色粉被；额在最狭处约等于前单眼横径的 3 倍，稍宽于触角第 3 节；下眶鬃 13～14 对，达单眼三角，上眶鬃缺；侧颜宽且裸，在新月片处约等于触角宽，在中部约为触角宽的 3/5；触角黑色，第 3 节长为宽的 2.5 倍前颊略发亮；具黄灰色粉被，长约为宽的 2 倍，下颚须黑色，棒状，长于前颊。足：各足股节和胫节黄色，跗节黑色；

前胫具小的前背鬃 1,前足第 1 分跗节无特殊结构;中足基节无钩状刺或刺状鬃;中股亚端位腹面收缩,在基部具 1 列长而疏的前腹鬃列,然后是短而密的鬃,后腹鬃在中部 1/3 呈 3 列,具 1 列长的后鬃;中胫在端半部具前背鬃 3 和后背鬃 2,腹面具柔毛,端半部腹面柔毛略短于胫节横径,中足第 1 分跗节基部腹面具密毛脊;后足基节后内缘裸。

分布:山西(沁水下川)。

5 突尾厕蝇 *Fannia processicauda* Wang, Xue et Chen, 1997

雄体长 8.0mm。复眼裸;眼后鬃 1 列。胸底色黑,肩胛、横缝两侧、背侧片以及沿背中鬃走行部位和小盾前具灰色粉被,余均呈暗黑色;前中鬃 2 列,3 对均粗大,后中鬃仅小盾前有 1 对最发达,背中鬃 2+3,翅前鬃 2,前方最长的 1 根约为后背侧片鬃长的 2/3;背侧片无小刚毛,前胸基腹片、前胸前侧片中央凹陷、上后侧片、后基节和下后侧片均裸,下前侧片鬃 1:1,下前侧片下缘具 1 根粗而直的刺。足除前足胫节带棕色外,余均呈黑色;前足基节端部腹面无特殊结构,前足胫节前背鬃 1,在其端半部腹面具 3 根半直立的鬃毛;中足基节下方具 1 根粗壮的直钩状刺,在基节中部具 1 根细长、末端钩曲的鬃,在其上方具 2 根鬃,中足胫节在端半部腹面明显增粗,且在腹面具柔毛,具前背鬃 1,后背鬃 1,均分布于端半部;后足基节后面具 1 根长刚毛,后腹具蓝灰色粉被,第 2~4 背板正中分别具暗褐色三角斑;第 1 腹板具毛。

分布:山西(沁水下川)、四川(康定)、贵州(梵净山)。

6 元厕蝇 *Fannia prisca* (Stein, 1918)

雄体长 5.5~6.5mm。复眼裸,眼后鬃 1 列,短而整齐,下眶鬃 9~11 对,分布在额下方 3/4 范围内,上眶鬃 1 对,向后方弯曲;侧颜裸,在中部约为宽的 2/5~1/3;胸底色黑,盾片具灰黄色粉被,具 3 个不明显的暗棕色纵条,这些纵条基本按中鬃与背鬃的分布走向,前中鬃 3 列,其中外侧的 1 对较发达;后中鬃仅小盾前的 1 对粗壮,背中鬃 2+3,翅内鬃 0+2,翅前鬃 2,较短,最长的 1 根约为后背侧鬃长的 1/2 以下;小盾片在基部正中裸,其侧缘及下面无毛;背侧片无小刚毛,前胸基腹片,前胸侧板中央凹陷,翅侧片,下侧片和后气门前肋均裸,腹侧片鬃 1:1,腹侧片下缘无刺;前气门淡黄色,后气门棕黄色,洞开;腋瓣淡黄色,下腋瓣突出于上腋瓣。腹长扁形,底色黑,具浓的灰黄色粉被,各背板具狭的边缘平行的暗正中条,第 1 腹板具毛。

分布:山西[历山、大同、阳高、天镇、左云、右玉、平鲁、浑源、灵丘、广灵、朔州、山阴、怀仁、应县、宁武、五寨、岢岚、河曲、保德、偏关、五台山、繁峙、太原、阳泉、交城、文水、汾阳、孝义、离石、石楼、兴县、中阳、临县、柳林、岚县、盂县(藏山)、榆社、左权、隰县、吉县、垣曲、襄垣、永济、阳城]、全国各地(新疆、青海和西藏不详);朝鲜,日本,蒙古,东洋区,澳洲区。

7 舌叶厕蝇 *Fannia ringdahlana* Collin, 1939

雄体长 4.0~4.8mm。复眼具较短的淡棕色纤毛,上前方的小眼面略扩大,额宽约为前单眼宽的 1.5 倍,约等于触角宽的 2/3,间额黑色,在中部邻接,下眶鬃 11~12 对,分布于单眼下方水平,无上眶鬃,眼后鬃 1 列。胸具暗棕色粉被,盾片无明显斑条;前中鬃 2 列,较发达,腋瓣暗棕色,边缘黑褐色,下腋瓣稍突出上腋瓣。足全黑,中足第 1 分跗节基部腹面具小的齿状刺,后足基节内后缘裸,后股在近端位具 2 根前腹鬃,在端部 1/3 具 5 根前背鬃,2 根背鬃,后鬃列在基半部刚毛状,往端部去渐发达,在端部 2/5 处突然向后腹面分布,以至这列鬃在端部 1/3 后腹面呈 1 列、约为 7~8 根,后胫具前腹鬃 1,前背鬃 1,亚中位背鬃 1,

端位背鬃 1，在其中部后面具一些半直立的刚毛。

分布：山西（历山、宁武芦芽山、方山庞泉沟）、吉林、台湾；日本，欧洲。

8 瘤胫厕蝇 Fannia scalaris (Fabricius, 1794)

雄体长 6.0mm。复眼裸，上前方的小眼面略扩大。胸底色黑，盾片具灰黄色粉被，具略明显的 4 纵条，前中鬃 3 列，腋瓣淡黄色，下腋瓣明显突出于上腋瓣。翅带淡棕色，翅脉棕色，翅基的翅膜带黄白色，翅基的翅脉亦呈淡黄色；翅肩鳞暗黑色，前缘基鳞黄棕色，前缘刺不明显；平衡棒黄色。足在中足胫节在端半部腹面具 1 瘤状突起，前背鬃 1，后背鬃 1，中足第 1 分跗节基部腹面无特殊结构；后足基节内后缘分别具 1 根发达的刚毛，后足股节前腹鬃列往端部去渐长大，无明显的后腹鬃，后足胫节前腹鬃 4，前背鬃列约 10～12 根，其中亚中位的 1 根发达，中位背鬃 1，在中部后面具一些半直立的刚毛，后足第 1、2 分跗节腹面具密的暗棕色短刚毛斑。

分布：山西［历山、大同、阳高、天镇、左云、右玉、平鲁、浑源、灵丘、广灵、朔州、山阴、怀仁、应县、宁武、五寨、岢岚、河曲、保德、偏关、五台山、太原、阳曲、交城、文水、汾阳、孝义、离石、方山、岚县、兴县、临县、柳林、中阳、交口、石楼、左权、阳城（蟒河）］、陕西、甘肃、河北（石家庄、承德、张家口、保定、沧州、邢台、邯郸）、山东（泰山、济南、青岛、昆嵛山）、河南（洛阳、郑州）、辽宁（本溪、沈阳）、四川（峨眉山、雅安）、湖北、吉林（长白山、通化）、黑龙江、贵州（贵阳、安顺）、江苏、西藏、重庆、浙江（天目山、舟山）、广东、福建（崇安、建阳）；奥地利，阿尔巴尼亚，比利时，保加利亚，瑞士，捷克，斯洛伐克，德国，丹麦，西班牙，法国，英国，希腊，匈牙利，意大利，爱尔兰，冰岛，挪威，荷兰，波兰，罗马尼亚，瑞典，芬兰，南斯拉夫，苏联，叙利亚，以色列，土耳其，伊朗，阿富汗，蒙古，朝鲜，日本，北非，东洋界，热带界，新北界，新热带界。

9 明厕蝇 Fannia serena (Fallen, 1825)

雄体长 4.0mm。复眼裸，上前方的小眼面略扩大；眼后鬃 1 列长短不一，翅前鬃 2，前面最长的 1 根约为后背侧片鬃长的 3/5；下腋瓣呈带状，不突出于上腋瓣，平衡棒黄色。足黑，仅各足膝部带黄色；后足基节内后缘裸，后股不弯曲，前腹鬃列在基部 3/5 呈毛状，不发达，在端部 2/5 有 2～3 个长大，至少其间 2 根长于股节横径；无后腹鬃；后胫前腹鬃 1，前背鬃 1，中位背鬃 1，后足各分跗节无特殊结构。腹卵形，较扁，底色黑，具较浓的棕灰色粉被，第 2～4 背板具暗正中三角斑，第 5 背板具窄的暗正中条。第 1 腹板裸。

分布：山西（历山、浑源恒山、宁武芦芽山、方山庞泉沟、太原）、辽宁、新疆、山西；日本，土耳其，欧洲（模式产地：瑞典），新北区。

10 亚明厕蝇 Fannia subpellucens (Zetterstedt, 1845)

雄体长 6.5mm。复眼具极疏短的淡色纤毛，上前方的小眼面略扩大；眼后鬃 1 列，细长而前倾，在头上半部的眼后鬃约与下框鬃等长，在眼后鬃后方尚具 1～2 列短刚毛；胸底色黑，肩胛和小盾亦黑，盾片具灰棕色粉被，无明显纵条；中鬃呈整齐的 3 列，毛状，仅小盾前的 1 对发达，中鬃列间距宽于中鬃与背中鬃列间距；背中鬃 2+3，翅内鬃 0+2，翅前鬃 2，约为后背侧片鬃长的 1/2 或 2/3；腋瓣淡黄，边缘黄色，下腋瓣带状，很窄，不突出于上腋瓣。足除膝部带棕色外，余均黑；中胫粗壮，在端半部突然增粗，基半部腹面具缺刻，端半部腹面柔毛较短，约等于端半部胫节横径的 2/3，具 1 根前背鬃和 1 根后背鬃。后足基节内后缘裸；

后股前腹鬃列较短，但明显，在近中位具 1 根单独的后鬃；后胫前腹鬃 1～2，前背鬃 1，中位背鬃 1。腹长扁，端半部腹节增宽，最宽处为第 3 背板后缘处，在第 2、3 背板以及第 4 背板前半部黄色，第 5 背板黑，各背板具白灰色粉被。

分布：山西［历山、方山、浑源、宁武（芦芽山）、五寨（荷叶坪）］、甘肃（文县、舟曲）、吉林（长白山）、河北（小五台）、陕西（太白山）、四川（二郎山）、宁夏（泾源）；日本，欧洲，新北区。

致谢　蒙河北大学石福明教授、山西省历山国家级自然保护区管理局领导和有关工作人员，山西省疾病预防控制中心程璟侠主任医师，山西省吕梁市疾病预防控制中心武玉晓副主任医师等热忱帮助，特表谢忱。本研究得到国家自然科学基金（31272347，31071957，30770252）资助。

参 考 文 献

王明福，程璟侠，武玉晓，等，1997. 山西省历山自然保护区有瓣蝇类研究 (双翅目)[J]. 山西预防医学杂志，6(1): 7-10.

王明福，武玉晓，程璟侠，等，1996. 山西省蟒河自然保护区有瓣蝇类研究[J]. 山西预防医学杂志，5(3): 155-157.

王明福，薛万琦，程璟侠，1997. 中国厕蝇属一新种 (双翅目：厕蝇科)[J]. 动物分类学报，22(4): 418-420.

王明福，薛万琦，2002. 中国厕蝇科研究 (双翅目：环裂亚目)[J]. 昆虫学创新与发展：54-59.

武玉晓，王明福，2002. 山西省厕蝇科研究 (双翅目：环裂亚目)[J]. 昆虫学创新与发展：562-564.

薛万琦，赵建铭，1996. 花蝇科. 中国蝇类 (上册)[M]. 沈阳：辽宁科学技术出版社.

Wang M F, Dong Y J, Ao H, 2011. A review of the *metallipennis*-group and fuscinata-group of Fannia Robineau-Desvoidy (Diptera: Fanniidae)[J]. Annales de la scociété entomologique de France(Nouvelle série), 47(3-4): 487-500.

Wang M F, Liu L, Wang R R, et al., 2007. Review of the *F. scalaris* species-group of the genus Fannia Robineau-Desvoidy, 1830 (Diptera: Fanniidae) from China[J]. The Pan-Pacific Entomologist, 83(4): 265-275.

Wang M F, Xue W Q, Huang Y M, 1997. Two New Species of the Genus *Fannia* R.-D. from China (Diptera: Fanniidae)[J]. Acta Zootaxonomica Sinica, 22 (1): 95-99.

Wang M F, Zhang D, Xue W Q, 2006. A review of the *F. serena*-subgroup of *Fannia* Robineau-Desvoidy (Diptera: Fanniidae), with the description of two new species from China[J]. Zootaxa, 1162: 33-43.

Fanniidae

Wang Mingfu　　Bai Fengjun　　Zhao Yuwan

(College of Life Sciences, Shenyang Normal University, Shenyang, 110034)

The present research includes 1 genera and 10 species of Fanniidae. There are 2 type species in Lishan. The species are preserved in College of Life Sciences in Shenyang Normal University.

水虻科 Stratiomyidae

杨再华[1]　杨茂发[2]

（1 贵州省林业科学研究院，贵阳，550005；2 贵州大学昆虫研究所，贵阳，550025）

体中、小型，体长在 2.0～22.0mm，体细长或粗壮，多毛而无鬃，体色从黄色、暗棕色、至黑色，有时具红色、蓝色、黄色或绿色的斑，有时具蓝色、紫色光泽。头部短，额突出；复眼大，通常雄性复眼为接眼式，雌性复眼为离眼式；具单眼瘤，单眼着生其上；触角鞭节分 5～8 亚节，有时端部具端刺或芒；口器肉质；须分 1～3 节，较短小。胸部小盾片有时具 1～4 对刺。足一般无距，中足胫节偶尔有距。翅在中部具 5～6 边形的盘室，盘室后具 3～5 后室，后室全部开放，臀室近翅缘关闭；翅 R_{4+5} 终止于顶点前。腹部可见节 5～7 节。

幼虫大多陆生，多腐食性，部分水生；成虫常见于林边植被上，喜欢在水边植被活动，有的种类喜欢在垃圾边活动，部分种类有访花习性。

世界性分布，目前全世界记录约 400 属近 2700 种，中国记载 56 属 346 种，山西历山自然保护区采到 9 属 11 种，包含 1 新种及 1 中国新记录和 4 山西省新记录种。

分属检索表

1 腹部瘦长，长明显大于宽 2
- 腹部宽扁，近圆形，宽约等于长 7
2 触角鞭节常分 5 亚节，末亚节呈芒状 3
- 触角鞭节常分 8 亚节，末亚节不呈芒状 5
3 触角梗节内侧向鞭节内具指状突起 ....指突水虻属 *Ptecticus*
- 触角梗节内侧无指状突起 4
4 腹部长是宽的 3 倍以上；雌雄复眼均分离；下腋瓣具带状突起 ....瘦腹水虻属 *Sargus*
- 腹部宽，长至多是宽的 2 倍；雄性复眼为接眼式，雌性复眼远离；下腋瓣无带状起 ....
.... 小丽水虻属 *Microchrysa*
5 腹部可见节为 5 节；触角长，明显长于头部，鞭节端亚节宽扁 ....扁角水虻属 *Hermetia*
- 腹部可见节为 6～7 节；触角短，不长于头，鞭节全呈柱状 6
6 小盾片无刺；M 脉 3 条 ....距水虻属 *Allognosta*
- 小盾片常具 4～6 刺；M 脉 2 条 ....星水虻属 *Actina*
7 M 脉 4 条 ....鞍腹水虻属 *Clitellaria*
- M 脉 2 条 8
8 小盾片无刺 ....圆盾水虻属 *Pachygaster*
- 小盾片具 4 刺 ....额水虻属 *Craspedometopon*

1 历山星水虻，新种 Actina lishanensis sp. nov.（图 2）

雄体长 5.5mm，翅长 4.6mm。

头亮黑色，被稀疏暗色毛；单眼后缘的毛稍长，单眼瘤稍突起，被暗棕色毛；复眼明显分离，红棕色，光裸，上部小眼面大于下部小眼面；额向前渐变窄，最窄处约为头宽的 0.1 倍，额黑色被稀疏的黑色毛，额在触角上方具 1 由白色短毛组成的近椭圆形的毛斑。触角柄、梗节棕黄色，柄节基部色较深，柄、梗节均被黑色毛；柄节长约为梗节长的 2 倍；鞭节 1～2 亚节棕黄色被黄色短毛，3～8 亚节暗棕色至黑色被黑色短毛，腹面色略浅；触角比为：2.0：1.0：1.8：0.8：0.8：1.0：0.8：1.5：1.0：0.8。喙黄色稀被黄色长毛；须棕黄色被黄色毛。

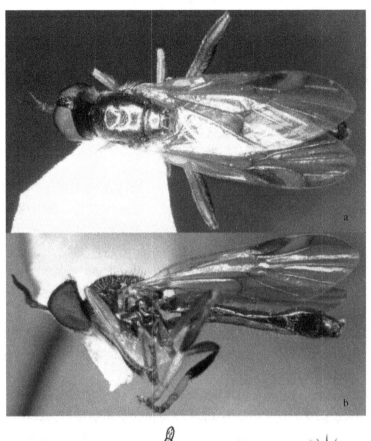

图2 历山星水虻 新种 *Actina lishanensis* sp. nov.(♂)a. 成虫背面观 (adult, dorsal view); b. 成虫侧面观 (adult, lateral view); c. 载肛突、第9背板和尾须背面观 (proctiger, cerci and epandrium, dorsal view); d. 触角 (antennae); e. 生殖囊和阳茎复合体背面观 (genital capsule and aedeagal complex, dorsal view)

胸背板黑色具绿色金属光泽，被黄色毛；小盾片与背板同色，小盾片后缘具4黄色的刺；肩胛、翅后胛棕黄色至暗棕色；整个胸侧板亮黑色被疏密相间的黄色毛。足黄色，但后足基节暗棕色之黑色，后足胫节、前足跗节黑色，中、后跗节末亚节暗棕色；后足胫节明显变粗。翅近透明，R_4 后区域色略暗，翅脉和翅痣暗棕色；M_3 缺。

腹部背板亮黑色，被棕黄色毛，侧缘的毛较长；腹面同背板。生殖器第9背板近弧形，较第10背板略宽；生殖囊宽大于长，端部生殖刺突发达，生殖桥宽且长，几乎盖住了阳茎的2/3长度；阳茎粗大，端部呈不明显的2分叉。

雌性未知。

新种与弯突星水虻 *A. curvata* Qi et al.，2011 很相似，但可以从以下特征将其区别开来：触角梗节和鞭节 1～2 亚节呈浅棕黄色；前、中足基节黄色，中、后足跗节仅末节暗棕色之黑色；生殖器的生殖桥宽且长，几乎遮盖了阳茎的 2/3 长，阳茎粗大，端部呈不明显的 2 分叉。

词源：新种以模式产地山西历山命名。

观察标本：正模♂，山西省沁水县下川东峡，112°01′E，35°26′N，1660m，2012.VII.18，杨再华采。

分布：山西（历山）。

2 游距水虻 *Allognosta vagans* (Loew, 1873)

雄体长 4.1～5.8mm，翅长 3.5～5.8mm。头黑色，复眼黑色光裸，呈接眼式；前额和颜黑色，被黑色毛和在与复眼相连的侧缘具银白色粉被。触角暗棕色，梗节端部和鞭节基部棕黄色至红棕色。须分 2 节，棕色，基节稍长于端节。喙棕黄色，被黑色毛。胸部亮黑色，肩胛和翅后胛带棕色，具灰白色的短毛。侧板被白色绒毛；小盾片无刺。足主要暗棕色至黑色，但股节端缘、中足胫节和后足跗节基部 3 亚节黄色。翅略带棕色，翅脉和翅痣棕色；平衡棒暗棕色，基部色淡。腹部亮黑色，背板仅被很少的短毛。雌似雄，复眼远离，额两侧几乎平行，正面观额宽约为头宽的 1/3，触角上方具中央纵凹槽；复眼后具眼后缘。

观察标本：3♂，山西翼城大河，111°55′E，35°25′N，1342m，2012.VII.13，杨再华采。

分布：山西（历山）、上海、安徽、湖北、江西、福建、重庆、四川、贵州、云南；欧洲，俄罗斯（西伯利亚），日本。

3 环足圆盾水虻 *Pachygaster annulipes* Brunetti, 1920，中国新记录

雌体长 2.0～2.5mm，翅长 2.2～2.8mm.头亮黑色，单眼瘤稍突起，单眼暗棕色；额亮黑色，两侧几乎平行，额宽约为头宽的 1/3；复眼红棕色光裸。触角柄节黑色，梗节色较柄节深，柄、梗节均很短，几乎等长；鞭节几乎呈圆盘形，浅黄色，端部着生 1 黄色长芒。喙黑色被稀疏暗棕色长毛；须黑色；后头亮黑色。胸部亮黑色，胸背板具稀疏的黄色短毛，小盾片端部退化；侧板几乎光裸。翅略带浅黄色，翅痣暗黄色；R_{2+3} 从前横脉前发出；R_4 存在；M_1、M_2 基部接近。足黄色，但所有股节中部至亚端缘具宽的黑色环。腹部亮黑色，具稀疏的短毛和黄色绒毛。

雄未知。

观察标本：5♀，山西翼城大河，111°55′E，35°25′N，1342m，2012.VII.13，杨再华采。

分布：山西（历山）、台湾。

4 等额水虻 *Craspedometopon frontale* Kertész, 1909，山西省新记录

雄体长 4.8～8.0mm，翅长 5.2～6.5mm。体黑色；复眼棕色，被棕色短毛；单眼瘤黑色闪光，单眼棕色。触角棕色，但柄节暗棕色到黑色；梗节内缘稍凸起；鞭节稍宽于梗节末梢。喙黄色，须黑色具黑色毛。胸黑色闪光，具浓密的刻点和一些黄棕色和黑色的毛，小盾片后缘具 4 发达的刺状突起。翅几乎透明，在盘室前缘具淡烟棕色斑；翅基半部翅脉棕色到黑色，翅痣和端半部淡黄色。足棕色，仅股节和径节基部稍暗。平衡棒黄白色，基部黄棕色。腹部黑色，密被刻点。雄性生殖器不外露。雌似雄，但复眼明显远离，额两侧平行。

观察标本：1♀，山西翼城大河，111°56′E，35°26′N，1342m，2012.VII.12，杨再华采。

分布：山西（历山）、浙江、台湾、重庆、四川、贵州、云南；日本，韩国，俄罗斯，印度，斯里兰卡。

5 贝氏鞍腹水虻 *Clitellaria bergeri* Pleske, 1925，山西省新记录

雄体长 8.8～12.0mm，翅长 8.3～10.6mm。体黑色，主要被黑色毛。头黑色，在触角下方颜面具对称的白色毛斑，触角上方也具 1 对白色侧毛斑；额和颜在复眼缘具窄的灰白色毛带。复眼接眼式，被黑色毛。触角黑色；鞭节灰白色，端部具黑色短毛。喙黑色具白色毛；须分 2 节，黑色。胸部黑色，但肩胛、翅后胛和刺的端部红棕色，胸背板中央具 1 对白色的纵毛带；胸背板在翅基前侧各具 1 粗的短刺；小盾片具 1 对粗的刺；翅暗棕色，翅脉棕色至暗棕色。平衡棒乳黄色，柄棕色。腹部黑色，具白色毛。雌似雄，但体稍粗壮；复眼远离；额两侧几乎平行；复眼后具眼后缘。

观察标本：1♂1♀，山西翼城大河，111°55′E，35°25′N，1342m，2012.VII.13，杨再华采。

分布：山西（历山）、北京、辽宁、四川；西伯利亚。

6 黑色鞍腹水虻 *Clitellaria nigra* Yang et Nagatomi, 1992

雄体长 7.7～8.3mm，翅长 7.8～8.7mm，黑色。头被白色毛，但单眼瘤、颅顶和上颜具黑色毛；前额具 1 对白色毛斑。复眼接眼式，被黑毛。触角红黄色具暗色的基、端缘，柄节和梗节被黑毛；鞭节灰白色具黑色端缘毛。喙、须棕色。胸部肩胛、翅后胛具红棕色；在翅基前侧上方各具 1 尖侧刺；小盾片具端部红棕色的黑刺，胸部被黑毛；侧板毛被白色。足黑色，但股节端缘、胫节端部和跗节部分红棕色。翅暗棕色，前半部色稍暗。平衡棒棕黄色，基部暗棕色。腹部黑色，背板具黑色毛，但基部和腹面的毛主要呈白色。雌似雄，复眼远离；额两侧几乎平行；中胸背板具 4 纵的白色毛带。

观察标本：3♂5♀，山西翼城大河，111°55′E，35°25′N，1342m，2012.VII.13，杨再华采。

分布：山西（历山等）、江苏、广西、贵州。

7 黄腹小丽水虻 *Microchrysa flaviventris* (Wiedemann, 1824)，山西省新记录

雄体长 4.0～5.0mm，翅长 3.5mm。头黑色，单眼黄色，单眼三角小，明显突起；额三角小，向前渐变窄；复眼红棕色，光裸无毛；触角黄褐色至黄色，端部较深；颜黑色，闪绿色金属光泽，侧缘被毛；喙黄色，被毛。胸黑色，闪黄绿色金属光泽，被黄褐色至黑色毛，仅在侧板与背板连接处和翅基片部分为黄白色。腹部大部分为黄绿色，但端部黑色，被黄色至黑褐色的毛。翅 R_4 脉存在，盘室发出 3 条 M 脉，但明显退化。足大部分黄色，在股节中部、胫节端部色较暗。雌似雄，但复眼离眼式，额和颜两侧几乎平行，复眼后缘具眼后缘，向后渐变窄。腹部整个黑色并具绿色金属光泽。

观察标本：2♂3♀，山西翼城大河，111°55′E，35°25′N，1174m，2012.VII.13，杨再华采。

分布：山西（历山）、江苏、浙江、台湾、海南、广西、重庆、贵州、云南；日本，俄罗斯，马来西亚，印度，印度尼西亚，巴基斯坦，菲律宾，斯里兰卡，泰国，马达加斯加，喀麦隆，塞舌尔群岛，贝劳，关岛，密克罗尼西亚，新喀里多尼亚，马里亚纳，巴布亚新几内亚，所罗门群岛，瓦努阿图。

8 金黄指突水虻 *Ptecticus aurifer* (Walker, 1854)

体长 18.0～25.0mm，翅长 16.5～22.0mm。复眼裸，体橘黄色。雄性复眼为接眼式；额向头顶逐渐变宽，下额白色，隆起；触角红黄色，第 1、2 节被棕色毛，第 2 节内侧呈指突状，第 3 节盘形，有 2 条波状纹，端部有 1 根长鬃；颜淡黄色，下颜膜质；须淡黄色，喙红黄色。胸部红黄色，被黄毛，小盾片同胸背板。翅前半部棕黄色，端部 1/3 黑色；M_4 脉不从中室出发，下横脉明显可见，R_{2+3} 脉从上横脉前出发，R_4 与 R_5 脉分离，盘室后方发出 3 条 M 脉。平衡棒黄色。腹扁平、细长，背板橘黄色，第 3～5 腹背板各具黑色大斑。雌似雄，但复眼分离，额两侧几乎平行，尾须 2 节。

观察标本：2♂，山西翼城大河，E111°35′，N35°27′，1174m，2012.VII.13，杨再华采；1♂，山西翼城大河，111°35′E，35°27′N，1174m，2012.VII.14，杨再华采。

分布：山西（历山等）、吉林、内蒙古、北京、河北、陕西、江苏、安徽、浙江、湖南、福建、台湾、广西、四川、贵州、云南、西藏；日本，俄罗斯，印度，印度尼西亚，马来西亚，越南。

9 狡猾指突水虻 *Ptecticus vulpianus* Enderlein, 1914，山西省新记录

雄体长 8.0～12.0mm，翅长 8.0～11.5mm。头棕黄色，但颅顶、上额、单眼瘤黑色；复眼暗棕色，光裸；前额中央具白色瘤状突起，下方具 1 对黑色的侧斑。触角淡棕黄色。颜黄色，须暗棕色；喙黄色。胸背板淡棕黄色，小盾片与背板同色；侧板整个黄色。胸部被黄色毛。翅透明，R-M 脉从 R_{2+3} 处发出，R_{2+3} 与 Rs 脉在端部接近前缘脉处靠近。足黄色，但前、中跗节向端部去变暗，端部几乎呈黑色；后足股节黑色；后足第 1 跗节外侧黑色，内侧及余跗节白色。腹部背板黑色，具紫色金属光泽，1～4 背板后侧角略呈暗棕黄色，腹面黑色。雌似雄，但复眼分离，额向前渐变窄，腹端变细，尾须 2 节。

观察标本：2♂，山西翼城大河，111°35′E，35°27′N，1174m，2012.VII.14，杨再华采。

分布：山西（历山）、陕西、河南、福建、台湾、广东、海南、四川、重庆、贵州、云南；日本，泰国，琉球群岛，马来西亚，印度，澳大利亚。

10 丽瘦腹水虻 *Sargus metallinus* Fabricius, 1805

雄体长 7.0～11.0mm，翅长 9.0mm。复眼稍分离。头呈球形，复眼占据了头部的大部分，额为金属绿色，两侧平行，下额淡黄色，被淡黄色毛；单眼瘤和后头黑色；触角黄色，被黑色毛，梗节内侧端缘呈弧形，鞭节基部盘形，端部着生 1 细长的芒；下颜大部分膜质，淡黄色；后头具 1 圈向后伸的缘毛。胸部背板绿色闪光，小盾片与胸背板同色，均被淡黄色毛；小盾片后缘弧形；肩胛黄色。足黄色。翅透明，翅脉棕色，M_4 脉不从 Cu-M 脉不从盘室发出。平衡棒黄色。腹部梭形，黑色具蓝紫色闪光。雌似雄，但复眼明显远离，尾须 2 节。

观察标本：1♀，山西翼城大河，111°55′E，35°25′N，1174m，2012.VII.13，杨再华采。

分布：山西（历山等）、吉林、内蒙古、北京、天津、河北、陕西、甘肃、上海、浙江、江西、湖南、福建、广东、广西、四川、贵州、云南、西藏；俄罗斯，韩国，日本，缅甸，印度尼西亚，马来西亚，菲律宾，印度，斯里兰卡，泰国，大洋区。

11 亮斑扁角水虻 *Hermetia illucens* (Linnaeus, 1758)

雄体长 12.0～20.0mm，翅长 10.0～15.0mm。细长，暗黑色；雄复眼均分离、光裸；触角长至少是头长的 2 倍，触角鞭节分 8 亚节，末亚节大约与其余亚节之和等长，扁平、矛状；颜面突起。胸部黑色闪光，但前胸背板、翅后胛和小盾片呈暗褐色；小盾片无刺；翅棕色略带棕色；4 条 M 脉从盘室发出；足大部分黑色，但所有跗节和后足胫节基部 1/3～1/2 白色。腹部可见 5 节，除第 1、2 合节有 1 对对称的白色透明的斑和第 2、3 节两侧端各有 1 枚白色带透明的小斑外，其余呈黑色。雄性生殖器复杂而细长，基部加宽。雌似雄，雌性末节长，尾须 2 节；位于生殖刺突长而突出。

观察标本：1♂，山西翼城大河，111°55′E，35°25′N，1174m，2012.VII.13，杨再华采。

分布：山西（历山等）、黑龙江、吉林、辽宁、内蒙古、北京、河北、山东、河南、陕西、宁夏、甘肃、青海、新疆、江苏、上海、安徽、浙江、湖北、江西、湖南、福建、台湾、广东、海南、香港、广西、重庆、四川、贵州、重庆、云南、西藏；古北区，新北区，东洋区，非洲区，新热带区，澳洲区。

致谢　本研究得到国家自然基金（31660623）和贵州省科技平台及人才团队计划项目 2017［5615］资助。

参 考 文 献

湖南省林业厅, 1992. 湖南森林昆虫图鉴[M]. 长沙: 湖南科学技术出版社.

史永善, 1999. 水虻科[M]//黄邦侃. 福建昆虫志, 第 8 卷. 福州: 福建科学技术出版社.

郑乐怡, 归鸿, 1999. 昆虫分类[M]. 南京: 南京师范大学出版社.

杨定, 张婷婷, 李竹. 2014. 中国水虻总科志[M]. 北京: 中国农业大学出版社.

杨再华, 杨茂发, 2007. 水虻科[M]//李子忠, 杨茂发, 金道超. 雷公山景观昆虫. 贵阳: 贵州科技出版社.

Brunetti E, 1920. Diputera, Brachycera. Vol.[M]//Shipley A E. The fauna of British India, including Ceylon and Burma. London.

Qi F, Zhang T T, Yang D, 2011. Three new species of Beridinae from China (Diptera, Stratiomyidae)[J]. Acta Zootaxonomica Sinica, 36(2): 278-281.

Rozkošný R, Jong H D, 2001. Inedtity of the Orietal and Australasian species of *Ptecticus* Loew Described by J. C. H. de Meijere (Diptera: Stratiomyidae)[J]. Tijdschrift voor Entomologie, 144: 55-71.

Rozkošný R, Kovac D, 2007. Palaearctic and Oriental species of *Craspedometopon* Kertesz (Diptera, Stratiomyidae)[J]. Acta Zoologica Academiae Scientiarum Hungaricae, 53 (3): 203-218.

Üstüner T, Abdullah H, Rozkosný R, 2003. The first record of *Hermetia illucens* (Linnaeus, 1758) (Diptera, Stratiomyidae) from the Near East[J]. Studia dipterologica, 10(1): 181-185.

Woodley N M, 2001. A world catalog of the Stratiomyidae (Insecta: Diptera)[J]. Myia, 11: 1-475.

Yang D, Nagatomi A, 1992. The Chinese *Clitellaria* (Diptera: Stratiomyidae)[J], South Pacific Study, 13(1): 1-35.

Stratiomyidae

Yang Zaihua[1]   Yang Maofa[2]

(1 Guizhou Academy of Forestry, Guiyang, 550005;
2 Institute of Entomology, Guizhou University, Guiyang, 550025)

The present research includes 9 genera and 11 species of Stratiomdae collected from Lishan Nature Reserve, among of which one new species is described, one new record in China and 4 new records in Shanxi Province are mentioned. All specimens are deposited in the Guizhou Academy of Forestry, Guiyang, Guizhou Province, P. R. China (GAFC).

Actina lishanensis sp. nov.

This new species is similar to *A.curvata* Qi et al., 2011，but may be separated from the latter by the antennal pedicel and 1-2 flagellomeres light brownish yellow; fore and mid coxae yellow，mid and hind tarsi just with last tarsus dark to black; dorsal bridge is wider and longer，aedeagus is thick，the apical just indistinct bipartite.

Type material. Holotype ♂，Shanxi，Jincheng，Qinshui，Xiachuan vellege，112°01′E, 35°26′N，1660m，2012.VII.18，Yang Zaihua leg.

Etymology. The species is named after the type locality Lishan in Shanxi Province.

Distribution. China (Shanxi).

舞虻科 Empididae

李轩昆　王宁　杨定

（中国农业大学，北京，100193）

　　舞虻小至中型。体细长，褐色至黑色，或黄色且有黑斑，一般有发达的鬃。头部通常较小而圆；雌雄复眼分开，或在颜区(或额区)相接；复眼内缘在触角基部附近凹缺。触角鞭节 1 节较粗，末端生有 1~2 节的端刺或芒。喙一般比较长；较坚硬。胸部背面隆起。前缘脉有时环绕整个翅缘；Sc 端部多游离，有时也完全终止于前缘脉；R_{4+5} 多分叉，R_5 一般终止于翅端；臀室短，离翅缘较远处关闭，盘室有时不存在。翅基部较窄，翅瓣一般不发达。足细长，前足有时为捕捉足，中足或后足腿节有时也明显加粗腹面有齿。一些种类的足雌雄异形，雌性足有羽状鬃或雄性前足基跗节膨大。雄性外生殖器两侧对称或不对称，生殖基节和生殖突退化，第 9 背板和下生殖板较发达。幼虫长筒状，有 12 节；头部很小；胸部稍向前变窄；腹部无伪足，末节有侧沟；两端气门式呼吸。水生幼虫腹部有 7~8 对伪足，末端有指状突或瘤突，其上有成对的鬃；无气门式呼吸。

　　成虫多生活在水边植物上，也出现在树干甚至水面上；捕食性，主要捕食双翅目的蚊类和蝇类、半翅目的介壳虫类、木虱类和蚜虫类等。有些种类有群飞习性，交尾时常在陆地或水面上空大量聚集成群飞舞。幼虫生活在土壤中、腐木中、树皮下及淡水中，以小型节肢动物为食。

　　舞虻科世界性分布，目前世界已知 4000 余种，中国记录 400 余种，山西历山自然保护区采到 2 属 6 种。

分属检索表

1 雌雄复眼均为接眼式；翅有盘室；后足腿节明显加粗，有发达腹鬃·····························
···駝舞虻属 Hybos
- 雌雄复眼均为离眼式；翅无盘室；后足腿节不明显加粗，无腹鬃·······························
···隐肩舞虻属 Drapetis

1 北方駝舞虻 Hybos arctus Yang et Yang, 1988

　　雄体长 2.6~3.3mm，前翅长 2.6~3.2mm。头部黑色；毛和鬃黑色。复眼发达，浅红褐色；单眼黄棕色。触角芒细长，长约为触角的 3 倍。须细长，端部有 2~3 根黑色腹毛。胸部明显隆起。足黑色，但中足基部 2 跗节黄褐色，后足基部 2 跗节褐色。中足胫节基半部具 2 根长背鬃，还具 2 根长的端腹鬃；基跗节具不明显的腹鬃。后足腿节比胫节明显粗大，腹鬃大至 2 排，外侧的长而稀疏，内侧的短而密；基跗节具腹鬃。翅白色透明，具浅褐色翅痣，脉褐色。腹部褐色，明显向下弯曲；毛和鬃多暗黄色。雄性外生殖器弱膨大。

　　观察标本：2♂，山西翼城大河，2012.VII.25，王晨采。

　　分布：山西（历山）、黑龙江、北京。

2 凹缘駝舞虻 Hybos concavus Yang et Yang, 1991

　　雄体长 4.7mm，前翅长 4.6mm。头部黑色。复眼浅赤褐色；单眼黄色。须较细长，有 4

根黑色腹毛。触角芒细长，长约为触角的 3 倍。胸部明显隆起。足黑色，但跗节浅黑色，中足第 1～2 跗节和后足第 1～4 跗节暗黄褐色；毛和鬃黑色。前足腿节略膨大，胫节端半部 1/3 处具 1 根细长的背鬃，还具 2 根端腹鬃。中足腿节具 1 排稀疏短腹鬃；中足胫节基部 1/3 处具 1 根背鬃，中部前具 1 根背鬃、后具 1 根腹鬃，端部 1/3 处具 1 根背鬃，末端具 2 根端腹鬃。后足腿节比胫节明显粗大，腹鬃现状、大致 2 排，外侧的较稀疏而长，基半部有 2 根背外侧鬃、端半部仅有 1 根背外侧鬃；基跗节有 1 排短的齿状腹鬃，第 2 跗节仅有 1 根类似的腹鬃。翅白色透明，无明显的翅痣，或稍带灰色且有暗褐色翅痣。

观察标本：1♂，山西翼城大河，2012.VII.23，王晨采。

分布：山西（历山）、河南、湖北、四川。

3 粗腿驼舞虻 *Hybos grossipes* (Linnaeus, 1767)

雄体长 3.8～4.8mm，前翅长 3.5～5.4mm。头部黑色。复眼赤褐色至黄棕色；单眼黄色。触角芒细长，长约为触角的 3 倍。须细长，端半有 4 根黑色腹毛。胸部明显隆突。足全浅褐色或黑色。前足胫节具 2 根细长的背鬃；中足胫节具 3 根长背鬃，还有 2 根长的端腹鬃。后足腿节显著膨大，腹鬃大致 2 排、刺状，外侧的较长而稀疏，内侧的短而密；基跗节具短的刺状鬃。翅白色透明或略带浅褐色，具褐色翅痣，脉褐色，R_{4+5} 和 M 端分叉。腹部黑色，直或明显向下弯曲；毛和鬃暗黄色。雄性外生殖器弱膨大。雌体长 3.2～4.1mm，前翅长 3.1～4.1mm。

观察标本：3♂3♀，山西翼城大河，2012.VII.23，王晨采。

分布：山西（历山）、吉林、内蒙古、河北、河南、陕西、宁夏、甘肃、四川；苏联，德国，英国，丹麦，瑞典，芬兰，挪威。

4 湖北驼舞虻 *Hybos hubeiensis* Yang et Yang, 1991

雄体长 4.8～4.9mm，前翅长 4.5～4.7mm。头部黑褐色；毛和鬃黑色，但后腹面有暗黄毛。复眼红棕色，上部小眼面明显扩大；单眼黄色。触角芒长约为触角的 2 倍。胸部明显隆突。足黑色，但跗节基部黄褐色。前足胫节端半部 1/3 处和末端各具 1 根背鬃，前者较弱而后者较粗长，末端还有 1 根极类似鬃的端背毛；基跗节具 1 根基腹鬃。中足胫节基半部 1/3 处具 1 根极长的背鬃，中部具 1 根极长有腹鬃，端部具数根轮生的鬃；基跗节具 1 排腹鬃。后足腿节明显比胫节粗大，腹鬃长、大致 2 排，端半部还具 4 根背外侧鬃；胫节中部具 2 根背鬃，端部具 1 根端背鬃和 1 根端腹鬃，背外侧还有或无 2 根端前鬃；基跗节有成排且较短的齿状鬃。翅白色透明，具明显或不明显的浅褐色翅痣，脉褐色，R_{4+5} 和 M 端弱分叉。雌体长 4.3～4.5mm，前翅长 4.2～4.3mm。

观察标本：2♂3♀，山西翼城大河，2012.VII.23，张振华采。

分布：山西（历山）、河南、甘肃、湖北。

5 武当驼舞虻 *Hybos wudanganus* Yang et Yang, 1991

雄体长 4.1mm，前翅长 3.8mm。头部黑褐色。复眼浅红褐色，上部小眼面略扩大。触角褐色；触角芒细长，长约为触角的 2.5 倍。须细长，褐色。胸部明显隆突。足全浅褐色或黑色；毛褐色或黑色，鬃黑色，但基节毛部分黄色。前足胫节具数根端鬃。中足胫节基部 1/3 处和中部各具 1 根背鬃，端部还具数根端鬃。后足腿节显著膨大，腹鬃短刺状、2 排；基部 2 跗节具短的刺状腹鬃。翅白色透明，具浅褐色翅痣，脉浅褐色，R_{4+5} 和 M 端大致平行，M 最末端稍弯。腹部弱或明显向下弯曲，有些亮的黑色；毛和鬃黑色。雄性外生殖器弱膨大。雌体长 3.3～3.8mm，前翅长 3.7～3.8mm。

观察标本：1♂3♀，山西翼城大河，2012.VII.23，王晨采。

分布：山西（历山）、河南、湖北。

6 端黑隐肩舞虻 *Drapetis apiciniger* Yang, An et Gao, 2002

雄体长 1.9～2.1mm，前翅长 2.0～2.1mm。头部黑色，有灰白粉。毛和鬃淡黄色。1 对头顶鬃；单眼瘤弱突出，有 1 对单眼鬃。触角黄褐色；第 3 节长锥状，长为宽的 3.0 倍；芒细长，长约为触角 3 节长之和的 2 倍。胸部黑色；中胸背板亮黑色。中胸背板毛多而短。无明显肩鬃，2 根背侧鬃，1 根背中鬃，1 根翅后鬃。足黄色；后足腿节端半浅黑色，后足胫节浅黑色。足毛和鬃淡黄色。前足腿节明显加粗，粗为前足胫节的 1.8 倍；中足腿节稍加粗，粗为中足胫节的 2.0 倍；后足腿节稍加粗，粗为后足胫节的 1.3 倍。前足腿节有 1 排短细的后腹鬃，基部有 1 根长后腹鬃，末端有 2 根有些靠近而较长的后腹鬃；中足腿节基部有 1 根长后腹鬃。前足胫节末端有 1 根明显的后腹鬃。翅白色透明；脉黄褐色，R_{4+5} 与 M 端部稍分叉。腹部浅褐色。毛和鬃黑色，第 3～4 节背板有短刺毛。雌体长 2.2～2.3mm，前翅长 2.3～2.4mm。

观察标本：4♂2♀，山西翼城大河，2012.VII.23，王晨采。

分布：山西（历山）、河南。

参 考 文 献

杨定, 王孟卿, 朱雅君, 等, 2010. 河南昆虫志 双翅目 舞虻总科[M]. 北京: 科学出版社.

杨定, 杨集昆, 2004. 中国动物志 昆虫纲 舞虻科 34[M]. 北京: 科学出版社.

Yang D, Zhang K Y, Yao G, et al., 2007. World catalog of Empididae (Insecta: Diptera)[M]. Beijing: China Agricultural University Press.

Empididae

Li Xuankun　Wang Ning　Yang Ding

(China Agricultural University, Beijing, 100193)

The present research includes 2 genera and 6 species of Empididae in Lishan National Nature Reserve of Shanxi Province.

眼蕈蚊科 Sciaridae

施凯　吴鸿

（浙江农林大学林业与生物技术学院，杭州，311300）

眼蕈蚊科 Sciaridae 隶属于双翅目 Diptera，长角亚目 Nematocera，眼蕈蚊总科 Sciaroidea，是与菌蚊科、瘿蚊科近缘的常见长角亚目昆虫，种类繁多，分布广泛。

眼蕈蚊为小型暗淡蚊类，头部复眼背面尖突，左右相连形成眼桥，仅极少数种分离。单眼 3 个，触角 16 节，鞭节多样，口器短，下颚须 1～3 节。胸部粗大，足细长，胫节有端距，3 对足的端距多为 1：2：2，前足胫节端部有胫梳排列成一横排或弧形扇状。翅脉较简单，翅脉有大毛，或仅前边几条有毛，Rs 不分支，基部弯折与 R_1 垂直如短横脉，径中横脉（r-m）则似纵脉与 Rs 相连成直角，中脉 2 条呈叉状，其柄常弱。腹部筒形，雄性外生殖器粗壮，生殖突基节宽大而左右联合，生殖刺突多呈钳状，雌腹多膨大而端渐尖细。幼虫细长筒形，头部黑亮而体色淡，体周气门式，无伪足。

目前，该科全界已知 78 属 2000 余种。目前中国记录 34 属 400 种。山西历山自然保护区的标本共鉴定出 3 属 7 种。

1 俄罗斯远东突眼蕈蚊 *Dolichoscia raninae* Antonova, 1977，中国新记录种

生殖刺突顶端狭窄，中部尖端凹陷处具 14～18 短刺，生殖器具大的基叶。

观察标本：1♂，山西沁水下川猪尾沟，35°44.382′N，112°02.054′E，2012.VII.23，施凯采 [SM01536]。

分布：山西（历山）、浙江、台湾；俄罗斯远东地区（Antonova，1977）。

讨论：该种最早记录于俄罗斯远东地区，是中国的新记录种。中国种与模式种没有明显的差异。

2 强毛突眼蕈蚊 *Dolichosciara saetosa* (Lengersdorf, 1929)，中国新记录种

生殖刺突边缘近似平行，近端部具 6～8 刺，生殖基节中央区域具毛。

观察标本：1♂，山西翼城大河南神峪，35°69.014′N，112°18.674′E，2012.VII.28，施凯采 [SM01550]。

分布：山西（历山）；俄罗斯（普拉夫金斯克），芬兰，德国。

讨论：该种最早记录于俄罗斯的普拉夫金斯克，是中国的新记录种。中国种不同于模式种在于触角双色，柄节，梗节和鞭节第 1 节为黄色，其余的为棕色，R_1 长，R_1/R 为 0.73，而模式种触角棕色，R_1 短，R_1/R 为 0.50。

3 饰尾突眼蕈蚊 *Dolichoscia raornata* (Winnertz, 1867)，中国新记录种

生殖刺突近顶端 1/3 处具 4～5 稍弯曲的刺，刺长接近生殖刺突顶端的宽度的一半，生殖基节中央区域具毛。

观察标本：1♂，山西沁水下川普通沟，35°69.014′N，112°18.674′E，2012.VII.24，施凯采（SM01548）；1♂，山西翼城大河南神峪，35°69.014′N，112°18.674′E，2012.VII.28，施凯采（SM01549）。

分布：山西（历山）、河南、浙江、台湾、广东、广西、云南；俄罗斯（远东地区，中欧部分），德国，澳大利亚，瑞士，芬兰，波兰。

讨论：该种的模式产地不清晰，是澳大利亚或德国（Winnertz，1867）。中国标本与模式没有明显的差异，然而 4 头采自浙江安吉的标本 Y 脉具 3～9 刺，y/x 为 1.21～1.32，而中国的其他标本 Y 脉光裸，y/x 为 2 左右。

4 六刺伪轭眼蕈蚊 *Pseudozygoneura hexacantha* Shi et Huang, 2015

下颚须 1 节。前足跗节腹侧中部具胫梳。后足胫节无点状感觉窝。生殖基节短于生殖刺突，生殖基节腹侧具稀疏毛，生殖基节中央区域具稀疏毛；生殖刺突膨大，具密毛，具 6 根细刺；阳基边缘宽大于长，顶端具 1 个圆形指状结构；第 10 腹节两侧各具 1 毛。

观察标本：副模，1♂，山西沁水下川普通沟，35°69.014′N，112°18.674′E，2012.VII.24，施凯采；1♂，山西翼城大河南神峪，35°69.014′N，112°18.674′E，2012.VII. 28，施凯采。

分布：山西（历山）、陕西、浙江、湖北、福建。

5 肥尾配眼蕈蚊 *Peyerimhoffia obesa* Shi et Huang, 2014

下颚须 1 节。生殖基节长于生殖刺突，生殖基节腹侧具稀疏毛，生殖基节中央区域几乎光裸；生殖刺突膨大呈卵形，具较稀疏毛，顶端具 1 粗大的端齿；阳基边缘宽大于长，顶端

平滑，两侧中部轻微弯曲且骨化；第 10 腹节两侧各具 1 毛。

观察标本：正模♂，山西沁水下川富裕河，35°69.014′N，112°18.674′E，2012.VII. 26，施凯采。

分布：山西（历山）。

6 芬兰配眼蕈蚊 *Peyerimhoffia vagabunda* (Winnertz, 1867)，中国新记录种

下颚须具 1 节，形状规则。生殖刺突向顶端变窄，背侧圆滑，端齿长度等于生殖刺突的宽，生殖基节上无的基节，阳基边缘强烈弯曲硬化。

观察标本：2♂，山西沁水下川普通沟，35°69.014′N，112°18.674′E，2012.VII. 24，黄盘诱捕，施凯采（SM017760～1777）；1♂，山西沁水下川猪尾沟，35°69.014′N，112°18.674′E，2012.VII.23，施凯采（SM01738）；1♂，山西沁水下川猪尾沟，35°69.014′N，112°18.674′E，2012.VII.25，施凯采（SM01770）；1♂，山西翼城大河南神峪，35°69.014′N，112°18.674′E，2012.VII. 28，施凯采（SM01780）。

分布：山西（历山）、黑龙江、陕西、浙江；芬兰，瑞典，意大利，俄罗斯（滨海边区）。

讨论：该种是中国新记录种，中国标本与模式标本无明显差异。

7 长突配眼蕈蚊 *Peyerimhoffia longiprojecta* Shi et Huang, 2014

下颚须 3 节，基节具 2 毛。生殖基节长于生殖刺突，生殖基节腹侧具稀疏毛，生殖基节中央区域光裸。生殖刺突狭长，具较稀疏毛，顶端具 1 短且强壮的端齿；阳基边缘顶端强烈隆起；第 10 腹节两侧各具 1 毛。

观察标本：正模♂，山西沁水下川村普通沟，35°69.014′N，112°18.674′E，2012.VII.24.，施凯采；副模，1♂，同正模（SM01736）。

分布：山西（历山）。

参 考 文 献

Huang J, Shi K, Li Z, Wu H, 2015. Review of the genus *Pseudozygoneura* Steffan (Diptera, Sciaridae) from China [J]. Entomological News, 125(2): 77-95.

Menzel F, Mohrig W, 2000. Revision der paläarktischen Trauermücken (Diptera, Sciaridae)[J]. Studia Dipterologica Supplement, 6: 1-761.

Mohrig W, Menzel F, 1994. Revision der paläarktischen Arten von *Phytosciara* Frey (Diptera: Sciaridae)[J]. Beiträge zur Entomologie, 44(1): 167-210.

Shi K, Huang J, Zhang S J, Wu H, 2014. Taxonomy of the genus *Peyerimhoffia* Kieffer from Mainland China, with a description of seven new species (Diptera, Sciaridae)[J]. ZooKeys, 382: 67-835.

Tuomikoski R, 1960. Zur Kenntnis der Sciatiden (Dipt.) Finnlands[J]. Annales Zoologici Societatis, 21: 1-164.

Vilkamaa P, Hippa H, 2005. Phylogeny of *Peyerimhoffia* Kieffer, with the revision of species (Diptera: Sciaridae)[J]. Insect Systematics et Evolution, 35: 457-480.

Wu H, Shi K, Huang J, Zhang S J, 2013. Review of the genus *Dolichosciara* Tuomikoski (Diptera, Sciaridae) from China[J]. Zootaxa, 3745 (3): 343-364.

Sciaridae

Shi Kai   Wu hong

(School of Forestry and Biotechnology, Zhejiang A & F University, Hangzhou, 311300)

The present research includes 3 genera and 7 species of Sciaridae, distributed in Lishan National Nature Reserve of Shanxi Province.

蠓科 Ceratopogonidae

侯晓晖　韩晓静　蒋晓红

（遵义医学院基础医学院，遵义，563000）

蠓虫体型微小，体长多数为 1.0～5.0mm，细长或短粗。头桔形，较胸背略低垂。触角通常 15 节，节数和形态在不同属间有变异，触角上常着生感觉器。口器发达。复眼 1 对，单眼退化。胸背稍隆起，前、后胸退化，中胸发达。前、中、后足各 1 对，各足跗节 5 节。翅为膜质，可有大小不等的毛或明暗不等的斑。腹部 10 节，雄虫 9、10 节特化为尾器，雌虫尾端 3 节特化为外生殖器。

蠓科昆虫食性因属种不同而异，有寄生性、猎食性、植食性和吸血性，其中三大吸血蠓属（即库蠓属、细蠓属和蠛蠓属）可吸食人或牲畜的血液并传播疾病，在医学和兽医学研究中具有重要意义。

蠓科昆虫世界性分布，目前世界已知 6550 余种，中国记录 1170 余种，山西历山自然保护区记录 3 亚科 5 属 16 种。

分属检索表

1 爪间突发达（铗蠓亚科 Forcipomyiinae）..2
- 爪间突退化或无 3
2 翅前缘脉超越翅中，第 2 径室长而宽 .... 裸蠓属 Atrichopogon
- 翅前缘脉约抵翅中或短，第 2 径室短或不发达........................铗蠓属 Forcipomyia
3 翅仅有 1 个短小径室，雌虫触角长节不明显，或仅端部 1 节延长，鞭节各节基部可有刻纹(毛蠓亚科 Dasyheleinae) .... 毛蠓属 Dasyhelea
- 翅有 1～2 个径室，触角各节均无刻纹，通常端部 4～5 节明显延长（蠓亚科 Ceratopogoninae）
....4
4 翅面大毛常较密，常有形态各异色斑，2 个径室.....................................库蠓属 Culicoides
- 翅面大毛稀少或无，1 个径室，或 2 个不成形径室................................短蠓属 Brachypogon

1 郊野裸蠓 Atrichopogon suburbanus Liu et Yan, 1996

雄虫翅长 1.20mm，宽 0.37mm。复眼相接，小眼面间有柔毛；触角鞭节端部 4 节延长，末节端突明显；触须 5 节，第 3 节细长，仅中部稍膨大，感觉器窝细小，开口于近端部，第 5 节稍长于第 4 节；大颚无齿。胸部棕色，侧板棕黄色；小盾片色泽较浅，后缘有粗鬃 4 根；翅面无大毛，径 2 室长为径 1 室的 2 倍；足淡棕色，爪发达，端部分叉，后足胫节端鬃 7 根，梳齿 16 根。腹部棕黄色；尾器第 9 腹板后缘中央深凹；第 9 背板后缘弧形，约与抱器基节等长；抱器基节近柱形，踝突发达；阳茎中叶状似内、外双层结构，外层端部突出钝圆，具 1 刺状突起，内层端部呈凹缘；阳基拱高，侧臂粗长而弯曲。

观察标本：2♂，山西沁水下川，2012.VII.18，侯晓晖采。

分布：山西（历山）、海南。

2 樟木裸蠓 *Atrichopogon zhangmuensis* Yu et Yan, 2001

雌虫翅长 1.55mm，宽 0.61mm。复眼相接，小眼面间有柔毛；触角鞭节基部短节短卵形，端部 5 节延长，末节端突长；触须第 3 节近端部明显粗大，感觉器窝位于近端部；第 4、5 节愈合，约与第 3 节等长；唇基片鬃 6 根。胸部棕褐色；中胸背板多较长的细鬃毛，小盾片后缘有粗鬃 4 根；翅面除基室外各翅室均有大毛，近翅端部大毛较密，以径 5 室较多，臀室最少，径 2 室较宽长，约为径 1 室长的 3.5 倍，中叉几乎无柄；各足棕黄色，爪和爪间突均发达，端部不分叉，后足胫节端鬃 9 根。腹部棕色；受精囊 1 个，有短颈，在颈部处有不清晰刻点；殖下板下，外缘呈方形。

观察标本：1♀，山西沁水下川，2012.VII.18，侯晓晖采。

分布：山西（历山）、西藏。

3 棕须裸蠓 *Atrichopogon clavifuscus* Tokunaga, 1940

雄虫翅长 1.55mm，宽 0.44mm。复眼相接，小眼面间有柔毛；触角鞭节短节呈长卵状，末节端突明显；触须 5 节，第 3 节中部稍粗，感觉器窝位于近端部。胸部棕褐色；中胸背板散布短小鬃毛，小盾片后缘有粗鬃 4 根；翅面无大毛，中叉柄约为 r-m 横脉长的 1/4，径 2 室短宽，约为径 1 室的 2.5 倍；各足棕色，爪端略分叉，后足胫节端鬃 8 根，梳齿细，约有 20 枚。腹部浅棕色；尾器第 9 背板后缘弧形；第 9 腹板后缘深凹，中部又略有隆起，并有数根长鬃；抱器基节长为宽的 2 倍，踝突锥形，抱器端节粗，短于抱器基节；阳茎中叶状似 2 个盾形结构的重叠，中突外缘端尖，内缘端钝。

观察标本：2♂，山西沁水下川，2012.VII.19，侯晓晖采。

分布：山西（历山）、云南；日本。

4 翼棘裸蠓 *Atrichopogon pterygospinous* Yu et Yan, 2001

雌虫翅长 1.13mm，宽 0.46mm。复眼相接，小眼面间有较粗长柔毛；触角鞭节各短节橘形，端部 5 节略显短粗，除第 15 节外约等长，末节稍长，端突乳头状；触须 5 节，第 3 节中部膨大，感觉器窝位于中部；唇基片鬃较多，以端部 2 根最粗长；大颚齿弱，不发达。中胸背板棕褐色，小盾片浅黄色，后缘有粗鬃 4 根；翅除基室外，均有大毛，中叉柄略短于径中横脉，径 2 室为径 1 室长的 2.5 倍；各足浅黄色，股节色最浅，爪发达，爪端分叉，后足胫节端鬃 7 根，梳齿 19 枚。腹部棕色；第 1、2 腹节背板均有侧脊，脊外鬃各节每侧有 3 根；受精囊 1 个，基部有透明小刻点；尾端腹面赘生 5 对大小不等的翼状突。

观察标本：4♀，山西翼城大河，2012.VII.12～14，侯晓晖采；2♀，山西沁水下川，2012.VII.18，侯晓晖采。

分布：山西（历山）、广西。

5 交织裸蠓 *Atrichopogon intertextus* Yu et Yan, 2005

雄虫翅长 1.42mm，宽 0.48mm。复眼相接，小眼面间有柔毛；触角鞭节端部 4 节延长，第 12 节约为 13 节长的一半，末节有端突；触须 5 节，第 3 节中部稍粗，感觉器窝位于近端部。胸部背面深色，胸侧色较浅；小盾片后缘有粗鬃 4 根；翅面无大毛，中叉柄短于 r-m 横脉，径 2 室短宽，长约为径 1 室的 2.5 倍；各足一致浅棕色，爪端分叉，后足胫节端鬃 8 根，梳齿约 24 枚。腹部棕色；尾器第 9 腹板后缘突起，中部内陷呈槽状；第 9 背板后缘两端内曲成钩状突；抱器基节窄长，踝突长而折叠，抱器端节端部分叉，约为抱器基节长的一半；阳茎中叶形态特异，近似桃状，尖端伸出 1 枝末端膨大如帽；阳基侧突结构特异，愈合成 1 角质片，其两侧成 2 个囊状突。

观察标本：3♂，山西翼城大河，2012.VII.12～16，侯晓晖采。

分布：山西（历山）、湖北。

6 项角铗蠓 Forcipomyia monilicornis (Coquillett, 1905)

雌虫翅长 1.06mm，宽 0.51mm。复眼小眼面间无柔毛；触角鞭节基部各节橘形，端部 5 节明显延长；触须 5 节，第 3 节基部 4/5 膨大，感觉器窝浅，位于中部，第 4、5 节分离，第 5 节细小。胸部棕色，侧板棕黄色；小盾片后缘有粗鬃 11 根；翅面大毛密布，无斑；各足一致淡色，爪明显弯曲，爪间突发达，后足胫节端鬃 6 根，梳齿 16 枚。腹部淡黄色；受精囊 1 个，球状，颈短；殖下板盔状。

观察标本：1♀，山西沁水下川，2012.VII.16，侯晓晖采。

分布：山西（历山）、黑龙江、甘肃、广西、四川；欧洲，阿塞拜疆，蒙古，北美，非洲，澳大利亚。

7 灌丛铗蠓 Forcipomyia frutetorum (Winnertz, 1852)

雄虫翅长 0.88mm，宽 0.27mm。头部复眼小眼面间无柔毛；触角鞭节端部 4 节延长；触须 5 节，第 3 节基部 1/2 膨大，感觉器窝小，位于近中部。胸部棕褐色；小盾片后缘有粗鬃 7 根；后足胫节端鬃 6 根，梳齿 11 枚。腹部棕黄色；尾器第 9 腹板后缘中部深凹，几乎达到该节的 4/5；第 9 背板约为抱器基节的 2/3；抱器基节长约为宽的 1.8 倍，抱器端节短于抱器基节，基部膨大，端部渐细，末端指状；阳茎中叶状似 1 对长颈鸟，近基部相连；阳基侧突与抱器基节踝愈合成弯月状。

观察标本：1♂，山西翼城大河，2012.VII.13，侯晓晖采。

分布：山西（历山）、吉林、辽宁、山东、江苏、安徽、浙江、安徽、福建、江西、广西、四川、重庆、云南；德国，阿尔及利亚，加纳，加拿大，俄罗斯，日本。

8 昆明毛蠓 Dasyhelea kunmingensis Zhao et Yu, 1997

雄虫翅长 1.13mm，宽 0.41mm。复眼间距约 1 个小眼面宽，小眼面间有柔毛；触角鞭节各节刻纹明显，端部 4 节延长，末节无端突；触须 5 节，无感觉器。胸部棕褐色，小盾片浅色；翅面大毛密布；各足浅棕色，爪等长，爪间突退化，爪端略分叉，后足胫节端鬃 7 根，梳齿 17 枚。腹部：尾器抱器端节短于基节，其端部尖而弯；第 9 腹板后缘隆起，其顶端平而略凹；第 9 背板梯形，后缘侧突发达，指状；阳茎中叶两侧突较长，端部钝而弯，中突粗短，顶钝圆，基拱低；阳基侧突略不对称，中叶长而宽。

观察标本：1♂，山西沁水下川，2012.VII.19，侯晓晖采。

分布：山西（历山）、四川、云南。

9 长肢毛蠓 Dasyhelea longuria Yu, 2005

雄虫翅长 1.23mm，宽 0.51mm。复眼间距约 1 个小眼面宽，小眼面间无柔毛；触角鞭节各节刻纹明显，端部 4 节延长，末节无端突；触须 5 节，第 3 节细长，无感觉器窝。胸部棕褐色，小盾片浅色；各足棕色，爪等长，爪间突退化，爪端略分叉，后足胫节端鬃 6 根，梳齿 17 枚。尾器抱器端节约与基节等长，基节窄长；第 9 腹板后缘中部明显隆起；第 9 背板后缘侧突指状；阳茎中叶有 1 对长而弯曲的侧突及 1 个短而弯曲的中突；阳基侧突对称，中叶长，端部尖直。

观察标本：1♂，山西翼城大河，2012.VII.12，侯晓晖采。

分布：山西（历山）、青海。

10 不显库蠓 Culicoides obsoletus (Meigen, 1818)

雌虫翅长 1.10mm，宽 0.52mm。复眼相接，小眼面间无柔毛；嗅觉器位于触角第 3、11～15 节；触须 5 节，第 3 节中部稍粗大，感觉器位于近端部的感觉器窝内；唇基片鬃每侧 2 根，大颚齿 13～14 枚，小颚齿 16 枚。翅面具淡、暗斑，径中淡斑覆盖第 1 径室基部和径中横脉，径端淡斑位于第 2 径室外侧，第 2 径室端部淡色，径 5 室端部有 1 个模糊的淡斑，中 1 室和中 2 室端部各有 1 个模糊的带状淡斑，中 4 室和臀室各有 1 个淡斑；翅面大毛见于近端部 1/3，基室无大毛；后足胫节端鬃 5 根，第 1 根最长。第 1 腹节背板侧鬃为 2～6 根；受精囊 2 个，有短颈，略不等大。

观察标本：8♀，山西翼城大河，2012.VII.12～14，侯晓晖采；5♀，山西沁水下川，2012.VII.18，侯晓晖采。

分布：山西（历山）、黑龙江、辽宁、吉林、内蒙古、山东、福建、四川、重庆、云南、西藏；英国，德国，俄罗斯，加那利群岛，阿尔及利亚，日本，葡萄牙，捷克斯洛伐克，乌克兰。

11 条带库蠓 Culicoides tainanus Kieffer, 1916

雌虫翅长 0.93mm，宽 0.44mm。复眼相接，小眼面间无柔毛；嗅觉器位于触角第 3、11～15 节；触须 5 节，第 3 节稍膨大，近端部 1/3 处有 1 个近圆形的感觉器窝；唇基片鬃每侧 2 根，大颚齿 14 枚。翅具淡、暗斑，翅基淡斑大，径中淡斑覆盖第 1 径室基部和径中横脉，径端淡斑位于第 2 径室外侧，径 5 室、中 1 室近基部和端部以及中 4 室各有 1 个淡斑；翅面大毛见于近端部 1/4；后足胫节端鬃 5 根，第 1 根最长。雌虫受精囊 2 个，近球形。雄虫第 9 腹板后缘中部凹陷宽而深；第 9 背板宽，末端钝圆，后缘中部有浅凹；阳茎中叶中部稍粗壮，端部呈棒状，向两侧分开，阳茎拱低；阳基侧突细长，基部向两侧呈"八"字形分开，端部变细，向内侧弯曲。

观察标本：1♀1♂，山西翼城大河，2012.VII.14，侯晓晖采。

分布：山西（历山）、山东、陕西、海南、云南；印度尼西亚，日本，老挝，马来西亚，菲律宾，泰国，越南。

12 墨脱库蠓 Culicoides motoensis Lee, 1978

雌虫翅长 1.33mm，宽 0.63mm。复眼相接，小眼面间无柔毛；嗅觉器位于触角第 3、11～15 节；触须 5 节，第 3 节稍膨大，感觉器窝位于端部；大颚齿 15 枚，小颚齿 19 枚。中胸盾板暗褐色；翅面有淡、暗斑，翅基淡斑大，形状不规则，向后延伸达臀室，径中淡斑覆盖第 1 径室基部和径中横脉并向后延伸达中 2 室，径端淡斑位于第 2 径室外侧，第 2 径室端部 1/2 淡色，中 1 室无淡斑，中 2 室自基部伸达翅端一模糊带状淡斑，中 4 室和臀室各有 1 淡斑。翅面大毛见于近端部 2/5，基室无大毛；后足胫节端鬃 5 根，第 1 根最长，梳齿 15 枚。受精囊 2 个，近球形，略不等大，具颈。

观察标本：6♀，山西翼城大河，2012.VII.14，侯晓晖采；2♀，山西沁水下川，2012.VII.18，侯晓晖采。

分布：山西（历山）、西藏。

13 怒江库蠓 Culicoides nujiangensis Liu, 1990

雌虫翅长 1.12mm，宽 0.51mm。复眼相接，小眼面间无柔毛；嗅觉器位于触角第 3、11～15 节；触须 5 节，第 3 节中部膨大，感觉器窝位于节端部；唇基片鬃每侧 4 根，大颚齿 13 枚，小颚齿 19 枚。中胸盾板棕色；翅面具淡、暗斑，翅基淡斑向后延伸达臀室基部的前缘，径中淡斑覆盖第 1 径室基部和径中横脉，向后延伸达中 2 室的 1/2，径端淡斑位于第 2 径室外侧，向后延伸达中 1 脉，第 2 径室端部淡色，中 4 室和臀室各有 1 淡斑；翅面大毛位于近端部 1/3，基室无大毛；后足胫节端鬃 5 根，第 1 根最长，梳齿 17 枚。第 1 腹节背板侧鬃 4 根；受精囊 2 个，近球形，有短颈，略等大。

观察标本：1♀，山西沁水下川，2012.VII.17，侯晓晖采。

分布：山西（历山）、云南。

14 苏格兰库蠓 Culicoides scoticus Downes et Kettle, 1952

雌虫翅长 1.03mm，宽 0.48mm。复眼相接，小眼面间无柔毛；嗅觉器位于触角第 3、11～15 节；触须 5 节，第 3 节中部稍粗大，感觉器窝位于节近端部；唇基片鬃每侧 2 根，大颚齿 16 枚。小盾片有粗鬃 4 根；翅面淡、暗斑不甚明显，除径中、径端淡斑外，其余淡斑均为模糊淡斑，翅基淡斑大，向后延伸至臀室基部，径中淡斑覆盖径 1 室基部和径中横脉，径 2 室近端部 1/2 被径端淡斑覆盖，径 5 室端部有 1 个小淡斑，中 1 室有 2 个淡斑，中 2 室自基部向端部延伸 1 条窄的淡色带，并在端部扩大，呈近三角形的淡斑，中 4 室和臀室各有 1 个淡斑；翅面大毛见于近端部 1/3，基室无大毛；后足胫节端鬃 5 根，第 1 根最长。受精囊 2 个，椭圆形，无颈，不等大。

观察标本：2♀，山西沁水下川，2012.VII.17，侯晓晖采。

分布：山西（历山）、西藏；英国，法国。

15 光胸库蠓 Culicoides impunctatus Goetghebuer, 1920

雌虫翅长 1.65mm，宽 0.78mm。复眼相接，小眼面间无柔毛；嗅觉器位于触角第 3、11～15 节；触须 5 节，第 3 节中部稍膨大，感觉器窝位于中稍后部；唇基片鬃每侧 3 根，大颚齿 15～17 枚，小颚齿 16～18 枚。中胸盾板棕色；翅面淡、暗斑显著，翅基淡斑大而不规则，向后延伸至臀室，径中淡斑覆盖第 1 径室基部和径中横脉，向后延伸与中 2 室基部淡斑连接，径端淡斑位于第 2 径室端部及外侧，径 5 室、中 1 室基部和端部各有 1 个淡斑，中 2 室基部的淡斑与翅基淡斑连接，中部和端部各有 1 淡斑，中 4 室和臀室各有 1 个较大淡斑；后足胫节端鬃 6 根，第 2 根最长，梳齿 22 枚。第 1 腹节背板侧鬃 13～16 根；受精囊 2 个，椭圆形，有短颈，略不等大。

观察标本：1♀，山西沁水下川，2012.VII.18，侯晓晖采。

分布：山西（历山）、黑龙江、吉林、辽宁、内蒙古、河北、山东、陕西、西藏；英国，法国，比利时，俄罗斯。

16 森林短蠓 Brachypogon sylvaticus Yu et Liu, 1991

雌虫翅长 1.03mm，宽 0.41mm。小眼面间有柔毛；触角鞭节第 1～8 节为珠状，端部 5 节延长；触须 5 节，第 3 节端部有小感觉器窝；大颚齿发达，11～12 枚。小盾片粗鬃 4 根；翅径脉厚粗，有较明显的 2 个径室，中 2 脉退化；沿径 5 室端缘有稀疏大毛。各足色一致，爪等长或略不等，后足爪内侧有很小基齿，后足胫端鬃 6 根，梳齿 23～25 枚，后足第 1 跗节多毛。第 8 腹片内缘多毛；殖下板拱门状；受精囊 2 个，发达，不等大。

观察标本：1♀，山西翼城大河，2012.VII.12，侯晓晖采。

分布：山西（历山）、四川。

参 考 文 献

虞以新, 刘金华, 刘国平, 等, 2005. 中国蠓科昆虫(昆虫纲, 双翅目)[M]. 北京: 军事医学科学出版社.

Ceratopogonidae

Hou Xiaohui　　Han Xiaojing　　Jiang Xiaohong

(Basic Medical college, Zunyi Medical University, Zunyi, 563000)

The present research includes 5 genera and 16 species of Ceratopogonidae. The species are distributed in Lishan National Nature Reserve of Shanxi Province.

大蚊科 Tipulidae

刘启飞　　李彦　　张晓　　康泽辉　　李洋　　杨定

（中国农业大学，北京，100193)

　　体小到大型，体型细长，灰色、褐色或黄色等。头具圆筒形的喙，且喙端部多具鼻突。下颚须四节，且末节明显长于其他几节。复眼背面明显分开，无单眼。触角通常 13 节，多为线状，鞭节长圆柱形，有些种类鞭节具侧枝或突起而呈栉状或锯齿状。中胸背板发达；中胸盾片有 "V" 形横沟。足细长，胫节有或无端距。前翅狭长，有 9～12 条纵脉伸达翅缘，其中臀脉两条(A_1、A_2)；除尖头大蚊属 Brithura 外均无 Sc_1。雄性腹部末端一般明显膨大，具 1 对生殖肢，由生殖基节和两对生殖刺突(生殖叶和抱握器)构成。雌性腹部末端缩尖，具 1 对尾须和 1 对产卵瓣；个别种类产卵器短缩。

　　大蚊科属于全变态类，1 年 1～2 代，多以幼虫或蛹越冬。幼虫完全水生至完全陆生，多为腐食性，取食落叶、土壤中的腐殖质等；部分种类植食性，取食植物幼根；少数种类捕食性，如白环大蚊属 Tipilodina 有些种类生活在树洞的积水中，捕食蚊类幼虫。

　　世界性分布，世界记录 4300 多种，中国记载 500 多种，山西历山自然保护区采到 4 属 10 种。

分属检索表

1 雄虫触角栉状，雌虫触角短、线状或略呈锯齿状...栉大蚊属 Ctenophora
- 雌雄触角均线状，各鞭节长圆柱形 2
2 Rs 短，其起点靠近 Sc_2 与 R_1 的交汇点；m_1 室无柄或仅有短柄........ 短柄大蚊属 Nephrotoma
- Rs 较长，其起点远离 Sc_2 与 R_1 的交汇点；m_1 室一般具柄 3
3 头顶前方具尖锐瘤突；雄虫大多具 Sc_1 ....尖头大蚊属 Brithura
- 头顶瘤突多不明显或较钝；Sc_1 缺如 ....大蚊属 Tipula

1 双突尖头大蚊 Brithura nymphica Alexander, 1927

　　雄虫体长 27～31mm，翅长 19～22mm。喙红褐色。触角柄节红褐色，梗节稍浅的红褐色，鞭节灰黄色。胸部亮黄褐色，前盾片有 3 条褐色纵带。足基节和转节黄褐色；股节黄色，端部黑色；胫节黄色，端部褐色；跗节黄褐色。翅浅褐色，翅前缘对着翅痣处不膨大。翅痣暗红棕色。腹部背板黄褐色，外侧角白色。腹板褐色。雄性外生殖器第九背板后缘 "V" 形凹缺，中间有小突。第 9 腹板下缘端部突出成结节状。生殖叶外侧突基部宽，上缘中部凹陷，后缘向上伸出成刺状突起，内侧突与外侧突相似，后端刺略后弯。

雌虫体长 25～30mm，翅长 21～23mm。与雄虫相似，产卵器红棕色。

观察标本：1♂，山西历山舜王坪，2013.VII.30（灯诱），苏帅采（CAU）；1♀，山西翼城大河，2013.VII.23，张婷婷、苏帅采（CAU）。

分布：山西（历山）、北京、河北、河南、湖北、四川、贵州。

2 环带尖头大蚊 *Brithura sancta* Alexander, 1929

雄虫体长 30mm，翅长 22mm。喙黑褐色，鼻突小。触角褐黄色。胸部红褐色，前盾片黄褐色有 3 条浅红褐色纵带，侧缘红褐色。胸部侧板浅褐色有灰色斑。足基节和转节红褐色；股节黄褐色，端部黑色并有 1 黄色亚端环；胫节黄褐色，基部黄色；跗节黑褐色。翅灰黄色，翅前缘对着翅痣处不膨大。翅痣暗红棕色。Rs 起源处有黑斑。腹部背板黑褐色，侧后缘白色。腹板暗黄褐色。雄性外生殖器第九背板后缘中部"V"形深凹。第 9 腹板下缘端部伸出呈结节状。生殖叶近三角形，后缘外侧有小突，内侧有小钩突。抱握器端部钝。雌虫与雄相似，产卵器红棕色。

观察标本：1♂，山西翼城大河，2013.VII.25，张婷婷采（CAU）。

分布：山西（历山）、北京、河北、河南、浙江、湖北。

3 宽端尖大蚊 *Tipula (Acutipula) acanthophora* Alexander, 1934

雄虫体长 15～17mm；前翅长 18～19mm。头部深棕灰色，具灰白色粉被。触角柄节、梗节及首鞭节黄色，其余鞭节黄褐色至褐色。胸部灰色，中胸前盾片前缘及侧缘深黄褐色；胸侧黄色，具灰白色粉被。足黄色至黄褐色，股节、胫节末端褐色。翅浅灰黄色，沿翅弦具白色横斑，翅端部具 1 白色斜斑。腹部黄褐色渐至深褐色。雄虫第 8 腹板简单；第 9 背板中突基半部较宽，近中部明显缢缩，端部细长且具黑色小刺；抱握器喙宽、背脊强烈隆起呈直角，外基叶前部细长钩状、光裸无毛，后侧具约 10 根黄色刺状毛。

观察标本：1♂，山西翼城大河，2013.VII.22（灯诱），张婷婷采（CAU）；1♂，山西翼城大河珍珠帘，2013.VII.23，张婷婷采（CAU）；5♂，山西沁水下川猪尾沟，2013.VII.28（灯诱），张婷婷采（CAU）；1♂，山西历山舜王坪，2013.VII.30（灯诱），张婷婷、苏帅采（CAU）。

分布：山西（历山）、河南、陕西；俄罗斯。

4 宽突尖大蚊 *Tipula (Acutipula) bubo* Alexander, 1918

雄虫体长 16～18mm；前翅长 19～20mm。头部深黄褐色。触角柄节、梗节棕黄色，鞭节黑褐色。中胸前盾片具四条深褐色纵斑。足黄色，胫节、跗节黄褐色至黑褐色。翅浅灰色，前缘域黄褐色，bm 室近端部约 1/3 处具 1 大的白斑。腹部第 1～5 节背板棕黄至黄褐色，近侧缘具褐色纵斑，腹板黄色；末几节黑褐色。雄第 8 腹板近端部密被黄色长毛丛；第 9 背板中突单一，基部较宽，向端部渐窄，末端较平截，具大量黑色小刺；生殖叶近长方形，末端平截；抱握器喙与外基叶皆短粗，喙背脊较隆，外基叶背缘微凹、端部钝圆且其外侧具黄色刚毛丛，后侧略凸出且具黄色刺状长毛丛。

观察标本：8♂，山西翼城大河，2013.VII.23～25，张婷婷采（CAU）；1♂，山西翼城大河珍珠帘，2013.VII.23，张婷婷采（CAU）；1♂，山西翼城大河黑龙潭，2013.VII.25，苏帅采（CAU）。

分布：山西（历山）、河南、湖北；日本，俄罗斯。

5 细头尖大蚊 Tipula (Acutipula) cockerelliana Alexander, 1925

雄虫体长 20～31mm；前翅长 19～24mm。头部灰褐色，头顶具 1 深褐色中纵纹。触角鞭节灰黄色且各节基部褐色。胸部棕色，中胸前盾片灰褐色，盘区具 4 条深褐色纵斑；胸侧黄色。足黄色，胫节、跗节黄褐色至黑褐色。翅灰黄色，沿翅弦具白色横斑。腹部第 1～5 节背板暗黄色，具褐色侧纵斑，腹板黄色；余节黑褐色。第 8 腹板后缘中部具 1 近方形延伸，沿腹板中线具黄色长毛缨；第 9 背板中突较窄，末端细长；生殖叶宽大瓣状，近三角形；抱握器喙短锥状，外基叶宽大，背缘深凹呈直角状，前部呈反"F"形、近背侧具刚毛丛，后部长、末端钝圆且具刚毛丛。

观察标本：8♂，山西翼城大河，2013.VII.22～26，张婷婷采（CAU）；1♂，山西翼城大河珍珠帘，2013.VII.23，张婷婷采（CAU）；1♂，山西沁水下川，2013.VII.25，苏帅采（CAU）；1♂，山西历山舜王坪，2013.VII.30（灯诱），张婷婷、苏帅采（CAU）。

分布：山西（历山）、吉林、北京、河北、河南、陕西、甘肃、四川；俄罗斯。

6 端白普大蚊 Tipula (Pterelachisus) pingi Alexander, 1936

雄虫体长 12～17mm，前翅长 13～15mm。头顶具 1 条褐色中纵纹延伸至后头。喙浅褐。触角柄节、梗节和基鞭节黄色，其余鞭节黑色。胸部灰色，中胸前盾片具 4 条深灰褐色纵斑。足腿节黄色但末端黑褐色，胫节黄褐色且末端加深，跗节棕黑色。翅盘区、臀室基部白色，沿翅弦具 1 白色横斑，r_5 室端半部白色。腹部背板黄色，且具棕黑色纵斑，第 5 节之后渐呈黑色。第 9 背板后缘中部浅凹，凹陷中部呈 1 扁平的尖锐突起，其末端不超过两侧突末端；生殖叶很小，基部较窄，端部 2/3 加宽；抱握器外侧面近背脊中部具 1 黑色突。

雌虫体长 20mm，前翅长 17mm。与雄虫相似，尾须细长。

观察标本：3♂，山西翼城大河，2013.VII.23/26（灯诱），张婷婷采（CAU）；8♂1♀，山西沁水下川，2013.VII.27（灯诱），张婷婷、苏帅采（CAU）；1♂，山西沁水下川猪尾沟，2013.VII.30，张婷婷采（CAU）。

分布：山西（历山）、河北。

7 蒋氏蜚大蚊 Tipula (Vestiplex) jiangi Yang et Yang, 1991

体长 14～24mm；前翅长 17～21mm。头部浅黄褐色，有灰白色粉被。触角短，柄节、梗节和基部两鞭节黄色，其余各鞭节灰黄色而基部灰褐色。胸部灰褐色，有灰白的粉被；前胸背板灰褐色；中胸前盾片有 4 个缘以暗褐色的暗灰褐纵斑。足黄色，但腿节末端、胫节和跗节褐色。翅浅灰褐色，局部区域白色，但翅端部全浅灰褐色；前缘室略有黄色，亚前缘室深黄褐色。腹部黄色，背有 1 浅黑色中纵斑。雄虫腹端黑色，第 9 背板分为左右两叶，中间以膜质相连，端缘中部有 1 对骨化的棒状突，生殖基节端部有 1 个强刺。生殖叶长瓣状。抱握器宽大，基部中央具 1 纵向隆脊。

观察标本：2♂1♀，山西翼城大河，2013.VII.23～25（灯诱），张婷婷、苏帅采（CAU）；1♂，山西沁水下川猪尾沟，2013.VII.28（灯诱），张婷婷采（CAU）；4♂1♀，山西沁水上川，2013.VII.29（灯诱），张婷婷采（CAU）。

分布：山西（历山）、四川。

8 新雅大蚊 Tipula (Yamatotipula) nova Walker, 1848

雄虫体长 14～23mm，前翅长 21～24mm。头部褐色，具灰白色粉被。触角柄节黑色，梗节暗黄褐色至黑褐色，鞭节褐色至暗褐色且基部 3 节黄褐色。胸部褐色，具灰色粉被。中胸前盾片具 3 条有暗边的灰褐色纵斑。胸侧近黄色，具白色粉被。足黄色，但腿节和胫节末端黑色。翅深褐色，基室端部、dm 室、R_{4+5} 室白色，后缘区浅白色。平衡棒暗黄褐色。腹部灰褐色，具灰色粉被。第 9 背板与第 9 腹板弯曲愈合呈环状；第 9 背板近端部中央具 1 倾斜的指状突；生殖叶卵圆形；抱握器宽大复杂，喙圆钝，后部有 1 叶较细弯曲，端部圆形，透明，其中上部着生 1 倒刺状结构。

雌虫体长 21～23mm，翅长 22～23mm。尾须细长，产卵瓣刀片状，骨化。

观察标本：1♂，山西翼城大河，2013.VII.26（灯诱），张婷婷、苏帅采（CAU）。

分布：山西（历山等）、河南、浙江、湖北、江西、福建、台湾、广东、海南、香港、四川、贵州、云南；韩国，日本，印度。

9 栉大蚊 *Ctenophora* sp.

头部黄色有黑斑。雄虫触角柄节长圆柱形，黄色；梗节短，褐色；鞭节栉状，首鞭节短粗且近端部腹面具 1 钝突，第 2～9 鞭节各节基部和中部各具 1 对侧枝，且基侧枝明显长于端侧枝，第 10 鞭节仅基部具 1 对长侧枝，第 11 鞭节十分短小。中胸前盾片具 3 条黑色纵斑，盾片两叶各具 1 个大黑斑。前中足腿节橘黄色，胫节黄褐色，跗节黄褐色渐至黑褐色；后足橘黄色，腿节端半部较膨大，胫节近基部具 1 个较长的黑色环，随后具 1 个黄色环，末端加深。翅浅黄色，后半部浅灰色，透明。腹部橘黄色，向后加深，各节背、腹板后缘处黑色。雄虫腹部末端明显上翘。

观察标本：2♂，山西翼城大河，2013.VII.23（灯诱），张婷婷、苏帅采（CAU）。

10 短柄大蚊 *Nephrotoma* sp.

喙短，约为头长的一半；额中等宽，有隆起的瘤突；雄虫触角可达头胸长之和，而雌虫约为头长的两倍，鞭节形状从近圆柱形到肾形，有软毛和触角毛轮。翅一般透明无杂色斑；翅痣颜色从勉强可见到黑色；Sc_2 在 Rs 起源处进入 R_1，Rs 很短，直而斜，m_1 室无柄或仅有短柄，CuA_1 在 M 的分叉前进入 M。腹部细长。雄虫第 9 背板不与第 9 腹板完全愈合。生殖叶常肉质，或多或少平的叶状。雌虫产卵器尾须长。产卵瓣比尾须短。

观察标本：1♂，山西沁水下川，2013.VII.27（灯诱），苏帅采（CAU）；1♂，山西翼城大河，2013.VII.26 （灯诱），张婷婷采（CAU）。

参 考 文 献

杨定, 杨集昆, 1991. 四川大蚊属三新种(双翅目: 大蚊科)[J]. 西南农业大学学报, 13(3): 252-254.

杨定, 杨集昆, 1993. 中国大蚊属二新种及一新亚种(双翅目: 大蚊科)[J]. 北京农业大学学报, 19(1): 97-100.

杨定, 杨集昆, 1995. 中国北方大蚊科四新种(双翅目: 长角亚目)[J]. 北京农业大学学报, 21(3): 332-336.

杨集昆, 杨定, 1992. 湖北省大蚊新记录属种及五新种(双翅目: 大蚊科)[J]. 湖北大学学报(自然科学版), 14(3): 263-269.

Alexander C P, 1918. New species of tipuline crane-flies from eastern Asia (Tipulidae, Diptera)[J]. Journal of the New York Entomological Society, 26: 66-75.

Alexander C P, 1925. Crane flies from the Maritime Province of Siberia[J]. Proceedings of the United States National Museum, 68(4): 1-21.

Alexander C P, 1927. Undescribed crane-flies from the Holarctic region in the United States national museum[J]. Proceedings of the United States National Museum, 72(2): 1-17.

Alexander C P, 1929. New or little-known Tipulidae from eastern Asia (Diptera). IV[J]. Philippine Journal of Science, 40: 317-348.

Alexander C P, 1934. New or little-known Tipulidae from eastern Asia (Diptera). XVI[J]. Philippine Journal of Science, 52: 305-348.

Alexander C P, 1936. New or little-known Tipulidae from eastern Asia (Diptera). XXX[J]. PhilippineJournal of Science, 60: 165-204.

Walker F, 1848. List of the specimens of dipterous insects in the collection of the British museum[M]. London British Museum.

Tipulidae

Liu Qifei　Li Yan　Zhang Xiao　Kang Zehui　Li Yang　Yang Ding

(College of Plant Protection, China Agricultural University, Beijing, 100193)

Four genera and ten species of Tipulidae are reported in Lishan National Nature Reserve of Shanxi Province. The specimens are deposited in the Entomological Museum of China Agricultural University (CAU), Beijing.

膜翅目 Hymenoptera

三节叶蜂科 Argidae

魏美才　李泽建　牛耕耘　王晓华

（中南林业科技大学昆虫系统与进化生物学实验室，长沙，410004）

触角 3 节，第 3 节发达，长棒状或音叉状；后头孔开式；中胸小盾片无附片，中胸腹板具侧沟，中后胸后上侧片强烈鼓凸，后胸淡膜区发达，淡膜区间距小于淡膜区宽；胫节有时具亚端刺；爪通常简单；前、后翅均无 2r 脉；前翅基臀室很小，有时开放；后翅通常具 2 个封闭中室；腹部筒形，两侧无缘脊；腹部第 1 背板与后胸后侧片愈合；东亚种类通常无后颊脊，除 1 个种外亦均无爪基片；雄性外生殖器扭转。

三节叶蜂科是膜翅目 1 个中等大的科，世界已知约 900 种，均为植食性。中国记录 200余种。

在历山地区共采集到三节叶蜂 1 属 7 种，其中 1 种为中国新记录种，6 种为山西省新记录种。

1 华中黑头三节叶蜂 Arge huazhongia Wei, 1998，山西省新记录

体长 7~8mm。体暗黄褐色，头部、触角、前足全部、中足转节及以下部分、后足股节末端以远黑色。翅烟黑色，翅痣和脉黑色。虫体及触角毛均淡色。体光滑，头部具细小微弱刻点。触角第 3 节细，等长于胸部。唇基平坦，端缘缺口浅圆；颚眼距明显小于单眼直径；颜面无中纵脊；后头两侧微弱膨大。爪简单。前翅 R+M 脉段点状，2Rs 室显著长于 1Rs 室，上缘 1.5 倍长于下缘；Rs 脉第 3 段为第 4 段的 3 倍长，3r-m 脉强烈倾斜；cu-a 脉中位微偏内侧。后翅臀室稍长于臀柄。雌虫第 7 节腹板不显著延长，端缘呈弧形。锯鞘长直，长于后足股节。

观察标本：1♂，山西沁水下川富裕河，112°01.178′E，35°26.228′N，1630m，2008.VII.10，王晓华采。

分布：山西（历山）、河北、河南、陕西、甘肃、湖北、四川。

2 黑基黑头三节叶蜂 Arge melanocoxa Wei, 1998，山西省新记录

体长 8mm。体暗黄褐色，头部、触角、各足除基节以外以及锯鞘内侧边缘黑色，无金属

蓝色光泽；前足基节黑褐色。翅烟黑色半透明，翅脉、翅痣黑色。触角毛和体毛褐黄色。头部具细弱刻点。触角第 3 节粗细均匀，末端尖出，稍长于头胸部之和。颚眼距稍长于单眼直径；颜面具明显锐利的中纵脊；后头两侧亚平行。前翅 R+M 脉段显著，但短于 Sc 脉；Rs 第 2 段稍长于 Rs 第 4 段，Rs 第 3 段 1.5 倍长于 Rs 第 4 段；3r-m 脉于中部弧形外鼓，下端显著内斜；2Rs 室显著长于 1Rs 室，上缘 1.3 倍长于下缘。雌虫锯鞘腹缘稍弯曲，约与后足股节等长。

观察标本：1♀1♂，山西沁水下川西峡，112°00.640′E，35°25.767′N，1513m，2008.VII.10，王晓华采。

分布：山西（历山）、河北、河南、陕西、宁夏、甘肃、湖北。

3 平颜淡毛三节叶蜂 *Arge planifrons* Gussakovskij, 1935，山西省新记录

体长 8mm。体黑色，具光泽；中足胫节大部、后足胫节基部 2/3 白色，触角鞭节暗红褐色；翅近透明，翅脉大部浅褐色，翅痣黑褐色，痣下具小型烟斑；体毛大部银色。头部具细弱刻点。触角第 3 节向端部稍加粗，约等长于头胸部之和。颚眼距稍长于单眼直径；颜面隆起，顶部较钝，无锐利的中纵脊。前翅 R+M 脉段显著，短于 Sc 脉；Rs 第 2 段稍长于 Rs 第 4 段，Rs 第 3 段 1.3 倍长于 Rs 第 4 段；1r-m 脉直；2Rs 室微长于 1Rs 室，上、下缘几乎等长；Cu-a 脉交于 M 室下缘中部。后翅臀室 1.2 倍长于臀柄。雌虫锯鞘腹缘稍弯曲，短于后足股节，背面观端部不明显突出。

观察标本：1♂，山西沁水下川西峡，112°00.640′E，35°25.767′N，1513m，2008.VII.10，费汉榄采。

分布：山西（历山）、河北、四川。

4 刻颜淡毛三节叶蜂 *Arge punctafrontalis* Wei et Nie, 1998，山西省新记录

体长 8～8.5mm。体黑色具光泽，头部稍带铜色光泽；触角鞭节棕褐色，各足胫节和跗节黄褐色，后足胫节端部和各足跗节末端黑褐色。体毛银色。翅透明，前缘脉和臀脉大部浅褐色，翅痣黑褐色，翅痣下具 1 小型烟褐色斑纹。体粗壮，颜面和内眶上部具细密刻点。唇基平坦，缺口深三角形，颚眼距等于侧单眼直径。唇基上区强烈隆起，中脊低钝。触角等长于胸部。前翅 2Rs 室微长于 1 Rs 室，2Rs 室上缘微长于下缘；后翅臀室封闭。锯鞘显著短于后足股节，背面观两侧缘圆钝，末端不尖。雄虫颜面中脊比较明显，触角鞭节扁长，具长毛，各足胫节端部和跗节全部黑褐色。

观察标本：4♀，山西历山皇姑幔，111°56.310′E，35°21.525′N，2090m，2009.VI.12，王晓华采。

分布：山西（历山）、河南、浙江、湖南。

5 圆环钳三节叶蜂 *Arge simillima* (Smith, 1874)，山西省新记录

体长 10～11mm；虫体黑色，具微弱光泽；翅深烟褐色，翅脉和翅痣黑色，痣下烟斑不明显；体毛黑色。腹部背板具致密横向刻纹，光泽微弱；触角第 3 节长于胸部。颜面刻点致密，具钝中纵脊；复眼内缘强烈向下收敛，颚眼距等长于单眼直径；后头两侧明显膨大；单眼后区微隆起，显著低于单眼平面，无单眼后沟。前翅 R+M 脉等长于 Sc 脉；Rs 第 3 段等长于 Rs 第 2 段。后翅臀室长 1.5 倍于臀柄。雌虫锯鞘端狭窄，中部向外呈弧形强烈弯曲，端部互相靠近，整体构型近似圆形。雄虫触角鞭节狭长，具立毛；下生殖板长大，端部圆钝。

观察标本：2♀，山西历山舜王坪，111°57.963′E，35°25.472′N，1700m，2008.VII.9，费汉榄采。

寄主：红桦（郝虎）；小檗（辛恒）。

分布：山西（历山）、河北、甘肃、青海、浙江、四川、云南；东北亚，东西伯利亚。

6 双节环腹三节叶蜂 Arge xanthocera Mocsáry, 1909，中国新记录

体长 7.0～7.5mm。体黑色，头胸部具弱铜色光泽，腹部第 3、4 节全部黄褐色；触角鞭节红褐色或黄褐色，各足胫节大部黄白色；体毛全部银色。翅浅烟褐色透明，前缘脉和臀脉大部浅褐色，翅痣黑褐色，翅痣下具一小型烟褐色斑纹。体粗壮，颜面和内眶上部具细密刻点。颚眼距约等于侧单眼直径；唇基上区强烈隆起，中脊低钝。触角第 3 节约等长于胸部。前翅 2Rs 室微长于 1Rs 室，2Rs 室上缘约等长于下缘；后翅臀室封闭。锯鞘短于后足股节，背面观两侧缘圆钝，末端不尖。雄虫颜面中脊较明显，触角鞭节扁长，稍短于头胸部之和，具长毛；腹部无淡环。

观察标本：1♀，山西沁水下川普通沟，黄盘诱，2012.VII.24，施凯采；1♀，山西沁水下川猪尾沟，黄盘诱，2012.VII.25，施凯采。

分布：山西（历山）、吉林、河北、河南、湖北、湖南。

本种以前作为 Arge mali（Uchiyama, 1906）的次异名。但两种的锯腹片构造有显著差别。

7 长角环腹三节叶蜂 Arge zonata (Jakovlev, 1891)，山西省新记录

体长 10.0mm。体黑色，体无蓝色光泽，头胸部无铜色光泽；腹部第 3 节黄褐色，触角鞭节黄褐色，各足胫节大部黄白色，后足胫节端部具明显黑环；体毛全部银色。翅浅烟褐色透明，前缘脉和臀脉大部浅褐色，翅痣黑褐色，翅痣下具明显烟斑。体粗壮，颜面和内眶上部具细密刻点。颚眼距约等于侧单眼直径；唇基上区强烈隆起，中纵脊明显。触角第 3 节等长于胸部。后足基跗节长于其后 3 节之和，爪简单。前翅 2Rs 室微长于 1 Rs 室，2Rs 室上缘显著长于下缘；后翅臀室封闭。锯鞘短于后足股节，背面观两侧缘圆钝，末端不尖。雄虫颜面中脊较明显，腹部无淡环。

观察标本：1♀，山西历山皇姑幔，111°56.310′E，35°21.525′N，2090m，2009.VI.13，王晓华采。

分布：山西（历山）、甘肃。

锤角叶蜂科 Cimbicidae

魏美才　李泽建　牛耕耘　王晓华

（中南林业科技大学昆虫系统与进化生物学实验室，长沙，410004）

体中大型；触角 6～7 节，基部 2 节短小，第 3 节细长，端部 2～3 节显著膨大；后头孔开式；前胸背板中部极短，两侧宽大，后缘强烈凹入；前胸腹板与侧板愈合，后胸侧板与腹部第 1 背板愈合，中胸小盾片无附片；各足胫节无亚端距；前翅无 Sc 脉，R+M 脉段长，具 2r 脉，臀室完整；腹部背板具锐利的侧缘脊，第 1 背板无中缝；雄性外生殖器扭茎型；幼虫具腹足，触角 2 节。

锤角叶蜂科是叶蜂亚目的 1 个小科，世界已知约 230 种，分属于 4 亚科 22 属。中国记载 61 种，在山西历山地区采到 1 属 2 种，其中 1 种为山西省新记录种，1 种为新种（将另文发表）。

8 瘤突细锤角叶蜂 *Leptocimbex tuberculatus* Malaise, 1939，山西省新记录

体长 13.0～20.0mm。体黑褐色或暗褐色，触角窝以下部分黄色，触角黄褐色或基部棕红色，锤状部棕黑色；腹部第 1 背板全部黄色，第 3～5 背板后缘具浅褐色窄横带，第 6～10 背板具大黄斑。体具银色短绒毛，杂以黑褐色长毛。足黄褐色，具黑色纵带。前翅具宽长烟褐色纵斑。体具细密刻点，光泽较弱，触角窝以下具强光泽，腹部第 1 背板有稀疏刻点和油状光泽。触角窝上突发达，后端陡峭；额区中部浅凹；单眼后沟明显；单眼后区长大于宽；侧沟端部比基部深且明显。触角棒状部最宽处约为第 4 节端宽的 3 倍。中胸侧板具明显皱纹，下缘横脊显著隆起；后小盾片隆起，具尖突。腹部第 1 背板具明显侧纵脊，中纵脊前部强烈隆起，向后逐渐降低。雄虫上唇端部具中脊。

观察标本：1♀，山西历山皇姑幔，111°56.310′E，35°21.525′N，2090m，2009.VI.12，王晓华采。

分布：山西（历山）、辽宁、陕西、甘肃、安徽、湖北、江西、湖南、福建、广东、四川。

9 黑鳞细锤角叶蜂 *Leptocimbex* sp.

体长 15.0～18.0mm。体黑褐色，唇基、上颚大部、颜面、颚眼距大部、前胸背板后缘狭边、腹部第 1 背板大部柠檬黄色，上颚端部、各足基节腹侧斑、股节腹侧大部、胫节除两端外暗黄褐色，各足膝部和跗节黄褐色，腹部腹侧大部浅褐色，雌虫第 5～8 背板具成对大淡斑；触角基部浅褐色，鞭节大部暗褐色。体短毛浅褐色，杂以稀疏黑褐色长毛。前翅具宽大浓烟褐色纵斑，翅痣浅褐色。唇基、颜面、腹部第 1 背板高度光滑，无明显刻点。触角 7 节，棒状部窄长，最宽处约 2.5 倍于鞭节基部；额脊低弱，触角窝上突低小，中窝窄深；单眼后区长约等于或大于宽，侧沟细深，向后明显分歧，沟底光滑；中胸侧板下缘具明显斜横脊；腹部第 1 背板中纵脊较低，侧纵脊纵贯全长，不弯曲。雄虫上唇端部具中脊。

观察标本：2♂，河北小五台山西沟门，115°01.415′E，39°59.172′N，1607m，2007.VII.15，李泽建采；1♂，北京小龙门，1987.VI.7，张巍巍采；3♀1♂，山西龙泉密林峡谷，113°24.677′E，36°58.684′N，1500m，2008.VI.25，王晓华采；18♀14♂，山西历山皇姑幔，111°56.310′E，35°21.525′N，2090m，2009.VI.12，王晓华采。

分布：山西（历山）、北京、河北。

叶蜂科 Tenthredinidae

魏美才　李泽建　牛耕耘　王晓华

（中南林业科技大学昆虫系统与进化生物学实验室，长沙，410004）

识别特征：头型开式；触角通常 9 节，着生于颜面下部，触角窝-唇基距小于触角窝距；前胸背板中部狭窄，侧叶发达，前胸腹板游离；中胸背板小盾片具发达附片，胸部腹面无胸-腹板沟；后胸侧板不与腹部第 1 背板愈合；腹部第 1 背板常具中缝，各节背板无侧缘脊；前后翅臀室存在，但前翅臀室基部和后翅臀室端部有时开放；前翅 R_1 室通常封闭；雄性外生殖器扭转，副阳茎发达；雌虫锯腹片具发达锯刃。幼虫触角多节；腹足 6～8 对，通常发达；臀板无附器。

叶蜂科是膜翅目 1 个较大的科，已知种类均为植食性。在历山地区共采到 19 属 69 种，其中仅 4 属 4 种为山西已记录的叶蜂种类，6 种为新种（已另文发表），其余 59 种为山西省新记录种。

10　黑距长室叶蜂 *Alphostromboceros nigrocalcus* Wei et Nie, 1999，山西省新记录

体长 7.0～7.5mm。体黑色，具光泽；足黄褐色，各足基节基半部黑色，跗节端半部稍呈暗褐色。翅透明，翅痣和翅脉黑色。头部背侧光滑，在复眼后强烈收缩；复眼内缘向下收敛，颚眼距不大于单眼半径，颊脊伸达后眶中部；单眼后区宽微大于长，侧沟短，深且直；单眼后沟细浅，中沟深；额侧沟发达，额区隆起，额脊低钝但完整；触角第 2 节长大于宽，第 3 节长为第 4 节的 1.5 倍，端部 5～6 节强烈侧扁。锯鞘侧面观圆尖。锯腹片无节缝，具 7 锯刃，第 1 锯刃不明显。

观察标本：1♀，山西沁水下川西峡，112°00.640′E，35°25.767′N，1513 m，2008.VII.10，王晓华采。

分布：山西（历山）、河南、陕西、甘肃、浙江、湖南、广西、贵州。

11　黑腹弯沟叶蜂 *Euforsius melanogaster* Wei et Niu, 2013

体长 9.5mm。体和足黑色，上唇全部、唇基前部 4/5、触角第 1 节端缘和外侧条斑、前胸背板后缘狭边、翅基片外缘、中胸前上侧片大部、后胸淡膜区和腹部第 1 背板侧角小斑、前中足基节端缘、后足基节端部 2/3、各足转节、前足股节端部前侧小斑、后足股节基缘、前中足胫节背侧基部 3/4、后足胫节背侧基部 2/3 白色。翅透明，无烟斑，翅痣和翅脉黑褐色。体毛银灰色。体大部光滑，小盾片后部 1/4 具密集粗大刻点，中胸前侧片无大刻点；腹部背板光滑。颚眼距线状；侧额脊十分低钝；单眼后区宽 0.9 倍于长。触角第 3 节 1.4 倍于第 4 节长。爪亚端齿侧位，稍短于端齿。

观察标本：1♀，山西沁水下川猪尾沟，黄盘诱集，2012.VII.25，施凯采。

分布：山西（历山）。

12　施氏弯沟叶蜂 *Euforsius shii* Wei et Niu, 2013

体长 9.2mm。体和足黑色，以下部分白色：上唇、唇基、触角第 1 节端缘和外侧条斑、前胸背板后缘狭边、翅基片、中胸前上侧片大部、后胸淡膜区、腹部第 1 背板除基缘 1/5 外、前足基节端缘、中足基节端半部、后足基节除基缘狭边、各足转节、前足股节端部前侧、后足股节基缘、前中足胫节背侧基部 7/8、后足胫节背侧基部 3/4；腹部第 2～6 腹板全部、第 8 背板后缘狭边、第 10 背板大部黄褐色。翅透明，无烟斑，翅痣和其余翅脉大部黑褐色。体大部光滑，中窝侧区、额区前部刻点稍密，头部背侧其余部分无明显刻点；小盾片后部 2/5 具密集、粗大刻点；中胸前侧片上半部具较密集的粗大刻点；腹部背板极光滑。

观察标本：1♀，山西沁水下川猪尾沟，黄盘诱集，2012.VII.25，施凯采。

分布：山西（历山）。

13　朝鲜柄臀叶蜂 *Birka koreana* (Takeuchi, 1941)，山西省新记录

雌虫体长 4.0～5.0mm。体黑色，各足股节末端和胫节除末端外黄褐色，胫节端部黑褐色，跗节浅褐色至黄褐色，末端黑褐色。翅基片外缘及前胸背板后缘黑褐色，稀少褐色。翅烟褐色，端部 1/3 渐淡，翅痣及前脉深褐色。唇基端部截形；颚眼距线状；额区近长方形，中窝马蹄形，侧窝浅小、圆形；单眼后区强烈隆起，侧面观远高于单眼平面，宽：长=2.2；侧沟点状，单眼后沟仅两侧明显。触角短，长仅为头宽的 1.2 倍，第 2 节长等于宽，第 3 节 1.6 倍于第 4 节长，第 8 节近方形，长宽比约等于 1.0～1.2。爪无基片，具微小亚端齿。锯腹片翅突小，刺毛带分离。

观察标本：1♀，山西沁水下川富裕河，黄盘诱，2012.VII.26，施凯采。

分布：山西（历山）、黑龙江、内蒙古、北京、河北；朝鲜，西伯利亚。

14 小鞘枝角叶蜂 Cladius difformis (Panzer, 1799)，山西省新记录

雌虫体长约 6.0mm，雄虫体长约 5.0mm。体黑色，翅基片白色；足黑色，各足股节端部、前中足胫节和跗节全部、后足胫节大部和跗节基部白色或浅褐色。体毛浅褐色。翅透明，翅痣和翅脉暗褐色至黑褐色。雌虫触角短丝状，第 3 节稍弯曲；雄虫触角长丝状，鞭节基部 3 节具发达的枝突。唇基发达，端部具弧形缺口；颚眼距明显长于单眼直径；单眼后区短宽。前翅无 2r 脉，1m-cu 和 2m-cu 分别交于 1Rs 室和 2Rs 室，臀室具长收缩中柄，基臀室封闭；后翅臀室封闭，具长柄。

观察标本：1♀，山西沁水下川猪尾沟，111°59.396′E，35°25.752′N，1700m，2008.VII.9，王晓华采。

分布：山西（历山）、浙江、湖北、江西。

15 黑唇平背叶蜂 Allantus luctifer (F. Smith, 1874)，山西省新记录

雌虫体长 7.5～9.5mm。体黑色；中后足基节外侧、后足转节、后足胫节基部外侧、翅基片前缘和腹部第 1、2、4、5 背板腹侧缘，9、10 背板中央白色。翅痣黑褐色，基部白色。体光滑，小盾片两侧具稀疏刻点。唇基中部具发达的中位横脊；颚眼距小于单眼直径；单眼后区稍隆起，长大于宽。触角短于头胸部之和，第 2 节宽等于长。前翅 2Rs 室显著短于 1R1+1Rs 室，2m-cu 交于 2Rs 室，cu-a 位于中室基部 1/6 内侧；后翅无封闭中室，臀室具明显短于 cu-a 脉的短柄。雄虫体长 7.0～8.0mm；抱器与阳茎瓣均窄长。

观察标本：1♀，山西沁水下川猪尾沟，111°59.396′E，35°25.752′N，1700m，2008.VII.9，王晓华采。

分布：山西（历山）、黑龙江、吉林、辽宁、内蒙古、甘肃、宁夏、北京、河北、天津、山东、河南、江苏、安徽、上海、浙江、福建、台湾、江西、湖南、重庆、四川、贵州；日本，东西伯利亚。

16 斑唇亚室叶蜂 Asiemphytus maculoclypeatus Wei, 2002，山西省新记录

雌虫体长 12.0～13.0mm。体黑色；头部红褐色，唇基、触角窝周围和单眼区黑色，上唇、内眶下半部条斑、触角末端 3 节、腹部第 2 背板两侧大部、3～6 节背板气门附近小斑、2～5 腹板中部、5～10 背板中部三角形斑、后足基节大部、后足第 1 转节、后足股节基端背侧、后足第 2～5 跗分节白色或浅黄色，腹部 1～4 背板后缘狭边黄褐色，中胸背板前叶后部、侧叶小部分、小盾片、附片、后胸小盾片暗红褐色；前足股节端部和胫跗节浅褐色，中足胫跗节暗褐色，后足胫节大部红褐色，基部和端部黑色。翅透明，前缘脉和翅痣大部浅褐色，其余翅脉大部黑褐色。体毛银褐色。

观察标本：1♀，山西沁水下川西峡，112°00.640′E，35°25.767′N，1513m，2008.VII.10，费汉榄采；2♀，山西历山皇姑幔，111°56.310′E，35°21.525′N，2090m，2009.VI.12，王晓华采。

分布：山西（历山）、天津、河北、河南、陕西、甘肃、安徽、湖南、四川。

17 细跗细爪叶蜂 Filixungulia cylindrica Wei, 2003，山西省新记录

雌虫体长 14.0mm。体黑色；上唇边缘、触角端部 3 节半、后足基节端半部、后足转节和后足股节基部、后足第 4 跗分节、腹部第 8 背板中部后缘白色，腹部 1～3 背板后缘中部具微小白斑；前足股节端半部、胫节和跗节以及胫节端距褐色，中后足胫节基部 1/2 和胫节端距

红褐色。翅透明，翅痣下侧附近具模糊的烟色晕斑，前缘脉基半部浅褐色，翅痣基部 1/4 淡黄色，翅痣大部和其余翅脉黑褐色。体毛银褐色。

观察标本：1♀，山西历山皇姑幔，111°56.310′E，35°21.525′N，2090m，2009.VI.12，王晓华采。

分布：山西（历山）、北京、河北、河南、陕西、安徽。

18 热氏元叶蜂 *Taxonus zhelochovtsevi* (Viitasaari *et* Zinovjev, 1991)，山西省新记录

雌虫体长 10.0mm。体黑色，仅后足基节端部和后足转节白色，触角中部数节红褐色。翅透明，翅痣下具烟褐斑，痣黑褐色，基部浅色。唇基缺口宽深，唇根出露，侧叶窄长；上唇宽大，端部稍尖；颚眼距等于单眼直径；后头稍长于复眼，两侧近平行；单眼后区长大于宽，侧沟深长，亚平行。触角稍短于前缘脉，中部稍粗，第 3 节稍长于第 4 节。前翅 cu-a 脉中位稍偏内侧，臀横脉倾斜 45°。后翅具闭 M 室。

观察标本：1♀4♂，山西沁水下川，112°01.178′E，35°26.155′N，1580m，2008.VII.8，王晓华、费汉榄采；2♀，山西沁水下川富裕河，112°01.178′E，35°26.228′N，1630m，2008.VII.10，费汉榄采；1♀3♂，山西沁水下川普通沟，黄盘诱，2012.VII.24，施凯采；1♂，山西沁水下川猪尾沟，黄盘诱，2012.VII.25，施凯采；1♂，山西沁水下川富裕河，黄盘诱，2012.VII.26，施凯采。

分布：山西（历山）、吉林、北京、河北、河南、陕西、甘肃、湖北、湖南、四川、贵州；东西伯利亚。

19 黑唇元叶蜂 *Taxonus attenatus* (Rohwer, 1921)，山西省新记录

雌虫体长 9.5mm。体黑色；上唇和上颚基部白色；翅基片、小盾片中部、腹部基部腹板的中部红褐色至黄褐色；足红褐色，各足基节大部、后足胫节两端及后基跗节黑色。翅透明，缘脉和翅痣基部浅褐色。头部光滑，唇基刻点密集；中胸背板光滑，小盾片后缘及中胸前侧片上半部分具粗大刻点。后头稍短于复眼长，明显收缩；颚眼距短于单眼直径；唇基侧叶短，不长于唇基中部。触角末端 4 节强烈侧扁。前翅 cu-a 位于中室中部外侧。后翅无封闭中室，臀室无柄式。

观察标本：1♀，山西沁水下川西峡，112°00.640′E，35°25.767′N，1513m，2008.VII.10，费汉榄采；1♀，山西沁水下川富裕河，112°01.178′E，35°26.228′N，1630m，2008.VII.10，费汉榄采；7♀8♂，山西沁水下川普通沟，黄盘诱，2012.VII.24，施凯采；4♀10♂，山西沁水下川猪尾沟，黄盘诱，2012.VII.25，施凯采；8♀43♂，山西沁水下川富裕河，黄盘诱，2012.VII.26，施凯采。

分布：山西（历山）、河南、陕西、甘肃、江苏、浙江、湖北、湖南、福建、广西、重庆、四川、贵州、云南。

20 张氏元叶蜂 *Taxonus zhangi* (Wei, 1997)，山西省新记录

雌虫体长 8.5mm。体黑色；前中足第 2 转节、后足基节外侧及转节白色，触角中部数节及后足股节红褐色。翅透明，翅痣黑褐色，基部具小白斑，痣下具褐斑。背面观后头两侧微收缩，单眼后区方形；颚眼距短于单眼直径；上唇宽大，端部突出；唇基缺口宽深，底部圆钝，深约为唇基 3/5 长。触角粗短，不显著侧扁，末端渐尖，第 3 节稍长于第 4 节。爪亚端齿较短，基片小型。前翅 cu-a 脉中位，后翅具封闭 M 室，Rs 室不封闭，臀室无柄式。

观察标本：2♀8♂，山西沁水下川西峡，112°00.640′E，35°25.767′N，1513m，2008.VII.10，王晓华、费汉榄采；1♀3♂，山西沁水下川富裕河，112°01.178′E，35°26.228′N，1630m，2008.VII.10，费汉榄采；2♀，山西沁水下川猪尾沟，111°59.396′E，34°25.752′N，1700m，

2008.Ⅶ.9，王晓华、费汉榄采；5♀12♂，山西沁水下川普通沟，黄盘诱，2012.Ⅶ.24，施凯采；14♀37♂，山西沁水下川猪尾沟，黄盘诱，2012.Ⅶ.25，施凯采；89♀454♂，山西沁水下川富裕河，黄盘诱，2012.Ⅶ.26，施凯采。

分布：山西（历山）、河南、陕西、甘肃、湖南、重庆、四川、云南。

21 刘氏侧跗叶蜂 *Siobla liui* Wei, 1998，山西省新记录

雌虫体长 12.0～13.0mm。体黑色，腹部第 2 背板两侧大斑、第 3 背板两侧气门小斑白色，第 10 背板中部窄三角形斑和尾须浅褐色；触角红褐色，第 1 节腹侧、第 2 节大部、第 3 节基端黑褐色。足黑色，前足股节端部以及前缘条斑、中足股节前缘条斑、前足胫跗节全部、中足胫跗节腹侧以及各足胫节端距浅褐色。翅弱烟褐色透明，翅痣、翅脉黑褐色。体背侧细毛浅褐色，侧板细毛银色。中胸小盾片前坡刻点密集，无明显光滑间隙。

观察标本：1♀，山西沁水下川普通沟，黄盘诱，2012.Ⅶ.24，施凯采。

分布：山西（历山）、北京、河北、河南、陕西、宁夏、甘肃、湖北、湖南、广西、四川。

22 隆顶侧跗叶蜂 *Siobla eleviverticalis* Niu et Wei, 2013

雌虫体长 13.0mm。体黑色，触角第 5 节端部及第 6～9 节黄褐色；腹部第 2 节背板黄褐色，中部约 1/3 具 1 对基部连接的黑斑，第 8 背板后缘中部狭边、第 10 背板后缘中部三角形膜区。足黑色，前中足股节前侧长条斑、前足胫跗节、后足第 1 转节背侧、第 2 转节大部、后足股节基部约 1/5、后足第 3～5 跗分节黄褐色，中足胫节端部 1/4 黑色，后足胫节亚基部 1/3 黄白色，基跗节和第 2 跗分节黑褐色。翅淡烟褐色透明，无翅斑，前缘脉大部和翅痣浅褐色，其余翅脉黑褐色。

观察标本：4♀2♂，山西沁水下川西峡，112°00.640′E，35°25.767′N，1513m，2008.Ⅶ.10，费汉榄、王晓华采。

分布：山西（历山）、天津、河北。

23 橘足侧跗叶蜂 *Siobla zenaida* (Dovnar-Zapolskij, 1930)，山西省新记录

雌虫体长 16.0～17.0mm。体金属蓝色，上唇及上颚中部、触角端部 4 节、各足基节端部、各足转节大部或全部黄白色；前中足股胫跗节黄褐色，后足股胫跗节桔褐色，尾须和锯鞘端部桔褐色。前翅烟黄色透明，端部 1/4 具烟褐色斑纹，翅痣浅褐色至暗褐色，前缘脉大部褐色，其余翅脉黑褐色；后翅末端具不明显的烟斑。头胸部背侧细毛褐色，胸部侧板毛淡色。颚眼距约 0.8 倍于中单眼直径；触角明显长于头胸部之和。

观察标本：3♀1♂，山西历山皇姑幔，111°56.310′E，35°21.525′N，2090m，2009.Ⅵ.12～13，王晓华采。

分布：山西（历山）、黑龙江、河北、河南、陕西、甘肃、湖北、四川；俄罗斯，韩国。

24 宝岛合叶蜂 *Tenthredopsis insularis insularis* Takeuchi, 1927，山西省新记录

雌虫体长 11.0～12.0mm。体和触角黑色，上唇、唇基、上颚基半部、环复眼眶斑、触角 5～8 节大部或全部、前胸背板后缘、翅基片、中胸小盾片斑、腹部背板缘折、各节腹板中部黄白色；足桔褐色，基节端部、转节全部和后足跗节大部黄白色，各足基节大部、后足股节和后足胫节的端半部、后足基跗节大部黑色，前中足跗节暗褐色。体毛浅褐色。翅透明，无斑纹，前缘脉大部、R_1 脉和翅痣基部浅褐色，翅痣大部和其余翅脉黑褐色。头部背侧刻点细小稀疏；颚眼距 1.1 倍于单眼直径；单眼后区隆起，宽长比稍大于 2，其后缘和上眶后缘具显著缘脊，后颊脊发达。

观察标本：10♂，山西历山皇姑幔，111°56.310′E，35°21.525′N，2090m，2009.Ⅵ.11～13，

王晓华采。

分布：山西（历山）、河北、河南、陕西、宁夏、甘肃、安徽、湖北、重庆、四川、浙江、台湾、福建、江西、湖南、贵州、云南、西藏、广西；缅甸（北部）。

25 红角合叶蜂 Tenthredopsis insularis ruficornis Malaise, 1945，山西省新记录

雌虫体长 11.0～12.0mm。虫体、触角和足黄褐色，无黑斑，上唇、唇基、上颚基半部黄白色。体毛浅褐色。翅透明，无斑纹，前缘脉大部、R_1 脉和翅痣黄褐色，其余翅脉大部黑褐色。头部背侧刻点细小稀疏，光泽较强；胸部背板具细小刻点，表面有光泽；中胸前侧片具细小、稀疏的刻点，无刻纹，光泽较强，中胸后侧片和后胸侧板大部具细密刻纹，光泽弱；小盾片大部刻点稍细密，附片高度光滑；腹部第 1、2 背板光滑，无刻纹，其余背板具微细刻纹和模糊细小刻点。

观察标本：16♂，山西历山皇姑幔，111°56.310′E，35°21.525′N，2090m，2009.VI.11～13，王晓华采。

分布：山西（历山）、河北、河南、甘肃、湖北、西藏；缅甸。

26 长鞘钝颊叶蜂 Aglaostigma occipitosum (Malaise, 1931)，山西省新记录

雌虫体长 13.0～14.0mm。体和触角黄褐色，上唇、唇基、环复眼眶、前胸背板后缘、翅基片、中胸背板前叶后端、小盾片、后小盾片、中胸前侧片横斑、后胸后侧片后角柠檬黄色，触角端部 4 节、胸部沟缝和部分低凹部分与腹部背板沟缝黑色；足桔褐色，基节端部、转节全部和后足跗节大部黄白色，后足股节后侧端半部黑色。体毛浅褐色。翅浅烟褐色透明，翅痣下具弯曲的浅弱模糊烟褐色横带，翅痣黄褐色。雄虫体长 10～11mm，头胸部大部黑色，具白斑，触角背侧黑褐色，后翅具完整缘脉。

观察标本：6♀2♂，山西历山皇姑幔，111°56.310′E，35°21.525′N，2090m，2009.VI.11～13，王晓华采。

分布：山西（历山）、辽宁、河北、河南、陕西、甘肃、安徽、浙江、湖南、重庆、四川、贵州；俄罗斯（西伯利亚），日本。

27 多斑钝颊叶蜂 Aglaostigma bicolor Wei, 2002，山西省新记录

雌虫体长 9.5～11.5mm。体和触角黑色，上唇、唇基、上颚基部、内眶上部狭条、下眶狭条斑和前胸背板后角和后缘、翅基片、小盾片、后小盾片、后胸后侧片后角、腹部第 1 背板除最基缘外、第 2～3、6～9 背板中央亚圆形斑、第 4 背板基缘、第 5 背板大部、第 10 背板、第 2～6 节腹板白黄色，锯鞘端、口须和触角基部 2 节大部浅褐色；各足基节、后足股节端部 3/5、后足胫节端部黑色，各足转节、前中足股节全部、后足股节基部 2/5 黄色，前中足胫跗节、后足胫节基部 3/5～2/3 红褐色，后足跗节黑褐色至黑色。翅浅烟褐色透明，无烟褐色横带，翅痣黑褐色。

观察标本：1♀，山西历山皇姑幔，111°56.310′E，35°21.525′N，2090m，2009.VI.12，王晓华采。

分布：山西（历山）、河南、陕西、四川。

28 光盾钝颊叶蜂 Aglaostigma scutellare Wei et Nie, 1999，山西省新记录

雌虫体长 10mm。黑色；上唇、唇基大部、唇基上区、内眶狭斑、前胸背板后缘狭边、中胸小盾片全部、后胸小盾片中央、后胸后侧片后部 1/2、腹部第 4 节全部、第 10 节背板中央小斑、各足第 2～5 跗分节白色或淡黄色，触角基部 2 节全部、第 3～5 节外侧、各足股节、胫节和基跗节大部暗红褐色，各足基节、转节、前足股节基部、中足股节基部和端部背侧、

后足股节端半部和后足胫节末端黑色。翅透明，无烟斑，前缘脉红褐色，翅痣端部 1/3 和 R_1 脉浅褐色，翅痣其余部分和其余翅脉黑色。

观察标本：1♂，山西历山皇姑幔，111°56.310′E，35°21.525′N，2090m，2009.VI.12，王晓华采。

分布：山西（历山）、河南、陕西、甘肃。

29 中华钝颊叶蜂 Aglaostigma sinense Malaise, 1945，山西省新记录

雌虫体长 9～12mm。体黑色；上唇、唇基大部、唇基上区、内眶下半部和颊眼距黄白色，触角全部、前胸背板后缘、翅基片、后胸后背板和后胸后侧片、腹部第 1～6 节全部黄褐色；足黄褐色，基节基部黑色。翅透明，翅痣下具显著烟色横带斑，翅痣基半部黑褐色，端半部和翅脉黄褐色。体毛黄褐色。唇基端部截型，两侧向前收敛；颊眼距稍宽于单眼直径；单眼后区宽约 2 倍于长，后缘脊发达，无后颊脊。

观察标本：1♀1♂，山西历山皇姑幔，111°56.310′E，35°21.525′N，2090m，2009.VI.11，王晓华采。

分布：山西（历山）、河南、湖北、湖南、重庆、四川。

30 秦岭钝颊叶蜂 Aglaostigma qinlingium Wei, 1998，山西省新记录

雌虫体长 11～12mm。体黄褐色；上唇、内眶、中胸小盾片中央、附片大部、后胸小盾片、后胸后侧片后半、后胸前侧片中央小斑白色；触角端部 4 节、前胸背板两侧大部、中胸背板前叶中央大部、侧叶条状斑、中胸侧板前后缘、中胸腹板、中胸后侧片、后胸侧板除白斑外、后足基节基部 3/4、腹部背板两侧各 1 列大斑黑色。翅烟黄色，1M 室端部和 2M 室基部位置具 1 狭窄而直的烟黑色横带，翅痣基部 1/3 黑褐色，端部 2/3 和 C、Sc+R、R_1 脉黄褐色。体光滑。唇基两侧平行；颊眼距等于单眼直径。雄虫后翅具不完整的缘脉，Rs 室端部开放。

观察标本：1♂，山西沁水下川富裕河，112°01.178′E，35°26.228′N，1630m，2008.VII.10，王晓华采。

分布：山西（历山）、河南、陕西、甘肃、湖南。

31 蔡氏方颜叶蜂 Pachyprotasis caii Wei, 1998，山西省新记录

雌虫体长 9mm。体黑色，头部触角窝以下部分、复眼眶底部、上眶斜斑、中胸前盾片端部箭头型斑、盾片中部小斑、小盾片除两侧外其余部分、附片中部、后小盾片、中胸前侧片中部及底部各 1 个大斑、后胸前侧片中部 1 横斑、腹部 3～6 节背板中部窄短后缘、第 10 背板全部、各节背板气孔附近小斑、各节腹板后缘白色。足黄白色，前、中足股节基部至爪节背侧具黑色条斑，后足股节端部 3/5、胫节除中部腹侧外其余部分、各跗分节以及爪节黑色。

观察标本：2♀，山西绵山岩沟，1200m，2008.VI.29～30，王晓华、费汉榄采；1♀，山西沁水下川，1580m，2008.VII.8，费汉榄采；1♀，山西沁水下川猪尾沟，1700m，2008.VII.9，费汉榄采。

分布：山西（历山、介休、永济）、山东、河南、陕西、甘肃、湖北、四川。

32 短角方颜叶蜂 Pachyprotasis brevicornis Wei et Zhong, 2002，山西省新记录

雌虫体长 7.5～8.5mm。头黑色，头部触角窝以下部分、复眼眶底部及上眶斜斑白色；胸腹部背侧黑色，中胸前盾片端部箭头型斑、盾片中部小斑、小盾片、附片中部、后小盾片、腹部第 3～7 节背板中部后缘小三角形斑白色；胸部侧板上部大部分黑色，底部白色；腹部腹侧全部白色；足黄白色，前、中足股节端半部后背侧具黑色条斑，后足股节端半部、胫节

全部、端跗节端部黑色。雄虫体长 6.5mm，触角腹侧全长黄白色，额区前部黄白色，后足股节端部内外侧均具黑条斑，中胸背板前叶两侧有时具白斑，腹部背板中部三角形白斑较小或消失。

观察标本：1♀，山西绵山西水沟，111°59.027′E，36°51.664′N，1550m，2008.VII.1，费汉榄采；1♀，山西沁水下川西峡，112°00.640′E，35°25.767′N，1513m，2008.VII.9，费汉榄采。

分布：山西（历山、左权、介休、沁水、龙泉）、河南、陕西、宁夏、浙江、湖北、四川、云南。

33　小条方颜叶蜂 *Pachyprotasis lineatella* Wei et Nie, 1999，山西省新记录

雌虫体长 9.0～10.0mm。头部黑色，触角窝以下部分、复眼眶底部及上眶斜斑白色；胸腹部黑色，中胸前盾片端部箭头型斑、盾片中部小斑、小盾片、附片中后部、后小盾片、中胸前侧片中部前侧大斑及底部、后胸侧板后部、腹部第 3～6 节背板窄短后缘、第 10 背板全部、各节背板气孔附近小斑及后侧缘、各节腹板后缘白色。足黄白色，前、中足股节基部至爪节背侧全长具黑色条斑，后足股节端部 3/7、胫节、跗节以及爪节黑色。头部背侧刻点稍密集，刻点间隙具细密刻纹，光泽稍弱；中胸侧板上部刻点稍大、深，向下刻点渐小，刻点间隙具微细刻纹及光泽。

观察标本：1♀，山西历山皇姑幔，111°56.310′E，35°21.525′N，2090m，2009.VI.12，王晓华采。

分布：山西（历山）、河北、河南、陕西、浙江、湖北、湖南、贵州。

34　纹基方颜叶蜂 *Pachyprotasis lineicoxis* Malaise, 1931，山西省新记录

雌虫体长 9.0～10.0mm。头黑色，头部触角窝以下部分、复眼眶底部及上眶斜斑白色；胸腹部背侧黑色，胸部背板具白斑，腹部第 3～6 节背板后缘中部具扁三角形白斑；体腹侧白色，中胸前侧片底部具黑色横斑，中胸侧板及后胸侧板上部、各节腹板基部黑色；足黄白色，前、中足股节背侧以远宽的条斑、后足基节内侧宽的条斑及外侧全长条斑、股节端部 3/5、胫节除亚端部宽的环外其余部分、基跗节、端跗节端部 1/3 及爪节黑色。头部额区及邻近内眶刻点浅弱、不密集，刻点间隙具微细刻纹及光泽；中胸前侧片下部刻点极其细弱、密集。

观察标本：2♂，山西历山皇姑幔，2090m，2009.VI.12～13，王晓华采。

分布：山西（历山、定襄）、吉林、河南、陕西、宁夏（泾源）、甘肃、四川、贵州；日本，俄罗斯（海参崴，东西伯利亚）。

35　细拉方颜叶蜂 *Pachyprotasis sellata sagittata* Malaise, 1945

雌虫体长 8.0～10.0mm。头黑色，触角窝以下部分、复眼眶底部、上眶斑白色；体背侧黑色，前胸背板底部、中胸前盾片两侧"V"形斑、盾片中部小斑、小盾片、附片、后小盾片、腹部第 1～7 节背板后缘中部三角形斑、第 10 节背板大部分白色；体腹侧白色，胸部侧板顶部黑色；足黄绿色，前、中足股节后背侧以远具黑色条纹，后足股节端部 3/7、胫节以及跗节黑色。头部背侧刻点稍小、浅，刻点间距等于或宽于刻点直径，刻纹细密，光泽明显。中胸前侧片上角刻点密集、深，大小与头部背侧刻点相仿，下部刻点细密。

观察标本：1♀，山西历山皇姑幔，111°56.310′E，35°21.525′N，2090m，2009.VI.12，王晓华采；1♀，山西沁水下川富裕河，112°01.178′E，35°26.228′N，1630m，2008.VII.10，王晓华采；2♀，山西历山舜王坪，111°57.963′E，35°25.472′N，2060m，2008.VII.9，王晓华采；2♀，山西沁水下川西峡，112°00.640′E，35°25.767′N，1513m，2008.VII.9，王晓华、费汉榄采；1♀，山西沁水下川猪尾沟，111°59.396′E，35°25.752′N，1700m，2008.VII.9，费汉榄采。

分布：山西（历山）、吉林、辽宁、北京、河北、河南、陕西、甘肃、安徽、浙江、湖北、湖南、福建、广西、四川、贵州、云南；缅甸。

36 远环钩瓣叶蜂 *Macrophya farannulata* Wei, 1998，山西省新记录

雌虫体长 13.0mm。体和足黑色；上颚基半部、上唇端缘、触角第 4 节腹侧端缘、触角第 5～6 节（第 6 节腹侧端缘黑斑除外）、触角第 7 节腹侧小斑、前足股节前侧端部 3/5、胫节前侧、各跗分节腹侧大部、中足股节前侧端部小斑、各跗分节腹侧大部、后足基节外侧卵形大斑、后足转节白色。体毛短密，淡色；鞘毛细长，浅黑褐色。翅浅烟色，翅痣和翅脉黑褐色至黑色，前缘室棕褐色。颚眼距约 0.7 倍于中单眼直径；颜面与额区明显下沉；后胸后侧片附片发达，具浅平宽大毛窝。前翅臀室收缩中柄稍长于 1r-m 脉；后翅臀室具柄式。

观察标本：2♀，山西历山皇姑幔，35°21.525′N，111°56.310′E，2090m，2009.VI.12，王晓华采。

分布：山西（历山）、河南。

37 密纹钩瓣叶蜂 *Macrophya histrioides* Wei, 1998，山西省新记录

雌虫体长 9.0mm；体黑色；上唇、唇基、触角柄节内侧端缘、前胸背板后缘、中胸小盾片、小盾片附片后半部、后胸小盾片、中胸前侧片中央横斑、后胸前侧片后角横斑、第 7 背板侧缘长斑、第 8 背板侧缘小斑、第 10 背板、各足基节背侧条形斑、各足转节、前足股节前侧末端、前中足胫节前侧、后足股节基部 1/3 长斑和后足胫节中部 1/3 长斑黄白色。体毛短密，淡色。翅透明，端部 1/3 浅烟灰色，翅痣和翅脉黑色。后胸后侧片附片发达，具宽大浅平毛窝。

观察标本：1♀，山西沁水下川西峡，35°25.767′N，112°00.640′E，1513m，2008.VII.9，费汉榄采。

分布：山西（历山）、河南、陕西、湖北。

38 暗唇钩瓣叶蜂 *Macrophya melanoclypea* Wei, 2002，山西省新记录

雌虫体长 11.0mm。体黑色；上颚基半部、单眼后区后缘、触角第 6～7 节及第 8 节背侧基半部、前胸背板后缘宽边、中胸小盾片、后胸小盾片部分、后足胫节背侧中部 1/3、基跗节背侧端部 1/3～1/2 及第 2、3、5 跗分节背侧淡黄色；腹部第 2～6 节背板两侧后缘白斑向后依次变细；唇基黑色，有时具白斑；后足转节白色；有时中足胫节背侧大部及跗节背侧大部、后足胫节背侧基部 1/3 暗红褐色；后足胫节背侧中部 1/3 白色，端部 1/3 黑色；跗节背侧具小白斑。体毛淡色。

观察标本：5♀，山西沁水下川西峡，35°25.767′N，112°00.640′E，1513m，2008.VII.10，费汉榄采；3♀，山西历山皇姑幔，35°21.525′N，111°56.310′E，2090m，2009.VI.13，王晓华采。

分布：山西（历山）、河南。

39 黑体钩瓣叶蜂 *Macrophya melanosomata* Wei et Xin, 2012

雌虫体长 8.5mm。体和足黑色，后足基节外侧基部卵形斑白色，后足胫节除基部黑环和端部黑斑外红褐色，后足胫节中部红褐色。体毛浅褐色。翅无明显烟斑，翅痣和大部翅脉暗褐色。唇基横方形，基部宽于复眼内缘下端间距，缺口较浅，圆弧形，深达唇基 1/5 长，侧角宽钝；颚眼距约 0.5 倍于中单眼直径；额区微隆起，顶面平坦；单眼后区前部稍隆起，后部明显下沉，宽长比约等于 1.8，侧沟极浅弱模糊，向后稍分歧；后颊脊上部十分低弱，下部较明显，全缘式。触角丝状，等长于头胸部和腹部基部 2 节背板之和，第 3 节约 1.4 倍于第 4 节长，短于第 4～5 节之和。

观察标本：3♀1♂，山西沁水下川西峡，35°25.767′N，112°00.640′E，1513m，2008.Ⅶ.10，王晓华、费汉榄采。

分布：山西（历山）、北京、甘肃。

40 五斑钩瓣叶蜂 *Macrophya pentanalia* Wei et Chen, 2002，山西省新记录

雌虫体长 9mm。体黑色；上颚基半部、单眼后区后缘、前胸背板后缘狭边、中胸小盾片中央、腹部第 1 背板中央后缘、第 2 背板侧角三角形大斑、第 3 背板侧角后缘小斑、第 8～10 背板中央、前足股节前侧端部 1/2 条斑、前足胫跗节前侧除端缘黑斑外、中足股节前侧端部小斑、中足胫节外侧亚端部小斑、中足基跗节背侧亚端部小斑、中足第 2～5 跗分节除端缘黑斑外、后足基节外侧卵形大斑、后足胫节背侧亚端部小斑全部白色；后足转节黄白色，具黑斑；后足股节中部 2/3、后足胫节端部 1/3 黑斑除外深红褐色。

观察标本：1♀，山西沁水下川猪尾沟，35°25.752′N，111°59.396′E，1700m，2008.Ⅶ.9，费汉榄采。

分布：山西（历山）、天津、河北、河南、陕西、甘肃。

41 反刻钩瓣叶蜂 *Macrophya revertana* Wei, 1998，山西省新记录

雌虫体长 12mm。体黑色；上颚基半部、上唇缘和端部 1/3、唇基基部两侧角、单眼后区后缘两侧小斑、腹部第 1 背板后缘两侧横斑、前足股节前侧端部、胫节前侧、中足胫节亚端部外侧小斑、后足基节外侧卵形斑、后足胫节背侧亚端部 1/3 白色；前中足跗节前侧大部浅黄褐色；后足第 2 转节污褐色。体毛淡色；翅亚透明，翅痣和翅脉黑色。唇基基部宽于复眼内缘间距，缺口宽深，深达唇基 1/3 长；颚眼距约 0.5 倍于中单眼直径；颜面与额区平坦，不下沉。

观察标本：1♀，山西沁水下川猪尾沟，35°25.752′N，111°59.396′E，1700m，2008.Ⅶ.9，费汉榄采；1♀，山西历山皇姑幔，35°21.525′N，111°56.310′E，2090m，2009.Ⅵ.12，王晓华采。

分布：山西（历山）、河南、陕西、甘肃、湖北、安徽、浙江。

42 红胫钩瓣叶蜂 *Macrophya rubitibia* Wei et Chen, 2002，山西省新记录

雌虫体长 10mm。体黑色；上唇除两侧端缘黑边外、唇基中部模糊斑、上颚基半部、口须大部、前胸背板后缘及侧角、翅基片外缘、中胸小盾片中央部分、后胸小盾片两侧、腹部第 1 背板侧缘小斑、腹部第 2～5 背板两侧斑向后依次渐细、第 7～9 背板中央、前足股节端部外侧、胫节前侧、跗节大部、后足基节外侧大斑、转节、胫节背侧亚端部小斑、基跗节及第 2～3 跗分节背侧斑、触角第 4～5 节白色；中足股节腹侧、后足股节大部、后足胫节及基跗节背侧端部除外红褐色；后足股节外侧端部 1/3 黑色。体毛浅褐色。翅亚透明，翅痣和翅脉黑褐色。

观察标本：3♀，山西沁水下川西峡，35°25.767′N，112°00.640′E，1513m，2008.Ⅶ.9，王晓华、费汉榄采；1♀，山西沁水下川猪尾沟，35°25.752′N，111°59.396′E，1700m，2008.Ⅶ.9，费汉榄采；1♀，CSCS12144，山西沁水下川普通沟，2012.Ⅶ.24，黄盘诱，施凯采。

分布：山西（历山）、天津、河南、甘肃、浙江、湖北。

43 文氏钩瓣叶蜂 *Macrophya weni* Wei, 1998，山西省新记录

雌虫体长 9.5mm。体黑色；上颚基半部、前胸背板后缘狭边、后足转节除腹侧黑斑外、后足胫节亚端部背侧小斑和腹部第 1 背板中央后缘窄边白色；后足第 1 转节腹侧具小型黑斑。体毛浅色；鞘毛较细长弯曲，浅黑褐色。翅亚透明，翅痣和翅脉黑色。唇基缺口浅弧形；颚

眼距约 0.25 倍于中单眼直径；额区平坦，不下沉，额脊缺；单眼后区稍隆起，宽长比约等于2.5；颊脊全缘式。触角粗短丝状，稍长于头胸部之和，第 3 节约 1.77 倍于第 4 节长。

观察标本：3♀，山西沁水下川猪尾沟，35°25.752′N，111°59.396′E，1700m，2008.VII.9，王晓华、费汉榄采；5♀1♂，山西沁水下川西峡，35°25.767′N，112°00.640′E，1513m，2008.VII.9～10，王晓华、费汉榄采。

分布：山西（历山）、北京、河北、河南、陕西、宁夏、甘肃、湖北、四川。

44 东方壮叶蜂 Jermakia sibirica (Kriechbaumer, 1869)，山西省新记录

雌虫体长 12.0～14.0mm。体黑色，上颚基部小斑、唇基两侧基部小斑、前胸背板后缘宽边、翅基片、腹部第 1 和第 5 背板大部、第 9 背板后缘、后胸后侧片大部黄白色；触角黑色，基部 3 节部分或全部浅褐色；足黑色，各足第 2 转节大部、前中足股节前侧端部、各足胫节和跗节大部浅褐色。前翅从基部到端部具长烟黑色纵条斑，前缘脉和翅痣浅褐色，其余翅脉暗褐色，后翅透明。头胸部背侧细毛褐色，其余体毛大部银色。

观察标本：1♀，山西沁水下川猪尾沟，黄盘诱，2012.VII.25，施凯采。

分布：山西（历山）、黑龙江、辽宁、内蒙古、北京、河北、山东、河南、宁夏、新疆、上海、浙江、湖北、四川；朝鲜，日本，蒙古，西伯利亚。

45 黄股齿唇叶蜂 Rhogogaster femorata Wei, 2002，山西省新记录

雌虫体长 11.0～13.0mm。体黄绿色，触角柄节背侧、梗节和鞭节全部黑色，头部背侧具宽椭圆形大黑斑，中后胸背板除小盾片、附片和后小盾片外全部黑色，腹部第 1～8 背板背侧中部 3/4 黑色；足黄绿色，各足胫节末端、前中足跗节背侧、后足跗节全部黑色。翅浅烟褐色，无烟斑，前缘脉和翅痣黄褐色，其余翅脉黑褐色。体毛银色。上唇宽大，端部截型；唇基显著窄于复眼下缘间距，中部具较窄的半圆形缺口，侧叶端部钝截型，无齿突；颚眼距 2 倍于单眼直径；触角窝上突不隆起；单眼后区宽约 2 倍于长，后缘脊和后颊脊发达。

观察标本：3♀，山西历山皇姑幔，111°56.310′E，35°21.525′N，2090m，2009.VI.12～13，王晓华采。

分布：山西（历山）、河南（济源）。

46 敛眼齿唇叶蜂 Rhogogaster convergens Malaise, 1931，山西省新记录

雌虫体长 10.0～11.0mm。虫体背侧黑色，腹侧黄绿色，触角柄节背侧、梗节和鞭节全部黑色；额脊中段、单眼后区后角、内眶条斑、前胸背板后缘、翅基片、中胸背板侧叶三角形斑、小盾片、附片和后小盾片黄绿色；前胸侧板、中胸腹板、胸部侧板缝、腹部 1～6 腹板基半部黑色；足黄绿色，各足股节末端背侧短条斑、胫节末端、跗节大部黑色。翅透明，无明显烟斑，前缘脉大部浅褐色，翅痣基部 3/4 黄绿色，翅痣端部和其余翅脉黑褐色。体毛银色。

观察标本：4♀，山西历山皇姑幔，111°56.310′E，35°21.525′N，2090m，2009.VI.12，王晓华采。

分布：山西（历山）、辽宁、河北、河南、陕西、宁夏、甘肃；日本。

47 斑痣齿唇叶蜂 Rhogogaster robusta Jakovlev, 1891，山西省新记录

雌虫体长 14～16mm。虫体黄绿色，触角柄节背侧、梗节和鞭节全部黑色；头部背侧具蝴蝶型黑斑，但不覆盖额脊，两侧不接触复眼；中胸背板大部（不包括小盾片、附片和后小盾片）中胸腹板、腹部各节背板基部大斑、腹板基部大斑黑色；足黄绿色，各足股节最末端、胫节末端、跗节大部黑色。翅透明，无明显烟斑，前缘脉大部浅褐色，翅痣基部 3/5 黄绿色，翅痣端部 2/5 和其余翅脉黑褐色。体毛银色。

观察标本：1♀，山西历山皇姑幔，111°56.310′E，35°21.525′N，2090m，2009.Ⅵ.12，王晓华采。

分布：山西（历山）、北京、河北、河南、陕西、甘肃、浙江、湖北。

48 斑唇细蓝叶蜂 *Tenthredo pararegia* Wei, 2002，山西省新记录

雌虫体长 17～18mm。体蓝黑色，具强烈的金属光泽，上唇、上颚大部、唇基端半部、触角窝上突、前胸背板后角大部、翅基片和触角端部 3 节半亮黄色；足蓝黑色，具黄白斑。翅透明，端部 1/3 烟灰色，前缘脉浅褐色，翅痣和其余翅脉大部黑褐色。体毛银褐色。体窄长。触角窝上突强烈隆起，很高且狭窄，明显弯曲，后端突然中断，不与额脊融合；内眶陡峭，颜面和额区强烈下沉；单眼后区隆起，宽几乎不大于长，具较高的中纵脊。爪内齿等长于外齿。后翅臀室无柄式。

观察标本：3♂，山西历山皇姑幔，111°56.310′E，35°21.525′N，2090m，2009.Ⅵ.12，王晓华采。

分布：山西（历山）、北京、河北、河南。

49 断突平斑叶蜂 *Tenthredo xanthotarsis* Cameron, 1876，山西省新记录

雌虫体长 16～17mm。体和足黄褐色；触角鞭节、侧窝底部小斑、单眼区小斑、腹部端部 5 节大部黑色。翅烟黄色透明，前翅端部 1/3 具黑褐色烟斑，烟斑内侧接近但不接触翅痣末端，边界清晰；后翅端部具模糊烟斑；前翅 C 脉、Sc+R 脉前侧、翅痣和 R_1 脉黄褐色，其余翅脉大部黑色。体毛黄褐色，头部单眼后区、上眶细毛和腹部背侧细毛大部黑褐色。后翅臀室无柄。后足基跗节等长于其后 3 个跗分节长度之和；爪内齿稍宽于但明显短于外齿。雄虫体长 14mm，颚眼距等于侧单眼直径，后足基跗节微弱膨大，跗节腹侧具毛毡，阳茎瓣头叶椭圆形，具宽大端叶。

观察标本：2♂，山西历山皇姑幔，111°56.310′E，35°21.525′N，2090m，2009.Ⅵ.13，王晓华采。

分布：山西（历山）、内蒙古、河南、陕西；日本，东西伯利亚。

50 钝脊平斑叶蜂 *Tenthredo carinilania* Wei, 1998，山西省新记录

雌虫体长 15mm。暗黄褐色；头部触角窝以下部分和后足跗节淡黄色；额区具大黑斑，两侧几乎伸抵复眼；单眼后区仅后缘脊淡色；触角鞭节和中胸背板侧叶顶部黑色；腹部第 1～5 背板基半部和第 6～10 背板及第 7 腹板黑色，具弱蓝色光泽。翅烟黄色，前翅端部具色泽均一的黑褐色烟斑，其内界不抵翅痣，边界显著。唇基平坦，缺口狭深，底部圆钝；颚眼距 1.5 倍于单眼直径；触角窝上突稍隆起，后缘逐渐降低，与额脊连合，中窝宽深；单眼后区平坦，宽明显大于长，具低细中脊。

观察标本：2♂，山西沁水下川西峡，112°00.640′E，35°25.767′N，1513m，2008.Ⅶ.10，王晓华、费汉榄采。

分布：山西（历山）、河北、河南、四川。

51 天目条角叶蜂 *Tenthredo tienmushana* (Takeuchi, 1940)，山西省新记录

雌虫体长 15～17mm。体和足锈褐色；额区、单眼后区、触角梗节和鞭节外侧全部、端部 4 个鞭分节全部、前胸背板后侧、前胸侧板大部、中胸背板侧叶顶部长斑、附片后缘、中胸侧板边缘、腹板环斑黑色，触角第 4、5 节内侧大部、唇基、上唇、唇基上区、内眶条斑、上颚基部、翅基片、中胸背板前叶后部、小盾片大部、中胸前侧片中部、后胸前侧片大部、腹部第 1 背板两侧黄白色。翅透明，端半部具浅烟褐色斑，翅痣黄褐色。

观察标本：1♀，山西沁水下川富裕河，112°01.178′E，35°26.228′N，1630m，2008.VII.10，费汉榄采；1♀，山西历山皇姑幔，111°56.310′E，35°21.525′N，2090m，2009.VI.12，王晓华采；2♀，山西沁水下川西峡，112°00.640′E，35°25.767′N，1513m，2008.VII.10，王晓华采。

分布：山西（历山）、北京、河北、河南、陕西、甘肃、安徽、浙江、湖北、广西、重庆、四川、云南。

52 黑腹白端叶蜂 *Tenthredo fagi* (Panzer, 1798)，山西省新记录

雌虫体长 13～15mm。体黑色；唇基、上唇、上颚大部、触角端部 4 节大部、前胸背板后缘、小盾片大部、后胸前侧片大部、腹部第 1 背板两侧斑黄白色；足黑色，前中足前腹侧浅褐色，后足胫节部分褐色。翅浅烟灰色透明，无明显烟斑，翅痣褐色，前缘脉浅褐色。头部背侧刻点不明显，刻纹微弱，光泽较强；中胸背板和侧板具细小密集刻点和刻纹，光泽弱；小盾片大部和后胸前侧片大部光滑；腹部各节背板具细弱刻纹。唇基中部缺口底部圆钝，深约为唇基长的 1/4；颚眼距稍长于侧单眼直径；触角窝上突稍隆起，向后明显降低，与低钝额脊逐渐汇合；单眼后区宽明显大于长。

观察标本：1♀，山西沁水下川西峡，112°00.640′E，35°25.767′N，1513m，2008.VII.10，费汉榄采；1♂，山西沁水下川富裕河，112°01.178′E，35°26.228′N，1630m，2008.VII.10，费汉榄采。

分布：山西（历山）、黑龙江、吉林、辽宁、内蒙古、河北；日本，欧洲，俄罗斯（西伯利亚）。

53 秦岭白端叶蜂 *Tenthredo qinlingia* Wei, 1998，山西省新记录

雌虫体长 12～13mm。头胸部黑色，头部触角窝以下部分、内眶窄条斑、后颊脊、触角端半部、前胸背板后缘、翅基片内缘、后胸后背板前缘黄白色，后眶下侧具红褐色斑；中胸前侧片前侧、中胸后侧片、足大部红褐色；腹部浅褐色，第 1、2 背板背侧和后足基节、各足股节条斑黑色。翅浅烟灰色透明，无明显烟斑，前缘脉和翅痣浅褐色。头部背侧刻点密集，光泽弱；中胸背板包括小盾片、附片和侧板具密集刻点，光泽弱；腹部各节背板具细密刻纹。爪内齿短于外齿。雄虫体长 9～10mm。

观察标本：1♀，山西历山皇姑幔，111°56.310′E，35°21.525′N，2090m，2009.VI.12，王晓华采。

分布：山西（历山）、河南、陕西、宁夏、湖北、广东、云南。

54 顶斑亚黄叶蜂 *Tenthredo cestanella* Wei, 1998，山西省新记录

雌虫体长 12～13mm。头胸部浅黄褐色，具微弱绿色光泽，腹部暗黄褐色；触角梗节大部和鞭节全部黑色；头部背侧具大黑斑，前缘和两侧弧形，侧缘不接触复眼内缘，后缘中部向后三角形延伸至单眼后区中部；胸部背板具 3 个大黑斑；胸部腹板黑色，腹部无黑斑。足黄绿色，无黑色条斑。翅透明，前缘脉和翅痣浅褐色。唇基平坦，前缘缺口十分浅宽，底部平直；颚眼距稍长于单眼直径；后颊脊完整，下部无褶皱；触角窝上突明显隆起，互相平行，后端与额脊微弱中断；单眼后区较小，平坦，宽长比等于 1.3。

观察标本：1♀，山西历山舜王坪，111°57.963′E，35°25.472′N，1700m，2008.VII.9，王晓华采。

分布：山西（历山）、河北、河南、甘肃。

55 黑额亚黄叶蜂 *Tenthredo nigrofrontalina* Wei, 1998，山西省新记录

雌虫体长 10.5～11.5mm。头胸部浅黄褐色，腹部暗黄褐色，触角梗节和鞭节全部黑色；

头部背侧具大黑斑，其前缘截型，伸至触角窝上突后端，两侧弧形，但不接触复眼内缘，后缘未伸至头部后缘，单眼后区全部淡色；胸部背板具 3 个大黑斑，腹部第 1、2 背板基缘黑色。足黄绿色，中足股节端部后侧短条斑黑色。翅透明，前缘脉和翅痣浅褐色。唇基平坦，前缘缺口浅弱弧形，底部圆钝；颚眼距 1.3 倍于单眼直径；触角窝上突低弱隆起，后端与额脊连接，不突然中断；单眼后区平坦，宽长比等于 2。雄虫阳茎瓣具十分细长的端突。

观察标本：2♀，山西沁水下川西峡，112°00.640′E，35°25.767′N，1513m，2008.VII.10，王晓华、费汉榄采；1♀，山西历山舜王坪，111°57.963′E，35°25.472′N，1700m，2008.VII.9，王晓华采；1♀，山西沁水下川猪尾沟，111°59.396′E，35°25.752′N，1700m，2008.VII.9，费汉榄采。

分布：山西（历山）、河南、陕西、甘肃、四川。

56 大齿亚黄叶蜂 Tenthredo jiuzhaigoua Wei et Nie, 1997，山西省新记录

雌虫体长 10mm。体黄绿色，腹部背板微呈褐色；触角除柄节外黑色；侧单眼外侧各具 1 个三角形黑斑，通过横过单眼三角的狭窄黑带连接起来，前端与前单眼持平；中胸背板具 4 个黑斑；腹部仅第 2 背板基缘黑色。翅透明，缘脉和痣黄绿色，透明。上颚无背脊；唇基宽大平滑，端缘缺口浅宽，底部平直；颚眼距等于前单眼直径；触角窝上突稍隆起，后端几乎与低钝的额脊融合；单眼后区宽长比为 4∶3；触角微短于腹长，第 3、4 节长度比为 4∶3。中胸小盾片锥状隆起，无横脊。中胸腹板刺突短而锐利；侧板强烈隆起，顶端尖出。爪内齿短于外齿。后翅臀室无柄式。

观察标本：1♀，山西沁水下川猪尾沟，111°59.396′E，35°25.752′N，1700m，2008.VII.9，费汉榄采；3♂，山西历山皇姑幔，111°56.310′E，35°21.525′N，2090m，2009.VI.13，王晓华采。

分布：山西（历山）、河北、河南、甘肃、湖北、四川。

57 多齿亚黄叶蜂 Tenthredo multidentella Wei, 1998，山西省新记录

雌虫体长 11.5～12.5mm。黄褐色，触角梗节和鞭节全部、头部背侧宽"H"形斑纹、胸部背板 3 个大斑、中胸前侧片上半部垂直短条斑、腹部背板基部狭窄横带斑黑色。足黄绿色，各足股节后侧端半部具黑色条斑，后足跗节几乎黑色。翅透明，前缘脉和翅痣黄褐色。唇基平坦，前缘缺口浅弱，底部平直，深度约为唇基 1/5 长；颚眼距稍长于单眼直径；后颊脊完整，下部无褶皱；触角窝上突低弱隆起，后端与额脊连接，不突然中断；单眼后区平坦，宽长比等于 1.5；背面观后头两侧向后收缩。

观察标本：2♀，山西沁水下川猪尾沟，111°59.396′E，35°25.752′N，1700m，2008.VII.9，费汉榄采；1♀1♂，山西沁水下川西峡，112°00.640′E，35°25.767′N，1513m，2008.VII.10，王晓华、费汉榄采。

分布：山西（历山）、北京、河北、河南、陕西、甘肃。

58 红腹环角叶蜂 Tenthredo sordidezonata Malaise, 1945，山西省新记录

雌虫体长 12～14mm。体黑色，唇基、上唇、上颚大部、后眶大部、内眶窄条斑、前胸背板后缘狭边、翅基片、中胸背板前叶后端、小盾片、附片、后小盾片、后胸前侧片大部、腹第 1 背板、3～5 节全部、8～10 节背板中部黄白色；足黑色，前足基节端部以远全部、中后足基节端部、转节、中足股节前侧大部、胫跗节全部、后足胫节大部和跗节黄白色；触角黑色，第 1 节大部红褐色，第 3 节端部、第 4 节全部和第 5 节基半部白色。体背侧细毛褐色，腹侧细毛银色。翅浅烟褐色透明，前缘脉和翅痣大部浅褐色；后翅臀室无柄式。

观察标本：3♂，山西历山舜王坪，111°57.963′E，35°25.472′N，1700m，2008.VII.9，费汉榄采；1♀1♂，山西沁水下川猪尾沟，111°59.396′E，35°25.752′N，1700m，2008.VII.9，费汉榄采；2♀6♂，山西沁水下川普通沟，黄盘诱，2012.VII.24，施凯采；7♀3♂，山西沁水下川猪尾沟，黄盘诱，2012.VII.25，施凯采。

分布：山西（历山）、河北、河南、陕西、甘肃、广西、重庆、四川。

59 小凹斑翅叶蜂 Tenthredo microexcisa Wei, 1998，山西省新记录

雌虫体长 17～18mm。黑色；唇基大部、上唇、上颚、唇基上区、触角窝上突、后眶中下部椭圆形斑、前胸背板后缘宽边、翅基片、小盾片、附片、后小盾片顶部、后胸后背板、中胸前侧片前上部小斑、后侧片后上缘、后胸前侧片大部、各足转节、中足胫节大部、中足跗节、后足胫节端半、后足跗节、腹部腹板后缘、背板腹侧大部、1～4 背板后缘狭边和中央三角形小斑白色。体毛淡色。翅亚透明，端部黑褐色，翅痣黑色。唇基平滑，端缘中部具微小缺口；触角窝上突宽钝隆起，向后分歧；中胸腹板刺突低短。爪内齿几乎不短于外齿。

观察标本：2♀6♂，山西沁水下川西峡，112°00.640′E，35°25.767′N，1513m，2008.VII.10，王晓华、费汉榄采；4♂，山西沁水下川富裕河，112°01.178′E，35°26.228′N，1630m，2008.VII.10，王晓华、费汉榄采；1♀1♂，山西沁水下川普通沟，黄盘诱，2012.VII.24，施凯采；1♀，山西沁水下川猪尾沟，黄盘诱，2012.VII.25，施凯采。

分布：山西（历山）、北京、河北、河南、陕西、甘肃、贵州。

60 反斑断突叶蜂 Tenthredo reversimaculeta Wei, 2002，山西省新记录

雌虫体长 13～14mm。体黑色；唇基大部、上唇、上颚基部、唇基上区、内眶宽斑、上眶外侧横方斑、颊眼距斑、触角窝上突后端、前胸背板后缘、翅基片、中胸背板前叶后端、小盾片和附片、后小盾片中央、后胸前侧片中部、腹部第 1 背板全部淡黄白色、腹部 2～5 背板缘折部分、3～8 背板后缘中部橄榄形斑、第 10 背板全部、各节腹板后缘黄褐色。足黑色，各足转节、前中足胫跗节、后足胫节大部淡黄白色，中足胫节末端和后足胫节端部 1/6 黑褐色。体毛淡褐色。翅透明，前缘脉和翅痣浅褐色。

观察标本：1♀1♂，山西沁水下川普通沟，黄盘诱，2012.VII.24，施凯采；1♂，山西沁水下川猪尾沟，黄盘诱，2012.VII.25，施凯采。

分布：山西（历山）、河南、陕西、甘肃、湖北。

61 宽条细斑叶蜂 Tenthredo nephritica Malaise, 1945，山西省新记录

雌虫体长 10～11mm。体绿色，仅触角 1～3 节大部、4～9 节背侧、单眼区小斑及相连的单眼后区两侧窄条斑、中胸背板前叶中部 1 对互相平行的窄条斑、侧叶中部条斑黑色。足黄绿色，各足股节中部以远背侧具不完整的黑色细条斑。体毛银色。翅完全透明，无烟斑，前缘脉和翅痣黄绿色，其余翅脉大部黑褐色；后翅臀室无柄式。唇基宽大，缺口圆弧形，深度约为唇基 1/3 长；颊眼距稍长于单眼直径；后颊脊完整，下部无褶皱；触角窝上突圆钝隆起，互相平行，后端与低钝的额脊连接；单眼后区平坦，宽稍大于长；阳茎瓣头叶简单，无端刺突。

观察标本：9♀10♂，山西历山舜王坪，111°57.963′E，35°25.472′N，1700m，2008.VII.9，王晓华、费汉榄采；9♀3♂，山西沁水下川，112°01.178′E，35°26.155′N，1580m，2008.VII.8，王晓华、费汉榄采；12♀5♂，山西沁水下川西峡，112°00.640′E，35°25.767′N，1513m，2008.VII.10，王晓华、费汉榄采；4♀8♂，山西沁水下川富裕河，112°01.178′E，35°26.228′N，1630m，2008.VII.10，王晓华、费汉榄采；4♀3♂，山西沁水下川猪尾沟，111°59.396′E，35°25.752′N，

1700m，2008.VII.9，王晓华、费汉榄采；1♀2♂，山西历山皇姑幔，111°56.310′E，35°21.525′N，2090m，2009.VI.11～12，王晓华采；1♂，山西沁水下川普通沟，黄盘诱，2012.VII.24，施凯采；2♂，山西沁水下川猪尾沟，黄盘诱，2012.VII.25，施凯采。

分布：山西（历山）、河南、陕西、甘肃、湖北、湖南、重庆、四川、贵州；缅甸。

62 环斑长突叶蜂 Tenthredo omega (Takeuchi, 1936)，山西省新记录

雌虫体型粗壮，长 14～16mm。黄绿色，触角全部、头部背侧"Ω"形斑、胸部背板 3 个大斑、中胸前侧片上半部中央垂直短条斑、腹部各节背板基部狭窄横带斑黑色。足黄绿色，各足股节后侧端部具黑色短条斑。头胸部背侧具黑褐色细毛。翅透明，无烟斑，前缘脉和翅痣黄绿色，其余翅脉大部黑褐色。唇基缺口较深，圆弧形，深度约为唇基 1/3 长；颚眼距稍长于单眼直径；后颊脊完整，下部无褶皱；触角窝上突长大，强烈隆起，互相平行，后端垂直中断；单眼后区平坦，宽长比等于 1.5；背面观后头两侧向后稍收缩。头部背侧无明显刻点和刻纹。中胸小盾片强烈隆起，无顶尖，具钝横脊；中胸前侧片中下部明显隆起，具钝顶，无刻点，具细弱刻纹，腹刺突缺如。

观察标本：2♀6♂，山西沁水下川富裕河，112°01.178′E，35°26.228′N，1630m，2008.VII.10，王晓华、费汉榄采；12♀8♂，山西沁水下川西峡，112°00.640′E，35°25.767′N，1513m，2008.VII.10，王晓华、费汉榄采；1♂，山西沁水下川猪尾沟，111°59.396′E，35°25.752′N，1700m，2008.VII.9，费汉榄采；2♀1♂，山西沁水下川猪尾沟，黄盘诱，2012.VII.25，施凯采。

分布：山西（历山）、河北、河南、陕西、宁夏、湖北、四川；日本，东北亚。

63 丝瓣长突叶蜂 Tenthredo pseudograhami Wei, 2002，山西省新记录

雌虫体长 11.5～12.5mm。体和足黄绿色；触角全部、头部背侧花冠型大斑（额脊黄绿色）、中胸背板前叶宽条斑和侧叶背侧大部、中胸前侧片中部狭条斑、腹部 6、7 背板基缘、锯鞘端缘黑色；足黄绿色，各足转节至跗节的背侧狭条斑以及后足跗节全部黑色。虫体背侧细毛黑色，腹侧细毛银色。翅透明，无明显烟斑，前缘脉和翅痣黄绿色，其余翅脉黑褐色。头部背侧包括触角窝上突具明显细刻纹，无明显刻点，光泽较弱；中胸背板具稍稀疏的细小刻点，刻点间具明显细刻纹，光泽弱；中胸前侧片和腹部背板无刻点，刻纹细。后翅臀室无柄式。

观察标本：3♀1♂，山西沁水下川西峡，112°00.640′E，35°25.767′N，1513m，2008.VII.10，王晓华、费汉榄采；1♀，山西沁水下川富裕河，112°01.178′E，35°26.228′N，1630m，2008.VII.10，王晓华；1♂，山西历山舜王坪，111°57.963′E，35°25.472′N，1700m，2008.VII.9，王晓华采；2♀♂，山西沁水下川猪尾沟，111°59.396′E，35°25.752′N，1700m，2008.VII.9，王晓华、费汉榄采。

分布：山西（历山）、河南、陕西、宁夏、甘肃、四川。

64 短角长突叶蜂 Tenthredo pseudobullifera Wei et Liu, 2013

雌虫体长 13.0～14.5mm。体和足黄绿色；触角、覆盖中窝和侧窝底部以及额区全部、内眶上半部大部的不规则大斑、中胸背板前叶中部大斑、中胸背板侧叶、中胸前上侧片前缘、中胸前侧片前缘狭边和中部稍弯曲的纵条斑、腹部 1～8 节背板基部横斑、锯鞘端缘、各足转节至跗节的背侧条斑黑色。头胸部背侧细毛黑褐色，腹侧细毛银色。翅面透明，无明显烟斑，翅痣全部以及前缘脉基部和端部黄绿色。头部背侧光泽较弱，刻纹细弱；中胸背板光泽微弱，刻点小、较密集，刻点间隙具显著刻纹；中胸前侧片上半部光泽较强，刻点不明显，刻纹细弱；腹部各节背板具刻纹较细密。

观察标本：1♂，山西绵山琼玉瀑布，111°58.976′E，36°51.508′N，1647m，2008.VII.1，

费汉揽采；1♂，山西沁水下川猪尾沟，111°59.396′E，35°25.752′N，1700m，2008.Ⅶ.9，费汉揽采；1♂，山西历山舜王坪，111°57.963′E，35°25.472′N，1700m，2008.Ⅶ.9，费汉揽采；4♂，山西历山皇姑幔，111°56.310′E，35°21.525′N，2090m，2009.Ⅵ.13，王晓华采；2♂，山西沁水下川普通沟，黄盘诱，2012.Ⅶ.24，施凯采。

分布：山西（历山）、北京、河北、河南、陕西、宁夏、重庆、四川、云南。

65 三齿突绿叶蜂 Tenthredo tridentoclypeata Wei, 1998，山西省新记录

雌虫体长 13～14mm。体黄绿色，额区和单眼区具"H"形黑斑，触角、胸部背板沟缝、腹部第 2～8 背板中部三角形斑、锯鞘端缘黑色。翅透明，前缘脉和翅痣黄绿色。体毛淡色。唇基平坦，前缘近似截型，具 3 个十分短钝的齿突；颚眼距稍长于单眼直径，中窝宽深；触角窝上突狭窄、强烈隆起，后端突然中断，不与额脊连接，互相平行；单眼后区平坦，宽长比等于 4∶3；侧沟弯曲，向后稍分歧；背面观后头两侧向后微弱收敛。头部背面具微细刻纹和细小刻点，光泽不强。触角等长于头胸部之和，第 3 节 1.3 倍于第 4 节长。中胸小盾片强烈隆起，腹刺突较小。

观察标本：1♀，山西历山舜王坪，111°57.963′E，35°25.472′N，1700m，2008.Ⅶ.9，费汉揽采；2♀，山西沁水下川，112°01.178′E，35°26.155′N，1580m，2008.Ⅶ.8，王晓华、费汉揽采。

分布：山西（历山）、河南、陕西、宁夏、湖北、四川。

66 脊颚突绿叶蜂 Tenthredo carinomandibularis Wei et Nie, 1997，山西省新记录

雌虫体长约 10mm。体黄绿色；触角全部、胸部背板沟底、第 2 背板基缘黑色；额区具"H"形黑斑，黑斑的长臂狭窄，沿额侧沟外侧向前延伸至触角窝上突后端，向后延伸至单眼后区侧沟后端外侧，横臂仅覆盖后单眼。翅透明，痣绿色透明。唇基平滑，中部宽浅地凹入，端缘缺口窄浅，底部近截型；颚眼距微长于单眼直径；触角窝上突发达，互相向后稍分歧，后端突然中断，中窝底部平坦；额脊稍隆起，额区下沉，显著低于内眶；单眼后区平坦，宽长比为 4∶3；颊脊发达，下部无皱褶；背观后头两侧稍收缩。

观察标本：1♂，山西历山皇姑幔，111°56.310′E，35°21.525′N，2090m，2009.Ⅵ.13，王晓华采；1♂，山西历山舜王坪，111°57.963′E，35°25.472′N，1700m，2008.Ⅶ.9，王晓华采。

分布：山西（历山）、河北、河南、陕西、宁夏、甘肃、湖北、四川、重庆。

67 尖刃翠绿叶蜂 Tenthredo acutiserrulana Wei, 2002，山西省新记录

雌虫体长 10～12mm。体和足绿色，腹部带锈褐色光泽，触角全部黑色，后单眼处具窄黑色横斑，两侧向前延伸至侧窝上沿，中胸背板前叶中沟和侧沟底部具很细的黑色条斑。翅透明，翅痣和前缘脉绿色，其余翅脉黑色。体毛很短，银色，头胸部背侧细毛大部暗褐色。唇基大而平坦，端部亚截形，缺口浅弱弧形；上颚不延长，具弱背脊；颚眼距 2 倍于单眼直径；复眼较大，内缘向下强烈收敛，间距窄于眼高和唇基宽；触角窝上突低钝隆起，后端以浅凹与额脊分离；中窝宽深，底部平；额脊低钝；单眼后区平坦，窄于内眶，宽长比等于 1.3；侧沟较深，向后稍分歧；背观后头两侧明显收敛，长于复眼 1/2；后眶稍宽于复眼，颊脊下部无褶。

观察标本：1♀2♂，山西历山舜王坪，111°57.963′E，35°25.472′N，1700m，2008.Ⅶ.9，费汉揽采；1♀1♂，山西沁水下川富裕河，112°01.178′E，35°26.228′N，1630m，2008.Ⅶ.10，王晓华、费汉揽采；1♀1♂，山西沁水下川猪尾沟，111°59.396′E，35°25.752′N，1700m，2008.Ⅶ.9，王晓华、费汉揽采；2♀，山西沁水下川西峡，112°00.640′E，35°25.767′N，1513m，

2008.Ⅶ.10，费汉榄采；3♂，山西历山皇姑幔，111°56.310′E，35°21.525′N，2090m，2009.Ⅵ.13，王晓华采。

分布：山西（历山）、吉林、河南、陕西、宁夏、甘肃、湖北、四川。

68 大黑顶低突叶蜂 Tenthredo gigas Malaise, 1931，山西省新记录

雌虫体长 15～16mm。体和足黑色，上颚基半部、上唇、唇基、唇基上区、触角窝上突、后眶大部、前胸背板后缘及侧角大斑和前角大斑、翅基片、中胸小盾片前部 4/5、小盾片附片、后胸小盾片大部、后胸后背片基部约 1/2、中胸前侧片上部前侧宽条斑及后缘窄条斑、中胸后侧片后侧大部、后胸前侧片大部、后胸后侧片后缘、腹部第 1～4 背板后缘窄边、各节背板缘折全部、腹板全部和锯鞘大部绿色；足黄绿色，具黑色条斑。体毛黑褐色。翅淡烟灰色透明，无烟斑，翅痣暗褐色。

观察标本：4♂，山西历山皇姑幔，111°56.310′E，35°21.525′N，2090m，2009.Ⅵ.13，王晓华采；1♀2♂，山西沁水下川西峡，112°00.640′E，35°25.767′N，1513m，2008.Ⅶ.10，王晓华、费汉榄采；1♀，山西沁水下川富裕河，112°01.178′E，35°26.228′N，1630m，2008.Ⅶ.10，费汉榄采；2♀，山西沁水下川猪尾沟，111°59.396′E，35°25.752′N，1700m，2008.Ⅶ.9，费汉榄采。

分布：山西（历山）、黑龙江、吉林、辽宁、河北、河南、陕西、宁夏、甘肃、湖南、重庆、四川；东北亚。

69 粗纹低突叶蜂 Tenthredo pseudomesomela Wei et Liu, 2013

雌虫体长 12～13mm。体和足黑色，上颚基半部、上唇、唇基、唇基上区、触角窝上突、后眶大部、前胸背板后缘及侧角大斑和前角大斑、翅基片、中胸小盾片前部 4/5、小盾片附片、后胸小盾片大部、后胸后背片基部约 1/2、中胸前侧片上部前侧宽条斑及后缘窄条斑、中胸腹板除中央亚三角形斑外、中胸后侧片后侧大部、后胸前侧片大部、后胸后侧片后缘、腹部第 1～4 背板后缘窄边、第 10 背板端部、各节背板缘折全部、腹板全部和锯鞘绿色；足黄绿色，各足转节背侧、各足股胫跗节后背侧黑色。体毛黑褐色。翅淡烟灰色透明，无烟斑，翅痣暗褐色。

观察标本：1♀2♂，山西历山皇姑幔，111°56.310′E，35°21.525′N，2090m，2009.Ⅵ.12～13，王晓华采。

分布：山西（历山）、河北。

70 粗纹窄突叶蜂 Tenthredo paraobsoleta Wei et Liu, 2013

雌虫体长 11～13mm。体和足黑色；上唇、唇基、唇基上区上半部、触角窝上突、外眶下部大斑、前胸背板后缘宽斑、翅基片、中胸小盾片前部 3/4、小盾片附片、后胸小盾片前半部、后胸后背片前部 1/3、中胸前侧片前上部小斑及后下部窄条斑、中胸后侧片后缘狭边、后胸前侧片大部、后胸后侧片后缘、腹部各节背板缘折和腹板全部，锯鞘端背侧黑色；足黄绿色，具黑色条斑。体毛大部黑褐色。翅淡烟褐色透明，无明显烟斑，翅痣和翅脉黑褐色。

观察标本：1♀，山西历山舜王坪，111°57.963′E，35°25.472′N，1700m，2008.Ⅶ.9，费汉榄采。

分布：山西（历山）、河北、陕西、宁夏、甘肃、湖北、四川。

71 大斑短角叶蜂 Tenthredo sapporensis (Matsumura, 1912)，山西省新记录

雌虫体粗短，长 11～13mm。体和足黄绿色，触角梗节和鞭节黑色，头部背侧和胸部背板具黑色大斑，中胸背板前叶两侧条斑、小盾片和后小盾片黄绿色，腹部 2～3 背板中部大斑

和 5～7 背板大部黑色。足黄绿色，具黑色条斑。翅透明，翅痣和前缘脉黄绿色，其余翅脉黑色。体毛很短，银色。唇基大而平坦，缺口窄，深度约为唇基 2/5 长；颚眼距约 2 倍于单眼直径；复眼内缘向下强烈收敛，间距窄于眼高和唇基宽；触角窝上突平坦，几乎缺如。

观察标本：1♂，山西历山皇姑幔，111°56.310′E，35°21.525′N，2090m，2009.VI.13，王晓华采。

分布：山西（历山）、河南、陕西、宁夏、甘肃、浙江、湖北、广东、四川；日本，俄罗斯（西伯利亚）。

72 多带短角叶蜂 *Tenthredo multicinctalia* Nie et Wei, 2002，山西省新记录

雌虫体长 12mm。体黑色；唇基、上唇、上颚基半部、自后眶中部伸至颚眼距的条斑、中胸背板前下角大斑、后缘宽斑、翅基片、中胸小盾片全部、后小盾片后部、后胸前侧片亮黄色，口须、触角基部 2 节、复眼内顶角附近小点斑、腹部第 3 背板全部、第 4 背板两侧、5～8 背板后缘 1/4、第 9 背板两侧、第 10 背板全部、各节腹板后缘宽斑黄褐色，腹部背板微带紫蓝色光泽；足黑色，前足股节前侧、中足股节前侧大部、前中足胫跗节和后足第 2～5 跗分节黄褐色，后足胫节基部 3/4 和基跗节红褐色。翅透明，端半部微带浅烟褐色，C 脉与翅痣褐色。

观察标本：4♀，山西历山皇姑幔，111°56.310′E，35°21.525′N，2090m，2009.VI.11～13，王晓华采。

分布：山西（历山）、河南。

73 多环长颚叶蜂 *Tenthredo finschi* W. F. Kirby, 1882，山西省新记录

雌虫体长 11～13mm。体黑色，头部触角窝以下部分、内眶窄条斑、后眶大部、前胸背板大部、翅基片大部、中胸背板前叶后部矢形斑、小盾片大部、附片、后胸后背板、腹部各节背板后缘横带、胸腹部腹面全部黄绿色，胸部侧板具狭窄垂直黑色条斑。足黑色，各足股节以远背侧具完整黑色带斑。体毛淡色。翅透明，前缘脉、翅痣和其余翅脉均为暗褐色或黑褐色；后翅臀室无柄式。颚眼距 2 倍于单眼直径；上颚明显延长；触角窝上突缺如，单眼后区稍隆起，宽 1.9 倍于长，具细低中脊。中胸侧板刻纹细密，光泽微弱，中部角状隆出，无腹刺突。

观察标本：1♀，山西历山皇姑幔，111°56.310′E，35°21.525′N，2090m，2009.VI.12，王晓华采。

分布：山西（历山）、黑龙江、吉林、辽宁、内蒙古、河北、陕西、浙江、湖北、福建、四川；俄罗斯（西伯利亚），朝鲜，日本。

74 黄腔逆角叶蜂 *Tenthredo stigma* (Forsius, 1918)，山西省新记录

雌虫体长 13～14mm。体黑色，头部触角窝以下部分、内眶窄条斑及相连的上眶斜斑、触角第 1 节腹侧、前胸背板后缘、翅基片、小盾片大部、附片、后胸后背板前缘、腹部第 1 背板两侧斑淡黄色，腹部 2～4 节全部红褐色。足黑色，各足第 2 转节、前足股节和胫跗节全部、中足股节前侧、中后足胫跗节全部黄褐色。头胸部背侧细毛暗褐色，其余体毛淡色。翅透明，前缘脉和翅痣浅褐色，其余翅脉黑褐色；后翅臀室无柄式。

观察标本：1♀，山西沁水下川富裕河，112°01.178′E，35°26.228′N，1630m，2008.VII.10，费汉榄采；1♀，山西五老峰明眼洞，110°35.400′E，34°48.146′N，1603m，2008.VII.3，王晓华采；1♀，山西历山舜王坪，111°57.963′E，35°25.472′N，1700m，2008.VII.9，费汉榄采；1♀，山西沁水下川，112°01.178′E，35°26.155′N，1580m，2008.VII.8，王晓华采；1♂，山西沁水

下川西峡，112°00.640′E，35°25.767′N，1513m，2008.Ⅶ.10，王晓华采。

分布：山西（历山）、吉林、辽宁、内蒙古、北京、河北；俄罗斯（西伯利亚），欧洲。

75 双斑逆角叶蜂 Tenthredo bimacuclypea Wei, 1998，山西省新记录

雌虫体长 13～14mm。体黑色，唇基两侧圆斑、上唇除基部之外、上颚除端部外、口须、唇基上区、内眶、上眶后部横斑、后眶下部近复眼处小斑、前胸背板后缘、翅基片、小盾片顶部、后胸前侧片下部小斑、腹部第 1 背板两侧淡黄色；前中足股节前缘、前足胫跗节、中足胫节前缘和中足跗节黄褐色；后足跗节暗褐色。体毛淡色。翅透明，端部 1/3 浅烟色，前缘脉浅褐色，翅痣和翅脉黑褐色。

观察标本：1♀，山西沁水下川猪尾沟，111°59.396′E，35°25.752′N，1700m，2008.Ⅶ.9，费汉榄采。

分布：山西（历山）、河北、河南、陕西、甘肃、宁夏、湖北。

76 短斑残青叶蜂 Athalia ruficornis Jakovlev, 1888

雌虫体长 7.2～8.5mm。体黄褐色；头部额唇基沟以上部分、各足胫节末端和跗分节的端部 1/2 左右、前胸侧板前端、中胸背板侧叶大部、盾侧凹、后胸背板除小盾片之外、腹部第 1 背板基部中央部分及锯鞘黑色；中胸背板侧叶上的黑斑较小，决不超出翅基片连线以前。翅透明，微带黄色，翅痣、C 脉及 Sc+R 黑色，其余翅脉黄褐色。体毛黄褐色，头部背侧和锯鞘细毛黑褐色。体光滑，无刻点和刻纹，具强光泽。唇基短宽，无侧角和侧边，端缘钝弧形凸出。触角 10 节；胫节内端距短于胫节端部宽；爪简单，无亚端齿。

观察标本：1♀，山西沁水下川富裕河，黄盘诱，2012.Ⅶ.26，施凯采。

Takeuchi (1948) 记载 Athalia rosae Linnaeus, 1758 在山西有分布，应为本种。

分布：山西（历山）、黑龙江、吉林、辽宁、内蒙古、青海、宁夏、甘肃、陕西、北京、河北、天津、河南、江苏、湖北、安徽、重庆、四川、上海、浙江、台湾、福建、江西、云南、广西。

77 三色真片叶蜂 Eutomostethus tricolor Malaise, 1932

雌虫体长 4.0～5.0mm。体黑色；前胸背板、中胸除附片、腹板和侧板下部外红褐色；足黑色，腿节端部、胫节、基跗节大部白色。翅亚透明，烟色很浅；翅痣和翅脉黑褐色。体光滑，小盾片后部和后眶、上眶散布粗大刻点，颜面部分具显著细密刻纹。唇基截形；颚眼距线状；后颊脊发达，伸至上眶后缘；复眼大，内缘向下显著收敛，间距等于眼高；额区亚圆形，侧脊较狭高；单眼后区隆起，宽长比稍小于 2；侧沟短深且直，向后分歧；后头很短，两侧强烈收缩。触角丝状，第 3 节 1.5 倍长于第 4 节，第 8 节长约等于宽。胸腹侧片深沟状，胸腹侧片隆起。

观察标本：1♀3♂，山西沁水下川普通沟，黄盘诱，2012.Ⅶ.24，施凯采；1♀，山西沁水下川猪尾沟，黄盘诱，2012.Ⅶ.25，施凯采。

分布：山西（历山）、吉林、辽宁、北京、河北、河南、陕西、甘肃、安徽、湖北、重庆、四川、浙江、福建、台湾、江西、湖南、贵州、广西、云南、西藏；俄罗斯（东西伯利亚），日本。

78 中华瘤角叶蜂 Phymatocera sinica Wei, 2002，山西省新记录

雌虫体长 7.5mm。体黑色，体毛黑色；翅深烟灰色，翅痣和翅脉黑色。头胸部无刻点和刻纹，光泽强，腹部第 1 背板无刻纹，其余背板和腹板具较弱的刻纹。上颚短，2 个端齿约等大；唇基端部钝截形，无缺口；颚眼距中部完全缺失；复眼中形，内缘向下明显收敛，间

距显著宽于眼高；后眶沟宽，眶窝很深，底部完全膜质；侧窝宽深圆形，大于中窝；额区亚圆形，显著隆起，前缘无脊，具中沟，额侧脊很宽钝；OOL：POL：OCL=15：12：10；单眼后区显著隆起，宽长比稍大于 2，无中纵沟；侧沟深宽且直，互相平行；无后颊脊。触角约等长于前翅 C 脉与翅痣之和，第 2 节宽显著大于长，第 3 节显著短于第 4 节。胸腹侧片前片缺如，胸腹侧片窄。爪内齿亚中位，约等长于端齿 2/3。

观察标本：3♀，山西五老峰月坪梁，110°35.460′E，34°47.953′N，1730m，2009.VI.9，王晓华采；1♀2♂，山西历山皇姑幔，111°56.310′E，35°21.525′N，2090m，2009.VI.11～13，王晓华采；1♀2♂，山西沁水下川富裕河，112°01.178′E，35°26.228′N，1630m，2008.VII.10，王晓华采；1♂，山西沁水下川西峡，112°00.640′E，35°25.767′N，1513m，2008.VII.10，王晓华采；1♂，山西恒山豹榆沟，113°43.537′E，39°40.011′N，1680m，2009.VII.5，姚明灿采。

分布：山西（历山）、河北、河南、宁夏、甘肃、湖南。

扁蜂科 Pamphiliidae

魏美才　李泽建　牛耕耘　王晓华

（中南林业科技大学昆虫系统与进化生物学实验室，长沙，410004）

体中小型，粗短，头、胸、腹部均十分扁平；触角长丝状，多于 15 节，柄节长大；头部四孔式，后头孔封闭，具封闭的上颚孔；前胸背板中部稍短，两侧较宽大，后缘较直，不明显凹入；后胸侧板与腹部第 1 背板不愈合，中胸小盾片具发达附片；中后足胫节具亚端距；前翅具全长游离的 Sc 脉，1M 室具显著背柄，臀室完整；腹部背板具锐利的侧缘脊，第 1、2 背板均具中缝；雌性产卵器十分短小；雄性外生殖器直茎型，不扭转。幼虫无腹足，具显著臀突。

扁蜂科是膜翅目树蜂亚目广蜂总科（扁蜂总科）的 1 个小科，世界已知 2 亚科 8 属约 300 种。中国记录 70 余种。在历山地区共采到 1 属 2 种，其中 1 种为中国新记录种，1 种为山西省新记录种。

79 亮头扁蜂 Pamphilius nitidiceps Shinohara, 1998，山西省新记录

雌虫体长 11mm。头部暗橙黄色，唇基、内眶、触角沟侧区、后眶下部淡黄色，单眼区具大横斑，除后缘中部亚三角形斑外，单眼后区黑色。上颚基部淡黄色。触角淡黄色，向端部逐渐变黑，端部鞭节黑色，柄节、梗节和第 1 鞭节略带橙黄色。胸部黑色，翅基片黄色；前胸背板、颈片大部、中胸背板侧叶后半部、中胸背板侧叶上 3 条垂线、每个中胸盾片侧叶后侧角的大而模糊斑、整个中胸小盾片、后背片上模糊的中部斑、后胸背板中部、后胸前侧片背缘大斑暗橙黄色。足淡黄色，基节基部黑色。翅透明，略带黑棕色，翅痣前缘橙黄色，基部 1/3～1/2 淡黄色，端部 1/2～2/3 黑色。

观察标本：2♀，山西历山皇姑幔，35°21′32″N，111°56′19″E，2090m，2009.VI.12，王晓华采。

分布：山西（历山）、陕西。

80 黄基扁蜂 Pamphilius kyuteparki Shinohara, 1991，中国新记录

雌虫体长 12mm。体黑色，眼后条斑、相连的后头脊横斑、侧缝内侧小长斑及外侧大长条斑、上额大部、唇基、后眶下部小斑黄色；上颚黄色，中部黑色，端部淡红色；触角棕褐色，梗节外缘褐黄色。前胸背板腹面斑及背面 1/2、翅基片、前盾片后侧 1/2、中胸盾片后侧

各 1 条斑、中胸小盾片、后胸小盾片侧区模糊淡斑、后胸小盾片黄色；腹部第 1 背板后缘、第 2～5 腹节、第 7 腹板后缘中部、锯鞘橙黄色；足淡黄色。翅透明，略带烟褐色，翅痣基半部褐黄色，端半部淡棕色；前翅 C 室具密毛。左上颚 2 齿，端齿具肩部。触角第 2～5 节长度比为 4∶16∶6∶5。

观察标本：2♂，山西历山皇姑幔，35°21′32″N，111°56′19″E，2090m，2009.Ⅵ.12，王晓华采；1♂，山西龙泉密林峡谷，36°58′41″N，113°24′41″E，1500m，2008.Ⅵ.25，费汉榄采。

分布：山西（历山）、吉林；俄罗斯（远东地区）、韩国。

参 考 文 献

魏美才, 1997. 膜翅目: 叶蜂科 Ⅱ[M]. 长江三峡库区昆虫. 重庆: 重庆出版社.

魏美才, 聂海燕, 1998. 叶蜂亚目[M]//吴鸿. 浙江龙王山昆虫. 北京: 林业出版社: 344-391.

魏美才, 聂海燕, 1998. 伏牛山钝颊叶蜂属五新种 (膜翅目: 叶蜂科)[M]//申效诚, 时振亚. 河南昆虫分类区系研究 第二卷 伏牛山昆虫. 北京: 中国农业科技出版社: 146-151.

魏美才, 聂海燕, 1998. 河南伏牛山宽腹叶蜂属新种记述 (膜翅目: 叶蜂科)[M]//申效诚, 时振亚. 河南昆虫分类区系研究 第二卷 伏牛山昆虫. 北京: 中国农业科技出版社: 152-161.

魏美才, 聂海燕, 1998. 河南伏牛山叶蜂属五新种 (膜翅目: 叶蜂科)[M]//申效诚, 时振亚. 河南昆虫分类区系研究 第二卷 伏牛山昆虫. 北京: 中国农业科技出版社: 170-175.

魏美才, 2002. 申效诚先生等采集的河南叶蜂新类群 (膜翅目: 叶蜂科)[M]//申效诚, 赵永谦. 河南昆虫分类区系研究 第五卷 太行山及桐柏山区昆虫. 北京: 中国农业科技出版社: 191-199.

魏美才, 陈明利, 2002. 河南伏牛山钩瓣叶蜂属五新种 (膜翅目: 叶蜂科)[M]//申效诚, 赵永谦. 河南昆虫分类区系研究 第五卷 太行山及桐柏山区昆虫. 北京: 中国农业科技出版社: 200-207.

魏美才, 聂海燕, 2003. 蕨叶蜂科 Selandriidae[M]//黄邦侃. 福建昆虫志第 7 卷, 膜翅目. 福州: 福建科技出版社: 8-41.

魏美才, 聂海燕, 2003. 突瓣叶蜂科 Nematidae[M]//黄邦侃. 福建昆虫志, 第 7 卷, 膜翅目. 福州: 福建科技出版社: 47-56.

魏美才, 聂海燕, 肖刚柔, 2003. 叶蜂科 Tenthredinidae[M]//黄邦侃. 福建昆虫志, 第 7 卷, 膜翅目. 福州: 福建科技出版社: 57-127.

魏美才, 聂海燕, 2003. 蔺叶蜂科 Blennocampidae[M]//黄邦侃. 福建昆虫志, 第 7 卷, 膜翅目. 福州: 福建科技出版社: 127-162.

魏美才, 文军, 2002. 膜翅目: 三节叶蜂科[M]//李子忠, 金道超. 茂兰景观昆虫. 贵阳: 贵州科技出版社: 422-427.

Benson R B, 1952. Hymenoptera 2. Symphyta. (a)[M]. Handbook for the identification of British Insect Vol. 6(2b).

Benson R, 1963. The Nematinae (Hymenoptera: Tenthredinidae) of south-east Asia[J]. Entomol. Ts., 84: 18-27.

Chen M L, Wei M C, 2002. Six new species of Macrophya Dahlbom from Mt. Funiu (Hym.: Tenthredinidae)[J]. The Fauna and Taxonomy of Insects in Henan, 5: 208-215.

Enslin E, 1910. Systematische Bearbeitung der palaarktischen Arten des Tenthrediniden Genus Macrophya Dahlb. (Hym.)[J]. Deutsche Entomologische Zeitschrift, 1910: 465-503.

Enslin E, 1920. Die Blattwespengattung Tenthredo L. (Tenthredella Rohwer)[J]. Abhandlungen der Zoologisch-Botanischen Gesellschaft in Wien, 11: 1-96.

Gibson A P, 1980. A revision of the genus Macrophya Dahlbom (Hymenoptera: Symphyta, Tenthredinidae) of North America[M]. Memoirs of Entomological Society of Canada.

Malaise R, 1931. Blattwespen aus Wladiwostok und anderen Teilen Ostasiens[J]. Entomoligisk Tidskrift, 51: 97-159.

Malaise R, 1933. Schwedisch-Chinesische Wissenschaftliche Expedition nach den Nordwest- lichen Provinzen Chinas, 23 Hymenoptera, 1. Tenthredinoidea[J]. Arkiv for Zoologi, 27A(9): 1-40.

Malaise R, 1937. New Tenthredinidae mainly from the Paris Museum[J]. Revue Francaise d'Entomologie, 4: 43-53.

Malaise R, 1944. Entomological results from the Swedish expedition 1934 to Burma and British India, Hymenoptera: Tenthredinidae[J]. Arkiv for Zoologi, 35: 1-58.

Malaise R, 1945. Tenthredinoidea of South-Eastern Asia, with a general zoogeographical review. I. Tenthredininae[J]. Opuscula

Entomologica Supplementum, 4: 1-288.

Nie H Y, Wei M C, 1998. Fourteen New species of *Tenthredo* from Funiushan (Hymenoptera: Tenthredinidae)[J]. The Insects Fauna and Taxonomy of Henan, 2: 176-187.

Shinohara A, 1991. Some Pamphiliidae (Hymenoptera) from Sichuan Province, China[J]. Bulletin of the Biogeographical Society of Japan, 46: 155-159.

Shinohara A, 1998. *Pamphilius nitidiceps*, a new species of leaf-rolling sawfly (Hymenoptera, Pamphiliidae) from China[J]. Bulletin of the National Science Museum, 24(1): 17-22.

Taeger A, 1988. Zweiter Beitrag zur systematik der Blattwespengattung *Tenthredo* s.str. (Hymenoptera, Symphyta, Tenthredinidae)[J]. Beitrage zur Entomologie, 38(1): 103-153.

Taeger A, 1989. Die Gattung *Macrophya* Dahlbom in der DDR (Insecta, Hymenoptera, Symphyta: Tenthredinidae)[J]. Entomologische Abhandlungen Staatliches Museum für Tierkunde Dresden, 53(5): 57-69.

Taeger A, Blank S M, Liston A D, 2010. World Catalog of Symphyta (Hymenoptera)[J]. Zootaxa, Monograph, 2580: 1-1064.

Takeuchi K, 1937. A study on the Japanese species of the genus *Macrophya* Dahlbom (Hymenoptera: Tenthredinidae)[J]. Tenthredo, 1(4): 376-454.

Wei M C, Nie H Y, 1998. Eleven new species of *Pachyprotasis* Hartig from Funiushan (Hym.: Tenthredinidae)[J]. The Fauna and Taxonomy of Insects in Henan, 2: 162-169.

Wei M C, Nie H Y, 1998. Sixteen new species of the genus *Tenthredo* from Funiushan (Hymenoptera: Tenthredinidae)[J]. The Fauna and Taxonomy of Insects in Henan, 2: 188-200.

Wei M, Nie H, Taeger A, 2006. Sawflies (Hymenoptera: Symphyta) of China. Checklist and review of research[M]//Blank S M, Schmidt A, Taeger A. Recent sawfly research: synthesis and prospects. Keltern: Goecke & Evers: 505-574.

Argidae, Cimbicidae, Tenthredinidae, Pamphiliidae

Wei Meicai　　Li Zejian　　Niu Gengyun　　Wang Xiaohua

(Lab of Insect Systematics and Evolutionary Biology, Central South Forestry University, Changsha, 410004)

Twenty genera and 80 species of sawflies (Hymenoptera, "Symphyta") from Lishan , Shanxi Province of China are recorded. Among them, 1 genus with 7 species belongs to Argidae, 1 genus with 2 species belongs to Cimbicidae, 19 genera with 69 species belong to Tenthredinidae and 1 genus with 2 species belongs to Pamphiliidae. *Arge xanthocera* Mocsáry, 1909 of Argidae and *Pamphilius kyuteparki* Shinohara, 1991 of Pamphiliidae are new records in China. Six species are new species and have been described and published in formal scientifical journals. Sixty-four species are firstly recorded in Shanxi Province.

长尾小蜂科 Torymidae

陈伟　　贺张　　胡好远

（安徽师范大学生命科学学院，芜湖，241000）

体相对较长，体长 1.1～7.5mm（不包括产卵器），加上产卵器可达 16.0mm，体多为蓝色或绿色，具强烈的金属光泽，少数种类为黄褐色，体常被密长的褐色毛，体上通常仅有弱的网状刻纹或很光滑。触角 13 节，一般具 1 环节。前胸背板较长；中胸盾纵沟完整而深陷。前翅缘脉长，翅痣的爪形突几乎接触到翅前缘。后足基节和腿节常膨大；跗节 5 节。少数种类具腹柄；雌产卵器显著外露。

大多数种类初寄生于形成虫瘿的昆虫，如瘿蜂；少数次寄生于鳞翅目及双翅目的蛹；还有少数种类为植食性，它们取食富含营养的未成熟种子里的胚乳。这类植食性的种类绝大多数属于大痣种子小蜂属 Megastigmus，危害柏科、松科和木本蔷薇科的种子。

世界性分布，已知 68 属 1106 种，我国记录 11 属 56 种，山西历山自然保护区采到 1 属 1 种。

1 哈伪长尾小蜂 Pseudotorymus harithavarnus (Narendran, 1994)

雌：体长 1.8～2.0mm（不含产卵器），产卵器鞘长为后足胫节长的 2.25 倍。头、胸及并胸腹节蓝绿色具蓝紫色反光，柄后腹黑褐色具蓝紫色反光。触角柄节、梗节蓝绿色，其余黑褐色。前、中足基节与体同色，腿节、中足胫节褐色，其余黄色；后足基节、腿节与体同色具紫色反光，胫节褐色具微弱绿色反光，其余黄色。翅基片褐色，翅透明，翅脉黄褐色。

雄：体长 1.3mm，体绿色，与雌虫相比，雄虫胸部不具蓝紫色反光，柄后腹细小，其余相似。

观察标本：1♀，山西沁水下川，2012.VIII.22，贺张采；2♂，山西沁水下川西峡，2012.VIII.17，陈伟采。

寄主：木豆 Cajanus indicus 上的毛虫。

分布：山西（历山）、北京、河北；印度。

大腿小蜂科 Chalcididae

陈伟　贺张　胡好远

（安徽师范大学生命科学学院，芜湖，241000）

体粗壮，体长 2.5～9.0mm，体上具显著的网状刻纹；体黑色具白色、黄色或红色斑纹，足尤其如此。雌雄触角 11～13 节，棒节 1～3 节，极少数雄性还具 1 环状节，触角着生在颜面中部。前翅缘脉短至很长；痣脉短；痣后脉有变化，从缺失至较长；后足腿节特别膨大，内侧下缘具 1 个或数个齿，胫节显著弯曲；跗节 5 节。腹部从几乎无柄至明显具柄，柄后腹圆形至锥形，有的末端尖，产卵器不突出。

大腿小蜂科绝大多数为单个内寄生，初寄生于鳞翅目和双翅目昆虫，某些种类也寄生膜翅目、鞘翅目和脉翅目昆虫；有些热带种为外寄生，个别种也可集群寄生。

世界性分布，已知 89 属 1499 种，我国记录 15 属 62 种；山西历山自然保护区采到 1 属 1 种。

2 尼氏霍克小蜂 Hockeria nikolskayae (Husain et Agarwal, 1982)

雄：体长 2.5mm。体黑色，密布刻点；触角柄节黑褐色，其余褐色；腹侧面和腹面红褐色；体被银色毛。头宽于胸；复眼具稀毛；眶前脊不明显；触角洼未达中单眼，边缘无脊；触角洼间突窄，呈弧形向前突出，下端与唇基相距较近；头背面观额面中部稍凹陷，两侧在眶前脊处不前凸。小盾片长稍大于宽，侧缘和后缘平展且略向上卷折，后端不具齿突；并胸腹节亚中脊和侧褶明显；后足基节背面外侧近基部无齿，长约为后足腿节的 3/4；后足腿节内侧腹缘近基部无齿，腹缘外侧具 1 明显的叶突，从基部 1/2 处至端部具 1 排细密梳齿。腹柄较长。

观察标本：3♀，山西翼城大河，2012.VIII.24，贺张采；1♀，山西沁水下川东峡，2012.VIII.22，陈伟采。

寄主：淡条纹通灯蛾，尘污灯蛾。

分布：山西（历山）、海南；印度。

广肩小蜂科 Eurytomidae

陈伟　贺张　胡好远

（安徽师范大学生命科学学院，芜湖，241000）

体长 4～6mm，体粗壮至长形，体色多为黑色，有时具黄斑，无光泽；头和胸具脐状大刻点或褶皱状；头前面观横宽，颊长；触角着生于颜面中部，11～13 节；前胸背板呈矩形，两侧呈直角；中胸盾纵沟深而完整；并胸腹节常具皱褶网纹深而明显；前翅缘脉一般长于痣脉，痣脉有时很短；后缘脉短。跗节 5 节。柄后腹光滑无刻点；产卵器稍长，一般不伸出腹末之外。雄性触角常具轮状长毛；柄后腹具长的腹柄。

本科种类植食性和寄生性均有。植食性种类多危害种子，如国槐、黄芪、刺槐、落叶松等。寄生：鳞翅目、鞘翅目、膜翅目等的虫瘿或幼虫。

世界已知 71 属 1555 种，我国记录 16 属 63 种，山西历山自然保护区采到 1 属 1 种。

3　粘虫广肩小蜂 Eurytoma verticllata (Fabricius, 1798)

雌：体长 2.8～3.0mm，体黑色，足各节端部及跗节黄褐色。头梯形，与胸等宽或稍宽于胸，上宽下窄。头、胸被粗大刻点。触角位于复眼中部连线上。前胸横长方形，与中胸盾片长相当；并胸腹节中央有纵沟槽，槽底有不明显的纵脊。翅透明，缘脉长于痣脉而与后缘脉大致等长。腹柄方形，具刻纹；柄后腹侧扁光滑。

雄：体长 2.0～2.5mm。体色形态与雌虫大致相同，但触角柄节短而宽，黄褐色；柄后腹短小。

观察标本：2♀，山西沁水下川，2012.VIII.17，陈伟采；3♂，山西历山舜王坪，2012.VIII.21，贺张采。

寄主：范围较广，毒蛾科，尖翅蛾科，鞘蛾科，茧蜂科，姬蜂科及寄蝇科等。

分布：世界广布。

金小蜂科 Pteromalidae

陈伟　贺张　胡好远

（安徽师范大学生命科学学院，芜湖，241000）

体小至中等大小，体形纤细至十分粗壮，体长 1.2～4.0mm，体通常具金属光泽，一般光泽强烈。形态变化多端，头圆形，少数下端收缩。触角 8～13 节，具环状节 2～3 节，着生位置从口缘处到口缘至中单眼的 1/2 之上处。前胸背板短至较长；中胸盾纵沟完整或不完整；并胸腹节常具侧褶及颈。前翅缘脉长至少为宽的若干倍，后缘脉和痣脉长；后足胫节末端常具 1～2 距，跗节 5 节。腹部几乎不具柄至具长柄；产卵器不突出或突出。

寄生鳞翅目、双翅目、膜翅目、鞘翅目和蚤目的蛹、幼虫以及某些形成虫瘿的昆虫。少数种类可捕食幼虫或卵。

世界广布，我国已知 70 余属，250 余种，山西历山自然保护区采到 2 属 2 种。

4 桃蠹棍角金小蜂 *Rhaphitelus maculates* (Walker，1834)

雌：体长 2.5mm。头、胸部、并胸腹节均为墨绿色，柄后腹黑褐色；触角柄节棕黄色，其余各节为深褐色。头被网状刻点及毛；唇基平截；触角短，第 1 索节方形，其余各节均横宽，被 1 轮感觉毛；末节具长棍状突出。胸部被网状刻点及褐色毛，纵沟不完整，小盾片长较中胸隆起，无横沟。并胸腹节中脊、侧褶完整；颈不明显；前翅基室无毛，后缘开放；缘脉明显加宽，长为宽的 3～4 倍；缘脉基部下方至痣脉的后内侧方具 1 褐色的翅斑。腹柄横形；柄后腹卵圆形，柄后腹第 1、2 节后缘中部向前凹入；第 1 节最长，其余各节均相当。

雄：触角至端部无明显的加宽和膨大，各节均为方形或亚方形；后足基节背侧与体同色，其余均为黄色；前翅基脉毛为 2 列，基室散生毛；腹柄黄色，方形；柄后腹中前方呈黄色。

观察标本：1♀，山西沁水下川，2012.VIII.19，陈伟采；3♂，山西历山舜王坪，2012.VIII.21，贺张采。

寄主：寄生于危害李子树，桃树等的小蠹，柏肤小蠹。

分布：山西（历山）、内蒙古、北京、河北、山东、陕西、甘肃、新疆、云南；欧洲，北美，大洋洲等地。

5 凹唇尖角金小蜂 *Callitula elongata* (Thomson, 1878)

雌：体长 1.7mm，深绿色，具金属光泽。颜面具凸脊状网状刻纹，被白色稀毛；触角洼浅；唇基下缘微凹，具放射状刻纹；触角着生于复眼下缘连线的上方，柄节达中单眼；无后头脊；前胸背板短，前缘具脊，盾纵沟不完整，小盾片无横沟；并胸腹节无中脊，具长颈；前翅缘脉长于后缘脉，痣脉短于后缘脉。柄后腹纺锤形，后部较尖；腹柄宽略大于长。

雄：与雌体相似。体长 1.5mm。柄后腹末端不尖，阳茎露出较长。

观察标本：2♀2♂，山西沁水下川东峡，2012.VIII.22，贺张采。

分布：山西（历山）、新疆、安徽、湖南；欧洲。

参 考 文 献

黄大卫, 肖晖, 2005. 中国动物志 昆虫纲 第四十二卷 膜翅目 金小蜂科[M]. 北京: 科学出版社.

廖定熹, 李学骝, 庞雄飞, 等, 1987. 中国经济昆虫志 第三十四册 膜翅目 小蜂总科(一)[M]. 北京: 科学出版社.

杨忠岐, 1992. 膜翅目[M]. 香港: 天则出版社.

Narendran T C, 1989. Oriental Chalcididae (Chalcidoidea). Zoological Monograph[M]. India Kerala: Department of Zoology, University of Calicut.

Narendran T C, 1994. Torymidae and Eurytomidae of Indian subcontinent (Hymenoptera: Chalcidoidea)[M]. India Kerala: Zoological Monograph, Department of Zoology, University of Calicut.

Noyes, 2002. Bilological and taxonomical information Chalcidoidea 2001 [CD].

Torymidae, Chalcididae, Eurytomidae, Pteromalidae

Chen Wei　He Zhang　Hu Haoyuan

(College of Life Sciences, Anhui Normal University, Wuhu, 241000)

By morphological identification, 5 species in Chalcidoidea were obtained, including *Pseudotorymus harithavarnus* (Narendran, 1994) (Torymidae), *Hockeria nikolskayae* (Husain & Agarwal, 1982) (Chalcididae), *Eurytoma verticllata* (Fabricius, 1798) (Eurytomidae), *Rhaphitelus maculatus* Walker, 1834 (Pteromalidae) and *Callitula elongata* (Thomson, 1878) (Pteromalidae).

茧蜂科 Braconidae

小腹茧蜂亚科 Microgastrinae

刘珍　曾洁　陈学新

（浙江大学昆虫科学研究所，杭州，310058）

触角 18 节，鞭节近基部 2/3 具 2 排板状感觉器，触角不在触角架上，柄节通常长于梗节；腹部着生位置近后足基节，第 1 节气门位于侧背片而不是位于中背片；前翅 SR_1、3-M 脉全部不骨化，缘室端部开放，前翅 2m-cu 脉缺，至少 3 个封闭翅室，小翅室有或无（r-m 脉有或无）；后足基跗节短于其余跗节之和长度；前胸背板无背凹；后翅 2-CU 脉缺，2r-m 脉通常存在；头下口式，唇基下陷缺（非圆口类），后头脊完全缺，下颚须 5 节；中胸腹板后横脊缺；小盾片前沟多少存在。

小腹茧蜂亚科通常寄生于鳞翅目幼虫体内。

小腹茧蜂亚科可能是茧蜂科中最大的亚科，世界已知 2100 余种，中国记录 17 属约 200 种（Yu et al.，2012）。山西省历山自然保护区采到 3 属 4 种，全为山西省新记录种，其中有 1 中国新记录种。

分属检索表

1 产卵管鞘长于后足胫节之半，整长具毛……………………………………………………2
- 产卵管鞘很短，稍突出于肛下板，且毛少，分布不均匀，集中于端部………………………
…………………………………………………………………………侧沟茧蜂属 *Microplitis*
2 小翅室封闭（2r-m 脉存在）；T₁ 末端扩大…………………小腹茧蜂属 *Mircogaster*
- 小翅室开放（2r-m 脉不存在）；T₁ 末端窄………………………………绒茧蜂属 *Apanteles*

1 粘虫侧沟茧蜂 *Microplitis leucaniae* Xu et He, 2002

雌：体长 3.0～3.3mm，前翅长 3.1mm。触角稍长与体，端前节长为宽的 2.5 倍。触角窝和额具皱纹，头顶具粗糙皱纹，上颊密布皱纹；单眼小，高三角形，OD：OOL=2：5；脸微拱，具横的皱。前胸背板密布网状皱纹。中胸盾片盾纵沟浅，内具皱纹，在后方中央汇合形成稍凹网状皱纹区，中叶和侧叶密布刻点皱纹；小盾沟前沟宽，内具 5 条小脊；小盾片密布皱纹；并胸腹节中纵脊发达，后半部具明显横皱，其余表面具粗糙皱纹。pt 长为宽的 3 倍，

1-R_1脉分别为其至缘室端部距离和 pt 长的 1.7 倍和 0.95；r：pt 宽：2-SR=5：7：6；小翅室四边形；第 1 盘室长为宽的 1.2 倍；1-CU_1 为 2-CU_1 的 0.4。后翅 cu-a 脉下端稍弯向翅基；后 2a 长为基宽的 1.7 倍。后足胫节内外距约等长，约为基跗节的 1/3。腹部 T_1 两侧平行，后方 1/3 稍收窄，长为最大宽度的 2.1 倍，密布粗糙皱纹，后缘中央具光滑凸；T_2 光滑，与 T_3 等长；肛下板短，顶端远离腹末，完全骨化；产卵管鞘伸出肛下板，刚达腹末，约为后足基跗节的 1/3，末端具细毛束。体黑色；腹部 T_2～T_5、腹部腹片、肛下板红黄色；前、中、后足除后足胫节末端 1/5 黑褐色和跗节端部褐色外均为红黄色；翅痣黑褐色，其基部 1/3 具 1 明显黄斑；雌雄个别标本第 1 背板红黄色。

观察标本：4♀，山西沁水下川猪尾沟，2012.VII.23～24，刘珍采（黄盘）；5♀，山西沁水下川东峡，2012.VII.25，刘珍采；10♀，山西翼城大河南神峪珍珠帘，2012.VII.28，刘珍采；10♀，山西沁水下川富裕河，2012.VII.26，刘珍采；10♀，山西沁水下川猪尾沟，2012.VII.23，刘珍采；1♀，山西翼城大河，2012.VII.23，刘珍采。

分布：山西（历山）、新疆、江苏、浙江、福建、广西。

2 白胫侧沟茧蜂 Microplitis albotibialis Telenga, 1955

雌：触角稍长于体，鞭节端前节长为宽的 2 倍。触角窝、额具刻纹；头顶具细刻点和刻纹。中胸盾片盾纵沟明显；中叶和侧叶密布皱纹刻点和细刻纹，中叶中纵沟不明显。前翅小翅室四边形。腹部 T_1 两侧亚平行，长为最大宽度的 1.5 倍。翅基片红黄色；pt 下方具暗色斑；后足转节至腿节黑色，胫节黄白色（末端 1/4 黑褐色）。

雄：触角端前节长为宽的 3.2 倍，后足腿节棕褐色，其余特征同雌。

观察标本：1♀，山西沁水下川猪尾沟，2012.VII.23～24，刘珍采（黄盘）；1♀，山西沁水下川东峡，2012.VII.25，刘珍采；1♀，山西翼城大河南神峪珍珠帘，2012.VII.28，刘珍采。

分布：山西（历山）、吉林、辽宁、河南；俄罗斯，蒙古。

3 泰山小腹茧蜂 Microgaster taishana Xu et He, 1998

雌：体长 3.3～3.8mm，前翅长 3.5～3.7mm。触角细，端前节长为宽的 1.5 倍。额（中央光滑）皱；头顶仅有细的刻点；OD：OOL=3：6。中胸盾片前部 1/3 密布刻点，中后部刻点减弱至光滑，沿盾纵沟前部皱；小盾片前沟具 7 条小脊；小盾片几乎光滑；并胸腹节中纵脊强，气门被小脊包围。1-R_1 分别为其至缘室端部和 pt 长的 2.3 倍和 1.2 倍；r：pt 宽：2-SR=8：7：8。小翅室矩形；第 1 盘室长为高的 1.2 倍；1-CU_1 几乎与 2-CU_1 相等。后翅 cu-a 直，强度外斜；亚缘室长为端宽的 2 倍。后足内外胫距分别为基跗节长的 0.76 和 0.43。腹部 T_1 长：基宽：端宽=18：11：26，其水平部分皱纹，直至后中部光滑凸；T_2 矩形，宽为长的 3.2 倍，皱纹弱于 T_1；T_3 与 T_2 等长，该背板及后续背板平滑；肛下板短，骨化弱，具中折合侧褶，背缘略呈波状；产卵管鞘有毛部分为后足胫节长的 0.46，具柄。体黑色；足红黄色，后足基节黑色，后足腿节端部 1/7、后足胫节端部 1/9 淡黑色，后足跗节烟褐色、黄褐色或淡褐色，基跗节具黄环；第 1～3 腹片及肛下板腹面黄褐色。

雄：触角端前节长为宽的 4 倍，后足跗节烟褐色。

观察标本：1♀，山西沁水下川富裕沟，2012.VII.26，刘珍采；1♀，山西翼城大河，2012.VII.30，刘珍采。

分布：山西（历山）、山东。

4 前皱扁股茧蜂 Apanteles vindicius Nixon, 1965，中国新记录

雌：翅近透明但不乳白色。后足胫节后半部烟褐色，向基部变为稍红色。翅基片暗黄色。脸具更强的刻点；刻点粗糙且半聚合。触角长且倒数第 2 节稍长于宽。后单眼较 Apanteles *lynceus* 种更相互远离。中胸盾片密布深刻点，沿盾纵沟刻点密集汇合且形成深色带。小盾片边缘具一些粗刻点。并胸腹节稍短于 *A. lynceus*；后侧区宽；额区色暗具带长直毛的粗糙皱纹；后角强度翘起，后角到中脊间的表面稍凹且覆盖比中部稍弱的粗糙闪亮皱纹。痣后脉明显长于翅痣，4 倍长于缘室末端到它末端的距离。中足胫节内距稍长于 *lynceus*，伸达中足基跗节的末端。T_1 比 *merula*-种团中其他种皱但弱于 *lynceus*；长为基部的 1.3 倍；后半部强烈收窄；后面翻转部位边缘具深且连续的刻点；其他部位暗，细微皱纹但中部有个稍粗糙的区域。产卵管鞘稍短于后足胫节。

观察标本：1♀，山西沁水下川东峡，2012.VII.25，刘珍采。

分布：山西（历山）；俄罗斯，韩国，保加利亚，格鲁吉亚，土耳其，乌克兰，匈牙利，意大利。

参 考 文 献

许维岸, 何俊华, 2000. 中国侧沟茧蜂属一新种和一新记录种 (膜翅目: 茧蜂科: 小腹茧蜂亚科)[J]. 昆虫学报, 43(2): 193-197.

许维岸, 何俊华, 2002. 中国侧沟茧蜂属二新种记述 (膜翅目: 茧蜂科: 小腹茧蜂亚科)[J]. 动物分类学报, 27(1): 153-157.

许维岸, 何俊华, 陈学新, 1998. 山东小腹茧蜂属一新种记述 (膜翅目: 茧蜂科: 小腹茧蜂亚科)[J]. 动物分类学报, 23(3): 302-305.

Nixon G E J, 1965. A reclassification of the tribe Microgasterini (Hymenoptera: Braconidae). Bulletin of the British Museum (Natural History)[J]. Entomology Series. Supplement, 2: 1-284.

Nixon G E J, 1976. A revision of the north-western European species of the *merula*, *laeteus*, *vipio*, *ultor*, *ater*, *butalidis*, *popularis*, *carbonarius* and *validus*-groups of *Apanteles* Foerster (Hym.: Braconidae)[J]. Bulletin of Entomological Research, 65: 687-732.

Papp J, 1982. A survey of the European species of *Apanteles* Foerster. (Hymenoptera, Braconidae: Microgastrinae), VI. The *laspeyresiella*-, *merula*-, *falcatus*- and *validus*-group. Annales Historico-Naturales Musei Nationalis Hungarici, 74: 255-267.

Telenga N A, 1955. Braconidae, subfamily Microgasterinae, subfamily Agathinae. Fauna USSR, Hymenoptera, 5(4)[M]. Jerusalem: Israel Program for Scientific Translation.

Yu D S, van Achterberg C, Horstmann K, 2012. Taxapad 2012: World Ichneumonoidea 2011, Taxonomy, biology, morphology and distribution[OL]. Canada. http://www.taxapad.com.

Braconidae

Liu Zhen   Zeng Jie   Chen Xuexin

(Institute of Insect Science, Zhejiang University, Hangzhou, 310058)

This paper deals with 4 known species of 3 genera collected in Lishan Nature National Reserve of Shanxi Province: *Microplitis leucaniae* Xu *et* He, 2002; *Microplitis albotibialis* Telenga, 1955; *Microgaster taishana* Xu *et* He, 1998 and *Apanteles vindicius* Nixon, 1965, the previous three are new records in Shanxi Province and the last one is a new record in China.

螯蜂科 Dryinidae

刘经贤   许再福

（华南农业大学农学院昆虫学系，广州，510640）

体长 0.5～15.0mm。触角线状，10 节。前足比中、后足稍粗；腿节基半部膨大，而至末端渐细。雌虫第 5 跗节与 1 只爪特化成螯状（常足螯蜂亚科 Aphelopinae 除外）。前翅具矛形或卵圆形翅痣，有前缘室和 2 个基室；后翅有臀叶。腹部纺锤形或长椭圆形，腹柄短。产卵管针状，从腹末稍伸出。

螯蜂营寄生性生活，寄主为半翅目蜡蝉亚目和蝉亚目的若虫或成虫。

世界已知 1722 种，中国记录 242 种，山西历山自然保护区采到 2 属 3 种。

分属检索表

1 前足第 5 跗节和爪不特化成螯状；前翅仅有由黑化翅脉包围成的前缘室..................
....常足螯蜂属 *Aphelopus*
- 前足第 5 跗节和爪特化成螯状；前翅有由黑化翅脉包围成的前缘室、中室和亚中室..........
....单爪螯蜂属 *Anteon*

1 黑常足螯蜂 *Aphelopus niger* Xu et He, 1999

雄：体长 2.4mm。长翅。体黑色；但上颚白色，前足腿节端半褐黄色，胫节褐黄色。头有颗粒状刻点。触角线状。额线几乎伸达唇基。POL=3.8；OL=2.0；OOL=2.8；OPL=1.4；TL=2.2[*]。前单眼宽 1.0。后头脊完整。中胸盾片有颗粒状刻点。盾纵沟伸达中胸盾片长度的 0.65。小盾片有颗粒状刻点。后胸背板光滑。并胸腹节背表面有网皱；背表面与后表面间无横脊；后表面中部有 2 条弱的纵脊，两侧缘还各有 1 条弱的纵脊；中区较光滑；侧区有短的横脊。腹侧扁。第 9 腹片后缘缺切。外生殖器的阳基侧铗与腹铗等长；阳基腹铗比阳茎短；阳基腹铗基顶部分叉，内叉突端部有 1 根长鬃。

观察标本：1♂，山西沁水下川，2012.VIII.17～22，任亚军采。

分布：山西（历山）、宁夏、河南、浙江、台湾。

2 东方常足螯蜂 *Aphelopus orientalis* Olmi, 1984

雌：体长 1.8mm。长翅。体黑色；但触角第 1～2 节褐黄色，上颚黄色，翅基片和足褐黄色。头有颗粒状刻点。触角线状，末端明显膨大。额线完整，伸达唇基。POL=3.2；OL=2.0；OOL=2.0；OPL=2.0；TL=1.7。前单眼宽 0.8。后头脊完整。中胸盾片有颗粒状刻点。盾纵沟伸达中胸盾片长度的 0.50。小盾片和后胸背板有光泽，有弱的颗粒状刻点。并胸腹节背表面有网皱；背表面与后表面间有 1 条横脊；后表面有 2 条纵脊；中区较光滑；侧区有网皱。前翅透明，无色斑；径脉短，约与翅痣等长。前足正常，第 5 跗节和爪不特化成螯；胫节距式 1-1-2。腹部明显侧扁。

雄：体长 2.4mm。长翅。体黑色；但触角第 1 节褐黄色、第 2～10 节褐色，上颚褐黄色，前、中足褐黄色，后足腿节褐色、其余各节褐黄色。头有颗粒状刻点。触角线状。额线完整。POL=5.0；OL=2.5；OOL=2.0；OPL=2.5；TL=2.0。前单眼宽 1.0。后头脊完整。中胸盾片有颗粒状刻点。盾纵沟伸达中胸盾片长度的 0.50。小盾片和后胸背板有颗粒状刻点。并胸腹节背表面有网皱；背表面与后表面间有 1 条强横脊；后表面有 2 条纵脊；中区较光滑；侧区有网皱。前翅透明，无色斑。外生殖器的阳基侧铗与腹铗等长，比阳茎短；阳基腹铗基的顶部不分叉，有 2 根鬃。

观察标本：1♀1♂，山西翼城大河，2012.VIII.23～26，任亚军采。

分布：山西（历山）、宁夏、浙江、台湾、广东、海南、云南。

---

* POL=postocellar line，两后单眼内缘的距离；OOL=ocular-ocellar line, 后单眼外缘到复眼间的距离；OL=ocellar line，前后单眼内缘的距离；OPL=ocellar-occipital line，后单眼后缘与后头脊的距离；TL=ocular-occipital line，复眼后缘与后头脊间的距离。

3 混单爪螯蜂 *Anteon confusum* Olmi, 1989

雌：体长 4.0mm。长翅。体黑色；但触角第 1～2 节褐黄色、第 3～10 节褐色，上颚褐黄色，唇基、脸和额的前缘褐黄色，足褐黄色。额的前半有网皱；额的后半和头顶有刻点。触角末端膨大。额线伸达唇基。POL=6.0；OL=4.5；OOL=7.0；OPL=6.0；TL=7.0。前单眼宽 3.0。后头脊完整。前胸背板前表面有网皱；后表面有刻点。中胸盾片有刻点。盾纵沟伸达中胸盾片长度的 0.90。小盾片和后胸背板光滑。并胸腹节背表面有网皱；背表面与后表面之间有 1 强条的横脊；后表面有 2 条纵脊；中区同侧区有网皱。前翅无横斑。前足跗节各节长度比例 10.0：3.0：5.0：6.5：27.0。前跗节端段比基段短（10.5：16.5），内缘有 29 个叶状突排成一行，端部有 6 个叶状突成丛状。

观察标本：1♀，山西翼城大河，2012.VIII.23～26，任亚军采。

分布：山西（历山）、台湾。

参 考 文 献

何俊华, 许再福, 2002. 中国动物志 昆虫纲 第二十九卷 膜翅目 螯蜂科[M]. 北京: 科学出版社.

Olmi M, 1989. Supplement to the revision of the world Dryinidae (Hymenoptera, Chrysidoidea)[J]. Frustula Entomologica, N .S., 12(25): 109-395.

Xu Z F, Olmi Massimo, He J H, 2013. Dryinidae of the oriental region (Hymenoptera: Chrysidoidea)[J]. Zootaxa, 3614(1): 001-460.

Dryinidae

Liu Jingxian   Xu Zaifu

(Department of Entomology, College of Agriculture, South China Agricultural University, Guangzhou, 510640)

2 genera and 3 species of the family Dryinidae collected in Lishan National Nature Reserve of Shanxi Province are reported in the present research.

梨头蜂科 Embolemidae

刘经贤   许再福

（华南农业大学农学院昆虫学系，广州，510640）

体长 2.0～5.0mm。头呈梨状。雄性翅发达，雌性无翅。触角 10 节，着生于颜面一明显突起上，远离唇基。上颚着生于头部腹面，位于复眼之后。雌性前足跗节及爪不呈螯状。

该科生物学不明确。

世界已知 34 种，中国记录 7 种，山西历山自然保护区采集到 1 属 1 种。

帕克梨头蜂 *Embolemus pecki* Olmi, 1997

雄：体长 2.5mm。长翅。头黑色或暗褐色，唇基、上颚和触角褐黄色。胸部褐色或褐黄色，有时并胸腹节黑色。足黄褐色。腹部褐色或黄褐色。触角各节长度比为 10：3：32：31：30：28：26：25：23：24。头部具细刻点。后头脊完整。POL=3；OL=2.5；OOL=7；OPL=8；TL=13。前胸背板有 1 完整的中纵沟。前胸背板瘤伸达翅基片。中胸盾片和小盾片光滑，具细刻点。盾纵沟不完整，伸至中胸盾片长度的 0.2。后胸背板很短，中央具皱。并胸腹节毛糙具皱，无纵脊或横脊；中胸侧板和后胸侧板光滑，无刻纹或刻点。前翅透明，无暗色横带。外生殖器有 1 基膜突，基膜突端部有若干乳状突。

观察标本：1♂，山西沁水下川，2012.VIII.17～22，任亚军采。

分布：山西（历山）、吉林、浙江、福建、台湾、湖北、广东、广西、贵州。

参 考 文 献

何俊华, 等, 2004. 浙江蜂类志[M]. 北京: 科学出版社.

Xu Z F, He J H, Olmi M, 2001. The Embolemidae (Hymenoptera: Chrysidoidea) from China[J]. Entomologia Sinica, 8(3): 213-217.

Xu Z F, Olmi M, Guglielmino A, 2012. A new species of Embolemidae (Hymenoptera, Chrysidoidea) from China[J]. Florida Entomologist, 95(4): 1117-1122.

Embolemidae

Liu Jingxian　Xu Zaifu

(Department of Entomology, College of Agriculture,
South China Agricultural University, Guangzhou, 510640)

One species, *Embolemus pecki* Olmi, of the family Embolemidae collected in Lishan National Nature Reserve of Shanxi Province is reported in the present research.

胡蜂科 Vespidae

刘经贤　许再福

（华南农业大学农学院昆虫学系，广州，510640）

体中型。触角 12 节（雌）或 13 节（雄）。复眼内缘中部明显凹入。上颚闭合时呈横形，不交叉。前胸背板向后伸达翅基片。中足胫节具 2 距。爪简单。后翅一般无臀叶（马蜂亚科 Polistinae 除外）。腹部第 1 节背板与背板搭叠在腹板上；第 1、2 腹板间有缢缩。

胡蜂的成虫能捕食多种农林害虫，有时也捕食蜜蜂成虫或家蚕幼虫等。幼虫肉食性。

世界已知 2000 余种，中国记录 100 余种，山西历山自然保护区采集到 2 属 3 种。

分属检索表

1 唇基前缘尖；后翅常有臀叶 .... 马蜂属 *Polistes*

- 唇基前缘截形；后翅无臀叶 .... 黄胡蜂属 *Vespula*

1 陆马蜂 *Polistes rothneyi* van der Vecht, 1968

雌：体长 22～25mm。触角窝上部有 1 窄黑横带；支角突橙黄色，背面 1 黑斑。触角背面黑色，腹面及端部数节橙黄色。唇基基部黑色，其余橙黄色，宽大于高。头顶中央有 1 黑色横带。上颊两侧、复眼后方均为橙色。上颚黄色，宽短。前胸背板橙黄色，但中部两侧各有 1 较小的三角形黑斑，两下角黑色。中胸盾片黑色，具 2 条橙黄色纵斑，长大于宽。小盾片和后小盾片橙黄色，略隆起。胸部腹板黑色。足黑色，但腿节和胫节的端部或外侧有时橙黄色，跗节橙黄色。腹部第 1 节黑色，背板端部及两侧具橙黄色斑；第 2~5 背板黑色，其端部两侧有橙黄色横带；第 6 背、腹板橙黄色。

观察标本：5♀，山西沁水下川，2012.VIII.17~22，任亚军采。

分布：山西（历山）、黑龙江、辽宁、河北、山东、江苏、安徽、湖北、江西、福建、湖南、广东、四川。

2 柑马蜂 *Polistes mandarinus* Saussure, 1853

雌：体长 14~16mm。触角棕色，但第 4~12 节背面黑色。唇基棕黄色，有稀疏刻点及黄色短毛。额上半部及头顶黑色，有黄色短毛；额下半部浅棕色，有黄色短毛。颊棕色，仅后缘上半部黑色，有黄色短毛。前胸背板棕色，但两下角黑色。中胸背板黑色，密布较粗刻点及短毛。小盾片和后小盾片棕色。并胸腹节黑色，仅于背面两侧常有 2 条窄黄纵斑。中胸侧板黑色，上部中间有 1 棕色小斑。后胸侧板黑色。翅浅棕色。足的基节黑色，仅端部棕色；转节棕色，内侧基部黑色；腿节棕色，下侧黑色；胫节棕色；跗节暗棕色。腹部黑色；第 1 节呈近圆锥形，基部细渐向端部扩展。

观察标本：3♀，山西沁水下川，2012.VIII.17~22，任亚军采。

分布：山西（历山）、江西、广西、四川、云南。

3 黄胡蜂 *Vespula vulgaris* (Linnaeus, 1758)

雌：体长 13~16mm。触角黑色。唇基黄色，周缘及中央"T"形斑黑色。上颚黄色，基部及端部黑色。额及头顶黑色。触角窝之间有 1 倒梯形黄斑。复眼内缘凹陷处黄色。上颊黑色，上下方邻接复眼处各有 1 黄色斑。胸部黑色。前胸背板背缘两侧有 1 黄色条状窄斑。小盾片两侧前缘有 1 黄色横斑。后小盾片前缘两侧有 1 黄色横斑。中胸侧板上部边缘中央有 1 黄色点状斑。腹部第 1 节黑色，但背板端缘有 1 中央有凹陷的黄色横带。第 2~5 节黑色，但背板端缘有 1 个内缘呈 3 个凹陷的黄色横斑，腹板端缘有黄色波状横斑。第 6 节黑色，但背板端缘黄色，腹板中央有黄色纵斑。

观察标本：6♀，山西沁水下川，2012.VIII.17~22，任亚军采。

分布：山西（历山）、新疆、浙江。

参 考 文 献

何俊华, 等, 2004. 浙江蜂类志[M]. 北京: 科学出版社.

李铁生, 1985. 中国经济昆虫志 第三十册[M]. 北京: 科学出版社.

Vespidae

Liu Jingxian Xu Zaifu

(Department of Entomology, College of Agriculture, South China Agricultural University, Guangzhou, 510640)

Two genera and 3 species of the family Vespidae collected in Lishan National Nature Reserve of Shanxi Province are reported in the present research.

蚁科 Formicidae

陈媛　周善义

（广西师范大学生命科学学院，桂林，541004）

　　蚂蚁为典型的社会性昆虫，常具工蚁、雌蚁和雄蚁 3 个不同的品级，部分种类工蚁还有大型工蚁和小型工蚁之分。目前，世界已知 20 亚科 482 属 14063 种，我国记录 10 亚科，117 属 995 种（Bollton，2016），山西历山自然保护区采到 3 亚科 12 属 24 种，其中包括山西省 1 新记录种。

分属检索表

1 腹柄节 2 节，其两个结节均明显小于并胸腹节和后腹部（切叶蚁亚科 Myrmicinae）........2
- 腹柄节 1 节 7
2 触角 10 节，触角棒 2 节 ....火蚁属 Solenopsis
- 触角 12 节，触角棒多为 3 节 3
3 下颚须 6 节，下唇须 4 节；后足胫节刺梳状 ....红蚁属 Myrmica
- 下颚须少于 6 节，下唇须少于 4 节；后足胫节刺不为梳状或无刺，稀为梳状刺................4
4 唇基两侧在触角前形成 2 条纵脊或凸壁 ....铺道蚁属 Tetramorium
- 唇基两侧在触角窝前不形成双脊或凸壁 5
5 并腹胸背、侧面平或略微凸起，中间物间断，至多并胸腹节前有 1 前横沟；前、中胸背板无明显界限 ....切胸蚁属 Temnothorax
- 并腹胸背侧面较为复杂，前胸背板或前胸背板与部分中胸背板形成 1 丘状凸起，并胸腹节在中、并胸腹节缝后形成 1 凸面或高的平面 6
6 大型工蚁上颚咀嚼缘无齿或仅有端齿，小型工蚁上颚咀嚼缘第 3 齿（从端齿开始计算）小于第 4 齿 ....大头蚁属 Pheidole
- 上颚咀嚼缘第 3 齿大于第 4 齿；第 3、4 齿之间无细齿 ....盘腹蚁属 Aphaenogaster
7 腹末下臀板不具酸孔，基腹节背板前缘具 "U" 或 "V" 形凹陷（臭蚁亚科 Dolichoderinae）
....光胸臭蚁属 Liometopum
- 腹末下臀板形成圆形或半圆形的酸孔，酸孔常呈嘴形突出，其边缘具 1 圈刚毛（蚁亚科 Formicinae）...8
8 触角 11 节 ....斜结蚁属 Plagiolepis
- 触角 12 节 9
9 触角窝远离唇基后缘 ....弓背蚁属 Camponotus
- 触角窝靠近唇基后缘 10
10 并胸腹节气门开口长卵形、椭圆或长缝形，侧面观其位置在并胸腹节侧面与斜面交界之前
....蚁属 Formica
- 并胸腹节气门开口圆形或近圆形，侧面观其位置在并胸腹节侧面与斜面交界处.............11
11 头正面观复眼位于头中部或中部之前，头和并腹胸无直立硬毛 ....毛蚁属 Lasius
- 头正面观复眼位于头中部之后，头和并腹胸具十分粗硬的立毛............尼氏蚁属 Nylanderia

1 铺道蚁 *Tetramorium caespitum* (Linnaeus, 1758)

工蚁：体长 2.6～2.8mm。头矩形，后头缘平直或略凹。唇基前缘直。额脊短，不到达复眼中部。触角 12 节，柄节接近后头角。触角沟宽浅。并胸腹节刺短。后侧叶短小，近三角形。第 1 结节前后缘呈缓坡形，上部稍窄，背面平；第 2 结节背面圆，较低。上颚具细纵刻纹；头部密集纵长刻纹；并腹胸背面刻纹网状，侧面具密集刻点，刻点在前胸背板侧面呈点条纹。两结节具密集刻点，背面中央及后腹部光亮。立毛中等密度。触角柄节和后足胫节背面具短的亚直立毛和亚倾斜毛。体褐色至黑褐色。

观察标本：25 工蚁，山西历山广布，2012.VII.13～19，陈媛采。

分布：山西（历山等）、黑龙江、吉林、辽宁、内蒙古、北京、河北、山东、河南、陕西、宁夏、甘肃、安徽、湖北、江西、湖南、福建、广东、广西、四川、云南；朝鲜，韩国，日本，欧洲，北美洲。

2 淡黄大头蚁 *Pheidole flaveria* Zhou et Zheng, 1999

兵蚁：体长 3.8～3.9mm。头长大于宽，后部略宽于前部，后头缘角状深凹。上颚宽大，上颚齿不明显。唇基不具中脊；其前缘中央具圆形凹陷。触角沟不明显。触角柄节与额脊等长。前胸背板侧瘤圆突；中胸背板陡斜，横脊明显。并胸腹节基面与斜面等长，背面中部略下凹。上颚具稀疏刻点；唇基侧缘具纵刻纹；头部具稀疏粗纵刻纹。前胸背板具稀疏而不规则的横刻纹；中胸及并胸腹节具皱纹和不明显刻点。立毛浅黄色，密布全身。体淡黄色；上颚及唇基边缘深褐色且具黑色边；触角柄节、第 2 结节及后腹部黄褐色。

工蚁：体长 2.2～2.3mm。头卵圆形，长大于宽，后头缘圆，不凹陷。上颚具 10 齿（含基齿），大小相间排列。触角柄节近 1/3 超过后头缘。并腹胸、两结节及后腹部形态与兵蚁相似，但相对细长。头部具稀疏纵长刻纹，后头部刻纹网状，网眼粗大。并腹胸凹凸不平，刻纹不规则；中胸及并胸腹节具粗大但不甚清晰的刻点。后腹部基部刻点较密；其余部分光亮。立毛在头部密集，在并腹胸及第 1 结节稀疏，在第 2 结节和后腹部中等密度。体淡黄色，半透明。

观察标本：2 兵蚁、2 工蚁，山西沁水下川东峡，2012.VII.20，陈媛采。

分布：山西（历山等）、浙江、广西。

3 知本火蚁 *Solenopsis tipuna* Forel, 1912, 山西省新记录

工蚁：体长 2.4～3.0mm。头长稍大于宽，两侧缘近平行，后头缘中央略凹。上颚狭长，咀嚼缘具 4 个明显的粗齿。唇基中央纵向凹陷，两侧具锐脊，锐脊伸出唇基前缘形成齿状突。触角 10 节，柄节不到达后头角。复眼小，仅有 2～4 个小眼面。前、中胸背板圆凸，背板缝可见但不凹陷；中-并胸腹节缝深凹；并胸腹节基面前端隆起，后端斜，斜面短。第 1 结节窄而高，前面略倾斜，后面近垂直，背缘横形；第 2 结节横椭圆形。体光亮。立毛丰富，毛长短不一。体暗黄色。

观察标本：2 工蚁，山西翼城大河，2012.VII.13，陈媛采。

分布：山西（历山）、江西、台湾、广东、海南、广西、贵州；日本。

4 长刺切胸蚁 *Temnothorax spinosior* (Forel, 1901)

工蚁：体长 2.4～3.0mm。头长大于宽，后头缘几平直。上颚具 5 齿。额脊短，不超过复眼后缘。触角沟缺。触角 12 节，柄节略超过后头缘长。复眼中等大小，较突出，位于头侧近中线处。并胸腹节刺粗长，端部侧面观略下弯，背面观略内弯。上颚具细纵刻纹；头部背面

具纵长刻纹，头后部刻纹略成网状；并腹胸背面刻纹呈粗网状；第 1 结节背面具刻纹；第 2 结节具密集刻点和较弱但明显的纵刻纹；后腹部光亮。头及体背面具丰富的直立短钝毛；触角柄节及后足胫节具丰富的倒伏毛。体黄褐色至红褐色；头部颜色暗于并腹胸；后腹部暗褐色至黑色。

观察标本：1 工蚁，山西沁水下川东峡，2012.VII.20，陈媛采。

分布：山西（历山等）、安徽、浙江、湖北、湖南、广西；朝鲜，日本。

5 高结红蚁 Myrmica excelsa Kupyanskaya, 1990

工蚁：体长 4.0～4.4mm。头矩形，两侧微凸，后头角圆，后头缘平直。唇基前沿中央宽凹。触角柄节长，明显超过后头缘，其近基部处明显弯曲，内缘圆形弯曲，外缘几成直角。额脊较短，稍有发散；额叶长而窄，其外缘弧形。前-中胸背板缝不明显；中-并胸腹节缝宽凹；并胸腹节斜面明显长于基面。上颚、唇基和额区具纵刻纹；并腹胸和腹柄具粗糙的纵长皱纹；并胸腹节斜面光亮；后腹部光亮，具少许刻点。全身具稀疏的直立毛，黄色，中等长度；触角和足上的毛斜生。体深褐红色，后腹部褐色，头部多少染有褐斑，上颚、足和触角颜色较淡。

观察标本：1 工蚁，山西历山舜王坪，2012.VII.15，陈媛采。

分布：山西（历山等）、山东。

6 科氏红蚁 Myrmica kotokui Forel, 1911

工蚁：头长大于宽，两侧和后头缘微凸，后头角圆。唇基前缘钝圆，中间凸，额相当宽。触角柄节相当长，基部稍微弯曲，不成直角也没有隆脊或额叶。腹柄节前面凹，腹柄节短，微凸，有时背部渐平。后腹柄节比高短很多，背面凸。中足和后足胫节距发达，明显成栉齿状。头背后有纵皱纹，后面部分具网纹。触角窝周围有皱纹。唇基具粗糙的纵皱纹；腹柄节和后腹柄节具纵皱纹。头边缘和并腹胸背面有大量直立至亚直立的毛。触角柄节具亚直立毛，胫节具短的倒伏的毛。体色棕色至棕红色，附肢颜色更浅些。

观察标本：6 工蚁，山西历山舜王坪，2012.VII.15，陈媛采；1 工蚁，山西沁水下川猪尾沟，2012.VII.18，陈媛采。

分布：山西（历山等）、吉林；朝鲜，日本。

7 弯角红蚁 Myrmica lobicornis Nylander, 1846

工蚁：体长 4.0～5.5mm。头矩形，后头缘平直，唇基前缘中央圆形凹陷。触角柄节细长，近基部弯曲呈角形，弯曲处有叶状突。并腹胸背面凸，中-并胸腹节缝深凹。并胸腹节刺较长，基部粗，指向外后方。第 1 腹柄结侧面观三角形。头、并腹胸和腹柄节具粗糙的纵长刻纹，刻纹间具粗刻点，头后半部刻纹网状。后腹部光亮。体红褐色。

观察标本：15 工蚁，山西历山广布，2012.VII.12～20，陈媛采。

分布：山西（历山等）、黑龙江、吉林、辽宁、内蒙古、北京、河北、河南、陕西、宁夏、甘肃；北欧，俄罗斯（西伯利亚地区）。

8 皱红蚁 Myrmica ruginodis Nylander, 1846

工蚁：体长 4.0～6.0mm。头部矩形；唇基凸圆，其前缘几平直，中央多少具边缘；触角柄节细长，近基部处稍有弯曲；额叶长，较窄。并胸腹节刺较长，基部较粗大。体红褐色至深红褐色，通常头和后腹部更深。头部和并腹胸纵长刻纹和网状刻纹较粗糙；结节仅具少许粗网纹，但刻点细密；额区和后腹部光亮。立毛较密集，中等长度。该种体色、刺弯曲程度、刺长短及唇基前缘形态变化较大。

观察标本：1 工蚁，山西沁水下川东峡，2012.VII.20，陈媛采。

分布：山西（历山等）、黑龙江、吉林；朝鲜，日本，欧洲北部。

9 雕刻盘腹蚁 *Aphaenogaster exasperata* Wheeler, 1921

工蚁：体长 5.5～6.0mm。头卵形，复眼之后明显缢缩，但不延伸成颈状，后头具边缘。上颚咀嚼缘具 3 枚明显的端齿和多个不明显的小齿。唇基中部稍平，前缘中部凹陷。额脊短，突出。额区大，三角形，凹陷。触角窝宽大。触角细长，柄节 1/3 超过后头缘。复眼卵形，位于头侧面近中线处。并胸腹节基面长，约为斜面长的 1.5 倍。上颚具细纵刻纹；头部具粗糙的网状刻纹。前胸背板具弱刻点和刻纹，中胸及并腹胸节具刻点和刻纹粗糙。立毛黄色，较细长，末端较钝。体深褐色；触角和足颜色较浅。

观察标本：3 工蚁，山西翼城大河，2012.VII.12，陈媛采；2 工蚁，山西沁水下川东峡，2012.VII.17，陈媛采。

分布：山西（历山等）、浙江、江西、四川、云南。

10 中华光胸臭蚁 *Liometopum sinense* Wheeler, 1921

工蚁：头宽大，前窄后宽，后头缘浅宽凹。上颚具 10～12 齿，端齿大，向基部逐渐变小。唇基宽平，无中脊，前缘平直，两侧突起不明显。额脊短，到达触角窝后向外弯。触角柄节不达后头缘。侧面观呈连续弓形；背板缝清晰但不凹陷；并胸腹节斜面略短于基面，较陡斜但不斜截。结节三角形，顶端薄；背缘圆，中部较尖凸。体较光亮，全身具皮革状细刻纹。立毛浅黄色，稀疏，柔软纤细；后腹部立毛稍粗。短绒毛密集，但不遮盖刻点。

观察标本：2 工蚁，山西翼城大河，2012.VII.13，陈媛采。

分布：山西（历山等）、江苏、上海、浙江、湖北、湖南、广东、广西、贵州。

11 满斜结蚁 *Plagiolepis manczshurica* Ruzsky, 1905

工蚁：体长 1.5～2.2mm。头近方形，后头缘微凹；唇基凸，中脊不明显。前胸背板十分凸；中胸背板后方分离出的后胸背板短于中胸背板；后胸背板与并胸腹节基面等高，缢缩不明显，腹柄节低，前倾。体光亮。黄褐色至亮黑色，上颚、触角和足黄色。

观察标本：4 工蚁，山西翼城大河，2012.VII.13，陈媛采。

分布：山西（历山等）、内蒙古、北京、河北、山东、河南、陕西、宁夏、新疆、安徽；朝鲜。

12 玉米毛蚁 *Lasius alienus* (Foerster, 1850)

工蚁：体长 3.0～4.5mm。头近心形，前窄后宽，后头缘中央凹陷；唇基前缘圆，中脊弱而不明显。并腹胸背面微凸，中-并胸腹节缝凹陷。并胸腹节斜面长于基面，腹柄结背缘平或略凹陷。体具弱的细密网状刻点，具弱光泽。触角柄节和足胫节外侧无立毛或立毛十分稀少。体暗褐色，触角柄节和足胫节黄褐色。

观察标本：4 工蚁，山西翼城大河，2012.VII.12，陈媛采；2 工蚁，山西历山舜王坪，2012.VII.15，陈媛采。

分布：山西（历山等）、黑龙江、吉林、辽宁、内蒙古、北京、河北、河南、陕西、宁夏、甘肃、湖北、湖南、四川、云南；亚洲，欧洲，非洲，北美洲。

13 黄毛蚁 *Lasius flavus* (Fabricius, 1782)

工蚁：体长 3.0～4.5mm。头近心形，前窄后宽，后头缘中央凹陷；唇基前缘圆，具中脊。并腹胸背面微凸，中-并胸腹节缝凹陷。并胸腹节斜面长于基面，腹柄结背缘平或略凹陷。体具弱的细密网状刻点，具弱光泽。体黄色。

观察标本：11 工蚁，山西历山广布，2012.VII.12～20，陈媛采。

分布：山西（历山等）、黑龙江、辽宁、内蒙古、北京、河北、河南、陕西、宁夏、甘肃、新疆、湖南、广东、海南、广西、云南；东亚至北美。

14 亮毛蚁 *Lasius fuliginosus* (Latreille, 1798)

工蚁：体长4.4～5.0mm。头（含上颚）近三角形，两侧缘凸，后头缘中部略凹。上颚短、强壮，咀嚼缘6齿。唇基长大于宽，具不明显的中脊。触角柄节略超过后头缘。并腹胸粗短，背面较凸，中胸背板略后斜，背面观钝圆；中-并胸腹节背板缝深凹；并胸腹节背面观后部宽于前部，侧面观基面向后抬高；斜面平。结节楔形，背缘中央略凹。后腹部短，略小于头部。头及体光亮。立毛稀疏，仅在后腹部较丰富。茸毛稀少。体黑色略带深栗红色；触角和足褐红色。

观察标本：6 工蚁，山西沁水下川东峡，2012.VII.17，陈媛采。

分布：山西（历山等）、全国大部分省区；亚洲，非洲，欧洲，北美洲。

15 黑毛蚁 *Lasius niger* (Linneus, 1758)

工蚁：体长3.5～5.0mm。头近心形，前窄后宽，两侧缘凸。上颚8～9齿；唇基具不明显中脊。结节顶端凹、平或凸。体灰褐色至褐黑色。头部有丰富的毛被；触角柄节和足胫节有较多的立毛；前足胫节外侧和触角柄节外侧具立毛20根以上。柔毛被丰富。头仅具弱的光泽；前胸背板有明显的横纹。

观察标本：42 工蚁，山西历山广布，2012.VII.12～20，陈媛采。

分布：山西（历山等）、黑龙江、吉林、北京、山东、河南、陕西、安徽、浙江、湖北、湖南、福建、台湾、四川、贵州、云南、西藏；亚洲，欧洲，非洲，北美洲。

16 无刚毛尼氏蚁 *Nylanderia aseta* (Forel, 1902)

工蚁：体长1.8～2.1mm。头矩形，长稍大于宽，两侧缘平直，后头缘中央略凹。上颚咀嚼缘具5齿。唇基中部凸，具不明显的纵脊，前缘中央略凹。触角柄节1/4超过后头缘。复眼平，位于头中线稍前。背板缝明显但细弱；中-并胸腹节缝略凹；并胸腹节基面远短于斜面，基面与斜面连接处圆滑。结节三角形，前倾。后腹部基部凸，前面凹陷以容纳结节。上颚基部略具细纵刻纹；唇基光亮；头及体具细密网状刻纹。立毛浅黄色，细而稀疏。茸毛稠密，遍布全身。头和后腹部黄褐色；并腹胸色较深，触角和足浅黄色。

观察标本：1 工蚁，山西沁水下川东峡，2012.VII.20，陈媛采。

分布：山西（历山等）、浙江、广西；印度。

17 掘穴蚁 *Formica cunicularia* Latreille, 1798

工蚁：体长4.0～7.5mm。头后部宽于前部，两侧缘及后头缘平直。唇基前缘圆形，具中脊。额三角区暗。并腹胸略窄于头；前胸、中胸背板凸，背板缝明显；并胸腹节气门圆形，位于侧面、斜面边缘之前。腹柄结背缘圆形。体具细密刻点、暗，无光泽。头、并腹胸和腹柄节褐红色，后腹部灰黑色。

观察标本：1 工蚁，山西沁水下川西峡，2012.VII.16，陈媛采。

分布：山西（历山等）、内蒙古、北京、河北、河南、陕西、宁夏、甘肃、青海、安徽、湖北、湖南、四川、云南；北非，欧洲。

18 深井凹头蚁 *Formica fukaii* Wheeler, 1914

工蚁：体长5.0～8.0mm。头长大于宽，两侧缘微凸，后头缘深凹陷，后头角突出。唇基前缘平截。并腹胸略窄于头；前胸、中胸背板凸，背板缝明显；并胸腹节气门圆形，位于侧面、斜面边缘之前。腹柄结上缘薄，圆形，中央圆形凹陷。头、并腹胸和腹柄节暗橘红色，头大部及前、中胸背板染黑褐色。

观察标本：1 工蚁，山西沁水下川西峡，2012.VII.16，陈媛采；1 工蚁，山西沁水下川东峡，2012.VII.20，陈媛采。

分布：山西（历山等）、黑龙江、内蒙古、陕西、宁夏；日本，蒙古，俄罗斯。

19 亮腹黑褐蚁 Formica gagatoides Ruzsky, 1905

工蚁：体长 4.2～6.0mm。体较粗大。头两侧几平行，后头角圆，后头缘微凸；上颚具粗刻纹；唇基具中脊，但不甚明显，前缘中央平截；额三角区暗，无光泽。中胸背板前缘明显高于前胸背板；中胸背板与并腹胸节背板形成 1 个约 135° 的角。结节较窄而厚，其上缘弧形。头和并腹胸暗，后腹部无光泽。立毛黄白色，细长，非常稀疏；柔毛稀疏，其后腹部柔毛与其间距等长。中足腿节通常无立毛。体褐黑色至黑色，上颚、触角和足褐色。

观察标本：1 工蚁，山西沁水下川西峡，2012.VII.16，陈媛采。

分布：山西（历山等）、甘肃、新疆、湖北、四川；日本及西伯利亚东北部至北欧。

20 日本黑褐蚁 Formica japonica Motschulsky, 1866

工蚁：体长 5.6～7.1mm。头长大于宽，后部宽于前部，两侧缘近平直，后头缘微凸。唇基具中脊，前缘圆。前胸背板凸；前-中胸背板缝明显；中胸缢缩；并胸腹节低，基面与斜面约等长；基面与斜面连接处圆凸。结节鳞片状，背缘圆。头及体具密集网状刻纹、色暗。体黑褐色。上颚、触角和足红褐色。

观察标本：33 工蚁，山西历山广布，2012.VII.12～20，陈媛采。

分布：山西（历山等）、黑龙江、吉林、辽宁、内蒙古、北京、河北、山东、河南、陕西、宁夏、甘肃、安徽、湖北、江西、湖南、福建、广东、广西、四川、云南；朝鲜，韩国，日本。

21 凹唇蚁 Formica sanguinea Latreille, 1798

工蚁：体长 6.0～9.0mm。头长宽近相等，两侧缘直，后头角微凸；唇基前缘中央凹陷，具中隆线；并腹胸为蚁属典型形状。腹柄结薄，上缘宽，中央凹陷。全身具细密刻点，略具光泽。头、并腹胸和腹柄节红色至红褐色，头部背面略染暗褐色斑，后腹部暗褐黑色。

观察标本：1 工蚁，山西历山舜王坪，2012.VII.15，陈媛采；3 工蚁，山西沁水下川，2012.VII.16～19，陈媛采。

分布：山西（历山等）、内蒙古、河北、甘肃、宁夏、青海。

22 中华红林蚁 Formica sinensis Wheeler, 1913

工蚁：体长 4.0～8.7mm。头部上宽下窄，后头缘几平直；上颚具细刻线；唇基前缘圆，中脊不十分明显；额三角区光亮。结节上缘圆形，其中央平直或凹陷。体粗壮，有一定的光泽。橘红色至褐红色，后腹部黑褐色至黑色。头部立毛较少，主要着生在头前部、腹面和后头缘；其他部分立毛较丰富；后腹部柔毛密集。

观察标本：24 工蚁，山西历山广布，2012.VII.12～20，陈媛采。

分布：山西（历山等）、北京、甘肃、青海、四川、云南。

23 广布弓背蚁 Camponotus herculeanus (Linneus, 1758)

工蚁：体长 9.2～12.2mm。大型工蚁头大，近三角形，前窄后宽，后头缘平直；中、小型工蚁头较狭窄，两侧缘近平行，后头缘凸。唇基前缘平直，无明显中脊。前、中胸背板较平；并胸腹节急剧侧扁，基面与斜面约等长，二者交接处圆滑。结节较薄，前凸后平。头、并腹胸及结节具细密网状刻纹，有一定光泽；头与后腹部黑色，并腹胸、腹柄节和足褐红色。

　　观察标本：1 工蚁，山西翼城大河，2012.VII.12，陈媛采；3 工蚁，山西历山舜王坪，2012.VII.15，陈媛采；2 工蚁，山西沁水下川，2012.VII.18，陈媛采。

　　分布：山西（历山等）、内蒙古、河北、宁夏、甘肃、青海、新疆、四川；日本。

24 日本弓背蚁 Camponotus japonicus Mayr, 1866

　　工蚁：体长 9.2～12.2mm。大型工蚁头大，近三角形，前窄后宽，后头缘平直；中、小型工蚁头较狭窄，两侧缘近平行，后头缘凸。唇基前缘平直，无明显中脊。前、中胸背板较平；并胸腹节急剧侧扁，基面与斜面约等长，二者交接处圆滑。结节较薄，前凸后平。头、并腹胸及结节具细密网状刻纹，有一定光泽；体黑色。颊前部、上颚及足红褐色。

　　观察标本：18 工蚁，山西历山广布，2012.VII.13～19，陈媛采。

　　分布：山西（历山等）、黑龙江、吉林、辽宁、内蒙古、北京、河北、山东、陕西、宁夏、甘肃、青海、江苏、上海、浙江、湖南、福建、广东、广西、重庆、贵州；东南亚，俄罗斯，日本，朝鲜，韩国。

参 考 文 献

吴坚, 王常禄, 1995. 中国蚂蚁[M]. 北京: 中国林业出版社.

徐正会, 2002. 西双版纳自然保护区蚁科昆虫生物多样性研究[M]. 昆明: 云南科学技术出版社.

周善义, 2001. 广西蚂蚁[M]. 桂林: 广西师范大学出版社.

Bollton B. 2016. A new general catalogue of the ants of the world[EB/OL].[2016-4-28].http: //www.antweb.org/description.do?subfamily= formicinae & genus=formica&rank=genus&project=missouriants.

LaPolla J S, Brady S G, Shattuck S O, 2010. Phylogeny and taxonomy of the *Prenolepis* genus-group of ants[J]. Systematic Entomology, 35: 118-131.

Formicidae

Chen Yuan　　Zhou Shanyi

(College of Life Sciences, Guangxi Normal University, Guilin, 541004)

　　Ant is one of the most typical groups of eusocial insects, which general possess 3 different casts, i. e. worker, female and male. The workers of some species have large and small definitions. So far, there are 14 063 species belonging to 482 genera of 20 subfamilies recorded in the world. 995 species belonging to 117 genera of 10 subfamilies have been recorded in China (AntWiki, 2016). Herein 24 species belonging to 2 genera of 3 subfamilies are reported from Lishan National Nature Reserve of Shanxi Province, among them *Solenopsis tipuna* Forel is newly recorded in Shanxi Province.

环腹瘿蜂科 Figitidae

狭背瘿蜂亚科 Aspicerinae

王娟 郭瑞 王义平

（浙江农林大学，临安，311300）

体小型，体长 3～5mm。第 2 腹背板舌形；腹末侧扁；大多腹背板具刻纹；胸具粗糙刻纹；头宽于胸，上观体楔形，复眼后颊具尖锐缘脊；触角 13 节（雌性），14 节（雄性），各节筒状，紧密连接；端节最大，雄虫第 3 节向内凹陷；翅径室前缘常开放，基部开放或关闭，翅膜黄色，常缺失，翅缘缺缨毛或短；后足胫节具 1 或多条纵向刺脊。

狭背瘿蜂亚科隶属于环腹瘿蜂科。目前多数生物学习性未知，仅知个别属种寄生于食蚜蝇等双翅目昆虫幼虫体内。

世界性分布。目前世界仅知 8 属 108 种，中国记录 11 种，山西历山自然保护区采到 3 属 3 种，其中 2 种为中国新记录种。

分属检索表

1 小盾片末端具 1 刺脊（钝或尖锐，或圆钝）..2
- 小盾片与以上特征不同，具横截面、顶端微凹、卵圆形或后端侧具两个尖锐突起......5
2 小盾片后圆钝；具 1 深凹小盾片窝；小盾片具 1 明显纵脊及宽凹陷区，且具多条横脊；第 2 腹背板中央区域具 1 簇软毛；前胸背板后缘中部具有强烈突出齿........................单窝狭背瘿蜂属 Balna
- 第 2 腹背板不具类似软毛。与以上特征组合不同..3
3 头顶具 1 竖直沟，从单眼侧向后延伸至后头；复眼周围具有强烈连续隆脊（构成额脊、后头脊和面部凹陷）；单眼强烈隆起 ....剑盾狭背瘿蜂属 Prosaspicera
- 头顶中部不具竖直沟，复眼周围具或不具脊；单眼不突起或微凸起..........................4
4 小盾片刺脊细且尖 ....狭背瘿蜂属 Aspicera
- 小盾片刺脊钝且粗短 ....拟狭背瘿蜂属 Paraspicera
5 小盾片末端两侧具刺，并末端强烈凹陷；后足胫节后表面和后缘具很多明显刺.................6
- 小盾片后端圆钝、向内凹陷或平截；后足胫节后表面不具明显刺，但后缘具两端距........7
6 背面观，小盾片末端具深凹陷 ....安狭背瘿蜂属 Anacharoides
- 背面观，小盾片末端不具凹陷，但两侧具端刺脊；小盾片平........................胫狭背瘿蜂属 Pujadella
7 小盾片窝长未占整个小盾片长的 1/2；R_1 脉存在；腹柄宽大于长；第 2 腹背板两侧具两簇短毛；后头具多少不等的皱缩，不具横脊........................盾狭背瘿蜂属 Omalaspis
- 小盾片窝长占小盾片长的 1/2；R_1 脉不存在；腹柄长宽几乎相等；第 2 腹背板中间区域具 1 簇短毛；后头具强烈横脊........................矩盾狭背瘿蜂属 Callaspidia

1 西伯利亚狭背瘿蜂 Aspicera sibirica Kieffer, 1901，中国新记录

体长 3.1mm。头黑色。额皮质，后半部皱缩，侧额脊连续且平直，后部分叉。复眼与侧

额脊间区域不具横脊。颊皮质，侧观圆形，不膨大；中部具纵脊且两侧均具横脊。头顶微弱刻纹，皮质，皱缩。复眼微突起。后头皮质，在后 1/3 处具微弱横脊。胸黑色。前胸侧板皮质。前胸背板坑不突出，后缘具分散刚毛，中胸背板皮质，盾纵沟与侧脊线间区域具点状刻点，中脊和盾纵沟间微弱皱缩。侧脊线明显完整；前近中直线突起，平行，长度达整个中胸盾片长的 1/3~1/2。中脊突起。盾纵沟皮质，内具短横脊，前部光滑。中胸盾片沟具微弱横脊。侧观盾纵沟间区域不突起。侧盾片脊达盾纵沟前端，后部光滑，前端粗糙皮质。中胸侧板前端 1/3 部皮质，基部具斜脊，后部区域光滑。小盾片是整个中胸背板长的 1.1 倍。小盾片窝后部具微弱纵脊，前端微皱缩，大且深。翅透明，径室长是宽的 2.0 倍。翅及翅缘具缨毛，R_1 脉长，Rs 脉平直。

观察标本：1♀，山西沁水下川村富裕河，2012.VII.26，王娟采。

分布：山西（历山）；古北区东部。

2 窄盾狭背瘿蜂 Omalaspis latreillii (Harting, 1840)，中国新记录

体长 3.1mm。头部黑色。额皮质，额前脊缺失；侧额脊明显，侧额脊与复眼间区域具少量短横脊。低额部凹陷区明显；低颜面具明显面部刻纹。复眼突出。头顶前观微弱刻纹，后观皮质微皱缩。后头皮质。颊皮质，缘宽且明显，具横脊。胸黑色，前胸侧板皮质，后部具短且少的横脊，基部具明显横脊，中间区域皮质。中胸盾片皮质。侧盾片脊完整，后部不清晰。前近中轴线明显且直，长度达整个中胸背板长的 1/3。中胸背板沟宽，长度达整个中胸盾片长度 1/3~1/2，中胸背板沟内具短横纹。盾纵沟内具短横脊，后部宽，前部窄。侧观中胸弧形。中胸侧板前部具微刻纹，后部光滑。小盾片长是整个中胸盾片长的 0.75~0.78 倍。小盾片窝内脊达整个小盾片盘长度的 1/3~1/2，比小盾片侧缘突出。小盾片窝光滑。小盾片盘粗糙至皱缩，具少量短横脊。小盾片侧缘连续，后缘平直且窄。翅透明，径室长是宽的 2.0~2.2 倍。

观察标本：2♀，山西翼城大河乡三沟，2012.VII.29~30，王娟采。

分布：山西（历山）、浙江、福建；德国，瑞典。

3 长剑盾狭背瘿蜂 Prosaspicera vailidispina Kieffer, 1910

体长 3.3mm。头黑色，额皮质，具少量脊。侧额脊凸起，后头复眼后 1/3 处具角状凸起。颊微宽，具刚毛，皮质具少量横脊。头顶强烈刻纹，微皮质。后头具横脊。前胸侧板皮质，上部 1/2 处具横脊。中胸背板皮质，具刚毛，有横脊，盾纵沟间横脊强烈。前近中直线突出，平行，达中胸背板长 1/3~1/2。中胸侧板皮质，前 1/3 处光滑。小盾片窝大，近四方形，光滑。小盾片窝中脊和侧脊突出且持续到整个小盾片刺的 1/3。小盾片刺前端皮质，侧观后部平直。翅透明，径室长是宽 2.0 倍，翅缘具缨毛。R_1 脉很短，几乎不存在。Rs 脉前端平直后部微凹。触角丝状，大于体长。

观察标本：9♀，山西翼城大河，2012.VII.27~30，王娟采。

生物学：主要寄生于双翅目幼虫体内。

分布：山西（历山）、辽宁、陕西、宁夏、浙江、湖南、福建、台湾、广西、台湾。

参 考 文 献

Buffington M L, 2010. Order Hymenoptera, family Figitidae[J]. Arthropod fauna of the UAE, 3: 356-380.

Harris R A, 1979. A glossary of surfaces sculpturing[J]. Occasional papers of the Bereau of Entomology of the California Department of Agriculture, 28: 1-31.

Rotheray G E, 1979. The biology and host searching behaviour of a Cynipoid parasite of aaphidiphagoussyrphid larvae[J]. Ecological Entomology, 4: 75-82.

Ronquist F, 1999. Phylogeny, classification and evolution of the Cynipoidea[J]. Zoologica Scripta, 28(1-2): 139-164.

Ronquist F, Nieves-Aldrey J, 2001. A new subfamily of Figitidae (Hymenoptera, Cynipoidea)[J]. Zoological Journal of the Linnean Society, 133: 483-494.

Ros-Farré P, Pujade-Villar J, 2006. Revision of the genus *Prosaspicera* Kieffer, 1907 (Hym: Figitidae: Aspicerinae)[J]. Zootaxa, 1379: 1-102 .

Ros-Farré P, 2007. *Pujadella* Ros-Farré, a new genus from the Oriental Region, with a description of two new species (Hymenoptera: Figitidae: Aspicerinae)[J]. Zoological Studies, 46(2): 168-175.

Ros-Farré P, Pujade-Villar J, 2009. Revision of the genus *Callaspidia* Dahlbom, 1842 (Hym.: Figitidae: Aspicerinae)[J]. Zootaxa, 2105: 1-31.

Ros-Farré P, Pujade-Villar J, 2011. Revision of the genus *Omalaspis* Giraud, 1860 (Hym.: Figitidae: Aspicerinae)[J]. Zootaxa, 2917: 1-28.

Weld L H, 1952. Cynipoidea (Hymenoptera) 1905-1950[M]. Michigan: Privately printed Ann Arbor.

Figitidae

Wang juan　Guo Rui　Wang Yiping

(Forestry & Biotechnology, Zhejiang A & F University, Lin'an, 311300)

The Figitidae is one of the largest and the most diverse family in superfamily Cynipoidea. In this paper a list is provided of 3 species belonging to 3 genus of the subfamily Aspicerinae collected in Lishan National Nature Reserve of Shanxi Province. *A. sibirica* Kieffer, 1901 and *O. latreillii* (Harting, 1840) are reported in China for the first time. The specimens are deposited in Zhejiang A & F University.

蛛蜂科 Pompilidae

李重阳　纪晓玲　朱健　蒋力　马丽　李强

（云南农业大学植物保护学院昆虫学系，昆明，650201）

体细长，小至大型。触角线状，雄性 13 节，雌性 12 节。前胸背板领片后缘拱形，后上方伸达翅基片；中胸侧板被 1 条斜而直的缝分隔成上、下两部分。足长，多刺；后足胫节内表面沿外方具 1 细毛带；腿节常超过腹端。翅甚发达、透明，翅脉不达外缘，前翅通常 3 个亚缘室（少数 2 个），后翅臀叶发达，翅常带有晕纹或赤褐色。腹部较短，雌性 6 节，雄性 7 节，腹柄不明显；雌性第 6 腹板向上包住产卵器，向后稍突出；雄性第 7 腹板变小缩入。

蛛蜂以寄生、捕食蜘蛛或者盗寄生其他蛛蜂的巢穴为生，又称为蜘蛛蜂。性喜阳光，成虫经常在地面、花丛和树叶间搜索猎物，翅膀不断振动，触角不断运动，同时，进行短距离的飞行，在一个合适的栖息地，进行随机的搜索，捕猎到合适的蜘蛛作为寄主。捕获蜘蛛时，先设法逮住猎物，用上颚咬住其身体一侧几个足的基部，随后把腹末弯向前方刺蜇并麻痹猎物，旋即在猎物腹基部背面产卵。也有些蛛蜂先把麻痹的猎物搬回巢穴后产卵。一些蛛蜂为了方便移动寄主，将其全部或部分足除去。有些蛛蜂营盗寄生生活，如盗蛛蜂属 *Ceropales* 是在其他蛛蜂把猎物拖进洞的同时产卵在蜘蛛的书肺中（O'Neill, 2001）；伊娃蛛蜂 *Evagetes*

寻找到其他蛛蜂洞后，吃掉原来产在蜘蛛腹部的卵，而以自己的卵代替，再封好巢室。

成虫常在地下、石块缝隙或朽木中筑巢，也有利用其他动物废弃的巢穴，或昆虫的蛀道和有隧道植物的茎干，将猎物放入巢中，供幼虫取食。蛛蜂筑巢方式变化很大，在 1 个地方有的只建 1 个巢室，也有的建许多巢室，也可能是一些雌蜂在一起共建多个巢室，每室只放 1 头蜘蛛。有些蛛蜂在狩猎前就将巢穴挖好，有些是根据捕捉来的猎物的体型大小再挖巢穴。

单寄生，幼虫期约 10 天，幼虫一般在 2～3 天内孵出，并开始吸食蜘蛛的血淋巴，最后将蜘蛛整个身体食尽。

世界性分布，世界已知 5000 余种，中国记录 160 种，山西历山自然保护区采到 6 属 6 种。

分亚科及分属检索表

1 中足胫节端部刺长且长度不一致，刺分得很开；前翅第 2 盘室基部下角常常具 1 凹穴，是由于亚盘脉向下弯曲所形成 ……………………………………………… 蛛蜂亚科 Pompilinae，3
- 中足胫节端部刺较短且长度一致；前翅第 2 盘室基部下角一般无凹穴…………………… 2
2 腹部第 2 腹板具 1 明显的横沟（雄性常常无）；端跗节腹面有时无刺，有时具 1 对侧刺，但绝无明显的中列刺；上唇不宽阔露出 …………………………………… 沟蛛蜂亚科 Pepsinae，5
- 腹部第 2 腹板通常无明显的横沟；端跗节腹面无侧刺列；上唇通常宽阔露出；复眼内缘明显的弯曲，雌性下生殖板侧扁，具 1 中脊或褶…………………… 盗蛛蜂亚科 Ceropalinae
3 后背板边缘近平行的，形成 1 条横带，或是中间宽阔的；腹部背板 I 无鳞片状的毛；雌性爪垫梳强，臀板具许多直立的刚毛…………………………………… 安诺蛛蜂属 Anoplius
- 后背板中间窄的，于中线两侧各形成 1 个弓形的扩展的区域；腹部背板 I 具鳞片状的毛 ….. 4
4 后足基节和部分胸部具鳞片状毛；雌性所有跗节爪二叉的；雄性触角不是锯齿状 ……………
……………………………………………………………………………… 叉爪蛛蜂属 Episyron
- 后足基节无鳞片状毛；雌性前足跗节爪二叉的，中足和后足跗节爪具齿的；雄性触角锯齿状的 ………………………………………………………………………… 棒带蛛蜂属 Batozonellus
5 后足胫节具微弱的刺，或缺刺；雌性第 1 腹节基部具柄的，第 6 腹节具 1 无毛的臀板区域；雄性第 1 腹节具更明显的柄，或整个成柄状……………………………… 奥沟蛛蜂属 Auplopus
- 后足胫节具锯齿状刺，或脊和刺，或是强壮的刺 …………………………………………… 6
6 雌性前足胫节端部具 1 明显的，强壮的指状刺；雄性胫节距白色 ……………………………
…………………………………………………………………………… 指沟蛛蜂属 Caliadurgus
- 雌性前足胫节端部无指状刺；雄性胫节距深褐色至黑色；并胸腹节无明显的气门沟，跗节爪齿状…………………………………………………………………… 锯胫沟蛛蜂属 Priocnemis

蛛蜂亚科 Pompilinae

1 维尔安诺蛛蜂 Anoplius valdezi Banks，1934

雌：体黑色；上颚端部浅褐色；翅浅色，端缘暗色。唇基稍稍隆起，端缘平截；触角第 3 节长大约 3.5 倍宽；额区具 1 中沟，自中单眼至触角窝之间。前胸背板后缘弱角状；后胸背板的长约为后背板的 1.5 倍；后背板具条纹。前翅第 3 亚缘室三角形或具短柄。腹部无柄。

雄：体黑色；上颚端部浅褐色；前足转节下方端环和前足胫节踞基半部浅黄色；体具银白色丝状毛；腹部腹板 V 具 1 簇浓密的长而直的黑毛刷。唇基稍稍隆起，端缘弧形凹入；触角第

3 节长大约 3 倍宽；触角窝上方具 1 不明显的脊；单眼锐三角形排列。前胸背板后缘弱角状；后背板具条纹；前翅第 3 亚缘室具短柄。腹部无柄，腹板 VII 长三角形，向中线稍隆起。

观察标本：3♀8♂，山西沁水下川猪尾沟，2012.VII.23，朱健、蒋力采；5♀11♂，山西沁水下川东峡，2012.VII.24，朱健、蒋力采；1♀3♂，山西沁水下川富裕河，2012.VII.25，朱健、蒋力采。

分布：山西（历山）、浙江、台湾。

2 斑额棒带蛛蜂 Batozonellus maculifrons Smith, 1873

雌：体黑色；复眼内外缘斑、前胸背板后缘斑、中胸背板后缘斑、小盾片后缘斑、腹部背板 II～VI 上斑黄色；触角 I～VII 节及 VIII～XII 节外侧斑、上颚上斑、唇基上斑、足腿节上斑、足胫节、足跗节 I～III 黄褐色；翅黄褐色的，前后翅端缘具黑色斑带。并胸腹节、腹部背板 I 密生黑褐色的鳞片状毛。唇基微微隆起，前缘平截；触角第 3 节长约为宽的 5.5 倍。前胸背板后缘微弱的角状；前足跗节爪二叉，中足和后足跗节爪具齿。腹部无腹柄。

观察标本：1♀，山西翼城大河珍珠帘，2012.VII.30，朱健采。

分布：山西（历山）、江苏、上海、安徽、浙江、台湾。

3 傲叉爪蛛蜂 Episyron arrogans Smith, 1873

雄：体黑色；复眼内外缘斑、前胸背板后缘斑、腹部背板 II、III、VII 上斑、后足胫节基部斑淡黄色；距白色；翅透明，带灰色，外缘具灰黑色的斑带。前胸背板、后胸背板、并胸腹节、后足基节背面、腹部背板 I 密生灰白色鳞片状毛。唇基微隆起，前缘平截；额区触角窝之间，具 1 条短沟。前胸背板后缘微弓形。

观察标本：3♂，山西沁水下川猪尾沟，2012.VII.23，朱健、蒋力采；3♂，山西沁水下川普通沟，2012.VII.24，朱健、蒋力采；山西翼城大河南神峪，2012.VII.29，朱健采；1♂，山西翼城大河珍珠帘，2012.VII.30，朱健采。

分布：山西（历山）、辽宁、河南、江西、浙江、福建、台湾。

沟蛛蜂亚科 Pepsinae

4 知本奥沟蛛蜂 Auplopus chiponensis (Yasumatsu, 1939)

雌：体黑色；上颚端部褐色；前足腿节端部、前足胫节（除外侧）浅褐色。翅透明，无斑带。唇基隆起，前缘凸出；触角第 3 节长约为宽的 4.8 倍；单眼近正三角形排列。前胸背板后缘微弱的角状；后背板近平行，中间凹入；并胸腹节基部具浅中沟。腹部无腹柄，背板 VI 钝平。

观察标本：1♀，山西沁水下川东峡，2012.VII.24，朱健、蒋力采；1♀，山西翼城大河珍珠滩，2012.VII.30，朱健采。

分布：山西（历山）、浙江、台湾。

5 乌苏里指沟蛛蜂 Caliadurgus ussuriensis (Gussakovskij, 1933)

雌：体黑色；翅透明，前翅具 2 条浅黑色条斑，1 条较宽的条斑，近外缘自缘室，包括第 2、3 亚缘室至第 2 盘室上方，另 1 条较窄的条斑在基脉上。唇基隆起的，前缘平截；触角第 3 节明显长于柄节、梗节之和，长为宽的 5 倍以上；额区具 1 中沟，自中单眼至触角窝之间；复眼内缘微凹入，向头顶收窄。前胸背板短，前面截断状，后缘弱角状；后背板近平行，具条纹；并胸腹节基部具中沟，此沟在后方被弱脊代替。前足胫节端部具 1 明显的强壮的指状刺；后足胫节具成列的短刺。

观察标本：12♀，山西沁水下川东峡，2012.VII.24，朱健、蒋力采。

分布：山西（历山）、东北、河南、浙江、江西、台湾。

6 激动锯胫沟蛛蜂 *Priocnemis irritabilis* Smith, 1873

雌：体黑色；体被灰白色毛；翅透明，稍带烟色，第 2 亚缘室、第 3 亚缘室及第 2 盘室具 1 黑色横带。唇基稍隆起，前缘宽阔而且平直；触角第 3 节明显长于柄节、梗节之和；复眼内缘向头顶收敛。前胸背板后缘角状；后背板约为后胸背板长的 1/2，中间凹入，具条纹；并胸腹节具细皱纹。后足胫节外侧具明显的舌状突起和三角形小突起，每个突起具 1 根短刺。

观察标本：1♀，山西沁水下川东峡，2012.VII.24，朱健、蒋力采。

分布：山西（历山）、浙江。

参 考 文 献

何俊华, 2004. 浙江蜂类志[M]. 北京: 科学出版社.

Haupt H, 1938. Zur Kenntnis der Psammochariden-Fauna des nordostlichen China und der Mongolei[M]. Stockholm: Arkiv for Zoologi.

Ishikawa R, 1965. Studies on some Taiwan Pompilidae (Hymenoptera)[J]. Kontyu, Tokyo, 33: 507-520.

Pitts J P, Wasbauer M S, von Dohlen C D, 2006. Preliminary morphological analysis of relationships between the spider wasp subfamilies (Hymenoptera: Pompilidae): revisiting an old problem[J]. Zoologica Scripta, 35(1): 63-84.

Shimizu A, 1996. Key to the genera of the Pompilidae occurring in Japan north of the Ryukyus (Hymenoptera) (part 1)[J]. Japanese Journal of Entomology, 64(2): 313-326.

Shimizu A, 1996. Key to the genera of the Pompilidae occurring in Japan north of the Ryukyus (Hymenoptera) (part 2)[J]. Japanese Journal of Entomology, 64(3): 496-513.

Tsuneki K, 1989. A study on the Pompilidae of Taiwan (Hymenoptera)[J]. Special Publications of the Japan Hymenopterists Association, 35: 1-180.

Yasumatsu K, 1935. Beitrag zur Kenntnis der Mordwespengattung Priocnemis Schiodte in Nord-und West-China (Hymenoptora, Psammocharidae)[J]. Entomology and Phytopathology, Hangchow, 3: 678-682.

Pompilidae

Li Chongyang　Ji Xiaoling　Zhu Jian　Jiang Li　Ma Li　Li Qiang

(Department of Entomology, College of Plant Protection, Yunnan Agricultural University, Kunming, 650201)

The present research includes 6 genera and 6 species of Pompilidae and key to the subfamilies and genera are provided. The species are distributed in Lishan National Nature Reserve of Shanxi Province.

泥蜂科 Sphecidae

马丽　张睿　李重阳　纪晓玲　李强

（云南农业大学植物保护学院昆虫学系，昆明，650201）

眼内眶完整、平行或向中央收拢或向两侧分离；触角鞭节雌性 10 节，雄性 11 节；中足胫节常具 2 个端距；前足有或无耙状构造；并胸腹节背区无或具 "U" 形边界，具并胸腹节腹板；前翅常具 3 个亚缘室，后翅中脉常在 Cu-a 脉处或之后分叉；腹部腹柄仅由腹板 I 围合而成，部分种类背板 I 也延长似柄状；雄性腹部具 6～7 可见腹节；无臀板。

目前世界已知泥蜂科 Sphecidae 5 亚科 19 属 724 种，山西历山自然保护区记录该科 1 亚科 2 属 1 种 1 亚种。

沙泥蜂亚科 Ammophilinae

触角窝常与额唇基沟远离而位于额的近中部；并胸腹节背区常具边界；前侧沟一般长；前翅常有 3 个亚缘室，少数 1～2 个亚缘室；两条回脉常被第 2 亚缘室接收；雌性前足具耙状构造；两个中足基节相互接触或接近；后足跗节 V 腹面端部的两根刚毛毛状至中等宽度的叶状；足常无跗垫叶。部分种类的背板 I 伸长呈柄状；背板 VIII 无尾须。

目前世界已知沙泥蜂亚科 6 属 302 种，山西历山自然保护区记录该亚科 2 属 1 种 1 亚种。

分属检索表

1 腹板 I 端部与腹板 II 基部接触，并常盖过 II 基部的一部分；背板 I 的气门位于腹板 I 端部所在的位置之前；腹板 I 在背板 I 基部所在位置处向上弯曲..................长足泥蜂属 Podalonia
- 腹板 I 端部不伸到腹板 II 基部，两者之间的空间长，以膜和韧带相连；背板 I 气门位于腹板 I 端部所在的位置之后；腹板 I 在背板 I 基部所在位置外向上弯曲或直形..........................
....沙泥蜂属 Ammophila

1 多沙泥蜂骚扰亚种 Ammophila sabulosa infesta Smith, 1973

雌：体长 19～24mm。黑色，背板 I 大部分、背板 II、背板 III 基部和腹板 II 红黄色；腹部具金属蓝绿光泽。唇基前缘中部略突出，其两侧各具 1 齿突；额区具触角窝上突；头顶和颊区散生小刻点。领片前面中部及两侧具横皱纹；中胸盾片侧缘有弱而短的横皱纹，小盾片密生纵皱纹；并胸腹节背区具中纵脊，其两侧斜皱条纹粗壮；前侧沟发达；中胸、后胸和并胸腹节侧面生有刻点和皱纹。前翅第 3 亚缘室不具柄，足具爪垫。

雄：体长 14～22mm。体色同雌性，但背板 I 和 II 中央常具黑色纵带。额中下部和两侧以及唇基有银白色毡毛。中胸盾片有或无弱横皱纹。其他同雌性上述特征。

观察标本：1♂，山西沁水下川猪尾沟，2012.VII.23，蒋力采；1♀，山西沁水下川普通沟，2012.VII.24，朱健采；2♀3♂，山西翼城大河，2012.VII.28，蒋力采。

分布：山西（历山）、辽宁、内蒙古、北京、河北、山东、山西、陕西、甘肃。

2 多毛长足泥蜂 Podalonia hirsuta (Scopoli, 1763)

雌：体长 15～21mm。体黑色，腹部第 1～3 节红色；头部和胸部具黑色长毛。上颚宽大，具 3 齿；唇基中央隆起，端缘呈波状；额微凹，密被刻点；头顶散生小刻点。中胸盾片散生小刻点，侧板密生大刻点；小盾片具纵皱。并胸腹节背区密生横皱，侧区具斜皱。腹部背板光滑，腹板各节端缘具短而稀的毛。

观察标本：6♀，山西历山舜王坪，2013.VII.24，蒋力、朱健采。

分布：山西（历山）、内蒙古、河北、青海、新疆、西藏；古北区。

方头泥蜂科 Crabronidae

马丽　张睿　李重阳　纪晓玲　李强

（云南农业大学植物保护学院昆虫学系，昆明，650201）

　　头方形，下部有的向下收拢，触角窝接近唇基，上颚窝开式或闭式；无盾纵沟或盾纵沟很短；前足跗节有或无耙状构造，中足胫节无端距或有 1 个端距，爪内缘常无齿；腹柄无腹板或由背板和腹板共同围合成的腹柄，若腹柄仅由腹板 I 围合而成，则后翅轭叶很小。

　　目前世界已知 8 亚科 245 属 8774 种，山西历山自然保护区记录该科 3 亚科 5 属 6 种 1 亚种。

分亚科检索表

1 中足胫节具 2 个端距 ……………………………………………………异色泥蜂亚科 Astatinae
- 中足胫节具 1 个端距 …………………………………………………………………………………2
2 后足腿节端部简单；足有或无跗垫叶；腹部常具腹柄，腹柄仅由背板 I 围合而成，部分种类无腹柄或腹柄由背板 I 和腹板 I 共同围合而成………………短柄泥蜂亚科 Pemphredoninae
- 后足腿节端部加厚或末端平截；足无跗垫叶；腹部有或无腹柄，腹柄由背板 I 和腹板 I 共同围合而成 ……………………………………………………………方头泥蜂亚科 Crabroninae

异色泥蜂亚科 Astatinae

　　小至中型。触角窝靠近额唇基缝；唇基短；上颚内缘具亚端齿；中足胫节 2 个端距；前胸具短领；盾中沟明显分离；中胸侧板具前侧沟和侧板穴。并胸腹节中等长；前翅具 2 个或 3 个亚缘室，第 2 亚缘室一般接纳 2 条回脉，有时第 1 亚缘室接纳第 1 回脉；不具腹柄；雌性具臀板；雄性抱器分化为背突及尖突。

　　该亚科世界已知 5 属 165 种，山西历山自然保护区记录 1 属 1 种。

3 鞭角异色泥蜂 Astata boops (Schrank, 1781)

　　雌：体黑色。上颚中部红褐色；跗节红褐色；腹节 1～2 节及第 3 节背板基部红色；翅透明、端部具褐色暗斑，翅脉和翅痣为褐色；体毛呈白色。唇基向上翘，端缘平截。上唇表面刚毛分叉；额区密生小刻点，被白色长毛；头顶具光泽，散生小刻点；复眼上部内倾；中胸盾片具光泽，上部及两侧密生小刻点，中后部散生小刻点；盾中沟和盾纵沟浅；小盾片及后胸盾片具光泽，散生中刻点；并胸腹节背区具纵皱，侧区密布大刻点。前翅具 3 个亚缘室，第 2 亚缘室接收 2 条回脉；腹部背板第 1 节与第 2 节等宽；腹部具光泽，刻点小而稀；雌性臀板革状，边缘具 1 列整齐弯毛。

　　观察标本：1♀，山西沁水下川猪尾沟，2012.VII.23，朱健采。

　　分布：山西（历山）、内蒙古、山东、甘肃、广东、云南。

方头泥蜂亚科 Crabroninae

　　鉴别特征：触角鞭节雌性为 10 节，雄性为 10～11 节；唇基横宽；前胸领片短；具前侧沟；中足胫节常具 1 个端距，有时雄性无端距，偶见雌性无端距；后足腿节端部有时加厚，有时末端平截；足无跗垫叶；并胸腹节背区边界有或无；腹部有或无腹柄，腹柄由背板 I 和腹板 I 共同围合而成；雄性具 7 节背板；雌性具臀板，雄性多数无臀板。

目前世界已知 105 属 4659 种，山西历山自然保护区记录 2 属 2 种 1 亚种。

分属检索表

1 后单眼退化，呈不完整的椭圆形或卵圆形或具尾突；后翅轭叶大，约等于臀区长度..........
....足小唇泥蜂属 *Tachysphex*
- 后单眼正常；后翅轭叶小，不大于臀区长度的一半 ....短翅泥蜂属 *Trypoxylon*

4 赤腹快足小唇泥蜂 Tachysphex pompiliformis (Panzer, 1805)

雄：体长 7.0mm。体黑色；上颚中部、跗节第 2～5 节及腹部第 I～III 节为锈红色；额区两侧及前足下侧被略长毛，腹部各节端部无银白色环毛带。

额区密生刻点，头顶散生刻点。唇基前端斜面略呈半圆，前缘中部略横形突出，两侧分别具 1 齿。中胸背板散生刻点，基部具 2 条纵脊；并胸腹节无侧脊，基部具短纵脊，侧板密被细长横皱。第 VIII 腹片端缘凹陷，凹陷中央呈齿状，两侧呈尖齿状。

观察标本：1♂，山西沁水下川富裕河，2012.VII.25，朱健采。

分布：山西（历山）、内蒙古、青海、新疆、西藏。

5 黑角短翅泥蜂 Trypoxylon petiolatum Smith, 1857

雄：体黑色；触角第 4～12 节内侧黄褐色；上颚、前足胫节基部及内侧、中足胫节基部、腹部 I 节端部、II～III 节红褐色；前中足跗节大部分及后足胫节基部黄白色。唇基前缘略呈弧形，中部横形；复眼内眶凹陷极窄而深；额突起，中上部中央纵沟窄而深。前胸背板前基部横沟深；并胸腹节背区具"U"形围界沟；腹柄长颈瓶状。

观察标本：1♂，山西翼城大河，2012.VII.28，蒋力采。

分布：山西（历山）、北京、山东、浙江、福建、台湾、广东、广西、云南。

6 角额短翅泥蜂日本亚种 Trypoxylon (Trypoxylon) fronticorne japonense Tsuneki, 1956

雌：体长 7.0～9.0mm；体黑色；上颚端部深红色；体被白色短毛。唇基前缘中部明显突出，突出前缘中央略凹陷；复眼内眶凹陷宽而深。额无突起；触角窝间突窄而高，鼻状，中央具长纵脊，纵脊两侧具短横脊。中胸盾片散生中刻点；并胸腹节背区无围界沟，背区基部至端部具宽而浅中沟，沟内密生细短横纹，背区除中沟外密生弯曲纵皱；并胸腹节具明显侧脊；后区具宽而深纵沟，纵沟两侧极密生细长横皱；侧区极密生细长横皱；腹柄棍棒状。

观察标本：1♀，山西沁水下川东峡，2012.VII.24，朱健、蒋力采；3♀，山西泌水下川普通沟（黄盘诱），2012.VII.24，朱健、蒋力采。

分布：山西（历山）、黑龙江、吉林、辽宁、内蒙古、北京、陕西、新疆。

短柄泥蜂亚科 Pemphredoninae

鉴别特征：眼内眶基本平行；触角鞭节雌性具 10 节，雄性具 11 节；中足胫节端部具 1 个端距；后足腿节端部简单；爪有或无跗垫叶；并胸腹节背区常为三角形；前翅具 1～3 个亚缘室，具 1～2 条回脉，缘室端部常尖锐，少数种类平直或开放；后翅中脉在 Cu-a 脉点上或之前或之后分叉；腹部常具腹柄，腹柄仅由背板 I 围合而成，部分种类无腹柄或腹柄由背板 I 和腹板 I 共同围合而成；腹部可见腹节雌性为 6 节，雄性为 7 节；有或无臀板。

目前世界已知 37 属 1071 种，山西历山自然保护区记录 2 属 3 种。

分属检索表

1 前翅具 3 个亚缘室；触角窝不与额唇基沟接触.. 三室短柄泥蜂属 *Psen*

- 前翅不超过 2 个亚缘室；触角窝与额唇基沟接触.. 短柄泥蜂属 *Pemphredon*

7 网皱短柄泥蜂 *Pemphredon rugifer* (Dahlbom, 1844)

雌：体长 7.5mm。体黑色；上颚端部略红褐色；足大部分深褐色。唇基和额区下部着生稀疏银白色长毛；中胸侧板和并胸腹节被银白色长毛。上颚四齿状；唇基前缘中部具 1 半圆形深凹；额上区密生中刻点及粗壮纵皱。中胸盾片着生大刻点，后胸盾片具皱；中胸侧板下区连生大刻点；并胸腹节背区中部具不规则长皱，两侧短纵脊；并胸腹节间区宽，光滑有光泽，后区具网状脊。前翅第 2 回脉由第 1 亚缘室接收。腹柄背区连生巨刻点，腹区具 1 锐龙骨状突起；臀板宽，顶端圆，边缘脊明显。

观察标本：1♀，山西沁水下川富裕河，2012.VII.25，蒋力采。

分布：山西（历山）、黑龙江、内蒙古、北京、河北、陕西、江苏、云南。

8 扁角三室短柄泥蜂 *Psen ater* (Olivier, 1792)

雌：体黑色；上颚端半部红褐色；唇基被银白色毡毛；头顶、胸、足、腹密被银白色软毛。唇基前缘中部 2 波形突出；触角窝额间突锐齿状；中胸盾片密生小到中刻点；中胸侧板无刻点，后端密生短斜纵脊；无腹前沟，腹中脊弱；并胸腹节背区凹陷深，三角区围界脊粗壮，内具粗壮纵脊；前翅第 2 回脉由第 3 亚缘室接收；腹柄横截面近方形，中后部具深纵沟；臀板宽大三角形，其上着生数列大刻点及刺毛。

观察标本：1♀，山西沁水下川猪尾沟，2012.VII.23，朱健采。

分布：山西（历山）、黑龙江、吉林、辽宁、北京、山东、甘肃、浙江。

9 宽颚三室短柄泥蜂 *Psen bnun* Tsuneki, 1971，**雌性首次描述**

雌：体长 12～13mm。体黑色；头、胸、并胸腹节、足具青铜色金属光泽；上颚端部、胫节距、跗节、前足胫节、中足胫节外侧、后足胫节基部、翅脉、翅基片黄褐色或红褐色；触角下侧棕色。唇基被银白色毡毛；头、胸、并胸腹节、腹柄密被银白色长毛；腹部被银白色或黄褐色软毛。

唇基前缘中部半圆形缺刻深，边缘厚，两侧各具 1 三角形角突；唇基中部高度隆起。上颚极宽，端半部叶状，端部着生一亚端齿。触角窝额间突中度隆起，齿状。额区上部、单眼三角区及其两侧、头顶散生微刻点；后单眼之后横沟深，中单眼与横沟间具明显纵沟；额中脊完整粗壮。

中胸背板、中胸小盾片、后胸小盾片散生小刻点。中胸侧板散生微刻点，后端散生短斜纵脊。无腹前沟，腹中脊细弱。并胸腹节背区凹陷浅，无围界脊，内具粗壮纵脊；并胸腹节后区两侧密生长纵脊，略粗壮，余具粗壮网状脊；并胸腹节侧区后部散生短纵脊。前翅第二回脉由第二亚缘室间隙或第三亚缘室接收。后足胫节外侧具 1～2 列黄褐色细弱短刺。

腹柄略弯曲，横截面近方形，端部较基部略宽；侧区具细弱侧纵脊。腹部散生或密生微至小刻点；臀板狭小的三角形，革质，略具光泽，两侧着生 1～2 列中刻点及刺毛，端部钝圆。

观察标本：1♀，山西历山舜王坪，2013.VII.24，朱健采。

分布：山西（历山）、浙江、台湾。

参 考 文 献

吴燕如, 周勤, 1996. 中国经济昆虫志[M]. 北京: 科学出版社.

Bohart R M, Menke A S, 1976. Sphecid wasps of the world, a generic revision[M]. Berkeley: University of California Press.

Coffin J, 1993. Documents sur *Astata boops* (Schrank) (Hym. Sphecidae), predateur de Nezara viridula (L.) (Hem. Pentatomidae)[J]. EPHE Biologie et Evolution des Insectes, 6: 79-86.

Leclercq J, 1999. Hymenopteres Sphecides Crabroniens du genre *Ectemnius* Dahlbom, 1845. Especes d'Asie et d'Oceanie et Groupes d'especes de la faune mondiale[J]. Notes Fauniques de Gembloux, 36: 3-83.

Melo G A R, 1999. Phylogenetic relationships and classification of the major lineages of Apoidea (Hymenoptera), with emphasis on the crabronid wasps[J]. Scientific Papers Natural History Museum the University of Kansas, 14(10): 1-55.

Pulavskii V V, 1978. The family Sphecidae In Classification of the insects in the European part of the USSR[J]. Zoological Institute Press, Russian, 3(1): 173-279.

Pulawski W, 1975. Synoymical notes on Larrinae and Astatinae (Hym. Sphecidae)[J]. Journal Wash. Acad. Sci., 64(4): 308-323.

Pulawski W, 1988. Revision of North American Tachysphex wasps including Central American and Caribbean species (Hymenoptera: Sphecidae)[J]. Memoirs of the California Academy of Sciences, 10: 1-210.

Tsuneki K, 1963. Chrysididae and Sphecidae from Thailand[J]. Etizenia, 4: 1-50.

Tsuneki K, 1966. Contribution to the knowledge of the Larrinae fauna of Formosa and Kyukyus (Hymenoptera, Sphecidae)[J]. Etizenia, 17: 1-15.

Tsuneki K, 1967. Studies on the Formosan Sphecidae (I) The subfamily Larrinae[J]. Etizenia, 20: 1-60.

Tsuneki K, 1971a. Ergebnisse der Zoologischen Forchungen Von Dr. Z. Kaszab in der Mongolei 259. Sphecidae (Hymenoptera)[J]. Acta Zoologica Hungarica, 17: 409-453.

Tsuneki K, 1971b. Spheciden aus der innern Mongolei und dem nordlichen China (Hymenoptera)[J]. Etizenia, 58: 1-38.

Tsuneki K, 1972. On some species of the Japanese Sphecidae (Hymenoptera) Notes and descriptions[J]. Etizenia, 59: 1-20.

Tsuneki K, 1976. Sphecoidea taken by the Noona Dan expedition in the Philippine Island (Insecta, Hymenoptera)[J]. Steenstrupia, 4(6): 33-120.

Tsuneki K, 1978. Studies on the genus Trypoxylon Latreille of the Oriental and Australasian regions (Hymenoptera, Sphecidae) 1. Group of Trypoxylon scutatum Chevrier with some species from Madagascar and the adjacent islands[J]. Japan Hymenopterists Association, 7: 1-87.

Tsuneki K, 1979. Studies on the genus Trypoxylon Latreille of the Oriental and Australian regions (Hymenoptera, Sphecidae), 3. Species from the Indian subcontinent including southeast Asia[J]. Japan Hymenopterists Association, 9: 1-178.

Sphecidae, Crabronidae

Ma Li   Zhang Rui   Li Chongyang   Ji Xiaoling   Li Qiang

(Department of Entomology, College of Plant Protection, Yunnan Agricultural University, Kunming, 650201)

The families Crabronidae and Sphecidae (Hymenoptera: Apoidea) from the Lishan National Nature Reserve of Shanxi Province in China were reported and keys to the subfamilies and genera were provided. There are 2 families, 4 subfamilies, 7 genera, 7 species and 2 subspecies in total, of which, 3 subfamilies, 5 genera, 6 species and 1 subspecies belong to the family Crabronidae, and 1 subfamily, 2 genera, 1 species and 1 subspecies belong to the family Sphecidae.

蜜蜂科 Apidae

张睿　李强

（云南农业大学植物保护学院昆虫学系，昆明，650201）

有亚颏及颏，亚颏一般"V"形，颏基部圆宽；下唇须第 1 节长且扁，至少与第 2 节等长；盔节须前部短、后部长；中唇舌细长，一般具唇瓣；上唇一般宽大于长；唇基表面正常或隆起；一般不具颜窝；无亚触角区，亚触角缝指向触角窝内缘；后足胫节一般具胫基板；后足胫节及基跗节有毛刷或花粉篮（除盗寄生种类外）；雄性生殖节变化大。

蜜蜂科现有 3 亚科：木蜂亚科 Xylocopinae、艳斑蜂亚科 Nomadinae 及蜜蜂亚科 Apinae，我国均有分布。山西历山自然保护区采到 3 属 3 种。

分属检索表

1 后足胫节无距；前翅缘室等宽且几乎达翅顶角，第 2 亚缘室上缘明显窄于下缘..................
....蜜蜂属 Apis
- 后足胫节有距；前翅缘室离翅顶角很远，亚缘室大小多变.. 2
2 体毛不发达；前翅第 3 亚缘室明显大于第 1、2 亚缘室..............................芦蜂属 Ceratina
- 体密被各色长毛；前翅第 1 亚缘室与第 3 亚缘室几乎等大，第 2 亚缘室最小..................
....木蜂属 Xylocopa

1 东方蜜蜂中华亚种 Apis (Sigmatapis) cerana cerana Fabricius, 1865

工蜂：体长 10～13mm；前翅长 7.5～9.0mm；喙长 4.5～5.6mm。体黑色；上颚顶端、上唇具黄斑；唇基中央具三角形黄斑；触角柄节黄色；小盾片黄或棕或黑色；足及腹部第 3～4 节背板红黄色，第 5～6 节背板色稍暗，各节背板段缘均具黑色环带；体毛浅黄色；单眼周围及颅顶被灰黄色毛；后足胫节具发育成熟的花粉篮；后足基跗节内表面具整齐排列的毛刷。头部呈三角形，前段窄小；唇基中央稍隆起；上唇长方形；后翅中脉分叉；后足胫节扁平，呈三角形，端部表面稍凹，胫节端缘具栉齿；后足基跗节宽而扁平，基部端缘具夹钳。

观察标本：5♀，山西翼城大河，2012.VII.28，朱健采（3♀）、蒋力采（2♀）；1♀，山西沁水下川东峡，2012.VII.25，朱健、蒋力采。

分布：山西（历山）、黑龙江、吉林、辽宁、内蒙古、北京、天津、河北、山东、河南、陕西、宁夏、甘肃、青海、江苏、上海、安徽、浙江、湖北、江西、湖南、福建、台湾、广东、海南、香港、广西、重庆、四川、贵州、云南、西藏。

2 莫芦蜂 Ceratina (Ceratinidia) morawitzi Sickmann, 1894

雌：体长 4～6mm。体黑色，光滑闪光，具黄斑纹；上唇黑色，唇基表面具倒"T"形黄斑，中央伸达唇基的 1/2 处，额具 1 横斑，额唇基侧两侧缝各具 1 圆形斑，颜侧沿复眼内缘各 1 长斑,中单眼前具 2 小斑,颊具条形斑;前胸及前胸背肩突具黄斑,中胸背板具两条长斑纹;小盾片具新月形斑;翅基片及翅脉褐色,翅浅色透明;足深褐色;前足、中足胫节及后足胫节基部外表面浅褐色;各足跗节褐色;腹部第 1～5 节背板端缘横带均为黄色。足被少量浅黄色短毛。唇基刻点粗而稀;颜面光滑,仅有稀而大的刻点;颅顶刻点粗稀;中胸背板周缘刻点粗大,中央光滑;小盾片、后胸背板、并胸腹节两侧及腹部背板刻点均细密;并胸腹节基部具皱纹。

雄:未知。

观察标本:1♀,山西沁水下川普通沟,2012.VII.24,朱健、蒋力采。

分布:山西(历山)、台湾、广东、云南。

3 黄黑木蜂 Xylocopa (Koptortosoma) flavo-nigrescens Smith, 1854

雌:体长 23～24mm。体黑色;触角鞭节 2～10 节黑褐色;翅深褐色,闪紫色光泽。唇基、颜面及颊被黑及黄色混杂的毛;颅顶被黄色长毛,杂少量黑色长毛;胸部背板及侧板上半部及腹部第 1 节密被黄毛,后者较稀而短;足、胸侧下半部及腹部均被黑毛;腹部背板被短而稀的毛。头宽;上颚 2 钝齿;唇基密布刻点,前缘及中央光滑;触角第 1 鞭节短于第 2～4 鞭节长度之和;中胸背细密刻点,中央光滑;小盾片端缘胫节的一半处,端部较尖。后足胫节胫基板位于胫节的一半处,端部较尖。

雄:体长 25～27mm。前及中足基跗节外侧被黄色长毛;腹部第 1～3 节背板被稀的黄毛,4～7 节背板被黑毛。头显著窄于胸宽;前足、中足及后足基跗节均延长;后足腿节膨大,基部腹面具脊状突起,脊窄而明显。

观察标本:1♀,山西翼城大河珍珠帘,2012.VII.30,朱健采。

分布:山西(历山)、湖北、云南。

隧蜂科 Halictidae

张睿　李强

(云南农业大学植物保护学院昆虫学系,昆明,650201)

颏及亚颏结构简化;下唇须各节相似,呈圆柱状;中唇舌端部尖,无唇瓣;下颚内颚叶向上延伸至下唇下颚管前表面,常为指状突起,明显超出下颚其余部分,末端具刚毛;下颚外颚叶须前部从基部向顶端逐渐变窄,须前部一般与须后部等长;上唇宽大于长,若宽小于长,则端部中央具突起;前翅基脉一般明显隆起;前侧缝一般完整,向腹面延伸至窝缝。

目前,隧蜂科包括 4 个亚科:无沟隧蜂亚科 Rophitinae、彩带蜂亚科 Nomiinae、隧蜂亚科 Halictinae 和小彩带蜂亚科 Nomioidinae,我国均有分布。山西历山自然保护区采到 1 属 3 种。

4 条纹淡脉隧蜂 Lasioglossum (Dialictus) taeniolellum (Vachal, 1903)

雌:体长 6.2～7.3mm。体黑色;上颚中端部红褐色;触角、足褐色;翅基片、翅脉浅褐色;翅透明;腹部第 1～2 节背板全部或部分褐色;腹部第 3～4 节背板端缘褐色,微透明;体毛浅黄色,稀疏;后胸盾片中央被短毛;腹部第 2～4 节背板基部两侧具白色毛斑;腹部第 5 节背板毛金黄色。唇基端缘平截,端部中央微凹陷,刻点斜刺状;额区密布刻点,刻点间连成网状,刻点间具革状纹,略具光泽;侧面观,颊略窄于复眼。中胸侧片具纵皱;并胸腹节背区中央新月形,具伸达端缘的纵皱,皱间光滑,具光泽。腹部第 1 节背板基部无刻点;第 2 节背板基部、中部刻点间距等于刻点直径，端部无刻点，基部、端部光滑，具光泽，中部具革状纹；第 3～4 节背板刻点间距等于刻点直径，刻点间具革状纹，端部具细密横纹，刻点间光滑，具光泽。

　　雄：未知。

　　观察标本：1♀，山西沁水下川东峡，2012.VII.25，朱健、蒋力采。

　　分布：山西（历山）、山东、青海、福建。

5 灰绿淡脉隧蜂 Lasioglossum (Dialictus) virideglaucum Ebmer et Sakagami, 1994

　　雌：体长 7～8mm。体黑色，头部、胸部具绿色金属光泽；上颚端部红褐色；足黑褐色；翅基片褐色；翅脉浅褐色；翅透明；腹部各节背板基部及中部褐色，端部红色、透明；体毛白色，稀疏。唇基微隆起，刻点圆；额区密生刻点，刻点间几乎连成网状，刻点间具革状纹，略具光泽；侧面观，颊略窄于复眼。中胸侧板具纵皱；并胸腹节背区中央呈新月形，具伸达端缘的网状皱，皱间略具革状纹，具光泽。腹部第 1 节背板基部无刻点，中部、端部刻点间距约为刻点直径的 3～4 倍，刻点间光滑，具光泽；第 2～4 节背板刻点间距约为刻点直径的 2～3 倍，刻点间光滑，具光泽。

　　雄：未知。

　　观察标本：4♀，山西沁水下川普通沟，2012.VII.24，朱健、蒋力采。

　　分布：山西（历山）、云南。

6 小齿淡脉隧蜂 Lasioglossum (Lasioglossum) denticolle (Morawitz, 1892)

　　雌：体长 11～12mm。体黑色；上颚端部红褐色；翅基片和足跗节褐色；翅脉浅褐色；翅透明；体毛白色；前胸侧叶突，胸部侧区被毡状毛斑；后胸盾片被长浅黄色毛；腹部 2～4 节背板具白色毛带，第 2 节背板毛带常中断；腹部第 5 节背板末端毛黄色。唇基较强隆起；额唇基区刻点大且圆额区密生刻点，刻点间具革状纹；侧面观，颊明显窄于复眼。前胸背板两侧具尖角状突起；中胸盾片前缘中央二叶状突出、微翘；并胸腹节背区中央呈新月形，具明显围界脊，具伸达端缘的纵皱，皱间光滑，具光泽。腹部第 1 节背板基部及中部刻点稀，刻点间略具革状纹，具光泽；第 2～4 节背板刻点间距约为刻点直径的 0.5～1 倍，刻点间具细横纹，略具革状纹，具光泽。

　　雄：体长 7～8mm。似雌性，主要区别：体细长；头密被白色毡状毛；唇基突出，刻点圆，端部具淡黄色横条状斑；触角念珠状，鞭节下表面黄褐色，伸达中胸小盾片端缘；并胸腹节具网状皱。

　　观察标本：4♀，山西沁水下川普通沟，2012.VII.24，朱健、蒋力采；1♀，山西沁水下川富裕河，2012.VII.25，朱健、蒋力采；1♀，山西翼城大河，2012.VII.30，朱健、蒋力采。

　　分布：山西（历山）、黑龙江、吉林、内蒙古、北京、河北、山东、河南、云南。

参 考 文 献

吴燕如，1965. 中国经济昆虫志 第九册 膜翅目 蜜蜂总科[M]. 北京: 科学出版社.

吴燕如，2000. 中国动物志 第二十卷 膜翅目 准蜂科 蜜蜂科[M]. 北京: 科学出版社.

Blüthgen P, 1923. Beiträge zur Systematik der Bienengattung *Halictus* Latr. [J]. Konowia, 2: 65-142.

Ebmer A W, 1978. Die Halictidae der Mandschurei (Apoidea, Hymenoptera)[J]. Bonner Zoologische Beiträge, 29: 183-221.

Ebmer A W, Maeta Y, Sakagami S F, 1994. Six new Halictine bee species from Southwestern Archipelago, Japan (Hymenoptera, Halictinae)[J]. Bulletin of the Faculty of Agriculture, Shimane University, 28: 23-36.

Maa, T.-c, 1953. An inquiry into the systematics of the tribus Apidini or honeybees[J]. Treubia, 21: 584-587.

Morawitz F, 1892. Hym. Aculeata rossica nova[J]. Horae Societatis Entomologicae Rossicae, 26: 132-181.

Smith F, 1854. Catalogue of Hymenopterous Insects in the Collection of the British Museum[M]. London: British Museum.

Strand E, 1910. Neue süd-und ostasiatische *Halictus-Aaten* im Kgl. Zoologischen Museum zu Berlin. (Hym., Apidae)[J]. Berliner Entomologische Zeitschrift, 54 (1909): 179-211.

Strand E, 1915. Apidae von Tsingtau (Hym.)[J]. Entomologische Mitteilungen, 4: 62-78.

Vachal J, 1903. étude sur les *Halictus* d'Amérique[J]. Miscellanea Entomologica, 11: 89-336.

Vecht J van der, 1952. A preliminary revision of the oriental species of the genus *Ceratina*[J]. Zoologische Verhandelingen, 16: 1-85.

Apidae, Halictidae

Zhang Rui　　Li Qiang

(Department of Entomology, College of Plant Protection, Yunnan Agricultural University, Kunming, 650201)

The present research includes 4 genera and 6 species of Apidae and Halictidae, and key to the genera are provided. The species are distributed in Lishan National Nature Reserve of Shanxi Province.

蛛形纲 Arachnida

蜘蛛目 Araneae

伍盘龙　　张锋

（河北大学生命科学学院，保定，071002）

蜘蛛隶属于节肢动物门 Arthropoda 蛛形纲 Arachnida 蜘蛛目 Araneae，起源于古生代（Paleozoic）前泥盆纪（Pre-Devonian）。世界已知 112 科 3898 属 43 678 种（Platnick，2013）。中国记录 67 科 674 属 3714 种（Li and Wang，2012）。

此次对山西历山国家级自然保护区考察所采标本，经鉴定有蜘蛛 60 种，隶属于 15 科 39 属，其中 35 种为山西省新记录。

螲蟷蛛科 Ctenizidae

体中到大型。背甲弧曲。8 眼 2 或 3 列，前眼列强烈前凹。螯肢有螯耙，牙沟上有两列齿。中窝强烈前凹。雌蛛步足 I、II 末节侧面有短刺。步足有发达的下爪。腹部柔软或后端坚硬。多数种类具 6 个纺器，但有的只有 4 个。后侧纺器的末节圆顶状。雌蛛纳精囊多叶状。雄蛛触肢生殖球简单，具梨形的圆锥状端片；第 2 血囊小。

目前世界已知 9 属 128 种，中国记录 4 属 15 种，山西历山自然保护区采到 1 属 1 种。

1 巴氏垃士蛛 Latouchia pavlovi Schenkel, 1953，山西省新记录

雄蛛身体棕褐色，背甲近乎圆形，边缘微卷起，并显黑棕色。从眼区到中窝间背甲的中线两侧有两排横隆脊。中窝弧形的两端向前方伸展。螯肢粗大，前端背面具有粗壮的黑色螯耙，外齿堤 1～3 个大齿，内齿堤 5～6 齿。无颚叶，但在触肢基节之腹面内侧有 10～13 个黑色齿状突起。下唇棕色，基部与胸板愈合。胸板呈盾形，其后缘中央向外突出，但不插入第 IV 步足之基节间。触肢及步足皆粗壮，多黑刺，跗节及后跗节具有听毛，3 爪，上爪各有 1 列栉齿，爪下无毛丛，但第 III、IV 步足跗节具有步足毛束。足式：4123。腹部黑褐色，腹面为灰白色。前纺器小而互相靠近；后纺器粗状且彼此远离，明显分为 3 节。触肢器的插入器末端微弯曲。

观察标本：1♂，山西翼城大河，2012.VIII.25，刘龙采。

分布：山西（历山）、河北、山东、河南、陕西、四川。

线蛛科 Nemesiidae

中至大型蜘蛛，背甲低，多毛，头部稍弧曲。8 眼 2 列，汇集于 1 低丘上，眼区宽度约为长度的 2 倍。中窝短，平直或凹。螯肢无螯耙；或有螯耙，由低丘上的弱齿组成；仅前齿堤上具齿。下唇宽大于长。颚叶有疣突。步足 3 爪。腹部多毛，背部无骨片。纺器 4 个；有的后中纺器完全退化，只有 2 个纺器；后侧纺器的基节与中间 1 节同长，末节指状；两中纺

器互相靠近。雌蛛纳精囊完整或分两叶。雄蛛触肢跗舟短,呈两裂片状;生殖球梨形,插入器短,无引导器。

目前世界已知 43 属 364 种,中国记录 2 属 14 种,山西历山自然保护区采到 1 属 1 种。

2 河北雷文蛛 *Raveniola hebeinica* Zhu, 1999,山西省新记录

雄蛛背甲黄褐色,颈沟和放射沟浅褐色。中窝横向且稍后凹。8 眼位于 1 低的眼丘上;眼域长小于宽,前、后侧眼等大,前中眼最小。螯肢浅褐色,无螯耙,仅前齿堤有 9 齿,第 8 齿外侧有 5 枚小齿。下唇、胸板浅黄褐色。颚叶和步足基节黄白色。颚叶腹面具 16 枚疣突。步足黄褐色,跗节 I、II 具稀疏的毛丛,跗节无毛簇。3 爪,成对爪具 2 排齿。足式:4123。腹部灰褐色,具有浅黄褐色斑点和稀疏的黄褐色毛。后中纺器 1 节,其间距为后中纺器直径的 2 倍多;后侧纺器较短,3 节。雄蛛触肢跗节顶部具 5 枚短刺;生殖球腹面观球形,侧面观梨形。

雌蛛颚叶前侧面具毛丛,无微齿。触肢具 1 爪,爪具单排齿。纳精囊分两叉,内叉角状,外叉末端球形。

观察标本:1♀3♂,山西沁水下川,2012.VIII.22,刘龙采。

分布:山西、河北。

幽灵蛛科 Pholcidae

体小到中型,无筛器蜘蛛。体白色或灰白色。背甲短宽,几乎圆形。头区通常隆起,有深纹;8 眼 3 组:2 个前中眼黑色,成 1 组;两侧各 3 个眼成 1 组,均白色;或 6 眼分 2 组,无前中眼。螯肢弱小,圆柱形,左右螯肢相靠,边缘有透明的瓣。颚叶略呈"八"字形。步足特别细而长,长至少为体长的 4～10 倍,跗节可曲折;3 爪。雌蛛无外雌器,但在腹面下面有一膨大的骨化区。雄蛛触肢复杂:膝节非常小;胫节膨大,卵圆形或球形;跗节分成内外两部分,内部生成 1 个突起。

目前世界已知 90 属 1330 种,中国记录 12 属 125 种,山西历山自然保护区采到 1 属 4 种。

3 网络幽灵蛛 *Pholcus clavatus* Schenkel, 1936

雌蛛头胸部短而宽,近圆形;背面赭色,并有两个对称的深棕色斑,两斑前端中央或联或不相联结。头区隆起,具直立的短毛;中央无棕色的细斑。眼区黑黄色。额浅赭色,具黄斑。眼具黑色环斑,除前中眼外,其他 6 眼分为 2 组。下唇浅黄色。颚叶灰色。胸板梯形,后缘近于横直,黑赭色,中央有 1 淡色纵斑,每侧缘各有 3 个窄长的淡色斑。步足腿节、膝节、胫节赭色,具黑色环纹,后跗节和跗节棕色。足式:1243。腹部圆筒状,浅褐色,背面有大量棕色斑点;腹面淡褐色。雌蛛外雌器半圆形,深棕色,前端中央向前突出,并有 1 球状体,后缘两侧各具 1 卵圆形黑斑。

观察标本:1♀,山西历山舜王坪,2012.VIII.22,刘龙采;2♀,山西沁水下川西峡,2012.VIII.17,刘龙采;3♀,山西翼城大河,2012.VIII.25,刘龙采。

分布:山西(历山等)、辽宁、河北、陕西、浙江、西藏。

4 棒斑幽灵蛛 *Pholcus clavimaculatus* Zhu et Song, 1999,山西省新记录

雄蛛背甲短而宽,几乎圆形;浅赭色;中线两侧各有 1 块黄褐色花斑。头部隆起,中央具 1 棒状纵斑。眼域深黄色。胸部黄色,额较长而向前倾斜,无黄色斑。8 眼 3 组,前中眼为 1 组,两侧各 3 眼为 1 组。螯肢端部具黑色齿状突,近端外侧具有成对的拇指状突起和近

端中部具非硬化的小圆突。下唇浅黄色，颚叶灰色；胸板黄色，无斑。步足腿节、膝节和胫节赭色，具深色环斑；跗节和后跗节棕色。足式：1243。腹部长卵圆形，黄灰色，背面具有对称的灰黑色斑点，腹面淡灰白色，无斑纹。雄蛛生殖区上方具有 4 个生殖孔上纺管。触肢器的生殖球具 1 蘑菇形钩状突，钩状突上具有许多鳞状齿；插入器长，无跗器。

雌蛛外雌器几乎圆形，中央具 1 三角形的突起。阴门具有 1 中央分开的前缘和 1 对卵圆形的腺孔板。螯肢无修饰。

观察标本：2♀2♂，山西翼城大河，2012.VIII.23，刘龙采。

分布：山西（历山）、辽宁、河北。

5 青海幽灵蛛 Pholcus qinghaiensis Song et Zhu, 1999，山西省新记录

雄蛛背甲短而宽，几乎圆形；浅赭色；中线两侧各有 1 块黄褐色花斑。头部隆起，中央无棒状纵斑。眼域深黄色。胸部黄色，额较长而向前倾斜，无黄色斑。8 眼 3 组，前中眼为 1 组，两侧各 3 眼为 1 组。螯肢端部具黑色齿状突，近端外侧具有成对的非硬化拇指状突起和近端中部具非硬化的小圆突。颚叶和下唇黄棕色，胸板浅棕色，两侧各有 4 个浅黄色斑。步足腿节、膝节和胫节赭色，具深色环斑；跗节和后跗节棕色。足式：1243。腹部长卵圆形，黄灰色，背面具有对称的灰黑色斑点，腹面淡灰白色，无斑纹。生殖球具瓦状钩状突，跗器中部具 1 小分支。

观察标本：5♂，山西沁水下川东峡，2012.VIII.19，刘龙采。

分布：山西（历山）、青海、四川。

6 翼城幽灵蛛 Pholcus yichengicus Zhu, Tu et Shi, 1986

雄蛛背甲短而宽，几乎圆形；浅赭色；中线两侧各有 1 块黄褐色花斑。头部隆起，中央具 1 棒状纵斑。眼域深黄色。胸板黑褐色，额较长而向前倾斜，无棕色斑。8 眼 3 组，前中眼为 1 组，两侧各 3 眼为 1 组。螯肢端部具黑色齿状突，近端外侧具有成对非硬化的拇指状突起和近端中部具非硬化的小圆突。下唇颚叶淡黄色；胸板黑褐色，具斑。步足腿节、膝节和胫节赭色，具深色环斑；跗节和后跗节棕色。足式：1243。腹部长卵圆形，淡黄色，背面具有对称的灰黑色斑点，腹面淡灰白色，无斑纹。触肢器的生殖球具 1 大的钩状突，钩状突上具有许多鳞状齿；插入器长，跗器弯曲。

雌蛛外雌器几乎呈三角形，顶端有 1 领带状突起；外雌器腹面观的前端有 1 "M" 状骨化结构和 1 对卵圆形的腺孔板。

观察标本：2♂，山西翼城大河，2012.VIII.25，刘龙采；1♂，山西沁水下川东峡，2012.VIII.19，刘龙采。

分布：山西（历山等）、河北。

妩蛛科 Uloboridae

体小到中型，有筛器类蜘蛛。背甲近圆形、梨形或方形。8 眼两列。步足具羽状毛，3 爪，腿节具听毛。步足式：1423。后跗节 IV 具单列毛的栉器，有的属雄蛛栉器消失。雌蛛筛器不分隔，雄蛛筛器消失。外雌器具后侧突起。雄触肢插入器细长，圆形、盘曲或 1 短的弯钩，引导器发达。

目前世界已知 18 属 266 种，中国记录 6 属 40 种，山西历山自然保护区采到 1 属 1 种。

7 近亲扇妩蛛 Hyptiotes affinis Bösenberg et Strand, 1906，山西省新记录

雌蛛背甲较平坦，黑褐色，中区色浅。头部呈三角形。额长且向前倾斜。螯肢褐色，前

齿堤 3 齿，后齿堤 4 齿。颚叶前缘深褐色。下唇前端很尖，呈三角形。胸板前缘平直，后端尖。足式：4123。步足褐色。腹部褐色，背面中部隆起；内侧缘各有 1 个小突起，前半部有两对黑色方块斑，后半部各有 1 对黑块斑和山形纹；后腹部背面高耸呈丘状。外雌器下缘两侧有 1 小开孔。

观察标本：1♀，山西沁水下川东峡，2012.VIII.19，高志忠采。

分布：山西（历山）、河北、浙江、台湾、四川；日本，韩国。

球蛛科 Theridiidae

体中小型，8 眼两列，异型，前中眼黑色，其余 6 眼白色，或仅 6 眼，稀少 4 眼或完全无眼。螯肢无侧结节，下唇远端不加厚。跗节 IV 腹面有 1 列锯状毛，少数种类退化或着生在跗节近末端的侧面。通常雄蛛触肢器的副跗舟着生在跗舟腔窝内或位于跗舟远端的边缘，是 1 小钩。外雌器通常有明显的陷窝，内有 1 或 2 个插入孔；或无陷窝，仅有 1 个或 2 个插入孔。通常有纳精囊 1 对。

目前世界已知 121 属 2351 种，中国记录 51 属 290 种，山西历山自然保护区采到 3 属 6 种。

分属检索表

1 无舌状体 ....拟肥腹蛛属 *Parasteatoda*
- 有舌状体 2
2 雌蛛后齿堤 1 齿，雄蛛步足 I 最长，腹柄上有 1 骨化的粗糙区 ....齿螯蛛属 *Enoplognatha*
- 雌蛛后齿堤 2 齿，雄蛛步足 IV 最长，腹柄上无骨化的粗糙区 ....罗伯蛛属 *Robertus*

8 苔齿螯蛛 *Enoplognatha caricis* (Fickert, 1876)

雌蛛背甲黄褐色。颈沟与放射沟黄褐色，在中窝前有 1 块黑褐色斑，该斑前方又有 1 黑褐色三叉形斑。中窝深，呈黑褐色。螯肢棕色，前齿堤有 3 齿，第 2、第 3 齿基相连；后齿堤有 1 齿。颚叶、下唇和胸板均呈黑褐色，颚叶顶端内侧角及下唇端部为白色。步足黄褐色，各节的末端颜色较深。足式：1423。腹部卵圆形。背面白色，且有 1 大型黑褐色叶状斑；叶状斑边缘呈黑色，后缘近乎平直，正中央具 1 黑色锚形斑。腹部腹面黑色，中央外侧各有 1 细白色纵条斑。纺器周围黑色，左右各有 2 个不明显的白色圆点。外雌器中、下部的中央有 1 半圆形陷窝，陷窝后缘前突呈舌状。无舌状体，该处有 2 根刚毛。

观察标本：1♀，山西沁水下川西峡，2012.VIII.17，刘龙采。

分布：山西（历山等）、吉林、辽宁、内蒙古、河北、山东、河南、陕西、甘肃、青海、新疆、江苏、安徽、浙江、湖北、湖南、四川、贵州、云南；全北区。

9 横带拟肥腹蛛 *Parasteatoda angulithorax* Bösenberg et Strand, 1906，山西省新记录

雌蛛背甲暗褐色。颈沟和放射沟黑色。中窝近圆形，色浅。颚叶、下唇黄色。螯肢黄色，前齿堤有 1 齿，后齿堤无齿。胸板黄褐色，边缘黑褐色，中央色浅。步足黄色，有明显的褐色环纹。足式：1423。腹部卵圆形，黄褐色，中部有两条由黑色斑点组成的横带。腹部腹面灰褐色，纺器基部有黑褐色环。外雌器近后缘有 1 落花生形陷窝，横向，且宽大于长。

观察标本：5♀，山西沁水下川西峡，2012.VIII.17，刘龙采。

分布：山西（历山）、吉林、辽宁、台湾、重庆；日本，韩国，俄罗斯。

10 佐贺拟肥腹蛛 *Parasteatoda kompirensis* (Bösenberg et Strand, 1906)，山西省新记录

雌蛛背甲黄橙色。颈沟及放射沟黄褐色，中窝圆形。前眼列后凹，后眼列近于平直。前

中眼后有 1 半圆形黑色区；前中眼间距大于前中侧眼间距，后中眼间距大于后中侧眼间距。侧眼相接。中眼区长大于宽，前边大于后边。8 眼近于等大，各眼基均有黑褐色环。螯肢黄色，前齿堤有 1 齿，后齿堤无齿。颚叶、下唇和胸板黄色，下唇基半部及胸板两侧橙黄色。步足各腿节黄橙色，其余各节黄棕色。腹部球形，背面不高度隆起，亦无丘状突。腹部腹面灰褐色，中部正中有 1 对圆形黑色斑。外雌器黑褐色，近后缘有 1 椭圆形陷窝，陷窝后缘具唇。

观察标本：1♀，山西翼城大河，2012.VIII.25，刘龙采。

分布：山西（历山）、山东、浙江、湖北、湖南、台湾、重庆、四川；日本，韩国。

11 拟板拟肥腹蛛 *Parasteatoda subtabulata* (Zhu, 1998)

雌蛛背甲黑褐色。颈沟及放射沟黑色，颈沟中央有一"V"字形黑色斑。中窝圆形，较深。前眼列后凹，后眼列近于平直。颚叶、下唇黄褐色，颚叶基半部呈黄色。胸板黄色。步足黄色，有黑褐色环纹。足式：1423。腹部球形。纺器棕色，基部两侧白色，且每侧各有 2 个黑色斑点。外雌器黑褐色，近下缘有 1 椭圆形陷窝，陷窝具侧面边及后面边，后面边下部略呈弧形。

雄蛛中窝深，黑褐色。步足橙黄色，只有第 4 对步足的胫节、后跗节末端有黄褐色环纹，其余各节均不明显。触肢胫节有 1 根听毛。

观察标本：5♀1♂，山西翼城大河，2012.VIII.25，刘龙采。

分布：山西（历山等）、河北、山东、陕西。

12 板隅拟肥腹蛛 *Parasteatoda tabulata* (Levi, 1980)，山西省新记录

雌蛛背甲黑褐色。颈沟和放射沟黑色。中窝圆形，色浅。前眼列后凹，后眼列稍前凹。前中眼间距大于前中侧眼间距，后中眼间距大于后中侧眼间距，侧眼相接。中眼区长小于宽，前边大于后边。螯肢黄色，前齿堤 1 齿，后齿堤无齿。颚叶、下唇和胸板黑褐色。步足黄色，有明显的黑褐色环纹。腹部卵圆形。背面前半部分黄褐色，后半部分黄白色，后端黑褐色。纺器黄褐色。外雌器在中部有 1 椭圆形陷窝。

观察标本：1♀，山西沁水下川西峡，2012.VIII.17，刘龙采。

分布：山西（历山）、吉林、辽宁；全北区。

13 爪罗伯蛛 *Robertus ungulatus* Vogelsanger, 1944，山西省新记录

雄蛛背甲浅褐色。颈沟和放射沟暗褐色，颈沟内侧的中央有两暗褐斑。中窝色浅，半圆形。两眼列均后凹，后眼列稍长于前眼列；各眼基均围有棕色环。螯肢褐色，短粗；前齿堤 3 齿，后齿堤 2 齿。颚叶、下唇黄褐色。胸板黄色，具黑色边。步足橙黄色，具黄褐色细毛。足式：1423。腹部卵圆形，灰褐色，密布细毛。腹部背面中央有 3 对棕色肌痕。腹部腹面灰黑色，无斑。纺器黄褐色。雄蛛胫节有 1 根听毛。跗舟顶部具 2 个距和 1 个齿。引导器膜状，插入器短小；中突大，舟形，中部有 1 小的突起；副跗舟呈长尖刀形。

观察标本：3♂，山西翼城大河，2012.VIII.23，25，刘龙采。

分布：山西（历山）、辽宁；古北区。

皿蛛科 Linyphiidae

体微小至小型，无筛器蜘蛛。背甲形状不一。额高，通常超过中眼域的长度。8 眼两列，前中眼稍暗。螯肢粗壮，齿堤常有壮齿，无侧结节，侧部有发声嵴。下唇前缘加厚。左右颚

叶常平行。步足常细长，有刚毛；跗节常圆柱形，不趋细，3 爪。腹部长大于宽；皿蛛亚科的腹部有一定斑纹；微蛛亚科暗或有光泽，无斑纹，某些雄蛛有盾片。2 书肺，气管气孔靠近纺器。外雌器简单，形状不一，有沟或洼窝(微蛛亚科)；或有垂片（皿蛛亚科）。雄蛛触肢有的无胫节突，但副跗舟发达（皿蛛亚科）；有的有胫节突起，但副跗舟通常小（微蛛亚科）。舌状体小。前后纺器短，圆锥状，遮住中纺器。

目前世界已知 590 属 4429 种，中国记录 136 属 312 种，山西历山自然保护区采到 7 属 12 种。

分属检索表

1 第 4 足胫节有 1 背刺（或无背刺）..科林蛛属 Collinsia
- 第 4 足胫节有两背刺..2
2 雄蛛触肢器插入器粗短..3
- 雄蛛触肢器插入器细长..4
3 雄蛛触肢顶板中央处有 1 凹陷，顶部横向；雌蛛外雌器垂体呈球状.............皿蛛属 Linyphia
- 雄蛛触肢顶板近端窄末端宽；雌蛛外雌器垂体圆形或椭圆形................................盖蛛属 Neriene
4 雌蛛外雌器垂体无生殖窝..珑蛛属 Drapetisca
- 雌蛛外雌器垂体有生殖窝..5
5 雄蛛触肢器膝节背面有 1 束长刺..褶蛛属 Microneta
- 雄蛛触肢器膝节背面无长刺..6
6 前中眼大于其余眼；雄蛛触肢器跗舟长，基突呈角状.................................苔蛛属 Tapinopa
- 前中眼小于其余眼；雄蛛触肢器跗舟其他样式斑 ....斑皿蛛属 Lepthyphantes

14 静栖科林蛛 Collinsia inerrans (O. P. -Cambridge, 1885)

雄蛛背甲黄褐色，无隆起部。前眼列微后凹。中眼小于侧眼，各眼间距相等；后眼列微前凹，中眼和侧眼大小相仿，略小于前侧眼而大于前中眼；中眼域长略大于宽，后边大于前边。胫节 I～III 各有 2 根背刺，胫节 IV 有 1 根背刺。胸板黄褐色。腹部暗褐色。触肢胫节有突起，副跗舟牛角状。

雌蛛外雌器中部淡黄色，并在中线有 1 纵沟，两侧部各具 1 红色三角突起。

观察标本：1♂，山西沁水下川东峡，2012.VIII.19，刘龙采。

分布：山西（历山等）、河北、新疆；古北区。

15 叉玲珑蛛 Drapetisca bicruris Tu et Li, 2006，山西省新记录

雄蛛背甲浅棕色，边缘黑色。眼周围黑色。8 眼两列，前中眼最小，其余眼等大。螯肢褐色，其基部正面有 2 根刚毛；前齿堤 5 齿，后齿堤 5 齿，前齿堤最后 1 个齿分叉。胸板深色。腹部黑白斑相间。步足浅棕色，有黑色环纹。触肢膝节和胫节背面各有 1 根刚毛，副跗舟 "U" 形，端部分叉，1 支细长，另 1 支呈三角状；基部具短毛。上盾片端部锯齿状，无钩。插入器近端呈倒舟形，基部薄片状，且分叉，前支短且齿状，后支长，且端部分叉。

观察标本：2♂，山西历山舞王坪，2012.VIII.22，刘龙采。

分布：山西（历山）、吉林、青海。

16 刃形斑皿蛛 Lepthyphantes cultellifer Schenkel, 1936，山西省新记录

雄蛛头胸部黄褐色，周缘黑色，正中央具 1 灰黑色条斑。中窝纵向，颈沟和放射沟皆不明显。头区稍隆起。8 眼周缘皆有黑环，前中眼间距小于前中侧眼间距；后眼列微前曲，各

眼间距相等。螯肢棕褐色，其外侧具发音器；前齿堤 4 齿，第 2 齿最大；后齿堤 4 小齿。颚叶外侧黑色，内侧黄白色。步足细长，黄色，且具白色小斑点；心斑呈棕褐色，其两侧具黑褐色斑。腹部两侧缘黑、黄色相间排列斜条纹斑。腹部腹面呈灰黄色，正中具 1 浅褐色宽纵带。纺器黄色。

观察标本：1♂，山西翼城大河，2012.VIII.25，刘龙采。

分布：山西（历山）、甘肃。

17　三角皿蛛 *Linyphia triangularis* Clerck, 1757

雄蛛背甲黄褐色，胸部背中线有 1 灰纹。从后侧眼到背甲后缘有两条宽的灰色亚侧缘带。眼区较头区窄。两眼列微后凹。颈沟、中窝明显。眼区较头区窄。8 眼皆具黑色眼丘，两眼列微后凹。腹部短而高。雄蛛螯肢细长，前齿堤 4 齿，后齿堤 5 齿。螯牙褐色，长度超过螯肢长度的一半。腹部圆柱形，背部叶形纵带米色，后半部有黑色边或"人"字纹。背带的两侧为白色区。侧部在米色的底色上有不规则的白斑。触肢黄褐色，膝节短。

雌蛛外雌器开口呈三角形，后部中央有 1 瘤形的突起。

观察标本：1♂，山西沁水下川西峡，2012.VIII.17，高志忠采。

分布：山西（历山等）、辽宁、内蒙古、河北、甘肃、新疆；古北区，美国。

18　腐质褶蛛 *Microneta viaria* (Blackwall, 1841)，山西省新记录

雄蛛头胸部黄褐色，周缘黑色，正中具 1 黑灰色条斑。中窝纵向。颈沟及放射沟不明显。头区稍隆起。8 眼周缘皆有黑环。前眼列后凹，后眼列前凹；前中眼黑色，其余眼均白色；前中眼间距小于前中侧眼间距。螯肢棕褐色，其外侧具发声器；前、后齿堤均 4 齿。触肢黄色。颚叶外侧黑色，内侧黄白色，方形。步足黄色，细长。腹部呈长卵形，背面灰黄褐色。腹部两侧缘具黑、黄色相间排列的斜向条纹斑。腹部腹面灰褐色，正中线具 1 浅褐色宽纵带。纺器赤黄色。触肢膝节有 1 束长刚毛向前直神。

观察标本：1♂，山西翼城大河，2012.VIII.25，刘龙采。

分布：山西（历山）、黑龙江、吉林、辽宁、陕西、青海、新疆；全北区。

19　白缘盖蛛 *Neriene albolimbata* Karsch, 1879，山西省新记录

雄蛛棕褐色。头部隆起。背甲深褐色，正中具 1 针形线纹。颈沟、放射沟明显。额高，通常超过中眼域的长度。8 眼两列，前中眼稍暗。螯肢粗壮，前齿堤 2 齿，后齿堤 7 齿；齿堤常有壮齿，无侧结节，侧部有发声嵴。下唇前缘加厚。左右颚叶常平行。步足常细长，有刚毛；腿节及胫节端部黑色，跗节圆柱形。腹部椭圆形，背面基色为灰褐色，中央具 4 对"八"字形黑褐色斑纹，其外侧具波状黑纹。纺器灰褐色。

观察标本：1♂，山西沁水下川东峡，2012.VIII.19，刘龙采；2♂，山西沁水下川富裕河，2012.VIII.22，高志忠采。

分布：山西（历山）、吉林、山东、江苏、安徽、浙江、湖南、台湾、四川、贵州；日本，韩国，俄罗斯。

20　华斑盖蛛 *Neriene decormaculata* Chen et Zhu, 1988，山西省新记录

雄蛛背甲黄色，两侧缘各有 1 浅黑色纵带。头部稍隆起。颈沟可见，中窝明显，纵向。8 眼两列，前中眼最小，其余 6 眼等大。螯肢远端分叉，螯爪长；前、后齿堤均 3 齿。胸板棕色，宽心形，边缘色深。步足细长，黄色。足式：1243。腹部椭圆形，背面灰褐色。触肢器副跗舟细小，呈"U"形；中突远端腹侧平直且具锯齿状缺刻，远端背侧渐尖且扭曲。插入器远端指状弯曲。

雌蛛垂体宽似梯形，远端不呈指状。垂体内面观：受精管旋转两圈，受精囊和拐点位于交配内腔侧壁的腹方，旋转 1.5 圈。

观察标本：2♀3♂，山西翼城大河，2012.VIII.23/25，刘龙采。

分布：山西（历山）、湖北、福建。

21 晋胄盖蛛 Neriene jinjooensis Paik, 1991

雌蛛背甲棕色。颈沟、放射沟和中窝色深。后中眼最大，其余 6 眼近等大。腹部浅褐色，散布着许多白色斑点，前端有 1 对白色肩斑；中央有 4 个首尾相连的黑斑形成中央纵斑，第 1 个斑多为横斑，第 2 个斑一般呈屋脊状或树冠状，第 3、4 斑多呈三角形或"人"字形，中央纵斑两侧与侧面的黑色横斑相接，后端黑色。交配腔浅。垂体有指状突。小窝位于指状突顶端。

观察标本：6♀，山西沁水下川，2012.VIII.17/22，刘龙采。

分布：山西（历山等）；韩国。

22 窄边盖蛛 Neriene limbatinella (Bösenberg et Strand, 1906)，山西省新记录

雌蛛头胸部橙黄色，从眼区向后在中线上和两侧缘有黑褐色带，并在背甲的后缘相互连接。头部明显抬高，额高。前眼列后凹，后眼列前凹。螯肢窄长，前齿堤有 3 个较大的齿，后齿堤有 2 个极小的齿。下唇宽大于长。胸板微隆起，淡红棕色。步足细长，腿节腹面两侧缘各有 1 条黑边。步足式：1243。腹部长椭圆形，宽度与胸部相当。背中部有两条近乎平行的黑纵纹，后半部各侧有 3 条斜黑纹。雄蛛特征同雌蛛。

观察标本：5♀，山西翼城大河黑龙潭，2012.VIII.24，高志忠采；32♀13♂，山西历山舜王坪，2012.VIII.22，刘龙采；17♀6♂，山西沁水下川，2012.VIII.22，刘龙采；5♀4♂，山西翼城大河珍珠帘，2012.VIII.23，刘龙采；1♀1♂，山西翼城大河珍珠帘，2012.VIII.23，高志忠采；2♀，山西沁水下川西峡，2012.VIII.17，高志忠采；33♀2♂，山西翼城大河，2012.VIII.23，25，刘龙采；1♀4♂，山西沁水张马，2012.VIII.19，刘龙采。

分布：山西（历山）、黑龙江、吉林、辽宁、河北、甘肃、青海、安徽、浙江、湖北、福建、四川；日本，韩国，俄罗斯。

23 华丽盖蛛 Neriene nitens Zhu et Chen, 1991，山西省新记录

雌蛛头胸甲黄褐色，颈沟、放射沟、中窝、两侧和后端色深；中窝纵向。8 眼两列，前中眼最小，其余 6 眼等大。胸板棕色或黄棕色，后端黑色，无斑纹。步足黄色。足式：1243。腹部长筒型。背面前 1/3 处稍向上隆起，底色白色。腹面中央有 1 条很宽的浅黑色或灰褐色纵带，纵带内散布许多白色斑块。外雌器较小，腹面隆起，腹板短而宽，呈三叶草形。前方两侧各有 1 凹坑，上有 2 对"八"字形的长卵形半透明区，后缘呈圆弧形，后凹；垂体有指状突。

观察标本：1♀，山西翼城大河，2012.VIII.24，高志忠采。

分布：山西（历山）、河南、安徽、浙江、福建、湖北、湖南、四川。

24 花腹盖蛛 Neriene radiata (Walckenaer, 1841)

雌蛛背甲中部棕褐色，两侧有两条玉色微隆起的纵带，在此带内侧的皮下有白色斑点。头胸部在颈沟前方隆起，中窝后方 1 凹坑。前眼列后凹，后眼列基本平直。头胸部两侧缘具细小的突起，且突起上各有 1 根刚毛。螯肢前齿堤 3 齿，后齿堤 2~4 齿（多数为 3 齿）。步足黄色，步足式：1243。胸板紫褐色。腹部背面白色，有灰褐色斑纹；侧面观，腹背隆起呈圆丘状。外雌器的腹面观为 1 褐色的圆丘状隆起，后缘向前凹入，围成 1 个宽阔的开孔。

观察标本：1♀，山西翼城大河，2012.VIII.24，高志忠采。

分布：山西（历山等）、吉林、辽宁、河北、河南、陕西、宁夏、甘肃、江苏、安徽、浙江、湖北、湖南、台湾、重庆、四川、贵州、云南；全北区。

25 八齿苔蛛 *Tapinopa guttata* Komatsu, 1937，山西省新记录

雌蛛头胸部长椭圆形。背甲黄褐色，颈沟和放射沟黑褐色。头部略隆起。眼区中部色浅。后中眼之间及后面有多根纵向排列的褐色刚毛。前眼列后凹，前中眼间距小于前中侧眼间距；后眼列横直或略后凹，后中眼间距大于后中侧眼间距，两侧眼相接；中眼区梯形，长大于宽。螯肢黄褐色，前齿堤7齿，后齿堤6小齿，螯爪细长。颚叶黑褐色，平行并列呈两个长方形，内侧密生毛丛。下唇黑褐色，宽大于长。胸板黑色，呈三角形，其后端插入第4步足基节之间。步足细长，淡黄褐色。腹部球形，背面底色灰白，前端和中部有3对叶状黑斑，其后面为黑色横纹，两侧缘和腹面为黑色。

雄蛛体色和斑纹同雌蛛，但腹部比头胸部短。触肢器跗舟下缘端部有1向内弯曲的长突起。

观察标本：1♀1♂，山西历山舜王坪，2012.VIII.22，刘龙采；1♀，山西翼城大河，2012.VIII.25，刘龙采；5♀2♂，山西沁水下川西峡，2012.VIII.17，刘龙采。

分布：山西（历山）、辽宁、河北；日本，俄罗斯。

肖蛸科 Tetragnathidae

体色淡黄色褐色到暗褐色。背甲长大于宽。8眼两列，前后侧眼相接或分开。胸板后端尖。螯肢各异，短粗或长而发达，有排成行的大齿和粗壮的距状突出。下唇前缘加厚。步足细长，刺有或无。腹部形状各异，长而圆柱状，或圆到卵圆形；某些种类后端延伸到纺器之后。生殖沟近平直，在大多数雄性络新妇有特征性的盾片。纺器无变异，前、后纺器大小相近。两书肺，气管气孔位于生殖沟和纺器之间（肖蛸亚科 Tetragnathinae）。外雌器的生殖板不骨化。雄蛛副跗舟分离而可动，盾片圆形，有盘曲的插入器，末端有引导器；无中突；有插入器与盾片间的膜。

目前世界已知47属957种，中国记录19属120种，山西历山自然保护区采到1属2种。

26 羽斑肖蛸 *Tetragnatha pinicola* L. Koch, 1870

雌蛛背甲浅黄褐色。颈沟和放射沟黄褐色。下唇和胸板黑褐色，胸板中央具1浅黄褐色纵带，呈三角形。腹部侧面的上半部呈银白色，下半部呈深黄褐色，交界处为黑色。腹部腹面中央具1黑褐色带，带的两侧各具1银白色并有蓝色金属光泽的纵带。生殖盖梯形，宽大于长。纳精囊2对。

雄蛛背甲、步足的色泽和眼的排列均近似于雌蛛。腹部呈长卵圆形。背面黄褐色，中央纵条斑不明显，具2列黑色斑点。腹部腹面中央黑褐色，两侧各具1浅灰褐色纵条斑。触肢器的引导器具褶，顶端膨大，内侧面观呈卵圆形。

观察标本：1♀，山西沁水下川西峡，2012.VIII.17，刘龙采；5♂，山西沁水下川，2012.VIII.22，高志忠采；1♀，山西翼城大河，2012. VIII.23，刘龙采。

分布：山西（历山等）、吉林、内蒙古、河北、陕西、新疆、湖北、海南、四川、贵州、西藏；古北区。

27 近江崎肖蛸 *Tetragnatha subesakii* Zhu, Song et Zhang, 2003，山西省新记录

雄蛛背甲黄色，两侧缘具浅棕色细边。颈沟深，黄褐色。放射沟明显。中窝较深，呈椭

圆形,中部纵向弯曲且凹陷。两眼列均后凹,后眼列较前眼列强烈后凹,前侧眼和后中眼几乎在 1 条直线上。8 眼的基部周围均具黑色眼斑。螯肢较头胸部长。下唇浅黄色。颚叶和胸板黄色。步足黄色,具少许细而短的黄色刺。触肢器的生殖球小,引导器和跗舟细长,约为生殖球宽的 2 倍,引导器近端顶部外侧具突起呈半圆形。副跗舟背侧突起呈三角形。

观察标本:1♂,山西沁水下川东峡,2012.VIII.19,刘龙采。

分布:山西(历山)、贵州。

园蛛科 Araneidae

体小至大型,无筛器蜘蛛。许多属的种类两性异形,雄蛛比雌蛛小。背甲常扁,头区以斜的凹陷与胸区分开。额低。8 眼两列。中窝有或无。螯肢强壮,有侧结节,齿堤有 2 列齿。下唇长而宽,端部加厚。步足有壮刺,3 爪。腹部大,但形状各异,常球形,遮住背甲后部;背部常有明显的斑纹模式和隆起,有带锯齿的刚毛。两书肺,气管气孔接近纺器。纺器大小相近,短,聚成 1 簇。有舌状体。外雌器全部或部分骨化,常有 1 垂体,生殖板有横沟。雄蛛触肢复杂,副跗舟常为 1 骨化钩,有中突,生殖球在跗舟内旋转。

目前世界已知 170 属 3037 种,中国记录 44 属 357 种,山西历山自然保护区采到 3 属 7 种。

分属检索表

1 两后中眼密切靠拢,间距不及后中眼半径,背甲梨形,漆黑色 .... 艾蛛属 Cyclosa
- 两后中眼不密切靠拢,间距等于或大于后中眼半径,背甲稍宽,不呈漆黑色 2
2 背甲中窝横向或呈凹窝;垂体具环纹,或宽短而有厚的框缘,但无侧隆起;雄蛛触肢器的顶突、引导器和中突从侧面观排列并不一定成行 .... 园蛛属 Araneus
- 背甲中窝纵向;垂体无环纹,远端有框缘,两侧有 1~2 个侧隆起;雄蛛触肢器的顶突、引导器和中突从侧面观排列成行 .... 新园蛛属 Neoscona

28 花岗园蛛 Araneus marmoreus Clerck, 1757

雄蛛背甲黄色,正中有 1 细而明显的黄褐色纵纹,两侧缘及前缘黄褐色。两眼列均后凹,8 眼几乎同大。螯肢基部黄色,端部淡棕色,螯牙黑褐色。颚叶、下唇均黑褐色,颚叶端部及下唇端部均黄白色。胸板心形,黑褐色,前端中部向后凹陷。步足黄色,具明显的红棕色环纹,并具粗刺。第 I、II 足基节腹面各有 1 角状突起。腹部背面褐色,有黄色斑纹。腹部腹面黄色。

观察标本:1♂,山西翼城大河,2012.VIII.25,刘龙采。

分布:山西(历山等)、内蒙古、新疆;全北区。

29 类花岗园蛛 Araneus marmoroides Schenkel, 1953,山西省新记录

雌蛛背甲黄褐色。头区不隆起,具 1 "V" 形斑。胸部两侧具 1 褐色三角斑。颈沟无深色条纹。胸甲正中有 1 纵向楔形黄斑,周缘黑褐色。步足黄褐色,且具明显的黑褐色环纹。腹部背面绿褐色,前缘呈三角形,肩角稍隆起。外雌器基部半圆形,隆起,两侧凹陷。垂体细长,近端具环纹褶皱。垂体向基部前侧延伸,然后折向后方,远端向腹面翘起,略呈 "S" 形。

雄蛛腹面背面叶状斑轮廓清晰。触肢器腹面观:中突大,呈三角形,远端双叉形。

观察标本:1♀,山西翼城大河,2012.VIII.24,刘龙采。

分布:山西(历山)、北京、山东、新疆、四川。

30 杂黑斑园蛛 Araneus variegatus Yaginuma, 1960，山西省新记录

雄蛛背甲黄褐色，具白毛，中央部位色泽较深。中窝横向，颈沟、放射沟明显。颚叶基部黑色，边缘黄色，具灰色毛丛。下唇基部黑色，端部黄色。胸板黑色，中央有 1 黄色纵斑。步足黄褐色，具黑色斑点或轮纹。腹部淡黄绿色，前端钝圆，后端颇尖。腹部腹面中央黑色，前侧有 3 个白斑，呈"品"字形排列。纺器黑色，周围有灰色环斑。触肢器顶突基部宽，远端细长；中突较小，粗短，呈长方形；插入器的帽螺旋弯曲。

观察标本：1♂，山西翼城大河，2012.VIII.25，刘龙采。

分布：山西（历山）、吉林、辽宁、山东、河南、青海、四川；日本，韩国，俄罗斯。

31 大腹园蛛 Araneus ventricosus (L. Koch, 1878)

雌蛛呈黑褐色，背甲扁平。颈沟、放射沟均明显。头区前端较宽、平直。胸甲上有 T 形黄斑。步足粗壮，基节至膝节及跗节末端黑褐色，其余为黄褐色并有黄褐色环纹。腹部略呈三角形，肩角隆起。心脏斑黄褐色。叶斑大，边缘黑色。腹部两侧及腹面褐色。书肺板、纺器及其周围黑褐色。外雌器垂体长，近端有环纹，中部较宽，匙状部大，边缘厚。

雄蛛后跗节近端弧状弯曲，顶突三角形，粗短；插入器长筒形，尖端细，中突相对小。

观察标本：3♀，山西翼城大河，2012.VIII.25，刘龙采。

分布：山西（历山等）、黑龙江、吉林、内蒙古、北京、河北、山东、河南、陕西、青海、新疆、江苏、安徽、浙江、湖北、江西、湖南、福建、台湾、广东、海南、广西、重庆、四川、贵州、云南；日本，韩国，俄罗斯。

32 浊斑艾蛛 Cyclosa confusa Bösenberg et Strand, 1906，山西省新记录

雄蛛背甲黑褐色，边缘暗褐色。螯肢、颚叶、下唇、皆黑褐色。胸甲褐色，具黄白色斑纹。触肢、步足黄褐色，具褐色环纹。除第 III 步足外，其余步足腿节的环纹占腿节长度 1/2 以上。腹部长卵圆形，前端尖，稍隆起，后端有具尾突及左右侧突。背面灰褐色与银色相间，有暗色斜纹。纺器黑褐色。触肢器之中突粗大，远端弯曲并分叉，基膜指状，插入器刺状。

雌蛛外雌器基部两侧隆起呈梨形。垂体三角形，匙状部短，末端圆钝。

观察标本：1♂，山西沁水下川东峡，2012.VIII.19，高志忠采。

分布：山西（历山）、湖南、福建、台湾、云南；日本，韩国。

33 阿奇新园蛛 Neoscona achine (Simon, 1906)，山西省新记录

雌蛛背甲黄色，其两侧缘及中央具赤褐色斑，正中条斑淡黄色，中间断裂，不连接。前后眼列均后凹，前中眼大于前侧眼，后中眼大于后侧眼。螯肢黄色，前齿堤 4 齿，后齿堤 3 齿。颚叶、下唇黑褐色，远端黄褐色。触肢、步足黄褐色，具褐色环纹。腹部卵圆形，被黄褐色毛，叶状斑明显。腹面正中黑褐色，其前方和后侧部各具 1 对白垩色椭圆斑，前者小，后者大。纺器赤褐色，其外侧有两对黄白小斑。垂体端部宽短，腹面观隆起呈扁圆形，匙状部短，呈斧形。

雄蛛触肢器顶突扁，引导器基部较短。

观察标本：1♀，山西翼城大河，2012.VIII.25，刘龙采；2♀，山西翼城大河，2012.VIII.23，石福明采；4♀1♂，山西翼城大河珍珠帘，2012.VIII.23，刘龙采。

分布：山西（历山）、西藏；印度。

34 西山新园蛛 Neoscona xishanensis Yin et al., 1990，山西省新记录

雌蛛背甲黑褐色，头区浅红褐色。颈沟明显，中窝纵向，两侧黄褐色。螯肢红褐色，前

齿堤 4 齿，后齿堤 3 齿。颚叶、下唇黑褐色。胸甲黑褐色，正中条斑黄褐色。触肢、步足黄褐色，膝节和胫节、后跗节的远端黑褐色。腹部长卵圆形，正中有 1 黑褐色条斑。腹面正中灰褐色，前方具 1 对黑褐色椭圆斑，边缘黄白色。外雌器基部腹面观短柱形。侧面观近三角形。垂体较短，收缩部占前部 2/3，匙状部半圆形，收缩部边缘加厚部分较匙状部宽。

观察标本：1♀，山西翼城大河，2012.VIII.25，刘龙采。

分布：山西（历山）、陕西、浙江、贵州、云南。

狼蛛科 Lycosidae

无筛器蜘蛛。8 眼，全暗色，后列眼强烈后凹，故排成 3 列（4-2-2）；前中眼小，其余各眼大，第 3 眼列长于第 2 眼列。螯肢后齿堤具 2～4 齿。步足通常强壮，具刺；第 4 足最长；跗节具 3 爪，下爪小，无齿，极少具 1 齿者；转节在远端下方有缺刻。腹部椭圆形，后端常圆形。雄蛛触肢胫节无任何突起。

目前世界已知 120 属 2393 种，中国记录 22 属 290 种，山西历山自然保护区采到 3 属 6 种。

分属检索表

1 雄性触肢器中突走向与生殖球纵轴方向一致，插入器起自生殖球端部........水狼蛛属 *Pirata*
- 雄性触肢器中突走向与生殖球纵轴方向垂直，插入器起自生殖球内侧..............................2
2 颚叶一般呈三角形，雄性触肢器无引导器，中突背面具有横向凹槽，插入器起自生殖球内侧上方 .... 獾蛛属 *Trochosa*
- 颚叶一般呈矩形，雄性触肢器具有引导器或无，中突背面不具横向凹槽，插入器起自生殖球内侧中部 .... 豹蛛属 *Pardosa*

35 查氏豹蛛 *Pardosa chapini* (Fox, 1935)

雌蛛体黑褐色，被短毛。背甲正中斑"T"形，边缘黑色，具白色短毛。中窝黑色，前端膨大呈 1 小黑斑；放射沟明显。颚叶、下唇和胸板均具褐色长刚毛。胸板黑色，前半部中央有 1 浅色小斑。步足黄褐色，具宽的黑褐色环纹。腹部背面黑褐色，具褐色小圆斑。外雌器垂兜 2 个，中隔柄部稍宽，向后略缩，在端部向两侧扩展，呈倒"T"形。交配管粗短，纳精囊呈粗短的指状。触肢器骨化明显，中突长条状，顶端渐细，弯向腹面。

观察标本：1♀，山西沁水下川东峡，2012.VIII.19，高志忠采；1♀，山西翼城大河，2012.VIII.23，高志忠采。

分布：山西（历山等）、北京、河北、山东、陕西、甘肃、湖北、湖南、四川、云南、西藏。

36 晨豹蛛 *Pardosa chinophila* Loch, 1879

雌蛛体褐色，布短毛。背甲正中斑黄褐色，明显，呈"T"形，边缘呈锯齿状，侧斑较宽，不连续。前眼列平直，前中眼略微大于前侧眼，前中眼间距大于前中、侧眼间距。额高约为前中眼直径的 2.5 倍。胸板略呈褐色，前半部中央有 1 不明显的浅色纵纹。步足褐色，具黑色环纹。第 1、2 步足基跗节基部背面各具 2 根长毛。腹部背面黑褐色，心脏斑所在区域呈褐色，后端有数个褐色横纹。外雌器垂兜 1 个，中隔中央扩大，柄部较短，较宽。

雄蛛体色较雌蛛深，被毛短且少。触肢器中突长，斜向前方伸达生殖球边缘，顶突顶部分两支，靠背面的 1 支两侧呈波状。

观察标本：4♀，山西沁水下川，2012.Ⅷ.20～21，刘龙采；5♀，山西沁水下川西峡，2012.Ⅷ.17/22，高志忠采。

分布：山西（历山等）、辽宁、北京、河北、山东、陕西；俄罗斯，蒙古。

37 赫氏豹蛛 *Pardosa hedini* Schenkel, 1936，山西省新记录

雌蛛体褐色，被短毛。背甲正中斑黄褐色，明显；前端略微向两侧膨大，具白色短毛，后部侧缘较整齐。中窝细长，侧纵带宽，放射沟明显，侧斑细，较模糊，间断，亚侧纵带模糊。前眼列略前凹，前中眼大于前侧眼，中眼间距大于中侧眼间距。螯肢黄褐色，前齿堤 3 齿，后齿堤 2 齿。胸板黄色，周缘有模糊的褐色斑点。步足黄色，环纹较明显。腹部背面黑褐色，中央由前向后有 1 黄褐色纵带。外雌器生殖板下半部中央有 1 门洞状凹陷，中隔位于其内，呈倒"T"形。交配管细长，中间呈直角形弯曲。纳精囊球形，近似漏斗状。

观察标本：1♀，山西翼城大河，2012.Ⅷ.24，刘龙采；1♀，山西沁水下川东峡，2012.Ⅷ.19，高志忠采；1♀，山西翼城大河，2012.Ⅷ.24，高志忠采。

分布：山西（历山）、黑龙江、吉林、河北、山东、陕西、甘肃、浙江、湖北、湖南、四川、贵州、云南；日本，韩国，俄罗斯。

38 亚东豹蛛 *Pardosa yadongensis* Hu et Li, 1987

雌蛛背甲黄褐色，具白色、褐色短毛，边缘灰褐色。中窝较短，侧板明显。后眼列方形区黑色，前眼列略前凹，前中眼大于前侧眼，中眼间距大于中侧眼间距。额高约为前中眼直径的 1.5 倍。胸板黄褐色，周缘有黑褐色斑点。步足黄褐色，腿节具黑褐色纵纹。腹部背面黑色，前纺器基节密布褐色短毛。外雌器垂兜 1 个，较宽，后缘略向后突出。中隔细长，近端部处有 1 收缩。交配管较细长，纳精囊球状且大。

雄蛛触肢器中突呈 1 凹片状，近下缘处向腹面伸出 1 指状突起。顶突尖细，腹缘折向背上方。

观察标本：30♀，山西沁水下川，2012.Ⅷ.20～21，刘龙采。

分布：山西（历山等）、内蒙古、西藏。

39 八氏水狼蛛 *Piratula yaginumai* (Tanaka, 1974)，山西省新记录

雌蛛体被褐色短毛，头区背面被褐色刚毛，两侧垂直。背甲正中具黄褐色斑。前中眼大于前侧眼，中眼间距略大于中、侧眼间距。额高约等于前中眼直径。螯肢黄褐色，正面具褐色细纵纹，前、后齿堤各 3 齿。胸板黄色，周缘有明显的褐斑。步足黄褐色，具较明显的环纹。触肢爪下有齿。腹部背面褐色，具灰褐色斑点；心脏斑浅褐色，其后有数个灰褐色"山"形斑。外雌器外面观仅可见生殖板，每叶近下缘中央处有 1 圆形的纳精囊；内面观可见生殖板每叶包括 3 个纳精囊，后部 2 个纳精囊小；前部纳精囊长，略呈圆柱状。

观察标本：1♀，山西沁水下川东峡，2012.Ⅷ.19，刘龙采；1♀，山西沁水下川，2012.Ⅷ.22，高志忠采。

分布：山西（历山）、北京、山东、陕西、湖北、湖南、贵州、云南；日本，韩国，俄罗斯。

40 奇异獾蛛 *Trochosa ruricola* (De Geer, 1778)，山西省新记录

雌蛛体被褐色短毛，头区背面具褐色刚毛，头部两侧倾斜。背甲正中斑黄褐色，侧缘灰褐色。前中眼平直，且明显大于前侧眼。螯肢红褐色，前齿堤 3 齿，后齿堤 2 齿。颚叶黄褐色，前缘黄白色，近似三角形。下唇褐色，前缘黄白色，长约等于宽，基部两侧收缩。胸板、步足黄褐色。腹部背面褐色，具黄褐色斑点。外雌器垂兜 2 个，明显，柄部略宽，向后稍变

窄，端部向两侧扩展。交配管细短，纳精囊略膨大，呈球状。

观察标本：1♀，山西沁水下川西峡，2012.VIII.17，刘龙采。

分布：山西（历山）、吉林、北京、河北、山东、陕西、宁夏、甘肃、新疆；全北区，百慕大群岛。

漏斗蛛科 Agelenidae

体中型。无筛器蜘蛛。背甲卵圆形，向前趋窄，在眼区部位长而窄。中窝纵向。8 眼两列，大小相等。螯肢具 3 前堤齿，2～8 后堤齿。下唇长宽相当。两颚叶稍趋向汇合。步足长，稍细，有许多刺；跗节有听毛，愈向末端的听毛愈长；第 1、2 步足对比明显。腹部窄，卵圆形，有羽状刚毛；背部有斑纹格式。两书肺，1 对气孔接近纺器。两前纺器稍分离或相距远；后纺器细长，2 节，末节向端部趋窄（漏斗蛛亚科）。外雌器各异。雄蛛触肢的胫节和膝节常有突起。

目前世界已知 68 属 1153 种，中国记录 25 属 297 种，山西历山自然保护区采到 2 属 2 种。

分属检索表

1 交媾管透明囊状，触肢膝节有 1 突起 ......拟隙蛛属 *Pireneitega*
- 交媾管为细管状，触肢无膝节突 ......隅蛛属 *Tegenaria*

41 刺瓣拟隙蛛 *Pireneitega spinivulva* (Simon, 1880)

雌蛛灰褐色，固定标本黄褐色。头部呈圆丘状隆起。前眼列平直，后眼列微前凹。前中眼圆形，前侧眼椭圆形，后中眼最小，后侧眼略大于后中眼。螯肢侧结节发达，螯肢基部向上方及内侧突起呈隆丘，前齿堤 3 齿，中齿最大；后齿堤 3 齿，内侧 1 个较大，外侧 2 个较小。步足黄橙色。

雄蛛触肢腿节稍向内侧弯曲，细长。腹部背面在灰褐色的心脏斑后方有"人"字形灰褐色纹。

观察标本：1♀，山西沁水下川西峡，2012.VIII.17，高志忠采；1♀，山西翼城大河，2012.VIII.25，刘龙采。

分布：山西（历山等）、吉林、北京、河北、陕西、湖南、新疆、云南；日本，韩国，俄罗斯。

42 家隅蛛 *Tegenaria domestica* (Clerck, 1757)

雄蛛头部红褐色，胸部色泽较黄。中窝红色，颈沟明显。前眼列背面观稍后凹，正面观平直；中眼域宽等于长，后边大于前边；后眼列微前凹，前中眼较小，其余 6 眼等大。额高约为前中眼径的 1.5 倍。下唇宽略大于长。螯肢前齿堤 3 齿，后齿堤 4 齿。胸板红褐色，无斑纹。步足黄橙色，细长，具长毛和刺。步足式：4123。腹部灰褐色，长宽和头胸部相近；背面约有 5 个近乎"山"字形的斑纹。后纺器的末节长于基节。

腹部淡黄色，覆有灰色长毛，具几对灰黑色斑点。触肢胫节末端外侧有 2 个突起。

观察标本：1♂，山西翼城大河，2012.VIII.24，高志忠采。

分布：山西（历山等）、辽宁、内蒙古、北京、河北、山东、河南、陕西、甘肃、青海、新疆、安徽、浙江、台湾、重庆、四川、西藏；日本，欧洲，澳大利亚，新西兰，美国。

卷叶蛛科 Dictynidae

有筛器蜘蛛。头区常相对较高，在卷叶蛛亚科具数纵列白毛。8 眼两列，全暗色，或仅中眼暗色。螯肢垂直，某些属的雄蛛螯肢弓形。颚叶汇合。步足长度适中，跗节有 0~3 根听毛，常无刺。栉器单列，常长。腹部亚卵圆圆柱形，前、后纺器 2 节，末节短。两书肺，后气孔靠近纺器。筛器分隔、完整或无。外雌器弱骨化。雄蛛触肢无中突，插入器细而长，胫节具突起，膝节很少有突起。

目前世界已知 51 属 575 种，中国记录 12 属 37 种，山西历山自然保护区采到 1 属 1 种。

43 猫卷叶蛛 *Dictyna felis* Bösenberg *et* Strand, 1906

雄蛛全身被白色细毛。背甲暗褐色。头区有 3~5 纵行白毛，隆起。颈沟、放射沟和中窝色较深。前眼列后凹，后眼列前凹。后眼列稍长于前眼列，前中眼最小。螯肢黑褐色，螯爪红褐色；前齿堤 2 齿，后齿堤 1 齿。颚叶灰褐色，下唇三角形。胸板心形。步足黄褐色，具白毛。腹部背面前半部正中有纵斑，后半部有数个"山"字形纹。触肢胫节的突起窄长，末端分叉；跗节较窄，腹缘凹入。

观察标本：1♂，山西翼城大河，2012.VIII.24，刘龙采。

分布：山西（历山等）、吉林、辽宁、北京、陕西、甘肃、浙江、湖北、湖南、台湾、四川；日本，韩国，俄罗斯。

管巢蛛科 Clubionidae

无筛器蜘蛛。背甲卵圆形。8 眼 2 列，眼小，后眼列稍长于前眼列。螯肢长，细或粗壮；前齿堤具 2~7 齿，后齿堤具 2~4 个小齿。颚叶长大于宽。下唇长大于宽。步足适度长，前行性；胫节和后跗节在腹面有 1、2 对或更多的粗刚毛；2 爪。腹部卵圆形，雄蛛有的具小的背盾。前纺器圆锥或圆柱形，并相互靠接；中纺器圆柱形；后纺器 2 节，末节短。两书肺；气管限于腹部，气孔近纺器。生殖板隆起，有的骨化。雄蛛触肢的后侧突起各异；插入器短；跗舟有的基部有突起，无中突。

目前世界已知 17 属 579 种，中国记录 2 属 94 种，山西历山自然保护区采到 1 属 1 种。

44 风雅管巢蛛 *Clubiona venusta* Paik, 1985，山西省新记录

雌蛛背甲卵圆形，前端具几根长的黑毛，其余部分被有短的黑毛。中窝纵向，黑色细缝状。中窝处为头胸部隆起之最高处。胸板长色深，呈椭圆形，边缘加厚，被满细长毛。腹部红褐色，长圆形；前端具长而弯曲的毛丛，中部有两对隐约可见的肌痕，腹背两侧有细小的羽状纹。腹面色淡。前侧纺器圆锥形，较粗；后侧纺器稍细，淡黄色。后侧纺器 2 节，末节短。外雌器后缘具浅的梯形凹陷；插入孔位于外雌器后部两侧，孔口向内上方。第 2 纳精囊位于阴门中央上部，背侧部分球形而腹侧部分管形；第 2 纳精囊半透明椭圆形。

观察标本：3♀，山西历山舜王坪，2012.VIII.21，刘龙采。

分布：山西（历山）、河南；朝鲜，韩国。

逍遥蛛科 Philodromidae

无筛器蜘蛛。背甲稍扁，长宽相当或较长形。腹部卵圆形或长形，通常有暗色的心斑和 1 系列"人"字形纹。两书肺，气管气孔接近纺器。纺器简单，无舌状体。外雌器小，常有

中隔，两侧有插入孔。纳精囊通常肾形。雄蛛触肢胫节有后侧突，腹突有或无；插入器通常沿盾片的末端弯曲。

目前世界已知 29 属 535 种，中国记录 3 属 53 种，山西历山自然保护区采到 2 属 2 种。

分属检索表

1 后中眼距显著大于后中侧眼距 ....逍遥蛛属 Philodromus
- 后中眼距并不大于后中侧眼距 .... 狼逍遥蛛属 Thanatus

45 日本狼逍遥蛛 Thanatus nipponicus Yaginuma, 1969，山西省新记录

雌蛛背甲橙黄色，两侧褐斑较密。放射沟褐色，形成两条褐色侧带。背甲边缘具橙色窄带。两眼列均后凹。前、后侧眼较大，等大；前、后中眼较小。各列中眼间距约等于中侧眼间距。螯肢和触肢橙色，具褐点。颚叶黄橙色、下唇红褐色。胸板、步足黄橙色。步足各节的背面有两条平行的淡褐色纵纹。腹部黄褐色，窄于头胸部，长约为宽的两倍。心脏斑褐色，长菱形。外雌器中隔的两条边呈直线状，前端距离较远，后端稍靠近。

观察标本：2♀，山西沁水下川，2012.VIII.20～22，刘龙采； 1♀，山西历山舜王坪，2012.VIII.21，刘龙采。

分布：山西（历山）、吉林、内蒙古；日本，韩国，俄罗斯。

46 刺跗逍遥蛛 Philodromus spinitarsis Simon, 1895

雌蛛灰黑色，体扁平。头胸部背甲棕色，两侧缘与后缘深棕色。颈沟与放射沟深褐色。两眼列均后凹，后眼列长于前眼列；除后中眼外，其余 6 眼呈半圆形。中眼域后边大于前边，宽大于长；后侧眼稍大，前中眼最小。螯肢棕色，前齿堤 1 齿，后齿提 5 齿。步足黄色，有棕色斑纹。腹部后缘突出呈三角形，除周缘 1 圈及正中若干斑纹呈黄色外，大部分呈棕色。

雄蛛体色较雌蛛深。腹部两侧几乎平行。触肢胫节外侧缘有两个大型舌片状突起。

观察标本：1♀，山西沁水下川，2012.VIII.22，高志忠采。

分布：山西（历山等）、黑龙江、吉林、辽宁、内蒙古、北京、河北、山东、陕西、宁夏、新疆、浙江、湖北、台湾、广东、四川、西藏；日本，韩国，俄罗斯。

蟹蛛科 Thomisidae

无筛器蜘蛛。背甲半圆形、卵圆形或长形不等。8 眼 2 列 (4-4)，后眼列强烈后凹；侧眼通常在眼丘上，较中眼大得多。腹部卵圆形或圆形，稍背腹扁平。有舌状体。外雌器常 1 圆形而深的前庭，有的有 1 中隔自前向后穿过，有的在前庭前方有 1 兜或导袋。插入管通常短；纳精囊常骨质化，其形状随种而异。雄蛛触肢胫节有后侧突和腹突，有的具 1 间突。盾板盘状，有的具钩状突，在盾板边缘有嵴。精管沿嵴而通向插入器。

目前世界已知 174 属 2151 种，中国记录 45 属 273 种，山西历山自然保护区采到 7 属 7 种。

分属检索表

1 跗节爪下有由粘着毛组成的毛簇 ....绿蟹蛛属 Oxytate
- 跗节爪下无毛簇，或毛簇由简单毛组成...2
2 额宽，后侧眼丘大于前侧眼丘 ....峭腹蛛属 Tmarus

- 额窄，后侧眼丘小于前侧眼丘 3
3 身体和步足色暗，黄褐色至黑褐色；第 I 步足约为第 IV 步足长的 1.1～1.6 倍 ....
.... 花蟹蛛属 *Xysticus*
- 身体和步足色淡，白、黄、绿或褐色，第 I 步足为第 IV 足的 1.5～3.0 倍 4
4 前体部的胸部有长刚毛；雄蛛触肢胫节的后侧突简单而且骨化 .... 微蟹蛛属 *Lysiteles*
- 前体部的胸区刚毛短，长刚毛罕见；雄蛛触肢胫节的后侧突十分发达，仅顶端骨化 5
5 身体和步足密布粗长的毛 .... 毛蟹蛛属 *Heriaeus*
- 身体和步足上的毛通常短而稀疏 6
6 前体部的胸区无刚毛；第 I 步足前侧部无刺；雄蛛触肢的插入器短，基部粗；雌蛛生殖器
   的插入管短管状 .... 梢蛛属 *Misumena*
- 前体部的胸区通常有发达的刚毛，退化的刚毛罕见；雄蛛触肢的插入器丘状或刺状，基部
   并不明显变粗；第 I 步足的前侧面有数个刺；雌蛛生殖器的插入管柔软、长而盘曲 ....
   .... 狩蛛属 *Diaea*

47 米氏狩蛛 *Diaea mikhailovi* Zhang, Song *et* Zhu, 2004，山西省新记录

雌蛛背甲淡黄色，有数根长刚毛，中部较高，向两侧及后方倾斜。颈沟和中窝不明显。8 眼 2 列，背面观 2 眼列均后凹。8 眼均位于眼丘上，眼丘白色；后侧眼眼丘大于前侧眼眼丘，前、后侧眼眼丘相连；前中眼间距大于前中、侧眼间距。螯肢淡黄色，具侧结节，螯牙小，前、后齿堤均无齿。颚叶、下唇黄色。胸板黄色，心形。步足跗节与后跗节橙黄色，其余各节淡黄色。腹部卵圆形，背面具乳白色网状纹；腹面中央淡黄色，两侧为斜向的白色网状纹。外雌器中隔柔软，其上方有 1 略呈尖帽状的兜；交配管长而盘曲约两周半，纳精囊略呈球形。

观察标本：3♀，山西沁水下川，2012.VIII.19～20，刘龙采；3♀，山西历山舜王坪，2012.VIII.22，刘龙采；23♀，山西翼城大河，2012.VIII.23/25，刘龙采。

分布：山西（历山）、河北。

48 梅氏毛蟹蛛 *Heriaeus mellotteei* Simon, 1886

雄蛛头胸部长大于宽。体被刺状毛。眼区白色，背甲正中有 1 白色纵纹。两眼列均后凹，各眼大小相仿，但侧眼在隆起的眼丘上。中眼域长大于宽，前、后边相等。螯肢前齿堤 5 小齿。步足细长，前两对步足长于后两对步足，且从腿节到后跗节上很细长的刺状毛，节的下方无长刺。腹部椭圆形，窄于头胸部。背面有 3 条白纵纹，前端中央有 1 红斑，其他部位亦有数个红斑。触肢胫节腹面有钩状突起，其外侧缘有 2 个指状突起。

观察标本：1♂，山西历山舜王坪，2012.VIII.21，刘龙采。

分布：山西（历山等）、黑龙江、内蒙古、河北、山东、陕西、甘肃、湖北、西藏；古北区。

49 小微蟹蛛 *Lysiteles minimus* (Schenkel, 1953)，山西省新记录

雌蛛头胸部两侧及后部红黑色，额面、眼区及头胸部正中淡黄色。前侧眼大于后侧眼，前中眼大于后中眼；前后侧眼丘较明显。螯肢、颚叶、下唇、胸板均淡黄色。步足淡黄色，仅第 I 步足胫节基部、后跗节、跗节基部腹面黑色。足式：2143。腹部近圆形，腹部背面中央具 1 大的棕色斑。交媾口位于外雌器中部，交媾管粗短。纳精囊球形。

雄蛛插入器粗壮，卷曲。胫节突 2 个，外侧突具 2 个突起。

观察标本：11♀，山西历山舜王坪，2012.VIII.22，刘龙采；1♀，山西翼城大河珍珠帘，2012.VIII.23，刘龙采；1♀，山西沁水下川东峡，2012.VIII.19，刘龙采；2♀，山西翼城大河，2012.VIII.25，刘龙采。

分布：山西（历山）、陕西、甘肃。

50 弓足梢蛛 *Misumena vatia* (Clerck, 1757)

雌蛛头胸部长宽约相等。两眼列均仅稍后凹。各眼均小，约等大。背甲两侧部分黄橙色。螯肢前端橙色，带有白色网纹。步足淡黄橙色，腿节的侧面和腹面呈黄白色。腹部圆球形，前端稍窄，后端钝圆，整个腹部黄白色。

雄蛛背甲黄褐色。眼区黄橙色，侧眼丘隆起明显。步足黄褐色。前两对步足胫节和后跗节腹面仅有长毛，腿节末端有 1 小圈褐色斑，膝节到跗节的各节后半段为褐色。腹部长椭圆形，前缘较平直，略成弧状，后端钝圆形。腹部背面黄褐色，宽度与头胸部的宽约相当，形状和色泽与雌蛛的完全相异。

观察标本：3♀，山西翼城大河，2012.VIII.23，石福明采；7♀7♂，山西翼城大河，2012.VIII.23，25，刘龙采；1♂1♀，山西沁水下川，2012.VIII.20，刘龙采。

分布：山西（历山等）、黑龙江、吉林、内蒙古、河北、河南、陕西、甘肃；全北区。

51 条纹绿蟹蛛 *Oxytate striatipes* L. Koch, 1878，山西省新记录

雌蛛头胸部长大于宽，扁平少毛。头部窄，具刚毛。前侧眼最大，后侧眼次之，后中眼和前中眼较小。前中眼间距大于前中侧眼间距，后中眼间距小于后中侧眼间距。螯肢无齿，左右颚叶的端部在体中轴相汇合。下唇长为宽的 1～2 倍。胸板长大于宽。步足跗节爪下有毛簇。足式：2143。腹部长，后端似分节状。外雌器具 1 对兜，插入孔有几丁质覆盖，插入管短，纳精囊小，呈卵圆形。

雄蛛触肢胫节的腹突拇指状；后侧突末端骨化程度高，弯曲成弧状；无间突。生殖球简单。插入器短，呈刺状。

观察标本：1♀，山西沁水下川，2012.VIII.20，刘龙采。

分布：山西（历山）、吉林、辽宁、山东、河南、陕西、浙江、江西、台湾；日本，韩国，俄罗斯。

52 裂突峭腹蛛 *Tmarus rimosus* Paik, 1973

雌蛛背甲暗褐色，具斑点。从前面观前眼列适度后凹。后眼列后凹。前侧眼>后侧眼>后中眼>前中眼。前中眼间距大于眼径，前中侧眼间距稍大于中眼径。额高大于前中眼径，具长刚毛。螯肢黄白色，有斑点，无齿。下唇和颚叶黄白色。胸板黄褐色，有深灰色斑点，长大于宽，在第 2 步足基节间最宽，后端不插入第 4 足基节间。步足黄褐色，具小的黑斑。足式：2143。腹部深灰色，背面中央有纵带，有 3 个"八"字形白纹。腹部腹面白色，有灰褐色纵带。外雌器上沟大。肛丘不显著。

观察标本：1♀，山西翼城大河，2012.VIII.25，刘龙采。

分布：山西（历山等）、吉林、辽宁、内蒙古、河北；日本，韩国，俄罗斯。

53 鞍形花蟹蛛 *Xysticus ephippiatus* Simon, 1880

雌蛛背甲两侧有红棕色的纵行宽纹，头胸部的长与宽相近。侧眼丘周围呈白色，两前侧眼之间有 1 条白色横带，穿过中眼域。两眼列均后凹，中眼小于侧眼，两侧眼丘愈合，前中眼间距大于前中侧眼距。下唇和颚叶的末端青灰色。胸板盾形，前缘宽且略后凹，后端尖。第 1、2 对步足长而粗，色泽较后两对足深，有黄白色斑点。第 1 步足腿节的前侧面具粗刺。

腹部的长度略大于宽度，后半部较宽，后端圆形。腹部背面有黄白色条纹及红棕色斑纹。

观察标本：1♀，山西沁水下川东峡，2012.VIII.19，刘龙采；2♀，山西沁水张马，2012.VIII.21，刘龙采。

分布：山西（历山等）、吉林、辽宁、内蒙古、北京、天津、河北、山东、陕西、甘肃、新疆、江苏、安徽、浙江、湖北、江西、湖南、重庆、西藏；日本，韩国，俄罗斯，蒙古，中亚。

跳蛛科 Salticidae

无筛器蜘蛛。背甲前端方形，长短各异。某些属的头区高。眼区常有成簇的刚毛。多数种类 8 眼 3 列，眼域占背甲的整个宽度；前列 4 眼朝向前方，前中眼大，前侧眼稍小。下唇矩形或圆形，前端窄。颚叶较长，端部变宽。步足较短，2 爪，并有毛簇。腹部自短棒状到长方形。纺器短，前、后纺器同样长。2 书肺；气管气孔靠近纺器。外雌器各异。雄蛛触肢有胫节突，有些个体具腿节突起；插入器形状不一。

目前世界已知 591 属 5570 种，中国记录 86 属 427 种，山西历山自然保护区采到 5 属 7 种。

分属检索表

1 后齿堤无齿，或仅 1 个极小的齿 .... 雅蛛属 Yaginumaella
- 后齿堤具 1 个圆锥形壮齿 2
2 眼域占头胸部大半，后眼列明显宽于前眼列，后中眼位于前、后侧眼之间紧接前侧眼基部；
　雄蛛触肢引导器与插入器伴行 .... 宽胸蝇虎蛛属 Rhene
- 特征不为上述 3
3 雌蛛外雌器在前部常有 1 个骨质化的结构，透过半透明的表面可见内部弯曲的管道；雄蛛
　触器跗舟宽扁，其后部向两侧扩展，胫节突细而弯钩状，向外侧伸展并与跗舟后角的 1 个
　钩突相接触，或与其形成 1 个关节 .... 拟蝇虎蛛属 Plexippoides
- 特征不为上述 4
4 眼区前边较后边宽 .... 猎蛛属 Evarcha
- 眼区后边较前边宽 .... 金蝉蛛属 Phintella

54 白纹猎蛛 Evarcha albaria (L. Koch, 1878)

雌蛛背甲褐色。眼域黑褐色，长不及头胸部长度的一半。前、后眼列等宽。额部有白色长毛。螯肢赤褐色。步足黄褐色，具浅色斑纹。腹面黄橙色，有少数黑斑。外雌器的交媾管不明显，开孔宽。

雄蛛体色较雌蛛深。前眼列后方有 1 白色横带。跗舟白色，覆盖有长的白毛。触肢器的生殖球向后突出。插入器及引导器共同组成钳状结构。胫节突 3 个，后侧胫节突宽大，端部具 4 个小齿。

观察标本：1♀1♂，山西翼城大河，2012.VIII.24，高志忠采。

分布：山西（历山等）、吉林、辽宁、河北、山东、河南、陕西、甘肃、新疆、江苏、安徽、浙江、湖北、湖南、福建、广东、广西、重庆、四川、贵州、云南；日本，韩国，俄罗斯。

55 沙色金蝉蛛 *Phintella arenicolor* (Grube, 1861)

雌蛛体灰黄色，仅眼周围具黑斑。背甲两侧缘有黑边。眼区方形，约占头胸 1/2 以下，前边略大于后边；前眼列间密生白色细毛，微前曲；第 2 列眼位于第 1、3 列眼之间偏后。螯肢黄色，前侧有 1 黑色细纵带；前齿堤 2 齿，1 大 1 小；后齿堤 1 齿，较大。颚叶黄色，内缘具黑色毛丛。下唇黄褐色，长大于宽。胸板黄色，卵圆形。步足黄色，具黑刺及褐色细毛，第 IV 对步足最长。腹部背面灰黄色，后端两侧色泽较深。心脏斑灰黑色，前方两侧各有 1 淡灰色条斑，腹背后侧各有 4 条灰黑色纵行斑纹，呈放射状排列，在尾端有 1 黑斑。腹部腹面淡黄色。纺器灰色，两侧有黑色弧形斑。

观察标本：2♀，山西翼城大河，2012.VIII.24，高志忠采。

分布：山西（历山等）、吉林、河南、甘肃、浙江、湖南、湖北、云南；朝鲜，日本，俄罗斯，罗马尼亚。

56 指状拟蝇虎蛛 *Plexippoides digitatus* Peng et Li, 2002，山西省新记录

雌蛛背甲褐色，眼周围黑色，具黑色和白色毛。中窝短，黑色；颈沟、放射沟不明显。螯肢粗壮，浅褐色。颚叶和下唇浅褐色，端部浅黄褐色，长大于宽，具灰黑色长毛。胸板长大于宽，长卵圆形，浅黄褐色，具深色斑和黑色毛。额浅黄褐色，密被灰白色长毛。步足褐色，刺多，短粗。腹部长卵圆形，背面具黑色侧纵带，中央区浅棕色。腹面灰褐色，散布黑色斑点，中央具 3 纵带。纺器灰黑色。外雌器交媾孔小，长椭圆形，交媾管长，盘曲。

雄蛛体色和斑纹近似雌蛛。颈沟和放射沟不明显。插入器细长，基部起自生殖球上部。

观察标本：6♀9♂，山西翼城大河，2012.VIII.24～25，高志忠采；1♂，山西翼城大河，2012.VIII.23，刘龙采；12♂，山西沁水下川，2012.VIII.20～22，高志忠采；1♀2♂，山西翼城大河，2012.VIII.23，石福明采。

分布：山西（历山）、甘肃。

57 王拟蝇虎蛛 *Plexippoides regius* Wesolowska, 1981，山西省新记录

雌蛛背甲黄色，眼前黑褐色，眼及眼区的周缘色深。胸区两侧各有 1 条黑褐色宽带，胸区中央和后缘黄色。第 2 眼列小，位于眼区长的中线上。螯肢黄褐色。颚叶、下唇、胸板及步足均黄橙色。步足具刺。腹部背面中央有 1 条黄橙色带，两侧各有 1 条红褐色纵带。腹部腹面淡黄色。

雄蛛体黑色。第 1 足胫节的远半段、后跗节和跗节呈黑褐色，其余（除基节）及其余各足均黄褐色。触肢基节外侧角的突起腹面观末端钝圆，外侧观末端呈叉状。

观察标本：5♀1♂，山西沁水下川东峡，2012.VIII.19，刘龙采；10♀3♂，山西翼城大河，2012.VIII.23，刘龙采。

分布：山西（历山）、吉林、北京、安徽、浙江、湖南、四川；韩国，俄罗斯。

58 类王拟蝇虎蛛 *Plexippoides regiusoides* Peng et Li, 2008，山西省新记录

雌蛛背甲褐色，被白色及褐色毛。眼域色深，呈黑褐色，两侧及前缘有褐色长毛。中窝赤褐色，长条状。颈沟、放射沟色深，胸区中央及背甲两侧为深褐色纵带。胸板褐色，盾形，边缘有深色块斑与各步足基节相对；毛稀少，褐色。额浅褐色，被白色短毛及稀疏的浅褐色长毛。腹部深赤褐色，被褐色短毛。腹部正中有 1 宽的黄褐色纵带，两侧有 4 对小的浅黄褐斑。腹面正中有 1 宽的黑色纵带，由黑色毛覆盖而成，其上有 2 列浅色小点；两侧黄褐色，具少许褐色斑。纺器浅黄褐色，被灰黑色细毛。交媾腔宽而短。

观察标本：3♀，山西翼城大河，2012.VIII.23，刘龙采。

分布：山西（历山）、湖北。

59 暗宽胸蝇虎 *Rhene atrata* (Karsch, 1881)，山西省新记录

雌蛛背甲黑褐色，眼域及胸部两侧黑色被白毛。螯肢黑褐色，被白毛；齿堤具毛从，前齿堤 2 齿，后齿堤 1 齿。颚叶、下唇黑褐色，端部颜色较浅，具毛从。胸板狭长，长约为宽的 2 倍，赤褐色，被长毛。腹部背面黄褐色。肌痕 3 对，深褐色，心脏斑长条形。腹部腹面浅灰色，肌痕 3 对，深褐色，心脏斑长条形。纺器灰褐色，基部有 1 黑色圆环。

雄蛛腹部背面的斑纹和生殖球顶部结构有一定的变化。

观察标本：2♀3♂，山西翼城大河，2012.VIII.23，刘龙采；3♀2♂，山西翼城大河，2012.VIII.25，高志忠采。

分布：山西（历山）、山东、浙江、湖南、福建、台湾、广东、广西、四川、贵州、云南；日本，韩国，俄罗斯。

60 梅氏雅蛛 *Yaginumaella medvedevi* Prószyński, 1979

雌蛛体色淡，背甲橘黄色，眼区褐色。第 3 眼列后左右各 1 条红褐色纵带，止于头胸甲后缘前方。腹部长卵圆形，背面橘黄色，有褐色斜纹斑。外雌器表面有两个黑色角质化盲兜，呈 "V" 形排列。交媾管宽，纳精囊强角质化。

雄蛛头胸部高且隆起。眼区黑褐色，眼周围黑色。背甲两侧缘纵带黄褐色，上被白色鳞毛，其余部分红褐色。螯肢红褐色，前齿堤 2 齿，后齿堤 1 齿。颚叶、下唇褐色。胸板黄褐色。第 I 步足黄褐色，腿节内外侧面被褐色纵条斑，其余步足黄色。

观察标本：1♀1♂，山西翼城大河，2012.VIII.23，刘龙采；1♀1♂，山西沁水下川西峡，2012.VIII.17，高志忠采；1♂，山西沁水下川，2012.VIII.22，刘龙采；1♂，山西沁水下川，2012.VIII.20，高志忠采；3♀1♂，山西翼城大河珍珠帘，2012.VIII.23，25，高志忠采。

分布：山西（历山等）、吉林；韩国，俄罗斯。

参 考 文 献

陈军, 1997. 中国狼蛛科蜘蛛系统分类研究(蛛形纲: 蜘蛛目: 狼蛛科)[D]. 北京: 中国科学院动物研究所.

董少杰, 2005. 中国妩蛛科的分类研究(蛛形纲: 蜘蛛目)[D]. 保定: 河北大学.

郭建宇, 2010. 海南岛跳蛛科分类研究(蛛形纲: 蜘蛛目)[D]. 保定: 河北大学.

韩广欣, 2008. 中国微珠亚科属级阶元的分类学研究 (蜘蛛目: 皿蛛科)[D]. 保定: 河北大学.

彭贤锦, 2003. 中国跳蛛科系统学研究[D]. 北京: 中国科学院动物研究所.

彭贤锦, 谢丽萍, 肖小芹, 1993. 中国跳蛛[M]. 长沙: 湖南师范大学出版社.

彭彦秋, 2012. 中国幽灵蛛科属级分类(蛛形纲: 蜘蛛目)[D]. 保定: 河北大学.

宋大祥, 朱明生, 陈军, 2001. 河北动物志(蜘蛛类)[M]. 石家庄: 河北科学技术出版社.

宋大祥, 朱明生, 张锋, 2004. 中国动物志 无脊椎动物 第 39 卷 平腹蛛科[M]. 北京: 科学出版社.

尹长民, 王家福, 朱明生, 等, 1997. 中国动物志 无脊椎动物 第 10 卷 园蛛科[M]. 北京: 科学出版社.

翟卉, 2008. 中国皿蛛亚科属级阶元的分类系统学研究(蛛形纲: 蜘蛛目)[D]. 保定: 河北大学.

张晓晓, 2011. 中国新园蛛属、艾蛛属和类岬蛛属的分类(蜘蛛目: 园蛛科)[D]. 保定: 河北大学.

张志升, 2006. 中国漏斗蛛科和暗蛛科的系统学研究(蛛形纲: 蜘蛛目)[D]. 保定: 河北大学.

朱明生, 1998. 中国动物志 无脊椎动物 第 13 卷 球蛛科[M]. 北京: 科学出版社.

朱明生, 宋大祥, 张俊霞, 2003. 中国动物志 无脊椎动物 第 53 卷 肖蛸科[M]. 北京: 科学出版社.

朱明生, 张宝石, 2011. 河南动物志(蛛形纲: 蜘蛛目)[M]. 北京: 科学出版社.

Li S Q, Wang X P, 2013. Endemic spiders in China[OL]. Beijing. http://www.ChineseSpiders.com.

Platnick N I, 2013. The World Spider Catalog. version 13.5[OL]. New York: American Museum of Natural History online at http://research.amnh.org/iz/spiders/catalog/html.

Song D X, Zhu M S, Chen J, 1999. The Spiders of China[M]. Shijiazhuang: Hebei Science and Technology Publishing House.

Arachnida

Wu Panlong   Zhang Feng

(College of Life Sciences, Hebei University, Baoding, 071002)

Spiders (Order Araneae, Class Arachnida, Phylum Arthropoda) originated from the Pre-Devonian. Spiders, as one of the most abundant and species-rich invertebrate predators, are widely distributed around the world. At present, taxonomists have recorded more than 43 678 spider species of 3898 genera in 112 families in the world (Platnick, 2013). Among them, at least 3714 species of 674 genera in 67 families are distributed in China (Li and Wang, 2012).

In this investigation of spider diversity, 60 spider species of 39 genera in 15 families were found in Lishan National Nature Reserve of Shanxi Province. Among them, 35 species are firstly recorded in Shanxi Province.

伪蝎目 Pseudoscorpiones

高志忠   张锋

（河北大学生命科学学院，保定，071002）

伪蝎体小型，体长 1~10mm。触肢非常发达，末端钳状，又名拟蝎。体被几丁质的外骨骼，分为头胸部和腹部两体段，两部分宽阔地相连。体色从浅黄色到深棕色。头胸部的背甲近方形或三角形，腹部明显分节。背甲近前缘的两侧各有 1 或 2 眼，或无眼。头胸部具 6 对附肢：前螯、触肢和 4 对步足。前螯短，位于最前端，一般用于抓住和浸软食物。在可动指上有兜状体，系伪蝎丝腺开口，用于蜕皮、冬眠期间起保护作用的丝茧，或用于产卵。触肢 6 节，用于觅食和防御。其余 4 对附肢为步足。腹部的第 II、III 腹板特化为生殖盖，雌雄异形。

伪蝎是肉食性动物，以弹尾虫和其他小节肢动物为食，包括啮虫目、甲虫和它们的幼虫以及螨类。

世界性分布，目前世界已知 3700 多种，中国记录 100 多种，山西历山自然保护区采到 3 科 3 属 4 种。

分科检索表

1 触肢螯双指无毒液器官 ....土伪蝎科 Chthoniidae
  触肢螯至少 1 指具毒液器官 2
2 前螯可动指上有若干齿；*gs* 近指中部；外锯梳有 1/2~2/3 个指长；前螯无外膜 ....
  ....木伪蝎科 Neobisiidae

前螯可动指上有 1～2 个近顶点齿；*gs* 近末端；外锯梳延伸了整个指长；前螯有外膜 ....
....阿伪蝎科 Atemnidae

土伪蝎科 Chthoniidae

前对步足单跗节，后对步足双跗节。背甲近矩形，前缘多比后缘宽，背甲上刚毛不多于
30 根。多具 4 角质眼。步足基节上有基节刺；无基节间突。触肢螯烧瓶状，指多细长，指上
的边缘齿大、尖，间隔宽；触肢掌节内表面有 1 根单独的刺状的刚毛。

世界性广泛分布，世界已知 650 余种，中国记录 13 种，山西历山自然保护区采到 1 属
1 种。

1 北部湾拉伪蝎 *Lagynochthonius tonkinensis* (Beier, 1951)，山西省新记录

背甲长稍大于宽近方形，后缘稍缩窄，后角具有明显的网状刻痕，背甲刚毛 16 根，无后
缘刚毛，前缘平直，头突平几乎不明显；4 眼，前眼发达，后眼为眼点。背板毛序：4-4-4-4-4-6-6-6。
前螯可动指上中部的齿较大，基部的齿相对较小，可动指上的齿等大。触肢细长；触肢腿节
长于背甲长，掌节不比其他各节颜色深，掌节烧瓶形，长宽比为 2.8 倍；指掌比为 1.2 倍，固
定指上有 16 个不连续的尖齿，其中基部的齿较小，端部的齿具有闰齿；可动指的端部齿有闰
齿，基部有 1 列退化的低矮的齿。听毛序同本属。第 2 步足基节具有 8 根端部毛笔状的基节
刺，基节间结节缺失。

观察标本：17♂1♀，山西沁水下川西峡，2012.VIII.17, 22，高志忠采；2♂1♀，山西沁水
下川东峡，2012.VIII.19，高志忠采；1♂，山西翼城大河，2012.VIII.22～23，高志忠采；3♂，
山西翼城大河珍珠帘，2012.VIII.23，高志忠采；1♂1♀，山西翼城大河黑龙潭，2012.VIII.24，
高志忠采。

分布：山西（历山）、浙江、云南。

木伪蝎科 Neobisiidae

步足为双跗节。背甲近矩形，光滑，多具 4 眼，洞穴种类常无眼。触肢基节顶点（或称
口下突、颚叶）为钝圆形，有 3 或多根尖形长刚毛。触肢可动指无毒液器官，仅固定指具毒
液器官。

世界性分布，世界已知 665 种，中国记录 38 种，山西历山自然保护区采到 1 属 2 种。

2 乌苏里双毛肉伪蝎 *Bisetocreagris ussuriensis* (Redikorzev, 1934)，山西省新记录

体色浅黄色，背甲和触肢的颜色略深；背甲光滑，具三角形小头突；4 眼；背甲毛序：
4-6, 24；触肢较粗壮，基节顶点两侧各具 4 根刚毛；触肢腿节内侧具有少许颗粒；触肢各节
长宽比：转节 1.75，腿节 4.06，膝节 2.48，具柄螯 3.77，不具柄螯 3.55，可动指 1.40 倍长于
不具柄掌节；固定指上 *et, est* 和 *it* 位于指的端部，*ib, isb* 和 *ist* 位于固定指基部，*sb* 和 *eb*
位于掌节上；可动指上听毛 *st* 和 *t* 接近指端半部，*b* 位于指基部，*sb* 位于指基部 1/3 处；触肢
固定指具 60 尖齿，可动指具 56 钝齿；前螯掌节 7 根刚毛，可动指上 1 根刚毛，有琴形器；
外锯梳 26 层，内锯梳 24 层；鞭状毛 8 根，均为单面羽状；兜状体末端简单分两主叉，每个
分叉末端各有两个小分叉；第 4 步足胫节中近体端、基跗节基部和端跗节中部各具 1 根感觉

刚毛；亚末端刚毛具分叉，爪简单，爪垫短于爪。

观察标本：22♂81♀，山西翼城大河，2012.VIII.22/25，高志忠采；17♂16♀，山西沁水下川西峡，2012.VIII.17/22，高志忠采；2♂3♀，山西沁水下川东峡，2012.VIII.19，高志忠采；2♂山西翼城大河黑龙潭，2012.VIII.24，高志忠采；3♀3 幼，山西翼城大河珍珠帘，2012.VIII.23，高志忠采。

分布：山西（历山）、吉林、河北。

3 东方双毛肉伪蝎 *Bisetocreagris orientalis* (Chamberlin, 1930)，山西省新记录

体色棕红色；背甲光滑，具三角形小头突；4 眼；背甲毛序：4-8，28；触肢较粗壮，基节顶点两侧各具 4 根刚毛；触肢腿节内侧具有少许颗粒；触肢各节长宽比例：转节 1.78，腿节 3.71，膝节 2.81，具柄螯 2.29，不具柄螯 2.19，可动指 1.88 倍长于不具柄掌节；固定指上 *et* 和 *it* 位于指的端部，*esb* 位于固定指中部近指端，*ist*，*isb* 和 *ib* 位于指基部；可动指上 *t* 和 *st* 位于指端半部，*b* 和 *sb* 位于指基半部；固定指具 62 齿，可动指具 58 齿；前螯掌节 7 根刚毛，可动指上具有 1 根刚毛，掌节具琴形器；固定指 12 齿，可动指 10 齿；外锯梳 30 层，内锯梳 24 层；鞭状毛 8 根，最远端 1 根远离其他，单面羽状；兜状体末端简单 3 主叉，各末端分叉；第 4 步足胫节中近体端、基跗节基部和端跗节中部各具有 1 根感觉刚毛；亚末端刚毛分叉，每个分叉各有小齿，爪简单，爪垫短于爪。

观察标本：2♀，山西翼城大河珍珠帘，2012.VIII.23，高志忠采；4♂13♀，山西翼城大河黑龙潭，2012.VIII.24，高志忠采；7♂10♀，山西翼城大河，2012.VIII.25，高志忠采。

分布：山西（历山）、浙江、四川、云南。

阿伪蝎科 Atemnidae

背甲长大于宽，光滑有光泽，很少有粒突；无眼或只有眼点；前螯鞭状毛 4 根，最前端 1 根长且宽，单面羽状；触肢通常强壮，光滑或部分或多或少地有些颗粒，毒液管仅存在于触肢螯固定指上；触肢螯上无副齿；前对步足和后对步足形态不同，第 1 和第 2 步足腿节-膝节间连缝宽且清晰，后两对步足之间的变小；跗节后跗节融合；第 4 步足跗节上听毛近基部。

世界性广泛分布，世界已知 181 种，中国记录 7 种，山西历山自然保护区采到 1 属 1 种。

4 光滑阿伪蝎 *Atemnus politus* (Simon, 1878)，山西省新记录

背甲的前半部分和触肢深褐色，背板黄色。体被刚毛和步足上的刚毛末端齿状。背甲光滑，长大于宽；具明显眼点，共 38~42 根刚毛，前缘 6 根，后缘 6~8 根。背甲前区颜色深于后区。腹部背板 IV~X 不完全分隔，每半个背板具 4~6 根缘刚毛。前螯掌节 4 刚毛，兜状体短，5~6 分叉，锯梳 21~25 层，鞭状毛 4 根，仅最末端 1 根齿状。

触肢各节长宽比：腿节 2.50~2.67，膝节 2.19~2.23，具柄螯 3.03~3.09，不具柄螯 2.82~2.91（雌性腿节 2.67~2.86，膝节 1.97~2.09，具柄螯 2.70~2.77，不具柄螯 2.46~2.55），转节背突明显，腿节内侧和膝节具明显颗粒，毒液管短。步足粗壮，不具颗粒；爪简单，长于爪垫；亚末端刚毛尖且弯曲。第 4 步足跗节听毛位于跗节基部（TS=0.12）。

观察标本：1♀，山西翼城大河黑龙潭，2012.VIII.24，高志忠采。

分布：山西（历山）、湖北。

参 考 文 献

贾莹, 朱明生, 赵永威, 2009. 伪蝎生物学[J]. 蛛形学报, 18(2): 92-128.

宋大祥, 1996. 我国5种土壤伪蝎记述[J]. 蛛形学报, 5(1): 75-80.

赵永威, 张锋, 贾莹, 等, 2011. 中国伪蝎名录[J]. 蛛形学报, 20(1): 30-41.

Ćurčić B P M, 1983. A revision of some Asian species of *Microcreagris* Balzan, 1892 (Neobisiidae, Pseudoscorpiones)[J]. Bulletin of the British Arachnological Society, 6: 23-36.

Harvey M S, 1991. Catalogue of the Pseudoscorpionida[M]. Manchester: Manchester University Press.

Harvey M S, 1999. The Asian species of *Microcreagris* Balzan (Pseudoscorpiones: Neobisiidae) described by J.C. Chamberlin[J]. Acta Arachnologica, 48: 93-105.

Harvey M S, 2013. Pseudoscorpions of the World, version 3.0[OL]. Perth: Western Australian Museum. [2017-5] http://museum. wa.gov.au/catalogues-beta/pseudoscorpions.

Hu J F, Zhang F, 2012. Notes on two species of the genus *Atemnus* Canestrini (Pseudoscorpiones: Atemnidae) from China[J]. Journal of Threatened Taxa, 4(11): 3059-3066.

Schawaller W, 1995. Review of the pseudoscorpion fauna of China (Arachnida: Pseudoscorpionida)[J]. Revue Suisse de Zoologie, 102: 1045-1064.

Pseudoscorpiones

Gao Zhizhong　　Zhang Feng

(College of Life Sciences, Hebei University, Baoding, 071002)

Pseudoscorpions are small arachnids that bear a pair of chelate pedipalps, a pair of two-segmented chelicerae, four pairs of legs, and an ovate abdomen. They superficially resemble small scorpions but they lack the elongate tail (metasoma) and sting.

At present, more than 3700 species widely distributed around the world, Among them, more than 100 species are distributed in China.

In this survey, 4 pseudoscorpion species of 3 genera in 3 families were found in Lishan National Nature Reserve of Shanxi Province.

绒螨目 Trombidiformes

湿螨科 Hygrobatidae

王泽雨　　金道超　　郭建军

（贵州大学昆虫研究所，贵州山地农业病虫害重点实验室，贵阳，550025）

以下描述用到的简写：基节板 I～IV（EpI～EpIV），前基节板群（AEG），后基节板群（PEG），基节板腺毛 2/4（E2/4），腹腺毛 1～4（V1～V4），前触腺毛（A1），后触腺毛（A2），I 足 5/6 节（I-L-5/6），须肢 I-V（P-I～P-V），殖吸盘 1～3（Ac1～Ac3），各部位尺寸：μm，例如:体长 456 即体长为 456μm。

　　体壁通常柔软，骨化程度变化大，由无背腹片，小骨片到完整背腹板；侧眼眼囊不发达，眼囊壁为正常体壁；基节板多数为三群型，偶为四群型和单群型；E2 位于 EpII/EpIII 缝间，当该缝消失时，E2 位于 EpIII 上；无生殖盖，殖吸盘 3 对至多对不等，位于殖吸盘板上，雄螨殖吸盘板一般前后愈合，不可动，雌螨殖吸盘板前后分离，可动；颚底形态多样，具后突或消失，游离或与 AEG 愈合或部分愈合；P-II、III、IV 腹面具腹突和小齿或腹突和小齿消失；I-L-5 通常具腹向弯曲的大毛；足有游泳毛或无。

　　生境：各种静水和流水水体。

　　分布：广泛分布于世界各动物地理区。

　　湿螨科分布广，生境多样，是湿螨总科中种类较丰富类群之一。科下不分亚科，世界已知 77 属 700 多种。湿螨属和曲跗湿螨属是湿螨科下类群最为丰富的两个属，广泛分布于南北半球（Cook，1974，1980，1986；Viets，1987；Jin，1994，1997；Gerecke，2003；Wang and Jin，2012）。

分属、种检索表

1 颚底与 EpI 愈合，I-L-6 呈直筒型；P-II 和 P-III 腹面具若干小瘤突（湿螨属 *Hygrobates*）；生殖域侧缘有增厚的骨化边，其上有微小点突···
···革边湿螨 *Hygrobates corimarginatus*
- 颚底不与 EpI 愈合，I-L-6 呈不同程度弯曲如弓状；P-II 和 P-III 腹面无微小瘤突（曲跗湿螨属 *Atractides*）；须肢 P-II 腹端突极发达，角状··
···瘤须曲跗湿螨 *Atractides nodipalpis*

1 革边湿螨 *Hygrobates corimarginatus* Jin, 1997，山西省新记录

　　体壁光滑；EpII 和 EpIII 前端邻接，AEG 后缘达 EpIV 前半部；V3 雄螨与 EpIV 后缘愈合，雌螨接近 EpIV 后缘；E4 与 EpIII～EpIV 基节板缝融接处或 EpIV 前缘；生殖域前缘远后于 Ep IV 后缘，生殖域侧缘有增厚的骨化边，其上有微小点突；殖吸盘板前方超出前殖片，第 1、2 对殖吸盘椭圆形，第 3 对殖吸盘近呈三角形，3 对殖吸盘近等长；颚底与第 1 基节板融合，螯肢端节弯向背方，须肢 P-II 腹面端突不发达，仅端突上有微小点突，P-III 腹面小瘤突稀少；雌螨 P-IV 腹面近中部着生有两根大刚毛，刚毛间近，近端部着生 1 细刚毛，侧面着生 6 根刚毛，背部刚毛 4 根。

　　观察标本：1♂，片号：2012-48-3，2♀♀，片号：2012-48-1/2，山西翼城大河，河流，111°54.739′E，35°25.749′N，2012.VII.27，王泽雨、王艳霞采；1♂，片号：2012-40-2，山西沁水下川西峡，山间河流，112°00.632′E，35°25.577′N，2012.VII.24，王泽雨、王艳霞采。

　　生境：河流、溪流。

　　分布：山西（历山）、陕西、四川、贵州、云南。

2 瘤须曲跗湿螨 *Atractides nodipalpis* (Thor, 1899)，山西省新记录

　　体壁无骨片；O1 后位于 D1，D1、D2 和 L2 为长毛；EpII 和 EpIII 前端 1/3 邻接，EpIV 后缘平直；AEG 后侧突发达，PEG 中缘弧形；E2 位置无愈合痕；雄螨 V3 较靠近 EpIV，V4 处于第 1、2 殖吸盘间水平线上；雌螨 V3 位于 EpIV 至 V4 中点略前，V4 与前殖片平列；雄螨生殖域圆形，雌螨前后殖片近等宽，殖吸盘三角形排列，V1 显后于 V2，肛孔显后于 V1；须肢 P-II 腹端突雄螨极发达，角状，雌螨短小；雄螨 P-IV 腹面极度膨大，2 粗毛相距较近；I-L-5 腹端

大毛相互邻近，近端大毛呈柳叶形，另一端大毛呈由基至端渐窄的条形；I-L-6 轻度弯曲。

观察标本：2♂2♀，片号：2012-49-3/5，2012-49-2/1，山西翼城大河，河流，111°54.739′E，35°25.749′N，2012.VII.29，王泽雨、王艳霞采。

生境：溪流、河流。

分布：除澳洲区以外的各动物地理区。

参 考 文 献

金道超, 1994. 湿螨属四新种记述及中华湿螨再记述(蜱螨亚纲: 湿螨科)[J]. 动物分类学报, 19(1): 67-73.

金道超, 1997. 水螨分类理论和中国区系初志[M]. 贵阳: 贵州科技出版社.

Cook D R, 1974. Water mite genera and subgenera[M]. Florida: Memoirs of the American Entomological Institute.

Cook D R, 1980. Studies on neotropical water mites[M]. Florida: Memoirs of the American Entomological Institute.

Cook D R, 1986. Water mites from Australia[M]. Florida: Memoirs of the American Entomological Institute.

Viets K O, 1987. Die Milben des Süßwassers (Hydrachnellae und Halacaridae [part.], Acari), 2. Katalog[M]. Hamburg: Sonderbände des Naturwissenschaftlichen Vereinsin Hamburg Vol.8.

Gerecke R, 2003. Water mites of the genus *Atractides* Koch, 1837 (Acari: Parasitengona: Hygrobatidae) in the western Palearctic region: a revision[J]. Zoological Journal of the Linnean Society, 138: 141-378.

Yi T C, Jin D C, Wang X J, 2010. Water mites of the subgenus *Tympanomegapus* Thor (Acari: Hydrachnida: *Atractides*) from China[J]. International Journal of Acarology, 36(5): 419-429.

Wang Z Y, Jin D C, 2012. Two new species of *Atractides* Koch 1837(Acari: Hydrachnidia: Hygrobatidae)from Sichuan Province, China[J]. Entomotaxonomia, 34(3): 567-373.

Wang Z Y, Jin D C, 2012. A newly recorded water mite species *Hygrobates* (*Hygrobates*) *longiporus* Thor, 1898 from China and the first description of the male of *H*. (*H*.) *bravisterus* Jin, 1997 (Acari : Hydrachnidia)[J]. Acta Zootaxonomica Sinica, 37(4): 885-888.

Hygrobatidae

Wang Zeyu   Jin Daochao   Guo Jianjun

(Institute of Entomology, Guizhou University, the Provincial Laboratory for Agricultural Pest Management of Mountainous Regions, Guiyang, 550025)

Two watermite species of *Hygrobates corimarginatus* Jin, 1997 and *Atractides nodipalpis* (Thor, 1899) are described from Lishan National Nature Reserve of Shanxi Province, China, which belong to Hygrobatidae and firstly known from Shanxi Province. The specimens are deposited in Institute of Entomology, Guizhou University (GUGC).

植羽瘿螨科 Phytoptidae

谢满超

（安康学院现代农业与生物科技学院，安康，725000）

体蠕虫形或纺锤形；颚体大小有变化，口针较短；背盾板有 1～5 根刚毛，常有前背毛；足具模式刚毛，羽状爪单一；大体有亚背毛或无；生殖盖片一般无纵肋。

山西历山自然保护区采到 2 亚科 2 族 2 属 2 种。

分亚科检索表

1 前背毛 1 根或 3 根 .... 纳氏瘿螨亚科 Nalepellinae
- 前背毛 2 根 .... 植羽瘿螨亚科 Phytoptinae

纳氏瘿螨亚科 Nalepellinae

体蠕虫形或纺锤形；背盾板有 1 根内顶毛或有 1 根内顶毛和 2 根外顶毛；背毛有或无；亚背毛有或无。足具模式刚毛，羽状爪单一。

山西历山自然保护区采到 1 族 1 属 1 种。

1 红松针羽瘿螨 Setoptus koraiensis Kuang et Hong, 1995

雌螨：体蠕虫形，长 325μm，宽 88μm，厚 65μm。喙长 50μm，斜下伸。背盾板长 25μm，宽 60μm，无前叶突。背盾板上饰有粒点。背瘤位于盾后缘之前，背毛 75μm，前上指；内顶毛 23μm，前指。足 I 基节间无胸线，基节饰有少量锥形微瘤，基节刚毛 3 对。足具模式刚毛；爪具端球；羽状爪单一，8 支。体背、腹环相当，86～88 个，饰有锥形微瘤。侧毛 26μm。腹毛 I 70μm，II 40μm，III 30μm。有副毛。雌性外生殖器长 25μm，宽 30μm，生殖器盖片光滑；性毛 15μm。

雄螨：体长 190μm，宽 58μm。雄性外生殖器宽 30μm，性毛 15μm。

观察标本：6♀4♂，山西沁水下川，海拔 1400m，2012.VIII.20，谢满超采。

寄主：华山松 Pinus armandii Franch、马尾松 Pinus massoniana Lamb.（松科 Pinaceae）。

与寄主的关系：在叶背面爬行，未见明显危害状。

分布：山西（历山）、北京；美国。

植羽瘿螨亚科 Phytoptinae

体蠕虫形或纺锤形；背盾板有 2 根外顶毛；大体具 1 对亚背毛。

山西历山自然保护区采集到 1 属 1 种。

2 蒙椴植羽瘿螨 Phytoptus mongolicus sp. nov.，新种（图 3）

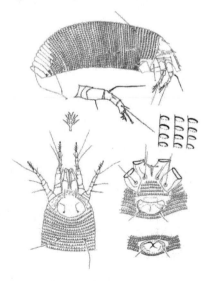

图 3　蒙椴植羽瘿螨 Phytoptus mongolicus sp. nov.，新种

雌螨：体蠕虫形，长 245（215～315）μm，宽 55（55～85）μm，厚 60（60～78）μm，白色。喙长 25（22～28）μm，斜下伸；喙端毛 d 长 3（3～4）μm，口针长 19（18～20）μm。背盾板长 28（25～30）μm，宽 45（43～50）μm，除边缘饰有短线外其余光滑。外顶毛 ve 长 10（7～10）μm，上前指，瘤距 12（12～16）μm；背毛 sc 长 12（8～12）μm，上前指，背瘤位于盾后缘之前，瘤距 13（12～18）μm。足 I 基节上饰有 1 条纵线，足 II 基节光滑；足 I 基节间胸线长 9μm，基节刚毛 $1b$ 长 12（7～13）μm，瘤距 10（7～10）μm；基节刚毛 $1a$ 长 18（15～18）μm，瘤距 7（6～12）μm；基节刚毛 $2a$ 长 38（30～40）μm，瘤距 19（18～26）μm。足 I 长 35（30～39）μm，转节长 3μm，股节长 10（10～12）μm，股节刚毛长 12（10～12）μm；膝节长 5（5～6）μm，膝节刚毛长 30（20～30）μm；胫节长 7（5～8）μm，胫节刚毛长 2（2～3）μm，生于侧面近 1/3 处；跗节长 10（7～10）μm，毛 ft' 长 5（4～5）μm，毛 ft'' 长 30（20～32）μm；爪长 10（9～10）μm，具端球；羽状爪长 7（5～7）μm，单一，3 支。足 II 长 32（28～37）μm，转节长 3μm，股节长 8（8～11）μm，股节刚毛长 15（10～15）μm；膝节长 5（5～6）μm，膝节刚毛长 15（15～16）μm；胫节长 6（5～7）μm；跗节长 10（8～10）μm，毛 ft' 长 5（4～5）μm，毛 ft'' 长 30（20～32）μm；爪长 10（9～10）μm，具端球；羽状爪单一，长 7（5～7）μm，3 支。体背腹环相当，57（54～59）个，饰有椭圆形微瘤。亚背毛 $c1$ 长 30（30～40）μm，生于第 9 背环，瘤距 24（21～30）μm；侧毛 $c2$ 长 15（13～15）μm，生于第 7 腹环；瘤距 44（44～60）μm；腹毛 d 长 15（12～15）μm，生于第 17 腹环，瘤距 32（32～52）μm；腹毛 e 长 12（10～12）μm，生于第 29 腹环，瘤距 17（16～29）μm；腹毛 f 长 40（40～50）μm，生于体末第 5 腹环，瘤距 35（35～40）μm。副毛 $h1$ 长 4（3～4）μm，毛距 10（9～10）μm；尾毛 $h2$ 长 95（80～100）μm，毛距 12（12～14）μm。雌生殖盖片长 10（8～10）μm，宽 18（18～22）μm，光滑；性毛 $3a$ 长 10（6～10）μm，瘤距 13（13～20）μm。

雄螨：体长 220～245μm，宽 60～65μm，厚 66～68μm。外生殖器宽 18～20μm，性毛 $3a$ 长 8～9μm，瘤距 15～17μm。

观察标本：正模♀，副模 8♀8♂，山西历山舜王坪，35°25′N，111°57′E，2012.VIII.23，1800m，谢满超采。

寄主：蒙椴 *Tilia mongolica* Maxim.（椴树科 Tiliaceae）。

与寄主的关系：该螨在叶片表面形成指状虫瘿，高 5～6cm，多数虫瘿顶部较尖，少数钝圆。

分布：山西（历山）。

词源：新种名 *mongolicus* 来自寄主植物的种名 *mongolica*。

讨论：新种与萎陵菜植羽瘿螨 *Phytoptus potentillae* Chen, Wei *et* Nan, 2005 相似，但新种背盾板光滑，羽状爪 3 支，雌生殖盖片光滑与之区别。萎陵菜植羽瘿螨背盾板饰有背线，羽状爪 6 支，雌生殖盖片有纵肋 3～4 条。

新种与美洲椴植羽瘿螨 *P. rotundus* Hall, 1967 相似，但新种背盾板光滑，外顶毛 ve 长 7～10μm，背毛 sc 长 8～12μm，爪具端球与之区别。美洲椴植羽瘿螨背盾板上饰有少量纵线，外顶毛 ve 长 15μm，背毛 sc 长 40μm，爪无端球。

瘿螨科 Eriophyidae

谢满超

（安康学院现代农业与生物科技学院，安康，725000）

体纺锤形或蠕虫形；喙大小适中，斜下伸；背盾板无前背毛，背毛有或无。足5或6节，足刚毛多变；大体无亚背毛，侧毛和腹毛数目有变化。主要在植物叶子上营自由生活、半自由生活（如形成毛毡）、非自由生活（如形成虫瘿）。

瘿螨科是瘿螨总科中最大的科，世界已知6亚科，我国记录5亚科，山西历山自然保护区采到3亚科：生瘿螨亚科 Cecidophyinae Keifer，1966；瘿螨亚科 Eriophyiane Nalepa，1898；叶刺瘿螨亚科 Phyllocoptinae Nalepa，1892。

分亚科检索表

1 雌外生殖器靠近足 II 基节，生殖盖片有 2 排纵肋 .... 生瘿螨亚科 Cecidophyinae
- 雌外生殖器不靠近足 II 基节，生殖盖片有 1 排纵肋或无.. 2
2 体蠕虫形，至少 1/2 或 2/3 背腹环相当 ....瘿螨亚科 Eriophyiane
- 体纺锤形，背环宽而腹环窄，腹环数多于背环数 ....叶刺瘿螨亚科 Phyllocoptinae

生瘿螨亚科 Cecidophyinae

体纺锤形或蠕虫形；雌生殖器靠近足基节，生殖盖片上有 2 排纵肋。

山西历山自然保护区采到 2 族 2 属 2 种。

分族检索表

1 无背瘤和背毛 ....生瘿螨族 Cecidophyini
- 有背瘤和背毛 ....同节瘿螨族 Colomerini

3 生瘿螨 Cecidophyes sp.

观察标本：19♀，山西沁水下川，2012.VIII.21，谢满超采。

寄主：元宝槭 Acer truncatum Bunge、五角枫 Acer elegantulum Fang et Chiu（槭树科 Aceraceae）。

与寄主的关系：在叶背面爬行，未见明显危害状。

4 榆近瘿螨 Circaces ulmi Kuang, 1998

雌螨：体纺锤形，长 145μm，宽 58μm，厚 63μm。喙长 26μm，斜下伸。背盾板长 35μm，宽 45μm，前叶突小。无背中线或仅留后端模糊的 1/4，侧中线前段平行，延伸到背盾板中部后形成近菱形的图案。背瘤位于盾后缘，背毛 70μm，斜后指。足 I 基节间具胸线，基节饰有少量线条，基节刚毛 3 对。足具模式刚毛；爪具端球；羽状爪单一，2 支。体有背环 30 个，饰有微瘤。腹环 51～53 个，饰有椭圆形微瘤。侧毛 14μm。腹毛 I 45μm，II 10μm，III 20μm。有副毛。雌性外生殖器长 15μm，宽 21μm，生殖器盖片饰有纵肋 6～8 条，性毛 12μm。

观察标本：10♀，山西沁水下川，1500m，2012.VIII.17，谢满超采。

寄主：榆树 *Ulmus pumila* Linn.（榆科 Ulmaceae）。

与寄主的关系：在叶背面爬行，未见明显危害状。

分布：山西（历山）、浙江。

瘿螨亚科 Eriophyinae

体蠕虫形；喙大小适中，斜下伸，口针较短；背盾板无前叶突或前叶突小；大体背腹环数相似（一般背腹环数相差在 10 环以内），或大体前部至少 1/3～1/2 背腹环数相似；雌性外生殖器不靠近基节，生殖盖片无纵肋或有 1 排纵肋。

山西历山自然保护区采到 2 族 2 属 2 种。

分族检索表

1 背毛后指或斜后指 .... 瘤瘿螨族 Acerinii

- 背毛前指或上指 .... 瘿螨族 Eriophyini

5 胡桃科氏瘿螨 *Keiferophyes regiae* sp. nov.，新种（图 4）

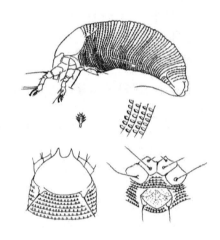

图 4 胡桃科氏瘿螨 *Keiferophyes regiae* sp. nov.，新种

雌螨：体蠕虫形，长 190（169～200）μm，宽 55（52～68）μm，厚 65（50～65）μm。喙长 27μm，斜下伸；喙端毛 *d* 长 5（5～6）μm。背盾板长 35（33～35）μm，宽 40μm，背盾板端部中央凹陷，两侧刺状突出。背盾板光滑。背瘤位于盾后缘，瘤距 20（20～30）μm；背毛长 16（16～18）μm，斜后指。足 I 基节间具胸线；基节光滑；基节刚毛 *1b* 长 5（5～6）μm，瘤距 12（10～12）μm；基节刚毛 *1a* 长 22（22～26）μm，瘤距 6μm；基节刚毛 *2a* 长 40（40～45）μm，瘤距 17（17～20）μm。足 I 长 31（30～32）μm，股节长 12（12～13）μm，股节刚毛 *bv* 长 10（10～12）μm；膝节长 4（4～5）μm，膝节刚毛 *l"* 长 25（22～25）μm；胫节长 6（6～9）μm，胫节刚毛 *l'* 长 4（3～4）μm，生于胫节侧面近基部 1/3 处；跗节长 7（7～9）μm，跗节背毛 *ft'* 和侧毛 *ft"* 长均为 18（18～20）μm；爪长 8μm，具端球；羽状爪单一，4 支。足 II 长 30（30～31）μm，股节长 12（12～13）μm，股节刚毛 *bv* 长 7（7～8）μm；膝节长 4μm，膝节刚毛 *l"* 长 5（5～10）μm；胫节长 5（5～6）μm；跗节长 7（7～8）μm，跗节背毛 *ft'* 长 5μm，跗节侧毛 *ft"* 长 20μm；爪长 8μm，具端球；羽状爪单一，4 支。体有背环 47（44～

49）个，背环上饰有椭圆形微瘤；腹环 56（56～64）个，除末端 6 个腹环饰有条形微瘤外，其余腹环饰有椭圆形微瘤。侧毛 $c2$ 长 10μm，瘤距 47（47～48）μm，生于第 9 腹环；腹毛 d 长 35（35～45）μm，瘤距 30（30～32）μm，生于第 22 腹环；腹毛 e 长 6（6～8）μm，瘤距 15（15～17）μm，生于第 39 腹环；腹毛 f 长 17（17～20）μm，瘤距 20μm，生于体末第 5 腹环。尾毛 $h2$ 长 70μm；副毛 $h1$ 长 2μm。雌性外生殖器长 13μm，宽 21（20～21）μm；生殖器盖片饰有粒点；性毛 $3a$ 长 10（10～17）μm，瘤距 15μm。

观察标本：正模♀，副模 6♀，山西沁水下川，1420m，2012.VIII.17，谢满超采。

寄主：胡桃 *Juglans regia* Linn.（胡桃科 Juglandaceae）。

与寄主的关系：该螨在叶背自由活动，未见明显危害状。

分布：山西（历山）。

词源：新种种名 *regiae* 来自寄主植物的种本名 *regia*。

讨论：新种与红树林科氏瘿螨 *Keiferophyes avicenniae* Mohanasundaram，1993 相似，但新种背盾板光滑，基节光滑，羽状爪 4 支予以区别。红树林科氏瘿螨背盾板上侧中线和亚中线明显，基节饰有粒点，羽状爪 5 支。

6 华山松瘿螨 *Eriophyes armandis* Xue et Hong, 2006

雌螨：体蠕虫形，长 170μm，宽 55μm。喙长 25μm，斜下伸。背盾板长 34μm，宽 50μm，无前叶突。背盾板上饰有颗粒，仅有侧中线，靠近背瘤。背瘤位于盾后缘之前，瘤轴纵向；背毛长 10μm，内指。足 I 基节间具胸线，基节饰有粒点和短线，基节刚毛 3 对。足具模式刚毛；爪无端球；羽状爪单一，4 支。体背环 56 个，饰有椭圆形微瘤；腹环 66 个，饰有圆形微瘤。侧毛 18μm。腹毛 I 30μm，II 25μm，III 20μm。有副毛。雌性外生殖器长 12μm，宽 24μm；生殖器盖片饰有 8～10 条纵肋，性毛 15μm。

雄螨：体长 105μm，宽 35μm。雄外生殖器宽 20μm，性毛 10μm。

观察标本：10♀3♂，山西沁水下川，1400m，2012.VIII.19，谢满超采。

寄主：华山松 *Pinus armandii* Franch.（松科 Pinaceae）。

与寄主的关系：在叶背面爬行，未见明显危害状。

分布：山西（历山）、河南。

叶刺瘿螨亚科 Phyllocoptinae

体纺锤形；喙大小适中，斜下伸；背盾板有前叶突或无；足各节俱全；大体背环宽，腹环窄，或背腹环相似；背环弓形或形成脊、槽；雌生殖盖片有 1 排纵肋或无。

山西历山自然保护区采到 4 族 15 属 34 种。

分族检索表

1 羽状爪分叉 ……………………………………………………… 小丽瘿螨族 Acaricalini
- 羽状爪单一 ………………………………………………………………………… 2
2 大体背环有明显的侧突或背盾板有后突或侧突 ………………… 顶背瘿螨族 Tegonotini
- 大体背环无侧突，背盾板正常 ……………………………………………………… 3
3 背瘤位于盾后缘之前，背毛内指、上指或前指 ………………… 叶刺瘿螨族 Phyllocoptini
- 背瘤位于盾后缘，背毛后指或斜后指 ………………… 花刺瘿螨族 Anthocoptini

7 梢木小丽瘿螨 *Acaricalus paralobus* Keifer, 1961，中国新记录

雌螨：体纺锤形，长 180μm，宽 80μm。喙长 25μm，斜下伸。背盾板长 53μm，宽 65μm，具前叶突。无背中线，侧中线和亚中线形成模糊的网格。背瘤位于盾后缘之前，瘤轴纵向；背毛 14μm，内指。足 I 基节间具胸线，基节饰有线条；基节刚毛 3 对。足具模式刚毛；前胫节刚毛生于侧面近基部 1/5 处；爪具端球；羽状爪分叉，每侧 4 支。体背环 39 个，饰有圆形微瘤；具侧脊（前 26～28 个背环）和背中脊（前 32 个背环）；腹环 76 个，饰有圆形微瘤。侧毛 32μm。腹毛 I 35μm，II 20μm，III 22μm。有副毛。雌性外生殖器长 20μm，宽 25μm，生殖器盖片饰有 10 条纵肋，性毛 15μm。

观察标本：8♀，山西沁水下川，2000m，2012.VIII.21，谢满超采。

寄主：红桦 *Betula albo-sinensis* Bark.（桦科 Betulaceae）。

与寄主的关系：在叶背面爬行，未见明显危害状。

分布：山西（历山）；美国。

8 谢氏瘿螨 *Shevtchenkella* sp.

观察标本：4♀，山西沁水下川，2012.VIII.22，谢满超采。

寄主：元宝槭 *Acer elegantulum* Fang et Chiu.（槭树科 Aceraceae）。

与寄主的关系：在叶背面爬行，未见明显危害状。

分布：山西（历山）。

叶刺瘿螨族 Phyllocoptini

体纺锤形；喙小，斜下伸；背瘤位于背盾板后缘之前或近盾板后缘，基轴纵向或斜向，背毛前指、上指或内指；足各节俱全，羽状爪单一。

山西历山自然保护区采到 7 属 15 种。

分属检索表

1 喙端毛 *d* 分叉，足无股节刚毛 ....离子瘿螨属 *Leipothrix*

- 喙端毛 *d* 不分叉，足有股节刚毛 2

2 大体具背中脊 3

- 大体无背中脊 5

3 背中脊先于侧脊终止于背槽中 ....上三脊瘿螨属 *Calepitrimerus*

- 背中脊与侧脊同时消失 4

4 前叶突端部不分叉 ....上脊瘿螨属 *Epitrimerus*

- 前叶突端部分叉 ....新上脊瘿螨属 *Neoepitrimerus*

5 大体扁平 ....平植羽瘿螨属 *Platyphytoptus*

- 大体背环弓形或有背槽或沟 6

6 大体具宽的背中槽 ....皱叶刺瘿螨属 *Phyllocoptruta*

- 大体背环弓形，无背中槽 ....叶刺瘿螨属 *Phyllocoptes*

9 内蒙古上三脊瘿螨 *Calepitrimerus neimongolensis* Kuang et Geng, 1993

雌螨：体纺锤形，长 145μm，宽 68μm。背盾板长 46μm，宽 60μm，具前叶突。无背中线，侧中线和亚中线粒点状。背瘤位于盾后缘之前，背毛 5μm，内指。足 I 基节间具胸线，

基节饰有粒点，基节刚毛 3 对。足具模式刚毛；爪具端球；羽状爪单一，4 支。体有背环 39～40 个，前 5 个背环上饰有微瘤；具背中脊和侧脊，背中脊短于侧脊。腹环 65～68 个，饰有圆形微瘤。侧毛 15μm。腹毛 I 30μm，II 20μm，III 16μm。有副毛。雌性外生殖器长 15μm，宽 22μm，生殖器盖片饰有纵肋 10 条，性毛 12μm。

观察标本：2♀，山西沁水下川，1200m，2012.VIII.17，谢满超采。

寄主：果梨 *Pyrus bretschneideri* Rehd.（蔷薇科 Rosaceae）。

与寄主的关系：在叶背面爬行，未见明显危害状。

分布：山西（历山）、内蒙古。

10 上瘿螨 *Epitrimerus* sp.

观察标本：11♀，山西沁水张马村，2012.VIII.16，谢满超采。

寄主：桃叶卫矛 *Euonymus bungeanus* Maxim.（卫矛科 Celastraceae）。

与寄主的关系：该螨在叶背自由活动，未见明显危害状。

分布：山西（历山）。

11 珍珠梅上瘿螨 *Epitrimerus amygdali* Xue et Hong, 2005

雌螨：体纺锤形，长 190～235μm，宽 68～93μm。喙长 20μm，斜下伸。背盾板长 50μm，宽 60μm，具前叶突。背盾板上仅有不完整侧中线。背瘤位于盾后缘之前，瘤轴纵向；背毛 5μm，内指。足 I 基节间具胸线，基节饰有线条；基节刚毛 3 对。足具模式刚毛；爪具端球；羽状爪单一，4 支。体有背环 48～50 个，前 5～10 个背环形成背中脊。腹环 88～91 个，饰有圆形微瘤。侧毛 25μm。腹毛 I 43μm，II 20μm，III 20μm。有副毛 h1 长 4μm，毛距 5μm；尾毛 h2 长 50μm，毛距 10μm。雌性外生殖器长 15μm，宽 23μm，生殖器盖片饰有纵肋 10 条，性毛长 11μm。

观察标本：13♀，山西沁水下川，1900m，2012.VIII.21，谢满超采。

寄主：华北珍珠梅 *Sorbaria kirilowii* (Regal.) Maxim.（蔷薇科 Rosaceae）。

与寄主的关系：在叶背面爬行，未见明显危害状。

分布：山西（历山）、河南、甘肃。

12 桑离子瘿螨 *Leipothrix moraceus* Castagnoli, 1980

雌螨：体纺锤形，长 195μm，宽 73μm，厚 50μm。喙长 23μm，斜下伸。背盾板长 48μm，宽 60μm，前叶突盖过喙基部。背中线断续状，侧中线和亚中线形成 3 排网格。背瘤位于盾后缘之前，背毛 7μm，内指。足 I 基节间具胸线，基节饰有短线，基节刚毛 3 对。足无股节刚毛；足 I 具胫节刚毛；爪具端球；羽状爪单一，4 支。体有背环 37 个，饰有圆形微瘤；从第 5 背环至第 23 背环形成背中脊。腹环 56～58 个，饰有圆形微瘤。侧毛 23μm。腹毛 I 45μm，II 20μm，III 30μm。有副毛。雌性外生殖器长 18μm，宽 21μm，生殖器盖片基部饰有粒点，性毛 12μm。

观察标本：15♀，山西沁水下川，1400m，2012.VIII.17，谢满超采。

寄主：桑树 *Morus alba* Linn.（桑科 Moraceae）。

与寄主的关系：在叶片背面活动，未见明显危害状。

分布：山西（历山）、陕西；意大利。

13 离子瘿螨 *Leipothrix* sp. 1

观察标本：10♀，山西沁水下川，2012.VIII.20，谢满超采。

寄主：益母草 *Leonurus japonicus* Houtt.（唇形科 Lamiaceae）；田葛缕子 *Carum buriaticum*

Turcz.（伞形科 Apiaceae）。

　　与寄主的关系：在叶背面爬行，未见明显危害状。

　　分布：山西（历山）。

14　离子瘿螨 *Leipothrix* sp. 2

　　观察标本：13♀，山西沁水下川，2012.VIII.20，谢满超采。

　　寄主：老鹳草 *Geranium wilfordii* Maxim.（牻牛儿科 Geraniaceae）。

　　与寄主的关系：在叶背面爬行，未见明显危害状。

15　历山新上瘿螨 *Neoepitrimerus lishanensis* sp. nov.，新种（图 5）

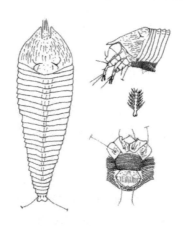

图 5　历山新上瘿螨 *Neoepitrimerus lishanensis* sp. nov.，新种

　　雌螨：体纺锤形，长 195μm，宽 65μm，厚 65μm。喙长 38μm，斜下伸；喙端毛 *d* 长 13μm。背盾板长 52μm，宽 61μm，前叶突端部分叉。背盾板饰有粒点和短纵线。背瘤位于盾后缘之前，瘤距 28μm；背毛长 8μm，内指。足 I 基节间具胸线；基节饰有少量短线；基节刚毛 *1b* 长 10μm，瘤距 15μm；基节刚毛 *1a* 长 20μm，瘤距 8μm；基节刚毛 *2a* 长 45μm，瘤距 28μm。足 I 长 35μm，股节长 10μm，股节刚毛 *bv* 长 15μm；膝节长 5μm，膝节刚毛 *l″* 长 20μm；胫节长 10μm，胫节刚毛 *l′* 长 5μm，生于胫节侧面近端部 1/3 处；跗节长 5μm，跗节背毛 *ft′* 和侧毛 *ft″* 长均为 25μm；爪长 8μm，具端球；羽状爪单一，7 支。足 II 长 33μm，股节长 10μm，股节刚毛 *bv* 长 13μm；膝节长 5μm，膝节刚毛 *l″* 长 5μm；胫节长 8μm；跗节长 5μm，跗节背毛 *ft′* 长 7μm，侧毛 *ft″* 长 25μm；爪长 8μm，具端球；羽状爪单一，7 支。体有背环 26 个，前 2～3 个背环稍低，第 4～24 背环形成背中脊，背中脊上饰有线条。腹环 87～94 个，除末端 19 个腹环饰有锥形微瘤外，其余腹环饰有圆形微瘤。侧毛 *c2* 长 10μm，瘤距 53μm，生于第 20～21 腹环；腹毛 *d* 长 58μm，瘤距 28μm，生于第 37～38 腹环；腹毛 *e* 长 45μm，瘤距 15μm，生于第 58～59 腹环；腹毛 *f* 长 25μm，瘤距 20μm，生于体末第 6～7 腹环。尾毛 *h2* 长 45μm；具副毛。雌性外生殖器长 20μm，宽 28μm，生殖器盖片饰有 10～12 条纵肋；性毛 *3a* 长 20μm，瘤距 15μm。

　　观察标本：正模♀，副模 2♀，山西沁水张马村，1000m，2012.VIII.16，谢满超采。

　　寄主：侧柏 *Platycladus orientalis* (L.) Franco（柏科 Cupressaceae）。

　　与寄主的关系：在松针表面爬行，未见明显危害状。

　　分布：山西（历山）。

词源：新种种名来自模式标本的采集地名。

讨论：新种与侧柏新上瘿螨 *Neoepitrimerus platycadi* Kuang *et* Li，1994 相似，但新种背盾板饰有粒点和纵线，基节饰有少量短线，雌生殖盖片饰有 10～12 条纵肋相区别。侧柏新上瘿螨背盾板饰有断续侧中线，基节光滑，雌生殖盖片饰有 14～18 条纵肋。

16 奇异叶刺瘿螨 *Phyllocoptes aphrastus* Keifer, 1940

雌螨：体纺锤形，长 130～170μm，宽 63～70μm，厚 70μm。喙长 20μm，斜下伸。背盾板 45μm，宽 58μm，具前叶突。背盾板光滑。背瘤位于盾后缘之前，瘤轴纵向；背毛 10μm，内上指。足 I 基节稍分离，基节饰有少量线条，基节刚毛 3 对。足具模式刚毛；爪具端球；羽状爪单一，3 支。体有背环 48～50 个，弓形，光滑。腹环 58～60 个，光滑。侧毛 27μm。腹毛 I 50μm，II 16μm，III 30μm。有副毛。雌性外生殖器长 13μm，宽 23μm，生殖器盖片饰有纵肋 10～12 条，性毛 32μm。

观察标本：11♀，山西沁水下川，1400m，2012.VIII.18，2012.VIII. 21，谢满超采。

寄主：山楂 *Crataegus pinnatifida* Bunge、野山楂 *Crataegus cuneata* Sieb. *et* Zucc.（蔷薇科 Rosaceae）。

与寄主的关系：在叶背面爬行，未见明显危害状。

分布：山西（历山）、内蒙古；美国。

17 云杉叶刺瘿螨 *Phyllocoptes asperatae* Song, Xue *et* Hong, 2006

雌螨：体纺锤形，长 183～210μm，宽 73μm，厚 75μm。喙长 39μm，斜下伸。背盾板长 58μm，宽 70μm，具前叶突。背中线和侧中线模糊。背瘤位于盾后缘之前，瘤轴纵向；背毛 5μm，内指。足 I 基节间具胸线，基节饰有线条，基节刚毛 3 对。足具模式刚毛；爪具端球；羽状爪单一，7 支。体有背环 57～60 个，弓形，饰有颗粒状蜡质。腹环 78～80 个，饰有圆形微瘤。侧毛 34μm。腹毛 I 50μm，II 40μm，III 25μm。有副毛。雌性外生殖器长 20μm，宽 25μm；生殖器盖片基部饰有粒点，端部饰有两条斜线；性毛 20μm。

雄螨：体长 150μm，宽 68μm。雄性外生殖器宽 25μm。

观察标本：5♀3♂，山西沁水张马村，1000m，2012.VIII.16，谢满超采。

寄主：云杉 *Picea asperata* Mast.（松科 Pinaceae）。

与寄主的关系：在叶表面爬行，未见明显危害状。

分布：山西（历山）、甘肃。

18 绣线菊叶刺瘿螨 *Phyllocoptes spiraeae* Xue *et* Hong, 2005

雌螨：体纺锤形，长 235μm，宽 88μm。喙长 35μm，斜下伸。背盾板长 45μm，宽 67μm，具前叶突。背盾板无背中线，侧中线在盾后缘前相交，具亚中线。背瘤近盾后缘，瘤轴纵向；背毛 10μm，内上指。足 I 基节间具胸线，基节饰有粒点和短线，基节刚毛 3 对。足具模式刚毛；爪无端球；羽状爪单一，8 支。体有背环 53～57 个，弓形，饰有微瘤。腹环 64～70 个，饰有圆形微瘤。侧毛 40μm。腹毛 I 60μm，II 30μm，III 35μm。有副毛。雌性外生殖器长 20μm，宽 25μm；生殖器盖片饰有 10 条纵肋；性毛 22μm。

观察标本：16♀，山西沁水下川，1400m，2012.VIII.21，谢满超采。

寄主：三裂绣线菊 *Spiraea trilobata* Linn.（蔷薇科 Rosaceae）。

与寄主的关系：在叶背面爬行，未见明显危害状。

分布：山西（历山）、陕西。

19 花楸叶刺瘿螨 Phyllocoptes sorbeus (Nalepa, 1926)，中国新记录

雌螨：体纺锤形，长 210μm，宽 85μm，厚 93μm。喙长 27μm，斜下伸。背盾板长 48μm，宽 60μm，具前叶突。背中线、侧中线和亚中线模糊。背瘤近盾后缘，瘤轴纵向；背毛 7μm，内指。足 I 基节间具胸线，基节饰有短线，基节刚毛 3 对。足具模式刚毛；爪具端球；羽状爪单一，4 支。体有背环 48～49 个，弓形，饰有微瘤。腹环 74～76 个，饰有圆形微瘤。侧毛 45μm。腹毛 I 60μm，II 23μm，III 33μm。有副毛。雌性外生殖器长 17μm，宽 27μm；生殖器盖片饰有 11 条纵肋，性毛 30μm。

观察标本：11♀，山西沁水下川，1700m，2012.VIII.21，谢满超采。

寄主：花楸 Sorbus pohuashanensis (Hance.) Hedl.（蔷薇科 Rosaceae）。

与寄主的关系：在叶背面爬行，未见明显危害状。

分布：山西（历山）；意大利。

20 叶刺瘿螨 Phyllocoptes sp.

观察标本：10♀，山西沁水下川，2012.VIII.17，谢满超采。

寄主：龙芽草 Agrimonia pilosa Ledeb.（蔷薇科 Rosaceae）。

与寄主的关系：该螨在叶背自由活动，未见明显危害状。

分布：山西（历山）。

21 侧柏皱叶刺瘿螨 Phyllocoptruta platyclada Xue, Song, Amring et Hong, 2007

雌螨：体纺锤形，长 127～190μm，宽 50～53μm，厚 30～60μm，黄色。喙长 20μm，斜下伸。背盾板长 32μm，宽 40μm，具前叶突。背盾板上饰有粒点，背中线仅留 1/3 于盾后缘之前，侧中线完整，亚中线与背瘤相接。背瘤位于盾后缘，瘤轴斜向；背毛 5μm，上内指。足 I 基节间具胸线，基节饰有短线，基节刚毛 3 对。足具模式刚毛；爪具端球；羽状爪单一，6 支。体有背环 39 个，前 29～30 个背环形成宽的背中槽，背环上饰有条形微瘤，侧脊覆盖蜡质。腹环 65～67 个，饰有圆形微瘤。侧毛 15μm。腹毛 I 40μm，II 7μm，III 20μm。有副毛。雌性外生殖器长 10μm，宽 25μm，生殖器盖片饰有 12 条纵肋，性毛长 15μm。

观察标本：7♀，山西沁水张马村，1000m，2012.VIII.16，谢满超采。

寄主：侧柏 Platycladus orientalis (L.) Franco（柏科 Cupressaceae）。

与寄主的关系：在松针表面爬行，未见明显危害状。

分布：山西（历山）、陕西、甘肃、江苏、西藏。

22 马尾松平植羽瘿螨 Platyphytoptus pineae Castagnoli, 1973

雌螨：体纺锤形，长 175～190μm，宽 80μm，厚 75μm，黄色。喙长 40μm，斜下伸。背盾板长 70μm，宽 90μm，后缘两侧外凸，前叶突透明。背盾板上饰有颗粒状蜡质。背瘤位于盾后缘之前，瘤轴纵向；背毛 5μm，内上指。足 I 基节愈合，基节饰有短线，基节刚毛 3 对。足具模式刚毛；爪具端球；羽状爪单一，4 支。体有背环 34～38 个，背环上饰有微瘤。腹环 94～98 个，饰有圆形微瘤。侧毛 15μm。腹毛 I 55μm，II 30μm，III 15μm。有副毛。雌性外生殖器长 25μm，宽 30μm，生殖器盖片基部饰有短线，端部饰有 14～16 条纵肋，性毛长 10μm。

观察标本：12♀，山西沁水下川，1400m，2012.VIII.20，谢满超采。

寄主：马尾松 Pinus massoniana Lamb.（松科 Pinaceae）。

与寄主的关系：在叶背面爬行，未见明显危害状。

分布：山西（历山）、安徽。

花刺瘿螨族 Anthocoptini

体纺锤形；喙大小适中，斜下伸；背瘤位于背盾板后缘或近盾板后缘，背毛后指或斜后指；足各节俱全，刚毛有变化，羽状爪单一；大体背环弓形或波形成脊、槽或沟。

山西历山自然保护区采到 6 属 17 种。

分属检索表

1 大体背环弓形，无背中槽或背中脊 2
- 大体背环波形，具背中槽或背中脊 4
2 前叶突端部有 2～4 个刺突 .... 刺瘿螨属 *Aculus*
- 前叶突端部无刺突 3
3 尾体背环突然变窄 .... 花刺瘿螨属 *Anthocoptes*
- 尾体背环逐渐变窄 .... 刺皮瘿螨属 *Aculops*
4 大体具背中槽 5
- 大体具背中脊 .... 畸瘿螨属 *Abacarus*
5 前叶突端部有 2 个刺突 .... 四刺瘿螨属 *Tetraspinus*
- 前叶突端部无刺突 .... 四瘿螨属 *Tetra*

23 畸瘿螨 *Abacarus* sp.

观察标本：15♀2♂，山西沁水下川，2012.VIII.21，谢满超采。

寄主：披碱草 *Elymus dahuricus* Turcz.（禾本科 Poaceae）。

与寄主的关系：在叶背面爬行，未见明显危害状。

分布：山西（历山）。

24 科隆刺皮瘿螨 *Aculops neokonoella* Keifer, 1975，中国新记录

雌螨：体纺锤形，扁平，长 110μm，宽 50μm，厚 70μm。喙长 25μm，斜下伸。背盾板长 32μm，宽 45μm，前叶突小。背中线仅留后端 1/4，侧中线完整，在背盾板中部形成近菱形图案；亚中线不完整，与侧中线相连。背瘤位于盾后缘，背毛 50μm，斜后指。足 I 基节间具胸线，基节饰有少量线条，基节刚毛 3 对。足具模式刚毛；爪具端球；羽状爪单一，2 支。体有背环 16～17 个，饰有条形微瘤。腹环 48～50 个，饰有椭圆形微瘤。侧毛 10μm。腹毛 I 40μm，II 9μm，III 12μm。有副毛。雌性外生殖器长 10μm，宽 20μm，生殖器盖片饰有纵肋 6～8 条，性毛长 10μm。

观察标本：8♀，山西沁水下川，1500m，2012.VIII.17，谢满超采。

寄主：榆树 *Ulmus pumila* Linn.（榆科 Ulmaceae）。

与寄主的关系：在叶背面爬行，未见明显危害状。

分布：山西（历山）；美国。

25 山马兰刺皮瘿螨 *Aculops kalimeris* Xie, 2013（图 6）

雌螨：体纺锤形，扁平，长 165μm，宽 58μm，厚 50μm。喙长 20μm，斜下伸。背盾板长 40μm，宽 42μm，前叶突端部具 1 刺突。无背中线和侧中线，亚中线不完整，背盾板边缘饰有粒点。背瘤位于盾后缘，背毛 12 μm，斜后指。足 I 基节间具胸线，基节饰有线条，基节刚毛 I 8μm，II 10μm，III 30μm。足 I 长 27μm，足 II 长 24μm。足具模式刚毛，胫节刚毛生

于侧面近基部 1/3 处；爪具端球；羽状爪单一，4 支。体有背环 26 个，饰有条形微瘤。腹环 60 个，饰有圆形微瘤。侧毛 7μm。腹毛 I 30μm，II 15μm，III 16μm。有副毛。雌性外生殖器长 15μm，宽 20μm，生殖器盖片饰有纵肋 8～10 条；性毛 12μm。

　　雄螨：体长 125μm，宽 51μm，厚 45μm。雄外生殖器宽 15μm，性毛 10μm。

　　观察标本：11♀2♂，山西沁水下川，2012.VIII.17，谢满超采。

　　寄主：山马兰 *Kalimeris lautureana* (Debx.) Kitam.（菊科 Compositae）。

　　与寄主的关系：在叶背面爬行，未见明显危害状。

　　分布：山西（历山）。

图 6　山马兰刺皮瘿螨 *Aculops kalimeris* Xie, 2013

26 稠李刺皮瘿螨 *Aculops padus* Xie, 2013（图 7）

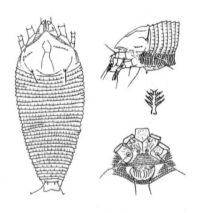

图 7　稠李刺皮瘿螨 *Aculops padus* Xie, 2013

　　雌螨：体纺锤形，长 150μm，宽 58μm，厚 50μm。喙长 20μm，斜下伸。背盾板长 40μm，宽 45μm。无背中线和亚中线，侧中线波形。背瘤位于盾后缘，背毛 10μm，后指。足 I 基节间具胸线，基节饰有线条，基节刚毛 I 5μm，II 10μm，III 30μm。足 I 长 26μm，足 II 长 24μm。足具模式刚毛，胫节刚毛生于侧面近基部 1/3 处；爪具端球；羽状爪单一，4 支。体有背环 30 个，饰有条形微瘤。腹环 58 个，饰有圆形微瘤。侧毛 15。腹毛 I 45μm，II 15μm，III 20μm。有副毛。雌性外生殖器长 13μm，宽 20μm，生殖器盖片饰有纵肋 8～10 条，性毛 14μm。

观察标本：8♀，山西沁水下川，1540m，2012.VIII.17，谢满超采。

寄主：稠李 *Prunus padus* Linn.（蔷薇科 Rosaceae）。

与寄主的关系：该螨在叶背自由活动，未见明显危害状。

分布：山西（历山）。

27 野豌豆刺皮瘿螨 *Aculops sepius* Xie, 2013（图 8）

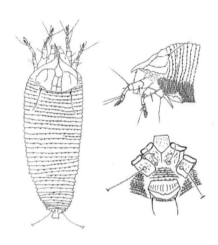

图 8　野豌豆刺皮瘿螨 *Aculops sepius* Xie, 2013

雌螨：体纺锤形，长 190μm，宽 65μm，厚 58μm。喙长 25μm，斜下伸。背盾板长 40μm，宽 50μm。背中线不完整；侧中线完整，与背中线构成 4 个矩形网格；亚中线弧形。背瘤位于盾后缘，背毛 26μm，斜后指。足 I 基节间具胸线，基节饰有短线，基节刚毛 I 6μm，II 15μm，III 45μm。足 I 长 32μm，足 II 长 30μm。足具模式刚毛，胫节刚毛生于侧面近基部 1/5 处；爪具端球；羽状爪单一，5 支。体有背环 35 个，饰有圆形微瘤。腹环 71 个，饰有圆形微瘤。侧毛 20。腹毛 I 50μm，II 13μm，III 20。有副毛。雌性外生殖器长 15μm，宽 23μm，生殖器盖片饰有 12 条纵肋，性毛 15μm。

观察标本：7♀，山西沁水下川，1520m，2012.VIII.17，谢满超采。

寄主：野豌豆 *Vicia sepium* Linn.（豆科 Leguminosae）。

与寄主的关系：该螨在叶背自由活动，未见明显危害状。

分布：山西（历山）。

28 刺瘿螨 *Aculus* sp.

观察标本：10♀14♂，山西沁水下川，2012.VIII.17，谢满超采。

寄主：木姜子 *Litsea pungens* Hemsl.（樟科 Lauraceae）。

与寄主的关系：该螨在叶背自由活动，未见明显危害状。

分布：山西（历山）。

29 苹果斯氏刺瘿螨 *Aculus schlechtendali* (Nalepa, 1890)

雌螨：体纺锤形，长 158μm，宽 65μm，厚 75μm。喙长 23μm，斜下伸。背盾板长 48μm，宽 60μm，前叶突具端刺。背中线、侧中线和亚中线模糊。背瘤位近盾后缘；背毛 8μm，后指。足 I 基节间具胸线，基节饰有粒点和短线，基节刚毛 3 对。足 I 长 30μm，足 II 长 28μm，具模式刚毛；羽状爪单一，4 支；爪具端球。体有背环 28 个，背环上饰有小微瘤。腹环 55～58

个，饰有圆形微瘤。侧毛 25μm。腹毛 I 28μm，II 17μm，III 16μm。有副毛。雌性外生殖器长 15μm，宽 25μm；生殖器盖片饰有纵肋 12 条；性毛 10μm。

观察标本：9♀，山西沁水下川，1200m，2012.VIII.17，谢满超采。

寄主：果梨 *Pyrus bretschneideri* Rehd（蔷薇科 Rosaceae）。

与寄主的关系：在叶背面爬行，未见明显危害状。

分布：山西（历山）、北京、甘肃、新疆、西藏；新西兰，美国。

30 湟中刺瘿螨 *Aculus huangzhongensis* Kuang, 2000

雌螨：体纺锤形，长 155μm，宽 75μm，厚 70μm，黄色。喙长 25μm，斜下伸。背盾板长 42μm，宽 60μm，具前叶突。背盾板光滑。背瘤位于盾后缘；背毛 15μm，斜后指。足 I 基节间具胸线，基节饰有少量短线，基节刚毛 3 对。足具模式刚毛；爪具端球；羽状爪单一，4 支。体有背环 36 个，光滑。腹环 52～55 个，饰有条形微瘤。侧毛 45μm。腹毛 I 50μm，II 20μm，III 35μm。有副毛。雌性外生殖器长 15μm，宽 25μm，生殖器盖片饰有 8 条模糊纵肋，性毛 20μm。

雄螨：体长 135μm，宽 60μm。雄外生殖器宽 20μm，性毛 12μm。

观察标本：7♀8♂，山西沁水下川，1300m，2012.VIII.19，谢满超采。

寄主：北京丁香 *Syringa pekinensis* Rupr.（木犀科 Oleaceae）。

与寄主的关系：在叶背面爬行，未见明显危害状。

分布：山西（历山）、青海。

31 刺瘿螨 *Aculus* sp.

观察标本：16♀1♂，山西沁水下川，2012.VIII.21，谢满超采。

寄主：山胡椒 *Lindera glauca* (Sieb et Zucc.) Bl.（樟科 Oleaceae）。

与寄主的关系：在叶背面爬行，未见明显危害状。

分布：山西（历山）。

32 榆花刺瘿螨 *Anthocoptes punctidorsa* Keifer, 1943，中国新记录

雌螨：体纺锤形，长 195μm，宽 68μm，厚 63μm。喙长 25μm，斜下伸。背盾板长 32μm，宽 55μm，具前叶突。背中线仅留后端 1/4，侧中线完整，与亚中线形成网格。背瘤位于盾后缘，背毛 55μm，后指。足 I 基节间具胸线，基节饰有少量粒点和短线，基节刚毛 3 对。足具模式刚毛；爪具端球；羽状爪单一，2 支。体有背环 22～23 个，饰有条形微瘤；前 14～15 个背环较宽，后 8 个背环突然变窄。腹环 49～52 个，饰有圆形微瘤。侧毛 15μm。腹毛 I 45μm，II 10μm，III 25μm。有副毛。雌性外生殖器长 15μm，宽 20μm，生殖器盖片饰有 6～8 条纵肋，性毛长 10μm。

观察标本：4♀，山西沁水下川，1500m，2012.VIII.17，谢满超采。

寄主：榆树 *Ulmus pumila* Linn.（榆科 Ulmaceae）。

与寄主的关系：在叶背面爬行，未见明显危害状。

分布：山西（历山）；美国。

33 桤木花刺瘿螨 *Anthocoptes alnus* Huang, 2001

雌螨：体纺锤形，长 240～250μm，宽 95μm，厚 83μm，黄色。喙长 30μm，斜下伸。背盾板长 50μm，宽 70μm，具前叶突。有不完整的背中线和侧中线。背瘤位于盾后缘，背毛 20μm，后指。足 I 基节间具胸线，基节饰有短线，基节刚毛 3 对。足具模式刚毛；爪具端球；羽状

爪单一，5 支。体有背环 19～20 个，光滑；前 13～14 个背环较宽，后 6 个背环突然变窄。腹环 70～75 个，饰有圆形微瘤。侧毛 30μm。腹毛 I 45μm，II 23μm，III 30μm。有副毛。雌性外生殖器长 15μm，宽 25μm，生殖器盖片饰有 8～10 条纵肋，性毛 20μm。

　　雄螨：体长 175μm，宽 63μm。雄外生殖器宽 23μm。

　　观察标本：8♀5♂，山西沁水下川，2000m，2012.VIII.21，谢满超采。

　　寄主：红桦 *Betula albo-sinensis* Burk.（桦科 Betulaceae）。

　　与寄主的关系：在叶背面爬行，未见明显危害状。

　　分布：山西（历山）、吉林、陕西。

34 花刺瘿螨 *Anthocoptes* sp.

　　观察标本：4♀4♂，山西沁水下川，2012.VIII.18，谢满超采。

　　寄主：虎榛子 *Ostryopsis davidiana* Decaisne（桦木科 Betulaceae）。

　　与寄主的关系：在叶背面爬行，未见明显危害状。

　　分布：山西（历山）。

35 胡桃花刺瘿螨 *Anthocoptes regius* sp. nov.，新种（图 9）

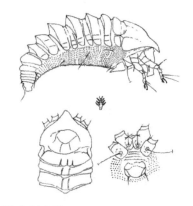

图 9　胡桃花刺瘿螨 *Anthocoptes regius* sp. nov.，新种

　　雌螨：体纺锤形，长 200μm，宽 65μm，厚 52μm，淡黄色。喙长 25μm，斜下伸。背盾板长 43μm，宽 60μm，前叶突盖过喙基部。背盾板上饰有不规则弧形线条。背瘤位于盾后缘，瘤距 42μm；背毛长 5μm，斜后指。足 I 基节间具胸线；基节饰有少量短线；基节刚毛 1*b* 长 6μm，瘤距 11μm；基节刚毛 1*a* 长 8μm，瘤距 8μm；基节刚毛 2*a* 长 30μm，瘤距 24μm。足 I 长 32μm，股节长 10μm，股节刚毛 *bv* 长 7μm；膝节长 5μm，膝节刚毛 *l″* 长 7μm；胫节长 7μm，胫节刚毛 *l′* 长 3μm，生于胫节侧面 1/2 处；跗节长 7μm，跗节背毛 *ft′* 和侧毛 *ft″* 长均为 15μm；爪长 8μm，具端球；羽状爪单一，4 支。足 II 长 28μm，股节长 10μm，股节刚毛 *bv* 长 6μm；膝节长 4μm，膝节刚毛 *l″* 长 4μm；胫节长 5μm；跗节长 6μm，跗节背毛 *ft′* 长 5μm，跗节侧毛 *ft″* 长 15μm；爪长 8μm，具端球；羽状爪单一，4 支。后体有背环 13 个，前 9 环宽而厚，饰有纵线；后 4 环窄而小，光滑。腹环 61 个，除末端 4 个腹环饰有条形微瘤外，其余腹环饰有圆形微瘤。侧毛 *c2* 长 8μm，瘤距 53μm，生于第 11 腹环；腹毛 *d* 长 17μm，瘤距 38μm，生于第 24 腹环；腹毛 *e* 长 6μm，瘤距 18μm，生于第 40 腹环；腹毛 *f* 长 15μm，瘤距 20μm，生于体末第 5 腹环。副毛 *h1* 长 2μm；尾毛 *h2* 长 15μm。雌性外生殖器长 10μm，宽 20μm；生殖器盖片光滑；性毛 3*a* 长 6μm，瘤距 16μm。

雄螨：体长 155μm，宽 52μm。雄性外生殖器宽 18μm，性毛 3*a* 长 8μm，瘤距 14μm。

观察标本：正模♀，副模 2♀4♂，山西沁水下川，1400m，2012.VIII.17，谢满超采。

寄主：胡桃 *Juglans regia* Linn.（胡桃科 Juglandaceae）。

与寄主的关系：该螨在叶背自由活动，未见明显危害状。

分布：山西（历山）。

词源：新种种名 *regius* 来自寄主植物的种本名 *regia*。

讨论：新种与 *Anthocoptes rubixolens* Roivaien，1953 及 *A. bakeri* Keifer，1959 相似，但新种雌生殖盖片光滑予以区别（*A. rubixolens* 雌生殖盖片有 10 条纵肋；*A. bakeri* 雌生殖盖片饰有 10～12 条纵肋）。

36 翠花四瘦螨 *Tetra cuihuae* Xue, Song *et* Hong, 2006

雌螨：体纺锤形，长 165μm，宽 70μm，淡黄色。喙长 26μm，斜下伸。背盾板长 42μm，宽 62μm，具前叶突。背线模糊。背瘤位于盾后缘，背毛 10μm，斜后指。足 I 基节间具胸线，基节饰有短线，基节刚毛 3 对。足具模式刚毛；爪具端球；羽状爪单一，4 支。体有背环 29 个，前 20～23 个背环形成背中槽；腹环 70～75 个，饰有圆形微瘤。侧毛 25μm。腹毛 I 45μm，II 25μm，III 25μm。有副毛。雌性外生殖器长 15μm，宽 21μm，生殖器盖片饰有 10 条纵肋，性毛 13μm。

雄螨：体长 105μm，宽 50μm。雄外生殖器宽 20μm，性毛 15μm。

观察标本：2♀4♂，山西沁水下川，1500m，2012.VIII.17，谢满超采；9♀6♂，山西沁水下川，2012.VIII.21，谢满超采。

寄主：毛白杨 *Poplus tomentosa* Carr.，杨树 *P. daridiana* Dode.（杨柳科 Salicaceae）。

与寄主的关系：在叶背面爬行，未见明显危害状。

分布：山西（历山）、吉林、陕西。

37 东杨四瘦螨 *Tetra lobuliferus* (Keifer, 1961)

雌螨：体纺锤形，长 240μm，宽 78μm，厚 65μm，淡黄色。喙长 25μm，斜下伸。背盾板长 44μm，宽 55μm，具前叶突。背线模糊。背瘤位于盾后缘，背毛 20μm，斜后指。足 I 基节间具胸线，基节光滑，基节刚毛 3 对。足具模式刚毛；爪具端球；羽状爪单一，4 支。体有背环 33～34 个，前 20～23 个背环形成背中槽，饰有微瘤；腹环 60～63 个，饰有圆形微瘤。侧毛 45μm。腹毛 I 70μm，II 25μm，III 35μm。有副毛。雌性外生殖器长 20μm，宽 25μm，生殖器盖片饰有 10 条纵肋，性毛 20μm。

观察标本：6♀，山西沁水下川，1500m，2012.VIII.21，谢满超采。

寄主：毛白杨 *Poplus tomentosa* Carr.（杨柳科 Salicaceae）。

与寄主的关系：在叶背面爬行，未见明显危害状。

分布：山西（历山）、山东、河北、新疆、陕西、江苏；美国。

38 垂柳四瘦螨 *Tetra salixis* Xue, Song *et* Hong, 2006

雌螨：体纺锤形，长 158μm，宽 60μm，厚 45μm。喙长 25μm，斜下伸。背盾板长 36μm，宽 55μm，具前叶突。背中线仅留后端 1/4，侧中线完整，与亚中线形成网格。背瘤位于盾后缘，背毛 25μm，后指。足 I 基节间具胸线，基节饰有短线，基节刚毛 3 对。足具模式刚毛；爪具端球；羽状爪单一，6 支。体有背环 29 个，饰有微瘤；腹环 70～73 个，饰有圆形微瘤。侧毛 18μm。腹毛 I 50μm，II 30μm，III 30μm。有副毛。雌性外生殖器长 15μm，宽 18μm，生殖器盖片饰有 8～10 条纵肋，性毛 16μm。

雄螨：体长 125μm，宽 55μm。雄性外生殖器宽 23μm，性毛 17μm。

观察标本：12♀，山西沁水张马村，1000m，2012.VIII.16，谢满超采；4♀1♂，山西沁水下川，2012.VIII.21，谢满超采。

寄主：垂柳 *Salix babylonica* Linn.，红皮柳 *S. sinopurpurea* Wang *et* Yang（杨柳科 Salicaceae）。

与寄主的关系：在叶背面爬行，未见明显危害状。

分布：山西（历山）、陕西、甘肃、新疆。

39 短毛四刺瘿螨 *Tetraspinus brevsetius* sp. nov.，新种（图 10）

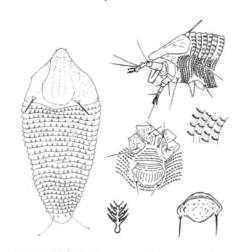

图 10　短毛四刺瘿螨 *Tetraspinus brevsetius* sp. nov.，新种

雌螨：体纺锤形，长 154μm，宽 65μm，厚 45μm，黄色。喙长 20μm，斜下伸。背盾板长 42μm，宽 60μm，前叶突具两个端刺。背盾板饰有粒点，背线模糊。背瘤位于盾后缘，瘤距 35μm；背毛长 12μm，斜后指。足 I 基节间具胸线；基节饰有线条；基节刚毛 1b 长 12μm，瘤距 10μm；基节刚毛 1a 长 15μm，瘤距 6μm；基节刚毛 2a 长 27μm，瘤距 20μm。足 I 长 29μm，股节长 10μm，股节刚毛 bv 长 10μm；膝节长 4μm，膝节刚毛 l″长 18μm；胫节长 8μm，胫节刚毛 l′长 4μm，生于胫节侧面近基部 1/3 处；跗节长 5μm，跗节背毛 ft′和侧毛 ft″长均为 20μm；爪长 5μm，具端球；羽状爪单一，4 支。足 II 长 25μm，股节长 9μm，股节刚毛 bv 长 10μm；膝节长 4μm，膝节刚毛 l″长 5μm；胫节长 5μm；跗节长 5μm，跗节背毛 ft′长 6μm，跗节侧毛 ft″长 20μm；爪长 5μm，具端球；羽状爪单一，4 支。后体有背环 24 个，背环上饰有椭圆形微瘤；前 12 个背环形成 1 个背中槽，后 12 个背环形成弱的背中脊。腹环 61～64 个，除末端 5 个腹环饰有条形微瘤外，其余腹环饰有圆形微瘤。侧毛 c2 长 27μm，瘤距 48μm，生于第 11～12 腹环；腹毛 d 长 23μm，瘤距 29μm，生于第 24 腹环；腹毛 e 长 15μm，瘤距 15μm，生于第 40 腹环；腹毛 f 长 26μm，瘤距 20μm，生于体末第 5 腹环。副毛 h1 长 2μm；尾毛 h2 长 40μm。雌性外生殖器长 17μm，宽 22μm；生殖器盖片基部饰有横线，端部饰有纵肋 10～12 条；性毛 3a 长 12μm，瘤距 16μm。

雄螨：体长 130μm，宽 60μm。雄外生殖器宽 20μm，性毛 3a 长 10μm，瘤距 16μm。

观察标本：正模♀，副模 7♀1♂，山西沁水张马村，1300m，2012.VIII.16，谢满超采。

寄主：北京丁香 *Syringa pekinensis* Rupr.（木犀科 Oleaceae）。

与寄主的关系：该螨在叶背自由活动，未见明显危害状。

分布：山西（历山）。

词源：新种种名 brev：短，set：毛，us：阳性，意为背毛较短。

讨论：新种与丁香四刺瘿螨 *Tetraspinus syringae* Lin *et* Kuang，2001 相似，但新种背线模糊，背毛 12μm，背环上饰有椭圆形微瘤，雌生殖盖片有纵肋 10～12 条予以区别（*T. syringae* 背线明显，背毛 50μm，背环光滑，雌生殖盖片有纵肋 6～8 条）。

40 柔四刺瘿螨 *Tetraspinus lentus* Boczek, 1961

雌螨：体纺锤形，长 180μm，宽 70μm，厚 50μm，黄色。喙长 21μm，斜下伸。背盾板长 51μm，宽 67μm，前叶突具两个端刺。背中线、侧中线和亚中线模糊，背中线、侧中线在背盾板中部与 1 横线相交，亚中线"U"形，包围背中线和侧中线。背瘤近盾后缘，背毛 8μm，后指。足 I 基节间具胸线，基节饰有线条，基节刚毛 3 对。足具模式刚毛；爪长具端球；羽状爪单一，4 支。体有背环 26 个，饰有模糊的线条；大体形成宽的背中槽。腹环 57～61 个，饰有椭圆形微瘤。侧毛 10μm。腹毛 I 45μm，II 17μm，III 22μm。有副毛。雌性外生殖器长 17μm，宽 22μm，生殖器盖片端部饰有纵肋 10～12 条，性毛 15μm。

雄螨：体长 112μm，宽 60μm。雄外生殖器宽 20μm，性毛 13μm。

观察标本：5♀2♂，山西沁水下川，1400m，2012.VIII.17，谢满超采。

寄主：连翘 *Forsythia suspensa* (Thunb.) Vahl.（木犀科 Oleaceae）。

与寄主的关系：在叶表面爬行，未见明显危害状。

分布：山西（历山）、吉林；波兰。

羽爪瘿螨科 Diptilomiopidae

谢满超

（安康学院现代农业与生物科技学院，安康，725000）

体纺锤形；喙大，基部弯成直角下伸，口针长（一般在 40μm 以上）；背盾板有前叶突或无，背瘤和背毛有或无；足各节及刚毛有变化，羽状爪单一或分叉；大体背环弓形或波状，形成脊、沟或槽。雌生殖盖片光滑或饰有纵肋。

历山自然保护区采到 2 亚科：羽爪瘿螨亚科 Diptilomiopinae 和大嘴瘿螨亚科 Rhyncaphytoptinae。

分亚科检索表

1 羽状爪分叉 .... 羽爪瘿螨亚科 Diptilomiopinae

- 羽状爪单一 .... 大嘴瘿螨亚科 Rhyncaphytoptinae

羽爪瘿螨亚科 Diptilomiopinae

体纺锤形；喙大，基部弯成直角下伸；背盾板前叶突有或无，背瘤和背毛有或无；羽状爪分叉，足各节及刚毛有变化。

山西历山自然保护区采到 1 属 5 种。

41 忍冬双羽爪瘿螨 *Diptacus lonicerae* Kuang, 2001

雌螨：体纺锤形，长 270μm，宽 115μm，厚 125μm，淡黄色。喙长 65μm，基部弯成直角下伸。背盾板长 50μm，宽 90μm，具前叶突。背盾板前部有 1 排网格，侧中线完整。背瘤位于盾后缘之前，背毛 3μm，内上指。足 I 基节间分离，基节饰有粒点，基节刚毛 3 对。足无股节刚毛，前胫节刚毛生于背面近基部 1/3 处，羽状爪分叉，每侧 5 支，爪端球大。体有背环 49～52 个。腹环 93～97 个，饰有圆形微瘤。侧毛 40μm。腹毛 I 50μm，II 35μm，III 40μm。无副毛。雌性外生殖器长 30μm，宽 35μm，生殖器盖片饰有纵肋，性毛 12μm。

雄螨：体长 175μm，宽 95μm。雄外生殖器宽 25μm，性毛 10μm。

观察标本：8♀2♂，山西沁水下川，1800m，2012.VIII.21，谢满超采。

寄主：金银木 *Lonicera maackii* (Rupr.) Maxim.（忍冬科 Caprifoliaceae）。

与寄主的关系：在叶背面爬行，未见明显危害状。

分布：山西（历山）、辽宁。

42 嵩县双羽爪瘿螨 *Diptacus songxianensis* Xue et Hong, 2005

雌螨：体纺锤形，长 263μm，宽 95μm，厚 90μm，淡黄色。喙长 45μm，基部弯成直角下伸。背盾板长 48μm，宽 56μm，具前叶突。背中线、侧中线和亚中线俱在。背瘤位于盾后缘之前，瘤轴斜向；背毛 15μm，上前指。足 I 基节间具胸线，基节饰有粒点，基节刚毛 3 对。足无股节刚毛，前胫节刚毛生于背面 1/2 处，羽状爪分叉，每侧 4 支，爪端球大。体有背环 52 个；腹环 7375 个，饰有圆形微瘤。侧毛 20μm。腹毛 I 50μm，II 15μm，III 35μm。无副毛。雌性外生殖器长 37μm，宽 40μm，生殖器盖片饰有纵肋，性毛 12μm。

观察标本：15♀，山西沁水下川，1900m，2012.VIII.21，谢满超采。

寄主：春榆 *Ulmus japonica* (Rehd.) Naka.（榆科 Ulmaceae）。

与寄主的关系：在叶背面爬行，未见明显危害状。

分布：山西（历山）、河南、陕西。

43 双羽爪瘿螨 *Diptacus* sp. 1

观察标本：12♀，山西沁水下川，2012.VIII.21，谢满超采。

寄主：毛叶水枸子 *Cotoneater submultiflorus* Popv.（蔷薇科 Rosaceae）。

与寄主的关系：在叶背面爬行，未见明显危害状。

分布：山西（历山）。

44 双羽爪瘿螨 *Diptacus* sp. 2

观察标本：12♀5♂，山西沁水下川，2012.VIII.17，谢满超采。

寄主：红脉忍冬 *Lonicera nervosa* Maxim.（忍冬科 Caprifoliaceae）。

与寄主的关系：在叶背面爬行，未见明显危害状。

分布：山西（历山）。

45 双羽爪瘿螨 *Diptacus* sp. 3

观察标本：9♀，山西沁水下川，2012.VIII.18，谢满超采。

寄主：虎榛子 *Ostryopsis davidiana* Decaisne（桦木科 Betulaceae）。

与寄主的关系：在叶背面爬行，未见明显危害状。

分布：山西（历山）。

大嘴瘿螨亚科 Rhyncaphytoptinae

体纺锤形；喙大，基部弯成直角下伸；背盾板前叶突有或无，背瘤和背毛有或无；羽状爪单一，足各节及刚毛有变化。

山西历山自然保护区采到 3 属 6 种。

分属检索表

1　大体背、腹环相似 ....翠花瘿螨属 *Cuihuacarus*
- 大体背环宽、腹环窄 2
2　喙弯成锐角下伸 ....多弯瘿螨属 *Peralox*
- 喙弯成直角下伸 ....大嘴瘿螨属 *Rhyncaphytoptus*

46　长瘤翠华瘿螨 *Cuihuacarus longituberis* Xue, Song *et* Hong, 2009

雌螨：体纺锤形，长 245μm，宽 68μm，厚 68μm，淡黄色。喙长 60μm，基部弯成直角下伸。背盾板长 28μm，宽 50μm，无前叶突。侧中线完整。背瘤位于盾后缘，瘤大而长，瘤长 34μm，背毛较粗，长 45μm，上前指。足 I 基节间具胸线，基节光滑，基节刚毛 3 对。足具模式刚毛。前胫节刚毛生于侧面近基部 1/4 处，羽状爪单一，7 支，爪无端球。体有背环 31 个，饰有微瘤；腹环 64～67 个，饰有微瘤。侧毛 15μm。腹毛 I 50μm，II 18μm，III 40μm。有副毛。雌性外生殖器长 15μm，宽 25μm，生殖器盖片光滑，性毛 10μm。

雄螨：体长 160μm，宽 58μm。雄外生殖器宽 20μm，性毛 10μm。

观察标本：3♀1♂，山西沁水张马村，1900m，2012.VIII.16，谢满超采。

寄主：毛叶水栒子 *Cotoneaster submultiflorus* Popov（蔷薇科 Rosaceae）。

与寄主的关系：在叶片背面爬行，未见明显危害状。

分布：山西（历山）、陕西。

47　美洲榆多弯瘿螨 *Peralox insolita* Keifer, 1962，中国新记录

雄螨：体纺锤形，长 210μm，宽 83μm，厚 90μm。喙长 60μm，基部弯成锐角下伸。背盾板长 48μm，宽 65μm，具前叶突。背盾板饰有粒点。背瘤位于盾后缘，背毛 22μm，上指。基节刚毛 3 对。足具模式刚毛。爪具端球；羽状爪单一，4 支。体有背环 26 个，饰有圆形微瘤，第 1 背环与背盾板之间有沟，第 4～10 背环形成弱的侧脊。腹环 99～102 个。侧毛 15μm。腹毛 I 15μm，II 10μm，III 25μm。雄性外生殖器宽 30μm；性毛 12μm。

观察标本：6♂，山西沁水下川，1940m，2012.VIII.21，谢满超采。

寄主：兴山榆 *Ulmus bergmanniana* Schneid.（榆科 Ulmaceae）。

与寄主的关系：在叶背面爬行，未见明显危害状。

分布：山西（历山）、福建；美国。

48　榆大嘴瘿螨 *Rhyncaphytoptus ulmi* Xin *et* Dong, 1981

雌螨：体纺锤形，长 240μm，宽 98μm，厚 90μm。喙长 60μm，基部弯成直角下伸。背盾板长 30μm，宽 70μm，具前叶突。背中线虚线状，侧中线近"八"字形，具亚中线。背瘤位于盾后缘，背毛 18μm，前指。足 I 基节间具胸线；基节饰有少量短线；基节刚毛 3 对。足具模式刚毛。爪具端球；羽状爪单一，5 支。体有背环 36 个，饰有钉形微瘤，第 1 背环宽。腹环 79～84 个，饰有圆形微瘤。侧毛 10μm。腹毛 I 70μm，II 20μm，III 40μm。有副毛。雌

性外生殖器长 25μm，宽 40μm，生殖器盖片光滑，性毛 15μm。

雄螨：体长 150μm，宽 85μm。雄性外生殖器宽 25μm，性毛 15μm。

观察标本：5♀4♂，山西沁水下川，1500m，2012.VIII.17，谢满超采。

寄主：榆树 *Ulmus pumila* Linn.（榆科 Ulmaceae）。

与寄主的关系：在叶背面爬行，未见明显危害状。

分布：山西（历山）、江苏。

49 青榨槭大嘴瘿螨 *Rhyncaphytoptus acer* Chen, Wei et Qin, 2004

雌螨：体纺锤形，长 275μm，宽 110μm，厚 108μm，淡黄色。喙长 60μm，基部弯成直角下伸。背盾板长 30μm，宽 60μm，无前叶突。背盾板前部有 1 排网格，背中线、侧中线完整。背瘤位于盾后缘，背毛 19μm，前指。足 I 基节间具胸线，基节区饰有粒点，基节刚毛 3 对。足具模式刚毛。前胫节刚毛生于背面近 1/2 处；爪具端球；羽状爪单一，6 支。体有背环 75～79 个，前 10～12 个背环形成 1 个弱的背中脊，饰有圆形微瘤；腹环 92～95 个，饰有圆形微瘤。侧毛 9μm。腹毛 I 35μm，II 10μm，III 20μm。无副毛。雌性外生殖器长 25μm，宽 35μm，生殖器盖片饰有纵肋，性毛 8μm。

雄螨：体长 240μm，宽 90μm。雄外生殖器宽 25μm，性毛 7μm。

观察标本：10♀2♂，山西沁水下川，1960m，2012.VIII.21，谢满超采。

寄主：青榨槭 *Aceri davidii* Frarich.（槭树科 Aceraceae）。

与寄主的关系：在叶背面爬行，未见明显危害状。

分布：山西（历山）、黑龙江、吉林、辽宁、河南、陕西、广西。

50 美洲柳大嘴瘿螨 *Rhyncaphytoptus acilius* Keifer, 1939，中国新记录

雌螨：体纺锤形，长 220μm，宽 90μm，厚 85μm，淡黄色。喙长 60μm，基部弯成直角下伸。背盾板长 35μm，宽 60μm，具前叶突。背盾板上侧中线完整。背瘤位于盾后缘，背毛 20μm，前指。足 I 基节间具胸线，基节区饰有粒点，基节刚毛 3 对。足具模式刚毛，前胫节刚毛生于侧面近基部 1/3 处；爪无端球；羽状爪单一，8 支。体有背环 29 个，饰有圆形微瘤；腹环 85～90 个，饰有圆形微瘤。侧毛 15μm。腹毛 I 50μm，II 25μm，III 22μm。有副毛。雌性外生殖器长 16μm，宽 25μm，生殖器盖片光滑，性毛 12μm。

雄螨：体长 220μm，宽 83μm。雄外生殖器宽 23μm，性毛 15μm。

观察标本：11♀2♂，山西沁水下川，1960m，2012.VIII.21，谢满超采。

寄主：中华黄花柳 *Salix sinica* (Hao) Wang et Feng.（杨柳科 Salicaceae）。

与寄主的关系：在叶背面爬行，未见明显危害状。

分布：山西（历山）、陕西；美国。

51 木姜子大嘴瘿螨 *Rhyncaphytoptus pungenis* sp. nov.，新种（图 11）

雌螨：体纺锤形，长 213μm，宽 88μm，厚 90μm，淡黄色。喙长 45μm，基部弯成直角下伸；喙端毛 d 长 10μm。背盾板长 30μm，宽 60μm，前叶突微凹。背中线和侧中线完整，亚中线不完整；有 2 条横线与背线形成网格。背瘤位于盾后缘，瘤距 21μm；背毛 sc 长 10μm，前指。足 I 基节间具胸线；基节饰有少量短线；基节刚毛 $1b$ 长 11μm，瘤距 13μm；基节刚毛 $1a$ 长 27μm，瘤距 10μm；基节刚毛 $2a$ 长 58μm，瘤距 33μm。足 I 长 40μm，股节长 13μm，股节刚毛 bv 长 15μm；膝节长 5μm，膝节刚毛 l'' 长 29μm；胫节长 8μm，胫节刚毛 l' 长 7μm，生于胫节侧面 1/2 处；跗节长 9μm，跗节背毛 ft' 和侧毛 ft'' 长均为 30μm；爪长 9μm，具端球；羽状爪单一，6 支。足 II 长 39μm，股节长 13μm，股节刚毛 bv 长 12μm；膝节长 5μm，膝节

刚毛 *l''* 长 10μm；胫节长 7μm；跗节长 9μm，跗节背毛 *ft'* 长 10μm，跗节侧毛 *ft''* 长 30μm；爪长 9μm，具端球；羽状爪单一，6 支。体有背环 59～61 个，弓形，饰有钉形微瘤。腹环 86～89 个，除末端 9 个腹环饰有条形微瘤外，其余腹环饰有圆形微瘤。侧毛 *c2* 长 10μm，瘤距 65μm，生于第 11～12 腹环；腹毛 *d* 长 60μm，瘤距 50μm，生于第 28～29 腹环；腹毛 *e* 长 50μm，瘤距 30μm，生于第 45～46 腹环；腹毛 *f* 长 32μm，瘤距 22μm，生于体末第 9 腹环。尾毛 *h2* 长 60μm；无副毛。雌性外生殖器长 25μm，宽 32μm；生殖器盖片饰有两排纵肋；性毛 *3a* 长 13μm，瘤距 26μm。

雄螨：体长 190μm，宽 80μm，厚 75μm。雄性外生殖器宽 22μm，性毛长 10μm，瘤距 22μm。

观察标本：正模♀，副模 4♀4♂，山西沁水下川，1440m，2012.VIII.17，谢满超采。

寄主：木姜子 *Litsea pungens* Hemsl.（樟科 Lauraceae）。

与寄主的关系：该螨在叶背自由活动，未见明显危害状。

分布：山西（历山）。

词源：新种种名 *pungenis* 来自寄主植物的种本名 *pungens*。

讨论：新种与掌叶大嘴瘿螨 *Rhyncaphytoptus brassaiopsus* Wei, Wang *et* Li，2009 相似，但新种前叶突微凹，背环饰有钉形微瘤，腹毛 *e* 长 50μm，无副毛予以区别（*R. brassaiopsus* 前叶突正常，背环饰有圆形微瘤，腹毛 *e* 长 25μm，副毛明显）。

新种与青榨槭大嘴瘿螨 *Rhyncaphytoptus acer* Chen, Wei *et* Qin，2004 相似，但新种前叶突微凹，背环弓形，腹毛 *e* 长 50μm 予以区别（*R. acer* 无前叶突，背环形成宽的槽，腹毛 *e* 长 8μm）。

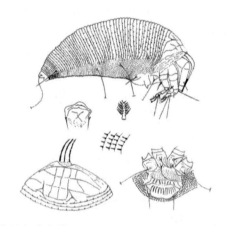

图 11　木姜子大嘴瘿螨 *Rhyncaphytoptus pungenis* sp. nov.，新种

参 考 文 献

匡海源, 1989. 刺皮瘿螨二新种记述(真螨目：瘿螨科)[J]. 昆虫学报, 32(2): 242-244.

匡海源, 1995. 中国经济昆虫志 第四十四册 蜱螨亚纲 瘿螨总科(一)[M]. 北京: 科学出版社.

匡海源, 1999. 中国叶刺瘿螨亚科三新种记述(蜱螨亚纲：瘿螨总科)[J]. 动物分类学报, 24(1): 38-42.

匡海源, 2000. 中国叶刺瘿螨亚科四新种记述(蜱螨亚纲：瘿螨总科)[J]. 动物分类学报, 25(4): 391-394.

匡海源, 2001. 中国双羽爪瘿螨属二新种记述(蜱螨亚纲：羽爪瘿螨科)[J]. 昆虫分类学报, 23(2): 153-156.

匡海源, 龚国玑, 罗光宏, 1998. 中国叶刺瘿螨亚科一新属五新种记述(蜱螨亚纲:瘿螨科)[J]. 昆虫学报, 41(2): 197-203.

匡海源, 李亚新, 沈百炎, 1994. 中国针叶树瘿螨一新属三新种记述[J]. 动物分类学报, 19(2): 175-180.

匡海源, 罗光宏, 1997. 中国瘿螨科一新属五新种记述(蜱螨亚纲: 瘿螨总科)[J]. 动物分类学报, 22 (4): 368-375.

匡海源, 张艳璇, 1999. 中国四瘿螨属二新种记述(蜱螨亚纲: 瘿螨总科)[J]. 昆虫分类学报, 21(2): 149-152.

匡海源, 卓文禧, 1989. 中国叶刺瘿螨亚科一新属七新种(真螨目: 瘿螨总科)[J]. 昆虫学报, 32(1): 113-121.

Boczek J, 1961. Studies on Eriophyid mites of Poland II[J]. Acarologia, 3(4): 560-570.

Castagnoli M, 1973. Contributo alla conescenza degli acari eriofidi sul gen. *Pinus* in Italia[J]. Redia, 54:1-22.

Chen J W, Wei S G, Qin A Z, 2004. A new genus and four new species of Eriophyid mites (Acari: Diptilomiopidae) from Guangxi province of China[J]. Systematic & Applied Acarology, 9: 69-75.

Hong X Y, Zhang Z Q, 1996. The Eriophyoid mites of China: An illustrated catalog and identification keys (Acari: Prostgimata: Eriophyoidea)[M]. Florida: Associated Publisher.

Huang K W, 2001. Eriophyoid Mites of Taiwan: description of eighty-six species from the Tengchih area[J]. Bulltin of the National Museum of Natural Science, 14: 1-84.

Keifer H H, 1938. Eriophyid Studies 1[M]. California: Bulletin of the California Department of Agriculture.

Keifer H H, 1939. Eriophyid Studies7[M]. California: Bulletin of the California Department of Agriculture.

Keifer H H, 1940. Eriophyid Studies 8[M]. California: Bulletin of the California Department of Agriculture.

Keifer H H, 1943. Eriophyid Studies 13[M]. California: Bulletin of the California Department of Agriculture.

Keifer H H, 1959. Eriophyid Studies 27[M]. California: Occasional Paper 1. California Department of Agriculture.

Keifer H H, 1961. Eriophyid Studies B-2[M]. California: Bureau of Entomology, California Department of Agriculture.

Keifer H H, 1962. Eriophyid Studies B-6[M]. California: Bureau of Entomology, California Department of Agriculture.

Keifer H H, 1975. Eriophyid Studies C11[M]. California: Agricultural Research Service, U. S. Department of Agriculture.

Keifer H H, 1977. Eriophyid Studies C14[M]. California: Agricultural Research Service, U. S. Department of Agriculture.

Kuang H Y, 1998. A new genus and four new species of the subfamily Phyllocoptinae (Acari: Eriophyoidea) from the People Republic of China[J]. Acarologia, 39(1): 57-62.

Wei S G, Wang G Q, Li D W, 2009. A new genus and five new species of Diptilomiopidae (Acari: Eriophyoidea) from south China[J]. Zootaxa, 2109: 59-68.

Xin J L, Dong H J, 1981. Two new species of the genus *Rhyncaphytoptus* from China (Acarina: Eriophyoidea)[J]. Journal of Fudan (Nature Science Edition), 20(2): 216-218.

Xin J L, Dong H J, 1983. Three new species of diptilomiopid mites found in China (Acarina: Eriophyoidea)[J]. Acarologia, 24(2): 181-185.

Xue X F, Hong X Y, 2005. A new genus and eight new species of Phyllocoptini (Acari: Eriophyidae: Phyllocoptinae) from China[J]. Zootaxa, 1039: 1-17.

Xue X F, Hong X Y, 2005. Five new species of Diptilomiopidae from China (Acari: Eriophyoidea)[J]. Zootaxa, 1055: 49-59.

Xue X F, Hong X Y, 2005. Three new species of *Phyllocoptes* Nalepa (Acari: Eriophyoidea: Eriophyidae) from China[J]. Oriental Insects, 39: 213-220.

Xue X F, Hong X Y, 2006. Eriophyoid mites fauna from Henan Province, central China (Acari: Eriophyoidea) with description of five new species[J]. Zootaxa, 1204: 1-31.

Xue X F, Song Z W, Hong X Y, 2006. A taxonomic study of the genus *T&ra* Keifer (Acari: Eriophyidae: Phyllocoptinae: Anthocoptini) from Shaanxi Province, China with descriptions of nine new species[J]. Zootaxa, 1249: 1-22.

Xue X F, Song Z W, Hong X Y, 2006. Six new species of *Rhyncaphytoptinae* from northwestern China (Acari:Eriophyoidea: Diptilomipidae)[J]. Zootaxa, 1275: 31- 41.

Xue X F, Song Z W, Amrine, Jr., et al., 2007. Eriophyoid mites on coniferous plants in China with descriptions of a new genus and five new species (Acari: Eriophyoidea)[J]. International Journal of Acarology, 33(4): 333-345.

Xue X F, Song Z W, Hong X Y, 2007. Seven new species of the genus *Epitrimerus* Nalepa (Acari: Eriophyidae: Phyllocoptinae) from China[J]. Zootaxa, 1406: 1-15.

Xue X F, Song Z W, Hong X Y, 2009. One new genus and five new species of Rhyncaphytoptinae from China (Acari: Eriophyoidea: Diptilomiopidae)[J]. Zootaxa, 1992: 1-19.

Xue X F, Song Z W, Hong X Y, 2011. Three new species of Cecidophyinae (Acari: Eriophyidae) from China[J]. Journal of Natural History, 45 (19-20): 1199-1211.

Phytoptidae, Eriophyoidea, Diptilomiopidae

Xie Manchao

(College of Agriculture and Life Sciences, Ankang University, Ankang, 725000)

The present research deals with eriophyoid mites from Lishan Natural Reserve located in southern Shanxi Province, China. Totally 51 species of 25 genera in 3 families, 7 subfamilies and 10 tribes are recorded. Among them, 9 species are new to science, of which 3 species have been reported. All measurement units are given in micrometers（μm）.The type specimens are deposited in the College of Agriculture and Life Sciences, Ankang University, Ankang city, Shaanxi Province, China.

The new species are described below.

1 *Phytoptus mongolicus* sp. nov. (Fig. 3)

Female Body vermiform, 245 (215-315) long, 55(55-85) wide, 60 (60-78) thick, white. Gnathosoma 25(22-28) long, projecting obliquely downward. Prodorsal shield 28 (25-30) long, 45(43-50) wide, practically smooth, with a few side lines. External vertical setae (*ve*) 10 (7-10) long, projecting forward and upward, dorsal tubercles 12 (12-16) apart; Scapular setae (*sc*) 12 (8-12) long, projecting forward and upward, scapular tubercles ahead of rear shield margin, 13 (12-18) apart. CoxisternalplatesI with a line, coxisternal plates II smooth, all coxal setae present. Legssegments normal, with typical setae. Leg I 35 (30-39) long, tibia 7 (5-8) long, paraxial tibial seta (*l'*) 2 (2-3) long, located at 1/3 lateral from base; tarsus 10 (7-10) long; tarsal empodium entire, 3-rayed; tarsal solenidion knobbed. Leg II 32 (28-37) long, tibia 6(5-7) long; tarsus 10 (7-10) long; tarsal empodium entire, 3-rayed; tarsal solenidion knobbed. Opisthosoma annuli subequal dorsoventrally, 57 (54-59) annuli, with ellipsoid microtubercles distributed on annuli except caudal 5-6 annuli. Setae *c*1 30 (30-40) long on dorsal annulus 9, 24 (21-30) apart; Setae *c*2 present; venter with usual setae. Setae *h*1 present. Female genitalia 10 (8-10) long, 18 (18-22) wide, coverflap smooth.

Male Body vermiform, 220-245 long, 60-65 wide, 66-68 thick, white. Male genitalia 18-20 wide, setae *3a* 8-9 long, 15-17 apart.

Type material Holotype, female, from *Tilia mongolica* Maxim. (Tiliaceae), Yu-Wang-Ping (35°25′N, 111°57′E), Lishan National Nature Reserve, Xiachuan town, Qinshui County, Shanxi Province, China, elevation 1800m, 23 August 2012, collected by Xie Manchao. Paratypes, 8 females and 8 males, with the same data as the holotype.

Relation to host Adult mites were collected in small irregular finger galls on the surface of leaves. The galls are 5-6mm long, green or orange, even dried-up, most of them with taper top and few with round top.

Etymology The specific designation is derived from the name of the host plant.

Remarks This new species is similar to *P. potentillae* Chen, Wei *et* Nan, 2005. They can be differentiated from each other by follows: in the new species, prodorsal shield smooth, tarsal empodium 3-rayed, female genitalia coverflap smooth. While in *P. potentillae,* prodorsal shield with lines, tarsal empodium 6-rayed, female genitalia coverflap with 3-4 longitudinal ribs.

This new species is similar to *P. rotundus* Hall, 1967. But they can be differentiated from each other by follows: in the new species, prodorsal shield smooth, external vertical setae (*ve*) 7-10, scapular setae (*sc*) 8-12, tarsal solenidion knobbed. While in *P. rotundus,* prodorsal shield with a few weakly expressed lines, external vertical setae (*ve*) 15, scapular setae (*sc*) 40, tarsal solenidion unknobbed.

2 *Keiferophyes regiae* sp. nov. (Fig. 4)

Female Body vermiform, 190 (169-200) long, 55(52-68) wide, 65(50-65) thick, white. Gnathosoma 27 long, projecting obliquely downward. Prodorsal shield 35 (33-35) long, 40 wide, with a pair of spinelike processes. Prodorsal shield smooth. Scapular tubercles on rear shield margin, 20 (20-30) apart; Scapular setae (*sc*) 16 (16-18) long, projecting to rear and divergently. Coxal plates I and II smooth, all coxal setae present. Legssegments normal, with typical setae. Leg I 31 (30-32) long, tibia 6 (6-9) long, paraxial tibial seta (*l'*) 4 (3-4) long, located at 1/3 lateral from base; tarsus 7 (7-9) long; tarsal empodium entire, 4-rayed; tarsal solenidion knobbed. Leg II 30 (30-31) long, tibia 5(5-6) long; tarsus 7(7-8) long; tarsal empodium entire, 4-rayed; tarsal solenidion knobbed. Opisthosoma dorsally with 47 (44-49) broad annuli, with ellipse microtubercles on rear annular margins; ventrally with 56 (56-64) annuli, with round microtubercles on rear annular margin except caudal 6 annuli with elongated microtubercles. Setae *c*2 present, venter with usual setae. Setae *h*1 present. Female genitalia 13 long, 21 wide, coverflap with granules.

Male Not seen.

Type material Holotype, female, from *Juglans regia* Linn. (Juglandaceae), Lishan National Nature Reserve, Xiachuan Town (35°25′N, 112°00′E), Qinshui County, Shanxi Province, China, elevation 1420m, 17 August 2012, collected by Xie Manchao. Paratypes, 6 females , with the same data as the holotype.

Relation to host Vagrant on the undersurface of leaves. No damage to the host was seen.

Etymology The specific designation is derived from the name of the host plant.

Remarks This new species is similar to *Keiferophyes avicenniae* Mohanasundaram, 1993. They can be differentiated from each other by follows: in the new species, prodorsal shield smooth, Coxal plates smooth, tarsal empodium 4-rayed. While in *K. avicenniae,* prodorsal shield with admedian and submedian lines, Coxal plates with granules, tarsal empodium 5-rayed.

3 *Neoepitrimerus lishanensis* sp. nov. (Fig. 5)

Female Body fusiform, 195 long, 65 wide, 65 thick, yellow. Gnathosoma 38 long, projecting obliquely downward. Prodorsal shield 52 long, 61 wide, with shield top bifurcate. Prodorsal shield sculptured with granules and lines. Scapular tubercles ahead of rear shield margin, 28 apart; Scapular setae (*sc*) 8 long, projecting medially. Coxal plates I and II with few lines, all coxal setae present.　Legssegments normal, with typical setae. Leg I 35 long, tibia 10 long, paraxial tibial seta (*l'*) 5 long, located at 1/3 lateral from terminal; tarsus 5 long; tarsal empodium entire, 7-rayed; tarsal solenidion knobbed. Leg II 33 long, tibia 8 long; tarsus 5 long; tarsal empodium entire, 7-rayed; tarsal solenidion knobbed. Opisthosoma dorsally with 26 annuli, with a central longitudinal ridge extending from 4th to 24th dorsal annuli, and few lines on the dorsal ridge; ventrally with 87-94 annuli, with round microtubercles on rear annular margin except caudal 19 annuli with taper microtubercles. Setae *c2* present, venter with usual setae. Setae *h*1 present. Female genitalia 20 long, 28 wide, coverflap sculptured with 10-12 longitudinal ridges.

Male Not seen.

Type material Holotype, female, from *Platycladus orientalis* (L.) Franco. (Cupressaceae), Lishan National Nature Reserve, Zhangma village (35°35′N, 112°00′E), Qinshui County, Shanxi Province, China, elevation 1000m, 16 August 2012, collected by Xie Manchao. Paratypes, 2 females, with the same data as the holotype.

Relation to host Vagrant on the undersurface of leaves. No damage to the host was seen.

Etymology The specific designation is derived from the name of the location where the type specimens were collected.

Remarks This new species is similar to *Neoepitrimerus platycadi* Kuang *et* Li, 1994. They can be differentiated from each other by follows: in the new species, prodorsal shield sculptured with granules and lines, and female genitalia coverflap with 10-12 longitudinal ridges. While in *N. platycadi,* prodorsal shield with discontinuous admedian lines, and female genitalia coverflap with 14-18 longitudinal ridges.

4 *Aculops kalimeris* Xie, 2013 (Fig. 6)

Female Body fusiform, 165 long, 58 wide, 50 thick; yellowish. Gnathosoma 20 long, projecting obliquely downward. Prodorsal shield 40 long, 42 wide, with one spine on the top of front lobe, and with incomplete submedian lines on rear of shield and a few granules on the edge of shield. Scapular tubercleson rear shield margin, scapular setae (*sc*) 12 long, projecting to rear and divergently. Coxal plates I and II sculptured with lines, all coxal setae present. Leg segments normal, with typical setae. Leg I 27 long, tibia 6 long, paraxial tibial seta (*l'*) 2 long, located at 1/3 lateral from base; tarsus 5 long; tarsal empodium entire 4-rayed; tarsal solenidion knobbed. Leg II 24 long, tibia 5 long; tarsus 5 long; tarsal empodium entire, 4-rayed; tarsal solenidion knobbed. Opisthosoma dorsally with 26 broad annuli, with longitudinal lines on rear annular margins; ventrally with 60 annuli, with round microtubercles on rear annular margin except caudal 5-6 annuli with elongated microtubercles. Setae *c2* present, venter with usual setae. Setae *h*1 present. Female genitalia 15 long, 20 wide, coverflap with 9 longitudinal ridges.

Male Body fusiform, 125 long, 51 wide, 45 thick. Male genitalia 15 wide, setae *3a* 10 long.

Type material Holotype, female, from *Kalimeris lautureana* (Debx.) Kitam. (Compositae),

Lishan National Nature Reserve, Xiachuan Town (35°25′N, 112°00′E), Qinshui County, Shanxi Province, China, elevation 1520m, 17 August 2012, collected by Xie Manchao. Paratypes, 10 females and 2 males, were mounted individual slide, with the same data as the holotype.

Relation to host Vagrant on the undersurface of leaves. No damage to the host was seen.

5 *Aculops padus* Xie, 2013 (Fig. 7)

Female Body fusiform, 150 long, 58 wide, 50 thick; yellowish. Gnathosoma 20 long, projecting obliquely downward. Prodorsal shield 40 long, 45 wide, with a pair of undulate admedian lines on the center of shield , and with few short lines covered by microtubercles on the edge of shield. Scapular tubercleson rear shield margin, scapular setae (*sc*) 10 long, projecting backward. Coxal plates I and II sculptured with lines, all coxal setae present. Leg segments normal, with typical setae. Leg I 26 long, tibia 6 (5-6) long, paraxial tibial seta (*l'*) 4 long, located at 1/3 lateral from base; tarsus 5 long; tarsal empodium entire, 4-rayed; tarsal solenidion knobbed. Leg II 24 long, tibia 5 long; tarsus 5 long; tarsal empodium entire, 4-rayed; tarsal solenidion knobbed. Opisthosoma dorsally with 30 broad annuli, with elongated microtubercles on rear annular margins; ventrally with 58 annuli, with round microtubercles on rear annular margin except caudal 5 annuli with elongated microtubercles. Setae *c*2 present, venter with usual setae. Setae *h*1 present. Female genitalia 13 long, 20 wide, coverflap with 10 longitudinal ridges.

Male Not seen.

Type material Holotype, female, from *Prunus padus* Linn. (Rosaceae), Lishan National Nature Reserve, Xiachuan Town (35°25′N, 112°00′E), Qinshui County, Shanxi Province, China, elevation 1540m, 17 August 2012, collected by Xie Manchao. Paratypes, 7 females, with the same data as the holotype.

Relation to host Vagrant on the undersurface of leaves. No damage to the host was seen.

6 *Aculops sepius* Xie, 2013 (Fig. 8)

Female Body fusiform, 190 long, 65 wide, 58 thick; yellowish. Gnathosoma 25, projecting obliquely downward. Prodorsal shield 40 long, 50 wide, with undulate and complete admedian lines, which connected with incomplete median line forming four rectangle nets at rear shield margin, and with arc-like submedian lines on the edge of shield. Scapular tubercleson rear shield margin, scapular setae (*sc*) 26 long, projecting rear and divergently. Coxal plates I and II sculptured with a few dashes, all coxal setae present. Leg segments normal, with typical setae. Leg I 32 long, tibia 10 long, paraxial tibial seta (*l'*) 6 long, located at 1/5 lateral from base; tarsus 6 long; tarsal empodium entire, 5-rayed; tarsal solenidion knobbed. Leg II 30 long, tibia 8 long; tarsus 6 long; tarsal empodium 5-rayed; tarsal solenidion knobbed. Opisthosoma dorsally with 35 broad annuli, with round microtubercles on rear annular margins; ventrally with 71 annuli, with round microtubercles on rear annular margin except caudal 5-6 annuli with elongated microtubercles. Setae *c*2 present, venter with usual setae. Setae *h*1 present. Female genitalia 15 long, 23 wide, coverflap with 12 longitudinal ridges.

Male Not seen.

Type material Holotype, female, from *Vicia sepium* Linn. (Fabaceae), Lishan National Nature Reserve, Xiachuan Town (35°25′N, 112°00′E), Qinshui County, Shanxi Province, China, elevation 1520m, 17 August 2012, collected by Xie Manchao. Paratypes, 6 females, with the same data as the holotype.

Relation to host Vagrant on the undersurface of leaves. No damage to the host was seen.

7 *Anthocoptes regius* sp. nov. (Fig. 9)

Female Body fusiform, 200 long, 65 wide, 52 thick; light yellowish. Gnathosoma 25 long, projecting obliquely downward. Prodorsal shield overhanging gnathosoma, 43 long, 60 wide. Some arc lines in the middle of shield. Scapular tubercles on rear shield margin, 42 apart; scapular setae (*sc*) 5 long, directed to rear and divergent. Coxal plates I and II sculptured with few dashes, all coxal setae present. Leg segments normal, with typical setae. Leg I 32 long, tibia 7 long, paraxial tibial seta (*l′*) 3 long, located at 1/2 lateral ; tarsus 7 long; tarsal empodium entire, 4-rayed; tarsal solenidion knobbed. Leg II 28 long, tibia 5 long; tarsus 6 long; tarsal empodium 4-rayed; tarsal solenidion knobbed. Opisthosoma dorsally with 13 annuli, the 1st to 9th dorsal annuli broad and plump, with few longitudinal lines on rear annular margins; by comparison, 4 caudal annuli thin and laigh. Ventrally with 61 annuli, with round microtubercles on rear annular margin except caudal 4 annuli with elongated microtubercles. Setae *c*2 present, venter with usual setae. Setae *h*1 present. Female genitalia 10 long, 20 wide, coverflap smooth.

Male Body fusiform, 155 long, 52 wide. Male genitalia 18 wide, setae *3a* 8 long, 14 apart.

Type material Holotype, female, from *Juglans regia* Linn. (Juglandaceae), Lishan National Nature Reserve, Xiachuan Town (35°25′N, 112°00′E), Qinshui County, Shanxi Province, China, elevation 1400m, 17 August 2012, collected by Xie Manchao. Paratypes, 2 females 4 males, with the same data as the holotype.

Relation to host Vagrant on the undersurface of leaves. No damage to the host was seen.

Etymology The species designation is derived from the name of host plant.

Remarks This new species is similar to *Anthocoptes rubixolens* Roivaien, 1953 and *A. bakeri* Keifer, 1959. They can be differentiated from each other by follows: in the new species, female genitalia coverflap smooth. While in *A. rubixolens,* female genitalia coverflap with 10 longitudinal ridges; and in *A. bakeri,* female genitalia coverflap with 10-12 longitudinal ridges.

8 *Tetraspinus brevsetius* sp. nov. (Fig. 10)

Female Body fusiform, 154 long, 65 wide, 45 thick; yellowish. Gnathosoma 20 long, projecting obliquely downward. Prodorsal shield 42 long, 60 wide, anteriorly with two distinct spines projecting forward; shield design with dash lines and grains. Scapular tubercles on rear shield margin, 35 apart; scapular setae (*sc*) 12 long, directed to rear and divergent. Coxal plates I and II sculptured with lines, all coxal setae present. Leg segments normal, with typical setae. Leg I 29 long, tibia 8 long, paraxial tibial seta (*l′*) 4 long, located at 1/3 lateral from base; tarsus 5 long; tarsal empodium entire, 4-rayed; tarsal solenidion knobbed. Leg II 25 long, tibia 5 long; tarsus 5 long; tarsal empodium entire, 4-rayed; tarsal solenidion knobbed. Opisthosoma dorsally with 24 annuli, with round microtubercles on rear annular margins, anterior 12 dorsal annuli forming longitudinal furrow, and posterior 12 dorsal annuli forming somewhat longitudinal ridges; ventrally with 61-64 annuli, with round microtubercles on rear annular margin except caudal 5 annuli with elongated microtubercles. Setae $c2$ present, venter with usual setae. Setae $h1$ present. Female genitalia 17 long, 22 wide, coverflap with 10-12 longitudinal ridges.

Male Body fusiform, 130 long, 60 wide. Male genitalia 20 wide, setae $3a$ 10 long, 16 apart.

Type material Holotype, female, from *Syringa pekinensis* Rupr.(Oleaceae), Lishan National Nature Reserve, Zhangma village (35°35′N, 112°00′E), Qinshui County, Shanxi Province, China, elevation 1300m, 16 August 2012, collected by Xie Manchao. Paratypes, 7 females 1male, with the same data as the holotype.

Relation to host Vagrant on the undersurface of leaves. No damage to the host was seen.

Etymology The species designation is made up of Latin*brev,* short + *set,* setae + *us,* as gender masculine end, which means scapular setae shorter.

Remarks This new species is similar to *Tetraspinus syringae* Lin *et* Kuang, 2001. They can be differentiated from each other by follows: in the new species, shield lines obscure and fuzzy, scapular setae (*sc*) 12 long, and dorsal annuli with round microtubercles on rear annular margin, and female genitalia coverflap with 10-12 longitudinal ridges. While in *T. syringae,* shield lines distinct, scapular setae (*sc*) 50 long, and dorsal annuli smooth, and female genitalia coverflap with 6-8 longitudinal ridges.

9 *Rhyncaphytoptus pungenis,* sp. nov. (Fig. 11)

Female Body fusiform, 213 long, 88 wide, 90 thick; light yellowish. Gnathosoma 45 long, projecting straight down. Prodorsal shield 30 long, 60 wide, anterior shield lobe somewhat emarginate; shield design with complete median and admedian lines, incomplete submedian lines, which forming network with a transversae line. Scapular tubercles on rear shield margin, 21 apart; scapular setae (*sc*) 10 long, projecting forward. Coxal plates I and II sculptured with few short lines, all coxal setae present. Leg segments normal, with typical setae. Leg I 40 long, tibia 8 long, paraxial tibial seta (*l'*) 7 long, located at 1/2 lateral; tarsus 9 long; tarsal empodium entire, 6-rayed; tarsal solenidion knobbed. Leg II 39 long, tibia 7 long; tarsus 9 long; tarsal empodium entire, 6-rayed; tarsal solenidion knobbed. Opisthosoma dorsally with 59-61 annuli, with taper microtubercles on rear annular margins; ventrally with 86-89 annuli, with round microtubercles on rear annular margin except caudal 9 annuli with elongated microtubercles. Setae $c2$ present, venter with usual setae. Setae $h1$ absent. Female genitalia 25 long, 32 wide, coverflap with two rows of longitudinal ridges.

Male Body fusiform, 190 long, 80 wide, 75 thick. Male genitalia 22 wide, setae $3a$ 10 long, 22 apart.

Type material Holotype, female, from *Litsea pungens* Hemsl. (Lauraceae), Lishan National Nature Reserve, Xiachuan Town (35°25′N, 112°00′E), Qinshui County, Shanxi Province, China, elevation 1440m, 17 August 2012, collected by Xie Manchao. Paratypes, 4 females 4 males, with the same data as the holotype.

　　Relation to host Vagrant on the undersurface of leaves. No damage to the host was seen.

　　Etymology The species designation is derived from the name of host plant.

　　Remarks This new species is similar to *Rhyncaphytoptus brassaiopsus* Wei, Wang *et* Li, 2009 . They can be differentiated from each other by follows: in the new species, anterior shield lobe somewhat emarginate, and dorsal annuli with taper microtubercles on rear annular margins, and setae *h*1 absent. While in *R. brassaiopsus,* anterior shield lobe normal, and dorsal annuli with round microtubercles on rear annular margins, and setae *h*1 present.

蜱目 Ixodidea

硬蜱科 **Ixodidae**

段炜 [1, 2]

(1 中国科学院动物研究所，北京，100101;
2 山西省晋城市鸿生生物科技有限公司，晋城，048300)

　　躯体卵圆形或囊形，背面有几丁质的盾板，呈卵圆形或盾形。雄蜱盾板覆盖整个背面，雌蜱、若蜱和幼蜱只覆盖前半部。假头位于躯体前端，从背面可见；眼位于躯体前端两侧，某些属无眼。气门板 1 对，位于躯体腹面两侧，被第 IV 转节覆盖。某些种类体后缘具缘垛。雌蜱的假头基背面具 1 对孔区，雄蜱在对应位置无孔区。各足基节腹面有外距或内距，有些种类的距付缺；各足具爪，爪的腹面有爪垫，各属种爪垫大小不一。

　　蜱是专性吸血的体外寄生物，平时躲避在草丛、灌木丛或林中的枯枝落叶表面，有动物经过时便用爪子钩住动物的毛发，爬到动物体表隐蔽柔软处进行吸血。寄生于家畜、家禽和其他哺乳类、禽类、爬行类、两栖类等野生动物的体表，有时也侵袭人。

　　本科世界性分布，世界已知 890 余种，中国记录 110 余种，山西历山自然保护区采到 2 属 2 种。

分属检索表

1 肛沟围绕在肛门之前，雄蜱腹面几乎全部为几丁质盾板（共 7 块）所覆盖...........................
....硬蜱属 *Ixodes*
- 肛沟围绕在肛门之后，或者不甚明显，假头基矩形，体一般较窄长，卵形、长卵形或囊形，无色斑，须肢呈棒状或者楔状，无眼，躯体后缘具 11 个缘垛....................血蜱属 *Haemaphysalis*

1 卵形硬蜱 *Ixodes ovatus* Neumann, 1899

　　雌蜱体卵圆形，气门板前缘水平最宽；未吸血个体长 2.19～2.32mm，宽 1.40～1.60mm；饱血个体长 6.50～8.47mm，宽 4.52～6.29mm。

　　假头基基突较小，末端圆钝，长稍小于基部之宽；孔区近似亚圆形或圆角三角形，间距明显小于其短径。须肢长约为宽的 3.5 倍，前端圆钝。耳状突浅，稍稍突起呈脊状，有时较明显，圆钝。口下板长棒状，端部齿式为 4/4，稍向后为 3/3，以后均为 2/2。

盾板亚圆形，颈沟浅宽，末端约达盾板后 1/3 水平，颈沟的延长线与盾板的连接处稍向内凹。刻点在前区和中区几乎没有，仅在后区有少数细小刻点。气门板亚圆形。

基节 I 后缘覆盖有半透明的覆膜；基节 II 内距和外距均付缺，后缘覆盖有半透明的覆膜，由外到内渐宽。

观察标本：1♀，山西翼城大河，2012.VII.19，段炜采。

宿主：牛、马、绵羊、鹿、斑羚、林麝、马麝、黄鼬，偶侵袭人。

分布：山西（历山）、陕西、甘肃、青海、湖北、台湾、四川、贵州、云南、西藏；日本，印度，尼泊尔，缅甸，越南，老挝，泰国。

2 长角血蜱 *Haemaphysalis longicornis* Neumann, 1901

雌蜱未吸血个体长 2.57～2.97mm，宽 1.64～2.00mm。

假头基背面基突长不及基部之宽，末端圆钝。孔区竖卵形，前端稍向内斜置。须肢第 II 节后外角中度突出，末端稍圆钝；须肢第 III 节后缘中部偏内侧有 1 较小的三角形距，末端稍尖。假头基腹面须肢第 III 节角突锥形，末端稍尖，达到或稍超出该节后缘；口下板齿式 5/5。

生殖孔近似"U"形；气门板近圆形，背突短小。

盾板近圆形，长宽约等，颈沟长末端达到或稍超过盾板后 1/3 水平；刻点小型，分布较为稀疏。

基节 I 内距窄锥形，末端稍尖；基节 II、III 外距末端稍钝；基节 IV 内距较宽，末端圆钝。各足爪垫接近但达不到爪端。

观察标本：4♀2♂，山西翼城大河，2012.VII.16，段炜采；2♀，山西翼城大河，2012.VII.19，孟倩采。

宿主：成蜱主要寄生于大中型家畜和野生动物，也侵袭人；未成熟蜱寄生于啮齿类等小型野生动物及环颈雉等鸟类。

分布：山西（历山）、黑龙江、吉林、辽宁、北京、河北、山东、河南、陕西、甘肃、江苏、安徽、湖北、台湾、四川、贵州、云南、西藏；俄罗斯，朝鲜，日本，澳大利亚，新西兰及附近一些岛屿。

参 考 文 献

邓国藩，姜在阶，1991. 中国经济昆虫志第 39 册 蜱螨亚纲 硬蜱科[M]. 北京: 科学出版社.

Kolonin G, 2009. Fauna of Ixodid ticks of the World (Acari, Ixodidae)[OL]. Moscow. [2013-3-20]. http://www. kolonin. org/2. html.

Ixodidae

Duan Wei[1, 2]

(1 Institute of Zoology, Chinese Academy of Sciences, Beijing, 100101;
2 Hong Sheng Bio-Technology Limited, Jincheng, 048300)

The present research includes 2 genera and 2 species of Ixodidae. The species are distributed in Lishan National Nature Reserve of Shanxi Province.

疥螨目 Sarcoptiformes

甲螨亚目 Oribatida

陈军[1]　段炜[1, 2]　李康[1, 3]

（1 中国科学院动物研究所，北京，100101；
2 山西省晋城市鸿生生物科技有限公司，晋城，048300；
3 安徽大学生命科学学院，合肥，230601）

体型微小，体长一般在 200～1000μm，大多数种类体壁强烈骨化，形似甲虫。前背板通常具有 1 对着生在感器窝中的感器，生殖孔和肛孔分别具有 1 对生殖板和 1 对肛板，成体具有 3 对生殖乳突，步足端部具爪，须肢一般为 5 节，少见 2～4 节。

甲螨为世界性分布，在南、北极地区，甚至海拔 5000m 以上的地区都有分布。截至 2014 年 4 月，全世界已报道甲螨 164 科 1250 余属（亚属）10 400 余种（亚种），但推测全球实际种数应在 50 000～100 000 种。截至 2009 年，我国报道甲螨 97 科 275 属 599 种（亚种）。

甲螨是自由生活的螨类，主要生活于土壤中，尤以土壤表层约 5 cm 的范围内最多，但在堆积腐殖质层厚的土壤（如森林表层土壤），即使在相当深度仍有许多甲螨。甲螨的数量和种类是土壤节肢动物中最多的，在含有大量有机质的土壤中每平方米可多达 100 余种数十万头。土壤甲螨也是目前已知最早的陆生动物之一，在泥盆纪的地层（距今约 3.8 亿年）中发现有甲螨的化石。

甲螨由于种类多、种群数量巨大，以及主要以有机质和微生物为食，它们对土壤生态系统的作用很早就引起了人们的重视，被看作是重要的分解者之一。目前认为甲螨通过取食（或体表携带）微生物（真菌、细菌、藻类）和植物有机质，可以使这些微生物在土壤中扩大分布、有机质的表面积增大、有机质与微生物充分混合，从而加快有机质的分解，有助于土壤的形成和肥力的增加。

历山自然保护区采到 36 科 50 属 64 种，其中未定种 14 种，中国新记录属 3 属、新记录种 10 种（新记录种另文发表），这次是首次记录的山西甲螨。除文中特别注明外，其余标本均为段炜采集。

短甲螨科 Brachychthoniidae

体小型，体壁骨化不强烈，色浅。前背板一般具 4 对毛；感器纺锤形，表面多小刺；前背板表面大多光滑，或具刻纹和斑块。后背板具 2 条横缝，将后背板分隔为 3 块；后背板毛 16 对；后背板侧面常具几对上侧板，最多有 4 块。肛殖区有生殖板、侧殖板、肛前板、肛板和侧肛板。生殖毛 7（或 6）对，侧殖毛 1 对，肛前毛 1 对，肛毛 2 对，侧肛毛 3 对。

1 滑缝甲螨 Liochthonius sp. cf. laticeps (Strenzke, 1951)

观察标本：1 头，山西沁水下川，1553m，朽木中腐殖土，2012.VII.12。

缝甲螨科 Hypochthoniidae

体小至中型，呈淡黄色，背腹扁平。后背板具 1 条横缝，将其分隔为前后两部分。后背板毛 14～16 对，e 毛着生于横缝上，明显或退化仅剩毛窝。生殖板完整或有横缝分隔，生殖毛 10 对，无侧殖毛；肛板与侧肛板分离或愈合，肛毛有或无，肛侧毛 3 对。

2 淡红缝甲螨 Hypochthonius rufulus C. L. Koch, 1835

体长 585～684μm，体宽 364～405μm。体黄色或微红色，体表具多边形网纹组成的斑块。前背板呈三角形，吻端两侧有小齿，背面观呈波浪形，吻前缘具细齿。吻毛着生于吻背面，细长，梁毛着生于前背板后 1/3 处，梁间毛着生于背颈缝前缘感器窝内侧，均光滑；感器长，侧缘具有 6～8 个分枝，呈梳状。后背板近似长方形，具 1 条横缝，后背板毛 14 对，端部具有少量小刺，c_2 和 c_3 毛明显短于 c_1 毛。基节板毛式 3-1-3-4。生殖毛 10 对，其中 6 对排列于生殖板内侧，另 4 对排列于外侧。肛毛缺失，肛侧毛 3 对。足具单爪。

观察标本：8 头，山西沁水下川，1553m，杂草下腐殖土，2012.VII.12；3 头，1544m，松树下腐殖土，2012.VII.12；1 头，1560m，苔藓，2012.VII.27～VIII.1，阮用颖采；47 头，沁水下川西峡，1416～1490m，栗树下腐殖土，2012.VII.13；9 头，沁水下川猪尾沟，1733～1907m，乔木下腐殖土，2012.VII.16；1 头，山西翼城大河三沟，1018m，桃树下腐殖土，2012.VII.19。

分布：山西（历山）、黑龙江、吉林、北京、河北、山东、河南、新疆、浙江、安徽、湖北、湖南、福建、四川、贵州、云南；全北区，东洋区。

短缝甲螨科 Eniochthoniidae

体淡黄色，圆筒形。后背板有 1 完整横缝，将后背板分隔为前后两部分，前一部分（Na）另有 1 中间间断的横缝；后背板毛 16 对，e 毛着生于完整横缝上。生殖板和侧殖板有横缝；生殖毛 10 对，呈 5+5 二组分布，侧殖毛 1 对；肛板和肛侧板分离，肛毛 2 对，肛侧毛 3 对。

3 微短缝甲螨 Eniochthonius minutissimus (Berlese, 1904)

体长 316～376μm，体宽 153～194μm。体呈筒状，浅褐色，体表具纹线。前背板光滑，前背板毛均为简单的刚毛，感器长，具稀疏的羽状分枝。后背板具 2 条横缝，其中前 1 条横缝中央间断而不相连，后背板毛 16 对，纤细，刚毛状。基节板毛式：3-1-3-4。生殖板有横缝分隔，生殖毛和肛毛微小，生殖毛 10 对，呈 5+5 排列，侧殖毛 1 对，着生于前端，肛毛 2 对，肛侧毛 3 对。

观察标本：2 头，山西沁水下川，1523m，灌木下腐殖土，2012.VII.12；2 头，沁水下川西峡，1398m，栗树下腐殖土，2012.VII.13；1 对，山西翼城大河南神峪，1664m，松树下腐殖土，2012.VII.17；4 头，翼城大河三沟，1018m，桃树下腐殖土，2012.VII.19；6 头，翼城大河北神峪，1411m，灌木下腐殖土，2012.VII.20；4 头，1413m，乔木-杂草下腐殖土，2012.VII.20；1 头，1422m，桃树下腐殖土，2012.VII.20；1 头，1446m，高大灌木下腐殖土，2012.VII.20。

分布：世界广布。

上罗甲螨科 Epilohmanniidae

体小型至中型，黄褐色，体型圆筒形，后半体后端较宽阔。前背板毛 5 对。后背板毛 14

对，f_1 和 f_2 毛缺失；末体侧腺发达。腹板为裂腹型或全腹型；基节板毛式 3-1-3-3；生殖毛 7～8 对，侧殖毛 3 对或异常增多，肛侧毛和肛毛各 3 对。足单爪。

4 圆上罗甲螨 *Epilohmannia ovata* Aoki, 1961

体长 585μm，体宽 278μm。体褐色，体型筒状，体表有小刻点。前背板毛中梁间毛最为粗壮且长，吻毛着生点不位于同一水平，感器具 1 短柄，两侧有羽状分枝。后背板长椭圆形，前缘平直，后背板毛 14 对，中等长度，中部至端部有稀疏刺毛。后背板侧缘有深色的末体侧腺开口。基节板 I、II 的中央不连接，基节板 III 呈长方形，基节板毛式 3-1-3-3。生殖孔长椭圆形，生殖毛 8 对，侧殖毛增多型，数目达 16 对。生殖孔与肛孔之间有 1 条横缝。肛毛 3 对，肛侧毛 3 对。足单爪型。

观察标本：1 头，山西翼城大河三沟，1080m，灌木-杂草下腐殖土，2012.VII.19。

分布：山西（历山）、吉林、山东、江苏、上海、安徽、浙江、湖北、湖南；古北区南部。

礼服甲螨科 Trhypochthoniidae

体中型至大型，体壁骨化弱，浅黄色或黄褐色，有时体表具蜡质而色深。感器发达或完全退化。后背板毛 15 对；末体侧腺发达，常呈深褐色。基节板毛式：3-1-(2～3)-2；生殖毛 5～20 对，侧殖毛缺失，刚毛 1～2 对，肛侧毛 2 或 3 对。足单爪或 3 爪。

5 原甲螨 *Archegozetes* sp.

观察标本：1 头，山西沁水下川，1560m，苔藓，2012.VII.27～VIII.1，阮用颖采；1 头，沁水东川，1463m，灌木林下腐殖土，2012.VII.14。

6 日本礼服甲螨 *Trhypochthonius japonicus* Aoki, 1970

体长 632～670μm，体宽 350～364μm。体呈梭形，浅褐色，体表骨化微弱，具鳞状饰纹，末体侧腺深褐色。吻端圆滑，吻毛尖，疏生刺毛；梁毛钝，多刺毛；梁间毛与梁毛相似，长约为梁毛的 1.5 倍；感器端部膨大，呈棒槌状，周围具刺毛。后背板毛 15 对，具有微小刺毛，位于中部的 c_1、d_1、d_2 和 e_1 毛短于侧面的刚毛。后背板后缘中央向后凸出，形成突起。生殖毛 7～10 对，位于生殖板内缘，侧殖毛退化缺失。肛毛 1 对，微小，肛侧毛 3 对。足具 3 爪。

观察标本：3 头，山西沁水下川，1560m，苔藓，2012.VII.27～VIII.1，阮用颖采；1 头，沁水下川西峡，1398m，栗树下腐殖土，2012.VII.13；1 头，沁水东川，1463m，灌木林下腐殖土，2012.VII.14；3 头，山西翼城大河南神峪，1568m，灌木下腐殖土，2012.VII.17；1 头，1823m，针阔混交林下腐殖土，2012.VII.17；3 头，山西历山舜王坪，2198m，松树-杂草下腐殖土，2012.VII.18。

分布：山西（历山）、吉林、北京、河北、山东、安徽、浙江、湖南、福建、云南；全北区。

盲甲螨科 Malaconothridae

体小型，体壁骨化弱。感器和感器窝退化。后背板毛 15 对。生殖毛 4～12 对，侧殖毛缺失，刚毛 1 对，肛侧毛 3 对。足单爪或 3 爪。

7 矮盲甲螨 *Malaconothrus pygmaeus* Aoki, 1969

体长 432μm，体宽 210μm。体浅黄色，体表具有蜡被层，后背板的蜡被在高倍放大下呈现大、小两种圆形的凹窝组成，比较稀疏。前背板两侧各具 1 角状突起，后背板两侧近于平行。前背板毛纤细，梁毛间距与梁毛和吻毛间距约相等，梁毛较梁间毛长。后背板毛纤细，

c_1 和 c_2 毛短于其余后背板毛。生殖毛 6 对，刚毛 3 对。足具单爪。

观察标本：1 头，山西沁水下川，1553m，朽木中腐殖土，2012.VII.12。

分布：山西（历山）、吉林、北京、河北、山东、安徽、福建、四川、贵州、云南；全北区。

8 箱根三盲甲螨 *Trimalaconothrus hakonensis* Yamamoto, 1977，中国新记录种

观察标本：2 头，山西翼城大河南神峪，1568m，灌木下腐殖土，2012.VII.17。

分布：山西（历山）；古北区，东洋区。

9 刺毛三盲甲螨 *Trimalaconothrus barbatus* Yamamoto, 1977，中国新记录种

观察标本：山西沁水下川：1 头，苔藓，2012.VII.27～VIII.1，1560m，阮用颖采。

分布：山西（历山）、吉林、山东、四川、贵州；全北区。

懒甲螨科 Nothridae

体大型，前半体宽大，约占整体的 1/3，体表有网纹。吻端中央具凹陷；感器细长。后背板毛 16 对，h_2 毛常长于其他毛。基节板有增生毛。生殖毛 9 对，侧殖毛缺失，肛毛 2 对，肛侧毛 3 对。步足跗节爪 1～3 个。

10 亚洲懒甲螨 *Nothrus asiaticus* Aoki et Ohnishi, 1974

体长 801～985μm，体宽 496～536μm。体长形，褐色，体表具网格状刻纹。前背板吻毛短小，梁毛着生于 1 对突起上，梁间毛着生于感器窝内侧，粗短；感器长棒状，长度超过感器窝间距，末端细，具刺毛。后背板毛 16 对，除末端 1 对 k_1 毛细长呈鞭状外，其余均较短，稍扩大，略呈叶状，其中 PN_1、PN_2 和 f_2 毛扩大较明显，端部较钝，c_2 毛短于 c_1 和 c_3 毛。生殖板前缘骨化增厚，生殖毛 9 对，殖侧板与侧肛板相接，侧殖毛缺失，肛侧毛 3 对，刚毛 2 对。足具 3 爪。

观察标本：2 头，山西沁水下川西峡，1490m，栗树下腐殖土，2012.VII.13；2 头，1441m，阔叶-针叶混交林，2012.VII.13；2 头，沁水下川西峡猪尾沟，1907m，乔木下腐殖土，2012.VII.16；2 头，山西翼城大河南神峪，1524m，针阔混交林下腐殖土，2012.VII.17。

分布：山西（历山）、吉林、北京、河北、山东、湖北、福建、贵州；古北区。

11 双毛懒甲螨 *Nothrus biciliatus* C. L. Koch, 1844

体长 790～886μm，体宽 456～501μm。体长形，后端平截，黄褐色，体表具网格状刻纹，带黏附物。前背板具圆形饰纹，吻端中部具 1 缺口，吻毛着生于缺口两侧，宽而光滑；梁毛膨大，着生于 1 对瘤突上，长于吻毛和梁间毛，具微毛；梁间毛与梁毛相似；感器长棒状，具刺毛。后背板具斑点饰纹。后背板毛 13 对，较宽，后两对毛加宽，c_2 毛明显短于 c_1 和 c_3 毛。基节板毛式 6-5-4-4。生殖孔与肛孔相接，生殖板具纵纹，肛孔具肛前板。生殖毛 9 对，肛毛 2 对，肛侧毛 3 对。足具异形 3 爪。

观察标本：2 头，山西沁水下川，1560m，苔藓，2012.VII.27～VIII.1，阮用颖采；1 头，1553m，杂草下腐殖土，2012.VII.12；3 头，1544m，松树下腐殖土，2012.VII.12；1 头，高大灌木下腐殖土，2012.VII.12；3 头，1523～1558m，灌木下腐殖土，2012.VII.12；2 头，1490m，栗树下腐殖土，2012.VII.13；1 头，沁水下川西峡，1398m，栗树下腐殖土，2012.VII.13；9 头，沁水东川，1463～1484m，灌木下腐殖土，2012.VII.14；3 头，1436m，针阔混交林下腐殖土，2012.VII.14；1 头，1426m，栗树-灌木下腐殖土，2012.VII.14；1 头，1439m，苔藓土，2012.VII.14；2 头，沁水下川猪尾沟，1733m，乔木下腐殖土，2012.VII.16；1 头，1628m，

栗树下腐殖土，2012.VII.16；1 头，山西翼城大河，1200m，苔藓，2012.VII.23～26，阮用颖采；2 头，山西翼城大河南神峪，1568m，灌木下腐殖土，2012.VII.17；14 头，1599～1664m，松树灌木下腐殖土，2012.VII.17；5 头，1524～1823m，针阔混交林下腐殖土，2012.VII.17；2 头，翼城大河三沟，1115～1120m，灌木下腐殖土，2012.VII.19；1 头，1080m，灌木-杂草下腐殖土，2012.VII.19；5 头，1018m，桃树下腐殖土，2012.VII.19；2 头，翼城大河北神峪，1386m，灌木下腐殖土，2012.VII.20；2 头，1422m，桃树下腐殖土，2012.VII.20。

分布：山西（历山）、吉林、北京、河北、山东、安徽、浙江、福建、台湾、香港、四川、贵州；古北区。

12 苞懒甲螨 *Nothrus borussicus* Sellnick, 1928

体长 1115μm，体宽 625μm。体长形，红褐色，体表布刻点。前背板吻端中部具 1 缺口，吻毛着生于缺口两侧，粗短，光滑；梁毛略膨大，长于吻毛和梁间毛，具微毛，着生于 1 对瘤突上，瘤突间具一横脊且向两侧延伸；梁间毛膨大，具为毛；感器长棒状，具刺毛。后背板毛 13 对，较宽，具微毛，后两对毛明显较其他毛长，c_2 毛明显短于 c_1 和 c_3 毛。基节板毛式 6-5-4-4。生殖孔与肛孔相接，肛孔具肛前板。生殖毛 9 对，肛毛 2 对，肛侧毛 3 对。足具异形 3 爪。

观察标本：1 头，山西翼城大河南神峪，1664m，松树下腐殖土，2012.VII.17。

分布：山西（历山）、吉林、北京、河北、贵州；全北区。

洼甲螨科 Camisiidae

体大型，浅褐色，表面多黏附物。吻端完整无缺口；吻毛、梁毛着生于前背板瘤突上，感器短棒状。后背板有时具纵棱，后背板毛 15 对，f_1 毛缺失，后背板毛有时着生于瘤突上。生殖毛 9～23 对，侧殖毛 2 对，刚毛 2 对或 3 对，肛侧毛 3 对。基节板毛式通常为：3-1-3-3。步足一般单爪，有时 3 爪。

13 双尾洼甲螨 *Camisia biurus* (C. L. Koch, 1839)

体长 899～927μm，体宽 403～434μm。体略呈方形，浅褐色。吻毛细短，光滑，梁毛长，梁毛向内弯曲，具较长的微毛，着生于长锥形突起上，梁毛细长，向前超出梁毛基部突起前端，光滑，着生于锥形突起上；感器较短，柄部细，端部膨大，端部具稀疏刺毛。后背板毛短，略弯曲，光滑；后背板中央脊自 d_1 毛着生点向后延伸，至 f_2 毛着生点水平位置时向两侧分开；后背板末端有 1 对长突起，h_2 毛着生于其端部，h_2 毛粗长，具刺毛。基节板毛式：3-1-3-3。殖肛区毛式：9-1-3-3。足具同形 3 爪。

观察标本：7 头，山西历山舜王坪，2198m，松树-杂草下腐殖土，2012.VII.18。

分布：山西（历山）、吉林、云南；全北区。

14 懒洼甲螨 *Camisia segnis* (Hermann, 1804)

体长 889～907μm，体宽 359～389μm。体略呈方形，浅褐色。吻毛细短，梁毛和梁间毛长，具明显的微毛，着生于锥形的突起上。感器短锤形，柄部细，端部膨大。后背板毛短，具微毛。后背板末端具有 3 对短的几丁质突起，着生后背板毛 pn_1、k_1 和 pn_3，在 k_1 毛之间形成凹陷，k_1 和 pn_3 毛近于等长，长于 pn_1 毛。生殖毛 9 对，侧殖毛 2 对，肛毛和肛侧毛各 3 对。

观察标本：2 头，山西沁水下川，1560m，苔藓，2012.VII.27～VIII.1，阮用颖采。

分布：山西（历山）、吉林、北京、河北、福建；全北区，东洋区。

15 塔氏半懒甲螨 Heminothrus targionii (Berlese, 1885)

体长 867~921μm，体宽 488~516μm。体型稍扁平。前背板吻毛短小，梁毛着生于 1 对突起上，梁间毛稍短于梁毛，各毛均具刺毛；感器短，光滑，端部较细。后背板毛 15 对，具刺毛，其中 d_1、d_2 和 e_1 毛粗短，c_1 和 c_2 毛着生于后背板前缘处，较前者细长，位于后背板边缘各毛 c_1、d_3、e_2、f_2、h_{1-3} 和 p_1 毛均长于内侧各毛，且着生于明显的突起上。生殖毛 23 对，侧殖毛 2 对，刚毛 2 对，肛侧毛 3 对。

观察标本：1 头，山西沁水下川，高大灌木下腐殖土，2012.VII.12；2 头，1523m，灌木下腐殖土，2012.VII.12；2 头，1560m，苔藓，2012.VII.27~VIII.1，阮用颖采；1 头，沁水下川西峡，1548m，乔木下腐殖土，2012.VII.13；1 头，1398m，栗树下腐殖土，2012.VII.13；5 头，山西翼城大河，1200m，苔藓，2012.VII.23~26，阮用颖采；1 头，翼城大河南神峪，1599m，松树灌木下腐殖土，2012.VII.17；5 头，1823m，针阔混交林下腐殖土，2012.VII.17；1 头，山西历山舜王坪，2198m，松树-杂草下腐殖土，2012.VII.18。

分布：山西（历山）、吉林、北京、河北、湖北、重庆、贵州；全北区。

16 盾平懒甲螨 Platynothrus peltifer (C. L. Koch, 1839)

体长 877~896μm，体宽 546~559μm。体褐色，后背板后部较宽。前背板各毛较短，不着生于明显的突起上，感器端部略膨大。后背板中央及两侧具有板条状隆脊，后背板毛中等长度，不呈鞭状，c_1、d_1 毛的长度超过下一毛列的毛基，但 d_2 毛的长度达到 e_2 毛的毛基。pn_1、k_1 和 pn_3 毛端部尖细。生殖毛 13~15 对。

观察标本：6 头，山西沁水下川，1533m，杂草下腐殖土，2012.VII.12；5 头，1544m，松树下腐殖土，2012.VII.12；1 头，1558m，灌木下腐殖土，2012.VII.12；1 头，1560m，苔藓，2012.VII.27~VIII.1，阮用颖采；2 头，山西翼城大河南神峪，1599~1664m，松树下腐殖土，2012.VII.17；1 头，历山舜王坪，2198m，松树-杂草下腐殖土，2012.VII.18。

分布：山西（历山）、吉林、北京、河北、江苏、安徽、湖北、福建、台湾、四川、贵州、云南；全北区。

小赫甲螨科 Hermanniellidae

体卵圆形，吻端宽圆状，后半体侧面有 1 对瓶口状末体侧腺开口。后背板覆盖第 3 若螨蜕皮，后背板毛 15~16 对，蜕皮下成体毛（10 对）强烈退化，后半体末端背毛发达。生殖毛 6~8 对，肛毛 2，肛侧毛 3 对。

17 伪小赫甲螨 Hermanniella dolosa Grandjean, 1931

体长 590~670μm，体宽 508~530μm。体色深褐色。前背板背面两侧着生纵向脊状隆起，吻毛向内弯曲，略被小刺毛；梁毛和梁间毛全被刺毛；感器具细长柄部，端部膨大为纺锤状。后背板背覆第 3 若螨蜕皮，蜕皮下后背板背面被有椭圆形凹陷状花纹，每一凹陷周围具有 5~7 个小孔，小孔间以细线相连，呈规则多边形，多数 6 个小孔相连；第 3 若螨蜕皮上除 f_1 毛外，端部渐细，呈刚毛状，全面被以刺毛，f_1 毛短而粗壮，呈匕首状，被有稀疏刺毛；后背板背面蜕皮下成体毛强烈退化，细小，几乎不可见；后背板后缘具 5 对成体毛，棍棒状，端部略膨大，被有刺毛。基节板毛序 3-1-2-3。生殖毛 7 对，排成 2 列，g_2 和 g_5 毛略偏离生殖板内缘着生，其余毛靠近内缘排列成 1 列。肛毛 2 对，肛侧毛 3 对。足单爪。

观察标本：3 头，山西沁水下川，1555m，阔叶乔木下腐殖土，2012.VII.12；1 头，高大灌木下腐殖土，2012.VII.12；1 头，1560m，苔藓，2012.VII.27～VIII.1，阮用颖采；1 头，沁水下川西峡，1441m，阔叶-针叶混交林，2012.VII.13；1 头，1362m，小灌木下腐殖土，2012.VII.13；1 头，沁水下川东峡，1478m，阔叶林-朽木下腐殖土，2012.VII.15；1 头，山西翼城大河南神峪，1599m，松树灌木下腐殖土，2012.VII.17；1 头，翼城大河三沟，1080m，灌木-杂草下腐殖土，2012.VII.19；4 头，翼城大河北神峪，1386m，灌木下腐殖土，2012.VII.20；1 头，1422m，桃树下腐殖土，2012.VII.20。

分布：山西（历山）、吉林、北京、河北、安徽、贵州；古北区。

裸珠甲螨科 Gymnodamaeidae

体中至大型。前背板无梁或脊；第 1 足盖呈耳状。后背板略凹陷，中央低于周边；后背板毛 4～6 对，均着生于隙孔 *im* 之后。肛毛 2 对。第 2 步足跗节具 2 根感棒。

18 条纹厚珠甲螨 Adrodamaeus striatus (Aoki, 1984)

体长 645～697μm，体宽 361～400μm。前背板吻毛和梁毛均弯向内侧，密被微毛，梁间毛非常短小，背面观几乎不可辨；梁毛着生点间有一略微隆起的横向脊突；感器近似杆状，端部略膨大，具刺毛；前背板后半部中央具有 3 条横向短脊状突起，其中后两条分别向后侧方延伸，与感器窝前缘相接。后背板几呈圆形，具有条带状纵向斑纹；仅在后背板后缘着生 2 对后背板毛，较短，靠前的 1 对较后 1 对长。生殖孔和肛孔较大，相互靠近，生殖毛 7 对，肛毛 2 对，肛侧毛 3 对。足具异形 3 爪。

观察标本：2 头，山西沁水下川西峡，1362m，小灌木下腐殖土，2012.VII.13；3 头，山西翼城大河黑龙潭，1097m，柳树下腐殖土，2012.VII.19；3 头，翼城大河三沟，1080m，灌木-杂草下腐殖土，2012.VII.19；7 头，1028m，乔木-灌木下腐殖土，2012.VII.19；2 头，翼城大河北神峪，1413m，乔木-杂草下腐殖土，2012.VII.20；1 头，1446m，高大灌木下腐殖土，2012.VII.20。

分布：山西（历山）、吉林、山东、安徽；古北区东南部。

龙足甲螨科 Eremaeidae

体中型。前背板中央具 1 对梁，几乎平行。背颈沟弓形。生殖板与肛板大型，彼此靠近，生殖毛 7 对，肛毛 3～7 对。

19 新名龙足甲螨 Eremaeus neonominatus Subías, 2004

体长 678～767μm，体宽 384～521μm。体黄褐色。前背板三角形，表面具网眼状结构，足盖 I、II 发达。梁呈狭长的条状，向前略分开，向后连接于感器窝外隆突；吻毛细而光滑，梁毛较吻毛粗长，具稀疏微毛，梁间毛最长，具微毛；感器细长，端部略微膨大，密生刺毛；感器外毛细长，明显。后背板毛 11 对，前端毛长于后端毛，其中 d_1 毛最长；c_1、c_2 和 d_1 毛具微毛，其余毛光滑。基节板毛式：3-2-3-3。殖肛区毛式：6-1-7-5；肛侧孔（*iad*）位于肛孔前外侧缘。足具异形 3 爪。

观察标本：1 头，山西沁水下川，高大灌木下腐殖土，2012.VII.12；1 头，沁水东川，1426m，栗树-灌木下腐殖土，2012.VII.14；7 头，沁水下川东峡，1660m，乔木-灌木下腐殖土，2012.VII.14；1 头，1478m，阔叶林-朽木下腐殖土，2012.VII.15；4 头，沁水下川猪尾沟，1733～1907m，乔木下腐殖土，2012.VII.16；2 头，1907m，乔木下腐殖土，2012.VII.16；5 头，山西翼城大河南神峪，1524m，针阔混交林下腐殖土，2012.VII.17；4 头，翼城大河北神峪，1413m，乔木-杂草下腐殖土，2012.VII.20；3 头，1422m，桃树下腐殖土，2012.VII.20。

分布：山西（历山）、吉林、辽宁、云南。

泥甲螨科 Peloppiidae

前背板与后背板等长或短于后背板，后背板圆形或后端渐尖。吻端具齿；梁细长，有尖突；梁间毛特长或正常；感器窝位于梁的基部，刚毛状或端部扩大呈梭形。后背板后端 1～4 对后背板毛明显，其余仅可见毛孔。生殖毛 5～6 对。

20 双毛角甲螨 *Ceratoppia bipilis* (Hermann, 1804)

体长 782～900μm。体深褐色。后背板圆形。前背板吻的端部中央有一大的尖齿，两侧各有一齿状突起，吻毛尖，具微刺毛；梁发达，位于前背板中央，细长，延伸向前，不超过吻的前端，梁毛位于梁尖突末端，具刺毛，尖突约为梁的一半长；梁间毛极长，具刺毛；感器刚毛状，具刺毛。口下板刚毛 2 对。后背板近圆形，末端背面观具有 4 对长刚毛，其中后背板毛和肛侧毛各 2 对。殖肛区毛式：4-1-2-3。足具 3 爪。

观察标本：2 头，山西沁水下川，1553m，杂草下腐殖土，2012.VII.12；1 头，高大灌木下腐殖土，2012.VII.12；1 头，1558m，灌木下腐殖土，2012.VII.12；7 头，1560m，苔藓，2012.VII.27～VIII.1，阮用颖采；3 头，沁水下川西峡，1523～1548m，乔木下腐殖土，2012.VII.13；1 头，1416m，栗树林中腐殖土，2012.VII.13；3 头，沁水下川东峡，1660m，乔木-灌木下腐殖土，2012.VII.14；1 头，1425m，小灌木下腐殖土，2012.VII.15；1 头，沁水东川，1426m，栗树-灌木下腐殖土，2012.VII.14；3 头，1439m，苔藓土，2012.VII.14；9 头，沁水下川西峡猪尾沟，1733～1907m，乔木下腐殖土，2012.VII.16；1 头，山西翼城大河南神峪，1664m，松树下腐殖土，2012.VII.17；1 头，1823m，针阔混交林下腐殖土，2012.VII.17；2 头，翼城大河舜王坪，2198～2201m，松树-杂草下腐殖土，2012.VII.18；1 头，翼城大河北神峪，1411m，灌木下腐殖土，2012.VII.20；1 头，1413m，乔木-杂草下腐殖土，2012.VII.20。

分布：山西（历山）、吉林、山东、安徽、浙江、湖南、福建、台湾、贵州、云南；全北区，东洋区北部，中美洲。

21 温奥甲螨 *Metrioppia* sp.

观察标本：5 头，沁水东川，1416～1436m，针阔混交林下腐殖土，2012.VII.14。

阿斯甲螨科 Astegistidae

体小至中型，背颈缝完全或不完全。梁的中部愈合，前端分离或相互接近。后背板毛 11 对，其中 1 对着生于肩部。生殖孔与肛孔大型，生殖毛 4～6 对。步足单爪或 3 爪。

22 侧刀肋甲螨 *Cultroribula lata* Aoki, 1961

体长 211～229μm。体黄褐色，圆形。前背板梁明显，斜向中央，近端部汇合，但端部相互分离，顶端着生梁毛；感器具柄，端部扩大。后背板前缘平直，肩部隆起呈肩片；后背板毛短小。生殖孔与肛孔大型，相互接近。生殖毛 4 对，肛毛 2 对。

观察标本：4 头，翼城大河三沟，1115m，灌木下腐殖土，2012.VII.19。

分布：山西（历山）、吉林、山东、安徽、浙江、湖南、福建、台湾、广东、贵州；日本。

23 三齿叉肋甲螨 *Furcoribula tridentata* Wen, 1991

体长 592～626μm，体宽 356～368μm。体色棕褐色。前背板吻前缘两侧缘各具 3 个齿，*ro* 毛光滑；梁细长，内侧倾斜，左右梁的前端彼此靠近，尖突较长，*le* 毛具稀疏微毛；*in* 毛较粗而直，具小刺毛；*ex* 毛较粗而直，略短于 *in* 毛；感器呈棍棒状，基部细末端粗，中部至末端表面具短刺毛；前背板两侧各有 1 条纵行隆条。后背板前缘平直；后背板毛 10 对，均细而光滑，c_2 毛较其他后背板毛略粗而长。基节板毛式：3-1-2-3。分颈基节条 *apo. sj* 很发达，第 IV 基节条包绕整个生殖板。殖肛区毛式：6-1-2-3，3 对肛侧毛等距排列，肛侧裂孔 *iad* 位于肛板两侧的肛侧毛 ad_3 内侧。步足具异形 3 爪。

观察标本：1 头，山西沁水东川，1439m，苔藓土，2012.VII.14；3 头，沁水下川，1560m，苔藓，2012.VII.27～VIII.1，阮用颖采；1 头，沁水下川东峡，1438m，苔藓土，2012.VII.15；3 头，山西翼城大河，1200m，苔藓，2012.VII.23～26，阮用颖采。

分布：山西（历山）、吉林、内蒙古。

24 四肋甲螨 *Quadroribula* sp.

观察标本：1 头，山西翼城大河三沟，1028m，乔木-灌木下腐殖土，2012.VII.19。

剑甲螨科 Gustaviidae

体球形，前背板与后背板之间无明显分界。吻端和梁伸向前方；感器窝着生于肩部。后背板光滑无毛。螯肢延伸变长，端部有锯齿。

25 小头剑甲螨 *Gustavia microcephala* (Nicolet, 1855)

体长 508～541μm。体深褐色，体表光亮，体型球形。躯体背面大部分被后背板覆盖。前背板梁呈柱形，前端斜向中央，顶端着生梁毛；感器有柄，端部呈梭形扩大，顶端具稀疏刺毛。后背板无毛。生殖孔和肛孔分离，生殖毛 6 对，肛毛 2 对。

观察标本：3 头，山西沁水下川西峡口，1548m，乔木下腐殖土，2012.VII.13；2 头，沁水东川，1436m，针阔混交林下腐殖土，2012.VII.14；2 头，山西翼城大河三沟，1115m，灌木下腐殖土，2012.VII.19；2 头，1018m，桃树下腐殖土，2012.VII.19；4 头，翼城大河北神峪，1411m，灌木下腐殖土，2012.VII.20；1 头，1422m，桃树下腐殖土，2012.VII.20。

分布：山西（历山）、吉林、北京、山东、安徽、湖北、福建、广东、贵州；古北区，墨西哥。

丽甲螨科 Liacaridae

体表光滑，有光泽。吻端具齿；梁斜向内侧，中部愈合，尖突有或无。后背板毛 10 对，细短，或仅具毛孔，其中 2 对着生于肩部。生殖孔与肛孔远离，生殖毛 6 对。

26 溯甲螨属 *Birsteinius* sp.

观察标本：1 头，山西沁水下川，1553m，朽木中腐殖土，2012.VII.12；3 头，山西翼城大河南神峪，1524m，针阔混交林下腐殖土，2012.VII.17；3 头，翼城大河黑龙潭，1097m，柳树下腐殖土，2012.VII.19；1 头，翼城大河三沟，1115m，灌木下腐殖土，2012.VII.19；5 头，1028m，乔木-灌木下腐殖土，2012.VII.19。

27 直角丽甲螨 *Liacarus orthogonios* Aoki, 1959

体长 866～926μm，体宽 563～611μm。前背板梁宽大，向前斜向内侧，具尖突，两侧尖突的内缘和梁的结合部（横梁桥）之间的区域呈三角形，梁毛着生于尖突顶部；梁间毛着生于梁内侧缘，吻毛、梁毛、梁间毛均光滑，长度依次递增；感器中部膨大，呈披针状，光滑；感器窝完全被后背板前缘遮盖，不可见。后背板椭圆形，后背板毛 10 对。基节板毛式：3-1-3-3。殖肛区毛式：6-1-2-3。足具异形 3 爪。

观察标本：1 头，山西沁水下川，1553m，杂草下腐殖土，2012.VII.12；3 头，1544～1547m，松树下腐殖土，2012.VII.12；1 头，1555m，阔叶乔木下腐殖土，2012.VII.12；1 头，1553m，朽木中腐殖土，2012.VII.12；2 头，高大灌木下腐殖土，2012.VII.12；3 头，1558m，灌木下腐殖土，2012.VII.12；2 头，1560m，苔藓，2012.VII.27～VIII.1，阮用颖采；2 头，沁水下川村西峡口，1548m，乔木下腐殖土，2012.VII.13；1 头，沁水下川东峡，1660m，乔木-灌木下腐殖土，2012.VII.14；2 头，1478m，阔叶林-朽木下腐殖土，2012.VII.15；10 头，沁水下川西峡猪尾沟，1733～1907m，乔木下腐殖土，2012.VII.16；1 头，沁水东川，1484m，小灌木下腐殖土，2012.VII.14；4 头，翼城大河南神峪，1568～1644m，灌木下腐殖土，2012.VII.17；2 头，1823m，针阔混交林下腐殖土，2012.VII.17；1 头，山西翼城大河三沟，1018m，桃树下腐殖土，2012.VII.19；4 头，翼城大河北神峪，1422m，桃树下腐殖土，2012.VII.20；1 头，1446m，高大灌木下腐殖土，2012.VII.20。

分布：山西（历山）、吉林、辽宁、山东、湖北、台湾、重庆、四川、贵州；日本。

小梳甲螨科 Xenillidae

体表具凹坑或刻点状纹饰。梁宽阔，分离或中部愈合；横梁和尖突有或无。后背板毛 11 对，明显，其中 2 对分布于肩部。生殖毛 5 对。

28 覆头小梳甲螨 *Xenillus tegeocranus* (Hermann, 1804)

体长 711～729μm，体宽 486～501μm。体黄褐色，体表具有不规则形状的饰纹，有些呈圆形或椭圆形。前背板梁发达，斜向中央，左右相接，二梁之间具 1 三角形的小突起，梁的端部内侧各有 1 齿；感器末端膨大，端部钝圆，表面具微刺。后背板的肩部有 1 突起，其上着生 2 根后背板毛，长度较其他后背板毛为短；后背板毛末端较尖，具刺毛。生殖毛 5 对，肛毛 2 对。

观察标本：1 头，山西沁水下川西峡口，1548m，乔木下腐殖土，2012.VII.13；2 头，山西翼城大河三沟，1115m，灌木下腐殖土，2012.VII.19。

分布：山西（历山）、吉林、北京、河北、山东、江苏、安徽、福建；古北区。

步甲螨科 Carabodidae

体色深，体壁骨化强，体表具刻点或网纹，后半体背面平坦、内凹或隆起。梁宽阔，位于前背板侧缘；感器窝侧生。背颈缝平直。后背板毛 8～15 对。生殖毛 4～6 对，侧殖毛 1 对，肛毛 2 对，肛侧毛 3 对。步足单爪。

29 微步甲螨 *Carabodes minusclus* Berlese, 1923，中国新记录种

观察标本：7 头，山西沁水东川，1439m，苔藓土，2012.VII.14。

分布：山西（历山）；古北区。

平美甲螨科 Platyameridae

体中至大型，较扁平。前背板吻较宽；无梁和脊；梁毛着生位置靠前，梁间毛着生位置靠后，位于感器窝之间。生殖毛 3～6 对。

30 秦岭裸领甲螨 *Gymnodampia qinlingensis* Chen, Behan-Pelletier, Wang *et* Norton, 2004

体长 716～799μm，体宽 476～521μm。前背板对生突 *Aa* 大，圆钝；吻端中央呈舌状；吻毛光滑，梁毛和梁间毛略具微毛，三者长度依次递增；感器细长，基半部略具刺毛；感器窝后部向后延伸呈突起状，内侧后缘具齿状缺刻。后背板具 10 对毛，c_2 和 *la* 毛较 *lm*、*lp* 和 h_{1-3} 毛短，*lm* 毛着生于 *la* 之后，*lp* 毛着生于末体侧腺开口之后。基节板毛式：3-1-3-3。殖肛区毛式：6-1-2-3，肛侧毛具刺毛。步足单爪。

观察标本：1 头，山西沁水下川西峡，1362m，小灌木下腐殖土，2012.VII.13；1 头，山西翼城大河三沟，1115m，灌木下腐殖土，2012.VII.19；1 头，1018m，桃树下腐殖土，2012.VII.19；1 头，翼城大河北神峪，1411m，灌木下腐殖土，2012.VII.20；1 头，1413m，乔木-杂草下腐殖土，2012.VII.20；1 头，1422m，桃树下腐殖土，2012.VII.20；1 头，1446m，高大灌木下腐殖土，2012.VII.20。

分布：山西（历山）、陕西。

斑体节甲螨科 Thyrisomidae

体小至中型。前背板具有脊，无尖突。后背板毛 10～14 对。基节条发达。生殖孔和肛孔较大，几乎相接，其间距小于生殖孔长度一半；生殖毛 5～6 对。步足第 1、2 跗节分别长于或等长于第 1、2 胫节。

31 疏毛山甲螨 *Montizetes rarisetosus* Bayartogtokh, 1998，中国新记录属、种

观察标本：6 头，山西沁水下川，1560m，苔藓，2012.VII.27～VIII.1，阮用颖采；1 头，沁水下川西峡，1548m，乔木下腐殖土，2012.VII.13；17 头，1490m，栗树下腐殖土，2012.VII.13；1 头，沁水下川西峡猪尾沟，1907m，乔木下腐殖土，2012.VII.16；3 头，沁水东川，1438m，苔藓土，2012.VII.15；1 头，山西翼城大河，1200m，苔藓，2012.VII.23～26，阮用颖采。

分布：山西（历山）；蒙古，高加索地区。

粒奥甲螨科 Granuloppiidae

体中型。前背板具有脊。后背板前部通常有瘤突或脊状突起；后背板毛 9～14 对。基节板毛式：3-1-3-3，第 3、4 基节板内缘相接，第 4 基节板后缘缺失。生殖孔和肛孔间距长于生殖孔长度；生殖毛 4～6 对，肛侧毛 ad_1 位于肛孔之后且远离肛孔，ad_3 位于肛孔之前。步足单爪。

32 梳哈奥甲螨 *Hammerella pectinata* (Aoki, 1983)

体长 311～369μm，体宽 210～254μm。前背板吻较尖；不具梁而有脊，脊的形状较不规则，向前斜向内，长度约为前背板的一半，前端加厚，着生梁毛，梁毛略长于其着生点间距；梁间毛长约等于其着生点间距；感器细长，端部略膨大，具数支长分枝；足盖 I 发达，具数条横向皱褶。后背板前缘正对感器窝处有 1 钝形突，自此突起向后延伸 1 条颜色较深的脊状突起，超过后背板中部。后背板毛 10 对，光滑，中央

4 对毛明显长于其他毛，肩突处仅可见 1 对毛基窝。基节板毛式：3-1-3-3，毛细长，具微毛。殖肛区毛式：6-1-2-3，生殖孔明显小于肛孔，侧殖毛和肛侧毛较长，隙孔 *iad* 较长，位于肛孔中央之后侧缘。步足单爪。

观察标本：1 头，山西沁水下川，1544m，松树下腐殖土，2012.VII.12；1 头，1553m，朽木中腐殖土，2012.VII.12；2 头，高大灌木下腐殖土，2012.VII.12；4 头，1523～1558m，灌木下腐殖土，2012.VII.12；7 头，沁水下川西峡，1523～1548m，乔木下腐殖土，2012.VII.13；2 头，1490m，栗树下腐殖土，2012.VII.13；1 头，1362m，小灌木下腐殖土，2012.VII.13；2 头，沁水下川东峡，1660m，乔木-灌木下腐殖土，2012.VII.14；3 头，沁水东川，1463m，灌木林下腐殖土，2012.VII.14；3 头，1436m，针阔混交林下腐殖土，2012.VII.14；17 头，水下川西峡猪尾沟，1733～1907m，乔木下腐殖土，2012.VII.16；1 头，1628m，栗树下腐殖土，2012.VII.16；1 头，山西翼城大河南神峪，1568m，灌木下腐殖土，2012.VII.17；6 头，1599m，松树灌木下腐殖土，2012.VII.17；10 头，1664m，松树下腐殖土，2012.VII.17；18 头，1524～1823m，针阔混交林下腐殖土，2012.VII.17；1 头，翼城大河黑龙潭，1097m，柳树下腐殖土，2012.VII.19；6 头，翼城大河三沟，1018m，桃树下腐殖土，2012.VII.19；3 头翼城大河北神峪，1411m，灌木下腐殖土，2012.VII.20；7 头，1413m，乔木-杂草下腐殖土，2012.VII.20；6 头，1422m，桃树下腐殖土，2012.VII.20；4 头，1446m，高大灌木下腐殖土，2012.VII.20。

分布：山西（历山）、台湾；古北区东部，东洋区北部。

盾珠甲螨科 Suctobelbidae

体小至中型。吻端窄，侧缘多具齿；吻毛膝状或向内强烈弯曲；前背板表面具 1 对椭圆形凹窝（足盖区）；感器长，呈纺锤形、镰刀状、鞭状、棍棒状等。后背板前缘有或无瘤突；后背板光滑或具瘤突。螯肢细长，为吮吸型。生殖毛 4～6 对。

33 大异盾珠甲螨 *Allosuctobelba grandis* (Paoli, 1908)

体长 484～526μm，体宽 251～306μm。前背板吻部圆钝，两侧各具 3 个齿；吻毛呈膝状；足盖区和梁结明显，足盖区向前略斜向内；梁毛着生于梁结上，梁毛和梁间毛细，梁毛长为其着生点间距的 6 倍，梁毛长于梁间毛；梁间毛着生于感器窝间的横脊上，长约等于其着生点间距；感器细长，呈镰刀状，端部渐细，端半部单侧密被刺毛。后背板前缘无突起，仅中部略向前凸出；后背板毛 9 对，光滑，较长。基节板毛式：3-1-3-3。殖肛区毛式：6-1-2-3，ad_3 毛着生于肛孔前缘之前，ad_2 毛着生于肛孔前缘之后，隙孔 *iad* 较长，位于肛孔中央侧缘。步足单爪。

观察标本：10 头，山西沁水下川，1553m，朽木中腐殖土，2012.VII.12；2 头，沁水下川东峡，1478m，阔叶林-朽木下腐殖土，2012.VII.15；1 头，山西翼城大河南神峪，1664m，松树下腐殖土，2012.VII.17。

分布：山西（历山）、安徽、浙江、台湾；全北区，东洋区。

34 雅致小盾珠甲螨 *Suctobelbella elegantula* (Hammer, 1958)

体长 185～256μm，体宽 108～136μm。前背板吻部圆钝，具颗粒状突起，两侧各具 3 个齿；吻毛呈膝状；足盖区和梁结明显，足盖区向前斜向内，端部相互靠近；梁毛着生于梁结上，梁毛和梁间毛细，梁毛长于梁间毛；感器细长，呈镰刀状，端部渐细，端半部单侧密被刺毛；感器窝之间有 1 对突起指向后背板前缘。后背板前缘具 2 对突起；后背板毛 9 对，光滑，较短，c 毛紧靠前缘突起之后。基节板毛式：3-1-3-3。殖肛区毛式：6-1-2-3，ad_3 毛着生于肛孔前缘之前，ad_2 毛着生点与肛孔前缘平齐。步足单爪。

观察标本：6 头，山西沁水下川，1547m，松树林中腐殖土，2012.VII.12；5 头，1553m，朽木中腐殖土，2012.VII.12；4 头，1523～1558m，灌木下腐殖土，2012.VII.12；8 头，沁水下川西峡，1548m，乔木下腐殖土，2012.VII.13；6 头，1398～1490m，栗树下腐殖土，2012.VII.13；1 头，1441m，阔叶-针叶混交林，2012.VII.13；2 头，1362m，小灌木下腐殖土，2012.VII.13；2 头，沁水下川西峡猪尾沟，1733m，乔木下腐殖土，2012.VII.16；2 头，沁水下川东峡，1660m 乔木-灌木下腐殖土，2012.VII.14；7 头，1439m，苔藓土，2012.VII.14；3 头，1436m，针阔混交林下腐殖土，2012.VII.14；1 头，山西翼城大河，1200m，苔藓，2012.VII.23～26，阮用颖采；3 头，翼城大河南神峪，1568m，灌木下腐殖土，2012.VII.17；2 头，1599m，松树灌木下腐殖土，2012.VII.17；3 头，1524～1823m，针阔混交林下腐殖土，2012.VII.17；2 头，翼城大河三沟，1115m，灌木下腐殖土，2012.VII.19；2 头，1080m，灌木-杂草下腐殖土，2012.VII.19；1 头，1028m，乔木-灌木下腐殖土，2012.VII.19；2 头，1018m，桃树下腐殖土，2012.VII.19；10 头，翼城大河北神峪，1411m，灌木下腐殖土，2012.VII.20；2 头，1413m，乔木-杂草下腐殖土，2012.VII.20；1 头，1422m，桃树下腐殖土，2012.VII20。

分布：山西（历山）、吉林、安徽、浙江、湖北、重庆、贵州；全北区，东洋区，新热带区。

35 单小盾珠甲螨 Suctobelbella singularis (Strenzke, 1950)

体长 232～251μm，体宽 122～143μm。前背板吻部圆钝，隆起，密背颗粒状突起，两侧各具 2 个齿；吻毛呈膝状；足盖区和梁结明显，足盖区延长呈长椭圆形，向前略斜向内，足盖区之间及梁结附近区域具颗粒状突起；感器细长，端部略膨大，或略呈纺锤状，光滑；感器窝前方各有 1 个具 3 个突起的短横脊。后背板前缘具 2 对突起，其中外侧突起（$co.nl$）后端略向后延伸，但未达 c 毛着生点；后背板毛 9 对，光滑，较短。基节板毛式：3-1-3-3。殖肛区毛式：4-1-2-3，ad_3 毛着生于肛孔前缘之前，ad_2 毛着生点与肛孔前缘平齐。步足单爪。

观察标本：1 头，山西沁水下川，1547m，松树林中腐殖土，2012.VII.12；1 头，1523m，灌木下腐殖土，2012.VII.12；2 头，沁水东川，1436m，针阔混交林下腐殖土，2012.VII.14；3 头，山西翼城大河南神峪，1568～1599m，灌木下腐殖土，2012.VII.17；3 头，翼城大河三沟，1018m，桃树下腐殖土，2012.VII.19；2 头，翼城大河北神峪，1386～1411m，灌木下腐殖土，2012.VII.20。

分布：山西（历山）、台湾；古北区，东洋区北部。

盖头甲螨科 Tectocepheidae

体小至中型，表面具颗粒状蜡质。吻端方形；梁发达，近平行，前端具横梁或中间断开的横脊，梁、横梁复合体呈 "H" 形，梁间毛近背颈沟。背颈沟存在或消失。后背板肩部有或无突起，后背板毛 10 对或无。生殖毛 6 对，侧殖毛 1 对，肛毛 2 对，肛侧毛 3 对。步足单爪。

36 覆盖头甲螨 Tectocepheus velatus (Michael, 1880)

体长 271～298μm，体宽 159～189μm。体灰褐色，体表覆盖颗粒状的蜡被。前背板与后背板之间的背颈沟消失。吻端宽阔，完整无裂口，吻毛着生于吻后侧缘上；前背板两侧具粗壮的梁，相互平行，顶端向内侧弯曲，着生梁毛，梁间具横梁；吻毛和梁毛单边具刺毛；感器端部膨大，颜色深，表面密被刺毛。后背板无毛。生殖毛 6 对，侧殖毛 1 对，肛板呈三角形，肛毛 2 对，肛侧毛 3 对；肛侧隙孔 (*iad*) 大而明显，位于肛孔前侧端，与肛孔外缘形成一定角度。足单爪。

观察标本：10 头，山西沁水下川，1553m，杂草下腐殖土，2012.VII.12；3 头，1544m，松树下腐殖土，2012.VII.12；1 头，1555m，阔叶乔木下腐殖土，2012.VII.12；7 头，1553m，朽木中腐殖土，2012.VII.12；4 头，高大灌木下腐殖土，2012.VII.12；5 头，1523～1558m，灌木下腐殖土，2012.VII.12；34 头，1560m，苔藓，2012.VII.27～VIII.1，阮用颖采；11 头，山西沁水下川西峡，1523～1548m，乔木下腐殖土，2012.VII.13；8 头，1398～1490m，栗树下腐殖土，2012.VII.13；2 头，1441m，阔叶-针叶混交林，2012.VII.13；3 头，沁水下川西峡猪尾沟，1733m，乔木下腐殖土，2012.VII.16；5 头，1628m，栗树下腐殖土，2012.VII.16；25 头，沁水东川，1463～1484m，灌木下腐殖土，2012.VII.14；2 头，1439m，苔藓土，2012.VII.14；5 头，1436m，针阔混交林下腐殖土，2012.VII.14；4 头，翼城大河，1200m，苔藓，2012.VII.23～26，阮用颖采；30 头，山西翼城大河南神峪，1568～1599m，灌木下腐殖土，2012.VII.17；30 头，1664m，松树下腐殖土，2012.VII.17；7 头，1524～1823m，针阔混交林下腐殖土，2012.VII.17；3 头，山西历山舜王坪，2196m，高山草甸土，2012.VII.18；24 头，山西翼城大河北神峪，1386～1411m，灌木下腐殖土，2012.VII.20；4 头，1413m，乔木-杂草下腐殖土，2012.VII.20；21 头，1422m，桃树下腐殖土，2012.VII.20。

分布：世界广布。

显前翼甲螨科 Phenopelopidae

梁发达，大多宽而长。后背板毛 8～10 对，较粗短。翅形体大，可动。螯肢特别发达，细而长，前端呈钳状。

37 小顶真前翼甲螨 Eupelops acromios (Hermann, 1804)

体长 697～710μm，体宽 520～536μm。体深褐色。前背板梁间毛发达，扩大呈刮铲状，长度达吻的顶端；感器短棒状，前端膨大，具刺毛。后背板翅形体向腹面卷曲；后背板前缘中央形成 3 个浅突，呈波浪形；后背板毛 10 对，短小，端部稍扩大，h_3 和 lp 毛远离。

观察标本：2 头，山西翼城大河三沟，1115～1120m，灌木下腐殖土，2012.VII.19；1 头，翼城大河北神峪，1413m，乔木-杂草下腐殖土，2012.VII.20。

分布：山西（历山）、吉林、北京、山东、安徽、湖北、福建、广东、贵州、云南；古北区，东洋区，热带区。

38 蒙古真前翼甲螨 Eupelops mongolicus Bayartogtokh et Aoki, 1999，中国新记录种

观察标本：1 头，山西沁水下川，1560m，苔藓，2012.VII.27～VIII.1，阮用颖采；7 头，山西翼城大河村南神峪，1411～1568m，灌木下腐殖土，2012.VII.17；1 头，山西翼城大河北神峪，1413m，乔木-杂草下腐殖土，2012.VII.20。

分布：山西（历山）；蒙古。

39 隐真前翼甲螨 Eupelops occultus (C. L. Koch, 1835)，中国新记录种

观察标本：2 头，山西翼城大河舜王坪，2196m，高山草甸土，2012.VII.18；11 头，2198m，松树-杂草下腐殖土，2012.VII.18。

分布：山西（历山）；古北区。

40 美瘤前翼甲螨 *Peloptulus americanus* (Ewing, 1907)

体长 431～463μm，体宽 272～303μm。前背板梁和横梁发达，几乎完全覆盖前背板；吻部圆钝；梁毛着生于梁尖突内侧缘；梁间毛短，被后背板前缘遮盖；感器呈棍棒状，端部略膨大，被刺毛；后背板翅形体前缘突出于后背板前缘，后缘尖；后背板毛 8 对，粗短，末端钝，具微毛。生殖毛 5 对，其中 g_1 和 g_2 毛位于生殖板前缘。

观察标本：1 头，山西沁水下川，1553m，杂草下腐殖土，2012.VII.12；1 头，1560m，苔藓，2012.VII.27～VIII.1，阮用颖采；8 头，沁水东川，1463～1484m，灌木林下腐殖土，2012.VII.14；5 头，山西翼城大河南神峪，1568～1599m，灌木下腐殖土，2012.VII.17；2 头，翼城大河三沟，1080～1120m，灌木下腐殖土，2012.VII.19。

分布：山西（历山）、黑龙江、吉林；全北区。

角翼甲螨科 Achipteriidae

体中至大型，体壁光滑。前背板宽大，梁十分发达，呈板条状，沿中线相接或愈合，占据前背板大部分。后背板翅形体不可动，极度向前延伸呈尖角，或横向平展。后背板毛 10 对，明显或仅见毛孔；具孔区或小囊。

41 高山角翼甲螨 *Achipteria alpestris* (Aoki, 1973)，中国新记录种

观察标本：9 头，山西沁水下川，1560m，苔藓，2012.VII.27～VIII.1，阮用颖采；1 头，沁水东川，1438m，苔藓土，2012.VII.15；11 头，山西翼城大河，1200m，苔藓，2012.VII.23～26，阮用颖采；1 头，翼城大河南神峪，1599m，松树灌木下腐殖土，2012.VII.17；2 头，翼城大河北神峪，1422m，桃树下腐殖土，2012.VII.20。

分布：山西（历山）；日本。

42 显副角翼甲螨 *Parachipteria distincta* (Aoki, 1959)

体长 398～421μm，体宽 285～299μm。体深褐色。前背板梁发达，几乎覆盖整个前背板，梁的基部愈合，端部分离，其顶端内凹，形成两个突起，梁毛着生于内侧突起上，外侧突起形成 1 个尖突，梁毛粗而光滑；梁间毛长于梁，粗而钝；吻毛位于吻端腹侧面，具微毛；感器末端呈梭形膨大。后背板前缘中央前凸；翅形体向腹面卷曲，前端尖利，长度伸达梁的中部；后背板毛 10 对，着生于翅形体上的 2 对较长；孔区 3 对。殖肛区毛式：6-1-2-3。足具异形 3 爪。

观察标本：5 头，山西翼城大河，1200m，苔藓，2012.VII.23～26，阮用颖采；4 头，翼城大河南神峪，1664m，松树下腐殖土，2012.VII.17。

分布：山西（历山）、北京、安徽、浙江、福建、贵州；古北区，东洋区。

顶甲螨科 Tegoribatidae

前背板两梁完全愈合，并覆盖整个前背板，只露出吻端。后背板翅形体可动，略向前突出；具 10 对后背板毛或毛孔；具孔区或小囊。

43 戴氏鳞顶甲螨 *Lepidozetes dashidorzsi* Balogh et Mahunka, 1965

体长 515～539μm，体宽 336～366μm。前背板梁极度扩张，愈合呈一整块，覆盖除吻部以外的整个前背板，前缘后凹，梁毛细长，梁间毛长于梁毛，端部几达梁前缘，二者均

密被刺毛；感器梭形，端部渐尖，密被刺毛。后背板椭圆形，翅形体大，可动；后背板毛10 对，较短，具刺毛；孔区 4 对。殖肛区毛式：6-1-2-3，生殖板和腹板具细小刻点。足具异形 3 爪。

观察标本：9 头，山西沁水下川西峡，1523m，乔木下腐殖土，2012.VII.13；2 头，沁水下川西峡，1490m，栗树下腐殖土，2012.VII.13；9 头，1733m，乔木下腐殖土，2012.VII.16。

分布：山西（历山）、吉林、新疆；古北区。

44 圆盾甲螨 Scutozetes sp. 1，中国新记录属

观察标本：15 头，山西沁水下川，1560m，苔藓，2012.VII.27～VIII.1，阮用颖采；35 头，沁水东川，1463m，灌木林下腐殖土，2012.VII.14；1 头，山西翼城大河南神峪，1568m，灌木下腐殖土，2012.VII.17。

小甲螨科 Oribatellidae

前背板具宽大的梁，两梁部分愈合。后背板翅形体发达，向腹面卷曲；具孔区。

45 南小甲螨 Oribatella meridionalis Berlese, 1908

体长 338～374μm，体宽 226～253μm。体色棕褐色。前背板吻部钝圆，吻毛着生于吻部两侧缘，向前向内弯曲，外侧密被刺毛；梁很宽，几乎覆盖整个前背板，内侧缘呈"S"形弯曲，中部相接，基部中央具 1 三角形小突起，梁前缘明显凹陷，形成两个侧突，外侧突外缘具 1～5 个小齿，梁毛着生于梁前缘凹陷中央，被刺毛；梁间毛细长，向前超出梁的端部，具微毛；感器呈棍棒状，向前部逐渐膨大，被刺毛。后背板前缘略呈三突波浪状；后背板毛 10 对，较短；孔区 4 对，圆形。基节板毛式：3-1-2-2，其中 3b、4a、4b 毛明显长于其他毛，且被微毛。殖肛区毛式：6-1-2-3。足具异形 3 爪。

观察标本：3 头，山西沁水下川，1553m，朽木中腐殖土，2012.VII.12；6 头，1523m，灌木下腐殖土，2012.VII.12；1 头，1560m，苔藓，2012.VII.27～VIII.1，阮用颖采；1 头，沁水下川西峡，1441m，阔叶-针叶混交林，2012.VII.13；10 头，1463m，灌木下腐殖土，2012.VII.14；17 头，山西翼城大河，1115～1568m，灌木下腐殖土，2012.VII.17～19；9 头，1200m，苔藓，2012.VII.23～26，阮用颖采；1 头，翼城大河黑龙潭，1097m，柳树下腐殖土，2012.VII.19；2 头，翼城大河三沟，1028m，乔木-灌木下腐殖土，2012.VII.19；5 头，翼城大河北神峪，1386～1411m，灌木下腐殖土，2012.VII.20。

分布：山西（历山）、吉林、山东、贵州、云南；古北区，东洋区。

46 小甲螨 Oribatella sp.

观察标本：5 头，沁水下川，1544m，松树下腐殖土，2012.VII.12。

若甲螨科 Oribatulidae

前背板脊较长，自前向后向外侧倾斜；感器短，端部膨大。后背板毛 10～14 对；无翅形体；具 1～5 对孔区。生殖毛 4～5 对。步足 3 爪。

47 截合若甲螨 Zygoribatula truncata Aoki, 1961

体长 354～371μm，体宽 211～249μm。体褐色。前背板吻略尖，吻毛较长，伸出吻端部分长度为全长的一半；梁间具有横梁，梁毛着生于梁的端部；吻毛、梁毛和梁间毛均具微毛；感器棒槌状，头部具微刺。后背板近圆形，中央前缘稍突出，肩部有肩片，其上着生 1 对后

背板毛；后背板毛 13 对，短小；孔区 4 对，较小。基节板毛式：3-1-3-3。殖肛区毛式：4-1-2-3。足具异形 3 爪。

　　观察标本：2 头，山西沁水下川，1544m，松树下腐殖土，2012.VII.12；6 头，1555m，阔叶乔木下腐殖土，2012.VII.12；2 头，1553m，朽木中腐殖土，2012.VII.12；6 头，1558m，灌木下腐殖土，2012.VII.12；9 头，沁水下川西峡，1548m，乔木下腐殖土，2012.VII.13；3 头，沁水下川东峡，1660m，乔木-灌木下腐殖土，2012.VII.14；4 头，沁水东川，1425～1484m，小灌木下腐殖土，2012.VII.14～15；3 头，1426m，栗树-灌木下腐殖土，2012.VII.14；4 头，沁水下川西峡，1733m，乔木下腐殖土，2012.VII.16；2 头，1628m，栗树下腐殖土，2012.VII.16；21 头，翼城大河三沟，1080～1120m，灌木下腐殖土，2012.VII.19；1 头，山西翼城大河北神峪，1411m，灌木下腐殖土，2012.VII.20；2 头，1413m，乔木-杂草下腐殖土，2012.VII.20；3 头，1422m，桃树下腐殖土，2012.VII.20。

　　分布：山西（历山）、吉林、北京、河北、山东、新疆、安徽、江苏、湖南、福建、台湾、广东、重庆、四川、贵州；古北区，东洋区。

长单翼甲螨科 Protoribatidae

　　前背板感器具有短柄，端部膨大呈头状，或呈梭形。背颈缝通常缺失。后背板具有孔区；翅形体可动，或不可动，或缺失。肛毛 2 对。步足单爪。

48 伸立翼甲螨 *Liebstadia elongata* Bayartogtokh, 2001，中国新记录属、种

　　观察标本：2 头，山西沁水下川，1544m，松树下腐殖土，2012.VII.12；1 头，1555m，阔叶乔木下腐殖土，2012.VII.12；1 头，1553m，朽木中腐殖土，2012.VII.12。

　　分布：山西（历山）；蒙古。

菌甲螨科 Scheloribatidae

　　体中型。前背板具梁，无横梁，梁端无游离尖突。后背板前缘呈弓形；后背板毛 10～14 对，或仅见毛孔；具 4 或 5 对背囊；翅形体不可动。生殖毛 4 对，少有 1、3 或 5 对。步足单爪或 3 爪。

49 滑菌甲螨 *Scheloribates laevigatus* (C. L. Koch, 1835)

　　体长 565～632μm，体宽 360～396μm。吻毛、梁毛和梁间毛均具小刺毛，三者长度依次增大；梁向前斜向内侧，具前梁和亚梁，无横梁；感器棒状，短半部略膨大，呈梭形，前端尖锐，伸向两侧，超出翅形体外缘；感器窝几乎被后背板所覆盖。翅形体不可动，后背板毛 10 对，短小，但可分辨；背颈缝中部略向前弓起；背囊 4 对。基节板毛式 3-1-3-3；生殖毛 4 对，刚毛 2 对。足具异形 3 爪。

　　观察标本：8 头，山西沁水下川，高大灌木下腐殖土，2012.VII.12；18 头，山西翼城大河，2198m，松树-杂草下腐殖土，2012.VII.18。

　　分布：山西（历山）、吉林、北京、山东、新疆、安徽、江苏、上海、浙江、湖南、福建、广东、台湾、四川、贵州；全北区。

50 棒菌甲螨 *Scheloribates latipes* (C. L. Koch, 1844)

　　体长 359～510μm，体宽 241～257μm。体褐色。前背板吻端突出，吻毛着生于吻端后侧，具单侧微毛；梁斜向中央，具前梁和亚梁，梁毛长，超过吻的顶端，具微毛；梁间毛直立，具微毛；感器略较吻毛长，具细柄，头部膨大，端部具刺毛。后背板有发达的翅形体，三角

形，向内侧弯曲；后背板毛 10 对，极短，难以分辨；背囊 4 对。基节板毛式：3-1-3-3；殖肛区毛式：4-1-2-3。足具异形 3 爪。

观察标本：1 头，山西沁水下川，1553m，杂草下腐殖土，2012.VII.12；2 头，1553m，朽木中腐殖土，2012.VII.12；1 头，高大灌木下腐殖土，2012.VII.12；12 头，1523～1558m，灌木下腐殖土，2012.VII.12；3 头，1560m，苔藓，2012.VII.27～VIII.1，阮用颖采；3 头，山西沁水下川西峡，1523m，乔木下腐殖土，2012.VII.13；1 头，1441m，阔叶-针叶混交林，2012.VII.13；15 头，1398m，栗树下腐殖土，2012.VII.13；8 头，沁水东川，1484～1463m，小灌木下腐殖土，2012.VII.14；4 头，山西翼城大河，1097m，柳树下腐殖土，2012.VII.19；2 头，1200m，苔藓，2012.VII.23～26，阮用颖采；7 头，翼城大河南神峪，1568～1599m，灌木下腐殖土，2012.VII.17；6 头，1524m，针阔混交林下腐殖土，2012.VII.17；24 头，翼城大河三沟，1028～1115m，灌木下腐殖土，2012.VII.19；7 头，1018m，桃树下腐殖土，2012.VII.19；11 头，翼城大河北神峪，1386～1446m，灌木下腐殖土，2012.VII.20；9 头，1413m，乔木-杂草下腐殖土，2012.VII.20；6 头，1422m，桃树下腐殖土，2012.VII.20。

分布：山西（历山）、吉林、北京、新疆、江苏、上海、安徽、浙江、福建、广东、海南、贵州、云南；全北区，东洋区。

51 硬毛菌甲螨 *Scheloribates rigidisetosus* Willmann, 1951

体长 411～438μm，体宽 236～250μm。体褐色，前背板梁向前斜向内侧，具前梁和亚梁；吻毛、梁毛和梁间毛具刺毛；感器粗短，短于吻毛，短半部明显膨大，密被刺毛。后背板前缘中央明显向前突出；后背板毛 10 对，细短；背囊 4 对。基节板毛式：3-1-3-3；殖肛区毛式：4-1-2-3。足具异形 3 爪。

观察标本：1 头，山西沁水下川，1560m，苔藓，2012.VII.27～VIII.1，阮用颖采；1 头，沁水下川西峡，1494m，苔藓土，2012.VII.13；1 头，山西翼城大河，1200m，苔藓，2012.VII.23～26，阮用颖采；3 头，翼城大河黑龙潭，1097m，柳树下腐殖土，2012.VII.19；1 头，翼城大河三沟，1115m，灌木下腐殖土，2012.VII.19；3 头，翼城大河北神峪，1411m，灌木下腐殖土，2012.VII.20。

分布：山西（历山）、吉林、浙江；古北区。

毛跳甲螨科 Zetomotrichidae

前背板吻端具齿；梁缺失；感器长，刚毛状，具刺毛。背颈沟中部断开或缺失。后背板背面具表皮颗粒或小孔；肩片发达，着生 1 粗而长的毛；后背板毛 10 对或 11 对；后背板末端尖圆。生殖毛 4 对。

52 长岭格化甲螨 *Ghilarovus changlingensis* Wen, 1990

体长 382μm，体宽 233μm。体黄褐色。吻前缘中央及两侧缘各具数个小齿；*ro*、*le* 和 *in* 毛细长，均具小刺毛，三者相对长度为 *le*>*in*>*ro*；感器细长，末端尖细，密被小刺毛。后背板前缘宽，后端尖圆；背颈缝中央间断；具肩片，宽而圆，略突出；后背板毛 10 对，*c*₂ 毛粗长，具小刺毛，位于肩片前侧缘，其他毛短而光滑。基节板毛式：3-1-2-3；生殖毛 4 对，肛毛 2 对，分别位于肛板前、后缘。足具异形 3 爪。

观察标本：1 头，山西沁水下川西峡，1494m，苔藓土，2012.VII.13。

分布：山西（历山）、吉林。

杆棱甲螨科 Mochlozetidae

前背板梁发达，多位于前背板两侧，有的有横梁；感器短，端部膨大。背颈沟中部断开。后背板具孔区和翅形体；后背板毛10对，仅可见毛孔。

53 尖足肋甲螨 *Podoribates cuspidatus* Sakakibara *et* Aoki, 1966

体长552～583μm，体宽461～493μm。前背板吻端稍尖，吻毛着生于吻侧缘；梁宽，尖突呈三角形，梁毛着生于尖突内缘，具横梁；梁间毛几乎着生于背颈缝上；吻毛、梁毛、梁间毛均具刺毛，三者长度依次递增；感器短，端部膨大呈椭圆形，密被刺毛；感器窝大部分被后背板前缘覆盖。后背板背颈缝中央间断，翅形体略向腹面弯曲；后背板毛缺失，仅见毛基窝；4对孔区，明显。基节板毛式：3-1-3-3。殖肛区毛式：6-1-2-3。足具异形3爪。

观察标本：25头，山西沁水下川，1560m，苔藓，2012.VII.27～VIII.1，阮用颖采；1头，沁水下川西峡，1494m，苔藓土，2012.VII.13；1头，1628m，栗树下腐殖土，2012.VII.16；5头，沁水东川，1439m，苔藓土，2012.VII.14；8头，翼城大河，1200m，苔藓，2012.VII.23～26，阮用颖采；1头，山西翼城大河南神峪，1568m，灌木下腐殖土，2012.VII.17；1头，1524m，针阔混交林下腐殖土，2012.VII.17。

分布：山西（历山）、北京、安徽；古北区。

木单翼甲螨科 Xylobatidae

体中型。前背板梁细长，无横梁；感器长，刚毛状，具梳状刺毛，端部略膨大。背颈沟完整。后背板具孔区，无小囊；翅形体可动。生殖毛4～5对。步足单爪或3爪。

54 木单翼甲螨 *Xylobates* sp. 1

观察标本：1头，山西沁水下川，1555m，阔叶乔木下腐殖土，2012.VII.12；1头，1553m，朽木中腐殖土，2012.VII.12；1头，高大灌木下腐殖土，2012.VII.12；2头，1523m，灌木下腐殖土，2012.VII.12；11头，山西翼城大河三沟，1080～1115m，灌木下腐殖土，2012.VII.19；6头，1018m，桃树下腐殖土，2012.VII.19；1头，翼城大河北神峪，1413m，乔木-杂草下腐殖土，2012.VII.20。

55 木单翼甲螨 *Xylobates* sp. 2

观察标本：1头，山西沁水下川，1555m，阔叶乔木下腐殖土，2012.VII.12；2头，1553m，朽木中腐殖土，2012.VII.12；1头，沁水下川西峡，1362m，小灌木下腐殖土，2012.VII.13；1头，沁水东川，1478m，阔叶林-朽木下腐殖土，2012.VII.15；2头，山西翼城大河三沟，1018m，桃树下腐殖土，2012.VII.19。

单翼甲螨科 Haplozetidae

体小至中型。前背板梁发达；感器刚毛状、披针形或球形。后背板具4对背囊；翅形体可动。生殖毛3～6对。步足单爪或3爪。

56 尖圆单翼甲螨 *Peloribates acutus* Aoki, 1961

体长539～562μm，体宽356～392μm。体褐色，体表背面具饰纹，前背板和翅形体的饰纹呈刻点状，后背板的饰纹呈不规则的凹孔状，其间夹杂有圆形的刻点。前背板梁较细。感器细长，端部稍膨大，侧面有刺毛。后背板毛14对，端部尖细，两侧具刺毛；背囊4对。

观察标本：4 头，山西沁水下川，1547m，松树林中腐殖土，2012.VII.12；2 头，1553m，朽木中腐殖土，2012.VII.12；2 头，高大灌木下腐殖土，2012.VII.12；2 头，1558m，灌木下腐殖土，2012.VII.12；2 头，沁水东川，1425m，小灌木下腐殖土，2012.VII.15；2 头，1200m，苔藓，2012.VII.23～26，阮用颖采；8 头，山西翼城大河南神峪，1599～1664m，松树下腐殖土，2012.VII.17；5 头，1524m，针阔混交林下腐殖土，2012.VII.17；4 头，翼城大河三沟，1028m，乔木-灌木下腐殖土，2012.VII.19；2 头，翼城大河北神峪，1422m，桃树下腐殖土，2012.VII.20。

分布：山西（历山）、安徽、浙江、福建、贵州；古北区，东洋区。

尖棱甲螨科 Ceratozetidae

前背板梁发达，向后向外侧倾斜，梁顶端着生梁毛；感器短。翅形体较小，向腹侧卷曲；后背板毛 10～15 对。生殖毛 4～6 对。

57 尖棱甲螨 *Ceratozetes* sp.1 cf. *sellnicki* (Rajski, 1958)

观察标本：3 头，山西沁水下川，1553m，杂草下腐殖土，2012.VII.12；16 头，1544～1547m，松树下腐殖土，2012.VII.12；5 头，1555m，阔叶乔木下腐殖土，2012.VII.12；8 头，1553m，2012.VII.12；9 头，高大灌木下腐殖土，2012.VII.12；18 头，1558m，灌木下腐殖土，2012.VII.12；7 头，1560m，苔藓，2012.VII.27～VIII.1，阮用颖采；24 头，沁水下川西峡，1523～1907m，乔木下腐殖土，2012.VII.13；48 头，1398～1490m，栗树下腐殖土，2012.VII.13；3 头，1441m，阔叶-针叶混交林，2012.VII.13；1 头，1362m，小灌木下腐殖土，2012.VII.13；11 头，沁水东川，1463m，灌木林下腐殖土，2012.VII.14；6 头，山西翼城大河，1200m，苔藓，2012.VII.23～26，阮用颖采；16 头，翼城大河南神峪，1568～1599m，灌木下腐殖土，2012.VII.17；23 头，翼城大河南神峪，1524～1823m，针阔混交林下腐殖土，2012.VII.17；13 头，翼城大河北神峪，1386～1411m，灌木下腐殖土，2012.VII.20；21 头，1413m，乔木-杂草下腐殖土，2012.VII.20；31 头，1422m，桃树下腐殖土，2012.VII.20。

58 尖棱甲螨 *Ceratozetes* sp. 2

观察标本：10 头，山西沁水下川西峡，1548～1733m，乔木下腐殖土，2012.VII.13；1 头，1416m，栗树林中腐殖土，2012.VII.13。

59 尖棱甲螨属 *Ceratozetes* sp. 3

观察标本：1 头，山西沁水下川，1523m，灌木下腐殖土，2012.VII.12。

60 翅尖棱甲螨 *Diapterobates* sp. 1

观察标本：8 头，山西沁水下川西峡，1490m，栗树下腐殖土，2012.VII.13；1 头，1907m，乔木下腐殖土，2012.VII.16。

61 翅尖棱甲螨 *Diapterobates* sp. 2

观察标本：4 头，山西沁水下川，1553m，杂草下腐殖土，2012.VII.12；2 头，1544m，2012.VII.12；16 头，沁水东川，1484m，小灌木下腐殖土，2012.VII.14；1 头，山西翼城大河，2201m，松树下腐殖土，2012.VII.18。

62 新毛甲螨 *Trichoribates novus* (Sellnick, 1928)，中国新记录种

观察标本：5 头，山西翼城大河，2196m，高山草甸土，2012.VII.18；12 头，2198m，松树-杂草下腐殖土，2012.VII.18。

分布：山西（历山）；全北区。

肱甲螨科 Humerobatidae

体中至大型。前背板具梁，前梁自梁端部向前延伸至吻端边缘；梁毛着生于梁或梁突上。后背板毛 10 对；具 4 对孔区。具有肛后孔区；生殖毛 4～6 对。步足胫节和跗节具有孔区。足盖无尖突。

63 吻梁肱甲螨 Humerobates rostrolamellatus Grandjean, 1936，中国新记录种

观察标本：7 头，山西沁水下川西峡，1548～1733m，乔木下腐殖土，2012.VII.13；1 头，1553m，朽木中腐殖土，2012.VII.12。

分布：世界广布。

菌板鳃甲螨科 Mycobatidae

64 斑点肋甲螨 Punctoribates punctum (C. L. Koch, 1839)

体长 361～422μm，体宽 290～313μm。体棕褐色。梁发达，具横梁；感器柄部较短，头部较长，且膨大；吻毛和梁毛较短，梁间毛长，向前伸出吻端，三者均具刺毛。后背板前缘前伸，盖住感器窝和梁间毛基部，前伸部分前缘略向前凸出；翅形体可动；后背板毛 10 对，很小；孔区 4 对，Aa 最大，位于 lm 毛附近。殖肛区毛式：6-1-2-3。足具异形 3 爪，足 II 跗节端部背面具 1 距突。

观察标本：2 头，山西沁水下川，1553m，杂草下腐殖土，2012.VII.12；4 头，1544m，松树下腐殖土，2012.VII.12；27 头，1560m，苔藓，2012.VII.27～VIII.1，阮用颖采；4 头，沁水下川西峡，1628m，栗树下腐殖土，2012.VII.16；2 头，沁水东川，1438m，苔藓土，2012.VII.15；32 头，山西历山舜王坪，2196m，高山草甸土，2012.VII.18；5 头，2198m，松树-杂草下腐殖土，2012.VII.18；11 头，山西翼城大河黑龙潭，1097m，柳树下腐殖土，2012.VII.19。

分布：世界广布。

参 考 文 献

王慧芙, 崔云琦, 刘依华, 2000. 甲螨亚目 Oribatida[M]//黄邦侃. 福建昆虫志: 第九卷. 福州: 福建科学技术出版社: 296-323.

王慧芙, 张晓玫, 崔云琦, 1993. 蜱螨亚纲: 甲螨亚目[M]//黄春梅. 龙栖山动物. 北京: 中国林业出版社: 783-804.

王孝祖, 胡圣豪, 1992. 隐气门亚目 Cryptostigmata[M]//尹文英, 等. 中国亚热带土壤动物. 北京: 科学出版社: 270-332.

文在根, 1988. 我国龙足类甲螨二新种及一新纪录种[J]. 白求恩医科大学学报, 14(4): 327-329.

文在根, 1990. 吉林省甲螨新种和新记录种的记述(蜱螨亚纲: 甲螨亚目)[J]. 东北师范大学学报(自然科学版)(增刊): 125-131.

文在根, 1991. 叉肋甲螨属一新种记述(蜱螨亚纲: 甲螨亚目: 阿斯甲螨科)[J]. 白求恩医科大学学报, 17(4): 357-359.

文在根, 卜照义, 1988. 新疆土壤甲螨初报(蜱螨目: 甲螨股)[J]. 东北师范大学学报(自然科学版), 1: 95-104.

Aoki J, 1973. Oribatid mites from Mt. Poroshiri in Hokkaido, North Japan[J]. Annotationes Zoologicae Japonenses, 46(4): 241-252.

Balogh J, Balogh P, 1992. The Oribatid Mite Genera of the World. Vol, 1[M]. Budapest: Hungarian Natural History Museum.

Bayartogtokh B, 1998. A new species of oribatid mite (Acari: Banksinomidae) from Mongolia[J]. International Journal of Acarology, 24(2):125-129.

Bayartogtokh B, 2001. Oribatid mites of Liebstadia (Acari: Oribatida: Scheloribatidae) from Mongolia, with notes on taxonomy of the genus[J]. Journal of Natural History, 35:1239-1260.

Bayartogtokh B, 2010. Oribatid Mites of Mongolia (Acari: Oribatida)[M]. Moscow: KMK Scientific Press.

Bayartogtokh B, Aoki J, 1999. Oribatid mites of the family Phenopelopidae (Acari: Oribatida) from Mongolia[J]. Journal of the

Acarological Society of Japan, 8(2):117-134.

Bernini F, 1976. Notulae oribatologicae XIV. Revisione di *Carabodes minusculus* Berlese 1923 (Acarida, Oribatei)[J]. Redia, 59: 1-49.

Chen J, Behan-Pelletier V M, Wang H F, et al., 2004.New species of *Gymnodampia* (Acari: Oribatida: Ameroidea) from China[J]. Acarologia, 44(3-4): 235-252.

Chen J, Liu D, Wang H F, 2010. Oribatid mites of China: a review of progress, with a checklist[J]. Zoosymposia, 4: 186-224.

Fujikawa T, 1990. Oribatid mites from *Picea glehnii* forest at Mo-Ashoro, Hokkaido (2). A new species of the family Phenopelopidae[J]. Edaphologia, 42: 26-30.

Norton R A, Behan-Pelletier V M, 2009. Suborder Oribatida[M]//Krantz G W, Walter D E. A Manual of Acarology. Third Edition. Lubbock: Texas Tech University Press: 430-564.

Ohkubo N, 1982. A new species of *Humerobates* with notes on *Baloghobates* (Acarina, Oribatida)[J]. Acat Arachnologica, 31(1): 1-5.

Subías L S, 2014. Listado sistemático, sinonímico y biogeográfico de los ácaros oribátidos (Acariforms: Oribatida) del mundo (Excepto fósiles)[J]. Publicado originalmente en Graellsia, 60 (número extraordinario): 3-305.

Yamamoto Y, 1977. Oribatid fauna of the experimental forest of Tamagawa University in Hakone, Central Japan. I. Oribatei Inferiores[J]. Bulletin of the biogeographical society of Japan, 32(4): 33-42.

Oribatida

Chen Jun[1]   Duan We[1,2]   Li Kang[1,3]

(1 Institute of Zoology, Chinese Academy of Sciences, Beijing 100101;

2 Hong Sheng Bio-Technology Limited, Jincheng 048300;

3 School of Life Sciences, Anhui University, Hefei, 230601)

Based on the material collected from the Li Shan National Nature Reserve of Shanxi Province, 64 species in 50 genera representing 36 families were identified and are described briefly in present research. Among them, 3 genera and 8 species are newly recorded in China.

历山昆虫与蛛形动物中文名索引

历山昆虫与蛛形动物拉丁名索引

生境

（上：皇姑幔，赵天柱摄；中：舜王坪，刘伟摄；下：垒崖河盘山公路周围生境，赵天柱摄）

湿地

（上：后河水库，张兴元摄；中：大河瀑布，刘俊摄；下：西峡冰瀑，刘伟摄）

考察人员合影

野外采集

野外采集

日本条螽
Ducetia japonica

黑膝畸螽
Teratura (Megaconema) geniculate

疑钩顶螽
Ruspolia dubia

暗褐蝈螽
Gampsocleis sedakovii

镰尾露螽
Phaneroptera falcate

札幌桑螽
Kuwayamaea sapporensis

（石福明摄）

中华剑角蝗
Acrida cinerea

棉蝗
Chondracris rosea rosea

云斑车蝗
Gastrimargus marmoratus

长翅素木蝗
Shiradiacris shiradii

华阴腹露蝗
Fruhstorferila huayinensis

短额负蝗
Artactomorpha sinensis

（芦荣胜摄）

艾小长管蚜
Macrosiphoniella yomogifoliae

暇夷翠雀蚜
Delphiniobium yezoense

波原缘蝽
Coreus potanini

赤条蝽
Graphosoma rubrolineata

棘角蛇纹春蜓
Ophiogomphus spinicornis

胡蜂巢

（刘庆华、牛瑶等摄）

麻竖毛天牛
Thyestilla gebleri

十三斑绿虎天牛
Chlorophorus tredecimmaculatus

杨叶甲
Chrysomela populi

西伯利亚豆芫菁
Epicauta sibirica

小云鳃金龟
Polyphylla gracilicornis

异色瓢虫
Harmonia axyridis

（谢广林摄）

短腹蜂蚜蝇
Volucella jeddona

双带蜂蚜蝇
Volucella bivitta

长尾管蚜蝇
Eristalis tenax

羽芒宽盾蚜蝇
Phytomia zonata

黄盾蜂蚜蝇（雄）
Volucella pellucens tabanoides

黄盾蜂蚜蝇（雌）
Volucella pellucens tanbanoides

（霍科科、石福明摄）

胡麻霾灰蝶
Maculinea teleia

琉璃灰蝶
Celastrina argiola

华灰蝶
Wagimo sulgeri

豆灰蝶
Plebejus argus

红灰蝶
Lycaena phlaeas

酢浆灰蝶
Pseudozizeeria maha

（牛瑶摄）

大红蛱蝶
Vanessa indica

碧凤蝶
Papilio bianor

二尾蛱蝶
Polyura narcaea

黄钩蛱蝶
Polygonia c-aureum

黄帅蛱蝶
Sephisa princeps

小赭弄蝶
Ochlodes venata

（牛瑶摄）